通用弹药导弹保障技术重点实验室　主办

 沈阳理工大学　协办

U0318607

弹药导弹保障理论与技术
2017 论文集

国防工业出版社

·北京·

图书在版编目（CIP）数据

弹药导弹保障理论与技术 2017 论文集/通用弹药导弹保障技术重点实验室著. —北京：国防工业出版社，2019.11

ISBN 978-7-118-12009-7

Ⅰ. ①弹… Ⅱ. ①通… Ⅲ. ①弹药—导弹—文集

Ⅳ. ①TJ76-53

中国版本图书馆 CIP 数据核字(2019)第 252489 号

※

*国防工业出版社*出版发行

（北京市海淀区紫竹院南路 23 号　邮政编码 100048）

北京虎彩文化传播有限公司印刷

新华书店经售

*

开本 889×1194　1/16　印张 32¼　字数 1045 千字

2019 年 11 月第 1 版第 1 次印刷　印数 1-250 册　定价 298.00 元

（本书如有印装错误，我社负责调换）

国防书店：（010）88540777　　　发行邮购：（010）88540776
发行传真：（010）88540755　　　发行业务：（010）88540717

编委会名单

主　任：穆希辉

副主任：姜志保　宋祥君　葛　强　李东阳　高宏伟

编　委：（按姓氏笔画排序）

　　　　王韶光　王振生　王　成　牛正一　吕晓明

　　　　杜峰坡　陈明华　陈　鹏　宋桂飞　张会旭

　　　　周云川　柳维旗　高　飞　耿　斌　袁祥波

目　录

一、弹药导弹储存可靠性与寿命评估

二、弹药导弹安全性监测与评价

4.3　勤务环境监测、防护理论与技术 ……………………………………………………（362）

五、弹药导弹质量监控体系构建

六、弹药导弹通用质量特性

七、国外弹药导弹保障现状与发展趋势

八、其他

一、弹药导弹储存可靠性与寿命评估

1.1　弹药导弹性能检测理论与技术

远火系列弹药通用空间相位角激光检测系统

王韶光，许爱国，葛　强，柳维旗，袁　帅

（陆军军械技术研究所，河北石家庄 050000）

摘　要： 为解决部队弹药技术保障中，远火系列弹药控制舱更换后空间相位角快速准确测量问题，保障弹药可靠装填、装定并发射，综合运用滤光暗室技术、透反式双面投影屏和角度实物基准等技术，研制了一种便携式、低功耗的空间相位角定量检测系统。应用结果表明，该系统解决了第一代检测系统测试过程繁琐、误差大、抗干扰能力差等问题，具有操作简便、集成化程度高、抗干扰能力强等优点，满足部队对该类弹药及后续发展弹药技术保障需求。

关键词： 远火系列弹药；相位角；激光检测系统

0　引言

远火系列弹药具有作战效能高、技术复杂、价值高等特点，目前已大量装备部队。对于每年弹药质量监控过程中发现的故障控制舱，后方仓库和弹药技术保障机构要更换备份控制舱，更换后必须保证的一个重要参数就是远火弹药两端相距 7m 左右的控制舱插拔槽与定向钮之间的装配角度，即空间相位角，装配标准要求为 85°±30′，如图 1 所示。该角度决定了远火弹药在发射时火炮和弹药能否正确对接。

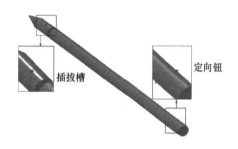

图 1　远火弹药相位角示意图

当前，空间相位角检测（保证）设备工具主要有工厂大型装配平台、第一代空间相位角检测系统和划线尺 3 种，其优缺点如表 1 所列。

表 1　当前远火系列弹药空间相位角测试方法对比

序号	名称	优点	缺点
1	大型装配平台	定性检测，用于生产厂，适合大规模生产	吨位大、不能移动，通过装配过程保证角度，不适合部队弹药保障
2	第一代空间相位角检测系统	定量检测，具有一定便携性	部件多、校准及测试过程繁琐、环境要求高、测试时间长
3	划线尺	定性检测，便携、操作简单	定性检测，无具体测量值

为解决以上检测设备工作时存在的缺点，在第一代空间相位角检测系统的基础上，研制了远火系列弹药通用相位角激光检测系统，即第二代检测系统。

1　系统原理

为了实现基准的远距离精确传递，使用具有良好稳定性的线结构激光作为基准传递工具；为了避免环境杂光的干扰，采用了 CCD 相机和滤光透射屏的技术组合，保证了系统的稳定。如图 2 所示，检测系统主要包括基准发射组件和基准接收组件两部分。

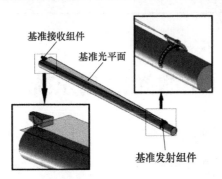

图 2　空间相位角激光检测系统的实施方案

基准发射组件的设计原理如图 3 所示，由其投射出的光平面与其自带的两个 V 形块的轴线平行。测量中 V 形块与火箭弹定向钮配合安装，则两个 V 形块的轴线与火箭弹定向钮轴线平行。在远火系列弹药的轴线方向上，定向钮轴线的投影与光平面的投影直线平行。

图 3　基准发射组件设计原理

基准接收组件的设计原理如图 4 所示，膨胀杆的轴线与 CCD 像面的 y 轴平行，测量中将膨胀杆插入插拔孔并紧固，则膨胀杆的轴线与插拔孔轴线平行，插拔孔的轴线与 CCD 像面的 y 轴平行。

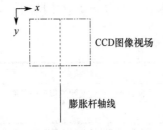

图 4　基准接收组件设计原理

测量中，将发射组件和接收组件分别安装到远火弹药两端的远火弹药的定向钮和插拔槽上，基准光线投射到接收组件的投影屏上，由 CCD 拍摄到光线的图像经过数字图像处理获得基准光线的方向信息。系统的测量方案如图 5 所示，其中远火弹药轴

线垂直于纸面。根据系统工作原理，图像坐标系中基准光线与膨胀杆轴线的夹角 A' 和膨胀杆轴线与 V 形槽公共轴线的夹角 A 存在固定且可知的几何关系。因为膨胀杆轴线与插拔孔轴线平行，V 形槽公共轴线与定向钮轴线平行，所以通过求取夹角 A' 即可间接测量待测异面角度。在基准接收装置的设计中，膨胀杆的轴线与 CCD 图像坐标系的 y 轴平行，夹角 A' 的计算可以转化为基准光线的斜率计算。

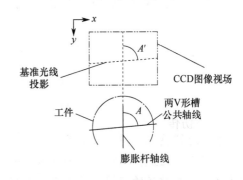

图 5　第二代空间相位角激光检测系统测量方案

2　系统设计

系统主要由基准发射组件、基准接收组件、专用角度标定台和测量软件构成，如图 6 所示。检测系统发射组件和接收组件总质量轻，具有便携性特征，可良好完成现场作业任务。

图 6　系统构成

2.1　基准发射组件

提供了定向钮轴线与基准光平面的固定空间关系。设计方案如图 7 所示，包括激光发生器和大于远火弹药直径的半圆拱连接的两个同轴的 V 形槽。

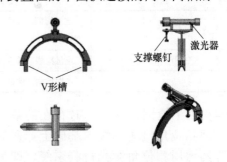

图 7　基准发射组件

在安装过程中，激光发生器具有绕其自身轴线转动的自由度，通过适当地安装和固定可以使基准光平面与 V 形槽的轴线在一定精度范围内平行，即使出现了不平行的装配结果也仅仅向测量结果中引入一个系统误差，该误差可通过标定的方法消除。激光发生器的轴线与 V 形槽轴线的垂直度误差对测量结果没有影响，在装配中该误差可不予考虑。基准发射组件的尾部带有高度可调的支撑螺杆。在实际测量中，支撑螺杆端面与远火弹药表面接触，通过对其高度的调节实现基准光平面与远火弹药轴线的平行度调整。

基准发射组件使用高亮度、高准直度的激光器作为基准传递工具，能够快速实现基准的远距离、非接触、无损伤传递，避免了传统测量方法中的多种测量误差源。激光器的使用，不仅使系统结构大为简化，同时只需在出厂前进行一次标定，大大减少了操作步骤，使检测系统的使用变得极为简单。

2.2 基准接收组件

基准接收组件提供了图像坐标系与膨胀杆的固定空间关系。设计方案包括 CCD、膨胀杆、CCD 遮光罩和基准投影屏。

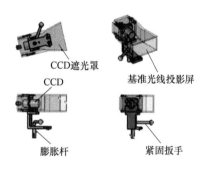

图 8 基准接收组件

CCD 是视觉测量系统的核心组件，在安装过程中 CCD 具有绕其自身轴线的转动自由度，需要通过适当的装配和固定使图像坐标系的 y 轴与膨胀杆的轴线在一定精度范围内平行，即使出现了较大平行度误差的装配结果也仅仅向测量结果中引入一个系统误差，该误差可通过标定的方法消除。膨胀杆的作用是在远火弹药上固定基准接收组件，通过与插拔孔的配合建立起图像坐标系 y 轴与插拔孔轴线的空间平行关系。基准接收组件使用 CCD 作为数据采集工具，检测数据的采集和处理过程更为快速和简单。另外，滤光透射屏的使用，让检测系统免受环境杂光的干扰，能够实现快速准确的测量。

2.3 专用角度标定台

由于待测对象为角度，检测系统按照待测插拔槽和定向钮的特征设计了专用角度标定台，作为角度的实物测量基准。

通过计量研究院对标定台进行角度检测，检测精度达±0.0014°，实现了系统总体测量精度的溯源。采用角度实物基准的有益效果包括：

（1）标准件检定精度提高 16 倍。

（2）在一个标定周期内可实现一次标定多次测量，简化了测量前进行系统标定的操作环节。

（3）实现了仪器测量精度的溯源。

2.4 测量软件

系统光学图像传感器采集到激光光线图像后，由计算机完成实时的数字图像处理工作。经过 AD 转换后，光线图像以数字图像的形式被存储在预先申请的计算机图像缓存区域内。图像处理软件的信号处理流程如图 9 所示。

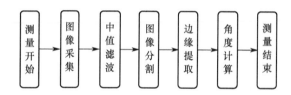

图 9 测量软件流程图

3 试验结果

为考核检测系统功能，结合被检弹药进行了试验，试验中仅需将发射组件和测量组件分别放置到火箭弹定向钮和控制舱插拔槽，连接测试计算机即可实现实时空间相位角检测，如图 10 所示。

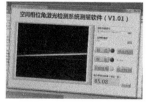

图 10 检测系统实弹测试

通过试用，远火系列弹药通用相位角激光检测系统能够实现快速、定量、实时检测，各项性能满足技术指标要求，具有操作简单、集成化程度高、抗干扰能力强等特点，功能满足部队维修保障需求。

4 结论

（1）检测系统实现了快速准确的定量化检测。系统采用外部环境杂光屏蔽和光学图像测量系统封装等技术，实现了远火系列弹药空间相位角精确化定量检测，解决了第一代检测系统测试过程繁琐、误差大、抗干扰能力差等问题。

（2）检测系统解决了大间距空间相位角测量难题。提出了以线结构激光为浮动基准的比对式相对测量方法，采用了具有良好稳定性的低功耗线结构激光，能够快速实现基准的远距离、非接触、无损伤传递，避免了传统测量方法中的多种测量误差源，解决了测量难题。

（3）检测系统具有良好的扩展性。随着远火系列弹药型号不断发展，其直径和相位角可能会有所改变，但对于检测系统来说，在测量原理保持不变的情况下，只需对个别参数进行调整即可满足各型号远火系列检测需求。

引信磁电机检测自动加力控制装置

郑晨皓，李世文，石彩玲，赵平伟

（西安机电信息技术研究所 陕西西安 710100）

摘　要：针对以前引信磁电机检测方法操作安全性低、检测结果不稳定且检测效率低的问题，本文提出基于引信磁电机的自动加力控制装置。该装置运用机械自动化、光电传感技术和数字信号处理等技术，实现了引信磁电机检测的自动化和数字化。实验结果表明，该装置在满足磁电机检测结果可靠性和稳定性的基础上，有效地提高了磁电机检测的操作安全和检测效率。

关键词：引信磁电机；性能检测方法；自动化检测；冲击速度；精确控制

0　引言

引信磁电机是一种为引信工作提供能源的装置。弹药在膛内发射过程中，在发射惯性后坐力的作用下，引信磁电机中的磁芯转子与线圈产生相对运动，并生成电能存储在电容中，为引信电路和电雷管起爆提供电能。磁电机的检测是通过装置模拟出惯性后坐力击发磁电机工作，然后对磁电机进行检测，判断其是否合格。

目前的引信磁电机检测方法是检测人员手动操作专用加力装置对磁电机提供后坐力，再用检测仪器对磁电机的电性能进行检测，最终人工记录数据并通过指标来判断产品是否合格。首先，该方法在操作过程中人工抬起释放打板机加力板组件，操作人员在缺乏保护措施的条件下工作，很容易造成安全事故；其次，专用加力装置的加力板组件经过长时间操作弹性势能会下降，导致同样高度释放所产生的冲击力下降，再加上人工操作有时会精确度不高，会造成引信磁电机检测结果不准确；还有就是目前检测方法自动化程度较低，效率低下。为解决上述引信磁电机检测方法操作安全性低、检测结果不稳定且检测效率低的问题，本文提出基于引信磁电机的自动加力控制装置。

1　目前的引信磁电机检测方法

1.1　目前的引信磁电机检测原理

磁电机是利用永磁铁产生磁场的小型交流发电机[1]。目前的磁电机检测是操作人员使用磁电机专用加力装置来击发磁电机工作，使磁电机完成发电功能，再通过相关仪器就可以检测磁电机的输出性能。其中，磁电机专用加力装置结构图如图1所示。

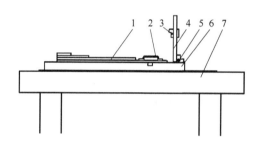

图1　磁电机专用加力装置结构图

1—加力板组件；2—拉手；3—支撑板；4—手柄；
5—铰链；6—底座；7—工作台。

工作时，通过拉手将加力板组件抬起，使其弯曲并卡在支撑板上积蓄弹性势能，然后向外搬动手柄，释放加力板组件，加力板组件在弹性势能作用下迅速反弹复原击打放置在底座中磁电机的磁芯，从而，磁芯运动使磁电机完成发电功能，通过连接在磁电机上的相关检测仪器就可以得到该磁电机的输出性能，操作人员再通过检测数据来判断产品是否合格。

1.2　目前的磁电机检测缺点分析

目前的磁电机检测装置较为简单[2]，且主要以人工操作为主，其缺点比较明显：

（1）目前的磁电机检测方法由于使用的加力板需要人工抬起，存在一定的不安全因素，安全性差。

（2）目前的磁电机检测方法由于存在人为操作，所以即使严格按操作规范操作也难免会存在人为操作误差[3]，导致检测结果不准确。

（3）引信磁电机专用加力装置是通过加力板组件的弹力来提供冲击力，而加力板组件是由多层金属板组成。由于金属板材料有一定的寿命限制，长时间工作会导致金属板老化继而影响加力板组件提供的冲击力。目前的磁电机检测方法由于没有配备专业的冲击速度检测装置，无法对弹力板的工作状态进行检测和标定，这样会导致最后的检测结果出现偏差。

2　引信磁电机检测自动加力控制装置

2.1　引信磁电机检测自动加力控制装置的组成

引信磁电机检测自动加力控制装置主要由动力输出系统（包括动力控制系统和动力提供装置）和检测系统应用程序等组成，如图 2 所示。

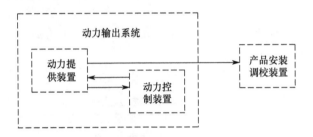

图 2　引信磁电机检测自动加力装置框图

2.2　动力输出系统

动力输出系统由动力提供装置和动力控制装置组成，引信磁电机检测的动力提供装置与目前磁电机检测中使用的专用加力装置一致，如图 1 所示。动力控制装置是一个程控电动机械手，如图 3 所示。

工作时，升降电动机带动控制电动机和电动夹爪沿滚珠丝杠上下移动，控制电动机在接到信号时控制电动夹爪抓紧或释放动力提供装置的加力板。调校装置中的光电传感器可以对加力板的冲击速度进行检测，然后再通过计算机来调整机械臂把加力板抬高的高度，以保证冲击速度在要求的范围内，实现对动力输出的精确控制。

考虑到操作便捷和安全，在动力系统的设计中增加了一个带触摸屏的控制箱，通过触摸屏可以实现手动调整机械臂的目的，如图 3（b）所示，台面下是电气柜，台面上右侧是带触摸屏的控制箱，防护罩内是动力提供系统的执行机构，实现了无接触式的机电一体化自动操作，有效提高了操作的安全性。

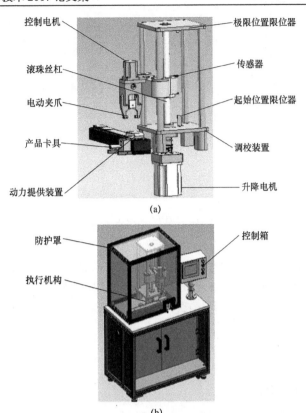

(a)

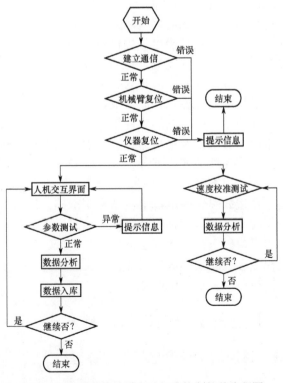

(b)

图 3　动力系统结构图和外观图

（a）动力系统结构图；（b）动力系统外观图。

2.3　引信磁电机检测自动加力控制软件

引信磁电机检测自动加力控制装置由计算机进行控制，实现操作自动化。控制软件流程图如图 4 所示。

图 4　引信磁电机检测自动加力控制软件流程图

软件运行后，首先建立计算机与引信磁电机检测自动加力控制装置的通信，使之恢复到出厂默认状态，然后再按照检测需要调整好引信磁电机检测自动加力控制装置的工作状态。工作过程中，首先对专用加力装置进行检测标定，通过速度校准测试保证专用加力装置工作的稳定性和一致性；然后进入产品检测程序，产品安装在专用工装上以后，在磁电机检测自动加力控制装置的作用下工作，并由数据采集模块对产品的输出数据进行采集和判断。检测完成后，进入数据库链接界面，显示数据表。在软件运行的任意时刻，如果系统出现问题，都会给出相应的提示或者结束程序。

3 实验验证

在完成了上述设计原理的论证后，进行了引信磁电机检测自动加力装置原理样机的制作，并对该装置进行了技术鉴定，这里主要介绍下专用加力装置的冲击速度标定测试和引信磁电机产品检测一致性测试。引信磁电机检测自动加力装置实物如图 5 所示。

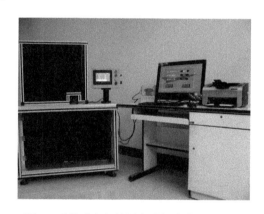

图 5 引信磁电机检测自动加力装置实物图

3.1 实验要求

根据引信磁电机检测实验要求，引信磁电机检测自动加力装置提供的冲击速度标定为 15.5～16.5m/s，电压检测精度要求为±5%。

产品的检测结果不仅取决于检测设备，还受到待测产品性能的影响。考虑到输出电压存在散布，采用统计方法进行数据处理。引信磁电机产品检测一致性试验采用计算同一产品在检测系统上重复检测的误差，然后根据实验要求判定磁电机检测自动加力装置是否满足设计要求。

待测参数 x 第 i 次产品多次检测的相对标准差按下列公式计算：

$$\bar{X}_g = \frac{1}{n}\sum_{i=1}^{n}x_{gi} \quad (1)$$

$$\sigma_Y = \frac{\sqrt{\frac{1}{n}\sum_{i=1}^{n}(x_{gi}-x_{bi})^2}}{\bar{X}_g}\times100\% \quad (2)$$

式中：n 为次数（定义为 20 次）；x_{bi} 为相应参数的原始数据；x_{gi} 为相应参数的检测数据；$\bar{X}_g$ 为相应参数的检测数据平均值；σ_Y 为相应参数的相对标准差。

3.2 专用加力装置冲击速度测试

此项目是测试引信磁电机检测自动加力装置的动力提供装置中的加力板在连续多次使用的过程中的冲击速度，测试数据如表 1 所列。

表 1 引信磁电机检测自动加力装置
加力板速度测试数据表

序号	速度/（m/s）	序号	速度/（m/s）	序号	速度/（m/s）
1	15.76	11	15.79	21	15.80
2	15.72	12	15.73	22	15.80
3	15.78	13	15.79	23	15.79
4	15.75	14	15.73	24	15.88
5	15.77	15	15.76	25	15.79
6	15.77	16	15.80	26	15.75
7	15.85	17	15.74	27	15.85
8	15.65	18	15.85	28	15.82
9	15.75	19	15.72	29	15.80
10	15.85	20	15.81	30	15.85

由表 1 可以看出，引信磁电机检测自动加力装置的动力提供装置在连续多次使用的过程中，冲击速度保持了很好的一致性，满足系统的设计要求。

3.3 引信磁电机产品检测一致性

引信磁电机产品检测一致性试验，分别用目前引信磁电机测试方法和引信磁电机检测自动加力装置对同一发产品连续测试 20 次，测试数据如表 2 和表 3 所列。

由表 2 和表 3 可以看出，目前的引信磁电机测试方法对 1 发产品连续检测 20 次电压数据，得到数据的相对标准差为 4.72%，单发测试平均时间为 30.5s；引信磁电机检测自动加力装置对 1 发产品连续检测 20 次电压数据，得到数据的相对标准差为 2.15%，单发测试平均时间 3.1s。通过数据对比，相较于目前引信磁电机测试方法，使用引信磁电机检测自动加力装置的检测方法将数据的相对标准差降低了 54%，单发测试平均时间缩短了 90%。

表 2　目前的引信磁电机测试方法对 1 发产品
连续检测 20 次电压数据

序号	电压/V	测试时间/s	序号	电压/V	测试时间/s
1	14.4	27	11	12.8	31
2	14.4	29	12	13.4	30
3	14.5	30	13	12.8	31
4	13.8	31	14	13.2	29
5	13.5	29	15	14.6	30
6	13.2	28	16	13.0	31
7	14.4	31	17	13.4	29
8	14.2	30	18	14.5	31
9	13.8	29	19	12.9	30
10	13.2	29	20	12.8	30

以上数据中 σ（相对标准差）=4.72%，单发测试平均时间 t=30.5s

表 3　引信磁电机检测自动加力装置对 1 发产品
连续检测 20 次电压数据

序号	电压/V	测试时间/s	序号	电压/V	测试时间/s
1	13.2	3	11	13.0	3
2	13.4	3	12	13.2	3
3	14.4	3	13	13.6	3
4	13.2	3	14	14.2	4
5	13.2	3	15	13.6	3
6	14.0	3	16	14.0	3
7	14.4	4	17	14.3	3
8	13.2	3	18	13.5	3
9	13.6	3	19	13.7	3
10	13.6	3	20	12.9	3

注：以上数据中 σ（相对标准差）=2.15%，单发测试平均时间 t=3.1s

4　结论

本文提出的引信磁电机自动加力控制装置在目前的引信磁电机检测方法的基础上，综合运用自动控制技术、传感器技术和数据处理技术，实现了磁电机测试系统的自动化升级。实验结果表明，引信磁电机自动加力控制装置通过运行过程中对冲击速度进行实时标定，有效提高了磁电机检测过程中的可靠性和稳定性；在实现操作、采集、判断、存储的一键式操作基础上，有效地提高了磁电机检测的操作安全和检测效率。

参 考 文 献

[1] 熊玉勇. 基于虚拟仪器的磁电机定子自动检测系统的研究[D]. 武汉：华中科技大学，2014.

[2] 王燕，王宏华. 基于 196 单片机的开关磁阻电机性能检测系统设计方案[J]. 仪表技术与传感器，2003（01）：23-25.

[3] 全力，胡海斌，尉军军，等. 基于 DSP 的大电机线圈内部缺陷无损检测系统[J]. 仪表技术与传感器，2010（03）：72-74.

信息化弹药中高速跳频信号快速捕获方法研究

费顺超，刘　芳，张笑宇

（沈阳理工大学 信息科学与工程学院，辽宁沈阳 110159）

摘　要： 滑动相关法是同步字头跳频捕获中常用的相关方法，但就直接应用于弹药通信宽带高速跳频信号捕获而言，存在着串行滑动相关法捕获速度较慢，并行滑动相关法系统结构较复杂的局限。为此，提出了一种改进的基于循环相关的二次判决快速捕获方法；进一步，立足系统结构复杂度、抗干扰性能和捕获时间期望等角度，对其性能进行了深入分析。理论与仿真结果表明，该方法保持了较高的抗干扰性能的同时，不仅结构简单容易实现，而且可以实现宽带高速跳频信号的快速捕获，为弹药快速建立通信链路提供保障。

关键词： 宽带高速跳频；滑动相关；循环相关

0　引言

具有较好抗干扰性和低截获性的跳频通信技术广泛应用于卫星通信、遥控探测、现代雷达和声纳等电子系统中。一般跳频系统可分为快跳频（FFH）、中速跳频（MFH）和慢跳频（SFH）。随着频率跳变速率的提高，跳变驻留时间越来越短，系统的抗干扰性得到增强，所以增加跳频系统的跳速成为现代跳频通信系统的发展趋势。而就其信号分类而言，可以分为直接跳频信号和直扩与跳频混合信号。现阶段军事通信卫星等系统中，通常采用直扩与跳频混合形式[1,2]，使信号呈现宽带、高速特性，进一步增强其抗干扰性。快速而准确地实现跳频同步是跳频通信系统正常工作的先决条件。跳频信号同步方法有独立信道法、参考时钟法、自同步法和同步字头法。相比于其他同步方法，同步字头法具有同步搜索快、容易实现、同步可靠等特点，可满足高速跳频信号对捕获时间的要求。

宽带高速跳频信号同步分为两个阶段完成：同步捕获和同步跟踪。同步捕获是在 1/2 个码片宽度的精度上完成粗同步；同步跟踪是完成进一步的精确同步及相位的实时锁定。同步捕获的性能很大程度上决定了整个同步系统的性能。宽带高速跳频信号要求捕获时间短，每跳捕获过程须在一跳时间间隔内完成，否则会出现漏捕。常用的滑动相关捕获方法[3]已不能完全满足宽带高速跳频信号的快速捕获要求，而基于匹配滤波的并行捕获方法和子空间分析方法虽能提供良好的捕获性能，但其算法复杂，实现难度较大。

近年来，针对跳频信号快速捕获[4]问题的研究集中在利用 FFT 计算相关值的串行捕获算法上。因此，本文在深入研究常用捕获方法基础上，提出了一种改进的快速捕获方法，从而实现系统抗干扰性能的提高，降低系统结构复杂度和捕获时间期望。

1　宽带高速跳频信号常用捕获方法

现阶段跳频信号捕获通常采用串行滑动相关捕获法和并行滑动相关捕获法[5-9]。

串行滑动相关捕获法中，接收信号与本地载波混频滤波后输出，再经过与本地码滑动相关后，根据门限阈值判断当前频隙收发端跳频频点频率是否相同，最后搜索控制器通过门限判决结果对捕获系统进行控制。若门限判决结果为频率相同，则认为捕获成功，转入跟踪阶段；否则搜索指令通过时钟控制对本地跳频序列进行相移，直到捕获成功。串行滑动相关捕获法原理如图 1 所示。

并行滑动相关捕获法的原理图如图 2 所示。设跳频序列周期长度为 N，则接收端有 N 个对应于跳频系统各跳频频点的带通滤波器，各滤波器的中心频率由本地搜索控制中心进行实时控制。各滤波器的输出信号经过码相关器后，进行门限判决，最后通过频率判决器判断当前频隙接收的频率。

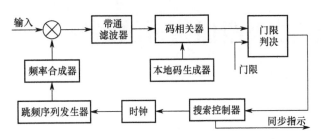

图 1　串行滑动相关捕获法原理

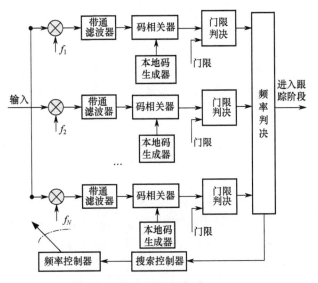

图 2　并行滑动相关捕获法原理

在系统结构的复杂度上，并行捕获法需要 N 条由混频、滤波、相关和门限判决组成的相关支路，而串行捕获只需要一条同样的相关支路。在抗干扰性能上，对于同样的跳频序列周期长度，串行和并行滑动相关法采用同样的判决门限，因此具有相同的抗干扰性。

设跳频序列周期长度为 N，并且累积 $i(i=N)$ 次后判决，跳频频隙时长为 T，对串行和并行滑动相关法在无干扰条件下的捕获时间的期望值计算如下：

并行滑动相关在第 k 个频隙完成同步捕获的捕获时间的期望为

$$T = \sum_{k=1}^{N} \{\rho(k)t\} = iT \qquad (1)$$

串行滑动相关在第 k 个频隙完成同步捕获的捕获时间的期望为

$$T = \sum_{k=i}^{i+N-1} \{\rho(k)kT\} = \sum_{k=i}^{Ni} \frac{1}{N}kT = \frac{N+1}{2}iT \qquad (2)$$

由上述结果可知从期望捕获时间上来说，并行

捕获是 $T(iT)$，串行捕获为 $T[(N+1)iT/2]$，因此并行滑动相关法更优。

随着现代跳频通信系统对跳频速率及传输速率要求的提高，常用的同步字头捕获方法不能满足高跳速快传输速率跳频信号的稳定同步。在同步字头法中，同步捕获速度决定着跳频系统的同步性能及系统的稳定性。因此，下节将在研究循环相关、二次判决等相关技术的基础上，对改进的快速捕获方法进行深入研究。

2　改进的宽带跳频信号快速捕获方法

对于宽带高速跳频信号，串行滑动相关和并行滑动相关方法分别在捕获时效性及算法精度上受到限制，因此建立了基于循环相关的快速捕获机制。在捕获判决中，引入二次判决方法。

循环相关法[10-12]主要是通过改进相关过程的一种快速相关方法。在数字信号处理过程当中，循环相关过程其实就是求解两个序列的圆周相关，只是采用了圆周相关中 DFT 的一种快速算法——快速傅里叶变换（FFT），它与线性相关相比，计算速度可以大大提高，从而实现快速捕获过程。

循环相关的运算过程为先求 n 点输入序列和本地复现序列的 FFT，分别为

$$X(n_1) = FFT[x(n)] \qquad (3)$$
$$Y(n_1) = FFT[y(n)] \qquad (4)$$

式中：$x(n)$，$y(n)$ 分别代表输入序列和本地复现序列。再求 FFT 后的序列的乘积为

$$Z(n_1) = X^*(n_1)Y(n_1) \qquad (5)$$

之后对乘积结果求 IFFT 为

$$z(n) = IFFT[Z(n_1)] \qquad (6)$$

最后对相关后得到的相关值 $z(n)$ 与捕获门限进行比较，从而判定捕获是否成功。

基于快速判决捕获思想的二次判决方法流程图如图 3 所示。

为此建立的快速判决捕获方法机制如图 4 所示。本地频率合成器的载波与接收信号经混频滤波后输出，分别进行 M 个频隙循环相关和 N 个频隙循环相关，根据门限判决判断当前时刻载波频率与接收信号频率是否相同，若判决成功，则进入跟踪阶段；否则直接通过搜索控制器，对本地跳频序列进行相移，通常相移 1/2 个频隙，然后继续进行捕获。

当收端本地频率合成器的频率输出与发端的频率跳变一致时，接收信号为

$$s_f(t) = D(t)\sin(2\pi ft + \varphi_f) \qquad (7)$$

接收端的混频信号为

$$s_{f+\Delta f}(t) = \sin(2\pi(f + \Delta f)t + \varphi_{\Delta f}) \qquad (8)$$

式中：f 为接收信号的载波频率；Δf 为本地中频；φ_f，$\varphi_{\Delta f}$ 分别为接收信号和本地信号的初始相位。

经混频后输出为

$$\begin{aligned}
s(t) &= s_f(t)s_{f+\Delta f}(t)\\
&= D(n)\sin(2\pi ft + \varphi_f)\sin(2\pi(f + \Delta f)t + \varphi_{\Delta f})\\
&= \frac{1}{2}D(n)\cos(2\pi(\Delta f)t + \varphi_{\Delta f}) - \qquad (9)\\
&\quad \frac{1}{2}D(n)\cos(2\pi(2f + \Delta f)t + \varphi_{2f+\Delta f})
\end{aligned}$$

经带通滤波后输出中频信号为

$$s_{\Delta f}(t) = \frac{D(n)}{2}\cos(2\pi\Delta ft + \varphi_{\Delta f}) \qquad (10)$$

将输出的中频信号与本地跳频信号分别进行 M 个频隙和 N 个频隙的循环相关，每个频隙包含的序列长度相同，输出结果为

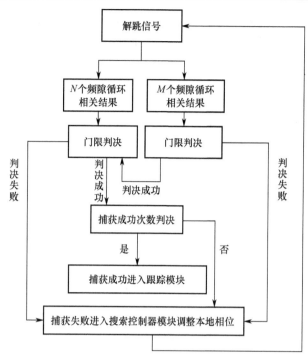

图 3　二次判决流程图

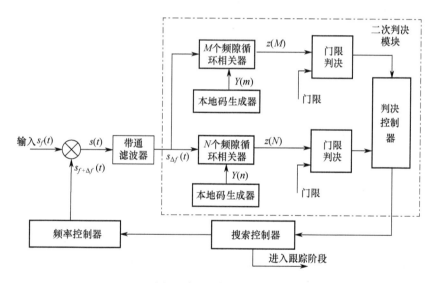

图 4　快速判决捕获方法

$$\begin{aligned}
z(M) &= \sum_{i=1}^{M}\text{IFFT}[Z(m)]_{f_i}\\
&= \sum_{i=1}^{M}\text{IFFT}[\text{FFT}^*[s_{\Delta f}(t)]\text{FFT}[Y(m)]]_{f_i}
\end{aligned} \qquad (11)$$

$$\begin{aligned}
z(N) &= \sum_{i=1}^{N}\text{IFFT}[Z(n)]_{f_i}\\
&= \sum_{i=1}^{N}\text{IFFT}[\text{FFT}^*[s_{\Delta f}(t)]\text{FFT}[Y(n)]]_{f_i}
\end{aligned} \qquad (12)$$

式中：本地码生成器输出分别为

$$Y(m) = D(m)\cos(2\pi\Delta ft + \varphi_{\Delta f}) \qquad (13)$$

$$Y(n) = D(n)\cos(2\pi\Delta ft + \varphi_{\Delta f}) \qquad (14)$$

在门限判决中，我们设置两个门限判决值，即为 D_{suc-n} 和 D_{suc-m}。

D_{suc-n} 为 N 个跳频频隙循环相关结果判决成功时相关结果的门限值；

D_{suc-m} 为 M 个跳频频隙循环相关结果判决成功时循环相关结果的门限值。

阶段 1：将接收信号与本地信号分别进行 M 个频隙循环相关和 N 个频隙循环相关，且 $M < N$。

如果 $Z(M) > D_{suc-m}$，则判决成功进入阶段 2。若 $Z(M) < D_{suc-m}$，则判决失败，继续由搜索控制器对本地跳频序列进行 1/2 个频隙的相移，循环快速判决捕获操作。

阶段 2： 对 N 个频隙循环相关结果进行门限判决。

如果 $Z(N) > D_{suc-n}$，则捕获成功进入跟踪阶段，若 $Z(N) < D_{suc-n}$，则判决失败直接调整本地相位继续进行捕获。

3　仿真分析

3.1　结构复杂度

快速判决捕获方法相对于滑动相关串行捕获方法，结构复杂度略有增加。如原理框图所示，快速判决捕获方法增加了二次判决功能，但就系统结构复杂度而言，并未明显占用相关的计算及存储资源，并可以提高捕获效率，减少捕获时间，为宽带高速跳频信号提供稳定的同步捕获。因此，通过适度增加系统相关资源换取捕获时间的做法对于宽带高速跳频信号是值得的。对于滑动相关并行捕获方法，改进的捕获方法在资源耗费上有了很大程度的提高。对于高跳速大带宽跳频信号，并行捕获方法中通过极限式的增加捕获支路来满足快速捕获显然是不适用的。改进的捕获方法在只增加二次判决模块情况下，可以提供相似于并行捕获方法的捕获时间期望值（捕获时间期望值分析如下）。因此，从系统结构复杂度考虑，改进的快速判决捕获方法更适合高跳速宽带跳频信号的同步捕获要求。

3.2　抗干扰性

快速判决的循环相关捕获方法源于快速傅里叶变换的思想，由于都是对一个跳频周期内的相关检波累加结果进行捕获判决，所以对同样的跳频序列周期长度，若采用同样的判决门限，则改进的相关法与滑动相关法抗干扰性相同。由于同步字头法是捕获伪随机码，且伪随机码具有良好的自相关性和互相关性，因此基于 FFT 的捕获方法具有更好的抗干扰性。

以伪随机码为同步字头的仿真源为例，对其进行 MATLAB 仿真。跳频系统的跳速为 16000Hops、码速为 4.8Mb/s、跳频频带为 1～3GHz、频宽为 100MHz、采样频率为 12GHz，并进行 BPSK 调制。下面以中心频率为 1.3GHz 的宽带高速跳频信号为例，加入带宽为 200MHz 的高斯白噪声，对改进的捕获方法和常用的捕获方法进行分析比较。

在未附加干扰时，两种方法捕获成功结果如图 5 所示。

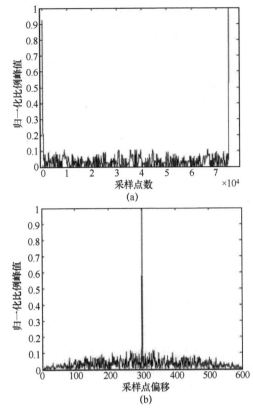

图 5　两种方法捕获成功结果

（a）快速判决捕获图；（b）滑动相关捕获图。

当加入干信比为 26.922dB 的宽带干扰信号时，捕获结果如图 6（a）、（b）所示。

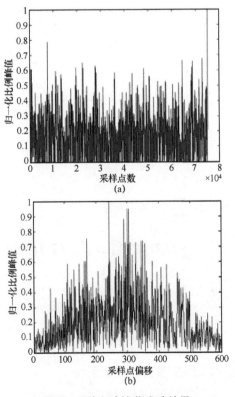

图 6　两种方法捕获成功结果

（a）快速判决捕获图；（b）滑动相关捕获图。

在不同干信比下，随着干信比的增加捕获比例峰值变化如图7所示。

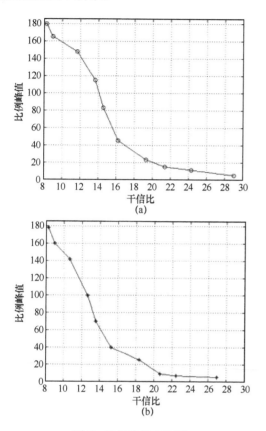

图7 比例峰值变化图

（a）快速判决干信比变化图；（b）滑动相关干信比变化图。

根据仿真结果分析，在未附加干扰条件下，改进的快速判决捕获法和滑动相关捕获法均完成对宽带高速跳频信号的捕获。在附加干扰的环境中（干信比为26.922dB），改进的快速判决捕获法和滑动相关捕获法表现出不同的捕获性能。在滑动相关捕获结果图中，出现多个捕获峰值，此时的干扰信号成功对同步信息进行了干扰，破坏了通信系统的同步过程。在附加干扰的快速判决捕获图中，捕获峰值依然清晰可见，干扰信号未对同步阶段造成破坏性的影响。在干扰信号干信比变化图中，随着干信比的增加，两种捕获方法的捕获比例峰值逐渐变小。当干信比为26.97dB时，滑动相关捕获比例峰值低于捕获门限，捕获失败。继续增大干信比，当干信比增大到29.002dB时，改进的快速判决捕获比例峰值低于判决门限，捕获失败。仿真结果表明，改进的快速判决捕获法抗干扰性能优于常用的捕获方法。

3.3 捕获时间期望值

在无干扰时，设跳频序列周期长度为 N，并且累积 i（$i=N$）次后判决，一跳共有 L 位码，跳频频隙捕获时长为 T_1（$T_1<T$），快速判决捕获方法在第 k 个频隙捕获成功的概率为

$$\rho(k)=\begin{cases}1/N & k=0,1,2,\cdots,N-1\\0 & 其他\end{cases} \quad（15）$$

因为二次判决的第一级判决是对 M 个频隙循环相关累积结果进行判决，所以当循环相关结果没有超过判决门限时，不需要再对 N 个频隙进行循环相关结果进行判决，因此判决不成功时长为 MT_1。

第 k 个频隙捕获成功所用时间为

$$t=\begin{cases}iT_1+kMT_1 & k=0,1,2,\cdots,N-1\\0 & 其他\end{cases} \quad（16）$$

捕获时间的期望为

$$T_1=\sum_{k=i}^{i+N-1}\{\rho(k)t\}=\sum_{k=0}^{N-1}\frac{iT_1+kMT_1}{N}=iT_1+\left(\frac{N-1}{2}\right)MT_1 \quad（17）$$

由式（17）可知：由于改进的捕获方法相关器采用循环相关，一个频隙捕获时长 $T_1<T$ 且 $M<i$，所以 $iT>MT_1$。由于传统的串行滑动相关法捕获成功期望为 $(N+1)/2*iT=iT+(N-1)/2*iT$，因此基于FFT的快速判决捕获法优于串行滑动相干法。M 值越小，则基于FFT的快速判决捕获法性能越好，当 M 为1时，其捕获时间期望值与并行滑动相关捕获法的捕获时间期望值接近，达到了相关捕获时间期望值较小的要求。但 M 不能盲目的变小，M 太小会使信息漏检率增高、抗干扰性变差。所以需要根据实际情况确定 M 的值。

在仿真环境相同条件下，对不同频率跳频信号捕获处理采样点时间进行比较，如表1所列。

表1 基于MATLAB的滑动相关和快速判决捕获时间比较

比较类型	频率为1.3GHz跳频信号捕获处理采样点时间/s	频率为1.5GHz跳频信号捕获处理采样点时间/s
滑动相关捕获法	5.3261	5.3416
快速判决捕获法	4.8803	4.8629

由表1可以看出，滑动相关捕获法处理一跳信号采样点所用时间比快速判决捕获法多大约0.4s，由于两系统中除了相关方法和判决方法不同外，其他系统结构完全相同，因此快速判决捕获法优于串行滑动相关捕获法。

综上所述，改进的捕获方法比传统串行滑动相关法性能优越，且其捕获时间期望值与并行滑动相关法接近。因此，快速判决捕获方法适合于宽带高速跳频信号的同步要求。

4　结论

　　信息化弹药通信系统中，对通信系统的建链时间要求、抗干扰性要求较高。在对应用于信息化弹药中的高速跳频信号的捕获研究中，文中首先介绍了串行滑动相关法和并行滑动相关法。串行滑动捕获机理简单，但捕获时间长。并行滑动相关捕获时间短，但结构复杂难以实现。因此，提出一种改进的捕获方法，即快速判决捕获方法。快速判决捕获方法对相关算法和判决方法进行了改进，缩短相关运算时间和判决时间，是一种具有抗干扰、快速捕获和结构简单易于实现的捕获方法。此方法不仅结构相对简单，具有较好的抗干扰性，而且捕获时间相对于串行滑动相关法有了提高。因此，综合宽带高速跳频信号本身的参数、捕获时间的要求以及系统结构复杂度等考虑，快速判决的循环相关捕获方法适用于宽带高速跳频信号的捕获要求。

参 考 文 献

[1] 杨文革，王金宝，孟生云. DS/FH 混合扩频信号捕获方法简述[J]. 测控技术，2009，28：16-20.

[2] Zhao Minjian，Xu Mingxia，Jie，et al. Slot synchronization in Ad hoc networks based on frequency hopping synchronization[J]. IEEE Transactions. 2006，12（8）：235-239.

[3] 赵花荣，赵明生，罗康生. 具有强抗干扰性的快速跳频捕获方案设计[J]. 清华大学学报，2007，47（4）：546-550.

[4] Li Yuling. Model and Simulation of Slow Frequency Hopping System Using Signal Progressing Work system[J]. Communications in Computer and Information Science，2011，105（4）：242-249.

[5] Mills D G，Egnor D E，Edelson G S. A performance comparison of differential frequency hopping and fast frequency hopping，Proc. MILCOM 2004，1（4）：45-50.

[6] 陈永军，吴杰，许华，等. 快速跳频通信系统同步技术研究[J]. 电子设计工程，2010，18：58-61.

[7] Lunden J，Kassam S A，Koivunen V. Robust Nonparametric Cyclic Correlation Based Spectrum Sensing for Cognitive Radio[J]. IEEE Transactions on Signal Processing，2010，1（58）：38-52.

[8] Zhao Xiaoou，Li Li，Jing Xiaojun. A fast direction of arrival estimation based on the fractional lower order cyclic correlation[C]. International Conference on Digital Object Identifier，2010，255-258.

[9] Huang G，Tugnait J K. On Cyclostationarity Based Spectrum Sensing Under Uncertain Gaussian Noise[J]. IEEE Transactions on Signal Processing，2013，8（61）：2042-2054.

[10] 肖扬灿，赵岚. 一种稳健的高速跳频信号实时侦察中的跳同步方法[J]. 中国电子科学研究院学报，2010，5（4）：385-388.

[11] 郭肃丽，刘云飞. 一种基于 FFT 的伪码快捕方法[J]. 无线电通信技术，2003，29（1）.

[12] Sahu P P，Panda S. Frequency hopping spread spectrum signaling using code quadratic FSK technique for multichannel[J]. Computers & Electrical Engineering，2010，36（6）：1187-1192.

信息化弹药 GPS 接收机同步算法研究与仿真

周　帆

（沈阳理工大学信息科学与工程学院，辽宁沈阳　110159）

摘　要：随着信息化弹药从低速向高速运动发展趋势的不断深入，迫使信息化弹药导航信号的同步过程变得更加复杂和困难。为此，本文在对圆周捕获算法、非相干全时间超前-滞后码跟踪环及 Costas 载波跟踪环工作机理深入研究的基础上，提出了一种面向信息化弹药的 GPS 接收机同步算法。并通过仿真对该算法进行了测试评估，测试结果表明所设计的同步算法可以实现对导航电文的快速解调。

关键词：GPS 接收机；同步；捕获；跟踪环；仿真

0　引言

众所周知，信息化弹药的导航系统决定了信息化弹药的打击精度。导航信号是一种可供无数用户共享的信息资源，对陆地、海洋和空间的广大用户而言，只要拥有对导航信号的同步处理方法，就具有了接收 GPS 信号的能力，从而实现相应的预测、侦察、对抗、测量等功能。目前，伴随着信息化弹药导航系统应用领域的进一步拓展，寻求一种性能可靠、通用性强、易于实现的 GPS 接收机同步算法成为研究领域新的风向标[1]。

同步主要包括捕获和跟踪两个阶段，也称之为粗同步和精同步。就粗同步而言，主要包含伪码捕获与载波捕获，前者的目的在于复现扩频伪码，后者的目的在于对 Doppler 频移的补偿。粗同步不但可将收、发 PRN 码的相位差拉近在一个码元范围内，而且也将载波误差控制在一定范围之内，为精同步做准备。就精同步而言，同样包含伪码跟踪和载波跟踪，在完成粗同步的基础上，采用伪码跟踪环和载波跟踪环，进一步使码相位误差和载波误差控制在一个极小的范围内[2]，为导航电文的顺利解调奠定基础。

1　GPS 信号的粗同步

GPS 卫星信号基于 CDMA 技术，采用不同的 PRN 码对不同卫星的导航数据先进行扩频处理后再进行载波调制。钟差和 Doppler 频移导致 PRN 码和载波频率发生偏移，这对接收机而言是无法容忍的。因此，为了接收某一卫星的导航信息，除了复现调制该导航数据的 PRN 码外，还必须搜索到对应卫星所产生的 Doppler 频移，这个过程即 GPS 信号的二维捕获过程[2]。考虑到捕获速度和硬件实现的便捷性，目前针对 GPS L2 频段信号主要采用圆周相关捕获算法[3]来实现 GPS 信号的二维捕获，该算法较传统捕获算法有明显优势。

1.1　圆周相关捕获算法工作原理

圆周相关捕获算法的理论依据是时域卷积定理，其目的是把 GPS 卫星基带信号与本地信号的相关结果转化为二者频域信号的乘积结果，即在频域实现信号的相关运算。其工作原理如图 1 所示。

设 $x(n)$ 表示 GPS 卫星基带信号，$l(n)$ 表示本地产生的 PRN 码和初始载波的乘积，则其时域相关结果 $r(n)$ 可表示为 $r(n) = \sum_{m=0}^{N-1} x(m) \, l \, (n+m)$，其中 N 为运算中所取数据段的长度。若对 $r(n)$ 作 FFT 变换可得其对应的频域相关值 $R(k)$ 为

$$R(k) = \sum_{n=0}^{N-1} \sum_{m=0}^{N-1} x(m) \, l \, (n+m) \mathrm{e}^{-\mathrm{j}2\pi kn/N}$$

$$= \sum_{m=0}^{N-1} x(m) \, \mathrm{e}^{\mathrm{j}2\pi km/N} \sum_{n=0}^{N-1} l(n+m) \mathrm{e}^{-\mathrm{j}2\pi k(n+m)/N}$$

$$= X^*(k)L(k)$$

式中：$L(k)$ 为 $l(n)$ 的 FFT 变换；$X^*(k)$ 为 $x(n)$ 的 FFT 变换的复共轭。若进一步对 $R(k)$ 作 IFFT 变换便可以

得到时域相关结果 $r(n)$，用此相关值和捕获门限相比较，便可达到捕获 GPS 信号的目的。

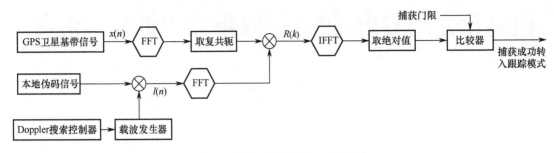

图 1　圆周相关捕获算法工作原理

1.2　圆周相关捕获算法实现流程

步骤 1：C/A 码周期为 1ms，因此，对 1ms 接收到的 GPS 卫星基带信号 $x(n)$ 进行 FFT 变换，将其转化成频域信号 $X(k)$；

步骤 2：求 $X(k)$ 的复共轭 $X^*(k)$；

步骤 3：在频率搜索范围内设定某一本地载波频率，并与本地伪码信号进行相乘后按照与接收信号相同的采样率进行数据采样，得到本地序列 $l(n)$；

步骤 4：对本地序列 $l(n)$ 做 FFT，将其转化成频域信号 $L(k)$；

步骤 5：将 $X^*(k)$ 和 $L(k)$ 序列相乘，用 $R(k)$ 来表示；

步骤 6：对 $R(k)$ 做 IFFT 得到时域上的相关结果 $r(n)$；

步骤 7：将 $r(n)$ 和捕获门限进行比较，超出捕获门限的 $r(n)$ 对应的码相位和载波频率就是捕获的

伪码相位和 Doppler 频率。

2　GPS 信号的精同步

在成功捕获到 GPS 卫星信号后，便可以采用锁相环对捕获环路的输出信号进行动态跟踪。由于 GPS 信号是双相编码的信号，载波和码速率都会受到 Doppler 效应的影响，因此，为了跟踪 GPS 卫星信号就需要两个锁相环：一个跟踪伪码信号；另一个跟踪载波信号。

（1）伪码跟踪。伪码跟踪环是实现伪码同步的关键部件，该环路的设计是建立在载波频率未知这一假设基础上的，即在载波偏离标准值的某个确定范围内，这种码跟踪锁相环仍然能够继续发挥作用。因此，本文采用非相干全时间超前-滞后结构形式的锁相环作为伪码跟踪环路[4]。其工作原理如图 2 所示。

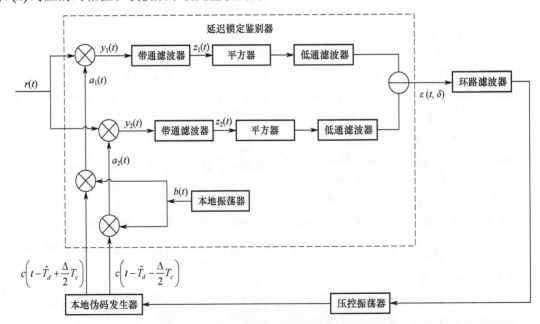

图 2　非相干全时间超前-滞后锁相环工作原理

设输入信号 $r(t)$ 是带导航电文的扩频信号与加性高斯白噪声信号之和，可以表示为 $r(t) = \sqrt{2p}c(t - T_d)\cos[\omega_0 t + \theta(t - T_d) + \varphi] + n(t)$。式中：$p$ 为输入信号功率，T_d 为传输延迟，φ 为载波的随机相位，ω_0 为载波的角频率，$\theta(t - T_d)$ 为任意数据相位调制，$n(t)$ 为高斯白噪声信号。

本地振荡器输出信号为 $b(t) = 2\sqrt{2k_1}\cos[(\omega_0 - \omega_{IF})t + \varphi']$，经前、后本地伪码调制的本地参考信号分别为

$$a_1(t) = 2\sqrt{2k_1}c\left(t - \hat{T}_d + \frac{\Delta}{2}T_c\right)\cos[(\omega_0 - \omega_{IF})t + \varphi'] \quad (1)$$

$$a_2(t) = 2\sqrt{2k_1}c\left(t - \hat{T}_d - \frac{\Delta}{2}T_c\right)\cos[(\omega_0 - \omega_{IF})t + \varphi'] \quad (2)$$

式中：k_1 为从输入到平方器输入端之间的传输增益，ω_{IF} 为中频频率，φ' 表示随机本地振荡相位，T_c 表示码片长度，$\hat{T}_d$ 表示延迟估计量，$\frac{\Delta}{2}T_c$ 表示超前的码相位，$-\frac{\Delta}{2}T_c$ 表示滞后的码相位。

设带通滤波器的中心频率为 ω_{IF}，单边等效噪声带宽是 B_N Hz。则带通滤波器的输出为

$$z_1(t) \approx \sqrt{k_1 p}R_c\left[\left(\delta + \frac{\Delta}{2}\right)T_c\right]\cos[\omega_{IF}t + \varphi - \varphi' + \theta_d(t - T_d)] \quad (3)$$

$$z_2(t) \approx \sqrt{k_1 p}R_c\left[\left(\delta - \frac{\Delta}{2}\right)T_c\right]\cos[\omega_{IF}t + \varphi - \varphi' + \theta_d(t - T_d)] \quad (4)$$

式中：R_c 为伪随机码的自相关函数，$\delta = (T_d - \hat{T}_d)/T_c$ 为相对时延误差。

易知，平方器输出是基带分量和 $\omega = 2\omega_{IF}$ 的倍频分量，而低通滤波器只允许基带分量通过。因此，延时锁定鉴别器的输出为

$$\varepsilon(t, \delta) = [z_2^2(t) - z_1^2(t)] = \frac{1}{2}k_1 p$$
$$\left\{R_c^2\left[\left(\delta - \frac{\Delta}{2}\right)T_c\right] - R_c^2\left(\delta + \frac{\Delta}{2}\right)T_c\right\} = \frac{1}{2}k_1 P D_\Delta(\delta) \quad (5)$$

$$D_\Delta(\delta) = R_c^2\left[\left(\delta - \frac{\Delta}{2}\right)T_c\right] - R_c^2\left[\left(\delta + \frac{\Delta}{2}\right)T_c\right] \quad (6)$$

由式（6）易知，延迟锁定鉴别器的输出误差函数 $D_\Delta(\delta)$ 为周期函数，在 $\delta = 0$ 附近 $D_\Delta(\delta)$ 是 δ 的线性函数。因为，当 $\Delta = 2$ 时，$D_\Delta(\delta)$ 在 $\delta = 0$ 附近的斜率为零，所以非相干延时锁定鉴别器的超前码和滞后码

的相位差不能超出 2 个码元范围。

延迟锁定鉴别器的输出误差函数通过环路滤波器后，修正压控振荡器的频率控制字，使得压控振荡器的输出频率按照 $D_\Delta(\delta)$ 函数变化，从而进一步去控制本地伪码发生器的输出，以此达到跟踪的目的。

（2）载波跟踪。载波跟踪环的主要作用是对伪码跟踪环的输出信号进行解调，在得到导航电文数据的同时得到载波 Doppler 频移量，以实现对接收机的高精度测速。考虑到 GPS 信号中导航数据存在相位反转，因此本文选择对相位反转不敏感的 Costas 锁相环来实现载波跟踪，其工作原理见图 2 中载波跟踪环路部分。其工作过程是：首先，将输入的中频信号分别与本地载波的正弦和余弦分量相乘；然后，再分别通过低通滤波器 I 和低通滤波器 Q，得到同相分量 I 和正交分量 Q，这个过程相当于完成积分的作用；最后，把通过反正切鉴别器对同相和正交分量处理后得到的相位误差信号，作为环路滤波器的输入，其输出对应的误差信号反馈给压控振荡器，当环路进入锁定状态时，该环路的 I 支路输出导航电文数据，Q 支路输出噪声能量。

载波跟踪环路中的鉴别器和环路滤波器是衡量一个环路工作状态的重要标志。考虑到反正切鉴别器具有高精度和对相位反转不敏感的特性，因此选择其作为载波跟踪环路的鉴别器[5, 6]，其计算公式为 $\varphi = \arctan(Q/I)$。此外，设计了两阶的环路滤波器来跟踪 Doppler 频移的变化，工作过程中每毫秒调整一次，使之接近输入的中频信号。设 K_1 为压控振荡器的增益，K_2 为反正切鉴别器的增益，B 是带宽，ξ 为阻尼系数，T 为积分时间，ω_n 为环路固有震荡频率，则环路滤波器函数及相关参数如下：

$$F(z) = C_1 + \frac{C_2}{1 - z^{-1}} \quad (7)$$

$$\omega_n = \frac{2B}{\xi + 1/4\xi} \quad (8)$$

$$C_1 = \frac{1}{K_1 K_2}\frac{8\xi\omega_n T}{4 + 4\xi\omega_n T + (\omega_n T)^2} \quad (9)$$

$$C_2 = \frac{1}{K_1 K_2}\frac{4(\omega_n T)^2}{4 + 4\xi\omega_n T + (\omega_n T)^2} \quad (10)$$

3 同步算法总体设计及测试评估

3.1 同步算法总体设计

图 3 给出了 GPS 接收机同步算法的总体设计

框图。由图 3 可知,捕获成功后立刻转入跟踪模式,跟踪过程中伪码跟踪环路和载波跟踪环路二者相互协同工作,伪码跟踪环路用到载波跟踪环路得到的载波频率,而载波跟踪环路同样也利用伪码跟踪环路获知的码相位偏移来实现对导航电文的解调。

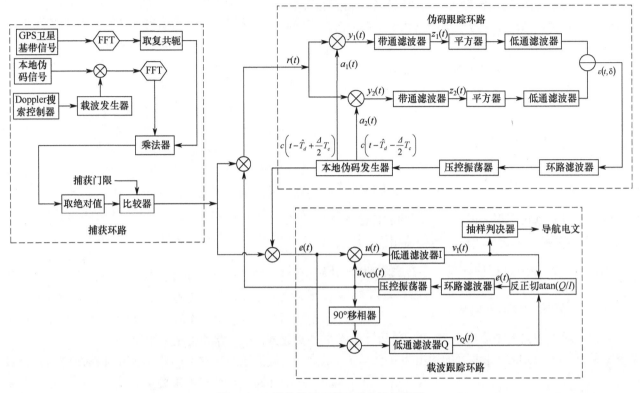

图 3　GPS 接收机同步算法总体设计框图

3.2　同步算法测试评估

　　针对该算法的实现本文是在 Windows 平台环境下进行的,并选用 MATLAB 为仿真工具,遵照 GPS-ICD-200C 中 P 码信号的产生机理生成 PRN 码。在试验中选取的仿真参数为:软件接收机中频 1.25MHz、导航电文为 50Hz 的方波信号、采样频率 5MHz、每次处理的数据段长度为 1ms、每次处理数据点数为 5000、FFT 点数为 5000、Doppler 频移搜索范围为 1.25MHz±5kHz、Doppler 频移搜索步长为 100Hz、信号功率为−120dBW、信噪比为−35dB。

　　图 4 是针对 GPS 中第 7# 卫星捕获的测试结果,其中 x 坐标表示 1～5000 个采样点,对应于 P 码的相位;y 坐标表示 1.25MHz±5kHz 的载波搜索范围;z 坐标表示相关结果。由图 4 易知,最大相关峰值很明显的对应到 1.251MHz 和第 4438 个采样点的位置,即捕获到的 Doppler 频移为 1kHz,捕获到的 P 码相位偏移量为 4438 个样点。测试结果表明,本文粗同步算法可以快速有效地捕获到载波频率和 P 码相位。

　　由图 3 可知,当信号捕获成功后便可以转入信号的跟踪模式。伪码跟踪环路的输入来自于载波跟踪环路跟踪到载波频率和捕获环路输出的乘积信号;载波跟踪环路的输入来自于伪码跟踪环路跟踪到的伪码和捕获环路输出的乘积信号;只有当载波信号和伪码信号完全同步后,才能准确解调出导航电文。

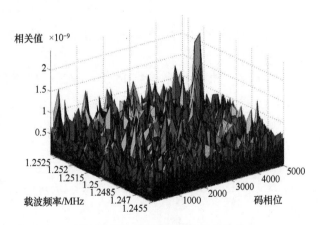

图 4　圆周相关捕获算法相关峰值

　　设 $K_1=1$,$K_2=1$,$B=100$Hz,$\xi=0.707$,$T=1$ms,中频 $\omega_{IF}=1.25$MHz,则由式（8）可求出 $\omega_n=283.0622$ Hz,另外由式（9）、式（10）可求出环路滤波器系数 $C_1=0.3280$,$C_2=0.0657$。由图 5 可知,Costas 环路只需 25ms 便可达到稳定状态,此时成功

跟踪到的 Doppler 频移为 1.2505−1.25MHz = 500Hz。

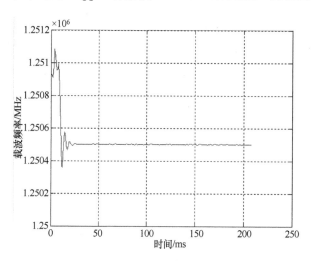

图 5　Costas 环路载波频率跟踪结果

图 6、图 7 分别为载波跟踪环路进入稳定状态后 I 支路解调出的导航电文和 Q 支路输出的噪声能量。若进一步对 I 支路输出的导航电文进行抽样判决就可以得到电文对应的数据流。测试结果表明，该同步算法中各环路工作正常，可以快速准确的解调出导航电文。

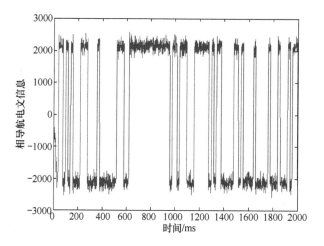

图 6　Costas 环路 I 支路解调出的导航电文

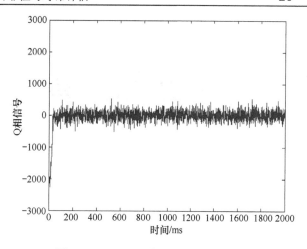

图 7　Costas 环 Q 支路输出的噪声能量

4　结论

本文从分析粗同步和精同步的算法角度出发，提出了一种面向信息化弹药 GPS 接收机的同步算法，并通过 Matlab 软件对该算法进行了测试评估，仿真结果表明，此算法可以很好地实现对信息化弹药导航信号的同步，并最终准确的解调出导航电文。考虑到同步过程是改善 GPS 接收机工作性能的关键。因此，本文的研究工作极大地促进了信息化弹药 GPS 接收机的理论开发，对今后信息化弹药 GPS 接收机的硬件开发具有一定的现实意义。

参 考 文 献

[1] 陈军，潘高峰，等译. GPS 软件接收机基础[M]. 2 版. 北京：电子工业出版社，2007.

[2] Laura A Cheung. GPS Receiver Analysis[J]. Master Dissertation. California State University，Fullerton，2000.

[3] Jing Pang，Frank V G，Janusz Starzyk，et al. Fast direct GPS P-Code acquisition [J]. GPS Solutions，2003，（7）：168-175.

[4] Peter Rinder，Nicolaj Bertelsen. Design of a signal frequency GPS software receiver[J]，Aalborg University，2004.

巡飞弹药仿真试验鉴定技术研究

方　丹，郑　旭

（陆军工程大学石家庄校区导弹工程系，河北石家庄 050003）

摘　要： 针对传统鉴定方法用于鉴定巡飞弹药时，存在的试验费用与结果置信度之间的矛盾和边界条件无法考核的问题，提出了巡飞弹药仿真试验鉴定技术。对巡飞弹药仿真试验鉴定技术进行了简单的介绍，分析了其相比于传统鉴定方法存在的优势。总结了巡飞弹药仿真试验鉴定技术应重点研究的 3 种方法，介绍了其研究现状，指出了还需要进一步解决的问题。

关键词： 巡飞弹药；仿真技术；鉴定；可信度；融合

0　引言

巡飞弹是一种新型制导弹药，可由多种武器平台发射或投放，能够在目标区域上空巡逻飞行，执行情报侦察、通信中继、目标指示、精确打击和毁伤评估等任务。巡飞弹对于提升陆军实时战场情报获取，打击时间敏感目标以及超视距精确打击能力具有重要意义，已经成为陆军精确打击武器发展的一个重要趋势。

巡飞弹作为制导弹药的一种，在其试验鉴定时采用传统鉴定方法面临着和常规制导兵器相同的问题：鉴定结果的置信度与试验次数以及试验费用存在矛盾；无法全面考核其在边界条件下的性能。因此将仿真试验鉴定技术应用于巡飞弹的试验鉴定尤为必要。

1　巡飞弹仿真试验鉴定技术及其优势

鉴定试验是指在研制工作完成后，由国家靶场安排的，用于全面考核武器系统战术技术指标的试验。其中，鉴定试验一般由工业部门提出的，在通常的试验条件下，初步确认武器技术战术指标达到了设计要求，然后交由军方进行定型试验，主要考核极限或临界条件下的武器技术战术指标。巡飞弹药仿真试验鉴定技术与常规制导武器仿真鉴定技术大致相同又有其自身特点。

1.1　巡飞弹仿真试验鉴定技术

仿真试验鉴定通过综合考虑仿真试验与实弹飞行试验结果的方法对武器系统的各项战术技术指标进行评估。

巡飞弹仿真试验鉴定包括以下几个过程（见图 1）：

（1）构建巡飞弹系统仿真评估模型。巡飞弹系统仿真评估模型包含三大关键部分：巡飞弹弹道特性仿真模型、导航制导与控制仿真模型、巡飞弹导引头仿真模型。

（2）建立评估环境模型。根据巡飞弹设计战术技术指标要求，对巡飞弹在战场实际应用中可能遇到的各种复杂气象、图像背景和地理环境进行仿真，实现对巡飞弹实际飞行外部环境再现。

（3）仿真模型的校核。以巡飞弹弹道特性仿真模型的校核为例。利用巡飞弹实弹飞行试验中获取的飞行过程中的位置、速度、加速度、攻角等性能特征样本，与相同环境下仿真得到的相应指标样本进行一致性检验，实现仿真模型的校核。同时，利用飞行试验中的各子系统输入输出量遥测数据，可以实现对仿真模型各子系统的校核。

（4）仿真模型的可信度评估。仿真模型的可信度是指仿真系统作为原型系统的替代系统，在特定的建模与仿真目的下，复现原型系统的可信性程度。

（5）数据融合鉴定。结合上述可信度评估结果，以仿真结果数据和历史试验数据作为先验信息，结合飞行试验数据，选用适当的数据融合方法对巡飞弹性能进行鉴定。

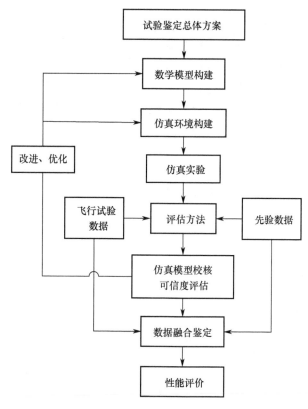

图 1　巡飞弹仿真试验鉴定流程

1.2　巡飞弹仿真试验鉴定技术的优势

　　传统的试验鉴定方法以实弹射击为主，通过大量的实弹试验获取大样本，运用经典统计学对武器系统在各种条件下的性能进行鉴定。传统鉴定方法试验结果的置信度是由样本量保障的。巡飞弹药结构复杂、技术含量高、价格昂贵。采用传统的鉴定方法，为保证鉴定结果的置信度，必须开展更多类型更多数量的实弹试验，获得大的实验样本。这就使得试验鉴定的成本和难度大大增加，不符合实际需求。相反，为节约鉴定费用，降低难度，试验次数过少，就会使鉴定结果置信度无法保障。

　　实弹飞行试验无法实现对巡飞弹药某些战术技术指标的全面考核。巡飞弹的战技术指标的考核需要在一定的外部环境下进行如风速、温度等。在实弹飞行试验时往往无法保证特定的外部环境。同时，实弹飞行试验无法做到对边界条件下的性能进行考核。

　　Bayes 方法是现有的解决高成本制导武器小子样试验鉴定问题的主要方法，能够较好地解决试验鉴定中，由于试验条件、成本等因素的限制而产生的小子样问题。Bayes 方法应用的关键在于各种先验信息的获取、融合，其先验信息主要来源于历史试验数据。然而，现在对历史试验数据的分析还缺乏

统一有效的方法，分析结果主观性强，难以应用于工程实际。仿真试验的引入，使得在对仿真模型充分校核的基础上，可以通过进行大量的仿真实验，获得大量高置信度的先验信息。结合可信度评估理论，可以很好地解决 Bayes 方法先验信息的来源及其可信度问题。与此同时，仿真试验能够通过设置各种参数，有效地对武器装备边界条件下的性能进行考核。

2　巡飞弹仿真试验鉴定关键方法及其发展

　　巡飞弹仿真实验鉴定技术包含多个方面，涉及的技术难题多。在对巡飞弹性能进行仿真鉴定过程中，仿真模型的校核、仿真模型的可信度评估、数据融合鉴定，是决定鉴定结果是否可靠的关键步骤。因此巡飞弹仿真试验鉴定技术需要重点研究以下 3 种方法：仿真模型 VV&A 技术与方法；仿真结果可信度的评估及评估方法的选取；研制阶段定型试验阶段仿真试验数据与飞行试验数据的关系及融合技术。

2.1　仿真模型 VV&A 技术与方法

　　VV&A（Verification，Validation and Accreditation，校核、验证和确认）规范是仿真可信度一个完整的保证体系，其基本出发点是保证仿真具有较高的可信度[1]。

　　VV&A 规范贯穿于仿真研究的全过程。校核（Verification）是指判断所实现的模型及其相关数据是否精确地表达了相应的概念性模型及相关技术规范的过程。验证（Validation）是指根据模型开发和应用的预期目的，来确定模型的相关数据对真实世界进行描述的精确程度的过程，包括定性比较和定量比较。确认（Accreditation）是指各方面专家对某一具体模型或者仿真系统及其相关数据能够适用于特定仿真目的的验收过程。

　　国外在仿真技术发展初期就对仿真模型的可信性十分重视。早在 1962 年，Biggs 和 Cawthorne 就对"警犬"导弹仿真进行了全面评估。美国计算机仿真协会（SCS）于 20 世纪 70 年代中期成立了模型可信度技术委员会（TCMC），其任务是建立模型可信性相关的概念、术语和规范，这是一个重要的里程碑[2]。随着武器系统的复杂性和研制费用的提高，美国等西方国家对仿真技术的需求大大增强，对仿真可信性提出了更高要求。1991 年美国国防部成立了国防建模与仿真办公室（DMSO）负责提高国防部

建模与仿真的正确性和仿真结果的可信性。国防建模与仿真办公室（DMSO）于 1993 年春天成立了一个基础任务小组，具体负责研究 VV&A 的工作模式，该小组于 1996 年提交了研究报告，建议将 VV&A 的实践指导指南作为 DIS 系列标准之一[3]。

当代对 VV&A 技术的研究以其基本规律、指导原则和实施方法为主。2000 年，Michael L. Metz[4] 以 JWARS（The Joint Warfare System，联合作战系统）的 VV&A 过程为例，总结了 VV&A 过程中计划制定、过程执行和结果报告中的实践经验。

2000 年，Osman Balci[5]等研究了正确制定仿真模型的校核、验证和确认计划的一般性原则和方法。2002 年，Osman Balci[6]等在前者基础上提出了 13 条 VV&A 研究策略，为 VV&A 技术研究提供了新的思路。

综合以上研究成果，未来巡飞弹仿真模型 VV&A 技术有以下 5 个研究方向：

（1）统一仿真模型 VV&A 过程中的术语。

（2）相关领域专家知识与 VV&A 技术的融合。

（3）相关定性指标评估方法的研究。

（4）基于模块化的开发方法 VV&A。

（5）结合计算机技术，实现仿真模型 VV&A 的自动化。

2.2　仿真结果可信度的评估及评估方法的选取

仿真结果的可信性是指仿真结果还原实际系统输出结果的好坏程度。仿真结果的可信度是可信性的定量描述，是在特定的建模与仿真目的和意义下，仿真输出结果能够复现原型系统输出的可信性程度。为避免数据融合过程大的仿真试验样本信息"淹没"小的现场试验样本信息，必须要对仿真结果的可信度进行评估。仿真结果的可信度评估是引用仿真信息对巡飞弹性能进行鉴定的必要前提。

现有的仿真模型可信度评估方法主要有 2 种思路：一种是从仿真系统与原系统的相似程度出发，将仿真系统分为多个层面或者多个组成部分，分别考察其与原系统各部分的相似性，或者通过对仿真过程中各个阶段的可信度进行考核，综合各分步考核结果得到仿真系统总的可信度。徐迪[7]提出了基于相似理论的系统仿真可信度分析方法。通过分别考核仿真分析和建模、计算机程序设计与实现以及仿真试验 3 个基本过程的可信度进而得到仿真总体的可信度。张伟[8]等将模糊评判理论引入可信度评估过程，解决了各因素影响权重的分配问题，提出了仿真可信度模糊评判法。张淑丽[9]等运用层次分析法将导弹仿真系统可信度分解为多个评价指标层次结构，由 VV&A 评估得到子指标可信度，根据判断矩阵计算下层指标对上层指标可信度影响程度，最终得到整个仿真系统的可信度。

综上所述，从仿真系统与原系统的相似程度出发的可信度评估方法通过分解、加权、综合的方法对复杂仿真系统进行了简化，通过结合数学计算、实验测试和专家经验等手段获得各分解部分的可信度及其对系统总可信度的影响程度，综合得到仿真系统总的可信度。这种方法较为科学合理且简单易行，同时也存在着对专家经验等主观因素依赖过强，评价结果不够客观的问题。

另一种是从数据角度出发，根据仿真系统输出结果与原系统输出结果的一致性评估仿真系统的可信度，其主要方法是数据一致性检验法。李鹏波[10]根据导弹系统仿真的特点，将其可信性研究分为静态性能检验和动态性能检验，分别介绍了实现这两种检验的数学方法。给出了导弹系统仿真可信性研究一个技术方案。张明国[11]等从时域和频域两方面对导弹仿真系统的试验结果进行可信性评估，重点分析了假设检验法和频谱分析法并通过某型导弹仿真系统可信度评估的具体实施对上述方法进行了检验。

总体来说，现有的数据一致性检验法是利用数学方法，在相同的输入条件下，从时域或者频域比较仿真试验数据和飞行试验数据的一致性，进而实现对仿真系统可信度的评估。相比之下数据一致性检验法客观性强，结果更加具有说服力。但是这种方法在实践中也存在着一些问题：仿真试验与飞行试验具有完全相同的输入条件是无法实现的；某些试验根本无法进行现场的飞行试验；评估过程相对复杂，工作量大。

2.3　仿真试验数据与飞行试验数据融合技术

巡飞弹仿真试验鉴定技术以仿真试验数据作为先验信息，运用仿真实验数据与小子样飞行试验数据融合处理的方法对巡飞弹性能进行鉴定。Bayes 方法是现有的综合运用各种信息，解决小子样问题最常用也是最有效的方法。Bayes 方法最早由英国学者 T.R.Bayes 提出，其与经典统计学最大的区别在于对先验信息的运用。

Bayes 公式由以下过程得出：

设 θ 为参数空间 Θ 中的未知量，在抽样前获得的关于 θ 的先验信息的概率分布称为 θ 的先验分布，记为 $\pi(\theta)$；

随机变量 θ 取某个给定值时总体的条件概率函数为 $p(x|\theta)$；

样本 x 和参数 θ 的联合分布为

$$h(x,\theta) = p(x|\theta)\pi(\theta)$$

在样本给定后，θ 的条件概率分布为 $p(\theta|x)$，称为 θ 的后验分布。

为求 $p(x|\theta)$，把 $h(x,\theta)$ 分解为

$$h(x,\theta) = m(x)p(\theta|x)$$

其中 $m(x)$ 是 x 的边缘密度函数，即

$$m(x) = \int_{\Theta} h(x,\theta)\mathrm{d}\theta = \int_{\Theta} p(x|\theta)\pi(\theta)\mathrm{d}\theta$$

可得 Bayes 公式的密度函数形式：

$$p(\theta|x) = \frac{h(x,\theta)}{m(x)} = \frac{p(x|\theta)\pi(\theta)}{\int_{\Theta} p(x|\theta)\pi(\theta)\mathrm{d}\theta}$$

Bayes 方法提出之初并未得到重视，直到第二次世界大战后 Wald 提出了统计决策理论，其认为 Bayes 解是一种最优决策函数，这大大激发了人们对 Bayes 方法的研究热情，Bayes 方法逐步成为一种十分重要的统计学方法。

在当代军事方面的工程实践中，随着小子样试验鉴定需求的增加，Bayes 方法在制导武器试验鉴定领域受到了越来越多的重视。人们基于 Bayes 方法提出了多种制导武器性能鉴定方法。在对巡飞弹进行仿真试验鉴定时，可以充分借鉴对其他制导弹药相同或者相似性能的融合鉴定方法。查亚兵[12]等提出了运用自主法从仿真试验结果中获取先验信息，并结合现场试验样本对导弹射击精度进行鉴定的方法。

李薇[13]等利用组成防空导弹武器系统的各单元的可靠性信息作为系统先验信息，运用 Bayes 方法对某型防空导弹武器系统可靠性进行了评估。朱敏等提出了基于 Bayes 方法的小子样条件下的巡航导弹命中精度评估方法。该方法综合考虑巡航导弹研制过程中获得的试验数据，如地面测试、挂飞试验、仿真试验数据等，从中得到先验信息，运用 Bayes 方法对巡航导弹命中精度进行评估。

Bayes 方法充分考虑各种先验信息，使得鉴定信息来源更加丰富，弥补了小子样试验鉴定的不足，同时验后信息也起到了对先验信息更新和修正的作用。相比于单纯利用现场试验信息进行的鉴定，置信度更高，评价更为全面。

3 总结与展望

当前，对于制导武器的试验鉴定工作我国尚未建立起系统的、科学的评估方法，制导武器的性能鉴定在很大程度上仍依赖于飞行试验。这种方法不仅耗费巨大，而且鉴定结果的置信度不高。巡飞弹作为陆军精确打击武器的一个新的重要发展方向，其性能鉴定在很大程度上可以继承先前一些制导武器的方法。在此基础上，也要针对巡飞弹药自身存在的特点研究新的鉴定方法。

因此，在充分借鉴有关制导武器鉴定方法的基础上，结合仿真技术，形成更加系统科学巡飞弹仿真试验鉴定技术十分必要。

参 考 文 献

[1] Sargent R G. Verification and validation of simulation models[C]. Proc. of WSC'94, 1994.

[2] 黄柯棣，查亚兵，系统仿真可信性研究综述[J]，系统仿真学报 1997，9（1）：4-9.

[3] 王正明，卢芳云，段晓君. 导弹试验的设计与评估[M]，北京：科学出版社，2010.

[4] Michael L Metz. Joint Warfare System（Jwars）Verification and Validation Lessons Learned. Proceedings of the 2000 Winter Simulation Conference[C]，2000.

[5] Osman Balci. Richard E N，James D A. Expanding Our Horizon siin Verification，Validation，And Accreditation Research And Practice. Proceedings of the 2002 Winter Simulation Conference[C]，2000.

[6] Osman Balci，William F O，John T C，et al. Planning for Verification，Validation，and Accreditation of Modeling and Simulation Applications. Proceedings of the 2000 Winter Simulation Conference[C]，2000.

[7] 徐迪. 基于相似理论的系统仿真可信性分析[J]. 系统工程理论与实践，2001，（4）：49-52.

[8] 张伟，王行仁. 仿真可信度模糊评判[J]. 系统仿真学报，2001，13（4）：473-475.

[9] 张淑丽，杨遇峰，关世义. 导弹仿真系统可信度评估的层析分析法[J]. 战术导弹技术，2005，（1）：23-28.

[10] 李鹏波. 仿真可信性分析与导弹系统的仿真可信性[J]. 导弹与航天运载技术，1999，（3）：8-14.

[11] 张明国，焦鹏. 导弹仿真系统试验结果的可信性评估[J]. 计算机仿真，2008，25（2）：83-86.

[12] 查亚兵，谢莉萍.导弹射击精度鉴定中 Bayes 方法的运用[J]. 系统仿真学报，2002，14（6）：812-814.

[13] 李薇，林干. 贝叶斯方法在某型防空导弹武器系统可靠性评估中的应用[J]. 现代防御技术，2009，37（3）：6-10.

[14] 朱敏，李红. 小子样条件下巡航导弹的命中精度评估方法[J]. 现代防御技术，2007，35（4）：40-43.

关于箱式弹药发火回路阻值检测的研究

程茜茜[1]，安淑铭[1]，李　鹤[1]，琚岱斌[2]，朱　庆[3]，

（1. 陆军北京军事代表局驻七四三厂军代室，山西太原 030000，2. 国营第七四三厂，山西太原 030027，

3. 陆军试验基地，吉林白城 137000）

摘　要：采用箱式弹药发火回路是弹药能否正常发射的关键一环，是关系到武器发射成败的关键因素，故对发火回路的准确检测是十分重要的。由于检测系统检测线缆阻值远大于发火回路电阻，一般达到其 5 倍左右，当检测温度发生变化时，检测线路的电阻变化对发火回路电阻阻值影响较大。本文通过对温度对检测线路影响的探究，通过条件假设得到了具体的影响边界，并通过检测验证了边界的准确性，针对边界提出了相应的处理办法。由于弹药检测存在火工品检测安全电流较小的特殊性而导致的试验样本量较小，以及本人知识和经验所限，故本文探讨的方法也不可避免会存在一定不足之处，尚需不断改进提高。

关键词：电阻；临界区域；温度；检测

0　引言

随着武器系统的发展，箱式产品已成为国际火箭弹武器系统更新换代的主要趋势。弹药在出厂时采用储运发箱包装，储运发箱既是弹药储存和运输的包装箱，也是发射弹药的发射管。采用储运发箱在弹药发射后可以快速整箱更换弹药，再次进行发射，加快了武器系统的快速反应能力。与原来单发装填的火箭弹武器系统相比，机动性更好，战争状态下具有更强生存能力。

箱式产品在检验时，需要同时检测与火箭炮的机械接口、电气接口和综合性能，所以工厂一般采用火箭炮检测发射平台、检测电缆和火控系统专用检测软件对箱弹进行综合检测，确保机械接口和电气接口检测要求与实战相同。

由于储运发箱为多根发射管集束而成结构，每根发射管内均有自己的发火导线，箱体内部线路的布置较为复杂，专用平台和检测电缆长度超过了 20m，发火回路导线有 21 根，且采用了大量的接插件，检测线路电阻阻值大约是火箭弹发火回路规定值的 5 倍。而火控系统软件检测的电阻值是专用平台、检测电缆和箱弹发火回路的总和。因为检测线路电阻远大于火箭弹发火回路电阻，所以当温度发生变化导致检测线路的变化远大于发火回路的变化，从而影响发火回路的阻值判断，乃至影响到箱弹检测结果合格与否的判断。因为发火回路阻值合格与否是判定发火回路有无存在虚接或虚焊情况的重要依据，虚接、虚焊问题会导致火箭弹发射产生留膛故障，所以，准确检测火箭弹发火回路阻值直接关系到产品作战性能，其重要意义不言而喻。

但箱体内部线路与检测线路导线数量多、线路阻值达到火箭弹发火回路电阻阻值的 5 倍左右，在温度及接插件等因素的影响下，大大增加了准确检测每发火箭弹发火回路阻值的难度。本文通过利用温度因素对电阻阻值的影响原理，对实际检测结果进行了分析，通过计算得到了温度影响的临界区域，提出了检测值临界区域处理办法，比较准确地检测发火回路阻值，确保产品出厂质量。

1　问题的提出

箱弹发火回路检测线路如图 1 所示。

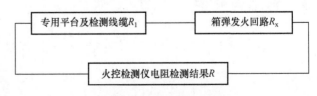

图 1　箱弹发火回路检测线路示意图

由图1可知：

综合检测仪电阻检测结果 R，就是专用平台及检测线缆阻值 R_1 与箱弹发火回路阻值 R_x 之和，即

$R=R_1+R_x$，则 $R_x=R-R_1$

R_x 即为出厂检测需要到的箱弹发火回路检测结果。实际测量时，我们会首先采用电阻测试仪测量出专用平台及检测线缆阻值 R_1，将 R_1 作为一个固定值输入到检测程序中。然后将箱弹发火回路 R_x 接入检测线路中，通过综合检测仪测得整个回路电阻 R。最终在综合检测仪显示的箱弹发火回路阻值 R_x 即通过 $R-R_1$ 计算得到。

需要说明的是，R_1 具体数值是首次在检测生产线装配时测得，而且由于储运发射箱是多管集束结构，故 R_1 其实代表 21 根不同线路检测结果，检测程序复杂，检测工作量大，不可能在每次线路检测前对其重复检测。这个道理像检测单一电阻前需要检测万用表的内阻一样，但不能和万用表一样方便地实施测试。

众所周知，物质的阻值是会随着其温度的变化而变化的。故上述得到 R_x 和 R_1 也会随着温度变化发生变化。R_x 在设计指标中已经考虑其在使用温度范围内的阻值为 1.20～2.50Ω，故检测时需要考虑的是 R_1 受到温度变化的影响，确定 R_1 的温度变化范围是在不同温度时准确测量判定 R_x 的前提。

2 温度对检测线路电阻阻值的影响分析

导体的电阻（率）温度系数（TCR）表示电阻当温度改变 1℃时，电阻值的相对变化。当温度每升高 1℃时，导体电阻的增加值与原来电阻的比值，单位为 10^{-6}/℃定义式如下：

$$TCR=dR/R \cdot dT$$

实际应用时，通常采用平均电阻温度系数，表1列出了常用物质特定温度下的平均电阻温度系数。定义式如下：

$$TCR(平均)=(R_2-R_1)/(T_2-T_1)=(R_2-R_1)/(R_1 \cdot \Delta T)$$

式中：R_1 为温度为 T_1 时的电阻值（Ω）；R_2 为温度为 T_2 时的电阻值（Ω）。

采用阻抗测试仪测得其 T_1 时箱体内部电阻和检测线路电阻阻值 R_1。取表 1 中的平均电阻温度系数 α，按照上述公式通过计算，便可得到测量温度 T_2 时的电阻阻值 R_2。但连接线路是由多段导线和电连接器组成，不同物质具有不同的平均电阻温度系数。

表 1 常用物质特定温度下的平均电阻温度系数

物质	温度 t/℃	电阻率	电阻温度系数 α/℃$^{-1}$
银	20	1.586	0.0038（20℃）
铜	20	1.678	0.00393（20℃）
金	20	2.40	0.00324（20℃）
铝	20	2.6548	0.00429（20℃）
锌	20	5.196	0.00419（0～100℃）
镍	20	6.84	0.0069（0～100℃）
铁	20	9.71	0.00651（20℃）
锡	0	11.0	0.0047（0～100℃）

3 临界区域判定方法

在此，考虑到导线和电连接器中大都采用铜作为主要的导体，假设线路的平均电阻温度系数近似于铜，故取 $\alpha=0.00393$，则有

$$R_2=R_1+R_1 \cdot \Delta T \cdot \alpha=R_1(1+0.00393\Delta T)$$

而 $R_1 \cdot \Delta T \cdot \alpha$ 当 ΔT 取测量温度的取工艺要求的极限范围时，则就可以得到温度影响的导致 R_1 产生的极大误差 ΔR_1。

因 R_x 规定阻值为 1.20～2.50Ω，故只要在规定温度条件下，测得 R_x 数值位于（1.20+ΔR_1）或（2.50-ΔR_1）范围时，即可直接判定发火回路合格。

当检测值位于临界区域内，即位于 1.20～（1.20+ΔR_1）或（2.50-ΔR_1）～2.50 时，由于火控计算机内设计的 R_1 是一组固定的数值，考虑温度影响因素，故不能直接判定其是否合格。

现实中，火控发火仪规定检测温度范围为 10～30℃[3]，20℃时 21 根导线实测电阻阻值为 5.81～6.32Ω范围，取 ΔT 为 10℃，R_1=6.3，α=0.00393，代入公式 $\Delta R_1=R_1 \cdot \Delta T \cdot \alpha$ 中，经计算得 ΔR_1=0.248Ω。

考虑到导线中不是全部为铜质，故实际中取 ΔR_1=0.30Ω。在实际中采用阻抗测试仪在相应温度下对检测平台及线路进行验证，ΔR_1 实测最大值为 0.26Ω，最小值为 0.22Ω，故设定 ΔR_1=0.30Ω是可行的。

4 边界问题简化处理

针对处于边界时的情况，判定方法比较复杂，实际操作如下：①采用阻抗测试仪测得现场温度条件下的专用平台电阻和检测线路电阻阻值 R_1。②接入箱弹发火回路。③用阻抗测试仪对处于边界范围的定向管号阻值 R 进行检测。④通过计算求得 R_x 进行判定。

在实际应用中，为了简化对现场温度条件下的

专用平台电阻和检测线路电阻阻值 R_1 的测量，进行了如下优化设计：通过将储运发射箱进行改造，采用 1Ω的标准电阻代替箱弹发火回路，制成一个标准体，并具在与箱弹相同的机械接口和电气接口。测量时，将标准体接入检测线路中，使用阻抗测试仪测得 21 根导线回路的 R_0，而 $R_1=R_0-1$。这样就简化了实际中测量操作。

实际检测中，由于发火回路电阻的一致性较好，集中分布在 1.7～2.1Ω范围内，边界状态分布很少，这种情况说明有效界定边界对于实际操作更加具有现实意义。针对这些较少的处于（$2.50-\Delta R_1$）范围内的数值进行实际测试验证，检测结果有个别超差现象，经开箱检查为接插件没有连接到位所致。

5　结论

根据上述分析计算结果，箱弹发火回路检测要求可以确定为：当测量结果在 1.50～2.20Ω范围内，则判定合格；当测量结果在 1.20～1.50Ω或 2.20～2.50Ω时，需用阻抗测试仪进行即时检测，阻值在 1.20～2.50Ω范围内，则判定合格。

参 考 文 献

[1] 编辑委员会. 中国电力百科全书[M]. 中国电力出版社. 2014.

[2] 刘少刚. 高值电阻准确测量方法[J]. 应用科技. 2010, (4).

关于预制破片对不同硬度装甲钢板侵彻作用的研究

李　鹤[1]，张向锋[1]，郭刚虎[1]，郭　凯[2]

（1. 陆军北京军事代表局驻七四三厂军代室，山西太原 030000，2. 国营第七四三厂，山西太原 030027）

摘　要：针对某产品预制破片垂直撞击 12mm 厚、硬度 HBW 压痕直径分别为 3.6mm 和 2.9mm 的 22SiMn2TiB 均质装甲钢板的侵彻试验研究了装甲钢板硬度对预制破片侵彻作用的影响。试验观察发现，装甲钢板材料力学性能的改变导致了侵彻机理的变化。硬度升高，导致绝热剪切临界失稳应变降低，易诱发充塞破坏，而且塑性和韧性降低，从而使硬度高的装甲钢板更容易被穿透。本文研究结果可为战斗部静爆交验用靶板的选择提供重要的参考价值。

关键词：预制破片；装甲钢板；侵彻机理

0　引言

预制破片对装甲靶板的侵彻问题一直未受到设计部门的重视，但是会直接影响到产品战斗部威力试验结果。影响预制破片侵彻过程的因素很多，其中装甲靶板材料性能对预制破片的侵彻能力有着重要的影响。为了充分发挥预制破片的侵彻性能，研究一定弹靶体系下高硬度装甲钢板的侵彻机理是非常必要的。众所周知，侵彻机理受预制破片因素、射击因素、靶板因素和环境因素等影响。当预制破片因素、射击因素和环境因素确定后，侵彻机理依据靶板因素而变化，最终决定预制破片的侵彻性能。

有关装甲靶板硬度对其抗弹性能影响的文献指出，在装甲钢板硬度较低时，其侵彻破坏形式基本上为延性扩孔，硬度提高使塑性变形功增加，从而导致抗弹性能提高；当达到一定硬度后，由于出现绝热剪切带，导致装甲钢板产生低能的充塞形式破坏，此时随硬度增加，抗弹性能反而下降；而当硬度超过一定值后，侵彻时弹丸变形或破碎，钢板的抗弹性能将大幅度提高。

高强度装甲钢板抗弹性能与硬度之间的关系较为复杂，本文通过不同硬度装甲钢板的侵彻试验，研究高硬度状态下硬度变化对预制破片侵彻作用的影响。

1　试验材料和过程

1.1　预制破片

某产品战斗部预制钨块破片，每个钨块重约 8g（图 1）。

图 1　装配好的 12.7mm 子弹

1.2　靶板材料

500mm×500mm×12mm 的 616 装甲靶板 2 块，牌号为 22SiMn2TiB。其中 HBW 硬度压痕直径为 3.6mm 的装甲靶板靶板为Ⅰ，HBW 硬度压痕直径为 2.9mm 的装甲靶板编号为Ⅱ。

1.3　试验过程

试验用枪为 12.7mm 口径弹道枪。12.7mm 子弹由破片与尼龙弹托组成，预制破片与弹托、弹壳紧密配合装配成一体。通过装药量控制弹速，弹速和装药量基本呈线性关系，如图 2 所示。

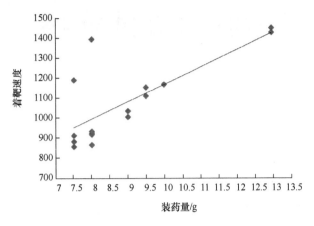

图 2 弹速与装药量关系

侵彻试验在中北大学地下目标与毁伤技术国防重点学科实验室进行，靶试系统的配置图如图 3 所示。装甲钢板被安置在距弹道枪 3.5m 处的矩形中空支撑靶架上。测速装置为 HG202A-Ⅱ测时仪和测速网靶。枪口高度与测速网靶和靶台中心成一直线。

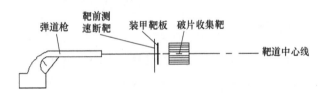

图 3 靶试示意图

靶试后对靶板破损情况进行观测。测量弹孔出入口直径、破片和冲塞重量等参数。

2 试验结果

2.1 试验结果

预制破片对两种不同装甲钢板的侵彻性能试验结果如表 1 所列。预制破片穿透高硬度装甲钢板的最小速度为 862m/s，而穿透低硬度装甲钢板的最小速度为 1040m/s。

表 1 靶试结果

靶板编号	布氏硬度，HBW10/3000	穿透时着靶速度/(m/s)	未穿透时着靶速度/(m/s)
Ⅰ	压痕直径，3.6mm	1040,1117,1160, 1175,1459.6	870.2,923,1011
Ⅱ	压痕直径，2.9mm	862,917,928,1198, 1403,1436	887,938

靶试后对装甲钢板弹孔破损情况（见表 2）的研究表明：预制破片侵彻低硬度装甲钢板时，装甲靶板的弹坑凸起均为圆形（4 出，1011m/s），着靶速度增加到一定程度后，穿透靶板，形成翻起的唇边（3 出，1175 m/s），冲塞碎裂；靶板硬度提高后，发生冲塞破坏的弹坑（11 出，938m/s），冲塞形状规则，预制破片穿透靶板，表面有明显的脆性崩落迹象，且冲塞完整。

表 2 装甲钢板破损情况

靶板编号	靶板出口情况（按着靶速度排列）
Ⅰ	
Ⅱ	

3 讨论

在高硬度和超高硬度状态下存在一对制约装甲钢板抗弹性能的矛盾因素，即导致预制破片变形或破碎的抗力与导致冲塞破坏的绝热剪切临界失稳应变。对弹坑和穿孔形貌进行的分析表明：在其他影响因素不变的情况下，硬度的变化会造成侵彻机理的改变。

装甲靶板的破坏过程由开坑、稳定侵彻、充塞或背面崩落 3 个阶段组成。装甲钢板的侵彻过程可简单描述为：侵彻初期，在弹体压力作用下，装甲钢板依据阻力最小定律逆着弹丸前进方向运动；侵彻中期，弹丸进入稳定侵彻阶段，在该阶段弹体侵入靶板较深，弹、靶继续破碎，弹速下降，弹体质量销蚀，长度减少，但两者的碎片已不容易反挤出来，只能挤压弹孔周围将弹孔扩大。弹、靶接触区的温度急剧上升，对于硬度较低、塑性较好的靶板，将产生延性扩孔破坏，而对于高强度高硬度的靶板，将产生热塑失稳和产生绝热剪切带。绝热剪切带的产生很容易转变为微裂纹，有利于靶板内弹孔延伸和弹体的"自锐"。侵彻阶段结束时，靶板背面会产生鼓包，弹体继续侵彻，即转入充塞阶段。随着弹体的进一步侵彻，靶板背面的鼓包增大，靶板抗力进一步减小，最后在薄弱处重开或剪断。残余弹体和金属碎块以剩余速度从孔口喷出，韧性靶板会留下比入口处更大的翻唇。

观察弹坑和穿孔发现，随着硬度增大，装甲钢板的开坑方式也由塑性卷边破坏变位脆性崩落破坏。硬度升高使装甲钢板塑性变形能力降低，易出现绝热剪切带，由延性扩孔式破坏转变为低能的冲塞式破坏。

4　结论

通过对某产品预制破片垂直冲击 12mm 厚、硬度为 HBW 压痕直径分别为 3.6mm、2.9mm 的装甲钢板的侵彻试验进行分析，可以得出以下结论：

（1）在本次试验条件下，预制破片对低硬度装甲钢板的破坏形式主要表现为延性扩孔；对高硬度装甲钢板的破坏形式主要表现为冲塞式破坏。

（2）在本次试验中，装甲钢板硬度提高，预制破片侵彻过程中出现绝热剪切带，诱发冲塞破坏，并且塑性和韧性降低，导致背面盘状崩落破坏，导致更容易被预制破片穿透。

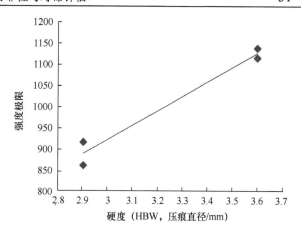

图 4　强度极限与硬度的关系

参 考 文 献

[1] 赵国志. 穿甲工程力学[M]. 北京：兵器工业出版社，1992.

[2] 董瀚，李桂芳，陈南平. 高强度装甲钢的抗弹性能研究[J]. 钢铁，1996，31（增刊）：67-71.

[3] 吴广，冯顺山，董永香，等. 不同硬度弹丸对中厚靶板作用的试验研究[C]. 第九届全国冲击动力学学术会议论文集：592-596.

[4] 时捷，董瀚，王琪，等. 硬度对装甲钢板抗弹性能的影响[J]. 钢铁研究学报，2000（12）：36-41.

基于地磁传感器的二维弹道修正引信滚转角测量

王　毅，陶贵明，方　丹

（陆军工程大学石家庄校区导弹工程系，河北石家庄 050003）

摘　要：针对二维弹道修正引信固定舵滚转角的测量问题，基于两轴磁传感器的工作原理，设计了一种地磁模块，并对地磁模块的磁量测试进行了修正。地面测试和飞行试验结果表明，所设计的地磁模块可有效应用于二维弹道修正引信的滚转角测试，具有较高的工程意义。

关键词：地磁模块；滚转角测量；椭圆效应；弹道修正引信

0　引言

炮兵制导弹药的发展受到各国军队的高度重视，库存常规弹药的信息化改造是当前面临的重要课题。固定鸭舵式二维弹道修正引信具有活动部件少、可靠性高、成本低、可实现连续修正等特点，替换传统的常规引信即可实现弹箭的信息化改造[1]。因而，获得了国内外的高度青睐。

常用的姿态测量传感器包括陀螺、加速度计、地磁传感器等。陀螺、加速度计等惯性器件被广泛应用于导弹的姿态测量中，但对于采用大过载发射平台的弹箭而言，惯性器件的使用受到了限制。本文介绍一种基于两轴磁传感器的地磁模块，并应用在固定鸭舵式二维弹道修正引信的滚转角测量上，具有较高的工程应用价值。

1　二维弹道修正引信工作原理

固定鸭舵式二维弹道修正引信采用双旋结构，即修正组件和安装在弹体上的引信尾部以不同的滚转角速度绕弹轴旋转。

固定鸭舵式二维弹道修正引信采用"卫星+地磁"的制导体制。引信除含有常规引信的功能部件之外，集成了天线、固定舵、卫星导航模块（以下称 GPS 模块）、地磁模块、弹上机、制动器等组件，如图 1 所示。固定舵由一对差动舵和一对操纵舵构成，差动舵舵偏方向不同，使引信修正组件在来流作用下相对于弹体以相反的角速度滚转（引信修正组件左旋，弹

体右旋）；操纵舵舵偏方向相同，可在来流作用下提供修正控制力，从而调整弹丸姿态实现弹道修正。

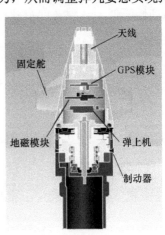

图 1　固定鸭舵式二维弹道修正引信示意图

固定鸭舵式二维弹道修正引信制导控制系统工作原理如图 2 所示。起控后，GPS 模块通过天线获取弹箭实时的速度、位置信息并将其传送给弹上机。同时，地磁模块实时测量固定舵的滚转角。弹上机

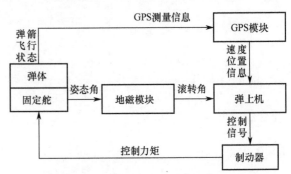

图 2　制导控制系统工作原理

实时接收导航信息后，依据所设计的制导率通过制动器将固定舵稳定在相应的控制角度上，从而改变弹体受力实现弹道修正。

2　地磁测姿原理

假设在弹箭射程范围内地磁场矢量不变，在极小的一段弹道弧长内，弹箭俯仰角、偏航角不变，则在该段弹道弧长内，地磁场矢量在弹箭弹体坐标系 YOZ 平面内的分量是定值 H。随着弹体滚转，地磁场矢量在弹体坐标系 OY 轴和 OZ 轴上的分量不断变化，进而使磁阻传感器的输出电压不断变化。那么，就可以通过测量输出电压的变化得到弹箭滚转角（见图3）。

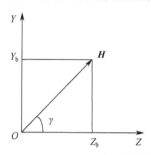

图3　地磁矢量在 YOZ 平面内的投影

理想状态下滚转角 γ 可表示为

$$\gamma = \arctan \frac{Y_b}{Z_b} \tag{1}$$

式中：Y_b，Z_b 分别为 H 在弹体坐标系 OY 轴和 OZ 轴上的投影。

在采用双轴地磁传感器测量滚转角时，由于传感器制造精度以及外部磁场和弹箭壳体材料的影响，传感器采集到的数据在弹体坐标系 YOZ 平面内会形成椭圆，进而造成滚转角测量误差，即"椭圆效应"[2,3]。为准确解算滚转角需要对采集的地磁信号进行补偿，进而修正椭圆。

假设地磁传感器的测量值 (Y_n, Z_n) 与理想值 (Y_b, Z_b) 之间的函数关系如下：

$$\begin{cases} Y_b = Y_0 \times G_y (Y_n - Y_{\text{offset}}) \\ Z_b = Z_0 \times G_z (Z_n - Z_{\text{offset}}) \end{cases} \tag{2}$$

式中：Y_0，Z_0 为椭圆修正系数，G_y，G_z 为磁阻传感器增益系数，Y_{offset}，Z_{offset} 为电桥偏置修正量。

通过调整 Y_0、Z_0 的数值可以对椭圆进行修正，使其接近标准圆。

3　试验验证

基于双轴地磁传感器测量滚转角的工作原理，

设计一种地磁模块，将其应用在固定鸭舵式二维弹道修正引信上，并通过试验验证其有效性。

3.1　地面测试

测试流程如下：将引信安装在双轴仿真测试台上，如图4所示，首先快速转动固定舵使地磁模块进行在线标定，然后将固定舵分别稳定在0°、90°、180°和-90° 4个角度（由光电码盘确定角度的正确性），通过仿真控制台直接读取固定舵的角度。

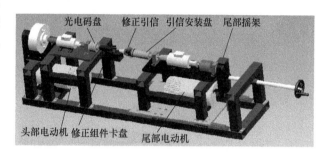

图4　双轴仿真测试台示意图

固定舵的测得的固定舵滚转角曲线如图5所示。图中，前段曲线密集的区域为在线标定过程。标定后，地磁模块测得 4 个角度的固定舵滚转角分别为0.3225°、89.92°、-175.1°和-90.55°，其误差分别为0.3225°、0.08°、4.9°和0.55°。该误差在±5°的误差范围内，满足测试精度要求。

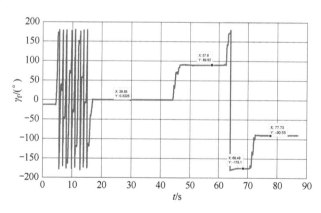

图5　地磁模块测得的固定舵滚转角曲线

3.2　飞行试验

固定鸭舵式二维弹道修正引信配用于某型榴弹，在某基地进行了飞行试验。飞行试验中，弹丸搭载记录器记录相关数据，磁传感器测得地磁数据与修正（也称"补偿"）后地磁数据的对比如图6所示。补偿前数据为一椭圆，补偿后近似为标准圆，表明了补偿的有效性。

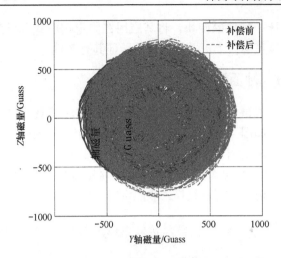

图 6　磁量修正前后对比

理，设计一种地磁模块，并将其应用在二维弹道修正引信的滚转角测试中。试验结果表明，该地磁模块可有效应用于修正引信的滚转角测试中，取得了良好的效果。

参 考 文 献

[1] 王毅. 固定鸭舵式二维弹道修正榴弹弹道特性与修正控制算法研究[D]. 石家庄：军械工程学院，2015.

[2] 吕清利，高旭东，王晓鸣. 基于地磁测量的弹丸滚转角实时解算研究[J]. 弹箭与制导学报，2011，31（3）：29-30.

[3] 邱荣剑，宓卉. 基于地磁传感器的弹体姿态角测量方法研究[J]. 舰船电子工程，2012，32（11）：97-99.

4　结论

本文基于两轴地磁传感器测量滚转角的工作原

注：1Guass=10^{-4}T。

某型平衡抛武器制动过程及速度影响研究

刘云峰[1]，黄 亮[2]，杨 帆[2]

（1. 陆军重庆军代局驻九八〇四厂军代室，云南曲靖 655000；2. 陆军重庆军代局，重庆 404100）

摘 要： 单兵平衡抛武器在出炮口前弹丸存在内弹道加速和制动减速两个过程，这区别于传统武器。制动过程包括活塞压缩变形环和螺钉拉断两个过程，在这个过程中弹丸速度发生变化，这会对弹丸初速产生影响。本文采用有限元方法，运用 LS-DYNA 软件对某型单兵平衡抛武器的制动过程进行仿真计算，并研究了制动起始速度变化对弹丸初速的影响，可为系统开展该武器弹丸初速研究提供基础，还可为该武器研制空炸弹的时间引信提供基础。

关键词： 平衡抛；制动过程；速度

0 引言

从近几场局部战争中可以看出，城市地形作战 MOUT 日益增加，由于城市战的战斗空间狭窄、地形复杂，传统大型武器的使用受到了限制，单兵平衡抛武器应运而生[1]。该武器属一次性使用的肩射武器，可在坑道、掩体和建筑物内等有限空间发射，发射具有微光、微声、微焰等特点，是未来城市战的必备武器之一。

区别于传统武器，该武器在出炮口前存在内弹道加速和制动减速两个过程，其中制动过程是该武器特有的发射过程，影响弹丸初速，是在开展武器设计优化、研究弹丸外弹道飞行特性须着重研究的过程。

1 发射及制动过程分析

武器采用封闭式平衡抛发射原理。发射时，发射装药在发射筒和前、后活塞构成的空间内燃烧产生高温、高压火药气体，推动弹丸和平衡体向相反方向加速运动，在弹丸向筒口前方抛出的同时，平衡体也被抛出后筒口，而前、后活塞被筒口的制动机构制动在筒口，同时将发射筒分系统内的燃气密封在筒体内[2]。实现低发射信号、后喷危险界小的功能，并可在有限空间内发射。

制动过程通过活塞压缩变形环，对活塞及弹丸进行制动，使活塞速度降为零而"静止"，以密闭火

药气体。同时，由于弹丸的惯性运动，连接弹丸和活塞的连接螺钉受到拉伸应力拉断，使弹丸获得初速飞离炮口。螺钉前后通过螺纹连接在弹丸和活塞之间，在平时储存、运输、携行和使用过程中起到固定弹丸，保持弹丸相对位置不变，使弹丸在发射筒内不随意晃动的作用；在发射过程中螺钉保证弹丸与活塞连接，保证活塞推动弹丸赋予弹丸速度[3]。武器结构示意图如图 1 所示。

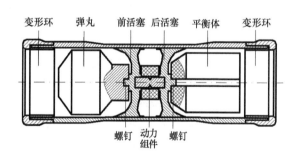

图 1 武器结构示意图

2 LS-DYNA 仿真研究

2.1 算法及材料模型选择

LS-DYNA 是通用显式动力有限元软件中应用最广泛的，能够模型工程中的许多复杂问题[4]，本文就采用 LS-DYNA 对制动过程进行仿真。制动过程实际上是冲击变形问题，对于这类问题拉格朗日（Lagrange）算法适用性较好。

材料模型选用随动塑性硬化模型，该模型是一

个可以考虑失效并与应变率有关的混合模型，它可以各向同性，也可随动硬化，还可以兼而有之，选择的方式是调整硬化参数 β，β 是在 0 和 1 之间变化调整，其中 0 表示仅随动硬化，1 表示仅各向同性硬化。应变率用 Cowper – Symonds 模型来考虑，用于应变率有关的因素表示屈服应力，即

$$\sigma_Y = \left[1 + \left(\frac{\varepsilon}{C}\right)^{\frac{1}{P}}\right](\sigma_0 + \beta E_P \varepsilon_P^{\text{eff}}) \qquad (1)$$

式中：σ_0 为初始屈服应力；ε 为应变率；C、P 为 Cowper – Symonds 应变率参数；$\varepsilon_P^{\text{eff}}$ 为有效塑性应变；E_P 为塑性硬化模量。

2.2 模型及网格划分

仿真对象包括发射筒、活塞、弹丸和变形环，仿真目的是得到弹丸在制动过程中的速度变化情况，仿真重点是活塞压缩变形环的过程和弹丸与活塞连接处螺钉拉断过程。由于模型严格轴对称，为了能够节省计算资源，加快计算速度，建立 1/4 三维立体模型。为了能够划出高质量的网格，对原外形做了适当简化，在保证弹丸质量不变的前提下以圆柱体代替弹丸的原外形，其他未做改动。

网格划分是正式计算开始前非常重要的准备工作。一般来讲，结构化网格在计算准确度、速度和节省计算机内存方面，都较非结构化网格有优势，但缺点是对计算区域的形状适应性差，难以在复杂外形的情况下生成网格。而非结构化网格的形状适应能力强，但占用内存大，计算速度慢，划分质量不易控制，如果质量不佳，甚至难以收敛。本模型不是很规则，尤其在活塞部分难以生成结构化网格，故采用非结构化网格，在较规则的部分包括发射筒、变形环和弹丸采用 Hypermesh 软件进行网格划分，不规则的部分活塞采用运用 Ansys 软件进行网格划分[5,6]。模型及网格划分如图 2 所示。

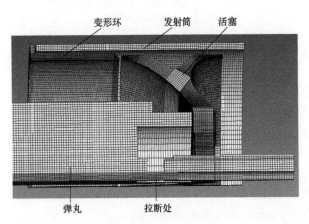

图 2 模型及网格划分

2.3 仿真计算

根据内弹道的计算可知常温情况下弹丸在制动起始时刻的速度为 171m/s，并施加约束条件进行仿真计算。

200μs 时刻仿真结果如图 3 所示，螺钉拉断的局部放大图如图 4 所示，弹丸在这期间的速度变化情况如图 5 所示。

缩颈拉断

图 3 200μs 时刻仿真结果

图 4 拉断处局部放大图

从图 5 中可看出，弹丸速度在 200μs 左右后趋于稳定，表明此时螺钉已经被拉断。在这个过程中弹丸速度从 171m/s 降到 166m/s，降速 5m/s，降速过程较平稳。仿真结果表明制动过程对弹丸速度有影响。

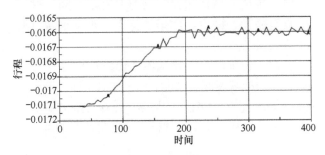

图 5 弹丸速度变化情况

3 制动起始速度影响研究

为了研究弹丸制动起始速度变化对制动过程的影响，本节选取了 4 个弹丸制动起始速度分别开展仿真计算，得到弹丸速度变化情况如图 6 至图 9 所示。

根据图 9 弹丸速度变化情况总结如表 1 所列。

从表 1 可看出，制动过程中，弹丸制动起始速度从 158.8m/s 变化到 175.7m/s，弹丸速度均下降，且速度降差异很小，仅为 0.4m/s，表明弹丸制动起始速度对制动过程影响很小。

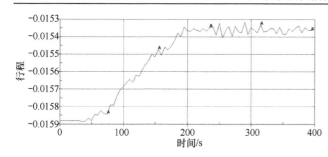

图 6　制动起始速度为 158.8m/s 时弹丸速度变化情况

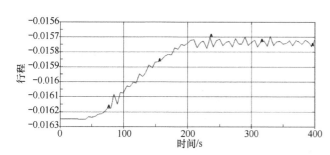

图 7　制动起始速度为 162.5m/s 时弹丸速度变化情况

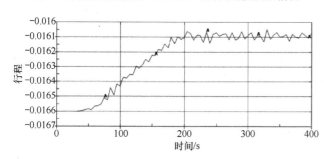

图 8　制动起始速度为 166.0m/s 时弹丸速度变化情况

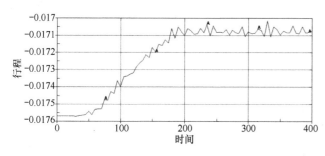

图 9　制动起始速度为 175.7m/s 时弹丸速度变化情况

表 1　制动前后速度变化情况

序号	制动起始速度/（m/s）	制动后速度/（m/s）	速度降/（m/s）
1	158.8	153.6	5.2
2	162.5	157.4	5.1
3	166.3	161.3	5
4	171.0	166.0	5
5	175.7	170.9	4.8

4　结论

　　本文以某型单兵平衡抛武器为研究对象，针对其制动过程开展了有限元仿真研究，得到了弹丸的速度变化情况，为研究制动起始速度对弹丸速度影响情况，本文选取了 5 个不同的制动起始速度分别得到了制动前后的速度变化情况，结果表明弹丸制动起始速度的变化对制动过程的影响很小。

参 考 文 献

[1] 吴戈. 未来的城市战及其特种装备[J]. 现代兵器, 2000, 4: 18-19.

[2] 负来峰, 芮筱亭, 冯可华. 平衡抛射武器内弹道性能研究[J]. 南京理工大学学报（自然科学版）, 2009, 4（2）: 258-261.

[3] 沈磊. 筒式武器制动部件效能的研究[D]. 南京: 南京理工大学, 2004.

[4] 何涛, 杨竞, 金鑫. ANSYS10.0/LS-DYNA 非线性有限元分析实例指导教程[M]. 北京: 机械工业出版社, 2007.

[5] 张洪才. ANSYS14.0 工程实例解析与常见问题解答[M]. 北京: 机械工业出版社, 2013.

[6] 王钰栋, 金磊, 洪清泉. Hyper Mesh&Hyper-View 应用技巧与高级实例[M]. 北京: 机械工业出版社, 2012.

均质薄靶板验收穿甲弹可行性分析

杨　涛，方文改

（72373 部队，河南偃师，471900）

摘　要：穿甲弹出厂验收一般用大倾角的有限厚均质靶板，长径比大于 30 的穿甲弹往往打 4～5 发弹时才能得到一发合适的着靶姿态，使得穿甲效果有效，造成了穿甲试验的物力财力大量消耗。我们对均质薄靶板验收穿甲弹可行性进行了分析，发现用较薄均质靶板对穿甲弹验收是经济可行的办法。

关键字：均质靶板；穿甲弹；可行性分析

0　引言

在穿甲弹的生产与科研过程中，为考核穿甲弹的穿甲威力，一般把穿甲弹要对付的实际目标转化为一定厚度和一定倾斜角的均质靶板。目前的尾翼稳定脱壳穿甲弹穿甲威力达到了穿透 600mm 厚的均质装甲靶板的水平，考核其穿甲威力一般使用了大倾角的有限厚均质靶板。大长径比弹丸在对大法向角均质装甲侵彻时，弹丸的着靶姿态对穿甲性能影响非常大，穿甲试验表明，长径比大于 30 的诸方案对大倾角的有限厚的均质靶板往往打 4～5 发弹时才能得到一发合适的着靶姿态，使得穿甲效果有限，造成了穿甲试验的物力财力大量消耗[1]。新一代穿甲弹设计威力指标将达到 700mm 以上的均质装甲，目前能够使用的最厚的均质靶板是 200mm 左右，那么验收穿甲弹时其法线角将达到 70°以上，其弹身的长径比也将达到 30 以上，穿甲试验也必将遇到这个问题。

对大威力穿甲弹的验收试验，在穿甲弹全弹结构完全确定后，通过试验确认能够完成战术技术指标所规定的穿甲威力的情况下，可进行较薄靶板的穿甲试验，适当降低弹丸的初速，减小均质靶板的倾斜角，得到相应的 V_{50}，σ_{V50}，V_{90}。在大批量穿甲弹出厂验收时，用较薄均质靶板对穿甲弹验收，可以节约成本，对促进武器装备的现代化等方面具有重要意义。

1　穿甲验收现状分析

现阶段穿甲验收时，由于使用的均质靶板面积

较小，如果靶板距离较远，会导致弹丸命中率低，并且穿孔位置难以控制，导致无效发数增加，导致弹药和靶板的浪费，所以通用采用近距离及降低穿甲速度的方法进行穿甲试验验收[2]。

穿甲弹在均质装甲靶板上的弹坑容积与弹丸的动能成正比，与靶板的屈服限成反比，可导出如下穿甲公式：

$$P = KV_c^2 \rho_p l / \sigma_{\mathrm{st}} \tag{1}$$

式中：p 为侵彻体对均质靶板的穿深；V_c 为弹丸的着靶速度；ρ_p 为侵彻体材料的密度；σ_{st} 为均质装甲靶板的屈服限；K 为考虑其他多种影响因素的符合系数。

穿甲弹在穿甲时，着靶姿态是指弹丸着靶时的章动角 δ 和章动角速度 $\dot{\delta}$ 的大小以及它们的方向，弹丸质心速度的方向线与靶板法线之间所夹的锐角为零时，即为垂直穿甲；不为零即为倾斜穿甲，弹丸的着靶姿态对穿甲结果有着重要的影响，尤其是对于倾斜穿甲影响更大，而且法向角越大影响越大[3]。对于垂直穿甲的情况只考虑攻角的大小对穿甲的影响，粗略地给出定量分析结果供参考，对于攻角的大小和攻角速度的大小及方向的影响根据经验及分析仅做定性说明参考。

1.1　垂直穿甲情况

侵彻体着靶姿态如图 1 所示：

当 $\delta = 0$ 时，侵彻体沿速度方向上的投影面积 S 最小，且 $S = \pi d^2/4$，当 $\delta \neq 0$ 时，其投影面积为

$$S = (\pi d^2/4)\cos\delta + dl\sin\delta \tag{2}$$

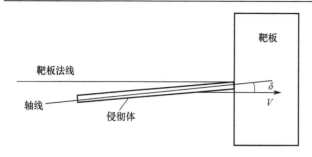

图 1　穿甲弹垂直侵彻均质靶板示意图

相对于 $\delta = 0$ 时的投影面积的相对增量 ΔS 为

$$\Delta S = \cos\delta + (4l/\pi d)\sin\delta - 1 \qquad (3)$$

大量的穿甲试验和有关资料报道表明：侵彻体在靶板中的穿孔与其在靶板前的着靶姿态大致成镜像关系，这一投影面积的增加将导致在靶板中穿孔孔径的增大和穿透均质靶板的路径变长，这样增大了侵彻体动能的消耗，因而将使穿甲的垂直深度减小，对于考核飞行部分的穿甲威力来说，δ 越小越好，最好是 $\delta = 0$，远距离穿甲基本上可以满足这一要求，但是近距离穿甲由于起始扰动，脱壳干扰，气动外形不对称及质量偏心等因素都将导致 δ 幅值的增大和章动规律的变化，所以很难选择一个位置使每发弹在这一点的 δ 都很小[4]。

设侵彻体长径比为 λ，则

$$\lambda = l/d \qquad (4)$$

把式（4）代入式（3），并考虑到 δ 很小，取近似值：

$$\cos\delta = 1 \qquad (5)$$
$$\sin\delta = \pi\delta/180 \qquad (6)$$

则上式变为

$$\Delta S = \lambda\delta/45 \qquad (7)$$

实际试验结果表明，在 δ 很小的时候，δ 仅对穿甲过程的开坑阶段产生影响，考虑到开坑阶段约占整个穿甲过程的 1/3，公式（1）可以修正为

$$P = KV_c^2 \rho_p l / [\sigma_{st}\xi] \qquad (8)$$

式中

$$\xi = 1 + \frac{\lambda\delta}{3 \times 45} \qquad (9)$$

由此可见，章动角和长径比越大，对穿甲深度影响越大。

1.2　倾斜穿甲情况

倾斜穿甲时侵彻体着靶姿态如图 2 所示：

靶板是倾斜的，当 δ 和 $\dot\delta$ 的方向如图 2 所示情况时，是最不利于穿甲的情况，因为一开始侵彻体头部所受的穿甲阻力相对于侵彻体质心的力矩具有跳弹趋势，$\dot\delta$ 的方向也是使侵彻体向着跳弹的方向旋转，不利于开坑，而且在相同的 δ 和 $\dot\delta$ 的情况下，靶板的法向角越大，这种跳弹的趋势越大，若 δ 和 $\dot\delta$ 的方向如图 2 相反时，穿甲阻力相对于侵彻体质心的力矩及 $\dot\delta$ 的方向都具有使侵彻体向着垂直于靶板方向旋转，可削弱跳弹的趋势，有利于开坑，则是最有利的穿甲情况，但是，当 δ 大于一定值时，由于侵彻体在速度方向上的投影面积的增大，致使弹坑孔径增大而降低其穿甲的能力，若在上述两种情况下，δ 和 $\dot\delta$ 的方向变成相反情况，则情况更复杂，应比较 δ 和 $\dot\delta$ 对穿甲影响的大小[5]。

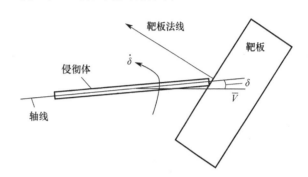

图 2　穿甲弹斜侵彻均质靶板示意图

一般情况下，当 δ 和 $\dot\delta$ 有两个分量，如图 2 所示的情况是在铅垂面内的分量，通常称为攻角和攻角速度；而在水平面内的分量，通常称为偏航角和偏航角速度，偏航角和偏航角速度对穿甲的影响总是不利的因素，使侵彻体穿孔的孔径增大，而使穿深减小[6]。

由上述分析和实际试验表明，侵彻体的长径比越大及其着靶法向角越大，着靶姿态对穿甲的影响就越大，穿甲结果的跳动就越大，在进行穿甲试验时就越难得出试验结果。

2　科研及生产阶段的穿甲试验目的

2.1　科研阶段进行穿甲试验目的

在科研的各阶段中，进行大量穿甲试验，目的是为了验证方案是否能达到威力指标要求。尽管穿甲威力考核困难，不惜多消耗一些试验弹和靶板，也应对大法向角的均质靶板进行穿甲试验，得到足够的有效穿甲数据，计算出 V_{50}，σ_{V50}，V_{90}，以便得到可靠的结论。

2.2　生产阶段进行穿甲验收的目的

穿甲弹的穿甲威力是由穿甲弹的结构、弹体材料等决定的，其穿甲威力指标已经在研制过程中得

到了可靠的试验验证，所以在大批量生产时，一般没有必要再进行穿甲威力指标的考核，而只对弹体材料质量一致性进行检验。

所以在大批量生产穿甲弹的过程中，进行穿甲试验的主要目的是为了检验所生产弹体材料质量的稳定性。而穿甲试验验收仅是控制弹体材料质量的措施之一。在生产过程中，材料质量主要根据"材料制造与验收规范"和"制造工艺"控制，大批量生产的实际情况表明，生产过程中的质量控制是主要的。

3　使用较薄靶板进行穿甲验收的可行性分析

3.1　生产过程中穿甲验收的历史情况

早期的脱壳穿甲弹，由于其长径比小、穿甲威力低、法向角小，所以一般都按其穿甲威力指标进行验收，如使用北约重型均质靶板进行近距离穿甲试验验收，这在许多国家都使用过。

早期北约国家进行各种大口径穿甲弹穿甲威力比较时，一般采用对标准的 150mm 重型均质靶板和重型 3 层靶板穿透距离的远近进行比较，穿透距离远者为优。其方法是：首先在近距离对标准的 150mm 均质靶板和重型 3 层靶板进行穿甲威力试验得出 V_{50}；再通过试验得出穿甲弹的外弹道的速度下降量和弹丸的初速，由此计算出穿透距离。这样的验收和比较方法同样也存在近距离穿甲试验着靶姿态的影响问题，为此对着靶姿态较差者做出了剔除规定，实际的试验表明，在长径比小、穿甲威力低、法向角小的情况下只有极个别发予以剔除，而大部分都能满足试验要求，实际上这种穿透距离并不能代表实际距离，而是在有效的作战距离内，优者具有更大的穿甲威力[7]。

3.2　使用较薄均质靶板进行穿甲验收是经济有效的方法

目前的穿甲弹威力指标达到穿透 600mm 厚的均质靶板，验收时采取 200mm 左右厚均质靶板，法向角为 60° 以上，在生产阶段如果以较大法向角的均质靶板对穿甲弹进行验收就比较困难，主要原因有以下几点：

（1）由于着靶姿态对穿甲结果的影响很大，所以弹体材料质量对穿甲效果的影响就变成了次要因素，因此，用这种方法进行验收，既增加了工作量，又难以达到控制弹体材料质量的目的；

（2）要达到控制弹体材料质量的目的，就必须试验更多的弹药，以便计算出 V_{50}，以 V_{50} 来考核穿甲结果，这样就大大增加了生产试验成本；

（3）由于着靶姿态对穿甲结果的影响很大，对穿甲试验结果难以做出正确的判断，因此使得穿甲验收试验变得难以操作；

（4）靶板利用率低。采用大倾角有限厚进行穿甲弹验收，必然面临这个问题。

通过以上分析得知，可通过如下技术途径解决近距离穿甲验收中存在的问题：尽量减小靶板的法向角；使弹体着靶时的攻角和攻角速度都为零或者足够小，使用较薄均质靶板进行验收。

采用较薄的均质靶板进行穿甲验收，由于减小了法向角和均质靶板的厚度，可以减少着靶姿态的影响，使得穿甲效果稳定。同时穿甲试验也便于操作，便能可靠地控制弹体材料的质量。

尽量减小靶板的法向角，就要大幅度增大靶板的厚度，目前超过 200mm 左右厚度的靶板，成本较高，所以是不可取的。

使穿甲弹弹体着靶时的攻角和攻角速度为零或者足够小，只有在远距离进行穿甲验收才可以满足这一要求。由于远距离穿甲着靶精度的问题，需要消耗大量的弹药和均质靶板，所以是一种不经济的方法，对于大量的生产验收是不可取的。

使用较薄的均质靶板进行穿甲验收，由于均质靶板的厚度变小，法向角也相应减小，可以有效减小穿甲姿态对穿甲效果的影响，同时也提高了靶板的利用率。较薄的靶板，可以大批量生产，所以使用薄靶既经济又方便，而且穿甲结果也较好。

4　使用较薄靶板进行穿甲验收需要注意的问题

使用较薄靶板对穿甲弹进行验收，需要注意验收的有效性。穿甲弹侵彻靶体时，在不同位置的侵彻效果是不一样的。当穿甲弹作用于靶板中部区域时，效果相差不明显，为有效面积；穿甲弹侵彻靶板边界区域时，由于边界效应，侵彻时靶板会产生鼓包现象，穿甲效果明显不同，我们称之为无效面积。确定靶板有效面积，是一个关键的问题。

5 结论

本文分析了穿甲弹生产验收现状，阐述了科研和生产阶段穿甲试验的目的，指出在大批量生产穿甲弹的过程中，进行穿甲试验的主要目的是为了检验所生产弹体材料质量的稳定性。发现了现阶段穿甲验收存在诸多问题，如有效发数少、弹药浪费现象严重、靶板利用率低、验收成本高等。研究表明，用较薄靶板进行穿甲验收试验有许多优点：可以提高靶板利用率，减少无效发数，节省人力物力及时间成本，提高大威力穿甲弹验收工作的有效性。

参 考 文 献

[1] 钱伟长. 穿甲力学[M]. 北京：国防工业出版社，1984.

[2] 赵国，沈培辉. 杆式穿甲弹设计理论[M]. 第1版. 北京：兵器工业出版社，1997.

[3] 赵国志. 穿甲工程力学[M]. 北京：兵器工业出版社，1992.

[4] 翁佩英，等. 弹药靶场试验[M]. 北京：兵器工业出版社，1995.

[5] 郭俊杰. 杆式穿甲弹[J]. 金属世界，1997（5）：17-18.

[6] 王迎春，王洁，管维乐. 穿甲弹的现状及发展趋势研究[J]. 飞航导弹，2003（1）：14-17.

[7] 曹红松，张亚，高跃飞，等. 兵器概论[M]. 北京：国防工业出版社，2008.

[8] 李向东，钱建平，曹兵，等. 弹药概论[M]. 北京：国防工业出版社，2004.

舰炮制导弹药综合测试平台设计研究

王相生[1]，孙世岩[2]，陈 锋[2]，严 平[2]

（1. 海军装备部，北京 100036；2. 海军工程大学兵器工程系，湖北武汉 430033）

摘 要： 针对舰炮制导弹药此类低成本高精度弹药在综合保障技术手段上的短板，通过舰炮制导弹药综合测试平台建设，提供舰炮制导炮弹武器综合保障技术手段验证与测试手段。搭建的综合测试平台，注重兵器与武器系统结合、模拟与实装结合、技术与战术结合，将满足舰炮制导弹药综合测试科研条件需要，也可以为学历教育、任职教育及研究生教育提供基础教学科研实验平台。

关键词： 制导弹药；舰炮；测试；方案设计

0 引言

舰炮制导炮弹具有反应时间快、效费比高、可全天候作战和持续作战时间长的特点，特别是能够根据登陆部队的召唤进行及时的火力支援[1]。发展舰炮制导炮弹既能弥补目前水面舰艇对岸作战能力短板，又能在对海作战中先敌命中、先敌毁伤，近年来发展迅速。但技术的进步并不代表战斗力的生成，从"舰炮制导炮弹"本身到"形成制导弹药远程精确打击作战能力和保障能力"还有很长的路要走[2]。

舰炮制导炮弹与传统弹药相比，舰炮制导弹药和武器系统闭环耦合，弹药和武器系统之间信息交互，弹药由原来相对独立，变成武器系统中的关键节点，全面具备了卫星定位、精确末制导、计算机/通信网络信息交联等信息化体系作战武器装备的技术特点。目前，相关配套科研工作，如信息利用、武器系统交联、平台适应性、环境适应性、试验方法、保障手段、标准体系等工作刚刚起步，与武器装备发展的"两成两力"建设要求极不适应，存在很大差距。院校应该站在推动新装备尽快形成"作战能力和保障能力"的高度出发，充分发挥军内院校的推动作用，弥补差距、完善能力[3]。

传统弹药以储供保障为主，着重于弹药的存储环境条件保障技术以及弹药收发供应中的装卸转运技术。对弹药的质量监控保障则是按批次进行管理，采用抽取样本进行有损试验的方式监控弹药批次的质量[4-6]。制导弹药是在常规弹药的基础上增加导引控制功能实现精确打击的弹药，制导弹药既有传统弹药的基本属性，如具有弹丸、引信、药筒、底火、发射装药等基本部件；又有导弹的部分特征，如装有具备探测、控制、数据处理、数据传输等功能的电子部件以及舵机等执行机构。因此，除了传统的弹药保障技术之外，针对控制部件的数据载入、初始对准、质量状态检测以及部件级维修等保障技术问题亟待研究解决，从而为新装备的部队使用和后续保障提供技术基础。

设计与试制舰炮制导弹药综合测试平台，对制导弹药进行相关功能验证和性能测试，可有效降低新型制导弹药的研制风险，满足部队检测、培训要求[10,11]。

1 设计目标和功能要求

1.1 设计目标

以舰炮制导弹药新装备发展为牵引，结合海军舰炮对岸火力支援作战需求，针对舰炮制导弹药等海军低成本高精度类弹药在综合保障技术手段上的短板，通过舰炮制导弹药综合试验平台建设，搭建舰炮制导炮弹武器综合保障技术手段验证与测试平台。搭建的综合试验平台，将注重兵器与武器系统结合、模拟与实装结合、技术与战术结合，将在较长一段时间内满足舰炮制导弹药综合测试科研条件需要，也可以为学历教育、任职教育及研究生教育提供基础教学科研实验平台。

1.2 功能要求

（1）满足舰炮制导弹药测试性研究。在制导弹药保障过程中，需要监控弹药质量，保证弹药的战备完好性，存在着制导弹药是否出现故障、故障发生部位、引起故障原因以及如何解决与处理等问题，要解决这些问题就必须对制导弹药的测试性进行分析研究。制导弹药测试性研究主要包括弹药检测方法、故障隔离、虚警抑制以及试验验证评估等。

（2）满足舰炮制导弹药检测技术研究。根据制导弹药的共同特点，分析其测试特性，规定应检测的物理量和逻辑功能，规划检测数据的编码、格式以及弹药与检测设备的物理接口，为各型制导弹药的研制提供检测接口技术规范。

（3）满足舰炮制导弹药部队检测设备试制。在上述 2 项研究内容的基础上，按照"三化"要求，开发拓展性好、通用性强、操作简便的部队检测设备，满足舰艇部队基地级和舰员级保障、检测和维修要求。

2 平台设计方案

2.1 平台系统组成

舰炮制导弹药综合测试平台以典型制导和末制导弹药等为背景，结合目标特性模拟、制导控制部件、弹道模拟、空间姿态模拟，构建舰炮制导弹药原理样机系统，具备对制导弹药的各功能部件、弹药全系统功能进行功能验证和性能测试条件；结合制导炮弹的环境条件、长储性能、保障资源等，搭建制导炮弹导引头、卫星定位、制导控制、信息交联等关键部件测试评估平台和保障特性数据库平台。

平台组成：制导弹药原理样机，包括弹体、弹上控制处理器、电源、控制执行机构、姿态及弹道探测器、数据传输接口、末制导及目标探测器、引信等，以及配套的信息装定模拟器（炮位装定器、手持装定器）、GPS/位置信号发生器等；弹道模拟系统，包括外弹道仿真计算平台、三自由度转台等；目标特性模拟器，包括目标特性仿真平台和典型目标缩比模型；制导弹药装备检测平台，包括制导弹药通用检测仪、弹药装备保障特性数据库等。如图 1 所示。

2.2 平台功能

舰炮制导弹药结构模拟与综合测试平台功能：

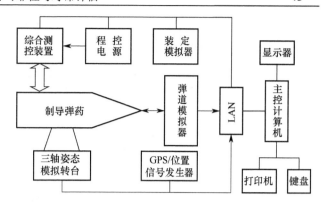

图 1　制导弹药综合测试平台系统组成图

（1）制导弹药结构原理模拟与验证。

（2）制导弹药弹载控制器模拟、验证与测试。

（3）弹药姿态测量及位置信息获取模块模拟、验证与测试。

（4）导引及飞行控制模块模拟、验证与测试。

（5）制导弹药全系统功能模拟、验证与测试。

（6）全弹制导弹药测试性、状态检测的验证与测试。

2.3 平台建设指标

（1）制导弹药原理样机与典型制导弹功能一致，能完成飞行控制、数据装定、姿态测量、卫星数据接收等功能的地面试验。

（2）外弹道模拟：实物模拟量有弹丸方位角、攻角、滚转角、自传角速度，仿真模拟量有弹丸速度、加速度、飞行高度、阻力系数、气象条件、弹道位置偏差。

（3）制导弹药检测能力：能完成典型制导弹的功能检测；能完成对弹载计算机、装定子系统、末制导头等部件的性能检测。

3 制导弹药原理样机方案

舰炮制导弹药结构模拟与综合测试平台中，弹药原理样机是关键。如果没有能体现实际功能的制导弹药原理样机，则测试平台将失去依据。

3.1 制导弹药原理

制导弹药结构框图如图 2 所示，为典型的鸭式气动布局的有控炮弹。发射前，弹药通过感应装定接口接收舰炮火控系统给出的弹道信息并存储。发射尾翼张开减旋，火箭发动机工作，热电池激活，控制舱中弹载控制器开始工作。弹丸到达弹道顶点进入下降段后，控制器开始控制弹丸。根据姿态传感器的信息，控制弹丸的攻角，使弹丸获得升力，保持滑翔弹道；根据卫星定位或惯性器件获得弹丸信息，对比装定信息，计算弹道偏差，并对飞行弹道进行修正。若有末制导导引头，控制器在弹道末端与导引头交接班，由导引头控制弹丸击中目标。根据装定信息，引信适时起爆战斗部。

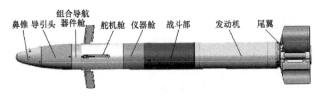

图 2　制导弹药结构图

3.2　制导弹药原理样机构成

测试平台中，制导弹药原理样机由弹体结构和控制舱系统两大部分组成。弹体结构主要为机械结构，起到机械尺寸配合与展示的作用。控制舱系统为制导弹药原理样机的核心，应能完成弹丸地面模拟飞行控制的所有功能。控制舱接口关系图如图 3 所示，制控制舱部分结构原理图如图 4 所示。具体包括：

（1）弹载控制器：完成数据处理以及实时控制功能，由高速 DSP 组成。

（2）姿态传感器：重力传感器、地磁传感器，测量弹丸的倾角、滚转角、滚转角速度。

（3）卫星定位接收器：北斗卫星定位模块。

（4）感应装定接口：在控制器不供电的条件下，通过电磁感应接收外部数据，并存储。

（5）鸭舵电机及执行驱动：将弹载控制器的控制指令变成舵角，控制弹丸飞行。

（6）电源：热电池激活后，将电池电压稳定提供给其他电路。

（7）导引头接口、测试接口及引信接口。

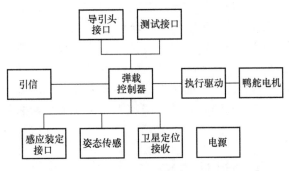

图 3　控制舱接口关系图

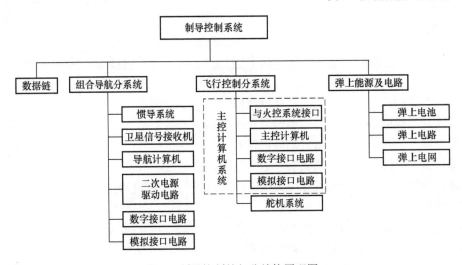

图 4　制导控制舱部分结构原理图

构建制导弹药原理样机重点工作：①把握典型制导弹药的结构和工作原理以及试验方法，特别是靶场试验中的操作处理过程，做了哪些技术准备，做了哪些测试；②根据典型制导弹药的飞行原理，建立飞行控制模型，形成控制算法；③制作弹载控制器。硬件上与其他部件进行接口对接，软件上根据控制模型编制控制程序。控制量除了控制执行机构外，还应通过数据接口实时输出，提供给弹道模拟系统。④选用合适的传感器、感应装定器、舵机等其他部件。

原理样机力求在功能上满足舰炮制导炮弹的各种主流方案的要求，各功能部件模块化、可组合。控制舱主要完成功能，在机械结构上可以展开。

4　弹道模拟系统建设方案

制导弹药飞行模拟系统由程控转台和弹道仿真计算机（弹道模拟器）组成，如图 5 所示。

弹道模拟器，一是根据火控系统提供的信息，计算出理论弹道；二是根据各种环境因素，以及制导弹药提供的控制信息，解算出弹丸的姿态和实际弹道。弹道模拟器将弹丸姿态信息发送到程控转台，转台实时提供各种姿态角度和角速率；弹载控制器根据传感器获取姿态信息后，给出弹丸控制信息。

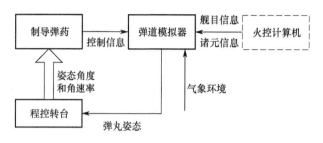

图 5　弹道模拟系统组成

程控转台是安装制导弹药控制段的安装台，实际上是一个可在 3 个方位进行程序控制的定角转台。主要由台体、控制柜两大部分组成，台体包括内中外 3 个运动框环及传动齿轮、电动机、传感器、零位调整机构等。控制柜中装有计算机、电子控制组件及自身电源等。主要完成下述功能：

（1）可由编程控制转角的三自由度定角转动。

（2）数字显示转角（同时有刻度指示）。

（3）可与主控机通信，接受主机控制，并且把转角数据传送给主机打印和存储。

（4）可进行自检，并有自检及故障显示。

（5）有被测件的散热装置，并可超温报警。

（6）有转角限位装置和定位销。

构建弹道模拟系统重点工作：一是掌握制导弹药对转台的实际需求，确定转台尺寸、载荷、精度等参数；二是弹道模拟器功能设计和软件试制。

5　制导弹药通用检测平台方案

5.1　检测平台建设原则

结合当今科学技术的发展水平、发展方向和国内军内的技术保障装备的现状与发展，系统设计中充分考虑系统的科学性、合理性、先进性、实用性和可靠性。系统设计中贯彻标准化、模块化、通用化的设计要求，使系统具有良好的扩展性、兼容性和可移植性。

1）采用先进成熟技术

根据现代计算机及军用测控技术的发展，系统设计将目前国内外先进的计算机技术、数字总线与接口技术、控制技术、仿真技术、测试数据分析处理等多项技术融为一体，采用国际上先进的经全美

五大公司联合为美国陆、海、空三军推荐的（目前美国陆、海、空三军均已采用），开放式并具有模块化结构的 LXI 测控总线（该总线被确定为"IEEE 1588-2005 标准"），构成集散式测量与控制系统。该总线产品系列具有模板种类丰富、可靠性高、支持多种操作系统的特点。目前国内已引入这方面技术，大量的系列产品国内已组织生产，国内军民用测控领域已有多个成功应用的范例。

2）不改变制导弹药的系统性能和结构状态

测试平台的基本任务是检测制导弹药的系统功能和系统指标参数。采集制导弹药系统功能参数和各分系统的状态参数（如各输出信号幅度、时间、逻辑电平、时序关系和弹道参数等），不影响被测弹药的状态和性能。

3）提高系统的自动化程度

测试平台的整个工作过程都是在系统主控计算机的管理下进行的，主控计算机通过网络与各分系统计算机交换指令、状态和控制信息，实现系统测控工作全过程的自动化。系统也可实现某一过程的试验抽测。系统做到操作简便，采用虚拟仪器界面显示，人机对话指导操作，全部测试数据可显示、打印、存储。系统功能测试将故障定位至段、组件级。系统具有上电自检、报警及对被测装备的过压、过流保护措施。

4）系统的继承性与扩展性问题

为了保证系统设计的可扩展性，设计中应充分考虑标准化、模块化、易组合和多功能综合测试接口的设计问题，给系统留有扩展的余量。

5）系统软件

测试平台除了硬件平台外，还需大量的软件支持。其软件包括全系统管理软件、应用软件和面向各分系统的管理及应用软件。整个软件系统的研制按系统、层次、功能实现模块化，实现与 PC 兼容的软件环境，能够在 Windows XP、Windows 7 操作系统下运行，开发工具 Visual C、Borland C++、Lab VIEW、Lab Windows/CVI 也可运行。

5.2　检测平台组成（图 6）

（1）选用 LXI 总线计算机系统作为系统的测控平台，符合 LXI 总线标准。

（2）系统容量：模拟通道可扩展 64 路；数字通道可扩展 96 路。

（3）系统软件：包括系统管理程序、通信程序、检测控制程序和数据处理数据库。

（4）显示器两个，一个用于状态表页显示，另一个用于测试参数显示。

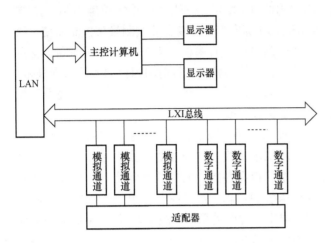

图 6　检测平台组成图

5.3　平台功能

（1）对制导弹药模型样机进行系统功能检查，确定系统功能是否正常，主要系统参数是否达到要求。

（2）通过系统功能检查可发现故障并把故障定位在组件级。

（3）检测接口各信号的逻辑时序是否正确。

（4）能检测弹药关键部件的主要静态动态特征参数是否正确。

（5）对模拟目标的有效捕获功能检查。

（6）用虚拟仪器显示各项功能检测的结果是否正常，测试结果可存贮、显示，并打印输出。

（7）系统具有自检及被测对象的过压、过流报警等安全保护功能，防止损坏被测产品。

5.4　测控平台软件

按照制导弹药的功能特性，研制相应的系统检测软件，使之能够按使用场合的要求，自动、准确、快速地完成产品测试，并且对检测结果数据自动地进行分析处理。为此，研制出的检测软件应具有下述功能：

（1）通过向测控系统发送代码，自动控制被测制导弹药的各种工作方式，设定状态、电源配电和模拟负载供给与否。

（2）根据各个不同测试项目的要求，选择确定系统的检测状态和测试内容。

（3）自动控制检测系统激励信号的电气参数，把激励信号加到制导弹药的相应输入端。

（4）按程序确定被测项目，适时调整检测系统

各设备的进程和工作状态，实时采集测试数据。

（5）对获得的检测数据进行必要的变换和分析，判断测量结果合格与否。

（6）对检测结果进行存储、显示和打印，使操作人员能够随时了解测试过程以及对结果进行静态分析。

测试程序的编制采用模块化结构方法，各子程序相互独立，分别完成不同功能，主程序和子程序在结构上也相互独立，主程序根据测试控制字中的类别标志字转入相应的子程序，子程序对测试控制字中的某些字段做出灵活合理的解释，并加以执行。

6　结论

本文提出了舰炮制导弹药综合测试平台设计方案，达到了设计目的，较好地满足了教学和科研平台建设需要。

该方案重点以中制导（卫星和惯性导航）为主的典型制导弹药为对象。末制导部分的模拟仿真须配套目标特性模拟器，计划采用目标特性仿真平台和典型目标缩比模型（物理沙盘），具体的缩比特性和精度需要还需进一步论证。

参 考 文 献

[1] 杨家琪. 中国军事百科辞典[M]. 北京：军事科学出版社，1991.

[2] 范志锋，崔平. 信息化弹药装备保障骨干培训班实践教学的探索与实践——以末制导炮弹武器系统检测与维修专业为例[J]. 职业时空，2013.12.

[3] 赵东华，张怀智等. 制导弹药保障岗位实践能力需求[J]. 四川兵工学报，2011.7.

[4] 杨泽望，苏建刚. 基于 PXI 总线的制导弹药通用测试系统设计[J]. 火力与指挥控制，2004.12.

[5] 毛宁，陈彦，等. 捷联制导弹药制导与控制系统设计与仿真[J]. 弹箭与制导学报，2015.4.

[6] 余劲松，单家元. 某型航空制导弹药仿真控制台的设计[J]. 计算机仿真，2004.4.

[7] 张国林. 一种武器系统制导精度仿真方法研究[J]. 计算机仿真，2014（12）.

[8] 符新军，李鹏. 激光半主动制导空地导弹武器系统命中概率分析[J]. 弹箭与制导学报，2011（04）.

[9] 吴涛. 制导弹药可靠性评定方法的研究[J]. 科技传播，2011（23）.

[10] 宣兆龙，陈亚旭，刘亚超. 基于信息化保障的弹药包装系统设计[J]. 包装工程，2011（23）.

[11] 孙建军，李鹏，林奎，等. 制导弹药的发展历史，研究现状及发展趋势[J]. 科技信息，2011（36）.

某装备电路板自动测试系统的研制

程礼富，王晓明，雷金红，刘　洋

（中国人民解放军63981部队，湖北武汉 430311）

摘　要： 为了解决某型装备传统电路板检测的单一性和专用性缺点，设计并实现了一套针对该装备的自动测试系统，满足了不同电路板的自动测试需求。该系统采用 PCI 总线技术，构建了一个通用测试硬件平台，采用 C#编程语言和 MySQL 数据库编写测试软件，实现系统自检、电路板自动检测、故障诊断以及参数调试等功能。

关键字： 电路板；自动测试；检测适配器

0　引言

随着科学技术的飞速发展，武器装备的规模和种类不断扩大，并朝着智能化、信息化的方向发展，这对电子装备的自动化故障诊断、维修提出了更高、更严的要求[1]。某型装备射程远、威力大、精度高、技术先进，是我军的主战装备。目前，该装备配备的检测设备只能对分系统进行检测，故障定位至电路板。单块电路板的检测是通过专用测试设备完成的，通常一个测试设备只能对一个分系统的电路板进行检测和调试。

利用自动测试技术与基于信号的电路板故障诊断技术，设计电路板自动测试系统，使实现对某型装备多种电路板的功能测试和故障诊断，可极大提高该型装备的保障效率。

1　系统总体设计

系统主要由 3 个部分组成：检测适配器、主控机系统和自动测试软件，系统组成如图 1 所示。

（1）检测适配器：实现信号转接功能，提供被测对象的工作条件、负载模拟和激励信号；

（2）主控机系统：运行自动测试软件，通过 PCI 总线数据采集卡控制检测适配器内信号转接和信号采集；

（3）自动测试软件：针对各测试对象电路特性，采取对应的测试流程，对测试结果进行分析并将故障定位至具体元器件或信号通道。

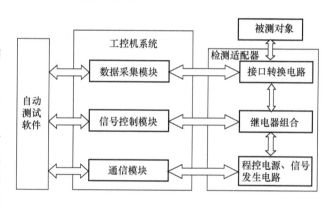

图 1　系统组成结构

自动测试系统开启后，首先对系统进行自检，自检范围包括电源模块的电压输出、程控电源的电压调节能力以及与工控机的通信、继电器组合中各继电器通断性能。系统自检通过后，将被测对象插入测试接口，自动测试系统将自动识别被测对象并提示。根据提示，操作者可以对被测对象进行选择自动测试或者手动调试。自动测试系统根据被测对象类别，通过信号控制模块控制继电器组合中相应继电器的通断，工控机系统通过串口设置程控电源各通道输出被测对象需要的激励信号，通过数据采集模块连续动态采集被测对象的输出信号，从而判断被测对象各信号通道的工作状态。

2　检测适配器

检测适配器由电源、接口转换电路、继电器组合、程控电源以及信号发生电路组成。

2.1 接口转换电路

某型武器系统电路板总共有 4 种接口、192 个引脚,详细分析被测对象的电路,采用 154 颗 Panasonic 公司推出的 Photo MOS 继电器 AQZ101 设计 3 个继电器组合,实现 233 个信号的顺利转接。

2.2 程控电源模块

采用 LM2596-ADJ 作为电源变换器件。LM2596 系列开关电压调节器是降压型电源管理单片集成电路,能够输出 3A 的驱动电流,同时具有很好的线性和负载调节特性[2]。LM2596-ADJ 的应用电路如图 2 所示,输出电压的计算公式为

$$V_{\text{out}} = V_{\text{ref}}\left(1 + \frac{R_2}{R_1}\right) \qquad (1)$$

$$V_{\text{ref}} = 1.23\text{V}$$

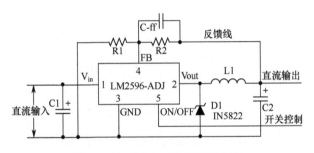

图 2　LM2596-ADJ 典型应用电路

采用 MCP42010 数字电位器作为 LM2596 的反馈电阻 R_2,通过单片机控制数字电位计的阻值从而实现电源的程序控制。数字电位器的 SPI 接口允许使用菊花链连接多个器件,因此可以使用单片机控制多片数字电位器,从而实现多路电源同时控制[3]。程控电源与主控机通过 RS232 接口进行通信,通信命令主要包括电压设定、电流设定、固定波形参数及输出设定和输出开关等。

3 测试流程设计

电路测试的流程是建立在具体测试对象的电路分析的基础上的,即不同电路板采用的具体步骤也不一样。总体来说,某装备电路板自动测试遵循以下步骤:对象识别或手动选择测试对象、信号转接、工作条件设定和输出、采集电路参数样本、数据处理和判读、故障诊断和修理调试建议、数据存储和打印。

某装备大多采用模拟和数字电路混合设计的电

路,同一分系统的电路板通过底板进行信号传输,电路比较复杂。要想对电路板的故障检测定位到元器件,需要对电路的原理进行细致分析并在此基础上设计合理的测试步骤。

以跟踪装置控制电路为例,该电路对操纵器送来的驱动信号与测速机反馈信号、限位信号、速率切换信号等进行运算,对运算结果进行脉宽调制,最后输出方位左驱信号、高低左驱信号、X 前馈信号等 12 个信号。按照功能分为信号发生电路、高低通道信号处理电路和方位通道信号处理电路以及延迟电路。根据电路分析结果,该电路的自动测试流程如图 3 所示。

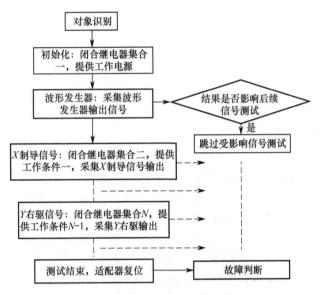

图 3　跟踪装置控制电路测试流程

对象识别是对当前被测对象的引脚特征进行检测,通过对比对象引脚特征库,确定被测对象。被测对象引脚特征库是在对所有被测对象的引脚特征进行统计和分类以后建立的。确定被测对象后进入对应的测试步骤,如初始化、波形发生器、X 制导信号等步骤。所有测试步骤均以固化到 MySQL 数据库中,通过更新数据库可对测试步骤进行修改。

电路的自动测试过程中有可能出现各种意外可能,因此在测试流程中要设计应对各种意外的措施。单个测试步骤完成后,对测试结果进行分析,若测试结果会对其他测试步骤产生危害,则将跳过将受到危害的信号测试。例如,如果波形发生器输出波形幅度大于某一阈值,方位和高低驱动信号通道将会受到危害,如果强行对这些信号通道进行测试则可能损坏电路板。电路的自动测试还应设计紧急断电功能,在测试过程中如果发生电压不稳、电流突然增大等情况,软件将发出指令,断开所有继电器

和电源，以免造成更大的损失。

4 自动测试软件设计

利用 C#开发语言和 MySQL5.1 数据库编写自动测试软件，主要实现以下功能：

（1）工控机系统状态控制：控制工控机系统的启动、复位以及异常状态的处理。

（2）实时数据处理：对工控机系统采集的数据进行处理，包括数据的有效性判断，数据的滤波，数据均值处理以及数据的存储和显示。

（3）检测结果判断：根据处理的数据利用故障库定位故障发生的位置。

电路板自动测试软件的组成如图 4 所示。

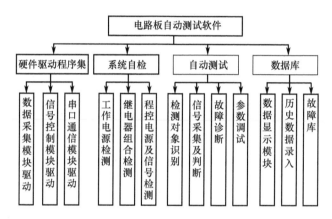

图 4　自动测试软件组成

4.1 硬件驱动程序集

硬件驱动程序集是软件与硬件的接口,其作用是：

（1）获取工控机系统的状态;

（2）获取工控机系统提供的数据;

（3）向工控机系统发送指令。

研华公司为其销售板卡提供了 32 位 DLL 驱动程序,通过这个驱动程序,可以方便地对硬件进行编程。32 位驱动程序主要包括 10 类函数及其相应的数据结构,这些函数和数据结构在 Adsapi 32.lib 中实现[4]。采用中断传输方式,调用 32 位 DLL 驱动程序实现动态数据采集程序,驱动函数调用流程如图 5 所示。

4.2 自动测试

自动测试模块是整个电路板自动测试软件设计的核心部分,它是电路板自动测试软件设计的有效工作模块。实现以下功能：

（1）自动识别检测对象是否为可检测的电路板,并且在可检测时调用检测函数进行检测。在不可检测时给出提示并终止自动检测过程。

（2）对可检测的电路板进行检测，对检测结果进行分析以及故障分析定位。

（3）对电路板的参数进行调试。

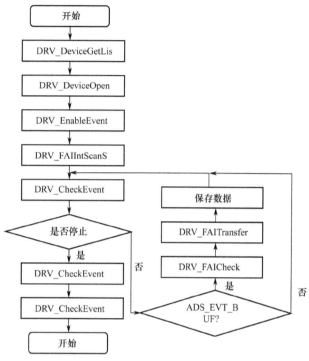

图 5　动态数据采集函数调用流程

4.3 数据库

数据库模块是电路板自动测试软件的辅助部分，为故障库、历史数据库、数据显示模块和固化测试流程提供技术支持。故障库是所有可检测的电路板的常见故障的数据库，为电路板的故障分析定位提供科学的决策依据。历史数据库是电路板自动测试软件所有成功完成测试的电路板的测试结果数据的数据库，记录所有已完成的电路板的测试结果。

5 结束语

某装备电路板自动测试系统研制成功后能对该型装备上 43 块电路板进行自动检测，另外还能对其中 13 块电路板进行参数调试。通过对检测适配器和自动测试软件的升级，可将测试对象扩展至其他具有相同标准电路接口的电路板。弥补了该装备没有单板通用检测平台的缺陷，在装备修理过程中发挥了重要作用。

参 考 文 献

[1] 邓飞. 基于虚拟仪器的某型舵机控制电路测试设备研制[D]. 南京：南京航空航天大学，2007.

[2] 郭甲阵. 基于虚拟仪器的雷达电路板自动测试系统[J]. 仪表技术与传感器，2011（2）：26-31.

[3] 龚举权. 基于虚拟仪器的火箭发动机推力测试系统研究[D]. 西安：西北工业大学，2008.

[4] 谌仪. 电路板自动测试系统的设计与实现[D]. 北京：北京交通大学，2006.

基于 LabVIEW 的 RS422 通信协议时间装定模块研究

刘云峰[1]，赵帮绪[2]，冯柯文[3]

（1. 陆军重庆军代局驻九八〇四厂军代室，云南曲靖 655000；2. 陆军重庆军代局驻广元地区军代室，四川广元 628000；3. 陆军重庆军代局驻一五七厂军代室，四川成都 610000）

摘　要：针对我军目前引信装定测试过程中利用 RS232 进行测试容易导致距离短，易受干扰的现状，研究开发了基于 LabVIEW 的 RS422 通信协议时间装定模块。制定了模块与引信间的高层通信协议，并且设计了不同引信的装订寻址问题的解决方法，利用 VISA 实现了串口通信。该装定模块利用 LabVIEW 实现 RS422 串口通信，操作简便且价格低廉，并且消除了以往利用 RS232 装定时传输距离近且不稳定的缺点。试验表明，该模块具有很好的引信的时间装定功能。

关键词：LabVIEW；RS422；时间装定

0　引言

引信的时间装定测试和装定模式测试是引信各项测试中的关键组成部分。但是目前时间装定测试和装定模式测试往往采用 RS232 接口与引信内的 DSP 进行通信。但是 RS232 接口的信号电平值较高，易损坏接口电路的芯片，又因为与 TTL 电平不兼容，故需使用电平转换电路方能与 TTL 电路连接，其接口使用一根信号线和一根信号返回线而构成共地的传输形式，抗噪的长度与传输声干扰性弱[1]。此外，RS232 传输距离有限，实际经验表明，其传输距离不超过 15m 时最好。在引信不摘火情况下测试时该距离威胁人身安全。此外，由于在引信内的第二代和第三代 DSP 已经拥有 RS422/RS485 接口，RS232 接口逐步面临淘汰。

为了解决引信时间测试中的上述问题，本文采用以 PXI 总线测试采集系统为基础，利用 RS422/RS232 转接器完成计算机上的接口转换，并且制定高层通信协议，在 LabVIEW 软件环境下利用 VISA 完成串口通信。这样既使数据传输稳定，又增加了传输距离。

1　RS422 介绍及主要硬件配置

RS422 接口标准全称是"平衡电压数字接口电路的电气特性"，它定义了接口电路的特性[2]。实际上还有一根信号地线，共 5 根线。RS422 接口支持点对多的双向通信。其接口的最大传输距离为 4000ft（约 1219m），最大传输速率为 10Mb/s。其平衡双绞线速率成反比，在 100kb/s 速率以下，才可能达到最大传输距离。只有在很短的距离下才能获得最高速率传输。一般 100m 长的双绞线上所能获得的最大传输速率为 1Mb/s。

RS422 接口需要一终接电阻，要求其阻值约等于传输电缆的特性阻抗。在近距离传输时可不需终接电阻，即一般在 300m 以下不需终接电阻。在本测试模块中，结合工程实际，约定通信距离为 100m。故本测试模块没有终接电阻。

在以 PXI 为总线的本测试系统中，由于计算机上并没有直接的 RS422 接口，因此选用 SP-218 系列产品，它既可以进行 RS232/RS422 接口转接，又可以进行 RS232/RS485 转接。但是该连接器需要+24V 直流电源，本着方便的原则，采用 HRB AC-DC 开关电源作为其电源，该开关电源只需 220V 普通交流电即可。

2　通信协议制定

由于 RS422 标准只对接口的电气特性做出规定而不涉及协议，因此在通信前要进行自身的通信协议设定。考虑到引信的具体使用环境和信息的容量，制定了本协议。

2.1 波特率的确定

RS422 通信数据最大传输速率与距离成反比关系，传输速率的单纯提高会造成引信通信信号反射，甚至导致通信数据混乱[3]。从功能需求角度来讲，在引信测试中，考虑到信息量不是很大，同时约定了通信距离最长为 100m，所以波特率选用 9600b/s。

2.2 通信规程的约定

通信规程指的是为确保通信能顺利进行，接收方和发送方约定要共同遵守的基本规定。包括：收发双方的同步方式，差错检验方式，数据编码等。

由于引信和测试系统之间通信数据量较小，因此模块与引信之间采用异步通信模式。用半双工方式发送信息时，采用数据帧格式发送，无校验，将传输的数据集中在一个数据包中，便于进行数据接收和处理。对异步通信的具体数据格式如图 1 所示。

图 1 起止式异步通信的数据格式

在引信的装定模式中，除了时间装定以外、还包括爆炸模式装定，包括瞬发延期和近炸。由于在发送过程中第一个数据容易丢失，所以发送协议开始以 0xAA 作为引导字节（0xAA 在时间装定中不容易出现，下文中所述装定地址、装定模式和帧尾的选择也是同理），在接收协议中规定只接收 0xAA 开始的数据包。同样地，结束标志使用 0xBB。0xAA 与 0xBB 之间要有 5 帧数据，这 5 帧数据包括装定地址（1 帧），装定模式（1 帧），装定时间（3 帧）。规定 0xFC 为瞬发模式，0xFD 为定时模式，0xFE 为延期模式，0xFF 为近炸模式。在时间上，以毫秒为单位，测试系统在装定时间前通过软件自动将输入的时间从秒换算成毫秒再进行装定。

在实际应用中，该模块不仅负责测试中的装定，而且也用于迫击炮弹、榴弹炮弹及火箭弹发射前的模式和时间装定。由于火箭弹在发射前需要分别装定，因此在装定之前装定模块需要寻址。在装定过程中，先规定装定地址，再装定爆炸模式，其次再给出时间。装定模块一次性将所有信息以数据包形式发送，引信收到后，查看自身地址与给定地址是否相符，如果相符，则予以接收，如果不符，则不再接收。规定地址从 0xF0 到 0xFA。对于迫击炮或者榴弹炮单管武器平台来说，在装定引信时并不需

要寻址这一功能，但是为了兼顾火箭弹电子时间引信装定，寻址过程必须予以保留。将引信内 DSP 地址初始全部设置为 0xF0，这样在迫击炮弹或者榴弹炮弹中装定时数据包地址全部都设置成 0xF0，就解决了这一矛盾。

但是火箭弹电子时间引信在装定之前地址也是一样的，即初始地址 0xF0。对于这个问题，即引信如何识别自己装在哪个弹筒中进而采用不同的装定模式和时间，采用如下的解决方式：认为弹筒编码从 1 到 12。筒内设置 4 个触点，触点与弹接触时认为是低电平，触点不与弹接触时认为是高电平，对于高电平来说，认为是 1，同理低电平认为是 0。这样就形成了四位二进制数，如 1 号筒为 0001，3 号筒为 0011 等。每个弹上引信内的 DSP 接收到不同的高低电平后将其变为二进制数，然后还原为十进制数，就可以知道自身所在筒的编号。获知编号后，利用之前给定的编号与 0xF0 到 0xFA 之间一一对应的关系，获得自己的十六进制地址。

在装定爆炸模式后，是时间参数，共有 3 帧，在装定时把十进制数改为十六进制数据。例如，要装定地址为 0xF5，模式为定时，时间为 199998ms 的引信，具体的数据帧格式如下：

[0xAA] [0xF5] [0xFD] [0x03] [0x0D] [0x0E] [0xBB]

引信收到数据包后，DSP 根据预先设定的程序进行模式装定和时间装定，之后再将代表模式装定地数值及时间数据发送回来，测试模块予以接收。

3 串行通信的软件实现

一般来讲，在 Windows 环境下，串行通信在软件方面既可以使用 C 语言完成功能，又可以使用 LabVIEW 软件进行串口通信。C 语言编写比较繁琐，不如 LabVIEW 使用简单方便。另外，目前智能弹药通用检测平台使用 LabVIEW 软件进行测试语言的编写。为了使该装定模块既可以独立使用，又可以与智能弹药通用检测平台相结合，使该模块作为平台的一个部分，故选用 LabVIEW 软件进行串口通信。目前在 LabVIEW 中实现串行通信主要有两种方式，利用 VISA 和 ActiveX 控件。本模块采用 VISA 进行通信。

VISA 是组成 VXIplug&play 系统联盟的 35 家最大的仪器仪表公司统一采用的标准[4]。采用了 VISA 标准，就可以不考虑时间及 I/O 选择项，驱动软件可以互相兼容使用。

串口通信作为仪器通信的一部分，它的函数是

VISA 函数的子集。串口函数库位于函数选板的仪器 I/O>>串口中，如图 2 所示。

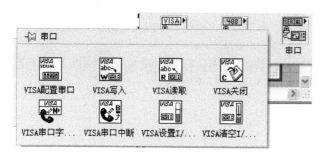

图 2　串口通信函数选板

串口通信的基本流程是：配置串口参数（打开串口）—发送或者接收数据—关闭串口。其重中之重为参数配置。配置串口函数及具体参数如图 3 所示。

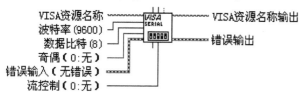

图 3　VISA 配置串口

在该函数里，设置串口通信的资源名称、波特率、校验方式、停止位和流控制。流控制，就是常说的"握手"，在本装定模块中，无握手信号。此外，还有"超时""终止符"及"启用终止符" 3 个端子的设置。超时一般默认为 10000ms，终止符默认为 0x0A，启用终止符默认情况下也是开启的。这里都采用默认值。根据不同的平台，数据传输可分为同步或者异步。前文已述，本模块采取异步通信模式。

初始化配置完毕后，由 VISA 写入节点，将写入缓冲区的数据写入指定的设备或接口，再由 VISA 读取节点，从 VISA 资源名称所指定的设备或接口读取指定数量的字节，并将数据返回至读取缓冲区，最后由 VISA 关闭节点，关闭 VISA 资源名称所指定的设备会话句柄。由于串口读写的端口定义默认为字符串类型，为了和 DSP 通信，串口应以十六进制发送 0xAA 标志，所以在写串口时数据类型为十六进制的数据，而串口读取的字符串要转换为数字型数组才能正确地做后续处理。

从串口中读取的字符串转换为 7 个字节，其中，第 1 个字节为 0xAA，为帧头标志，第 2 个字节表示装定地址，第 3 个字节表示装定模式，第 4 个到第 6 个表示装定时间，最后一个字节为帧尾，作为结束标志。

其部分主要程序与前面板界面分别如图 4 和图 5 所示。

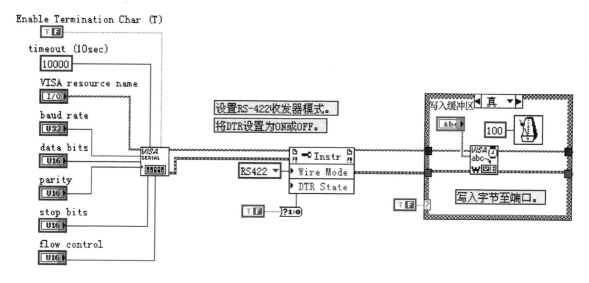

图 4　部分后面板程序

4　结论

本文介绍了基于 LabVIEW 的 RS422 通信协议时间装定器的设计，该方法简单可靠，同时又克服了原有时间装定器传输距离短且不稳定的缺点。对于火箭弹上装定引信的地址识别问题，设计了一种简单有效的方法来解决。本文使用 LabVIEW 软件中的 VISA 库很好地完成了串口通信。该装定器不仅可以独立完成时间和模式装定任务，还可以作为子模块添加到智

能弹药通用检测平台里，为以后智能弹药通用电参数
检测平台的功能完善与扩展打下良好基础。

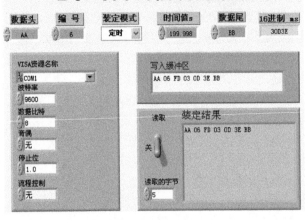

图 5　前面板界面

参 考 文 献

[1] 李大友. 微型计算机接口技术[M]. 北京：清华大学出版社，1998.

[2] 黄国栋，戴义保. 基于 RS422A 现场总线的温控网络系统[J]. 测控自动化，2004，20（5）：7-8.

[3] 郑红星，曹晓绯. RS422 在反坦克导弹上的应用研究[J]. 弹箭与制导学报，2008，28（4）：32-34.

浅析迫击炮弹机械触发式引信无损检测识别系统

徐永士，肖　强，徐　衍，黄紫光，丁满意，傅炜强

（中国人民解放军 63981 部队，湖北武汉　430311）

摘　要： 迫击炮弹机械触发式引信无损检测识别系统包括角度旋转控制、X 射线成像、图像采集处理、缺陷自动识别等 4 大装置以及配套测控系统，针对迫击炮弹机械触发式引信质量无损检测设备存在人工故障诊断误判率高、工作效率低、检测要求高和安全隐患大的问题，为确保事故弹药引信的质量和使用安全性判别快速、准确，建立了一套引信无损检测方法与手段，解决了战时弹药机动化保障条件下，事故弹药安全性检测的关键技术。

关键词： 迫弹引信；无损检测；自动识别

0　引言

迫弹机械触发式引信质量无损检测识别系统是一项集引信无损检测识别理论研究、检测设备研制以及测控系统于一体的综合性课题，实现了对引信使用安全性判定，解决了事故弹药引信角度旋转自动控制、透视建模、动态无损识别等关键技术。

1　系统结构与组成（图 1）

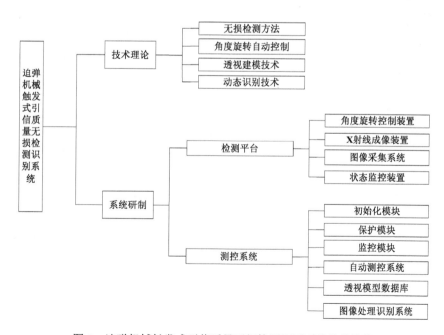

图 1　迫弹机械触发式引信质量无损检测识别系统总体结构

2　系统工作原理

检测识别系统工作原理如图 2 所示，其工作原理如下：

依据待检引信信息和检测要求，通过人机交换界面完成在标准透视模型数据库中引信种类的选择、系统工作模式及运行参数的设定，测控平台主控制器形成指令，各装置接收到指令后开始运行。首先，X 射线成像装置与状态监控装置收到控制指

令后开始运行，对被检引信进行透视，并形成透视图像，图像采集系统对引信透视图像进行自动采集，并将采集的图像实时传输至测控系统进行储存，状态监控装置完成对引信的实时视频监控。同时，角度旋转控制装置依照测控系统发出的控制指令完成多种不同角度的自动旋转控制，从而实现待检引信多角度多方位的透视图像的采集，在图像采集过程中，实际引信角度通过角度传感器实时测量并反馈至测控系统，当引信实际旋转角度与系统设定角度系统存在误差时，测控系统则自动进行误差补偿修正，保证了引信旋转角度的精准。测控系统通过图像处理自动识别系统对采集得到的图像和数据库数据进行比对，从而自动判别被检引信的质量和安全性，进而完成迫弹引信的无损检测。

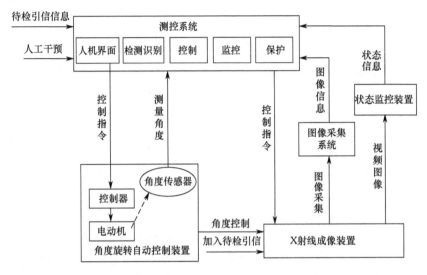

图 2　检测识别系统工作原理图

3　关键技术

3.1　引信角度旋转 PID 自动控制技术

PID 控制是比例积分微分调节器的简称，具有结构简单，稳定性好，可靠性高，易于工程实现的优点。针对引信无损检测角度对角度旋转自动控制装置的定位需求，本文完成了闭环负反馈 PID 控制结构构建，其控制原理图如 3 所示。

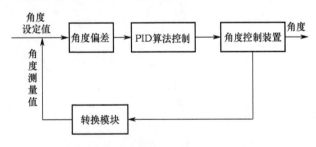

图 3　基于 PLC 的 PID 角度控制原理

在进行对引信检测时，需要进行对引信设定每次转动角度量的值，以确保引信自动精确旋转，此处，为验证测控平台对该装置的自动测控能力。本文通过在不同设定角度情况下对比不同旋转角度设定值与测量值的方法，设定旋转角度为每次转动角度 1°、5°，其在不同旋转角度下连续测量一周的结果如图 4 所示。

从图中可以看出，通过每次旋转角度设定值与测量值的对比，可知角度控制装置在检测过程中旋转角度误差不超过 10%，这说明测控系统能够高精度地完成对角度控制系统旋转角度的控制，同时验证 PID 控制算法设计的科学性与有效性。

3.2　图像数据库构建技术

采用计算机技术、数据库技术等，搜集特定迫弹机械触发式引信的标准图像和特征图像信息，建立引信识别与判断基础信息库。特定样品的特征图像主要是由规则图形组合而成，因此特征主要从系统的视觉特性和统计特性两个方面来进行提取。

首先是建立图像的灰度直方图，经过直方图均衡化增强图像对比度。通过对整幅图片的不同灰度级所对应的像素的统计来完成图片的灰度直方图。再通过直方图均衡化来使信号值所占区域的对比度增加。直方图均衡化就是把给定图像的直方图分布改变成均匀分布直方图分布。效果图如图 5 所示。

3.3　动态识别技术

弹药安全系统检测在图像检测剖面表现结构识别，即通过透视图像判断安全系统关键零件、部件的位置、状态，与其他射线法无损检测相比，这种结构识别的主要特点是多种类、多结构、多材料、多尺寸、壁厚变化大等，本系统首先根据透视的位置准确判断相对位置是否合格，采用局部特征法对目标图像进行处理，从而获得原始图像的尺寸、形状、连通性、凹凸性、平滑性以及方向性等特征信息，并采用二值滤波发来实现系统在视觉特性和统计特性两个方面的高性能特征识别的图像参数，并采用比例法和像素法相结合来完成引信安全判定，大大提高了可识别性和识别准确性。

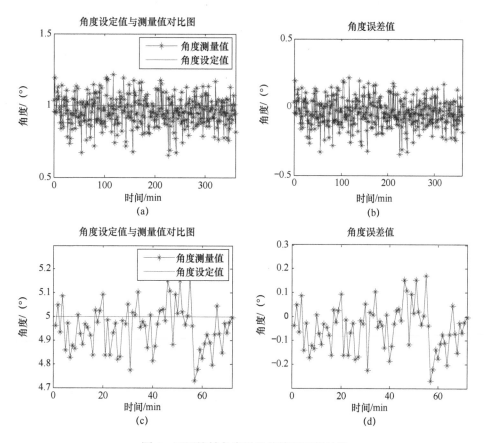

图 4　不同旋转角度设定值情况下的结果

（a）每次旋转角度设定 1°下对比图；（b）每次旋转角度设定 1°下误差图；（c）每次旋转角度设定 5°下对比图；（d）每次旋转角度设定 5°下误差图。

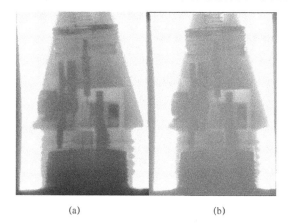

（a）　　　　　　　　　（b）

图 5　效果图

（a）原图；（b）均衡化之后的图。

4　结论

该系统综合采用现代自动测控、VC++编程、图像自动识别和无损检测等技术，通过系统优化与设计，研发了引信角度旋转控制系统，实现了引信三维定位，建立了 11 种引信标准数据库，提高了通用弹药质量问题处理与鉴别能力，设计了迫击炮弹机械触发式引信故障无损检测识别方案，统一了标准规范，实现故障引信无损检测自动识别，确保了弹药使用的安全性。

参 考 文 献

[1] 张玉铮. 近炸引信设计原理[M]. 北京：北京理工大学出版社，1996.

[2] 钱元庆. 引信系统概论[M]. 北京：国防工业出版社，1987.

[3] 李彦学，智敦旺. 无线电与电子时间引信[M]. 北京：兵器工业出版社，1996.

[4] Cranney D H，Maxfield B T. Emulsion that is compatible with reactive sulfide/pyrite ores：US，5159153A[P]. 1992-10-27.

[5] Dick J J. Shock-wave behavior in explosive monocrystals [J]. Journal de Physique IV，1995，5：103-106.

[6] Meyers M A. A mechanism for dislocation generation in shock-wave deformation [J]. Scripta Metallurgica，1978，12（1）：21-26.

引信离心检测控制系统实现方法与设计

黄紫光，肖　强，徐永士，傅炜强，丁满意，张　欣，周　森

（中国人民解放军 63981 部队　湖北武汉　430311）

摘　要：引信是决定弹药战斗部在何时何地爆炸的控制装置，其离心保险机构是引信的重要安全保障，即能保证弹药的终点效应又能保证发射时人员与装备的安全。传统的引信离心检测存在技术精度不高，危险系数较大等隐患，针对以上问题，本文首先分析了引信离心环境，然后进行了系统构成、系统运行控制运行机制设计，最后基于 PLC 完成了系统硬件与软件开发。其研究成果对引信离心系统的设计研究具备一定的参考价值。

关键字：引信；离心检测；控制系统

0　引言

引信作为弹药的"大脑"和核心，是感知目标与控制弹丸发挥终点效能的主体，其质量好坏直接决定弹药储存安全、勤务保障以及作战效能发挥。近些年，引信性能检测已成为当今部队常用的综合评定引信质量的方法与手段，是适应当前与未来新型弹药检测需求的便捷、有效途径。

引信离心环境下性能检测理论与方法多种多样，但尚不够成熟，大多集中于离心单环境的单独测试，而如何逼真模拟离心环境并进行有效检测的研究还很缺乏，至今还没有逼真模拟引信飞行条件下离心环境条件下进行测试的系统。鉴于此，现利用 PLC 研发一套检测控制系统来有效逼真出离心环境，可为引信综合性能测试提供一个快捷、有效可行的试验与支撑平台。

1　引信离心环境与旋转速度关系分析

引信离心保险机构中离心子是通过引信旋转来实现保险解除的。引信在旋转飞行过程中，离心保险机构所受到的离心力为

$$mr\left(\frac{2\pi n}{60}\right)^2 = GK_1 \tag{1}$$

式中：n 为解除保险的离心旋转速度；K_1 为实弹射击时产生的离心过载系数，为常数；r 为离心半径；π

取 3.14。不难看出，引信旋转速度变化决定着引信飞行过程中离心保险机构所受到的离心力变化。

2　系统构成

该系统是引信动态仿真试验的重要部件，用来模拟引信在弹道飞行过程的离心环境，主要由提供离心动能的电机设备、用于获取旋转速度信息的测速装置、用于固定并带动引信旋转离心装置组成，其中电机设备分为调速控制的控制器、提供旋转驱动的电机两个部分。

3　系统运行控制运行机制

采用闭环动态负反馈控制模式，自动修正旋转误差，进而实现旋转速度高精度控制。依照旋转速控制系统工作原理，其功能结构框图如图 1 所示。

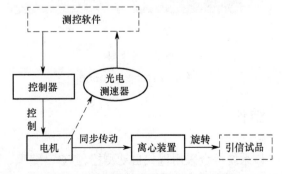

图 1　旋转速度控制系统结构示意图

在过程中，电机带动离心装置同步传动，电机和离心装置的旋转速度由光电测控器进行测控，并将测控信息反馈到监控显示平台，完成对系统运行实时监控，并反馈至控制器来完成电机旋转速度的精度控制。

4 系统硬件设计与研究

4.1 离心装置的设计

离心装置是用于引信安装的装置，并保证引信在高速状态下处于固定状态。在对其进行设计时，为满足引信安装与性能测试的便利，主要由轴承、轴承套、同步轮以及引信安装孔组成。整个装置由转轴支撑和固定，安装于采用锥型轴承耦合装配，增加了抗冲击强度，提高了承受落锤的冲击性，并将同步轮使用同步传动带与电机连接在一体。引信安装孔处于装置上顶部，该安装孔内有内螺纹，用于旋入引信。在试验时，可依据引信直径大小调节孔径，以适应不同引信试验需求。

4.2 电机的选型

永磁同步电机是随着永磁材料技术的发展由电励磁同步电机发展而来的，与电励磁同步电机相比其采用永磁体代替了电励磁同步电机中的励磁部分，省去了励磁绕组、电刷和集电环等结构，永磁同步电机存在结构简单、体积小、可靠性高、效率高以及噪声小的优点，故永磁同步电机在精密机床、高尖端工业以及军工科技行业等领域受到青睐。基于此，本文在电机选型时选用永磁同步电机作为对象，其运动数学模型：

$$T_{em} = T_L + J\frac{dw}{dt} + Bw \qquad (2)$$

式中：T_{em} 为电动机的电磁转矩（N·m）；T_L 为电动机的负载转矩（N·m），J 为电动机转子及负载惯量（kg·m^2）；B 为电动机黏滞摩擦因数；w 为电动机的机械转速（rad/s）。

4.3 测速传感器的选型

电机的速度测量对精确控制电机转速至关重要，光电编码传感器具有测控幅度大，传感器测量精度高，反馈速度准确，非接触式测量的优点，能够真实地反映高速电机的旋转速度，较好地为对系统进行误差补偿提供了可靠数据，有效保证了实施转速和设定转速相一致。同时，由于光电编码传感器每分钟脉冲次数多，测速范围较大，更有利于对旋转设备的扩展。本文针对测速装置采用对高速电机的实施监控，不仅对精度有着很高要求，也受其他因素的约束，故选用日本欧姆龙公司研发的光电式编码传感器进行测量，其供电电压为脉冲次数最高为 120 万次/min，供电电压为 24V，测速范围为 0～20000 转。

其测量方法为反射计时法，该方法是以一个高频信号作为起始点信号，光电传感器会以万计脉冲次数进行发射，统计在电机旋转过程中每旋转一周所间隔的脉冲信号个数 N，通过计算 N 个脉冲信号的时间长度便可得到电机每旋转一周的间隔时间，电机转速为

$$n = \frac{60\pi D}{M * N} \qquad (3)$$

式中：D 为光电传感器探测电机半径，M 为每分钟脉冲发射次数。

4.4 软件设计

软件设计是整个系统的核心组成部分，其测控性能的好坏决定着引信性能测试的自动化、智能化水平。主要用来完成对系统硬件部分的自动测控功能，实现引信旋转速度的精准控制，保证系统的高效运行。

旋转速度是模拟离心环境的关键，其速度控制的精准直接关系着离心环境的逼真性与可信度，此处，将引信旋转速度变化过程以电机运行速度为时序基准，分为 5 个阶段，第 1 阶段为初始化阶段，第 2 阶段为加速阶段，第 3 阶段为恒速阶段，第 4 阶段为减速阶段，最后为结束停止阶段。依据阶段性功能实现，软件运行流程如图 2 所示。

第 1 阶段：在系统启动程序、完成自检后，便依据试品信息和检测标准对加速时间、恒速时间、旋转速度以及目标冲击能量值进行设定，PLC 控制器形成指令，执行层各分系统接收到指令后开始运行。

第 2 阶段：引信旋转速度控制系统按照 PLC 控制器控制程序发出指令，控制器驱动电机按照设定值进行加速，在短时间内达到高速旋转状态。

第 3 阶段：引信旋转速度控制系统处于恒速状态，当旋转速度出现误差时，主控制器进行自动测控。待引信恒速旋转所设定的时间后，便进入减速状态以模拟引信飞行过程中离心力衰减变化情况，从而完成引信在动态作用下的离心性能检测。

第 4 阶段：当电机、离心装置恒速旋转时间结束时，主控制器发出减速指令，电机、离心装置做

自然惯性减速直至停止。

第 5 阶段：测控软件平台对运行状态判定，直到收到结束控制指令后，系统便结束程序运行，完成整个运行过程。

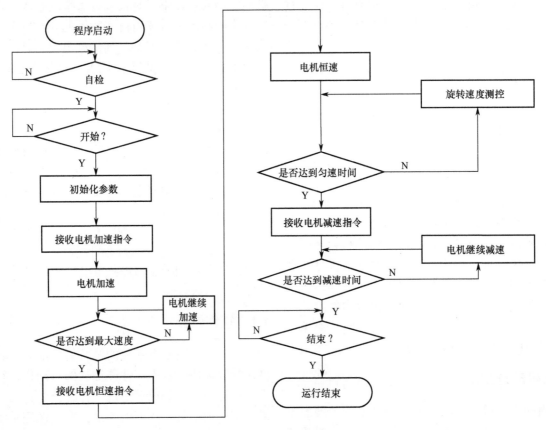

图 2　系统运行流程

5　结论

本文针对引信在整个弹道飞行过程中离心环境变化情况进行了引信离心检测控制系统实现方法与设计，完成了该系统结构划分与硬软件的设计，为引信离心检测提供了有效的方法和思路。但仍存在引信飞行旋转速度模拟与实际引信弹道飞行情况近似等效，在以后的研究中将真正构建引信全弹道运动模型，以更贴近引信实际离心环境，确保该系统的科学性。

参 考 文 献

[1] 张合. 引信机构学[M]. 北京：国防工业出版社，2007.

[2] 渠毓林. PLC 控制交流变频调速控制系统在电梯中的应用分析[J]. 科技与创新，2014（13）：50-53.

[3] 刘猛，焦志刚，等. 基于 PLC 与 WinCC 的引信自动装配机控制系统设计[J]. 四川兵工学报，2015，3（36）：31-34.

[4] 马少杰. 引信试验技术[M]. 北京：国防工业出版社，2010.

1.2　弹药导弹储存寿命试验方法与技术

导弹装备可靠性试验的研究与分析

谷宏强，杨锁昌，姜会霞

（陆军工程大学石家庄校区，河北石家庄 050003）

摘　要： 论文针对导弹武器系统可靠性评估的现实问题，在分析了可靠性试验基本内容的基础上，研究了国内外可靠性试验的现状与发展，重点对国内导弹武器系统可靠性试验的现状以及存在的问题进行了总结，最后针对国内可靠性试验方面存在的问题提出了改进建议。

关键词： 导弹装备；可靠性；环境试验

0　引言

导弹武器装备具有高可靠、长寿命的共同要求。随着导弹技术的不断发展，导弹系统、指挥控制系统、探测制导系统、发射控制系统等比以往更为复杂，可靠性要求更高，同时对全寿命周期综合保障能力及要求也越来越高[1,2]。由于未来作战环境越来越复杂，武器系统全寿命周期历经的环境覆盖各类极端气候乃至空间环境，而可靠性试验作为提高武器系统可靠性和预测武器系统寿命的有效方法之一，其应用范围越来越广，应用层次也越来越高。因此，研究导弹装备的可靠性试验，对于全面提高导弹的可靠性水平和系统掌握导弹的可靠性状况有着十分重要的作用。

1　可靠性试验

一般来说可靠性试验主要包括环境应力筛选试验、可靠性增长试验和可靠性强化试验。

环境应力筛选是一种通过施加环境应力，迅速暴露产品中存在的工艺、元器件缺陷，又不致影响其性能和寿命的一种工艺手段。常规筛选不要求筛选结果与可靠性目标阈值建立定量关系，筛选中不估计产品中引入的缺陷数量，也不知道所用应力强度和检测效率的定量值，对筛选效果好坏和费用是否合理不作定量分析，仅以能筛选出早期故障为目标。定量筛选要求筛选效果和可靠性目标之间建立定量关系，主要变量是引入缺陷密度、筛选检出度、析出量或残留缺陷密度。

可靠性增长试验是通过建立增长模型有计划地激发故障，并通过分析故障原因和改进设计提高可靠性的一种方法[3]。导弹武器系统可靠性增长试验主要涉及 4 个方面的内容：一是制定可靠性增长计划。根据导弹武器系统总体要求，建立可靠性增长曲线的数学模型，确定可靠性增长试验参数，包括增长目标、初始可靠性水平、增长率、确定第一阶段增长试验时间等。二是可靠性增长试验剖面设计。根据导弹的任务剖面和环境剖面，制定导弹综合的可靠性增长试验剖面。导弹武器系统通常有多个任务剖面，此时要把对应的多个任务剖面、环境剖面转换并综合成一个试验剖面。三是可靠性增长试验的实施。根据可靠性增长计划和制定的试验剖面，按预先设定定时结尾或定数结尾进行可靠性增长试验，并做好详细的试验记录并将其撤出试验。四是可靠性增长试验评估。当可靠性增长试验做完后，对试验对象可靠性进行评估，确定试验对象的可靠性增长水平，主要工作包括增长趋势分析、可靠性增长参数的估计、拟合优度检验、MTBF 的点估计和区间估计。

可靠性强化试验是采用加速环境应力来快速激发产品的缺陷使其暴露为故障，通过故障原因分析、失效模式分析，提出纠正措施。通过设计改进消除缺陷，提高被试对象的破坏极限，并重新进行试验验证，从而快速增加产品的工作和破坏裕量，达到快速提高可靠性的目的。可靠性强化试验所涉及的关键技术主要包括以下几个方面：一是强化失效机理的分析。通过强化失效机理研究，可以掌握失效在强化环境中的加速过程，建立产品的强化特性描述，为强化环境的确定以及试验方法的选择提供理论基础和依据。二是强化环境的确定。在分析超高应力环境特性的基础上，针对具体的失效模式选择激发效率高的应力环境进行试验，针对不同的需求选择不同激励效果的试验设备，实现对潜在缺陷的快速激发与定位。三是强化试验方法。主要包括强化应力环境的加载方法和试验结果的分析与综合，最终目标在于可靠性的快速增长，因此必须对试验中出现的故障进行故障分析和机理研究，以达到改进设计及工艺缺陷的目的。

2　国内外可靠性试验技术的发展现状

可靠性试验最初主要来源于 20 世纪航空航天领域。环境应力筛选主要源于 20 世纪 60 年代美国"阿波罗"强化环境试验，经过半个世纪的发展，其应用从最初的航天工业推广到整个国防军工行业。目前，环境应力筛选已被广泛应用于电子产品的研制、生产、使用等各阶段，其目的主要是确定产品对温度循环应力和随机振动应力的适应性，剔除设计、工艺、元器件缺陷和其他原因引起的早期故障，提高产品的使用可靠性，并为改进产品设计、工艺提供依据。

可靠性增长试验技术的研究和应用早在 20 世纪 40 年代就已经开始，美国在 1969 年颁发了军用标准 MIL-STD-785（A）《系统、设备研制与生产的可靠性大纲》，首次将可靠性增长作为可靠性工作中必须进行的一项内容。1995 年 6 月，国际电工委员会颁发国际标准 IEC61164《可靠性增长-统计试验与评估方法》，给出了基于单台产品失效数据进行可靠性增长评估的 AMSAA 模型和数值计算方法，并于 2002 年形成了 FDIS 版。

在可靠性强化试验技术方面，国外从事该领域的主要研究机构有 Qual Mark 公司、Otis Elevator 公司和 Hobbs Engineering 公司等。许多著名企业如波音、惠普等还成立了专门的可靠性强化试验机构，通过系统的施加逐渐增大的环境应力和工作应力来激发故障和暴露设计中的薄弱环节，从而评价产品设计可靠性，并在强化试验效率、试验理论、统计模型和数据分析等方面已进行了大量研究。

国外对于导弹的可靠性试验研究起步较早，美国和俄罗斯比较深入，并取得了很好的效果。其共同的特点是重视导弹的可靠性变化规律研究，有一套严密的组织管理机构，有一套完整的数据系统，有周密的质量监测计划，注重全弹与部件平行储存试验的开展。具体研究方法上形成了以自然储存预测分析为主导的美军模式和以可靠性设计和加速寿命试验为核心的俄军模式。

以自然储存预测分析为主的美国模式的基本特点是坚持导弹可靠性跟踪计划，主要做法：一是建立储存导弹可靠性评估体系；二是建立评估数据标准化体系；三是加强导弹可靠性环境试验建设。美国针对民兵导弹的储存延寿工作很有代表性，已经成为世界各军事强国参照学习的典范。

俄罗斯是以可靠性设计和加速寿命试验为主，主要特点是基于扎实的基础数据为支撑。主要做法：一是系统开展寿命设计，保证导弹储存期的可靠性；二是通过加速寿命试验暴露薄弱环节，并针对薄弱环节进行改进，完善寿命设计并评估寿命；三是对导弹进行技术改造，不断挖掘现役导弹的使用寿命潜力。

国内在环境应力筛选技术的工程应用研究上起步较早，发展也比较快，特别是在导弹武器研制中取得了明显的效果，为国防科研院所提供环境应力筛选服务，积累了大量数据。1990 年和 1993 年分别颁布了 GJB 1032《电子产品环境应力筛选方法》和 GJB/Z 34《电子产品定量环境应力筛选方法》两项国军标，进一步推动了环境应力筛选的广泛应用，尤其是在武器装备研制和生产过程中，有效地提高了产品的质量和可靠性水平。GJB1032 自其颁布之日起，就在武器装备中进行了推广应用，在长期实践过程中积累了丰富的经验，推动了环境应力筛选方法的进一步发展。

国内可靠性增长技术的研究是随着我国科学技术和工业的发展、国外可靠性增长理论和方法的引入，并结合我国实际情况开展可靠性工程活动而发展起来的。1988 年，国防科工委颁发国家军用标准 GJB450《装备研制与生产的可靠性通用大纲》，规定了军用系统和产品在研制与生产阶段实施可靠性监督与控制、设计与分析、试验与评价的通用要求和工作项目,对可靠性增长试验规定了专门要求。同时,开展了综合可靠性增长技术研究,其中变母体、变环境理论已成功应用于航空航天产品中。目前,可靠性增长试验已经在部分型号导弹武器系统中开展,并将进一步加强推广应用。

国内对于可靠性强化试验的研究始于20世纪90年代中期,由于西方国家对先进技术输出的诸多限制,且国外有关可靠性强化试验技术的核心技术目前尚未完全解密,目前国内可靠性工程界对可靠性强化试验核心技术的掌握较少。这种局面严重阻碍了可靠性强化试验先进技术在我国的普及应用。在工程应用方面的研究起步较晚,在导弹武器系统某些型号中,也尝试开展了部分电子产品的可靠性强化试验,取得了一定的效果。

多年来,大型导弹环境应力筛选实践取得了很好的成效,电子产品 100%参加了环境应力筛选试验,有效地剔除了产品内部潜在设计、工艺和元器件缺陷,保证了产品的固有可靠性和使用可靠性。可靠性增长试验已经在大部分型号导弹武器系统中开展[4],通过可靠性增长试验,激发出了产品设计和生产工艺上存在的薄弱环节,通过改进设计和工艺措施,达到了提高产品可靠性的目的。

3 我国可靠性试验存在的不足及建议

经过几十年的建设和发展,我国可靠性试验形成了一定的工程理论和成熟技术方法。对于导弹武器系统来说,建立了一套可靠性试验方法和质量监控体系,按计划开展导弹的可靠性试验、质量检测、质量评定与质量控制,确保服役期间导弹的安全储存和可靠使用尤为重要[5]。但从长远发展看,还存在以下几个方面的问题:

(1)缺乏基础理论的研究。目前开展的可靠性试验还是注重定性的试验效果,环境应力筛选无筛选率的定量要求,只是要求通过按规定的筛选项目及条件进行筛选。可靠性增长摸底试验主要瞄准可靠性指标开展设计,并未开展严格意义和有可靠性增长目标计划的可靠性增长试验。可靠性强化试验只是增大试验量级,并未研究利用强度-应力干涉模型来评估试验后的可靠性水平。对导弹可靠性的研究方面缺乏持续不断和深入系统的研究,没有形成完整的理论体系,难以为导弹可靠性研制实验提供有效指导。

(2)对地面设备重视不够。目前开展的可靠性试验明显是注重导弹弹上设备,对地面装备可靠性试验要求并不严格。由于对地面装备可以用维修保障来换取较为可靠的工作能力,导致了在主观上对导弹和对地面装备可靠性要求存在差别,形成了对导弹的可靠性要求严格,但对影响作战任务、采用新技术新工艺新材料、可靠性要求高的在地面装备中大量使用的统一化模块在可靠性试验方面没有得到重视。

(3)可靠性试验存在短板。通过对导弹的可靠性试验的分析,目前的试验对象主要为弹上设备,所以对于全弹和各个组成设备之间的接口、连接、匹配等可靠性问题无法得以激发和剔除,使导弹存在一定的质量隐患。

(4)对非电设备的可靠性试验重视不够。目前,电子产品的可靠性试验工程化方法已经较为成熟,通过型号试验的经验积累试验方法不断得以修正和提高,但对于机电、液压产品等非电子产品类的可靠性试验方法才刚刚开展摸索,形成了部分的环境应力筛选标准,但还未经过大量试验经验的积累,试验方法有待进一步修正。

随着导弹武器系统组成日趋复杂,新技术、新材料、新工艺、新元件的应用也越来越多,对导弹武器系统的可靠度也越来越高,所以全面开展和加强可靠性试验是有效提高产品可靠性的重要手段。

(1)加强环境应力筛选试验研究。新一代导弹武器系统作战环境越来越复杂,武器系统全寿命周期历经的环境覆盖各类极端气候乃至空间环境,包括高寒、酷热、潮湿、低气压、盐雾、霉菌、沙尘、太阳辐射、冷热真空、强电磁场及振动、冲击等恶劣自然环境和诱发环境等。现有环境应力筛选技术和方法可能逐渐无法满足环境筛选要求,需进一步加强环境应力筛选方法的研究,特别是加强非电产品的环境应力筛选方法,同时进一步开展环境应力筛选效果定量评估研究,以满足导弹可靠性技术发展的要求。

(2)加强可靠性增长试验的研究。可靠性增长工作是一项复杂的系统工程,涉及的因素很多,需要经费、人员、设备、场地、时间等资源的支持,必须制定科学、先进的可靠性增长规划和增长策略,严格计划和管理才能实现产品的设计、工艺和结构改进,使产品固有可靠性水平得到提高,成功的可靠性增长试验体系必需依赖于强有力的可靠性增长管理。

（3）强化可靠性强化试验的规范性。目前，国内可靠性强化试验标准、规范都相对较少。随着可靠性强化试验不断得到认可，制定导弹武器系统有效的可靠性强化试验规范势在必行，只有制定适用于导弹武器系统的可靠性强化规范，并详细规定可靠性强化试验方案、方法和实施途径，才能为其在导弹武器系统研制中的不断推广应用，为全面提高导弹武器系统的可靠性奠定坚实基础。

参 考 文 献

[1] 孟涛，张仕念，易当祥，等. 导弹储存延寿技术概论[M]. 北京：中国宇航出版社，2013.

[2] 金振中，李晓斌.战术导弹试验设计[M]. 北京：国防工业出版社，2013.

[3] 梅文华，可靠性增长试验[M]. 北京：国防工业出版社，2003.

[4] 毕义明，杨萍，王莲芬，等. 导弹生存能力运筹分析[M]. 北京：国防工业出版社，2011.

[5] 周旭，导弹毁伤效能试验与评估[M]. 北京：国防工业出版社，2014.

气体分析技术在导弹储存研究中的应用

王新锋，余 堃，彭 强，左 继，赵颖彬，周红萍

（中国工程物理研究院化工材料研究所，四川绵阳 621999）

摘 要： 以某长期储存导弹战斗部密封舱为对象，采用气体取样分析技术对舱内的气体进行了定性定量分析，检测到了 NO_2、N_2O、NO、CO、CO_2、H_2、CH_4、C_2H_4 等多种气体组分，并对气体的可能来源及主要危害进行了分析，研究结果对武器用材料的老化研究及武器的寿命评估和延寿研究具有重要意义。

关键词： 导弹战斗部；气体分析；储存；材料老化

0 引言

导弹系统是投资巨大、长期储存、一次性使用的具有高可靠性要求的装备。交付部队后，常常会处于长期储存状态，受储存环境应力作用，导弹会出现性能变差，可靠性降低的变化。实践表明，储存条件越好，导弹的寿命就越长，可靠性就越高。导弹系统失效机理一般为氧化、老化、性能退化等缓慢的化学、物理变化过程[1]。战斗部是导弹重要组成部分，武器寿命周期内，由于战斗部内部部件材料的化学不稳定性，在热和环境的作用下，这些材料可能会发生缓慢化学反应，放出气体产物[2-8]，反应生成的气体产物可能会导致内外压力失衡、弹内金属材料的腐蚀、弹内有机材料的加速老化等问题[6-8]，进而对整弹的安全性和可靠性造成潜在影响，因此有必要对战斗部内部的气体进行分析与研究。

针对某经历长期储存的导弹战斗部密封舱（以下简称密封舱），对舱内的气体进行了取样分析，检测到了 NO_2、N_2O、NO、CO、CO_2、H_2、CH_4、C_2H_4 等多种气体组分，对气体组成进行了定量/半定量分析，并对气体的可能来源及主要危害进行了分析。

1 实验部分

1.1 主要仪器设备

气相色谱仪（热导池检测器，TCD），美国安捷伦 6890、安捷伦 7890B，自研气体负压自动进样系统。

气相色谱-质谱仪，美国 Finnigan Polaris Q 离子阱质谱仪。

固相微萃取，美国 Supelco 公司，75μm Carboxen/PDMS 萃取头。

分光光度计，美国 PE Lambda 35 分光光度计。

采气装置：自研。

采样罐：10ml 气体采样罐（自行设计加工），50ml 气体采样罐（美国 Swagelok），3.2L 索码罐（美国 Entech）。

1.2 取样分析

1.2.1 采样

利用自研采气装置，将密封舱内气体样品采集至各样品罐中。

1.2.2 气相色谱分析

使用自制气体负压自动进样装置将采得的样品引入气相色谱仪实现气体进样，进样体积 100μL。采用与标准气体保留时间对照进行定性，使用外标法进行定量。

1.2.3 固相微萃取-气相色谱/质谱分析

用固相微萃取吸附采气罐中有机组分后，将萃取头插入气相色谱汽化室解析，采用质谱色谱流出组分进行定性和半定量分析。

1.2.4 NO 和 NO_2 分析（盐酸萘乙二胺分光光度法）

HJ479-2009[9]中对 NO 和 NO_2 的采样使用的是流动采样法，但该方法不适用于密封舱气体样品分析，为了解决该问题，项目组按图 1 搭建气体吸收

装置，利用增压-带出-吸收方法，将气氛中 NO 和 NO$_2$ 引入吸收液中，参考 HJ479-2009 的方法配制吸收液和氧化液（酸性高锰酸钾溶液），并在吸收瓶中和氧化瓶中分别装入 10ml 的吸收液和氧化液。根据 HJ479-2009 方法进行分光光度法测量和结果处理。

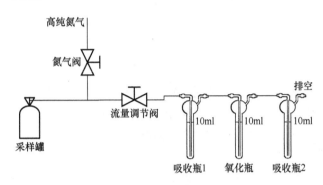

图 1　充气、吸收装置连接图

2　结果与讨论

气相色谱法检测到了 9 种组分：N$_2$、O$_2$、Ar、CO$_2$、H$_2$、N$_2$O、CH$_4$、CO、C$_2$H$_4$，采用外标法进行了定量，盐酸萘乙二胺分光光度法给出了 NO 和 NO$_2$ 的参考结果，固相微萃取-气相色谱/质谱法检测出了乙醇、呋喃、丙酮、2-丙醇、戊烷、甲基丙烯酸甲酯等有机气体。测试结果见表 1。

表 1　密封舱气体的分析结果

测试方法	组分	含量	备注
气相色谱法	Ar（%）	0.92±0.03	
	O$_2$（%）	19.0±0.6	
	N$_2$（%）	78.7±2.4	
	CO$_2$（%）	0.300±0.009	
	H$_2$（%）	0.230±0.006	
	N$_2$O（%）	0.110±0.003	
	CO（%）	0.050±0.003	
	CH$_4$（%）	0.002±0.001	
	C$_2$H$_4$（%）	0.008±0.001	
盐酸萘乙二胺分光光度法	NO$_2$（10^{-6}）*	2.70	非标准方法，结果仅供参考
	NO（10^{-6}）*	0.70	
固相微萃取-气相色谱/质谱法	乙醇、呋喃、丙酮、2-丙醇、戊烷、甲基丙烯酸甲酯等	ppm 级	

2.1　N$_2$ 和 Ar

密封舱内 N$_2$ 为主要组分，测试结果约为 78.7%，空气中含量约 78%，Ar 空气中含量约为 0.93%，密封舱内测试结果 0.92%，密封舱内 N$_2$ 和 Ar 与空气中含量基本一致，其来源主要应为装配时的空气残留或外界渗入，N$_2$ 和 Ar 化学性质较为稳定，不会对密封舱内材料造成明显影响。

2.2　O$_2$

密封舱内 O$_2$ 含量为 19.0%，低于空气中的 21%，O$_2$ 具有氧化性，会与有机材料（包括高分子材料和炸药）发生热氧老化，改变材料性能，同时也会造成金属材料的氧化，降低材料性能。密封舱内 O$_2$ 来源主要应为装配时的空气残留或外界渗入，炸药的老化分解可能会产生非常少量的 O$_2$。

2.3　N$_2$O、NO 和 NO$_2$

该武器内装药包括含铝的 RDX 基 PBX 炸药、含铝的 HMX 基的 PBX 炸药和 PETN 基引信装药，硝胺类的 RDX 和 HMX 炸药、硝酸酯类的 PETN 炸药分解会产生 N$_2$O、NO 和 NO$_2$[2-6]。密封舱气氛中含有 0.106% 的 N$_2$O、2.67×10^{-6} 的 NO$_2$ 和 0.66×10^{-6} 的 NO，表明密封舱内炸药存在较明显的老化分解。NO 和 NO$_2$ 化学性质活泼，NO 与氧气反应会变为 NO$_2$，NO$_2$ 自身具有强氧化性，且遇水汽后会形成危害更大的 HNO$_3$，对密封舱内金属材料形成氧化和腐蚀，NO$_2$ 和 HNO$_3$ 也能催化加速有机材料的氧化分解，造成材料老化加剧。

2.4　CO 和 CO$_2$

炸药和高分子材料的老化分解都可能产生 CO 和 CO$_2$[2-8]，该密封舱内检测到了 0.298% 的 CO$_2$，远高于通常空气中的含量 0.03%，同时检测到了约 0.057% 的 CO，因此密封舱内有机材料发生了一定程度的老化分解。产生的 CO$_2$ 会与金属表面吸附水作用形成碳酸，加速金属的电化学腐蚀，造成金属材料性能退化。

2.5　H$_2$

装药中的铝粉，具有较高活性，在酸性气体或周围材料作用下，发生腐蚀时，会产生 H$_2$[10]。氢是一种易发生爆炸的气体，在空气中的爆炸范围广（4%～74%），密封舱内氢气浓度过高会降低弹的安全性，也会影响弹的安全拆解。该密封舱内含有约 0.203% 的 H$_2$，处于安全范围内。另外 H$_2$ 会导致金属材料发生氢脆效应，应关注金属材质的舱体和结构件在 H$_2$ 作用下会不会发生氢脆进而影响武器的结构性能。

2.6 其他气体

另外，密封舱内还含有极少量的 CH_4、C_2H_4、乙醇、呋喃、丙酮、2-丙醇、戊烷、甲基丙烯酸甲酯等有机化合物，这些气体来源于密封舱内材料，如有机材料的老化分解、材料内的包覆和吸附的溶剂缓慢释出等[7]，但这些气体对武器的危害目前还不清楚。

3 结论

成功将气体分析技术应用于某长期储存导弹战斗部储存研究，分析结果表明，密封舱内出现了较多的非空气中组分，如氮氧化物、碳氧化物、氢气及有机挥发性组分，并对这些气氛的可能来源和危害进行了初步分析。建议加强密封舱内气体研究，进一步明确这些气氛产生的原因及可能造成的危害，为导弹的状态评估和延寿研究提供支持与指导。

参 考 文 献

[1] 虞聘全. 导弹储存环境及储存试验方法研究的设想[R]. 国防科技报告, GF89933048A.

[2] Katie Walter. A Better Picture of Aging Materials[R]. S&TR sep. 1999.

[3] 楚士晋. 炸药热分析[M]. 北京：科学出版社，1994，252-261.

[4] Enhanced Surveillance Program FY98 Accomplishments[R]. UCRL-LR-132042.

[5] Back P S，Barnhart B V，Walters R R，et al. Test Results of Chemical Reactivity Test（CRT）Analysis of Structural Materials and Explosives[R]. MLM-MM-80-83-0001，1980.

[6] France Foltz M，Patricia A Foster. CRT Compatibility Evaluation of LX-16 and Halthane 73-18[R]. UCRL-JC-133765，1999.

[7] Chambers D M，Ithaca J，King H A，et al. Solid Phase Microextraction Analysis of B83 SLTs and core B compatibility test units[R]. UCRL-JC-133766，1999.

[8] Warner D K，Back P S，Barnhart B V. Analysis of trapped gas in IE34 Detonator by gas chromatography[R]. MLM-MM-80- 64-0001，1980.

[9] HJ479-2009. 环境空气氮氧化物（一氧化氮和二氧化氮）的测定盐酸萘乙二胺分光光度法[S].

[10] 朱丽娴，李奇志，潘永平.水与含铝炸药的反应对库存航炮弹的影响[J]. 火炸药，1994（1）.

空空导弹储存可靠性环境应力建模

杨立安，任凤云，田　丰

（空军勤务学院航空弹药系，江苏徐州 221000）

摘　要：为维护空空导弹的良好性能，对其储存可靠性进行合理分析是非常必要的。要对空空导弹储存可靠性进行分析。首先需要对影响空空导弹储存可靠性的各因素进行建模，本文分别以威布尔分布、逆幂律与指数分布相结合、对数正态分布为例对温度应力、湿度应力和温湿度交互应力进行建模，为仿真分析做了铺垫。

关键词：空空导弹；储存可靠性；环境应力；建模

0　引言

空空导弹是从飞机上发射攻击空中目标的导弹，可由歼击机、强击机、直升机和轰炸机等携带，对空中作战夺取制空权、保持空中优势至关重要[1]。为了使空空导弹在长时间的储存中仍能保持其技术性能，需要对空空导弹储存可靠性进行合理的分析，建立适当的数学模型，得出详细的研究结果。

传统的储存可靠性分析方法是以长时间和大规模的储存试验所得数据作为统计分析依据，但一些新型空空导弹产量小，价格昂贵，不可能进行长时间的储存可靠性试验。而且传统的分析方法没有考虑到时间因素和环境因素对产品储存可靠性的影响，只注重于对最终结果的预测而忽略了对储存期间失效原因以及失效过程的分析。本文结合退化失效模型，综合应用储存期间的所有信息对储存可靠度进行建模，综合考虑了时间因素以及温湿度对空空导弹储存可靠性的影响，有效弥补了传统储存可靠性分析的缺点，解决了在试验数据不足的情况下对空空导弹储存可靠性进行有效的分析。

在对环境应力进行建模前需要提前进行两点假设，以保证所建立的模型适用于空空导弹的储存可靠性分析。

（1）空空导弹储存寿命 ξ 与环境应力 S 存在对应的物理模型：

$$\ln\xi = a + b\varphi(S) \qquad (1)$$

式中：a,b 为未知参数，以温度应力为例建立模型，

则 $\varphi(S) = 1/S$，即阿伦尼斯模型。阿伦尼斯模型及以上假设适用于对于弹上各部件进行储存可靠性分析[2]。

（2）根据尼尔逊假设，产品剩余寿命仅取决于之前积累的失效和目前所承受的环境应力，与失效积累模式无关。

尼尔逊假设的本质就是用产品累积失效概率来表示在环境应力作用下产品所承受的损伤。

1　温度应力建模

利用可靠性分析中常用的威布尔分布作为例子对温度应力进行建模，其他分布可依据以下过程进行推理：

两变参量威布尔分布的密度函数为

$$f(t) = \frac{\beta}{\eta}\left(\frac{t}{\eta}\right)^{\beta-1}\mathrm{e}^{-\left(\frac{1}{\eta}\right)^{\beta}} \qquad (2)$$

式中：η 为尺度参数，β 为形状参数。

将阿伦尼斯模型中的储存寿命 ξ 用两变参量威布尔分布的尺度参数替换得到新的加速方程，即

$$\ln\eta = a + b/S \qquad (3)$$

从式（3）中求得 $\eta = \exp(a + b/S)$，将其带入式（2）中，求得阿伦尼斯-威布尔温度应力加速方程[3]的密度函数，即

$$f(t,S) = \frac{\beta}{\mathrm{e}^{a+b/S}}\left(\frac{t}{\mathrm{e}^{a+b/S}}\right)^{\beta-1}\mathrm{e}^{-\left(\frac{t}{\mathrm{e}^{a+b/S}}\right)^{\beta}} \qquad (4)$$

根据式（4）可以求得在空空导弹固有可靠度（出厂时产品的可靠度）为 R_0 时，空空导弹在温度应力

作用下可靠度函数为

$$R(t,S) = R_0 \mathrm{e} - \left(\frac{t}{\mathrm{e}^{a+b/S}} \right)^{\beta} \qquad (5)$$

若参数 $b>0$，则空空导弹储存可靠性在温度应力增加条件下随时间变化而降低。

根据式（5）可以求得空空导弹储存可靠寿命 t_R 在温度应力作用下的函数为

$$t_R = \mathrm{e}^{a+b/S} \{-\ln[R(t,S)]\}^{1/\beta} \qquad (6)$$

根据式（4）和式（5）可以求得空空导弹储存可靠性失效率 $\lambda(t)$ 在温度应力作用下的函数为

$$\lambda(t) = \frac{f(t,S)}{R(t,S)} = \frac{\beta}{\mathrm{e}^{a+b/S}} \left(\frac{t}{\mathrm{e}^{a+b/S}} \right)^{\beta-1} \qquad (7)$$

可取在某温度应力作用下对储存空空导弹进行测试所得数据作为依据，对阿伦尼斯-威布尔温度应力加速方程的参数进行估计，其对数似然函数为

$$\Lambda = \sum_{i=1}^{F_e} N_i \ln\left[\frac{\beta}{\mathrm{e}^{a+b/S_i}} \left(\frac{t_i}{\mathrm{e}^{a+b/S_i}} \right)^{\beta-1} \mathrm{e}^{-\left(\frac{t_i}{\mathrm{e}^{a+b/S_i}} \right)^{\beta}} \right] - \sum_{i=1}^{M} N'_i \left(\frac{t'_i}{\mathrm{e}^{a+b/S_i}} \right)^{\beta} \qquad (8)$$

式中：F_e 为测试数据中，空空导弹发生储存失效现象的组数；N_i 为在发生失效现象的数据组中，发生失效的个数；β 为威布尔模型的形状参数；a,b 为要进行估计的阿伦尼斯-威布尔温度应力加速方程参数；S_i 为第 i 组的温度应力；t_i 为第 i 组发生失效时的时间；M 为测试数据中，空空导弹未发生储存失效现象的组数；N'_i 为在未发生失效现象的数据组中，无失效发生的个数；t'_i 为第 i 组无失效储存时间。

令 $\frac{\partial \Lambda}{\partial a} = 0$，$\frac{\partial \Lambda}{\partial b} = 0$，$\frac{\partial \Lambda}{\partial \beta} = 0$，可以解得阿伦尼斯-威布尔温度应力加速方程中各参数值的最大似然估计为 $\hat{a}, \hat{b}, \hat{\beta}$。带入式（3）可以得到在温度应力为 S_0 时的寿命 $\eta_0 = \exp\{\hat{a}+\hat{b}/S_0\}$，空空导弹储存可靠度函数 $R(t) = R_0 \mathrm{e}^{-\left(\frac{t}{\eta_0} \right)^{\beta}}$。

2 湿度应力建模

采用逆幂律与指数分布相结合[4]的情况来进行对湿度应力建模，其他分布可依据以下过程进行推理。

根据指数分布的密度函数：

$$f(t) = \lambda \mathrm{e}^{-\lambda t} \qquad (9)$$

式中：$\lambda = \frac{1}{m}$ 是产品的失效率，m 是产品的平均寿命，所以指数分布密度函数的另一种表示方法为

$$f(t) = \frac{1}{m} \mathrm{e}^{-\frac{t}{m}} \qquad (10)$$

将逆幂律加速方程的储存寿命 ξ 用指数分布中产品的平均寿命替换，得出逆幂律-指数分布模型密度函数：

$$f(t,S) = \mathrm{e}^{a+b\ln S} \mathrm{e}^{-\mathrm{e}a+b\ln S_t} \qquad (11)$$

根据式（11）可以求得在空空导弹固有可靠度（出厂时产品的可靠度）为 R_0 时，空空导弹在湿度应力作用下可靠度函数为

$$R(t,S) = R_0 \exp\{-[t\exp(a+b\ln S)]\} \qquad (12)$$

根据式（12）可以求得空空导弹储存可靠寿命 t_R 在湿度应力作用下的函数为

$$t_R = -\mathrm{e}^{-(a+b\ln S)} \ln[R(t,S)] \qquad (13)$$

可取在某湿度应力作用下对储存空空导弹进行测试所得数据作为依据，对逆幂律-指数湿度应力加速方程的参数进行估计，其对数似然函数为

$$\Lambda = \sum_{i=1}^{F_e} N_i \ln\left[\frac{1}{\mathrm{e}^{a+b\ln S_i}} \mathrm{e} - \frac{t_i}{\mathrm{e}^{a+b\ln S_i}} \right] - \sum_{i=1}^{M} N'_i \frac{t'_i}{\mathrm{e}^{a+b\ln S_i}} \qquad (14)$$

式中：F_e 为测试数据中，空空导弹发生储存失效现象的组数；N_i 为在出现失效现象的数据组中，发生失效的个数；a,b 为要进行估计的逆幂律-指数湿度应力加速方程参数；S_i 为第 i 组的湿度应力；t_i 为第 i 组发生失效时的时间；M 为测试数据中，空空导弹未发生储存失效现象的组数；N'_i 为在未发生失效现象的数据组中，无失效发生的个数；t'_i 为第 i 组无失效储存时间。

令 $\frac{\partial \Lambda}{\partial a} = 0$，$\frac{\partial \Lambda}{\partial b} = 0$，可以解得逆幂律-指数湿度应力加速方程中各参数值的最大似然估计为 $\hat{a}, \hat{b}$。带入式（11）可以得到在湿度应力为 S_0 时的寿命 $m_0 = \exp\{\hat{a}+\hat{b}\ln S_0\}$，空空导弹储存可靠度函数 $R(t) = R_0 \mathrm{e}^{-\frac{t}{m_0}}$。

3 温湿度交互应力建模

采用对数正态分布的情况来进行对温湿度双应力建模，其他分布可依据以下过程进行推理。

根据对数正态分布密度函数：

$$f(t) = \frac{1}{t\sigma'_t \sqrt{2\pi}} \mathrm{e}^{-\frac{1}{2}\left(\frac{t'-\bar{t}'}{\sigma'_t} \right)} \qquad (15)$$

将温湿度双应力加速方程中的储存寿命 ξ 用对数正态分布中位寿命 $t_{0.5} = \mathrm{e}^{\bar{t}'}$ 替换，代入方程，得

$$\mathrm{e}^{\bar{t}'} = \mathrm{e}^{a+b/S_1+c\ln S_2} \qquad (16)$$

解得

$$\bar{t}' = a + b/S_1 + c\ln S_2 \tag{17}$$

将 $\bar{t}'$ 代入式（15）得逆幂律-对数正态分布[5]模型密度函数，有

$$f(t, S_1, S_2) = \frac{1}{t\sigma'_t\sqrt{2\pi}} e^{-\frac{1}{2}\left(\frac{t'-a+b/S_1+c\ln S_2}{\sigma'_t}\right)^2} \tag{18}$$

根据式（18）可以求得在空空导弹固有可靠度（出厂时产品的可靠度）为 R_0 时，空空导弹在温湿度双应力作用下可靠度函数为

$$R(t, S_1, S_2) = R_0 \int_{t'}^{\infty} f(t, S_1, S_2)\mathrm{d}t \tag{19}$$

根据式（18）和式（19）可以求得空空导弹储存可靠性失效率 $\lambda(t)$ 在温湿度双应力作用下的函数为

$$\lambda(t, S_1, S_2) = \frac{f(t, S_1, S_2)}{R(t, S_1 S_2)} = \frac{\dfrac{1}{t\sigma'_t\sqrt{2\pi}} e^{-\frac{1}{2}\left(\frac{t'-a+b/S_1+c\ln S_2}{\sigma'_t}\right)^2}}{R_0 \int_{t'}^{\infty} f(t, S_1, S_2)\mathrm{d}t} \tag{20}$$

可取在某温湿度应力作用下对储存空空导弹进行测试所得数据作为依据，对温湿度双应力加速方程的参数进行估计，其对数似然函数为

$$\Lambda = \sum_{i=1}^{F_e} N_i \ln\left[\frac{1}{\sigma'_t t_i}\phi f\left(\frac{\ln(t_i) - a - b/S_{1i} - c\ln S_{2i}}{\sigma'_t}\right)\right]$$

$$- \sum_{i=1}^{M} N'_i \ln[1 - \Phi\ln t i' - a - bS_i - c\ln S_2 i\sigma t'] \tag{21}$$

式中：F_e 为测试数据中，空空导弹发生储存失效现象的组数；N_i 为在发生失效现象的数据组中，发生失效的个数；a,b,c 为要进行估计的温湿度双应力加速方程参数；S_{1i} 为第 i 组的温度应力；S_{2i} 为第 i 组的湿度应力；t_i 为第 i 组发生失效时的时间；M 为测试数据中，空空导弹未发生储存失效现象的组数；N'_i 为在未发生失效现象的数据组中，无失效发生的个数；t'_i 表示第 i 组无失效储存时间。

令 $\dfrac{\partial \Lambda}{\partial a} = 0$，$\dfrac{\partial \Lambda}{\partial b} = 0$，$\dfrac{\partial \Lambda}{\partial c} = 0$，$\dfrac{\partial \Lambda}{\partial \sigma'_t} = 0$，可以解得温湿度双应力加速方程中各参数值的最大似然估计为 $\hat{a}, \hat{b}, \hat{c}, \hat{\sigma}'_t$。

4　结语

空空导弹储存可靠性是衡量空空导弹武器系统性能的核心指标之一，为了明确影响空空导弹储存状态的环境因素的变化规律，本文针对影响空空导弹储存可靠性的温湿度等环境应力，分别对温度应力和湿度应力进行建模，并根据温、湿度相互关系建立了交互应力可靠度模型，接下来将对各因素进行仿真分析，进一步研究其他环境因素对储存可靠性的影响，找到提高空空导弹储存可靠性的方法和措施。

参 考 文 献

[1] 徐劲松，王茜，等. 空空导弹构造与作用[M]. 徐州：徐州空军学院，2008.

[2] 刘震宇，马小兵，赵宇. 非恒定温度场合弹上性能退化性部件储存可靠性评估[J]. 航空学报，2012，33（9）：1671-1678.

[3] 王凯. 导弹武器系统储存环境监测及储存可靠性评定方法研究[D]. 哈尔滨：哈尔滨理工大学，2011.

[4] 郝冲，许路铁，俞卫博，等. 某灵巧弹药红外敏感器部件储存加速寿命试验应力研究[J]. 装备环境工程，2012，9（4）：23-26.

[5] 申争光，苑景春，董静宇，等. 弹上设备加速寿命试验中加速银子估计方法[J]，系统工程与电子技术，2015，37（8）：1948-1952.

装备可靠性统计抽样策略

尹俊彦

（驻八四四厂军代室，陕西西安）

摘　要：针对抽样方案制定存在的模糊认识和错误做法，对统计抽样的抽检特性进行了理论分析，引入了弃真域和纳伪域的概念，在对两种典型抽样体系的抽检特性进行对比的基础上，提出了两种体系转换和抽样方案确定的方法，并进而系统总结出科学的抽样策略。

关键词：可靠性；统计抽样；抽检特性；弃真域；纳伪域

0　引言

装备需经检验合格后才可以交付，虽然全数检验能够准确判别交验批的可靠性水平，但由于检验要消耗成本、花费周期，并且有的检验属于破坏性检验，因此抽样检验被广泛运用。采用不同的抽样体系，会制定出不同抽样方案，为了扭转方案制定的混乱局面，澄清存在的模糊认识，纠正习惯做法的错误，进而提出科学的抽样策略，有必要进行深入的探讨和研究。

1　统计抽样抽检特性分析

统计抽样是利用统计技术确定抽样方案并进行质量控制和评价的一种工程方法，追求以尽可能低的检验费用获得对质量水平的有效保证。理想的抽查特性曲线如图1所示。

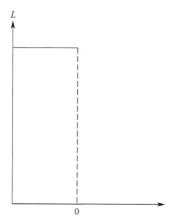

图1　理想抽检特性曲线

即 $P \leq P_0$ 时，$L(P)=1$；$P > P_0$ 时，$L(P)=0$。

P_0 是订货方满意的质量水平上限，是判定批合格或不合格的分界线。然而即使采用全数检验，由于存在错检和漏检以及产品质量的随机波动，这种理想的抽查特性曲线也是难以实现的，实际的抽查特性曲线如图2所示。

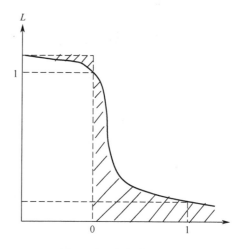

图2　实际抽检特性曲线

$L(P_0)=1-\alpha$　$L(P_1)=\beta$。

P_0 作为订货方认为批质量是否合格的指标，是订货方期待控制的质量界线，与 GJB179A《计数抽样检验程序及表》中的 AQL 值基本对应（AQL 定义为订货方认为可以接收的过程平均上限值），小于 P_0 的批被大概率接收；P_1 是抽样方案本身可以有效控制的质量界线，是为了制定和评价抽样方案引入的一个参数，与 GJB179A 中的极限质量 LQ 相对应，大于 P_1 的批被大概率拒收。但这并不意味着批质量

大于 P_1 订货方才不满意，因为批质量只要大于 P_0 订货方就认为属于不合格应该拒收，只不过由于采用了抽样检验，无法使 $P_1 = P_0$。由于难以既保证小于 P_0 的批大概率接收，又保证大于 P_0 的批大概率拒收，不得以才引入 P_1，退而求其次保证大于 P_1 的批大概率拒收，可见 P_1 是由于抽样方案的局限性带来的，并不是订货方期待控制的质量水平。鉴别力好的抽样方案应保证在 P_0 与 P_1 之间接收概率急骤降低，也即 P_0 与 P_1 的间隔要小，曲线的倾斜度要大。

α 是对应于订货方满意的质量水平上限 P_0 的弃真概率，β 是对应于订货方希望尽量避免的劣质批质量 P_1 的纳伪概率。

从图 2 可以看出，批质量在 $0 \sim P_0$ 时，均存在弃真的风险，风险的大小取决于 $P < P_0$ 对应的图形上面阴影部分的大小，因此把这一区域定义为弃真域，但纳伪的风险并不是 $P > P_1$ 时才存在，而是 $P > P_0$ 就已经存在，因此同理把 $P > P_0$ 对应的图形下面的阴影部分定义为纳伪域。引入弃真域和纳伪域的概念有助于更加科学准确地理解和把握抽检特性。

从质量控制和鉴别的角度讲，实际的抽检特性曲线应尽可能接近理想的抽检特性曲线，也即尽量同时缩小弃真域和纳伪域，使曲线在 P_0 点前面明显上凸在 P_0 点后面明显下凹。

2 两种典型抽样体系的对比

控制装备可靠度下限 R_L 对应的纳伪概率的抽样体系与 GJB179A 以 AQL 为检索项也即控制 P_0 对应的弃真概率的抽样体系是两种典型的截然不同的抽样体系（下面分别简称 R_L 抽样体系与 AQL 抽样体系）。

现行装备的可靠性指标一般是规定在某置信度时，可靠度不低于多少，或可靠度下限 R_L（$R_L = 1 - P_1$）为多少。这种指标体系（R_L 抽样体系）的实质就是把装备按照孤立批去鉴别质量，即任何制定的抽样方案其抽检特性曲线必须要经过（P_1，β）点。以某弹药的发火性指标"在置信度为 0.9 时，可靠度下限为 90%。"为例，按照二项分布概率计算公式（已有现成的软件计算程序），确定出其对应的系列抽样方案如表 1 所列。

表 1　R_L 抽样体系抽样方案

根据样本量大、中、小，分别选取表中（200，14）、（52，2）和（22，0）3 个典型方案，并分别绘制出抽检特性曲线如图 3 所示。

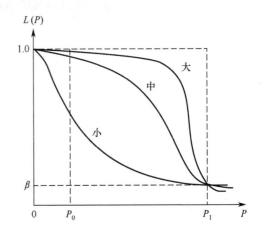

图 3　R_L 抽样体系抽检特性曲线

3 条抽检特性曲线均经过（P_1，β）点，但这并不意味着 3 种方案是等效的，仅仅说明在批质量水平为 P_1 时 3 种抽样方案的接收概率是一致的（都为 β），比较 3 条抽检特性曲线可以发现，小样本量方案在 $P < P_0$ 时弃真概率最大，在 $P > P_1$ 时纳伪概率也最大，大样本量方案在 $P < P_0$ 时弃真概率最小，在 $P > P_1$ 时纳伪概率也最小，似乎大样本量方案最优，而实际上尽管大样本量方案在 $P > P_1$ 时纳伪概率最小，但总体看纳伪域却是最大的（主要是由于 $P_0 \sim P_1$ 区间的纳伪概率大），反倒是小样本量方案纳伪域最小，这说明大样本量方案对供货方的保护是最差的。订货方用巨大的试验费用，换来的是对供货方最好的保护和自己最大的接收风险，真是荒唐之极。从表 1 看出，随着 n 增大，A_c/n（样本不合格品率）也增大，并逐渐逼近 P_1，意味着样本量越大，P_1 之前的批越容易被接收，同时，随着 n 增大，对应的 AQL 值随之增大，这也说明方案逐渐放宽，显然订货方更喜欢相对严格的小样本量方案，而供货方更乐于接受易通过的大样本量方案。定型试验一般选用大样本量方案（如选用（200，14）），这怎么能够保证通过定型试验考核的装备也能够顺利通过后续小样本量方案的鉴定检验和质量一致检验的考核呢？特别是对部队试验结果的判定也带来分歧，如部队每次试验的结果分别是 1/30、2/45、3/60、4/65，对照表 1 全都不合格，但若综合判定，10/200 的结果不仅合格，而且还有一定的裕度，这正是由于采用 R_L 抽样体系才导致的混乱。

事实上，订货方真正关心和需要鉴别的是 P 是否大于 P_0，并不是 P 是否大于 P_1，而现行装备可靠

合格判定数 A_c	0	1	2	3	4	5	10	14	20
样本量 n	22	38	52	65	80	95	155	200	280
对应 AQL	0.65	—	1.5					4.0	—

性抽样指标是以控制 $p \succ P_1$ 为目的，这正是据此制定的抽样方案存在上述不合理现象的根本原因。

GJB179A 是以检索 AQL 值确定抽样方案的，出发点是要保证 $P<AQL$ 的批大概率接收，主要适应于连续批交验。其抽检特性曲线原则上均经过 $(P_0, 1-\alpha)$ 点（由于 AQL 及 n 取值标准化的影响，$L(AQL)$ 并不是一个常数，而是一个范围 $0.89 \sim 0.99$，可以近视认为 $L(AQL)=P_0$），因此抽样方案直接保护的是供货方。由于 P_0 与 P_1 有一定的关联性，同时，供货方为使连续批交验时大部分的批被接收，以获得最大收益，需保证提交批的质量尽可能小于 P_0，再加上方案转移规则的引导和控制，间接实现了对订货方的保护。下面以 AQL=1.5 的方案为例（表 2）进行分析。

表 2　AQL 抽样体系抽样方案

合格判定数 A_c	0	1	2	3	5	7	10
样本量 n	8	32	50	80	125	200	315
L（AQL）	0.89	0.92	0.96	0.97	0.99	0.99	0.99
P_0	0.013	0.017	0.022	0.022	0.025	0.023	0.022
P_1	0.250	0.116	0.139	0.082	0.073	0.058	0.048

同样按样本量大、中、小，选（200，7）、（50，2）和（8，0）3 个典型方案，并分别绘制出抽检特性曲线如图 4 所示。

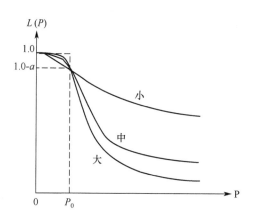

图 4　AQL 抽样体系抽检特性曲线

可以看出，小样本量方案弃真域和纳伪域均最大，大样本量方案弃真域和纳伪域均最小，且随着 n 增大，A_c/n 也增大，并逐渐逼近 P_0，这说明双方风险随着 n 的增大而同步减小，n 越大就越接近理想的抽检特性曲线。

GJB179A 对孤立批的检验是在满足 AQL 不变的情况下控制极限质量 LQ，也即既控制 P_0 又控制 P_1，区别于单纯控制 P_1 的 R_L 抽样体系。

GJB179A 抽检表的构建原理就是保证 P 小于 AQL 时批大概率接收，P 大于 AQL 时抽检特性曲线急骤下降，之所以把 AQL 作为抽检表的检索项，正是由于 AQL 一方面是订货方认为可以接收的过程平均上限值具有实际的物理意义，另一方面 AQL 值附近也是抽检特性曲线上凸与下凹的转折点，GJB179A 利用这种抽检特性，较好实现了对双方的保护。

综上对比分析可以看出，AQL 抽样体系比 R_L 抽样体系更加科学合理。

3　抽样体系的转换及抽样方案的确定

由于 AQL 抽样体系相对比较科学合理，而 R_L 抽样体系则存在诸多弊端，因此有必要将 R_L 抽样体系转换成 AQL 抽样体系，并相应确定出定型试验、鉴定检验和质量一致性检验的抽样方案。

定型试验往往是全数检验，但并不能直接用定型批的实际质量水平是否小于 P_0 来判断是否能够通过定型，因为定型试验是对型号的鉴定，所以应看成是批量无穷大的抽样检验，定型试验要保证型号绝大多数批的质量水平小于 P_0。鉴定检验一般适用于型号定型或技术状态变更后试生产阶段的批交验，它是以已通过定型试验为前提。同时，又要保证后续批的质量有较好的一致性。质量一致性检验是正常的连续批交验，是在经过定型试验和鉴定检验表明批质量相对稳定前提下进行。

可以看出，相对于 AQL 抽样体系，质量一致性检验与其正常检验相对应，鉴定检验与加严检验相对应，定型试验对应的则是大样本量的加严检验。

在 R_L 抽样体系下，大样本量的定型试验方案订货方风险太大，起不到有效鉴别型号质量的作用，而质量一致性检验方案则是在鉴定检验方案的基础上适度放宽形成的，没有严格的对应关系，因此，选取相对合理双方均可接受的鉴定检验方案作为基准方案。确定了基准方案，下面就可进行抽样体系转换，并具体确定出各抽样方案：作为鉴定检验的基准方案等效于 AQL 抽样体系中的加严检验方案，以此确定出 AQL 值，与 AQL 值相对应的正常检验方案就可作为质量一致性检验的方案，AQL 值不变适当增大样本量确定的加严检验方案即为定型试验的方案。当基准抽样方案不是标准样本量时，可以选取与 GJB179A 抽检表中相近的样本量通过线性插值进行方案转换（此时 AQL 值也相应发生变化）。

下面就以"在置信度为 0.9 时，可靠度下限为 90%。"为例加以说明：从表 1 中选取双方认为合适的方案作为鉴定检验方案—（52，2）；将（52，2）作为基准方案找到与 GJB179A 相近的方案是（50，2）；按加严方案（50，2）查出 AQL=2.5；在 AQL=2.5 对应的正常检验方案中选取（32，2）作为质量一致性检验的方案，插值转换后变成（33，2）；按 AQL=2.5，样本量为 200，查出的加严方案（200，8）即为定型试验的方案，插值转换后变成（208，8）。最后汇总得到定型试验、鉴定检验和质量一致检验对应的抽样方案分别是（208，8）、（52，2）和（33，2），显然这套方案协调配套、严格性有合适的梯度，能够对双方起到很好的保护。

4　抽样策略

4.1　抽样方案协调配套

抽样方案的抽检特性曲线描绘的是对孤立批的鉴别特性，而连续批的质量是靠一整套抽样方案来控制的，定型试验、鉴定检验、质量一致性检验之间、部件检验与成品检验之间、静态检验与动态检验之间、出厂检验与入厂检验之间抽样方案必须协调配套，严格性留有梯度，不能彼此一般粗，同时随着质量水平的变化，抽样方案及时调整，保持高度敏感性，形成一套科学严密的控制体系。

4.2　优先采用 AQL 抽样体系

AQL 抽样体系对连续批是控制弃真概率为 α 时，批质量小于 P_0，而对孤立批是在 AQL 不变的情况下控制纳伪概率为 β 时，批质量小于 P_1，说明孤立批的检验更加严格，因此作为孤立批的定型试验和鉴定检验采用与质量一致性检验相同 AQL 值的加严检验方案。由于 AQL 抽样体系相对更加科学合理，不管是连续批还是孤立批检验，都应优先选用或转换后使用。

4.3　效益最大化

样本量越小，双方风险越大，样本量越大，试验成本越大，而增大批量可以有效提高订购效益（当然，批量的确定要考虑订货量、生产能力以及质量风险等因素，不能任意扩大），这样在检查水平不变的情况下，样本量变大，双方风险变小，而样本量与批量的比率变小，试验成本相对降低。另外，尽量避免选用合格判定数为 0 的抽样方案，因为大于 0 的抽样方案抽检特性曲线在 P_0 点前面上凸在 P_0 点后面下凹，而等于 0 的抽样方案抽检特性曲线没有上凸只有下凹，双方风险难以均衡控制。

4.4　累积失效方法

制定抽样方案时经常苦恼的是，某些检验项目如果允许有失效，要么达不到可靠性指标，要么需大幅提高样本量而难以承受，如果不允许失效，由于抽样的随机性又不可能保证每次抽样都是零失效，这时可用累积失效的方法来判定，即允许几个相关的项目出现失效，但累积失效数不能超过某个值；或要求不允许失效，但累积多少个批才允许有一个失效。用累积失效的方法判定，可有效解决样本量和控制风险的矛盾。

4.5　优化抽样检验方式

除了采用一次抽样方案外，还可采用多次、序贯抽样方案，另外，计量抽样方案能大大节约样本量，也应该优先选择。另外，极限试验甚至过应力试验可有效鉴别装备的性能和质量水平，尤其适合定型试验和鉴定检验。

参 考 文 献

[1] 冯长根，惠宁利，抽样检验[M]. 北京：北京理工大学出版社，1992.

[2] 游宁，马宝华，成败型可靠性数据点估计与区间估计关系研究，探测与控制学报[J]. 1999.1.

加速寿命试验技术与加速退化试验技术工程应用研究

李慧志[1]，穆希辉[2]，张洋洋[2]，袁祥波[2]，袁　帅[2]，张烜工[1]

（1. 陆军工程大学，河北石家庄 050000；2. 陆军军械技术研究所，河北石家庄 050000）

摘　要：为了解决高可靠性产品在失效机理、失效模式不明确的条件下如何选择加速寿命试验与加速退化试验，提出通过摸底试验进行判断。首先，概述了加速寿命试验与加速退化试验的基本概念与思想，归纳了两个试验适用的前提。其次，就摸底试验如何确定加速应力类型、应力水平、应力施加方式进行了探讨。最后，通过摸底实验判断样本有无可加速性，有无退化特性确定加速试验类型。

关键词：摸底试验；加速寿命试验；加速退化试验；可靠性评估；工程应用

0　引言

随着科学技术的不断发展，在航空航天，兵器装备，电子工业等领域应用的关键部组件的可靠性和寿命不断提高，要获得此类产品的寿命或退化数据，对其进行可靠性评估，传统的基于概率统计理论的可靠性试验，由于通常需要较长的试验时间或很大的试验样本，且无法获得产品的退化数据，已经无法满足现在对高可靠性产品的可靠性评定需要。为缩短试验周期，减少试验费用，加速试验被广泛应用来激发产品潜在缺陷，缩短试验时间，以期得到更多的可靠性信息，现已成为实现产品可靠性增长和评估产品可靠性水平的重要手段[1]。加速寿命试验（Accelerated Life Testing，ALT）与加速退化试验（Accelerated Degradation Testing，ADT）是加速试验的两个重要组成部分[2]。两者都可以对高可靠、长寿命的产品进行可靠性试验，并且在理论和工程应用上有着相似之处，但也存在许多差异，本文主要就工程应用中如何选择这两种加速试验技术进行摸底实验研究。

1　加速寿命试验

1.1　基本概念与思想

1967 年，美国罗姆（ROME）航展中心最早提出加速寿命试验的统一定义[3]：加速寿命试验（ALT）是在进行合理工程及统计假设的基础上，利用与物理失效规律相关的统计模型对在超出正常应力水平的加速环境下获得的可靠性信息进行转换，得到产品在额定应力水平下可靠性特征的可复现的数值估计的一种试验方法。

加速寿命试验的基本思想是利用高应力水平下的寿命特征去外推正常应力水平下的寿命特征，通常采用的有中位寿命、平均寿命、特征寿命（0.632分位寿命）建立寿命关系。实现这个思想的关键在于建立寿命特征与应力水平之间的关系，即加速模型。根据不同的试验应力可使用的加速模型有阿伦尼乌斯模型、逆幂律模型、艾林模型、多项式（Polynomial）模型等。

1.2　基本前提

加速寿命试验对于大多数高可靠、长寿命产品的寿命评估都是适用的，包括突发失效和退化失效两种失效模式。采用加速寿命试验进行可靠性研究首先要满足两个前提：①产品失效过程具有可加速性，即产品在高敏感应力下比在低敏感应力下的失效速率要高，这保证利用高应力下的失效数据外推分析产品正常应力下可靠性具有可行性；②加速应力试验过程中产品的失效模式和失效机理不会改变。要满足这两个前提就要充分了解产品的失效机理和失效模式。在产品的失效机理和失效模式不明确时需进行摸底试验。

2　加速退化试验

2.1　基本概念与思想

产品的失效机理最终能够追溯到产品潜在的性能退化过程，可以认为性能退化最终导致产品失效（或故障）的产生。因此，有人提出了利用产品性能退化数据来估计其可靠性与寿命的思想。加速退化试验是指通过提高应力水平来加速产品性能退化，采集产品在高应力水平下的性能退化数据，并利用这些数据来估计产品可靠性及预测产品在正常应力下的寿命时间的加速试验方法[4]。在加速退化试验中，"失效"一般定义为性能参数退化至低于给定的工程指标（退化阈值）。产品性能参数随测试时间退化的数据称为退化数据[5]。除了产品的失效数据，产品的性能退化数据也是可靠性分析中的重要数据，退化数据对可靠性评估来说是一个丰富的信息源。数据越丰富进行可靠性分析越简单且准确。加速退化试验在理论上比加速寿命试验更加先进，利用更加丰富的退化信息进行可靠性评定。加速退化试验不需观测到失效（或故障）发生，仅要监控预先确定的性能退化参数，可大大缩短试验时间。

2.2　基本前提

加速退化试验并非对所有的产品都适用，仅适用于退化失效的产品。从试验实施及评估角度考虑，对产品进行加速退化试验应首先满足以下 3 个前提：①产品存在退化，这保证了试验中搜集性能退化的可行性；②产品退化过程具有可加速性；③加速退化试验过程中产品的失效模式和失效机理不会改变。

3　摸底试验

高可靠，长寿命的产品在不明确其失效机理、失效模式的前提下进行可靠性增长和可靠性评估需要就试验类型做出选择。加速寿命试验对大多数高可靠性产品都适用，需要获得产品的失效数据进行可靠性评定。这在工程实践中会遇到两个问题：一是高可靠性、高价值产品的价格较高，考虑到试验成本，试验样本较少，进行加速寿命试验获得足够准确评估其可靠性的失效数据需要较长的试验时间，这就提高了试验的周期和成本。二是忽略了具有退化特性产品大量的退化数据而只关注其最终的失效时间。为了避免这些问题，在选择实验方案时要先进行摸底实验，确定产品适用的试验类型，再结合试验条件选择试验类型。摸底实验同时可确定加速应力上限和应力水平，其中应力水平可以根据摸底实验结果再进行调整。试验样本以 2～3 个为宜，既防止偶然性，又降低试验成本。

3.1　确定加速应力

1）环境剖面分析

对产品在实际的储存、运输和使用过程中的环境剖面进行分析，初步确定影响其性能参数退化的主要应力类型和影响程度。

2）性能退化机理分析

对在上述环境剖面中产品性能退化机理分析，初步确定影响产品性能退化的各种因素，定性分析各种因素与环境应力之间的关系。

目前，工程上常用的两种应力类型为温度和振动。研究和工程实践表明它们是影响产品性能退化或失效的主要环境应力。

3.2　确定应力水平

摸底试验的应力水平可按以下原则进行：

1）应力水平不应该超过产品的工作极限[6]

当应力条件超过产品破坏极限时，由于产品已经遭到破坏而不再工作，就谈不上性能参数的退化。若当产品在应力条件超过其工作极限时，其退化失效机理可能已经改变，所测得的数据将对评估可信度造成影响。当不清楚产品的工作应力极限时，可以通过摸底试验设置变应力步长，确定产品可承受的应力极限。以某型光耦为例，为确定光耦可承受的极限温度，摸底试验先不进行温度上限设定。为了节省时间，可采用变温度步长的方法。具体方式如下：将温度范围分为 3 段，第 1 段为 30～50℃，以 10℃为步长；第 2 段为 50～100℃，以 5℃为步长；第 3 段从 100℃到试验截止温度，以 2℃为步长。最终通过试验可确定光耦可承受的极限温度。

2）初始应力水平接近于正常条件

为了避免由于初始温度过高而对产品产生温度冲击，引入新的失效机理，应该尽量使初始应力水平接近于正常条件。但由于试验的时间限制，需要在相对较短的时间内确认产品的性能退化趋势，因此，初始应力水平的选择应兼顾两者后再确定。

3）应力水平数应在 3～5 个之间

应力水平数太少时，高应力水平若较高，接近工作极限，那么会导致数据外推可信度的下降；若高应力水平较低，就不能有效缩短试验时间。而当应力水平数较多时，数据处理工作量就会加大；且总试验时间确定时，则每个应力水平的保持时间就会减少，产品难以出现足够的退化。

4）应力步长随应力加大而减小

应力步长若为常数，则会造成低应力水平偏多。而产品的性能参数通常在低应力水平下变化较慢，增加试验时间和费用，而在高应力下的变化规律较为明显。

3.3 确定应力施加方式

应力试验主要有 3 种施加方式，即恒定加速应力试验、步进应力加速试验、序进应力加速试验。恒定应力试验及其统计方法最为成熟，试验结果最为真实，但是需要的样本较多和试验时间较长；步进应力试验和统计方法都比较成熟，且需要的样本较少，试验时间也较短，序进应力试验与恒定应力试验、步进应力试验相比，序进应力试验的加速效率在 3 种基本试验类型中无疑是最高的，但是其统计分析最为复杂，其应用受到了很大的限制。在摸底试验中加速应力采用步进方式施加。

3.4 可加速性判定

可加速性是加速试验最重要的前提之一，加速寿命试验和加速退化试验都要求产品具有可加速性。通过对步进应力摸底实验获得的数据进行分析，得到不同加速应力下产品的性能参数随时间变化的曲线图。为了更好地分析产品性能参数在不同加速应力作用下的变化趋势，可以对参数变化曲线进行线性回归分析，得到各个加速应力作用下的性能参数随时间的变化速率。观察同一试验样本随着应力水平的提高，参数变化率是否有变大或变小的趋势。若有，则说明该产品在该加速应力下具有加速性。

3.5 退化特性判定

产品具有退化特性是加速退化试验的重要前提。首先要确定的是研究产品在长期储存中退化还是工作中退化。在摸底实验中分别让产品保持静态加载应力和保持连续工作加载应力。检测的参数必须是衡量产品性能的关键指标，通过处理试验数据得到产品参数随时间的变化曲线。判断几个样本参数是否都有随着时间增长参数有变大或变小且趋势不可逆转。若参数的变化趋势能说明产品质量的下降，表征产品性能的退化，则说明通过该试验产品随着储存或工作的时间的增长存在性能退化的现象。

4 总结

高可靠性、高价值、长寿命的产品在经过不改变其失效机理的摸底试验后，验证其具有可加速性则该产品可采用加速寿命试验，若同时还具有退化特性，则既可以采用加速寿命试验也可以采用加速退化试验，但根据退化试验的优异性可优先选用加速退化试验作为可靠性增长和可靠性评估的试验。

参 考 文 献

[1] 王召斌，任万滨，翟国富.加速退化试验与加速寿命试验技术综述[J].低压电器，2010（09）：1-4.

[2] Elsayed E A，Argon Cheng-Kang. Recent research and current issues in accelerated testing[C]. IEEE International Conference on Systems，Man，and Cybernetics，San Diego，California，US.1998，5：4704-4709.

[3] Yurkowsky W，Schafter R E，Finkelstein J M. Accelerated testing technology. Technical Report NO. RADC-TR-67-420，1967：1-2.

[4] NELSON W. Accelerated life testing-step-stress mod-els and data analysis[J]. IEEE Transactions of Reli-ability，1980，R29（2）：103-108.

[5] 盐见弘. 失效物理基础[M]. 杨家铿，译. 北京：科学出版社，1982.

[6] 刘彤，李华府. 加速退化试验技术及其在加速度计中的应用[J].兵工自动化，2015，12：9-13.

基于自然储存检测数据的某型火箭弹陀螺仪加速因子确定方法

黄　琛[1]，穆希辉[2]，牛跃听[2]，袁　帅[2]，张洋洋[2]，袁祥波[2]

（1. 陆军工程大学石家庄校区，河北石家庄 050000；2. 陆军军械技术研究所，河北石家庄 050000）

摘　要： 某型火箭弹控制舱储存于亚湿热、亚干热、温和、干燥 4 个气候区，陀螺仪是影响其储存寿命的薄弱环节，针对历年统计的陀螺仪的成败型、不完全故障数据，将"保序回归"和"变样本 Pearson χ^2 拟合优度检验与极小卡方估计"相结合，解决了陀螺仪失效频率的"倒挂"问题；根据统计数据拟合陀螺仪寿命分布函数，并对分布函数进行 Pearson 拟合优度检验；结果显示，威布尔分布适用于陀螺仪的寿命分布，并具有可加速性，得到了陀螺仪在 90℃ 下的加速因子 $K=7.2695$，预估了 2009 年和 2011 年生产的陀螺仪加速寿命试验时间分别为 8.25 月和 11.56 月，这对于其加速寿命试验时间规划、经费预算具有工程实际意义。

关键词： 陀螺仪；自然储存；寿命评估；加速因子

0　引言

陀螺仪是一种高精密、自动寻北的导航仪器，其精确度和可靠性直接关系到载体工作的水平和效能，是为武器惯导平台的关键部件。由于研制进度和研制经费等因素的制约，应用于我国某型火箭弹控制舱上的陀螺仪没有进行系统科学的寿命试验，致使不能够准确掌握其寿命变化规律。历经 9 年的检测数据统计证明：陀螺仪是影响该型火箭弹控制舱储存寿命的薄弱环节，迫切需要在其自然储存检测数据分析的基础上，确定其加速因子并开展加速寿命试验。

在没有产品长期储存期间的检测数据前提下，多数学者通过加速性能退化试验的方法获得产品的加速因子，如文献[1]通过电连接器加速性能退化试验的方法获取其加速因子、文献[2]给出了加速寿命试验条件下幂律退化模型的加速因子确定方法、文献[3]利用 Bayes 方法对对数正态分布加速寿命试验条件下的加速因子进行分析；文献[4]和[5]利用相似产品内场储存数据信息、相似产品加速应力试验信息、待研产品加速验证试验信息及专家经验等先验信息，获取陀螺仪的加速因子分布及期望；也有学者参考可靠性预计方法，采用 GJB108A—2006《电子设备非工作状态可靠性预计手册》给出的失效数据，结合产品寿命模型给出其加速因子评估方法[6]。

但是，上述方法均没有考虑差异性的自然储存环境载荷影响，得出的结果可能有较大误差。应用于我国某型火箭弹控制舱上的某型陀螺仪储存于我国亚湿热、亚干热、温和、干燥 4 个典型气候区，至今已经自然储存 9 年时间，期间积累了大量的检测数据。自然储存使陀螺仪受到各种环境因素的综合作用，可以真实、直观地反映其在多环境因素作用下的性能变化规律[7,8]。

本文从陀螺仪自然储存检测数据分析中得到其寿命分布函数，同时结合储存应力影响因素预估其加速因子，为其加速寿命试验奠定基础。

1　失效数据的处理

1.1　数据类型

本研究中陀螺仪的检测数据属于成败型不完全失效数据，数据类型可以等效如下：

记 $t=(t_1,\cdots,t_k)$ 为检测时间点，在储存了时间 t_i 之后，抽取 n_i 件陀螺仪进行试验，发现 X_i 件失效，从而得到数据：(t_i, n_i, X_i)，$i=1,2,\cdots,k$。

其中，$0<t_1<t_2<\cdots<t_k$，各次试验相互独立。

在实际工作中，一方面受时间和费用等约束，检测试验开展的不够彻底，因此试验结果受试验的随机性影响很大；另一方面，陀螺仪属于高可靠性产品，失效率很低，故虽然检测样本量很大，但失效数很少，有时会出现 $(X_{i+1}/n_{i+1})<(X_i/n_i)$ 的情况，这与失效概率随时间增加而降低的特性不相符合，工程上称之为数据的"倒挂"，严重的倒挂会使计算结果产生很大偏差。

1.2 失效频率的保序回归

根据陀螺仪检测统计数据，对照其生产编号，剔除批次质量统计数据，然后运用保序回归的计算方法，将可能存在"倒挂"的原始频率调整为满足序约束的频率值。

在储存寿命试验中，t_i 时刻样本的失效频率 $f_i=X_i/n_i$，$i=1,2,\cdots,k$。记 G 为保序函数的全体，若存在 $f^*\in G$，满足：

$$\sum_{i=1}^{k}(f_i-f_i^*)^2\omega_i=\min_{\forall g\in G}\sum_{i=1}^{k}(f_i-g_i)^2\omega_i \quad (1)$$

则称 $f^*=(f_1^*,\cdots,f_k^*)'$ 为 f 的保序回归，其中 $\omega=(\omega_1,\cdots,\omega_k)'$，$\omega_i>0$，是一个给定的权函数。

对自然环境中储存 9 年、8 年、7 年、6 年、5 年、4 年、3 年的陀螺仪样本进行性能检测，检测结果及经过数据预处理后的陀螺仪故障统计如表 1 所列，可以看出：经过保序回归处理后，陀螺仪的失效频率满足 $(X_{i+1}/n_{i+1})>(X_i/n_i)$。

表 1 陀螺仪故障统计表

储存时间/月	原始数据			倒挂处理	
	检测样本/个	失效数/个	失效比率	权重一	权重二
30	2829	0	0	0.0002	0.0004
33	963	0	0	0.0002	0.0004
36	598	0	0	0.0002	0.0004
48	390	0	0	0.0002	0.0004
54	3700	7	0.001892	0.0015	0.0022
59	1805	0	0	0.0015	0.0022
63	1782	1	0.000561	0.0015	0.0022
74	2306	0	0	0.0015	0.0022
78	2735	1	0.000366	0.0025	0.0031
81	999	0	0	0.0025	0.0031
85	520	2	0.003846	0.0025	0.0031
88	974	1	0.001027	0.0025	0.0031
102	2430	3	0.001234	0.0025	0.0031
113	971	1	0.00103	0.0093	0.0093

2 评估方法

针对陀螺仪的成败型储存寿命试验数据，采用极小卡方估计法（IRMCE）获得陀螺仪自然储存寿命分布函数，并用 Pearson 拟合优度对分布函数进行检验[9,10]。

极小卡方估计是指将极小化 Pearson χ^2 统计量所得到的参数 $\tilde{\lambda}$ 作为真值 λ 的最佳估计，即 $\chi^2(\tilde{\lambda})=\min\{\chi^2(\lambda):\lambda\in\Lambda\}$。Fisher 也指出，$\tilde{\lambda}$ 和 $\hat{\lambda}$ 等价，即 $\chi^2(\tilde{\lambda})$ 与 $\chi^2(\hat{\lambda})$ 具有相同的极限分布。

通过解方程组：

$$\frac{\partial\chi^2(\lambda)}{\partial\lambda_j}=0, \quad j=1,2,\cdots,s \quad (2)$$

即可求得 λ 的极小卡方估计。

$$\begin{aligned}\frac{\partial\chi^2(\lambda)}{\partial\lambda_j}&=\sum_{i=1}^{k}\left\{\frac{-2n_i(X_i-n_ip_i(\lambda))}{n_ip_i(\lambda)}-\frac{(X_i-n_ip_i(\lambda))^2}{n_ip_i^2(\lambda)}\right\}\cdot\frac{\partial p_i(\lambda)}{\partial\lambda_j}\\&=\sum_{i=1}^{k}\left\{\frac{-X_i^2+n_i^2p_i^2(\lambda)}{n_ip_i^2(\lambda)}\right\}\cdot\frac{\partial p_i(\lambda)}{\partial\lambda_j}\\&=\sum_{i=1}^{k}\left(1-\left(\frac{f_i}{p_i(\lambda)}\right)^2\right)\cdot\frac{n_i\cdot\partial p_i(\lambda)}{\partial\lambda_j}\end{aligned}$$

$$(3)$$

故，λ 的极小卡方估计 $\tilde{\lambda}$ 是下面方程的解：

$$\sum_{i=1}^{k}\left\{1-\left[\frac{f_i}{p_i(\lambda)}\right]^2\right\}\cdot\frac{n_i\cdot\partial p_i(\lambda)}{\partial\lambda_j}=0, \quad j=1,2,\cdots,s \quad (4)$$

在拟合优度检验的相关理论中，Pearson 提出了 χ^2 统计量用于检验一组独立样本的共同分布是否属于某一具有特定性质的分布族，Pearson χ^2 统计量的形式为

$$\chi^2(\lambda)=\sum_{i=1}^{k}\frac{(X_i-n_ip_i(\lambda))^2}{n_ip_i(\lambda)} \quad (5)$$

其中，$\lambda=(\lambda_1,\lambda_2,\cdots)$ 代表参数向量。

Pearson χ^2 统计量描述了期望频数与观察频数之间的差异[11]。当 $n_i\to\infty$ 时，$\chi^2(\lambda)$ 的极限分布是自由度为 $k-1$ 的 χ^2 分布，即 $\chi^2(\lambda)\sim\chi_{k-1}^2$。在进行检验时，用 λ 的估计量 $\hat{\lambda}$ 代替 λ，计算 $\chi^2(\lambda)$，即

$$\chi^2(\hat{\lambda})=\sum_{i=1}^{k}\frac{(X_i-n_ip_i(\hat{\lambda}))^2}{n_ip_i(\hat{\lambda})} \quad (6)$$

作为检验统计量，Fisher 证明了当 $\hat{\lambda}$ 为 λ 的相合估计时，$\chi^2(\hat{\lambda})$ 的极限分布是 χ_{k-s-1}^2，其中 s 为参数 λ 的维数。因此若给定显著性水平 α，则有 $P(\chi^2(\hat{\lambda})\geq$

$\chi^2_{k-s-1}(1-\alpha)\,|\,H_0)\leqslant\alpha$，当 $\chi^2(\hat{\lambda})\geqslant\chi^2_{k-s-1}(1-\alpha)$ 成立时，小概率事件发生，拒绝原假设。

结合表 1 的陀螺仪失效统计数据，运用上述评估方法，可以得到如表 2 所列的数据分析结果。

表 2　陀螺仪数据分析结果

评估方法	分布函数							
	指数 $F(t)=1-\exp\left(-\dfrac{t}{\theta}\right)$		威布尔 $F(t)=1-\exp\left(-\left(\dfrac{t}{\eta}\right)^m\right)$		I 型极大值 $F(t)=\exp\left(-\exp\left(-\dfrac{t-\mu}{\sigma}\right)\right)$		II 型极大值 $F(t)=\exp\left(-\left(\dfrac{t}{\eta}\right)^{-m}\right)$	
	权重一	权重二	权重一	权重二	权重一	权重二	权重一	权重二
IRMCE	$\chi^2_{0.95}(5)=11.07$ χ^2 统计量：10.9546 p 值：0.05229 $\hat{\theta}=1859.34$ 预测寿命：$t_{0.95}=95.3717$	$\chi^2_{0.95}(5)=11.07$ χ^2 统计量：10.0461 p 值：0.07394 $\hat{\theta}=1737.22$ 预测寿命：$t_{0.95}=89.1077$	$\chi^2_{0.95}(4)=9.488$ χ^2 统计量：3.9833 p 值：0.4083 $\hat{\eta}=86.7149$ $\hat{m}=2.1871$ $t_{0.95}=22.2997$	$\chi^2_{0.95}(4)=9.488$ χ^2 统计量：4.1599 p 值：0.3848 $\hat{\eta}=103.2695$ $\hat{m}=2.0191$ $t_{0.95}=23.7194$	$\chi^2_{0.95}(4)=9.488$ χ^2 统计量：5.2924 p 值：0.2586 $\hat{\mu}=35.0151$ $\hat{\sigma}=16.3557$ $t_{0.95}=17.8119$	$\chi^2_{0.95}(4)=9.488$ χ^2 统计量：5.6908 p 值：0.2235 $\hat{\mu}=36.6539$ $\hat{\sigma}=17.4443$ $t_{0.95}=17.5142$	$\chi^2_{0.95}(4)=9.488$ χ^2 统计量：3.4751 p 值：0.4817 $\hat{\eta}=627.3539$ $\hat{m}=0.3785$ $t_{0.95}=34.5611$	$\chi^2_{0.95}(4)=9.488$ χ^2 统计量：3.5471 p 值：0.4708 $\hat{\eta}=797.5571$ $\hat{m}=0.3567$ $t_{0.95}=36.8042$
结论	注：I 型极大值分布：$\hat{\mu}=35.0151$，$\hat{\sigma}=16.3557$；可靠寿命：17.8119 年（权重一） 威布尔分布：$\hat{\eta}=86.7149$，$\hat{m}=2.1871$；可靠寿命：22.2997 年（权重一）							

3　确定寿命分布函数及加速模型

3.1　寿命分布函数

由表 2 可以看出：陀螺仪寿命服从威布尔分布和 I 型极大值分布时，得到的分布参数以及可靠寿命更符合实际。

加速机理一致性不变的条件为加速因子（加速系数）是一个与可靠度 R 无关的量。否则随着加速寿命试验时间的延长，R 逐渐变化，加速系数就会变化，这样的加速因子就失去了工程价值。I 型极大

值分布的加速系数不存在，威布尔分布加速系数存在[12]。

故而，选取威布尔分布为陀螺仪寿命分布函数：

$$F(t)=1-\exp\left[-\left(\frac{t}{86.7149}\right)^{2.1871}\right] \quad (7)$$

3.2　加速模型

陀螺仪储存仓库温度范围（5～30℃），其在不同温度应力下的失效有一定规律性，温度是影响控制舱失效的主要应力因素[13]，因此选用 Arrhenius 加速模型。储存地域洞库内温度变化曲线如图 1 所示。

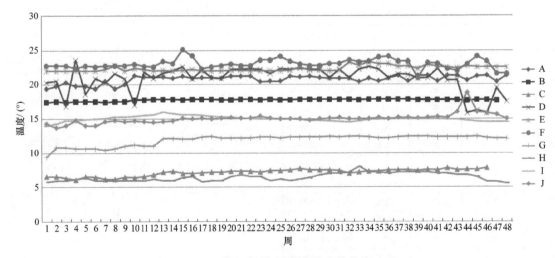

图 1　储存地域洞库内温度变化曲线

将储存仓库的温度划分为 5～10℃、11～20℃、21～30℃ 3 个温度范围，并对范围内的实际仓库温

度求平均值，得到 6.78℃、14.89℃、21.38℃ 3 个温度等级，统计陀螺仪在不同温度等级下的失效数据，

由本文上述分析方法，可以得到其在不同温度等级下的威布尔分布参数 $\hat{\eta}$ 以及可靠寿命 $t_{0.95}$：

6.78℃：$\hat{\eta}=309.8579$；$t_{0.95}=45.1523$

14.89℃：$\hat{\eta}=729.3265$；$t_{0.95}=76.5709$

21.38℃：$\hat{\eta}=169.5979$；$t_{0.95}=23.1938$

设 $\ln t_{0.95}=a+\dfrac{b}{T}$ 通过线性拟合可得陀螺仪的加速方程为 Arrhenius 方程为

$$\ln t_{0.95}=-7.7341+\frac{3304.3}{T} \tag{8}$$

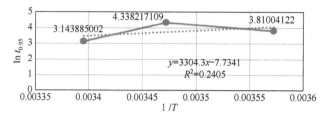

图 2　陀螺仪可靠寿命随温度变化曲线

4 加速因子的计算结果

当常温选 25℃，加速寿命试验的温度应力分别选 90℃、110℃时，其加速因子如下：

$$\frac{t_{0.95}(25^\circ)}{t_{0.95}(90^\circ)}=e^{b\left(\frac{1}{T_0}-\frac{1}{T_1}\right)}=e^{3304.3\left(\frac{1}{298.15}-\frac{1}{363.15}\right)}=7.2695 \tag{9}$$

$$\frac{t_{0.95}(25^\circ)}{t_{0.95}(110^\circ)}=e^{b\left(\frac{1}{T_0}-\frac{1}{T_1}\right)}=e^{3304.3\left(\frac{1}{298.15}-\frac{1}{363.15}\right)}=11.6889 \tag{10}$$

生产厂家给出陀螺仪在常温下的储存寿命为 10 年，那么其在 90℃的的条件下，加速寿命试验的时间大约为 10/7.2695=1.3756 年=16.5073 月。

经专家论证，陀螺仪的试验样本取自分布于我国不同气候区的控制舱最为科学。例如，预计 2009 年和 2011 年生产的陀螺仪的加速寿命试验时间如表 3 所列。

表 3　陀螺仪的加速寿命试验预计

生产年份	已储存时间/月	预计加速寿命试验时间/月	加速因子
2009	60	10 年*12 月/年-60 月）/7.2659=8.25	7.2695
2011	36	（10 年*12 月/年-36 月）/7.2659=11.56	7.2695

在制定详细的加速寿命试验方案时，应参考以上的预估结果，以便合理选择应力水平，预估试验时间和费用。

参 考 文 献

[1] 王浩伟，徐廷学，杨继坤，等. 基于加速因子的退化型产品可靠性评估方法 [J]. 战术导弹技术，2013，（6）：36-41.

[2] 张永强，刘琦，周经伦.小子样条件下幂律退化模型的加速因子分析[J]. 系统工程与电子技术，2006，28（12）：1948-1951.

[3] 刘琦，冯静，周经伦.对数正态分布加速因子的 Bayes 估计[J].国防科技大学学报，2003，25（6）：106-110.

[4] 陈志军，王前程，陈云霞.基于寿命分布和贝叶斯的加速因子确定方法[J]. 系统工程与电子技术，2015，37（5）：1224-1228.

[5] 魏高乐，陈志军. 基于随机维纳过程的产品加速因子分布确定方法[J]. 科学技术与工程，2015，15（29）：21-29.

[6] 申争光，苑景春，董静宇，等. 弹上设备加速寿命试验中加速因子估计方法[J]. 系统工程与电子技术，2015，37（8）：1948-1951.

[7] 宣卫芳，胥泽奇，肖敏. 装备与自然环境试验[M]. 北京：航空工业出版社，2009.

[8] 李东阳，等. 弹药储存可靠性分析设计与试验评估[M]. 北京：国防工业出版社，2013.

[9] 牛跃听，穆希辉，姜志保，等. 自然储存环境下某型加速度计储存寿命评估[J]. 中国惯性技术学报，2014，22（4）：552-556.

[10] 杨振海，安保社. 基于成败型不完全数据的参数估计[J].应用概率统计，1994，10（2）.

[11] 杨振海，程维虎，张军舰.拟合优度检验[M]. 北京：科学出版社，2011.

[12] 周源泉，翁朝曦，叶喜涛. 论加速系数与失效机理不变的条件（Ⅰ）—寿命型随机变量的情况[J].系统工程与电子技术，1996（1）：55-56.

[13] 牛跃听，穆希辉，姜志保.某型火箭弹控制舱环境适应性研究[J]. 装备环境工程，2014，11（1）：86-92.

1.3　弹药导弹储存可靠性分析与评估方法

弹药储存寿命可靠性的 BP 神经网络预测

贾俊杰，宫　华　刘　芳

（沈阳理工大学，辽宁沈阳，110159）

摘　要：为准确预测弹药储存寿命，结合粒子群算法与 BP 神经网络算法，针对样本量、温度、湿度、储存年限及失效数的数据分析，建立全局优化的储存寿命预测模型。分别基于 BP 神经网络与 PSO-BP 网络对弹药储存寿命进行预测。结果表明，两种网络均能解决弹药储存寿命预测问题。PSO-BP 网络的预测精度更高，收敛速度更快。

关键词：可靠性；神经网络；弹药

0　引言

弹药是长期储存，一次性产品。由于储存环境等储存寿命影响因素，在储存过程中会造成弹药失效。因此开展弹药储存寿命预测研究，掌握弹药随时间及环境等因素的变化规律，可有效解决弹药提前退役或超期服役的问题，为延长弹药储存寿命研究奠定基础。

目前弹药储存寿命的研究主要基于失效机理建立的统计模型，郑波等[1]提出基于 Poisson 分布的方法对弹药储存寿命进行评估。Zhang 等[2]提出基于 E-Bayes 估计方法对储存寿命的预测。Wang 等[3]基于状态监测影响的随机滤波法对剩余寿命进行预测。Si 等[4]基于马尔可夫过程对剩余储存寿命进行预测，陈海建等[5]提出基于神经网络对弹药储存可靠度函数进行时间序列的预测研究。以上对于寿命分布不明确及高度非线性问题，机理模型具有一定的局限。

针对弹药储存寿命预测的非线性问题，本文通过分析弹药的历史失效数据，提出基于 BP 神经网络的弹药储存寿命预测模型，突破传统模型计算量大，拟合精度不高的局限。为了弥补 BP 神经网络易陷入局部最小值及收敛速度慢的缺点，引入智能算法粒子群（PSO）优化 BP 神经网络（称为 PSO-BP 网络）的初始权值与阈值。

1　弹药储存寿命预测数学模型

弹药的储存失效数据是二项数据形式 (t_i, c_i, n_i, f_i)，其中，t_i 为储存年份，c_i 为储存环境条件，n_i 为试验样本量，f_i 为失效个数。弹药储存可靠度可定义为在规定的储存条件下和规定的储存时间内保持不失效的能力，数学符号表示为 $R(t) = P(\xi > t)$，其中 ξ 为弹药失效前储存的时间，t 为规定的储存时间，则弹药在环境 c_i 下的储存可靠度可定义为

$$R(t_i) = \frac{n_i - f_i}{n_i} \qquad (1)$$

在已知弹药的储存失效数据时，预测弹药在某一储存可靠度下的储存寿命，其数学模型可表示为 $t = F(R, c, n, f)$。

2　基于 PSO-BP 网络的弹药储存寿命预测

2.1　BP 神经网络

1986 年，Rumelhart、McCelland 等[6]首次提出

BP 神经网络，基本结构由输入层、隐含层和输出层构成。文中选用单隐层的 BP 神经网络进行弹药储存寿命的预测，如图 1 所示。

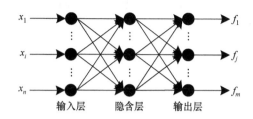

图 1　BP 神经网络结构

BP 神经网络的训练过程描述如下：

步骤 1：计算隐含层所有节点的输出，$i=1,\cdots,n$；$j=1,\cdots,h$。

$$y_j = f(\sum_{i=1}^{n} w_{ij} x_i + b_j) \qquad (2)$$

式中：x_i 为网络的输入；w_{ij} 为输入节点 i 到隐含层节点 j 的连接权值，b_j 为节点 j 的输出阈值；y_j 为隐含层节点 j 的输出量；$f(\cdot)$ 为隐含层节点的激活函数，选用 S 型正切函数。

步骤 2：计算神经网络的输出结果，$o=1,\cdots,m$。

$$R_o = g(\sum_{j=1}^{h} w_{oj} y_j + b_o) \ (j=1,\cdots,h) \qquad (3)$$

式中：w_{oj} 为从隐含层节点 j 到输出层的连接权值；b_o 为输出神经元的阈值；R 为神经网络的输出值；$g(\cdot)$ 为输出层节点的激活函数，选用 S 型对数函数。

步骤 3：训练网络，最小化均分误差 MSE 的值。

$$\text{MSE} = \frac{1}{p} \sum_{i=1}^{p} (f_i - \bar{f}_i)^2 \qquad (4)$$

式中：$\bar{f}_i$ 为训练数据中输出期望值；f_i 为训练结果；p 为训练样本组数。

2.2　标准粒子群优化算法（PSO）

粒子群算法（PSO）是由 James Kennedy 和 Russell Eberhart[7]提出的一种智能优化算法，全局搜索能力较强。假设存在 N 个粒子的种群在 D 维解空间中进行搜索，$X_i=(x_{i1},\cdots,x_{iD})$ 代表第 i 个粒子的位置矢量，$V_i=(v_{i1},\cdots,v_{iD})$ 是第 i 个粒子的飞行速度，$i=1,\cdots,N$。粒子通过式（5）、（6）不断更新速度与位置，进一步更新个体最优位置 $P_{ib,d}$ 和全局最优位置 $P_{g,d}$，其中 $d \in D$。

$$v_{i,d}^{t+1} = w^t v_{i,d}^t + c_1 r_1 (P_{ib,d} - x_{i,d}^t) + c_2 r_2 (P_{g,d} - x_{i,d}^t) \qquad (5)$$

$$x_{i,d}^{t+1} = x_{i,d}^t + v_{i,d}^{t+1} \qquad (6)$$

式中：$v_{i,d}^t$ 为 t 次迭代粒子 i 的第 d 维速度矢量；$x_{i,d}^t$

为 t 次迭代粒子 i 的第 d 维位置矢量。粒子速度应限制在 $[-v_{\max}, v_{\max}]$ 范围内，位置在 $[-x_{\max}, x_{\max}]$ 范围内；c_1 和 c_2 是加速因子；rand() 是均匀分布 $U[0,1]$ 之间的随机数；w^t 是 t 次迭代的惯性权重，有

$$w^t = w_{\max} - \frac{w_{\max} - w_{\min}}{T_{\max}} \times t \qquad (7)$$

式中：$w_{\max}, w_{\min}$ 分别为惯性权重的最大值和最小值，通常取 0.9 和 0.4；$T_{\max}$ 为最大迭代次数；t 为当前迭代次数。

2.3　基于 PSO 优化 BP 神经网络对弹药储存寿命预测步骤

步骤1：样本数据的构成及数据集的归一化处理。

将已知的样本量、储存温度、储存湿度及失效数作为网络的输入数据，相对应的储存时间作为网络的输出，通过下式对数据集进行归一化处理。

$$\hat{x}_i = \frac{(x_i - x_{\min})}{x_{\max} - x_{\min}}, \qquad (8)$$

式中：$x_{\max}, x_{\min}$ 分别为数据集中评估指标的最大值和最小值；x_i 为指标的实际值。

步骤 2：建立网络拓扑结构，即确定输入层节点数 $n=4$，输出层的节点数 $m=1$，隐含层节点数 h 由"试凑法"[8]确定。

步骤 3：初始化粒子群参数。随机初始化 N 个粒子的位置与速度，维度 $D=(n+m)*h+h+m$，最大迭代次数、权值和学习因子等参数。

步骤 4：根据式（4）计算粒子的初始适应度值，P_b 设置为当前粒子的最优位置，P_g 设置为初始种群中最好的位置。

步骤 5：根据式（5）和式（6）更新粒子的速度和位置，产生新种群。

步骤 6：计算每个新粒子的适应值，更新 P_b 和 P_g，如果满足最大迭代次数，执行步骤 7，否则执行步骤 5。

步骤 7：将 P_g 映射到 BP 神经网络的权值与阈值。用 BP 神经网络进行网络的训练与测试。

步骤 8：预测结果的反归一化处理。

$$f = (\hat{f} + 1)(f_{\max} - f_{\min}) \qquad (9)$$

PSO 算法优化 BP 神经网络的流程图如图 2 所示。

3　实验仿真与结果分析

3.1　数据集

收集某弹药储存在 4 种环境下的记录数据，如

表 1 所列，来训练弹药储存寿命预测模型，预测该弹药在温度为 298K，湿度为 40%环境下可靠度为 85%的储存寿命。前 16 组作为训练样本，并采用加入人为噪声扩充数据[9]，后 6 组为测试样本。网络传递函数分别选"Tansig"和"Purelin"，训练函数采用变学习率 BP 法"Traingda"，最大训练次数设为 10000，期望误差设置为 0.001，初始学习率为 0.05，在 Matlab R2014a 平台分别基于 PSO-BP 网络和单独 BP 网络进行储存寿命的预测，通过预测值与真实值的对比进行误差分析。

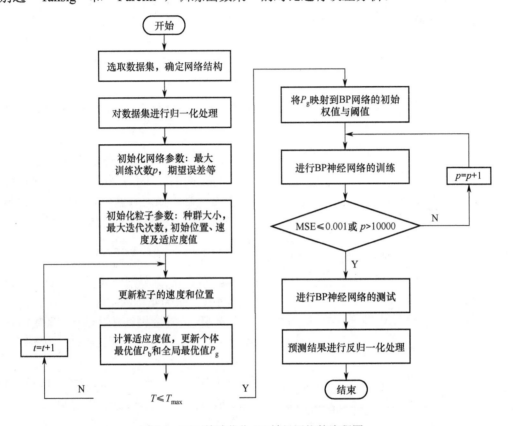

图 2 PSO 算法优化 BP 神经网络的流程图

表 1 数据集

序号	样本量/发	储存温度/K	储存湿度/RH	储存时间/年	失效数/发	序号	样本量/发	储存温度/K	储存湿度/RH	储存时间/年	失效数/发
1	20	298	35%	5	0	12	20	303	35%	10	2
2	20	298	35%	10	1	13	20	303	35%	15	2
3	20	298	35%	15	1	14	20	303	35%	21	3
4	20	298	35%	21	2	15	20	303	35%	23	4
5	20	298	35%	23	3	16	20	303	40%	5	1
6	20	298	40%	5	1	17	20	303	40%	8	1
7	20	298	40%	9	1	18	20	303	40%	12	2
8	20	298	40%	12	2	19	20	303	40%	15	3
9	20	298	40%	19	3	20	20	303	40%	18	4
10	20	298	40%	24	4	21	20	303	40%	20	5
11	20	303	35%	6	1	22	20	303	40%	25	6

3.2 结果分析

由"试凑法"确定在隐含层节点数为 6 时，网络的收敛速度最快，均分误差 MSE 最小，即 $h=6$。由图 3 和图 4 可知，单独的 BP 网络达到最大训练次数 1000 时，MSE=0.0018831；PSO-BP 网络训练 8169 次时就达到期望误差，此时最优解与目标值相等，即 MSE=0.001。从训练过程 MSE 变化曲线可知，经 PSO 优化后的网络训练变化曲线更平缓，收敛速度更快。训练结果表明 BP 神经网络的训练拟合精度达到 98.71%，PSO-BP 网络达到 98.81%。测试结果如图 5 所示，与单独的 BP 网络相比，PSO-BP 网络的逼近能力更强，更接近真实值，提高弹药储存寿命的预测精度，测试结果相对误差值如图 6 所示。基于 BP 网络和 PSO-BP 网络预测的该弹药在 298K，RH 为 40%环境下可靠度为 85%的储存寿命分别是 22.21 年与 22.82 年。

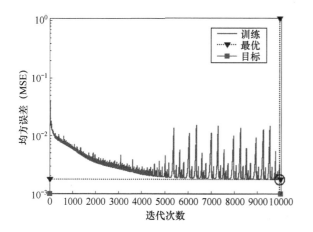

图 3　BP 网络的误差训练曲线

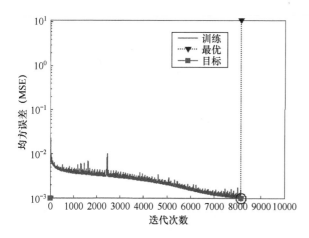

图 4　PSO-BP 的误差网络训练曲线

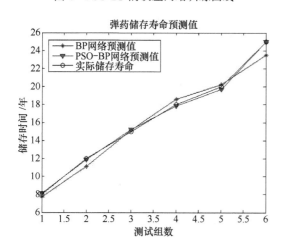

图 5　弹药储存寿命预测值

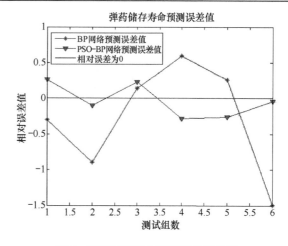

图 6　弹药储存寿命预测相对误差值

4　结论

针对弹药储存寿命预测问题建立 PSO-BP 网络模型，充分运用了粒子群算法的全局搜索能力与 BP 神经网络局部搜索能力。为验证优化模型的有效性及可行性，将 PSO-BP 网络与单独 BP 网络的预测结果进行比较。结果表明：无论是在收敛速度和预测准确率，经粒子群优化的 BP 网络都要比单独运用 BP 神经网络有所提高。

参 考 文 献

[1] 郑波，许和贵，姜志保. 一种基于 Poisson 过程的弹药储存寿命评估方法[J]. 兵工学报，2005，26（4）：528-530.

[2] Zhang Y J, Zhao M, Zhang S, et al., An integrated approach to estimate storage reliability with initial failures based on E-Bayesian estimates[J]. Reliability Engineering & System Safety, 2017, 159（3）：24-36

[3] Wang Z Q, Hu C H, Wang W B, et al., A case study of remaining storage life prediction using stochastic filtering with the influence of condition monitoring[J]. Reliability Engineering & Systems Safety, 2014, 132（132）：186-195.

[4] Si X, Hu C. H, Kong X, et al., A residual storage life prediction approach for systems with operation state switches[J]. IEEE Transactions on Industrial Electronics, 2014, 61（11）：6304-6315.

[5] 陈海建，滕克难，李波，等. 神经网络在导弹储存可靠性预测中的应用[J]. 弹箭与制导学报，2010，30（6）：78-81.

[6] 李文学，李慧，贺琳. BP 神经网络在非线性时间序列预测中的应用[J]. 长春工业大学学报，2003，24（3）：39-40.

[7] Eberhart R C, Kennedy J. A new optimizer using particle swarm theory. Proc. On 6th International Symposium on Micromachine and Human Science [C]. Piscataway, NJ：IEEE Service Center, 1995：39-43.

[8] Back T, Schwefel H. P. An overview of evolutionary algorithms for parameter optimization[J], Evolutionary Computation. 1993,1（1）：1-23.

[9] 施彦，韩力群，廉小亲. 神经网络设计方法与实例分析[M]. 北京邮电大学出版社. 2009.

红外成像导引头评估技术综述

方　丹，周永恒

（陆军工程大学石家庄校区导弹工程系，河北石家庄 050003）

摘　要： 本文综述了国内外红外成像导引头性能评估技术的发展状况，介绍了红外成像导引头性能评估系统的设计与开发，从红外成像导的主要性能的评估方法进行了分析。展望了红外成像导引头评估技术的发展趋势。

关键词： 红外成像导引头性能评估目标识别能力抗干扰能力

0　引言

红外成像制导技术具有抗干扰能力强，作用距离远等优点，已经成为当前国内外精确制导研究的重要发展方向。红外成像导引头是精确制导导弹的关键装置，但其结构复杂，研制周期长，维护过程繁琐。对红外成像导引头性能的准确评估可以缩短导引头的研制周期、降低决策风险和技术风险、保证研究质量、并为导引头的验收与鉴定提供依据。

英国、美国等国早在 20 世纪 70 年代，就开始对红外成像导引头的评估方法和试验环境进行研究，许多军方研究部门、大学和公司也在政府的资助下，投入大批资金，进行自动目标识别算法和武器系统性能评估技术的研究工作，建立相应的实验室和专项组织并设计研制了一些评估试验系统。

美国沃特航空实验室研制了动态红外导弹评估器，其中实验室采用 Guest 公司的方案研制出的红外目标情景仿真器的图像可以自由闪烁，而不需由高速的数字图像，用一个 *X-Y* 平移透镜移动和一个 100：1 的计算机控制变焦镜头来实现生成图像的运动，该系统主要用于评估采用线扫描阵列和凝视焦平面阵列的红外成像导引头[1]。

美国陆军导弹发展中心司令部下属的新传感器管理局，继 1978 年以来，在建立"自动激光导引头性能评价系统实验室（ALSPES）"[2]，的基础上，又建立了"自动红外成像导引头性能评价系统实验室（AIISPES）"，这个实验室是建立在非视线瞄准导弹系统（NLOS）和先进的中程反坦克导弹武器系统基础上的，使用了一套自动化的高精度检测系统，能完成对红外成像导引头关键参数的测量[3]。

红外成像制导技术在我国起步较晚，目前在红外成像导引头导引测试方面已经有了较大进展，但在评估技术方面仍然相对落后，对导引头的评估主要针对导引头的主要性能如抗干扰能力，目标识别能力等，缺乏对导引头综合性能的评估方法。对于导引头综合性能的定量评估，缺乏系统，科学的评估模型和自动化手段，评估工作量大、时间长、不便于实际操作，而且准确性难以保证。

1　红外成像导引头评估技术

从整体上来说，红外成像导引头性能评估需要大量的性能指标数据作为基础，实物试验法更具备真实性、可靠性，是获得大量真实、可靠数据的最有效手段。然而由于实物试验工程浩大，为了得到相应的试验数据需要成本大，因而其运用得到了限制。目前对于红外成像导引头的性能评估主要是通过仿真或半实物的方法，针对导引头主要性能指标，建立相应的数学模型或测试评估系统来完成。

1.1　红外成像导引头抗干扰性能评估

红外成像导引头的抗干扰性能是决定其作战能力的关键因素之一，准确客观的评价导引头抗干扰性能是改善导引头作战性能的基础。目前，国内研究者一般使用抗干扰成功概率作为评估的唯一指标，较难全面体现红外成像导引头在多因素影响下的整体抗干扰性能。同时，随着计算机技术的发展，导引头抗干扰能力的评估不在仅仅局限于实物实验法和专家打分法，衍生出许多更加全面的评估方法。

文献[4]提出采用层次分析法对导引头抗干扰能力进行评估，将影响导引头抗干扰能力的各因素按分配关系分组以形成有序的递阶层次结构，通过两两比较判断的方式确定每层次中因素的相对重要性，然后在阶梯层次内进行合成，得到最终评估结果。这种方法可以充分利用数值仿真试验、半实物仿真试验和实物仿真试验的测试数据，但评估结果容易受人为主观因素影响。文献[5]则对层次分析法进行了改进，以指数标度理论取代 1~9 标度理论，从而降低了主观因素的影响，但仍然不适合小样本条件下的导引头评估。近年来，Vapnik 等提出基于小样本理论的向量机法。文献[6]提出了一种基于支持向量机的红外成像导引头抗干扰性能评估方法，解决了小样本条件下导引头的评估问题。它通过将样本映射到高维空间，在此空间中求出最优分类面，它将线性不可分问题转化为线性可分问题，它是目前针对小样本分类、回归分析的常用理论。文献[7]提出采用递进的 Bayes 方法，在小样本条件下，充分利用导引头研制过程中各阶段的试验数据，采用层次分析法分析了试验样本对评估结果的影响，导出了各攻击区内试验样本的比重，综合评估导引头抗干扰能力。

1.2　红外成像导引头目标识别能力能评估

目标识别技术是红外成像导引头的关键技术之一，其算法的好坏直接影响导引头的整体性能，因此，对于红外成像导引头目标识别系统（ATR）的评估显得尤为重要。国外的目标识别性能评估也是最近 20 年左右才开始出现的，迄今为止，并未形成一种占据主导的方法。

20 世纪 90 年代末，美国某些研究机构研制出少量具备一定评估作用的评估软件[8,9]。这些评估软件主要针对特定的 ATR 系统（或算法）在特定条件下的识别能力做出刻画。其中，Hatem N.Nasr 研究出的用于诊断和评估 ATR 系统的工具"自动测试及评估软件"比较有代表性[10]。这项技术最早是为了评估红外目标识别系统，后来进一步可以用于评估某些类似于红外成像导引头这类基于图像的目标识别系统。Bassham 提出一种基于决策分析技术的效果评估方法，该方法有助于对 ATR 技术做出规范化的评估。典型的情况，经过对 ATR 分类系统的性能做出评估（Measures of Performance-MOP）之后给出结果[11]。D. E. Dudgeon 提出使用一些概念来区别具备不同性

能表现的目标识别方法[12]。研究者引入了一系列概念，并借助这些概念初步处理长期面临的 ATR 效果评估中的困难。这些困难包括项目管理人员为了通过技术手段比较性能、收集测试结果所遇到的困难；用户考虑应用所遇到的困难；开发者面临 ATR 系统设计方案选择难等问题。

1.3　红外成像导引头探测距离评估

红外成像导引头的探测距离直接关系到导弹的搜索范围，其对于红外导引头的总体性能有着重大的影响。文献[13]分析和推导了红外成像导引头用于探测点源目标时探测距离的评价参数，并比较不同测试参数的优缺点。从分析点源目标的特性出发，分别推导出 NEFD（Noise Equivalent Flux Density）和 NETD（Noise Equivalent Temperature Difference）与探测距离的关系模型。最后，给出适合测试和评价红外成像导引头的参数。文献[15]在红外辐射的大气传输理论基础上，综合考虑大气吸收和散射因素，分析了大气衰减对红外辐射的影响，得到了大气衰减作用下的目标辐射模型。在此基础上，建立了红外导引头对目标的探测距离计算模型，完成了红外成像导引头中作用距离的评估。文献[16]提出了利用图解法对作用距离方程进行解算的方法，提高了作用距离模型的计算准确度。利用所建模型计算了某中距离红外导引头对一种巡航导弹的探测距离。

1.4　红外成像导引头综合性能评价

目前，红外成像导引头的评估主要集中于其单一性能评估，关于综合性能评估的文献较为少见。文献[19]利用导引头系统指标的相对性和模糊性，运用模糊数学的方法提出了一种基于模糊综合评判模型，并对隶属函数、算子和权重等关键技术的确定进行了研究，但存在着评估体系不够健全，评估结果不够可靠的问题。文献[17]在模糊综合评判法的基础上，运用层次分析法建立的多层次评估体系，健全了红外成像导引头评估指标，提高了评估精度。

1.5　红外成像导引头性能评估系统

红外成像导引头性能评估系统的主要任务是通过对红外导引头主要性能参数的测试来完成导引头的评估。该方法简单可靠，可用性强。

文献[18]概述了红外成像导引头性能评估系统主要任务，介绍了红外成像导引头的内容和组成结构，为系统的研发提供了理论基础。文献[19]采用数字图像注入式的方法设计了红外成像导引头评估系

统，与传统方式相比，该方法绕过了红外镜像转化器这一关键器件，试验系统建设费用低，在有效条件下是一种有效的仿真，该文献具体设计了导引头跟踪精度评估系统和导引头作用距离评估系统。文献[20]设计了一种基于 PXI 标准总线结构和多层软件开发平台的红外成像导引头通用测试评估系统，该系统按照通用化的设计思想，采用集成板卡构建虚拟仪器，具有多通道高精度 A/D、D/A 和数字 I/O，数据吞吐量较大，能满足不同型号导引头的测试需求。

2 发展趋势

红外成像导引头性能的评估主要通过仿真来现，红外成像导引头仿真试验的关键在于红外目标模拟其系统。该装置能够提供一种复杂和快速改变的红外图像，这种图像应具有温度动态范围大和分辨率高的特点，而且能够与计算机图像生成系统进行快速实时交换。红外辐射调制法，特别是基于液晶的图像转换技术具有更大的使用前景，希望在不久的将来能研制出满足红外成像导引头仿真试验要求的红外动态生成装置。

导引头综合性能评估方面，是红外成像导引头性能评估发展的重点方向。红外成像导引头性能的综合评估难点在于红外导引头性能指标多且相互之间相互交叉、对于一些重要的特征性能难以进行定量分析、性能指标受外界环境引述影响大。单一的评估方法不能够很好地解决上述问题，针对导引头的评估，需要将集合多种方法混合使用，已达到取长补短的效果，这也是红外成像导引头评估方法的发展趋势。同时，人工网络神经法近年来逐渐兴起，其具有自主学习能力与自我调整能力，用人工神经网络评估性能代表了导引头评估智能化发展的方向。

3 结束语

由于红外成像制导技术具有精度高、抗干扰能力强和作用距离大等特点，导引头作为其重要装置，其性能的的好坏直接影响到制导精度的高低，因此开展导引头系统的评估方法研究已经成为重要的技术课题。在导引头性能评估过程中，应当根据评估的目的，综合分析导引头各性能指标的权重比，合理取舍并选取恰当的方法对导引头性能进行评估。同时，应当采用世界前沿技术，开发出高精度的导引头测试评估系统，提升导引头评估结果的可信度。

参 考 文 献

[1] Floumoy J T. Automated imaging inframd seeker performance evaluation system（AIISPES）[J]. SPIE, 1990. 1311: 212-218

[2] Martin R G. Automated lager seekerevaluation system（ALSPES）[J]. SPIE, 1988, 941: 73-75.

[3] 吴志红, 董敏周, 王建华, 等.红外导引头抗人工干扰性能评估方法[J].系统仿真学报, 2005, 17（3）: 770-772.

[4] 韩本刚, 董敏周, 于云峰, 等.用基于指数标度的层次分析法评估红外导弹导引头抗干扰性能.西北工业大学学报, 2008, 26（1）: 69-73.

[5] Xu Youping, Wu Qingxian, Jiang Changsheng, et al. Based on support vector machine method of infrared imaging seeker anti-jamming performance evaluation[J].Lighting and Control, 2013, 20（12）: 6-9.

[6] Wu Zhihong, Hensing m. production. Using recursive Bayes estimation to evaluate seeker anti-jamming performance and simulation[J]. The journal of system simulation, 2006, 18（3）: 764-764.

[7] Hatem N. Nasr. Automated Instrumentation Evaluation and Diagnostics, of Automatic Target Recognition Systems[C]. 1990 SPIE Automatic Object Recognition Conference, Cocoa Beach, Florida. SPIE Proceedings IS7: 202-213.

[8] Mossing J C, Ross T D, Bradley, J. Evaluation of SAR ATR Algorithm Performance Sensitivity to MSTAR extended Operating Conditions[J]. I995: Available from NTIS No: ADA3570551XAB.

[9] Bassham, Christopher Brian. Target recognition classification system evaluation methodology[M]: [Doctor Dissertation]. US: Air Force institute of Technology, 2002.

[10] Dudgeon D E. ATR Performance Modeling and Esfiimation[J]. 1998: Available from NTiS, No: ADA357723/XAB.

[11] Bai Xiaodong, Meng Weihua. Air-to-air missile infrared imaging seeker point detection range[J]. The aviation weapon, 2008（6）: 36-39.

[12] Shen Ziqing, Wang Defei, Chu Zhenfeng. Infrared imaging tracking system operating distance equivalent test method and test and verify [J].The laser and infrared, 2015（1）: 45-49.

[13] An Chengbin, Zhang Xining, Chen Ying, et al. Calcu-lation of function range of infrared imaging system [J].Laser&Infrared, 2010, 40（7）: 716-719.

[14] Chen Xin, Li Xiangping, Xie Yansong. Missile seeker performance of the fuzzy comprehensive evaluation research[J].The journal of naval aeronautical engineering institute, 2005, 20（1）: 119-119.

[15] Zhang Yongjiu, Li Jun, Wu Chaojun. The missile quality performance evaluation method research[J]. The journal of arrows of the guidance, 2008, 28（2）: 255-255.

[16] Liu Yongchang, Li Baoping. Infrared imaging seeker performance evaluation system[J]. The infrared technology, 1995（4）: 1-4.

[17] Zhang Xz, Li Yunxia, Ma Lihua, et al. Infrared imaging seeker performance evaluation system analysis and design[J].The infrared technology, 2008, 30（3）: 136-136.

[18] Cathleen, Orson, Huang Li, et al. Infrared imaging seeker universal test evaluation system design[J]. The aviation weapon, 2015（3）: 54-57.

某型火箭弹弹道异常故障研究

程茜茜[1]，朱　庆[2]，张向锋[1]

（1. 陆军北京军事代表局驻七四三厂军代室，山西太原 030000；2. 陆军试验基地，吉林白城 137000）

摘　要：本文提出了某型火箭弹在试验时呈不稳定摆动、螺旋飞行后解体的故障，通过介绍该产品作用原理，从分析故障、问题定位、机理分析及改进与验证等几个方面入手，解决某型火箭弹弹道异常的问题。

关键词：弹道异常；颤震；故障定位；机理分析

1　产品简介及作用原理

该型火箭弹主要由双模引信、制导舱、战斗部、火箭发动机和稳定装置等部分组成，飞行弹道上采用弹道倾角控制和比例导引控制模式，不断调整制导火箭弹的姿态，以准确攻击目标。

到达阵地后，火控系统根据目标坐标、气象条件等射击诸元，完成调炮和瞄准。发射前，火控系统装定参数和引信作用模式，火箭弹完成动态传递对准。按下发射按钮后，火控系统激活弹上电源，火箭发动机点火，折叠舵翼张开并可靠锁定，火箭弹离轨后，尾翼张开并锁定到相对弹体自由解旋的工作状态，使火箭弹沿弹道稳定飞行，引信机械保险和电保险解除后，发出起爆信号，引爆战斗部装药。战斗部爆炸后产生的高速破片群、冲击波超压毁伤目标。

2　故障概况

在试验区进行的常温大射程射击试验中，地面发控装置发出点火指令后，某型火箭弹正常点火、离轨，出炮口后舵翼约束保护装置正常脱落，舵翼、尾翼正常张开，约 3s 后火箭弹呈不稳定摆动、螺旋飞行后解体，试验中止。

3　原因分析及故障定位

3.1　原因分析

问题发生后，故障排查组以飞行解体为顶事件

开展分析，重点对制导舱、弹尾从科研和生产阶段技术状态变化、生产过程控制、数据分析、残骸分析、弹道仿真分析、全弹拆解排查及试验验证等 7 个方面进行了故障排查分析工作。

通过对尾翼、翼轴、轴承、尾翼架的宏观、微观、成分、性能等分析，结论表明：尾翼入槽面发生了非均匀接触及反复磨损，存在局部应力增大现象；支耳入槽面修锉后比较粗糙，根部未圆滑过渡，容易产生应力集中。弹尾振动、冲击、灵活性及结构强度的试验结果表明：弹尾在正常、人为预置缺陷等状态下，尾翼破坏形式为尾翼断裂、尾翼架断裂或尾翼轴变形。弹道、结构仿真分析结果表明：故障弹在飞行初始段弹道倾角变化比正常飞行弹剧烈，体现为存在更大的初始弹道下压过载，在 1s 后，过载迅速变化为上升过载，使弹道上拉，生产阶段正常弹遥测数据未见这一现象。

经过对科研和生产过程中工艺、操作过程排查，主要存在两个差异：①尾翼存在差异。尾翼入槽面加工中，科研与生产略有不同，科研时，尾翼入槽面先铣斜面，但在高度上预留余量，根据试装配情况，视余量大小通过铣削或修锉去除余量，保证间隙和入槽深度合格。生产阶段直接加工到图纸尺寸，然后进行试装，根据需要进行修锉，保证间隙和入槽深度合格。②制导舱振动特性存在差异。对 1 发科研定型批制导舱和 8 发随机抽取的生产批杀爆弹制导舱进行俯仰通道（y 向）和偏航通道（z 向）两个方向的对数扫频振动试验。试验结果如图 1 和图 2 所示。

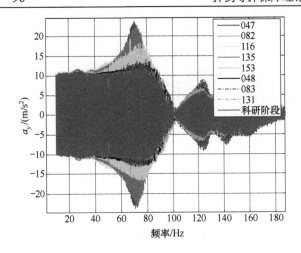

图 1　y 方向扫频试验结果

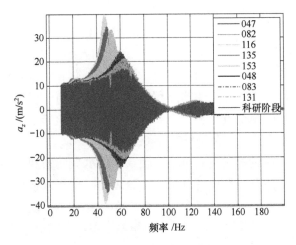

图 2　z 方向扫频试验结果

制导舱扫频结果表明：生产阶段制导舱在谐振频率振幅能量 8 发中有 5 发大于科研舱，3 发和科研舱相当，最大量值能达到科研舱的 2.4～3.7 倍。

3.2　故障定位

通过故障树及技术状态、生产过程、实物排查、残骸分析、地面验证试验以及仿真和弹道再造、模态测试和共振试验、模态测试和颤振分析等，排查发现，因技术文件中对尾翼配合斜面修整未详细规定，导致生产尾翼、稳定装置加工、装配质量与科研状态存在差异。科研阶段尾翼入槽面较为光滑、入槽面根部有圆角、表面一致性较好；生产阶段尾翼入槽面较为粗糙、入槽面根部圆角散差较大，可能会引起尾翼入槽不顺利，进而引起尾翼气动弹性

失稳，发生颤振，导致全弹空中解体。

3.3　机理分析

由于技术文件未详细要求尾翼入槽面修整方法，加工时用锉修整尾翼入槽面较粗糙、入槽到位时间存在散差，可能会使个别尾翼在入槽过程中不顺利，使得尾翼无法提供足够的连接刚度，使尾翼在飞行时发生颤振，造成其他尾翼以相同频率颤振，在较短时间内快速破坏、脱落，造成火箭弹严重失稳，进而全弹空中解体。

4　改进措施及效能验证

4.1　改进措施

（1）制造与验收规范中增加稳定装置要求。

（2）尾翼入槽斜面根部采用 $R2$ 圆角过渡。

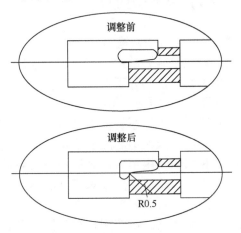

图 3　改进后尾翼架局部图

（3）将尾翼入槽面粗糙度作为关键工序控制。

（4）在稳定装置和弹尾装配工艺文件中，细化尾翼入槽端面和配合斜面涂抹炮用润滑脂。

改进后尾翼架局部图如图 3 所示。

4.2　验证

进行了飞行验证试验，试验结果表明：采取尾翼入槽面修锉、尾翼入槽斜面根部增加圆角、尾翼入槽端面倒角措施后，遥测数据显示振动特性与科研状态相当，火箭弹飞行正常，验证了措施的有效性。

颤振对火箭弹飞行可靠性影响、分析及对策

杨　斌，范　凯

（陆军北京军事代表局驻七四三厂军代室，山西太原 030000）

摘　要：本文采用了数值分析与测试试验对比分析了制导火箭弹翼片不同状态下的模态，并通过气弹分析得出了不同状态的翼片在飞行过程中其颤振速度有着较大的差异。通过加严控制翼片技术状态和配合间隙等，可保证制导火箭弹飞行的可靠性。

关键词：颤振；制导火箭弹；可靠性

1　颤振概述

弹性结构在均匀气流中由于受到气动力、弹性力和惯性力的耦合作用而发生的振幅不衰减的自激振动称为颤振。发生颤振的必要条件：结构上的瞬时气动力与弹性位移之间有相位差，因而使振动的结构有可能从气流中吸取能量而扩大振幅。颤振是一种自激振动，是任何一个升力面，当它在气流中运动时，达到某一速度，在非定常空气动力、惯性力及弹性力的相互影响和相互作用下，刚好使它的振动持续下去的现象。对于给定的火箭弹结构，当飞行速度由小到大时，振动会由衰减转变成扩散。当飞行速度较小时，振动的衰减很快；当飞行速度增大时，这种衰减减慢；在某一速度飞行时，扰动引起的振动振幅正好维持不变，这一速度称为颤振速度；这时的振动频率称为颤振频率。在超过临界值很小的飞行速度下，即使偶然的小扰动，也会引起激烈的振动，这就会发生颤振，导致火箭弹的结构破坏。

1934 年，Theodorsen 发表了著名的气动弹性论文，建立了非定常气动力与颤振模型并从理论上计算了 2 个或 3 个自由度翼型的颤振特征，这成为气动弹性问题数值计算的一个里程碑。在此后，CAE 得到了长足的发展，在工程领域也逐渐得到了应用。在过去的 20 年中，国际上飞行器线性亚/超声速气动弹性数值模拟技术发展比较成熟，这些技术已经逐渐应用于现代飞行器设计过程中的气动弹性分析。例如，NASA 在 X-43A、X-51 高超声速飞行器设计过程中就运用了基于 CFD/CSD 的耦合分析方法进行了气动弹性特性分析与预测。

目前，国外对静气动弹性、颤振、抖振、嗡鸣和气动伺服弹性等气动弹性问题的数值计算已经做了大量的研究，而与静气动弹性相关的型号外形优化设计、多学科优化设计（Multi-Discipline Optimization，MDO）和气动/结构/控制的一体化设计也成为研究的热点。主要研究特点：以非线性气动弹性分析为主要研究方向，利用计算流体力学（CFD）和计算结构动力学（CSD）的最新成果，耦合求解非线性气动弹性问题。

国内对于气动弹性问题研究起步相对较晚，近些年才开始研究 CFD/CSD 耦合求解气动弹性问题：中国科学院力学研究所杨国伟研究员利用非定常气动力求解器与结构模态耦合开展的飞行器跨声速颤振方面的研究，西北工业大学气动弹性研究所叶正寅开展的基于非结构网格的二维翼型和三维机翼气动弹性及基于 CFD/CSD 耦合求解非线性气动弹性及气动伺服弹性研究，南京航空航天大学陆志良教授开展的有关复杂组合体的颤振研究，北京航空航天大学杨超教授课题组开展了颤振主动抑制等控制问题的研究工作，中国航天动力研究院在崔尔杰院士指导下基于流固耦合方法进行气动弹性数值计算和试验的研究。

计算气动弹性是耦合高精度的 CFD 和 CSD 分析气动弹性问题的一种方法，其求解过程如图 1 所示，CFD 方法的基本思想是在流场几何离散的空间内，通过在每个空间离散单元中满足空气动力学方程，代替流体力学基本方程在整个流场空间得以满足。

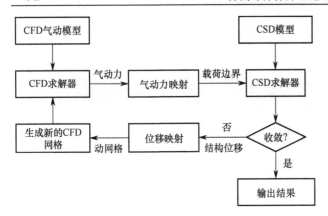

图 1　计算气动弹性求解流程

计算气动弹性求解一般过程为：①建立 CFD 与 CSD 模型；②CFD 模型求解气动力；③数据传递，气动力映射到 CSD 结构网格；④CSD 求解器求解结构响应；⑤数据传递，结构响应映射到 CFD 网格；⑥动态调整 CFD 网格，生成新网格；⑦重复迭代②～⑥满足设定收敛条件；⑧计算停止，输出计算结果。

2　翼片结构有限元模型

根据翼片 3D 几何模型，在 PATRAN 中构建有限元模型，如图 2 所示。模型共有 7499 个 NODE，5423 个 ELEMENT，舵翼面用 SOLID 模拟，有限元模型均采用高质量的 HEX8 实现。

图 2　结构有限元模型及约束情况

有限元建模过程中为了模拟真实翼片的工作状态，采用多点约束RBE2将翼面和耳片相接触的节点与轴连接。顺气流为 X 轴正方向，展向为 Y 轴正方向，Z 轴根据右手准则确定。前、中、后舵轴处设置绕 X 轴扭转弹簧，前、后两处舵轴处设置 Z 向线弹簧。约束中间舵轴的 XYZ 向自由度，前、后舵轴的 XY 向自由度，具体如图 2 所示，调节弹簧的刚度，则可模拟翼面不同的固有频率分布。

3　翼片结构模态分析

以正常配合的 1 号舵面为例，试验测量与仿真所得翼面前四阶模态振型对比情况如图3～图6所示，

二者吻合结果较好。配合有间隙状态模态振型结果与此类似，不再赘述。

图 3　第 1 阶模态振型试验与仿真对比

图 4　第 2 阶模态振型试验与仿真对比

图 5　第 3 阶模态振型试验与仿真对比

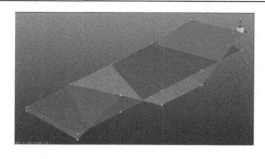

图 6　第 4 阶模态振型试验与仿真对比

在正常配合、非正常配合（间隙较大）时，翼片的仿真计算和测试模态参数如表1所列。通过试验测试与仿真所得的模态参数对比，前两阶模态频率仿真计算与试验数据吻合较好。

表 1　正常、非正常配合情况下翼片计算和测试模态参数

非正常配合				
阶次	1	2	3	4
试验频率/Hz	45.91	132.94	266.21	395.94
仿真频率/Hz	45.9	132.2	332.1	398.1
正常配合				
阶次	1	2	3	4
试验频率/Hz	69	133.1	297.5	428
仿真频率/Hz	69	133.1	328.2	378.4

4　颤振分析

4.1　颤振分析状态

（1）采用海平面的大气密度 1.225kg/m³，参考马赫数 1.62，对 4 组舵翼面进行颤振分析。

（2）颤振分析中，非定常气动力计算在亚声速范围采用 ZONA6 方法，在超声速范围采用 ZONA7 方法；气动面展向分块和弦向分块均为 10。

（3）采用 p-k 法非匹配颤振求解，即给定马赫数计算颤振速度，不做马赫数与颤振速度的匹配迭代。

4.2　颤振分析结果

在结构模态分析和非定常气动力计算的基础上，采用 p-k 法进行颤振计算，可得到模型的颤振计算结果。将试验和仿真计算翼片状态表示在气动弹性包线图上，如图 7 所示。通过以上分析可知，当翼片配合间隙较大（假设 1/3 接触失效）时，翼片的一阶弯曲、二阶扭转频率较为接近，容易进入气动弹性危险包线之内，给制导火箭弹飞行带来不可抗拒的破坏。

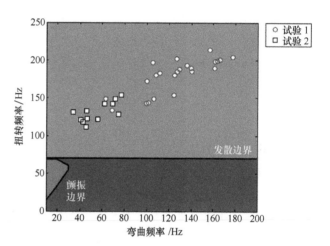

图 7　翼面气动弹性包线图

5　结论及对策

（1）正常翼片配合模态试验结果的颤振分析表明，翼片均具有较高的结构刚度，气动弹性临界失稳速度远高于 550m/s（海平面高度），不会发生气动弹性失稳。

（2）翼片配合 1/3 区域间隙 0.5mm 时，模态试验结果的颤振分析表明，气动弹性临界失稳速度高于 550m/s（海平面高度），也不会发生气动弹性失稳。

（3）翼片配合间隙较大时（假设 1/3 区域连接失效），采用数值模拟的方法研究了连接失效对气动弹性失稳速度的影响，翼片扭转（第 2 阶模态）频率低于 90 Hz，翼片气动弹性临界失稳速度低于 550m/s（海平面高度），此时则会出现气动弹性失稳现象。

综上所述，为了有效避免制导火箭弹在飞行过程中发生颤振，严格控制翼片的配合面尺寸和结构尺寸的一致性，重点监测翼片的局部配合间隙，完善加工工艺和检测手段，以保证翼片有效配合。

钢质药筒腐蚀问题的原因及解决措施

张　东，徐　磊，崔学谨

（陆军沈阳军事代表局驻葫芦岛地区军事代表室，辽宁兴城 125125）

摘　要： 钢质药筒出现腐蚀问题，将直接降低药筒耐腐蚀性能，对弹药存储和使用产生影响。本文分析了钢质药筒发生腐蚀的类型及状态、产生原因，并提出了控制与解决措施。

关键词： 钢质药筒；水痕腐蚀；丝状腐蚀；点状锈蚀

0　引言

药筒是炮弹的重要组成部件。钢质药筒以其强度高、成本低且长期储存无应力腐蚀等优点，较好地满足了部队装备需要。由于我国钢质药筒应用起步较晚、制造工艺不够完善等原因，笔者所驻工厂在钢质药筒生产过程中曾多次出现腐蚀问题，在一定程度上影响了产品的耐腐蚀性能及外观质量，给炮弹长储带来一定的隐患。现结合生产特点、工艺过程和实践经验，分析钢质药筒发生腐蚀的常见类型及产生原因，并提出控制和解决措施。

1　钢质药筒腐蚀的类型及形态

为了方便检定金属疵病及保证表面处理状态，提高耐腐蚀性能，钢质药筒在包装前需要进行多次表面处理。其表面处理基本流程：除油-酸洗-内磨-外磨-除油-酸洗-中和-磷化-纯水-浸漆。其中任何一个过程出现问题，均直接导致药筒在生产、存储和使用中出现腐蚀问题。

根据腐蚀过程机理，通常将腐蚀现象分为化学腐蚀和电化学腐蚀两大类型。化学腐蚀是指完全没有湿气凝集于金属表面的干燥气体环境中的腐蚀现象，如钢质药筒高温热处理过程中的表面氧化现象，只形成无水氧化物，无腐蚀电流产生。化学腐蚀基本不会出现在钢质药筒的储存及使用中。因此，本文不作进一步分析。根据生产实践，钢质药筒的腐蚀多是电化学腐蚀，即在电解质溶液中形成电化学电池造成的腐蚀现象，如药筒表面凝集了溶有酸、碱、盐的水膜后所发生的腐蚀。常见类型有 3 种，即水痕腐蚀、丝状锈蚀及点状锈蚀。具体形态如下：

1.1　水痕腐蚀

水痕腐蚀，是指磷化处理后进行热水清洗和热风烘干，如果工艺控制不当，如烘干时药筒摆放位置不适当，吹风方式不正确或水质不好，药筒表面残留水分，并随水分在药筒表面流动、烘干过程，逐步形成水印状痕迹，即水流痕（实际为盐区）。受药筒形状和放置状态所限，残留水分淤积到药筒口部（呈马蹄形）或体部（呈排骨形）。水痕在腐蚀性大气环境中会继续发展，开始目测不易观察到，而且呈现于磷化膜层表面的结晶孔隙中。涂漆后，水痕在适宜条件下不断吸收水、氧和二氧化碳，继续发展为水痕腐蚀，腐蚀金属基体形成锈蚀，其腐蚀产物可以破坏漆层进而影响药筒长储性能。水痕腐蚀是钢质药筒采用化学处理时产生的特有腐蚀类型。

典型的水痕腐蚀如图 1 所示。

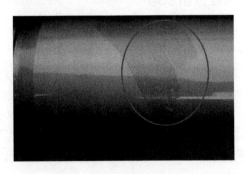

图 1　典型的水痕腐蚀

1.2　丝状腐蚀

丝状腐蚀，是指在漆层下面的金属表面发生的一种不规则但有规律的细丝状腐蚀。多开始于药筒表面缺陷部位，如磕碰、划伤、缺（掉）漆、边缘棱角、粗糙和杂质聚集处，必须在一定湿度条件下（一般为50%～80%时丝状腐蚀发展迅速），有活化剂存在，并在其引发下形成"引发中心"，才有可能发生丝状腐蚀。丝状腐蚀机理是当金属表面的漆层吸附有盐类化合物时，会吸附空气中的水分形成液化滴，渗透到漆层下部，或者加工前金属表面已经吸附盐类，在潮湿的空气中或在类似的湿度环境中，漆层上也会凝结水分，并渗透过漆层，形成液滴。涂层下的液滴，其边缘与中心充氧不均衡。边缘充氧较充足，呈阴极反应，中心不充足，呈阳极反应，形成腐蚀电池。在腐蚀过程中，边缘部位呈碱性，会促使液滴的表面张力降低，促进液滴运动，形成丝状腐蚀，并向前扩展。同时，由于边缘的碱性，还会促使涂层皂化，进一步促进液滴向前运动。逐渐形成许多紊乱的丝状腐蚀物。腐蚀严重时，还会引起漆层脱落进而影响药筒长储性能。

典型的丝状腐蚀如图2所示。

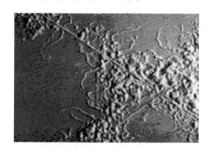

图2　典型的丝状腐蚀

1.3　点状锈蚀

点状锈蚀是药筒中普遍存在的局部腐蚀类型。多种外观形态的腐蚀类型，也是由点状锈蚀发展起来的。点状锈蚀发生在构成偶对腐蚀电极部位且有电位差，在敏感点如砂眼、重皮、涂层孔隙、涂层过薄、刀痕（刀花粗糙）、磨痕和沉积盐类，形成点状腐蚀中心，在存在溶有腐蚀性介质的导电液情况下发生的腐蚀。

典型的点状腐蚀如图3所示。

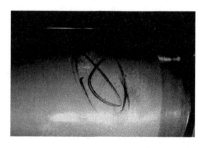

图3　典型的点状腐蚀

2　钢质药筒产生腐蚀的原因

2.1　钢材的组织结构

2.1.1　钢材组织均匀性差，易发生腐蚀

由于钢材的组织本身的不均匀性，容易发生腐蚀。表现之一就是药筒表面磷化不均匀、磷化色泽不一致。浸漆后组织相对疏松部位吸附漆液较多，色泽较周围组织相对深。图4为表面磷化不均匀的药筒。再有钢材组织不均匀，会在不均匀组织之间产生电极电位差，从而促使钢材组织发生电化学腐蚀现象。

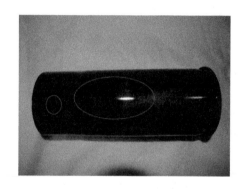

图4　磷化不均匀药筒

2.1.2　药筒生产过程中热处理不当，会加速腐蚀

药筒在热处理过程中控制不当，如保温时间不足，料温达不到要求，局部受热强度高，出炉后骤冷等原因，也容易引起药筒组织结构变形，造成组织结构不均匀，从而引发药筒产生腐蚀现象。

2.2　药筒的表面状态

在生产实践中，由于药筒各部位的变形量、应力状态和表面粗糙度等差异，造成金属组织内在的电位差，从而导致并加剧了腐蚀发生。药筒的棱边、刀花、划伤和磕碰处是活化能和应力集中的部位，极易发生腐蚀现象。药筒不同部位磷化状态不一致，也会造成电位差，引发电化学腐蚀产生腐蚀问题。

2.3　药筒表面状态预处理不达标

2.3.1　药筒除锈后表面存在残酸、残碱造成腐蚀

药筒磷化前表面处理过程需要经过两次酸洗，如果水洗不彻底，后续没有磨光工序作为辅助处理，会造成残酸腐蚀，出现麻坑。另外，第一次酸洗过程产品重叠摆放，在相互接触的部位，也极易产生残酸腐蚀。

2.3.2　药筒磷化膜层吸附水汽、酸雾造成腐蚀

由于药筒磷化膜极易吸附水汽、酸雾，进而造成腐蚀。主要影响因素：

（1）磷化后水洗不彻底，烘干中未彻底干透，残留水分。

（2）磷化工房多种溶液共存，湿度大，产品容易吸附水分。

（3）磷化前使用强酸酸洗，在工房通风不畅，酸雾较多，酸雾排放不及时情况下，表面容易吸附酸液。

2.3.3　药筒转运中因手汗形成手套印造成腐蚀

药筒磷化工序的纯水清洗工步，水温为 50～70℃，出水后有吹风烘干等工序，由于产品表面温度依然较高，加之工房湿度大，工人汗水渗过手套，在接触的产品表面形成手套印，造成局部腐蚀。此外，在浸漆上料的过程中也存在上述问题。

2.3.4　药筒除锈后空停时间过长、转运过程防护不当造成腐蚀

钢质药筒极易生锈，在除锈后空气中裸露的时间过长，转运过程防护不当，也会造成再次生锈，使产品表面的预处理状态变差，给后续表面处理带来不利的影响。在生产实践中，比如药筒磨光后至磷化前存放时间过长，在适宜的温湿度下，会使部分产品发生锈蚀；产品在转运过程中遭遇阴雨天气，防护不彻底，也易发生锈蚀；产品返洗料处理不及时，也易造成锈蚀；产品由磷化至浸漆过程中存放时间过长，也易产生锈蚀等。

2.4　药筒磷化过程工艺控制不当

2.4.1　磷化液游离酸度和总酸度的比值不适宜

游离酸度和总酸度的比值是影响药筒磷化过程中的重要工艺参数之一。总酸度可以调节溶液的浓度，供给成膜离子。总酸度过低，膜层难以形成。为保证磷酸盐的水解反应和铁的离子化的正常进行，必须保持一定的游离酸度，否则磷化过程不能正常进行。

2.4.2　磷化液配制成分不达标

随生产过程进行，磷化液成分波动较大，尤其是进入溶液使用末期，调配难度加大，使这个问题暴露的更加明显。

2.4.3　磷化过程中温度低、时间短

生产实践中，如雨季生产供热的煤湿度大，压力不稳，磷化温度低，导致产品磷化后外观质量不均匀、不达标。同时，磷化过程是一个缓慢的过程，在磷化液成分含量相同的情况下，磷化时间越接近上限，磷化膜厚度越致密越均匀。

2.4.4　磷化后水洗不充分

磷化后药筒生锈的主要原因是水质不合格以及水洗不彻底，致使磷化膜中残留有害离子或具有腐蚀性的成分。要使用纯水（去离子水）代替自来水，减轻有害离子造成的电位差，并强化水洗过程工艺控制，最大程度降低残存腐蚀性物质存在，避免发生腐蚀。

2.5　其他因素

（1）由于药筒形态差异，在底螺纹处容易形成点状锈蚀。

（2）磷化后烘干过程中，药筒重叠接触处，或者局部有积水容易产生腐蚀。

（3）浸漆工房温度高，湿度大，容易产生腐蚀。

（4）药筒在运输及储存过程中温度高，湿度大。

（5）漆层耐腐蚀性能差异。生产实践中，如分别使用 107 号漆和 TH-81 环氧清漆，同样的磷化质量，107 号漆需要两次浸漆，而 TH-81 环氧清漆只需一次浸漆，即可以满足耐腐蚀性能要求。

3　解决钢质药筒腐蚀的措施

3.1　严格按工艺进行预处理

严格执行工艺要求，加强 2.3 节中 4 个过程的药筒表面状态预处理，强化热处理过程控制，保证产品进入磷化工序前组织及表面状态均匀一致。

3.2　严格磷化过程工艺控制

（1）严格执行磷化工艺，控制好磷化过程的温度、时间，以及各溶液成分含量，避免磷化膜不完整或磷化膜过薄。

（2）加强中和及水洗工步控制，按要求起落、水洗，减少药筒表面残酸留存。

（3）控制磷化液的游离酸度和总酸度，比值在 1∶10～15 之间，并根据季节和温湿度等进行调整。

（4）加强药筒烘干吹风控制，先吹筐体，再吹产品，产品上传送带后，吹风过程中工件单独摆放，避免产品叠压、相互接触，直至烘干结束，避免产品表面湿度过大、局部残存水分。

（5）严格控制产品返洗次数，不得超过 3 次。返洗的产品及时清理，避免在磷化工房、潮湿酸性环境停放时间过长。

（6）磷化后的产品进入浸漆时间不超过 4h。

（7）严格控制浸漆工房温湿度，其中温度不低于 18℃，湿度不大于 70%。

（8）经浸漆合格的产品及时包装，避免在空气中裸露时间过长。

参 考 文 献

[1] 钱吉轩. 钢质整体引伸药筒的设计与制造[M]，北京：国防工业出版社，2000（1）：2，7-14，515-517.

超期服役导弹储存可靠性预测研究

马海英[1]，亓　尧[1]，张　薇[1]，麻晓伟[1]，刘　磊[2]

（1. 空军工程大学防空反导学院；2. 空军工程大学装备管理与安全工程学院）

摘　要： 由于导弹系统的特殊性和国防经济的有限性，导弹超期服役成为必然，而超期服役导弹的可靠性是导弹能否超期服役的重要因素。本文在分析超期服役导弹的寿命剖面的基础上，分析了超期服役导弹可靠性变化规律，提出了超期服役导弹定期检测与储存可靠性关系模型，并用实例验证。

关键词： 超期服役导弹；导弹储存可靠性；可靠性预测模型

0　引言

在现代信息化作战及高技术战争中，导弹武器装备的作用越来越重要，地位越来越显著。由于导弹是"长期储存、一次使用"的复杂武器系统[1]，其研制过程需要耗费大量的人力、物力和财力，并花费相当长的时间，因此，当导弹储存到其规定储存期限，经检测可以继续使用，暂不进行退役处理而继续服役时，称为超期服役导弹。

超期服役导弹，由于长时间的储存、检测和故障维修等引起导弹内部材料性能发生变化，从而导致导弹储存可靠性下降，使用风险增大[2,3]，因此分析超期服役导弹的可靠性变化规律，研究超期服役导弹可靠性预测模型，对于减少导弹使用风险、最大限度地满足作战需求，具有十分重要的军事意义。

1　超期服役导弹的可靠性变化规律

1.1　超期服役导弹的寿命剖面分析

寿命剖面是指对产品从出厂交付到完成其任务使命（包括返厂大修、最终耗损、报废或者退役）这个时间段上的各种事件和环境的描述[4]。

超期服役导弹寿命剖面和正常服役导弹的寿命剖面一样，都是一种长期储存并一次使用的产品，除了按规定进行定期检测和维护外，主要处于储存状态，当导弹处于战备阶段时，也通常处于战勤值班、待命停放状态，当处于执行任务期间，完成导

弹的发射和飞行，导弹的飞行任务时间很短，长则 1~2min，短则几秒、十几秒，而导弹的储存时间可以长达 10 年，甚至更长的时间。

从超期服役导弹的寿命剖面图（图 1）可以看出，超期服役导弹与正常服役导弹基本相同，所不同的是虽然都经过储存、检测、维护以及运输等事件，但是其事件的内容（如频率、数量等）也有很大不同。

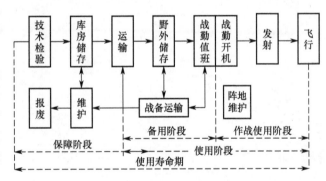

图 1　导弹寿命剖面简图

1.2　超期服役导弹可靠性变化规律

和正常服役导弹一样，超期服役导弹储存期间除了要经历库房内储存外，还要担负战备值班、演习训练、科研试验等军事任务。在此期间，超期服役导弹储存期间的可靠性不仅受气候环境因素、生物环境因素、运输环境因素等影响，还会受人为因素的影响[5]。为了保持超期服役导弹高可靠性，一般采取定期检测和维修等手段，使其可靠度维持在较高水平，至少不低于其规定的最低可靠度要求。因此，定期检测和维修对超期服役导弹的可靠性影响较大。

对于储存产品经过定期检测和维修后，其产品的可靠度一般有 3 种情况：第 1 种情况是修复后的产品的可靠度可以恢复到最初的水平；第 2 种情况是修复后可靠度有所提高，但是不能恢复到上个检测点的水平；第 3 种情况是经过定期检测和维修后，不仅产品的可靠度不能恢复到上个检测点的水平，呈现下降趋势，而且在储存期间产品的故障率有增大的趋势[6,7]。

由于超期服役导弹在定期检测维修中，只是对局部的某些部件进行更换或修复，并非全局的更换修复，并且在检测维修中需要进行通电、断电等操作，加之环境应力等的影响，都会对导弹的可靠性产生一定的影响，因此，考虑到更换件与不更换件的共同作用、检测维修以及环境应力的影响，超期服役导弹的储存可靠度会出现下降的趋势，且在每个定期检测周期内故障率函数发生变化，故障率不断增大，即超期服役导弹的储存可靠度变化规律属于第 3 种情况，如图 2 所示。

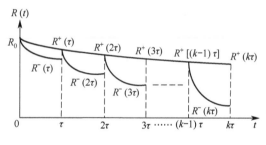

图 2　第 3 种情况

2　超期服役导弹可靠性预测模型

2.1　模型假设

根据超期服役导弹实际情况，做以下模型假设：

（1）超期服役导弹初始可靠度为 $R_0 \leqslant 1$。

（2）不修复条件下，储存寿命 t 服从参数为 θ_0 的指数分布，在第 k 次检测修复后的储存寿命服从参数为 θ_k 的指数分布，且 $\theta_0 \geqslant \theta_1 \geqslant \theta_2 \geqslant \cdots \geqslant \theta_{k-1} \geqslant \theta_k$。

（3）定期检测时间间隔为 τ。

2.2　初期服役导弹储存可靠性预测模型

参考文献[8-10]，根据超期服役导弹的可靠性变化规律及模型假设，超期服役导弹的初始可靠度为 R_0，不修复条件下，储存寿命 t 服从参数为 θ_0 的指数分布，在第 k 次检测维修后储存寿命服从参数为 θ_k 的指数分布，且有

$$\theta_0 \geqslant \theta_1 \geqslant \theta_2 \geqslant \cdots \geqslant \theta_{k-1} \geqslant \theta_k$$

对于超期服役导弹的储存可靠性，分为两个部分来考虑：一是超期服役导弹初始可靠度 R_0；二是在假设超期服役导弹储存之前完好无损的情况下，导弹储存可靠性随储存时间 t 影响而发生变化的条件储存可靠度 $R_s(t;\theta)$。因此，超期服役导弹的储存可靠性可以用以下数学模型描述：

$$R(t;\theta) = R_0 R_s(t;\theta), \theta \in \Theta \quad （1）$$

由于导弹在超期服役期间，定期检测间隔末端的储存可靠性下降主要是由于导弹的更换件与不更换件共同作用引起的，因此在分析超期服役导弹储存可靠性时，将其分为两个子系统来看待，其中子系统 1 为不更换件，子系统 2 为更换件。

子系统 1 由电子元件、机械部件和机电部件等组成，其可靠度服从指数分布。设超期服役导弹子系统 1 的条件储存可靠度为 R_{s1}，则其分布公式为

$$R_{s1} = \exp(-\delta t) \quad （2）$$

式中：R_{s1} 为超期服役导弹不更换件条件储存可靠度；δ 为寿命退化系数。

子系统 2 为更换件，该子系统由于需要定期检测和维修，检测间隔之间的故障率随储存年限的变化而增大，根据 2.1 模型假设 2，$\theta_0 \geqslant \theta_1 \geqslant \theta_2 \geqslant \cdots \geqslant \theta_{k-1} \geqslant \theta_k$，由于超期服役导弹的故障率 $\lambda = 1/\theta$，因此超期服役导弹第 k 次检测修复后的故障率 $\lambda_k = 1/\theta_k$。有 $\lambda_0 \leqslant \lambda_1 \leqslant \lambda_2 \leqslant \cdots \leqslant \lambda_{k-1} \leqslant \lambda_k$，根据工程实际经验以及超期服役导弹储存可靠性变化趋势示意图，假设超期服役导弹在第 k 次检测维修后的故障率满足式（3）。

$$\lambda_k = \lambda_0 \mathrm{e}^{k\beta}, \quad k\tau < t \leqslant (k+1)t, \quad k = 1,2,\cdots,n \quad （3）$$

即

$$\theta_k = \theta_0 \mathrm{e}^{-k\beta}, \quad k\tau < t \leqslant (k+1)t, \quad k = 1,2,\cdots,n \quad （4）$$

式中：β 为退化因子；λ_0 为超期服役导弹初始故障率；θ_0 为超期服役导弹初始储存寿命。

设超期服役导弹子系统 2 的条件储存可靠度为 R_{s2}，则其数学模型为

$$R_{s2} = \exp[-\lambda_k(t - k\tau)] \quad （5）$$

根据式（1）~式（5），可得

$$R_{s2} = \exp[-\lambda_0 \mathrm{e}^{k\beta}(t - k\tau)] \quad （6）$$

因此根据式（1）~式（6）可得超期服役导弹的储存可靠性为

$$R(t) = R_0 \exp\{-[\lambda_0 \mathrm{e}^{k\beta}(t - k\tau) + \delta t]\},$$
$$k\tau < t \leqslant (k+1)t, \quad k = 1,2,\cdots,n \quad （7）$$

在第 k 次检测前时刻，超期服役导弹的储存可靠度为

$$R^-(k\tau) = R_0 \exp[-(\lambda_0 \mathrm{e}^{k\beta} + \delta k)\tau],$$

$$k\tau < t \leqslant (k+1)t , \quad k = 1, 2, \cdots, n \quad (8)$$

在第 k 次检测后时刻,超期服役导弹的储存可靠度为

$$R^+(k\tau) = R_0 \exp(-\delta k\tau) ,$$
$$k\tau < t \leqslant (k+1)t , \quad k = 1, 2, \cdots, n \quad (9)$$

该模型中,初始储存可靠度 R_0 的估计采用极大似然估计法,对参数 λ,δ,β 采取最小二乘估计。

3　超期服役导弹可靠性预测模型应用

以某型导弹为例,该型导弹已达服役年限,正处于超期服役阶段,经过能力分析评价,该型导弹仍可以满足现阶段军事需求,完成作战任务。假设超期服役导弹初始可靠度 $R_0 = 0.99$,通过定期检测与试验性检测,可以得到该该型号导弹的系统故障率统计数据如表 1 所列。

表 1　某型导弹系统故障率统计数据

检测点	t_0	t_1	t_2	t_3	t_4	t_5
故障率	0.083	0.0966	0.1111	0.1255	0.145	0.168

依据表 1 给出的数据,并运用可靠性预测模型,可以求得退化因子 $\beta = 0.1396$,$\lambda_0 = 0.083$,寿命退化系数 $\delta = 0.0205$。因此,可以求得超期服役导弹的储存可靠度为

$$R(t) = 0.99 \exp\{-[0.083e^{0.1396k}(t-k) + 0.0205t]\} \quad (10)$$

由此可根据可靠度的定义,得到超期服役导弹储存寿命分布,即

$$F(t) = 1 - R(t)$$
$$= 1 - 0.99 \exp\{-[0.083e^{0.1396k}(t-k) + 0.0205t]\}$$

4　结论

本文在分析超期服役的导弹储存可靠性规律的基础上建立了超期服役导弹可靠性预测模型,模型揭示了定期检测维护与储存可靠性的关系,运用此模型可以根据前 $k-1$ 次的检测数据预计第 k 次检测前和检测后超期服役导弹的储存可靠度,同时得到超期服役导弹的储存寿命分布。本文从导弹储存的角度提出了一种简单实用的超期服役导弹可靠性预计模型,对于预测导弹的可靠性和导弹的寿命具有一定的实用性。

参 考 文 献

[1] 李勇,汪民乐. 导弹超期服役的费用－效能分析[J]. 系统工程与电子技, 2006, (12): 1850-1852.

[2] 贺立华,赵猛,王庆森. 某型导弹可靠性分析和使用研究[J]. 地面防空兵, 2014, (4): 50-51.

[3] 李永峰,郭显洲,张晓东. 浅谈导弹储存可靠性变化规律及管理措施[J]. 防空兵指挥学院学报, 2005 (6): 66-67.

[4] 孟涛,张仕念,等. 导弹武器装备储存延寿评述[J]. 科技研究, 2009, 25 (1): 10-13.

[5] 梁国华,李建华,等. 超期服役导弹安全性和技术状态评估方法[J]. 海军航空工程学院学报 (军事版), 2012, 10 (1): 45-48.

[6] 陈新龙,易晓山. 超期服役导弹武器的可使用性分析[A]. 2010 年全国机械行业可靠性技术学术交流会暨第四届可靠性工程分会第二次全体委员大会论文集[C]. 湘潭: 中国机械工程学会, 2010, 8-11.

[7] 张丰君,崔少辉,李岩. 简装导弹储存可靠性研究[J]. 兵工自动化, 2008 (5): 40-42.

[8] 韩庆田,刘梦军. 导弹储存可靠性预测模型研究[J]. 战术导弹技术, 2002, (2): 32-36

[9] 李彦彬,府天洁,刘成绪. 一种基于定期检测的导弹可靠度计算方法[J]. 四川兵工学报, 2011, 32 (10): 1-3.

[10] 亓尧. 超期服役导弹可靠性预测模型研究[D]. 空军工程大学, 2015.

关于智能弹药储存寿命现状分析与对策研究

李绍松，李泽西

（驻 844 厂军代室，陕西西安 710043）

摘　要：本文从智能弹药储存寿命指标要求、鉴定考核、设计制造、储存使用等方面进行了现状分析，指出了存在的不足与薄弱环节，并以此为根据，提出了相关对策与建议，以期促进智能弹药储存寿命可预知能力、可预知状态、可预期使用，最大限度发挥智能弹药的效能，降低全寿命周期费用。

关键词：智能弹药；储存寿命；分析研究

0　引言

弹药是影响战争胜负的重要因素，尤其在现代战争条件下，智能弹药的作用更是不可忽视。弹药的数量、质量有时直接决定了战争的胜负进程。弹药的数量是经年累月采办的结果，不可能靠突击加班生产出来，因为任何产品生产过程都有一定周期，战时动员生产也只是为加速消耗的弹药作紧急补充，没有一定的库存弹药消耗量，要持续地进行战争是不可想象的事。有了足够的弹药数量，若没有好的储存环境，优良的弹药储存特性，采办的弹药不能满足相关储存寿命的要求，其弹药库存数量将具有虚无的数字，不可用、不可靠的弹药对战争的影响、危害是无法估量的。储存寿命对智能弹药来说，意义更加重大。下面重点分析研究反坦克导弹、末制导炮弹等智能弹药储存寿命现状，并提出对策与建议。

1　智能弹药储存寿命现状分析

智能弹药是弹药家族的重要成员，具有射程远、命中率高、毁伤效能大等诸多优点，而这些优点是靠先进的推进技术、制导技术，战斗部技术等实现，这就决定了其与普通弹药相比，智能弹药的结构更复杂，技术先进，价格昂贵。结构复杂，预示着储存对相关部分影响增加，加大了智能弹药的不可靠；技术先进，隐含着尚未预知的储存对某些性能参数或功能的影响，导致失效或故障；价格昂贵，说明

必须关注智能弹药的储存寿命，降低预期经济损失。

1.1　储存寿命指标要求分析

目前，在研、在役的反坦克导弹和末制导炮弹有多种型号。不管自研、仿研项目，在批准下达项目任务时，基本都提出了智能弹药在军用标准库房内有储存寿命 10 年的要求。显然，这种要求太笼统了，用什么具体参数表征，怎么考核，都没有给出明确的要求和办法，这是从论证输入时就存在的一种薄弱环节。

1.2　储存寿命考核现状分析

储存寿命考核，是指智能弹药设计定型时对储存寿命指标要求，依据大纲所进行的一系列试验的过程确认。实际上，由于智能弹药的特殊性，尚未形成成熟系统的储存寿命试验技术和方法。因不可使用自然储存的办法去证明指标要求，用加速老化试验的方法，也只是对智能弹药某些组成部分进行。智能弹药加速老化试验方法是制约设计定型时能否正确给出储存寿命 10 年指标要求的主要因素。

1.3　在役智能弹药储存寿命现状分析

目前，在役的反坦克导弹、末制导炮弹等各类型号中，有的服役几十年了，有的服役十几年了，有的刚刚列装部队。从这些智能弹药储存情况来看，基本都能满足储存寿命的规定要求，有的经延寿、大修后可延长使用寿命 3～5 年。但由于设计技术的差异性，制造工艺的差异性和储存环境的差异性，也不排除使用环境的差异性，某些型号智能弹药个

别批次出现了不同类型的失效。主要问题是对特定距离的目标命中率降低，命中目标时瞎火率增高，弹道早炸，弹道高飞等几种故障模式。究其原因为橡胶件老化、储能件的性能下降、元器件失效、非密封火工品的功能降低或失效、引信碰炸闭合开关回路长晶须等。随着储存年限的增加，出现上述问题的概率增大、增多。这说明产品的设计和制造过程还存在着潜在缺陷或薄弱环节。

1.4　储存环境的现状分析

智能弹药在军队仓库的储存条件相比起其他种类弹药，其仓库环境条件还是相当好的，尤其是导弹类装备。由于我国地域辽阔，南北气候差异很大，温湿度随季节变化也有很大的波动，不同季节生产的智能弹药储存在不同地域的仓库中。对同年度生产的产品，由于不同地域储存条件，实际可使用度会表现为不同。当然，不排除制造批次间的差异性。军用仓库的日常维护和定期检测评判，因智能弹药的种类不同而有所差异，有的不需要检测，只需观察湿度试纸颜色变化即可。有的虽留有检测接口，但因军队仓库条件限制，如专用检测设备、工房条件、人员培训等制约因素，而无法准确监控每批智能弹药的批产品状况。当需要调拨使用时，只有在部队实际训练时，才能具体知道该批产品的状况。目前，批产品生产，验收数据尚不能与仓库储存期间检测数据形成联系，应进行比对分析，及时评判给出批产品质量变化趋势或规律，及早给出批产品的使用建议和维修建议。

2　对策与建议

保证和提高智能弹药的储存寿命，是一个系统工程，涉及论证、设计、制造、储存、使用及维修等诸多环节，必须针对目前存在的不足和薄弱环节，采取相应的措施，以期不断完善、改进，系统掌握智能弹药储存寿命的变化规律，把智能弹药的全寿命周期费用降至最低，最大限度地发挥职能弹药的作战效能。

2.1　完善储存寿命指标体系

要把储存寿命的定量指标要求，不仅明确在功能基线中，更要分解到分配基线中，并明确考核确认方法。

建立以可靠性为核心特征指标的试验考核指标体系，把可靠性指标定量化，并分解为基本可靠性和任务可靠性，给出任务可靠性定量指标时，还应给出置信水平。在储存寿命指标要求描述时，具体明确智能弹药的寿命剖面和任务剖面，为储存寿命的定量考核方法提供依据和指导。实际上，智能弹药的发射飞行可靠性、命中率、引战作用可靠性、毁伤效能等功能指标都可转化为可靠性指标来考核。这些量化的可靠性指标表征了智能弹药的储存寿命要求。

2.2　切实提高智能弹药的耐储存能力

智能弹药的耐储存能力和其他战术技术质量指标一样，都是设计、制造过程赋予的。因此，只有可信的设计和制造过程，才能保证规定的储存寿命要求。要把储存寿命指标要求作为设计输入的依据，并切实落实到方案中去、设计图纸中去、工艺制造中去，并有可信客观证据表明设计特性能够满足储存寿命的总体要求。要针对目前智能弹药本身存在的潜在缺陷和薄弱点，采取加强措施，保持足够高的设计裕度，把智能弹药存在的短板，在设计中补足。要结合目前智能弹药的仓库储存条件，有针对性开展智能弹药本身的密封包装研究，通过改善自身的微环境，适应大环境，从而实现储存寿命的要求。

2.3　开展鉴定试验考核

要及早开展智能弹药储存寿命试验方法研究。智能弹药的储存寿命要求，若在设计定型试验时来开展这项考核工作，显然行不通。因此，必须与项目型号研制同时开展，一旦方案确定，就应与设计师系统一道开展储存寿命的试验研究工作，有借鉴经验可循，可直接采用；采用了新技术、新工艺、新方法、新材料的部分，应着手研究分析，试制考核该部分的耐储存能力，要确保达到储存寿命的指标要求。要对型号系统各组成部分进行模块化分解，进行特性分析，找出薄弱环节和关键环节，确定加速老化试验的模块，以期尽早给出结果。要严格进行型号环境适应性考核，其中应包括电磁兼容性试验考核。要在设计定型审查时，专项提供型号研制项目储存寿命分析报告。

2.4　加强生产过程中的储存寿命研究

要严格按定型确定的技术状态，工艺状态，质量大纲等文件要求，进行生产验收。要在订货生产开始，就应有计划地从批产中预留出几件产品作为储存对象，有条件的可每批进行这项工作，但首批生产时应留出储存试验的产品。对留作储存的产品，制造单位应进行和实施定期测试计划，并保存结果。要在批产品合格证明文件中提供必要的靶场验收试验数据，有条件的，可提供静态检测和环境试验测试数据。要建立批产品数据库，把每批产品同类数据进行类比分析，为找出产品合格包络或不合格包络提供指导。要加强交装使用培训工作，把人与武器实现正确结合。

2.5　建立储存过程监控体系

要投入专项经费，由专门机构跟踪研究各类智能弹药的储存寿命变化规律。要以批产品为研究对象，把生产验收数据，仓库储存过程检测数据，部队实弹射击数据统一汇总起来，系统分析，分析研究批产品的储存寿命变化情况，及时给出分级标准，保证每批智能弹药的装备完好和可使用状态。要不断完善仓库的监测手段建设，建立过程监控计划和标准，记录检测结果，及时开展比对分析、统计分析，为分析确定每批产品的储存特性和分级提供指导。要开展同类型智能弹药同年度生产批、不同地域储存条件对储存寿命的影响和差异性分析，为今后设计，在役维修提供指导。要及时提供智能弹药调拨使用建议，尽可能储新用旧，尽早使用堪用品，避免随机调拨，为节省在役维修费用提供指导。

3　结束语

本文以智能弹药储存寿命为研究对象，实际上重点关注了反坦克导弹和末制导炮弹等类型，难免以偏概全。对现状的分析、提出的对策和建议并不见得适应每一种智能弹药，对策和建议只是作者的浅见，旨在抛砖引玉，如有不妥，敬请商榷。

基于整体测试技术的导弹可靠度评估研究

程旭德，洪　光，张　帅，郑　源

（武汉军械士官学校，湖北武汉 430075）

摘　要：针对某型防空导弹的特点，结合导弹的整体测试数据，按照测试数据归一化、使用标准差法和熵权法融合确定权重、采用最小二乘法建立导弹测试数据与导弹可靠性之间的映射关系模型。试验结果显示，该方法误差呈增大趋势，但总体指标满足要求。

关键词：导弹；可靠度评估；整体测试

0　引言

导弹的使用特点是"长期储存、一次使用"，某型防空导弹的储存寿命为 10 年，且在储存期内导弹不维护。导弹一般放在储运发射筒内（以下简称为筒装导弹），储运发射筒（箱）完成导弹的储存、运输和发射，储存期间为导弹提供良好的储存微环境。

筒装导弹测试采用的是整体测试技术。按照规定的技术要求和特定的作战等级对筒装导弹各系统进行全面测试，是确保导弹安全发射和准确命中目标必不可少的步骤。在筒装导弹使用过程中，通常只在几个关键时刻进行测试，如导弹出厂前和导弹发射前。筒装导弹测试综合反映了导弹的性能状态，导弹的性能状态决定了导弹的可靠性，因此测试数据与导弹可靠性之间存在一定的映射关系。

导弹测试结果能够反映被测对象相关信息量的大小。测试结果越稳定，导弹可靠性退化越小；反之，测试结果变化越大，导弹可靠性退化越大。利用测试设备对导弹进行测试是掌握导弹系统性能最直接、最有效的方法。随着电子制造业的发展，电子元件的稳定性不断提高，导弹的全寿命测试故障率较低，甚至为零，导致导弹武器装备测试结果的变化越来越小。为解决单枚导弹寿命相对较长而测试数据相对较少的矛盾，本文通过对批量历史测试数据的分析与融合，来建立导弹测试数据与导弹可靠性之间的映射关系建模方法。

1　历史测试数据处理

导弹最主要信息来源于历史测试数据，测试数据主要来源于 2 个阶段，一是出厂阶段，二是发射前，从出厂阶段到发射前历时 2～5 年不等。包含了 11 个测试项目 74 个参数，涵盖了火工品、发动机、导引头、弹上计算机、惯性装置和弹体等。

历史数据具有以下特点：

（1）测试数据分为定量测试和定性测试，因为定性测试不具有可比性，这里只考虑定量测试。

（2）出厂测试数据，样本量较大，所有导弹出厂阶段测试地点都相同。

（3）发射前测试地点只有几个且相对固定，出厂测试过的导弹只有很少一部分进行发射，所以样本量较小。

（4）所有测试结果均为合格，即没有故障弹。

（5）发射前测试弹，发射后均命中目标。

根据以上特点，将所有测试数据分为出厂测试和发射前测试数据分开处理。出厂测试数据，按照批次来分组，发射前测试数据按照发射地点来分组。

根据测试数据的来源，每组数据根据测试项目分类，首先归一化处理，其次确定各参数权重，最后利用证据理论对参数融合确定该项目的测试价值。

1.1　测试数据归一化

从 74 个参数中排除定值结果后，剩余 46 个参数进行归一化处理，分别记为 $x_1, x_2, \cdots, x_n$，按照式 1 计算。

$$\Delta x_i = \frac{x_i - \frac{1}{n}\sum_{j=1}^{n} x_{ij}}{\sqrt{\frac{1}{n}\sum_{j=1}^{n}\left(x_i - \frac{1}{n}\sum_{j=1}^{n} x_{ij}\right)^2}} \quad (1)$$

1.2 基于历史数据的权重确定

影响导弹可靠性的参数有很多个，且各参数的影响程度不同。因此，需要确定每个参数的权重。目前，权重的确定方法较多，但多为专家打分等主观加权法，较常用的客观加权法主要有标准差法[1]、离差最大法[2]和熵权法[3]等。为确保测试价值评估的准确性和各参数权重的客观性，本文利用现有历史测试数据，采取标准差法和熵权法分别确定各参数的权重，再进行融合。

假设某批次导弹有 n 个测试表，影响该导弹可靠性的关键参数有 m 个，则可以获得该装备的属性矩阵，即

$R = (r_{ij})m \times n$，r_{ij} 表示第 i 个测试表中第 j 个参数的测试值，不考虑参数的量纲。

1.2.1 标准差法

标准差是反映测试数据偏离均值的程度。对于第 j 个参数，若 n 次测试中该参数的标准差越大，表明该参数在测试中的变化程度越大，其提供的信息量越大，在测试结果中发挥作用越大，则其权重也应越大；反之，则其权重越小。

利用标准差计算得到第 j 个参数在测试中的权重可表示为

$$\omega_j = \frac{S_j}{\sum_{j=1}^{m} S_j} \quad (2)$$

式中，$S_j = \sqrt{\dfrac{\sum_{i=1}^{n}(r_{ij} - \bar{r}_j)^2}{n-1}}$，表示第 j 个参数在 n 次测试中的标准差。$\bar{r}_j = \dfrac{\sum_{i=1}^{n} r_{ij}}{n}$，表示第 j 个参数在 n 次测试中的均值。

1.2.2 熵权法

在信息理论中，熵的概念用来衡量事物出现的不确定性。在测试价值评估中，若第 j 个参数的熵值 E_j 越小，表明其测试值变化越大，提供的信息量越大，在价值评估中作用越大，则其权重也越大；反

之，则其权重越小。第 j 个参数的熵值可表示为

$$E_j = -\frac{\sum_{i=1}^{n} p_{ij} \ln p_{ij}}{\ln n}, \quad j=1,2,\cdots,m \quad (3)$$

式中：m 为参数个数；n 为测试次数；$p_{ij} = \dfrac{r_{ij}}{\sum_{i=1}^{n} r_{ij}}$。

第 j 个参数在测试项目价值评估中的熵权可表示为

$$\varphi_j = \frac{1 - E_j}{m - \sum_{j=1}^{m} E_j}, \quad j=1,2,\cdots,m \quad (4)$$

1.2.3 权重融合

通过上述方法获得的权重在多参数确定导弹结果中，能够较好克服主观性和随意性，提高评估精度。对其进行融合，第 j 个参数在测试价值评估中的权重为

$$\varphi_j = \alpha \omega_j + (1-\alpha)\varphi_j \quad (5)$$

式中：α 为标准差法求权重的影响因子。

2 基于最小二乘法的可靠性参数评估

基于最小二乘法的可靠性参数评估过程如下：

（1）处理历史数据，根据式（4）确定各参数的权重。

（2）将出厂时的可靠度假设为 1。

（3）通过线性、对数、指数和幂级数函数分别对导弹可靠性进行拟合，拟合采用最小二乘法确定系数，即根据拟合均方误差最小的原则，确定其可靠性变化规律，计算出该批导弹可靠性水平点估计。

（4）根据发射前导弹的测试参数，按出厂时间长度分别计算各年可靠度，作为理论计算值。

（5）选取另一组测试数据作为实际测量值，与理论计算值比较，并计算误差。

实验数据如下表所列：

测试序号	出厂可靠度	第2年可靠度	第3年可靠度	第4年可靠度	第5年可靠度
理论计算值	1	0.975	0.878	0.845	0.833
实际测量值	1	0.970	0.871	0.834	0.820

通过以上数据可以看出，最大误差不到 2%。另一

方面也发现误差逐渐增加。总体来看，该方法是可行的。

参 考 文 献

[1] 罗赟骞，夏靖波，陈天平. 网络性能评估中客观权重确定方法比较[J].

计算机应用，2009，29（10）：2624-2626.

[2] 徐泽水. 不确定多属性决策方法与应用[M]. 北京：清华大学出版社，2004：13-30.

[3] 张堃，周德云. 熵权与群组 AHP 相结合的 TOPSIS 法多目标威胁评估[J]. 系统仿真学报，2008（7）：1661-1664.

基于加速试验的电火工品储存寿命评估

郑　波，葛　强，王韶光

（陆军军械技术研究所，河北石家庄 050000）

摘　要：本文在简述步进应力加速寿命试验原理的基础上，通过对某电火工品储存状态、失效机理分析和摸底试验，确定了进行某电火工品步进应力加速寿命试验的试验应力和应力水平，建立了数据处理数学模型和储存寿命预测方法。最后，依据某电火工品步进应力加速寿命试验结果，计算出某电火工品在正常应力水平下的可靠储存寿命。

关键词：加速试验；电火工品；储存寿命；评估

0　引言

电火工品属长期储存、一次性使用的产品，在储存过程中，由于受到储存环境应力的影响，其性能必然要发生变化，经过一段时间储存的产品，能否有效地使用？可靠性多大？储存寿命多长？这是人们十分关注的问题。多少年来，我们都是用长期自然储存试验方法（或储存可靠性试验方法）来确定电火工品失效分布和储存寿命，尽管这种方法能够得到较为真实的储存寿命，但所用的时间太长，对有些电火工品来讲，甚至来不及做完寿命试验，该电火工品就早被淘汰了，这种方法与当前迅速发展的科学技术水平很不适应。采用加大应力水平，加快电火工品失效的加速寿命试验方法，在较短的时间周期内，弄清楚电火工品（尤其是新型电火工品）在正常储存条件下的质量变化规律，预测其储存寿命，显然十分必要。

前几年，我们曾应用步进应力加速寿命试验方法预测某电火工品的储存寿命，取得良好的效果。下面本文就本项试验有关的加速寿命试验原理、试验应力、应力水平、数学模型和储存寿命预测方法作一探讨。

1　试验原理

进行步进应力加速寿命试验，首先要选定一组应力水平 $T_1, T_2, \cdots, T_l$，它们都高于正常储存条件下的应力水平 T_0，试验开始时把试验样品在应力水平 T_1 下进行试验，经过一段时间，如 $t_1 \mathrm{h}$ 后，把应力水平提高到 T_2，…，如此继续下去，直至有一定数量的样品发生失效为止。其试验原理如图 1 所示。

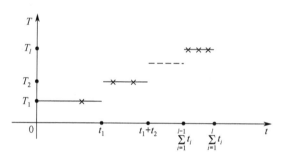

图 1　步进应力加速寿命试验原理图

2　试验应力与应力水平

2.1　试验应力

产品失效是由失效机理决定的，加速试验应力的选择实际上就是要研究什么样的应力加大时，能加快产品的失效。电火工品加速寿命试验应力确定原则：选择那些对该电火工品失效机理的发展有促进作用的应力，并且这些应力所激发的失效机理与实际储存状态下的该电火工品失效机理相同。由弹药理论及工程经验知，温度和相对湿度是影响电火工品性能的最主要因素。因此应选择温度和相对湿度作为加速寿命试验应力。但实际上，由于该电火工品在平时储存时拧入弹底部，而该弹又被金属筒密封包装，透温不透湿，相对湿度应力不起作用，因而加速寿命试验的试验应力确定为温度应力。

2.2 应力水平

试验应力确定之后，如何确定试验应力水平是整个加速寿命试验成败的关键。加速应力水平确定原则为：诸应力水平下产品的失效机理与正常应力水平下的失效机理相同。因为如果失效机理发生变化，那么整个加速试验将毫无意义。经多次摸底试验和失效机理分析，该电火工品加速寿命试验最高应力水平为温度 353K（80℃），其他几个应力水平是根据温度值等间隔的原则确定，具体分布如下：

温度应力水平：338K（65℃）、343K（70℃）、348K（75℃）、353K（80℃）。

3 数学模型

3.1 基本假定

根据弹药及电火工品工程理论与实践经验提出下列基本假设：

假设 1：在应力水平 T_i 下，某电火工品储存寿命服从威布尔分布：

$$F_i(t) = 1 - e^{-\left(\frac{t}{\eta_i}\right)^{m_i}}, \ t \geq 0 \quad i = 0, 1, \cdots, 4 \quad (1)$$

式中，m_i 为形状参数；η_i 为特征寿命。

假设 2：在各个温度应力水平下试验，失效机理不变。从数学角度上看就是形状参数保持不变，即

$$m_0 = m_1 = \cdots = m_4 \quad (2)$$

假设 3：在不同的应力水平 T_i 下，有不同的特征寿命 η_i，η_i 与 T_i 符合阿伦尼斯模型，即

$$\eta_i = e^{a+b/T_i} \quad (3)$$

式中：a，b 为待估参数；T_i 为绝对温度（K）。

假设 4：在进行步进应力加速寿命试验过程中，产品在高应力水平 T_{i+1} 下试验时，已在低于该应力水平 T_i 下试验了一段时间，根据 Nelson 原理，产品的剩余储存寿命仅仅依赖于当时已累积失效部分和当时的应力水平，而与累积方式无关。

3.2 参数估计

3.2.1 过渡参数估计

由基本假设，可推导出步进应力加速试验条件下某电火工品储存寿命的"折算"分布。

首先，样品在 T_1 下进行试验，时间为 t_1；然后将温度提高到 T_2，试验时间为 $t_2 - t_1$；然后在 T_3 下试

验 $t_3 - t_2$，在 T_4 下试验 $t_4 - t_3$，试验在 t_4 时刻结束。按基本假设，在时间段 $[0, t_1]$ 上样品寿命分布为

$$F(t) = F_1(t) = 1 - e^{-\left(\frac{t}{\eta_1}\right)^m}, \quad 0 \leq t \leq t_1 \quad (4)$$

在时间 $(t_1, t_2]$ 上，当在 T_2 下进行试验时，样品曾在 T_1 下进行过一段试验，不能忽略，因而必须把这一段时间折算成 T_2 下的相当一段时间，设相当的时间为 S_1，于是在 $(t_1, t_2]$ 上样品的寿命分布为

$$F(t) = F_2(S_1 + (t - t_1)), \quad t_1 < t \leq t_2 \quad (5)$$

由基本假设 4，有

$$F_1(t_1) = F_2(s_1) \quad (6)$$

由式（6）解得 S_1，代入式（5）得

$$F(t) = F_2(t) = 1 - e^{-\left(\frac{t_1}{\eta_1} + \frac{t-t_1}{\eta_2}\right)^m}, \quad t_1 < t \leq t_2 \quad (7)$$

同理，有 S_2 满足：

$$F_3(S_2) = F_2(S_1 + (t_2 - t_1)) \quad (8)$$

且有

$$F(t) = F_3(S_2 + (t - t_2)), \quad t_2 < t \leq t_3 \quad (9)$$

即

$$F(t) = 1 - e^{-\left(\frac{t-t_2}{\eta_3} + \frac{t_2-t_1}{\eta_2} + \frac{t_1}{\eta_1}\right)^m}, \quad t_2 < t \leq t_3 \quad (10)$$

经过类似运算得

$$F(t) = 1 - e^{-\left(\frac{t-t_3}{\eta_4} + \frac{t_3-t_2}{\eta_3} + \frac{t_2-t_1}{\mu_2} + \frac{t_1}{\eta_1}\right)^m}, \quad t_3 < t \leq t_4 \quad (11)$$

把上面的结果，统一用一个式子表达，有

$$F(t) = 1 - e^{-\left(\frac{t-t_{i-1}}{\eta_i} + \sum_{k=1}^{i-1} \frac{t_k-t_{k-1}}{\eta_k}\right)^m}, \quad (12)$$

$$t \geq 0, \ t_{i-1} < t < t_i, \ i = 1, 2, \cdots, 4$$

式（12）即是经过折算后得到的对应温度步进加速试验的失效分布函数。

由式（12）不难得到样本的似然函数为

$$L(a, b, m) = \prod_{i=1}^{4} \left[F\left(\sum_{k=1}^{i} t_k\right) \right]^{r_i} \cdot \left[1 - F\left(\sum_{k=1}^{i} t_k\right) \right]^{m_i - r_i} \quad (13)$$

式中，$F(t)$ 中的 η_i 要用关系式 $\eta_i = e^{a+b/T_i}$ 代入，将 $F(t)$ 化为 (a, b, m) 的函数。由数值解法，可分别求得 a, b, m 的极大似然估计 $\hat{a}, \hat{b}, \hat{m}$。

3.2.2 特征寿命的估计

由加速方程式（3）可求得在正常温度应力水平

T_0 下的特征寿命 η_0 的估计值 $\hat{\eta}_0$。即

$$\hat{\eta}_0 = e^{\hat{a}+\hat{b}/T_0} \tag{14}$$

4　可靠储存寿命预测

正常储存环境条件下可靠性分布函数为

$$R(t) = 1 - F(t) = e^{-\left(\frac{t}{\eta_0}\right)^{m_0}} \tag{15}$$

记 R_L 为给定的储存可靠度下限，γ 为置信水平，也就是要求储存寿命 T_s，使

$$P\{R(T_s) \geqslant R_L\} = \gamma \tag{16}$$

由于样本量较大，可以认为 $\hat{R}(t)$ 近似服从均值为 $R(t)$，方差为 $D(\hat{R}(t))$ 的正态分布。由式（16）可得

$$P\left\{\frac{\hat{R}(T_s) - R(T_s)}{\sqrt{D(\hat{R}(T_s))}} \leqslant \frac{(\hat{R}(T_s) - R_L)}{\sqrt{D(\hat{R}(T_s))}}\right\} = \gamma \tag{17}$$

记 μ_γ 为标准正态分布的 γ 上侧分位点，于是 T_s 满足：

$$\hat{R}(T_s) - \mu_\gamma \sqrt{D(\hat{R}(T_s))} = R_L \tag{18}$$

将 $\hat{m}, \hat{\eta}_0, R_L, \gamma, \mu_\gamma$ 代入，用数值迭代法即可求出在正常储存环境条件下的储存寿命。

5　应用实例

前些年，我们对某电火工品进行了上述 4 个应力水平下的步进应力加速寿命试验，试验时间 240 天，试验过程中对样品进行了 16 次检测，原始试验结果如表 1 所列。

表 1　原始试验结果

应力水平	338K（65℃）				343K（70℃）				348K（75℃）				353K（80℃）			
检测时点/天	20	40	60	80	100	120	140	160	170	180	190	200	210	220	230	240
样本容量/发	90	90	90	90	90	90	90	90	90	90	90	90	90	90	90	90
失效数/发	0	0	0	0	0	0	0	1	0	0	0	1	1	0	2	3

针对表中的试验结果，设 $\gamma = 0.90$，$R_L = 0.90$，则依据上述数据处理方法，计算出该电火工品的储存寿命 $T_s = 27.6$ 年。这意味着在置信水平为 90% 的条件下，该电火工品在正常应力水平下储存 27 年，其储存可靠度不低于 0.90。

参 考 文 献

[1] 郑波. 弹药元件加速寿命试验技术报告[R]. 石家庄：军械技术研究所, 2015.

[2] 刘加凯. 可靠性强化试验的机理探讨[J]. 装备环境工程, 2009, 33（6）：36-38.

[3] 姜海勋. 可靠性强化试验技术在全压智能探头研制中的应用[J]. 装备环境工程, 2013, 10（6）：140-145.

[4] 李明伦, 李东阳, 郑波. 弹药储存可靠性[M]. 北京：国防工业出版社, 1997.

[5] 曹晋华. 可靠性数学引论[M]. 北京：科学出版社, 1986.

末制导炮弹的模糊 FMECA 法可靠性分析

高　萌　张有峰　王　政

（陆军工程大学军械士官学校，湖北武汉 430075）

摘　要： 为解决末制导可靠性分析过程中，评价因素多及评价指标具有模糊性，难以给出准确有效的分析结果的问题。本文提出了一种基于模糊综合评价法的 FMECA 新方法，将失效模式影响及严重度分析中的定性评价指标予以定量化，并以末制导炮弹自动导引头为例，对其各故障模式进行模糊综合评价，对提高制导弹药系统可靠性和延寿具有重要参考价值。

关键词： 末制导炮弹；可靠性分析；模糊综合评判；FMECA

0　引言

随着科学技术发展和部队武器装备的更新换代，部队仓库储存的制导弹药的种类和数量越来越多。制导弹药都是集光电机一体的弹药，其系统比常规弹药复杂，价值昂贵，近年来，研究制导弹药可靠性也越来越受到重视。通过制导弹药可靠性分析，可以有针对性地加强和改进造成系统失效的薄弱环节，为其延寿提供重要依据。在系统可靠性分析方法中，通常采用的是 FMECA 法，但这种方法只能对可靠性进行定性分析，不能定量分析[1]。针对上述问题，本文利用模糊综合评判和 FMECA 相结合的方法很好地解决了这一问题。

1　模糊 FMECA 方法

利用模糊综合评判和 FMECA 相结合的方法，提出了一种基于模糊综合评判的 FMECA 方法，其步骤如下：

1.1　建立因素集和因素水平集

因素集是影响评估对象的各因素集合，不同元素代表不同影响因素，通常用 U 表示，即 $U=\{u_1, u_2, \cdots, u_i, \cdots, u_n\}$。式中，$u_i$ 表示第 i 个影响因素。

因素水平集是对评价对象可能做出的评价结果所组成的集合，通常用 V 表示，即 $V=\{v_1, v_2, \cdots, v_j, \cdots v_n\}$。式中，$v_j$ 表示评价等级的第 j 个等级。

1.2　建立模糊因素水平评价矩阵

在对故障模式 k 模糊综合评价分析过程中，设第 i 因素 u_i 在因素水平 v_j 的评估集为 r_{ij}^k，评价各影响因素对其因素集水平的隶属度。

常用的评价方法是成立一个由 h 人组成的专家评价组，每位成员对个影响因素 u_i^k 评出一个且仅一个评价等级 v_j，若 h 位组员中评定 u_i^k 隶属于 v_j 的有 h_{ij}^k 人，则得到 u_i^k 的评价集为

$$R_i^k = \frac{h_{i1}^k}{h}, \frac{h_{i2}^k}{h}, \cdots, \frac{h_{im}^k}{h} = \{r_{i1}^k, r_{i2}^k, \cdots, r_{in}^k\} \quad (1)$$

且 $\sum_{j=1}^{m} r_{ij}^k = 1$

将第 k 个故障模式的各因素评价集写成故障模式 k 模糊因素水平评价矩阵为

$$\boldsymbol{R}^k = [R_1^k \ R_2^k \ \cdots \ R_n^k]^{\mathrm{T}} = \begin{bmatrix} r_{11}^k & r_{12}^k & \cdots & r_{1m}^k \\ r_{21}^k & r_{22}^k & \cdots & r_{2m}^k \\ \vdots & \vdots & \ddots & \vdots \\ r_{n1}^k & r_{n2}^k & \cdots & r_{n3}^k \end{bmatrix} \quad (2)$$

1.3　确定各个影响因素权重集

通过专家的主观评审选取权重，带有一定的主观性。层次分析法（AHP）能够把复杂系统问题的各因素，通过划分相互联系的各有序层次，使之条理化，根据对一定客观现实的判断就每一层次相对

重要性给予定量表示，能够尽量消除人为因素对权重确定的影响，保证权重的实用性和有效性[2]。

1）构造判断矩阵

用 a_{ij} 表示影响因素 u_i 对 u_j 的相对重要性数值，依据表 1 确定 a_{ij} 的值，构造判断矩阵

$$A = \begin{bmatrix} a_{11} & a_{12} & a_{1n} \\ a_{21} & a_{22} & a_{2n} \\ a_{n1} & a_{n2} & a_{nm} \end{bmatrix} \quad (4)$$

表 1　因素重要程度判断值表

标准值	定义	说明
1	同样重要	因素 u_i 重要性相同
3	稍微重要	因素 u_i 的重要性稍微高于 u_j
5	明显重要	因素 u_i 的重要性明显高于 u_j
7	强烈重要	因素 u_i 的重要性强烈高于 u_j
9	绝对重要	因素 u_i 的重要性绝对高于 u_j
注：标准值 2、4、6 和 8 分别表示标准值 1 和 3、3 和 5、5 和 7、7 和 9 之间的值		

对得到的判断矩阵 A 采用方根法计算判断矩阵的最大特征值 $\lambda_{\max}$ 及其所对应的特征向量。

2）判断矩阵的一致性检验[3]

判断矩阵的一致性检验为了判断结果更好地与实际状况相吻合。判断矩阵的一致性检验公式为 $C_R = C_1 / R_1$。式中，C_1 为一致性检验指标，$C_1 = (\lambda_{\max} - 1)/(n-1)$；$n$ 为判断矩阵的阶数；R_1 为平均随机一致性指标，取值如表 2 所列。

表 2　平均随机一致性指标取值

判断矩阵阶数	1	2	3	4	5
R_1	0	0	0.58	0.90	1.12
判断矩阵阶数	6	7	8	9	—
R_1	1.24	1.32	1.41	1.45	—

当 $C_R < 0.1$ 时，认为判断矩阵 A 的一致性是可以接受的，否则，需要重新调整判断矩阵，直至满足一致性检验为止。

设故障模式 k 的因素加权项为 w_i^k，那么故障模式 k 的因素权重为

$$W^k = \{w_1^k, \cdots, w_2^k, \cdots, w_n^k\}, \quad 0 < w_i^k < 1 \quad (5)$$

且满足归一化条件：$\sum\limits_{i=1}^{m} w_{ij}^k = 1$。

1.4　一级模糊综合评判

将故障模式 k 的因素权重集改写成向量形式，则

$$B^k = W^k R^k = [w_1^k, \cdots, w_2^k, \cdots, w_n^k]。$$

$$\begin{bmatrix} r_{11}^k & r_{12}^k & \cdots & r_{1m}^k \\ r_{21}^k & r_{22}^k & \cdots & r_{2m}^k \\ \vdots & \vdots & \ddots & \vdots \\ r_{n1}^k & r_{n2}^k & \cdots & r_{n3}^k \end{bmatrix} \quad (6)$$

式中：B^k 为故障模式 k 的模糊综合评价向量。

1.5　综合危害等级的确定

为确定故障模式 k 对系统的危害综合程度，计算故障模式 k 的综合危害等级为

$$C^k = B^k \cdot V^k \quad (7)$$

1.6　多级模糊综合评价

假设系统由多级子系统构成，首先对底层子系统各故障模式分别进行一级模糊综合评价，得到其模糊综合评价向量分别为 $B^1, \cdots B^2, \cdots, B^k$，综合危害等级分别为 $C^1, \cdots C^2, \cdots, C^k$。将子系统的各故障模式作为二级模糊综合评价的影响因素，即 $U = \{$故障模式 1，故障模式 2，$\cdots$，故障模式 $k\}$；因素水平集 V 不变。

采用专家打分的方法给出各影响因素的权重分配集 W，再利用综合模糊评价法对系统进行综合模糊评价。采用此方法可以得到二级模糊综合评价，即对子系统 1 的模糊综合评价。依此类推，可以得到系统的多级模糊评价。

2　模糊 FMECA 法在末制导炮弹可靠性分析中的应用

末制导炮弹自动导引头由带滤光镜的球面整流罩、位标器和电子舱组成，用于在弹道末段形成将制导弹丸导向目标的控制信号，自动导引头能保证捕获目标并自动地导向目标[4]。它是制导弹药弹能够精确打击目标的重要部件。针对在制导弹药自动导引头系统失效模式影响和严重度分析过程中，评价指标的模糊性的问题，现采用本文提出的模糊 FMECA 法对其进行分析。

末制导炮弹自动导引头的 FMECA 分析，如表 3 所列。

在 FMECA 分析的基础上，对其故障模式分别进行模糊综合评价。

2.1　确定因素集

在对自动导引头进行故障危害性评价时采用因素集 $U = \{$故障概率，严重度，检测难易程度，可维修性能$\}$；

表 3 自动导引头 FMECA 表

序号	失效模式	失效原因	失效影响
1	捕获目标失败	滤光镜涂层被破坏	不能保证视场角和映射目标
2	修正系统滞后、无动作	修正线圈损坏、磁铁磁性下降、接触簧锈蚀	不能有效调节陀螺运动
3	陀螺解锁失败、转子转速下降	电作动器功能失效、转子不平衡	不能有效控制物镜动作
4	输出电压降低、无输出	光电二极管断路、放大器故障	激光制导能力下降或功能失效
5	电参数漂移、输出控制信号失常	接收器故障、插座锈蚀	比例导引能力下降

2.2 确定因素集水平

评价结果分为 4 个等级，即 $V=\{1,2,3,4\}$。可根据表 4 所列的标准对各个影响因素进行等级划分。

表 4 因素水平等级表

影响因素	等级			
	1	2	3	4
故障概率（u_1）	极少发生	偶尔发生	有时发生	频繁发生
严重度（u_2）	极轻微危害	轻度危害	中等危害	致命危害
检测难易程度（u_3）	能准确检测	不易检测	很难检测	无法检测
可维修性能（u_4）	不需维修	维修成本不高	维修成本较高	维修成本高昂

2.3 建立导引头故障模式 1 的综合评价矩阵

设经过专家评判组的评定，故障模式 1 的故障概率模糊集为 $R_1^1=\{0.6,0.3,0.1,0.0\}$；严重度模糊集为 $R_2^1=\{0.1,0.3,0.5,0.1\}$；检测难易程度模糊集为 $R_3^1=\{0.5,0.4,0.1,0.0\}$；可维修性能模糊集为 $R_4^1=\{0.0,0.0,0.6,0.4\}$

因此得到模糊评价矩阵为 $R^1=\begin{bmatrix}R_1^1 & R_2^1 & R_3^1 & R_4^1\end{bmatrix}^T$

$$=\begin{bmatrix} 0.6 & 0.3 & 0.1 & 0.0 \\ 0.1 & 0.3 & 0.5 & 0.1 \\ 0.5 & 0.4 & 0.1 & 0.0 \\ 0.0 & 0.0 & 0.6 & 0.4 \end{bmatrix}$$

2.4 建立因素权重集

故障模式 1 影响因素判断矩阵及权重如表 5 所列。

表 5 故障模式 1 影响因素判断矩阵及权重

影响因素	u_1	u_2	u_3	u_4	权重
u_1	1	3	7	5	0.5638
u_2	1/3	1	5	3	0.2634
u_3	1/7	1/5	1	1/3	0.0550
u_4	1/5	1/3	3	1	0.1178

计算得 $R_c=0.0438<0.1$，说明该判断矩阵的一致性可以接受。因此，可以确定故障模式 1 的因素集对应的权重集为 $W^1=\{0.5638,0.2634,0.0550,0.1178\}$。

2.5 对故障模式 1 的一级模糊综合评价

$B^1=W^1R^1=[0.3921\ 0.2702\ 0.2643\ 0.0735]$，即 $B=\dfrac{0.3921}{1}+\dfrac{0.2702}{2}+\dfrac{0.2643}{3}+\dfrac{0.0735}{4}$，这说明故障模式 1 的危害度等级分别为 1，2，3，4 的隶属度为 0.3921，0.2702，0.2643，0.0735。

2.6 综合危害度等级计算

根据式（7）可以求得故障模式 1 的综合危害等级为 $C^1=2.0191$。

各故障模式的影响因素采用相同的权重集，即 $W^1=W^2=W^3=W^4=W^5$。可应用同样的方法对自动导引头故障模式 2、3、4、5 进行模糊综合评价，得到其评价向量分别为

$B^2=\{0.3094\ 0.1709\ 0.3136\ 0.2061\}$，

$B^3=\{0.3357\ 0.1819\ 0.3707\ 0.1116\}$，

$B^4=\{0.1293\ 0.1709\ 0.2373\ 0.4625\}$，

$B^5=\{0.2475\ 0.1446\ 0.3073\ 0.3006\}$。

各故障模式的综合危害等级的集合

$C^2=2.4163$，　$C^3=2.2582$，　$C^4=3.0330$，$C^5=2.6609$。根据综合危险等级大小，可将故障模式 1 至模式 5 按其危险度轻重排列为故障模式 1<故障模式 3<故障模式 2<故障模式 5<故障模式 4。

2.7 二级模糊综合评价

在对自动导引头 5 种故障模式模糊综合评价的基础上，再对导引头进行二级模糊综合评价。取因素集 $U=\{$故障模式 1，故障模式 2，故障模式 3，故障模式 4，故障模式 5$\}$，评价集 $V=\{1,2,3,4\}$，评价矩阵 $\boldsymbol{R}=[B^1,B^2,B^3,B^4,B^5]^T$；根据自动导引头的 5 种故障模式的重要程度给出权重集 $W=\{0.1,0.2,$

0.1,0.4,0.2}；则自动导引头的综合评价结果为

$B = WR = [0.2359\ 0.1778\ 0.2826\ 0.3049]$，即 $B =$

$\dfrac{0.2359}{1} + \dfrac{0.1778}{2} + \dfrac{0.2826}{3} + \dfrac{0.3049}{4}$，可得其综合危害等级 $C = 2.6586$。由此可在自动导引头模糊综合评价的基础上对制导弹药系统进行模糊综合评价。并进行危害度优先排序，从中找出危害性最大的部件，对其提出相应的可靠性改进措施，为提高产品的可靠性提供有价值的参考。

3　结语

本文利用模糊综合评价方法对 FMECA 进行改进，提出了一种模糊 FMECA 的新方法，并对末制导炮弹自动导引头可靠性分析进行了分析，其结果表明放大器故障和光电二极管断路导致的制导能力下降或功能失效的危害等级最高，是可靠性改进的重点，此评判结果与实际情况相符，证明该方法对末制导炮弹可靠性分析是可行的。

参 考 文 献

[1] 彭祖曾，孙锟玉. 模糊数学（Fuzzy）及其应用[M]. 武汉：武汉大学出版社，2007.

[2] 周真，马德仲，于晓洋，等. 用于产品可靠性分析的模糊 FMECA 方法[J]. 电机与控制学报，2010，14（10）：90-93.

[3] 孟秀云. 导弹制导原理与控制系统原理[M]. 北京：北京理工大学出版社，2003.

某型火箭多用途弹未爆原因分析及安全销毁建议

张有峰，刘鹏安，王　政

（陆军工程大学军械士官学校，湖北武汉 430075）

摘　要： 未爆弹的产生多源于引信没有正常工作，由于引信经历了发射、飞行、碰击目标等过程，引信可能处于复杂的待发状态，从而给未爆弹销毁带来极大危险。本文针对某型火箭多用途弹，根据所配用引信结构原理，分析了该型弹药射击中产生未爆弹原因，提出了减少未爆弹产生和安全销毁的建议。

关键词： 多用途弹；未爆弹；引信；安全

0 引言

某型火箭多用途弹是步兵作战分队摧毁轻型野战工事和毁伤轻型装甲目标、火炮和暴露人员的有效装备。该型多用途弹使用 120mm 多功能火箭发射器发射，可有效毁伤直射距离 500m 内的预定目标。实弹射击中，可能因为所选择目标硬度不够、目标设置距离过近和引信故障等原因而产生未爆弹，如何及时、就地、安全、彻底销毁射击中产生的未爆弹，本文从引信特点分析产生未爆弹的原因，并提出减少未爆弹产生和安全销毁建议。

1 未爆弹产生原因

未爆弹产生几乎都源于所配用的引信没有正常工作，而引信工作又与诸多环境因素相关[1]。某型火箭多用途弹配用双环境力保险的机电引信，导致引信没有正常工作，除引信自身原因外，还与目标有关。该弹配用引信电气结构如图 1 所示，包括磁电发电机 M、二极管 D、发火电容 C、电雷管 L、并联电阻 R、碰合开关 K、隔爆转子 S、连接导线。发射时，磁电发电机 M 在后坐力作用下工作产生脉冲电流并给发火电容 C 充电，装在隔爆转子 S 中并短路的电雷管 L 随着隔爆转子解除保险转正并联接在电阻 R 上；弹体撞击目标时，碰合开关 K 闭合，发火回路接通，发火电容 C 向电雷管 L 释放电能，引爆电雷管。分析引信工作全过程，引信没有正常工作的主要原因有两个方面：一是目标选择不当；二是引信自身故障。

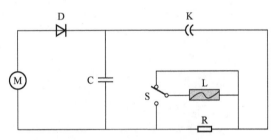

图 1　引信电气结构示意图

1.1 目标选择不当

该弹射击使用时，为保证正常作用，对目标有硬度和距离要求。目标距离不够或目标硬度不够，都可能产生未爆弹。

1.1.1 目标距离太近。

弹药出火箭筒后，引信中的隔爆转子在后坐力和爬行力作用下依次解除保险并转动，雷管随隔爆转子转动到位时，弹体飞行距离应不大于 70m。如果目标距离太近，在隔爆转子转正前弹药碰击目标，碰合开关将闭合，发火电路则接通，发火电容通过电阻 R 提前放电。假如发火电容通过电阻放电 10ms，弹体飞行距离仅变化 1.5～2.0m，而发火电容剩余电能将不足以起爆电雷管，从而产生未爆弹。

虽然该型弹药使用说明中明确目标距离发射点 70m 以上即可，但考虑弹药长期储存后引信性能变化，为了确保弹药可靠发火，目标设置距离不小于 200m，确保弹体碰击目标前引信完全解除保险。

1.1.2 目标硬度不够。

弹药碰击目标时，目标同时也产生反作用力给弹头部，弹头部外罩受挤压变形触及内罩，即碰合开关闭合，发火电路接通，发火电容引爆雷管，继而引爆传爆药和弹体内炸药。如果目标硬度不够，弹药碰击目标时，目标反力小，弹头部外罩变形量小而不能触及内罩，碰合开关无法闭合。由于发火电路无法接通形成回路，产生未爆弹。

因此，为了确保弹头部外罩在碰击目标时产生变形并能够触及内罩，对目标有硬度要求。目标硬度要求为中等硬度，可以选择山坡、岩壁、建筑物、钢制靶板等，而射击松软目标如沙丘、土堆则容易产生未爆弹。同时，如果目标表面法线与弹目线夹角过大，弹体与目标初次碰击位置可能不在弹头部，弹头部碰合开关难以闭合，也会产生未爆弹。

1.2 引信工作故障

引信工作过程具有单向串联特性，串联动作过程不能重复，而且执行效果影响后续动作的执行。由于复杂环境因素影响，串联动作中某一项没有达到预期结果，都会表现为引信工作故障。该型多用途弹配用的机电引信，在弹药飞行的最初 100ms 时间里，引信内不同机构连续执行转动、钢珠移动、齿轮转动等动作，使引信从保险状态转换为待发状态。但是引信中磁电发电机、发火电容、隔爆转子、回路导通任何一部分出现故障，引信将不能正常工作，导致未爆弹。

1.2.1 磁电发电机没有正常工作

磁电发电机是引信唯一电源，弹药发射时产生的后坐力使电源磁芯解脱保险并运动，磁芯运动引起发电机线圈中磁场变化，线圈感应产生的脉冲电流给发火电容充电[2]。

磁芯退磁、磁芯没有解脱约束、线圈断开都会导致电源输出电能不足或没有电压输出，由于发火电容没有充电或储能不足，将导致电雷管没有足够电能发火，产生未爆弹。

1.2.2 发火电容无法充电

引信中发火电容为涤纶电容，作用是储存电能。发射时，磁电发电机输出电能给发火电容充电；碰目标时，发火电容向电雷管输出电能，起爆电雷管。

发火电容引线与内部电极断开、内部电极短接、电容引线焊接点脱焊都会导致发火电容无法充电[3]。由于发火电容没有储存电能，电雷管缺少激发能量，产生未爆弹。

1.2.3 隔爆转子没有转正

隔爆转子内装电雷管，结构为偏心设计，储能扭簧驱动，调速器调节控制转子转动速度。平时隔爆转子由两个钢珠保险限位，不能转动；弹药发射后，在后坐力和爬行力作用下，两个保险钢珠依次解除对隔爆转子限位，转子在扭簧驱动下，受调速器调速，匀速转动，保证转子在出炮口 70m 转正到位，电雷管接入发火回路。

调速器的作用是控制隔爆转子转动速度，如果调速器传动齿锈蚀和异物卡滞可能会造成调速失效，隔爆转子无法转动，导致隔爆转子没有转正或转正不到位，即开关 S 不能切换到位，位于传爆序列中第一级的电雷管无法接入点火回路，电雷管无法接收发火电容的电能，产生未爆弹。

1.2.4 发火回路没有闭合

发火回路还包括碰合开关 K，碰合开关实际是内外双层罩结构的弹丸头部，弹头部内外罩分别接入发火回路中。平时内外罩绝缘，相当于开关打开状态，发火回路断开；弹体碰击目标时，外罩受挤压变形与内罩接触，相当于开关闭合，发火回路接通，发火电容将储存的电能释放给电雷管，起爆电雷管。

碰合开关没有闭合或发火回路连接导线断开，都会导致起爆回路不能形成回路，发火电容储存的电能不能顺利释放给电雷管，产生未爆弹。

2 安全销毁建议

引信没有正常工作是未爆弹产生的主要原因，未爆弹引信由于经历发射、飞行和碰击目标等过程，引信多处于危险状态。当引信受到振动、撞击、静电、杂散电流等影响，可能诱发引信发火而引爆弹体装药。对该弹而言引信没有正常工作，有目标原因，也有引信自身原因。在处理该型未爆弹时，从安全角度考虑应设想引信可能处于引信发火回路没有接通或引信雷管未转正的危险状态，销毁时需要特别注意 3 个方面：

2.1 防射击后立即处理

该弹使用规定：射击中产生的未爆弹，要求在射击 5h 后，销毁人员方可接近查看。原因是考虑未爆弹引信中发火电容在断路情况下，完全释放电能需要足够时间，5h 放电时间可以保证引信内发火电容储存的电荷完全释放，降低未爆弹危险程度。

2.2 防静电

未爆弹引信中发火电容储存电能完全释放的情况下，虽然降低了未爆弹的危险程度，但引信内电雷管可能位于发火回路中，由于该型电雷管对电压敏感，带有高静电电压的人体或物体通过接触或感应可能会引发电雷管发火[4]。因此，在销毁处理该型未爆弹过程中，销毁人员必须采取防静电措施，避免带电体接触或接近弹体。

2.3　防回路导通

因引信发火回路断路产生的未爆弹，在引信发火电容放电不完全的情况下，如果发火回路意外导通将会引起电雷管发火。因此，销毁人员在接近和接触该型未爆弹时避免导通发火回路。实践中，如果未爆弹的弹头部缺失，这种情况下要防止将残留的内外罩导通连接，避免弹体受撞击变形而内外罩接通；如果未爆弹内罩连接导线可见，要将内罩导线从根部剪断，避免导线意外接通弹体；如果隔爆转子卡滞导致雷管没有转正，要防止振动，避免隔爆转子因振动而转动。

参 考 文 献

[1] 安晓红，张亚，顾强. 引信设计与应用[M]. 北京：国防工业出版社，2006.

[2] 李彦学，智敦旺. 无线电与电子时间引信[M]. 北京：兵器工业出版社，1996.

[3] 张栋，钟培道，陶春虎. 失效分析[M]. 北京：国防工业出版社，2004.

[4] 王凯民，温玉全. 军用火工品设计技术[M]. 北京：国防工业出版社，2006.

野外环境条件下弹药储存寿命研究

郑　波，葛　强，王韶光

（陆军军械技术研究所，河北石家庄 050000）

摘　要：简述了进行某弹药野外环境储存可靠性试验的试验场地、试验样本量确定方法和试验结果，分析探讨了该弹药野外环境储存可靠性试验数据处理方法，给出了该弹药在一定置信度下引信储存寿命。

关键词：野外；弹药；储存可靠性；储存寿命

0　引言

对于大部分弹药来说，使用前都要经历一段时间的储存，有的在温湿度控制良好的室内库房储存，有的在无温湿度控制的野外自然环境下储存，少则三五天，多则一二年。与室内库房环境相比，处于野外环境下储存的弹药，由于受到周围恶劣环境应力的影响，其性能往往变化较快，那么经过一段时间野外储存以后，这些弹药能否有效地投入使用，可靠性有多大？寿命有多长？这是人们极为关注的问题。前几年，我们曾开展包括该弹药在内的弹药装备野外环境储存可靠性研究，取得了一定的成果，下面本文就野外环境下某弹药储存可靠性研究作一探讨。

1　试验与试验结果

1.1　试验场地

为了准确模拟野外武器装备的储存环境，根据我国地理气候特点，结合未来战争尤其是当前军事斗争武器装备供应的需求，野外武器装备储存可靠性研究选择了我国 4 个具有代表性的地区建立模拟野外环境的试验场地，它们分别是：

（1）代表北方中温带干燥少雨气候特点的 A 试验场，年平均气温 9℃，7 月份平均最高气温 32℃，1 月份平均最低气温–12℃，年平均相对湿度 60%。

（2）代表北亚热带沿海地区气候特点的 B 试验场，年平均气温 17℃，7 月份平均最高气温 30℃，1月份平均最低气温 2℃，年平均相对湿度 80%。

（3）代表南亚热带山岳丛林气候特点的 C 试验场，年平均气温 22℃，7 月份平均最高气温 32℃，1月份平均最低气温 9℃，年平均相对湿度 80%。

（4）代表热带海岛潮湿气候特点的 D 试验场，年平均气温 24℃，7 月份平均最高气温 28℃，1 月份平均最低气温 18℃，年平均相对湿度 87%。

1.2　试验样品

野外环境储存可靠性试验样品从储存于国防仓库且出厂时间约 5 年的弹药中随机抽取，样品包装和装箱方式不变。

1.3　试验样本量

弹药可靠性试验中的性能检测通常为抽样检测，因而需要预先确定投场试验样本量。样本量的大小应根据统计分析要求确定，样本量越大，试验数据的处理精度越高，但相应的样品消耗和测试工作量也随之增大，因此合理的样本量应是在满足数据处理精度的前提下的最小样本量。弹药储存可靠性试验中每次性能检测的样本量[1]为

$$n = \frac{Z_{(1-\gamma)/2}^2 (p_0 - p_0^2)/d^2}{1 + 1/N[Z_{(1-\gamma)/2}^2 (p_0 - p_0^2)/d^2 - 1]} \quad (1)$$

式中：γ 为置信度；$Z_{(1-\gamma)/2}$ 为正态分位点；N 为被试引信批量；p_0 为经验提供的不合格品率；d 为试验所允许的绝对误差。

上述公式的意义：在置信度为 γ 的条件下，在批量为 N 发弹药中抽取 n 发样品进行性能检测，样品的不合格率与其真值差不大于 d。

将有关数据代入式（1）并经过圆整得 $n=60$（发）。考虑要进行 5～7 次检测，再加上备份样品，因而每种弹药投场试验样品量为 500 发。

1.4　性能检测时点与项目

由于弹药投场后前期失效后，后期失效多，检测时点遵循前疏后密的原则。性能检测项目为部队靶场射击试验。

1.5　试验结果

表 1 列出了某弹药在 4 个野外环境试验场的试验结果。

表 1　某弹药野外试验场储存可靠性试验结果

检测时点/年	0	2	3	4	4.5	5	5.5	6
A 试验场	0/60	0/60	0/60	0/60	0/60	0/60	1/60	1/60
B 试验场	0/60	0/60	0/60	0/60	0/60	1/60	2/60	2/60
C 试验场	0/60	0/60	0/60	0/60	1/60	1/60	3/60	4/60
D 试验场	0/60	0/60	0/60	2/60	1/60	3/60	5/60	9/60

注："0/60" 表示 60 发样品中出现 0 发失效。

2　数据处理

2.1　建立数学模型

弹药野外储存可靠性试验数据可写为如下形式：
$$(t_i, n, f_i) \quad (i=1,2,\cdots,k)$$
式中：t_i 为野外储存时间（年）；n 为每次检测样本量（发）；f_i 为 n 发弹药中出现的失效数（发）；k 为检测时点数目。

记第 i 组的 n 个样品在野外环境下的储存寿命依次为：$X_{i1}, X_{i2}, \ldots, X_{in}$；即第 i 组的第 j 个样品的储存寿命为 $X_{ij} (j=1,2,\cdots,n)$，由上式可以看出，$X_{11}, X_{12}, \cdots, X_{1n}$；$X_{21}, X_{22}, \cdots, X_{2n}$；$X_{k1}, X_{k2}, \cdots, X_{kn}$ 独立同分布，记为 $F(t,\theta)$，其中 θ 是分布参数。令

$$Y_{ij} = \begin{cases} 1, & X_{ij} \leqslant t_i \text{(第 i 组第 j 个样品失效)} \\ 0, & X_{ij} > t_i \text{(第 i 组第 j 个样品失效)} \end{cases}$$

Y_{ij} 有下列一些性质：

（1）$\{Y_{ij}: 1 \leqslant j \leqslant n, 1 \leqslant i \leqslant k\}$ 相互独立。

（2）$Y_{i1}, \cdots, Y_{in}$ 独立同分布，$P(Y_{ij}=1) = F(t_i, \theta)$，$P(Y_{ij}=0) = 1 - F(t_i, \theta)$。

（3）$f_i = \sum Y_{ij}$ 服从二项分布 $B(n, P_i)$，这里 $P_i = F(t_i, \theta)$。

由于样品各年份点的试验结果实际上是一整体，记该总体的寿命分布为 $F(t_i, \theta)$，则与试验数据相应的对数似然函数为

$$L(\theta) = \sum_{i=1}^{k} \{ f_i \ln F(t_i, \theta) + (n - f_i) \ln [1 - f(t_i, \theta)] \} \quad (2)$$

对于给定的分布模型（如双参数的威布尔分布），可以求出分布中参数 θ 的极大似然估计 $\hat{\theta}$ 或 $\hat{\eta}$、$\hat{m}$。

2.2　可靠储存寿命预测

野外环境条件下弹药储存可靠性分布函数[2]为

$$R(t) = 1 - F(t) = e^{-\left(\frac{t}{\eta}\right)^{\hat{m}}} \quad (3)$$

记 R_L 为给定的储存可靠度下限，γ 为置信水平，也就是要求储存寿命 T_s，使

$$P\{R(T_s) \geqslant R_L\} = \gamma \quad (4)$$

由于样本量较大，可以认为 $\hat{R}(t)$ 近似服从均值为 $R(t)$，方差为 $D(\hat{R}(t))$ 的正态分布[2-5]。由式（4）可得

$$P\left\{ \frac{\hat{R}(T_s) - R(T_s)}{\sqrt{D(\hat{R}(T_s))}} \leqslant \frac{(\hat{R}(T_s) - R_L)}{\sqrt{D(\hat{R}(T_s))}} \right\} = \gamma \quad (5)$$

记 μ_γ 为标准正态分布的 γ 上侧分位点，于是 T_s 满足：

$$\hat{R}(T_s) - \mu_\gamma \sqrt{D(\hat{R}(T_s))} = R_L \quad (6)$$

将 $\hat{m}, \hat{\eta}, R_L, \gamma, \mu_\gamma$ 代入，用数值迭代法即可求出在野外储存环境条件下弹药的储存寿命。

针对表 1 中的试验结果，设 $\gamma = 0.90$，$R_L = 0.90$，则依据上述数据处理方法，计算出某弹药的野外储存寿命分别为 $T_{sA} = 18.4$ 年、$T_{sB} = 15.2$ 年、$T_{sC} = 11.4$ 年、$T_{sD} = 5.3$ 年（下标 A、B、C、D 分别表示储存于 A、B、C、D 4 个野外试验场）。这意味着在置信水平为 90% 的条件下，该弹药分别在 A、B、C、D 4 种类型野外环境条件下继续储存 18 年、15 年、11 年和 5 年，其储存可靠度不低于 0.90。

参 考 文 献

[1] 郑波. 湿热环境下某引信储存寿命评估[J].装备环境工程, 2015, 8 (6)：1-2.

[2] 郑波.自然环境下某发射药安全储存寿命评估[J].2012 全国环境试验技术与装备发展研讨会文集, 2012.09.

[3] 李明伦, 李东阳, 郑波. 弹药储存可靠性[M]. 北京：国防工业出版社, 1997.

[4] 戴树森. 可靠性试验及其统计分析[M]. 北京：国防工业出版社, 1984.

基于自然储存数据获取加速度计加速因子的方法

耿乃国[1]，高宏伟[1]，牛跃听[1]，穆希辉[2]，姜志保[2]

（1. 沈阳理工大学，辽宁沈阳 110159；2. 陆军军械技术研究所，河北石家庄 050000；

3. 中国人民解放军第三六〇六工厂，山西侯马 043000）

摘　要：针对应用于火箭弹的某型加速度计的加速因子确定问题，提出了一种基于自然储存试验数据的加速因子获取方法。对历年统计的加速度计的成败型、不完全故障数据，综合运用"保序回归""变样本 Pearson χ^2 拟合优度检验""极小卡方估计"，解决加速度计失效频率的"倒挂"问题，拟合加速度计的寿命分布函数，并对分布函数进行 Pearson 拟合优度检验；结果显示，加速度计的寿命服从威布尔分布，并具有可加速性。将加速度计储存环境温度划分为 3 个温度等级，获取对应温度等级下的寿命分布参数，进而得到加速度计在 90℃下（相对于 25℃）的加速因子 $K=7.2695$。

关键词：加速度计；自然储存；寿命评估；加速因子

0　引言

加速度计是为武器惯导平台提供运动载体加速度信息的关键部件。由于研制进度和研制经费等因素的制约，应用于我国某型火箭弹控制舱上的加速度计没有进行系统科学的寿命试验，致使不能够准确掌握其寿命变化规律。历经 9 年的检测数据统计证明：加速度计是影响该型火箭弹控制舱储存寿命的薄弱环节，迫切需要在其自然储存检测数据分析的基础上，确定其加速因子并开展加速寿命试验。

在没有产品长期储存期间的检测数据前提下，多数学者通过加速性能退化试验的方法获得产品的加速因子[1-7]，如文献[1]通过电连接器加速性能退化试验的方法获取其加速因子、文献[2]给出了加速寿命试验条件下幂律退化模型的加速因子确定方法、文献[3]利用 Bayes 方法对对数正态分布加速寿命试验条件下的加速因子进行分析；文献[4,5]利用相似产品内场储存数据信息、相似产品加速应力试验信息、待研产品加速验证试验信息及专家经验等先验信息，获取加速度计的加速因子分布及期望；也有学者参考可靠性预计方法，采用 GJB108A—2006《电子设备非工作状态可靠性预计手册》给出的失效数据，结合产品寿命模型给出其加速因子评估方法[6]。

上述方法可以在较短的时间内获得加速因子，但是对于一些缺乏退化试验信息的产品，确定加速因子往往比较困难[8-10]。

上述方法均没有考虑差异性的自然储存环境载荷影响，得出的结果可能有较大误差。应用于我国某型火箭弹控制舱上的某型加速度计储存于我国亚湿热、亚干热、温和、干燥 4 个典型气候区，至今已经自然储存 9 年时间，期间积累了大量的检测数据。自然储存使加速度计受到各种环境因素的综合作用，可以真实、直观地反映其在多环境因素作用下的性能变化规律[11-13]。

本文从加速度计自然储存检测数据分析中得到其寿命分布函数，同时结合储存应力影响因素预估其加速因子，为其加速寿命试验奠定基础。

1　数据预处理

1.1　数据类型

本研究中加速度计的检测数据属于成败型不完全失效数据，数据类型可以等效如下：

记 $t=(t_1,\cdots,t_k)$ 为检测时间点，在储存了时间 t_i 之后，抽取 n_i 件加速度计进行试验，发现 X_i 件失效，从而得到数据：(t_i,n_i,X_i)，$i=1,2,\cdots,k$。其中，$0<t_1<t_2<\cdots<t_k$，各次试验相互独立。

在实际工作中，一方面受时间和费用等约束，检测试验开展的不够彻底，因此试验结果受试验的随机性影响很大；另一方面，加速度计属于高可靠性产品，失效率很低，故虽然检测样本量很大，但失效数很少，有时会出现 $(X_{i+1}/n_{i+1}) < (X_i/n_i)$ 的情况，这与失效概率随时间增加而降低的特性不相符合，工程上称之为数据的"倒挂"，严重的倒挂会使计算结果产生很大偏差。

1.2 失效频率的保序回归

根据加速度计检测统计数据，对照其生产编号，剔除批次质量统计数据，然后运用保序回归的计算方法，将可能存在"倒挂"的原始频率调整为满足序约束的频率值。

在储存寿命试验中，t_i 时刻样本的失效频率 $f_i = X_i/n_i$，$i = 1,2,\cdots,k$。记 G 为保序函数的全体，若存在 $f^* \in G$，满足：

$$\sum_{i=1}^{k}(f_i - f_i^*)^2 \omega_i = \min_{g \in G}\sum_{i=1}^{k}(f_i - g_i)^2 \omega_i \quad (1)$$

则称 $f^* = (f_1^*, \cdots, f_k^*)'$ 为 f 的保序回归，其中 $\omega = (\omega_1, \cdots, \omega_k)'$，$\omega_i > 0$，是一个给定的权函数。

对自然环境中储存 9 年、8 年、7 年、6 年、5 年、4 年、3 年的加速度计样本进行性能检测，检测结果及经过数据预处理后的加速度计故障统计如表 1 所列，可以看出：经过保序回归处理后，加速度计的失效频率满足 $(X_{i+1}/n_{i+1}) > (X_i/n_i)$。

表 1　加速度计故障统计表

原始数据				倒挂处理	
储存时间/月	检测样本数/个	失效数/个	失效比率	权重一	权重二
30	X_1	Y_1	0.000353	0.0002	0.0004
33	X_2	Y_2	0	0.0002	0.0004
36	X_3	Y_3	0	0.0002	0.0004
48	X_4	Y_4	0	0.0002	0.0004
54	X_5	Y_5	0.002703	0.0015	0.0022
59	X_6	Y_6	0.001662	0.0015	0.0022
63	X_7	Y_7	0	0.0015	0.0022
74	X_8	Y_8	0.000434	0.0015	0.0022
78	X_9	Y_9	0.004022	0.0025	0.0031
81	X_{10}	Y_{10}	0.001001	0.0025	0.0031
85	X_{11}	Y_{11}	0	0.0025	0.0031
88	X_{12}	Y_{12}	0.00308	0.0025	0.0031
102	X_{13}	Y_{13}	0.001645	0.0025	0.0031
113	X_{14}	Y_{14}	0.009269	0.0093	0.0093

2　评估方法

针对加速度计的成败型储存寿命试验数据，采用极小卡方估计法（IRMCE）获得加速度计自然储存寿命分布函数，并用 Pearson 拟合优度对分布函数进行检验[14,15]。

极小卡方估计是指将极小化 Pearson χ^2 统计量所得到的参数 $\tilde{\lambda}$ 作为真值 λ 的最佳估计，即 $\chi^2(\tilde{\lambda}) = \min\{\chi^2(\lambda): \lambda \in \Lambda\}$。Fisher 也指出，$\tilde{\lambda}$ 和 $\hat{\lambda}$ 等价，即 $\chi^2(\tilde{\lambda})$ 与 $\chi^2(\hat{\lambda})$ 具有相同的极限分布。

通过解方程组：

$$\frac{\partial \chi^2(\lambda)}{\partial \lambda_j} = 0, \quad j = 1,2,\cdots,s \quad (2)$$

即可求得 λ 的极小卡方估计。

$$\begin{aligned}\frac{\partial \chi^2(\lambda)}{\partial \lambda_j} &= \sum_{i=1}^{k}\left\{-\frac{2n_i(X_i - n_i p_i(\lambda))}{n_i p_i(\lambda)} - \frac{(X_i - n_i p_i(\lambda))^2}{n_i^2 p_i^2(\lambda)}\right\} \cdot \frac{\partial p_i(\lambda)}{\partial \lambda_j} \\ &= \sum_{i=1}^{k}\left\{\frac{-X_i^2 + n_i^2 p_i^2(\lambda)}{n_i p_i^2(\lambda)}\right\} \cdot \frac{\partial p_i(\lambda)}{\partial \lambda_j} \\ &= \sum_{i=1}^{k}\left(1 - \left(\frac{f_i}{p_i(\lambda)}\right)^2\right) \cdot \frac{n_i \cdot \partial p_i(\lambda)}{\partial \lambda_j}\end{aligned} \quad (3)$$

故，λ 的极小卡方估计 $\tilde{\lambda}$ 是下面方程的解：

$$\sum_{i=1}^{k}\left\{1 - \left[\frac{f_i}{p_i(\lambda)}\right]^2\right\} \cdot \frac{n_i \cdot \partial p_i(\lambda)}{\partial \lambda_j} = 0, \quad j = 1,2,\cdots,s \quad (4)$$

在拟合优度检验的相关理论中，Pearson 提出了 χ^2 统计量用于检验一组独立样本的共同分布是否属于某一具有特定性质的分布族，Pearson χ^2 统计量的形式为

$$\chi^2(\lambda) = \sum_{i=1}^{k}\frac{(X_i - n_i p_i(\lambda))^2}{n_i p_i(\lambda)} \quad (5)$$

式中：$\lambda = (\lambda_1, \lambda_2, \cdots)$ 为参数向量。

Pearson χ^2 统计量描述了期望频数与观察频数之间的差异[16]。当 $n_i \to \infty$ 时，$\chi^2(\lambda)$ 的极限分布是自由度为 $k-1$ 的 χ^2 分布，即 $\chi^2(\lambda) \sim \chi_{k-1}^2$。在进行检验时，用 λ 的估计量 $\hat{\lambda}$ 代替 λ，计算 $\chi^2(\lambda)$，即

$$\chi^2(\hat{\lambda}) = \sum_{i=1}^{k}\frac{(X_i - n_i p_i(\hat{\lambda}))^2}{n_i p_i(\hat{\lambda})} \quad (6)$$

作为检验统计量，Fisher 证明了当 $\hat{\lambda}$ 为 λ 的相合估计时，$\chi^2(\hat{\lambda})$ 的极限分布是 χ_{k-s-1}^2，其中 s 为参数 λ

的维数。因此若给定显著性水平 α ，则有 $P(\chi^2(\hat{\lambda}) \geqslant \chi^2_{k-s-1}(1-\alpha) | H_0) \leqslant \alpha$ ，当 $\chi^2(\hat{\lambda}) \geqslant \chi^2_{k-s-1}(1-\alpha)$ 成立时，小概率事件发生，拒绝原假设。

结合表 1 的加速度计失效统计数据，运用上述评估方法，可以得到如表 2 所列的数据分析结果。

3 确定寿命分布函数及加速模型

3.1 寿命分布函数

由表 2 可以看出：加速度计寿命服从威布尔分布和 I 型极大值分布时，得到的分布参数以及可靠寿命更符合实际。

表 2　加速度计数据分析结果

评估方法	指数分布 $F(t) = 1 - \exp\left(-\dfrac{t}{\theta}\right)$		威布尔分布 $F(t) = 1 - \exp\left(-\left(\dfrac{t}{\eta}\right)^m\right)$		I 型极大值分布 $F(t) = \exp(-\exp(-\dfrac{t-\mu}{\sigma}))$		II 型极大值分布 $F(t) = \exp(-(\dfrac{t}{\eta})^{-m})$	
	权重一	权重二	权重一	权重二	权重一	权重二	权重一	权重二
IRMCE	$\chi^2_{0.95}(5)=11.07$	$\chi^2_{0.95}(5)=11.07$	$\chi^2_{0.95}(4)=9.488$	$\chi^2_{0.95}(4)=9.488$	$\chi^2_{0.95}(4)=9.488$	$\chi^2_{0.95}(4)=9.488$	$\chi^2_{0.95}(4)=9.488$	$\chi^2_{0.95}(4)=9.488$
	χ^2 统计量：10.9546	χ^2 统计量：10.0461	χ^2 统计量：3.9838	χ^2 统计量：4.1599	χ^2 统计量：5.2924	χ^2 统计量：5.6908	χ^2 统计量：3.4751	χ^2 统计量：3.5471
	p 值：0.05229	p 值：0.07394	p 值：0.4083	p 值：0.3848	p 值：0.2586	p 值：0.2235	p 值：0.4817	p 值：0.4708
	$\hat{\theta}=1859.34$	$\hat{\theta}=1737.22$	$\hat{\eta}=86.7149$ $\hat{m}=2.1871$	$\hat{\eta}=103.2695$ $\hat{m}=2.0191$	$\hat{\mu}=35.0151$ $\hat{\sigma}=16.3557$	$\hat{\mu}=36.6539$ $\hat{\sigma}=17.4443$	$\hat{\eta}=627.3539$ $\hat{m}=0.3785$	$\hat{\eta}=797.5571$ $\hat{m}=0.3567$
	$t_{0.95}=95.3717$	$t_{0.95}=89.1077$	$t_{0.95}=22.2997$	$t_{0.95}=23.7194$	$t_{0.95}=17.8119$	$t_{0.95}=17.5142$	$t_{0.95}=34.5611$	$t_{0.95}=36.8042$
结论	I 型极大值分布：$\hat{\mu}=35.0151$；$\hat{\sigma}=16.3557$；可靠寿命：17.8119 年（权重一）威布尔分布：$\hat{\eta}=86.7149$；$\hat{m}=2.1871$；可靠寿命：22.2997 年（权重一）							

加速机理一致性不变的条件是：加速因子（加速系数）是一个与可靠度 R 无关的量。否则随着加速寿命试验时间的延长，R 逐渐变化，加速系数就会变化，这样的加速因子就失去了工程价值。I 型极大值分布的加速系数不存在，威布尔分布加速系数存在 [17]。

故而，选取威布尔分布为加速度计寿命分布函数为

$$F(t) = 1 - \exp\left[-\left(\frac{t}{86.7149}\right)^{2.1871}\right] \tag{7}$$

3.2 加速模型

加速度计储存仓库温度范围是：5～30℃，如图 1 所示。其在不同温度应力下的失效有一定规律性，温度是影响控制舱失效的主要应力因素[18]，因此选用 Arrhenius 加速模型。

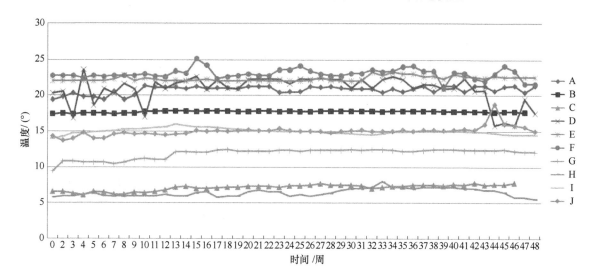

图 1　储存地域洞库内温度变化曲线

将储存仓库的温度划分为 5～10℃、11～20℃、21～30℃ 3 个温度范围，并对范围内的实际仓库温度求平均值，得到 6.78℃、14.89℃、21.38℃ 3 个温度等级，统计加速度计在不同温度等级下的失效数据，由本文上述分析方法，可以得到其在不同温度等级下的威布尔分布参数 $\hat{\eta}$ 以及可靠寿命 $t_{0.95}$：

6.78℃：$\hat{\eta} = 309.8579$；$t_{0.95}=45.1523$

14.89℃：$\hat{\eta} = 729.3265$；$t_{0.95}=76.5709$

21.38℃：$\hat{\eta} = 169.5979$；$t_{0.95}=23.1938$

设 $\ln t_{0.95} = a + b/T$，通过线性拟合可得图 2。

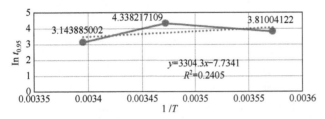

图 2　加速度计可靠寿命随温度变化曲线

即加速度计的加速方程为 Arrhenius 方程为

$$\ln t_{0.95} = -7.7341 + 3304.3/T \tag{8}$$

4　加速因子的计算结果

当常温选 25℃，加速寿命试验的温度应力选 90℃时，得到其加速因子如下：

$$\frac{t_{0.95}(25℃)}{t_{0.95}(90℃)} = e^{b\left(\frac{1}{T_0}-\frac{1}{T_1}\right)} = e^{3304.3\left(\frac{1}{298.15}-\frac{1}{363.15}\right)} = 7.2695 \tag{9}$$

生产厂家给出加速度计在常温下的储存寿命为 10 年，那么其在 90℃的的条件下，加速寿命试验的时间大约为：10/7.2695=1.3756 年=16.5073 月。

经专家论证，加速度计的试验样本取自分布于我国不同气候区的控制舱最为科学。例如：预计 2009 年和 2011 年生产的加速度计的加速寿命试验时间如表 3 所列。

表 3　加速度计的加速寿命试验预计

生产年份	已储存时间/月	预计加速寿命试验时间/月	加速因子
2009	60	（10 月*12 月/年-60 月）/7.2659=8.25	7.2695
2011	36	（10 月*12 月/年-36 月）/7.2659=11.56	7.2695

在制定详细的加速寿命试验方案时，应参考以上的预估结果，以便合理选择应力水平，预估试验时间和费用。同时，该结果也为应用在其他武器平台上的该类型加速度计的寿命评估提供了较好的参考依据。

参 考 文 献

[1] 王浩伟，徐廷学，杨继坤，等. 基于加速因子的退化型产品可靠性评估方法 [J]. 战术导弹技术，2013（6）：36-41.

[2] 张永强，刘琦，周经伦.小子样条件下幂律退化模型的加速因子分析[J]. 系统工程与电子技术，2006，28（12）：1948-1951.

[3] 刘琦，冯静，周经伦.对数正态分布加速因子的 Bayes 估计[J].国防科技大学学报，2003，25（6）：106-110.

[4] 陈志军，王前程，陈云霞. 基于寿命分布和贝叶斯的加速因子确定方法[J]. 系统工程与电子技术，2015，37（5）：1224-1228.

[5] 魏高乐，陈志军. 基于随机维纳过程的产品加速因子分布确定方法[J]. 科学技术与工程，2015，15（29）：21-29.

[6] 申争光，苑景春，董静宇，等. 弹上设备加速寿命试验中加速因子估计方法[J]. 系统工程与电子技术，2015，37（8）：1948-1951.

[7] Ismail A A. Estimating the parameters of Weibull distribution and the acceleration factor from hybrid partially accelerated life test [J]. Applied Mathematical Modelling，2012，36（7）：2920-2925.

[8] Nelson W B. Accelerated Testing-statistical Models' Test Plans and Data Analysis[M].New Jersey：John Wiley&Sons Inc，2004.

[9] Yang G B，Yang K. Accelerated degradation tests with tightened critical values[J].IEEE Trans.on Reliability，2002，51（4）：463-468.

[10] Huang W.Reliability analysis considering product performance degradation[D]. Tucson：The University of Arizona，2002.

[11] 宣卫芳，胥泽奇，肖敏. 装备与自然环境试验[M]. 北京：航空工业出版社，2009.

[12] 李东阳，等. 弹药储存可靠性分析设计与试验评估[M]. 北京：国防工业出版社，2013.

[13] Takada A，So N，Hajime I. A new acceleration factor decision method for ICCG method based on condition number [J]. IEEE Trans.on Magnetics，2012，48（2）：519-522.

[14]牛跃听，穆希辉，姜志保，等. 自然储存环境下某加速度计储存寿命评估[J].中国惯性技术学报，2014，22（4）：552-556.

[15] 杨振海，安保社. 基于成败型不完全数据的参数估计[J].应用概率统计，1994，10（2）.

[16] 杨振海，程维虎，张军舰. 拟合优度检验[M]. 北京：科学出版社，2011.

[17] 周源泉，翁朝曦，叶喜涛. 论加速系数与失效机理不变的条件（Ⅰ）-寿命型随机变量的情况[J].系统工程与电子技术，1996（1）：55-57.

[18] 牛跃听，穆希辉，姜志保.某型火箭弹控制舱环境适应性研究[J]，装备环境工程，2014，11（1）：86-92.

基于退化轨迹和退化量分布的加速度计
可靠性评估算法分析

张烜工[1]，誉志君[2]，穆希辉[3]，黄　琛[1]

（1. 陆军工程大学，河北石家庄 050300；2. 陆军装备部，北京 100000；
3. 陆军军械技术研究所，河北石家庄 050000）

摘　要： 为实现高可靠、长寿命产品的可靠性评估，提出了加速退化试验数据处理的一种新方法。首先提出了基于退化轨迹和基于退化量分布的两类可靠性评估算法步骤，然后推导了试验数据在满足退化量分布为威布尔分布条件下两种算法之间的联系，给出了数学上的证明，最后利用加速度计试验数据对该条性质进行了验证。结果表明无论是数学证明还是实际数据验证，该性质都是成立的，某些情况下可以减少可靠性评估中的计算与拟合过程。

关键词： 加速退化试验；退化轨迹；退化量分布；威布尔分布

0　引言

作为长期储存，一次使用的武器系统而言，某型加速度计是系统惯导平台的关键一环。其作用是为惯导平台提供系统运动的加速度信息。近年来围绕评估型号系统关键部组件的储存寿命已经成为相关领域的研究热点之一[1]。该型加速度计作为高可靠、长寿命的产品，由于目前缺乏足够的自然存储监测数据，因此往往采用加速退化试验作为评估其储存寿命的主要手段。目前，对于具有单一退化量的产品来说，其可靠性评估方法主要有两种，即基于退化轨迹的可靠性评估方法和基于退化量分布的可靠性评估方法[2]。这两种评估算法的出发点并不相同，前者从整体的退化轨道出发，外推得到产品的伪寿命，以此为基础求解真实的寿命分布，后者则侧重同一时刻退化量的分布，求得退化量分布参数随时间的变化规律，进而进行可靠性评估。目前关于这两种评估算法的研究文献多是围绕着折算加速退化试验数据后使用两种方法中的一种或者两种进行寿命评估，或者是讨论不同的参数估计方法，或者是寻找更为合适的退化轨道模型[3-5]，而关于两者之间的关系却鲜有研究。本文的目的在于揭示在这两种算法之间的特殊关系，在某种条件满足的情况

下可以省略一些假设检验的步骤。本文首先总结了两种算法的一般性步骤，进而从数学上证明两者之间的特殊关系，最后以某型加速度计的加速退化试验数据为例，验证了结论的正确性。

1　基于退化轨迹的可靠性评估算法

由于同类产品的退化轨迹基本一致，可以假设退化轨迹具有相同的曲线形式，只是产品的随机波动性使得退化轨迹具有不同的方程系数[6]。对确定的失效阈值 D_f，正是由于这种随机波动性，导致退化量到达失效阈值所需时间也具有某种随机性，进而可以利用一些特定的分布来描述这种随机性，模型反映方程参数的总体联合分布及退化的随机行为。设从产品总体中随机抽取 n 个样品，单个样品的性能退化量随时间的退化轨迹由 $g(t)$，$t>0$ 描述，那么第 i 个样品 t_j 时刻监测得到的退化数据为

$$y_{ij} = g(t_{ij}, \alpha_i, \beta_i) + \varepsilon_{ij}$$

式中：$i=1,2,\cdots,n$，$j=1,2,\cdots,m$，m 为测量的次数；$g(t_{ij}, \alpha_i, \beta_i)$ 为第 i 个样品 t_j 时刻的实际退化轨迹；ε_{ij} 为测量误差。

对于大多数具有软故障（性能退化）的产品，退化轨道一般可以利用以下几种线性模型来进行有

效拟合，尤其是电子组件适合前 3 种：

线性模型：$y_i = \alpha_i + \beta_i t$ (1)

指数模型：$\log(y_i) = \alpha_i + \beta_i t$ (2)

幂函数模型：$\log(y_i) = \alpha_i + \beta_i \log(t)$ (3)

对数模型：$y_i = \alpha_i \cdot \ln t + \beta_i$ (4)

Compertz 模型：$y_i = \alpha_i - \dfrac{\beta_i}{t}$ (5)

上面各式中 y_i 为产品的性能参数指标；i 为样本序号；t 为试验时间；α_i 和 β_i 为未知参数，其值可以通过退化数据估计得到。退化轨道曲线是单个试验样本性能退化相对时间的变化过程。对于 n 个试验产品，存在表现退化过程的 n 个退化轨道曲线。对每一个试验样品，退化轨迹为时间的单调函数。当产品尚未失效时，可将轨迹向后延伸至失效阈值，外推对应的时间即为"寿命"，由于不是真实的失效时间，称为"伪失效寿命"[7]。在得到伪失效寿命后，可靠性分析建立在寿命数据上，可借助传统方法进行统计推断。

基于退化轨迹（伪寿命）的可靠性评估算法步骤概括为

第一步，收集试验样本在时间 $t_1, t_2, \cdots, t_m$ 的性能退化数据，对于第 i 个样品，退化数据为 (t_j, y_{ij}) $(i=1, 2, \cdots, n, j=1, 2, \cdots, m)$，依据性能退化曲线的趋势，选择适当的退化轨迹模型；

第二步，估计各个样品的退化轨道参数 α_i 和 β_i。对于每个样品，单独拟合样本退化轨道，获得 n 个退化模型参数的估计值；

第三步，根据求得的退化轨道，外推出各个样品的退化轨道到达失效阈值的时间，即样本的伪寿命 $T_1, T_2, \cdots, T_n$。

第四步，利用拟合优度检验对伪失效寿命数据进行分布假设检验，选择伪失效寿命数据可能服从的分布。通常情况下产品的寿命数据服从威布尔分布、正态分布或者指数分布等。

第五步，通过相关的参数估计方法求得分布模型的参数估计，进而得到寿命分布。

2 基于退化量分布的可靠性评估算法

由于产品间存在差异，相同时刻不同样本的退化量不同[8]。设某一时刻样本退化量服从一定的分布，则同类产品不同时刻退化量所服从的分布形式同族，只是该分布族的分布参数为随时间变化的量。常用的退化量分布模型有正态分布和威布尔分布，下面以威布尔分布类型为例，分析产品可靠性与性能退化量分布的关系。

假设性能退化量 y 服从形状参数为 $m_y(t)$、尺度参数为 $\eta_y(t)$ 的威布尔分布，则当产品失效判据为 $y \leqslant D_f$ 时，那么其可靠度与性能退化分布的关系如式（6）所示。

$$R(t) = 1 - P(y \leqslant D_f) = \exp\left\{-\left[\frac{D_f}{\eta_y(t)}\right]^{m_y(t)}\right\} \quad (6)$$

当失效判据为 $y \geqslant D_f$ 时，那么可靠度与性能退化分布的关系如式（7）所示。

$$R(t) = 1 - P(y \geqslant D_f) = 1 - \exp\left\{-\left[\frac{D_f}{\eta_y(t)}\right]^{m_y(t)}\right\} \quad (7)$$

为使用式（6）和式（7）来评估产品可靠度，需知道产品在 t 时刻性能退化量的形状参数和尺度参数作为时间的函数，进行建模求解得到。

基于退化量分布的可靠性评估算法步骤概括：

第一步，收集试验样本在时间 $t_1, t_2, \cdots, t_n$ 的性能退化数据，利用图估法或者其他分布检验方法，对各个测量时刻性能退化数据进行分布假设检验，选择退化数据可能服从的分布，一般情况下性能退化数据服从正态分布或者威布尔分布。

第二步，利用相关的模型参数估计方法，求得性能退化量形状参数 $(t_j, \hat{m}_y(t_j))$ 和尺度参数 $(t_j, \hat{\eta}_y(t_j))$（假设服从 Weibull 分布），画出其随时间 t_j 的变化轨迹，根据变化趋势，选择适当的单调函数曲线模型，对模型参数进行建模，再利用最小二乘法或非线性最小二乘法估计参数方程曲线的系数。

第三步，根据式（6）和式（7）对产品可靠度、平均寿命、可靠寿命等特征量进行评估。

3 两种算法之间的关系推导

前文已述，以上两种算法的出发点并不相同。但是这两种算法具有某种联系。在基于退化轨迹的可靠性评估算法中，第一步就是寻找退化轨迹与时间的关系方程，而在基于退化量分布的可靠性评估算法中，第二步里也需要寻找 m 和 η 与时间 t 的关系方程。一般来说，$m_y(t)$ 随时间变化并不明显，通常都是取其平均值，主要是需要寻找 η 与 t 之间满足何种关系。下面先给出结论，然后再给出数学上的推导过程。

结论：当退化量分布满足威布尔分布时，退化轨迹与 t 呈幂函数关系时，η 与 t 的关系也满足幂函数关系，反之也成立。

证明：设有 n 条退化轨道，每条退化轨道上有 m 个观测值。假设退化值与时间 t 为幂函数关系，即 $y_i = \alpha_i t^{\beta_i}$，$(i=1,2,\cdots,n)$，记第 i 个样本的退化数据为 (t_j, y_{ij})，$(i=1,2,\cdots,n; j=1,2,\cdots,m)$。一般来说，对于加速度计这种昂贵的武器系统部组件，往往采取小样本量进行试验。因此这里 n 不大于 25。故这里采用最佳线性无偏估计（BLUE）或最佳线性不变估计（BLIE）方法求解 t_j 时刻性能退化数据分布参数 $m_y(t)$ 和 $\eta_y(t)$ 的点估计。当 n 大于 25 时，一般采用简单线性无偏估计（GLUE）进行估计。实际上，这三者在求解参数估计值时，区别在于要使用相应的 BLUE、BLIE 或 GLUE 系数，这些系数在可靠性试验用表中均可以查到[9]。这里以 BLUE 法为例，给出求解参数估计值的具体过程。

将 t_j 时刻不同轨道上的性能退化数据 y_{ij} 排列得到 $z_{j1} \leqslant z_{j2} \leqslant \cdots \leqslant z_{jn}$，利用最佳线性无偏估计求极值分布参数估计公式为

$$\hat{a}(t_j) = \sum_{k=1}^{n} D(n,n,k)\ln z_{jk} \tag{8}$$

$$\hat{\sigma}(t_j) = \sum_{k=1}^{n} C(n,n,k)\ln z_{jk} \tag{9}$$

由上面极值分布参数点估计 $\hat{a}(t_j)$ 和 $\hat{\sigma}(t_j)$，可以求出 t_j 时刻威布尔分布参数点估计，即

$$\hat{\eta}_y(t_j) = \exp\ (\hat{a}(t_j)) \tag{10}$$

而

$$\hat{\eta}_y(t_j) = \mathrm{e}^{\hat{a}(t_j)} = \mathrm{e}^{\sum_{k=1}^{n} D(n,n,k)\ln z_{jk}}$$
$$= \mathrm{e}^{\ln z_{j1}^{D(n,n,1)} + \ln z_{j2}^{D(n,n,2)} + \cdots + \ln z_{jn}^{D(n,n,n)}} \tag{11}$$
$$= z_{j1}^{D(n,n,1)} \cdot z_{j2}^{D(n,n,2)} \cdot \ \cdots \ \cdot z_{jn}^{D(n,n,n)}$$

将式（12）中各式代入式（11）中，则

$$\Rightarrow \hat{\eta}_y(t_j) = (\alpha_1 t_j^{\beta_1})D^{(n,n,1)} \cdot (\alpha_2 t_j^{\beta_2})D^{(n,n,2)} \cdot \ \cdots \ \cdot (\alpha_n t_j^{\beta_n})D^{(n,n,n)}$$
$$\Rightarrow \alpha_1^{D(n,n,1)} t_j^{\beta_1 D(n,n,1)} \cdot \alpha_2^{D(n,n,2)} t_j^{\beta_2 D(n,n,2)} \cdot \ \cdots \ \cdot \alpha_n^{D(n,n,n)} t_j^{\beta_n D(n,n,n)}$$
$$\Rightarrow \alpha_1^{D(n,n,1)} \cdot \alpha_2^{D(n,n,2)} \cdot \ \cdots \ \cdot \alpha_n^{D(n,n,n)} t_j^{\beta_1 D(n,n,1) + \beta_2 D(n,n,2) + \cdots + \beta_n D(n,n,n)}$$
$$\Rightarrow \alpha_1^{D(n,n,1)} \cdot \alpha_2^{D(n,n,2)} \cdot \ \cdots \ \cdot \alpha_n^{D(n,n,n)} t_j^{\sum_{k=1}^{n} \beta_k D(n,n,1)} \tag{12}$$

设 $\alpha_1^{D(n,n,1)} \cdot \alpha_2^{D(n,n,2)} \cdot \ \cdots \ \cdot \alpha_n^{D(n,n,n)} = \alpha$，样 $\beta_k D(n,n,n) = \beta$，则有

$$\hat{\eta}_y(t_j) = \alpha t^{\beta} \tag{13}$$

因此，当退化轨道是幂函数形式时，η 与 t 的关系也成幂函数形式。

反之，当 η 与 t 的关系满足幂函数关系式时，这

里使用反证法。假设退化轨道与 t 不是幂函数关系，而是另外几种关系，经过展开 $\hat{\eta}_y(t_j) = \exp(\hat{a}(t_j))$ 这个公式的右侧，会发现最后总有一个不为零的余项存在，这与 η 与 t 为幂函数关系矛盾，因此，当 η 与 t 为幂函数关系时，退化轨道与 t 也是幂函数关系。

证毕。

本条性质的意义在于，在退化量分布为威布尔分布条件下，如果知道退化轨道与 t 的关系为幂函数关系，在求基于退化量分布的 η 与 t 的表达式时，不必重新拟合或者建立新的函数关系，反之亦然。这条性质也可用于相互印证退化轨道、η 与 t 之间的关系，如退化轨道与 t 之间是一次函数的关系，那么 η 与 t 之间必然不是幂函数关系，需要重新拟合以确定是何种关系。

4　加速度计退化数据验证实例

某型加速度计在 85℃时进行了加速退化试验，共有 7 个受试样品，其主要的测试参数为零偏 KO 参数。规定零偏 KO 参数比试验前的零偏参数 ≥3 时，加速度计失效。图 1 记录了其性能参数的增量随时间的变化趋势。

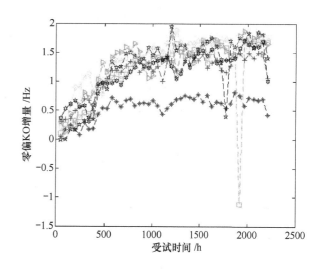

图 1　某型加速度计 85℃时的退化数据

图 1 中的原始数据显然是存在奇异点的。这里通过调用 Matlab 的 Regress 程序对数据进行残差分析，可以删除原始数据中的奇异点。去除奇异点后，使用 Matlab 的 cftool 拟合工具箱，以观察退化轨道与时间 t 更接近哪种函数关系。拟合程度的指标为 R-square（决定系数），其取值范围为 0～1，R-square

越接近 1，证明拟合程度越好。表 1 给出了前文提出的 5 种线性模型的拟合 R-square 值。

从表 1 中可以看出，7 条退化轨道中，幂函数模型的 R-square 系数是最高的。因此加速度计的退化数据与时间的拟合最满足幂函数关系，即 $y_i = \alpha_i t^{\beta_i}$（$i=1,2,\cdots,n$）。

根据式（8）和式（9），可以求出不同的时间点的 $\hat{a}(t_j)$ 和 $\hat{\sigma}(t_j)$ 如表 2 所列。

表 1　5 种线性模型的拟合 R-square 值

类型	退化轨道 1	退化轨道 2	退化轨道 3	退化轨道 4	退化轨道 5	退化轨道 6	退化轨道 7
线性模型	0.6232	0.7852	0.6988	0.6984	0.8149	0.6668	0.5736
指数模型	0.5575	0.6815	0.5899	0.635	0.756	0.5974	0.4959
幂函数模型	0.7984	0.9161	0.8683	0.8981	0.8727	0.8126	0.7567
对数模型	0.7523	0.8869	0.8038	0.8559	0.8399	0.85	0.7057
Compertz 模型	0.5351	0.5351	0.536	0.6172	0.4499	0.5586	0.5126

表 2　不同时间点的 $\hat{a}(t_j)$ 和 $\hat{\sigma}(t_j)$ 值

时间点	$\hat{a}(t_j)$	$\hat{\eta}_y(t_j)$	时间点	$\hat{a}(t_j)$	$\hat{\eta}_y(t_j)$	时间点	$\hat{a}(t_j)$	$\hat{\eta}_y(t_j)$
48	0.3407	0.2600	816	0.3449	1.4189	1584	0.4029	1.4962
96	0.2095	0.2983	864	0.3113	1.3652	1632	0.4589	1.5823
144	0.5365	0.4217	912	0.2674	1.3066	1680	0.4481	1.5653
192	0.4992	0.4970	960	0.3107	1.3643	1728	0.4627	1.5884
240	0.5921	0.5532	1008	0.3126	1.3670	1776	0.4369	1.5479
288	0.3462	0.7074	1056	0.3503	1.4195	1824	0.4722	1.6035
336	0.4400	0.6440	1104	0.2804	1.3237	1872	0.4807	1.6172
384	0.5073	0.6021	1152	0.3558	1.4273	1920	0.4901	1.6325
432	0.5791	0.9437	1200	0.4488	1.5664	1968	0.5019	1.6519
480	0.1394	1.0140	1248	0.3887	1.4751	2016	0.5003	1.6492
528	0.4382	1.0448	1296	0.3927	1.4810	2064	0.4831	1.62109
576	0.2189	1.2447	1344	0.4088	1.5050	2112	0.5157	1.6748
624	0.2357	1.2658	1392	0.3753	1.4554	2160	0.5008	1.6500
672	0.2205	1.2467	1440	0.3872	1.4729	2208	0.5158	1.6750
720	0.3058	1.3577	1488	0.4274	1.5333	—	—	—
768	0.3337	1.3961	1536	0.4626	1.5882	—	—	—

表 3　$\hat{\sigma}(t_j)$ 和 t 的拟合 R-square 值

线性模型	线性模型	指数模型	幂函数模型	对数模型	二次函数模型
R-square	0.7748	0.6907	0.9401	0.9378	0.9074

同样地，使用 cftool 拟合工具箱拟合 $\hat{\sigma}(t_j)$ 和时间 t 的关系，其拟合的 R-square 值如表 3 所列。

通过表 3 可以看出，R-square 值在 $\hat{\sigma}(t_j)$ 和 t 为幂函数关系时最大，表明其拟合程度最好。图 2 所示为 $\hat{\sigma}(t_j)$ 和 t 的散点及幂函数关系拟合图像，其中横轴代表时间 t，纵轴代表 $\hat{\sigma}(t_j)$。从图 2 可以看出，幂函数关系能够很好地满足 $\hat{\sigma}(t_j)$ 和 t 的关系。

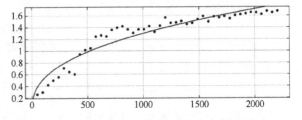

图 2　$\hat{\sigma}(t_j)$ 和 t 的散点和幂函数关系图

5 结束语

本文首先总结了基于退化轨迹和基于退化量分布的两种可靠性评估算法步骤，其次用数学方法推导出了如下结论：在退化量分布为威布尔分布条件下，如果知道退化轨道与 t 的关系为幂函数关系，在求基于退化量分布的 η 与 t 的表达式时，不必重新拟合或者建立新的函数关系，反之亦然。然后利用加速度计退化试验的真实数据验证了数学证明的成立。该结论对基于退化数据的高可靠长寿命产品的寿命评估具有一定的参考价值。

参 考 文 献

[1] 牛跃听，穆希辉，姜志保，等. 自然储存环境下某型加速度计储存寿命评估[J]. 中国惯性技术学报，2014，22（4）：552-556.

[2] Meeker W Q，Escobar L A. Statistical Methods for Reliability Data. New York：John Wiley & Sons，1998.

[3] 贾占强，蔡金燕，梁玉英，等. 基于步进加速退化试验的电子产品可靠性评估技术[J].系统工程理论与实践，2010，30（7）：1279-1285.

[4] 刘合财. 加速退化因子的研究[J].数学的实践与认识，2010，40（12）：225-228.

[5] 孙权，汤衍真，冯静. 利用 T 型性能退化试验的金属化膜电容器可靠性评估[J].高电压技术，2011，37（9）：2261-2264.

[6] Freitas M A，de Toledo M，Colosimo E A. Using degradation data to assess reliability：a case study on train wheel degradation[J]. Quality and Reliability Engineering International. 2008，24（6）：289-295.

[7] 蒋喜，刘宏昭，刘丽兰，等. 基于伪寿命分布的电主轴极小子样可靠性研究[J].振动与冲击，2013，32（19）：80-85.

[8] Chen Wenhua，Liu Juan，Gao Liang，et al. Accelerated Degradation Reliability Modeling and Test Data Statistical Analysis of Aerospace Electricalconnector[J]. Chinese Journal of Mechanical Engineering，2011，24（6）：957-962.

[9] 李东阳. 弹药储存可靠性分析设计与试验评估[M]. 北京：国防工业出版社，2013.

[10] Li Dongyang. Ammunition storage reliability analysis design and test assessment[J]. Beijing：Defense Industry Press，2013.

浅谈陆军导弹系统储存可靠性评估方法

葛　华，宋祥君，李　宁，刘宏涛

（陆军军械技术研究所，河北石家庄　050000）

摘　要：本文阐述了陆军导弹系统储存可靠性的定义，简要介绍了国内陆军导弹储存可靠性评估的方法，并对金字塔法以及近似置信限计算法这两种系统储存可靠性评估方法进行了介绍。

关键词：陆军导弹；系统储存；可靠性评估

0　引言

陆军导弹是一种非常特殊的"长期储存、一次使用"的产品，其制成以后的绝大部分时间都处于储存、维护及检修的状态，一旦使用便达到寿命终点。受储存环境应力的影响，随着储存时间的增长，导弹的可靠度会逐步下降[1]。目前，对于使用部队来说，由于不能确切掌握导弹的储存可靠性，对于临期或略微超期的筒弹，即使维护测试完全正常，打靶训练时也不敢使用，而是尽量使用新弹，这就形成了新弹优先消耗，超期弹越积越多，直接影响了导弹使用效能。因此，陆军导弹储存可靠性评估方法研究对导弹储存、安全使用、部队战斗力的继续发挥具有重要意义。

1　定义

可靠性就是性能稳定性。产品在储存期内的性能稳定性，就是储存可靠性。储存可靠性定义为产品在规定的储存剖面内无故障的持续时间或概率。储存可靠性的概率度量为储存可靠度。储存可靠度决定于产品的设计，包括结构设计和防护设计，以及原材料和元器件的选择等，储存期间采取的措施只能保持和恢复储存可靠度，使其不降低或延缓降低速度，并不能提高产品的储存可靠度。

可靠性评估是可靠性工程的重要组成部分，它是根据产品的可靠性结构、寿命分布类型以及相关的可靠性信息，利用数理统计方法和手段，对产品可靠性特征量进行统计推断和决策的过程[2]。

武器系统的可靠性评估是对武器系统可靠性进行定量控制的必要手段，贯穿于武器系统的整个寿命周期，是衡量武器系统可靠性是否达到预期设计目标和促进武器系统可靠性增长的重要途径[3]。

2　国内导弹储存可靠性评估方法

目前，国内在陆军导弹储存可靠性评估分析方面，主要有工程分析评估和统计分析评估方法。

工程分析评估方法主要是利用所能获得的一切信息，结合储存期设计评审、储存试验执行情况评审、储存期管理评审对是否满足储存期指标要求做出结论。如在导弹储存试验结束后，并且已经装备部队时，已经取得一定数量的储存信息，可以利用这些信息进行统计分析评估评定。取得的储存数据可以分为两类，一类是产品的储存时间和失效信息；另一类是产品的各次检测记录的性能参数和检测时间，利用这些信息进行储存期间的储存可靠性分析评估，可以得到失效率和储存可靠度。工程试验评估方法主要内容包括储存环境分析评估、产品外观与性能分析评估、综合分析评估等。

统计分析评估方法主要分为储存期评估和储存可靠度评估。储存期评估一般有回归分析法、可靠性寿命法、成败型数据法、串联系统法和并联系统法等。储存可靠度评估一般有利用指数寿命型数据的评估方法、利用正态型数据的评估方法、利用成败型数据的评估方法以及复杂系统储存可靠度综合方法等。

在我国目前实际条件下，对于导弹这样的长寿命复杂系统，单纯采用储存可靠性分析结果，或只用其他统计分析方法，都不便确定导弹储存可靠性。只有采用工程分析与统计分析相结合的方法，并针对具体产品的特点才能比较合理地确定导弹储存可靠性。而在统计分析中，哪些方法可以进行导弹复杂系统的可靠性评估，是本文将要探讨的内容。

3　系统储存可靠性评估方法研究

现有的统计分析可靠性评估方法一般都假设系统的各组成单元是相互独立的，但在工程实际中这是不合理的，对于大多数系统而言，组成单元失效相关是其普遍特征，简单地在失效相互独立的假设条件下进行可靠性评估，常常会导致过大的误差，甚至会得出错误的结论。

导弹作为一个复杂大系统其可靠性评估一直是重大难题之一，这是由于导弹储存可靠性试验代价昂贵且周期太长，导致其可靠性现场试验数据太少。要评定系统的可靠度，就必然存在信息量不足的问题，从而使得可靠性评估无法顺利进展。为解决复杂系统的可靠性综合问题，20世纪50年代中后期以来国际上开始使用"金字塔"模型进行可靠性的综合评估。我国在《装备研制与生产可靠性通用大纲》也规定"在按系统验证可靠性参数不充分的情况下，允许用低层次的产品的试验结果推算出系统可靠性值"。因此，对系统可靠性评估可采用关键部件的寿命模型和系统的长期储存试验监测数据相结合的方法，即"金字塔法"对系统可靠性进行评定。

3.1　金字塔法

对于许多不同分布类型功能单元组成的复杂系统可以像功能单元一样，直接利用复杂系统的试验信息进行可靠性评估。但复杂系统的试验次数一般很有限，有的甚至只有一、两次试验，其评估结果可靠度置信下限很低，其置信水平也不高，不能反映复杂系统的固有可靠性水平。然而，对组成复杂系统的各级功能单元的试验却相对较多，复杂系统及组成复杂系统的各级功能单元级别越低，在工程试验中，试验件数和次数越多，因此发展了系统可靠性的金字塔式综合评定模型。金字塔式可靠性分析法认为：从系统的最底层级别、元器件级别开始，利用可靠性评定模型，得到上一级别的评定信息，即由组件级别的可靠性评定折合信息与组件级别的试验信息综合得到该级别的可靠性评定信息，上述折合与综合可靠性信息过程，自下而上级别的一直进行到系统级别，得到系统级别的可靠性评定信息，进行系统的可靠性评定。

图1为金字塔式评估原理图。

图1　金字塔式评估原理图

金字塔式的可靠性评定步骤可归纳如下：

（1）根据复杂系统中相邻两级间的可靠性结构，写出其可靠性函数。

（2）根据某一级的分系统可靠性函数式及其所属下一级的各功能单元的可靠性信息，求出该分系统的可靠性折合信息，将此折合信息与分系统的试验信息做综合，可得到该分系统的综合信息。若该系统无试验信息，则该分系统只有折合信息。按此方法求出某一级的各分系统的可靠性折合信息和综合信息。

（3）利用系统的可靠性函数式及其所属下一级各分系统的可靠性综合信息或折合信息，求出系统的折合信息，将此折合信息与该系统的试验信息做综合，得到该系统的综合信息。

（4）按以上方法自下而上逐级折合和综合，直到整个复杂系统。根据复杂系统中的各级可靠性综合信息或折合信息，求出给定置信水平下的可靠性置信下限。

复杂系统的金字塔式综合评定方法的数学难度大，所得可靠度精确限解具有一定的局限性，比较复杂，不易给出明确的物理意义，而且计算繁琐，不易被工程界所采用。当前广泛采用的是近似方法。

3.2　系统可靠性近似置信限计算方法研究

当已知系统的单元数据时，可以求出单元可靠性参量的点估计值和区间估计值。

设系统的可靠度为 R_S，系统由 k 个单元组成，单元可靠度为 R_i，$i=1,2,\cdots,k$，则按照可靠度综合方法求得的系统可靠度结构函数可表示为

$$R_S = f(R_1, R_2, \cdots, R_k) \qquad （1）$$

设单元可靠度的点估计值为 $\hat{R}_i$，$i=1,2,\cdots,k$，则系统的可靠度点估计值为

$$\hat{R}_S = f(\hat{R}_1, \hat{R}_2, \cdots, \hat{R}_k)$$

例如，对于串联系统，设系统的可靠度为 R_S，系统由 k 个单元组成，单元可靠度的点估计值为 $\hat{R}_i$，$i = 1, 2, \cdots, k$，则系统的可靠度点估计值为

$$\hat{R}_S = \prod_{i=1}^{k} \hat{R}_i \qquad (2)$$

但是系统可靠度的单侧置信下限值却不能由单元可靠度置信下限直接求得，即 $R_{SL} \neq f(R_{1L}, R_{2L}, \cdots, R_{kL})$ 而必须通过可靠性综合的方法求得。

目前常用可靠性近似限计算方法有经典法、贝叶斯（Bayes）方法[4]、信赖（Fiducial）法等。这 3 种方法是由于对统计方法和分布参数的认识不同形成的。经典法以频率解释统计规律，只考虑抽样结果，假设母体分布参数是客观存在的未知常量，评定的任务是估计这些常量的变化范围。贝叶斯法则认为这些参数是随机变量，服从某一验前分布，可以根据经验来确定，贝叶斯方法比经典法对客观假设认识多一些，从而在同样的精度要求下，需要的抽样量少一些，但试验前的千差万别的工程经验、研制生产情况准确地反映到先验分布上是非常困难的，如果不准确，可能造成很大的问题。信赖法不涉及参数的先验分布，根据观测样本确定参数的分布，该分布有概率分布的一切性质，但并非因参数具有随机变量的特征而带来，而仅表示由于所得样本的信息、参数落在某种范围内的"可信程度"；信赖区间不允许作任何频率解释，因此更偏重于理论方面的贡献，工程上应用较少。

总的来说，评定系统可靠性置信限的方法优劣，对总体评价结论影响不大，而作为系统可靠性综合基础的单元可靠性评估所依据的统计方法标准也都是经典方法，而且经典方法也更加规范，因此更多情况下都是采用经典方法进行评定。

3.2.1 数据折合与系统等效数据

逐级的系统可靠性综合近似方法的中心是数据折合法，即把单元的试验数据折算成系统的等效试验数据。一般单元的数据分布可按成败型（二项分布）、指数寿命型和正态型考虑。暂不考虑正态型，对于系统含有指数型和成败型这两种单元数据时，要把数据都折算成成败型的等效数据，因为一般的产品都能收集到成败型的数据，而一些大系统自身的数据也多为成败型系统；而且成败型的系统理论也较为成熟。当然对全指数型数据单元所组成的系统，其等效数据也应该是指数分布类型的。

系统的综合数据应包括其自身的数据和折算的等效数据，数据综合模式为

成败型：$(n_i, f_i) \rightarrow (N', F') + (N_S, F_S) = (N, F)$

指数型：$(E_i, r_i) \rightarrow (E', r') + (E_S, r_S) = (E, r)$

对成败型，(n_i, f_i) 为第 i 个单元试验次数和失效次数，(N', F') 为单元级折算到系统级的试验次数和失效次数，(N_S, F_S) 为系统级自身的试验次数和失效次数，(N, F) 为系统最终的等效试验次数和失效次数。对于 (N, F)，有

$$\begin{cases} N = N' + N_S \\ F = F' + F_S \end{cases} \qquad (3)$$

对指数型，(E_i, r_i) 为第 i 个单元的指数型数据，(E', r') 为单元级折算到系统级的指数型数据，(E_S, r_S) 为系统级自身的指数型数据，(E, r) 为系统最终的指数型数据。对于 (E, r)，有

$$\begin{rcases} E = E' + E_S \\ r = r' + r_S \end{rcases} \qquad (4)$$

当已求得成败型系统综合数据 (N, F) 时，则系统可靠度综合单侧置信下限 R_{SL} 仍采用成败型数据方法计算，即

$$R_{SL} = R_L(1 - \alpha, N, F) \qquad (5)$$

$R_L(1 - \alpha, N, F)$ 是置信度为 $\gamma = 1 - \alpha$、试验次数为 N、失败次数为 F 的二项分布可靠度单侧置信下限，可计算或查表求得。

当已求得指数型系统综合数据 (E, r) 时，系统可靠度综合单侧置信下限 R_{SL} 可采用指数型数据方法计算，即

$$R_{SL}(t) = \exp\left[-\frac{\chi_{1-\alpha}^2(2r + 2)}{2E} \right] \qquad (6)$$

综合上述，系统可靠性综合是根据系统可靠性模型，由系统下属单元的数据折合成系统的等效数据，系统自身的数据和折合的等效数据构成系统的综合数据，再按照最终数据分布类型的可靠性评估方法求出系统可靠性评估的最终结果。

3.2.2 串联系统的近似置信限计算方法

复杂系统可靠性近似置信限求解的经典方法一般应满足以下几个条件：

（1）评估得到的近似限应接近精确限，但不能超过精确限。

（2）评估近似限的实际置信水平应大于规定值条件下，实际置信水平应尽量小。

（3）应用各单元不同分布参数方便的计算复杂系统的可靠性置信限。

在二项（成败型）串联系统可靠度近似限方法中，常用的经典法有经过修正的极大似然估计方法（MML）[5]、逐次压缩简化（SR）方法[6]、L-M

（Lindstrom-Maddens）法[7]等。MML 法适用于大样本、有故障的情况；SR 法丢失信息较多，结果方差大，偏于保守；相对于其他两种方法，L-M 方法既简明又便于计算，且不会冒进，还适用于失败数 f_i 出现零的情况，更适用于工程应用，特别是适用于由很多个二项单元组成的串联系统。下面简要分析成败型串联系统可靠性评估中的经典 L-M 法。

对于串联系统，设系统的可靠度为 R_S，若系统由 p 个单元组成，单元可靠度为 $R_i, i=1,2,\cdots,p$，则系统的可靠度为

$$R_S = \prod_{i=1}^{p} R_i \tag{7}$$

若单元的储存寿命为 T_i，则系统的储存寿命为

$$T = \min(T_1, T_2, \cdots, T_p), \quad 1 \leqslant i \leqslant p \tag{8}$$

假设所研究的对象只有系统和单元两级，组成系统各单元的试验信息有二项成败型和指数型两种分布类型，根据式（4-3-1），系统可靠度的函数可写成如下形式：

$$R_S = f(R_1, \cdots, R_i; R_{l+1}, \cdots, R_{l+m}) \tag{9}$$

式中：$R_j(j=1,\cdots,l)$ 为系统的第 j 个二项成败型单元的可靠性；l 为成败型单元的最大试验数；$R_{l+k}(k=1,\cdots,m)$ 为系统第 k 个指数寿命型单元的可靠性，m 为指数寿命型单元最大的试验数；$l+m=p$。

现在将系统的可靠性函数按二项分布类型处理，将各单元的数据最终综合为系统的成败型数据，由此求得系统的可靠度下限。

首先，将 $j(j=1,\cdots,l)$ 个二项成败型单元的信息 (n_j, f_j) 保留；将 $k(k=1,\cdots,m)$ 个指数寿命型单元的试验信息按照公式（4-3-10）逐个转换成二项型信息 (n_{l+k}, f_{l+k})；将所有二项型信息 (n_j, f_j)、(n_{l+k}, f_{l+k}) 按试验次数大小进行排序为：$n_1, n_2, \cdots, n_p$。

$$\begin{cases} n = \dfrac{\left(\dfrac{E}{E+1}\right)^{r+1} - \left(\dfrac{E}{E+2}\right)^{r+1}}{\left(\dfrac{E}{E+2}\right)^{r+1} - \left(\dfrac{E}{E+1}\right)^{2r+2}} - 1 \\ f = (n+1)\left[1 - \left(\dfrac{E}{E+1}\right)^{r+1}\right] - 1 \end{cases} \tag{10}$$

然后，计算系统的极大似然点估计值：

$$\hat{R} = \prod_{i=1}^{p} \frac{n_i - f_i}{n_i} \tag{11}$$

再后，求系统的试验次数 n 和失败次数 f：

$$\left.\begin{array}{l} n = N + \min\{n_1, n_2, \cdots, n_p\} \\ f = F + n(1-\hat{R}) \end{array}\right\} \tag{12}$$

求得 n 和 f 后，则系统可靠性的点估计值为

$$\hat{R} = \frac{n-f}{n} \tag{13}$$

再根据给定的置信度 $\gamma = 1-\alpha$，确定系统可靠性置信下限 R_L 为：

$$\sum_{x=0}^{f} C_n^x R_L^{n-x}(1-R_L)^x = 1-\gamma \tag{14}$$

或查表求得 $R_L(\gamma, n, f)$。

当 $f=0$ 时，$R_L = (1-\gamma)^{\frac{1}{n}}$；当 $f=p$ 时，$R_L=0$。

由此，由单元可靠性数据，求得系统可靠度置信限的近似值。

4　结束语

加强陆军导弹的储存可靠性评估，是我军导弹保持和延长战斗力的关键。本文从工程应用的角度出发，对陆军导弹系统可靠性评估方法进行了研究。首先，对储存可靠性进行了定义阐释；对比单元储存可靠性评估的缺点，给出了复杂系统储存可靠性评估方法，重点梳理了金字塔法以及近似置信限计算法。系统储存可靠性评估方法相对来说可以更合理、准确地得出导弹储存可靠性，从而可以检验导弹是否达到了可靠性指标要求，找出产品的薄弱环节及其严重程度，为改进措施和方法提供依据。对于提高陆军导弹装备的综合性能，提升国防实力有十分重要的意义。

参 考 文 献

[1] 王江元，王应建，王再文，等. 导弹武器系统可靠性评估与鉴定技术应用研究[J]. 战术导弹技术，2003，（6）：21-32.

[2] 马洪霞. 可靠性评估工程应用研究[D]. 哈尔滨：哈尔滨工程大学，2005.

[3] 刘春和，陆祖建. 武器装备可靠性评定方法[M]. 北京：中国宇航出版社，2009：139-186.

[4] 刘春和，武器系统可靠性指标的模糊计算与分配[J]. 质量与可靠性，2004，18（4）：25.

[5] 秋山穰. 系统工程[M]. 北京：机械工业出版社，1993.

[6] 李根成，姜同敏. 某型产品可靠性鉴定试验方案设计与分析[J]. 弹箭与制导学报，2005，25（2）：241-243.

[7] 陈万创，李爱国. 舰空导弹储存可靠性研究[J]. 上海航天，2007.

二、弹药导弹安全性监测与评价

2.1　弹药导弹含能材料安全性监测理论与技术

Mg/H₂O 与 MgO/H₂O 竞争反应机理的量子化学计算

陈明华[1]，陈永康[2]，过乐驹[2]，葛　强[1]，王韶光[1]

（1. 陆军军械技术研究所，河北石家庄　050000；2. 陆军工程大学石家庄校区，河北石家庄　050003）

摘　要：本文对镁/水反应和氧化镁/水反应的竞争机理进行了研究，计算并比较了两种反应机理。采用密度泛函方法 B3LYP/6-311++G(d,p)方法和基组优化反应路径中各驻点的几何构型，分析其电子结构并计算振动频率，确定过渡态和中间体，得到两种反应的反应势能曲线，对比发现氧化镁与水的反应更为有利。

关键词：镁/水反应；氧化镁/水反应；量子化学；密度泛函方法

0　引言

镁作为燃料而言，由于其燃烧能够产生大量热量，发出耀眼白光，生成白烟等特点，已被大量应用于各种发光、发热、发烟的烟火剂中。在含镁烟火剂的生产过程中，由于生产工艺所限等原因，烟火剂不可避免地会混杂一定的水分。然而低温下镁也能和水发生反应，同时储存过程中水分也有可能会导致烟火剂的受潮失效，为解决这一问题，氧化镁被加入到含镁的烟火药剂中作为安定剂。但氧化镁作为安定剂的作用机理尚不明确，对于镁和氧化镁与水发生反应的先后顺序仍有争论。本文针对这一问题，利用量子化学方法，计算镁/水反应和氧化镁/水反应的机理，从理论上对氧化镁作为安定剂的作用机理进行解释。

镁和水的反应较为简单，对该反应已有不少研究[1-5]，最早 Douglas 等[6]用基质隔离–分子光谱方法研究其反应机理，周星[7]对低温下镁和水的反应及其动力学进行了研究，通过试验研究了低温下镁水反应的反应进度，采用模式配合法确定反应机理函数并计算相关动力学参数。韩志江[8]采用从头算 G2M（CC2）方法计算了镁和水在高温下的反应机理，其反应产物是氧化镁而非氢氧化镁，这和低温下的镁水反应是不同的[9]。而对于氧化镁和水的反应，有涉及氧化镁量子化学计算的相关研究[10-14]，但针对氧化镁和水反应的理论计算相对较少，有关镁和氧化镁与水的竞争反应机理也未见报道。

1　反应机理

镁是活泼性很强的碱土金属元素，在低温下即可和水发生反应，生成氢氧化镁和氢气。其氧化物氧化镁也能与水发生反应，生成对应的氢氧化物即氢氧化镁。其反应机理如下：

$$Mg + 2H_2O = Mg(OH)_2 + H_2$$
$$MgO + H_2O = Mg(OH)_2$$

本文对镁和水反应以及氧化镁和水反应的竞争机理进行了计算，优化两种反应中各反应物和产物的几何结构并计算振动频率，寻找过渡态和中间体，计算能量得到反应的势能曲线，最终确定两种反应的竞争关系。

2　理论计算

2.1　计算方法

所有的电子结构和能量计算均由 Guassain 09 程序包完成。采用密度泛函方法（Density Functional Theory，DFT）中的杂化泛函 B3LYP 方法，B3LYP

方法属于 Becke 三参数杂化泛函，B3LYP 使用 LYP 表达式提供的非局域关联，局域关联使用 VWN 泛函Ⅲ。在 B3LYP/6-311++G(d,p)水平下优化各反应中反应物、产物和过渡态的几何结构并计算振动频率。对反应过渡态进行内禀反应坐标（IRC）计算对过渡态加以确认。对体系进行闭壳层计算。在 B3LYP/6-311++G(d,p)水平下计算得到气态条件下两种反应的势能曲线。

2.2 结果与讨论

2.2.1 结构和频率

在 B3LYP/6-311++G(d,p)水平下优化各反应中各个驻点的几何结构，分析驻点的电子结构并计算振动频率。两种反应中各个驻点的优化几何结构如图 1 所示。得到相应的结构信息包括键长键角如表 1 所列。

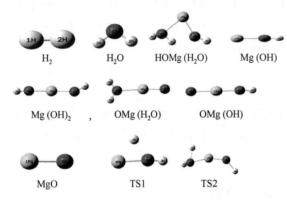

图 1 各驻点的几何结构

表 1 各驻点的结构参数

种类	键	键长/Å	键	键角/（°）
MgO	Mg(1)-O(2)	1.7627	—	—
H₂O	H(2)-O(1)	0.9612	H(2)-O(1)-H(3)	105.1016
	H(3)-O(1)	0.9612	—	—
Mg(OH)	Mg(1)-O(2)	1.7992	H(3)-Mg(1)-O(2)	179.8855
	H(3)-O(2)	0.9511	—	—
Mg(OH)₂	Mg(1)-O(2)	1.7982	H(3)-Mg(1)-O(2)	149.0791
	H(3)-O(2)	0.9520	O(4)-Mg(1)-O(2)	178.3841
	Mg(1)-O(4)	1.7804	Mg(1)-O(2)- H(3)	177.5221
	H(5)-O(4)	0.9493	—	—
HOMg(H₂O)	Mg(1)-O(2)	1.8942	Mg(1)-O(2)- H(3)	139.8033
	Mg(1)-O(4)	2.1487	O(4)-Mg(1)-O(2)	75.4250
	H(3)-O(2)	0.9555	H(5)-O(4)-Mg(1)	83.8524
	H(5)-O(4)	0.9929	H(6)-O(4)-Mg(1)	134.7893
	H(6)-O(4)	0.9616	—	—
OMg(H₂O)	Mg(1)-O(2)	1.7649	O(3)-Mg(1)-O(2)	176.8002
	Mg(1)-O(3)	2.0992	O(3)-Mg(1)-H(4)	126.4681
	H(5)-O(3)	0.9671	O(3)-Mg(1)-H(5)	125.9687
	H(4)-O(3)	0.9671	—	—

（续）

种类	键	键长/Å	键	键角/（°）
OMg(OH)	Mg(1)-O(2)	1.8894	O(3)-Mg(1)-O(2)	179.9623
	Mg(1)-O(3)	1.7777	O(3)-Mg(1)-H(4)	179.9246
	H(4)-O(2)	0.9496	—	—
H₂	H(2)-H(1)	0.7441	—	—
TS1	H(3)-O(1)	0.9661	H(3)-O(1)-H(2)	124.1449
	H(2)-O(1)	1.5842	H(3)-O(1)-Mg(4)	173.8203
	Mg(4)-O(1)	1.8850	—	—
TS2	Mg(1)-O(2)	1.7714	H(3)-O(2)-Mg(1)	135.3136
	Mg(1)-O(4)	1.9160	O(4)-Mg(1)-O(2)	160.1583
	H(3)-O(2)	1.4832	H(5)-O(4)-Mg(1)	132.6904
	H(5)-O(4)	0.9640	H(6)-O(4)-Mg(1)	67.6960
	H(6)-O(4)	1.4857	—	—

2.2.2 Mulliken 重叠布居和偶极矩

计算得到各驻点的 Mulliken 重叠布居，结果如表 2 所列。

表 2 各驻点的 Mulliken 重叠布居

种类	键	重叠布居
MgO	Mg(1)-O(2)	0.2528
H₂O	H(2)-O(1)	0.3149
	H(3)-O(1)	0.3149
Mg(OH)	Mg(1)-O(2)	0.2917
	H(3)-O(2)	0.1663
Mg(OH)₂	Mg(1)-O(2)	0.2695
	H(3)-O(2)	0.2738
	Mg(1)-O(4)	0.2644
	H(5)-O(4)	0.2807
HOMg(H₂O)	Mg(1)-O(2)	0.2237
	Mg(1)-O(4)	0.1439
	H(3)-O(2)	0.2171
	H(5)-O(4)	0.3088
	H(6)-O(4)	0.3091
OMg(H₂O)	Mg(1)-O(2)	0.4191
	Mg(1)-O(3)	0.1573
	H(5)-O(3)	0.2599
	H(4)-O(3)	0.2696
OMg(OH)	Mg(1)-O(2)	0.2739
	Mg(1)-O(3)	0.2451
	H(4)-O(2)	0.2909
H₂	H(2)-H(1)	0.4151

根据键的 Mulliken 重叠布居数，可判断化学键的强弱。根据表 2 中的数据，总体而言 Mg-O 键的布居数在 0.25～0.3 之间，H-O 键的布居数在 0.3 左右，相比而言 Mg-O 键要稍弱一些。同时，也有个别中间体在反应过程中形成的化学键不够稳定，布

居数相对较小，如 HOMg(H₂O)的 Mg(1)-O(4)布居数为 0.1439，OMg(H₂O)的 Mg(1)-O(3)布居数为 0.1573。

计算得到各驻点的偶极矩，结果如表 3 所列。

表 3　各驻点的偶极矩

种类	偶极矩
MgO	7.5142
H₂O	2.1585
Mg(OH)	1.4925
Mg(OH)₂	0.8230
HOMg(H₂O)	1.6341
OMg(H₂O)	12.3533
OMg(OH)	2.0048
H₂	0

分子的偶极矩是表征分子结构的重要参数，与分子的对称性和电荷分布状况有密切关系。反应产物 Mg(OH)₂ 的极性较小，偶极矩为 0.8230 Debye，镁/水反应的两个中间体 Mg(OH)、HOMg(H₂O)偶极矩接近，分别为 1.4925、1.6341 Debye，氧化镁/水反应的中间体 OMg(H₂O)偶极矩较大，为 12.3533 Debye。

2.2.3　振动频率

计算得到的两种反应中各个驻点的频率如表 4 所列。

表 4　所有反应物、中间体、产物和过渡态的振动频率

种类	频率/cm⁻¹	
MgO	788	820[a]
H₂O	3924 3818 1602	3756 3657 1595[b]
Mg(OH)	4031 729 216	4045 752 123[a]
Mg(OH)₂	4066 4020 895 599 253 203 195 162 160	
HOMg(H₂O)	3963 3878 3327 1569 841 616 526 512 320 301 276 256	
OMg(H₂O)	3842 3747 1640 836 477 320 273 69 46	
OMg(OH)	4060 854 551 222 203 151	
H₂	4418	4401[a]
TS1	3797 1387 660 569 291 1121i	
TS2	4025 3836 1074 808 682 488 366 198 156 149 140 721i	

注　a：文献[8]
　　b：NIST 实验值

过渡态 TS1 和 TS2 均有且仅有一个虚频。其中镁水反应中的 TS1 的虚频为 1121i，TS2 的虚频为 721i。同时表中列出相关的实验值和文献值，其中 MgO 伸

缩振动频率为 788cm⁻¹，文献值为 820 cm⁻¹。H₂ 的伸缩振动频率为 4418 cm⁻¹，文献值为 4401 cm⁻¹。H₂O 的对称伸缩振动、反对称伸缩振动、弯曲振动频率分别为 3924、3818、1602 cm⁻¹，实验值为 4045、752、123 cm⁻¹。本文的计算结果与实验值和文献值相吻合。

2.2.4　竞争机理

B3LYP/6-311++G(d,p)水平下计算得到两种反应中各驻点的结构能量、零点能（Zero-point energy）校正以及焓，结果如表 5 所列。

表 5　所有驻点的相对能量

驻点 Species	结构能量 E/hartree	零点能 ZPE/(Kcal·mol⁻¹)	焓 H/hartree
H₂	−1.1795715	6.32	−1.167146
MgO	−275.2601812	1.13	−275.254999
H₂O	−76.4585307	13.35	−76.433464
Mg(OH)	−275.9640065	7.11	275.948255
Mg(OH)₂	−351.8916661	15.09	−351.860776
MgO(OH)	−351.192469	8.64	−351.172950
MgO(H₂O)	−351.7544367	16.08	−351.722225
MgOH(H₂O)	−352.4514416	23.43	−352.407943
TS1	−276.4912737	9.58	−276.471478
TS2	−352.4037727	16.8	−352.369353

在 B3LYP/6-311++G(d,p)水平下计算得到两种反应的反应势能曲线，如图 2 所示。结合势能曲线和结构信息，对反应机理进行分析。

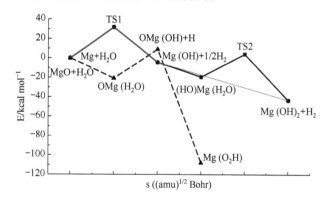

图 2　两种反应的反应势能曲线

1）镁/水反应

（1）Mg+H₂O→Mg(OH)+H。

Mg 与水先经由过渡态 TS1 形成中间体 Mg(OH)，Mg 原子接近水的 O 原子，O-H 键逐渐拉长，水的 O-H 键长为 0.9612 Å，过渡态 TS1 的 O(1)-H(2)键的键长为 1.5842Å，键明显拉长，而 O(1)-H(3)键的键长为 0.9662 Å，也略有伸长。而后

O(1)-H(2)断裂,脱去一个 H 原子。Mg 原子和水 O 原子逐渐靠近,TS1 的 Mg(4)-O(1) 键的键长为 1.8850Å,脱 H 形成中间体 Mg(OH)后,其键长为 1.7992Å,Mg-O 键更加稳定。Mg(OH)的 H(3)-Mg(1)-O(2)键角为 179.88°,并非成一条直线。这一步反应的过渡态 TS1 能垒为 37.98kcal/mol(158.76kJ/mol)。能垒相对较高,说明反应不易进行。

（2）$Mg(OH)+H+H_2O \rightarrow Mg(OH)_2+H_2$。

中间体继续反应生成产物 H_2 和 $Mg(OH)_2$,有两种反应通道,一种是直接形成最终产物,即 Mg(OH)与一个水分子反应,水分子的 O 原子接近 Mg 原子,形成 Mg(1)-O(3)键,其键长为 1.7804 Å,另一个 Mg(1)-O(2)键的键长为 1.7982 Å,与 Mg(OH)的相比都更短一些,说明更加稳定。参加反应的水分子的 O-H 键拉长断裂脱去一个 H 原子,最终形成 H_2 和 $Mg(OH)_2$。产物 $Mg(OH)_2$ 几何结构与 Mg(OH)类似,O(4)-Mg(1)-O(2) 和 Mg(1)-O(2)-H(3) 的键角都接近 180°。这一步反应没有能量势垒。

Mg(OH)与 H_2O 反应的另一个通道是先生成 $(HO)Mg(H_2O)$,再生成最终产物 $Mg(OH)_2+H_2$。

（3）$Mg(OH)+H_2O \rightarrow (HO)Mg(H_2O)$。

Mg(OH)先和水分子形成中间体(HO)Mg(H_2O),其中(HO)Mg(H_2O)的 Mg(1)-O(2) 和 Mg(1)-O(4)键长分别为 1.8942、2.1487 Å,Mg(1)-O(4)键相对较长,说明和水结合的不太牢固。由于水的加合,(HO)Mg(H_2O)的 O(3)-Mg(1)-O(2)键角为 75.42°,这与 Mg(OH)、$Mg(OH)_2$ 的构型不太一样。同时根据表 5 的计算结果,发现其相对能量较高,说明该物质并不稳定,容易进行下一步反应。

（4）$(HO)Mg(H_2O)+H \rightarrow Mg(OH)_2+H_2$。

(HO)Mg(H_2O)经由过渡态 TS2 生成最终产物 $Mg(OH)_2+H_2$,TS2 的两个 Mg-O 键的键长分别为 1.7713、1.9160 Å,比中间体(HO)Mg(H_2O)的两个 Mg-O 键略短,与产物的 Mg-O 键长接近。说明 Mg 原子与两个 O 原子逐渐靠近,结构更加稳定。TS2 的 O(4)-H(6)键为 1.4856 Å,键拉长断裂,脱去一个 H 原子形成最终产物 $Mg(OH)_2 + H_2$,这一步反应的能垒为 11.88 kcal/mol（49.7kJ/mol）。

2）氧化镁/水反应

（1）$MgO+H_2O \rightarrow OMg(H_2O)$。

氧化镁先与水分子形成中间体 MgO(H_2O),MgO(H_2O)的 Mg(1)-O(2)键长为 1.7649 Å,较 MgO 的 1.7627 Å 略有伸长,中间体的 Mg(1)-O(3)键长为 2.0992 Å,说明 MgO 与水结合的并不是很稳定,O(3)-Mg(1)-O(2)键角为 176.80°。此过程没有能量势垒。

（2）$OMg(H_2O) \rightarrow OMg(OH)+H$。

而后 MgO(H_2O)克服能垒形成中间体 MgO(OH)和 H 原子,MgO(OH)的 Mg(1)-O(2)键长为 1.8894 Å,Mg(1)-O(3) 键长为 1.7777 Å。与 OMg(H_2O)相比,Mg 与两个 O 原子结合地更加牢固。MgO(H_2O)中的 H 并不是以离子形式解离,因为通过能量计算,发现 $MgO(OH)^- + H^+$ 的能量为 287.78 kcal/mol,要远远高于 MgO(OH)· + H·的 15.05 kcal/mol,MgO(H_2O)更倾向于生成 MgO(OH)· + H·。

（3）$OMg(OH)+H \rightarrow Mg(OH)_2$。

最后中间体 MgO(OH)与 H 原子形成最终产物 $Mg(OH)_2$。MgO(OH)的 O(3)-Mg(1)-O(2)和 O(3)-Mg(1)-H(4)键角均与 $Mg(OH)_2$ 的接近,其几何结构已经比较类似。

比较两种反应的势能曲线,氧化镁与水反应的能垒为 15.05kcal/mol(62.90kJ/mol),而镁/水反应的能垒为 37.98kcal/mol（158.76kJ/mol）,得出结论是氧化镁先与水发生反应。

3　结论

本文对镁和氧化镁与水反应的竞争机理进行了理论计算,采用密度泛函方法优化反应路径中各驻点的几何构型,根据优化结果分析了驻点的电子结构。同时计算了振动频率,过渡态有且仅有一个虚频。得到各驻点的能量信息,结合几何构型以及能量信息,对两种反应的反应机理进行分析,对比两种反应的反应势能曲线,发现氧化镁与水的反应更为有利。计算结果表明氧化镁作为含镁烟火药剂中的安定剂,能够比镁先与药剂中的水分发生反应,生成氢氧化镁,起到中和水分,保护镁粉的作用。

参 考 文 献

[1] 陈静允. 钛-强碱性溶液、镁-水体系反应机制的研究[D]. 杭州:浙江工业大学, 2012.

[2] 厉雄峰. 镁/水体系反应行为及其副产物氢氧化镁吸附性能的研究[D]. 杭州:浙江工业大学, 2015.

[3] 杨栋, 张炜, 周星. 镁基水反应金属燃料与水反应模型及数值分析[J]. 推进技术, 2012, 33（1）:111-115.

[4] 周星. 镁基水反应金属燃料与水反应特性研究[D]. 长沙:国防科学技术大学, 2010.

[5] Sakai S. Theoretical studies of Mg（^1S, ^3P）atom reaction mechanisms with HF, H_2O, NH_3, HCl, H_2S and PH_3 molecules[J]. Bull. Chem. Soc. Jpn., 1993, 66: 3326-3333.

[6] Douglas M A, Hauge R H, Margrave J L. Electronic matrix isolation

spectroscopic studies of the group IIA metal-water photochemistry[J]. High Temp. Sci.，1984. 17：201-206.

[7] 周星，张炜，郭洋，等. 低温镁/水反应特性及反应动力学研究[J]. 固体火箭技术，2011，34（1）：71-75.

[8] 韩志江. 镁/水着火燃烧模型及高温均相反应机理研究[D]. 杭州：浙江大学，2012.

[9] 周星，张炜，李是良. 镁粉的高温水反应特性研究[J]. 固体火箭技术，2009，32（3）：302-305.

[10] Yoshimine M. Computed ground state properties of BeO，MgO，CaO and SrO in moleculer orbital approximation[J]. Journal of the Physical Society of Japan，1968，78（4）：1100-1119.

[11] Bunker P R，Kolbuszewski M，Jensen P，et al. New rovibrational data for MgOH and MgOD and the internuclear potential function of the ground electronic state[J]. Chemical Physics Letter. 1995，239（4-6）：217-222.

[12] Zou M S，Guo X Y，Huang H T. Preparation and characterization of hydro-reactive Mg-Almechanical alloy materials for hydrogen production in seawater[J]. Journal of Power Source. 2012，19：60-64.

[13] Jain S K，Rout C，Rastogi R C. Density functional study of the isomerisation of MOH（M=Be and Mg）[J]. Chemical Physics Letter. 2000，311（5-6）：547-552.

[14] 赵臻，王娣，汪琦. 碳酸镁热分解主要反应通道的量子化学分析[J]. 辽宁科技大学学报，2014，37（2）：119-125.

两种烟火药剂的燃烧光谱分析

过乐驹[1]，陈明华[2]，葛　强[2]，王韶光[2]

（1. 陆军工程大学，河北石家庄　050003；2. 陆军军械技术研究所，河北石家庄　050000）

摘　要：为了研究绿光和红光烟火药的燃烧光谱分布性能，利用全波段辐射计分别对绿光和红光烟火药剂的燃烧光谱进行了测试，从而得到了这两种烟火药剂的燃烧光谱分布图。通过对红绿光烟火药剂燃烧光谱的研究，红绿光烟火药剂的燃烧光谱是混合光谱。烟火药剂的燃烧光谱可以作为药剂的鉴定手段。

关键词：烟火药；燃烧光谱；有色光

0　引言

烟火药剂[1-3]（如闪光照明剂、发光信号剂、曳光剂、红外照明剂、红外诱饵剂、爆音剂、烟花爆竹用药剂等）最基本的组成是氧化剂和可燃剂，加上黏结剂和产生特种烟火效应的功能添加剂，从而使烟火药剂在燃烧时会产生焰色效应。

发光类烟火药剂经过多年的发展，绿光类烟火药剂主要以 Ba^+、Ti^+ 的化合物分子辐射光谱来获取绿色火焰，而红光类烟火药剂则是以 Sr^{2+}、Li^+ 的化合物分子辐射光谱来得到红色火焰。

国内外已经普遍采用燃烧光谱的方法进行研究，邓哲[4]等通过使用 CO_2 激光点火结合燃烧光谱诊断方法，分析不同粒度铝粉在不同压强下的点火燃烧特性；陈明华[5]利用发射药的燃烧光谱来研究单基、双基和改性双基发射药的燃烧性能；朱长星[6]和李学军[1]等则通过比较各药剂的燃烧光谱图分析对应烟火药剂；汤洁[7]和 E.I.Mintoussov[8]利用燃烧光谱进行微光世界的研究；杨硕[9]等用燃烧光谱研究几种烟火药的燃烧特性；而程和平[10]、霸书红[11]以及其他学者[12-15]都对光谱用于含能材料进行了研究。但是，对于烟火药剂的燃烧光谱，特别是对 $Mg/Sr(NO_3)_2$、$Mg/Ba(NO_3)_2$ 烟火药剂的燃烧光谱的研究则不多。

作为常用的发光烟火药剂，$Mg/Sr(NO_3)_2$ 和 $Mg/Ba(NO_3)_2$ 药剂在燃烧过程中可产生红光和绿光，本研究首先利用光谱仪对燃烧过程中的光谱分布和能量进行了测试，然后对试验数据进行了处理，得到了两种药剂在燃烧过程中的光谱和能量分布，进行燃烧光谱分布性能的研究。

1　实验

1.1　试样制备

红光药剂：$Mg/Sr(NO_3)_2$ 与黏合剂造粒后压制成 $\phi 20mm \times 20mm$ 的药柱；绿光药剂：$Mg/Ba(NO_3)_2$ 与黏合剂造粒后压制成 $\phi 20mm \times 20mm$ 的药柱。

1.2　实验方法

利用 Field Spec 3 光谱仪，所用传感器为 25°镜头，所用其光谱范围为 350～2500nm，光谱分辨率为 3nm@350～1000nm，10nm@1400，2200nm，误差为 5%。

实验采用静态条件下燃烧测定。先将仪器安装调试完毕，固定被试样品，仪器先行预热，测试用传感器对准被测药剂，试样与传感器间的距离为 8m，启动仪器，并人工对红绿光烟火药剂进行点燃，测试记录火焰的燃烧所产生的可见光谱和红外光谱图，采样频率为 0.2 s，进行了 10 发试样的测试。

2　实验结果与分析讨论

2.1　试验结果

通过红绿光烟火药剂的燃烧光谱的测量，得到了两种烟火药剂的燃烧光谱的叠加图、波长-强度图，如图 1、图 2 所示。

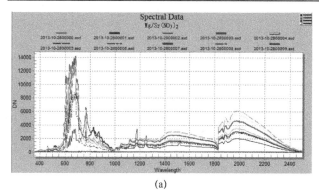

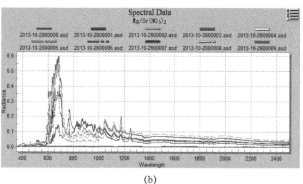

图1 Mg/Sr(NO₃)₂的燃烧光谱

（a）叠加图；（b）波长-强度图。

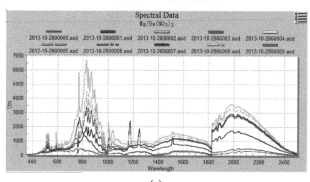

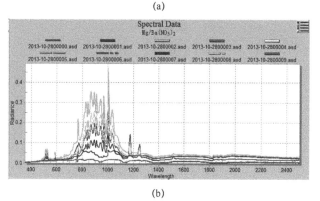

图2 Mg/Ba(NO₃)₂的燃烧光谱

（a）叠加图；（b）波长-强度图。

2.2 分析

从红绿光的燃烧光谱图看，两种烟火药剂的燃烧光谱都是一个由连续光谱和展宽的线状光谱组合而成的混合光谱。这要是由于红绿光烟火药剂的燃

烧会产生大量以原子、离子、分子，甚至自由电子为存在形式的中间产物，并在形成稳定的最终产物过程中，放出大量能量，使得药剂中的粒子吸收能量处于激发态，从而跃迁，发出相应能级的特征辐射，形成了线状光谱，并在一定条件下可以展宽；而由于烟火药剂本身就是混合物，各物质熔点各不相同，导致燃烧过程中始终有固体颗粒的存在。这些固体颗粒又形成了连续光谱。

比较红绿光的燃烧光谱的叠加图可以发现，该配方下的 Mg/Sr(NO₃)₂ 的辐射主要集中于波长约为 582.6～758.6nm 这一波长范围内，Mg/Ba(NO₃)₂ 则主要集中于波长约为 700～959.8nm 的范围内，而 Mg/Ba(NO₃)₂ 的波长通常在 492～577nm，这也表明，Mg/Ba(NO₃)₂ 烟火剂的燃烧产物更为复杂，多种辐射的相互叠加、偏移。另外，相较 Mg/Sr(NO₃)₂，Mg/Ba(NO₃)₂ 出现多个特征线被展宽，出现较强辐射。Mg/Ba(NO₃)₂ 的红外辐射远远小于 Mg/Sr(NO₃)₂ 的，也就其的燃烧温度要小于 Mg/Sr(NO₃)₂。

从红绿光烟火药剂的辐射图来看，Mg/Sr(NO₃)₂ 主要集中于波长约 589.2～742.6nm 这一波长范围内，并在 764.1nm 的特征线被展宽，辐射较强；而 Mg/Ba(NO₃)₂ 则在波长约 724.2～1098.4nm 范围内，特别是 994.1nm 处存在强辐射，1175.0nm、1245.6nm 的特征线被展宽，辐射也较强。相较而言，Mg/Sr(NO₃)₂ 的光饱和度更好。从图谱分析来看，红绿烟火药剂的燃烧光谱存在着许多明显的差异，因此，可以将药剂燃烧过程中测定的燃烧光谱作为一种鉴定的手段。

3 结论

（1）通过对于红绿光的燃烧光谱的研究观察，可以得出红绿光烟火药剂的燃烧光谱是由展宽的线性光谱和连续光谱组成的混合光谱。

（2）从叠加图和辐射图来看，该配方下的 Mg/Sr(NO₃)₂ 燃烧释放能量更高，光饱和度优于 Mg/Ba(NO₃)₂；而相比较于 Mg/Sr(NO₃)₂，Mg/Ba(NO₃)₂ 燃烧过程中燃烧温度要低于 Mg/Sr(NO₃)₂。

（3）烟火药剂的燃烧光谱间也存在着明显的指纹特性，这些明显的差异使得烟火药剂的燃烧光谱可以作为一种鉴定烟火药剂的手段。

参 考 文 献

[1] 潘功配，杨硕. 烟火学[M]. 北京：北京理工大学出版社，1997.

[2] 潘功配. 高等烟火学[M]. 哈尔滨：哈尔滨工程大学出版社，2007.

[3] 李学军，丛晓民，杜志明，等. 几种含稀土元素烟火药剂的燃烧光谱分布[J]. 含能材料，2013（5）：664-667.

[4] 邓哲，胡春波，刘林林，等. Al 基粉末燃料改性方法及点火燃烧特性[J]. 固体火箭技术，2016（1）：17-35.

[5] 陈明华，阎建平. 发射药燃烧光谱测试技术[J]. 光电技术应用，2011（4）：86-88.

[6] 朱长星，叶迎华，沈瑞琪，等. Zr、Mg 系烟火剂发光光谱特性研究[J]. 含能材料，2005（2）：118-121.

[7] 汤洁. 非平衡等离子体增强燃烧的光谱诊断研究[D]. 中国科学院西安光学精密机械研究所，2011.

[8] Mintoussov E I, Pancheshnyi S V, Tarikovskii A Y. Propane air flame [A]. The 42nd AIAA Aerospace Sciences Meeting and Exhibit, Reno, NV[C], 2004.

[9] 杨硕，杨利，许又文. 几种烟火药火焰光谱的研究[J]. 北京理工大学学报，1998（5）：651-655.

[10] 程和平. 含能材料黑索金热爆炸过程中的光辐射能[D]. 绵阳：中国工程物理研究院，2014.

[11] 霸书红，冯帅，周龙，等. 四聚乙醛的谱学行为及燃烧特性研究[J]. 沈阳理工大学学报，2014（5）：70-84.

[12] Tatuo Takakura. Noise radiated on the detonation of explosive[J]. Publications of the Astronomical Society of Japan, 1955（7）：210.

[13] Jay A O, William F B, Glen P P. Noise radiated on the detonation of explosive[J]. Infrared signatures from bomb detonations, 2003（44）：101-107.

[14] Frederik J M, Marius Olivier. Scaling of light emission from detonating bare Composition B, 2, 4, 6-trinitrotoluene [$C_7H_5(NO_2)_3$], and PE4 plastic explosive charges[J]. Journal of Applied Physics, 2011（110）：084905.

[15] Lewis W, Rumchik C, Broughton P, et al. Time-resolved spectroscopic studies of aluminized explosives：Chemical dynamics and apparent temperatures[J]. Journal of Applied Physics, 2012（111）：014903.

某丁羟四组元推进剂热加速老化特性研究

王　斐[1]，王德新[2]，刘晋湘[1]，赵　磊[2]，王　宇[1]，王　佼[1]

（1. 西安北方惠安化学工业有限公司，陕西西安　710302；2. 陆军驻845厂军代室，陕西西安　710302）

摘　要：通过采用热加速老化的方法对某丁羟四组元推进剂进行了加速老化研究，考察了不同老化温度和不同老化时间下推进剂凝胶含量、单向拉伸力学性能及动态力学频率谱的变化。结果发现：同一老化温度下，随着老化时间的延长，推进剂交联密度上升；单向拉伸力学性能的抗拉强度上升，伸长率下降；动态力学的频率谱向高频方向移动且损耗因子的峰值下降。

关键词：丁羟四组元推进剂；凝胶含量；单向拉伸力学性能；动态频率谱

0　引言

复合固体推进剂在储存和使用过程中，由于受到复杂的物理、化学等因素的综合作用，其性能逐渐发生变化而达不到使用指标要求，失去使用价值，这种现象即为老化[1]。固体火箭发动机的可靠性和储存期限，在很大程度上决定于固体推进剂的老化性能。一个良好复合固体推进剂，除了有较好的能量、力学和弹道性能外，还需要有良好的老化性能[2]。因此，研究固体推进剂的老化性能对准确预估和延长固体火箭发动机的使用寿命，有着重要的军事意义和可观的经济效益。

为了获得复合推进剂和发动机的储存期限，一种可靠的方法就是进行实际环境中发动机和方坯药的储存及相关试验研究，如美国的"全面老化和监测计划"[3]"长期寿命分析计划"[4]和"寿命预估技术计划"[5]等，但是，这样做需要很长的周期和足够的经费。Cun liffe等研究了溶胶分数在HTPB推进剂老化和寿命预估中的应用，推导了溶胶分数测量值与交联密度和推进剂力学性能的关系，研究发现力学性能与溶胶分数之间存在较好的线性相关关系。Chevalier S等[6]在对AP/HTPB推进剂进行热氧老化性能研究时，对推进剂延伸率、脆化、网络结构参数、密度、氧渗透以及分子链动力学性能等的改变进行了观测测量。研究表明在高温条件下网络交联是主要过程，并且AP、增塑剂和铝粉等对黏合剂的热氧化速率有影响。王春华[7]利用红外光谱技术研究

了在75℃储存老化的HTPB推进剂凝胶的红外光谱特征随储存老化时间的变化，并由试验结果进一步探讨了该变化与推进剂储存老化期间力学性能变化的相关性。试验结果表明，HTPB推进剂凝胶中的碳碳双键红外吸收峰高与推进剂最大强度下的延伸率之间存在着线性相关。丁汝昆[8]研究了3个不同配方的HTPB推进剂做动态黏弹试验，测出不同储存时间的弹性模量与单向拉伸力学性能，发现动态弹性模量与单向拉伸力学性能的变化规律基本一致。这样，一方面可通过测定不同温度、不同储存时间下推进剂的动态剪切储存模量 G' 来计算推进剂的老化速率和活化能，进而预估推进剂在常温下的储存寿命；另一方面也可以用动态黏弹仪对现场储存或现场操作的推进剂进行老化跟踪，根据 G' 和单轴抗张模量目的相关性得到发动机中推进剂的机械力学性能，从而为发动机储存寿命提供依据。

国内外学者对推进剂老化性能进行了广泛的研究，但采用推进剂凝胶含量、单向拉伸力学性能及动态力学频率谱研究热加速老化的行为特点鲜有报道，本研究从推进剂老化进程中凝胶含量的变化入手，结合推进剂材料静动态力学性能对其进行了研究。

1　实验部分

1.1　原材料

HTPB推进剂配方中所用端羟基聚丁二烯（HTPB），数均相对分子质量为4139，羟值为 0.46 mmol·g[-1]，

黎明化工研究设计院有限责任公司；异佛尔酮二异氰酸酯（IPDI），[NCO]含量为 8.9mol·g^{-1}，德国拜耳公司；癸二酸二辛脂（DOS），分析纯，营口天元化工研究所股份有限公司；AP，大连氯酸钾厂；黑索金（RDX），粒度 56μm，甘肃银光化学工业集团有限公司。Al 粉为球形，粒度 D_{50} 为 13±2μm，西安航天化学动力厂。

1.2　仪器和表征

单向拉伸力学性能实验：采用国军标 GJB770B—2005 方法 413.1，并通过日本岛津 AG-IS50kN 电子材料试验机在 20℃下对推进剂样品进行测试，拉伸速度为 100mm·min^{-1}。

动态力学实验：美国 ARES 高级扩展流变仪，采用固体扭摆夹具，试样尺寸为 40mm×10mm×4mm。频率谱测定：温度 70℃，应变 0.01%，频率范围 0.01～100rad·s^{-1}。

凝胶含量实验：按索氏提取法提取凝胶，100℃水浴温度下用溶剂提取可溶物，最后取出不溶物在真空烘箱中除溶剂，以凝胶质量与黏合剂体系质量比作某型号丁羟四组元推进剂的凝胶含量。

1.3　HTPB 推进剂组成及其制备

HTPB 推进剂组成（质量分数）为：HTPB 7%，Al 14%，AP 65%，RDX9%，其他组分包括 IPDI、DOS 等占 5%。

样品制备：将 HTPB 黏合剂、Al 粉、AP、RDX 和其他组分依次加入 300L 立式混合机中并搅拌均匀，然后进行真空浇注，最后在烘箱内于 50℃下固化 7 天。

1.4　热加速老化试验

将固化好的丁羟四组元推进剂切成长方体状150mm×90mm×50mm，装入铝箔袋后密封，放入70℃油浴烘箱中进行热加速老化。

2　结果和讨论

2.1　凝胶含量

按索氏提取法提取凝胶，表 1 为某丁羟四组元推进剂在 70℃不同老化时间的凝胶含量。

从表 1 可知，在 70℃下，随着老化时间的延长推进剂的凝胶含量增大，由老化空白的 7.61%增加至老化 120 天时的 8.66%。推进剂在老化初期由于后固

化的原因，凝胶含量增加较快，老化 30 天时增加幅度为 6.7%，随后凝胶含量增幅变小，90 天时为 2.8%，120 天时为 1.3%。总体上来看，在 70℃加速老化过程中推进剂的氧化交联占据主要因素，在老化过程中分子中可能产生了新的羟基，提高了官能团总数；新的交联作用使得凝胶含量增加。

表 1　某丁羟四组元推进剂在 70℃不同老化时间的凝胶含量

样品	老化温度/℃	老化时间/天	凝胶含量/%
丁羟四组元推进剂	70	0	7.61
	70	30	8.12
	70	90	8.35
	70	120	8.46

2.2　单向拉伸性能

分别在 30 天、90 天和 120 天时从老化烘箱中取出样品，制备成哑铃试件进行单向拉伸力学性能测试，测试按国军标 GJB770B—2005 方法 413.1，测试数据如表 2 所列。

表 2　70℃不同老化天数样品的拉伸性能

老化时间 t/天	σ_m/MPa	ε_b/%	ε_m/%
0	1.03	44.1	41.9
30	1.24	43.6	41.5
90	1.29	37.2	31.9
120	1.32	34.9	30.6

从表 2 可看出，在 70℃下，随着老化时间的延长推进剂的抗拉强度增大，由老化空白的 1.03MPa 增至老化 90 天时的 1.32MPa。推进剂在老化初期由于后固化的原因，抗拉强度增加较快，老化 30 天时增加幅度为 20.3%，随后抗拉强度增幅变小，90 天时为 4.0%，120 天时为 2.3%；伸长率的变化与抗拉强度的变化相反，随着老化时间的延长推进剂的伸长率下降，由老化空白的 41.9%下降为 120 天的 30.6%，下降幅度为 27%。这些变化与凝胶含量的变化相一致，新的交联作用使得推进剂的强度上升，伸长率下降。

2.3　动态频率谱

HTPB 推进剂是一种以高分子黏合剂母体为基体高填充固体的复合黏弹材料。因此材料的黏弹性是研究者关注的焦点。黏弹性的核心本质是材料的力学性能强烈地依赖于时间和温度。推进剂的力学性能是由黏合剂母体提供的，黏弹性母体本身黏弹性能的优劣，对推进剂的老化性能起着决定性作用。

分别在 30 天、90 天和 120 天时从老化烘箱中取出样品，制备成尺寸为 40mm×10mm×4mm 的矩形试件，采用动态扭摆的实验模式，对其进行 70℃的频率扫描，实验结果如图 1 所示。

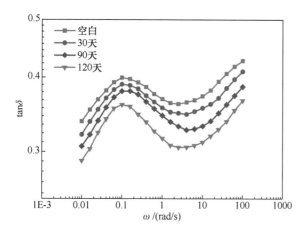

图 1　70℃丁羟四组元推进剂不同时间的频率谱

从图 1 可看出，在老化温度为 70℃下不同时间里，随老化时间的延长整个 $\tan\delta \sim \omega$ 谱线下移，低频段的峰值向高频方向移动，说明整个黏合剂体系交联点增多，凝胶含量上升，交联密度增加。黏合剂基体整体网络结构的刚性增大，分子运动能力变差。

3　结论

单纯的高温热老化将会使丁羟四组元推进剂的黏合剂基体的凝胶含量上升，体系的交联密度增大。

（1）同一老化温度下，随着老化时间的延长，丁羟四组元推进剂的凝胶含量上升。

（2）随着老化时间的延长，单向拉伸力学性能的抗拉强度上升，伸长率下降。

（3）热加速老化将导致动态力学的频率谱向高频方向移动且低频段损耗因子的峰值下降。

参 考 文 献

[1] 刘国庆，杨月诚，等. 老化对丁羟推进剂燃速性能影响的试验研[J]. 西北工业大学学报，2006，24（3）：304～307.

[2] 贺南昌，庞爱民. 不同氧化剂对丁羟（HTPB）推进剂老化性能影响的研究[J]. 推进技术，1990（6）.

[3] Larson E L. A review of the minuteman propulsion surveillance program for assign rocket motor service life. AD467048[R]，1965.

[4] Lloyd D K. Long range service life analysis（LRSLA）estimating procedure. AIAA76746[R]，1976.

[5] Liu C T. Fracture mechanics and service life prediction research. AD410141[R]，2003.

[6] Chevalier S, et al. Antioxidant Selection Methodology for Hydroxy-Terminated Polybutadient Polybutadiene Type Solid Propellants Proc. of the 25th International Annual Conference of ICT . Karlsruhe, 1994.

[7] 王春华，彭网大，等. 丁羟推进剂化学老化机理与改善老化性能的技术途径[J]. 含能材料，1996，4（3）：109-115.

[8] 丁汝昆，唐承志. 丁羟推进剂加速老化中动态弹性模量与力学性能的变化[J]. 推进技术，1998，19（3）：86-88.

丁羟推进剂衬层固化过程实验研究

刘晋湘[1]，王德新[2]，王　宇[1]，赵　磊[2]，张　军[1]，王　斐[1]

（1. 西安北方惠安化学工业有限公司，陕西西安　710302；2. 陆军驻 845 厂军代室，陕西西安　710302）

摘　要：通过用流变仪、动态热机械分析仪分别对衬层料浆、不同固化时间的衬层胶片进行等温时间扫描、单频温度扫描室验，研究了 C6-2 衬层料浆的在 85℃、100℃ 固化下的凝胶点及不同时间点的储能模量；研究了 C6-2 衬层在不同固化时间胶片的动态力学响应。研究表明：C6-2 衬层料浆在不同固化温度、不同固化时间下其凝胶时间、凝胶强度不同；不同固化时间胶片的动态温度谱随固化时间的延长，其低温段平台储能模量和全温度谱损耗也有明显变化。

关键词：衬层料浆；胶片；流变；凝胶；动态力学

0　引言

衬层是火箭发动机装药重要组成部分。衬层[1]是指绝热层（或壳体）与推进剂之间的一层高分子涂层。而在燃烧室药柱的不同部位还有不同作用的涂层，又称为包覆层（限燃层），如侧面包覆层、端面包覆层、包覆套等。衬层是实现绝热层（或壳体）与推进剂黏结的一种过渡层，要求该界面粘结牢靠，并且在长期储存后其黏结强度仍能满足设计要求，不脱黏，没有界面效应。此界面要能承受所有可能出现的应力，如发动机点火增压及飞行时的加速度所产生的应力。因此，衬层的制作在整个发动机装药中处于相当重要的地位。

唐汉祥[2]用 CV20N 平行板流变仪研究了 HTPB/TDI 料浆的流变行为认为：料浆在固化未达凝胶点前，流体结构元间可发生相位移。所以黏性损耗是其主要特征，药浆损耗模量均大于储能模量，并高约一个数量级。刘峰[3]用红外光谱研究了 HTPB/TDI 体系的固化度。认为随着固化反应进行，其固化速率由快到慢，在固化反应后期，固化度受固化时间影响越来越小。固化度与固化时间之间具有良好的幂函数关系[4]。在一定的温度和时间下体系可以达到完全固化。

衬层通常采用 HTPB/TDI 配方体系，本文通过用流变学的方法研究了不同固化温度下衬层的固化曲线，用动态力学热分析的方法研究了不同固化时间下胶片的动态力学响应。从流变学和动态力学的角度对衬层的固化机理进行了研究，并解释了其黏弹性。

1　实验部分

1.1　样品

C6-2 配方由 HTPB、TDI、DOS、MAPO、SiO_2、TiO_2 等组成。

1.2　实验仪器

ARES 高级扩展流变仪，美国 TA 公司；
Q800 动态热机械分析仪，美国 TA 公司。

1.3　实验过程

1.3.1　流变室验

ARES 高级扩展流变仪，$\phi25mm$ 平行板夹具，试样为按 C6-2 工艺要求混合好的衬层料浆，将料浆置于两平行板夹具间，控制夹板距离为 2mm。等温时间扫描实验模式，初始应变 10%，自动应变（auto strain）开启，温度 85℃，100℃。

1.3.2　动态热机械分析室验

Q800 动态热机械分析仪，单悬臂梁夹具，试样从固化温度为 85℃、固化时间分别为 6h、12h、24h 的固化胶片上裁取，尺寸为 4×12(～13)×2(～3)mm。单频温度扫描实验模式，频率 1rad/s，振幅 2μm，升温速度3℃/min，温度范围–100～80℃。

2 结果与讨论

2.1 衬层C6-2料浆流变特性固化试验研究

图1是衬层C6-2料浆在85℃下固化过程中的动态流变谱图，从图1和表1中可以看出：衬层C6-2料浆整个固化过程分为3个阶段。开始阶段（0～3.48h），属于反应初期，体系黏度较低，-NCO和-OH官能团反应比较自如，由于TDI是双官能团异氰酸酯，它与HTPB的反应使得其反应产物的聚合度逐渐增加，分子链不断增长。在这期间，反应在流变谱图上是代表体系黏性损耗的损耗模量增加的速度和幅度大于代表体系的弹性能量增加的弹性模量，这一阶段G"始终大于G'。第二阶段（3.48～5h），凝胶体系增长阶段。这一阶段先是出现了凝胶点。凝胶点[3]的定义为开始出现凝胶瞬间的临界反应程度。凝胶不溶于任何溶剂中，相当于许多线形大分子交联成一整体，相对分子质量可以看成无穷大。凝胶体系形成，-NCO和-OH官能团反应程度在增加，体系弹性部分迅速增加，黏性部分增长开始变慢，表明体系已由单纯的分子链增长变为立体化以体形式网状结构增长的一个过程，交联密度大大增加，G'大于G"。第三阶段（5～20h），固化完成阶段，在这一阶段，仍以网状弹性部分增长为主，黏性增长已变得非常缓慢，体系进入高弹态，在这一阶段，储能模量和损耗模量都进入慢速增长期，-NCO和-OH官能团反应几乎殆尽，反应速率常数较小，为扩散控制，完成体系的固化。图2是衬层C6-2料浆在100℃下固化过程中的动态流变谱图，与图3基本类似，从图2和表1可以看出，料浆在100℃下固化只是凝胶时间，凝胶强度有所不同。由于固化温度的提高。使得体系更快地进入了凝胶阶段，整个固化过程所用时间也大大减少。

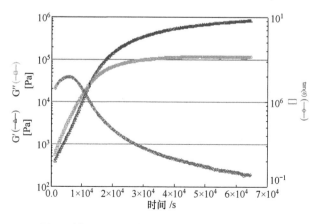

图1　衬层C6-2料浆85℃固化下的流变温度谱

表1　衬层C6-2料浆不同固化温度下的流变特性

样品	固化温度/（℃）	凝胶点 G'/G"		不同固化时间的储能模量 G'/Pa			
		凝胶时间/h	凝胶强度 G'/Pa	4h	12h	18h	20h
C6-2	85	3.48	6.1×104	4.8×104	2.1×105	2.1×105	—
	100	1.44	2.6×104	1.1×105	5.8×105	8.4×105	8.6×105

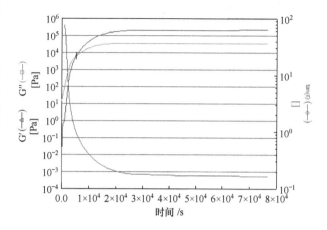

图2　衬层C6-2料浆100℃固化下的流变温度谱

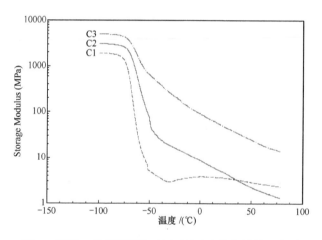

图3　衬层85℃不同固化时间下的动态储能模量温度谱

由此可见衬层的固化反应前期为动力学过程，后期为扩散过程。文献[6]证实了HTPB/TDI反应(HTPB+TDI→PUT氨基甲酸酯，为二级反应。陈清元[7]等用红外光谱研究了HTPB/TDI的反应动力学，在室温至162℃之间以3.1℃/min的升温速率或在一定的温度条件下恒温反应，采用FI-IR跟踪。红外光谱图中，随着反应温度的升高，NCO（2260cm⁻¹），吸收强度逐渐减弱，并逐渐出现了氨基甲酸酯基峰、酯基峰逐渐增强。在一定温度下恒温，随着时间的延长，NCO基的吸收强度逐渐减弱，这和升温效果一致。HTPB/TDI体系的反应动力学符合二级反应。刘晶如、罗运军[8]采用非等温差示扫描量热法（DSC）研究了HTPB/TDI体系在不同升温速率下的非等温DSC固化。随着升温速率的增加，曲线的固化放热峰逐渐变陡，最大固化放热峰温度向着高温方向移动。这说明固化反应不仅是一个热力学过程，同时也是一个动力学过程。在较低的升温速率下，固化体系有充足的时间进行反应，因而固化温度较低；当升温速率增大时，体系来不及反应，因而固化温度较高。这些研究与本实验结果相吻合。

2.2　衬层 85℃不同固化时间下的动态力学性能

　　C6-2-1、C6-2-2、C6-2-3 为同一衬层 C6-2 配方，固化温度为 85℃，固化时间分别为 6h、12h 和 24h。从图 3、图 4 和表 2 可以看出：在同一固化温度下，随固化时间的延长，说明体系的交联点增多，低温段的平台储能模量上升，从 1900MPa 上升到 3700MPa（图 3、表 2）。损耗因子的峰值下降，从 1.286 下降到 0.288，反映聚氨酯弹性体链段柔顺性的峰值温度（玻璃化温度，软段损耗峰温）上升，温度从 -63.8℃上升到 -57.5℃，温度谱向高温方向移动，损耗角正切值下降（图 4、表 2）。引入交联点[9]将降低高聚物链端的活性，从而减小自由体积。因此交联总是提高玻璃化温度。

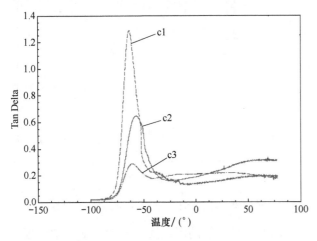

图 4　衬层 85℃不同固化时间下的动态损耗因子温度谱

表 2　衬层不同固化时间下的动态力学参数

试样	固化温度/(℃)	固化时间/h	G'平台储能模量/MPa	tanδ 损耗因子峰值强度	tanδ 损耗因子峰值温度/℃
C6-2-1	85	6	1900	1.286	-63.8
C6-2-2	85	12	2700	0.649	-58.1
C6-2-3	85	24	3700	0.288	-57.5

　　庞爱民[10]从微相分离的角度研究了 HTPB 聚氨酯弹性体（不含填料）动态力学性能：HTPB 聚氨酯弹性体的分子链一般由两部分组成，"软段"与"硬段"。软段一般为聚醚、聚酯或聚丁二烯，硬段一般由异氰酸酯和扩链剂反应生成。在常温下，软段处

于高弹态，而硬段则处于玻璃态或结晶态。由于两者的极性差异，在一定条件下，两者发生微相分离。由于 HTPB 软段属于非极性，它又丧失了与硬段形成氢键导致相混合的条件，因而微相分离更有可能。发生相分离的一个宏观表现是，在动态力学谱上有两个损耗峰，β、α 峰，又可称为软段损耗峰，硬段损耗峰。β 峰窄而尖，α 峰宽而弱，说明在 HTPB 弹性体中两相体系分数相差很大，硬段分布宽，且含量低。从图 4 可以看出，衬层 C6-2 胶片的动态力学温度谱也表现出软段、硬段两个损耗峰。随固化时间的延长，软段峰峰温向高温移动，同时峰形变宽，峰值强度下降；硬段峰分布变宽且峰温已变得不明显。C6-2 胶片的动态力学温度谱也从另一个侧面反映出 HTPB/TDI 体系的固化是一个动力学过程，不同的固化温度、不同的固化时间胶片有不同的动态力学响应，随固化程度的增加，降低了衬层的全温度谱损耗。

3　结论

　　（1）通过流变学的初步研究认为：衬层固化过程分 3 个阶段。其中固化反应速度在不同阶段是不同的。固化初期的反应为动力学控制。固化后期为扩散控制。

　　（2）衬层 C6-2 动态力学实验验证了其流变实验的结论，并从分子运动的角度解释了衬层的黏弹性。

参 考 文 献

[1] 侯林法. 复合固体推进剂[M]. 北京：宇航出版社，1994.

[2] 唐汉祥. 推进剂药浆黏弹性特征研究[J]. 推进技术，1998，19（4）：34-37.

[3] 刘锋. 红外光谱法测定端羟基聚丁二烯（HTPB）胶粘体系的固化度[J]. 化学分析计量，2005，14（5）：22-26.

[4] 徐任信. 环氧树脂新型室温固化体系的动力学研究[C]. 第十三届玻璃钢/复合材料学术年会论文集，1999.

[5] 潘祖仁. 高分子化学[M]. 北京：化学工业出版社，2007.

[6] 马敏生，王庚超，张志平，等. 红外研究丁羟二异氰酸酯的固化反应动力学[J]. 高分子材料科学与工程，1993，9（2）：86-90.

[7] 陈清元，等. HTPB/TDI 的反应动力学研究[J]. 高分子材料科学与工程，1996，5（12）：33-36.

[8] 刘晶如，罗运军. 非等温 DSC 研究 AL/HTPB/TDI 体系固化反应动力学[J]. 含能材料　2009，2（17）.

[9] 何平笙. 新编高聚物的结构与性能[M]. 北京：科学出版社，2011.

[10] 庞爱民. HTPB 聚氨酯弹性体的动态力学研究[J]. 固体火箭技术，1999，22（1）.

某浇注型装药黏结剂体系固化剂含量老化规律研究

睢贺良，蔡忠展，张　鹏，于　谦，陈建波，陈　捷，周红萍，孙　杰*

（中国工程物理研究院化工材料研究所，四川绵阳　621900）

摘　要：浇注型装药在老化过程中的后固化研究对于装药工艺优化与后处理过程非常重要。本文利用显微红外光谱、硬度计，以浇注型装药黏结剂体系为研究对象，研究了在自然老化温度和加速老化温度下的固化剂含量随着老化时间的变化关系。研究结果表明，升温可以加速固化剂含量的减小；自然老化下的固化反应与 45℃以上的加速老化固化反应的机理不同；红外光谱是一种比较有效的固化剂含量退化规律研究手段。

关键字：PBX；固化剂含量；老化

0　引言

PBX（Polymer bonded explosive）是高聚物黏结炸药的简称，是由高能单质炸药及高聚物黏结剂等组成的混合炸药，是军用混合炸药的重要组成部分[1]。PBX 的种类很多，根据装药工艺可分为压装、熔铸、浇注等。对于浇注 PBX 而言，其中的一个显著特点是高分子黏结剂以及其他助剂的含量较高。因此浇注 PBX 具有其他炸药没有的黏弹性和类橡胶的超弹性，受力后可以达到较大的变形，在高速碰撞过程中能将一部分撞击能量消耗和储存在黏结剂中，使得配方中主炸药颗粒所承受的外界作用力大大降低，从而使这类炸药有较强的抗过载能力[2]。

浇注 PBX 装药的黏结剂体系在后期储存老化过程中因固化剂未反应完全，存在很缓慢的后固化现象，将造成 PBX 装药发生缓慢收缩[3]，对形状稳定性和结构强度可能产生一定的影响。这将导致炸药装药与弹仓内壁黏结部分可能受到拉应力作用而靠近中心的部位受到压应力的作用，这种不均匀地受力也可能导致其内部产生裂纹等损伤，从而影响其力学及安全性能；另外，储存老化过程中黏结剂的后固化现象也会导致力学性能的劣化，使得装药的抗拉强度与抗压强度变低，影响侵彻类装药的抗过载特性。可见，黏结剂的后固化现象可能为浇注 PBX 的储存老化失效模式。研究浇注黏结剂的储存老化动力学，探索黏结剂的老化规律，阐明黏结剂的老化机制，挖掘黏结剂的老化模型，从中可以推导加速老化系数，为装药、装药结构、战斗部的加速老化试验方法提供研究途径。

目前国内外浇注 PBX 比较常用的是高聚物预聚物端羟基聚丁二烯（HTPB），HTPB 的固化剂一般为甲苯二异氰酸酯（TDI）、异佛尔酮二异氰酸酯（IPDI）或二苯基甲烷二异氰酸酯（MDI）等异氰酸酯类物质，它们与 HTPB 线性分子（扩链剂参加）反应可形成网状大分子结构[4-7]。本文以 HTPB、、TDI、IPDI 等配方组成的黏结剂体系为研究对象，利用加速老化试验方法研究了异氰酸酯基化学官能团、力学性能等随着老化温度和时间的变化关系，探索固化剂含量随老化时间的变化关系。

1　实验部分

1.1　样品制备

将 HTPB、石蜡、TMP、TDI 等按照一定的比例进行固化，固化温度 60℃，固化时间 4 天。随后搁置了 15 天之后，分别在常温、45℃、55℃、65℃、75℃下进行老化，每隔 1 周取样 1 次，分别进行硬度和红外光谱测试。

1.2　测试表征

采用珀金埃尔默公司的 Spotlight 400 进行测试，扫描次数 8 次，扫描范围 4000～700cm^{-1}，扫描分辨率 4cm⁻¹，采用 MCT 检测器，测试区域 100μm×100μm，红外数据经过 ATR 校正和基线校正处理。采用邵氏 C 型硬度计利用非标样品进行硬度测试，每个样品进行多次测试，取平均值为硬度测量值。

2 研究结果与讨论

2.1 硬度分析

图 1 为黏结剂体系的硬度随着老化温度的变化关系图，其中初始老化时的硬度未进行测量，采用了自然老化曲线的反向延伸进行估计。从图中可以看出，随着老化时间的增加，黏结剂体系的硬度是逐渐增加的，经过 78 天的老化之后，自然老化下的黏结剂硬度增加了约 500%，75℃下黏结剂在 78 天的老化之后硬度增加了 700%；在相同的老化时间下，温度越高，黏结剂的硬度越大；在自然老化下，黏结剂体系的硬度变化表现为线性增加趋势，而在高温下黏结剂的硬化曲线表现为指数增加趋势，且45℃、55℃、65℃、75℃下硬度变化曲线的趋势相同。由此可见，自然老化作用下与 45℃等高温老化作用下的机理不同。

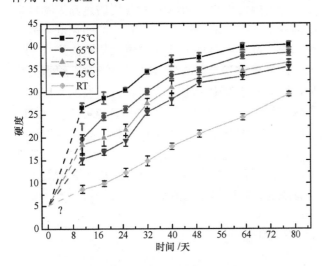

图 1 HTPB 黏结剂体系的硬度变化

2.2 红外光谱分析

图 2 为在常温下不同老化时间作用下黏结剂体系的红外光谱图，红外光谱分别经过了 ATR 校正、基线校正以及标准化处理。从图 2 中可以看出，2256cm⁻¹ 为黏结剂中的 -NCO 的特征吸收峰，1730cm⁻¹ 为 C=O 的特征振动吸收峰。在固化反应过程中，-NCO 的含量会逐渐降低，而 C=O 的强度会逐渐增大。在初步固化之后，-NCO 的特征吸收峰强度与 C=O 的吸光强度比值十分微小，因此-NCO 经

过进一步化学反应转为新的 C=O，并对 C=O 的增量十分有限，可以忽略不计。所以，可将 C=O 的伸缩振动峰看作是参比峰，针对 C=O 特征吸收峰进行标准化处理。

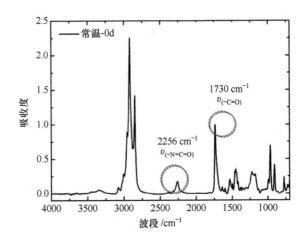

图 2 黏结剂体系的红外光谱

将图 2 中-NCO 伸缩振动吸收峰放大后如图 3 所示。可以看出，-NCO 的特征吸收峰逐渐降低，表明自然老化下-NCO 基团的含量逐渐降低。-NCO 为固化剂的有效反应基团，因此固化剂含量在自然老化过程中逐渐降低。经过 78 天的自然老化，固化剂含量降低约 73%。图 4 为加速老化下-NCO 伸缩振动吸收峰的变化情况，45℃、55℃、65℃、75℃下都表明-NCO 吸光强度随老化时间的增加逐渐增加。图 5 为不同温度下-NCO 吸光强度随时间的变化曲线图，可以很明显地看出，温度越高吸光强度减小的越快，从自然老化至 45℃老化发生了突变，而从 45℃开始，相同的老化时间下，随着温度的增加，吸光强度的减小幅度变缓。这也表明，自然老化下的后固化反应机理与 45℃以后的后固化反应机理有所不同。

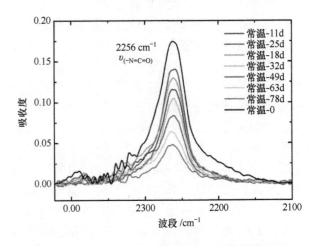

图 3 自然老化下-NCO 伸缩振动吸收峰的强度变化

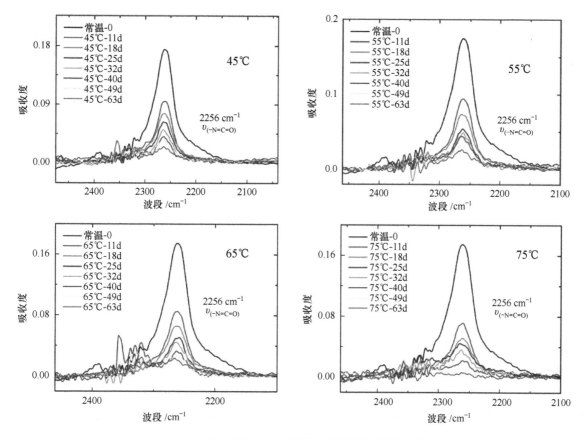

图 4　加速老化下–NCO 伸缩振动吸收峰的强度变化

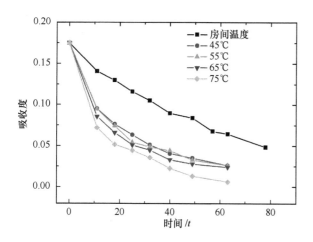

图 5　不同温度下–NCO 伸缩振动吸收峰吸光强度
随时间的变化曲线图

石蜡作为 PBX 炸药的常用添加物, 对于浇注型装药的浇注工艺有较大的影响, 石蜡的熔点在 40℃ 左右。自然老化作用下石蜡处于固态, 固化反应所涉及的化学基团的扩散运动受阻, 黏结剂体系的固化反应所需能量较高; 而在 45℃ 及以上, 石蜡处于液体, 可大大降低黏结剂体系的固化反应, 这可能是导致黏结剂体系在高温加速老化时固化反应机理不同的原因。

3　结论

浇注型装药的后固化反应过程监测是装药领域一直想要解决的问题, 本文利用红外光谱手段监测了装药在储存老化过程中固化剂含量的退化规律。表明红外光谱是一种有效的固化剂含量监测手段, 发现浇注型装药的黏结剂体系将在较长一段时间内持续固化, 固化剂含量逐渐降低, 后固化所导致的黏结剂硬度增加明显。可能会导致 PBX 装药力学性能的发生明显变化, 至于会导致什么样的影响, 本项目将在未来持续开展相关研究工作。

参 考 文 献

[1] 罗景润. PBX 的损伤、断裂及本构关系研究[D]. 北京: 中国工程物理研究院, 2001.

[2] 李媛媛, 南海. 国外浇注 PBX 炸药在硬目标侵彻武器中的应用[J]. 飞航导弹, 2012, 11.

[3] 陈春燕, 王晓峰, 高立龙, 等. 热固性浇注 PBX 固化过程中缺陷的分析[J]. 化工新型材料, 2016, (7): 264-265.

[4] 常双君, 赵芦奎, 杨雪芹, 等. PBX 浇注炸药撞击感度的影响因素研究[J]. 火工品, 2010, (3): 44-46.

[5] 陈春燕，王晓峰，高立龙，等. 不同分子量 HTPB 与 TDI 的固化反应动力学[J]. 含能材料，2013，（6）：771-776.

[6] VADHE P P, PAWAR R B, SINHA R K, et al. Cast aluminized explosives（review）[J]. Combustion Explosion & Shock Waves, 2008, 44（4）: 461-477.

[7] LEE S, CHONG H C, HONG I K, et al. Polyurethane curing kinetics for polymer bonded explosives: HTPB/IPDI binder [J]. Korean Journal of Chemical Engineering, 2015, 32（8）: 1701-1706.

单基发射药湿热环境储存寿命预估方法

梁 忆，丁 黎，祝艳龙，安 静，周 静

（西安近代化学研究所，陕西西安 710065）

摘 要：在不同温湿度下分别老化不同时间的单基发射药进行了有效安定剂含量的跟踪测试。以有效安定剂消耗一半所需时间，作为安全储存寿命的临界点，将 Arrhenius 和逆幂律模型相结合，建立了发射药储存使用寿命的温湿热老化模型。并通过试验数据拟合得到具体的经验公式。利用该模型预估出单基药在室温 25℃、相对湿度为 50％ 的储存寿命 37 年。

关键词：物理化学；发射药；安定剂；安全储存寿命

0 引言

温度和湿度是影响发射药储存性能的两个重要外部因素。温度升高，可能引起发射药的热自燃[1]。发生安全事故。高温会加快硝酸酯键断裂，生成具有自催化效应的 NO_2。湿度不仅会为内部的化学反应提供溶剂环境，而且 H_2O 与 NO_2 生成 HNO_3，产生的 H^+ 会加速硝酸酯键断裂。此外，湿热环境中，温度和湿度存在协同老化效应，会严重影响发射药的储存性能，决定了发射药的质量和使用，温湿度对发射药机理、热分解的影响有了研究[2,3]，但对发射药寿命预估寿命只有温度加速实验进行的预估方法[4-6]，也未见发射药温湿度预估寿命的方法。为了预估湿热环境单基药储存寿命，我们进行了能量、力学、安全特性等性能试验，确定了安定剂含量为单基药的失效模式。设计确定了几种温湿度进行了安定剂含量的跟踪测试。以安定剂消耗一半所需时间作为安全储存寿命的临界点[7]，将 Arrhenius 和逆幂律模型相结合．建立了发射药储存使用寿命的湿热老化模型。得到了温度 25℃、相对湿度为 50％ 的该单基药的储存寿命。

1 样品及测试方法

1.1 试验样品及方式

试验所用材料：单基发射药 14/19 花高。

试验样品：安定剂，10g 测试需要的试件用老化好的试样按测试要求制备。

试验方式：湿热老化，敞开储存，用溴化钠试剂配制成 50％RH 饱和溶液、碘化钾配成 62.5％饱和溶液，氯化钾配成 80％饱和溶液置于干燥器底部，样品放入其中；将发射药按设计性能试验的药量，放入到设定的恒温烘箱中。

试验样品在烘箱内的盛有饱和盐溶液的干燥器的密闭体系内进行加速寿命试验。

1.2 性能测试方法

爆发点按"GJB770B—2005 的方法 606.1 爆发点 5s 延滞期法"进行试验。安定剂含量按照"GJB770B—2005 方法 201.1 中定剂溴化法"。真空安定性试验按"GJB770B—2005 方法 501.2 压力传感器法"。爆热依据"GJB770B—2005 方法 701.2 爆热和燃烧热恒温法"。抗压强度按"GJB770B—2005 方法 415.1 抗压强度压缩法"。

2 结果与讨论

2.1 温湿度环境应力加速试验方案选择

储存环境的温度、湿度等是影响火炸药及装药老化性能的关键因素。为了合理地选择试验条件，有效评估温湿度对火炸药及装药寿命的影响。温湿度单基发射药在 55～85℃，50％～80％RH 范围内开展加速老化试验，考虑到饱和盐溶液在不同温度下实际能够控制的相对湿度，采用以下温度-湿度应力组分方案进行加速储存寿命试验研究，如表1所列。

表 1　温度-湿度加速试验方案

i \ j	50%RH	62.5%RH	80%RH
85℃	△	—	—
75℃	△	△	—
65℃	—	△	△
55℃	—	—	△

2.2　失效模式确定

通过 75℃，50%RH 湿度的加速老化试验，研究了温度-湿度对单基发射药能量、力学、安全特性等的影响，以老化性能数据变化，获得温-湿度作用下老化性能，见表2。

表 2　单基药 75℃，50%RH 老化性能分析

样品名称	性能	零状态	60 天	变化率/%	退化特征
14/19 花高	$Q/$（J·g^{-1}）	4000	3920	—	不显著
	抗压强度/MPa	53.60	47.03	14.0	次显著
	5s 爆发点/℃	243	242	—	不显著
	真空安定性/ml	0.67	1.31	—	符合要求
	安定剂含量/%	1.36	0.59	56.6	显著

从表 2 可以看出，爆热、5s 爆发点随老化时间 t 变化不显著，真空安定性符合要求，安定剂含量随老化时间 t 降低明显，老化 60 天安定剂含量已小于

原分析结果的一半。力学性能变化次之。表明能量性能、安全性能不是温-湿度作用该发射药的失效模式。从此，试验可以看出，安定剂含量的变化为发射药的主要失效模式。用安定剂含量来预估单基药储存寿命。

2.3　温-湿双应力老化数学模型及寿命预估模型的建立

发射药在温度-湿度双环境应力作用下，一方面在温度的作用下安定剂含量变化服从 Arrhenius 模型。另一方面，发射药在高湿环境，水蒸气的存在，水分子扩散到发射药内部，H_2O 吸收生成 HNO_3 和 HNO_2，酸度变大。安定剂消耗加大。这种水分非温度应力作用下的性能变化规律服从描述非温度应力的逆幂律模型，因此，将 Arrhenius 模型与逆幂律模型相结合获得"温度-湿度"（T-RH）模型。作为温度-湿度双应力寿命预估模型。

$$L(T,H) = AH^{-n}\mathrm{e}^{\frac{E_a}{RT}}$$

式中：H 为湿度（RH）；n 为待定常数，湿度因子；A 为待定常数，频率因子；Ea 为激活能，与材料有关；R 为气体常数，8.314J·mol^{-1}·K^{-1}。

2.4　单基发射药温-湿双应力寿命预估

各温-湿度双应力条件下加速寿命试验得到的老化试样，进行安定剂含量的测试，跟踪不同老化时间的安定剂含量的变化，试验数据结果表3。

表 3　单基药 14/19 花高不同温、湿度双应力组合安定剂含量试验数据表

t/天	85℃50%RH	t/天	75℃50%RH	75℃62.5%RH	t/天	65℃62.5%RH	65℃80%RH	t/天	55℃80%RH
0	1.36	0	1.36	1.36	0	1.36	1.36	0	1.36
10	0.90	10	1.19	1.14	10	1.29	1.30	60	1.29
15	0.74	20	1.01	0.98	20	1.26	1.25	90	1.15
20	0.69	30	0.98	0.93	30	1.23	1.21	150	0.76
25	0.64	40	0.87	0.80	60	1.04	0.69	240	0.60
—	—	50	0.78	0.77	90	0.68	0.59	330	0.52
—	—	60	0.63	0.59	120	0.64	0.56	390	0.48
—	—	70	0.60	0.59	150	0.63	0.45	420	0.44
—	—	80	0.53	0.51	180	0.52	0.40	450	0.46

选择安定剂含量为失效参量，根据多项式拟合得到温-湿双应力作用下发射药加速寿命试验中安定剂含量变化率随老化时间的变化规律。并得到发射药安定剂含量变化随时间变化的回归方程，如表4所列。

将以有效安定剂消耗一半所需时间作为安全储存寿命的临界点，失效参量性能变化的安定剂消耗一半极限值代入加速寿命模型，对应加速寿命试验各温-湿双应力水平组合条件即下可获得一个老化时间，即为该单基药在不同应力水平组合下的安全

储存期 τ_i。选择失效参量性能变化的极限值为安定剂含量下降至原始值的50%，求出各温-湿双应力加速寿命试验条件下，安定剂含量下降至原始值的50%所对应的老化时间如表5所列。

表4 14/19花高温湿度安定剂含量变化随时间变化的回归方程

加速寿命 试验条件	回归方程	相关 系数(R^2)
85℃/50%RH	$y=0.54372+0.81784\exp(-x/11.41317)$	0.9951
75℃/62.5%RH	$y=0.22651+1.10813\exp(-x/60.52347)$	0.9787
75℃/50%RH	$y=-0.03116+1.37371\exp(-x/89.1982)$	0.9844
65℃/80%RH	$y=0.25596+1.1827\exp(-x/81.06082)$	0.9467
65℃/62.5%RH	$y=0.1884+1.21436\exp(-x/133.5017)$	0.9499
55℃/80%RH	$y=0.25676+1.88081\exp(-x/225.58087)$	0.9421

表5 14/19花高温度-湿度多应力水平安定剂含量下降至原始值50%的时间/年

i\ j	50%RH	62.5%RH	80%RH
85℃	20.4519	—	—
75℃	58.7254	54.0751	—
65℃	—	120.7265	83.1463
55℃	—	—	232.8343

采用上面建立的湿热老化寿命模型，利用表5得到的发射药失效临界时间数据，进行多元线性回归，得到"温度-湿度"（T-H）模型，有

$$\ln L=-29.254488-1.151259\ln H+11319.7422963/T$$

外推至常温，即可得到14/19花高发射药在常温（25℃）相对湿度50%下的储存寿命：$\tau_{25}=37.7$年。

3 结论

通过75℃/50%RH条件性能变化规律，确定以变化最为显著的安定剂含量作为关键参量。确定了6种温湿度进行了安定剂含量的跟踪测试。以有效安定剂消耗一半所需时间作为安全储存寿命的临界点。

以Arrhenius模型和逆幂率模型为基础，针对安定剂含量失效模式，建立了温度、湿度双应力单基发射药寿命评估方程。利用温湿度条件55℃/80%RH、65℃/80%RH、65℃/62.5%RH、75℃/62.5%RH、75℃/50%RH、85℃/50%RH加速老化数据，计算获得到湿热环境寿命线性经验公式，预估发射药储存寿命。

参 考 文 献

[1] 陈明华，江劲勇，路桂娥，等，箱装发射药的温度变化规律及其安全性分析[J]化工学报，2001，52（1）：61-63.

[2] 张人何，路桂娥，刘昆仑，等. 湿度对单基发射药热分解行为的影响[J]. 含能材料，2008，16（1）：12-15.

[3] 张军，路桂娥，庄钰. 环境湿度对双基发射药热分解的影响[J]四川兵工学报，2008，29（6）：53-55.

[4] 陈明华，江劲勇，路桂娥，等. 湿热对发射药自然的影响[J]. 火炸药学报，2000（3），45-47.

[5] 顾妍，张冬梅，张林军，等.某三基发射药贮存寿命的预估方法[J]. 火炸药学报，2017，40（1）：91-93.

[6] 衡淑云，韩芳，周继华，等. 高能发射药有效安定剂消耗反应动力学研究[J]含能材料，2008，16（5）：494-497.

[7] 衡淑云，韩芳，张林军，等硝酸酯火药安全贮存寿命的预估方法和结果，[J]. 火炸药学报，2006，29（4）：71-76.

[8] GJB770B-2005，火药试验方法，方法506.1：预估安全贮存寿命热加速老化法[S].

传爆管破片速度理论与试验研究

刘鹏安，张　华，高振洲，王　政

（陆军工程大学军械士官学校，湖北武汉　430075）

摘　要： 在对引信进行检测和销毁等技术处理过程中，传爆管爆炸后产生的破片是其中最大的危险源，本文主要以榴-5 引信传爆管为研究对象，对传爆管破片的初速进行相关的理论分析，通过试验所得数据对相关公式进行修正，得出适应性计算公式，能够对相关作业时的人员防护和设备防护提供依据。

关键词： 传爆管；破片

0 引言

引信传爆管是引信中装药量最大的元件，在对引信进行检测和销毁等技术处理过程中，传爆管爆炸后产生的破片是其中最大的危险源，本文主要以榴-5 引信传爆管为研究对象，对传爆管破片的初速进行相关的理论分析与试验研究，以期能够对相关作业时的人员防护和设备防护提供依据。

1 破片初速理论研究

炸药爆轰后对与之相接触金属的破坏加速作用是其主要用途之一，对引信进行相关技术处理作业时，需要估计传爆管破片被传爆药爆轰驱动的速度以确定其毁伤效能。破片初速 v_0 即壳体破碎瞬间的膨胀速度，是衡量战斗部杀伤作用的重要参数。但要得到炸药爆轰对相邻金属破片驱动速度的精确值是很困难的，同时也很烦琐，所以在计算过程中都采用了一定的假设[1,2]。

目前，根据不同的应用，破片初速工程计算方法有很多种[3]，归纳起来主要是应用能量守恒方程、动量守恒方程和壳体运动方程等进行近似计算。

1.1 常用破片初速计算公式

目前，工程上常用来计算破片初速的公式主要有以下几种：

1.1.1 格尼破片初速公式

格尼（Gurney）公式是根据能量守恒和动量守恒方程推导而出。格尼公式的推导过程中基于以下假设：

（1）在炸药与金属系统中，炸药的化学能量完全转换成了产物气体的动能和金属壳体的动能，赋予其一定的速度。

（2）产物气体的速度沿径向分布是线性的，且在通过壳体厚度期间与壳体运动速度相同。

（3）炸药爆轰后，产物气体均匀膨胀，且各处密度相等。

（4）忽略反应区后产生的稀疏波的影响。

基于上述基本假设，经推导得破片的初速计算公式为

$$v_0 = \sqrt{2E_g} \sqrt{\dfrac{\beta}{1 + \dfrac{1}{2}\beta}}$$

式中：$\sqrt{2E_g}$ 为格尼系数（m/s）。

康姆莱特等提出，炸药装药的爆轰压是炸药组成和能量储备 Φ 值及装填密度的函数，经过推导和试验验证，最后数学处理得到的计算格尼系数的公式为

$$\sqrt{2E_g} = 0.739 + 0.435\sqrt{\Phi\rho}$$

式中：Φ 为炸药组成和能量示性数，泰安炸药的 Φ 值为 13.920[4]。

将榴-5 引信传爆管相关参数带入以上两个公式，得其传爆管径向破片初速 v_0 为 1860m/s。

1.1.2 斯坦诺维奇模型

Gurney 方程中用格尼系数来反映炸药种类的影响，而斯坦诺维奇模型则是利用爆速来反映炸药种

类的影响，其计算公式为

$$v_0 = \frac{D_e}{4}\sqrt{\frac{2\beta}{1+0.5\beta}}$$

式中：D_e 为炸药的爆速（m/s）。

密度为 1.60g/cm³ 泰安炸药的爆速为 8281m/s。将榴-5 引信传爆管相关参数代入斯坦诺维奇计算公式，得其传爆管径向破片初速 v_0 为 1951m/s。

1.1.3 壳体运动方程

假设炸药是瞬时爆轰的，并且认为爆轰产物能量用于壳体破片飞散和爆轰产物本身的飞散。同时，假设爆轰产物的速度由中心到壳体是线性分布的，则破片的初速为

$$v_0 = \frac{D_e}{2}\sqrt{\frac{\beta}{2+\beta}\left[1-\left(\frac{r_0}{r_f}\right)^4\right]}$$

式中：r_0 为壳体膨胀前的初始半径（cm）；r_f 为壳体的膨胀半径（cm）。

许多研究人员所发表的试验数据表明：钢制的壳体膨胀到 $r_f = (1.6\sim2.1)r_0$ 时发生破裂。本文取 $r_f = 2.0r_0$，将榴-5 引信传爆管相关参数代入壳体运动方程，得其传爆管径向破片初速 v_0 为 2141m/s。

另外，国内外从事弹药设计和研究的科学工作者，在长期的实践中总结出了很多计算破片初速的经验公式。由于这些公式是在特定条件下得到，所以只对某一种弹药或在某一类条件下，准确性较高，但当条件不同时，可能会产生很大的偏差。因此，经验公式具有局限性，本文不一一列出。

1.2 初速表达式的分析与评价

由格尼方程、斯坦诺维奇模型和壳体运动方程的假设条件可知，破片初速 v_0 的计算都是以瞬时爆轰为前提的，同时假设壳体是等壁厚的圆柱体，壳体各微元的初速都相等。

格尼方程和斯坦诺维奇模型反映了装药种类和质量比对破片初速的影响，而未考虑壳体性质的不同而产生的差异。壳体运动方程则综合反映了装药种类、质量比和壳体材料对破片初速的影响。通过计算榴-5 引信传爆管径向破片的初速，3 种破片初速计算公式得到的结果之间的差值在 1%～8%的范围内。

2 传爆管破片初速试验研究

2.1 试验原理

传爆管内部装药爆轰后，爆轰产物驱动破片以

一定的速度飞散。利用通断法原理测定破片通过一定距离的时间，由此可以计算出破片在此距离内的平均速度。当飞行距离较小时，平均速度可以近似为破片的初始速度 v_0。

2.2 试验方案与试验装置

如图 1 所示，试验时用漆包线紧紧缠绕在改装过的传爆管圆周外表面，并与测时仪 1 号靶线接通；将另一漆包线绕在圆环形铁丝架上，并与测时仪 2 号靶线接通。正确连接 6 号火焰雷管、导火索和军用塑料拉火管。拉火引爆后，传爆药的爆轰能使传爆管壳膨胀、破裂，开始飞散，绑在传爆管部位的漆包线（1 号靶线）被炸断，测时仪开始计时。当破片击中并切断外圈铁丝架上缠绕的任意一处漆包线（2 号靶线）时，测时仪停止计时。根据两靶间的距离，可以计算出破片在两靶间的平均速度。为了保证靶线具有良好的机械强度且便于缠绕定位，选用的漆包线直径为 0.7mm。

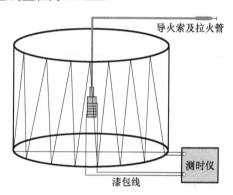

图 1 测速试验装置示意图

由前文传爆管径向破片初速的理论推算得知，径向破片速度在千米/秒数量级。破片飞行距离以毫米计，在本试验所确定的测试距离内，需要测时仪的精度为 10^{-6}s。自制的时间记录仪如图 2 所示，其精度为 10^{-6}s，其中中间两线为测时仪启动计时线即 1 号靶线，外侧两线为测时仪停止计时线即 2 号靶线。

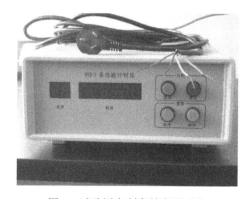

图 2 试验用自制高精度测时仪

2.3 试验结果分析

利用上述试验原理和试验装置，对榴-5引信传爆管径向破片速度进行测量。传爆管的改装和起爆方式同破片质量分布试验。破片飞行距离 $s=R-r$，其中 R 为外圈铁丝架半径 150mm，r 为传爆管半径 13mm，得破片的飞行距离 s 为 137mm。每次试验前对传爆管进行定位以确保破片的飞行距离。每次测量后，记录时间数据并利用测时仪面板上的清零按钮将时间复位。试验共进行了 10 发，记录数据如表 1 所列。

表 1　传爆管径向破片测速试验数据表

序　号	1	2	3	4	5	6	7	8	9	10
时间/μs	45	67	43	70	67	64	69	67	65	69
速度/(m/s)	—	2045	—	1957	2045	2141	1986	2045	2108	1986

由表 1 发现 1#和 3#试验数据误差较大，可能是火焰雷管爆炸后雷管壳产生的破片或硬杂木碎片击中 2 号靶线，致使测时仪提前停止计时。计算破片速度时舍去 1#和 3#数据。

从爆轰后支架上漆包线的断裂情况来看，一圈各部分均有断处，但不均匀，说明传爆管破片具有不均匀性。试验中，支架大部分侧铁丝（直径约 1.5mm）被水平切断，说明传爆管径向破片速度很快，有较强的剪切力。

根据试验数据，测得的榴-5引信传爆管径向破片的速度在 1950～2150 m/s 之间。由于破片飞行距离较小，破片在此距离上由于空气阻力而导致的速度衰减很小，因此可近似为破片的初速。试验时破片切断任意一处 2 号靶线，测时仪便停止计时，因此所测得的应为传爆管径向破片的最大速度。根据壳体运动方程，榴-5引信传爆管破片初速的理论值为 2141m/s。试验数据表明，理论计算值与试验结果较为吻合。

3　结论

本文主要研究传爆管破片的数质量分布和初速等参数。通过理论分析与试验研究，主要得出了以下结论：采用通断法原理，测量得到的传爆管径向破片初速与利用壳体运动方程计算得到的理论值较为接近。

参 考 文 献

[1] 孙业斌. 破片初速的工程计算[J]. 中国科学技术报告，1984：57-63.

[2] 孙业斌. 爆炸作用与装药设计[M]. 北京：国防工业出版社，1987.

气相色谱法在火药中硝化甘油含量测定试验中的应用

周　森，张　彬，魏　晗，熊　冉，高腾飞，张海旺，张　欣

（中国人民解放军 63981 部队，湖北武汉　430311）

摘　要：为了及时准确地了解火药在储存过程中的安全性，需要对火药中的硝化甘油（或硝化二乙二醇）的含量进行测定，本文采用气相色谱法对火药中硝化甘油含量进行测定，并与化学法测得结果进行对比，误差较小，符合火药质量检测的要求。

关键词：气相色谱法；化学法；硝化甘油

0　引言

火药是用于武器发射的重要能源，硝化甘油是火药的主要成分和能源之一，它在储存过程中，由于不断分解和从药内部渗出、挥发，使硝化甘油含量不断降低，这不仅使药的里、外层硝化甘油含量发生变化，而且使之能量减小，影响弹道性能。测定火药硝化甘油含量目的，就在于掌握硝化甘油在药中变化情况，为分析其质量，指导正确地保管和使用提供依据。本文分别采用气相色谱法测定火药中的硝化甘油与传统的化学法结果进行对比，检验气相色谱法在测定火药中硝化甘油应用的可行性。

1　仪器与试剂准备

仪器：3420A 气相色谱仪；色谱柱；T-3 提取器；烧杯；无水乙醇；氢气瓶；乙醚水浴锅；电子天平；注射器。

试剂：担体，固定液；蒸馏水；丙酮；石油醚。

2　试验方法

2.1　试样提取

称取 2～3g 称准至 0.0001g，放在滤纸筒内，将盛有试样的滤纸筒放入 T-3 型提取器中（或用 T-2 型），提取器中放入精制乙醚 25～40ml，将提取器的烧杯浸入 55～65℃水浴锅中，乙醚受热蒸发，其蒸汽上升至冷凝器处冷凝成液体再进入指管浸泡试样。指管内的乙醚每隔一段时间流下一次，连续提取。提取时间如表 1 所列。

表 1　不同火药加热提取时间表

试样形状	提取时间/h
粉末状	4
花片状	2
厚度不大于 0.16mm 片状及环状	6

试样提取之后加入无水乙醇溶解，硝化甘油含量在 18%～28% 时，加入 25ml 无水乙醇；硝化甘油含量在 40% 左右时，加入 40ml 无水乙醇为宜。

标准试样的配剂：用与被测组分含量相近的已知标准样品配制成标准溶液，作为外标法定量的标准，如果没有标准样品时，可用纯原料配制一份与被测试样组分接近的标准配料作为标准。

2.2　仪器调试

（1）柱温：一般将柱温固定在 150℃±5℃ 左右。

（2）汽化温度：汽化温度在 190～210℃ 之间。

（3）载气及其流量：流速为 200～240ml/min。

（4）桥电流：桥电流大，则检出灵敏度高，但桥电流过大时易烧坏热丝，一般热丝是用钨丝，最高使用温度不得超过 400℃。

（5）热导检测器：检查电路接线及气路的气密性；通载气，调节流速，进口压力≥1.7kgf/cm²；恒温，确定控制温度的工作点；加桥电流须在通载气之后进行，将电流调至工作所需电流；调整仪器待

基线稳定后可进行分析。

2.3　进样分析

用 10μL 注射器吸取试样溶剂洗涤注射器 2～3 次，然后吸取定量试样溶剂，准确迅速注入进样口，每个试样注入 3 次。其峰高最大与最小值不应超差。

3　结果计算及分析

3.1　外标法定量计算

$$P = P_0 \frac{h_0}{h} \times \frac{w_0}{w} \times 100\% \qquad (1)$$

式中：P 为硝化甘油的百分含量。P_0 为硝化甘油在标准样品中的百分含量。h 为试样中硝化甘油的平均峰高。h_0 为在标准样品中硝化甘油的平均峰高。w 为试样重量（g）。w_0 为标准样品的重量（g）。

每份试样做两个结果（3～5 次进样结果的平均值），结果之间的差值不大于 0.5%，取其平均值，精确至 0.1%。

3.2　结果对比

本文对单基药、双基药两种不同的发射药用气相色谱法测定火药中硝化甘油含量，并用式（1）进行了计算，试验结果和文献[1]中的化学法结果进行了对比，结果如表 2 所列。

通过表 2 中火药中硝化甘油含量可知，气相色谱法和传统的化学法得到的硝化甘油含量误差均在 4% 以内，误差较小。由此可得，气相色谱法可用于火药色谱分析中的应用。

表 2　气相色谱法测定火药中硝化甘油含量
试验数据对比表

试样	气相色谱法测定结果/%	化学法测定结果/%	误差
双芳 −3 23/1	24.26	25.22	−3.8%
	25.35	25.47	−0.5%
	25.21	24.35	3.5%
60 方片	40.15	41.33	−2.9%
	41.30	39.85	3.6%
	39.37	40.54	−2.9%

5　结论

（1）本文采用气相色谱法对火药中硝化甘油进行测定，得到的试验数据与传统的化学法进行对比，误差较小。由此可得，气相色谱法可用于火药色谱分析中的应用。

（2）本文采用气相色谱法测定火药中硝化甘油含量，该方法具有可靠性、稳定性和准确性，比化学法简单、快速，节约了试验时间，从而提高火药分析的效率。

参 考 文 献

[1] 熊冉，徐同军，等. 量气法测定硝化甘油常见问题及处理[J]. 通用弹药技术管理工作资讯，2014.

[2] 魏含，张彬，徐永士，等.GC 法测定火药中安定剂、消化二乙二醇的含量[J]. 山东化工，2016，45（18）：73.

[3] 周森，张彬，黄子光，等. 化学法测定火药中（邻）苯二甲酸二丁酯的含量[J]. 云南化工，2017，44（5）：44.

[4] 总装备部通用装备保障部. 火药试验[M]. 北京：国防工业出版社，2000.

导弹装备技术保障安全分析技术研究

赵建忠

（海军航空工程大学，山东烟台 264001）

摘　要：在阐述事故树分析法基本原理的基础上，分析了编制事故树、求最小路集、进行重要度分析等事故树分析法的实施步骤。首先，将事故树要素划分为不同的层次，形成一个层次分析模型。采用改进层次分析法求取基本事件重要度，无须进行一致性检验，提高了运算速度，减少了判断矩阵调整的烦琐。并且利用此方法，还可以求取最小路集重要性顺序，拓展了事故树分析中重要度的分析范围。案例分析说明了该方法的应用过程，并验证了方法的有效性。

关键词：导弹；安全；事故树分析；层次分析法

0　引言

随着我军建设转型工作的不断推进，航空兵部队实战化演练及遂行非战争行动任务不断增多。导弹技术保障系统涉及因素多，安全标准高，运行组织严密。航空兵部队在参与重大军事任务中，动用导弹装备比较频繁，而在导弹技术保障过程中充满了不确定性因素，隐藏着潜在性安全风险，稍有不慎就可能发生事故。全面深入地分析导弹技术保障的可能安全事故，找出影响安全的因素，对于做好导弹技术保障安全工作至关重要。而科学的安全分析方法，能够帮助我们更快地找到导致事故发生的各种原因及其之间的关联性，从而有效地减少各种事故的发生。

事故树分析方法常用于系统危险性的辨识和评价，既能分析出事故的直接原因，又能深入地揭示出事故的潜在原因，是安全系统工程的重要分析方法之一。它可以直观、明了地表示出事故的因果关系，结构清晰，可读性好[1]。为了从本质上探寻导弹技术保障中安全事故产生的原因，把握导弹技术保障安全工作的特点规律，有效预防各类事故发生，确保航空兵部队安全顺利地完成各项任务，本文提出运用事故树分析导弹技术保障安全的方法。运用事故树分析方法进行导弹技术保障安全事故分析，不仅能够分析出事故的直接原因，而且也能深入揭示事故的潜在危险因素，对事故原因进行总结，指导导弹技术保障过程中如何避免和控制事故的发生。

目前，事故树分析中的定性分析大都采用结构重要度分析法[1,2]。它的最大缺点是不考虑基本事件发生概率这一重要因素。层次分析法（Analytical Hierarchy Process，AHP）是 1977 年由美国匹兹堡大学教授 T.L.Saaty 提出的一种定性与定量相结合的、层次化、系统化的决策分析方法[3]。有些学者运用灰色统计决策方法、模糊数学理论、可拓学等理论和方法对其进行了改进，使不确定性因素的处理得以改善[2-5]。同时随着计算机软件技术的发展，层次分析法的很多运算可以借助软件来实现，进一步扩大了其应用范围，已成为一种应用广泛的分析与决策方法。本文采用改进的层次分析法对事故因素的重要度进行分析。

1　事故树分析法概述

事故树分析（Fault Tree Analysis，FTA）是一种从结果到原因的演绎推理法，目的是找出与事故有关的各种因素之间因果关系、逻辑关系，分析系统中事故产生的原因和潜在危险。它应用逻辑推理方法，从一个可能的事故开始，一层一层逐步寻找引起事故发生的触发事件、直接原因和间接原因，用事故树表示事故原因之间的相互逻辑关系，再进行事故树的定性与定量分析，分析确定事故发生的主要原因，为制定安全对策提供可靠依据，以便预防或控制事故。事故树，就是从结果到原因描绘事故发生的有向逻辑树。该事故树遵循从结果分析原因的逻辑分析原则，基本事件（节点）之间通过逻辑门连接。事故树的基本要素主要包括事件、逻辑门（与门、或门、条件与门、条件或门等）[6]。

事故树分析法具有以下特点：①它是一种用图形演绎导致事故发生的各因素因果关系的逻辑方法。从顶事件开始，逐层进行分析，找出基本事件与顶事件的逻辑关系；②可以对导致系统事故发生的人、机、环等诸多原因进行分析，灵活性强，考虑因素全面；③可以对系统进行定性、定量分析，以便发现和解决安全问题。

2 事故树分析法的改进

运用层次分析法对事故树重要度的计算方式进行改进，其基本步骤如下：

（1）绘制事故树图。首先确定所要分析的对象，即顶事件。通过事故调查分析，深入挖掘事故原因，找出导致事故发生的基本事件。根据国标 GB7829《故障树分析程序》对逻辑门符号的规定，用相应的逻辑门将基本事件和中间事件联系起来，就能够得到完整的事故树，再进行规范化和简化，就得到了最终的事故树。

（2）求出最小路集。最小路集是割集中引起顶事件发生的充分必要的基本事件的集合。它表明哪些最少基本事件的发生会导致顶事件发生，反映系统的危险性。一个最小路集对应着事故发生的一种模式。通常利用布尔代数求得事故树的最小路集[7]。

（3）根据事故树建立事故树层次分析模型。根据事故树各要素之间的逻辑关系，可以将事故树转换为由最小路集表示的层次分析模型。

（4）求比较矩阵。把最小路集内各个基本事件的重要性进行两两比较，得到基本事件的相对重要性。采用三标度法[9]表示基本事件的相对重要性，得到比较矩阵 $\boldsymbol{D}$。

$$\boldsymbol{D} = \begin{bmatrix} D_{11} & D_{12} & \cdots & D_{1m} \\ D_{21} & D_{22} & \cdots & D_{2m} \\ \vdots & \vdots & & \vdots \\ D_{n1} & D_{n2} & \cdots & D_{nm} \end{bmatrix} \quad (1)$$

式中：D_{ij} 表示基本事件 i 与基本事件 j 相比时的重要性：①当基本事件 i 比基本事件 j 重要时，D_{ij} 取 2；②当基本事件 i 与基本事件 j 同等重要时，D_{ij} 取 1；③当基本事件 i 没有基本事件 j 重要时，D_{ij} 取 0。

（5）计算重要性排序指数。根据公式

$$\gamma = \left[\gamma_i, \gamma_j \right], \gamma_i = \sum_{i=1}^{n} D_{ij} \quad (i = 1, 2, \cdots, n),$$

$$\gamma_j = \sum_{j=1}^{n} D_{ij} \quad (j = 1, 2, \cdots, m) \quad (2)$$

求判断矩阵元素 k_{ij}，对路集构造判断矩阵 K_{ij}[8]

$$k_{ij} = \begin{cases} \dfrac{\gamma_i - \gamma_j}{\gamma_{\max} - \gamma_{\min}} (k_m - 1), & \gamma_i \geqslant \gamma_j \\ 1, & \gamma_i = \gamma_j \\ \left[\dfrac{\gamma_i - \gamma_j}{\gamma_{\max} - \gamma_{\min}} (k_m - 1) + 1 \right]^{-1}, & \gamma_i < \gamma_j \end{cases} \quad (3)$$

式中：$k_m = \gamma_{\max}/\gamma_{\min}$；$\gamma_{\max} = \max\{\gamma\}$；$\gamma_{\min} = \min\{\gamma\}$。

（6）求基本事件在最小路集的重要度。根据式（4），将判断矩阵 K_{ij} 的元素 k_{ij} 取以 10 为底的对数，求判断矩阵 K_{ij} 的传递阵 B_{ij}

$$B_{ij} = \lg k_{ij}, \quad (i, j = 1, 2, \cdots, n) \quad (4)$$

然后，根据式（5），求 B_{ij} 的最优传递阵 C_{ij} 的元素[9]，即

$$C_{ij} = \frac{1}{n} \sum_{k=1}^{n} [b_{ik} - b_{jk}] \quad (5)$$

再求判断矩阵 K_{ij} 的拟优一致阵 K'_{ij} 的元素 k'_{ij}

$$k'_{ij} = 10^{c_{ij}} \quad (6)$$

最后求 K'_{ij} 的特征向量。

① 计算 K'_{ij} 每一行元素的乘积 M_i

$$M_i = \prod_{j=1}^{n} k'_{ij}, \quad (i, j = 1, 2, \cdots, n) \quad (7)$$

② 计算 M_i 的 n 次方根 $\bar{W}_i$

$$\bar{W}_i = \sqrt[n]{M_i} \quad (8)$$

③ 对向量 $\bar{W} = [\bar{W}_1, \bar{W}_2, \cdots, \bar{W}_n]^{\mathrm{T}}$ 做归一化或正规化处理，即

$$W_{kx_i} = [\bar{W}_i] \Big/ \left(\sum_{i=1}^{n} \bar{W}_i \right) \quad (9)$$

$W_{kx_i} = [W_{kx_1}, W_{kx_2}, \cdots, W_{kx_n}]^{\mathrm{T}}$ 就是所要求取的特征向量，表示基本事件在所属最小路集中的重要度。

（7）求最小路集相对于顶事件 T 的重要度。求各最小路集相对于顶事件的重要度，方法和步骤同前。

（8）求基本事件相对于顶事件 T 的重要度。基本事件相对顶事件的重要度，按式（10）计算：

$$W_{Tx_i} = \sum_{f=1}^{p} W_{px_i} W_{Tp_f} \quad (10)$$

式中：W_{Tp_f} 为最小路集相对顶事件的重要度；W_{px_i} 为基本事件相对所属最小路集的重要度，若基本事件不属于某个最小路集时，则取 $W_{px_i} = 0$；i 为最小路集序数；f 为最小路集个数。

（9）得到各基本事件的层次重要度顺序。

3 案例分析

装备吊装是导弹装备技术保障中的一项重要工作。由于装备吊装需要用到机械、液压、吊具等设备，而且又涉及空中作业，尤其是室外或野外作业时，需要用到机动起重设备，例如吊车。所以装备吊装是一项危险性较大的活动。

根据调查分析军队和地方吊装作业过程中的安全事故，可将其归纳为以下几种：①高空坠物：是指吊装作业过程中，吊物或起重机上的吊钩、巴杆、机件、工属具等物件从高处坠落。②吊机倾覆：是指吊机在吊装作业过程中失去平衡导致倾翻。③物

体撞压、打击：是指在吊装作业时受到摆荡的吊钩、吊物、工属具等撞击或弹飞的钢丝绳等物体打击。④吊物摔落：是指起吊或放下吊物时吊物垂直掉落下来。根据以上各种原因，绘制导弹装备吊装的事故树，如图 1 所示。

根据上述建立的故障树，利用布尔代数法可以求出事故树的最小路集为

$K_1 = \{X_4, X_5, \cdots, X_{17}\}$；

$K_2 = \{X_1, X_3\}$；

$K_3 = \{X_1\}$。

表 1 是某类军工企业装设备吊装数年来危险作业事件的统计。

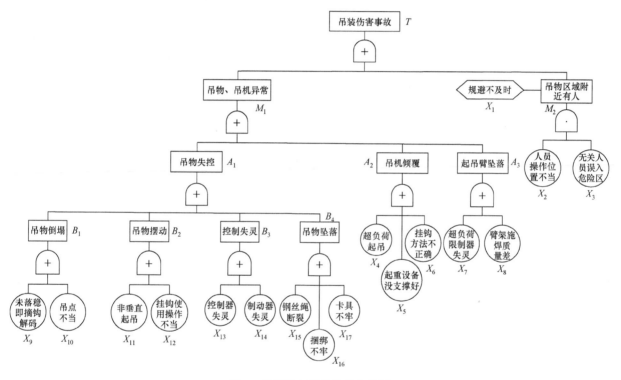

图 1　导弹装备吊装作业事故树

表 1　吊装危险作业事件统计表

基本事件	超负荷起吊	起重设备没支撑好	挂钩方法不对	超负荷限制器失灵	臂架施焊质量差	未落稳即摘钩解码	吊点不当	人员规避危险不及时
次数	5	1	5	3	3	4	3	6
基本事件	挂钩使用操作不当	控制器失灵	制动器失灵	钢丝绳断裂	捆绑不牢	卡具不牢	人员操作位置不当	无关人员误入危险区
次数	3	1	1	7	5	4	5	2

1）建立事故树的层次分析模型

考虑到图 1 事故树最小路集相对最小割数目集少，故采用最小路集来构建事故树的层次分析模型，如图 2 所示。

2）求比较矩阵

这里，以中间层 P_1 中的基本事件作为计算示例。

由表 1 可知，P_1 中基本事件数目比较多，且有些基本事件的发生次数一样。因此，可以将相同发生次数的基本事件用其中一项代表，以便简化计算过程。采用三标度法进行计算，结果如表 2 所列。

3）计算重要性排序指数

根据式（2）、（3），计算得表 3。

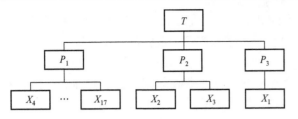

图 2　事故树层次分析模型

表 2　比较矩阵的结果

P_1	X_4	X_5	X_7	X_9	X_{11}	X_{15}
X_4	1	2	2	2	0	0
X_5	0	1	0	0	0	0
X_7	0	2	1	0	0	0
X_9	0	2	2	1	0	0
X_{11}	2	2	2	2	1	0
X_{15}	2	2	2	2	2	1

表 3　判断矩阵结果

P_1	X_4	X_5	X_7	X_9	X_{11}	X_{15}
X_4	1	7	14/3	8/3	3/7	1/3
X_5	1/7	1	3/10	3/16	3/25	1/9
X_7	3/14	10/3	1	1/3	1/6	3/20
X_9	3/8	16/3	3	1	1/4	3/14
X_{11}	7/3	25/3	6	4	1	3/5
X_{15}	3	9	20/3	14/3	5/3	1

4）求基本事件在最小路集的重要度

根据式（4），计算传递矩阵，得表 4。

根据式（5），计算最优传递矩阵，得表 5。

根据式（6），计算拟优一致矩阵，得表 6。

表 4　传递矩阵结果

P_1	X_4	X_5	X_7	X_9	X_{11}	X_{15}
X_4	0	0.845	0.069	0.426	0.368	0.477
X_5	−0.845	0	−0.523	−0.727	−0.921	−0.954
X_7	−0.669	−0.523	0	−0.477	−0.778	−0.824
X_9	−0.426	0.727	0.477	0	−0.602	−0.669
X_{11}	0.368	0.921	0.778	0.602	0	−0.222
X_{15}	0.477	0.954	0.824	0.669	0.222	0

表 5　最优传递矩阵结果

P_1	X_4	X_5	X_7	X_9	X_{11}	X_{15}
X_4	0	0.940	0.587	0.258	−0.187	−0.281
X_5	−0.940	0	−0.354	−0.678	−1.137	−1.222
X_7	−0.587	0.354	0	−0.324	−0.783	−0.837
X_9	−0.258	0.678	0.324	0	−0.459	−0.544
X_{11}	0.187	1.137	0.783	0.459	0	0.033
X_{15}	0.281	1.222	0.837	0.544	−0.033	0

表 6　拟优一致矩阵结果

P_1	X_4	X_5	X_7	X_9	X_{11}	X_{15}
X_4	1	8.710	3.864	1.811	0.650	0.524
X_5	0.115	1	0.443	0.210	0.073	0.060
X_7	0.259	2.260	1	0.474	0.165	0.146
X_9	0.552	4.764	2.109	1	0.348	0.286
X_{11}	1.538	13.709	6.067	2.877	1	1.079
X_{15}	1.910	16.672	6.871	3.499	0.927	1

根据式（7）、式（8）和式（9），计算拟优一致矩阵的特征向量。

$$W_{p1x_i} = [0.112, 0.013, 0.112, 0.029, 0.029, 0.061, 0.029,$$
$$0.179, 0.029, 0.013, 0.013, 0.206, 0.112, 0.061]^T$$

5）求最小路集相对于顶事件 T 的重要度

同理，根据式（7）、式（8）和式（9），计算求得拟优一致阵 $T - P_j$ 的特征向量，即最小路集相对顶事件 T 的重要度为 $W_{Tp_j} = [0.258, 0.637, 0.105]^T$。

6）求基本事件相对于顶事件 T 的重要度

据式（10）求取，如表 7 所列。

表 7　各初始原因层次总排序计算结果

T	P_1	P_2	P_3	W_{Tx_i}
	0.105	0.258	0.637	
X_1	0	0	1	0.637
X_2	0	0.750	0	0.194
X_3	0	0.250	0	0.065
X_4	0.112	0	0	0.012
X_5	0.013	0	0	0.001
X_6	0.112	0	0	0.012
X_7	0.029	0	0	0.003
X_8	0.029	0	0	0.003
X_9	0.061	0	0	0.006
X_{10}	0.029	0	0	0.003
X_{11}	0.179	0	0	0.019
X_{12}	0.029	0	0	0.003
X_{13}	0.013	0	0	0.001
X_{14}	0.013	0	0	0.001
X_{15}	0.206	0	0	0.022
X_{16}	0.112	0	0	0.012
X_{17}	0.061	0	0	0.006

由此可知，各基本事件的重要度顺序如下：

$$W_{Tx_1} > W_{Tx_2} > W_{Tx_3} > W_{Tx_5} > W_{Tx_{11}} > W_{Tx_4} =$$
$$W_{Tx_6} = W_{Tx_{16}} > W_{Tx_9} = W_{Tx_{17}} > W_{Tx_7} = W_{Tx_8} =$$
$$W_{Tx_{10}} = W_{Tx_{12}} > W_{Tx_5} = W_{Tx_{13}} = W_{Tx_{14}}$$

利用通常的结构重要度计算公式求得结果为

$$I_{\phi(1)} > I_{\phi(2)} = I_{\phi(3)} > I_{\phi(4)} = I_{\phi(5)} = \cdots = I_{\phi(X_{17})}$$

由此可见，利用层次分析法求取重要度的排序结果更加详细、具体，更符合实际情况。运用层次分析法改进的事故树分析法，克服了结构重要度分析忽略顶事件的发生受基本事件发生概率影响的缺点，又弥补了概率重要度，临界重要度计算过程中不易得到基本事件发生概率这一局限。因此，在事故树分析中，层次分析法是一种更为可行、有效的重要度确定方法。

4 结束语

导弹技术保障是复杂的系统，从防患未然的角度加强安全管理，有利于提高导弹技术保障的科学管理水平。本文提出了基于事故树分析和层次分析法的导弹技术保障安全分析新方法，即用事故树分析法对导弹技术保障中可能事故的影响因素进行定性分析，并运用改进的层次分析法确定各基本事件的重要度顺序，从而确保分析结果更加科学、合理。

（1）提出将事故树要素划分为不同的层次，构建事故树的层次分析模型。采用改进层次分析法求取基本事件重要度，无须进行一致性检验，提高了运算速度，减少了判断矩阵调整的烦琐。

（2）研究了最小路集重要度的求取问题，而传统事故树分析中只涉及基本事件重要性的分析，拓展了事故树分析中重要度的分析范围。

（3）运用层次分析法确定基本事件及最小路集的重要度，能够为制定安全方案和措施提供更为可靠的理论依据。

事故树分析方法是进行导弹技术保障可能事故分析的有效工具。它可以找到引起事故发生因素及其相互之间的关系，可以发现事故发生的模式及预防事故发生的最佳方法。对于大型的事故树系统，还可借助事故树分析软件求解分析结果。

参 考 文 献

[1] 徐志胜, 吴超. 安全系统工程[M]. 北京：机械工业出版社, 2007.
[2] 王永成, 王世峰. 动态事故树在铁路安全分析中的应用[J]. 铁道运输与经济, 2014, 36（9）：37-42.
[3] 龙杭, 宋守信. 基于模糊集理论与事故树分析的输变电检修项目脆弱性评价研究[J]. 陕西电力, 2014,42(9): 53-56.
[4] 牛世峰, 郑永雄, 冯萨丹. 基于事故树的公路路段交通安全评价方法[J]. 重庆交通大学学报（自然科学版）, 2013, 32（1）：87-90.
[5] 陈晨. 基于事故树分析的飞机失控成因研究[J]. 中国民航飞行学院学报, 2014, 25（3）：44-50.
[6] 陈述, 望运龙. 基于事故树分析的脚手架作业安全评价[J]. 工业安全与环保, 2015, 41（5）：82-85.
[7] 曹蓓, 于航, 孙佳. 基于事故树分析法的发动机空中停车人为差错研究[J]. 安全与环境学报, 2014, 14(6): 15-18.
[8] 邵二国. 基于事故树分析法的火灾自动报警系统失效风险评估[J]. 武警学院学报, 2012, 28(10): 41-43.
[9] Wang J C, Hou W H, Wang X Z. Analysis of accident and risk sources factors for deep foundation pit[J]. Progress in Safety Science and Technology, 2005（5）：476-481.

智能恒温磁力搅拌仪辅助滴析—烘箱法在火药挥发分含量测定中的应用

张　欣，周　森，丁满意，付伟强

（中国人民解放军 63981 部队，湖北武汉　430311）

摘　要：为了及时准确地了解火药在储存过程中的安全和保证其弹道性能，需要对火药中的挥发分含量进行测定，本文采用智能恒温磁力搅拌仪辅助法和传统的溶剂滴析蒸发法对火药进行了挥发分测定，对试验结果进行对比，误差较小，得到的智能恒温磁力搅拌仪辅助法可用于滴析—烘箱法测定火药挥发分试验，该方法缩短了试验时间，提高了试验效率。

关键词：火药；智能恒温磁力搅拌仪辅助法；滴析蒸发法；挥发分；滴析—烘箱法

0　引言

火药是武器发射弹丸或推动火箭运动的主要能源，平时主要储存在仓库中，它的储存安全性直接关系到战时的使用。在储存过程中，由于单基火药具有一定程度的吸湿性，其吸湿量与环境的相对湿度密切相关，在相对湿度为 100%的大气中，吸湿量可达 2.0%～2.5%。严重吸湿的火药，会使其点火困难，燃速减慢，从而使膛压、初速降低，射程减少。反之，若火药在高温、干燥的环境下储存，则会使其中的水分含量减少，最终导致燃速加快，膛压、初速和射程增大。因此，适量水分的存在，可使火药保持其弹道性能的相对稳定。单基药中还含有很少的醇醚溶剂，少量溶剂的存在，可保证火药的结构稳定，保持一定的机械强度和密度。乙醇能吸收部分氧化氮气体，对火药的安定性带来一定好处。定期检测发射药中的挥发分含量，就可以掌握发射药的质量状况，从而指导对弹药进行正确的管理、使用和储存。传统的火药样品前处理方法很多，本文分别采用智能恒温磁力搅拌仪辅助法与传统的滴析蒸发法对火药进行挥发分测定，对试验结果进行比较检验，说明智能恒温磁力搅拌仪辅助法在火药挥发分测定中的应用的可行性。

1　试验方法

1.1　试样准备

燃烧层厚度小于 0.7mm 的粒状及片状药不处理。

燃烧层厚度不小于 0.7mm 的粒状、带状及管状药剪切成小于 5mm 的小块；用粉碎机处理时，应过 5mm 和 2mm 双层筛，取 2mm 筛的筛上物。

管状药至少取 8 根，其他至少 20 粒粉碎机处理时，至少要取 30 粒。

1.2　仪器与试剂

试剂：乙醇：GB394.1-94，乙醇：水=2∶1 的溶液配置方法：1000mL 乙醇与 500mL 蒸馏水混合；丙酮：分析纯 GB686-89

乙醚：GB12591-90

乙醇-乙醚混合溶液：体积比（乙醇∶水）=2∶5 的溶剂

仪器：专用烧杯（带有磨玻璃盖及玻璃棒），如图 1 所示

智能恒温磁力搅拌仪：如图 2 所示

1.3　滴析蒸发

传统的实验方法：

（1）称取粉碎好的试样 2g（称准至 0.002g），

放入已恒量的专用烧杯内，此烧杯应清洁干燥（烧杯应带盖并附有玻璃棒），加入 50mL 丙酮，盖上磨口玻璃盖，在室温或者 40℃下溶解，并经常用玻璃棒搅拌，以加快其溶解速度，直至试样被完全溶解为止。

图 1　专用烧杯

图 2　智能恒温磁力搅拌仪

（2）当试样全部溶解成均匀的胶状溶液后，在搅拌的同时用滴定管滴加 50mL 体积比为 2：1 的乙醇水溶液。开始时逐滴缓慢加入，迅速、充分地进行搅拌，当前一滴滴入时析出的硝化棉搅拌均匀后再滴入下一滴，防止沉淀的硝化棉结片或结块，致使其中包含的溶剂在以后的蒸发、干燥操作中不能很好地驱除。随着乙醇水溶液的逐步加入，溶液的黏度逐步降低，溶液中硝化棉含量减少，当乙醇水溶液滴入烧杯中不再有硝化棉析出时，可将滴定管中剩余的乙醇水溶液注入烧杯，同时应迅速搅拌，使硝化棉迅速析出。

（3）试样滴析完成后，需将烧杯从滴析台移至水浴锅内（设置温度为 40～50℃）蒸发 2.5h，蒸发时要经常搅拌，以防止由于搅拌不充分而使溶剂没有充分挥发，造成局部形成胶块。当烧杯内溶液剩余约 40mL 时设置水浴温度为 75～85℃下继续蒸发 1.5h，此时也要经常搅拌，防止试样受热不均匀，造成局部温度过高而发生飞溅，直至试样成为疏松状粉末停止加热。

智能恒温磁力搅拌仪辅助法：

（1）称取粉碎好的试样 2g（称准至 0.002g），放入已恒量的专用烧杯内，此烧杯应清洁干燥（烧杯应带盖并附有玻璃棒），加入 50mL 丙酮，盖上磨口玻璃盖，放入智能恒温磁力搅拌仪内在室温或者设置温度为 40℃下搅拌溶解，直至试样被完全溶解为止。

（2）当试样全部溶解成均匀的胶状溶液后，在搅拌的同时用滴定管滴加 50mL 体积比为 2：1 的乙醇水溶液。开始时逐滴缓慢加入，迅速、充分地进行搅拌，当前一滴滴入时析出的硝化棉搅拌均匀后再滴入下一滴，防止沉淀的硝化棉结片或结块所导致其中包含的溶剂在以后的蒸发、干燥操作中不能很好地驱除。随着乙醇水溶液的逐步加入，溶液的黏度逐步降低，溶液中硝化棉含量减少，当乙醇水溶液滴入烧杯中不再有硝化棉析出时。可将滴定管中剩余的乙醇水溶液注入烧杯，同时应调大智能恒温磁力搅拌仪的搅拌速度，使硝化棉迅速析出。

（3）试样滴析后，设置智能恒温磁力搅拌仪器水温为 45℃，加热蒸干时间为 2.5h，当烧杯内溶液剩余约 40mL 时设置水温为 85℃下继续蒸发 1.5h，直至试样成为疏松状粉末。

1.4　烘干

试样蒸干后，将烧杯放入 95～100℃烘箱中干燥 6h，烘干后，取出放入干燥器内冷却至室温后称量。在该温度下再干燥 1h 冷却称量，直至连续两次称量差不大于 0.002g 即为恒重。硝化棉粉容易吸潮，且在加热下有分解现象，所以每次称量时要迅速，才能很快达到恒量。否则加热次数过多，硝化棉逐渐分解而减轻质量，造成挥发分含量偏高的假象。

2　结果计算及分析

2.1　计算公式

用式（1）计算安定剂含量：

$$\omega = \frac{m_1 - m_2}{m} \times 100\% \qquad (1)$$

式中：ω 为试样中总挥发分的质量分数（%）；m_1 为试样和烧杯的质量（g）；m_2 为干燥后的粉末和烧杯的质量（g）；m 为试样的质量（g）。

2.2　误差规定

每份试样平行测定两个结果，平行结果的差值应符合表 1 的要求，取其平均值，试验结果应取小数点后两位数。

表 1　平行结果的差值

燃烧层厚度/mm	平行结果的差值/%
<0.7	≤0.3
0.7~1.0	≤0.4
>1.0	≤0.5

2.3　试验结果及分析

本文对单基药、双基药、三基药及推进剂 4 种不同的发射药进行了滴析—烘箱法测定火药挥发分含量，并采用的式（1）进行了计算，试验结果和计算结果如表 2 所列。

表 2　滴析—烘箱法测定火药挥发分含量试验数据表

试样	滴析蒸发法 挥发分含量/%	智能恒温磁力搅拌仪辅助法 挥发分含量/%	误差
单基药 9/7	3.96	4.09	3.3%
单基药 4/1	3.66	3.53	−3.6%
单基药 18/1	4.92	4.81	−2.2%
单基药 14/7	4.89	5.06	3.5%

通过表 2 中火药中挥发分含量可知，智能恒温磁力搅拌仪辅助法和传统的滴析蒸发法得到的安定剂含量误差均在 5% 以内，误差较小，由此可得，智能恒温磁力搅拌仪辅助法可用于火药挥发分测定中的应用。

3　结论

（1）本文采用智能恒温磁力搅拌仪辅助法对火药进行了挥发分测定，得到的试验数据与传统的滴析蒸发法进行对比，误差较小，由此可得，智能恒温磁力搅拌仪辅助法可用于火药挥发分测定的应用。

（2）本文采用智能恒温磁力搅拌仪辅助法减少了传统滴析蒸干过程中的步骤，将滴析与蒸干的过程合二为一，传统的滴析蒸干法需要将试样从滴析台移动至水浴锅内，试验步骤及设备用到较多，在这过程中会不可避免地造成人为接触的干扰，对试验数据造成误差。由此可见，智能恒温磁力搅拌仪辅助法可以优化火药的滴析蒸干步骤，减少试验数据的误差，提高火药分析的效率。

参 考 文 献

[1] 总装备部通用装备保障部. 火药试验[M]. 北京：国防工业出版社，2000.

[2] 总装备部通用装备保障部. 弹药检测总论[M]. 北京：国防工业出版社，2000.

[3] 李东阳，等. 弹药储存可靠性分析设计与试验评估[M]. 北京：国防工业出版社，2013.

新型火药安定性爆燃试验研究

徐同军，张　彬，熊　冉，高腾飞

（中国人民解放军 63981 部队，湖北武汉　430311）

摘　要：本文针对新型火药安定性试验过程中热感度较高、危险程度较大等特点，对其爆燃试验设备和方法进行了研究，为新型火药安定性检测提供了一套科学的检测手段，解决了弹药检测机构以及部队院校新型火药安定性试验设备和检测手段缺乏的难题。

关键词：新型火药；安定性；爆燃试验

0　引言

火药安定性试验是弹药储存安全性重要检测项目，主要目的是通过对火药安定性检测来评估整个弹药的质量等级，为安全储存和合理使用弹药提供决策依据。传统火药，如：单、双基火药，安定性检测，无论是维也里试验法、特征气体色谱测定法，还是甲基紫颜色试验法，都需要进行高温加热过程。然而一些新型火药则具有高危特性（如改铵铜火药感度高），若是采用先前的方法，加热过程中的爆炸可能性给试验人员和设备带来诸多安全性问题，导致原安定性试验方法已不能用于这些新型火药。针对新型火药组成成分复杂，储存过程中的物理化学反应特殊，试验中热感度较高、危险程度较大等特点。我们对火药安定性爆燃试验（设备和方法）进行了研究，目的是为这些新型火药安定性检测提供一套科学的检测手段，以解决弹药检测机构以及部队新火药安定性检测手段缺乏的难题。

1　技术定位

1.1　性能定位

该试验设备和方法主要用于环境条件可控制及可防护的良好工作环境中，通常利于试验操作方便、数据采集可信，且能确保设施设备和操作试验人员人身安全的场所。

1.2　试验对象

主要适用于高热感度的新型火药安定性试验以及不便做甲基紫颜色试验、而需要做爆燃试验的所有传统发射药，包括单基、双基和多基发射药。

1.3　试验设备的基本要求

（1）温度、时间以及样品放入显示功能；

（2）恒温点设置、时间设置、自动开机设置；

（3）恒温声光报讯、提示放样和试验结束、自动记录试验过程和终点，实时显示各个样品的试验状况；

（4）可自动翻转加热体，试验后可及时清理残渣，便于连续操作；

（5）具有安全保护功能，当加热体超过设定值1℃时报讯，超过 5℃时自动切断加热电源，只有恢复到试验温度以下方可再次启动设备。

1.4　主要技术指标

（1）控温点设计：120℃和134.5℃两个恒温点，并且分挡控制。

（2）测温精度设计：120℃和 134.5℃两个恒温点误差小于 0.3℃。

（3）测试孔误差小于 0.5℃。

（4）加热孔 10 个，俯视图呈圆形均匀分布，内径 19±0.5mm，深度 285mm。

（5）额定工作电压：AC 220V±10%　50Hz。

（6）控制最大输出功率：2kW。

（7）使用环境：温度 0～50℃，湿度 < 90%RH。

（8）翻转电机功率：1kW。

（9）爆燃加热部分体积：直径 Φ=300mm，高度 H=400mm。

2　设备方案设计

设备总体设计成独立的加热爆燃和监视控制两大部分。加热爆燃和翻转机构为一体；监视和控制为一体，两大部分之间采用电缆信号线连接。全系统采用人工智能和远程自动化技术，实现试验全程无人值守，自放入样品开始，各个样品均能被自动监视和准确记录各个样品的试验情形，直到该批试验结束。智能化和自动化的程度可提高试验精度、减少操作人员的劳动强度、确保试验过程的安全性。

2.1　加热爆燃部分设计

爆燃加热体部分与控制部分采用各自独立性设计：一是减少发射药爆燃震动对电子部件的影响；二是避免操作人员必须近距离观察带来的意外危险；三是加热部件是爆燃试验最易损坏的部分，这部分易损件独立化和简单化设计，可以增强仪器的维修性和可靠性。

爆燃加热体和自动翻转机构一体设计，当控制部分观察到某批样品全部试验完毕时，可以按下旋转按钮自动翻转加热部分，倒出爆燃产生的试验残渣，然后可立即再恢复到试验状态，不必断电后又人为将整个仪器抬出倒置清渣，既减少反复移动仪器对仪器的损坏，又提高试验工作效率。

2.2　监视控制部分设计

远距离设置控制部分。利用人工智能远程控制和观察样品爆燃情况，设置各种传感器或摄像头自动记录各个样品的爆燃顺序以及爆燃时间，由于能够远距离准确观察到各个样品的试验情况，就可以同时多放几种样品进行试验，这样既增强了试验的安全性，又提高了试验效率。

2.3　安全防护设计

（1）加热爆燃部分和监视控制部分物理隔离设计。

（2）监视控制部分必须进行安全温度阈值设定，当加热爆燃部分温度失控时有自动断电保护功能。

（3）加热爆燃部分外部设计安全防护罩，整体设计成立体柜式，为避免飞出的橡皮塞落下时影响其他未炸的样品试验，顶部设计呈 V 形倒锥体。设计结构示意图如图 1 所示。

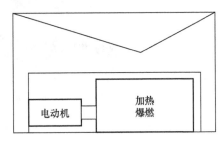

图 1　安全保护罩顶部示意图

3　试验设备研究及特点

3.1　设备的组成设计

该设备由加热爆燃和监视控制两大部分组成。其中加热爆燃部分包括加热机体和翻转机构；监视控制部分包括触摸式人机交换界面、PLC 主控模块、PID 功率控制器、温控系统、信号传输电缆以及仪器安全系统等。结构示意图如图 2 所示。

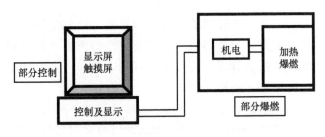

图 2　设备结构设计示意图

3.2　工作原理

整系统通过触摸屏人机交换界面将试验温度参数以指令的方式传给主控器 PLC，按照设定控制程序经 PID 温度控制器对专用加热体进行控制，试验温度和安全温度通过热电传感器反馈到主控器和人机界面上，并通过界面观察设备的运行情况。使火药在加热体部分以试验温度恒定受热分解气体直到热量积累到爆燃。

3.3　设备设计的主要功能

1）预开机功能

该设备可以根据试验工作安排，预先设定开机时间实现无人值守。设定前，要对日期和时间进行校正，使之与当前日期和时间一致。然后再根据所需的开机的日期和时间设定，设定后，仪器带电待机，直到预设定值时开机工作。

2）立即启动功能

在主页面下点击"启动"并按"确定"后，左侧指示灯亮，设备开始工作，运行信息由"停止"变为"运行中"，大约40min设备可达到所设定的值。此时设备报警，提示放入样品，样品放入后，点击"放样完毕"，设备进入试验计时程序，此时显示屏显示放入样品的状态，对应的样品号呈现绿色标记，当某个样品爆燃完毕，设备立即记录下该样品从放样到爆燃的时间，显示屏显示该样品状态时对应的样品号呈现红色标记，直到此次试验放入的所有样品全部爆燃完后，设备再次报警提示本次试验结束，可启动翻转按钮，倒出残渣，转正加热体后可继续试验，也可结束试验关机。

3）试验过程查询功能

整个试验过程要求设备处在一个稳定的状态，设备会自动记录其工作时的参数。查询功能是便于试验者随时查看设备的运行状况是否符合试验法的要求，若在试验过程中，出现异常情形，可以随时终止试验，目的是能让试验者确信整个试验的数据的有效性。自动记录的频率可以按自己的要求设置每5min、10min、15min一次等。

4）温度校正功能

在设备的使用过程中，如果设备由于老化和温度传感器发生偏差，可利用标准温度计（计量单位已校正）进行修正。在主页面点击"参数设置"，进入参数页面，在该页面点击"调试按钮"弹出密码框，输入密码和修正值后，设备自动进行调试直到温度控制系统调试完毕。

5）安全保护功能

该设备具有多重保护功能：一是系统温度控制保护，包括试验温度保护和安全温度保护。按试验法，试验温度为120±0.3℃，如果试验温度失去控制上升到125℃时，试验控制温度保护发生作用，系统断电停止加热；当安全温度失去控制上升到130℃时，安全温度保护发生作用，系统断电保护。二是机械温度控制保护，它是通过加热丝和温度控制开关串联，当系统温度出现故障失去作用，加热盘温度上升到135±5℃时，温度开关作用，加热丝停止加热，设备只有完全满足3个温度控制保护条件时，设备才能正常工作。一旦保护起作用，只有温度降到正常值时，设备才可再次启动。

参 考 文 献

[1] 总装备部通用装备保障部. 火药试验[M]. 北京：国防工业出版社，2000.

[2] 总装备部通用装备保障部. 弹药检测总论[M]. 北京：国防工业出版社，2000.

[3] 李东阳，等. 弹药储存可靠性分析设计与试验评估[M]. 北京：国防工业出版社，2013.

气相色谱法测定二甲基二苯脲含量

徐　衍，徐永士，黄紫光，丁满意，傅炜强

（中国人民解放军 63981 部队，湖北武汉　430311）

摘　要：本文首先采用气相色谱法测定标准火药内的二甲基二苯脲含量，然后利用本方法用于实际火药样品的分析，测定结果与标准火药法的测定结果相一致。该方法弥补了标准火药作外标所存在的不足，具有方便、安全、准确的特点。

关键词：气相色谱法；火药；二甲基二苯脲

0　引言

双基火药主要由硝化纤维素、硝化甘油、二甲基二苯脲和特定溶剂等组成[1]。其中的二甲基二苯脲能消除或降低酸性氧化分解物的产生，阻止硝酸酯的加速分解，从而保证火药长期储存过程中有比较稳定的化学安定性[2]。因此，准确测定火药中的二甲基二苯脲含量非常重要。

多年来，测定火药内的二甲基二苯脲主要采用气相色谱法，选用的外标物[3]是权威机构研制的标准火药。由于这些标准火药有规定的使用年限（一般5～10 年），在规定的年限内，标准火药内的二甲基二苯脲含量会发生变化，从而影响测试结果的准确性；同时过了规定的使用年限后需要重新购买，而标准火药又属危险品，运输非常麻烦。因此，寻找另一种物质作为外标物来代替目前所使用的标准火药很有必要。通过试验研究，认为在测定火药内的二甲基二苯脲含量时，可用纯二甲基二苯脲做外标物代替标准火药。

1　试验部分

1.1　仪器与主要试剂

MODEL SQ-206 GAS CHROMATOGRAPH、SQ-206 热导检测器、SQ-204 温度控制器（北京分析仪器厂）；

氢气（99.999%）：用作载气；

丙酮和石油醚（分析纯）：用作溶解纯二甲基二苯脲和浸取火药样品；

纯二甲基二苯脲（99.999%）、10 批片状标准火药（二甲基二苯脲标准值 1.32%）、12 批片状标准火药（二甲基二苯脲标准值 1.35%）、10 批管状标准火药（二甲基二苯脲标准值 2.79%）、12 批管状标准火药（二甲基二苯脲标准值 2.86%）：用作外标物（用纯二甲基二苯脲标定时，简称纯二甲基二苯脲法；用标准火药标定时，简称标准火药法）。

1.2　试验样品的制备

双基火药除小于 2mm 的小药粒及小方片药以外，均需经过粉碎。凡能刨、刮、锉的样品，应尽量粉碎成花片状或锯末状[4]。将粉碎处理好的样品称取 2g 左右，称准确至 0.001g，置于干燥、洁净的 50mL 具塞锥形瓶中。用定量加液管加入 15mL 体积比 φ（丙酮：石油醚）=4：6 浸取液，浸泡 6h 后即可用于测定[5]。

1.3　外标样品的制备

采用标准火药方法时，外标物的制备同 1.2。

采用纯二甲基二苯脲方法时，若火药中的二甲基二苯脲含量在 2.0%以下时，称取纯二甲基二苯脲 0.027g 左右；若火药中的二甲基二苯脲含量在 2.0%以上时，称取纯二甲基二苯脲 0.057g 左右，用定量加液管加入 15mL 体积比 φ（丙酮：石油醚）=4：6 浸取液[6]，摇动锥形瓶至完全溶解后，即可用于标定。

1.4　色谱条件

载气(H_2)流速：130～180mL/min。

汽化室温度：210～230℃。

热丝温度：195～205℃。

柱箱温度：165～180℃。

衰减系数：1。

不锈钢色谱柱：内径 3mm，长 500mm。

1.5　分析方法

在仪器工作正常、基线平直后，用纯二甲基二苯脲或标准火药（若火药中的二甲基二苯脲含量在 2.0%以下时，用片状标准火药；若火药中的二甲基二苯脲含量在 2.0%以上时，用管状标准火药）进行标定，进样量 6μL，测定二甲基二苯脲峰高，重复测定 5 次，其峰高极差不大于 5%。标定合格后，用微量注射器抽取样品浸取液 6μL，测定火药样品中二甲基二苯脲的峰高，每一份浸取液测定 2 次，峰高之差不大于 5%，每个样品配 2 份浸取液，2 份浸取液测定结果的平均值不超过 0.2%[6]。

2　结果与讨论

2.1　标准火药样品分析

按照 1.4 色谱条件和 1.5 的分析方法，用纯二甲基二苯脲法测定标准火药中的二甲基二苯脲含量（标准火药和常用火药的组成及含量基本相同，在这里作为参照物检验纯二甲基二苯脲法的可行性），分析结果如表 1 所列：

表 1　标准火药中的二甲基二苯脲分析结果

标准样品	标准值 ω/%	测定值 ω/%		平均值 ω/%			相对误差 /%
		瓶 1	瓶 2	瓶 1	瓶 2	瓶 1+瓶 2	
1	1.32	1.38 1.26	1.36 1.32	1.3	1.34	1.33	0.78
2	1.35	1.28 1.36	1.23 1.37	1.32	1.30	1.31	−2.96
3	2.79	2.68 2.81	2.85 2.94	2.75	2.90	2.83	1.43
4	2.86	2.75 2.82	2.88 2.78	2.79	2.83	2.81	−1.75

由表 1 可以看出：每个样品配 2 份浸取液，每一份浸取液测定 2 次，2 份浸取液测定结果的平均值均没有超过 0.2%，相对误差在 3%以内，表明纯二甲基二苯脲法的准确度比较高。

2.2　精密度试验

选取 5 种类型的火药样品，每种火药样品按纯二甲基二苯脲法配制 6 份浸取液，每份浸取液平行

测定 2 次，取平均值。分析结果如表 2 所列。

表 2　方法的精密度试验(n=6)

样品	测定值 ω/%	平均值 ω/%	标准偏差 ×10⁻²	RSD /%
1	1.34 1.35 1.39 1.38 1.41 1.37	1.37	0.03	2.19
2	1.59 1.62 1.68 1.66 1.64 1.69	1.65	0.04	2.42
3	1.93 2.08 2.04 1.99 1.96 2.05	2.01	0.06	2.99
4	2.26 2.29 2.37 2.31 2.41 2.32	2.33	0.05	2.14
5	2.75 2.90 2.82 2.78 2.84 2.93	2.84	0.07	2.46

由表 2 可知：按照纯二甲基二苯脲法的色谱条件和分析方法，每种火药样品平行测定 6 次，各样品测定值的相对标准偏差不大于 3%，表明纯二甲基二苯脲法的精密度较高。

2.3　结果对照

用纯二甲基二苯脲法和标准火药法测定各种火药样品中的二甲基二苯脲的含量，分析结果如表 3 所列。

表 3　2 种方法的分析结果对比

样品	纯二甲基二苯脲法		标准火药法
	测定值 ω/%	平均值 ω/%	测定值 ω/%
1	1.32　1.38　1.41　1.36	1.37	1.25
2	1.42　1.43　1.38　1.41	1.45	1.38
3	1.47　1.43　1.38　1.34	1.41	1.39
4	1.68　1.64　1.71　1.69	1.68	1.59
5	1.82　1.75　1.78　1.84	1.80	1.73
6	2.52　2.48　2.39　2.40	2.45	2.47
7	2.67　2.84　2.81　2.74	2.77	2.71
8	2.87　2.93　2.78　2.82	2.85	2.78
9	2.98　2.88　2.83　2.94	2.91	2.83

由表 3 可知：纯二甲基二苯脲法与标准火药法相比，两种方法测定结果相符。

参 考 文 献

[1] 栗益人，陈绍亮，等. 火药理化分析[M]. 北京：国防工业出版社，1999：343-345.

[2] 肖国善，路桂娥，等. 火药试验[M]. 北京：国防工业出版社，2006：159-162.

[3] 陶宗晋. 色谱法（二）[M]. 北京：科学出版社，1986：74.

[4] GJB535-757 火药试样粉碎法[S].

[5] GJB249-680 双基药提取法[S].

超声辅助萃取法在火药色谱分析中的应用

熊　舟，罗　琰，周　森，张　欣，张海旺

（中国人民解放军 63981 部队，湖北武汉 430311）

摘　要：为了及时准确地了解火药在储存过程中的安全性，需要对火药中的安定剂含量进行测定，本文采用超声辅助萃取法（UAE）和传统的溶剂溶解水沉淀法（SDWP）对火药进行了色谱分析，对试验结果进行对比，误差较小，得到超声辅助萃取法可用于气相色谱法测定火药安定剂试验，该方法缩短了试验时间，提高了试验效率。

关键词：火药；超声辅助萃取法；溶剂溶解水沉淀法；安定剂；气相色谱法

0　引言

火药是武器发射弹丸或推动火箭运动的主要能源，平时主要储存在仓库中，它的储存安全性直接关系到战时的使用。火药在储存过程中，硝化纤维素会发生自动分解反应，当加入安定剂后可延缓或抑制这种反应的进行，从而提高火药的化学安定性。因此，安定剂可以显著延长火药的储存寿命，定期检测发射药中的安定剂含量，就可以掌握发射药的质量状况，从而指导对弹药进行正确的管理、使用和储存。传统的火药样品前处理方法很多，本文分别采用超声辅助萃取法与传统的溶剂溶解水沉淀法对火药进行色谱分析，对试验结果进行比较，检验超声辅助萃取法在火药色谱分析中应用的可行性。

1　试验方法

1.1　试样准备

某单基发射药：质地密实，用玻片刮成花片；某双基发射药：质地密实，用玻片刮成花片；某三基发射药：质地密实，用玻片刮成花片；某推进剂：质地较密实，用玻片刮成花片。火药样品粉碎的原则：燃烧层厚度不大于 0.5mm 的药粒取整粒，燃烧层厚度大于 0.5mm 的药粒处理成 2～3mm 的小块，过 3mm 和 2mm 的双层筛，取 2mm 筛的筛上物。

1.2　仪器与试剂

试剂：丙酮：分析纯 GB686-78。

石油醚：分析纯 HG3-1006-76，沸程 60～90℃。

仪器：气相色谱仪：SP-2304 型气相色谱仪，如图 1 所示。

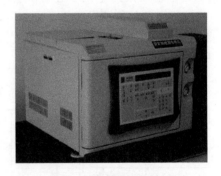

图 1　气相色谱仪 3420A

超声波清洗仪：KH-3200B 型超声波清洗器，如图 2 所示。

图 2　超声波清洗器

1.3 色谱条件

载气：高纯氢气，流速 200～240mL/min。
柱温：155～160℃。
汽化温度：约 250℃；
桥电流：180～200mA。
色谱分离柱：直径 3mm，长 500mm 不锈钢柱。

1.4 浸泡

传统的溶剂溶解水沉淀法：称取粉碎好的试样 1.5～2g（称准至 0.001g），置于干净的 50mL 具塞三角瓶中，用移液管或定量加液管加入 15mL 体积比为（单基药为 4:6，双基药为 3:7）的丙酮-石油醚混合液，浸泡 2.5～4h 后，即可进行测定。

超声辅助萃取法：称取粉碎好的试样 1.5～2g（称准至 0.001g），置于干净的 50mL 具塞三角瓶中，加入约 80mL 丙酮超声 20min（功率密度约为 0.2w·cm^{-2}）后取出，转移入 100mL 容量瓶，加水定容，滤液即为试样溶液（制样时间约 0.5h），即可进行测定。

1.5 标准溶液制备

标准药按 1.4 的方法制备标准溶液。

1.6 标定

待仪器工作正常、基线平直后，用微量注射器取标准溶液 6μL，注入色谱仪，测量安定剂的峰高。重复测定 3 次，其峰高之差不大于 5%。

1.7 试样测定

标定合格后，用微量注射器取试样浸取液 4μL，注入色谱仪，测量安定剂峰高，每一浸取液进行 2～3 次测定，其峰高之差不大于 5%。测定完 2～3 个试样后，重新标定。

2 结果计算及分析

2.1 计算公式

用式（1）计算安定剂含量：

$$C_i = \frac{W_0 \times H_i}{W_i \times H_0} \times C_0 \times 100\% \qquad （1）$$

式中：C_i 为被测试样安定剂含量（%）。C_0 为标准药安定剂含量（%）。H_i 为被测试样的峰高。H_0 为标准药的峰高。W_i 为被测试样的质量（g）。W_0 为标准药的质量（g）。

2.2 误差规定

每份试样配制两瓶浸取液，计算结果精确到 0.01%，两次测定结果差值不超过 0.1%，试样结果取算术平均值。

2.3 试验结果及分析

本文对单基药、双基药、三基药及推进剂 4 种不同的发射药进行了气相色谱法测定火药安定剂试验，并采用的式（1）进行了计算，试验结果和计算结果如表 1 所列。

表 1 气相色谱法测定火药安定剂含量试验数据表

试样	安定剂含量/% （超声辅助萃取法）	安定剂含量/% （溶剂溶解水沉淀法）	误差
单基药/9/7	1.50	1.58	-5.1%
双基药/双芳-3	2.65	2.54	4.3%
三基药/三胍-11	1.40	1.33	5.3%
推进剂/双石-2	3.15	3.08	2.3%

通过表 1 中火药中安定剂含量可知，超声辅助萃取法和传统的溶剂溶解水沉淀法得到的安定剂含量误差均在 6% 以内，误差较小。由此可得，超声辅助萃取法可用于火药色谱分析中的应用。

3 结论

（1）本文采用超声辅助萃取法对火药进行了色谱分析，得到的试验数据与传统的溶剂溶解水沉淀法进行对比，误差较小，由此可得，超声辅助萃取法可用于火药色谱分析。

（2）本文采用超声辅助萃取法的萃取时间为 0.5h，传统的溶剂溶解水沉淀法则需要 3h，由此可见超声辅助萃取法可以缩短火药的萃取时间，从而提高火药分析的效率。

参 考 文 献

[1] 总装备部通用装备保障部. 火药试验[M]. 北京：国防工业出版社，2000.

[2] 总装备部通用装备保障部. 弹药检测总论[M]. 北京：国防工业出版社，2000.

[3] 李东阳，等. 弹药储存可靠性分析设计与试验评估[M]. 北京：国防工业出版社，2013.

[4] 贾林，张皋，张林军，等. 某些火炸药色谱分析中的样品前处理技术[J]. 含能材料，2015,23（3）：279-284.

2.2　弹药导弹储存与使用安全性评价方法

陆军导弹储存安全性运筹分析与评估模型

陶贵明

（陆军工程大学 导弹工程系，河北石家庄　050003）

摘　要：安全性是陆军导弹储存期内的最低标准限度，本文采用基于粗糙集的安全评价方法，从不完备的资料中找到各个属性指标之间的权重计算，通过知识的依赖性和知识约简计算，建立陆军导弹储存安全性评价的指标体系和评估模型，减少主观的原因造成的评价差距，提高安全评估的可信度。

关键词：陆军导弹；储存；安全性；指标体系；评估模型

0　引言

导弹具有长期储存、一次性使用的特点，在导弹储存过程中，必须保证导弹的安全可靠。安全性是其储存期内的最低标准限度，储存安全性是指用来保证导弹装备在规定的储存期内能够维持不发生事故的能力，这是导弹武器系统的一项重要战术技术指标。从实际情况来看，在导弹保障过程中，使用性因素和导弹可靠性对安全性的影响较大，这就导致导弹储存安全性保障具有不确定性。评估储存期导弹的安全性对于提高部队导弹储存安全水平具有重要意义。这就要求能够在繁多的情况下尽可能地摸清导弹储存的安全规律，分析影响导弹安全性产生的因素，掌握导弹储存安全性的评估方法，提高导弹储存的安全性[1]。

1　导弹储存安全性的因素分析

1.1　陆军导弹储存的部件安全性

以某型第二代反坦克导弹为例，其主要由引信、战斗部、陀螺仪、弹上计算机、解码器、指令接收装置、舵机、发动机、热电池、弹上光源及导弹结构部件组成。下面以该型反坦克导弹为例，讨论储存过程中导弹安全性的影响因素。

1.1.1　引信

引信的功能是在规定的时间可靠保险和可靠解脱保险，当导弹碰到目标时可靠地引爆战斗部。

在储存过程中，导弹从高处跌落下来，可能落在土地上，或硬的水泥地上，或钢铁做成的甲板上。落速很大，着地时突然停止运动，使导弹引信零件受到很大的惯性力。这样大的惯性加速度，就有可能使引信保险机构中的保险装置解脱锁定，从而解除了保险。引信解脱了保险后，外力如果作用到导弹战斗部头部上，就可能因为产生电能或电路开关接通而使引信发火点燃战斗部[2]。

1.1.2　战斗部

全备战斗部的功能平时在要求条件下处于安全状态，战时引信适时起爆战斗部，战斗部爆炸形成射流消除反应装甲干扰后穿透坦克主装甲，达到毁伤坦克的目的。

导弹战斗部包含的炸药部件在储存的过程中极易发生安全事故。易受到振动、温度、湿度、压力、雷击等因素的影响。若储存过程中温度较高，则使炸药的热分解加速，导致炸药局部高温，可能引起炸药部件爆炸。当储存温度变化较大时，炸药部件产生裂纹，当炸药发生燃烧时，裂纹的存在增加了燃烧面积，且在裂纹深处产生的燃烧气体难以排出或者燃烧不完全的气体产物夹带着炸药颗粒一起喷出燃烧，很容易导致爆轰。若储存过程中，导弹所处环境过于干燥，易引起炸药部件起燃，如果环境过于潮湿，易导致炸药变质。战斗部在低温条件下储存，可能导致零部件材料性能发生变化，可能变脆或变硬，润滑剂可能固化，密封材料和垫圈有可能破裂，电气性能变坏等[3]。

1.1.3 发动机

发送机采用两级同轴串联式固体发动机，增速在前，续航在后，全弹以发动机为骨架，增速发动机前端与战斗部相连，续航发动机后端与弹翼罩、线管体、仪器舱相连组成全弹。

固体发动机在储存时，要求每隔一定时间朝同一方向翻转90°，目的是减少自重的体应力影响。因为固体发动机在储存时一直处于水平状态，固体推进剂的自重会导致药柱内部变形不均匀，进而发生固体推进剂界面脱黏或形成药柱裂纹，同时还可能造成固体推进剂药柱内部组分的迁移，使影响固体推进剂安全性的成分聚集，从而增加固体推进剂的不安全性[4]。

1.1.4 保险装置

某反坦克导弹保险装置的闭锁解脱机构，由连接部分、总壳部分、密封部分、固封部分、电刷、燃气发生器、闭锁销运动体、布线部分、接线板和短路保护线板组成。

保险装置在储存过程中，机械振动、水汽进入等可能导致电路误接通，致使导弹产生安全事故。

1.2 导弹储存的物理安全性

导弹在储存过程中，物理因素会对其安全性产生重要的影响，主要包括以下4个方面：

1.2.1 振动

导弹储存过程中产生的振动，对机械结构，如导弹舱段间定位销子可能因为振动冲击，发生弯曲或剪断；紧固件可能会松动；配合面和表面处理层可能被擦伤；构件应力集中部位或连接部位会产生振动疲劳，产生微裂纹，造成疲劳损伤。对电子设备，如惯性器件或平台会因为振动冲击，发生超差或漂移；集成电路的焊接点可能存在虚接，引起断路；压力触点可能发生该断开时闭合，该闭合时断开。对材料，如金属弹簧、减振垫等由于各个方向的加速度作用，会产生振动疲劳损伤；壳体、绝热层、衬层、药柱的各个粘接界面，会由于振动冲击，产生不同程度的剥离应力损伤，在后续储存过程中引起脱粘。

1.2.2 温度

导弹在储存时，温度的承受能力主要分为3类：高温承受能力、低温承受能力、高低温循环的交变承受能力。

高温可能会加速非金属材料老化、氧化、黏度下降等性能的变化。低温时，会使材料脆化、强度减弱，产生龟裂和硬化，对密封材料可能发生收缩变形，引起泄漏。温度的交替变化，对电子产品，特别是机电产品影响较大，可能引起导弹构件应力集中处的应力交替变化。应力的交替变化导致构件产生疲劳损伤，当损伤累积到一定程度时可能发生疲劳裂纹直到疲劳断裂破坏。

1.2.3 湿度

空气中的湿度过高，会在固体表面附着一层肉眼看不见的水膜，水膜与空气中的酸性气体作用而具有稀酸性质，会发生电化学腐蚀，在金属表面形成锈蚀；绝缘体的绝缘电阻下降，火药炸药和火工品会丧失其功能；对于电子产品，会使电性能下降。低湿度、湿度的交替变换对导弹同样不利。

1.2.4 压力

导弹在储存过程中，由于堆垛过高、堆放过于密集或者其他情况使得导弹承受较大压力时，会对导弹的安全产生影响。如果导弹在储存过程中压力过大，可能会导致导弹外壳的变形、损坏。如果导弹承受压力过大，对于火工品也会存在较大影响，可能导致意外的爆炸事故。

1.3 导弹储存的环境安全性

对于不同类型导弹的储存条件，研制任务书中都有明确的规定，不同产品的要求也不尽相同。在实际储存过程中，即使同一类型的产品，在不同的地域、不同的任务，实际条件存在不同程度的差异。导弹储存不可避免地受到储存环境的影响[5]：

1.3.1 自然环境

自然环境因素主要是指温度、湿度、雷电、鼠害及虫蛀等。在导弹储存过程中应做到防火、防雷、防洪、防潮、防热、防冻、防霉、防虫。

1.3.2 资源交通

导弹储存地的资源、交通情况对于抢险救灾的支持条件，及时将安全事故控制在最小范围内，资源、交通情况欠佳将导致无法及时快速反应，将事故遏制在先兆阶段。

1.3.3 设施设备

设施设备因素主要包括导弹储存地所采用的设

施设备不符合防火、防爆、防静电、防雷击等方面的要求，或者年久失修、维护保养不及时、使用不当，未设置防护措施，或防护措施设置不符合要求等[6]。

1.4　导弹储存的人为安全性

随着导弹装备自身安全水平的不断提高，防护装置可靠性的不断增强，以及作业环境的不断改善，库存过程中由导弹危险性导致的燃爆等重大事故的比例已下降到较低水平，而由人为因素导致的组织管理和勤务操作失误，已经越来越多的成为直接或间接诱发导弹储存安全性事故的原因。

1.4.1　制度建设

在导弹储存的过程中，必须依照相关标准，制定和履行各级、各类人员安全生产责任制，制定和学习安全规章制度和操作流程，进行安全条件论证和安全评价，同时应该制定安全事故应急救援预案。明确安全生产责任制、安全机构与人员配备、安全管理规章制度、安全操作规程、安全教育、培训等制度。

1.4.2　人员状态

相关人员应经过相关安全培训，持有安全生产知识和管理能力考核合格证书。技术能力方面，应建立健全干部管理卡片及技安人员的人事调令或聘书等资料，考察人员配备是否符合评价内容。在思想意识方面，工作人员要杜绝麻痹思想，重视库区作业的危险性，牢固树立足够的安全意识；在心理状态方面主要包含情绪状况、心理防备能力和承受能力、不适合工作的性格缺陷等方面的内容。

1.4.3　管理教育

管理因素主要是指管理者由于主观或客观因素导致管理不善所造成的危及仓库安全的因素包括任务前的安全教育不充分、缺乏针对性，或误教育，组织理论学习和技能培训不足，忽视特殊项目的专门训练，未组织对防护装置、设施设备进行安全检查和维修等。管理教育是为了提高仓储工作人员的思想意识，使其掌握正确的操作流程和维持导弹安全的能力。

1.4.4　作业组织

违规指挥作业、发现违规现象不及时纠正，对存在的安全隐患，不及时报告、处理。单位时间内的任务量安排过大，或连续作业时间安排过长，特殊作业项目未安排专门的技术。指挥不力或违章指挥，危急情况下的应急决策失误，出入登记制度不完善或落实不力，未建立防洪、消防组织和制定相关预案等[7]。

2　导弹储存安全性指标体系

为了衡量储存过程中各种因素对于导弹储存安全性的影响程度，建立如下陆军导弹储存安全性指标体系：

2.1　指标体系结构图总图

陆军导弹安全性指标体系的结构图如图 1 所示。

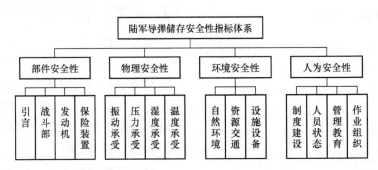

图 1　陆军导弹储存安全性指标体系的结构图

2.2　导弹储存的部件安全性指标

导弹储存的部件安全性是指导弹部件在各种环境的刺激下保持良好的工作状态的能力。

战斗部安全性（C_1）：是用来衡量导弹储存过程中战斗部在各种环境载荷中维持安全性的能力；

引信安全性（C_2）：是用来衡量导弹储存过程中引信在各种环境载荷中维持安全性的能力；

发动机安全性（C_3）：是用来衡量导弹储存过程中发动机在各种环境载荷中维持安全性的能力；

保险装置安全性（C_4）：是用来衡量导弹储存过程中保险装置在各种环境载荷中维持安全性的能力。

2.3　导弹储存的物理安全性指标

导弹储存的物理性因素是指可能导致导弹发生事故的物理性危害因素，可分为 4 类：

振动承受能力（C_5）：是用来衡量导弹储运过程

中，承受机械振动、电磁性振动、液体动力性振动的能力；

压力承受能力（C_6）：是指导弹储存使用的温度范围要求，用来衡量导弹温度承受能力；

湿度承受能力（C_7）：是指导弹储存使用的湿度范围要求，用来衡量导弹湿度承受能力；

温度承受能力（C_8）：是指导弹压缩气体或液体的最高压力值，用来衡量导弹压力的危险。

2.4 导弹储存的环境安全性指标

导弹储存的环境安全性指标用来衡量可能导致导弹发生事故的环境危害因素，可分为 3 类：

气候条件（C_9）：衡量导弹在储存时所受的气候条件的影响；

资源交通（C_{10}）：衡量导弹在储存时所受的资源交通的影响；

设施设备（C_{11}）：衡量导弹在储存时所受的设施设备的影响。

2.5 导弹储存的人为安全性指标

导弹储存的人为安全性指标用来衡量可能导致导弹发生事故的人为危害因素，可分为 4 类：

制度建设（C_{12}）：用来衡量导弹储存过程中人员状态对导弹安全性的影响；

人员状态（C_{13}）：用来衡量导弹储存过程中制度建设对导弹安全性的影响；

管理教育（C_{14}）：用来衡量导弹储存过程中管理教育对导弹安全性的影响；

作业组织（C_{15}）：用来衡量导弹储存过程中劳动组织对导弹安全性的影响。

3 导弹储存安全性评估模型建立

即使相同型号的导弹，其储存情况也存在差别，且一些数据可能存在缺失的问题。因此，评估过程可能存在大量的不完备性和不确定性。粗糙集理论作为一种较新的处理模糊和不确定性知识的数学工具，可以根据论域内的不可分辨关系，通过知识约简挖掘出数据中的规律，实现各安全性评估指标权重的确定[8]。

3.1 评估决策表及离散化表的建立

在粗糙集理论中，通常采用一个二维信息表 $S=\{U,R,V,f\}$ 来描述论域中的对象，其中 $U=\{u_1,u_2,\cdots,u_n\}$ 为论域，代表典型导弹的集合。

$R = C \cup D$ 是属性集，子集 C 和 D 分别称为条件属性集和决策属性集。本文将影响导弹储存安全性的部件因素、物理因素、环境因素、使用因素所包含的 16 项评估指标视为条件属性，则属性集 $C=\{C_1,C_2,\cdots,C_{15}\}$.
$V=\bigcup_{r\in R}V_r$，V_r 是属性值的集合，V_r 表示属性 $r\in R$ 的属性值范围，即属性 r 的值域，$f: U\times R\rightarrow V$ 是一个信息函数，它指定 U 中每个对象的属性值。

由于利用粗糙集进行安全性评估时，只能处理离散量，因此必须对连续的评估指标取值进行离散化。本文根据各影响因素的特点及实际工作经验，同时为简化计算，按照引起导弹储存安全性降低的程度由大到小的顺序，为每个评估指标设置 4 个节点值，将属性值离散为 5 级，如表 1 所列。

表 1 属性离散化表

C 型号	D_1	D_2	D_3	D_4
C_1	60	75	90	100
C_2	60	75	90	100
C_3	60	75	90	100
C_4	60	75	90	100
C_5	60	75	90	100
C_6	0.60	0.50	0.40	0.30
C_7	90	92	94	96
C_8	-40	30	50	80
C_9	60	75	90	100
C_{10}	60	75	90	100
C_{11}	60	75	90	100
C_{12}	60	75	90	100
C_{13}	60	75	90	100
C_{14}	60	75	90	100
C_{15}	60	75	90	100

设实际评估值为 X，则：

$$\begin{cases} X \in \text{Level1}, & X \leqslant D_1 \\ X \in \text{Level2}, & D_1 < X \leqslant D_2 \\ X \in \text{Level3}, & D_2 < X \leqslant D_3 \\ X \in \text{Level4}, & D_3 < X \leqslant D_4 \\ X \in \text{Level5}, & X > D_4 \end{cases} \quad (1)$$

3.2 指标权重的确立

将各评估指标属性值离散化，利用信息熵计算其重要度。设 P 为论域 U 上的一类知识 $U|ind(P)=\{C_1,C_2,\cdots,C_{15}\}$，则 P 在 U 上的概率分布为

$$[C;P]=\begin{cases} C_1,C_2,\cdots,C_{15} \\ P(C_1),P(C_2),\cdots P(C_{15}) \end{cases} \quad (2)$$

式中，$P(C_i) = \dfrac{|C_i|}{|U|}$，$i = 1, 2, \cdots, 15$；符号 $|X|$ 表示集合 X 的基数。

信息熵 $H(P)$ 可表示为

$$H(P) = -\sum_{i=1}^{15} P(C_i) \log_2 P(C_i) \tag{3}$$

各评估指标的重要性 I_i 计算公式如下：

$$I_i = H(P) - H(P \mid C_i) \tag{4}$$

式中，$H(P \mid C_i)$ 为与 C_i 对应的 P 的条件熵。

对 I_i 归一处理后，可得到各评估指标的权重系数 W_i，即

$$W_i = \frac{I_i}{\displaystyle\sum_{i=1}^{15} I_i} \tag{5}$$

3.3 安全性评估模型的建立

对评估指标标准化后，结合式（5）计算得到的权重系数，导弹储存安全性评估模型可表示为式（6），式中，S_i 为被评估导弹的安全性评估指标标准：

$$M = \sum_{i=1}^{15} (W_i S_i) \tag{6}$$

4 可信性检验

运用模型，通过算例对结果可信性进行检验：

根据各属性的离散值，将各影响因素取值分为 5 级，分别用 1、2、3、4、5 表示，建立二维信息表，如表 2 所列：

表 2 评估指标输入值

	C_1	C_2	C_3	C_4	C_5	C_6	C_7	C_8	C_9	C_{10}	C_{11}	C_{12}	C_{13}	C_{14}	C_{15}
型号1	3	2	3	4	3	3	5	5	5	4	5	4	5	3	1	3
型号2	1	4	3	3	1	4	2	1	4	2	1	4	2	3	2
型号3	2	1	4	1	5	2	5	3	3	4	3	3	4	5	4
型号4	5	3	5	5	2	1	1	2	4	1	4	5	1	3	5
型号5	4	3	2	3	4	2	3	2	3	5	2	1	2	1	1

利用信息熵计算可得各指标权重系数分别为 0.065、0.060、0.063、0.066、0.068、0.066、0.041、0.076、0.063、0.072、0.073、0.067、0.082、0.070、0.068。其中人员状态、温度承受能力、设施设备、资源交通所占权重较大，说明人员状态、温度承受能力、设施设备、资源交通的作用对导弹储存安全性影响较大，这与实际的研究结论是吻合的。因此，在实际工作中，需要特别加强对在导弹保障过程中，使用性因素和导弹自身可靠性以及危害的终止能力（设施设备和资源交通的支持力度）对安全性的影响较大，这是

符合工程实际的。由于人的参与，导弹安全性保障具有了不确定性。因此，在导弹日常保障中要提高保障的效率，就要在人参与的因素上下功夫。

在实际工作中，为消除实际指标值量级不同对评估结果的影响，需要首先对各指标值进行标准化。如某型导弹评估指标标准指标集为

$C\_s = \{0.792, 0.667, 0.813, 0.838, 0.802, 0.622, 0.769,$
$0.851, 0.726, 0.712, 0.921, 0.811, 0.711, 0.635\}$

则其安全性评估结果为 $M = 0.778$，其结构安全性处于良好状态。

5 结论

导弹储存的安全性评估对确保导弹安全，充分保证导弹的使用效力具有重要意义。本文提出导弹储存安全性评估方法，建立了陆军导弹储存安全性评估模型，得到了以下结论：

（1）从导弹储存的部件安全性、物理安全性、环境安全性、人为安全性 4 个方面，分析并确立了导弹储存安全性评估的指标体系，可以基本涵盖导弹储存安全性评估的要素，体现导弹储存的安全性状况。

（2）根据各影响因素的特点及实际工作经验，设定了属性值离散化节点，不仅可以反映各影响因素的特性，还可以简化计算，提高工作效率。

（3）利用粗糙集理论确定了各指标权重，并建立了安全性评估模型，对比专家打分法更加客观，克服了对人的先验知识的依赖性。本文提出的安全性评估模型目前主要针对常见型号，对于一些设计、使用条件较为特殊的型号还需进一步考虑其特殊性，对评估指标进行调整。

参 考 文 献

[1] 江式伟，吕卫民，王亮. 基于粗糙集的导弹安全性评估研究[J]. 战术导弹技术，2010，（3）：16-18.

[2] 韩晓明，高峰. 导弹战斗部原理及应用[M]. 西安：西北工业大学出版社，2012.

[3] 王涛，余文力，王效康. 某导弹战斗部炸药部件安全性分析[J]. 导弹与航天运载技术，2008（3）.

[4] 常新龙，胡宽，张永鑫，等. 导弹总体结构与分析[M]. 北京：国防工业出版社，2010.

[5] 孟涛，张仕念，易当祥，等. 导弹贮存延寿技术概论[M]. 北京：中国宇航出版社，2013.

[6] 杨延海. 仓储弹药安全要素研究[J]. 四川兵工学报，2011，32（6）.

[7] 姚恺，安振涛，吴雪艳，等. 火灾条件下弹药仓库贮存安全性研究[J]. 装备环境工程，2007，4（6）.

[8] 王国胤，姚一豫，于洪. 粗糙集理论与应用研究综述[J]. 计算机学报，2009，32（7）.

陆军导弹管理使用安全事故案例及警示

侯占恒

（陆军军械器材供应站）

摘　要：本文系统地分析了历年来陆军导弹典型安全事故的具体原因和危害，本着举一反三，吸取血的教训，杜绝类似事故再次发生的原则，从设计制造、使用管理等环节，提出了杜绝和防止安全事故的具体措施和办法，依此来警示和指导部队陆军导弹的管理与使用。

关键字：陆军导弹；管理；安全；警示

0　引言

陆军导弹是依靠自身动力装置推进，在制导系统控制导引下，将其战斗部导向目标并毁伤目标的武器。陆军导弹上有点火具、燃气发生器、火箭发动机、引信、战斗部等火工品，陆军导弹是典型的爆炸危险品。陆军导弹设计制造时充分考虑了其储存使用的安全性，规定的储存使用条件下，陆军导弹储存使用的安全性是有充分保证的。由于陆军导弹自身组成构造的复杂性，以及储存使用环境的多样性，陆军导弹储存使用的安全性不可能做到穷尽设计，实际储存使用中因某些难于预测的原因而发生意外，对陆军导弹的储存使用带来致命危害，这方面是有血的教训和具体案例的。

案例一：HN-5 导弹"5.17"事故

1993 年 5 月 17 日，某部在组织 HN-5 导弹性能测试时，一枚 HN-5 导弹发动机意外点火，导弹发动机在测试车内燃烧，造成测试车内的 4 名测试人员严重烧伤，1 辆 CH-3 综合测试车报废。

后经分析和实际试验验证，事故的原因是测试车的一根导线与车体意外搭接，导弹弹上线路板的一个焊点过大，该焊点与弹体搭接，两个搭接将弹上点火电路的限流电阻短路，测试仪的 3V 电压直接加在 2.5Ω 的电点火头上，发动机直接点火。正常情况下，测试电点火头导通电阻时，必须有限流电阻串联在发动机电点火电路上，测试时电点火的电流是安全电流（50mA 以下），点火头不会点火。但是由于测试车有问题、导弹也有问题，两个问题叠加

在一起，其结果是将限流电阻短路，发动机点火。

案例二：AFT08B 导弹"6.27"事故。

2014 年 6 月 27 日，某部在朱日和训练基地进行实兵实装演练时，1 枚 AFT08B 导弹在射手按下发射按钮后，导弹在发射架上意外爆炸，造成 1 名射手当场牺牲，1 名战士受轻伤，1 套 AFT08B 地面发射设备和 1 辆导弹发射车报废。后经查明，该事故是因 AFT08B 导弹弹上电路板上的数字 12 标号字体过大，12 中的 1 过长，造成相邻的 2 根印刷电路导线异常接通，使弹上电池直接加在增速发动机点火头上，增速发动机异常点火，增速发动机在发射筒内燃烧，从而引燃战斗部和续航发动机，造成射手牺牲，发射装备报废。

AFT08B 导弹设计时增速发动机、续航发动机、引信保险机构有断路和短路双重保险，正常程序下，导弹高压室不工作，导弹不出筒，断路开关不接通，弹上电池不会加到发火电路上，即使断路开关故障，在导弹未飞行 6m 距离时，短路开关未拉断，点火电路仍处于短路保护状态，此时也不会使增速发动机点火。正常情况下，导弹抛出发射筒，飞行 6m 时，短路开关拉断，增速发动机才点火。但该枚故障弹，由于弹上印制电路板的大字号，使弹上电路板的异常导通，相当于弹上电池直接加在增速发动机电点火上，弹上电池直接点燃增速发动机，增速发动机在导弹发射筒内燃烧，最终产生殉爆。

案例三：道尔-M1 导弹发射后直接坠地事故

2016 年 9 月 20 日，某部在进行道尔-M1 导弹实弹发射试验时，1 枚道尔-M1 导弹发射后导弹偏转过度，直接在战车前方约 35m 处坠地，并且在坠地后

先后发生两次爆炸。

事后查明，该枚导弹是因弹上自动驾驶仪故障，导弹偏转限位角度执行错误而导致。正常情况时，导弹偏转不得超过 90°。而该枚导弹，由于弹上自动驾驶仪故障，导弹偏转角度超过了 90°，导弹偏转到 105° 时，发动机点火，此时导弹的飞行姿态已朝向地面，发动机点火后，发动机推动导弹向地面加速飞行，致使导弹发射后在战车前方约 35m 处直接坠地，导弹坠地后发动机立刻爆炸，在发动机推力和发动机爆炸力的共同作用下，导弹弹体钻入地下 1m 多深，10 多分钟后，导弹战斗部发生爆炸。

由于实弹射击场地为海滩地，导弹坠地时弹体直接钻入地下，弹上发动机、战斗部是在地下发生爆炸，该枚导弹并没有对人员和装备造成直接损伤。如果发射场地不是海滩地，导弹的坠地点地面坚硬，导弹弹体钻不进地下，导弹弹体势必会被地面弹起，在发动机推动下，导弹弹体势必会乱飞乱撞，势必对人员和装备带来致命危害。

案例四：HN-6 导弹发射后导弹与发射筒未分离，导弹连同发射筒阵地前坠地事故

2016 年 8 月 26 日，某部在组织 HN-6 导弹实弹射击训练时，1 枚 HN-6 导弹发射后，导弹未完全出筒，导弹连同发射筒挣脱射手后，在发射阵地前约 70m 处坠地爆炸。

后经研究分析和试验验证，该枚导弹为质量问题，可能原因是装配时发射筒内有异物，套接尾翼在发射筒内运动受阻卡滞，发射发动机推动导弹，带动发射筒向前运动。由于此次实弹发射场地为山坡，导弹连同发射筒掉落在发射阵地前的深沟里，没有造成人员伤害。如果发射场地是平地，导弹连同发射筒坠地后，极有可能在导弹发动机带动下，导弹在发射场地上乱飞乱撞，势必对人员和装备带来致命危害。

以上是近年来陆军导弹储存使用中曾发生过的典型意外安全事故案例，下面给出陆军导弹储存使用中的几点安全警示：

一、基本原则

陆军导弹储存使用中意外情况一定会出现，意外事故是小概率事件，不可能完全杜绝和避免，陆军导弹储存使用中极有可能发动机意外点火、意外燃烧，战斗部意外爆炸等，陆军导弹储存使用工作中，一定要牢固树立意想不到的情况随时会发生的意识，筹划和组织实施各项工作时，一定要从最坏处着想，一定要从意外情况发生时的安全防护着手，一定要制定各种安全防护的预案，一定要采取各种

可行有效措施，最大限度地杜绝和防止意外事故，最大限度地降低意外事故造成的人员伤亡和财产损失，切忌无知而无畏，切忌麻痹和侥幸，切忌违规野蛮操作。

二、设计制造

陆军导弹储存使用中的意外事故绝大部分是设计制造原因造成的，是意想不到的情况下发生的，从根本上杜绝意外事故，最有效的方法是产品设计制造时要多想多做，产品设计制造人员牢固树立敬畏意识和人命关天意识，牢固树立意外客观存在、什么情况会发生意外、穷尽设计防意外的意识，用非正常思维来研究问题、发现问题、解决问题，最大限度地将意想不到变为预先想到，想在前面，做到前面，切忌盲目自信，过度自信，陆军导弹设计制造的安全保证永无止境，陆军导弹设计制造的安全保证不怕做不到，只怕想不到。

三、性能检测

陆军导弹的火箭发动机、引信、战斗部等基本上为电点火的方式，而陆军导弹的性能检测主要是通过加电的方式来进行的，导弹自身问题，检测设备问题，以及检测方法和程序问题，均有可能发生意外。陆军导弹的性能检测一定要在固定的防爆检测间或具有安全防护的工事内进行，一定要使用技术性能合格的专用检测设备，一定要严格按照操作技术规程进行操作，导弹该固定的固定，门窗该关的关，无关人员该撤离的撤离，一定要制定翔实的组织实施方案，一定要做好各种安全防护。故障导弹、事故导弹、超期导弹、报废导弹等技术状态不明的导弹严禁随意检测。技术性能不合格、技术性能不稳定、有故障的导弹检测设备严禁使用。严禁未经专业技术培训，不熟悉导弹性能检测技术要求的人员检测导弹。陆军导弹性能检测切忌无所谓，切忌盲目随意，切忌野蛮操作。

四、训练发射使用

陆军导弹发射使用的意外情况不可能完全避免，为防止意外情况发生时造成不必要的生命财产损失，陆军导弹实弹发射训练使用时要选择合适的发射阵地，做好发射阵地人员与装备的安全防护。为防止导弹近距离坠地弹战斗部、发动机的爆炸，以及触地后弹体弹起的无控飞行等对发射阵地人员、装备造成伤害，选择的发射阵地和发射阵地上的装备布置一定要符合要求，有条件时尽量选择软性地面、阵地射向前方最好有天然屏障，同时发射阵地上的各个阵位一定要采取安全防护措施。为防止导弹在发射阵位上发生意外点火、意外爆炸，发

射阵位一定要构筑有效安全防护工事，切忌偷懒省事、违规凑合。

五、交接入库

交接入库主要是做好待接收入库导弹技术状况的确认，尤其是部队携行使用过导弹的接收入库，接收入库前一定要对照实物查型号、查数量、查过往履历，一定要与送交人员和送交单位核实送交导弹的真实技术状况，核实是否实弹发射使用过，是否为故障弹、事故弹，凡是故障弹、事故弹、实弹发射未发射出去的弹，一定要先按技术状态不明待鉴定的导弹进行处理，先单独存放，并及时上报，待技术鉴定后再进行后续处理，切忌稀里糊涂、麻痹大意，宁可不相信自己，不要盲目相信别人。

六、数质量信息管理

导弹数质量信息管理最核心、最关键的是导弹基础信息采集登录的准确性、完整性，以及导弹停用和限用信息的时效性。导弹基础信息主要包括型号、批号（生产和延寿整修、翻修、检修等的批次号，承制、承修年份号和承制承修单位代号）、编号，导弹基础信息的采集登录一定要准确，要素一定要齐全完整，一定要与实物上的标识一致，一定要对照实物进行逐一登记，切忌偷懒和随意。停用、限用导弹信息的时效性，一旦确认出现质量问题，导弹必须停用、限用时，一定要及时下达停用、限用通知，各关联单位一定要按停用、限用通知，及时调整堆码垛，更改账目和堆签，一定要及时、严谨

的落实，切忌拖沓和遗漏。

七、质量监控

导弹质量监控的根本目的是保证导弹储存的绝对安全，使用的高度可靠，通过质量监测，准确掌握导弹的质量状况和质量变化趋势，对导弹的质量进行分级，为导弹的储存、使用、修理、报废等提供决策依据。导弹质量监控的核心和关键是待修品和报废品的及时处理，对质量监测后已评定为待修品、报废品的导弹，应当给出对其进行相应技术处理工作完成的时限，在规定的时限内一定要完成相应技术处理工作，切忌只管监、不管控，切忌质量监测、质量定级后就完事大吉，切忌待修品、报废品不管不问，无限期存放，一定要在能够进行处理的时机内及时进行处理，切忌能拖则拖，无法处理时再处理。

八、修理与报废处理

修理与报废处理工作中安全是最核心、最关键的，要牢固树立非正常情况随时会出现，意想不到的事件随时会发生的意识，事事处处一定要预想到所有可能的意外情况及造成的危害，一定要预先采取各种有效的安全防护措施，切忌盲目自信，盲目随从，一定要有正常情况下不一定不出事，非正常情况下肯定会出事的意识，一定要有非正常情况随时会出现，意外情况出现时怎么办这个观念，切忌无知而无畏，切忌有知而不为，血的教训一定要牢记。

箱装弹药跌落安全研究

张俊坤，张会旭，姜志保

（陆军军械技术研究所，河北石家庄 050000）

摘　要：针对箱装弹药跌落安全问题，在研究影响因素和当前部队业务标准、弹药技术要求、国军标试验标准 3 个体系中有关跌落安全要求的基础上，将箱装弹药视为 1 个研究整体，并对其跌落安全影响因素进行化简。运用碰撞冲击理论，构建理论模型，对某型箱装弹药 0.5m、1m 和 1.5m 跌落着地瞬间，包装箱所受加速、冲击面所受冲击压力进行计算，通过与试验结果对比，验证理论模型的可行性，为弹药事故预防、包装水平提高、储运过程监控措施研究提供理论指导。

关键词：箱装弹药；跌落冲击；冲击加速度

0　引言

弹药具有易燃易爆的本质属性，在弹药保障过程中，必然会发生装卸、搬运、运输等勤务操作，也必然使弹药受到冲击、振动、跌落等力学作用效应，进而影响弹药的安全性与可靠性，甚至引发爆炸事故。因此，弹药勤务操作过程中的力学环境分析及其防护技术与防护措施，一直是弹药保障研究中的一个重点方向。李金明等对箱装弹药中的惯性元件，在有无回弹、是否考虑阻尼等条件下的跌落冲击特性进行了研究；武洪文等通过试验分析了木质弹药包装在有无内置缓冲材料条件下的不同抗冲击、振动特性[1]。本文以箱装弹药整体为研究对象，通过对比分析弹药跌落安全标准、规定等，明确跌落安全初始条件，结合物体碰撞冲击理论，构建跌落冲击理论模型，并利用模型对箱装弹药安全跌落峰值进行计算分析，为弹药事故预防、包装水平提高、储运过程监控措施研究提供指导。

1　跌落初始条件研究

1.1　影响因素分析

箱装弹药主要包括包装箱、卡固缓冲部件和弹药 3 个部分[2]，弹药又可分为弹体和若干惯性缓冲部件，因此箱装弹药各部分或部件共同组成了一个多自由度运动系统，其整体结构示意图如图 1 所示。

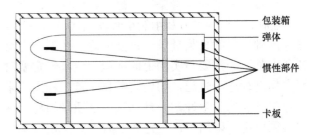

图 1　箱装弹药结构示意图

箱装弹药跌落示意图如图 2 所示。

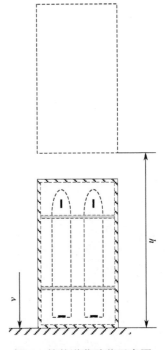

图 2　箱装弹药跌落示意图

从图 1 和图 2 中可以得出，影响箱装弹药跌落安全的主要因素包括重量、包装箱材质、包装箱尺寸、卡固缓冲部件弹性模量和阻尼系数、跌落高度、落地姿态等，具体见表 1。

表 1 箱装弹药跌落安全主要影响因素

类型	箱装弹药自身因素					跌落过程因素		
影响因素	重量	材质	尺寸	卡固缓冲部件	弹药惯性部件	跌落高度	落地姿态	地面

1.2 影响因素简化

影响箱装弹药跌落安全的因素很多，为明确研究重点、简化研究过程、提高研究效率，结合当前弹药跌落安全标准、规定等相关内容，对各影响因素进行整合与简化[3]。

从弹药全寿命过程分析，涉及弹药跌落安全分析的环节有弹药技术要求、国军标试验标准、部队业务标准。在严苛程度上应服从以下规律：部队业务标准≥弹药技术要求≥国军标试验标准。

1）部队业务标准

《部队通用弹药业务管理规定》：对严重摔落的炮弹（1.5m 以上高度），应当单独存放，做好标记，未经检查鉴定或者鉴定不合格的不得分发、运输、储存、使用或者混入其他弹药中。

2）弹药技术要求

《新型通用弹药》中部分弹药在"管理使用特殊注意事项"中规定：在搬运、码垛时，若弹从 1.5m 以上跌落，应当隔离保管，上报鉴定处理。

3）国军标试验标准

与弹药部组件、包装或整弹相关的部分国军标跌落试验内容如表 2 所列。

表 2 部分国军标跌落试验内容

标准名称	包装箱		目的	合格标准	备注
	有	无			
火工品试验方法第 35 部分：12m 跌落试验		■	评定火工品经受 12m 跌落后的安全性	试验过程中不发火且试验后处理时安全的	
火工品试验方法第 36 部分：2m 跌落试验		■	模拟火工品在搬运和装卸过程中的意外跌落，考核火工品经受跌落后的安全性和可靠性	结构不损坏，满足功能要求	
引信环境与性能试验方法1.5m 跌落试验		■	考核引信的安全性或违章操作后引信的安全性与作用可靠性	准则 B：试验后引信必须安全和作用可靠	
炮射导弹试验方法第 28 部分：0.5m 跌落试验		■	考核炮射导弹 0.5m 跌落后能否正常工作	结果符合 GJB 5389.1-2005 中 4.1 的要求	
炮射导弹试验方法第 30 部分：1.5m 不带包装跌落试验		■	考核炮射导弹 1.5m 不带包装跌落后的安全性	—	
炮射导弹试验方法第 29 部分：1.5m 带包装跌落试验	■		考核炮射导弹 1.5m 带包装跌落后能否正常工作	—	
炮射导弹试验方法第 31 部分：3m 带包装跌落试验	■		考核炮射导弹 3m 跌落后的安全性	—	

综合以上内容来看，国军标主要针对弹药关重件、整弹、箱装弹药等进行考核，考核高度为 0.5～12m，此外还对跌落考核时的地面进行了详细规定；部队业务标准主要针对箱装弹药进行要求，要求跌落高度不大于 1.5m，且未对地面提出明确规定。考虑箱装弹药勤务操作实际，将箱装弹药作为一个整体进行研究，跌落安全高度为 1.5m。因此简化后影响箱装弹药跌落安全的主要因素如表 3 所列。

表 3 简化后影响箱装弹药跌落安全的主要因素

类型	箱装弹药自身因素			跌落过程因素		
影响因素	重量	材质	尺寸	跌落高度	落地姿态	地面

1.3 初始条件确定

目前弹药包装箱材质主要有木质、铁质、塑料等，重量和尺寸变化也较大，为方便研究，以某型弹药为研究对象，以水平跌落冲击为研究内容，以国军标 GJB 5389.29—2005 中地面标准，可得箱装弹药跌落初始参数，具体如表 4 所列。

表 4　箱装弹药跌落初始参数

影响因素	重量/kg	材质	尺寸/m	跌落高度/m	落地姿态	地面
初始条件	–	松木	–	1.5	水平	钢板厚度不小于 0.013m，面积不小于 1.5m×1.5m 且应与混凝土地板连成一体
注：钢板选用 45 钢						

2　跌落安全峰值研究

将箱装弹药视为一个整体，运用冲击理论，构建跌落冲击模型，然后结合箱装弹药 1.5m 最大安全跌落高度及其他参数，共同分析研究安全峰值。

2.1　理论模型构建

箱装弹药与地面发生跌落碰撞示意图如图 3 所示。

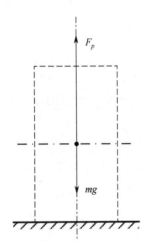

图 3　箱装弹药与地面发生跌落碰撞示意图

箱装弹药从 h=1.5m 处跌落，以 v_{x0} =5.5m/s 的速度撞击地面，根据撞击前后包装箱、地面的质量守恒、动量守恒可得

$$
\begin{cases}
u_{d1} = \dfrac{-F - \sqrt{F^2 - 4EG}}{2E} \\
E = \rho_d b_d - \rho_x b_x \\
F = -(2\rho_d b_d v_{x0} + \rho_x a_x + \rho_d a_d) \\
G = (\rho_x b_x v_{x0} + \rho_d a_d)v_{x0} \\
v_{x0} = \sqrt{2gh} \\
D_{d1} = a_d + b_d u_{d1} \\
p_{d1} = \rho_d D_{d1} u_1 \\
p_{d1} = p_{x1}
\end{cases}
\tag{1}
$$

式中，u 为撞击面材料质点速度，角标 x、d 表示包装箱、地面，0、1 表示撞击前后；ρ 为密度；a、b

为材料冲击压缩系数；v 为速度；g 为重力加速度；h 为跌落高度；p 为冲击压力；D 为应力波。

由于跌落冲击速度很低，包装箱和地面中因跌落冲击形成的应力波速度约为材料声速 c，结合阻抗匹配技术，式（1）可化简为

$$
\begin{cases}
u_{d1} = \dfrac{\rho_d c_d \sqrt{2gh}}{\rho_d c_d + \rho_x c_x} \\
p_{d1} = p_{x1} = \rho_d u_{d1} c_d
\end{cases}
\tag{2}
$$

式中，c 为材料声速。

跌落冲击瞬间箱装弹药的加速度为

$$
A_{x1} = \frac{F_p - m_x g}{m_x} = \frac{p_{d1} S - m_x g}{m_x} = \frac{p_{d1} S}{m_x} - g
\tag{3}
$$

式中，A 为加速度；m 为包装箱重量；S 为包装箱与地面碰撞面积。

联立式（1）、式（2）和式（3）可得箱装弹药跌落冲击瞬间加速度为

$$
A_{x1} = \sqrt{2gh}\,\frac{\rho_x c_x \rho_d c_d}{\rho_x c_x + \rho_d c_d}\frac{S}{m_x} - g
\tag{4}
$$

一般情况下，包装箱与地面碰撞产生力 $p_{d1}S \gg m_x g$，因此式（4）可以简化为

$$
A_{x1} \approx \sqrt{2gh}\,\frac{\rho_x c_x \rho_d c_d}{\rho_x c_x + \rho_d c_d}\frac{S}{m_x}
\tag{5}
$$

从理论模型式（5）中可以看出，箱装弹药跌落瞬间，包装箱的加速度值与跌落高度的平方根成正比，与接触面积上箱装弹药的面密度成反比，同时还与包装箱材料及地面材料的波阻抗匹配有关。

2.2　理论模型计算与结果分析

以文献"跌落条件下箱装弹药关键部件冲击加速度的数值模拟"中跌落初始条件[4]，作为模型验证算例 1 和算例 2 的参数值，以 1.3 节中初始条件与包装箱、地面材料参数作为算例 3，分析该型箱装弹药跌落冲击加速度。算例 1、例 2、例 3 中的参数如表 5 所列。

将各算例的材料参数代入理论模型式（3）中进行计算，箱装弹药箱体加速度计算结果与对比如表 6 所列。

表5 算例参数

参数类型 参数值 算例	m/kg	h/m	g/(m/s^2)	包装箱				地面		
				材料	S/m^2	ρ/(kg/m^3)	c/(m/s)	材料	ρ/(kg/m^3)	c/(m/s)
算例1	18	0.5	9.8	松木	0.029	480	3320	铸铁	7830	5200
算例2	18	1	9.8	松木	0.029	480	3320	铸铁	7830	5200
算例3	18	1.5	9.8	松木	0.029	480	3320	铸铁	7830	5200

表6 计算结果与对比

算例	理论值/(m/s^2)	试验值/(m/s^2)	仿真值/(m/s^2)	理论误差
1	7659.9	8700	9500	1040.1
2	10845.4	10300	11000	-545.4
3	12145.2	13000	13100	854.8

从表6中可以看出，算例1和算例2中，理论模型的计算值与试验值及仿真值都较为接近，验证了理论模型的可行性。同时，在算例3中应用理论模型，对某型箱装弹药在最大允许跌落高度条件下，跌落后包装箱的加速度峰值进行了计算，得出该条件下包装箱承受冲击过载为210g。

3 总结

通过分析、简化箱装弹药跌落安全影响因素，结合部队业务标准、弹药技术要求、国军标试验标准3个体系中有关跌落安全要求，得出箱装弹药可视为整体进行跌落安全研究，且一般无损安全跌落高度为1.5m。运用冲击理论，构建理论模型，并将理论计算值与试验值、仿真值进行了对比，验证了理论模型的可行性[5]。在此基础上，对某型箱装弹药1.5m跌落时，包装箱所受的最大加速度与冲击压力进行了计算，从而为弹药事故预防、包装水平提高、储运过程监控措施研究提供理论指导。

参考文献

[1] 武洪文, 戴祥军, 傅孝忠. 弹药木质包装抗冲击振动防护性能的测试研究[J].军械工程学院学报, 2008, 20 (6): 50-53.

[2] 周彬, 安振涛, 甄建伟. 跌落条件下箱装弹药安全性的数值评估[J]. 装备环境工程, 2009, 5 (6): 50-53.

[3] 袁凤英, 刘瑛, 胡双启. 非均质炸药冲击起爆临界判据中起爆参数的研究[J]. 中国安全科学学报, 1999, 9 (3): 54-56.

[4] 曾利民, 曾汉. 一种冲击加速度计校准新方法[J]. 爆炸与冲击, 2013, 33 (5): 13-15.

[5] 王宏, 赵西友, 曾康斌. 空投水袋高空跌落冲击过程数值分析[J]. 包装工程, 2016, 37 (11): 88-90.

基于包装跌落模型的弹药脆值估计法

李良春[1]，孙宁国[2]，刘仲权[1]

（1. 陆军军械技术研究所，河北石家庄，050003；2. 陆军工程大学，河北石家庄，050003）

摘　要：弹药结构复杂特殊，对冲击力极为敏感，因此弹药包装需要有较高的缓冲性能，而弹药脆值是缓冲包装设计的依据，为便于确定弹药脆值。本文根据弹药无损落高，利用弹药包装跌落动力模型估算出弹药脆值，为快速估算弹药脆值提供了一种便捷的方法。

关键词：弹药；脆值；包装跌落模型

0　引言

产品的脆值是指特定产品在破损和发生功能失效前在任何方向所能承受的最大加速度[1]。脆值评定最精确的方法是对产品进行试验，直至发生损坏。另一种方法是估计法，即用过去的试验来估计脆值。

对于弹药，受品种、数量、安全性等方面的限制，主要应采用根据试验结果来估计的方法，可根据跌落试验结果来估计。弹药的跌落试验主要包括两大类，一类是无损跌落，即跌落后弹药仍可使用；另一类是安全跌落，即跌落后弹药不能使用，但可保证跌落过程以及跌落后技术处理的安全。严格来讲，无损冲击加速度要小于弹药的脆值，但为确保弹药使用安全，本文采取相对保守的方法进行估计。

1　冲击作用对弹药的影响

冲击是物体与物体之间的单次相互作用，在极短时间内释放巨大能量，可激发瞬态扰动的力、位移、速度与加速度的突然变化。冲击运动有着明确的起点与终点，是有着具体确定脉冲持续时间的非周期过程。脉冲型应力普遍存在于弹药运输过程中，弹药包装件的跌落、颠簸、碰撞均属于脉冲型应力，弹药在直升机吊挂空投中主要产生的就是脉冲型应力。当弹药受较大冲击力会使弹药外部、内部机构或零部件发生损坏，影响部队正常使用，过大的冲击则会使弹药安全系统失效，导致弹药发生膛炸或自爆。

弹药外部所受冲击主要来自跌落碰撞，当应力超过弹药材料的强度极限时，即会导致弹药变形、破裂等机械损伤，碰撞严重时，弹药将无法装填、影响正常作用。例如：引信防潮膜因碰撞导致破裂，迎面空气阻力将直接作用于引信的发火机构，使引信在膛内或炮口过早作用，引起膛炸。弹药的外包装对弹药在运输、装卸过程中所受的冲击应力能起到一定的缓解作用，使弹药得到一定缓冲，但若冲击力较大，弹药包装发生严重损坏，弹药可能散落，发生二次碰撞。

弹药内部机构和零部件受冲击后，可能表现为：机构破坏或提前动作，如引信保险机构提前解除保险；零件变形、断裂、结合部松动；装药松动、破碎；火工品提前作用；电子线路断线、拉脱焊点等，这些作用后果均会影响弹药功能的正常发挥，且严重危害弹药安全性。

2　弹药脆值确定方法

脆值是判断产品受到冲击是否破损的主要指标，通常弹药在运输环境中，会受到来自不同方向和大小的冲击，要使包装对弹药起到恰当的保护作用，首先需确定弹药的脆值标准。根据国军标 GJB/Z85—97《缓冲包装设计手册》[2]所述："产品的脆值是指特定产品在破损和发生功能失效前在任何方向所能承受的最大加速度。"脆值用重力加速度的倍数表示：

$$G_m = \frac{a}{g}$$

式中，a 为产品在破损和发生功能失效前在任何方向所能承受的最大加速度；g 为重力加速度。

在 GJB/Z85-97《缓冲包装设计手册》[2]中，对部分产品脆值规定如表 1 所列。

表 1　部分产品脆值

脆值 G_m	产品举例
15～24	导弹制导系统、精密校准试验设备、陀螺、惯性导航台
25～39	有机械减振的设备、真空管电子设备、高度计、机载雷达天线
40～59	飞行器零件、电子打字机、大多数固态电子设备、示波器，计算机零件
60～84	电视接收机、航空仪表，某些固态电子设备
85～110	冰箱、电器、机电设备
110 以上	机械、飞机结构件（如起落架、液压设备等）

对于弹药脆值的确定，一般来说应通过试验测试其在失效前的最大加速度，但由于弹药受品种、数量、安全性等方面的限制较多，通常无法直接进行试验，并且我军目前对弹药脆值的确定方法还尚未有统一标准，以弹药脆弱环节的无损落高来估算弹药脆值是确保弹药安全的最好方法。

假设弹药与包装箱为匀质刚体，弹药箱跌落是一个单自由度弹簧质量系统的冲击振动过程，因此可以利用牛顿第二定律建立振动微分方程[3]：

$$m\ddot{x}(t) + c\dot{x}(t) + kx(t) = ky(t) + c\dot{y}(t)$$

式中，m 为弹药箱质量；c 为着地阻尼系数；k 为着地弹性模量。

如图 1 所示，若包装箱内的弹药引信惯性元件随着冲击一起响应，引信惯性元件质量 m_0，在一个质量远大于它的包装箱 m_1 中，它们之间的连接简化为弹簧 k_0 和阻尼 c_0，并设弹药箱触地弹性系数 k_1，着地阻尼系数 c_1，建立一个二自由度的弹簧质量系统振动模型，根据牛顿第二定律，建立振动微分方程，即

$$m_1\ddot{x}_1(t) + c_1[\dot{x}_1(t) - \dot{y}(t)] + k_1[x_1(t) - y(t)] - c_0[\dot{x}_0(t) - \dot{x}_1(t)] - k_0[x_0(t) - x_1(t)] = 0$$

$$m_0\ddot{x}_0(t) + c_0[\dot{x}_0(t) - \dot{x}_1(t)] + k_0[x_0(t) - x_1(t)] = 0$$

为方便求解，现做如下假设：

（1）弹药包装箱落地无反弹，包装箱与弹体运动不影响内部引信元件。

（2）包装箱着地时，地面与包装材料弹性模量恒定，且不随自身压缩变化。

（3）由于阻尼对包装箱冲击系统影响较小，不考虑跌落过程的阻尼。

（4）弹药与包装箱视为同一刚体，包装箱跌落时箱板起缓冲作用。

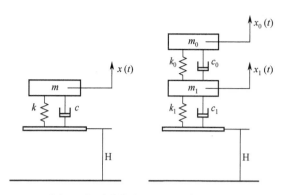

图 1　典型弹药跌落时的动力学模型

根据系统能量平衡法则采用 Lagrange[5, 6]方程求解，弹药箱下落运动能量 T 和约束能量 V 在两自由度下可以用下列方程表示：

$$T = \frac{1}{2}m_0\dot{x}_0^2(t) + \frac{1}{2}m_1\dot{x}_1^2(t)$$

$$V = \frac{1}{2}k_0[x_0(t) - x_1(t)]^2 + \frac{1}{2}k_1x_1^2(t)$$

式中，$x_0(t)$ 为撞击地面时引信惯性元件位移；$x_1(t)$ 为撞击地面时弹药位移；m_0 为引信惯性元件质量；m_1 为弹药质量；k_0 为保险弹簧的弹性系数；k_1 为包装箱缓冲作用的弹性系数。

采用 Lagrange 方程代替上述方程：

$$\frac{d}{dt}\frac{\partial T}{\partial \dot{x}_0} + \frac{\partial V}{\partial x_0} = Q_0$$

$$\frac{d}{dt}\frac{\partial T}{\partial \dot{x}_1} + \frac{\partial V}{\partial x_1} = Q_1$$

由式（2-7）、式（2-8）导出振动微分方程：

$$m_0\ddot{x}_0(t) + k_0[x_0(t) - x_1(t)] = m_0g$$

$$m_1\ddot{x}_1(t) + (k_0 + k_1)x_1(t) - k_0x_0(t) = m_1g$$

可以求出 x_0 最大位移和最大加速度的表达式：

$$x_{0\max} = \frac{g}{r_1^2}\left(1 + \sqrt{1 + 2h\frac{r_1^2}{g}}\right)$$

$$\ddot{x}_{0\max} = -g\sqrt{1 + 2h\frac{r_1^2}{g}}$$

式中，r 为系统固有频率，$r = \sqrt{\alpha(1 - \sqrt{1 - y})}$，

$$\alpha = \frac{k_0(m_0 + m_1) + k_1m_0}{2m_0m_1}, \quad y = \frac{4\frac{k_1m_1}{k_0m_0}}{\left(1 + \frac{m_1}{m_0} + \frac{k_1}{k_0}\right)^2}; 0 \leqslant y \leqslant 1.$$

确定弹药的脆值标准，应采用脆值最低的弹种

中最脆弱环节的无损落高来进行估算，以此可保证所有弹药均不会因承受过大冲击而损坏失效。如某型弹，由于长度长、重量大，壳体强度、各段连接强度、外露零部件强度小，其脆弱环节除引信外，还体现在外露零部件的强度、壳体强度和连接强度，无损跌落高度小于 0.5m，得出脆值为 14.6g，因此将其作为弹药的安全标准，以此标准来设计弹药缓冲包装。

3　结语

本文根据弹药无损落高，利用弹药包装跌落动力模型估算出弹药脆值，为快速估算弹药脆值提供了一种便捷的方法，便于弹药缓冲包装设计。

参 考 文 献

[1] 黄雪. 产品脆值研究[D]. 合肥：合肥工业大学，2014.

[2] GB 8166—87. 缓冲包装设计方法[S]. 北京：中国标准出版社，1987.

[3] GJB/Z 85—97. 缓冲包装设计手册[S]. 北京：总后勤部军标出版发行部出版，1994.

[4] 李金明，安振涛，丁玉奎，等. 箱装弹药冲击响应特性研究[J]. 包装工程，2006，27（4）：137-139.

[5] 丁光涛. 从运动方程构造 Lagrange 函数的直接方法[J]. 动力学与控制学报，2010，08（4）：305-310.

[6] 丁光涛. 经典力学中加速度相关的 Lagrange 函数[J]. 物理学报，2009，58（6）：3620-3624.

航空制导弹药梯次使用优化模型研究

马长刚[1]，李　青[1]，陈　明[1]，孙大林[2]

（1. 空军勤务学院航空弹药系，江苏徐州 221000；2.94676 部队，上海 202150）

摘　要：近年来，大批量的航空制导弹药陆续装备部队，对于基层一线保障人员来说，对航空制导弹药的使用管理优化变成了亟待解决的难题。在航空制导弹药质量状态评估的基础上，综合考虑制导弹药梯次配置使用模型建立相关的如弹药质量状态等级、弹药所处状态、执行任务、使用寿命组成、弹药日常总量等影响因素，建立了航空制导弹药梯次使用模型。

关键词：航空制导弹药；梯次使用

0　引言

在保证航空制导弹药日常训练打靶等保障任务的基础上，如何优化使用制导弹药储存寿命、通电时间以及挂飞架次等有效使用寿命指标，避免剩余使用寿命的浪费，避免制导弹药提前到寿或过早消耗，提高制导弹药的军事效益和经济效益，是航空制导弹药梯次使用的意义所在[1]。制导弹药的使用在遵循"用旧存新，梯次使用"原则的基础上达到匀速、均衡配置使用制导弹的使用寿命指标，保持航空制导弹药日常总量的稳定，以及弹药消耗的良性循环。

1　航空制导弹药梯次使用概述

航空制导弹药梯次使用，就是为达成一个或者多个目标，将单位某一型号所有在寿可用的航空制导弹药按照一定的原则分成若干个组，每组称为一个梯次，按照某种梯次序列，顺序循环执行保障任务。根据空军机载制导弹药相关规定要求，在制导弹药使用管理保障中，遵循"用旧存新，梯次使用"的原则[2]。

用旧存新，梯次使用思想原则已经提出很多年了，但是从部队调研结果来看，部队执行的并不是很好，首先，梯次使用的思想没有很好地在一线保障部队官兵心中建立起来，对梯次使用的原因，优点以及必要性理解不透彻，日常保障工作中贯彻不

到位；其次，在机关下发的航空制导弹药管理规定中，也只是笼统地提出应该按照弹药剩余使用寿命分组梯次使用，合理控制制导弹药使用寿命消耗。并没有具体提出操作性比较强的实施方案，基层保障人员实施起来比较盲目；再次，由于航空制导弹药价格昂贵，危险性较高，部队主官在保障指挥中，过于追求安全性和保障任务的顺利完成，为保安全，甚至出现"用新存旧"的情况，常常出现大批弹药同时到寿，各项寿命指标使用不均衡，往往出现比如弹药已经到寿，但其剩余通电时间和挂飞架次剩余比例较大的现象；最后，弹药剩余储存寿命还较长，单位主官为了提高每年打靶成功率、为了单位荣誉，消耗各项使用寿命指标剩余时间较长的弹药，不仅浪费了弹药的使用寿命，还造成新的弹药提前消耗，快到寿弹药任其到寿的情况。无论是从军事效益还是经济效益的角度，这都是不符合国防与经济发展的要求。有必要从上面提到的问题出发，充分考虑航空制导弹药梯次使用实施中各影响因素，研究解决制导弹药梯次使用问题，使梯次使用原则能够落到实处。

2　航空制导弹药梯次使用影响因素分析

要建立航空制导弹药梯次使用模型，难点在于影响因素众多，需要考虑到制导弹药质量等级、任务类别、递转状态以及使用寿命指标等因素。综合所有影响因素设定模型约束条件，以使制导弹药各项使用寿命指标按比例均衡消耗为目标，建立制导

弹药梯次使用优化模型，从而尽可能地延长航空制导弹药的使用时间。

2.1 航空制导弹药质量等级

对在用航空制导弹药进行质量状态等级评估，进行弹药质量等级细分。基于弹药质量新堪待废 4 等 7 级质量状态等级，将堪用品的等级细分为健康、良好、注意、劣化以及故障 5 等。为了合理安排弹药梯次使用，避免同一梯次弹药同时到寿的现象发生，需要将同一批弹药尽可能地分散在不同的梯次，使它们梯次到寿，避免同时到寿。

同一批次制导弹药，它们的质量状态劣化趋势和劣化速度比较相近，其质量状态等级也容易集中出现，如果将同一批次弹药配置在同一梯次，很容易造成同时到寿。因此，有必要根据每枚弹药的质量状态评估等级对所有弹药进行分类，每一梯次弹药中健康、良好、注意、劣化以及故障 5 个等级的弹药按照一定比例进行配置。在设置比例时要尽可能地提高较高质量等级弹药所占比例。这样做的目的就是使不同质量等级、不同批次的弹药分散在不同梯次组合中，使它们分别按梯次到寿消耗，满足任务需求的前提下延长制导弹药在用时间。

2.2 航空制导弹药任务类别

航空制导弹药所要执行的任务主要有挂弹飞行训练和实弹打靶。挂弹飞行训练中，主要消耗的是制导弹药使用寿命指标，弹药使用保障要严格按照梯次使用原则进行；实弹打靶意味着该弹药寿命终止，要尽可能地使用各项寿命指标剩余量较小的弹药。一来该类弹药即将到寿需要延寿或者报废，及时消耗，满足任务需求，与"梯次使用"原则完全吻合；二来从提高经济效益的角度来看，避免延寿或报废，节省了延寿或者报废所需费用。

2.3 航空制导弹药状态递转

前面提到航空制导弹药要执行的任务类别有两类，而在执行每一类别任务中，弹药所处的任务状态是固定不变的，共分为 4 种，即油封、待发、战备值班以及挂飞。每一梯次弹药依次按照油封、待发、战备值班、挂飞的顺序循环递转。4 种状态，不管制导弹药处于任何一种状态，其储存寿命都有消耗；其中挂飞状态下制导弹药通电时间和挂飞架次也有消耗，除此之外，虽然在油封状态和待发状态下，弹药只消耗储存寿命，但两者之间还要经过通电测试过程，这一过程制导弹药通电时间有所消耗。

在前面也提到，优化制导弹药梯次使用实际上就是优化制导弹药在油封、待发、战备值班以及挂飞 4 种状态间递转时储存寿命、通电时间、挂飞架次 3 项使用寿命指标的均衡使用。

2.4 航空制导弹药剩余使用寿命组成

航空制导弹药剩余使用寿命由剩余储存寿命、剩余通电时间以及剩余挂飞架次组成。其中，剩余储存寿命的消耗伴随弹药整个的生命周期，只要其还在寿命周期内，无论处于何种状态，其剩余储存寿命就在不断减少。通电时间的消耗主要发生在通电测试以及挂机飞行中。而挂飞架次的消耗只存在于挂机飞行状态。

3 航空制导弹药梯次使用模型构建

3.1 模型分析

充分了解航空制导弹药梯次使用模型影响因素后，要建立完整的梯次使用模型，需要对模型要解决的问题，能够获得的已知条件以及解决问题思路进行分析。本文构建航空制导弹药梯次使用模型，需要解决的问题可以描述为：主要在航空兵场站军械股和机载弹药大队（或导弹中队）的业务范畴内。两个单位当前在用的质量合格的某型制导弹药总数量是已知的，大队质控室有所有弹完整的历史检测数据，因此可以对该型弹制导弹药质量等级进行评估。制导弹药任务状态为油封、待发、战备值班、挂飞 4 个，所要执行的任务可以分为挂机飞行训练和实弹打靶，在此基础上，根据需求将所有弹药按照一定的策略分为若干个梯次，所有弹药按照梯次顺序依次在油封、待发、战备值班、挂飞 4 个状态间递转，均衡消耗制导弹药储存寿命、通电时间以及挂飞架次，在使用寿命指标阈值范围内尽可能地延长弹药保障时间。

3.2 基本假设

在模型构建前，需要对模型中涉及的关键点作如下假设说明：

（1）假设每一梯次该型弹药的数量是相同的，可能会因保障任务差别，处于战备值班和挂飞状态下对弹药需求量不同，可以在梯次分组时根据经验取所需弹药数中的最大值为标准进行分组，会存在某梯次弹药在战备值班和挂飞状态下每一梯次中的部分弹药未消耗通电时间和挂飞架次的情况，只需分别计算即可。

（2）各状态下对剩余使用寿命指标的消耗需要作如下说明：本文所考虑的剩余使用寿命指标主要指储存寿命、通电时间以及挂飞架次 3 项。所有状态下储存寿命均有消耗；本文将通电测试时产生的通电时间消耗假设为待发状态下对通电时间的消耗，通电时间消耗的另一个消耗状态是挂机飞状态；挂飞架次的消耗只发生在挂飞状态。

（3）一些新接收的弹药，单独储存，不作梯次分组处理，以供后续替换不满足梯次递转条件的弹药。

（4）每一梯次弹药在执行待发任务前都要判断该梯次弹药剩余通电时间和剩余挂飞架次是否满足状态递转的条件，并替换其中不满足条件的弹药，被替换弹药油封进行区别储存，供实弹打靶或者延寿使用[3]。同时在挂机飞行前，也要对每一梯次中的弹药进行梯次递转条件判定并完成替换。

（5）假设每一梯次弹药处于油封、待发、战备值班以及挂飞中每一状态的时间是相同的，称之为状态递转间隔期[4]。

（6）假设在梯次递转时，所有梯次中只有一个梯次处于待发、战备值班和挂飞状态，其他梯次弹药均处于油封状态。

（7）假设以所有梯次进行一次轮转为一个周期。因此，在一个周期共包括总梯次数个状态递转间隔期。

3.3　符号说明

在模型分析以及基本假设中提及了众多的变量，为方便后面建模中将其转化为数学语言，在这里，对模型中所需要的变量做统一说明。如表 1 所列。

表 1　符号说明

符号	说明	单位
Z_j	航空制导弹药递转状态，共有 4 种：1 为油封；2 为待发；3 为战备值班；4 为挂飞	—
$Z(C_i(t))$	表示第 i 个梯次弹药在第 t 个状态递转间隔期的状态 $I, t=1,2,\cdots,m$	—
m	制导弹药弹药梯次数	个
n	递转状态数	个
S_i	第 i 梯次包含的制导弹药数	枚
T	一个梯次循环周期的时间	h
t_s	一个状态递转间隔期的时间	h
T_M	制导弹药当前剩余储存寿命	h
T_{M_max}	制导弹药出厂储存寿命时间	h
T_R	制导弹药当前剩余通电时间	h
t_r	制导弹药每次通电测试消耗通电时间	h
T_{R_max}	制导弹药出厂通电时间	h
Q	制导弹药当前剩余挂飞架次	次
t_q	制导弹药每次挂飞所消耗的通电时间	h
Q_{max}	制导弹药出厂挂飞总架次	次
K	制导弹药总的日常保有量	枚
d	该型弹药总的可用数量	枚
y_k	属于第 k 个质量等级下的弹药数量	枚
B_k	第 k 个质量等级弹药在梯次划分时的占比	—

3.4　模型建立

根据本章建模需求，需要解决的问题是拿出一套梯次优化使用制导弹药的计划方案，计划内容包括需要将 d 枚导弹分成 N 个梯次，每个梯次具体包括多少枚弹药，每梯次弹药中各质量等级弹药比例为多少，以及所有梯次弹药如何按梯次循环使用，以达到均衡利用使用寿命指标的目的。具体实现步骤如下：

1）制导弹药质量等级评估

采集所有制导弹药历史检测数据，结合常用质量状态评估方法，对所有制导弹药进行质量状态评估，并按质量评估等级将所有弹药进行分类。

2）梯次划分

根据质量等级评估分类结果，按照健康、良好、注意、劣化占比 $B_1:B_2:B_3:B_4$ 将所有该型制导弹药划分为 m 个梯次。每一梯次包含的制导弹药数量为 S_i。

3）状态循环递转

假设当前时刻为 t 时刻，此时梯次 i 的状态为 $Z(C_i(t))$，则作如下规定[1]：

若 $Z(C_i(t)) = Z_j$，且 $j < 4$，则

$$\begin{cases} Z(C_i(t+1)) = Z_{j+1} \\ Z(C_{i-1}(t+1)) = Z_j \end{cases} \quad (1)$$

若 $Z(C_i(t)) = Z_j$，且 $j = 4$，则

$$\begin{cases} Z(C_i(t+1)) = Z_1 \\ Z(C_{i-1}(t+1)) = Z_4 \end{cases} \quad (2)$$

从式（1）、式（2）可以看出航空制导弹药任务状态梯次递转的顺序，但由于在进行梯次分组时是根据质量等级进行分类，每一梯次中制导弹药使用寿命指标消耗情况差别比较大，因此在状态递转发生前，需要对每枚弹药的剩余使用寿命进行统计判断，对剩余使用寿命不满足使用条件的弹药进行替换，被替换弹药转入油封单独储存，以供打靶使用或者延寿。替换时可将新的弹药插入该梯次执行保障任务。

4）使用寿命消耗计算

m 个梯次弹药在一个周期 T 内递转 m 次，每次为一个递转间隔期，分别计算每一梯次中每枚弹药储存时间、通电时间、挂飞架次的消耗情况。

不管制导弹药处于任何状态，储存寿命都有消耗，因此在一个周期内，每枚弹储存寿命消耗为 T。

假设每枚制导弹药通电检测时消耗通电时间为 $t_r(ik)$，每次挂飞所消耗的通电时间为 $t_q(ik)$，在一个状态递转间隔期里挂飞起落架次固定为 α 次，则每枚弹药在一个周期内通电时间消耗计算如下：

$$\Delta T_{ik} = t_r(ik) + \alpha * t_q(ik) \quad (3)$$

则 s_i 梯次弹药在一个周期内通电时间消耗量为

$$\Delta T_i = \sum_{k=1}^{s_i} \Delta T_{ik} = \sum_{k=1}^{s_i} (t_r(ik) + \alpha * t_q(ik)) \quad (4)$$

则所有梯次弹药在一个周期内总的通电时间消耗量为

$$\Delta T = \sum_{i=1}^{m} \Delta T_i = \sum_{i=1}^{m} \sum_{k=1}^{s_i} (t_r(ik) + \alpha * t_q(ik)) \quad (5)$$

航空制导弹药在一个周期里总的挂飞起落架次为

$$\Delta Q = \sum_{i=1}^{m} \alpha * s_i \quad (6)$$

由前面符号定义可知，所有弹药总的储存寿命为

$$T_{总} = \sum_{i=1}^{m} (s_i * T_{M\_max}) \quad (7)$$

根据制导弹药在一个周期里通电时间和挂飞架次消耗量可得

$$\begin{cases} \beta_1 * \Delta T \leqslant \sum_{i=1}^{m} (s_i * T_{R\_max}) \\ \beta_2 * \Delta Q \leqslant \sum_{i=1}^{m} (s_i * Q_{max}) \end{cases} \quad (8)$$

式中：β_1，β_2 分别为根据制导弹药出厂通电时间和挂飞架次规定结合每个周期内两者消耗情况所对应的可执行保障任务的周期数范围。要满足飞行任务对制导弹药需求量，取

$$\beta = \min(\beta_1, \beta_2) \quad (9)$$

梯次使用的目的在于尽可能地在制导弹药有效储存寿命期内延长其使用时间，除此之外，避免同一批弹药同时到寿，避免同一批弹药同时到寿的问题通过根据质量评估结果进行梯次划分可得到有效解决，延长弹药使用时间的效果则可以通过下面的函数进行比较。

$$f = \left(\frac{T_{总} - \beta * T}{T_{总}} \right)^2 \quad (10)$$

函数将所有弹药储存寿命的和与梯次使用下总的可用时间和进行比较，函数 f 的值越小，说明在梯次使用策略下使用效果越佳，经济效益和军事效益越高。利用式（10），就可以对弹药梯次配置使用优化效果进行评估。

5）梯次制导弹药动态替换

每一梯次制导弹药在由挂飞状态递转到油封状态时，对该梯次中每枚弹药的使用寿命情况进行判断，判断每枚弹剩余使用寿命能否满足其执行完下一个周期保障任务。除此之外，制导弹药使用管理中有一项规定，制导弹药通电时间和挂飞架次消耗达到一定程度后，必须油封储存，不再继续执行保障任务，通过式（11）进行判断。若满足式（11），则该枚弹药可正常执行保障任务，实现下一周期状态递转。

$$\begin{cases} T_M(ij) \geqslant T + T_G \\ T_R(ij) \geqslant t_r + \alpha * t_q + T_{RG} \\ Q(ij) \geqslant \alpha + Q_G \end{cases} \quad (11)$$

式中：T_G，T_{RG}，Q_G 分别为制导弹药储存寿命、通电时间、挂飞架次最小限制消耗量。

如果存在不满足式（11）中条件的弹药，转入油封单独储存，其他符合条件弹药进行替换。航空制导弹药梯次使用模型流程图如图 1 所示。

4 结论

随着航空兵部队大批量航空制导弹药的陆续装

备，针对不同保障机种、不同保障任务等情况，制导弹药梯次使用优化问题变得尤为重要。本文从执行任务类别、弹药所处状态、弹药使用寿命组成及消耗规律等方面出发，建立数学模型研究了航空制导弹药梯次使用问题。

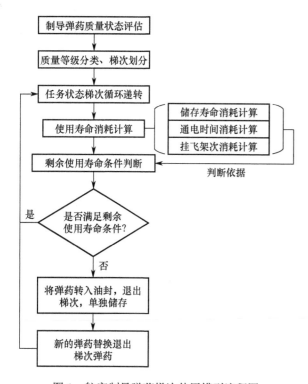

图1 航空制导弹药梯次使用模型流程图

参 考 文 献

[1] 徐飞，奚显阳. 基于状态递转的制导弹药梯次使用[J]. 徐州空军学院学报，2011，22（2）：66-68.

[2] 周圣林，毛海涛. 新一代飞机自主保障信息系统任务决策及动态资源调度算法研究[J]. 飞机设计，2013，33（3）：62-67.

[3] 钟明，侯立维. 关于飞机梯次使用的思考[J]. 空军装备，2009，12：29.

[4] 贺中武，王武阳，袁义双. 对空空导弹"梯次使用"原则的理解与思考[J]. 航空杂志，2016，2：54-56.

[5] 刘清，李连，苏涛. 军用飞机梯次使用控制评价指标[J]. 兵工自动化，2016，35（3）：24-27.

热加热法预估三胍药的安全储存寿命

高腾飞，肖 强，魏 晗

（中国人民解放军 63981 部队，湖北武汉 430311）

摘 要：火药在储存过程中具有缓慢自分解现象，从而使其物理、化学性能逐渐恶化。通过三胍药在不同温度下加热老化分解，根据其安定剂含量的变化，利用最小二乘法预估其安全储存寿命。结果对三胍药生产质量评判起指导作用，为其质量等级及复试期的确定提供依据。

关键词：加热老化；储存寿命；质量等级

0 引言

三胍药由于加入了含能组分硝基胍，降低了燃烧温度，减少了对炮膛的腐蚀，是近些年发展的新型火药[1]。现代战争火药正向着高能量、低易损、低腐蚀的方向发展。因此三胍药是今后研究的重点。其生产质量好，可以大大减少自分解的速度，从而达到长时间储存的效果。在生产中，常常在火药中加入安定剂减慢或者抑制这种自分解反应，提高火药的化学安定性。因此，通过三胍药在不同温度下加热老化分解，根据其有效安定剂含量的变化，便可预估出其安全储存寿命，为三胍药质量等级及复试期确定提供了依据。

1 试验原理

火药在不同温度下加热老化分解，根据其有效安定剂含量的变化，测定其老化分解速度与温度的关系[2]，并用 Berthelot 方程计算安全储存寿命和温度系数：

$$\lg K = aT + b \qquad (1)$$
$$T = A + B\lg\tau \qquad (2)$$

式中：K 为反应速度常数；T 为热力学温度（K）；τ 为加热时间（天）；A，B，a，b 为系数。

2 试验装置

试验装置的主体为加速老化装置，其主要由恒温槽、控温系统及专用试管组成。其主要技术指标如下：控温精度 $\pm 0.2℃$，温度均匀性 $\pm 0.2℃$，加热介质 60L 蒸馏水，电源电压 220V。

2.1 恒温槽

恒温槽容积为 75L。恒温槽由保温夹套、托盘、金属套管、活叶保温盖、加热器、搅拌电动机、温度计及数字显示测温计等部件组成。

（1）加热器：GYY 型 220/2 型管状加热元件；

（2）搅拌电动机：40W，220V，4000r/min 单相串激电动机；

（3）温度计：50～150℃，分度值 0.1℃；

（4）数字显示测温计：0～150℃，误差 $\pm 0.1℃$，分度值 0.1℃。

2.2 控温系统

控温系统由电子继电器、接触温度计、交流接触器和自耦变压器等部件组成，其线路连接图如图 1 所示。

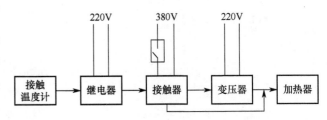

图 1　控温系统连接图

（1）电子继电器：220V，50Hz，AC。

（2）接触温度计：50～150℃，分度值 0.1℃，

尾长 320mm。

（3）交流接触器：380V，10A。

（4）自耦变压器：3kVA。

2.3　专用试管

专用试管是带磨口塞的耐热硬质玻璃试管，塞子上有一毛细管，直径 0.8～1.5mm，其规格如表 1 所列：

表 1　专用试管的规格

试管号	管长/mm	外径/mm	磨口号	备注
1	330～335	50～52	45	用作加热试管
2	330～335	24～26	20	存放试样
3	120～125	34～36	29	存放试样

3　试验准备

3.1　样品准备

取三胍药 300g 左右，将每粒药纵向剖开，使其最大径向尺寸不大于 8mm。

3.2　试样称量、装入及预处理

（1）在 5 支 3 号试管内分别装入 50±0.01g 三胍药，供 5 个温度点使用。

（2）在每个装好三胍药的试管中放入一张甲基紫试纸，使其紧贴试管壁并使其下端距试样 25mm，盖上塞子。

（3）将温度计插入加热装置中，使其下端距试管底部 12mm。

3.3　称量时间间隔

95℃称量时间间隔为 1 天，温度每降低 10℃，间隔时间延长 3～3.5 倍。

4　试验步骤

4.1　三胍药的加速老化

（1）准备好 5 台加速老化装置，将恒温槽的温度分别调至 65℃、75℃、85℃、90℃、95℃，并控制在±0.2℃范围。

（2）在每支 1 号试管中放入一支装好三胍药的 3 号试管，然后放入恒温槽中老化，记下放入的日期和时间，确定时间间隔，从上述试管中称取试样 3g，精确至 0.01g，放入 2 号试管备用。每次取完试样后，

应立即将试管放入恒温器中的 1 号试管继续加热。

4.2　试样跟踪测试

取加热到规定时间后在 2 号试管中存放的试样，利用溴化法测定三胍药中有效安定剂的含量。

5　试验结果

以有效安定剂消耗 50%作为火药安全储存寿命的临界点，对不同温度下的时间，用线性最小二乘法按式（2）进行线性回归，得到系数 A、B，进而求出其老化温度系数 γ_{10}，即温度每升高或降低 10℃分解速度的变化率，及 30℃下的安全储存年限 τ_{30}。其中：

$$\tau_{30}=10^{\frac{30-A}{B}} \qquad (3)$$

$$\gamma_{10}=10^{-\frac{10}{B}} \qquad (4)$$

以三胍 11 及三胍 12 为样品进行试验，其在 95℃、90℃、85℃、75℃和 65℃下老化后，有效安定剂含量与时间关系如图 2 所示。

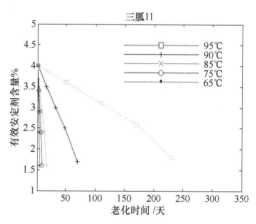

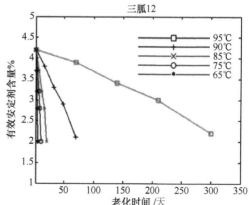

图 2　三胍 11 及三胍 12 老化后有效安定剂含量与时间关系图

应用 Berthelot 方程进行线性回归，求得三胍 11 方程的试验式为 $T=105.92-17.47\lg\tau$。

由式（3）可得，$\tau_{30}=60.7$，由式（4）可得 $\gamma_{10}=3.74$。

三胍 12 方程的试验式为：$T=106.79-17.4334\lg\tau$。

由式（3）可得，$\tau_{30}=69.6$，由式（4）可得 $\gamma_{10}=3.75$。

6 结束语

本文通过三胍药在不同温度下加热老化分解，根据其有安定剂含量的变化，利用最小二乘法按 Berthelot 方程进行线性回归，预估了其安全储存寿命，方法正确可靠。结果对三胍药生产质量评判起指导作用，为其质量等级及复试期的确定提供依据。

参 考 文 献

[1] 陈玲，张有峰，等. 三胍药化学安定性测试与分析[J]. 中北大学学报（自然科学版），2014.

[2] 衡淑云，韩芳，周继华. 高能发射药有效安定剂消耗反应动力学研究[J]. 含能材料，2008.

某型装药弹不同装载方式振动响应研究

於崇铭[1]，田　丰[1]，任凤云[1]，张百成[2]

（1. 空军勤务学院航空弹药系，江苏徐州　221000；2.空军驻 624 厂军代室）

摘　要：某型装药弹在实际装载运输中，根据规定通常采用横装方式，此种方式往往存在装载效率低，易造成一定运力资源的浪费的问题。如果采用竖装装载，既能缩短装卸载时间，节省车厢的使用，更能显著提升军事、经济效益。为了验证竖装装载的安全性，利用有限元仿真软件 Solidworks，基于不同装载方式三轴加速度实测数据，对上述两种装载方式振型参与质量和的 von Mises 应力值进行分析。结果表明，该型弹药竖装装载可行，安全性符合规定要求。

关键词：装药弹；装载方式；加速度；仿真

0 引言

某型装药弹按照现行规定的装载方式，通常采取横装装载，但这种装载方式存在很多弊端[1]。理论上某型弹药一节列车车厢，机械化横装可以装载 100 多枚弹药，但在实际装载过程中，因其质量较大，采用此种方式人工装载时，最多可装 2 层 50 多枚。而如果选择竖装方式，单装一层就可以装 100 多枚。之所以存在如此大数量差异，这是由于采取横装装载时，受弹药圆柱形的外包装所限，需要使用大量的横木进行捆绑加固。而采用竖装虽然仅可装一层，但弹药之间相互交错，叉开排列，与车厢内壁之间的剩余空间较少。当弹药从两端开始装载至车门时，用少量的横木、捆绑带就可以把整个车厢的弹药固定为一个整体，从而显著提升弹药的装载量和安全稳定性。

为了比较两种不同装载方式的安全性，现对两种装载方式的实测数据进行比对分析。

1 加速度实际测量

振动测试选取 DT-178A 测振仪测得该型弹药两种装载方式下的三轴加速度。DT-170A 振动记录仪是一款 U 盘型振动数据记录仪，可记录设备振动加速度、峰值振动和自由落体运动 *X/Y/Z* 三轴振动数据，内置 4MB 闪存记忆和 USB 插口，可将记录的数据下载至计算机进行查看和分析，该软件内置 0～

60 Hz FFT 测量分析和计算实时的光谱数据，适用于交通和运输行业等对设备进行振动监测和分析[2]。

2 建模

首先，通过 Solidworks 有限元仿真软件将该型装药弹的主体部分建立如图 1 所示等效模型，并进行网格划分，如图 2 所示。

图 1　弹药模型　　　图 2　网格划分情况

其中，该装药弹的材质选择为 AISI 1035 钢（SS）[3]，节点数=13333 个，单元数=7735 个，自由度数=38565。

横装振动测试数据如表 1 所列，竖装振动测试数据如表 2 所列。

由于测得的加速度是矢量，为了便于分析，本文通过计算两种装载方式下的 3 轴加速度均方根 RMS 值[4]，然后加载到 Solidworks 软件中，通过 Simulation 有限元模块中的线性动力学部分[5]，以选定的加速度基准，作为振动激励，分析该型弹的振动响应情况。结果如下：

横装 3 轴加速度 RMS 值（0.527，0.493，0.857）；
竖装 3 轴加速度 RMS 值（0.362，0.11，0.215）。

表 1　横装振动测试数据

X（左右）/g	Y（上下）/g	Z（前后）/g
0.13	0.04	−0.19
−0.46	0.79	−0.77
−0.2	0.45	−0.53
−0.5	0.48	−1.02
−0.5	0.18	−0.78
−0.69	0.36	−0.63
−0.7	0.52	−1.15
−0.87	0.56	−1.04
−0.37	0.56	−1
−0.47	0.64	−1
−0.42	0.48	−0.78
−0.55	0.4	−0.92

表 2　竖装振动测试数据

X（左右）/g	Y（上下）/g	Z（前后）/g
0.34	−0.01	−0.39
0.16	0.04	−0.02
0.2	−0.14	−0.1
0.17	0.04	−0.06
0.24	−0.06	−0.06
0.26	0.03	−0.04
0.51	−0.12	−0.08
−0.75	0.04	−0.18
−0.15	−0.1	−0.08
−0.09	0.02	−0.03
−0.1	−0.04	−0.04
−0.54	0.01	−0.05
0.46	0.32	0.616

3　仿真结果

3.1　横装仿真结果（图 3、图 4）

图 3　横装弹药应力图

图 4　横装弹药位移图

横装 3 方向质量参与总和为 $X=0.96113$，$Y=0.93972$，$Z=0.96106$。

3.2　竖装仿真结果（图 5、图 6）

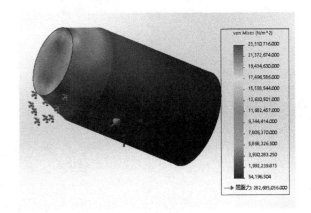

图 5　竖装弹药应力图

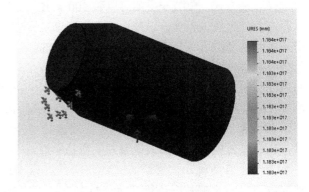

图 6　竖装弹药位移图

竖装 3 方向质量参与总和 $X=0.87171$，$Y=0.82661$，$Z=0.87174$。

4　分析

4.1　质量参与的比较

首先，分析 2 种装载方式下的 3 轴质量参与情况。横装 3 方向振动参与均达到 90%，而竖装中最低值为 Y 方向的 82.661%。在实际的振动结构分析中，某个方向的质量参与低于 90%的情况也时有发生，尤其是大跨结构竖向质量参与系数积累很难达到 90%[6]。

究其原因，主要有两个方面：第一个原因是反对称振型的存在。振型是振动结构体系的一种固有特性，它与结构的固有频率是相对应的。正常情况下，每一阶固有频率都对应一种振型。由于大跨度空间结构存在大量的竖向反对称振型，且成正对称振型较少，频率较高，对于大规模自由度体系来说，高阶的振型获得比较难，准确性也无法得到有效保证。竖向质量参与系数达不到 90%以上的第 2 个原因，是因为支座处的集中质量实际没有参与振动，或者这一部分的振动相对幅值较小[7]。这样，根据质量参与系数的定义，结构的总质量包含支座处的集中质量。因此，不管是发生在哪个方向的振动，其质量参与系数的累积均值难以达到 90%以上。故这种情况认为，对支座的集中质量可认为 0，以此来保证其他集中质量参与振动的累计加速度，对整体的结构动力响应没有影响[8]。

4.2 von Mises 值对比

Von Mises 准则是由冯·米塞斯在 1913 年提出的一个屈服准则。Von Mises 准则其实是一个应力屈服性的综合概念，可以用来对疲劳、破坏等进行评价。具体内容为：当物件的某一个点或某个部位承受应变状态的等效应力达到某个与应力应变无关的定值时，材料就会屈服[9]。

从 von Mises 值来看，横装最大 von Mises 值为 23310716，竖装最大 von Mises 值为 23529594，两者并没有很大的区别。且由于承载的是铁路振动[10]，是相对比较平稳的随机振动，故两者变形位移基本没有发生变化。

综上所述，考虑该型弹药装载的便捷性和成本，采取竖装装载方式更为科学合理。

参 考 文 献

[1] 罗芝华，刘涛，陈文芳，等. 铁道车辆工程[M]. 长沙：中南大学出版社，2014.9：438-439.

[2] 汤伯森. 包装动力学[M]. 北京：化学工业出版社，2011.

[3] Wilson E L. Three dimensional static and dynamic analysis of structure: a physical approach with emphasis on earthquake engineering[M]. Berkley, California, USA: Computers and Structures Inc.2002.

[4] 李柏年，吴礼斌. MATLAB 数据分析方法[M]. 北京：机械工业出版社，2012.

[5] 尹越，黄鑫. 基于振型分解反应谱法的大跨空间结构抗震设计研究[J]. 沈阳理工大学学报，2007：26（3），97-90.

[6] 廖冰. 基于竖向质量参与系数的大跨度空间结构计算模型简化[D]. 上海：同济大学，2009.

[7] 刘传聚. 隔振系统设计中振动传递率计算及隔振器设计[J]. 暖通空调，2016，46（1）：21-23.

[8] 叶建华，李传日. 多点随机振动试验控制技术[J]. 系统工程与电子技术，2008，30（1）：124-126.

导弹用固体火箭发动机跌落撞击安全性研究

胡大宁

（驻天水地区军事代表室，陕西西安　710065）

摘　要：本文对跌落撞击条件下导弹用固体火箭发动机安全性反应机理及其条件下固体推进剂的损伤模式进行了理论分析研究，提出了跌落撞击条件下固体火箭发动机安全性试验研究的关键技术，可以达到指导固体火箭发动机的研制和使用，提高发动机安全性评估的准确性，降低试验成本和周期的目的。

关键词：固体火箭发动机推进剂；跌落撞击；损伤模式；安全性

0　引言

安全性（低易损性）是近年来战术导弹固体火箭发动机（以下简称发动机）设计的主要指标之一，它是指受到意外刺激（热、摩擦、冲击、静电等）时导致发动机点燃的难易程度以及危险性反应的破坏程度。发动机作为含能装置之一，在研制、生产、使用及存储各阶段，可能遇到跌落撞击、热烤、爆轰波、碎片及子弹冲击、静电与电磁辐射等各种激源作用，在一定条件下导致发动机推进剂点燃，发生燃烧、爆炸甚至爆轰等危险性反应，造成严重的人员伤亡、装备财产损失及作战能力丧失。跌落撞击是发动机最常遇到的意外激源之一。因此，有必要就这种激源对发动机安全性的影响机理、反应过程和危害程度进行理论分析研究，以此为基础，可以确定跌落条件下固体火箭发动机安全性试验研究的关键技术，可以通过试验手段对发动机的跌落撞击安全性能进行测评，实现发动机安全性指标量化测定目的。

1　跌落撞击引发发动机危险性反应机理

跌落撞击是威胁固体发动机安全性的主要激源之一。例如，在运输、转运、装配、发射装填等过程中，可能发生跌落意外事故。跌落撞击载荷使发动机壳体及装药产生大变形而发生结构破坏，在此过程中伴随摩擦、剪切、挤压及黏性变形等因素的作用，一定条件下推进剂中产生局部热点，导致燃烧爆炸现象发生。

跌落撞击激励属机械能，研究发现，机械能作用下引燃含能材料发生危险反应所需的外界能量很小，远不足以使含能材料整体加热到热爆炸温度点，但却在瞬间能使含能材料燃烧爆炸。"热点学说"被用来解释含能材料被诸如撞击、摩擦等外界能引燃的原因，且已被广泛认同和接受。

当两物体接触时，接触面是凸凹不平的，存在局部微小凸出体，对相对运动产生阻力，即摩擦力。推进剂界面间摩擦加热本质上是由塑性功引起。在外力驱动下，摩擦表面相互接触并产生相对滑移，由于接触表面粗糙不平，摩擦面上凸出部分产生塑性变形，甚至完全被"切削"，克服塑性变形所需的力等于摩擦力。由于塑性变形功是耗散性的，主要转化为热能，使摩擦表面温度升高，同时热量从摩擦表面通过热传导方式在固相内部扩散。在摩擦表面局部区域，摩擦产生高温，往往使接触部分材料发生软化甚至熔化。对 HMX、RDX 氧化剂颗粒，由于其熔点较低（分别为 477K、553K），摩擦加热会使其熔化，在摩擦表面生成黏性液体层，固相表面的干摩擦将会被黏性液体层的湿摩擦取代，固相摩擦加热被液相黏性剪切运动加热所替代。推进剂裂纹界面间摩擦加热或熔化后黏液层的黏性加热使推进剂温度升高，引起热分解反应，一定条件下形成热点和局部热爆炸，导致推进剂点燃。

2　跌落撞击条件下推进剂损伤模式分析

固体推进剂撞击试验研究表明，损伤破坏模式主要为脱湿、破碎和撕裂。

脱湿：颗粒脱湿发生于大变形情况（超过推进剂极限应变），颗粒与基体粘接面局部区域因应力集中致使粘接面撕裂，撕裂面进一步扩大时，导致颗粒与基体脱离，即产生"脱湿"现象。从热点生成机理分析看，虽然固体颗粒脱湿可引起基体与颗粒黏接界面局部区域的应变及基体材料的局部撕裂，但还没有理论分析或试验结果证实颗粒脱湿导致热点形成。

颗粒破碎：氧化剂颗粒在通常环境条件下为脆性晶体，在受到挤压、剪切时将发生断裂。推进剂在生产加工过程中，氧化剂颗粒会产生微裂纹等缺陷。当推进剂受到外力作用时，颗粒受到挤压和剪切作用，微裂纹进一步扩展，最终导致颗粒破碎。

基体裂纹：复合固体推进剂中，基体与填充颗粒、基体内部存在大量细小初始细观裂纹。在撞击载荷作用下，初始细观裂纹发生扩展，裂纹尺寸增大，形成尺寸较大的宏观裂纹。此外，裂纹扩展后，邻近裂纹还可能相互贯通，使裂纹尺寸进一步增大。宏观裂纹上下表面并不平整，裂缝间夹杂着固体颗粒。在受到垂直于裂纹面正压力作用时，裂纹处于闭合状态，在平行于裂纹面剪切应力作用时，裂纹面发生相对滑移和摩擦，因而可能形成热点。

2.1 氧化剂颗粒破碎问题的分析

首先对氧化剂颗粒破碎问题进行分析。如前所述，机械撞击载荷下推进剂中氧化剂颗粒将出现断裂和破碎现象，如图 1 所示，设初始裂纹出现于氧化剂颗粒边缘，当颗粒受法向应力 p_0 和切向应力 s_0 作用时，一定条件下发生 I 型或 II 型裂纹扩展，使颗粒断裂和破碎。氧化剂颗粒为脆性材料，模量很高，瑞利波速 U_R 很大。根据动态断裂力学理论，裂纹扩展最大速度 U_R 为

$$U_R \approx \frac{C_l}{3} = \frac{1}{3}\left[\frac{K+\frac{4}{3}G}{\rho}\right]^{\frac{1}{2}} \tag{1}$$

式中，G，K，ρ 为剪切模量、体积模量和密度；C_l 为材料纵向声速。

以 HMX 颗粒为例计算裂纹扩展速度。$G = 12\,\mathrm{GPa}$，$K = 13.79\,\mathrm{GPa}$，$\rho = 1900\,\mathrm{kg/m^3}$，计算得波速 $U_R = 1320\,\mathrm{m/s}$。按照裂纹扩展速度 $\dot{c}$ 与应力强度因子关系，假设应力强度因子是临界值的 1.1 倍，得裂纹扩展速度：$\dot{c} = 0.355 \times U_R = 468.6$（m/s）。如果氧化剂颗粒粒径 $d = 400\,\mu m$，裂纹扩展使颗粒完全断裂

的时间为 $t = \dfrac{400\mu m}{\dot{c}} = 0.85\mu s$。

由此可以看出，在跌落撞击载荷作用下，一旦氧化剂颗粒边缘裂纹扩展，氧化剂颗粒将在极短时间内断裂和破碎，沿裂纹面断裂成上下两部分，各自与基体粘接，随推进剂基体一起在断面处滑移产生摩擦。在氧化剂边缘初始裂纹扩展长度达到颗粒直径至使颗粒完全分开之前，裂纹上下面滑移量很小，无法形成热点。氧化剂颗粒断裂破碎时间极为短暂，可将破碎后的氧化剂颗粒当成推进剂基体初始裂纹的一种进行分析研究。

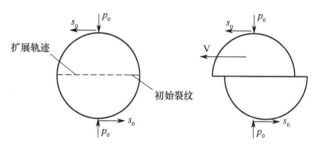

图 1 氧化剂颗粒断裂与破碎示意图

2.2 推进剂裂纹与热点形成的分析

现在讨论推进剂裂纹与热点形成的关系。由于跌落撞击在推进剂内部产生的压力较低（<100MPa），还达不到氧化剂颗粒的塑性屈服限（≈300MPa），因此，在含能材料冲击起爆研究中应用得很多的机理，如塑性流动加热、绝热剪切、晶体错位等，将不适用于跌落撞击条件下固体推进剂引燃情况。J. K. Dienes 对非爆轰冲击作用下含能材料热点生成的各种机理进行了量纲分析，指出裂纹摩擦是最可能的热点机理。结合固体推进剂 3 种损伤破坏模式，本研究认为：推进剂内部裂纹在闭合状态下发生摩擦，使摩擦面附近区域温度升高，是导致推进剂热点形成的关键因素。

另外，研究表明，作为黏弹性材料的固体推进剂，聚合物机体材料在快速变形程中的黏性加热，对局部热点形成同样有显著影响。

因此，在跌落撞击载荷作用下，引发推进剂内部形成热点的主要因素是裂纹摩擦，同时基体黏性加对热点形成过程也产生一定影响。

3 跌落条件下固体火箭发动机安全性试验研究的关键技术

发动机跌落与地面发生撞击，发生结构变形及装药内部形成热点，导致燃烧或爆炸反应，过程复

杂，影响发动机跌落响应的因素有跌落高度、跌落角度、地面条件、推进剂种类及壳体材料等众多因素。因此，如何正确地设计发动机跌落试验方案，对于全面真实地评估发动机安全性十分重要。分析认为，跌落试验方法研究中的关键技术包括：

（1）试验总体方案设计，包括跌落速度、姿态，撞击面（地面）类型与刚度，发动机损伤状态（是否有预损伤等）及试验环境条件等。

（2）关键测试参数的选择与数据采集手段，包括测量参数类型、测点位置，测量技术手段等。测量参数包括发动机基本参数（结构尺寸、材料性能等）、输入状态参数（撞击速度、角度等）、中间状态信息（如壳体及装药破坏过程摄影与记录）、发动机响应信息参数（发动机结构变形、燃烧、爆炸或爆轰超压测量）。

（3）试验数据分析处理与评估方法。例如，如何从采集到的数据正确判断跌落过程发动机发生的状态变化及响应结果，如何分析解读各试验子样不同的响应结果，如何根据有限试验子样获得的有限试验结果评估发动机安全特性。

4　结论

跌落撞击条件下固体火箭发动机安全性理论分析方法研究属于应用基础理论的研究，本文通过理论分析得到跌落撞击条件下发动机危险性反应的基本规律和影响因素，提出了跌落试验方法研究中的关键技术，可以指导发动机的设计、研制和使用，提高其安全性能。理论分析与试验结果相结合，可以达到提高发动机安全性评估的准确性，降低试验成本和周期的目的。

三、弹药导弹延寿与非军事化

3.1 弹药导弹维修理论与技术

基于模糊综合评判的弹药维修军事价值评估建模与分析

吕晓明，姜志保，王　琦，穆希辉，宋桂飞

（陆军军械技术研究所 通用弹药导弹保障技术重点实验室，河北石家庄 050003）

摘　要：军事价值评估是弹药维修决策的首要指标，针对我军弹药军事价值评估影响因素多，传统方法随机性、主观性强，无法有效解决多层次结构、较复杂系统定量评估的问题。本文提出了基于 FAHP 的待修弹药军事价值评估分析方法，通过构建层次递阶结构的弹药军事价值评估指标体系，建立军事价值评估模型，运用多级模糊综合评判法确定待修弹药军事价值的评估值。通过设定不同的阈值区间，将待修弹药分为军事价值高、较高、一般、较低 4 个评估结果。最后，通过算例分析了方法的可行性和科学性，为弹药军事价值量化评估提供了借鉴方法，对提升弹药维修决策科学性提供了方法指导。

关键词：弹药维修决策；军事价值评估；层次分析法；模糊综合评判法

0 引言

弹药维修是弹药技术保障的重要组成部分，也是保持和恢复战斗能力的重要因素，以及确保弹药储存、运输和使用安全的重要途径，一直受到国内外军事专家的广泛重视。特别是随着末制导炮弹、炮射导弹等高新技术弹药加速列装部队，弹药在战争中发挥的作用和战略威慑力愈加重要，而高新技术弹药普遍具有系统组成多元，各部件间关联性、耦合性强，失效随机性大、隐蔽性强等特点，对维修的依赖性也日益增强，所以与以往相比，弹药维修的地位变得更加重要。

弹药维修的最终目的是确保其军事效能的有效发挥。因此，军事价值是弹药维修价值的根本所在，是压倒一切指标的首要指标。但对于弹药军事价值的评估，由于影响弹药军事价值的因素很多，是一项复杂的、随机波动性强的工作，往往根据专家经验进行定性评估，主观性强。传统的评估方法中，德尔菲法（Delphi）和专家打分法往往只能进行定性或简单的定量评判，无法有效解决多层次结构、较复杂系统的定量评估问题。

为此，本文采用模糊层次分析法（Fuzzy Analytic Hierarchy Process，FAHP），即层次分析法和模糊综合评判法相结合的评估方法，在分析和确定弹药军事价值影响要素的基础上，建立弹药军事价值评估模型，通过层次分析法确定各指标的权重，用模糊综合评判法对弹药的军事价值进行定量评估，力求使评估结果更为客观、准确、合理。

1 基于层次分析的弹药军事价值评估指标体系构建

层次分析法（Analytic Hierarchy Process，AHP）[1]是由美国著名运筹学家萨蒂教授（T.L.Saaty）于 20 世纪 70 年代提出的，是一种定性分析与定量分析相结合的多目标评价方法。其原理是找出决策问题所涉及的主要因素，将这些因素按目标、准则、指标、方案等分类，形成有序的递阶层次结构；通过两两比较判断，确定每一层次中各因素的相对重要性。

1.1 建立评估指标的层次结构模型

层次结构模型是一种描述系统功能或特征的递

阶层次结构。结合我军弹药的基本特点，搜集影响其军事价值的指标因子[2-6]，剔除对军事价值影响较小的指标，筛选出对军事价值起决定性作用的指标，

最终建立由目标层（X）、准则层（Y_1 - Y_5）和指标层（Z_1 - Z_{17}）组成的层次结构模型，如图 1 所示。

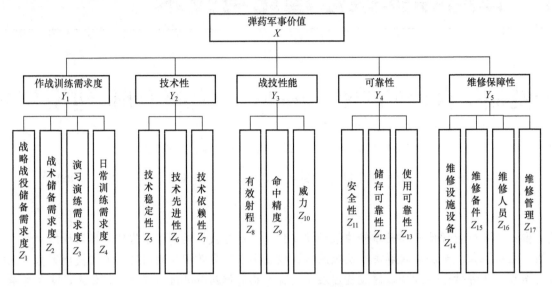

图 1　弹药军事价值评估指标体系

其中，指标层（$Z_1 \sim Z_{17}$）中各指标所代表的含义如下：

战略战役储备需求度 Z_1：弹药因较大规模以上战争需要而进行储备的需求程度。

战术储备需求度 Z_2：弹药因局部战争需要而进行储备的需求程度。

演习演练需求度 Z_3：弹药用于部队年度演习、演练的需求程度。

日常训练需求度 Z_4：弹药用于部队日常训练的需求程度。

技术先进性 Z_5：弹药所采用技术的信息化程度。

技术稳定性 Z_6：弹药所采用技术的成熟程度。

技术依赖性 Z_7：弹药所采用技术对国外的依赖程度。

有效射程 Z_8：弹药对目标射击时，能够取得可靠射击效果的距离（与同功能种类弹药进行对比）。

命中精度 Z_9：弹药命中目标的精确程度（与同功能种类弹药进行对比）。

威力 Z_{10}：弹药对目标的毁伤程度（与同功能种类弹药进行对比）。

安全性 Z_{11}：弹药在储存、运输、使用、维修、报废等寿命周期内的安全性能。

储存可靠性 Z_{12}：弹药储存期间达到指定储存寿命的可靠程度。

使用可靠性 Z_{13}：弹药发射后达到固有战技性能的可靠程度。

维修设施设备 Z_{14}：弹药维修设备的配套率、完好率、可靠性、技术性等指标的优劣程度。

维修备件 Z_{15}：弹药维修备件的配套率、完好率、筹措能力等指标的优劣程度。

维修人员 Z_{16}：弹药维修人员的满编率、专业对口率、能力素质等指标的优劣程度。

维修管理 Z_{17}：弹药维修的安全状况、财务状况、任务分工、协同作业能力等指标的优劣程度。

1.2　构造判断矩阵

判断矩阵是层次分析法的基础和依据。判断矩阵中的元素表示针对上一层的某单元，本层次与其有关单元之间相对重要性的比较，一般采用 1～9 及其倒数表示重要程度，标度取值如表 1 所列。

表 1　标度取值表

标度	定义
1	两个单元相比，同样重要
3	两个单元相比，前者稍微重要
5	两个单元相比，前者明显重要
7	两个单元相比，前者强烈重要
9	两个单元相比，前者占绝对主导地位
2、4、6、8	上述两个标度之间折中的标度值
各标度倒数	以上定义的反状态，即不重要的程度

因此，准则层相对于目标层、指标层相对于指标层，都可以建立相应的判断矩阵，n 阶判断矩阵 A 可表示为

$$A = \begin{bmatrix} a_{11} & a_{12} & \cdots & a_{1n} \\ a_{21} & a_{22} & \cdots & a_{2n} \\ \vdots & \vdots & \ddots & \vdots \\ a_{n1} & a_{n2} & \cdots & a_{nn} \end{bmatrix}$$

1.3 计算权重值

利用已构建的判断矩阵 A，通过方根法计算其最大特征根 λ_{max} 及其相应的特征向量 $\overline{W}$，其求解思路是将判断矩阵各行向量采用几何平均，然后归一化即得到权重向量。具体步骤如下：

（1）每行元素相乘得到乘积 M_i

$$M_i = \prod_{j=1}^{n} a_{ij} \quad (i = 1, 2, \cdots, n) \tag{1}$$

（2）每行元素乘积 M_i 开 n 次方根

$$\overline{W_i} = (M_i)^{1/n} \quad (i = 1, 2, \cdots, n) \tag{2}$$

（3）计算判断矩阵权重向量 W，对特征向量 $\overline{W} = \left[\overline{W_1}, \overline{W_2}, \cdots, \overline{W_n} \right]^T$ 作归一化处理，即

$$W_i = \overline{W_i} / \sum_{k=1}^{n} \overline{W_k} \quad (i = 1, 2, \cdots, n) \tag{3}$$

所得到的 $W = [W_1, W_2, \cdots, W_n]^T$ 即为所求的权重向量。

（4）计算判断矩阵最大特征根 λ_{max}

$$\lambda_{max} = \frac{1}{n} \sum_{i=1}^{n} \frac{(AW)_i}{W_i} \tag{4}$$

式中，$(AW)_i$ 为判断矩阵与 A 权重向量 W 相乘所得向量的第 i 个元素。

1.4 一致性检验

由于在弹药维修机构维修能力评估的过程中，对各个因素的判断往往不是十分精确，因此，判断矩阵不具有完全一致性，但为了满足一定程度上的一致性，引入检查判断矩阵的一致性指标 CI。

$$CI = \frac{|\lambda_{max} - n|}{n - 1} \tag{5}$$

CI 越大，表明判断矩阵的一致性越差；反之，表明一致性越好。由于一般情况下，判断矩阵的阶数 n 越大，判断矩阵的一致性越差，为了判定判断矩阵的一致性满意程度，引入判断矩阵的平均随机一致性指标 $RI^{[2]}$，其取值如表 2 所列。

表 2 RI 取值表

阶数	1	2	3	4	5	6
RI	0	0	0.58	0.90	1.12	1.24
阶数	7	8	9	10	11	12
RI	1.32	1.41	1.45	1.49	1.52	1.54

用 CR 表示随机一致性比率

$$CR = \frac{CI}{RI} \tag{6}$$

当 $CR < 0.1$ 时，判断矩阵具有满意的一致性，由其求出的权重值有意义。否则，必须调整标度，重新计算，直到 $CR < 0.1$ 为止。

2 基于模糊综合评判的弹药军事价值评估建模与分析

模糊综合评判[7]是以模糊数学为基础，应用模糊关系合成的原理，将一些边界不清、不易定量的因素定量化并进行综合评价的方法。

2.1 模糊综合评判的基本要素

1）评价因素集 U

评价因素集是评价对象中各种参数、指标所组成的集合，表示为 $U = \{u_1, u_2, \cdots, u_n\}$。

2）评语集 V

评语集是评价者对评价对象做出的各种评价结果所组成的集合，表示为 $V = \{v_1, v_2, \cdots, v_n\}$。

常用的评语集有{优、良、中、差}、{很满意、满意、一般、很差}等。

3）权重集 W

权重集是反映评价因素集中各因素重要程度的权数的集合，通常采用层次分析法获得，在计算中通常可用权重向量表示 $W = (w_1, w_2, \cdots, w_n)$。

2.2 一级模糊综合评判

建立以单因素评语集为行组成的单因素评价矩阵 R 为

$$R = \begin{bmatrix} r_{11} & r_{12} & \cdots & r_{1m} \\ r_{21} & r_{22} & \cdots & r_{2m} \\ \vdots & \vdots & \ddots & \vdots \\ r_{n1} & r_{n2} & \cdots & r_{nm} \end{bmatrix}$$

为了能够全面客观地反映评价对象，让每个因素对综合评价都起作用，进行权重向量 W 与评价矩阵 R 的模糊变换，得到一级模糊综合评价的数学模型如下：

$$C = W \circ R = (c_1, c_2, \cdots, c_m) \tag{7}$$

当模糊评价集 C 中各项指标之和不为 1 时，需要进行归一化处理：

$$\overline{C_k} = C_k / \sum_{j=1}^{m} C_k \tag{8}$$

得到归一化后的模糊评价集：
$$\overline{C} = (\overline{c_1}, \overline{c_2}, \cdots, \overline{c_m})$$

2.3 多级模糊综合评判

在评估影响因素较多的情况下，可对其进行分层分类，形成多级的评价指标体系，以得到多级模糊综合评判所构成的评估模型。

以二级模糊综合评判为例，设其一级权重向量为 W，二级权重向量及评价评价矩阵为 W_i 和 R_i $(i = 1, \cdots, n)$，则其二级模糊综合评判的数学模型为

$$C = W \circ R = W \circ \begin{bmatrix} W_1 \circ R_1 \\ W_2 \circ R_2 \\ \cdots \\ W_n \circ R_n \end{bmatrix} \quad (9)$$

3 算例

在掌握某型弹药基本性能情况及参考弹药领域专家意见建议基础上，利用模糊层次分析法对其军事价值进行评估。其中，弹药军事价值的各评价因素如图 1 所示。

首先，求出准则层各因素相对于目标层的权重值。

准则层（$Y_1 - Y_5$）相对于目标层（X）的判断矩阵如表 3 所列。

表 3　$Y_1 - Y_5$ 相对于 X 的判断矩阵

X	Y_1	Y_2	Y_3	Y_4	Y_5
Y_1	1	2	3	5	6
Y_2	1/2	1	2	3	4
Y_3	1/3	1/2	1	2	3
Y_4	1/5	1/3	1/2	1	2
Y_5	1/6	1/4	1/3	1/2	1

由式（1）、式（2）可得
$\overline{W} = (2.8252, 1.6438, 1, 0.5818, 0.3701)$；
归一化后得
$W = (0.4401, 0.2560, 0.1557, 0.0906, 0.0576)$；
利用 Matlab 软件计算，可得最大特征值
$\lambda_{max} = 5.0463$；
由式（5）得，$CI = 0.0116$；
由式（6）得，$CR = 0.0103 < 0.1$；
其次，可同理依次求出指标层各因素相对于其所属准则层的权重值。

指标层各因素相对于准则层的判断矩阵分别如表 4 至表 8 所列。

表 4　$Z_1 - Z_4$ 相对于 Y_1 的判断矩阵

Y_1	Z_1	Z_2	Z_3	Z_4
Z_1	1	1/2	1/4	1/5
Z_2	2	1	1/2	1/3
Z_3	4	2	1	1/2
Z_4	5	3	2	1

表 5　$Z_5 - Z_7$ 相对于 Y_2 的判断矩阵

Y_2	Z_5	Z_6	Z_7
Z_5	1	1/2	1/5
Z_6	2	1	1/2
Z_7	5	2	1

表 6　$Z_8 - Z_{10}$ 相对于 Y_3 的判断矩阵

Y_3	Z_8	Z_9	Z_{10}
Z_8	1	2	4
Z_9	1/2	1	2
Z_{10}	1/4	1/2	1

表 7　$Z_{11} - Z_{13}$ 相对于 Y_4 的判断矩阵

Y_4	Z_{11}	Z_{12}	Z_{13}
Z_{11}	1	3	2
Z_{12}	1/3	1	1/2
Z_{13}	1/2	2	1

表 8　$Z_{14} - Z_{17}$ 相对于 Y_5 的判断矩阵

Y_5	Z_{14}	Z_{15}	Z_{16}	Z_{17}
Z_{14}	1	1/2	1/4	1/5
Z_{15}	2	1	1/2	1/3
Z_{16}	4	2	1	1/2
Z_{17}	5	3	2	1

由以上判断矩阵，分别求得权重向量、最大特征值及一致性检验结果如下：

$W_1 = （0.0809, 0.1547, 0.2879, 0.4765）$，$\lambda_{max} = 4.0211$，$CI = 0.0070$，$CR = 0.0078 < 0.1$；

$W_2 = （0.1283, 0.2764, 0.5954）$，$\lambda_{max} = 3.0055$，$CI = 0.0028$，$CR = 0.0048 < 0.1$；

$W_3 = （0.5714, 0.2857, 0.1429）$，$\lambda_{max} = 3.0000$，$CI = 0$，$CR = 0 < 0.1$；

$W_4 = （0.5396, 0.1634, 0.2970）$，$\lambda_{max} = 3.0092$，$CI = 0.0046$，$CR = 0.0079 < 0.1$；

$W_5 = （0.5862, 0.2045, 0.1070, 0.1023）$，

$\lambda_{\max} = 4.0211$，$CI = 0.0070$，$CR = 0.0078 < 0.1$。

在求得该型弹药军事价值各指标权重的基础上，邀请 8 位弹药领域专家以指标层中的各指标为评判对象，对其进行评估，评语集为{高、较高、一般、较低}，其评估结果如表 9 所示。

表 9 某型弹药军事价值指标体系评估表

准则层	指标层	评价等级							
		高		较高		一般		较低	
作战训练需求度 Y_1	战略战役储备需求度 Z_1	0.500	4 人	0.250	2 人	0.250	2 人	0	0 人
	战术储备需求度 Z_2	0.250	2 人	0.500	4 人	0.250	2 人	0	0 人
	演习演练需求度 Z_3	0.250	2 人	0.375	3 人	0.375	3 人	0	0 人
	日常训练需求度 Z_4	0.250	2 人	0.250	2 人	0.375	3 人	0.125	1 人
技术性 Y_2	技术稳定性 Z_5	0.375	3 人	0.375	3 人	0.125	2 人	0	0 人
	技术先进性 Z_6	0.250	2 人	0.625	5 人	0.125	1 人	0	0 人
	技术依赖性 Z_7	0.250	2 人	0.500	4 人	0.125	1 人	0.125	1 人
战技性能 Y_3	有效射程 Z_8	0.500	4 人	0.375	3 人	0.125	1 人	0	0 人
	命中精度 Z_9	0.250	2 人	0.375	3 人	0.375	3 人	0	0 人
	威力 Z_{10}	0.125	1 人	0.250	2 人	0.500	4 人	0.125	1 人
可靠性 Y_4	安全性 Z_{11}	0.625	5 人	0.250	2 人	0.125	1 人	0	0 人
	贮存可靠性 Z_{12}	0.250	2 人	0.375	3 人	0.250	2 人	0.125	1 人
	使用可靠性 Z_{13}	0.250	2 人	0.250	2 人	0.375	3 人	0.125	1 人
维修保障性 Y_5	维修设施设备 Z_{14}	0.625	5 人	0.375	3 人	0	0 人	0	0 人
	维修备件 Z_{15}	0.375	3 人	0.500	4 人	0.125	1 人	0	0 人
	维修人员 Z_{16}	0.250	2 人	0.500	4 人	0.250	2 人	0	0 人
	维修管理 Z_{17}	0.250	2 人	0.500	4 人	0.250	2 人	0	0 人

由表 9 可得评价矩阵 $\boldsymbol{R}_1$、$\boldsymbol{R}_2$、$\cdots$ $\boldsymbol{R}_5$ 分别为

$$\boldsymbol{R}_1 = \begin{bmatrix} 0.5 & 0.25 & 0.25 & 0 \\ 0.25 & 0.5 & 0.25 & 0 \\ 0.25 & 0.375 & 0.375 & 0 \\ 0.25 & 0.25 & 0.375 & 0.125 \end{bmatrix}$$

$$\boldsymbol{R}_2 = \begin{bmatrix} 0.375 & 0.375 & 0.125 & 0 \\ 0.25 & 0.625 & 0.125 & 0 \\ 0.25 & 0.5 & 0.125 & 0.125 \end{bmatrix}$$

$$\boldsymbol{R}_3 = \begin{bmatrix} 0.5 & 0.375 & 0.125 & 0 \\ 0.25 & 0.375 & 0.375 & 0 \\ 0.125 & 0.25 & 0.5 & 0.125 \end{bmatrix}$$

$$\boldsymbol{R}_4 = \begin{bmatrix} 0.625 & 0.25 & 0.125 & 0 \\ 0.25 & 0.375 & 0.25 & 0.125 \\ 0.25 & 0.25 & 0.375 & 0.125 \end{bmatrix}$$

$$\boldsymbol{R}_5 = \begin{bmatrix} 0.625 & 0.375 & 0 & 0 \\ 0.375 & 0.5 & 0.125 & 0 \\ 0.25 & 0.5 & 0.25 & 0 \\ 0.25 & 0.5 & 0.25 & 0 \end{bmatrix}$$

分别对其进行模糊综合评判，可得

$C_1 = W_1 \circ R_1 = (0.2702, 0.3247, 0.3456, 0.0596)$；
$C_2 = W_2 \circ R_2 = (0.2661, 0.5186, 0.1250, 0.0744)$；
$C_3 = W_3 \circ R_3 = (0.3750, 0.3571, 0.2500, 0.0179)$；
$C_4 = W_4 \circ R_4 = (0.4523, 0.2704, 0.2197, 0.0575)$；
$C_5 = W_5 \circ R_5 = (0.4954, 0.4267, 0.0779, 0)$。

由式（8）可得其二级模糊综合评判为

$C = W \circ R = (0.3149, 0.3803, 0.2474, 0.0533)$；
归一化处理后得

$C = (0.3162, 0.3819, 0.2484, 0.0535)$；

这一结果表明，对于该弹药军事价值，31.62%的专家认为是高，38.19%认为是较高，24.84%认为是一般，5.35%认为是较低。根据最大隶属度原则，该弹药军事价值为较高。因此，不能直接安排维修或者报废，需通过经济性等因素做进一步判断。

此外，若假定各评语等级{高、较高、一般、较低}的评定参数为 $B = (1, 0.8, 0.6, 0.4)$，则评价结果的定量值 p 为

$$p = C \circ B^{\mathrm{T}} = 0.7922$$

即该型弹药军事价值的评价值为 0.7922。

4　结束语

　　本文提出了基于 FAHP 的待修弹药军事价值评估分析方法，对待维修弹药的军事价值进行评估、分级和筛选。首先，筛选出衡量弹药军事价值高低的重要指标（如高新技术含量、战术技术性能、国产化程度、作战训练急需程度等）；其次，采用层次分析法确定各指标之间的重要程度；最后，用多级模糊综合评判法确定待修弹药军事价值的评估值，通过设定不同的阈值区间，将待修弹药分为军事价值高、较高、一般、较低 4 个评估结果。为弹药军事价值量化评估提供了借鉴方法，对提升弹药维修决策科学性提供了方法指导。

参 考 文 献

[1] 陈庆华，吕彬，李晓松. 系统工程理论与实践[M].（修订版）. 北京：国防工业出版社，2011.

[2] 钱建平. 弹药系统工程[M]. 北京：电子工业出版社，2014.

[3] 双海军. 我国通用弹药发展的战略思考[J].兵工自动化，2012，31（7）：15-18.

[4] 苏凡囤，王小飞，王海涛.工程装备维修机构维修能力评估研究[J]. 中国工程机械学报，2013，11（3）：276-280.

[5] 姜欣明，罗兴柏，张玉令，等. 基于多级物元分析法的弹药维修安全评价[J]. 装备环境工程，2011，8（3）：86-89.

[6] Headquarters Department of the Army. Worldwide Ammunition logistics/Explosives Safety Review and Technical Assistance Program[R]. Washington，DC：Headquarters Department of the Army，2012.

[7] 马亚龙，邵秋峰，孙明，等. 评估理论和方法及其军事应用[M]. 北京：国防工业出版社，2013.

面向基层维修的某型导弹维修辅助系统

雷　磊，崔新友，彭　炜，李林涛，吴　勇

（陆军工程大学军械士官学校，湖北武汉 430075）

摘　要：为提高部队导弹装备维修保障能力，满足部队日常训练、平时维修、战时保障等多重需求，笔者围绕某型导弹研发了一套维修辅助系统，旨在为部队基层连队提供维修资源、训练手段和作业指导。本文重点阐述了该系统的主要功能、总体设计方案及主要设计思想，对拓展应用于其他类型导弹装备维修保障具有重要意义。

关键词：基层维修；导弹维修；辅助系统

0　引言

某型反坦克导弹是我国自主研制的便携式反坦克导弹装备，制导精度高、抗干扰能力强、便于快速机动作战，是目前配发部队的典型反坦克武器装备。经广泛调研，部队基层维修保障力量远未成熟，维修经验缺乏、训练手段单一，特别是缺少直观性强、紧密贴近装备维修实际的技术资料和设备。针对这一实际，笔者研究设计了一套面向基层级维修的某型导弹装备维修保障辅助系统。

1　系统功能

基于部队维修保障实际，结合该型导弹装备自身特点，该维修保障辅助系统主要用于维修作业指导、故障案例分类查询、维修数据记录、案例学习扩展、远程技术支援，重点提供简单故障排除、复杂故障排除、战场抢修指导、工具备件查询、专家技术支持、数据信息管理等具体功能。

2　总体设计

本系统采用客户/服务器结构设计，主要包括面向基层维修人员的 Android 平板电脑客户端与面向管理设计人员的数据服务器端，系统框图如图 1 所示。中央数据库是整个系统的核心，客户端软件的

人机交互、故障智能诊断和知识维护等功能模块都是在本地 Sqlite 数据库的基础上运行。客户端和服务器之间硬件上可通过 USB 接口、局域网、广域网无线或有线连接。中央数据库提供与外界的通用接口，服务器端提供数据库维护管理软件，可为其他应用软件提供数据支持。数据库服务器是系统运行的基础，它包括为管理用户提供的数据服务器以及数据库维护软件。管理用户利用软件将各类资料按规定的数据结构、格式输入服务器并保持更新；检查客户端上传的数据等实现对数据服务器的更新。主要功能包括：数据传输控制，对客户端的数据传输申请，进行身份权限验证，提供下载，对上传的数据进行分析处理以及数据共享服务，为相关软件系统提供数据支持。

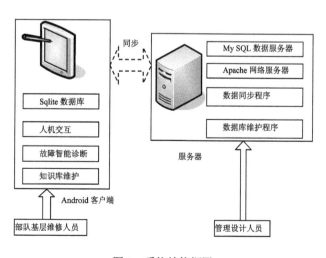

图 1　系统结构框图

3 单元设计

3.1 服务器端设计

服务器端采用 MySQL 数据库服务器和 Apache 网络服务器，动态语言采用 PHP 语言，管理人员可以通过网络的方式访问维护服务器。数据库维护程序主要用于管理人员对数据库进行维护设计所需。

数据同步程序为客户端提供数据同步功能，当客户端请求与服务器连接时，自动检查数据是否一致，如果不一致，提醒客户端进行数据下载。MySQL 数据库包括装备系统结构表、维修信息表、采集数据表、装备相关信息表。结构表是数据库的核心，各信息表以相关编号为主键与结构表中对应级别项目关联。MySQL 数据库所含数据信息整体结构如图 2 所示。图 3 为装备系统统结构划分及编号数据信息。

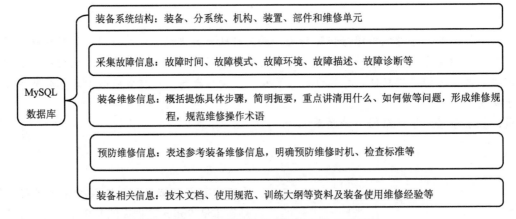

图 2　MySQL 数据库信息数据结构组成示意图

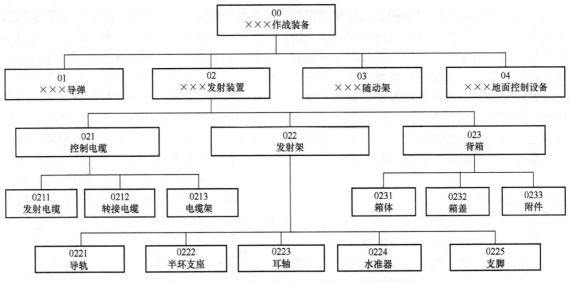

图 3　×××装备系统统结构划分及编号数据信息

3.2 客户端设计

系统客户端终端可采用安卓平板电脑或浏览器，实现了跨平台的通用性，其中安卓平台硬件采用宽屏幕平板电脑，系统可分为 4 层，结构层级如图 4 所示。最底层是由 Android 系统提供的各种基本功能，比如 SQLite 数据库、本地文件系统以及相机、GPS、传感器等，第 2 层为 PhoneGap 桥，它是由 PhoneGap 的核心函数来完成的，它主要用来与 Android 底层功能进行沟通，以供上层调用。第 3 层为 PhoneGapAPI 函

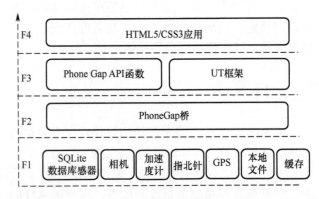

图 4　安卓终端结构设计

数和 UI 框架。PhoneGapAPI 提供了对 Android 底层进行调用封装好的函数。UI 框架主要由 JqueryMobile 来完成，主要提供系统界面用户接口，用于人机交互。最上层是 HTML5 配合 CSS，使用 Javascript 作为业务动态语言，完成系统各种业务功能，即本系统研发的主要层级。

客户端软件是一套基于案例的专家系统，其中知识库系统由知识库、推理机和知识库管理模块组成。知识库的功能是储存有关知识，包括各部件工作原理、信号流程、专业知识和专家的决策经验和科学数据以及该系统在决策运行中积累的经验。知识库维护模块是知识库系统的关键，知识库管理模块把领域专家的知识输入到知识库中，并负责维护知识的一致性及完整性，建立起良好的知识库。首先，由知识工程师向领域专家获取知识，然后再通过相应的知识编辑软件把知识送入到知识库中或由系统直接与领域专家对话获取知识，或者通过系统的运行实践，归纳、总结出新的知识（案例），修改或删除原知识库中不适用或有错的知识和规则。推理机是推理类别、目标的识别、推理命令的发配及规则的激活机制，其功能是激活规则库后在知识库的规则库中进行。如图 5 为导弹装备故障诊断专家系统结构示意图。

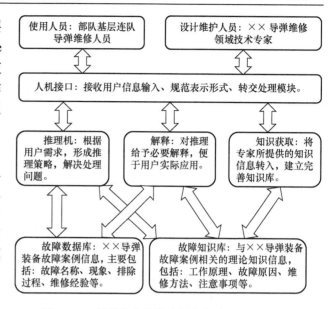

图 5　××导弹装备故障诊断专家系统结构示意图

4　结束语

应用结果表明：该系统能及时地为部队基层维修人员提供丰富的维修信息，把装备维修专家与现场维修人员紧密联系起来，便于快速准确地确定故障维修方案，有效地提高装备维修效率，能够满足日常学习训练、平时装备维修、战时装备抢修等不同场合需求。

3D 打印技术对弹药发展的影响

徐江平，杨　超

（中国人民解放军 72373 部队，河南偃师 471900）

摘　要：3D 打印技术在三维结构的快速和自由制造方面具有显著的优势，广泛应用于小批量制造和复杂设备的制造，在弹药装备研制、制造等方面具有广泛的应用前景，已成为世界军事强国关注和争夺的焦点。本文全面梳理了 3D 打印技术发展及军事应用现状，深入研究了 3D 打印技术对弹药发展的影响。

关键词：3D 打印技术；弹药；影响

0　引言

3D 打印技术即快速成型技术的一种，它是一种以数字模型文件为基础，运用粉末状金属或塑料等可黏合材料，通过逐层打印的方式来构造物体的技术[1]。3D 打印技术是增材制造技术的俗称，是快速成形技术的一种，3D 打印机内装有金属、陶瓷、塑料、砂等不同的"打印材料"，是实实在在的原材料，打印机与电脑连接后，通过电脑控制可以把"打印材料"一层层叠加起来，最终把计算机上的蓝图变成实物。通俗地说，3D 打印机是可以"打印"出真实的 3D 物体的一种设备，如打印一个机器人、打印玩具车，打印各种模型，甚至是食物等。之所以通俗地称其为"打印机"是参照了普通打印机的技术原理，因为分层加工的过程与喷墨打印十分相似。与传统制造相比，3D 打印具有小批量制造成本低、速度快，复杂制造能力好，材料利用率高，适应性好等优点，应用于弹药装备发展时能够显著缩短弹药研制时间，减少研制费用，提高弹药性能，降低弹药制造成本。在世界各国的广泛关注与大力推进下，近年来 3D 打印技术的发展与应用不断取得突破，显示了良好的军事应用前景，将对弹药装备的发展产生深远影响。

1　军事应用随着 3D 打印技术不断创新取得重要进展

近年来，借着新一轮科技革命和产业变革的东风，3D 打印步入快速发展期。世界各国纷纷将其作为未来产业发展新的增长点加以培育。3D 打印技术不断取得突破，军事应用取得重要进展，进入发展与应用的快车道。

1.1　3D 打印技术不断受到重视，成为各国全力抢夺的战略重点

经过十多年的探索和发展，3D 打印技术有了长足的进步，应用前景日益凸显，成为多个国家的发展重点。美国将 3D 打印技术列为国家重点发展技术，集全国之力进行发展，抢占发展先机。2012 年，美国在重整制造业计划中将 3D 打印技术列为重点发展的 11 项技术之一。同年 2 月，美国国家科技委员会发布《先进制造业国家战略计划》，正式将先进制造业提升为国家战略。1 个月后，奥巴马宣布实施投资 10 亿美元的"国家制造业创新网络"计划（NNMI），遴选出制造领域 15 项具有广阔应用价值的前沿性、前瞻性的制造技术，并建立制造业创新中心，全面提升美国制造业竞争力。同年 4 月，3D 打印被确定为首个制造业创新中心。我国的 3D 打印技术与世界先进水平基本同步，但产业化仍处于起步阶段。总装备部、国防科工局、国家自然科学基金委员会等部门对钛合金结构件激光快速成型进行了持续多年的重点资助，取得了显著成绩。科技部正在制定 3D 打印技术发展战略[2]，必将进一步推动其快速发展。

1.2　3D 打印技术研究不断取得突破，技术性能不断提升

近年来，3D 打印技术的研究稳步推进，取得系

列重要进展，技术成熟度及性能不断提升。俄罗斯作为一个大国，其在 3D 打印领域的研究及发展丝毫不落后。据悉，俄罗斯也在广泛使用 3D 打印技术，诸如飞机 3D 打印部件，宇宙卫星、军用直升机、无人机以及弹药等多个领域有了不小的突破。3D 打印无人机领域，由俄罗斯国有企业——联合仪器制造业公司（UIMC）打造出了一款全 3D 打印的无人机，该无人机可用于检测和侦察，并能够在一天之内 3D 打印和组装完成。在尖端 3D 打印领域，俄罗斯联邦航天局（Roscosmos）旗下的国有企业联合火箭航天公司（URSC）宣称，该公司已经与该国的 3D Bioprinting Solutions 公司签署了一份协议，合作开发一款可以在零重力环境下运行的磁性 3D 生物打印机，根据计划，这款 3D 生物打印机将会在 2018 年被送到国际空间站中使用。我国的激光快速成形 3D 打印技术也已达到世界领先水平。中国商飞和西北大学联合攻关，采用 3D 技术制造了 C919 大飞机的中央翼缘条，中航工业一飞院和北京航空航天大学强强联合，将全三维数字化设计技术与新的 3D 打印技术相结合，已经打印出了多个满足强度、刚度和使用功能要求的飞机部件[3]。

1.3 3D 打印技术应用不断拓展与深化，技术效益不断发挥

随着技术成熟度及性能的提升，3D 打印技术近年来应用领域不断拓展，在弹药设计、制造、维修等领域发挥日益重要的作用。设计方面，美国空军研究实验室（AFRL）的工程师和科学家一直在开发 3D 打印弹药。2017 年 4 月美国在阿富汗的一个偏远地区投下了一枚 21600 磅重的炸弹，袭击了伊斯兰国家武装组织使用的一个隧道。这个大型炸弹（MOAB）的绰号为"所有炸弹之母"，是在战斗中所部署的最大和最有威力的无核炸弹。据透析通过使用 3D 打印，下一代 MOAB 可以被设计得更小、更轻，但同样强大，如果不是更强大的话。3D 打印也可以让炸弹设计的更加紧凑，从而让炸弹更容易装入比之前更小的军用飞机。制造方面，美国海军陆战队（USMC）已经成功地对 3D 打印的弹药进行了测试，3D 打印的弹药被证明比传统制造的弹药更具杀伤力。此次测试表明，通过 3D 打印技术的升级，其系统和杀伤力可以进一步提升。同时，该技术能使海军陆战队的武器更安全，效果也更加精准。通过 3D 打印能够精确控制弹药或弹头发挥作用的方式，能够针对特定目标所需的具体效果来定制爆炸，包括弹片高度、附带损害，甚至可以考虑到对环境

的影响。目前有些像这样的弹药只能手工制作，但是 3D 打印能做得更好、更快、可能更便宜。维修方面，美国已开始部署基于 3D 打印技术的维修保障装备。2012 年 7 月和 2013 年 1 月，美军部署了两个移动远征实验室，用于装备维修保障。此移动远征实验室是一个 20ft 长的标准集装箱，可通过卡车或直升机运送至任何地点，利用 3D 打印机和计算机数字控制设备将铝、塑料和钢材等原材料加工成所需零部件。此举可以在战场快速生成需要的零部件，甚至快速设计和生产急需的装备，实现及时精确保障。此外，美国陆军开发了一种轻质便宜的 3D 打印机，可以放到背包中，用于在战场中快速、便宜地制造替换零件。

2 3D 打印技术在军事领域的应用将对弹药发展产生深远的影响

受技术、成本的限制，3D 打印技术难以取代大规模流水线生产，但其不需要模具，可实现从设计到零件的直接转化，完成快速、自由的制造，将在弹药的设计，复杂、昂贵部件的制造等方面得到广泛的应用，对弹药装备发展产生积极的影响。

2.1 小批量制造成本低、速度快，可显著降低弹药研制风险、缩短研制时间

弹药制造越来越复杂，研制时只有通过多轮的设计—原型弹药生产—试验—修改设计—原型弹药再生产—再试验过程，通过原型弹药重复试验才能及时发现问题并修正。但原型弹药的产量极小，采用传统制造方式的时间长、成本高，造成弹药研制的周期长，费用高。3D 打印技术不需要传统制造方式的铸锭、制胚、模具、模锻等过程，可以快速、低成本地进行原型弹药生产，且整个生产过程数字化，可随时修正、随时制造，在短时间内进行大量的验证性试验，从而显著降低研制风险、缩短研制时间、降低研制费用。如我国用了近十年时间研发成功了歼-10 飞机，舰载机歼-15 仅用了 3 年时间就研发成功，关键零部件应用了 3D 打印技术，极大地缩短了研发周期。

2.2 复杂制造能力好，可完成传统方法难以完成的制造，提高弹药装备性能

3D 打印技术不需要预先制作模型，是真正的自由制造，可以成型几乎任意形状的零件，对具有复杂内部结构的零件特别有效。如 3D 打印复杂穿透弹

药的熔断器部件，熔断器被硬连线到外壳上，但通过将熔断器与外壳分开，炸弹的撞击方式和撞击时间可以更灵活。3D 打印技术还能显著提高弹药的关键性能。为了研究提高发射药燃烧增面技术，根据 3D 打印技术可制造特殊形状物体的原理和发射药平行层燃烧定律，设计了具有多列环形空槽管形结构的高燃烧增面的整体发射药。结果表明，设计的整体发射药具有较高的燃烧增面，可用于 155 mm 火炮的整体发射药，燃烧结束时相对燃面比 19 孔粒状发射药的相对燃面大 3.1 倍。整体发射药在燃烧过程中，燃气生成速率呈现前低后高的状态，75.612% 的燃气生成量在整体发射药燃烧的后半程产生，比 19 孔粒状发射药高 27.575%。

2.3　材料利用率高，可有效降低先进武器生产成本

传统的制造是"减材制造"，通过在原材料坯件上进行切削、挤压等操作，把多余的原料去除，加工出所需部件形状，加工过程中去除的原材料难以回收利用，原材料浪费严重。如美国特种作战司令部的一些单位现在也具备了 3D 打印能力——尽管并不是用来 3D 打印子弹和弹药部件，而是打印像无线加密钥匙这样的小塑料件，像这样的小部件每件

的 3D 打印成本仅为 2 美元，但是作为标准装备购买的时候却需要 70 美元。3D 打印只在需要的地方添加原材料，材料利用率极高，能够充分利用昂贵的原材料，显著降低武器装备的成本。

3　结束语

加快 3D 打印技术的发展与应用是弥补我国当前弹药设计、制造与保障能力的不足，提升研发效率，降低制造成本的有效途径。我国 3D 打印技术在钛合金大型复杂整体构件激光成形等方向居于世界领先地位，但整体水平仍有很大的提升空间。应着眼弹药装备长远发展，统筹规划，汇聚各方面力量推动 3D 打印技术的发展与应用，为实现"能打仗、打胜仗"的目标提供技术支撑。

参 考 文 献

[1] 3D 打印百度百科，https://baike.baidu.com/item/3D 打印/9640636?fr=aladdin

[2] 科技部表示 3D 打印战略规划将出台[EB/OL]，http:www.zhizaoye.net/3D/zheng/2013-01-18/2318/html.

[3] 3D 打印技术在军事领域的运用及发展趋势，http://www.360doc.com/content/17/0529/19/28704984_658273090.html.

3.2 弹药导弹延寿理论与技术

反坦克导弹储存期存在的问题与延寿方法探讨

魏现杰，朱敬举，邵云峰

（南京炮兵学院廊坊校区，江苏南京 065000）

摘 要：通过总结我军反坦克导弹储存期存在的问题，分析了我军典型反坦克导弹储存性能变化规律，针对我军目前导弹仓库储存条件，提出了反坦克导弹装备延寿的方法和措施。

关键词：反坦克导弹；储存可靠性；延寿

0 引言

反坦克导弹装备型号多、数量多，造价较高，在未来陆战中消耗量大，具有"长期储存、一次使用"的特点。研究反坦克导弹储存过程中的问题和规律，对于提高装备管理效能、降低储存费用、确定储存检测周期和增加全系统全寿命周期具有重要的意义。

1 目前我军反坦克导弹储存期的主要问题

1.1 储存环境条件控制措施不足

由于装备数量大，应用范围广，我军反坦克导弹储存地点分布范围较大，在弹药洞库储存时一般能够得到良好的储存管理，但是反坦克导弹配装部队仓库中储存时，储存环境受易于外界环境影响较大。部队在演习及野外驻训时，很多反坦克导弹装备是在自然环境中储存，储存条件十分恶劣。在露天储存时，由于野外装备保管条件差，如维护保养不到位，易损坏装备部件，影响装备性能。

1.2 装备储存管理人员素质有待提高

人员是作用于装备的唯一能动因素，在储存和保养、保管过程中能否保持规定的质量特性，取决于管理人员的组织结构和综合素质。人员的质量意识、业务水平、文化素养、操作熟练程度及组织管理机构运行机制是影响装备存储和保养、保管质量的关键因素。

现阶段的装备存储保管工作人员，文化素质偏低，且人员流动性大等客观因素影响造成了我军现阶段装备保养、保管质量难以保证的不利局面。

1.3 装备超期服役现象严重

现役装备反坦克导弹的主要型号已经装备部队多年，超期服役现象普遍。在储存过程中，要经历装卸、运输、存放、检测、维修等过程，承受振动、冲击、低温、高温、高湿、盐雾、霉菌等各种环境因素的侵蚀，导弹装备易于出现腐蚀、霉变、老化，系统性能退化或失效，反坦克导弹的储存可靠性和使用寿命受到严重影响。

2 反坦克导弹储存性能变化规律

我们在长期反坦克导弹装备的教学科研实践中，与生产厂家、部队及相关的科研院所沟通和交流，不断探索，总结了反坦克导弹装备储存性能变化规律。

2.1　导弹随储存时间增长，弹上部件可靠性降低

随着反坦克导弹系统储存时间的增长，弹上大部分部件可靠性降低。但总的来说，集中于少数可修部件，如点火具、装药、橡胶件和应力弹簧等。

2.2　薄弱环节随服役地点气候环境不同而略有差异

反坦克导弹服役地点的分布范围广，使用环境差异大，其薄弱环节因这种差异而略有不同。长江以南的地区气候环境多为高温、高湿环境，导弹系统中的油脂类物质易于黏度下降、蒸发、降低润滑和防尘性能，可导致机械传动部分工作可靠性下降，也影响到光学系统的防霉、防尘性能。尤其是到了梅雨季节，装备一旦暴露在外很容易发生霉变。导弹系统中的观瞄装置、电视测角仪、激光发射机等光学和电器部件成为易于损坏的薄弱环节。

2.3　故障随储存条件的恶化明显增多

反坦克导弹系统在符合要求的环境中储存时，其故障率与储存时间没有明显的相关性；在恶劣环境中储存，故障率与储存时间明显相关。反坦克导弹系统在野战环境下短期存放或部队地面库房短期储存，其可靠性下降十分明显。

3　反坦克导弹延寿的方法和措施

3.1　控制储存环境条件

针对各型号反坦克导弹储存可靠性评估以及储存故障模式及危害性分析，笔者对影响系统储存可靠性的各种因素进行全面分析，我们发现对反坦克分队而言，延长反坦克导弹储存寿命的最佳途径就是改善储存环境条件。在储存环境条件中，自然环境因素是影响储存性能的主要因素。

3.1.1　减少温度冲击的影响

在炎热季节，可在存放导弹屋顶临时搭制简易的隔热层，防止晴天阳光曝晒时库房内的温度快速升高；可在晴天干燥的夜晚打开库房门窗通风以降温除湿。条件允许时，使用设备进行除湿。应尽量避免日光曝晒，可借助掩体、车棚、树荫或自制迷彩遮阳伞遮蔽设备上方。一些电子设备在工作过程中内部构件有发热现象，炎热环境中使用时应特别注意其工作时间和工作频率，严格按照使用规程的

要求操作。为防止一些地区寒冷季节的低温影响，可将光电设备相对集中于温、湿度条件较好的房间。在严寒地区使用光电设备时，设备从温暖的室内搬到室外要设法使其经过一个温度缓冲过程（缓冲时间通常不小于 24h），避免温度骤变对设备的影响。

3.1.2　减少振动冲击的影响

振动冲击会使导弹系统的机械紧固件和电子元器件、可调整机构等的安装可靠性逐渐恶化，如果在每次运输之前确保光电设备与箱体、箱体与车体之间紧密固定，或将小件固定设备背在身上、抱在怀里，可以减少振动冲击的影响。与导弹系统结合为一体的光电设备，在系统的每次启动之前，应检查其固定和减振措施是否可靠。架设独立使用的光电设备时，应考虑地形地物、风向风力等因素，避免设备摔跌损伤。

3.1.3　避免潮气、盐雾的侵蚀

反坦克导弹的各组成部件在储存中均需要进行定期检查、更换硅胶，更换筒装导弹的分子筛，主要目的就是要防止装备受到潮气、盐雾等的侵蚀。光学部件的箱体应及时检查并进行充氮降湿处理，如在对某型导弹测角仪更换硅胶时没有进行密封，造成光敏元件的腐蚀，影响测角使用性能，这种情况具有一定代表性。

此外，还应尽量避免使光电设备直接暴露于雨雪中，迫不得已时应在任务完成后迅速撤收，并尽快将其擦拭干净，放置于相对干燥的环境中晾放一段时间，而不是直接装箱，以减少潮气侵入设备内部的机会。尽量减少光电设备在盐雾、风沙等环境中暴露的时间，设备撤收时应全面清擦，若需长期架设则要经常擦拭和检查。

3.2　做好关键件的防护

反坦克导弹的光敏器件，如测角仪、激光发射和接收器内的各种元器件多属于弱信号探测、转换器件，强光照射时易使其灵敏度下降乃至损坏，使用中要避免其受到近距离强反射、发射激光和其他强光源的照射独立架设的光电设备应远离高压线和强电磁辐射环境。反坦克导弹在较为恶劣环境中储存时应当严格按照使用维护的要求采取必要的防护措施，并依据储存权限的规定进行管理。

3.3　及时检修与更换

通过分析反坦克导弹储存可靠性影响因素，并结合储存可靠性评估及故障模式，提出针对薄弱环节的延寿措施。在所有的弹上部件中，火工品（包

括引信、热电池、发动机、陀螺仪、舵机气瓶、弹上辐射源等部件的装药及其点火具）是导弹储存性能变化的薄弱环节。反坦克导弹在储存环境条件好的洞库中长期存放时，接近或超过储存期后，应重点对各种弹上火工品的装药及点火具进行检测，并视情更换必要的备件。

3.4 合理"挖潜"的延寿措施

通过对反坦克导弹各部件的储存期指标进行分析可以发现，不同部件其储存可靠性指标（即储存期）不尽相同。但是通过装备实际储存过程可以发现，很多部件在良好的储存环境中长时间存放后，即使超过储存期限，依然能够保持良好的性能。这说明部件存在储存潜力，如何挖掘这种储存潜力（"挖潜"）是反坦克导弹系统延寿中一个非常重要问题，具有重要的现实意义。在实际储存试验中，不可能进行大样本量的试验。为了能够反映样本真实的性能，可借助于使用中获得的数据进行可靠性评估。例如，反坦克导弹服役过程中产生的大量数据和信息，它们真实记录了导弹各个任务剖面包含的

事件，是开展导弹延寿工程的一笔宝贵资源，应该充分收集和利用。导弹履历书是这些数据和信息的主要载体。弹库环境实测记录和导弹实弹射击报告等，也是开展导弹延寿工作非常有价值的资料。

另外，在使用单位根据自己的现实需要，有重点地开展延寿措施的研究是十分必要的，在我院近两年的实弹射击中，共计发射反坦克导弹××余枚，其中大部分是超期服役导弹，通过联系科研单位、生产工厂以及我院专业技术人员，对导弹系统进行集中测试和维护，对引起导弹失效的主要原因进行了系统分析，对电火工品的点火头和电源进行专项检测处理，进行针对性的降湿处理，使得导弹故障率大大降低。

参 考 文 献

[1] 孙亮，徐廷学，陈宁. 某型导弹储存可靠性置信下限[J]. 海军航空工程学院学报，2004，19（4）：455-458.

[2] 孟涛，张仕念. 导弹武器装备储存延寿评述[J]. 科技研究，2009.

导弹装备储存延寿技术研究

赵建忠

（海军航空大学，山东烟台 264001）

摘　要：着眼系统开展导弹装备储存延寿工作需要，阐述了导弹装备储存延寿的有关概念，从储存延寿计划制定、储存延寿试验方案拟制、储存试验技术研究、导弹装备储存信息积累 4 个方面分析了导弹装备储存延寿的任务，并对如何组织实施储存延寿工作，指出了 4 条主要途径，明确了需要着重研究的 4 大关键技术。

关键词：导弹装备；储存期；储存延寿；加速寿命试验；储存失效分析

0　引言

导弹装备具有在寿命周期内，要反复经历装卸、运输、存放、分解、再装、测试、检修、使用等过程，经受各种振动、冲击、高温、低温、高湿、盐雾、霉菌、沙尘、有害气体、辐射等各种特殊环境因素和人为因素的影响，由此引起导弹装备外部损伤和内部应力的变化，使导弹装备出现腐蚀、霉变、老化和损坏，进而使其性能退化或失效，影响作战使用。导弹装备经过长期储存达到或超过预定储存期后，能否延寿、如何延寿是研制和使用部门十分关系的问题。储存延寿是世界各国普通采取的一种导弹装备质量管理方法与措施。通过开展导弹装备储存延寿研究，可以实现以较小的代价保持导弹装备武器的有效作战规模，科学合理地确定维修时机和维修内容，优化储存使用方法，提高寿命设计水平，对延长导弹装备的服役年限、提高导弹装备的储存使用性能、减少武器装备购置经费、带动国家工业基础和科技水平的提升等都具有非常重要的意义。

1　导弹装备储存延寿的有关概念

对导弹装备而言，其储存延寿主要涉及储存期、储存延寿、储存试验、延寿试验 4 个概念[1-5]。

1）储存期

以产品交付出厂之日作为计时起点，在规定的保管、维护和储存条件下，能满足规定储存可靠性指标的储存时间，称为储存期，也可称为储存寿命或可靠储存寿命。导弹装备储存期是指，导弹装备在正常使用和规定的储存环境条件下，生产单位向使用单位保证的能够满足战术技术性能要求的有效期限，是导弹装备重要质量指标。

2）储存延寿

储存延寿是指在规定的保障条件下，通过对自然储存件进行监测、开展加速储存试验等方式，挖掘导弹装备武器装备的技术潜力，针对储存薄弱环节采取相应的设计、维修、管理等措施，以保持和恢复导弹装备武器装备的战术技术性能并延长产品储存期（可靠储存寿命）的过程。其目的在于确定并尽可能接近甚至超过储存寿命上限。

3）储存试验

储存试验是研究导弹装备在规定的储存环境及维护、保管条件下能满足储存年限要求的技术状态和工作性能的试验。导弹装备储存试验主要包括自然储存试验、加速储存试验、失效物理分析等方式，其目的是通过各种方法获得设备的可靠储存寿命和导弹装备的储存期。

4）延寿试验

基于仪器设备的可靠储存寿命，研究制定更换短寿命件、维修、调整校对、嵌入式性能改进、放宽设计要求等技术措施，延长导弹装备的储存期。其目的是研究采取各种措施延长导弹装备的储存期。

2 导弹装备储存延寿的主要任务

1) 储存延寿计划的制定

储存延寿计划安排是一项重要的管理工作，是圆满完成储存延寿任务的重要保证。一旦储存延寿工作确定，就需要把它变成翔实、可操作、符合实际条件的具体计划安排，用计划把工作变成实施步骤。计划安排上必须保证科学全面、系统周密，认真细致和切实可行。计划制定的过程是一个整体分解、全面细化和科学求实的过程，必须利用先进高效的技术手段来组织实施，确保计划安排分解的合理性和可行性。分解过程必须考虑全部要素，如谁去完成、怎样完成、完成什么、何时完成、保障条件、完成的形式和标志等具体问题，也即人员、时间、项目、经费、进度、流程、资源等各要素。

2) 储存延寿试验方案和大纲的拟制

储存延寿试验方案和大纲的确立是整个进程的重要一环，其设计的优劣将直接影响到过程结果。在拟制储存延寿试验方案时，必须充分依照原技术文件，考虑产品实际工艺实现过程，综合权衡产品组成的原材料元器件、配套件和薄弱工艺点等影响产品储存寿命和可靠性的短板环节；要做到方案选择依据充分、子样充足、试验覆盖全面、方法可靠可信，选用的设备符合要求，结果评定方法置信度高；试验方案必须经过专家和军方的严格审查评审，确保合理可行。储存延寿试验大纲是指导产品储存延寿试验开展的重要文件，必须由技术能力强、经验丰富的技术人员来拟制，履行审批手续后实施[6]。编制储存延寿试验大纲，必须确保指导性好、可操作性强、项目全面、过程清楚、职责明确，能够有效保证储存延寿工作的开展。

3) 储存试验技术的研究

当前，我国储存试验基础技术研究不够，技术储备不足，如储存期仿真、预估与评定技术、储存环境适应性分析、失效机理分析和加速储存试验技术等基础技术的研究，尤其加速储存试验技术迫切需要突破。目前国内只能做材料级和元器件级的加速储存试验，对于整机和系统级的加速储存试验尚处于探索阶段，导致不能提前预示导弹装备储存期，与国外差距较大[7,8]。

4) 导弹装备储存信息的积累

导弹装备储存延寿决策的制定依赖大量的储存信息，这些信息又属于研制、使用储存试验等不同的单位。因此，导弹装备储存延寿过程中，要加强对储存信息的收集整理、分析梳理、管理使用等工作，提高储存延寿工作的质量和效益。在储存信息的收集上，利用各种手段收集记录储存过程中各个阶段、各项工作、各组成要素的所有信息，形成全面的信息资料库；在储存信息的交互上，应充分利用各个单位、不同数据来源、装备全寿命管理阶段不同情况下所产生的信息，建立完善一个横向互通且能及时灵活地储备、反馈、处理的信息管理平台，为储存延寿工作服务；在储存信息的使用上，要做到实时资源共享，军地双方及时交换、更新信息，避免信息的不统一、不对称和不充分而造成工作的失误。

3 导弹装备储存延寿的主要途径

根据导弹装备储存延寿的主要任务，结合导弹装备的特点和我国现有技术水平，在借鉴国外先进经验的基础上，充分利用和发挥自身的特点优势，采取多种方法和手段并举的思路，逐渐形成具有我国特色的导弹装备储存延寿技术途径。

1) 加强导弹装备储存延寿论证工作

在对导弹装备开展储存延寿之前，装备管理部门必须组织行业内各种专家进行全面的论证工作，主要论证储存的导弹装备开展储存延寿工作的必要性和可行性。一般来讲，一个型号导弹装备要进行储存延寿，必须综合考虑装备的自然寿命、性能参数、延寿措施、延寿技术、经济效益等要求和条件。

2) 大力开展储存试验工作

储存试验是一项基础性工作，是分析评估导弹装备寿命的主要手段，通过开展储存试验验证导弹装备适应环境的能力，暴露不适应储存环境的薄弱环节，评估导弹装备及弹上仪器设备的寿命，为导弹装备的维修更换和维护管理提供依据，是有针对性地进行性能改进的基础。储存试验的方法主要有自然储存试验和加速储存试验两种途径。随着加速储存试验技术的发展完善，用该方法得出的寿命结论准确性正逐步提高。在实践中，常采用自然储存试验和加速储存试验相结合的试验方法，以加速储存试验为主，综合利用相关信息，提前给出产品的可靠储存寿命和导弹装备储存期的"评估值"，自然储存试验产品到期后开展地面试验和飞行试验，给出产品的可靠储存寿命和导弹装备储存期的"评定值"。

3) 综合评定导弹装备储存期

对导弹装备储存期评定通常采用根据各分系统进行综合的方法。结合工程试验评估方法和统计分析评估方法进行储存可靠性验证实施充分有效的储存试验和进行合理的储存可靠性评估以及储存可靠性验证，是满足导弹装备性能指标要求的必要手段，也是提高导弹装备的储存期，降低全寿命周期费用的重要途径。目前，导弹装备的储存可靠性验证，需要结合工程试验评估方法和统计分析评估方法，在确定出的寿命剖面和储存剖面的基础上，制订一个综合的储存试验与储存可靠性评估计划并实施，以评定出导弹装备的储存可靠性和储存期。导弹装备储存期统计评定中，目前主要采用的有指数寿命储存可靠性评估法、回归分析评估法等。

4）科学采取储存延寿措施

准确确定储存寿命薄弱环节才能有针对性的采取储存延寿措施。通常采用统计分析方法和失效模式分析方法来确定储存寿命薄弱环节。采取的延寿措施主要包括调整、更换、修理或者改进存在问题的部组件或有限寿命部组件。通常采取放宽失效判据、修理、更换失效部件等方式进行延寿；还可对导弹装备进行技术改进，即用新技术改造旧装备，不仅可以延长导弹装备寿命，还能提高其使用性能。技术改进是指，在导弹装备使用实践的基础上，结合当前战备需要和技术进步，针对导弹装备存在的问题，以提高导弹装备使用效能、安全性能，保持武器装备规模并节约装备费用为目标，而对设计、工艺、包装和维护管理进行改进。导弹装备在储存使用过程中的改进，主要集中在电子设备、电气设备、发动机和采用一些新的结构材料上。

4　导弹装备储存延寿的关键技术

我国的储存延寿工作在思想观念、组织管理、试验技术和延寿方法等方面都有待改进和完善，根据储存延寿的主要途径，对比技术需求和现有技术之间的差距，重点应突破储存寿命表征参数体系、加速寿命试验方法、失效机理分析和储存寿命评估方法 4 大关键技术。

1）储存寿命表征参数体系

储存寿命表征参数体系，是指表征和判定导弹装备、分系统、整机、部组件、元器件、材料等弹上产品储存寿命的参数体系，是判定弹上产品经过储存后是否能够满足功能、性能要求的主要依据。在自然储存试验、加速储存试验、失效分析等研究过程中，都要对储存寿命表征参数进行检测和分析。在研制过程中用于判断弹上产品功能、性能的设计参数中，部分参数与储存时间有关，也有部分参数与储存时间无关，还有些参数与储存时间有关，但在产品研制过程中并没有作为设计参数考虑，目前国内普遍缺少用于表征储存寿命的性能参数指标体系及其判据，成为制约导弹装备储存延寿研究的瓶颈问题。逐步建立产品的储存寿命表征参数体系及其失效判据，并建立相应的测试检测手段，是导弹装备储存延寿研究最基础、最重要的研究内容。

2）加速寿命试验方法

导弹装备加速老化试验是在合理的工程及统计假设基础上，利用与物理失效规律相关的统计模型，对超出正常应力水平的加速环境下获得的导弹装备可靠性寿命信息进行转换，得到导弹装备在额定应力水平下可靠性特征的可复现的寿命估计的一种方法[7-9]。其基本思想是利用高应力下的寿命特征去外推正常应力水平下的寿命特征。实现这个基本思想的关键在于建立寿命特征与应力水平之间的关系。这种关系就是通常所说的加速模型，又称加速方程。导弹装备包含多种类型元件和不同材料，而且储存环境对其储存可靠性的影响又不尽相同，它们的失效机理和失效模式也比较复杂和多样，大大增加了系统级或整机的加速储存寿命试验的技术难度，目前国际上只有俄罗斯采用实验室内整机加速储存寿命试验。整机级加速储存寿命试验的理论、方法、技术还不成熟，很多关键技术还没有取得突破，下一步应重点研究整机级加速储存试验寿命与自然储存寿命等效关系，确定综合环境试验剖面、试验时间和应力，并进行试验结果的分析处理等。

3）失效机理分析技术

失效模式与机理，是指产品在正常和加速应力条件下怎样（失效模式）失效以及为什么（失效机理）失效[10-13]。失效分析是通过对每一失效模式、失效机理的分析，包括细观/微观结构、机械失效过程、化学失效过程、热退化过程等内在原因的分析，找出产品失效的内在原因。只有通过失效分析，建立加速储存试验和自然储存试验之间的相关性，才能保证寿命评估结果的可信度。经过多年的积累，部分产品的储存失效模式已相对清楚，然而对其储存失效机理的研究很少。由于进行失效模式与机理分析通常要用构成产品各种材料的原子、分子间组成形态的变化来加以阐明或解释，是从物理上或者化学上去分析研究失效机理的产品，并力求与产品的设计、制造和使用过程联系起来，是提前给出储存寿命评估值的必然发展方向，研究难度很大。

4）储存寿命评估方法

储存寿命评估是导弹装备储存延寿的最终目的，评估方法科学与否，直接影响并决定了评估结论的准确程度和可信程度，同时对试验方案的设计也具有牵引和杠杆作用，储存寿命评估方法也是储存延寿的关键技术之一。当前的储存寿命评估方法很多，但存在不适用、评定结论可信性不高的问题，需要在这些方法的基础上，研究储存期仿真、预估与评定技术，建立更真实的储存期评定模型；对于较为常见的是统计分析方法，它需要与失效模型和储存寿命表征指标体系有机结合起来，有很大的改进空间；长期储存对工作可靠性的影响有多大、如何分析计算等问题，也需要研究。

5　结束语

导弹装备储存延寿工作持续时间长达数十年，在这期间出现的人员更替、管理转变、技术进步等，都会影响这项工作的顺利实施，为储存延寿的组织实施和有效管理增加了难度。导弹装备储存延寿只有围绕选定的技术途径组织技术攻关，靠体制、制度进行保障，才能系统运行、深入研究、取得效果，更加科学合理地解决导弹装备储存寿命重大课题。

参 考 文 献

[1] 李久祥，申军，等. 装备储存延寿技术[M]. 北京：中国宇航出版社，2007.

[2] 肖振平，李朝武，韩建国，等. "204"导弹装备延寿若干技术问题探讨[J]. 科技研究，2009，25（5）：29-31.

[3] 冯志刚，方昌华，等. 国外导弹装备加速老化试验现状分析[J]. 导弹装备与航天运载技术，2008（2）：20-34.

[4] 张志利，王肇赢，刘春和，等. 导弹装备加速寿命试验方法研究综述[J]. 第二炮兵工程学院学报，2008，22（4）：87-90.

[5] 张仕念，孟涛，张国彬，等. 从民兵导弹装备看性能改进在导弹装备武器储存延寿中的作用[J]. 导弹装备与航天运载技术，2012，317（1）：58-61.

[6] 孟涛，张仕念. 导弹装备武器装备储存延寿评述[J]. 科技研究，2009，25（1）：10-13.

[7] 王爱亮，郑玉航，王爱丽，等. 大型武器系统储存延寿方法[J]. 国防技术基础，2012（5）：39-43.

[8] 王春晖，李忠东，张生鹏. 航空导弹装备储存期寿命分析[J]. 装备环境工程，2011，8（4）：68-72.

[9] 张仕念，何敬东，颜诗源，等. 导弹装备储存延寿的技术途径及关键技术[J]. 装备环境工程，2014，11（4）：37-64.

[10] 张兴有，肖宇，朱冰宇. 国内外导弹装备储存试验技术发展现状及展望[J]. 导弹装备试验技术，2008（2）：75-78.

[11] 温晓霞，袁文成，许欣. 加强武器装备储存延寿工作的几点思考[J]. 科技研究，2014，30（4）:1-3.

[12] Peng C Y，Tseng S T. Mis-specification analysis of linear degradation models[J]. IEEE Trans On Reliability，2009，58（3）：444-455.

[13] Rivalino M J，Pedro A B，Kishors T. Accelerated degradation tests applied to software aging experiments[J]. IEEE Trans on Reliability，2010，59（1）：102-114.

3.3 弹药导弹非军事化理论与技术

未爆弹药安全排除技术研究

姜志保，宋桂飞，高 飞，吕晓明

（陆军军械技术研究所，河北石家庄 050000）

摘 要：本文分析了未爆弹药产生的原因和背景，并对未爆弹药排除销毁需要考虑的安全性及其销毁原则进行了分析，提出了激光技术在未爆弹药排除销毁时，需要重点研究的关键技术，为未爆弹药安全可靠地就地销毁提供了一种技术方法。

关键词：未爆弹药；安全性；排除方法

0 引言

弹药作为一种特殊的军用装备物资，具有燃爆特性和"长期储存、一次使用"的特点，随着储存时间的延长，其储存性能发生下降成为必然。随着我军新军事变革的深入推进和现代化新型陆军的转型发展，部队实战化训练演练持续加强，实打、实炸、实爆训练任务日益繁重，弹药动用数量、频度大大提高，部队训练射击未爆半爆弹药以及未发火弹药等数量急剧增多，给官兵生命安全和部队安全发展带来了重大隐患。1979 年 11 月 13 日，某部在进行 1965 式 82mm 无坐力炮实弹射击时，共发射破甲弹 12 发，其中 3 发未爆。射击结束后，由于没有按规定对未爆弹进行彻底清查和处理，后发生爆炸，导致 2 人死亡。另据报道，美军在"沙漠风暴"行动中，共发生了 94 起未爆弹意外伤害事故，伤 104 人、亡 30 人，约占海湾战争美军伤亡总人数的 10%，同时有上百名当地居民被未爆弹致伤、致死。据统计，仅 2017 年 8 月，全军连续发生 3 起因就地销毁不彻底引发的某型火箭弹未爆事故，造成 15 死 7 伤，给官兵生命安全和部队安全发展带来了重大影响。

1 未爆弹药的产生原因及安全性分析

1.1 未爆弹药产生原因

未爆弹俗称"哑弹"，主要是指射击（或投掷）后应发生爆炸而未发生爆炸的弹药[1]，具有很大的意外爆炸危险。未爆弹药产生的原因，既有弹药固有可靠性的因素，又有经过长期储存后可靠性下降的因素。从产生途径上，主要包括 4 类：

① 作战、训练、试验、演习等产生的未爆炸弹药和地雷；

② 战争时期遗弃、掩埋的战争遗留弹药和地雷；

③ 弹药地雷燃爆事故后残留下来的未爆炸弹药和地雷；

④ 报废弹药地雷炸毁销毁时未能爆炸的弹药和地雷。

1.2 未爆弹药安全性分析

对于高度危险的未爆弹药，引信虽未完全作用，但一般处于非正常状态，勤务保险或隔离保险机构可能已经解除，甚至着发机构的击针已刺入火帽。在这样的情况下，很小的外界能量刺激就可能引发爆炸，造成重大事故[2,3]。

1.3 未爆弹药销毁处理原则

未爆弹药的排除是世界各国共同关注的课题。联合国《战争遗留爆炸物议定书》、《国际地雷行动标准》都明确提出了未爆弹排除销毁要求。正是因为未爆弹具有很大的意外爆炸危险性，包括我军在内的很多国家有关规定和规范中，对未爆弹药均要求做到彻底就地销毁。《中国人民解放军通用弹药地雷爆破器材安全管理规定》第四十九条第五款规定："（射击）试验结束后，及时清理现场，就地销毁未爆弹、半爆弹和其他危险物品，彻底消除隐患。"

2 未爆弹药安全排除方法

2.1 现有未爆弹药排除方法

对于射击未爆弹，由于其潜在的危险性较大，按照规定必须"就地、彻底"销毁，但又不宜移动，不便装坑，无法进行装坑爆破法炸毁，通常采用炸药殉爆法、聚能射流引爆法等处理未爆弹。但这些方法本身存在很多不足：

（1）在安全方面：经过射击、投掷的未爆弹引信或发火件，虽未完全、正常地发挥作用。但其通常勤务保险已经解除，隔离保险机构也可能解除，甚至发火机构的击针已刺入火帽。在此情况下，操作人员近距离接触或靠近危险弹药、电雷管、导爆索等点火起爆器材，易受振动、静电等外界能量刺激影响，外部任何再次的振动撞击都有可能使其发火爆炸，特别是低膛压、低初速、单一直线加速惯力解脱保险的引信，被触动发火的可能性更大，存在较大安全隐患；同时，由于采用炸药殉爆或聚能射流引爆，致使 TNT 当量增大，附加爆炸威力增大，爆炸破片飞散，对周围环境产生破坏效应，给安全防护造成困难；另外，采用炸药殉爆和聚能射流引爆，炸药、聚能射流引爆器本身就是含能装置，具有较强的燃爆特性，其安全管理风险增大。

（2）在效果方面：炸药包或炸药块捆扎质量没有衡量标准，炸药量和装药密度均匀一致性差，体积、形状不同，起爆部位不易控制，起爆效果难以保证；点火起爆系统导通检测困难，不能重复使用；对于姿态各异，不能移动、振动、转运或受场地条件限制的未爆弹以及体积较小的子母弹药子弹，爆破坑和炸药包设置困难。

（3）在勤务处理方面：组织管理程序复杂，炸药包（块）制备、安放等勤务环节多，操作人员多，作业准备时间长，劳动强度较大，安全警戒范围广，安全设防距离大，机动性差，防护能力较弱。

2.2 新型未爆弹药安全排除技术

随着科技的发展和以人为本理念的提升，未爆弹药的排除需要拓展思路，采用更加安全可靠的销毁排除技术。未爆弹因其固有的杀伤、爆破、破甲等毁伤破坏功能不能有序控制、正常作用而存在安全威胁。未爆弹的销毁并非是目标未爆弹的消失，而是未爆弹固有毁伤功能的丧失，使其不能如弹药正常存在一样完成预定任务。近年来，国内外相关研究人员，尤其是美国相关专家已经对激光销毁危险弹药装置的可靠性进行研究，并已经研制出相关设备；国内研究虽然起步较晚，但中国工程物理研究院孙承纬研究团队对弹药装药性能对起爆特性的影响研究、中国工程物理研究院王伟平等人对激光的各种技术参数与含能物质作用之间的相互关系、国防科学技术大学林浩山利用有限元分析和数值模拟方法对激光光斑对温升与热起爆的影响等进行了一定研究，工程兵第一研究所曾与中科院上海光机所合作进行过激光扫雷初步探索，并开展了初步摸底试验。但由于多方面条件的制约，现在我军尚没有成熟的未爆弹药激光排除装备。

激光销毁未爆弹药技术，因其非接触处理、低威力燃爆、远距离击发，可控性强、安全性好等原因，已经成为未爆弹药就地销毁可以采用的一种切实可行的关键技术，也是当今国际上未爆弹排除销毁技术的重要发展方向。

2.3 激光销毁未爆弹药研究重点

采用激光技术排除未爆弹药，主要是使未爆弹药的战斗部装药及火工品等含能材料在激光辐照情况下，丧失正常爆炸功能，重点需要开展未爆弹激光远距离非接触销毁效应控制、弹体与炸药复合结构热力场仿真、激光熔穿壳体引燃装药等关键技术研究。一是针对未爆弹药的战斗部装药特性和结构特点，开展激光熔蚀弹丸壳体、引燃弹药装药研究，在有效控制其燃烧和爆炸临界条件的基础上，使其装药"只燃不爆"，从而实现战场未爆弹药的远距离、非接触式安全排除，重点开展未爆弹装药燃烧速度与产物流动排出速度动态平衡、燃烧放热与热耗散平衡条件下的激光特征参数阈值范围，建立与弹体毁伤破坏、装药燃烧泄压强相关的激光特征参数调控条件，为延迟装药燃烧转爆轰、降低未爆弹破坏威力、实现未爆弹销毁效应控制提供依据。未爆弹激光非爆炸销毁本质上是含能材料燃烧转爆轰条件控制。含能材料燃烧转爆轰过程大致可以分为两个阶段：一是点火阶段、高温气体加热未反应颗粒并且在燃烧波阵面前形成压缩波、爆轰，如图所示。

二是针对典型弹种多种形式的未爆弹药特点，对激光销毁效应进行试验考核，从而实现未爆弹激光销毁表征参量匹配和多弹种排除销毁能力融合的目的。

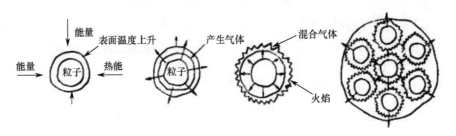

图 1　颗粒状含能材料燃烧转爆轰过程的描述

3　小结

综合各种因素，未爆弹药就地销毁需要重点考虑以下 4 点：

（1）严格按照未爆弹药销毁处理相关规定执行。

（2）采取的技术手段应尽量减少人员接触未爆弹药的操作环节，并尽量远距离或隔离操作。

（3）在人员密集、重要部位附近时，尽量采用非爆炸式销毁方法。

（4）相关设备应当能够实现机动快速、便捷使用，满足野外地域使用要求。

参 考 文 献

[1] 董力生，杨俊平，张俊，等. 小口径聚能弹在销毁大中口径未爆弹中的应用[J]. 科学技术与工程，2007，7（22）：881-882.

[2] 傅家柱，滕贵令，曹凤文，等. 常规兵器工业安全技术事故资料丛书[M]. 国防工业出版社，1984.

[3] 高敏，傅文洁，刘淑肖. 浅淡撒布弹药的未爆弹药问题[J]. 现代引信. 1997，（3）：6-8.

[4] 李金明，丁玉奎，可勇. 利用聚能原理销毁危险弹药的试验方法[J]. 爆破器材，2008，37（3）：37-39.

壁厚对激光销毁弹药影响研究

宋桂飞[1]，郭萌萌[2]，李良春[1]，王韶光[1]

（1．陆军军械技术研究所，河北石家庄　050000　2．陆军装备部，北京 100000）

摘　要：针对激光销毁弹药，运用 ANSYS 数值模拟方法和单因素数据处理方法，对不同弹体壁厚对激光辐照销毁弹药温度场进行了仿真研究，结果表明：弹体壁厚对激光辐照结束时刻的弹体背面最高温度影响较大，当弹体壁厚增加时，激光辐照弹体背面的最高温度呈递减趋势。

关键词：壁厚；激光；弹药销毁

0　引言

激光销毁危险弹药是一种全新的销毁理念，其理论和技术前沿性强，应用前景广阔。弹体是激光辐照销毁目标弹药时首先接触的传热介质。在激光与弹体相互作用过程中，弹体依靠吸收的激光能量加热弹体，通过传热过程，进一步加热与其接触的弹丸装药。在一定的激光辐照条件下，弹体壁厚不同，弹体温度场分布亦不同，对弹丸装药的传热作用不同，进而影响激光销毁弹药技术途径实现，从而影响激光销毁弹药效果。本文运用有限元热分析理论、单层介质一维传热理论，以不同壁厚弹体作为研究对象，对激光辐照下弹体温度场分布进行研究，并运用单因素方差试验方法对影响激光辐照弹体热毁伤的因素进行分析，描述影响激光辐照弹体热毁伤的因素变化规律及趋势，为激光销毁弹药技术途径实现提供依据。

1　激光辐照弹体温度场仿真流程

通过分析激光辐照弹体热毁伤仿真需求，建立激光辐照弹体温度场数值模拟流程如图 1 所示。

激光辐照目标弹药仿真的基本原理和过程是[1]：首先，确定激光辐照弹体热毁伤过程仿真需要输入的激光主要特征参数、目标弹体参数和环境参数。激光主要特征参数指影响激光与弹体材质相互作用的重要因素，主要包括激光功率密度、光斑大小和辐照时间。目标弹体参数是指危险弹药等效弹体的几何参数（弹体结构、壁厚、长度、直径等）和材料参数（热传导率、密度、比热容等）。环境参数指弹体在受到激光辐照前的环境温度。然后，根据建立的等效弹体热模型，运用 ANSYS 软件，按照瞬态热分析的基本步骤进行仿真计算。最后，输出仿真求解结果（弹体的温度场分布）。

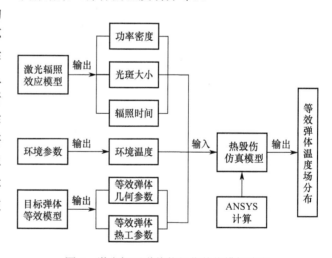

图 1　激光辐照弹体热毁伤数值模拟流程

2　仿真研究

2.1　试验方案

弹药技术资料表明：小口径弹药最大壁厚一般在 5mm 以下，中大口径弹药壁厚一般在 16～25mm，典型弹药最大弹体壁厚，如表 1 所列。本文选取 5mm、15mm、25mm 3 种典型壁厚，在其他影响因素一定的情况下，通过调整弹体壁厚，研究弹体壁厚对激光辐照弹体所形成的温度场分布的影响情况，试验方案如表 2 所列。

表 1　典型弹药最大弹体壁厚

弹药	A 弹药	B 弹药	C 弹药	D 弹药	E 弹药	F 弹药
最大壁厚/mm	3.75	4.1	15.96	15.96	16	23.7

表 2　弹体壁厚影响因素分析试验方案

方案	试验目的	水平大小	测试点	预设条件
a	分析不同弹体壁厚对弹体最高温度的影响	5mm	激光辐照弹体背面的最高温度值	材质：D60；激光功率密度 500W/cm²；光斑半径 5mm；辐照时间 10s；环境温度 20℃
b		15mm		
c		25mm		

2.2　试验结果与方差分析

根据上述试验方案，运用 ANSYS 进行仿真计算，得到激光辐照弹体背面最高温度，如表 3 所列，温度场云图（辐照面）及曲线图（背面），如图 2 所示。

根据方差分析的步骤将计算结果列成方差分析表，如表 4 所列。查 F 分布表得 $F_{0.95}(2,6)=5.14$，而 $F_2=171.25>5.14=F_{0.95}(2,6)$，所以弹体壁厚是激光辐照弹体热毁伤效应的显著影响因素，故在表中标上"*"。

表 3　弹体壁厚影响因素仿真试验最高温度测量值

方案	水平大小	最高温度	平均值
a	5mm	425.394	392.51
		400.687	
		351.439	
b	15mm	118.871	107.56
		113.227	
		90.5732	
c	25mm	69.3802	68.82
		68.6935	
		68.3802	

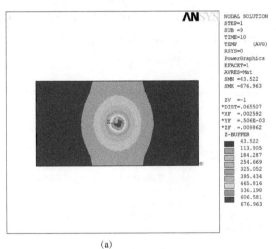

(a)

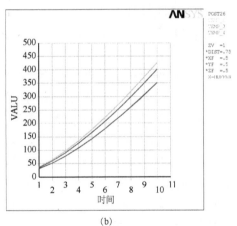

(b)

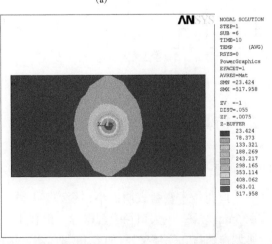

(c)

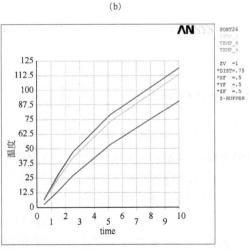

(d)

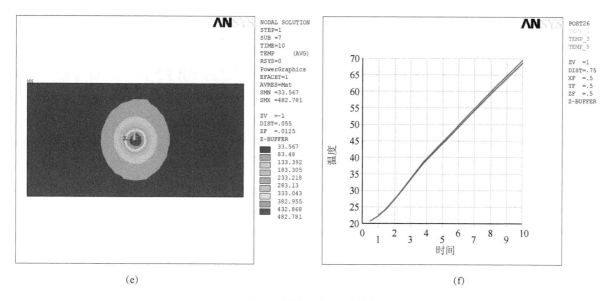

(e)　　　　　　　　　　　　　　　　(f)

图 2　温度场云图及曲线变化图

表 4　方差分析表

计算项目 方差来源	平方和 S	自由度 f	均方 $\bar{S}$	F 值	显著性
弹体壁厚的影响	187470	2	93735	171.25	*
误差	3284.2	6	547.37		

3　结论

采用有限元法和单因素方差分析方法，研究了壁厚弹对激光辐照含能爆炸装置热响应特性的影响，可以得出如下结论：弹体壁厚对激光辐照结束时刻的弹体背面最高温度影响较大，当弹体壁厚增加时，激光辐照弹体背面的最高温度呈递减趋势。因此，目标弹体壁厚是制约激光销毁弹药应用范围的重要因素。

参 考 文 献

[1] 邓凡平. ANSYS10.0 有限元分析自学手册[M]. 北京：人民邮电出版社，2007.

[2] 王伟平，谭福利，张可星，等. 激光对金属背面含能材料的点火阈值[J]. 激光技术，2001，25（3）：200-202.

[3] 钟明，罗大为，朱柞金，等. 激光辐照金属/炸药复合介质温度场的数值模拟[J]. 强激光束与粒子束，2000，12（2）：137-140.

[4] 焦路光，赵国民，陈敏孙. 激光辐照下金属圆板温升的数值模拟研究[J]. 激光杂志，2010，31（1）：25-27.

[5] 赵选民，徐伟，师义民，等. 数理统计[M]. 北京：科学出版社，2002.

TNT 制片室有害气体浓度分布及扩散规律的数值模拟

曹宏安，姬文苏，刘鹏安

（陆军工程大学军械士官学校，湖北武汉，430075）

摘　要： 针对弹体倒空作业过程中有害气体浓度高、危害大的特点，为准确把握工房内的有害气体浓度分布情况，降低作业人员职业危害风险，依据气固两相流理论，运用计算流体力学 Fluent 软件对 TNT 制片室有害气体浓度分布及扩散规律进行数值模拟。对比分析模拟结果与实测数据基本保持一致，极好地验证并完善了现场研究理论。研究发现设置排风扇可显著降低工房内 TNT 气体浓度，最佳风速为 4m/s；排风扇安装在工房下方时，较安装在其他部位好；在设计门窗朝向时，应将窗户设置在进风口一方，门设置在出风口一方。

关键词： TNT 倒空；扩散浓度分布；数值模拟；控制措施

0 引言

弹体装药倒空是弹药销毁的重要工序。倒空过程中，工房内会产生较高浓度的 TNT、RDX 等有毒有害气体和粉尘，具有浓度高且不易排出的特点。这些有害物质是多器官全身性毒物，进入呼吸道后能损坏呼吸器官黏膜，使肺部抵抗能力降低，严重的会造成中毒甚至死亡[1]。因此，研究倒空作业时有害气体和粉尘的扩散规律，掌握浓度分布及变化的特点，对于获取作业工房通风除尘设计的合理参数，探索降低职业危害的控制技术和措施等具有十分重要的指导意义。本文选取 TNT 制片室为考察点，利用 FLUENT 软件对不同因素影响之下室内有害气体的浓度释放、气流组织、运动规律进行建模仿真分析，探讨了排风口位置、补风方式（风速）等因素对降低浓度的影响。

1 几何模型的建立及仿真条件设置

以某弹药销毁站制片室作为工程实例，进行物理建模。制片室物理尺寸为：长×宽×高=4m×4m×3.6m；门的物理尺寸为：宽×高=1.2m×2m；窗户物理尺寸为：宽×高=1.5m×1m；设定 TNT 反应池物理尺寸为：长×宽×高=1m×1m×1m。物理建模结果如

图 1 所示。

对制片室进行栅格化处理，按照 0.1m×0.1m×0.1m 的密度进行栅格化，结果如图 2 所示。

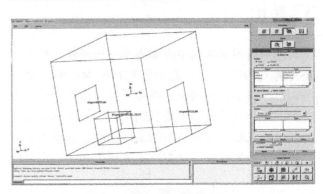

图 1　制片室物理模型

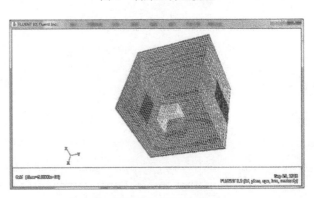

图 2　制片室栅格化模型

设定仿真初始条件如下：TNT 槽向外挥发 TNT 速度为 0.03m/s；综合考虑 TNT 气体在大气扩散过程

中的重力和浮力作用，仿真计算过程中将重力值取为 5。

制片室内 TNT 的污染属于三维流动。为了能够在现有的计算条件下最大限度地反映实际情况，对制片室仿真物理模型作如下假设：

① 室内气流的流动为稳态流动，各个变量不随时间的变化而变化。

② 室内气流为低速流体（$V \leqslant 91.44m/s$），且为不可压缩流体，同时考虑质量力的作用，认定室内的流场、压力场均视为三维稳态。

③ 考虑室内外温差作用的效果，认定室内的温度场为均匀的无温差场。

④ 墙壁为绝热的。

⑤ 有害气体浓度的初始值为 0。

2 数值模拟分析

2.1 时间因素分析

在无风自由扩散条件下，制片室及蒸药间 TNT 气体浓度趋稳态时间曲线如图 3 所示。

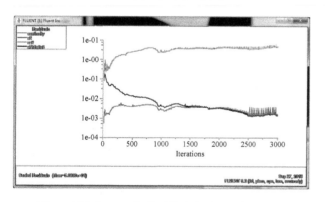

图 3 制片室 TNT 气体平均浓度随时间变化曲线

制片室 TNT 气体平均浓度在较短时间内达到最大值，然后随时间推移，平均浓度逐步升高至趋于稳定。从时间结果分析可以看出，人员在制片室工作时，可以利用作业开始初期做好相关操作后，而后采取远程监控方式避免毒气危害；制片室应待 TNT 气体浓度稳定后，再进入进行相关作业。

2.2 风速因素分析

考虑到蒸药间 TNT 气体浓度总体较小，门窗进风因素分析以制片室为对象进行分析，设定风速为 0.5m/s，风从门进窗户出，以及从窗户进门出两种情况下，蒸药间 TNT 气体浓度分布情况如图 4 和图 5 所示。从图 4 和图 5 可以看出，风从门进窗户出与从窗户进门出两种情况下，TNT 气体浓度均值总体

差别不大，但前者在室内空间分布更均匀，后者 TNT 气体浓度主要分布在房间底部，中上部空间 TNT 气体浓度较小。考虑到人员身高，可以看出在风从窗户进门出的条件下，人员受到的伤害更小，因此工房在设计门窗朝向时，应将窗户设置在进风口一方，门设置在出风口一方。

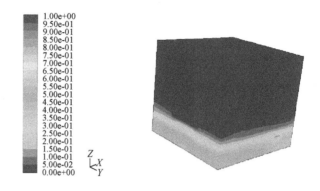

图 4 风从门进窗户出条件下 TNT 气体浓度分布

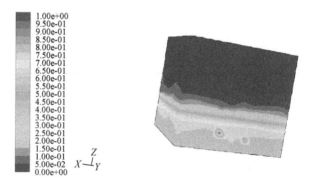

图 5 风从窗户进门出条件下 TNT 气体浓度分布

2.3 排风扇因素分析

考虑到 TNT 气体质量较空气大，浓度在垂直方向随着高度增加逐步降低，地板位置浓度最大。对制片室及蒸药间在工房下方和侧墙部位加装排风扇进行仿真分析，TNT 气体浓度分布结果如图 6 和图 7 所示。从结果可以看出，加装排风扇后，不论在何位置 TNT 气体浓度均会下降，排风扇加装在下方时，

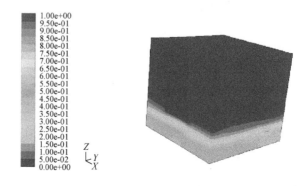

图 6 排风扇在房子下方时制片室 TNT 气体浓度分布情况

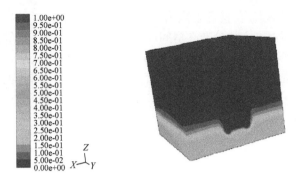

图 7　排风扇在房子侧墙部位时制片室 TNT 气体浓度分布情况

制片室 TNT 气体平均浓度较安装在侧墙部位好，降低 TNT 气体浓度更加明显。对应蒸药间，因为空间大，总体平均浓度小，两者效果差别不大。

　　因为蒸药间在加装排风扇后 TNT 气体浓度较小，本文重点对制片室排风扇不同风速下 TNT 气体平均浓度进行了仿真分析，设定排风扇安装在工房下方，不同风速下 TNT 气体平均浓度结果如图 8 所示：

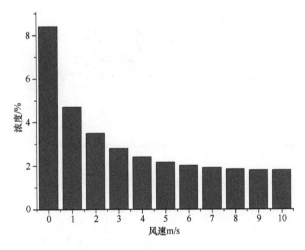

图 8　室内气体浓度分布随风速变化情况

　　从统计图可以看出，加装排风扇后，室内 TNT 气体浓度显著下降，随着风速提高，浓度下降逐步趋稳，当风速大于 4m/s，TNT 气体浓度下降幅度趋缓。

3　模拟结果验证分析

　　根据 GBZ 159-2004 工作场所空气中有害物质监测的采样规范以及相关文献[2-3]中的采样点布置方法，在制片室布置监测点，采用四合一气体检测仪对工作发生 30min 后 TNT 浓度进行测量，结合模拟计算结果，得出 TNT 浓度的实测数据与模拟结果对比如图 9 所示。从图 9 可以看出，TNT 的模拟结果与实测数据基本吻合，浓度分布及其变化规律基本保持一致。但相比较之下两者数值还是有所偏差，

这是由于在现场实测模型建立及参数设置过程中均会存在一定误差所造成的。通过对比分析，说明数学模型及物理模型的选择是准确的，采用离散相模型及组分输运模型对制片室 TNT 等有害气体浓度扩散过程进行模拟具有可行性，模拟结果可信。

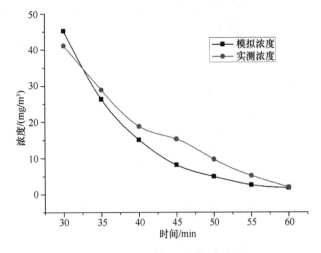

图 9　TNT 实测浓度与模拟浓度对比

4　结论

　　对倒空作业线 TNT 制片室浓度分布进行仿真分析，提出了 TNT 倒空职业危害防治措施。

　　（1）加装排风扇后，室内 TNT 气体浓度显著下降，随着风速提高，浓度下降逐步趋稳，当风速为 4m/s，TNT 气体浓度下降幅度趋缓。

　　（2）排风扇加装在下方时，制片室 TNT 气体平均浓度较安装在侧墙部位好，降低 TNT 气体浓度更加明显。

　　（3）在设计门窗朝向时，应将窗户设置在进风口一方，门设置在出风口一方，有害气体排出效果较佳。

　　此外，作业过程中人体损害的严重程度与空气中有害气体浓度、皮肤污染剂量和接触时间等因素密切相关，作业人员应严格着装、佩戴口罩和防护手套，制片室应待 TNT 气体浓度稳定后，再进入进行相关作业。

参 考 文 献

[1] 曹宏安，张怀智，黄鹏波，等. 报废弹药销毁处理职业危害因素分析与控制[J]. 中国安全生产科学技术，2011，7（3）：31-36.

[2] 赵彬，林波荣，李先庭. 室内空气分布的预测方法及比较[J].暖通空调，2001，31（4）：82-86.

[3] 钟星灿，高慧翔，龚波. 交通风力自然通风作用原理探析[J].铁道工程学报，2006（5）：82-87.

高压旋转水射流冲倒弹丸装药技术应用

甄义林[1]，张文帅[1]，李罗鹏[2]

（1.北陆 72465 部队，山东济南 250022；2.中国石油大学，山东青岛 26600）

摘　要：本文介绍了当前我军部分弹丸装药销毁处置情况，指出了采用的方法及存在的不足之处。介绍了水射流技术的概念、分类、优势，重点指出了高压旋转水射流技术冲倒弹丸装药的技术方法，冲蚀机理，技术依据，并进行了必要的论证，为我军今后弹丸装药绿色销毁处置提供了新的方法和思路。

关键词：高压旋转水射流；冲倒；装药

0　引言

我军目前使用的弹丸装药销毁方法主要有"蒸馏法"和"烧毁法"。"蒸馏法"仅仅适用于"梯恩梯"装药。"烧毁法"主要适用于某梯恩梯混合炸药、某黑索金混合炸药等装药以及普通照明剂、燃烧剂等弹体装药[1]。

"蒸馏法"倒空装药耗费能源大，适用比例约占某弹种的半数以上，中大口径炮弹倒空效率较低；"烧毁法"处置操作危险程度大，不安全因素多，环境污染严重，极易引起火灾，在我军销毁历史上多次出现事故，且准备过程复杂，耗费大量的人力物力财力资源，单次销毁数量较小，效率偏低。除此之外，金属燃烧剂、照明剂点火非常困难，烧毁难度大，耗费时间长，组织实施困难。因此，需要尝试寻求新的技术和手段以满足弹丸销毁处置的需要。

1　水射流技术介绍

高压水射流技术是近几十年来发展起来的一门高新技术，它以水为主要工作介质，通过增压设备和特定形状的喷嘴产生高速射流束，具有极高的能级密度[2]。高压水射流技术主要用于对物料进行清洗、切割和破碎等。由于具有加工温度低、切口质量高、切割范围广、操作绿色环保等优点，该技术在建筑、航空航天、汽车制造、军事、医学等方面得到了广泛应用。在军事领域，主要用于切割各种战车的装甲板、履带、防弹玻璃、车体、炮塔、枪械等。根据水射流技术原理、材料介质等不同，现通常有脉冲射流、空化射流、旋转射流等分类[3]。

1.1　旋转射流概念及原理

旋转射流是指在射流喷嘴不旋转的条件下产生的具有三维速度的、射流质点沿螺旋线轨迹运动而形成的扩散式射流，也称之为旋动射流。这种射流与常规的普通圆射流的主要不同点在于其外形呈明显扩张的喇叭状，具有较强的扩散能力和卷吸周围介质参与流动的能力，并能够形成较大的冲击面积，产生良好的雾化效果[4]。旋转射流的流动如图 1 所示。

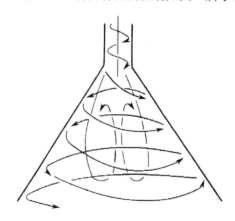

图 1　旋转射流的流动示意图

旋转射流的旋动程度，简称旋度（或称旋流数），是区别于一般射流的一个影响运动的重要参数[5]。若以柱坐标表示旋转射流，射流各点的流速可分解为 3 个分量：轴向流速 u、径向流速 v 和切向流速 ω。在早期研究中曾采用射流出口最大切向速度，即旋动速度 ω_{mo} 和最大轴向速度 u_{mo} 之比来表征旋动程度：

$$G=\omega_{mo}/u_{mo}$$

但 G 值在某种程度上受加旋方式的影响，不能完全代表旋动的总体特性。后来多以下式定义的旋度 S 来表征旋动程度：

$$S = M / RK$$

$$M = \int_0^R r^2 \rho u \omega \mathrm{d}r$$

$$K = \int_0^R (p + \rho u^2) r \mathrm{d}r$$

式中：M—旋转射流切向动量矩；K—轴向动量；R—喷嘴出口半径；P—射流出口处的压力；ρ—射流流体的密度。

1.2 旋转射流流动规律

通过实验表明：旋转射流在近喷嘴范围内，射流轴心线上来流速度、压力、轴向速度和切向速度均出现低值，而最大值出现在离开轴心线一定半径范围的环形区域上。射流的主体段上，来流速度、压力和轴向速度剖面均呈现"M"形分布特点，切向速度剖面呈现"N"形分布特点，如图 2 所示[6]。

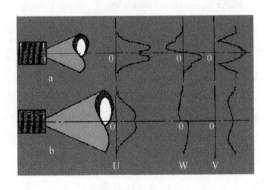

图 2　旋转射流三维速度分布图

随射流向前喷射旋转射流的横断面不断向外扩散，速度和压力剖面越来越平缓，直到较远截面处，发展成类似普通圆射流的分布规律。旋流强度越大，射流的扩散程度就越大；旋转射流的速度和压力衰减较快，截面最大轴向速度和切向速度的衰减均与喷距的负指数成正比，而且切向速度的衰减比轴向速度更快，截面最大轴向速度随着旋流强度的增加衰减加快，切向速度的衰减基本上与旋流强度无关。

2　技术应用

2.1　喷嘴设计

喷嘴前端形成的射流为旋转射流，旋转射流首先在弹体内部装药上冲蚀出一个较大的孔眼，孔眼直径大于喷嘴直径与喷管直径，以便形成喷嘴与喷

管前进的空间[7]。另外，喷嘴中部安装有一个可以旋转的环形部件，上面存在多个（具体数量需要通过实验确定）小孔眼，孔眼轴线与喷嘴周向形成一定的角度，当射流形成后，在反作用力推动下，环形部件产生旋转运动，多股直射流将弹体内壁处的装药进一步冲洗干净。喷嘴结构示意图如图 3 所示。

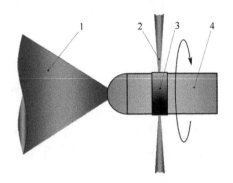

图 3　喷嘴设计方案示意图

1—旋转射流；2—直射流；3—旋转环；4—喷嘴体

2.2　冲蚀机理

根据设计的喷嘴，我们对岩石进行了冲蚀实验。在大量的破岩实验中可以观察到，旋转射流破岩所形成的破碎坑均呈规则的内凸锥状，如图 4 所示。当破碎坑较浅、尚不能形成完整的孔眼状时，只有周围一个圆环面积受到冲蚀破碎，而中心部分无冲蚀痕迹。这充分说明了旋转射流的破岩过程是自冲击截面的中间环形区域开始分别向内外方向发展，即首先破碎一定半径范围内的一个圆环面积，然后逐渐破碎中心部分和外围区域，最终形成凸锥形孔眼[8]。

图 4　旋转射流冲蚀岩石

旋转射流的每一流体质点都具有三维速度，以致形成其螺旋形轨迹。具有三维速度的高速流体质点冲击到岩石上时，对岩石颗粒不仅作用一个正向冲击压力，还施加了一个径向"张"力和一个周向

"剪"力。它一方面以与岩石相垂直的正向冲击压力而产生的密实核及拉伸、水楔作用来破岩,另一方面施以平行于被冲击岩石表面的平行载荷,使岩面产生剪切破坏并伴有冲蚀、拉伸破坏等多种形式作用的复杂过程。

由于岩石属非均匀、各向异性、脆性材料,抗压强度高,而抗拉和抗剪强度却很低,一般岩石的抗剪强度只是其抗压强度的(1/15~1/18),抗拉强度仅有抗压强度的(1/8~1/16)[9]。因此,岩石在剪应力和拉应力作用下更容易破碎。由此决定了破岩作用机理主要有以下4方面:

1)剪切破碎

旋转射流冲击到岩石上,除了正向冲击作用外,旋转液体产生的切向分量在岩石表面产生剪切作用。孔底锥面上的凸起部分将直接受到射流的剪切作用。由于旋转射流的最大切向速度和最大轴向速度出现的位置大体一致,具有较高的切向速度,十分有利于岩石的破碎。

2)冲蚀破碎

当射流冲击到岩石表面时,对应环形区域下的岩石在受到很大的冲击力作用的同时受到横向流的冲蚀,在其联合作用下,圆环面积内岩石颗粒的胶结物或层理等弱面,因强度低首先被冲蚀掉,从而使岩石颗粒裸露,最终脱离岩石母体。旋转射流对圆锥面的冲蚀作用,更容易使岩石颗粒或岩屑迅速离开岩石母体而被水流带出,后续射流能直接冲蚀到新的岩石表面,减少了岩石的重复破碎,提高了破岩效率。

3)拉伸破碎

旋转射流向孔底冲击时,在圆锥表面上,相当于施加一个平行载荷,产生拉应力,此时岩石垂直裂纹的产生要比受单纯的垂直载荷时容易得多。射流流体进入裂纹或者岩石本身所固有的空隙产生水楔作用,使裂纹在张力作用下不断扩展,并逐渐相互连通,造成岩石破碎。

4)旋流磨削

旋转射流独特的流动形式,一方面避免了与射流来流争路而造成的射流能量损失,提高了射流能量的有效利用率和破岩效率;另一方面,返回流携带着破碎的岩屑沿孔壁旋转返回,磨削已形成的孔壁,进一步使孔眼扩大,并使孔眼更加光滑规则,提高了质量。

2.3 技术安全性

2.3.1 理论研究

射流技术在破岩、切割领域的应用已经比较成熟,就目前的技术水平而言,纯水射流在泵压35MPa左右可以轻松破碎抗压强度达到40MPa的岩石,而弹体装药的抗压强度比岩石的抗压强度要小很多。

根据我国现行起爆药冲击感度测试结果,落锤实验中,雷汞下限100%不爆炸最大落高为3.5cm,经过计算得到其冲击感度压强下限约为53.5MPa,而弹体装药的冲击感度要小于雷汞。

我国现行炸药的临界应力(炸药100%不发生爆炸时所能承受的最大应力),压装某炸药为180MPa,某铵类混合炸药为300MPa,某黑类混合炸药为145MPa,均远大于纯水射流泵压35MPa。

2.3.2 相关试验

20世纪90年代,英国皇家装备研究院(RARKE)和美国密苏里大学都曾先后进行过高压水射流冲击炸药感度试验[10]。英国皇家装备研究院对钝化黑索金炸药、黑梯混合炸药进行了试验,试验表明临界冲击感度起爆水射流的射速大约在1600m/s。与美国密苏里大学得出的临界射速1500~1600m/s基本相同。两者通过试验得出了对于大多数炸药临界起爆冲击感度水射速不能高于1700m/s。而我军有关研究机构,也做了同样的试验,但采取的高压水泵约为92~95MPa,射速为380~420m/s,冲击特屈儿炸药,均未发生爆炸。

3 结论

综上所述,高压旋转水射流冲倒弹丸装药,从理论和技术上都是可行的。2014年俄罗斯军方采用空化水射流技术完成了弹丸装药的冲倒研究,并实现了规模化技术应用。俄罗斯军方技术的突破为高压旋转水射流冲倒装药的研究提供了很好的依据和参考。高压旋转水射流冲倒弹丸装药技术的突破会改变传统处置手段,将弹药销毁技术带入全新领域。

4 结束语

高压旋转水射流冲倒弹丸装药的应用,可将弹药报废处置"热处理"转变为"冷处理",取代传统的"蒸馏法"和"烧毁法",降低安全隐患,摒除环境污染,提高处置效率,有望结束我军金属弹丸不能回收利用的问题,更便于将弹丸装药去能变肥,达到最大资源化再利用,具有重要的研究价值和现实意义。

参 考 文 献

[1] BZB 27-1998，报废通用弹药处理技术规程[s].

[2] 沈忠厚. 水射流理论与技术[M]. 东营：石油大学出版社，1998.

[3] 李根生，沈忠厚，周长山，等. 自振空化射流研究与应用进展[J]. 中国工程科学，2005，7（1）：27-32.

[4] 步玉环，王瑞和，周卫东. 旋转射流运动规律研究[J]. 石油钻采工艺，1997，19（2）：26-28.

[5] 易灿，李根生，郭春阳. 自振空化射流改善油层特性实验研究及现场应用[J]. 石油学报，2006，27（1）：81-84.

[6] 沈忠厚，李根生. 自振空化射流冲击压力特性及冲蚀岩石效果[J]. 高压水射流，1991，（1）：10-13.

[7] 王瑞和，沈忠厚，周卫东. 高压水射流破宕钻孔的实验研究[J]. 石油钻采工艺，1995，17（1）：39-41.

[8] 李根生，沈忠厚，张召平，等. 自振空化射流钻头喷嘴研制及现场试验[J]. 石油钻探技术，2003，31（5）：11-12.

[9] 李江云，徐如良，王乐勤. 自激脉冲喷嘴发生机理数值模拟[J]. 工程热物理学报，2004，25（2）：241-243.

[10] 徐同军，甄洪武，张彬. 高压水射流技术在弹体装药倒空中的应用[J]. 通用弹药技术管理工作资讯，2015：73-74.

陆军弹药销毁力量转型拓展运用浅析

宋桂飞，李良春，姜志保

（陆军军械技术研究所，河北石家庄　050000）

摘　要：从国家绿色发展理念、陆军全域作战转型、军民融合发展战略等3个方面分析了陆军弹药销毁转型的形势与要求，探索提出了推动报废弹药由销毁处理向销毁为主、兼顾利用的拓展转型，推动战区陆军销毁机构由全型谱弹药销毁向弹药作战运用与保障转型，推动依托军内力量销毁向军方主导、军民融合体系建设转型的拓展运用路径。

关键词：陆军；弹药；销毁；转型；拓展

0　引言

陆军弹药销毁工作是陆军装备建设的重要内容，是陆军转型建设的重要标志。陆军弹药销毁力量作为陆军装备作战运用与保障的重要组成部分，是服务作战、保障打赢的重要依托。运用好这支力量，对于加速推进陆军转型建设，推动国防和军队现代化建设具有十分重要的意义。

1　陆军弹药销毁面临的形势与要求

1.1　国家绿色发展理念对更新陆军弹药销毁理念提出新要求

绿色发展理念作为新时代中国特色社会主义五大发展理念之一，既是国家经济社会发展的重要指导，又是陆军弹药销毁工作的重要遵循。当前从陆军弹药销毁工作总体情况看，主要以销毁处理为主，处理模式比较单一，精细拆解与深度利用能力有待提升，虽然在部分报废弹药和地爆器材改制利用上进行了一些有益尝试，但无论是品种规模还是方法路径，都还有很大的拓展空间；销毁方式相对粗放，目前销毁作业主要依托拆倒烧炸等技术手段，人工操作、单机作业、体力劳动的特点比较明显，机动销毁、自动运行、智能处置、人机隔离的程度水平不高；生态环保标准不高，炸药废水通常采用自然沉淀，介入处理较少，烧毁炉烧毁、野外平地烧毁

和野外炸毁还处于无控烧炸毁阶段，产生的含汞、铅、硫等有害气体直接排放，不具备废气处理能力，极易造成空气、地下水和土壤污染，容易引发与驻地周边群众的矛盾，造成不良的社会影响；传统弹药销毁能力过剩，新型弹药销毁能力不足，报废弹药销毁新旧动能转换问题突出。

1.2　陆军全域作战转型对拓展陆军弹药销毁任务提出新挑战

陆军由区域防卫型向全域作战型转型建设，对陆军弹药销毁的力量编成、规模结构与职能任务具有十分重要的影响。报废弹药长期占用有限的库容，不仅成为部队安全发展的风险隐患，使部队安全管理压力与日俱增，而且制约战储装备物资的及时补充更新和调整优化，影响弹药战备储备布局。特别是新疆、西藏等重点地区库容本身就捉襟见肘，如果再储存大量老旧和报废弹药，必然影响战备储备和战场建设进程。随着军事斗争准备的拓展深化，各战略方向装备物资战备储备容量不足和布局结构不合理的矛盾日益凸显。同时，伴随着陆军部队实战化训练强度频度加大，部队发生射击未爆弹、留膛弹的现象急剧增多，未爆弹就地销毁技术保障任务职能不断强化，保证部队全域作战弹药技术保障能力迫切需要提高。因此，必须站在陆军转型建设，主动服务军事斗争准备战略全局的高度去认识报废弹药销毁工作，进一步加大报废弹药销毁力度，积极为新装备弹药入储"腾笼换鸟"，为部队弹药作战运用与保障提供有力支撑。

1.3 军民融合发展战略对转变陆军弹药销毁模式提出新途径

军民融合发展是实现富国与强军相统一的国家战略，是新时代加强国防和军队现代化建设的重大战略安排，必将极大地影响陆军弹药销毁格局。当前，军工集团进军陆军弹药销毁领域的意愿比较强烈，但需求对接不紧密不准确，对陆军报废弹药的品种、数量、分布、储备比重、技术状态、安全状况等复杂状况不掌握，对陆军报废弹药销毁业务管理、建设、检查与考评等政策法规不熟悉，对陆军报废弹药销毁能力、销毁模式、任务性质、计划规划、工作流程、销毁周期、经费保障等不了解，这将直接影响军民融合的质量与效益。同时，报废弹药销毁也不是完全意义上的弹药逆向装配，与新研新制弹药相比，报废弹药的物理、化学、爆炸性能都发生较大变化，需要的保障资源不尽相同，加之一个弹药销毁机构胜任承担全型谱报废弹药销毁，与一家弹药生产厂承制一种或多种型号弹药的产业布局截然不同，这势必倒逼军外力量不能固守原有的经营、管理、运行思维与机制，必须加大技术、人员、设备、设施、资金、管理等要素投入，形成与陆军转型建设相适应的军民融合发展能力。

2 陆军弹药销毁力量转型拓展运用路径探索

2.1 推动报废弹药由销毁处理向销毁为主、兼顾利用的拓展转型

贯彻落实绿色发展理念，坚持安全发展、资源节约与环境友好的销毁发展方向，着眼报废弹药处理效益最大化，以销毁处理为主体，兼顾利用处理，全程加强安全管理，利用报废弹药、部件及含能材料自身蕴藏的材料、结构、能量等资源，遴选市场前景和应用空间广阔的再利用项目，区分机电与化工、金属与非金属、含能与惰性等不同材料属性，通过改制、改性、改型等适应性改造以及组件分离、组分分选等精细化回收，达到材料再生利用、结构评鉴复用、能量转化重构，使其用作非作战用途和民用产品或重新融入循环经济，实现报废弹药多途径利用处理；着眼弹药综合使用效益最大化，利用报废弹药自身功能用途优势，加强报废弹药改制训练弹、试验靶弹、未爆弹聚能销毁器等整体利用与模块化利用研究，最大程度保持弹药结构与装药原貌，减少全弹拆卸分解层次深度，减少含能材料装药倒空使用频度，减少报废弹药无控烧炸毁动用力度，提高报废弹药整体利用率。

2.2 推动战区陆军销毁机构由全型谱弹药销毁向弹药作战运用与保障转型

按照陆军"全域作战"、"机动作战"要求，加强新型作战和保障力量建设，战区陆军销毁机构立足于保持销毁建制力量，不搞全型谱弹药销毁能力建设，突出机动销毁和应急处置能力建设，建立起从"基于弹种"向"基于能力"转变的保障力量、编成模式和运行机制，构建起集约固定的"保障力量单元"，平时聚焦实战化技术保障，主要承担军队未爆弹、跌落弹药、事故弹药、技术不明弹药等危险品弹药技术鉴定与应急处置，以及不能保证运输安全的报废弹药就地销毁与机动销毁，支援遂行反爆炸恐怖袭击、突发应急爆炸事故处置等非战争军事行动；战时配属主战部队，作为爆炸及防化危险品处理分队或加强爆破分队，主要承担作战方向和驻地反爆炸和反核生化污染，开辟战场通道，清理战场等作战任务；同时，作为弹药作战运用力量组成部分，连接作战指挥与装备保障，贯彻"用旧存新"、"用零存整"要求，通过盘活弹药存量，消耗控制报废弹药增速增量，实现弹药储备动态平衡，指导部队正确合理使用操作弹药，收集整理弹药毁伤数据，提出弹药供应保障需求建议等。

2.3 推动依托军内力量销毁向军方主导、军民融合体系建设转型

按照"基地集约销毁、区域集中销毁、机动就地销毁、返厂委托销毁"的原则，基于区位优势定销毁点位，基于能力差异定销毁弹种，基于质量分布定销毁任务，科学调整销毁机构的任务结构，务实开展销毁模式并行建设，有效减少报废弹药存量，构建适应陆军整体转型发展要求的机构布局和力量编成体系；着眼弹药全寿命周期保障，推动形成军方主导的弹药产品全寿命采购机制，激励承研承制单位从全寿命效益最优角度设计弹药、生产弹药，对弹药产品质量和技术保障终身负责，承担弹药产品全寿命周期技术服务，从源头上设计弹药销毁任务分配，减轻军队保障压力；坚持发挥市场在资源配置中的决定性作用，鼓励优势军工资源进入弹药批量化、规模化、集约化销毁处理领域，建立综合销毁处理基地，融入国防科技工业产业链，形成国家级销毁处理产业新布局，实现弹药保障效益的综合化和最大化。

快速膨胀法制备亚微米级RDX工艺参数优化及性能表征

姬文苏[1]，张　涛[2]

（1. 陆军工程大学军械士官学校，湖北武汉　430075；2. 76318部队，湖南株洲　412100）

摘　要： 超临界状态下DME流体作为媒介快速膨胀制备亚微米级RDX颗粒。以萃取温度、溶解釜压力、喷嘴内径为考察因子，以RDX颗粒尺寸为响应值，基于Box-Behnken响应面法对工艺参数进行了优化，并对产品性能进行了表征。结果表明：3因素均为影响RDX产品尺寸的显著因素，影响力大小依次为喷嘴内径＞溶解釜压力＞萃取温度；最优工艺条件为萃取温度293K、溶解釜压力15MPa、喷嘴内径50μm，在此条件下获取亚微米级RDX颗粒大小约为0.183μm。新制备的RDX爆炸性能得到明显改善，威力增大而感度降低。

关键词： 材料科学；黑索今；快速膨胀；参数优化；性能表征

0　引言

RDX是一种具有重要军用和民用价值的高能炸药。研究表明，改变RDX的颗粒尺寸，爆炸性能将发生变化，表现出新的独特性质，近年来已受到越来越多的关注。王江等[1]采用喷雾干燥技术得到了粒径1~5μm的球形RDX颗粒，撞击感度明显降低，特性落高（H_{50}）为原料的3倍左右。尚菲菲等[2]采用SEDS法重结晶细化RDX，粒度可减小到3~5μm，晶体边缘光滑、形貌规则趋于球形，与原料相比SEDS法细化后的RDX机械感度显著降低。也有学者，如Krasnoperov等[3]，以二氧化碳作为溶剂在超临界状态下细化制备RDX，颗粒尺寸为纳米级（110~220nm），经测试细化后RDX的晶型、晶貌发生变化，爆炸性能也明显改变，但是由于RDX在二氧化碳流体中的溶解度较低（≤0.25mg/g），该实验条件极端苛刻（温度338~363K，压力范围15~29.5MPa）。本文改变溶剂为二甲醚（DME），探索在相对较温和条件下制备亚微米级的RDX最优工艺路线及参数值，为RDX微粉化提供理论依据和技术支撑。

1　试验

1.1　材料与仪器

DME，纯度99%，天津恒兴化学试剂制造有限公司；RDX，粒径范围10~150μm，平均颗粒尺寸85.1μm，805兵工厂。

场发射扫描电子显微镜，型号HITACHIS-4700，日本日立公司；差示扫描量热仪，型号DSC-131，法国SETRAM公司；电子分析天平，型号JA2003，上海天平仪器公司。

1.2　装置与流程

实验装置如图1所示。储存罐（1）供给DME，送至冷却器（2）冷却，后由压缩泵（3）压缩处理为

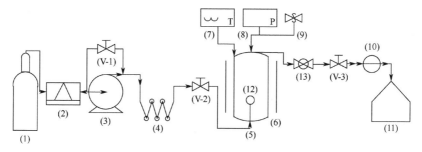

图1　制备亚微米级RDX实验装置原理图

流体,通过预热器(4)升高温度,减小与溶解釜(5)内温度差。由底部通入溶解釜后,磁力棒(12)不断搅拌,保证提前放置的 RDX 充分溶解。溶解釜外部用加热器(6)加热,热电偶(7)和压力传感器(8)实时监测釜内温度和压力状况,(9)为压力平衡阀。带有 RDX 的混合物从溶解釜顶部流出,先通过 0.5μm 过滤器(13)拦截大颗粒炸药,确保只有溶解 RDX 的 DME 通过。饱和状态下的溶剂混合物经流量计(10)测量流速,由喷嘴减压后在膨胀室(11)迅速扩大,形成 RDX 颗粒沉淀。残留 DME 通过膨胀室底部的滤纸排空,仅留下 RDX 产品被收集。(V-1)~(V-3)为控制阀。

1.3　试验设计

拟采用响应曲面法来优化工艺参数。响应曲面法(response surface methodology, RSM),是一种实验条件寻优方法,它利用合理的实验设计并通过实验得到一定数据,用多元二次回归方程来拟合因素与响应值之间的函数关系,寻求最优工艺参数[4-5]。

在前期单因素摸底试验基础上,确定以萃取温度(X_1)、溶解釜压力(X_2)、喷嘴内径尺寸(X_3)与 RDX 产品颗粒大小,设计 3 因素 4 水平 Box-Behnken 响应面试验(共计 17 个试验),各因素水平如表 1 所列。以 DESIGN-EXPERT 8.0 分析软件拟合回归模型,确定最佳工艺参数。

表 1　响应面试验设计

因素	水平		
	−1	0	1
萃取温度 X_1/K	293	313	333
溶解釜压力 X_2/MPa	8	14	20
喷嘴内径尺寸 X_3/μm	50	150	250

2　结果与讨论

试验方案及结果如表 2 所列。

2.1　模型拟合与方差分析

通过 Design-Expert 软件响应面拟合分析,得到

RDX 颗粒尺寸预测值(Y)对因变量 X_1、X_2、X_3 二次响应面回归模型,有

$$Y=0.46 + 0.18X_1 + 0.41X_2 + 0.52X_3 + 0.13X_1X_2 + 0.26X_1X_3 + 0.43X_2X_3 - 0.002X_1^2 + 0.39X_2^2 + 0.15X_3^2$$
$$(1)$$

表 2　Box-Behnken 试验设计及结果

实验号	编码值			实际值			预测结果/μm	实验结果/μm	残差
	x_1	x_2	x_3	X_1	X_2	X_3			
1	−1	0	1	293	14	250	0.69	0.53	−0.16
2	1	−1	0	333	8	150	0.49	0.45	−0.041
3	0	−1	1	313	8	250	0.68	0.79	0.11
4	−1	1	0	293	20	150	0.94	0.98	0.041
5	1	0	−1	333	14	50	0.018	0.18	0.16
6	0	−1	−1	313	8	50	0.51	0.39	−0.12
7	0	1	1	313	20	250	2.36	2.48	0.12
8	1	1	0	333	20	150	1.57	1.51	−0.056
9	0	0	0	313	14	150	0.46	0.35	−0.11
10	0	0	0	313	14	150	0.46	0.48	0.016
11	0	0	0	313	14	150	0.46	0.55	0.086
12	−1	0	−1	293	14	50	0.18	0.24	0.065
13	0	0	0	313	14	150	0.46	0.34	−0.12
14	0	0	0	313	14	150	0.46	0.56	0.096
15	1	0	1	333	14	250	1.58	1.51	−0.065
16	0	0	0	313	14	150	0.46	0.39	−0.074
17	−1	−1	0	293	8	150	0.39	0.45	0.056

对试验模型进行方差分析,结果如表 3 所列。由表 3 可知,模型(1)显著性检验 P<0.05,表明回归系数显著,回归效果比较理想,具有统计学意义。自变量一次项 X_1, X_2, X_3,二次项 X_1X_3, X_2X_3, X_2^2 显著(P<0.05)。失拟项用来表示所用模型与实验拟合的程度,即二者差异的程度,本例 P 值为 0.0948>0.05,对模型是有利的,无失拟因素存在。信噪比(Adeq Precision=20.147)>>4,进一步说明模型拟合优度较好,可用来对超临界 DME 流体制备超细 RDX 的工艺研究进行初步分析和预测。综上,能用该回归方程代替试验真实点对试验结果进行分析。

表 3　回归模型方差分析

来源	平方和	自由度	均方和	F 值	P 值	显著性
模型	5.57	9	0.62	26.97	0.0001	▲▲
萃取温度 X_1	0.26	1	0.26	11.45	0.0117	▲

（续）

来源	平方和	自由度	均方和	F 值	P 值	显著性
溶解釜压力 X_2	1.31	1	1.31	57.16	0.0001	▲▲
喷嘴内径尺寸 X_3	2.15	1	2.15	93.78	<0.0001	▲▲
X_1X_2	0.07	1	0.07	3.06	0.1238	—
X_1X_3	0.27	1	0.27	11.78	0.0110	▲
X_2X_3	0.75	1	0.75	32.59	0.0007	▲
X_1^2	1.684E-005	1	1.684E-005	9.430E-003	0.9791	—
X_2^2	0.63	1	0.63	27.26	0.0012	▲
X_3^2	0.099	1	0.099	4.29	0.0770	—
残差	0.16	7	0.023	—	—	—
失拟项	0.12	3	0.041	4.35	0.0948	—
纯误差	0.038	4	9.430E-003	—	—	—
总变异	5.73	16	—	—	—	—
R2（Adj）=0.9359	—	Adeq Precision=20.147		—	—	—

注：P 值>0.05，不显著；0.0001<P 值≤0.05，为显著，用▲标志；P 值≤0.0001，为高度显著，用▲▲标志。

2.2　响应面与等高线分析

根据以上二次回归数学模型绘制响应面图和等高线图，结果如图 2 所示，分析各响应因子及其交互效应对 RDX 颗粒大小的影响情况，确定最佳因素和最优响应面值。

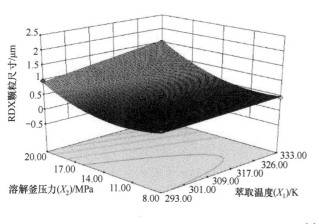
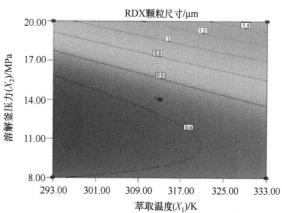

(a)

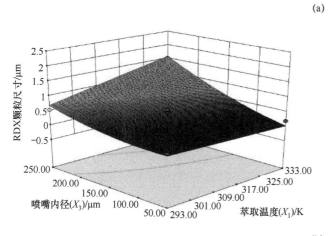
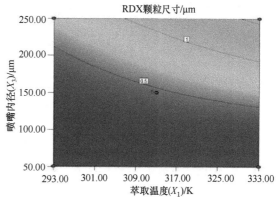

(b)

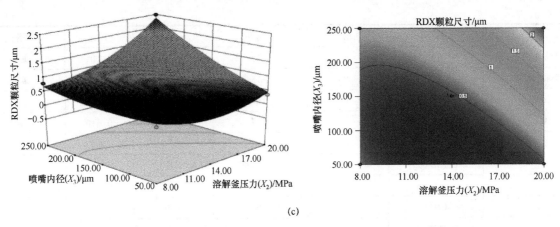

(c)

图 2　各因素及交互效应对 RDX 颗粒尺寸影响的响应面 3D 图及等高线图

（a）萃取温度（X_1）和溶解釜压力（X_2）；（b）萃取温度（X_1）和喷嘴内径尺寸（X_3）；（c）溶解釜压力（X_2）和喷嘴内径尺寸（X_3）

响应面的平缓和陡峭程度可以反映因素值变化对响应值的影响大小，从 3 组响应面 3D 效果图的走势来看，喷嘴内径对 RDX 产品的颗粒大小影响最显著，表现为响应曲面坡度非常陡峭，随着喷嘴内径的减小，膨胀过程中 RDX 的尺寸也减小，但是试验过程中发现，当喷嘴内径小于 50μm 时，容易造成堵塞，需注意。溶解釜压力对响应值影响次之，萃取温度最小，表现为响应曲面坡度相对平缓。

等高线形状可反映出每两个因素之间交互效应对响应值影响程度，椭圆形表示两因素交互作用对响应值影响较大，越扁影响越大，而圆形则表示两因素交互作用可以忽略。由图 2 中 3 组等高线图可以看出，溶解釜压力和喷嘴内径的交互作用最显著，表现为等高线呈扁椭圆形，RDX 颗粒大小随二者的增加呈先降低后升高趋势。萃取温度和溶解釜压力及萃取温度和喷嘴尺寸交互作用依次减弱，表现为等高线逐渐增圆。此结果和表 3 中显著性分析一致。

2.3　最优条件验证与性能表征

由回归模型获取最优工艺参数为：萃取温度293K、溶解釜压力 15.25MPa、喷嘴内径 50μm，在此条件下 RDX 产品颗粒大小预测值为 0.1584μm。考虑实际操作的可行性，将试验条件在理论值基础上修正为：萃取温度 293K、溶解釜压力 15MPa、喷嘴内径 50μm，进行 3 次平行试验，得到颗粒大小分别为 0.21μm、0.14μm、0.17μm，平均值 0.173μm，相对于预测值误差 9.43%，实际结果与理论预测接近，吻合度高。表明响应面优化结果是可靠的，有使用价值。

图 3（a）为 RDX 原料和给定条件下快速膨胀获取的 RDX 产品的扫描电镜对比结果（FE-SEM），可看到，沉淀 RDX 粒子形貌呈球形，表面光滑，分散均匀。差热分析 DSC 曲线示于图 3（b），RDX 产品表现出强烈的放热峰（TD）240.12℃和相对较低的吸热峰（TM）203.5℃，熔变（$\triangle H$=714.4J/g）远高于原来的 RDX（$\triangle H$=381.5J/g），表明析出的 RDX 爆热增大，作功能力必然增大。按照 GJB772A-97 方法601.1[6]爆炸概率法进行撞击感度测定，测试结果：爆炸概率点估计值 55%，置信水平 0.95 的置信区间为（0.34，0.73），对比原料 76%，感度值下降 21%。

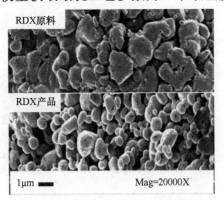

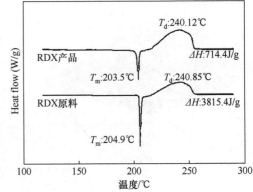

图 3　RDX 原料和产品的表征分析

（a）FE-SEM 结果；（b）DSC 分析结果

3 结论

（1）以 DME 作为溶剂，RDX 在超临界状态下快速膨胀，可实现微粉化，对比文献[3]条件温和：压力 8~20MPa；温度 293~333K。此外，由于 RDX 在 DME 流体中溶解度相对较大（5.5mg/g，303K/8MPa），生产力也增大，具有扩试的优越性。

（2）采用 Box-Behnken 响应面优化设计试验，对工艺条件进行优化，得到最佳参数为：萃取温度 293K、溶解釜压力 15MPa、喷嘴内径 50μm，在此条件下，可获得 0.173μm RDX 产品，颗粒尺寸分布窄，为亚微米级。

（3）利用 FE-SEM、DSC、特性落高法等手段表征产品性能，结果表明：由于析出的 RDX 具有更小的颗粒尺寸、更好的晶型和较大的晶面，爆炸性能得到明显改善，突出表现在熔变增大，爆热增大，威力增大，而感度降低，安全性提高。

参 考 文 献

[1] 王江，李小东，王晶禹，等. 喷雾干燥法中溶剂对 RDX 颗粒形貌和性能的影响[J]. 含能材料，2015，23（3）：238-242.

[2] 尚菲菲，张景林，王金英，等. 超临界流体增强溶液扩散技术制备超细 RDX[J]. 含能材料，2014，22（1）：43-48.

[3] Stepanov. V，Krasnoperov. L.N，Elkina. I.B，et al，Production of nanocrys-tallineRDXby rapid expansion of supercritical solutions[J]. Propellants Explosives Pyrotechnics，2005，30: 178–183.

[4] 姬文苏，丁玉奎，李金明，等. 超临界 CO_2 流体分离梯黑炸药的响应曲面法优化研究[J]. 火工品，2011，4: 36-39.

[5] 姚梓萌，李言，杨明顺，等. 基于响应面法的单点增量成形过程变形能优化[J]. 中国机械工程，2017，28（7）：862-866.

[6] GJB772A-97. 炸药实验方法[S]. 国防科工委军标发行部，1997.

某小口径报废弹药销毁适用性研究

王　政，徐建国，严凤斌，谢全民

（陆军工程大学军械士官学校弹药与仓储系，湖北武汉　430075）

摘　要：随着弹药武器装备的更新换代，以及大量库存弹药接近或超过储存年限，部队报废弹药销毁任务量越来越大，伴随出现的事故也越来越多，从而对报废弹药销毁的安全性要求也越来越受到重视。本文从炸药装药爆炸能量出发，以某小口径弹药为例，通过计算破片和装药爆炸冲击波对炉壁的作用，分析研究该种报废弹药的销毁适用性。本文的研究成果，能够为部队小口径弹药销毁设备的研制和改进提供一定的理论支撑。

关键词：报废弹药；烧毁；破片；冲击波；比冲量

0　引言

常用报废弹药的处理方法主要有拆卸、倒空、烧毁、炸毁等。后方仓库对报废弹药处理一般有调运至销毁站或销毁工厂，对于有搬运炸危险的引信或小批量的小口径弹药，一般采用烧毁炉烧毁的方法。报废弹药烧毁是指对弹药中的含能材料施以火焰（热能）刺激，使其能量按照预定的途径释放出来的技术过程。适用于用烧毁法处理的报废弹药及其元部件有：废火药、炸药、烟火剂、枪弹、信号弹、底火、基本药管、曳光管、雷管、火帽、引信及从引信或炮弹上拆卸下来的具有爆炸或燃烧性的零部件等。我军目前所采用的烧毁方法主要有烧毁炉烧毁法和野外烧毁法两大类，烧毁炉烧毁法主要采用固定式烧毁炉和移动式烧毁系统两种[1]。

报废弹药烧毁时，尤其是带壳弹药烧毁时，对炉壁的作用主要包括冲击波和高速破片，其可能产生的破坏作用取决于弹药壳体和炉壁的材料特性，炉壁厚度，冲击波强度，破片质量分布规律、数量、初速及其在空气中的速度衰减规律等。

1　弹药破片特性分析

弹药在爆炸时，战斗部壳体在爆轰产物作用下会发生膨胀变形、破裂飞散，形成大量高速破片。本文以某型小口径报废弹药为例，对其销毁适用性

进行研究。该弹战斗部主要技术参数为：全弹长，204.5 mm；全弹质量，600 g；装药长度，60 mm；装药直径，48 mm；装药质量，38 g；主装药，TNT。

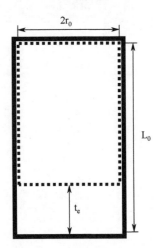

图 1　弹药战斗部示意图

破片质量的计算常用 Mott 公式如下：

$$m = \frac{2K^2\delta_0^2\left(\delta_0+d_1\right)^3\left(1+m_c/m_t\right)}{d_1^2} \tag{1}$$

式中，m_t 为弹药战斗部有效段壳体质量，kg；m_c 为主装药质量，kg；m 为破片的平均质量，kg；δ_0 为弹药壳体厚度，m；d_1 为弹药壳体内直径，m；K 为取决于主装药的系数，$kg^{0.5} \cdot m^{-1.5}$。

按照 Mott 进行计算，可得该种弹药爆炸时得到破片的平均质量为 6.52 g。且从式（1）可以看出，当炉内空间大小和炉壁厚度与弹药壳体和装药同时按

照一定比例缩小时，破片总数不变，单个破片的质量成比例缩小，但每个相应质量等级下的破片数量分布不变；而破片的空间分布主要与弹药形状有关。

由 Gurney 公式：

$$V_0 = \sqrt{2E}\sqrt{\frac{\beta}{1+0.5\beta}} \quad (2)$$

可知，破片的初速 V_0 主要跟炸药与壳体的质量比 β 和炸药性能的 Gurney 常数 $\sqrt{2E}$ 有关，所以同比例缩小时破片初速不变。

2　破片空间分布

按照 Shapiro 预测破片飞散特性的思想[2]。假设弹药外壳由许多环状物连续排列组成，环中心均在弹体对称轴上。爆轰波从轴心出发，以环形波阵面向外传播。

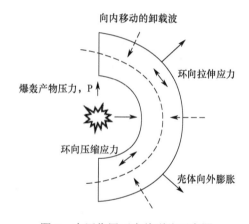

图 2　内压作用下壳体裂纹示意图

战斗部壳体在内部装药爆轰作用下，裂纹首先从外表面发生，如图 2 所示。当壳体内表面也出现裂纹时，战斗部壳体完全破碎。对于环形壳体，切向应力分量与径向应力分量间关系可由 Tresca 屈服准则表达：

$$\sigma_\theta - \sigma_r = \sigma_y \quad (3)$$

式中，σ_θ 为战斗部壳体环向拉应力；$-\sigma_r$ 为爆轰产物作用在壳体上的径向压缩应力；σ_y 为壳体材料屈服应力。

Tylor 认为壳体内部压力等于屈服应力 σ_y 时壳体破碎，即 $\sigma_\theta = \sigma_y + \sigma_r = \sigma_y - P_f = 0$。

所以，内部装药爆炸膨胀，压力增大，壳体破碎形成破片。破片在内部爆轰产物推动下，获得一定初速，并沿圆环法线向外飞出。

假设外壳法线与弹体对称轴夹角为 ϕ_1，爆轰波法线与弹体对称轴夹角为 ϕ_2，破片速度矢量偏离外壳法线的偏角 ϕ 由式（4）决定[3]：

$$\tan\phi = \frac{v_f}{2v_d}\cos\left(\frac{\pi}{2}+\phi_2-\phi_1\right) \quad (4)$$

式中，v_f 为破片的初速；v_d 为主装药爆轰速度。

经计算，该弹药两端的破片速度矢量偏离外壳法线偏角 ϕ 分别为 $0°\sim4.67°$，两端之间其他位置处破片速度矢量偏离外壳法线偏角 ϕ 在 $0°\sim4.67°$ 之间。据此，我们可以近似地认为弹壳所有位置上的破片速度矢量均沿外壳法线方向。

由于弹药装药与壳体质量比很小，所以在对炉壁的作用中，其实破片的作用对冲击波的作用影响很小，基本可以忽略不计。所以，在本文后续分析中，弹药爆炸对炉壁的破坏作用我们主要针对爆炸冲击波的作用进行分析研究。

3　炉壁受冲击波作用分析

根据爆炸流体力学理论的一维等熵流动的气体动力学方程，可导出炸药爆炸时爆轰产物作用于垂直其传播方向刚壁面的总冲量为

$$I = \frac{8}{27}mv_D \quad (5)$$

式中，m 为装药质量，kg；v_D 为炸药装药的爆速，$m \cdot s^{-1}$。

其比冲量为

$$i = \frac{32}{27}p_{C-J}\frac{l}{v_D} = \frac{8}{27}\rho_0 v_D l \quad (6)$$

式中，p_{C-J} 为炸药装药爆压，kPa；l 为装药长度，m。

如果垂直爆轰产物传播方向的壁面是可压缩的，则作用于壁面上的比冲量变为

$$i = \int_{l/v_D}^{t} \frac{64}{27}p_{C-J}\left(\frac{l}{v_D t}\right)^3 \frac{(1-\omega_0^3)\mathrm{d}t}{\left\{1-\omega_0\left[1-\left(\frac{l}{v_D t}\right)^{\beta-1}\right]\right\}^{\frac{3}{\beta-1}}} \quad (7)$$

式中，β 为由炸药装药和障碍物材料确定的常数；ω_0 为速度比 u_0/v_D（u_0 为被压缩壁面的初始速度）；t 为爆炸作用时间，s。

其中，β 可近似关系求得

$$\beta = 1 + 0.02\left(\overline{\rho_{0'}}\,\overline{C_{0'}}\right)^{0.24} \quad (8)$$

式中，$\overline{C_{0'}}$ 为 $P=P_0$ 时，固体材料中的音速，$m \cdot s^{-1}$，即

$$\overline{C_{0'}}^2 = \left(\frac{\mathrm{d}p}{\mathrm{d}\rho}\right)_0$$

$\overline{\rho_{0'}}$ 为固体材料的初始密度，kg·m⁻³；

$\overline{\rho_{0'}}\overline{C_{0'}}$ 为固体材料的阻抗，kg/m²·s。

在本文中，烧毁炉炉壁材料为 40Mn 钢，对钢而言 $\beta \approx 2.27 \times 10^{-7}$ kg/m²·s。式（7）需要数值积分求解。

然而，在实际工作中很难实现爆轰产物的一维运动，所以当考虑爆轰产物的三维飞散时，由于 $l < 4.5 r_0$，装药爆炸对底面作用的比冲量可由表示为

$$i = \frac{8}{27}\left(\frac{4}{9}l - \frac{8}{81}\frac{l^2}{r_0} + \frac{16}{2187}\frac{l^3}{r_0^2}\right)\rho_0 v_D \qquad (9)$$

对于带钢壳体的装药，装药爆炸后对迎面钢壁的作用冲量可采用加合法则求出[4]：

$$i = i_1 + i_2 \qquad (10)$$

式中，i_1 为无壳装药对地面的作用冲量；

i_2 为有壳装药因爆轰产物膨胀变慢而带来对底面冲量的增加值。

通过试验我们发现，对于药柱直径为 23.5mm，长为 60mm 的钝化黑索金而言，当钢壳体壁厚为 6~8mm 时，作用于底面的冲量不再增加。这也同时证明了我们在上面所提到的，弹药烧毁爆炸时对烧毁炉炉壁的作用，主要还是取决于装药的爆炸冲击波。

弹药装药量为 38 g TNT，全弹重约为 600 g，装药与壳体质量比 β 相当小，由式（1）可知，弹药破片质量较大且数量较少；由式（2）可知，破片在爆轰产物作用下获得的初速不大；由式（3）至式（10）的计算分析可知，破片比冲量相对于冲击波比冲量来说可以忽略不计。在烧毁炉中烧毁时，比较多的状态是在如图 3 所示的炉内底部受热烤燃爆炸。从前文的计算分析，我们可以看到，炉壁所受冲击主要来自装药冲击波的作用，而炉壁所受弹药爆炸冲击最主要的部位在炉底。

通过实际销毁试验，我们发现，在炉壁厚度为 60mm，炉底厚度为 80mm，炉体材料为 40Mn 钢的移动式烧毁炉中，试验弹药炸毁后，炉内壁没有明显的破坏痕迹。炉内壁主要炸痕集中在炉底，证明了烧毁炉底部承受主要作用，这也是为什么炉底厚度要大于炉壁的原因。

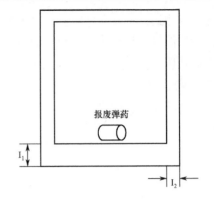

图3　烧毁炉示意图

4　结论

以某种小口径报废弹药为例，对其破片和冲击波特性进行了理论分析和计算，通过实际销毁试验，对理论分析进行了验证。可以得出以下结论：

（1）该小口径弹药在炉壁 60 mm，炉底 80 mm 的移动式销毁炉中可以安全销毁。通过计算分析发现，对于该种报废弹药的销毁，炉壁厚度完全可以满足，甚至还可以进一步减小。但是考虑到其他销毁任务，兼顾经济性与烧毁炉使用寿命的考虑，以此壁厚为宜。

（2）报废弹药的销毁适用性，很大程度上取决于弹药的装药，包括装药的种类和装药量。由于小口径弹药装药量普遍不大，破片冲量对炉壁作用远小于炸药冲击波的作用，因此，对于报废弹药烧毁炉选取主要考虑装药爆炸冲量。

参 考 文 献

[1] 总后勤部军械供应部. 弹药修理与废弹药处理[M]. 北京：解放军出版社，1993.

[2] 美军陆军装备部. 终点弹道学原理[M]. 王维和，译. 北京：国防工业出版社，1985.

[3] 孔祥韶，吴卫国，等. 圆柱形战斗部破片速度及等效装药特性研究[J]. 震动与冲击，2013，32（9）：146-149.

[4] 孙业斌，惠君明，曹欣茂. 军用混合炸药[M]. 北京：兵器工业出版社，1994.

四、弹药导弹储存与供应

4.1 弹药导弹储备保障理论与技术

对陆军弹药战场供应保障研究若干问题的认识

穆希辉 高 飞 葛 强 马振书

（陆军军械技术研究所，河北石家庄 050000）

摘要： 分析了美军陆军弹药战场供应保障特点与发展趋势，总结出美陆军战场弹药保障的主要变化，进而提出陆军弹药战场供应保障研究需关注的主要问题，探索有效对策，推动创新发展，切实提高打赢能力。

关键词： 弹药；战场；供应保障

陆军弹药一般包括陆军使用的弹药、导弹、地雷爆破器材、防化危险品和航弹等，是陆军部队实施火力打击的物质基础。现代战争弹药消耗依然巨大，例如，美军一个装甲师高强度作战时防御作战弹药需求第 1 天为 2430t，2～4 天 1900t/天，进攻作战第 1 天为 1910t，2～4 天为 1420t/天，持续阶段（6～15 天）为 1160t/天，有的陆军师弹药日消耗量可达 3000t。我军 30 多年没有规模作战，朝鲜战争中"礼拜"攻势所表现的弹药保障难度和对战局影响的重要程度，还未在演训中得到特别的重视，部队实战能力存在潜在风险。进入新时代，在复杂多变的国际环境下和国防与军队体制改革背景下，军事斗争准备复杂艰巨，陆军使命任务拓展、转型建设深入推进，陆军弹药保障能力建设必须聚焦战时供应，把握好战场供应保障相关问题。同时，积极借鉴外军实战经验和保障发展历程，探索有效对策，推动创新发展，切实提高打赢能力。

1 美军陆军弹药战场供应保障特点与发展趋势

德国著名军事家克劳塞维茨说过"后勤弹药的补给线是作战部队的生命线"。从美军看，其构建了"从工厂到散兵坑"的弹药补给链，能够实施高达 3000t/天的保障。近些年来来，美军通过战争实践积累了丰富实践与验证并发展了其保障理论。纵观美国陆军 2003.12 版野战手册 FM4-30.1《战场弹药补给手册》、美国陆军军械中心和学校副司令兼参谋长迈克尔·T·迈克布莱德上校 2008 年 6 月 11 日在精确打击协会/国防工业协会军械技术火力论坛上做的"2030 年军械弹药后勤构想"的发言，以及美军 2015 年出版的《战场弹药供应保障发展规划（2015-2024）》，可以发现美军弹药战场供应保障发展脉络（见图 1 至图 3）。

从以上发展可以总结出美陆军战场弹药保障的主要变化。

1.1 由技术进步推进了供应方式的改变

美陆军战场弹药供应由逐级保障向逐级与直达保障相结合的更为灵活的方式转变；由以地面输送为主，向空中、海上立体化输送多方式综合运用转变（以前是概念，现在是现实，特别加强了空中投送能力）；综合运用托盘化、集装化、机械化、组合化（量身定制的装载量配送）、信息化、可视化和智能化等，这些大家耳熟能详的先进技术手段，支持满足部队所需的敏捷性和机动性。美军要求，必须在 96h（4 天）之内部署斯特瑞克战斗队，在 120h（5 天）之内部署一个师、在 30 天之内部署 5 个师。他们针对弹药保障请领手续复杂、运输距离长、装载速度慢、转运效率低、机动性差以及新弹药极端环境下状态难确定的特点，通过采用

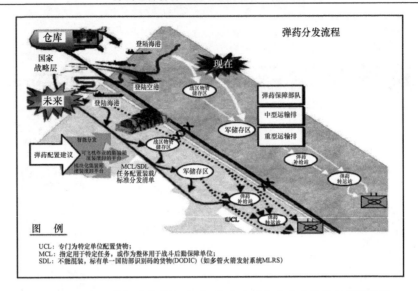

图 1　2003 年《战场弹药补给手册》给出当时和未来弹药供应保障流程

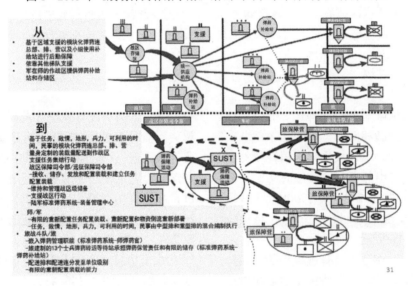

图 2　美研究人员 2008 年提出的弹药供应保障转型建议

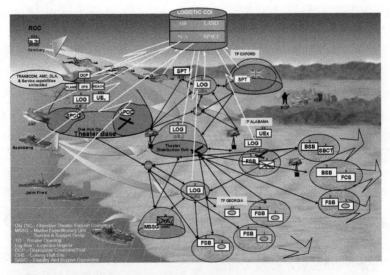

图 3　美陆军战场弹药供应保障发展规划（2015-2024）中对未来

战斗组合装载量、机动分配系统、智能装载搬运系统、模块化平台系统、全球定位导航系统以及全球资产可视化系统等现代方式，来提高弹药补给效率和改进野战补给的机动性；还通过研究效能更高、多功能、智能化的新弹药，用液体推进剂代替固体推进剂，用单体多功能引信代替各种不同的引信，开发不需要部件组装的独立的、一体化的、多功能加农炮弹以及高毁伤炸药等方式，减少弹药的数量及其品种的需求。美陆军由此建立一套"从工厂到散兵坑"和"从空间到地面"的体系结构，赋予战场上部队以可靠有效的弹药保障。

1.2　由作战任务牵引和体制改革带来的变革

美陆军的军事战略思想正由基于威胁向基于能力转变，未来作战已不仅是联合作战，而是联合部队的作战、远征作战和全谱作战。未来美陆军将以模块化部队的形式遂行作战任务，战场由非线性向跨域、分散（不连续、非临近）高动态、快节奏转变，要求敏捷性高、适应性强，可以跨越战略距离，快速部署到严酷的地域，一旦到达即可立刻投入战斗。例如，斯特瑞特旅经空运到卸载港可以直接滚降下机立即展开战斗行动，不必等待从空运卸载港到弹药转运站之间要经历的卸载、前方集结、安置和分发过程。这种"滚降"战斗能力要求斯特瑞克战斗队部署时配备全副战斗弹药装载，并且一到达便投入战斗，必须能够自我维持 3～7 天的作战。这类动态、复杂、快节奏的作战对弹药供应是一项挑战。为此，弹药供应保障体制进行了"简化层级、集中指挥"的改革。一方面由原来 4 级简化为 3 级保障，将军、师两级整合为一级，且各级界限趋于模糊，由军保障旅在师、旅后方开设储存区和补给站，强化旅自身模块化保障力量，直接由旅保障营在自己作战区域后方开设转运站，接受和向前补给；另一方面，全谱作战、联合作战需求下，由于保障的部队多且分散，可动用的单位、资源、平台、人员也多，使得指挥控制成为一个瓶颈。因此美陆军通过整合一系列能力和通用过程，建立了置于统一结构之下的由多部门构成的指挥控制机构，由该统一的机构组织实施联合保障。这一点，俄军也有类似的转变，2001 年，对武装力量结构实施新一轮调整，将国防部、内务部、边防总局等部门所属部队的保障力量加以整合，构建一体化联勤保障系统。当时这一改革举措，在世界属首创。专家称这就像"几个兄弟在地里一块干活，他们的媳妇联合做饭、送饭"，大联合发挥了各自保障系统

的优势，取得了较好的整体效能。

1.3　军事需求与技术推进共同作用带来保障模式的变化

（1）**在物资流上**：保障模式由军种为主的多节点单一路径线性补给为主，向多军种分散式多网点多渠道的网络化和陆海空一体的保障补给转变（网络化更适合联合作战，多种保障资源、多渠道实施保障），集成联合部队的、军种的、商业的和盟国的能力和资源，将多军种、多机构的后勤资源和能力，通过对规则、工具和过程的统一，整合在一个动态的高度智能化的物流保障网络中。

（2）**在信息流上**：自动识别技术、信息技术和网络通讯，构建了基于空天地海一体、统一的指挥控制系统与网络，这些网络能够在保障与被保障单位、分发管理中心等之间传递准确而及时的信息，还与所保障的部队的战斗与战斗保障网络相连接，作为统一的后勤指挥与控制的一部分，以及统一作战指挥的一部分，此网络由各种平台和非平台自动提供数据，以支持这个综合后勤网络具备"发现、评估、决定和实施"的能力，将保障力量、储存基地和战场指挥网络与信息系统无缝集成，实时掌握资源消耗和需求，分析保障能力，规划和跟踪保障任务，做到弹药保障总资产的"可视"与保障过程的"可控"，在动态调整、自动协调中，提供保障,达成目标，实现作战指挥官的意图。

2　陆军弹药战场供应保障研究需关注的主要问题

借鉴美军的发展变化，联系建设我新型现代化强大陆军的需求，我们应着力开展以下几方面的研究：

2.1　加强军事需求研究和基于新需求下的弹药供应保障研究

美军强调后勤能力是每个作战理念和关键任务的基本推进器。从需求牵引角度，应了解掌握作战需求，在此基础上提出新的保障理论和保障构想、方案，并反馈保障可能，进而支持和影响作战。

1）陆军转型驱动下的弹药保障研究

当前，我陆军正由区域防卫型向全域机动作战转型；由善于打近战、夜战、持久战，向更能打远距离、全天候、多维战场、速决作战转型；由应急

作战准备型向常态备战型转型。这对弹药供应保障理论方法、体系结构、组织指挥、力量运用、保障模式、技术手段，以及消耗预计、储备标准、运用方式、效能评估等方面都提出新的挑战。因此，我们要积极跟踪和研究转型的轨迹、形态与要求，加紧推进基于陆军使命任务的弹药保障任务规划，基于陆军作战能力的保障能力建设，基于陆军多种作战样式以及远距离、全天候、多维战场、速决作战下的弹药保障法研究，提出与陆军使命任务相适应并能提供有力支撑的弹药供应保障转型基本路径与整体方案。探索陆军新型作战力量弹药保障模式，提升与陆军整体转型要求相适应的全谱、全域、全时弹药保障能力。

2）联合作战体系下的陆军弹药供应保障研究

"军委管总、战区主战、军种主建"改革的逐步落地，陆军力量编成调整完成，以及联勤保障部队的成立，这一系列"强大脑""改棋盘""壮筋骨""动旗子"的改革举措，标志着我军新的领导指挥体制、新的部队结构编成、新的联勤保障体制已基本形成，以战区联指统一指挥运用为核心、以精锐作战力量为主体、以联勤部队为主军种保障力量为补充的联合作战与保障体系正在建立，从此，联合背景下的未来陆军的指挥、作战、保障方式都将发生巨大变化。今年朱日和沙场演兵，就是一个重大信号。因此应紧紧跟上这些变化，在新的架构与运用方式上，探讨什么是未来陆军弹药供应体系最适合的结构和关系，重点研究战场弹药供应的保障指挥、力量编成、抽组运用等，确保融入体系、保障有力。

3）典型作战样式下陆军弹药战场供应保障模式研究

城市作战、登陆作战、山地作战等作战样式，都有其自身典型的特点，作战环境与强度、部队类型与装备、弹药消耗品种与数量、弹药补充方式与时机等，都有很大的不同。因此，研究作战任务、保障需求、指挥控制、部队编成、保障力量、存在问题等，将这些作战与保障特点摸透，进而研究支撑这些构想的技术、方法、手段、条例等，提出更加适合的、可操作的方案。

4）弹药使用运用安全性主动控制研究

针对弹药装备技术日益复杂、弹药功能丰富、弹药品种型号不断增多、战场电磁环境恶劣和实战化训练强度加大，导致弹药使用事故偶有发生，应进一步加强弹药使用安全主动控制。首先要加强新研弹药可靠性、使用安全性、环境适应性和保障性

的设计和验证，特别是加大作战试验鉴定和在役性考核阶段对通用质量特性的验证，并借此规范和指导弹药技术使用与作战运用指南的修改完善，从源头化解弹药使用安全性问题；其次应加强基于作战效能的弹药使用运用研究与指导，编制电子版技术使用手册，开发模拟实战场景与作战运用的仿真训练手段，转变现有训练模式，提高训练的科学化水平；三是进一步建立健全质量与使用问题信息披露与通报机制，借鉴药品管理制度，在弹药出厂使用说明书中，加入"副作用"信息，告知其局限性与可能出现的问题及处理措施。同时，进一步加强储存使用阶段的质量监控体系建设，明确质量与使用问题上报的时限、内容与渠道，及时汇总、分析信息和向部队、承制单位、储存机构和管理机关发布相关情况，通过举一反三、广而告之，指导部队安全训练、厂家改进产品、仓库完善管理。

2.2　加强基于定量与仿真分析的弹药保障研究

作战推演、评估、验证，已成为作战模拟、体系设计、指挥演练、能力建设等的重要手段。长期以来，围绕弹药保障工作，很难组织实兵实装的演练。需要加强基础研究，细化模拟仿，提供可支撑的环境与手段。

1）弹药供应保障仿真研究

平时实战化训练，难实现较大规模、较高强度和较复杂战场环境下弹药保障演练，弹药需求预测、消耗控制、分发装载、携行运行、野战管理、力量运用、指挥控制等重要保障要素也难以完全融入能力考核指标体系，部队实战能力存在明显短板和潜在风险。为解决这一问题，需要加大弹药保障仿真推演研究。一是开展弹药保障仿真平台和系统架构研究，融入作战与联合保障仿真；二是进行弹药保障能力指标体系及其量化研究；三是弹药保障能力要素研究及其模型构建；四是弹药保障任务规划与实施流程研究；五是弹药保障影响因素及其建模研究。推动弹药供应保障从定性论证向定量研究转变。

2）基于多要素的陆军弹药储备模型研究

从储备指导思想上看，我军是"基于需求"，美军是"基于能力"。美军总部级在本土储备着战争初期 3～6 个月的弹药，并要求预算约束；战区的弹药由"战区存储区-军存储区-弹药补给所"三级机构分别储备 30～60 天、7～15 天、1～3 天的弹药。我们则是根据打什么仗，做好预先储备，追

求可靠保险的军事效益，经济效益相对次要。不同理念不同举措，各有利弊。下一步，我们应研究建立包括应战急需、消耗预测、作战维持、生产能力（平时保持、战时潜力）、订购费用、物流能力、维修水平、储备条件、训练使用、报废处理等等多因素的，一个可操作并得到广泛认可的弹药储备模型，输入需求与制约条件，就可优化生成弹药储备策略与标准，避免有关标准长期固有不变、跟不上形势以及调整困难等问题。

3）基于作战任务的部队弹药携运行问题研究

为保证部队初始和持续战斗力，常见的思路是加大携运行量，多带弹药。外军为提高部队机动性，最近提出一些观点，希望部队少带弹药，靠提升快速补给能力来保持其持续作战能力。这里有国情、军情、策略的差异。我们需要在优化携运行标准的基础上，深化、量化研究两种路径的优缺点，处理好携运行与再补给的关系，选择出我们最适合的方式。

2.3 加强弹药保障指挥控制研究

当今，我国物流技术和物流管理十分发达与先进，从技术、装备乃至管理层面，国家有着雄厚的基础。因此，对于属于军事物流范畴的弹药供应保障，其最大的难度不是技术和装备，而是基于信息系统一体化联合作战背景下的指挥控制问题。从美军发展看，这些年重点也是一体化指挥控制机制建立和指挥控制系统的完善。因此，要研究基于网络信息系统的联合作战、联合勤务背景下，保障指挥控制的真正形态、具体构成、职责等。

1）新体制新结构下弹药保障指挥控制问题研究

弹药保障的指挥控制服务作战，统一的指挥是核心，因此首先要与作战指挥一体，纳入作战指挥平台，共享所关联的指挥信息，研究设计与作战部门共用的作战与保障通视图，能共同及时感知战场作战与保障态势；其次要融入联合保障指挥，通过对规则、工具和过程的统一，将各保障指挥机构、保障力量、保障资源联通在一起，实施统一指挥控制；三是研究提出构建未来一体化联合保障指挥控制机构的规范与机制；四是研究指挥控制的要素、方式、流程，构造出符合作战实际弹药保障全程可控的方案。

2）弹药作战运用与决策筹划研究

众所周知，随着武器平台和弹药技术的发展，弹药类型越来越复杂、型号越来越多，据了解达数百种。因此，弹药战时供应保障不止是数量、质量问题，品种问题和品种组合问题也十分突出。联合作战多军种、合成部队多兵种、多平台，有不同的弹药需求，因此，根据作战任务、作战目标、作战装备和作战环境，基于弹药的战术技术指标、毁伤效果、使用安全性等对弹药的使用运用进行筹划，是未来弹药供应保障面临的一大挑战，应作为今后研究的一个重点。

3）弹药预报技术研究

凡事预则立、不预则废。弹药供应保障更是如此。应开展基于作战任务和典型作战单元的部队弹药消耗模型与预计方法研究，用来预见和优先排序弹药保障需求，协同筹措和动态计划补给方案，提高弹药保障的敏捷性和效能；研究能够监测弹药位置、环境暴露历史和主要参数的智能传感器，构建寿命模型，来预测和评估其安全性、可靠性和战备与补给状态，为在储存条件或作战环境下减少弹药过早退化和失效提供工具和方法，确保关键弹药的质量，提高对目标的首发打击效果、确保精确打击能力。

2.4 加强物流装备的顶层设计与统筹规划

如果将指挥控制当作人的"大脑"，物流装备就是人的"四肢"。通过构建优秀"大脑"，可以保证"四肢"的灵活与协调。但健壮的"四肢"如果不匹配，依然不能使物流顺畅高效。以往由于我军全系统全寿命体制机制的障碍与不足，导致弹药物流装备各管一段、一摊，装备的体系化、匹配性不够，存在标识、包装、运输方式、物资搬运设备、货物平台以及武器装备的互不兼容，在供应链节点上出现频繁的转换，需要部署各种各样的装备设备，造成补给效率低下，能力不足。因此，应充分挖掘体制改革的红利，**一方面，从全系统的角度，开展物流装备体制与体系总体设计**。克服包装、储存、运输、装载、平台各管一摊的问题，从高效无缝衔接的弹药供应保障需求的角度，统筹规划物流装备体制与体系，进行各环节和各流程的总体匹配性设计，尽量减少倒载与转换。**另一方面，从全寿命的角度，开展基于供应保障需求的弹药通用质量特性研究**。立足弹药研发阶段的保障性设计，进行通用质量特性与物流顺畅性关联性研究，充分认识弹药的物资属性，从设计和资源配套上解决其从生产厂或仓库顺畅可靠到达作战人员或武器平台的问题。再次，军方应重点加大信息技术引入的接口规范、安全认证等研究，强化需求分析与应用描述，将射频识别、态势感知、智能决策等先进技术在弹药保障中转化应用，实现弹药保障的全资可视和全程可控。

2.5　加强弹药保障体系全要素研究

弹药保障的改进不会来自一个单独的事件或创新，而是来自大量个别和不断增加的变化共同形成的有益贡献。现实中不乏好的概念、思想与理论，没有物化成技术、装备、条例、组织、训练、设施等的具体支撑，存在头痛医头、脚痛医脚，应急攻关、突击建设的现象，体系性、持续性不强，因此常常只开花、不结果。美军也强调，弹药保障能力需要"条令、组织、训练、装备、领导力及其培养、人员和设施（DOTMLPF）"各要素问题的解决并固化，才能真正形成和产生变化的效果。因此，应注重加强保障体系全要素研究，通过系统解决问题、体系形成能力，推进弹药保障工作的进步。

野战弹药库储存区布局的规划设计与应用

牛正一，高　飞，张俊坤

（陆军军械技术研究所，河北石家庄 050000）

摘　要：针对野外条件下弹药库储存区安全布局影响因素多、合理规划难的问题，在分析比较野战弹药库开设模式、确定安全标准的基础上，提出了一套典型开设模式下野战弹药库堆垛分配、储存区布局设计的方法，并结合案例对设计方法进行了验证，可为野战弹药库开设规划提供参考。

关键词：野战弹药库；储存区；布局

0　引言

开设野战弹药库，是战场上实施快速、及时、准确、可靠的弹药保障的重要手段，弹药储存区是野战弹药库的核心组成，必须按照弹药共同储存原则，依据防殉爆安全距离标准等进行科学合理的规划，才能满足安全可靠的储存防护要求。

1　储存区布局设计影响因素的分析与确定

1.1　影响因素分析

弹药储存区的基本构成是依托不同储存器材储存的弹药堆垛，其设置与布局受野战弹药库开设模式、弹药的种类数量、选择的储存手段等因素影响，可大致分为以下 3 项：①野战弹药库所保障的弹药种类与数量。不同种类弹药的管理要求、防护需求存在差异，影响弹药储存分组与堆垛数量；②野战弹药库的开设模式，即野战弹药仓库的开设方法、弹药储存方式、防护方式等。不同开设模式下，弹药储存区的设置方式有差别，规划方法也不同；③相关标准规范对安全防护、收发效率等提出的具体要求。约束了弹药堆垛的相互位置关系、间隔距离等影响储存区域大小的因素。开展弹药储存区布局分析与规划，应重点围绕以上 3 方面因素确定边界条件，制定科学的测算方法。

1.2　储存区弹药种类数量的分析与确定

由野战弹药库实施保障的弹药，应当包括以下 3 部分：①按规定由队属弹药仓库运行的弹药；②根据具体作战任务、交通条件等确定的加大储备弹药；③在作战进程中，随着战场态势发展，根据弹药损耗情况，部队申请补充的弹药。

以上三类弹药中，运行弹药是根据弹药携运行标准，由部队所配装备数量按照一定基数计算得到的弹药，运行弹药的保障是野战弹药库应具备的基本能力；加大储备弹药非必需储备，通常根据作战任务的需要和交通条件确定；战中补充弹药是在作战进程中对野战弹药库实施的动态补充。由于加大储备弹药和战中补充弹药的非必要性和不确定性，进行弹药储存区布局规划时，可采取"以保障运行弹药为主，适当增加保障余量"的原则确定弹药种类与数量。

1.3　野战弹药库开设模式的分析与确定

部队野战弹药库开设，受战斗样式及任务、保障力量组成、受敌威胁程度、战场自然地理环境等因素的综合影响，展开时机区分先于部队展开和随部队展开两种，可全部展开也可部分展开。具体到开设模式上，大致可分为 4 类：依托现有设施、构筑地下工事、以车代库和搭设地面库。

1.3.1　依托现有设施开设模式

典型方式：包括依托地形或利用民房。依托地形主要是利用天然岩洞、矿洞、隧道等作为弹药储存场所；利用民房主要是利用民用住房、厂房、仓库等设施。

优劣分析：该模式利用了现有条件，可节省人力、物力和时间消耗，提高开设效率。特别是利用天然岩洞、矿洞、隧道的方式，坚固耐久，利于储存安全。存在不足是岩洞等通风不便，易出现积水、渗漏等。

应用时机：适用于作战进程转换频繁，且弹药库展开地域范围内有便于伪装、防护的天然隐蔽物、屏障或民用设施，直接利用或适当改造后，可为野战库提供满足开设需求的有利条件。

1.3.2　构筑地下工事开设模式分析

典型方式：主要是在地面挖掘形成弹药储存空间，包括壕坑、壕沟等露天式工事或掩盖式工事。

优劣分析：该模式具有一定的防护能力和较好的隐蔽性。存在不足是工程作业量大，地下工事易坍塌、积水，开设受地形、土质、地下水位等影响大。

应用时机：适用于作战持续时间较长、位置较固定或无可依托设施等情况。部队平时野外驻训、演习等情况下，通常采取此种方式。

1.3.3　以车代库开设模式分析

典型方式：主要是直接利用运输车辆储存弹药。

优劣分析：该模式开设作业量小、效率高，转移速度快。存在不足是运输工具仅能遮风挡雨，防电磁、隔爆防护等防护能力弱，且占用大量运力。

应用时机：适用于作战进程转换快，弹药量较少，或开设人员、装备等保障条件缺乏，或地形条件复杂、施工作业难等情况。在临时性开设或转移频率高的情况下应优先选用。

1.3.4　搭设地面库开设模式分析

典型方式：主要是使用帐篷等保障设备器材在地面搭建开设弹药库所。

优劣分析：该模式开设野战弹药仓库受地形、环境等影响小，展开撤收灵活方便，可充分发挥设备器材作用。存在不足是伪装难度较大，需要配套系列保障手段。

应用时机：适用于作战持续时间长，弹药周转量大等战时环境，以及平时野外驻训、演习使用。

1.3.5　开设模式比较与确定

以上 4 类模式中，依托现有设施开设野战弹药仓库要求计划开设地域内存在基础设施条件，在野战条件下通常难以满足。构筑地下工事虽然安全防护效果较好，但开设时间长、占用人力物力多。以车代库开设野战弹药仓库占用大量运输车辆，以某部队为例，仅装载运行弹药所需的运输车辆已超出该部队编配的全部运输车辆，因此单纯依靠运输车开设野战弹药库难以实现。搭设地面库一般无可依托的现有条件，配套的保障手段种类与功能对开设效果有着直接影响。对比以上 4 种开设模式，搭设地面库对基础条件的要求最低，且该模式下开设弹药库所需保障手段基本涵盖了其他开设模式的功能需求。因此，以搭设地面库作为储存区规划设计的主要模式。

1.4　储存区规划的标准依据

经调研，大部分与野战弹药保障相关的法规标准只是对弹药携行运行、战时保障、收发效率等进行原则性的规范，难以指导部队进行实际开设。TBB 165-2003 是原总装通保部发布的野战弹药仓库设置与管理标准，其对野战弹药储存分组、防殉爆最小允许距离测算、防破坏最小允许距离测算等进行了具体规范，给出了定量计算方法。因此，储存区的规划设计以该标准为依据展开。

2　储存区布局设计的基本方法

根据上文确定的边界条件与标准依据，部队野战弹药库布局设计应当按照以下方法开展：

（1）基本信息统计。即统计确定运行弹药的品种、重量、体积等基本要素。

（2）弹药分组。即根据共同储存原则对运行弹药进行分组，并确定每组弹药的重量、体积。

（3）堆垛分配。即依据相关标准，以单个堆垛最大容量、相同种类弹药分散储存等基本要求为约束，根据弹药储存所用的帐篷、集装箱等储存器材的容积，分配弹药堆垛。具体为：按照单个弹药堆垛容量不超过 30t，且同一弹种应分别储存在两个以上的弹药堆垛内的要求，假设某组弹药重量为 M/t，体积为 V/m^3，储存帐篷的有效容积为 V_0/m^3，对弹药堆垛的分配方法如图 1 所示。图中所有除式结果向下取整。

（4）布局设计。即依据野战弹药防殉爆最小允许距离的有关标准，计算各弹药堆垛间距，合理确定堆垛位置，完成储存区布局设计。

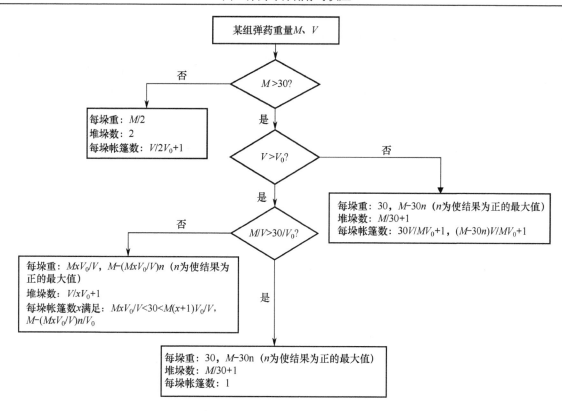

图 1 弹药堆垛分配方法

3 典型应用实例

选择部分我军现有不同种类弹药代表某部队的运行弹药，根据以上方法，进行野战弹药库储存区规划，主要步骤如下：

3.1 基本信息统计

如表 1 所示，统计弹药的品种、重量、体积信息。

表 1 弹药基本信息

弹药品种	重量/t	体积/m³
合计	197.41	352.18
1 型	0.08	0.03
2 型	0.10	0.05
3 型	0.10	0.04
4 型	1.89	4.75
5 型	11.65	61.68
6 型	3.36	11.20
7 型	4.48	13.84
8 型	24.74	32.40
9 型	24.34	52.73
10 型	14.54	26.30
11 型	10.08	17.64

（续）

弹药品种	重量/t	体积/m³
12 型	19.01	26.85
13 型	7.89	24.97
14 型	12.00	22.49
15 型	2.06	5.08
16 型	0.25	0.40
17 型	1.04	1.54
18 型	45.67	35.19
19 型	8.81	8.46
20 型	5.22	6.43
21 型	0.02	0.02
22 型	0.09	0.09

3.2 弹药分组

根据 TBB 165-2003 对野战弹药共同储存分组的有关要求，对表 1 中的弹药进行分组，分别计算该组弹药重量、体积。分组情况如表 2 所列。

表 2 弹药分组情况

弹种	储存分组	重量/t	体积/m³
1 型			
2 型	Y3	0.28	0.12
3 型			
4 型	Y4	1.89	4.75

（续）

弹种	储存分组	重量/t	体积/m³
5 型			
6 型			
7 型	Y5	52.12	144.09
8 型			
9 型			
10 型			
11 型			
12 型			
13 型			
14 型	Y7	83.32	153.04
15 型			
16 型			
17 型			
18 型			
19 型			
20 型	Y8	59.82	50.20
21 型			
22 型			

3.3 堆垛分配

根据 TBB 165-2003 标准，除 Y8 组弹药外，其他非同组弹药不得共同储存。为最大程度提高储存器材的重量、体积利用率，在计算各堆垛弹药分配时，采取先分配 Y8 组以外弹药，再根据储存器材的重量、容积余量，用 Y8 组弹药填充。以某种典型储存器材（有效容积为 26.8m³）储存弹药，根据图 1 所示方法，计算各弹药堆垛的分配情况，结果见表 3。

表 3　各堆垛弹药分配情况

堆垛编号	弹药分配		占用储存器材数量	储存器材剩余容积/m³
	重量/t	体积/m³		
合计			16	76.7
D1	Y3：0.14，Y8：28	21.6	1	5.2
D2	Y3：0.14，Y8：28	24.6	1	2.2
D3	Y4：0.9，Y8：3.9	6.3	1	20.5
D4	Y4：0.99	2.5	1	24.3
D5	Y7：29.18	53.6	2	0
D6	Y7：29.18	53.6	2	0
D7	Y7：24.92	45.8	2	7.8

（续）

堆垛编号	弹药分配		占用储存器材数量	储存器材剩余容积/m³
	重量/t	体积/m³		
D8	Y5：29.08	80.4	3	0
D9	Y5：23.04	63.7	3	16.7

3.4 布局设计

根据 TBB 165-2003，弹药堆垛防殉爆最小允许距离，按照公式（1）计算。此外，标准还规定：相邻两个弹药堆垛之间无防护屏障时最小允许距离不得小于 35m；有可靠的防护屏障时可适当缩小，但不得小于无屏障条件下防殉爆最小允许距离取值的一半。

$$R_x = 4.4 \sqrt[3]{\sum_{i=1}^{n} \alpha_i \times W_{Di}} \qquad （1）$$

式中，R_x 为防殉爆最小允许距离/m；α_i 为某弹药的 TNT 当量折算系数；W_{Di} 为某弹药（含包装）质量/kg。

根据以上原则，计算得到各堆垛的防殉爆最小允许距离如表 4 所列。

表 4　各堆垛防殉爆最小允许距离

堆垛编号	无屏障时各堆垛防殉爆最小允许距离/m	有屏障条件下各堆垛防殉爆最小允许距离/m
D1	74	37
D2	70	35
D3	38	19
D4	35（计算值为 28）	17.5
D5	86	43
D6	80	40
D7	74	37
D8	74	37
D9	70	35

根据标准要求，各野外弹药堆垛中，防殉爆最小允许距离较小的应尽量设置在弹药储存区中心，防殉爆最小允许距离较大的应尽量设置在弹药储存区周边；以及同一区域内的野外弹药堆垛应尽量错位对称布局的原则，得到储存区各弹药堆垛布局如图 2 所示，储存区总面积约为 222.5m×66.5m（堆垛间有防护屏障）。

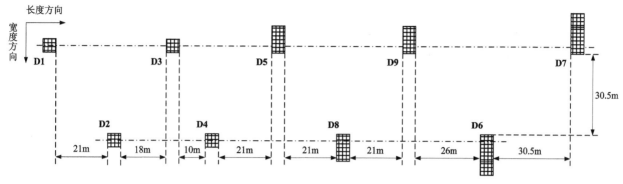

图 2　弹药储存区堆垛布局示意图

4　结束语

本文通过分析影响因素、确定开设模式与标准，提出的设计方法，可作为无依托条件下开设地面库时弹药储存区布局规划的参考。野战弹药库储存区布局的多重制约因素决定了其设计规划具有较大的灵活度，实现储存安全性、开设高效性、收发方便性的优化统一始终是野战弹药库储存区布局的目标，有待进行更加系统的研究。

基于二维条码的弹药数字化车间管理系统

郝永平[1]，曾鹏飞[2]，任凯斌[2]，刘锦春[3]

（1. 沈阳理工大学装备工程学院，沈阳 110159；2. 沈阳理工大学机械工程学院，沈阳 110159；3. 北方华安工业集团有限公司，齐齐哈尔 161046）

摘　要： 针对弹药生产过程中信息采集时效性差、信息化管理程度低和质量问题追溯困难的缺点，基于弹药标识编码技术规范，设计出了某离散型弹药数字化车间的生产管理系统。应用实例表明，该系统能够实现对弹药信息的高效采集与传输、质量问题快速定位与追溯，为实现弹药生产的数字化和信息化管理奠定了基础。

关键字： 质量问题追溯；弹药标识编码技术；弹药信息化管理

0　引言

在武器装备生产中，弹药是所有军工产品中产量最大、品种最多的一类产品。目前，弹药生产过程中的数据主要靠纸质文件和人工填写的方式存储和传递，数字化、信息化程度很低，对弹药生产过程中的数据难以进行及时有效的分析。随着信息化的发展，在弹药使用、生产、运输、存储、质量、安全、可靠性、寿命、勤务与维护、报废与销毁等全寿命周期中，实现数据的信息化、数字化、共享化、网络化是弹药生产管理的必然趋势。

近年来，二维条码因其具有存储信息量大、可靠性强、使用灵活、自由度大、成本低、信息采集速度快等特点，已被广泛应用于物流业、制造业、电子商务及共享单车领域[1-4]。本报告针对弹药生产过程中信息采集时效性差、信息化管理程度低和质量问题追溯困难的缺点，基于弹药标识编码技术规范，将二维码技术应用到了离散型弹药数字化车间的生产管理系统，并将采集上来的弹药二维条码信息全方位的应用于生产管理系统中。

1　基于弹药标识编码技术规范的弹药二维条码设计

利用弹药标识编码技术对弹药生产信息进行编码处理，不仅是实现弹药信息数字化的基础，也是实现对弹药信息高效采集与传输、监管与全过程追溯的基础。武器装备的特殊性决定了弹药生产过程中每道工序产生的信息和数据需要尽可能的被记录，对弹药进行编码的过程，就是将弹药有关信息通过条码进行存储的过程，所以在对弹药二维条码进行设计的时候需要尽量把弹药生产过程的有关信息存储到条码中，以便于对弹药从零件加工开始到成品出库进行全过程的实时质量跟踪和控制。当弹药质量出现问题时，需要通过扫描弹药条码来实现对产品的可追溯，找到问题出现的关键环节。弹药二维条码设计分为弹药二维条码主信息设计和弹药二维条码附加信息设计。

1.1　弹药二维条码主信息设计

弹药二维条码主信息设计主要包括对弹药的弹丸编码设计、弹药的引信编码设计、弹药的发射装药编码设计和弹药的包装箱（托盘）编码设计。弹药条码的主信息设计是用于对弹药生产各道工序信息和数据的存储，以便实现弹药信息的数字化、网络化和信息共享。由于弹药条码主信息设计的思想大致相同，所以本文主要以弹药的弹丸编码设计过程为研究对象。

1.1.1　弹丸编码内容与格式

弹丸编码内容主要由分类信息码、使用信息码、生产信息码、校验码 4 大部分按先后顺序排列组成。编码格式为编码共 21 位，每位分别由阿拉伯数字 0～9 构成，其中分类信息码 4 位、使用信息码 5 位、生产信息码 11 位、校验码 1 位。具体编码如表 1 所列：

表 1　弹丸编码内容及格式

第一部分		第二部分	第三部分					第四部分
分类信息码		使用信息码	生产信息码					
口径	弹丸种类	弹丸重量	批次	年代	生产厂	顺序	校验码
2 位数	2 位数	5 位数	2 位数	2 位数	2 位数	5 位数	1 位数

1.1.2　弹丸编码规则

弹丸编码设计需要符合弹药标识编码技术规范，在对弹丸编码设计的时候主要参考我国对弹药编码规范性引用文件[5-8]。

（1）分类信息码由口径、弹丸种类两部分构成。口径代码用于区分弹丸的口径，弹丸种类代码用于区分弹丸种类，分类信息码有 4 位代码组成。

（2）信息使用码信息使用码又称弹丸重量，用于显示弹丸的实际重量，有 5 位代码，位数不足时在前面补"0"。

（3）生产信息码生产信息码有 11 位代码，由批次、年代、生产厂、顺序四部分构成。生产批次划分遵循实际生产时间段相同的单位产品方可组成一个批次的原则，在规定限度内具有同一性质和质量，并在同一生产周期中连续生产出来的一定数量的产品为一批；弹丸的批次码由生产厂根据实际生产情况确定，批次有 2 位代码，用于区分弹丸的实际批次，位数不足时在前面补"0"。年代有 2 位代码，用于区分弹丸生产的年代，取 4 位年代号的后两位数。生产厂有 2 位代码，用于区分不同生产厂。顺序有 5 位代码，用于区分弹丸在同一批次中所处的顺序，弹丸的顺序码由生产厂根据实际生产

情况确定，位数不足时在前面补"0"。

（4）校验码校验码有 1 位代码，位于编码最后一位、从单元数据串的其他数字中计算出来的数字，用于检查数据的正确组成。校验码的计算方法为：

① 包含校验码的所有数字从右向左编码，分别为 1、2、3、…，21 位；

② 从第 2 位开始，所有偶数位的权数为 3，从第 3 位开始，所有奇数位的权数为 1；

③ 将对应位置的代码数字与权数相乘；

④ 定义所有乘积相加求和为

$$z = 3\sum_{i=2}^{20} x_i + \sum_{i=3}^{21} y_i ;$$

⑤ 对第 4 步的和 MOD10 求余数运算，即：

$$a = \left(3\sum_{i=2}^{20} x_i + \sum_{i=3}^{21} y_i\right) \%10 ;$$

⑥ 如果余数为 0，则校验码为 0。否则，用 10-a 为校验码。

以弹丸编码的总码 16110455003161307500X 为例，可以得出弹丸的实际信息：2016 年 123 厂生产的第 3 批 155 杀伤爆破弹弹丸，弹重 45.5kg、7500 发。具体编码如表 2 所列：

表 2　弹丸编码示例

	分类信息码		使用信息码	生产信息码				校验码	总码
	口径	弹丸种类	弹丸重量	批次	年代	生产厂	顺序	1 位数	21 位数
	2 位数	2 位数	5 位数	2 位数	2 位数	2 位数	5 位数		
实际信息	155	杀伤爆破弹	45.50kg	第 3 批	2016 年	123 厂	7500 发		
代码	16	11	04550	03	16	13	00001	4	16110455003161307500X 的形式... 161104550031613000014
代码	16	11	04550	03	16	13	00002	1	161104550031613000021
代码	16	11	04550	03	16	13	00003	8	161104550031613000038
代码	…	…	…	…	…	…	…	…	…

1.2　弹药二维条码附加信息设计

弹药二维条码附加信息设计的主要目的在于

当弹药质量出现问题时能够快速精确定位，通过弹药二维条码的扫描识别可以快速追溯到承制部门和具体责任人，进而促使工作人员加强责任心，最

终可以高质量的交付任务。弹药二维条码附加信息的主要内容有：人员身份序列号、弹药顺序号、弹药 ID、人员姓名、动工时间、完工时间、日完工数量、计划描述信息、不合格品等级等。其中人员身份序列号、弹药序列号和人员姓名用于质量问题地追溯；动工时间、完工时间、日完工数量和计划描述信息用于检测每道工序的生产进度、计划完成情况以及日工作效率；而不合格品等级则用于描述不合格品处于那个级别，以便为后续如何使用提供依据。弹药顺序号与弹药标识编码总码中的顺序项对应，是将"弹药二维条码主信息"与"弹药二维条码附加信息"关联起来的纽带。

2 系统实现的主要应用界面

系统的主要应用界面有弹药二维码生成界面和弹药二维码识别后的信息查看显示界面。弹药二维码生成界面包括弹药条码主信息二维码生成界面和弹药条码附加信息二维码生成界面；弹药二维码识别后的信息查看显示界面分为弹药主信息显示界面和弹药附加信息显示界面。

2.1 弹药二维条码生成界面

弹药条码主信息二维码生成过程是在条码制作时就固化存储了弹药的主要信息项，而弹药条码附加信息二维码是需要将弹药生产过程中产生的信息动态地加入到条形码中，但两者生成过程的原理是一样的，下面则主要以弹药的弹丸条码主信息二维码生成为介绍对象。在弹丸条码主信息二维码生成界面，只有将弹丸编码的分类信息码、使用信息码、生成信息码、校验码全部输入完整后才可对弹丸条码主信息进行二维码生成，少任何一项系统都会报错，如图 1 所示。需要输入的项都是以下拉列表的形式进行选入，以提高输入的准确性，选入的项为弹丸的实际信息，点击查看按钮会自动跳转到二维码生成界面，但在二维码生成界面是以弹丸实际信息对应的代码形式来进行显示的，点击二维码生成按钮即可生成相应二维码，如图 2 所示。

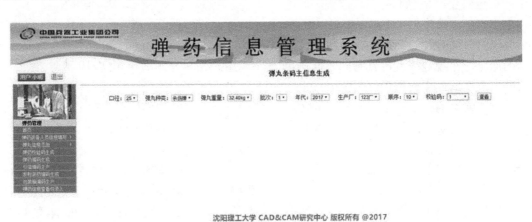

图 1 弹丸条码主信息输入界面

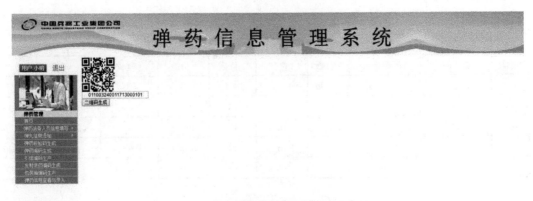

图 2 弹丸条码主信息生成界面

2.2 二维条码识别后的弹药信息显示界面

弹药信息显示界面是通过条码阅读设备识别弹药跟踪卡进而对弹药主信息和附加信息进行显示的界面。弹药主信息显示界面为弹药库存管理提供了数字化管理基础，弹药主信息显示界面有对弹药各信息项进行分类查询功能，如图 3 所示，为根据年代查询显示的弹丸信息。弹药附加信息显示界面如图 4、图 5 所示，图 4 为人员管理、计划调度管理、数据管理的综合显示界面，可为弹药生产计划管理、生产完成情况以及质量问题快速准确追溯提供依据；图 5 为不合格品管理显示界面，其中不合格内容与审理结论可为该产品的后续如何使用提供依据。

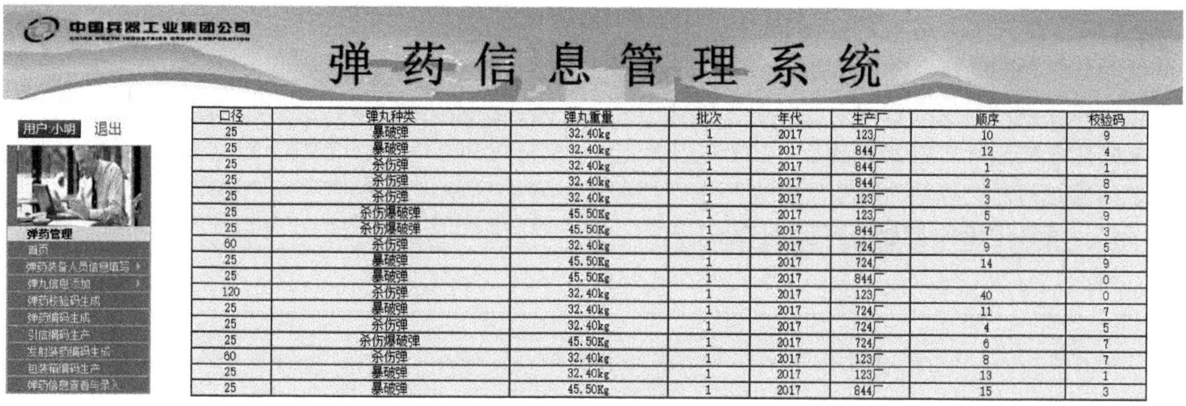

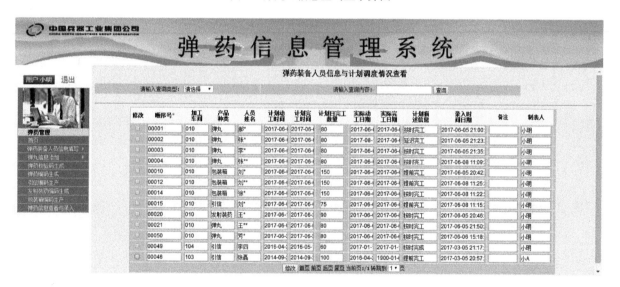

口径	弹丸种类	弹丸重量	批次	年代	生产厂	顺序	校验码
25	暴破弹	32.40kg	1	2017	123厂	10	9
25	暴破弹	32.40kg	1	2017	844厂	12	4
25	杀伤弹	32.40kg	1	2017	844厂	1	1
25	杀伤弹	32.40kg	1	2017	844厂	2	8
25	杀伤弹	32.40kg	1	2017	123厂	3	7
25	杀伤爆破弹	45.50Kg	1	2017	123厂	5	9
25	杀伤爆破弹	45.50Kg	1	2017	844厂	7	3
60	杀伤弹	32.40kg	1	2017	724厂	9	5
25	暴破弹	45.50Kg	1	2017	724厂	14	9
25	暴破弹	45.50Kg	1	2017	844厂		0
120	杀伤弹	32.40kg	1	2017	123厂	40	0
25	暴破弹	32.40kg	1	2017	724厂	11	7
25	杀伤弹	32.40kg	1	2017	724厂	4	5
25	杀伤爆破弹	45.50Kg	1	2017	724厂	6	7
60	杀伤弹	32.40kg	1	2017	123厂	8	7
25	暴破弹	32.40kg	1	2017	123厂	13	1
25	暴破弹	45.50Kg	1	2017	844厂	15	3

图 3 弹丸主信息查询显示界面

修改	顺序号*	加工车间	产品种类	人员姓名	计划动工时间	计划完工时间	计划日完工数量	实际动工日期	实际完工日期	计划描述信息	录入时间日期	备注	制表人
	00001	010	弹丸	郝*	2017-06-	2017-06-	80	2017-06-	2017-06-	按时完工	2017-06-05 21:00:		小明
	00002	010	弹丸	张*	2017-06-	2017-06-	80	2017-08-	2017-06-	延迟完工	2017-06-05 21:23:		小明
	00003	010	弹丸	李*	2017-06-	2017-06-	80	2017-06-	2017-06-	按时完工	2017-06-05 21:35:		小明
	00004	010	弹丸	张**	2017-06-	2017-06-	80	2017-06-	2017-06-	按时完工	2017-06-08 11:09:		小明
	00010	010	包装箱	刘*	2017-06-	2017-06-	150	2017-06-	2017-06-	提前完工	2017-06-05 20:42:		小明
	00012	010	包装箱	刘**	2017-06-	2017-06-	150	2017-06-	2017-06-	提前完工	2017-06-08 11:25:		小明
	00014	010	包装箱	徐*	2017-06-	2017-06-	150	2017-06-	2017-06-	按时完工	2017-06-08 11:22:		小明
	00015	010	引信	刘*	2017-06-	2017-06-	75	2017-06-	2017-06-	提前完工	2017-06-08 11:15:		小明
	00020	010	发射装药	王*	2017-06-	2017-06-	90	2017-06-	2017-06-	按时完工	2017-06-05 20:46:		小明
	00021	010	弹丸	王**	2017-06-	2017-06-	80	2017-06-	2017-06-	按时完工	2017-06-05 21:50:		小明
	00050	010	弹丸	芳*	2017-06-	2017-06-	80	2017-06-	2017-06-	按时完工	2017-06-06 15:18:		小明
	00049	104	引信	李四	2016-04-	2016-05-	60	2017-01-	2017-01-	按时完成	2017-03-05 21:17:		小明
	00046	103	引信	张磊	2014-09-	2014-09-	100	2016-04-	1900-01-	提前完工	2017-03-05 20:57:		小A

图 4 弹丸附加信息显示界面

不 合 格 品 管 理

发布日期	产品名称	产品顺序号	批次	不合格内容	审理结论	处理
2017-06-05	杀伤弹	105	1	返修	返修	删除|修改
2017-06-05	爆破弹	89	1	返修	降级使用	删除|修改
2017-06-05	杀伤爆破弹	97	1	返修	返工	删除|修改
2017-06-05	机械触发引信	53	1	改进	返修	删除|修改
2017-06-05	杀伤弹	76	1	报废	报废	删除|修改
2017-06-05	药筒发射装药	24	1	报废	报废	删除|修改
2017-06-05	药包发射装药	49	1	报废	报废	删除|修改
2017-06-05	爆破弹	120	1	返工	返工	删除|修改
2017-06-05	包装箱	95	1	报废	报废	删除|修改
2017-06-05	杀伤爆破弹	45	1	报废	报废	删除|修改
2017-06-05	模块发射装药	34	1	返修	返修	删除|修改

图 5 不合格品管理显示界面

3　结束语

本报告讲述的弹药数字化车间生产管理系统以数据库设计为支撑，以弹药数字化车间生产管理系统设计为核心，基于弹药标识编码技术实现对弹药生产过程的信息时效性采集、信息化管理与质量问题快速准确追溯功能。系统底层代码编写采用 Spring IOC 容器来实现类与类之间的依赖注入关系，以降低类与类之间的耦合度，采用 Spring AOP 动态代理机制以实现细粒度的权限控制与事务的通用逻辑。从弹药条码设计过程到弹药数字化车间生产管理系统的实现过程为以后企业实现对弹药生产数据的数字化、信息化和网络化管理奠定了基础。

参 考 文 献

[1] 张新文，李华康，杨一涛，等. 基于二维码技术的个人信息隐私保护物流系统[J]. 计算机应用研究，2016，33（11）：3455-3459.

[2] 王苏安，何卫平，张维，等. 刀具直接标刻与识别技术研究[J]. 计算机集成制造系统，2007，13（6）：1169-1174.

[3] 梁英宏，刘义春. 基于 PKI 的二维条码电子消费券及其系统设计[J]. 计算机应用研究，2012，29（6）：2161-2164.

[4] 徐鑫垚. 共享单车 App 后台管理系统的优化[J]. 电子技术与软件工程，2017（4）：80-81.

[5] GB/T 2260-2007，中华人民共和国行政区划代码[S].

[6] GB/T 10113-2003，分类与编码通用术语[S].

[7] GJB 3911-1999，通用弹药标志细则[S].

[8] GJB 3912-1999，通用弹药命名细则[S].

大口径炮弹集合包装的探讨与研究

李秉旗，刘锦春，卢凤生，于　鹏，于　衡

（兵器工业集团北方华安工业集团有限公司 123 厂）

摘　要：本文通过对我国大口径炮弹包装形式的分析，论述了现行包装形式存在的不足，根据国外弹药包装的现状和发展趋势，阐明了集合包装的优点和今后弹药包装发展的方向。

关键词：发展趋势；现状分析；包装方案

0　引言

弹药是现代战争中消耗数量最多的重要战略物资之一，弹药的质量将直接影响部队的训练和使用，直至战争的胜败。而弹药包装的质量直接关系到弹药的防护、存储和使用性能。因此，选择弹药包装形式来保证弹药运输、装卸、存储和部队的使用是至关重要的。

我国大口径弹药大部分采用原苏联产品，其包装形式、材料也沿用苏联技术，采用单发全备弹包装形式，即在一个木制包装箱内装入单发半备弹丸、发射装药、引信，以满足当时部队作战要求和人背肩扛的运输、搬运条件。随着我国弹药工业的发展和军队正规化、现代化的建设，我国大口径炮弹的品种已从单一品种向多品种、高性能的方向发展，包装材料发生了巨大变化，从传统简单的木质包装发展到钢质、工程塑料、纸等多品种，而弹药的包装形式仍一直沿用苏联的全备弹的包装形式。从军队的发展来看，弹药后勤保障系统发生了翻天覆地的变化，而大口径火炮已从牵引向自行、车载方向发展，并广泛采用弹药输送车、起重设施来运输、装卸弹药来保证火炮弹药保障，改变了传统的人工卸的落后局面。它不仅提高了工作效率，而且极大减轻了战士的劳动强度，同时也极大地提高了弹药勤务处理的安全性。所以说现行单发全备弹的包装形式已无法满足部队弹药保障的要求。因此，根据国外弹药包装发展趋势，在借鉴国外炮弹包装形式的基础上，结合部队弹药管理、使用等要求，研究开发新型包装形式——集合包装，以改变我国大口径炮弹包装的落后局面，以最大限度地满足部队的弹药管理、运输和使用要求。

1　国外炮弹包装的发展趋势

20 世纪七八十年代世界各国大力开展塑料弹药包装研究，并于 90 年代开始普遍应用于各兵种领域，在改变传统包装材料的同时对包装形式进行了探讨研究与改进。加拿大 Scepter 公司研发的工程塑料包装筒以广泛应用步兵迫击炮弹药、装甲兵弹药和炮兵弹药（见图 1）。这种塑料筒式包装既满足单兵携带又可满足集合包装要求，大大提高了弹药包装的适应性。

图 1　美军单兵弹药用工程塑料包装筒

南非 Swartklip Products 公司生产的 155mm 弹药广泛采用不同材料的托盘集合包装形式。按作战使用要求，将不同数量的裸露半备弹丸（导带有防磕碰的护环）立式放入托盘中，并采用钢带进行捆扎。这种包装形式结构简单、成本低、使用性能好

等优点，但对弹丸自身的防护性能提出了较高要求，同时托盘集合包装重量较大必须采用机械化装

卸与运输。该种包装方式的应用应与军队的弹药后勤保障能力及作战体系相配套。

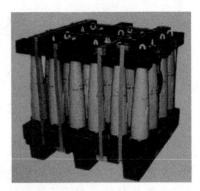

8 发、24 发半备弹丸托盘集合包装

瑞士弹药厂生产的发射装药采用塑料（或金属）包装筒+集装托盘包装形式，根据不同发射装药配置不同尺寸的包装筒，每种包装筒配有密封检测及湿度监测装置，保证出厂密封检查和贮存期间的环境温湿度的监测。从而保证了发射装药贮存期间的使用性能要求。

发射装药集装架集合包装

在满足单兵作战及机械化作战使用要求的前提下，为适应现代战争需求，弹药包装向储、运、载一体化方向发展。目前，法国的"凯撒"155mm车载炮弹药已实现储、运、载一体化（见图 5）。该包装形式满足和适应防护、运输、贮存及火炮装载的需求，实现了储、运、载全过程弹药包装不变，极大简化了弹药后勤保障工作程序，满足炮兵快速、机动作战要求。

国外已将集合托盘列为弹药的包装单元，在运输、储存物流过程中，托盘是最小的作业单元，无论小体积的引信、还是体积较大的半备弹丸、发射装药，全部实现托盘集合包装。美军集合托盘包装已成为工厂与各弹药补给站、战场之间运送弹药的主要方式，并直接采用单元组合作为部队弹药外包装和运输储存容器。

图 2　储、运、载一体化包装形式

2　我国弹药包装的现状

我国大口径炮弹主要包括 122、130、152、155 等系列产品，其中 122、130、152 产品是引进原苏联产品，产品的包装也沿用苏联的木箱全备弹包装形式。我国 20 世纪 80 年代初，重点开展了弹药包装材料以钢代木的研究，先后完成了全备弹铁笼式包装、全备弹整体式铁包装箱的研制并取得了良好的效果。20 世纪 90 年代末，开始了工程塑料弹药包装的研究工作。目前，我国多种系列弹药已先后完成工程塑料包装箱的研制与定型（见图 3），并批量生产装备军队。

内衬式结构　整体式结构　筒式结构

图3　工程塑料包装

随着弹药技术的发展，目前我国炮弹包装广泛采用工程塑料材料的包装箱，而包装形式没有改变仍延续全备弹的包装形式。针对这种包装形式，部队早已建立起一整套关于弹药调配、发放、运输、使用等一系列管理办法并一直延用至今。经过几十年的实际使用，从管理、流通、使用等方面进行分析认为全备弹包装形式主要存在以下不足。

（1）炮弹配置固定，不能根据作战需要进行选配。全备弹包装形式下，在一个独立的包装单元中（包装箱）装入的炮弹的配置（发射装药、引信）是固定的，如作战过程中打击目标变化而需要不同的发射装药、引信时，该包装形式已无法满足作战使用，尤其在目前战场机动性强、快速反应、地面目标多样化的现代局部战争条件下，全备弹包装形式的不足显得更为突出。

（2）增大流通环节的运输、装卸、搬运工作量。大大降低了流通环节的工作效率，限制了部队弹药保障系统的快速反应能力的发展。

（3）因单发包装单位小、质量轻，在公路、铁路运输中受碰撞、冲击的概率较高，易发生串位、倒垛，增加了公路、铁路运输的不安全因素。

（4）不同危险等级的炮弹部件装入同一包装箱内，在相同条件下运输、搬运和储存给部队的管理、储存带来了不安全因素。

（5）相同系列炮弹外包装外形尺寸不统一，不符合标准化要求。很难与公路、铁路运输工具相配套，降低了运输车辆的利用率，增加了运输难度，同时也给部队的弹药管理增加难度。

为满足未来现代战争对弹药保障的要求，提高部队快速反应能力，在我军弹药保障装备大幅度提升条件下，改变传统的全备弹包装形式已提到议事日程，根据作战特点和弹药使用要求应进行集合化、集装化的研究与尝试。

3　集合包装

弹药包装形式的选择一般根据各国军队的作战理念、弹药后勤保障体系及配套保障水平等综合因素来确定。目前，世界弹药包装主要有分类集合式包装和全备弹式包装两种形式，包装形式的不同也体现了北约、华约两大体系对作战、弹药后勤保障体系的理解和要求的不同。

通过上述对国内现行单发全备弹包装形式的全面分析和存在的不足，并结合国外弹药包装发展趋势，按照我国军队正规化、现代化建设的需要。根据我国大口径自行火炮系统、弹药运输车和起重装备的要求，对我国大口径炮弹包装提出集合包装研究课题。

目前，我国大口径炮弹早已淘汰传统的弹带、定心部涂油的落后防腐技术，已广泛采用全弹静电喷漆技术，药筒发射装药采用钢制密封盖的结构。这些弹药自身防护技术水平的提高，保证了弹药储存性能，大大减轻了部队的弹药勤务处理工作量方便部队使用。因此，根据现有防护水平，提出将半备弹丸、药筒发射装药、引信分别集合包装方案。

（1）8～10发半备弹丸装入木质夹板并用钢带捆扎，在弹带处配有护环以防止磕碰。

（2）与半备弹丸配套的（相同或倍数）发射装药装入密封筒（金属、塑料、纸）进行密封包装装入托盘。

（3）与半备弹丸配套的（相同或倍数）引信装入木箱后，再将数个木箱集合装入托盘。

（4）开展托盘用工程塑料材料的研究工作。

通过对上述集合包装的论证、结构设计及其他相应工作的开展，深入部队了解炮弹的分发、管理、使用等方面的要求，进而推动集合包装研究工作。

4　集合包装的优点

（1）改变传统的保障形式，大大提高了弹药的调配性。即根据作战需要，随时调配所需要的发射装药、引信。极大地增加了部队的作战能力，提高了机动性能和快速反应能力。

（2）它是保证弹药运输、机械化装卸的有效措施，提高了装卸效率，缩短了搬运时间。为部队弹药保障系统的快速反应奠定了坚实的基础。

（3）减少了搬运、装卸作业弹药的不安全因素，同时也减少了部队仓储期间的不安全因素，使弹药包装的运输性、装卸及储存更趋向合理。

（4）降低包装成本，简化弹药包装生产，提高部队仓库的空间利用率。

（5）使大口径系列炮弹包装尺寸系列化。在同一口径弹药甚至相近口径弹药的外形尺寸统一。改变传统全备弹包装外形尺寸较多的不合理局面，提高包装尺寸标准化水平。

5　结论

大口径炮弹包装采用集合托盘包装形式是我国弹药包装行业的重大变革，是实现弹药运输、装卸机械化的必由之路，是实现弹药后勤保障快速反应的必要条件。它将推动部队弹药管理、配发、发放等后勤保障工作的全面变革。

新的包装形式的产生和应用将在运输、搬运、装卸、储存和使用等流通环节会暴露出这样或那样的问题，我们将不断完善和改进，以最大限度满足流通、储存和使用要求。通过本文论述和分析，建议在某一口径系列炮弹为突破口研制集合托盘包装并经部队试用后逐步向其他产品推广，从而实现我国大口径炮弹包装集合化。

部队弹药保障技术管理工作存在的问题及对策

刘　斌，郭千富，赵亚蕾，孙会铜

（32150 部队，河南开封　475000）

摘　要：针对当前部队在实战化训练弹药保障技术管理工作中存在的主要问题，分析了原因并提出了改进的对策措施，为发挥弹药效能、避免事故发生、确保保障工作的顺利开展提供借鉴和参考。

关键词：部队；弹药保障；技术管理；对策

0　引言

随着部队实战化训练强度不断加大，武器装备动用的数量大、型号多，需要保障的弹药品种多、数量大、频度高，增加了弹药保障技术管理工作的复杂性。弹药保障技术管理工作有着很强的特殊性，目前部分单位和弹药技术保障人员，在工作中遵守弹药保障有关制度规定的自觉性、主动性还不够强，以致酿成了一些人为责任事故，造成了重大损失，给部队的安全工作和军事训练带来一定的影响。本文就部队实战化训练弹药保障，从请领、运输、检查、使用等相关技术管理环节存在的问题、原因和对策，进行分析和探讨。

1　当前部队弹药保障技术管理工作存在的问题及原因

（1）弹药请领程序执行不严格。从部队仓库请领训练弹药，需要严格按照规章制度去办理。由于使用单位对弹药相关知识、规定要求了解不全面，对弹药的型号、数量、批次、配套要求不清楚，若机关业务人员对使用单位的弹药请示报告审核不严格，易致使弹药请领时出现问题。如某型 120mm 反坦克火箭弹与其同型 A 式 120mm 反坦克火箭弹发射器不通用，两种弹不能互换使用；如某部请领 25mm 炮弹 600 发，未注明具体弹种，而 25mm 炮弹有 5 个弹种，这不仅会给弹药部门造成麻烦，甚至会导致仓库发放错误，引发射击事故。

（2）弹药运输相关规定不清楚。弹药运输时的安全管理有明确规定，装运弹药的车辆应符合运输军用危险品的要求。原总后勤部《后方军械仓库业务管理规则》（[1991]后械字第 652 号）要求，"用汽车或火车装运炮弹时，其弹轴线一般与车辆行驶方向垂直（包装箱长度超过车厢宽的除外）"。如果使用单位在组织车辆装运弹药过程中，违反弹药装载有关要求，未按要求选择行车路线和上路时机，加上机关业务主管部门在风险评估中没有充分考虑，就会增大事故发生的概率。某部违规途径市区组织的训练弹药运输，其中一辆装有某型 40mm 火箭筒破甲弹的卡车，途中突然发生爆炸，造成重大人员伤亡和财产损失。经勘察分析：该弹药技术状态复杂，装载、运输条件要求较高；装车时，少量弹药轴线与汽车行驶方向一致，加之行车路面凹凸不平，行驶中颠簸振动，造成个别弹药的引信意外解脱保险并发火，导致爆炸。

（3）实弹射击准备工作不充分。射击前准备工作包括场地的准备、弹药技术检查和弹药的整装、装定等。在组织实弹射击中，组织单位往往容易疏忽实弹射击对场地的有关要求，对弹药的技术检查不认真，对弹药元部件的装配调整不能严格要求，为事故发生埋下了隐患。如：40mm 枪榴弹不能使用 10 式 5.8mm 步枪弹发射，应选用 95 式 5.8mm 步枪弹；时-1、时-11 等引信，射击前要拔出外插保险销，电-42、迫-11 等引信需摘除保护帽，否则会造成未爆弹。

（4）实弹射击中规定要求遵守不牢靠。在实弹射击中，如果组织工作不严密，人员分工、职责不明确，安全措施落实不到位；参加射击的人员不能够遵守射击纪律和安全规则，就容易造成事故发生。某部进行某型 100mm 迫击炮实弹射击，采用 X 门火炮齐射方式，当进行到第四轮齐射时，配属三排七班的火炮炮弹底火未能正常作用，炮弹滞留在炮膛内，操炮手由于精神紧张和相邻炮位的干扰，对所装炮弹是否发射离膛未能做出准确判断，继续装填炮弹，火炮膛炸，造成 1 人死亡、3 人重伤、1 门火炮炸毁的重大事故。

（5）射击后剩余弹药、问题弹药处理不规范。工作中有少数同志安全意识淡薄，违反操作规范、工艺规程，对实弹射击后剩余弹药不能及时恢复装定、包装，密封保管标记不认真，不发火弹药的处理方法不得当，未爆弹的清理检查不彻底，出现"走捷径"、"抄小道"，甚至凭经验或盲目蛮干的现象，给弹药保障工作造成较大的安全隐患。某部进行某型 82mm 无坐力炮实弹射击，共发射破甲弹 12 发，出现 3 发未爆弹。射击结束后，由于未按规定对未爆弹进行彻底清查、销毁，其中一发被当地儿童拣拾玩弄，发生爆炸，造成 2 人死亡。

2 加强弹药保障技术管理工作的对策措施

2.1 正确请领弹药

弹药的请领应当按照"谁组织谁负责、谁使用谁请领、谁请领谁运输"的原则。其程序是：使用单位提出弹药需求，作训部门结合年度弹药消耗指标开具通知，经首长审批，弹药管理部门依据批复进行调拨，使用单位到仓库请领。弹药请领时，使用单位应明确申请弹药的型号和名称，掌握弹药与武器的配用性；弹药管理部门负责审核弹药品种、数量、批次、配套，督促检查弹药请领。

2.2 加强运输安全

弹药运输要确保安全、不出事故，需提前做好路线的规划、时间的选择，并严格执行车辆装载的具体规定。

2.2.1 要规划好行车路线

一是尽量避开城镇、村庄、工厂、学校等人员密集区。若无法避开，应错开人员高峰期，协调地方相关部门协助道路疏通，并采取安全防护措施。二是避开电厂、桥梁、隧道等大型设施及弯道、坡道等路段。若无法避开，应对桥梁的负荷，隧道的宽度及高度、弯道的弯度，坡道的坡度进行勘查，确保弹药运输车辆能顺利通行。三是选取备用路线。以备意外情况发生无法通行时，可迂回通过。

2.2.2 要组织好弹药装载

弹药装卸时严禁野蛮作业（禁止对弹药箱拖、拉、翻、滚、抛）。装车时应做到"五不一牢固"：不超高、不超宽、不超载、不混装、不顺装，装载要牢固。不超高是指弹药装载高度不超过车厢侧面挡板高度；不超宽是指不超过车厢宽度；不超载是指装载量不超过车辆载重；不混装是指要遵守弹药配载规定，如电发火弹药、黄磷弹药、炸药、雷管等火工品、危险品弹药要单独装载；不顺装是指引信与弹丸结合的弹药（37 高、57 高、火箭筒弹）、点火具与发动机结合的弹药（火箭筒弹、火箭炮弹）、单一惯性保险型引信（单一惯性保险是指仅依靠惯性解除保险，如榴-4、榴-5、电-7、40mm 杀伤枪榴弹引信和破甲杀伤枪榴弹引信）的轴线不与运输方向一致；装载要牢固是指堆垛整齐稳固，重量分布均匀，弹药箱严禁倒放、立放。弹药长途运输时，包装箱与车厢侧挡板的空隙要填充紧密，防止左右窜动。需要强调的是，不顺装是指弹药自身的轴线与车辆行驶方向要水平垂直，而不是指包装箱正面与行驶方向垂直。如 37 高、枪榴弹在箱内是与包装箱正面垂直的，装载时要注意包装箱正面朝向侧厢板。

2.2.3 加强机动途中的安全

一是安全行驶。车队要按规定的车距（不少于 50m）和行车速度（一般道路时速不超过 35km，高速公路不超过 50km）行驶。针对途中可能发生的车辆故障或交通事故，应做好相应的处置预案。

二是安全防卫。要充分认清当前的防暴恐袭击形势，提前做好防暴恐分子武装袭击的情况想定，制定相应预案，配足防卫力量。

三是正确选择中途停靠点。要远离无避雷设施的高大建筑物、高压线和孤树等，车辆之间要保持安全距离。停靠后要加强警戒，驾驶员和押运人员应对车辆和弹药的状况进行检查，禁止无关人员接近。

2.3 做好射击准备工作

弹药射击前的准备工作包括场地的准备、弹药技术检查、弹药的整装和装定 3 个方面。

2.3.1 场地的准备

部队在射击前，应该注意供弹区、射击区和

目标区的合理配置。供弹区到射击区道路应平整，在满足安全距离的情况下，尽量靠前布置，并充分利用自然或人工防护屏障做好防护。射击区要做到"一遮两避、二开阔"（"一遮"即是做好防护遮蔽，"两避"即是人员和装备要避开弹药发射后方危险区和前方脱落物抛撒区。"二开阔"是指发射带有尾翼的弹药时，炮口前方应无障碍物，保持开阔，以防尾翼受到刮碰；对于发射时有后喷物的弹药，射手后方一定距离范围内应无易燃物和遮挡物，保持开阔，以免后喷物反弹伤及射手）。不能设置遮蔽防护时，相邻射击位之间的距离、待机射手与射击位之间的距离，应大于弹药的杀伤半径。直瞄类弹药未命中目标或着角过大时，会发生"跳弹"，因此，目标区应选择在有自然遮挡物的场地内，或设置人工防护屏障，能够阻拦跳飞弹药。

2.3.2　弹药技术检查

射击前弹药保障人员应按规定进行弹药技术检查。检查时应选择合适的场地，检查人员必须按规定着装并戴手套和口罩，禁止赤手接触弹药；禁止直接在包装箱内检查，要将弹药卧放在工作台上，禁止立放。

外包装检查时从外至内、不得遗漏，锁扣别针、存好待用，卡板衬板、妥善保存，起钉适当、保护包装；引信检查时密封包装完好的不启封检查，保护帽不松动的不得旋下进行内部检查；弹丸检查前要除油，弹带接缝检查时不得强行插入缝隙，炸药面检查时使用防潮塞扳手，炸药面凸凹量检查时选择合适量规，弹丸整装引信时取消炸药和弹口螺纹检查；发射装药检查，密封包装或进行过密封处理的一般只进行密封情况检查；底火检查，装在药筒上的一般不卸下检查，有内包装的点火具，在能确认质量时不启封检查，失封的则要 100%检查。装配检查，后装炮弹检查弹丸与药筒的结合正确性，挡药板、定位板、稳定环情况，底火凹凸量情况，以及合膛情况等；迫击炮弹检查尾翼是否变形；火箭炮弹检查时，将火箭炮弹、检查用工作台和专用支架可靠接地，符合防静电技术要求。

2.3.3　弹药整装和装定

必须使用专用工具进行弹药整装，整装后的弹药平稳放在箱内，禁止弹药倒置、立放（酷热阵地上黄磷弹除外）和侧放，置于火炮侧后方喷火区以外的适当位置，防止受到炮尾焰的危害。大雨、风沙、冰雹等气候下射击时，触发引信须带冲帽；根据射表要求确定和正确调整发射装药，严禁使用超

过规定的最大号装药射击；装配迫击炮弹基本药管时，应均匀静压到位，严禁拍打和敲击。

2.4　严格射击组织

射击中组织工作要细致、周密、安全措施要落实到位，人员分工和职责要具体明确；参加射击的人员要听从指挥，遵守射击纪律和安全规则，做好防静电和防爆工作，防止发生事故。尤其要注意：一是射击中若发现影响射击的严重缺陷或致命缺陷应剔除，不得用于射击，并记入失效数；二是弹药装填完毕后，火炮或发射器前后不准有人，以防出现意外；三是每次装填弹药前，应检查炮膛内有无异物，否则不得装填射击；四是瞎火弹必须按照有关射击规程等待一段时间进行二次击发或退弹处理，若二次击发仍不发火，等待足够时间方能按要求退弹。

2.5　规范剩余弹药、问题弹药的处理

2.5.1　射击剩余弹药及发射药的处理

剩余弹药需及时恢复装定和包装，密封入库保管，并做好标记。一是引信的恢复。引信一般可重复装定，已装定并结合好的引信，应卸下并恢复原装定设置，旋好防潮帽，装入包装盒妥善密封；勤务保险销已经摘除的引信，要重新恢复。引信经过装定调整后，可能会造成密封损坏，内部火工品容易受潮失去作用，不宜长期存放，应尽快安排下次射击使用。二是弹丸的恢复。弹丸卸下引信后，要旋上防潮塞，有底排装置的要装好密封盖，防止底排药柱失效。三是药筒和发射装药的恢复。分装式弹药的药筒要盖上防潮盖、紧塞具，迫击炮弹发射装药要及时装入包装盒。弹药及元件装入原包装箱（筒、盒）储存，并做好标记，下次射击时优先使用。射击后剩余的发射药，应就地销毁。销毁前应逐个清点登记，并与所调整装药的登记核对，无误后实施就地烧毁处理。指挥员与操作人员要在登记本上签字，以备后查。

2.5.2　问题弹药的处理

（1）不发火弹药的处理。射击过程中，出现不发火弹药时，切勿立即退弹，应再击发一到两次，若仍不发火，按规定等待一定时间再退弹；若是分装式弹药，可更换药筒再次进行射击。电发火弹药不发火时，连续击发两次仍不发火，应立即关闭电源，停留一定时间后再退弹，防止迟发火伤人。出现弹丸留膛情况时，可用退弹装药（药量为正常装

药量的 2/3）将留膛弹丸射向无人区域（部队配备的铝质退弹器主要用于退训练弹，比较脆弱，实弹退膛发生过退弹器破碎的情况；部队使用自制退弹器退弹时，要用静力轻推）；迫击炮弹出现留膛情况时，勿急于倒弹，待其降温后，敲打身管数次，再慢慢将弹药倒出。

（2）未爆弹处理。对于射击中出现的未爆弹，要组织部队对落弹区认真清理、查找，发现未爆弹要做好标记，不能随意挪动，严禁敲打、分解或再用，按照相关规定就地炸毁。对于配用机电引信的未爆弹药，必须观察 24h，等待电容放电完毕，再行处理。这期间要做好安全警戒，处理时应采取防静电措施，保证人员安全。

弹药保障技术管理工作较为复杂，但有其自身规律性，落实好规定要求，做到严格具体措施，严格标准程序，严格人员遵循，就能切实发挥好弹药的作战效能，减少和避免弹药事故的发生，为部队训练工作正常开展提供有力保障。

参 考 文 献

[1] 总装备部通用装备保障部.弹药检测总论[M].北京：国防工业出版社，2000.

[2] 李金明，高欣宝，丁玉奎.报废弹药爆破销毁过程中的安全防事故措施[J].爆破，2011，09（3）：116.

[3] 中国人民解放军总后勤部军械部.弹药教材[M].北京：解放军出版社，1988.

战时炮兵弹药精确保障浅析

王立彪，任 煜

（31660 部队保障部，宁夏中宁 755100）

摘 要：文章以进攻战斗为背景，就炮兵弹药精确保障有关弹药补充控制和前送道路选择这两个问题进行了探讨。首先，对战中炮兵弹药的补充与控制问题进行了定性分析，立足解决弹药何时补，补多少的问题；其次，就前送弹药道路选择问题进行了定量分析，给出了评价指标和辅助决策算法，立足解决运输中迅速、安全、可靠的问题。

关键词：精确保障；进攻战斗；弹药补充与控制；道路选择

1 精确保障

面对汹涌而至的新军事变革大潮，世界各国军队竞相加快向信息化转型的步伐。这其中值得我们关注的是，在当今信息化战争条件下，不仅在作战行动上已经实现了精确作战，而且在装备保障上也成功地运用了精确保障新模式，不仅形成了以"精确"换时间、换空间、换优势的保障新理念，而且对传统的"粗放型"、"概略型"和"模糊型"保障方式提出了严峻挑战。正如西方战略观察家们所言，"精确保障犹如一把利剑，劈开了未来信息化战争装备保障那层神秘的外壳，并昭示了装备保障发展的新走势。"

精确保障是由美军在20世纪90年代初首先提出的，经过阿富汗战争与伊拉克战争的实战检验，取得了军事和经济上的双重效益。精确保障不但继承了传统装备保障的主要功能，而且打破原有的保障框架，强调以精确保障取代规模保障，依托信息化平台，以信息流引导物资、人员流，采取精确方式为部队提供点对点的保障，使装备保障适时、适地、适量、快速、高效，以最大的限度提高装备保障工作的效费比。

现代战争中，弹药消耗在总体上呈现"质量上升、数量下降"的趋势。但是由于我部（分）队拥有的高技术武器装备数量有限，为在进攻战斗中战胜强敌，需要对高、中、低技术武器装备进行综合运用，并形成强大的火力优势，因此将会使弹药消耗量大幅度上升，供需矛盾将进一步加剧。为使弹药在作战中发挥最大的效用，减少浪费，缓解供需矛盾，必须把精确保障思想应用于弹药补给之中，以求得到事半功倍的效果。

2 弹药补充与控制

由于诸多因素的影响，如高新武器装备的大量投入使用，战场目标防护水平的不断提高等，导致了现代战争中弹药消耗量呈几何级数增长，如20世纪50年代朝鲜战争中月平均消耗弹药19000t；六七十年代越南战争中月平均耗弹量为78000t；而90年代的海湾战争，第一天的投弹量就达19000t之多，其月平均耗弹量更达到357000t之巨，加之战场环境的复杂、突变，使弹药保障任务异常艰巨。

在进攻战斗中，炮兵部（分）队机动次数多，距离远，不可能一次性携带所需的全部弹药投入战斗，加之战斗过程激烈、紧张，战场环境复杂多变，导致短时间内弹药消耗量大。没有足够的弹药，就无法对敌实施有效的打击，还有可能造成我部（分）队被动挨打的局面，更无法达成克敌制胜的作战目的。因此，弹药补充与控制在战时装备保障工作中具有重要的地位，直接影响到战斗进程的推进与作战任务的实现。

2.1 补充时机与数量控制

补充的时机是指利于前送的客观条件，如夜暗、不良天候、战斗间隙、敌人封锁破坏的间隙，我对敌实施火力压制和我攻势行动取得效果等有利时机实施补充，以减少补充中的损失，提高补充成功率。战中能否准确地把握弹药补充的时机，要看部队是否需要弹药，以及补充的及时性对战斗产生的作用。这是衡量补充效果的关键所在。当部队需要弹药时，补充过早，容易暴露战斗企图；过迟，将贻误战机，影响战斗进程甚至战斗结局。特别地，当部队急需弹药时，不管时机是否有利，均应积极创造有利条件，迅速组织前送，不能为了等待有利时机，而置战斗需要于不顾。当部队不需要弹药时，即使时机对我有利，也不应补充。

为了保障部队一定时间内的作战需要，就必须通过补充使部队保持合适的弹药储备量。补少了，供不应求，将影响战斗行动；补多了，供大于求，影响部队机动且造成浪费。进攻战斗中的弹药储备量是以携运行量为标准来衡量的，携运行量能满足部队一天的作战需要，历次战例的统计数据表明，战中要求部队的储备量最低不可少于 1/2 携运行量。弹药补充数量控制的目标就是要通过控制消耗和补充，使部队的储备量随时随地保持在合适的区间内，保障部队能够顺利地完成作战任务。

2.2 控制方法

从前面的分析我们已经知道，弹药供应的有效控制，主要是通过控制弹药的消耗和补充来实现的。

2.2.1 控制消耗

控制弹药消耗的主要方法就是通过制定消耗限额来进行总量控制。我军早在抗美援朝战争时期就曾规定攻歼敌一个排消耗炮弹 1800 发，攻歼一个连为 3100 发，攻歼一个营为 7500 发。消耗限额一经确定，就应严格执行，当情况发生重大变化，原定的限额不能满足作战需要时，可由参谋部门与保障部门共同研究，及时报请首长追加限额标准，经批准后作必要调整。历次战役资料表明，科学制定消耗限额对有计划地组织弹药供应，保证储备是有效的。

2.2.2 控制补充时机

在这里，我们假定整个作战过程中弹药消耗的速率是固定不变的且弹药的补充是瞬时完成的（即不考虑弹药补给的延时性）。以一次进攻战斗中，某建制炮兵单位弹药储备量变化为例，说明战中弹药补充时机控制方法，如图 1 所示。

为使控制效果最佳，根据需要和以往经验数据，在 Q_{max} 和 Q_{min} 之间确定视补线（$Q_{视}= 0.8 Q_{携}$）

和急补线（$Q_{急}= 0.67 Q_{携}$），从而把储备量划分为 3 个区间，分别为不补区（$Q_t > Q_{视}$）、视补区（$Q_{视} \geq Q_t > Q_{急}$）、急补区（$Q_t \leq Q_{急}$）。

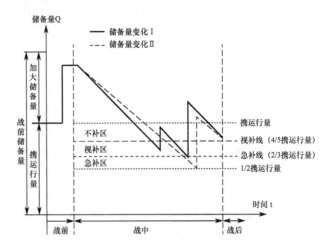

图 1　进攻战斗弹药供应控制示意图

从图 1 中可以看到，战斗开始后，弹药随之开始消耗，储备下降，当储备量大于视补线而处于不补区时（$Q_t > Q_{视}$），不论何种情况都不补充；当储备量降到视补线以下但在急补线之上时，也就是处于视补区时（$Q_{视} \geq Q_t > Q_{急}$），若情况有利则进行补充（如图中储备量变化曲线 I），若情况不利则不补充（如图中储备量变化曲线 II）；当储备量降到急补线之下时（$Q_t \leq Q_{急}$），由于部队处于交战中，随时都要准备应付各种突发事件，所以无论情况是否有利，都必须立即进行补充。

2.2.3 控制补充数量

每次补充数量的确定主要根据补充时相关部门所掌握的部队现有储备情况，并考虑补充过程中的损失和部队的消耗。所以

$$C_{补}=Q_{携}-Q_t+(0.1\sim0.2\ 基数)$$

这样，通过每一次补充后，部队的弹药储备量基本上可以维持在携运行量上下，既可保证部队一定时间内的作战需要，又不至于造成弹药的积压和浪费。

3 道路选择

3.1 评价指标

依据精确保障中有关道路运输迅速、安全、经济、方便的要求，提出以下 3 个评价指标：

安全系数：保障弹药运输的安全、可靠是完成弹药运输任务的前提，也是弹药运输中必须考虑的重要影响因素。制约该系数的因素包括道路环境与

受敌威胁程度。道路环境是指由于道路本身的客观行驶环境对弹药运输安全的影响，如道路所在地域特征（高原、山地、沼泽地区等）、道路状况（公路等级）、天候情况（浓雾、多雨等）、路面易毁程度及遭破坏后的恢复运输能力。受敌威胁程度是指遭敌打击、骚扰的可能性大小，主要取决于运输线路的隐蔽性。隐蔽性好的线路能使运输车队尽可能少的遭敌打击并使车队尽可能减少在敌火力可能打击范围内逗留的时间，隐蔽性与运输线路所处的地形、植被、气象条件及部队的伪装措施、伪装技术有关。

前送距离：进攻战斗中，时间就是生命。寻找快捷的前送路线始终是道路优选决策所追求的目标。在满足其他条件的同时，应着重考虑前送距离的远近。

运输耗费：是指将一定数量的军用物资输送到指定地点的各种消耗，包括燃料消耗、保障消耗等。燃料消耗与行车速度、道路状况有关，对于每一种特定的车型、特定的路况都有额定车速，在此车速下行驶油耗最低，车辆磨损最小。

3.2　辅助决策算法

我们采用较为简单的灰色关联分析法来进行道路定量优选。

3.2.1　步骤

（1）确定评判因素，给出评判因素的定量评价。记 i 表示道路，j 表示评判因素，$F_i(j)$ 表示第 i 条道路的第 j 个评判因素的定量评价，由经验丰富的装备保障指挥员（时间允许的情况下可由专家）运用模糊评价的方法给出。量化标准（这里采用 9 分制）：好/9，较好/7，一般/5，较差/3，差/1，不确定者可取中间值。

（2）数据处理。首先用满分值（9 分）去除每一个评判分值，得到归一化的定量评价表。再用 1 减去表中的每一个值，得到新的评判矩阵，然后在其中遍历求出最大值与最小值，分别记为 δ_{min} 和 δ_{max}。

（3）求关联系数和关联度。关联系数记为 $\zeta_i(j)$，其数学表达式为

$$\zeta_i(j) = \frac{\delta_{min} + \rho\delta_{max}}{\delta_i(j) + \rho\delta_{max}}$$

式中，ρ 为分辨系数，通常取 $\rho = 0.5$。

关联系数在（0~1）之间取值，其值越大，表明该道路满足各指标的程度越高。

两个因素间关联性大小的度量，称为关联度。由上式可以看出，在比较的全过程中，关联系数不止一个。因此，我们取关联系数的平均值作为全过程比较的关联程度的度量。关联度记为

$$\mu_i = \frac{1}{n}\sum_1^n \xi_i(j)$$

式中，n 为评价因素个数。根据关联度的大小进行排序，从而确定出各待选道路的优选次序。

3.2.2　应用

假设某次进攻战斗中，装备指挥员决心进行前送弹药补充，现有待选前送道路 6 条，记为：F_1～F_2，考虑安全系数、前送距离、运输耗费这 3 个评判指标。

各指标的定量评价值如表 1 所示。

表 1　各指标的定量评价值

道路	评判指标		
	安全系数	前送距离	运输耗费
F_1	7	7	5
F_2	7	5	9
F_3	9	7	7
F_4	5	5	7
F_5	7	9	7
F_6	3	5	7

按照相关步骤，利用灰色关联分析法进行前送道路选择的结果为：$F_3 = F_5 > F_2 > F_1 > F_4 > F_6$。排序结果说明道路 3 和道路 5 优于其他待选方案，可选为前送道路。

4　结论

现代作战强调保障信息化，而保障信息化的最终结果是实现精确化保障，精确化弹药保障是与基于信息系统体系作战相适应的保障形态的描述，以充分发挥信息优势在装备保障领域的作用为主线，凭借信息技术完成传统松散性装备保障结构模式，向全军装备保障高度一体化的保障结构模式的转变，实现从战略到战术全军"无缝衔接"的大保障系统；通过"信息流"使"物资流"集约化、社会化、远程化、智能化，部队战斗到哪里，弹药保障就精确地"适时、适地、适量"保障到哪里，以作战部队为中心，实施高效的主动配送保障。

通过提高安全储备量，缩小储备量的控制区间，以此尽可能地弥补消耗和补充过程中的随机性给弹药供应决策带来的困难，基于这一思路，可以有效解决战中弹药补充时机与数量控制的问题，其特点是少量多批；通过道路选择评估指标的初步建立结合相关辅助决策算法，可以进一步有效解决战中弹药的前送问题，至此，进攻战斗炮兵弹药精确保障有关弹药何时补，补多少，怎样补等相关问题得到了有效地解决。

参考文献

[1] 赵武奎. 装备保障学[M]. 北京：解放军出版社，2003.

[2] 肖贞堂 张兴业. 战术装备保障学[M]. 北京：国防大学出版社，2001.

[3] 赵太平，汪伦根. 装备技术保障指挥学[M]. 北京：解放军出版社，2005.

[4] 宋太亮等. 装备综合保障实施指南[M]. 北京：国防工业出版社，2004.

[5] 邓聚龙. 灰预测与灰决策[M]. 武汉：华中科技大学出版社，2002.

[6] 蔡美德. 预测与决策[M]. 北京：科学技术出版社，1992.

后方仓库弹药储备模式研究

康　健，王爱义，柏树强，刘　广

（72889 部队，河南新乡　453636）

摘　要：后方仓库弹药储备是否合理，直接影响着弹药保障效率和战斗进程。在分析后方仓库现行弹药储备存在问题的基础上，运用系统思维理论和最优化算法，从使命任务、库容面积、效益效能 3 个方面构建新型的弹药储备模式，为后方仓库弹药储备规模的计算提供理论依据。

关键词：后方仓库；弹药；储备；模式

0　引言

随着信息技术的进步和发展，现代战争的形态与作战样式发生了一系列深刻变革，作战部队对弹药的需求聚焦于多样化、多变化、适量化、及时化和精确化，为保障战时弹药适时、准确、适量的供应，合理布局、精确储备是关键。后方弹药仓库作为弹药物资的储备基地，担负着战略、战役弹药物资的储备和供应保障任务[1]，其储备布局是战场弹药物流系统的重要组成部分，是提高战斗生成力的重要保证。后方仓库现行的弹药储备结构与信息化战争条件下弹药精确化保障的特点和要求不相适应，制约着弹药保障力生成的提高，迫切需要尽快得到解决。因此，通过综合考虑影响弹药储备的诸多因素，构建新型的后方仓库弹药储备模式，科学规划储备布局结构，合理确定储备品种和数量，对提升弹药保障综合效能具有十分重要的军事和经济意义。

1　后方仓库现行弹药储备存在的问题

1.1　旧式弹药储备规模过于庞大

战争条件下，以及军事训练和演习，作战力量多元，作战强度大，弹药需求的品种较多、消耗的速度较快和强度较高。为应对战争条件下弹药消耗的速度和强度，以及为满足部队的正常训练、实战化演练，后方仓库储备的弹药品种较为齐全、数量较多。这种弹药储备模式在一定时期内在提升部队的作战能力、战略威慑、遏制战争等方面发挥过积极的重大作用。但是，随着科技的进步，战争形态的演变，和平时期将长期存在，弹药储备规模较大，数量众多，供过于求，占用绝大部分后方仓库的库容，导致诸多新型弹药储存空间不足，储存数量较少，消耗后不能及时补充供给，供不应求，严重制约着新型弹药战斗力的生成。

1.2　弹药保障目标范围着重点线

我军现有后方弹药仓库绝大多数在 20 世纪六七十年代建立，并依据所归属于大军区来确定其保障目标和范围，保障目标多为本军区单一兵种，保障范围多为本军区部队。随着军区的撤销，战区的成立，作战部队的移防调整，联勤保障部队的组建，多兵种全要素跨区立体作战演练已经成为新常态，原有的后方弹药仓库配置布局已经不能完全适应新时期我军备战的需求和现代战争对弹药保障的需求，急需重新论证，从战备物资预置预储等级规模结构出发，合理规划后方仓库弹药储备布局结构，由点线扩展到面，从而显著提高军事行动保障的时效性，以及保障效果的有效性。

1.3　经济效益作战效能考虑不足

随着武器装备的更新换代，一些旧式弹药被淘汰，由于其数量较大，占据库容较多，再加上现有弹药报废销毁机制的制约，不能够及时腾出库容，造成库容的极大浪费。在储存数量越多越好的现行弹药储备模式下，一些新型信息化弹药储存的数量较多，但是由于信息化弹药储存寿命短、制造价格高、消耗速度较慢等因素影响，导致经常出现储存寿命到期而信息化弹药却未能消耗完毕，仍有一半以上弹药储存在后方弹药仓库，造成较大的经济损失。大批量的弹药储存在后方弹药仓库，而后方弹药仓库多处于山区，道路狭窄且为单行道，洞库站台面积小，多台运输车不能同时停靠装卸。遇到战时弹药紧急收发与保障时，由于弹药存放过于集中，不能从多个方向、多个层面、多点保障、多种渠道供应弹药，导致弹药战时供应十分缓慢，极大地制约着战时弹药保障效率的提升。

2 新型的后方仓库弹药储备模式设计与分析

新型的后方仓库弹药储备模式基本构成和逻辑关系如图 1 所示。主要由使命任务、库容面积和效益效能 3 个部分组成。后方仓库弹药储备综合考虑上面 3 个部分的影响，运用系统思维理论[2]，采取最优化算法[3]，合理确定弹药储备布局和数量。

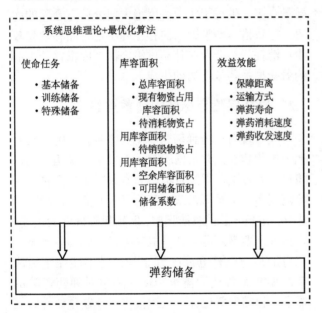

图 1　新型的后方仓库弹药储备模式基本构成和逻辑关系

2.1　使命任务

在部队规模结构和力量编成改革完成后，依据后方弹药仓库的编制和地理位置，以及其所保障的重点方向、重点地区、重点部队的地理位置分布和交通运输保障条件，及时修订完善后方弹药仓库的使命任务，形成与作战任务相协调、与作战需求相配套的弹药储备保障结构。

后方弹药仓库的使命任务可分为 3 类：基本储备、训练储备和特殊储备。基本储备是应对战争初期需求、保持军队战略威慑的一种储备方式，体现了作战潜力和威慑能力，与军队现有兵力、兵器规模相适应，具体又可区分为战略储备、战役储备、战术储备。战术储备主要是满足部队遂行首次作战消耗需求，战役储备主要满足战役初期消耗需求，战略储备主要满足战争期间机动支援保障需求[4]。训练储备是为满足正常军事训练、演习、业务消耗和执勤的周转型储备方式，体现训练强度、水平和能力，与军事训练大纲要求的相关标准一致，遵循用旧存新原则，可依据计划定期由基本储备中轮转。特殊储备是保障军队可能面临的作战需求而建立的经常性战略预置储备方式，体现未来作战保障准备的水平，与当前的战略形势和军事斗争准备任务相适应。特殊储备具有明确的保障方向、保障对象，战时用于满足各方向作战保障需要，恢复和保持基本储备。如某后方弹药仓库的基本储备是南海、东海海域及其沿海担负任务海军、空军、防空部队、警备部队、特种部队所需弹药物资的预储预置；某后方弹药仓库的特殊储备是中朝方向、中印方向，以及新疆地区、西藏地区担负任务部队所需弹药物资的预储预置。

2.2　库容面积

库容面积是决定后方仓库弹药储备品种和数量的关键因素。库容面积大，则可储备的弹药品种和数量较多；库容面积小，则可储备的弹药品种和数量较少。

在计算后方仓库弹药储备时，必须用到 2 种库容面积，即总库容面积 $S_总$ 和现有物资占用库容面积 $S_占$。鉴于后方仓库库容面积处于动态变化之中，为充分利用库容，使弹药储备效益达到最大化，还需考虑待消耗物资占用库容面积 $S_消$ 和待销毁物资占用库容面积 $S_销$。$S_消$ 是指执行正常军事训练、演习等任务需消耗弹药所占用库容面积，$S_销$ 是指已经报废需调运至销毁站进行销毁处理的弹药所占用库容面积。$S_消$ 和 $S_销$ 一般依据历年相应数据和本年度上级下达的任务而定，无特殊情况，一般呈线性变化，变化幅度不大。

后方弹药仓库空余库容面积 $S_空 = S_总 - S_占 - S_消 - S_销$。鉴于后方弹药仓库长期储备规划，空余库容面积 $S_空$ 不可全部用于弹药储备，因此，后方弹药仓库可用储备面积 $S_储 = K \cdot S_空$。其中，K 为储备系数，结合后方弹药仓库历年储备具体情况和实际经验，一般取值 0.5 较为合理。

2.3 效益效能

对于后方弹药仓库来说，储备量过小，会导致消耗时难以及时供给，而储备量过大，会导致费用的急剧增加。为使弹药的经济效益和作战效能最大化，需着重考虑影响弹药效益效能发挥的因素：保障距离、运输方式、弹药寿命、弹药消耗速度、弹药收发速度，并在这些影响因素中，寻求一个最佳动态平衡点，以期得到最佳的效益效能。

（1）保障距离是指后方弹药仓库距离所保障部队的路程。从经济效益方面来讲，距离较近的部队所用弹药，可以多储备些；距离较远的部队所用弹药，可以按需储备。

（2）运输方式分为公路运输、铁路运输、水路运输，一般采用公路运输和铁路运输。公路运输一般为小批量运输，运输速度较快，多为部队训练用弹，储备量可以多些；铁路运输一般为大批量运输，运输距离较远，多为跨区演练或特殊作战用弹，储备量相应少些。

（3）弹药寿命是指弹药的储存寿命。弹药寿命在一定程度上对弹药储备量和弹药效益效能产生重要影响，如果弹药寿命相对较短，则意味着弹药难以大量长期储存。例如，某型号弹药寿命为 10年，且价值高昂，则该种弹药就不能大批量储备，否则一旦在储存期内不能全部消耗，容易造成较大的经济损失。如果弹药寿命较长，且为部队主要用弹，则可以加大储备量。

（4）弹药消耗速度包括弹药的正常训练消耗和报废销毁消耗。对于正常训练消耗来说，依据军事训练任务，消耗速度快的弹药，应多储备；消耗速度慢的弹药，应少储备。对于报废销毁消耗来说，因武器装备更新换代，或者该弹药使用中发现有缺陷，应不再储备。

（5）弹药收发速度主要是指弹药的应急保障速度。考虑到弹药装卸和运输的特殊性，其运输速度不能超过应有的限定值，同时洞库内现有弹药的包装尺寸、堆码情况、集装化程度等因素也会影响到具体的装卸时间。因此，收发速度主要以弹药运输时间和装卸时间来体现。从经济效益和作战效能方面考虑，收发速度越快越好。

参 考 文 献

[1] 康健. 后方弹药仓库战时弹药保障模式研究[C]. 弹药导弹保障理论与技术论文集，2015，387-389.

[2] 王海兰，赵道致. 用系统思维理论构建战备物资预置预储体系[J]. 系统科学学报，2016，24（1）：80-83.

[3] 高德宝. 数学模型在最优化方法中的应用综述[J]. 装备学院学报，2008，（4）：106-107.

[4] 姚恺，郭世贞，傅孝忠，等. 弹药实物储备规模控制模型构建[J]. 装备学院学报，2016，27（1）：52-56.

一线弹药仓库布局及供应分配优化设计

牛正一[1]，师永强[2]，张俊坤[1]

（1. 陆军军械技术研究所，河北石家庄 050000，2. 69210 部队，新疆喀什 844000）

摘　要：围绕军民融合背景下提高弹药供应保障效能的新需求，针对一线弹药仓库布局及供应分配的优化问题，以弹药供应保障需求为出发点，综合考虑保障工作的成本支出，提出一种兼顾保障成本和军事效益的综合分析模型，为科学规划军地资源在弹药供应保障领域的发展建设提供参考。

关键词：弹药；仓库；布局；分配；优化

0　引言

一线弹药仓库作为弹药供应保障机构的关键节点，其位置、数量、弹药分配方式等对弹药供应保障的精确性、时效性等具有直接影响，研究一线弹药仓库布局及分配的优化，对于提高面向战场的弹药供应保障能力具有重要的现实意义。

1　研究现状

仓库布局的决策问题，需要根据供应保障实际，建立模型进行求解分析。多数研究以民用仓库为对象，以控制成本支出为根本目标开展分析[1-3]，以期实现经济效益的最大化。军用仓库的固有军事属性，决定了其布局与分配模式不仅需要考虑经济利益，更应注重军事效益。围绕此类问题，有的研究从供应链角度宏观提出了后方仓库群的布局优化方法[4]；有的则根据仓库储量、储存环境等因素，设定安全度、及时度等综合性目标进行建模分析[5]，这些研究为弹药仓库的优化布局研究提供了思路。

依托现有条件是弹药供应保障特别是野战条件下保障的重要方式，利用民用物流资源进行弹药存储与运输，能够充分发挥其点多面广、机动灵活的特点优势，为弹药供应保障提供有力支撑。随着军民融合国家战略深入推进，飞速发展的现代物流技术和日益完善的民用物流设施，为面向全域机动

的弹药供应保障能力提升提供了新空间。如何优化军地资源配置，最大程度提高供应保障效益，是弹药仓库布局及供应分配研究面临的新问题。为此，本文在分析弹药供应保障流程的基础上，从节约物流成本和确保弹药保障效益的综合角度出发，提出一种分析模型，为利用军地资源优化弹药仓库布局与分配提供思路。

2　问题提出

弹药仓库布局，是受军事战略方针、部队编成、弹药储备等综合因素影响，涉及战略、战役、战术等多维度的系统性问题，需要从全局角度进行系统规划设计。一般来讲，军用仓库可根据保障任务界面分为战略（三线）仓库、战役（二线）仓库和一线仓库。一线仓库前与战术单元即作战部队衔接，后与处在战役纵深的二线弹药仓库衔接，是供应保障机构的末端节点，设置相对灵活，便于根据保障任务进行选择与调整，本文主要围绕一线弹药仓库的布局优化与供应模式开展研究。

如图 1 所示，二线弹药仓库、一线弹药仓库、部队间的弹药供应关系为：一线弹药仓库可向部队进行弹药补给；二线弹药仓库既可向一线弹药仓库补给弹药，也可越级直接供应部队；作战部队之间不产生弹药流动；一定区域内，同一弹药仓库可向多个目标实施弹药供应，同一单位可有多个弹药供应来源。

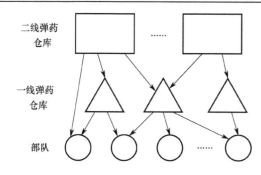

二线弹药仓库

一线弹药仓库

部队

图1 弹药供应关系示意图

研究一线弹药仓库布局与供应分配，主要考虑以下问题：一是一线弹药仓库的数量、地点与规模，二是一线弹药仓库的保障范围与弹药供应量，三是二线弹药仓库向一线弹药仓库和部队的供应量。为使模型贴近实际并便于建立，设定各层级间的弹药供应满足以下条件：

（1）弹药物流方向按照图1所示进行，不出现倒流或同一层级间的相互补给，且各层级装卸、储存能力充足。

（2）在图1所示保障行为外，一线弹药仓库、二线弹药仓库的存储量保持不变。

（3）运输费用与运输量成正比，且各节点间的运费率相同。

（4）总费用包括仓库之间、仓库与部队之间的弹药运输费用，仓库的建设费用，弹药储存保管以及进出库的装卸搬运费用。

3 分析与建模

上文已指出，开展军民融合背景下弹药仓库布局与分配优化研究需要对经济效益与军事效益进行综合分析。从保障成本角度出发，应对保障过程中的各项支出进行严格控制；立足军事需求设计仓库布局，主要注重实现供应保障效能的最大化。因此，下面分别围绕保障成本最小与基于保障效能最大建立目标函数模型。

3.1 符号定义

对目标函数模型中的符号定义如下：c 为运费率（单位：元/（t・km））；D_{ij}、D_{ik} 分别为二线弹药仓库 i 与一线弹药仓库 j、部队 k 之间的距离，D_{jk} 为一线弹药仓库 j 与部队 k 之间的距离；C_j^1 为一线弹药仓库 j 的单位进库费用（单位：元/t）；C_j^2 为一线弹药仓库 j 的单位出库费用（单位：元/t）；C_j^3 为一线弹药仓库 j 的单位储存保管费用（单位：

元/t）；C_j^4 为一线弹药仓库 j 建设投资的分摊值；X_{ij} 为二线弹药仓库到一线弹药仓库的供应量；X_{jk} 为一线弹药仓库到部队的供应量；X_{ik} 为二线弹药仓库到部队的供应量。

$M = \{1, 2, \cdots, m\}$、$N = \{1, 2, \cdots, n\}$、$P = \{1, 2, \cdots, p\}$ 分别为二线弹药仓库、一线弹药仓库与部队的下标集合。

3.2 决策变量说明

对一线弹药仓库设定决策变量 $I_j (j \in N)$，当某个一线弹药仓库作为弹药供应网络的节点时 $I_j = 1$，否则 $I_j = 0$。

3.3 基于成本最小的目标函数建立

建立基于成本最小的仓库布局及弹药分配模型的主要思路是，围绕弹药供应保障流程中的各项支出，计算弹药供应保障过程中各项成本之和，使之在一定约束条件下最小。就部队自身保障来讲，弹药的储存保管、装卸搬运等费用一般不做计算；但是对于民用仓库来讲，其建设费用、运营支出等是计算保障成本的重要组成。因此，弹药保障成本应计算弹药运输、装卸搬运、储存保管、基础设施建设等系列费用。

根据以上基本分析，建立基于成本最小的目标函数为

$$\min U = \sum_{i=1}^{m} \sum_{j=1}^{n} cD_{ij}X_{ij} + \sum_{j=1}^{n} \sum_{k=1}^{p} cD_{jk}X_{jk} + \sum_{i=1}^{m} \sum_{k=1}^{p} cD_{ik}X_{ik} +$$
$$\sum_{i=1}^{m} \sum_{j=1}^{n} C_j^1 X_{ij} + \sum_{j=1}^{n} \sum_{k=1}^{p} C_j^2 X_{jk} + \sum_{i=1}^{m} \sum_{j=1}^{n} C_j^3 X_{ij} +$$
$$\sum_{j=1}^{n} C_j^4 I_j$$

（1）

式（1）右侧各项分别表示：

① 二线弹药仓库至一线弹药仓库的运输费用；

② 一线弹药仓库至部队的运输费用；

③ 二线弹药仓库至部队的运输费用；

④ 一线弹药仓库的进库费用；

⑤ 一线弹药仓库的出库费用；

⑥ 一线弹药仓库的储存保管等管理费用；

⑦ 一线弹药仓库的建设分摊费用。

3.4 基于保障效能最大的目标函数建立

建立基于保障效能最大的仓库布局及弹药分

配模型的主要思路是，根据物流场理论，计算弹药仓库对各部队的作用力之和，使之在一定约束条件下最大，实现最优的保障效能。

根据物流场理论[6]，一线弹药仓库 j 在部队 k 处的场强为

$$E_{jk} = K \frac{V_j}{D_{jk}^2} n$$

式中，E_{jk} 为一线弹药仓库 j 在部队 k 处的场强；K 为物流因子，是指影响物流场强度的各类因素，在此类问题中包括交通条件、地理位置、自然条件等，是以上因素的综合加权值，可通过建立一套评价标准依靠专家经验法确定；n 为单位方向适量，大小为 1，方向为物流量方向。则一线弹药仓库 j 对部队 k 的作用力为

$$F_{jk} = X_{jk} E_{jk} = K \frac{X_{jk} V_j}{D_{jk}^2} n$$

理论来讲，各部队均应选择对其作用力最大的仓库作为弹药供应保障来源，但受仓库容量等限制，该方案并不可行。因此，取保障范围内弹药仓库对部队的总作用力最大建立目标函数：

$$\max F = \sum_{i=1}^{m} \sum_{k=1}^{p} F_{ik} + \sum_{j=1}^{n} \sum_{k=1}^{p} F_{jk}$$

式中，F 为总作用力；F_{ik} 为二线仓库对部队的作用力，F_{jk} 为一线仓库对部队的作用力。

3.5　综合目标函数模型建立

综合考虑成本最小和作用力最大两个目标，建立综合目标函数模型如下：

$$\min U = \sum_{i=1}^{m} \sum_{j=1}^{n} C_{ij}^1 X_{ij} + \sum_{j=1}^{n} \sum_{k=1}^{p} C_{jk}^2 X_{jk} + \sum_{i=1}^{m} \sum_{k=1}^{p} C_{ik}^3 X_{ik} +$$

$$\sum_{i=1}^{m} \sum_{j=1}^{n} C_j^4 X_{ij} + \sum_{j=1}^{n} \sum_{k=1}^{p} C_j^5 X_{jk} + \sum_{i=1}^{m} \sum_{j=1}^{n} C_j^6 X_{ij} +$$

$$\sum_{j=1}^{n} C_j^7 I_j$$

$$\max F = \sum_{i=1}^{m} \sum_{k=1}^{p} F_{ik} + \sum_{j=1}^{n} \sum_{k=1}^{p} F_{jk}$$

3.6　确定约束条件

假设 V_i 为二线弹药仓库的容量，V_j 为一线弹药仓库的容量，R_k 为部队弹药需求量，弹药供应据保障应满足以下约束条件：

（1）$V_i - \sum_{j=1}^{n} X_{ij} - \sum_{k=1}^{p} X_{ik} \geq 0(i=1,2,\cdots,m)$，表示

二线仓库对一线仓库与部队的弹药供应量之和不能超过其容量；

（2）$B_j - \sum_{i=1}^{m} X_{ij} \geq 0(j=1,2,\cdots,n)$，表示二线仓库对一线仓库的物资供应量不能超过一线仓库容量；

（3）$B_j - \sum_{k=1}^{p} X_{jk} \geq 0(j=1,2,\cdots,n)$，表示一线仓库对部队的物资供应量不能超过一线仓库容量；

（4）$\sum_{i=1}^{m} X_{ik} + \sum_{j=1}^{n} X_{jk} - S_k \geq 0(k=1,2,\cdots,p)$，表示二线仓库与一线仓库对部队的弹药供应量之和要满足部队需求量；

（5）$X_{ik} \geq 0, X_{jk} \geq 0(i=1,2,\cdots,m; j=1,2,\cdots,n; k=1,2,\cdots,p)$，表示弹药供应流向的单一性。

3.7　求解方法

建立的综合目标函数模型为一个多目标规划问题，求解该类问题的非劣解，通常采取将多目标规划问题转化为单目标规划问题处理。因此，可将综合函数模型的其中之一作为约束条件，利用专业规划分析软件求解。

4　结束语

本文围绕一线弹药仓库布局及供应分配，分析了弹药供应保障流程，从综合考虑军事效益和经济效益的角度出发，提出了分析模型，为促进军地保障资源协调一致、相互支援，推动军民融合背景下弹药供应保障能力提升提供了参考。

参 考 文 献

[1] 李婷，胡庆东，张国英，马湘. 电力物资仓库布局选址问题研究[J]. 物流科技，2006，7：62-65.

[2] 冯梅，成耀荣. 钢铁企业仓库布局优化及物流量分配研究[J]. 武汉理工大学学报，2010，32（11）：126-129.

[3] 张来顺，尚振锋. 联勤保障一线仓库布局优化分析[J]. 火力与指挥控制，2011，36（1）：37-39.

[4] 黄童圣，李良春，孙士泽. 基于装备物流供应链的后方军械仓库布局优化[J]. 包装工程，2010，31（5）：109-111.

[5] 沈浩，孙琰，卢宏锋. 战场弹药储备布局探索性分析决策方法[J]. 军械工程学院学报，2007，19（2）：13-17.

[6] 汤银英. 物流场理论及应用研究[D]. 西南交通大学，2004.

基于模糊综合评判法的弹药消耗预测模型研究

刘大可，刘学银，闫　浩

（陆军装甲兵学院蚌埠校区，安徽蚌埠 233050）

摘　要：弹药消耗预测是弹药保障的前提，是科学筹划弹药保障方案的关键。首先对弹药消耗特点进行分析并建立了评判因素集，然后确立了备择集以及单因素评判矩阵，并通过层次分析法得到权重集，最后依据模糊运算得模糊综合评判集，并对某类弹药的消耗进行了预测。该模型解决了弹药消耗预测中定性因素与定量因素同时存在造成的干扰，为弹药消耗预测提供了一定借鉴。

关键词：模糊综合评判法；弹药消耗；预测；评估模型

0　引言

弹药作为重要的作战物资，对战场态势乃至战争结局具有关键性的影响。德国著名军事理论家克劳塞维茨说过："弹药的补给线是作战部队的生命线"。战场上的士兵没有食物、水和睡眠可以生存数日，但是没有了弹药，他连几分钟也生存不了。弹药消耗是弹药保障各环节的动因，弹药消耗分析是弹药能够及时、精准保障的前提和基础，也是弹药保障科学决策的理论依据。

1　弹药消耗的特点

1.1　制约弹药消耗的因素多

弹药消耗受许多因素制约，其中主要包括战争或战役总目标、战斗类型和作战样式、作战任务与目标、作战持续时间、对抗激烈程度、作战双方兵力兵器对比、防护条件、防卫水平、人员军政素质、后方运输能力、部队携运行能力、作战气象环境和战区自然地理条件等因素。多方面的制约因素增加了弹药消耗评估的复杂性，为弹药消耗的预测增加了难度。

1.2　弹药消耗种类多样

由于现代化作战需求的发展变化，使得弹种的分类越来越细化。从对不同打击目标的需求来看，有针对各种不同目标的弹药。从对不同的发射平台需求来看，有多种不同的弹药。从不同的制导方式的需求来看，有多种不同的弹药。根据作战距离的不同，还需要消耗射程不同的弹药。弹药消耗种类的多样化增加了弹药消耗估算的难度。

1.3　弹种比例的变化

随着军事工业水平的不断提高，高新技术弹药所占比重越来越大，性能先进的各种高新技术弹药不断涌现出来；空中打击或空袭已经成为战争的主要手段之一，制空权的争夺、空袭与反空袭的对抗越来越激烈，高射武器仍然是主要的防空武器，在常规弹药中，高射武器弹药的消耗明显多于其他弹药；非接触式打击的特点越来越凸显，对抗双方的交战距离越来越远，谁的火炮射程远，谁就能在敌火力射程之外先敌射击，赢得战场主动。

1.4　定性因素与定量因素同时存在

在影响弹药消耗评判的因素中，有的因素为定量因素，可以用客观的尺度来衡量，如精确度和投射距离等，但有的因素为定性因素，没有客观的测量尺度，无法精准地给出具体数值，如地形、天气、通路等。弹药消耗预测中定性因素与定量因素同时存在，为数据归一化处理造成很大难度，对弹药消耗的预测造成很大困难。

2　模糊综合评判方法

弹药消耗评估方法很多，目前常用的预测方法有回归分析、时间序列分析等。时间序列分析和回归分析都需要利用足够的相同或相似条件下的历史数据（样本数据）估计模型参数，建立模型，再进行预测，但在战场弹药消耗预测问题中，很难找到足够多的样本数据来满足建模需要。此外，由于每次战斗的相对独特性，没有时间上的连续性，也不宜用时间序列分析方法进行预测；而影响弹药消耗的诸多因素往往存在较强的相关性，这就使得使用回归分析时难以避免解释变量间的多重共线性，从而影响预测结果。所以这些方法都因其自身的局限性难以取得令人满意的预测结果。

模糊综合评判是模糊系统分析的基本方法之一，在系统分析和工程优化管理中有着广泛的应用，主要用于研究对一个局部系统功能的评估与决策问题。综合评判就是对受到多指标制约的事物或对象做出的总的评价。模糊综合评判的数学模型可分为一级模型和多级模型。对于一级模型的应用问题，评判步骤如下：

2.1　建立评判因素集

$$U = \{u_1, u_2, \cdots, u_m\}$$

2.2　建立备择集

$$V = \{v_1, v_2, \cdots, v_m\}$$

2.3　建立单因素评判矩阵

建立权重集：$A = \{a_1, a_2, \cdots, a_m\}$，针对因素集来说，每个因素的重要性不同，需要对每个因素赋予不同的权重，并且规定 $\sum_{i=1}^{m} a_i = 1$。因素评判是 U 到 V 的一个模糊映射 f：在 $U \to V$，亦即：$u_i \to f(u_i) = (r_{i1}, r_{i2}, \cdots, r_{im}) \in F(V)$

模糊映射 f 可确定一个模糊关 $R_f \in F(U \times V)$：

$$R_f(u_i, v_j) = f(u_i)(v_j) = r_{ij}$$

其中 R_f 可用模糊矩阵 $R \in M_{m \times n}$ 表示，即

$$R = \begin{bmatrix} r_{11} & r_{12} & \cdots & r_{1n} \\ r_{21} & r_{22} & \cdots & r_{2n} \\ \cdots & \cdots & \cdots & \cdots \\ r_{m1} & r_{m2} & \cdots & r_{mn} \end{bmatrix}$$

于是 (U, V, R) 构成一个综合评判模型，在这个模型中对于给定的 $A \in u_{1 \times n}$，是 V 的一个模糊子集（因素的权重）。

2.4　模糊综合评判集

进行模糊运算得到模糊综合评判集，$B = A \cdot R$，$B = A \cdot R \in u_{1 \times n}$，它是 V 的一个子集，•称为模糊算子。

2.5　进行评判

常用的 2 个原则是最大隶属原则和比例原则。当因素集需要分层时，需要用多级模糊综合评判模型。这种模型的应用过程如下：

将因素集 U 分成若干组，设 $U_i = \{u_{i1}, u_{i2}, \cdots, u_{in}\}$，于是：$U = \bigcup_{i=1}^{P} U_i, \{U_i \bigcap U_j = \phi, i = j\}$，$U = \{u_{11}, u_{12}, \cdots, u_{1n}, u_{21}, u_{22}, \cdots, u_{2n}, u_{p1}, u_{p2}, \cdots, u_{pn}\}$。令 $U = \{U_1, U_2, \cdots, U_p\}$，称 U 为二层因素集，其元素 U_i 为一层因素集 U 的子集。

对 $U_i = \{u_{i1}, u_{i2}, \cdots, u_{in}\}$ 中的诸因素进行单因素评价，即建立模糊映射：$f_i \cdot U_i \to F(V)$，$f_i(u_{ik}) = (r_{k1}^{(i)}, r_{k2}^{(i)}, \cdots, r_{km}^{(i)}) \in F(V)$ 得到评判矩阵尺。以 (U_i, V, R_i) 为原始模型，在 U_i 中利用层次分析法（AHP）求出诸因素的权重值 $A_j = \{a_{i1}, a_{i2}, \cdots, a_{im}\}$，求得综合评价：$B = A_i \cdot R_i \in F(V), (i = 1, 2, \cdots, p)$。

考虑二层因素集 $U = \{U_1, U_2, \cdots, U_p\}$，以 B_i 作为因素 U_i 的单因素判断，建立模糊映射。

$$f : U_i \to F(V), U_i \to f(U_i) = B_i$$，得二层评判矩阵。

$$R = \begin{bmatrix} B_1 \\ B_2 \\ B_3 \\ B_4 \end{bmatrix} = \begin{bmatrix} b_{11} & b_{12} & \cdots & b_{1n} \\ b_{21} & b_{22} & \cdots & b_{2n} \\ \cdots & \cdots & \cdots & \cdots \\ b_{m1} & b_{m2} & \cdots & b_{mn} \end{bmatrix}$$

以 (U, V, R) 为原始模型，在 U 中给诸因素的权重分配，利用层次分析法（AHP）求出权重 $A = \{a_1, a_2, \cdots, a_m\}$，求得综合评价：$B = A \cdot R \in F(V)$。

3　某类弹药消耗预测分析

3.1　建立评判因素集

$U = \{u_1, u_2, \cdots, u_4\}$。弹药消耗的个数为 4 个，分别是环境 u_1，作战战法 u_2，弹药技术性能 u_3，

作战目的 u_4。每一个指标下面又有子指标，如表 1 所列。

表 1 弹药消耗预测指标体系

环境 u_1	地形 u_{11}
	天气 u_{12}
	通路 u_{13}
作战战法 u_2	合同作战 u_{21}
	联合作战 u_{22}
	平面线式 u_{23}
	立体非线式 u_{24}
弹药技术性能 u_3	威力 u_{31}
	精确度 u_{32}
	投射距离 u_{33}
作战目的 u_4	完全摧毁 u_{41}
	瘫痪 u_{42}

3.2 建立备择集

$V:\{v_1,v_2,\cdots,v_5\}=\{$巨量消耗,大量消耗,中度消耗,轻度消耗,微量消耗$\}$

取相应的等级参数向量为：$C=(95,80,65,50,20)^{\mathrm{T}}$

即在评估中，按百分制可将其划分为表 2 所列的 5 个等级。

表 2 评估等级给分表

等级分值	巨量消耗	大量消耗	中度消耗	轻度消耗	微量消耗
分值 F	90～100	70～89	60～69	40～59	0～39

3.3 建立单因素评判矩阵

通过分析资料，通路情况和天气条件都不是很乐观，弹药消耗程度趋于中等，通路情况还要比天气条件还要多一些，地形条件的影响最为恶劣，导致弹药的消耗量骤增。结合专家打分，可建立如下某类弹药消耗预测指标体系中环境因素的单因素评判矩阵：

$$R=\begin{bmatrix} 0.2 & 0.5 & 0.1 & 0.1 & 0.1 \\ 0.2 & 0.3 & 0.3 & 0.1 & 0.1 \\ 0.3 & 0.3 & 0.2 & 0.1 & 0.1 \end{bmatrix}$$

3.4 建立权重集

为获得权向量 $A=\{a_1,a_2,\cdots,a_m\}^{\mathrm{T}}$，可采用层次分析法（AHP）。AHP 是将与决策有关的元素分解成目标、准则、方案等层次，在此基础之上进行定性和定量分析的决策方法。步骤为先确定因素间的相对重要性，后求取权重，具体做法如下：

3.4.1 选定专家组

请一些对弹药消耗预测有一定研究的专家组成专家组开展调查研究。对环境 u_1 影响因素的 4 个指标的相对重要性进行评估，填写打分表，如表 3 所列。

表 3 专家打分表

标度值	地形 u_{11}	天气 u_{12}	通路 u_{13}
地形 u_{11}	1	3	2
天气 u_{12}	1/3	1	2/3
通路 u_{13}	1/2	3/2	1

根据回收的打分表，综合构造判断矩阵为

$$T=\begin{bmatrix} 1 & 3 & 2 \\ 1/3 & 1 & 2/3 \\ 1/2 & 3/2 & 1 \end{bmatrix}$$

3.4.2 计算重要性排序

根据判断矩阵，利用线性代数知识，求出 T 的最大特征根所对应的特征向量。所求特征向量即为各评价因素的重要性排序。

3.4.3 一致性和随机性检验

由于客观事物的复杂性或对事物认识的片面性，通过所构造的判断矩阵求出的特征向量（权值）是否合理，需要对判断矩阵进行一致性和随机性检验，公式为 $CR=(CI/RI)$，其中 RI 为判断矩阵的平均随机一致性标，RI 由大量试验给出，对于低阶判断矩阵，RI 取值见表 4，CR 为判断矩阵的随机一致性比率；CI 为判断矩阵一致性指标，表达式为 $CR=\dfrac{\lambda_{\max}-m}{m-1}$。其中，$\lambda_{\max}$ 为最大特征根，m 为判断矩阵阶数，如表 4 所列。

表 4 平均一致性指标 RI 定义表

阶数	1	2	3	4	5	6	7	8	9
RI 值	0	0	0.58	0.90	1.12	1.24	1.32	1.41	1.45

计算得 $CR<0.1$，符合一致性要求，说明权数分配是合理的。

3.4.4 计算权重

求出满足一致性判断矩阵后，利用上述方法，求出矩阵的特征向量，对其进行归一化处理，就得

出各因素的权重 $\left(a_{11}, a_{12}, a_{13}\right) = \left(0.5, 0.2, 0.3\right)$，即为 $\left(u_{11}, u_{12}, u_{13}\right)$ 相对于 u_1 的权重，其他权重按照此方法进行计算。

3.4.5　单因素模糊综合评判集

进行模糊运算得单因素模糊综合评判集

$$B_1 = A_1 \cdot R_1 = [0.5, 0.2, 0.3] \cdot \begin{bmatrix} 0.2 & 0.5 & 0.1 & 0.1 & 0.1 \\ 0.2 & 0.3 & 0.3 & 0.1 & 0.1 \\ 0.3 & 0.3 & 0.2 & 0.1 & 0.1 \end{bmatrix}$$

$$= [0.23, 0.40, 0.17, 0.10, 0.10]$$

3.4.6　多层模糊综合评判集

由于因素集为多层因素集，根据 4.4.1 节～4.4.5 节的原理和步骤进行多级模糊综合评判，得到多层模糊综合评判集：

$$B = A \cdot R = A \cdot [B_1, B_2, B_3, B_4]$$
$$= [0.12, 0.36, 0.22, 0.17, 0.13]$$

3.4.7　进行评判

常用的 2 个原则是最大隶属原则和比例原则。从模糊运算的结果可得结论：

巨量消耗的隶属度为 0.12，

大量消耗的隶属度为 0.36，

中度消耗的隶属度为 0.22，

轻度消耗的隶属度为 0.17，

微量消耗的隶属度为 0.13。

4　结束语

高技术条件下的现代战争，给弹药消耗预测带来了新的挑战，笔者结合模糊综合评判法建立了弹药消耗模型，并应用于某类弹药的消耗预测，结果较为可靠，提高了战时弹药消耗预测的科学性，改变了过去仅凭经验的战时弹药保障方法，增强了战时弹药保障的定量化和针对性，具有较高的可靠性和良好的操作性，为战时精确弹药保障进行了有益的探索。

参 考 文 献

[1] 王继泉，刘学银. 通用弹药保障理论与方法[M]，安徽蚌埠：装甲兵学院，2016.

[2] 史宪铭，杨振军，荣丽卿等. 基于弹药目标数据库的弹药需求预计[J]，指挥控制与仿真，2011（4）：51-53.

[3] 刘军，赵丹. 基于组合预测模型的弹药管理系统设计与实现[J]，舰船电子工程，2013（8）：140-142.

[4] 赵东华，张怀智，黄英珂. 制导弹药保障岗位实践能力需求[J]，四川兵工学报，2011（7）：137-138.

[5] 徐维江，陈学广. 弹药保障决策模型的研究[J]，军械工程学院学报，2001（3）：52-55.

[6] 姚春柱，姚志龙，陈明等. 基于模糊综合评判的战时远程火箭炮保障资源消耗预测[J]，先进制造与管理，2008（6）：46-48.

4.2　弹药导弹供应保障理论与技术

新型橡胶履带轮结构设计及性能研究

穆希辉[1]，赵子涵[2]，吕凯[3]，郭浩亮[4]，赵晓东[2]

（1. 陆军军械技术研究所，河北石家庄　050003；2. 陆军工程大学 弹药工程系，河北石家庄　050003；
3. 军事交通学院国家应急交通运输装备工程技术研究中心，天津　300171；
4. 炮兵防空兵装备技术研究所，北京　100012）

摘　要： 橡胶履带轮能够在不改变主体结构的条件下，通过与轮胎互换，有效提升车辆在复杂恶劣路况下的通过性能。以某型全地形装卸车为改装对象，根据其相关结构参数，研制设计了一款新型橡胶履带轮，并对其进行了基本结构参数测试、转向性能试验、平顺性试验、履带温升试验和越野性能试验。试验结果表明，新型橡胶履带轮能够有效提升车辆的通过性能和牵引能力，降低车辆振动，且行驶过程中车辆转弯灵活，橡胶履带温升均匀，未出现局部过热现象。

关键词： 橡胶履带轮；结构设计；性能研究

0　引言

橡胶履带轮是一种新型的履带式行走装置，能够在不改变或者少量改变轮式车辆主体结构的条件下，通过与轮胎互换，降低车辆的接地压力，提高牵引性能，从而有效提升轮式车辆的越野性能[1]。由于橡胶履带轮具有高机动性、高牵引效率、低振动和拆装方便等特点，近年来在国外被广泛应用于农业、林业和军事等领域[2-6]。与国外相比，该技术在我国尚属于起步阶段，目前仅有少数厂家和研究机构研发了相关产品。本文以某型全地形装卸车为改装对象，根据其相关参数研制设计了一款新型橡胶履带轮[7]，并进行了相关性能试验验证，试验结果表明，新型橡胶履带轮能够有效降低接地压力，提高地形适应能力，改善车辆平顺性和通过性，且橡胶履带整体生热均匀、散热良好。

1　某型全地形装卸车结构参数

某型全地形装卸车的结构参数如图 1 所示。其轮胎中心离地面为 585mm，在基本臂状态下，货叉可伸出到地面以下 78mm。因此，橡胶履带轮的驱动

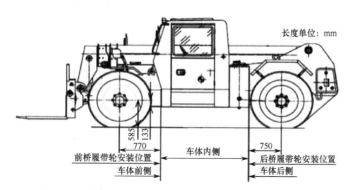

图1　某型全地形装卸车结构参数

轮高度需在 663mm 以下，才能够保证车辆在基本臂状态下货叉能够伸到地面。

橡胶履带轮的运动受到某型全地形装卸车结构参数的限制，其主要限制尺寸如表 1 所列，在进行橡胶履带轮的设计时，充分考虑车体空间的限制因素，从而避免更换后的橡胶履带轮在行驶过程中与原车主体结构干涉，从而导致车辆行驶或者作业功能失效。

表 1　车体主要限制尺寸

名称	参数值
车体宽度	2340mm
前桥驱动轴距离车体前侧	770mm
后桥驱动轴距离车体前侧	750mm
车体下缘距离驱动轴中心下方	133mm

2　新型橡胶履带轮结构设计

新型橡胶履带轮采用模块化设计，包括负重轮系、驱动轮、张紧系统、助力转向系统、防翻转机构、橡胶履带和框架等部件。

2.1　负重轮系设计

负重轮系的设计主要考虑两个方面：①负重轮的尺寸和数量；②对地形变化的顺应能力。

平均最大接地压力 MMP 是判断履带车辆通过性的主要指标，其值越低，车辆的通过性越好[8]。因此在履带纵向上共布置 5 排负重轮以降低橡胶履带轮的接地压力。此外，为增加履带的横向刚度以及履带温升均匀，在履带横向上共布置 4 排负重轮。

新型橡胶履带轮的负重轮系从结构上分为前负重轮总成、后负重轮总成和中部负重轮总成。通过采用多自由度摆臂悬架结构安装于橡胶履带轮的框架[9]，从而提高负重轮系的地形顺应能力，缓冲地面障碍造成的冲击[10-11]。

2.2　驱动轮的设计

新型橡胶履带轮的驱动轮为开放式结构，以便于与轮履之间的互换和行驶过程中泥屑的脱落。驱动销为空心冷管，从而减轻整体重量。

2.3　橡胶履带的设计

新型橡胶履带轮采用无芯金橡胶履带，驱动角均布在履带横向上，处于负重轮和导向轮的间隔内，使其均匀受力，从而提高履带的承载能力。橡胶履带内表面两侧布置有脱泥角。当车辆在泥泞路面行驶时，泥屑可沿脱泥角两侧的斜锥面脱落。

根据橡胶履带各部分的作用，选择不同的胶料配方，使其达到最优性能。如花纹胶中添加芳纶等短纤维材料，以提高花纹的抗刺穿、抗撕裂性能。轮侧胶采用低生热配方，以降低负重轮反复碾压造成履带温度升高。齿胶除硬度高外，与其他部分胶料的结合性好，且添加石墨粉等降低与负重轮或导向轮的摩擦。

2.4　张紧系统设计

新型橡胶履带轮采用摆动式动态张紧机构，为液压蓄能器贮能张紧，能够根据地形的变化调节橡胶履带的张紧度，从而维持橡胶履带与驱动轮和导向轮之间的啮合，防止橡胶履带过度松弛或过度张紧。

2.5　转向助力系统设计

针对履带式行走装置转向阻力大的问题，新型橡胶履带轮设计有转向助力系统。履带轮转向时，转向助力系统作用使前（或后）负重轮总成下的履带脱离与地面接触，减少橡胶履带的接地面积，从而降低履带轮的转向阻力矩，如图 2 所示。

图 2　转向助力系统作用下的橡胶履带轮转向

2.6　摆动限位装置设计

在复杂恶劣路况下行驶时，地形的起伏会引起履带轮相对于驱动轮轴线前后摆动。当摆动幅度过大时，容易造成履带轮翻转，如图 3 所示。

图 3　某型履带轮发生翻转

为避免履带轮因过度摆动而翻转，新型橡胶履带轮设计有摆动限位装置。在行驶时，履带轮将绕驱动轮轴线摆动，摆动限位装置通过限制履带轮的摆动幅度从而防止翻转现象的发生。

3 橡胶履带轮性能试验

为验证新型橡胶履带轮结构设计合理性，对其进行了基本性能参数的测量，以及转向性能试验、平顺性试验、履带温升试验和越野性能试验。

3.1 基本性能参数测量

新型橡胶履带轮如图 4 所示。对改装后的履带轮式全地形装卸车与轮式全地形装卸车基本性能参数进行测量，结果如表 1 所列。

图 4 新型橡胶履带轮

由表 1 分析可知，新型橡胶履带轮几乎没有改变原车的几何外形尺寸和最小转弯半径，并有效提升了车辆的越野性能和牵引能力。

表 1 基本性能参数

项目	轮式	履带轮式
长×宽×高/mm	6590×2340×2390	6593×2450×2504
整车整备质量/kg	8005	9460
离去角/（°）	42	50
最小离地间隙/mm	400	480
空载爬坡度/（%）	50	85.6
最小转弯直径/mm	9100	9300
平均接地压力/KPa	408.40	40.6
最大牵引力/kN	35.08	62.50
最高车速/（km/h）	45	15

3.2 转向性能试验

为验证转向助力系统设计的合理性和助力效果，对履带轮式全地形装卸车进行了转向性能试验，在前轮转向的模式下，分别测试了有、无转向助力系统作用下整车由中位左转至极限时的转向角和转向阻力矩，测试结果如图 5 所示。

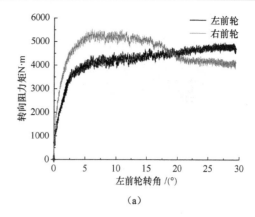

（a）

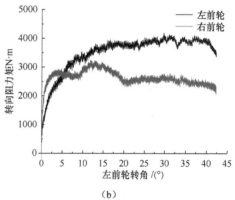

（b）

图 5 转向性能试验结果

（a）无助力转向；（b）有助力转向。

根据图 5 可知，在前轮转向的模式下，转向轮由中位左转至极限时的最大转向角和受到的最大转向阻力矩如表 2 所列。

表 2 转向性能试验结果

	最大转向角/（°）	左前轮受到最大转向阻力矩/N・m	右前轮受到最大转向阻力矩/N・m
无转向助力	29.42	5024.10	5548.90
有转向助力	42.30	4191.98	3244.96

由图 5 和表 2 分析可知，转向助力系统显著提高了履带轮式全地形装卸车的最大转向角，降低了转向轮受到的转向阻力矩。

3.3 平顺性试验

按照 GB49/70-1996《汽车平顺性随机输入行驶试验方法》分别对轮式和履带式全地形车进行平顺性试验[12]，在车速 15km/h 工况下，分别测得轮式和履带轮式全地形车驾驶员座椅加速度时域和频域曲线，如图 6 和图 7 所示。

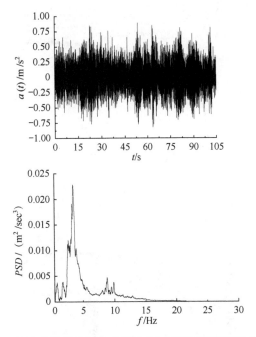

图 6　轮式全地形装卸车座椅垂直加速度时域和频域曲线

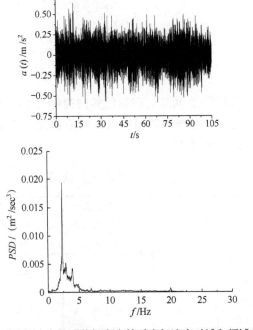

图 7　履带轮式全地形装卸车座椅垂直加速度时域和频域曲线

根据汽车平顺性的评价方法计算，分别得到轮式全地形车驾驶员座椅椅面总加权加速度均方根值 $a_{w1}=0.32\text{m/s}^2$，总加权振级 $L_{ab1}=110.1\text{dB}$，履带式全地形车。驾驶员座椅椅面总加权加速度均方根值 $a_{w2}=0.21\text{m/s}^2$，总加权振级 $L_{ab2}=106.44\text{dB}$。由此可知，新型橡胶履带轮能够有效降低车辆振动，提高车辆平顺性。

3.4　履带温升试验

在低速下行驶，过热破坏是影响橡胶履带寿命

的主要原因[13]，因此本文对新型橡胶履带轮进行了温升试验，以测试橡胶履带轮行驶过程中温度分布及其温升情况。试验当天天气晴朗，温度约为 28℃，试验场地为工厂厂区内平直路段，车辆以 15km/h 的速度连续行驶，在行驶 1km、2km、5km、10km 和 15km 时，利用福禄克 Ti32 热成像仪检测橡胶履带的温度及其分布情况，测试结果如表 3 所列。

表 3　新型橡胶履带轮行驶温升情况

行驶距离/km	1	2	5	10	15
温度/（℃）	30.5	42.5	50.9	51.5	53.3

如图 8 所示分别为车辆以在硬地面上连续行驶 1km 和 15km 后测得橡胶履带温升情况。由图可以看出行驶过程中橡胶履带温升均匀，未出现集中部位过热现象，散热情况良好。

行驶 1km 履带温度情况　　　　行驶 15km 履带温度情况

图 8　橡胶履带温升测试图

4　越野性能试验

结合试验厂区周边地形条件，在软土、碎石和滩涂等复杂路况下对新型橡胶履带轮进行了越野性能试验，如图 9 至图 12 所示。试验证明，在软土、碎石和滩涂等复杂路况下的行驶过程中，新型橡胶履带轮轮系结构运动合理、灵活自如，履带和土壤之间也没有出现滑移等现象，表现出了优越的越野性能。

图 9　新型橡胶履带轮在软土地形下行驶

图10　新型橡胶履带轮在碎石地形下行驶

图11　新型橡胶履带轮在滩涂地形下行驶

图12　新型橡胶履带轮通过路坑

5　结论

本文以某型全地形装卸车为改装对象，根据其相关结构参数研制设计了一款新型橡胶履带轮，并进行了相关性能试验验证，试验结果表明，新型橡胶履带轮具有以下特点：

（1）在车辆几何外形尺寸和最小转弯半径基本不变的情况下，增大了车辆的离去角、离地间隙、空载爬坡度等参数，有效提升了车辆的越野性能和牵引能力。

（2）设计转向助力系统，提高了转向过程中车辆的最大转向角，降低了转向轮受到的转向阻力矩，解决了履带式行走装置转向困难的问题。

（3）采用多自由度摆臂悬架，提高了负重轮系对地形的顺应性，降低了车辆振动，改善了车辆平顺性。

（4）采用无芯金橡胶履带，改进橡胶履带的胶料配方，使新型橡胶履带轮在行驶过程中整体温升均匀，散热良好，没有出现局部过热的现象。

（5）采用摆动式动态张紧机构，合理设计负重轮组，提高了车辆在软土、碎石和滩涂等复杂路况下的越野性能。

参 考 文 献

[1] 吕凯. 重载可更换式橡胶履带轮的设计及理论研究[D]. 中国人民解放军军械工程学院，2015.

[2] Servadio P. Applications of empirical methods in central Italy for predicting field wheeled and tracked vehicle performance[J]. Soil and Tillage Research，2010，110（2）：236-242.

[3] Arvidsson J，Westlin H，Keller T，et al. Rubber track systems for conventional tractors - Effects on soil compaction and traction[J]. Soil and Tillage Research，2011，117（103-109）.

[4] Ansorge D，Godwin R J. The effect of tyres and a rubber track at high axle loads on soil compaction-Part 2：Multi-axle machine studies[J]. Biosystems Engineering，2008，99（3）：338-347.

[5] Molari G，Bellentani L，Guarnieri A，et al. Performance of an agricultural tractor fitted with rubber tracks[J]. Biosystems Engineering，2012，111（1）：57-63.

[6] Rabbani M A，Tsujimoto T，Mitsuoka M，et al. Prediction of the vibration characteristics of half-track tractor considering a three-dimensional dynamic model[J]. Biosystems Engineering，2011，110（2）：178-188.

[7] 穆希辉，吕凯，郭浩亮，等. 模块化橡胶履带轮：中国，201210125194.9[P]. 2014-08-27.

[8] Wong J Y. Terramechanics and off-road vehicle engineering[M]. Oxford：Elsevier Ltd，2010.

[9] 穆希辉，郭浩亮，吕凯，等. 具有三级平衡悬架的减震模块化负重轮组：中国，201410176648.4[P]. 2014-04-29.

[10] Brazier G. Track drive assembly：US，8152248[P]. 2012-04-10.

[11] Canossa R. Track Unit for Moving a Ground Work Vehicle：US，8118374[P]. 2012-02-21.

[12] 汤爱华，欧健，邓国红. 汽车平顺性试验数据处理方法[J]. 重庆工学院学报（自然科学），2008，22（3）：92-96.

[13] 王克成. 橡胶履带优化设计概述[J]. 橡胶工业，2011，58（7）：438-443.

加强通用弹药物流建设的几点认识

高　飞[1]，常　非[2]，姜志保[1]，牛正一[1]

（1. 陆军军械技术研究所，河北石家庄　050000；2. 空军特色医学中心保障部，北京　100072）

摘　要：提出了通用弹药物流的基本概念、主要特性和体系结构与功能设计，分析了通用弹药物流建设面临的新形势与重构物流体系、创新物流模式、完善物流体制和健全物流机制等方面的迫切需求，并指出了加强通用弹药物流建设应重点抓好体制改革、机制优化、技术创新和流程再造等四项重点工程。

关键词：通用弹药物流；建设；重点工程

0　引言

随着现代战争形态加速向信息化战争演变，国家军事战略调整和军事斗争准备深入推进，通用弹药物流建设既面临严峻挑战又存在难得机遇。努力建立军种联合、主动配送、网络化的通用弹药物流体系，强化陆军作战和军种联合作战的任务牵引作用，实现通用弹药的科学储存、可靠防护、精细管理、精确保障，提升通用弹药物流的效率效益和保障打赢信息化战争的能力，是通用弹药物流创新发展的必然要求。

1　准确理解通用弹药物流的本质属性

通用弹药物流是军事物流极具特色的重要分支，是军事后勤、军事装备和军事物流在通用弹药保障领域交叉融合而产生的新研究领域。作为一种新生的事物，通用弹药物流正在经历着从局部研究到整体研究、从要素建设到体系建设的演进发展过程。

1.1　区别认识通用弹药物流和通用弹药保障

通用弹药物流活动虽然由来已久，但至今尚未形成明确、统一的概念。我们认为：通用弹药物流是指为满足军事需求，通用弹药经由计划、筹措、装卸、运输、储备、配送、维修、消耗、回收、处废等环节，实现其时空转移的活动和过程。

通用弹药物流和通用弹药保障既有联系又有区别，既相互交叉又互不包含。（1）在所属范畴上，通用弹药保障属于装备保障，是装备保障的分支；通用弹药物流则既涉及装备保障，又涉及后勤保障，是军事物流的分支。通用弹药物流理论是军事后勤理论、军事装备理论和军事物流理论在通用弹药保障领域的交叉融合而产生的新理论。（2）在基本内容上，通用弹药保障关注点偏重于局部性、具体化的活动和工作，各具体环节和活动独立开展研究建设的特征明显；通用弹药物流关注点则更侧重于全局性、系统化的要素和过程，重视从宏观视角开展全流程的统筹优化和全要素的系统集成。（3）在根本目的上，两者又是一致的，都是为了满足平时特别是战时各种军事行动对通用弹药的需求。

1.2　深刻认识通用弹药物流的五个突出特性

通用弹药物流作为军事物流的重要分支，具有如下突出特性：（1）保障的双重性。通用弹药兼有物资和装备的双重性质，通用弹药物流任务具有供应保障与技术保障的双重性。作为一种物资，通用弹药与一般的易燃易爆危险品物资相类同，是物流活动的流通对象；作为一种装备，通用弹药具有技术结构复杂、作用可靠性要求高等特点，需要通过技术保障来保证其质量可靠与安全使用。（2）流域的局限性。通用弹药不是自由贸易的商品，生产流通有着极强的指令性。通用弹药物流有着明确而严格的流域范围界限，需要始终保持通用弹药在可控的军队系统内部流通。一旦突破流域界限，就会导致通用弹药物流的混乱，并可能造成严重的安全隐患和社会问题。（3）流量的波动性。通用弹药属于一次性使用的消耗性物资，通用弹药物流流量平时和战时存在巨大差异性。平时流量较小且相对稳定，战时流量激增且波动变化大。通用弹药物流的保障能力需求在平时和战时也存在很大差别。(4)作业的高危性。通用弹药的燃爆毁伤特性，通用弹药物流的任务内容和环境因素等，决定了通用弹药物流属于军事危险品物流。一旦发生意外燃爆将会导致重大损失和严重灾难。防范通用弹药安全事故是全军安全工作的重点之一。(5)行动的保密性。通用弹药是直接影响战争胜负的物资，平时通用弹药的储备规模、储备布局和储存结构，战时通用弹药战场部署与供应行动、物流力量行动都必须严格保密。

1.3 科学设计通用弹药物流体系结构与功能

通用弹药物流体系，是一个由诸多要素相互关联、相互作用构成的有机整体，由"6大要素、7个系统、6项功能"构成。构成通用弹药物流体系的诸要素，通过一定的排列组合即结构形式，实现通用弹药物流的功能，并通过通用弹药物流体系要素及结构形式的不断变革和优化，推动通用弹药物流的发展。通用弹药物流要素主要包括物流人员、物流对象、物流设施、物流设备、物流信息和物流资金等6类。通用弹药物流体系结构如图1所示，由计划调拨系统、研发生产系统、储存保管系统、运力配送系统、质量监控系统、修理延寿系统、销毁处理系统等7个系统构成，各系统之间相互联系成为一个有机的整体，共同为通用弹药物流各项任务的完成提供支撑。通用弹药物流的功能，从本质上来说，是解决军队在通用弹药保障中存在的数量、质量、时间、空间4大矛盾，满足军队战备和作战对通用弹药在数量、质量、时间、空间4个方面的需求；具体来说，基本功能包括计划筹措、储备管理、运输配送、质量监控、技术处理和销毁处理等6个方面。

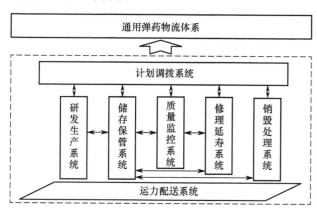

图1 通用弹药物流体系结构总图

2 准确把握通用弹药物流建设的现实需求

当前，现代战争不断呈现新的作战样式，军队组织形态正在发生改革变化，通用弹药物流建设面临着新的形势与需求。

2.1 基于信息系统的体系作战要求重构通用弹药物流体系

未来信息化战争，以基于信息系统的体系作战为基本作战形态，在作战理念、参战力量、装备运用等多个方面出现了新的特点，以体系与体系的对抗为基本样式，信息主导、体系支撑、精兵作战、联合制胜已成为其显著特征[1]。同样，通用弹药物流体系也是信息化战争交战双方比拼较量的重要内容。通用弹药物流应当按照"能打仗、打胜仗"的强军目标总要求，适应保障打赢信息化战争的需要，遵循基于信息系统的体系作战要求和保障能力生成规律，有效解决通用弹药物流中存在的矛盾问题，加快生成我军保障打赢的体系化通用弹药物流新能力。为了有效适应现代战争的通用弹药保障特点，需要建设多军种联合的通用弹药物流新体系。我军传统的通用弹药物流体系是各军种独立的链条状体系，呈现各军种自成系统、相互独立运行的状态。多军种联合的通用弹药物流体系，要进行战略、战役层级多军种通用弹药物流资源的整合，特别是在战区范围内实现多军种物流资源的共享共用，强化各军种之间通用弹药物流的相互协调与支援保障。要努力实现通用弹药物流多军种各层级物流信息的互联互通、供应行动的互相协同、保障能力的统筹运用，实现通用弹药物流从各军种分头保障向多军种协同保障转变。同时，根据国家军事战略和战略战役重点方向的调整，实现全军范围内的通用弹药储备布局、储备结构、储存形式和力量部署的动态调整。通过通用弹药物流体系的重构，加快通用弹药物流的发展建设，促进通用弹药物流体系化保障能力提升。

2.2 系统优化的军事物流理念要求创新通用弹药物流模式

现代物流倡导系统集成、整体优化的先进理念，强调由单环节的局部最优到全流程的体系最优转变。要以系统性、全局性的宏观视角，运用系统思维和统筹优化的研究方法，全环节、全流程、全要素地开展系统建设。通用弹药兼有物资和装备的双重特性，其物流保障任务具有供应保障与技术保障的双重性。要着眼研发论证、计划筹措、储存管理、运输配送、维修保养、部队使用和销毁处理等物流全环节，实现论证研发与部队保障环节的有效衔接，实现通用弹药物流保障能力的整体提升和体系结构的整体优化。我军传统的通用弹药物流模式是基于传统管理体制、机械化半机械化支撑手段的请领式保障。要运用现代军事物流的先进理念，改变传统的通用弹药物流保障模式，创建网络化、配送型的通用弹药物流新模式，形成一种全新的横向纵向互联互通的网络状流程形态，建立一种以越级保障为主的逐级与越级相结合的、以主动配送为主的配送与请领相结合的通用弹药物流流程。（1）推行通用弹药主动配送模式，减少作战部队的通用弹药请领压力，统筹优化通用弹药物流资源，提高物流速度。（2）建立逐级与越级相结合的补给方式，构建从不同层级通用弹药储存区域向部队用户的直达配送通道，最大程度地减少通用弹药物流的转运环节。（3）构建战场通用弹药物流网络，在优化通用弹药物流纵向链条基础上，加强物流各节点的横向链接，实现军种之间、各层级物流单位之间以及物流单位内部的协调与支援，提升物流活性。

2.3　军政军令分离的组织形态要求完善通用弹药物流体制

当前，我军正在围绕实现组织形态现代化深入开展国防和军队改革，着力解决制约国防和军队发展的体制性障碍、结构性矛盾、政策性问题。改革按照"军委管总、战区主战、军种主建"的总原则，以领导管理体制、联合作战指挥体制改革为重点，协调推进规模结构、政策制度和军民融合深度发展改革。改革后的军队领导指挥体制，是军政系统、军令系统相对分离的组织形态，改变了长期以来实行的作战指挥和建设管理职能合一、建用一体的形态，组建了陆军领导机构和战区联合指挥机构，健全了军兵种领导管理体制和联合作战指挥体制。新的军队领导指挥体制，为通用弹药物流建设提供了新的要求和依据。当前，我军通用弹药物流存在着分环节建设管理、物流实体多头管理、力量建设不成体系等系列体制矛盾，严重制约了通用弹药物流的整体优化和系统效能的发挥，与现代军队组织形态理念背道而驰。加强我军通用弹药物流建设，需要深刻认识现有通用弹药物流体制存在的问题，主动适应新的军队领导指挥体制和军队力量结构特点，改革完善现有通用弹药物流管理体制，有效破

解通用弹药物流各种体制矛盾。要调整通用弹药物流机构设置，明确各部门职责划分，并理顺新体制下的战区和军种、指挥和建设、后勤和装备等相互业务关系，进而解决通用弹药物流存在的体制矛盾，加强通用弹药物流的整体综合集成，适应通用弹药平战结合的高效管理与作战保障需求。

2.4　军民融合发展的国家战略要求健全通用弹药物流机制

军民融合深度发展已经成为国家战略，必将对国防和军队建设产生深远影响。通用弹药物流体系是一个复杂的巨系统，涉及军地不同职能部门和机构、多种军地物流资源，相互关系错综复杂，建设与运行涉及因素众多，其建设必须符合军民融合这一国家大的发展形势和战略指导，实现军民技术融合发展，军地保障资源统筹运用。必须从战略思维的政治性、目标性和整体性出发，在充分利用军用和民用物流资源基础上，研究建立顶层统筹统管机制，研究确定军民融合领域，加强军民融合科学管理，配套军民融合法规制度，实现通用弹药物流体系与地方物流体系的相互促进和协调发展。要确保通用弹药物流的顺畅运行，必须建立科学有效的运行机制。现有通用弹药物流运行机制存在许多不够完善的地方，导致了通用弹药物流多个环节之间、多个职能部门之间出现了沟通协调、信息共享等一些现实问题。要建立地方物流力量和通用弹药生产企业技术力量运用机制，尝试开展通用弹药的多形式军地联合储备、利用地方运力运输配送和利用工厂力量维修保养等。加强我军通用弹药物流建设，需要围绕保障通用弹药物流的建设、管理与运作，着眼解决通用弹药物流的存在的矛盾问题，以现代军事物流的理念来创新通用弹药物流运行机制。

3　努力抓好通用弹药物流建设的四项重点工程

通用弹药物流建设是一项复杂的系统工程，项目内容多，涉及领域广。只有认真把握住通用弹药物流建设与发展的重大问题，推进关乎全局、影响深远、意义突出的重点工程建设，才能开创新时期通用弹药物流建设与发展的新局面。

3.1　通用弹药物流体制改革工程

通用弹药物流体制是通用弹药物流的组织体系及相应制度，包括基本组织结构、各级各类机构设

置、职能划分及相互关系等，是影响通用弹药物流发展最主要的因素之一。当前，我军通用弹药物流体制存在军种分散管理、研发生产环节与保障环节脱节、储备环节多头管理、缺少专用保障力量等关键问题，制约了通用弹药物流的建设与发展。加强通用弹药物流建设，必须实施通用弹药物流体制改革工程，通过调整机构职能、明确部门职责、理顺相互关系、增设协调委员会、建立专用力量等方法措施对通用弹药物流体制进行改革，破解了当前通用弹药物流体制存在的突出问题，形成了军种统一协调、物流环节有机衔接、机构精炼高效设置、保障力量有力支撑的通用弹药物流新体制，促进了通用弹药物流组织形态的现代化。

3.2 通用弹药物流机制优化工程

通用弹药物流机制是通用弹药物流的运行原理、流程和方式，是通用弹药物流各个要素之间相互作用的过程和方式，是对通用弹药物流体制有效性的重要补充，也是通用弹药物流正常运行的重要保证。当前，我军通用弹药物流存在机制欠缺或不完善等一些问题，还不能与现代军事物流理念完全适应，已成为影响通用弹药物流建设、管理与运行水平的重要因素。加强通用弹药物流建设，必须实施通用弹药物流机制优化工程，顺应通用弹药物流快速发展的新需要，通过改造完善原有机制、创造构建新机制提出通用弹药物流运行机制构想，涵盖通用弹药物流建设、运行和管理的信息、安全、决策、控制等多个方面，形成一种健全配套、顺畅合理的通用弹药物流运行机制，为通用弹药物流管理体制提供有益补充。

3.3 通用弹药物流技术创新工程

随着时代的进步和科技的发展，先进科学技术

的广泛运用成为现代军事物流的重要标志，也成为全面提升物流效率效益的重要手段。当前，我军通用弹药物流技术还缺少体系性的研究开发与推广运用，存在一些制约通用弹药物流建设的亟需突破的瓶颈性技术问题。物流作业过程中人搬肩扛的现象还普遍存在，通用弹药管理中全资可视、辅助决策和全程监控等功能还没有完全实现，机械化、信息化程度总体还比较低[2]。加强通用弹药物流建设，必须实施通用弹药物流技术创新工程，创建通用弹药物流技术体系，开展关键物流技术创新与应用，提出技术创新发展的方法途径，为提升通用弹药物流建设水平提供技术支持。

3.4 通用弹药物流流程再造工程

通用弹药物流流程是通用弹药基于特定物流模式和物流体制的流通程序和过程。我军原来的通用弹药物流流程，是基于分散式管理体制、请领式保障模式和半机械化、初步信息化支撑手段的流程，与现代军事物流理论指导下的通用弹药物流已经不相适应。加强通用弹药物流建设，必须实施通用弹药物流流程再造工程，深入分析原有通用弹药物流流程的主要特点和存在问题，从宏观物流流程形态、平时物流流程和战时物流流程分别进行通用弹药物流的流程优化设计，推动实现具有网络状基本形态、配送与请领相结合、逐级与越级相结合、军种一体化、后装一体化、靠前保障式的通用弹药物流新流程。

参 考 文 献

[1] 刘新卫，岳志清. 战时弹药保障问题研究[J]. 军械，2013（3）：3-5.

[2] 穆希辉. 对加强通用弹药保障的认识和思考[J]. 装备，2015（4）：42-44.

浅谈军事物联网的应用与发展

张余清

（中国人民解放军 72465 部队，山东济南　250022）

摘　要： 当世界进入到网络信息时代，各军事强国深刻认识到网络将会是未来战场重要的决胜利器，物联网在军事领域的应用，是军队未来作战取胜的关键，在军事物联网系统的发展过程中，世界各国面临非常大的困难与挑战，但是军事物联网在军事领域的各个方面都得到了广泛的应用。

关键词： 军事物联网；应用；发展

0　引言

现在信息设施日益普及，互联网络运用方便，社会依赖信息科技的互动，改变了人们对生活的认知与行为模式。美国未来学家艾文·托佛勒在《第三波》一书中提到，目前我们的社会已进入到信息时代，也预测未来的战争形态会是信息化战争，并大胆地预言："计算机网络的建立与普及将彻底改变人类生存及生活模式，谁控制及掌握了网络与信息，谁就将拥有整个世界"。

进入 21 世纪的信息时代，各军事强国持续致力于信息化战争能力发展，而物联网也是在信息化时代下产生，物联网除了人可以通过网络相互联系、取得对象的信息外，还可以创造对象与对象之间互通的网络环境。换句话说，物联网时代代表着未来信息技术在运算与沟通上的发展趋势。随着物联网发展的趋于成熟，将创造出所有对象皆可在任何时间、任何地点相互沟通的环境。相同地，若把这些技术应用在军事上，将大幅提高国家的军事水平。

1　军事物联网概念

美军是全球最早将网络用于军事活动的国家，1996 年世界进入到网络信息时代，美军深刻认识到网络将会是未来战场重要的决胜利器。因此，在当年提出了"全球信息网络"（Global Information Grid，GIG）概念，目的是全力发展网络信息技术，并将该技术与武器系统进行结合。当时美军希望通过网络

基础设施的建立，形成决策圈，并将其应用在情报收集与后勤供应等行动中，实现军事决策者正确、快速地下达指令，提高军事行动的效率，后来又将网络技术的发展扩大至通信、网络传输与信息处理等领域，实现网络技术的全面运用。

美军目前规划以现行的军用网络基础设施为中心，把陆、海、空军与国土安全部门所收集的信息，通过网络连接的方式，将信息传送至军方信息中心或云端作战中心进行分析与储存，然后再利用信息分析的结果，进行相关的军事行动（见图 1），这就是军事物联网的基本概念与做法。陆、海、空军与国土安全部门可以看成为被连接的对象，进行信息与情报的采集，通过网络的连接，将采集的信息与情报进行储存与分析，实现终端使用者（美国国防部）依据这些信息与情报以及结果，进行后续的动作与指令。

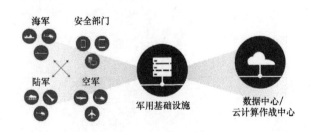

图 1　美国军事物联网使用环境

许多人会将军用穿戴式装置与军事物联网画上等号，虽然两者之间有类似之处，但严格来说，穿戴式装置与物联网属于不同的技术。以美军为例，目前许多军用穿戴式装置可以利用传感器与军用头盔或军服进行结合，对士兵的生理体征状况进行测

量与监控。另外，许多穿戴式计算机可以佩戴在士兵身上，进行远程操控无人系统，以上行为都仅仅是单纯的监控与操作。通过比较我们可以看到，物联网系统主要还是要通过整个网络系统，连接人或对象，通过传感装置收集信息，但是收集的信息需要经过分析处理与传送，再传递给人或对象，进行后续有效的动作。因此，穿戴式装置的功能比物联网系统狭窄，通过穿戴式装置收集的信息，并没有进行智能分析，也无法与更多的人员或对象进行网络连接，因此无法实现更有效率的管理与跟踪。

2 军事物联网建构阶段

美军物联网系统建设划分 3 个阶段：应用引入阶段、系统建设阶段和整合优化阶段。

2.1 应用引入阶段

在应用引入阶段是 RFID、传感器、全球定位等单项或多项技术在某个具体领域的引入和应用，表现在物联网的物理层（包括物品、设施、网络）建构上，这一阶段的难点在于将新技术与原有服务模式进行结合、并真正使得先进功能得以展现。美军这一阶段大概起始于 90 年代初期，以海湾战争后射频技术在后勤领域的逐步引入为标志，从最开始在部分军种（陆军）、部分环境（库储管理）、部分领域（物资、弹药）的引入与试用，到 2005 年要求所有物资供货商必须使用无线射频识别技术设备，2007 年除散装物资外的所有物资必须粘贴被动式射频标签。

2.2 系统建构阶段

在系统建构阶段，针对特定领域应用需求构建包含物理层、应用层（服务层）、系统层（控制层）在内的物联网完整体系。这一阶段的难点在于实现各层级以及内部模块之间的功能匹配与流程衔接，通过系统建构，特别是应用层与系统层之间的对接，能够实现特定服务流程的优化。美军这一阶段大致起始于 90 年代中期。一方面，进行全资产透明化能力的建设，各军种、各部门分别新建或改建了相关的服务管理系统，涵盖了从物资供应到装备维修直至人员财产登记等各个环节和领域，达到各系统内部的透明化。另一方面，通过采用标准化的数据，推行电子数据交换（Electronic Data Interchange，EDI）标准与信息系统建设规范，启动了旨在建立数据共享能力的整合开发环境（Integrated Development Environment，IDE）建设，改革了相关服务流程，合并与整合相同领域的信息

系统，大力推动以"全球战斗支援系统"（Global Combat Support System，GCSS）为代表的一体化信息系统建设。通过将现有的后勤管理框架，指挥与通信程序以及相关信息系统融合成一个整体。

2.3 整合优化阶段

在整合优化阶段，具体表现在多个服务系统（应用层）之间的对接融合与功能整合，以及跨服务平台（物理层、系统层）的功能优化与能力提升。这一阶段的难点是如何打破特定服务与功能模块的既有界限，实现流程再造与功能创新。其工作重点是一体化资源环境（资源层）与一体化控制系统（控制层）的能力提升，及其与各服务系统（应用层）之间的整合。美军这一阶段大致起始于 90 年代末，至今仍未完成，集中表现在全球信息网络的建构上。美军致力于依托全球信息网络的建设与应用，通过系统整合，将所有的物资设施、武器装备、作战部队、后勤支援力量、指挥机构整合为一个网络化、相互连通的整体。全球信息网络的应用，将充分发挥出系统融合后的倍增效应，使包括物资后勤补给能力在内的体系作战能力得到质的提升。

3 物联网建构限制因素

物联网给军事上带来的影响不言而喻，但要真正实现各方面的应用，仍有很多问题亟待解决。

3.1 标准化问题

物联网是一个国家工程甚至是世界工程，需要有标准化的传感系统、统一的编码和识别系统、通用的数据接口与通信协议、互联互通的网络平台，才能让遍布世界各个角落的物体接入这个庞大的网络系统，进而被感知、识别和控制。而目前各种标识标准千差万别，据统计，现有的 RFID 就有 250 余种，可见各类协议标准如何统一仍是一个很漫长的过程，制约着物联网发展的步伐。

3.2 信息安全问题

在物联网的世界，每一件武器装备都可随时随地连接到这个网络并被感知，一旦遭到攻击，对于军队来说，都将是致命的打击，不但会影响物联网本身的运行，还可能危及国家安全，甚至产生连锁反应。因此，如何防止军事信息被敌方窃取利用，保证物联网在应用时的安全，是需要突破的重大障碍。

3.3 地址问题

物联网需要千万个物体连接起来，而每个物体至少需要一个 IP 地址，现在的地址几乎接近耗尽，这是 IPv4（Internet Protocol version4）无法满足的，所以就需要大量的 IPv6（Internet Protocol version6）地址来支撑，而 IPv4 过渡到 IPv6 需要漫长的过程。

3.4 数据管理平台问题

一旦物联网技术真正投入使用，如何有效管理应用物联网技术带来的巨大数据，才能使数以亿计的各类物品的实时动态管理变得可能。为此，需要建立这样的数据管理平台，它包括后端数据库，应用程序以及正确的分析能力来处理由 RFID 系统生成的大量数据。该平台应具有能实现多个用户共同使用，以及所有识别系统都能使用的通用语言；RFID 读取器和后台的信息支撑系统、认证系统、安全系统和每个环节的信息系统必须具备规格统一的公共标准接口。该平台在使用时应该设定不同用户所具有的相应访问权限，并且能实现信息通信的加密。

该平台要能适应大通信量的读取支持，能同时支持成千上万的电子卷标识别，并进行验证。

4 军事物联网应用

在军事领域，物联网被专家称为一个未知储量的金矿。军事物联网可以应用在人员、环境观察、武器、自动系统、后勤与设施管理等方面（见图2），为提高军队作战能力提供了难得的机遇，可以设想，若是在国防科技、军事工业及武器平台等各个要素设置卷标读取装置，通过无线和有线网络将它们联结起来，那么整个国家军事力量都将处于全数字化、信息化的状态。小到个人装备及补给品，大到卫星、飞机、船舰、装甲车、火炮等装备系统，物联网的感知性能让"装备有了生命力"，它的应用将遍及战场每一个环节，更可以说是扩大了未来作战的军事技术革命和作战方式的变革，必将对国防建设各领域产生深远影响。以下从战场情报、指挥效率、后勤勤务支援及 C^4ISR 来探讨其应用。

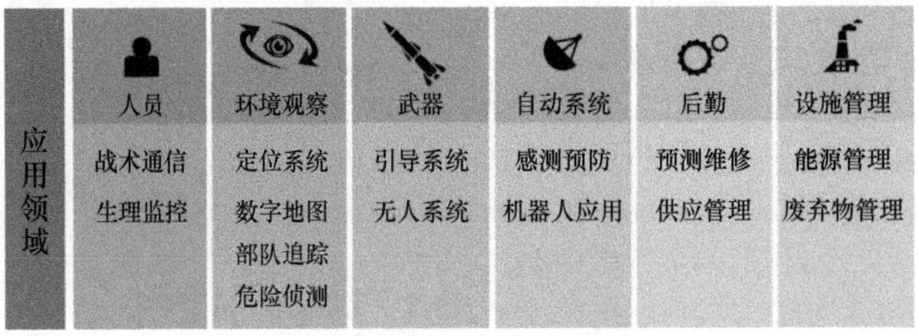

应用领域	人员	环境观察	武器	自动系统	后勤	设施管理
	战术通信 生理监控	定位系统 数字地图 部队追踪 危险侦测	引导系统 无人系统	感测预防 机器人应用	预测维修 供应管理	能源管理 废弃物管理

图 2　军事物联网的应用领域

4.1 战场情报

以美军物联网的军事应用为例，美国国防部已设立了一系列军事传感器网络研究项目，研制开发出许多无线传感器与网络技术相结合的典型项目，例如智能微尘、沙地直线与智能型传感器网络等，这些传感器网络提高了情报侦察与战场态势监测的效能。其中，智能微尘是一种超微型的智能传感器，通常由微处理器模块、无线通信模块、供电模块和控制软件等组成，能够通过传单散发、随着子弹或炮弹等多种形式撒向战场。在到达目标区域后，它们可以通过双向无线通信模块相互感知、相互定位并自动连接成网，进一步收集战场实时信息并向基地站传递。沙地直线的主要目标是侦测运动中的高金属含量军事目标（如装甲车辆、火炮等），同时也可以感知声、光、温度、湿度和动植物生物特征等

信息，可快速并且及时发现敌目标。智能型传感器网络是通过在战场上布设大量的传感器，使其构成一个覆盖战场的传感器矩阵，其目的是收集与过滤信息，最终将重要信息传至数据整合中心，数据整合中心利用来自战场各个角落的大量信息，结合地理信息系统，构建战场态势全景图，全面提高作战人员对战场态势的感知与监测能力。

4.2 指挥效率

美军在伊拉克战争中，就借助了物联网技术，指挥官可随时获得所需的战场情报，精确监测战场态势，并可通过互联的感知网络，将命令快速传递给前线的作战人员，缩短了传递时间，使各层级指挥官及其作战部队，均能够在"正确的时间"、"正确的地点"，不断地获得"正确的信息"，从而下达"正确实时的决策"及"正确的执行行动方案"。

4.3 后勤勤务支援

以色列军方在 2005 年已尝试通过物联网联结各类装备或补给品的电子卷标，可以实时地掌握各类装备或补给品的运输、存储、位置、消耗、需求等情况，使前方作战部队更精确地掌握补给品运送与调拨，也能使作战物资适时、适地、适量运抵前线，以遂行作战任务。日本军方 2009 年在卫勤支援中，运用物联网与 RFID 芯片（见图 3）腕带结合，建立了以单兵生命特征电子监测为基础、物联网为平台的卫生勤务支援信息系统，实现对战斗员行动路径、位置的实时监控，对战斗员生命体征的动态监测，一旦有意外发生，即可在第一时间内发现、快速定位、及时搜救，以提升人员的存活率。

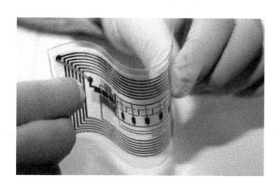

图 3　RFID 芯片

4.4 C⁴ISR 系统

C⁴ISR 系统是以信息科技为核心，整合"作战指挥与控制流程"及"信息流程"，使情报侦察系统经指挥与控制平台到武器平台更精确、更迅速，可使指挥官及各级参谋能掌握及时正确情报，根据一致性战场情况，下达更快速、更正确的决心。传感器网络是物联网的架构之一，同时也是 C⁴ISR 系统中监视和侦察的主要手段，它可监控作战人员、装备和物资，侦察敌方地形和布防与定位攻击目标，评估对敌打击效果和己方损失等多样化的功能，以协助指挥官实时准确地了解部队、武器装备和军用物资供给的情况。C⁴ISR 系统部署的传感器网络将采集相关的信息经由物联网作分析，并通过汇聚节点将数据送至指挥所，再转发到指挥部，最后分析来自各战场数据形成完整的战场态势图，掌握战场实时动态，同步交换战场实时情报，以便下达决策指挥作战。

5 军事物联网未来发展

随着物联网在军事领域的应用范围不断扩大，尤其是受到信息化战场联合作战需求的引导下，战场物联网建设日益急迫地提上议程。军事物联网运用在战场态势感知，智能分析判断和行动过程控制等因素，实现了系统全方位、全时域高效运行，从而破除战争迷雾，提高战场对己方的透明度，全面提升信息系统的作战能力。军事物联网未来发展：①可促进战场监测精确化；②推动推动武器装备智能化；③实现后勤资产透明化和实时性；④提高智能分析判断与科学决策能力。

5.1 促进战场监测精确化

物联网提高了获取目标信息的精确性，扩展了侦察的时域和空域，能有效引导导弹、火炮实施精确打击，并能显著提高摧毁效果评估的准确性。传统技术条件下，战场上的每一个作战单元没有赋予固定标识，无法进行精确定位，无法参与整个指挥控制系统的联络。利用物联网技术，大到飞机、导弹、船舰、装甲车、火炮等装备系统，小到单兵个人装备，每一个作战对象都可以连接到物联网中，使每个对象都处于数字化状态，并与指挥控制系统实时链接，形成完整的战场态势图。在更高层次上实现战场监测的精确化、系统化和智能化，把过去在战场上需要几小时乃至更长时间才能完成的处理、传送过程，压缩到几分钟、几秒钟，甚至于同步，实现战场实时监控、目标定位与战场评估等功能，并通过大规模部署来有效避免侦察盲区，为导弹导引系统提供精确的目标定位信息。

5.2 推动武器装备智能化

智能化武器受到了世界各军事强国的高度重视，纷纷投入巨资予以研究与开发，其巨大的军事潜能和超强的作战功效，使其成为未来战争舞台上一支不可忽视的力量。未来的武器装备通过接入到物联网中，借助物联网的感知和处理功能使其具备一定判断能力，智能化水平更高。未来物联网节点将实现全局联结。这种联结不仅存在于节点相同服务器之间，还存在于节点与节点之间。在这些技术支持下，具有一定信息获取和信息处理能力的智能武器将变成现实。

5.3 实现后勤资产透明化和实时性

由物联网结合 RFID 卷标、线性条形码及二维条形码，运用整体自动化的过程，来获取源数据并保留、撷取、转换及整合所有的数据，并建立可视化后勤网络软件平台，使部队能完整控制后勤物资由分拣、包装、补给站运送及经过港口到供应点的处理程序，可通过现有的信息管理系统，累积并转译收集到的数据，转换成有意义的信息，且准确地提供前线作战人员装备和补给品的位置、状态类别及运输等信息，以达到实时性信息的追踪。

5.4 提高智能分析判断与科学决策能力

物联网技术将推动传统上彼此独立的侦察网、通信网、指挥控制系统、火力网等的整合，实现将各种武器装备与指挥平台、甚至将单车、单兵连接成为一体化的网络指挥系统。通过遍布战场各个角落的感知网络，自动采集战场信息，并进行智能判断，自动将信息就近转发给相关人员或其他作战单元，收到情报信息的作战单元，综合各方信息，在权力范围内，迅速做出决策和反应。

物联网技术是 21 世纪出现的第一个引起国际广泛关注的技术，它能够实现物与物之间的互联。把物联网应用在军事领域，能够实现从发现目标到打击、摧毁目标的全程自动化，迅速提高军队战斗力。目前，以美军为代表西方发达国家，已经将物联网技术应用于实战，并取得了惊人的效果。随着我国科技的发展，我军应结合军民融合发展战略，将高科技技术引入到军事中，建立军事物联网，军队中各种元素（如单兵、武器装备和相关物资）通过感知系统，与信息网络连接起来，可进行信息交换和通信，以达到智能化识别、定位与监控，并由云计算分析及整合信息，转换为有用的数据后，运用在军事方面，来赢得未来信息化条件下的战争。

参 考 文 献

[1] 张余清，刘知远. 美国军用物联网及应用[J]. 物联网技术 2017，2：108-110.

基于 DFT 的战时弹药供应渠道动态决策建模与仿真

张　搏，郝哲威，张琳，汪文峰

（空军工程大学防空反导学院，陕西西安　710051）

摘　要：考虑个体行为特征以及信息可信度、决策时间等诱导信息对供应渠道选择的影响，引入决策场理论（DFT），构建了战时弹药供应渠道选择动态决策模型。基于 DFT 分析了弹药供应渠道选择的时间过程，进而搭建了战时弹药供应渠道选择的动态框架，将前景理论与 DFT 的动态路径选择模型相结合，构建基于 DFT 的战时弹药供应渠道选择行为模型。仿真结果揭示了外部时间压力和个体行为特征对供应渠道选择过程的影响，表明 DFT 能够较好地解释弹药供应渠道选择行为的动态特性。

关键词：战时弹药供应；渠道选择；决策场理论；动态决策

0　引言

弹药供应一直是影响军队战斗力持续生成的重要因素，且与此相关的理论和优化模型已大量出现[1, 5]。出于装备保障供应链稳定性的要求，战时弹药应有多个供应渠道进行保证，那么随之供应渠道选择将成为供应领域内的一个重要问题。目前关于供应商选择问题的大多成果是基于期望效用理论和随机效用理论建立的[6, 7]。尽管已有的研究在模型和算法方面已经取得一些成果，但由于战时弹药供应渠道的选择问题涉及要素众多，尤其是渠道选择实际上是决策者在时间过程上的一个审慎决策过程，是一种"有限理性"行为，而目前在这方面的研究尚未出现。

决策场理论（Decision Field Theory，DFT）正是一种更关注个体偏好构建过程的描述方式，它基于认知和神经系统的基本特征，将许多简单的单元组合起来形成一个动态系统，为理解不确定条件下个体审慎决策过程中的认知和刺激机制提供了一个严密的数学框架[8,9]。多方案决策场理论（Multialternative Decision Field Theory，MDFT）是基于 DFT 发展起来的一种针对有多个备选方案问题的理论方法，它成功组合了心理学理论中的两个主要且独立的观点：动机的"接近-回避"理论和选择时间响应的"信息-处理"理论[10]。目前 MDFT 作为理论基础，已广泛用于传感器探测、感知识别、识别记忆、分类、概率推理、优先选择和决策神经科等多个领域内[11-15]，

为构建理解复杂环境中的决策模型提供了理论基础。

战场环境具有明显的不确定性和复杂性特征，尽可能建立一个符合真实情况的供应渠道选择模型具有重要的理论价值和实际意义。基于以上考虑，本文以 DFT 为理论基础研究面向决策过程的弹药供应渠道动态选择模型。

1　决策场理论简介

Busemeyer 等学者针对不确定条件下审慎决策过程中的刺激和认知机制的研究结果表明，人的选择过程是各备选方案偏好在人脑激活程度的动态积累过程，随着偏好强度积累增加，最先超过阈值的备选方案被选择[8]。以此为基础所构建的 DFT 是一种更关注个体偏好构建过程的描述方式，它基于认知和神经系统的基本特征，将许多简单的单元组合起来形成一个动态系统，能够更恰当地描述经验性的调查结果，并且其动态特性使得该模型能够描述决策的时间特性，为理解不确定条件下个体审慎决策过程中的认知和刺激机制提供了一个严密的数学框架。

假设有备选方案集 $A=\{a_i, i=1, 2, \cdots, m\}$，定义 $\boldsymbol{P}(t)=\{P_1(t), P_2(t), \cdots, P_m(t)\}$ 为 m 维偏好强度向量，分量 $P_i(t)$ 为在时刻 t 个体关于备选方案 a_i 的偏好强度，是对备选方案偏好程度的度量，表示"接近-回避"趋向的强度（正值表示接近，负值表示回避），即 $P_i(t)$ 越大，说明个体越偏好方案

a_i，$P_i(t)$ 越小，说明个体更愿意规避方案 a_i。初始偏好强度 $\boldsymbol{P}(0)$ 是指决策者在决策开始前对备选方案的偏好度量。设 τ 为一任意小的时间单位，$t=hg\tau$，$h=1,2,3,\cdots$，在决策过程中，从时间 t 到 $t+\tau$，决策者偏好强度的变化过程可用线性随机差分方程表示为[11]

$$\boldsymbol{P}(t+\tau) = \boldsymbol{S}\cdot\boldsymbol{P}(t) + \boldsymbol{Va}(t) \qquad (1)$$

其中，$\boldsymbol{S}$ 为 $n\times n$ 维反馈矩阵，$\boldsymbol{Va}(t)$ 被称为效价，是 m 维随机输入向量，描述了在给定时刻 t 决策者对各方案之间相对优势的评价。该线性随机差分方程的解为

$$\boldsymbol{P}(t) = \sum_{i=0}^{h-1} \boldsymbol{S}^i\cdot\boldsymbol{Va}(t-i\tau) + \boldsymbol{S}^h\cdot\boldsymbol{P}(0) \qquad (2)$$

上式从时间上描述了个体对某方案偏好强度的动态累积过程，下面我们将结合作战指挥决策问题，基于 DFT 构建弹药供应渠道的动态选择模型。

2 基于 DFT 的弹药供应渠道动态选择模型

2.1 弹药供应渠道动态选择框架

在不确定环境下制定决策时，个体决策生成过程实际上是一个包含获取各方案结果信息、比较加权结果等认知过程的时间消耗过程，期间个体在多渠道方案之间犹豫不决，直到做出决断。基于 DFT 的弹药供应渠道动态选择框架如图 1 所示。

在图 1 所示的决策框架中，主要包括 3 个步骤：①各渠道方案效价的计算，任意时刻渠道方案的效价描述了该方案的预期价值，可通过计算方案价值的加权和得到；②各渠道方案偏好强度计算；③指挥员评价过程结束的控制。

根据 DFT，个体决策时，将有限的注意力分配到各准则上，在各准则上综合考虑渠道方案之间的优势，得到此时各渠道方案的效价，因此注意力权重向量计算是个体对各方案进行比较评价的起点；同时，注意力权重向量决定了各渠道方案在各准则上消耗的时间。个体注意力的变化来源于在各种状态下个体注意力在各个方案之间的转移。确定各准则权重向量后，决策者在各准则上权衡渠道方案之间的综合优势，最后得到各渠道方案的效价向量。

得到 t 时刻各渠道方案的效价向量后，计算 $t+1$ 时刻个体对各方案的偏好强度，直到满足个体的决策时间限制（或是达到偏好强度阈值），将偏好强度最大的渠道方案作为最佳的执行方案。

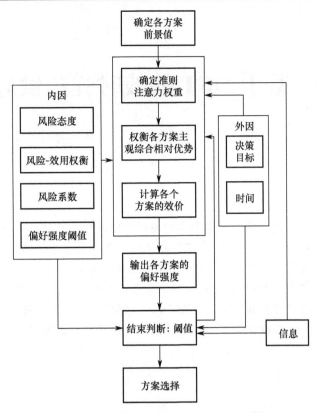

图 1　基于 DFT 的弹药供应渠道动态选择框架

在个体思考、权衡过程中，影响渠道方案选择的因素主要包括内外两个方面，前者主要是个体自身经验、风险偏好、决策预期等，对个体的思考过程和偏好强度阈值（阈值是一种将偏好状态实值作为决策停止准则的机制）都会造成影响；后者则主要是决策的时间压力，即虽然时间允许个体能够进行渠道的对比评估，但并不是毫无压力。当不存在各方面都最优的渠道方案时，个体就必须权衡各渠道方案在各准则上的表现，这个过程主要就是计算各渠道方案的效价。

时间压力是实际战争进程中作战过程要求对个体决策时间限定所引发的心理压力。当留给个体决策的时间小于对比各渠道方案所需时间时，时间压力的影响就会发挥作用。

2.2 模型构建

现对于某弹药供应渠道选择问题，假设多供应渠道方案构成有限方案集，记为 $A=\{a_i, i=1, 2, \cdots, m\}$，$a_i$ 表示第 i 个备选渠道方案；$C=\{c_j, j=1, 2, \cdots, n\}$ 表示渠道选择的准则集合，c_j 表示第 j 个准则，各准则间相互独立，且其权重向量为 $\omega=\{\omega_1, \omega_2, \cdots, \omega_n\}$，满足 $\sum_{j=1}^{n}\omega_j=1$，$\omega_j\geq 0$。用方案的风险前景 f_{ij}^0 表示 a_i 与准则 c_j 对应的可能结果，则方案 a_i 的前景可

表示为 $f_i^0=(f_{i1}^0,\cdots,f_{in}^0)$，其中 $f_{ij}^0=(x_{ij}^{01},p_i^1;\cdots;$ $x_{ij}^{0h_i},p_i^{h_i})$，表示方案 a_i 执行后在准则 c_j 上可能造成 h_i 种结果，$x_{ij}^{0k}(1\leqslant k\leqslant h_i)$ 表示行动方案 a_i 在准则 c_j 下的原始收益/损失值，p_i^k（$1\leqslant k\leqslant h_i$）为相应的概率，且 $\sum_{k=1}^{h_i}p_i^k=1$。其前景决策矩阵 F_0 如下：

$$F_0=\begin{vmatrix} f_{11}^0 & f_{12}^0 & L & f_{1n}^0 \\ M & M & 0 & M \\ f_{i1}^0 & f_{i2}^0 & L & f_{in}^0 \\ M & M & M & M \\ f_{m1}^0 & f_{m2}^0 & L & f_{mm}^0 \end{vmatrix} \quad (3)$$

式中，f_{ij}^0 表示第 i 个备选渠道方案 a_i 与第 j 个准则 c_j 对应的可能结果。

在图 1 所示的框架下，构建个体的多渠道方案选择模型，由式（1）、式（2）可知，新的偏好强度是前一偏好强度 $P(t)$ 和效价向量 $Va(t)$ 的加权和，其动态特性主要决定于两个因素：初始偏好状态 $P(0)$ 和反馈矩阵 S。

1）初始偏好矩阵 $P(0)$

一般的，初始偏好状态表示根据先验经验确定的渠道方案之间的偏差。参考点效应、习惯、经验或记忆等都会对初始状态产生影响，对于新的决策问题，可认为渠道方案之间的初始状态无偏差，即 $P(0)=0$。

2）反馈矩阵 S

反馈矩阵 S 包含了渠道方案之间的自相关性，主要反映了先前状态下偏好强度对当前偏好的影响以及渠道方案之间交互的影响，前者与记忆能力有关。S 中对角线元素 S_{ij} 反映了个体对给定渠道方案先验偏好状态的记忆，这种反馈机制能够保证给定渠道方案综合效价在时间过程中的延续性，从而使得偏好强度随时间动态地增长或衰减。

若设定自反馈循环为 0($S_{ij}=0$)，那么该渠道方案选择没有对先验状态的记忆。若设定子反馈循环为 1($S_{ij}=1$)，那么该渠道方案选择拥有完美的先验状态记忆。通俗的理解，自反馈矩阵反映了先验偏好状态对当前偏好状态的影响。在实际运算中，可认为所有渠道方案的自反馈是一致的，即对于所有的 $i\in\{1,2,K,\cdots,m\}$，S_{ii} 均相等。

对于非对角线元素，即 $S_{ij}(i^1 j)$，它主要用于描述并确定一个渠道方案对于另一方案的影响，通常这些元素值被设置为负数，从而能够反映出渠道方案之间的竞争和抑制关系。若所有值均为零，则说明方案之间不存在任何竞争关系，他们的偏好强度独立地增长或衰减。根据文献[10]，方案间的关联强度与方案间距离（即相似性）之间成负相关关系，且有 $S_{ij}=S_{ji}$。

此处根据个体态势感知中记忆能力参数，设个体决策时受到先前偏好状态的影响较大，有 $S_{ii}=0.95$，参考[11]，非对角线元素的计算式为

$$S_{ik}=S_{ki}=-0.10\mathrm{e}^{-0.022d^4} \quad (4)$$

式中，$d=\sqrt{\sum_{j=1}^n(V_{ij}-V_{kj})^2},i\neq k,i,k\in\{1,2,K,\cdots,m\}$。

3）效价向量 $Va(t)$

效价向量 $Va(t)$ 主要是用于描述时刻 t 各渠道方案之间的综合相对优势，其计算主要分 3 个部分。

（1）各准则下的各方案前景的综合评估。

根据累计前景理论，对于前景 $f_{ij}=(x_{ij}^1,p_i^1,\cdots,x_{ij}^{h_i},p_i^{h_i})$，其价值计算式为

$$V_{ij}=\sum_{k=1}^{h_i}v(x_{ij}^k)\cdot\pi(p_i^k) \quad (5)$$

假设 $x_{ij}^1\leqslant\cdots x_{ij}^l\leqslant x_j^0\leqslant x_{ij}^{l+1}\leqslant\cdots\leqslant x_{ij}^{h_i}$，$x_0$ 为决策的参考点，那么价值函数为

$$v(x_{ij}^k)=\begin{cases}(x_{ij}^k-x_0)^{r_+}, & k\geqslant l;\\ -la\cdot(-x_{ij}^k+x_0)^{r_-}, & k<l.\end{cases} \quad (6)$$

式中，r_+ 和 r_- 分别为风险偏好系数和风险厌恶系数，当 $0<r_+<1$，价值函数在收益上表现为风险厌恶；当 $0<r_-<1$，价值函数在损失上表现为风险偏好。

概率权重函数 $\pi(p)$ 为

$$\begin{cases}\pi^+(p_i^k)=w^+(p_i^k+\cdots+p_i^{h_i})-w^+(p_i^{k+1}+\cdots+p_i^{h_i}),k\geqslant l;\\ \pi^-(p_i^k)=w^-(p_i^1+\cdots+p_i^k)-w^-(p_i^1+\cdots+p_i^{k-1}),k<l.\end{cases} \quad (7)$$

式中，决策权重 $\pi^+(p_i^k)$ 为"结果至少和 x_{ij}^k 一样好"与"结果严格比 x_{ij}^k 好"事件的容量函数之差，$\pi^-(p_i^k)$ 为"结果至少和 x_{ij}^k 一样差"与"结果严格比 x_{ij}^k 差"事件的容量函数之差。容量函数 $w(p_i^k)$ 为

$$w(p_i^k)=\frac{(p_i^k)^z}{((p_i^k)^z+(1-p_i^k)^z)^{\frac{1}{z}}} \quad (8)$$

式中，$0\leqslant z\leqslant 1$ 描述了反转的 S 形权重函数特性，z 值的减少使得权重函数曲线更加弯曲，向右跨过 45°线更深入。容量函数很好地描述了决策者倾向于重视小概率事件（有极端结果），低估中等的或高概率事件。一般的，在收益时，$z=0.61$，损失时，$z=0.69$。

渠道方案 a_i 在准则 C_j 上前景的价值可表示为 V_{ij}。如在选择渠道方案时，个体会获得每个方案在多个准则上的前景，根据这些结果，个体做出主观决断。若方案集 $A=\{a_1, a_2, a_3\}$ 中各方案仅考虑两个主要准则，分别用 $V_1=[V_{11},V_{21},V_{31}]^\mathrm{T}$ 和 $V_2=[V_{12},V_{22},V_{32}]^\mathrm{T}$ 表示三个方案在准则 c_1 和 c_2 上的主观价值向量，那么将 V_1 和 V_2 串联起来可形成 3×2 的前景价值矩阵 $V=V_1|V_2$。

（2）特定时刻各准则的注意力权重

在时刻 t 分配给准则 c_j 的注意力权重表示为 $W_j(t)$。在决策时，注意力权重一般会根据注意力的变化和波动随时间动态变化。若用 $W_1(t)$ 和 $W_2(t)$ 分别表示前述 $A=\{a_1, a_2, a_3\}$ 方案选择问题中两个准则在 t 时刻的注意力权重。在某一时刻，决策者聚焦于第一个准则，而在下一时刻注意力可能就转至另一准则，即在 t 时刻 $W_1(t)=1$，$W_2(t)=0$，而在 $t+1$ 时刻，依概率有 $W_1(t+1)=0$，$W_2(t+1)=1$。

将两个准则获得注意的概率分别记为 Pr_1，Pr_2，在 DFT 理论中，假设注意力在准则之间的转换时间服从指数分布。所有准则的注意力权重可构成权重向量 $W(t)$，在上述问题中，可形成二维权重向量 $W(t)=W_1(t),W_2(t)$。一般假设注意力权重根据静态随机过程进行动态变化，其中，$E(W(t))=\omega\cdot\tau$，协方差矩阵 $\mathrm{Cov}(W(t))=\varphi\cdot\tau$，平均权重向量中的分量 $\omega_j=EW(t)$ 表示分配给 c_j 的注意力的平均比例。

那么，$V\times W(t)$ 可计算在任意时刻 t 每个方案的权重价值。例如，在前述 $A=\{a_1, a_2, a_3\}$ 方案选择问题中，第 i 个方案的权重价值 $W_1(t)\cdot V_{i1}+W_2(t)\cdot V_{i2}$，其与经典期望效用理论的最大区别在于其权重值具有较强的随机性。

（3）对比各方案加权评估值

该比较过程需要确定各个方案在某时刻所比较准则上的优势和劣势。一般情况下，每个方案的效价可通过比较某方案同其他方案的加权评估值得到。如方案 a_1 的效价为 $va_1(t)=W_1(t)\times v_{11}+W_2(t)\times v_{12}-\dfrac{(W_1(t)v_{21}+W_2(t)v_{22})+(W_1(t)v_{31}W_2(t)v_{32})}{2}$ 该比较过程可通过式（4）定义的对比矩阵描述为矩阵运算。

$$C=\begin{bmatrix} 1 & -1/2 & -1/2 \\ -1/2 & 1 & -1/2 \\ -1/2 & -1/2 & 1 \end{bmatrix} \qquad (9)$$

一般情况下，对比矩阵 C 的对角线元素可设定为 $C_{ii}=1$，而其他元素 $C_{ij}=-1/(m-1)$。

综上所述，效价向量 $Va(t)$ 可表示为

$$Va(t)=C\cdot V\cdot W(t) \qquad (10)$$

得到效价向量后，可依据式（1）计算下一时刻个体对各方案的偏好强度。

4）结束控制规则

个体方案权衡过程的结束主要是依靠阈值控制方式，主要包括两种阈值：一是时间阈值，即决策的权衡时间受外部时间控制；二是偏好强度阈值，即当某方案的偏好强度达到一定水平时，个体自己主动结束决策权衡、思考过程。

（1）决策过程的停止由时间阈值决定。

当事先对决策的时间做出规定时，该决策任务被为外部控制决策。例如，个体需要在发射截止时间范围内做出发射决策。设 TD 为停止时间，当 $t=0$ 时，决策过程开始；

当 $t=$TD 时，决策过程停止，若此时 $P_{max}(\mathrm{TD})=\max(P_i(\mathrm{TD}),i=1,\cdots,m)$，则在时间点 TD 上偏好强度最大的备选方案 a_{max} 被选择。

在 t 时刻方案被选择的概率为

$$\Pr[a_i\,|\,A](t)=\Pr[P_i(t)\geqslant P_j(t),\text{for}\ \ \forall j\in\{1,2,...,m\}j\neq i]$$
$$(11)$$

通过计算在各个时间点的方案选择结果及其概率，可以观察偏好的动态演化过程。

（2）决策过程的停止由阈值 θ_P 决定。

当决策者在宣布结果之前，其考虑时间完全不受限制时，该决策任务被称为内部控制决策，这是实验研究中最为常见的一种类型。

设定一个阈值 θ_P，当 $P_k(t)\geqslant\theta_P$，$P_j(t)<\theta_P,j\neq k$ 时，备选方案 a_k 被选择，即偏好强度最先达到阈值的备选方案被选择。此时，其选择概率和思考时间由最先到达阈值的时间分布决定。

最后，在满足决策结束规则后，输出偏好强度最大的方案作为个体的最佳选择方案。

3　算例分析

给定一战时弹药供应渠道选择问题，现确定选择供应渠道时所参考的准则集 C={供应效率 c_1，方案合理度 c_2，渠道完好程度 c_3，机动性 c_4，生存能力 c_5，费用风险 c_6}，其权重向量为（0.20，0.17，0.20，0.10，0.14，0.19）；现有 3 个渠道方案{a_1，a_2，a_3}，假设各方案在所有准则上的实施前景已知，如表 1 所示。

根据基于 DFT 的弹药供应渠道动态选择框架，假设指挥员逐个在各准则上比较方案之间的优劣

势，那么首先需要确定各准则的注意力权重向量，以描述指挥员注意力在各准则上的分配情况。

表1

	c_1	c_2	c_3	c_4	c_5	c_6
a_1	(0.15,10%; 0.60,20%; 1.0,70%)	(0.0,20%; 0.50,42%; 0.85,38%)	(0.20,15%; 0.70,45%; 0.95,40%)	(0.25,25%; 0.65,35%; 1.0,40%)	(0.30,20%; 0.75,40%; 1.0,40%)	(0.0,40%; 0.45,35%; 0.80,25%)
a_2	(0.0,20%; 0.65,45%; 0.95,35%)	(0.20,15%; 0.70,30%; 1.0,55%)	(0.0,24%; 0.50,56%; 0.85,20%)	(0.0,10%; 0.55,40%; 1.0,50%)	(0.0,10%; 0.60,54%; 0.90,36%)	(0.3,10%; 0.70,40%; 1.0,50%)
a_3	(0.25,25%; 0.70,45%; 1.0,30%)	(0.10,15%; 0.55,45%; 0.95,40%)	(0.30,10%; 0.75,40%; 1.0,50%)	(0.0,30%; 0.45,45%; 0.85,25%)	(0.1,25%; 0.75,45%; 0.85,30%)	(0.20,20%; 0.70,55%; 0.90,25%)

注：表1中数据已经过标准化处理。

4 参数确定

1）注意力权重向量

在该问题中，a_i 与准则 c_j 对应风险前景 f_{ij} 中可能结果的概率分布以及各准则的权重向量反映了指挥员认知资源在方案前景状态和准则上的分布和平衡。注意力权重向量为 $\boldsymbol{W}(t)=(w_1^1(t)，w_1^2(t)，w_1^3(t)；\cdots；w_6^1(t)，w_6^2(t)，w_6^3(t))$，那么在时刻 t，在准则 c_j 下指挥员对方案 a_1 与 a_2 在状态 s_i 下的优势进行比较可表示为 $w_j^i(t)=1, w_p^q(t)=0(p\neq j, q\neq i)$。

针对如式（3）所示的问题，由于各方案在各准则下前景的概率分布不同，可设在时刻 t，指挥员仅综合方案的价值和风险对 a_1 与 a_2 在准则 c_j 下的优势进行比较，指挥员注意力权重按照静态随机过程进行动态变化，其均值等于各准则的权重向量 $\omega=$（0.21，0.15，0.22，0.10，0.17，0.15）。

2）比较矩阵

本例中备选方案共有3个，因此比较矩阵 $\boldsymbol{C}$ 为

$$\boldsymbol{C}=\begin{bmatrix} 1 & -1/2 & -1/2 \\ -1/2 & 1 & -1/2 \\ -1/2 & -1/2 & 1 \end{bmatrix}$$

3）前景价值矩阵

依据各准则下的各方案前景的综合评估方法，初始参数设置为 $r_+=0.5$，$r_-=0.6$，$la=2.0$，参考点设置为（0.5，0.5，0.5，0.5，0.5，0.5）。由式（5）～（8），可计算得到前景价值矩阵为

$$\vec{V}=\begin{bmatrix} 0.5485 & 0.4753 & 0.5394 & 0.7145 & 0.6846 & 0.5745 \\ 0.5558 & 0.5827 & 0.4976 & 0.5372 & 0.4735 & 0.7365 \\ 0.7373 & 0.5139 & 0.6119 & 0.5536 & 0.5512 & 0.8002 \end{bmatrix}$$

那么，可依据式（10）计算得到效价向量 $\boldsymbol{Va}(t)$。

4）反馈矩阵

设反馈矩阵 $\boldsymbol{S}$ 为

$$\boldsymbol{S}=\begin{bmatrix} 0.98 & -0.03 & -0.03 \\ -0.03 & 0.98 & -0.03 \\ -0.03 & -0.03 & 0.98 \end{bmatrix}$$

4.1 仿真结果

设初始偏好向量为 $\boldsymbol{P}(0)=(0,0,0)$，那么方案选择决策过程仿真如图2所示，图中横轴表示考虑时间，纵轴表示各方案的偏好强度。由于个体思考过程具有一定的随机性，因此每次仿真的运行结果都不相同，此处我们选取三次运行结果进行分析。

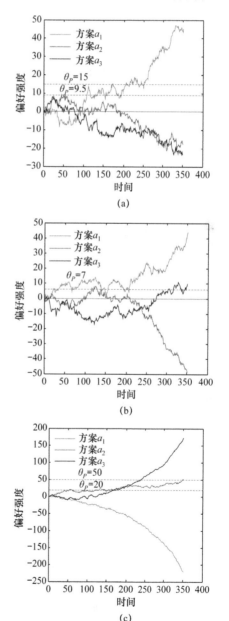

图2 3个备选弹药供应渠道方案动态决策过程

在图 2 中，轨迹代表各方案偏好强度的累积过程，若根据决策时间阈值作为判断决策思考过程的停止条件，图（2）中，当 TD=90 时，方案 a_2 被选择，当 TD=150 时，方案 a_1 被选择；在图 2（b）中，在大部分思考时间内，方案 a_1 的偏好强度在 3 个方案中都是最大的；而在图 2（c）中，当 TD=90 时，方案 a_2 被选择，当 TD=300 时，方案 a_3 被选择。

若根据偏好强度阈值作为判断决策思考过程的停止条件，图 2（a）中，当 θ_P=9.5 时，方案 a_2 被选择，当 θ_P=15 时，方案 a_1 被选择；在图 2（b）中，在大部分思考时间内，方案 a_1 的偏好强度在 3 个方案中都是最大的；而在图 2（c）中，当 θ_P=20 时，方案 a_2 被选择，当 θ_P=50 时，方案 a_3 被选择。

4.2　结果分析

1）外部时间压力对决策的影响分析

已有的研究表明，当外部决策时间十分受限的情况下，个体的决策质量会受到较大程度的影响，事实上，由于各准则注意力权重的分配具有一定的随机性，当决策时间阈值十分小的情况下，就并不能保证个体通盘考虑各方案在所有准则上的表现，只有当决策时间阈值较大时，才能保证个体能够在所有准则上比较各方案的优劣势，此时，各准则注意力的分配比例与其权重向量基本吻合。

正如图 2 中所示的决策结果，时间阈值带来的决策压力会影响个体对各备选方案在各准则上前景信息的处理，甚至会忽略一些信息，并且会减少每个准则上信息处理的平均时间，从而影响到最终的决策质量，而随着时间的变化，偏好强度不断积累，会出现个体偏好翻转的现象。

2）个体内因对决策的影响分析

这里，个体的内因主要体现在两个方面，一方面是个体对各方案前景的综合评估，另一方面是偏好强度阈值的设置上。由于个体对方案的综合评估受到个体风险态度、决策参考点、价值-风险平衡等等因素的影响，从而影响到效价向量 $Va(t)$ 的计算；而当个体将偏好强度阈值作为决策停止条件时，偏好强度阈值的选择直接影响到决策结果。

综上所述，偏好强度阈值的设置能够反映出个体的性格特征，通常，当个体较为小心谨慎时，其偏好强度阈值数值会较大，而性格急躁的个体，其偏好强度阈值数值会较小，阈值越大，个体的思考时间越长，越谨慎；阈值越小，个体越急于给出决断，就越冲动。

5　结束语

指挥决策的核心地位和关键作用在作战中逐渐突显出来，研究个体的行为特征对决策的影响有重要意义。本文在决策场理论框架下，构建了弹药供应渠道动态选择模型，其中的多个参数能够反映个体面对不确定战场环境时的行为特征。仿真结果分析验证了个体面对复杂环境时的审慎决策过程，揭示了外部时间压力和个体行为特征对渠道选择结果的作用规律，而这将为我们进一步研究考虑行为因素的供应链网络风险问题提供理论基础。

参 考 文 献

[1] 韩震，卢昱，古平，等. 战时弹药供应协同调运模型研究[J]. 军械工程学院学报，2014，26（5）：1-4.

[2] 马士永，於陈浩. 信息化条件下聚焦式弹药供给模式研究[J]. 舰船电子工程，33（3）：11-13.

[3] 樊胜利，柏彦奇，甘勤涛.基于战时弹药消耗及补给数据的弹药储备量控制方法[J]. 装甲兵工程学院学报，2010，24（4）：15-19.

[4] 赵美，王立欣，李文生，等. 基于 SD 的弹药供应链系统稳定性分析[J]. 装甲兵工程学院学报，2011，25（4）：22-24.

[5] 赵美，王海丹，王立欣，等. 基于系统动力学的战时弹药供应链可靠性仿真分析[J].装甲兵工程学院学报，2013，27（6）：13-17.

[6] 王丹. 供应链风险下的战略供应商选择方法及利益分配机制研究[D]. 大连海事大学，2008.

[7] 张树梁，陈友玲，张豆. 供应链中供应商选择决策方法[J]. 计算机应用研究，2015，32（4）：1024-1028.

[8] Busemeyer J R，Townsend J T. Decision field theory：A dynamic cognition approach to decision making [J]. Psychological Review，1993，100（3）：432-459.

[9] Jerome R. Busemeyer，Adele Diederich. Survey of decision field theory [J]. Mathematical Social Sciences，2002，43：345-370.

[10] Roe R，Busemeyer J R，Townsend J T. Multialternative decision field theory：A dynamic connectionist model of decision-making [J]. Psychological Review，2001，108（2）：370-392.

[11] Huanmei Qin，Hongzhi Guan，Yao-Jan Wu. Analysis of park-and-ride decision behavior based on Decision Field Theory [J]. Transportation Research Part F，2013，18：199-212.

[12] 李艾丽，张庆林.多备择决策的联结网络模型[J].心理科学，2008，31（6）：1438-1440.

[13] 高峰，王明哲. 面向决策过程的动态路径选择模型[J]. 交通运输系统工程与信息，2009，9（5）：96-102.

[14] 高峰，王明哲. 诱导信息下的路径选择行为模型[J]. 交通运输系统工程与信息，2010，10（6）：64-69.

[15] 李一磊，李继云. 基于 MDFT 的服装风格决策模型[J]. 计算机应用与软件，2011，28（10）：170-173.

基于 Multi-Agent 的弹药战时综合保障仿真与评估

刘耀周[1]，高宏伟[1]，耿乃国[2]，苏振中[1]，李永[1]

（1. 沈阳理工大学装备技术研究所，辽宁沈阳 110159；2. 沈阳理工大学，辽宁沈阳 110159）

摘　要：针对弹药战时综合保障存在的问题，提出了利用仿真技术开展研究与评估的技术途径；制定了基于任务分解的仿真想定，从保障对象、保障系统、环境、自动决策和 Agent 模型装配等方面构建了弹药战时综合保障模型体系；建立了基于 Multi-Agent 的仿真驱动引擎，给出了引擎框架、通信机制和仿真推进策略；提出了仿真结果评估指标体系，给出了评估方法。

关键词：Multi-Agent；弹药；战时综合保障；仿真；评估

0　引言

陆军部队当前正从师、旅、团、营体制向新型旅、合成营体制进行调整，逐步实现规模精干、能力合成。传统的弹药、导弹保障体系及模式需要依据新的作战体制进行优化调整，以能够对各种保障任务进行科学预见和区分，统筹运用各种保障力量，生成可持续的全维综合保障能力。

目前，我军还难以通过实际的军事作战或演习对弹药保障体系进行持续的评估、分析和改进。同时，保障对象与保障力量种类繁多、数量巨大，作战进程中保障任务亦具有诸多不确定性因素，解析方法的应用难度也很大。因此，仿真系统的构建和运用是进行综合保障问题研究时不可或缺的重要途径。

1　弹药战时综合保障仿真问题

多年来，部分弹药保障机构开展了一些弹药保障仿真研究，对特定条件下弹药保障规律有了一定的了解，但还存在以下问题：（1）战保脱节：传统的弹药保障仿真系统以平时为主，没有过多的考虑作战牵引保障，没有体现保障支撑作战的相互作用关系；（2）灵活性不好：传统的保障方案制定凭经验的成分居多，方案调整动态性差，缺乏动态集成技术，与作战任务背景贴合不足，难以评估和优化现有保障资源配置的合理性；（3）适应性差：传统的弹药保障仿真系统在运行过程中，保障需求的内容大多是预先设定的且相对比较简单，其处理过程也是依据保障需求进行预先设定，其方式方法缺乏灵活性，不能适应复杂战场不断变化的保障需求。

针对以上问题，必须着眼新形势下军事斗争准备需要，以战时保障牵引平时建设，对弹药战时综合保障业务需求进行深入分析，构建面向作战任务的保障模型体系，确定保障仿真总体框架，开展仿真方法与技术研究，建立仿真平台进行仿真与评估。

2　基于任务分解的仿真想定制作

2.1　保障任务生成条件描述

2.1.1　作战任务想定

针对渡海登岛作战、平原阵地防御作战、城市进攻作战等作战类型和具体作战任务信息，使用 GIS+时间任务矩阵技术进行作战想定的制作：设置作战任务地理信息与气象信息，以作战单位编成为纵坐标，以时间为横坐标，以带颜色矩形条来表示某时间段内某作战编成的作战任务，对作战任务携行弹药种类与数量等属性进行描述。通过对作战想定时间任务矩阵的解析建立作战任务数据结构，作为弹药供应保障任务生成的输入，支持生成弹药消耗信息和位置信息。

2.1.2　蓝方火力打击事件设定

对任务执行过程中遇到的蓝方火力打击以事件的形式描述，在作战想定时间任务矩阵上以矩形条的方式描述蓝方火力打击类型、蓝方火力打击持续时间、蓝方火力打击强度等信息。通过对作战想定时间任务矩阵的解析建立蓝方火力打击事件数据结构，作为弹药供应保障任务生成的输入，支持生成弹药消耗信息。

2.2 保障方案想定制作

2.2.1 初始保障方案制作

初始保障方案在仿真驱动前输入，包括保障系统结构、各保障编组的能力描述、维修策略，在作战地域内配置各保障机构、编组、库所的初始位置、库存类型与数量等信息。采用结构化方式生成，建立固定描述模板，以模板对话框输入方式进行编辑设置，通过解析生成保障方案数据结构，作为保障任务执行条件的输入，支持弹药供应决策和同级保障决策的解算。

2.2.2 任务执行过程中保障方案调整

在任务执行过程中，保障指挥员可根据作战态势和保障态势对保障方案进行调整，在作战想定时间任务矩阵上设置各保障机构或编组新的保障任务类型、时间、机动方式和路线等信息，调整弹药供应决策和同级保障决策，作为保障任务执行条件的输入。

3 弹药战时综合保障模型体系

3.1 弹药战时综合保障模型体系结构

弹药战时综合保障体系包括环境模型、保障对象模型和保障系统模型，其中环境模型主要用来描述特定作战方式下的保障环境，保障对象模型用来对仿真对象及其行为进行描述，保障系统模型用来描述保障对象之间的关系及基于保障对象的仿真应用，结构如图1所示。

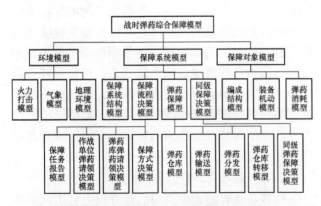

图 1 弹药战时综合保障模型体系结构

3.2 保障对象建模

（1）编成结构模型。根据典型的陆军新型旅或者合成营结构编成、装备编成建立作战单元编成结构模型。

（2）装备机动模型。根据装备机动性能参数建立，可结合地理信息数据、气象信息数据、蓝方火力打击数据实时解算装备位置数据。

（3）弹药消耗模型。根据交战装备型号与数量、作战任务类型、交战时长或批次、携弹种类与数量等数据实时解算得到消耗弹药种类与数量、剩余弹药种类与数量数据。

3.3 保障系统建模

3.3.1 保障系统结构

战时对弹药保障力量进行编组，根据作战任务需求开展弹药保障。保障系统结构如图2所示。

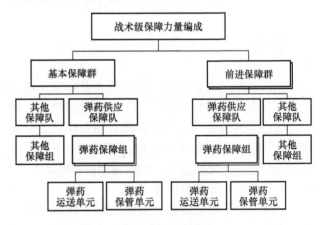

图 2 保障系统结构

3.3.2 保障系统主要流程

弹药保障系统在统一的指挥下，根据弹药战时保障需求，按照一定的程序开展保障。弹药供应保障流程如图3所示。

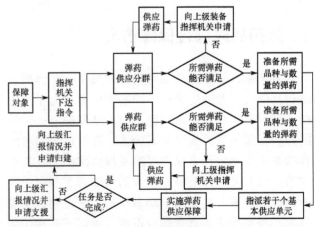

图 3 弹药供应保障流程

3.3.3　保障系统模型

根据保障系统结构，以及仿真系统应用需求，主要建立以下模型，从而构成保障模型体系：

（1）保障任务报告模型。在保障任务形成后，确定将保障任务信息上报给保障系统结构中对象节点。

（2）作战单位弹药请领决策模型。根据携行弹药剩余种类与数量，结合作战任务完成进度和计划，确定请领弹药种类与数量。

（3）弹药库弹药请领决策模型。根据作战单位弹药库剩余弹药种类与数量，结合作战任务完成进度计划，确定请领弹药种类与数量。

（4）保障方式决策模型：根据战场态势、保障态势自主或由指挥结构确定自主保障、伴随保障、定期保障、前进保障等保障方式。

（5）维护保障编组的保障编组 ID、保障编组名称、保障编组位置、保障编组任务排队数量、弹药种类与数量等状态数据，保障编组状态数据是整个保障过程中保障资源是否可用的直观体现，是保障任务完成的根本支撑。

（6）弹药保障模型。弹药仓库模型、弹药输送模型、弹药分发模型、弹药仓库转移模型。其中弹药仓库模型包括弹药种类、数量、上下限峰值等参数和出入库模型。

（7）同级保障决策模型。建立规则，虚设一个营的保障力量，建立同级弹药保障决策模型。

3.4　环境建模

主要包括地理信息、气象、军事环境和蓝方火力打击等模型。

（1）地理信息模型。根据 DEM 数据、测绘数据建立地形环境、水文环境、人文环境、经济环境、交通环境建立地理信息模型，为机动模型、决策模型解算提供数据支持。

（2）气象模型。建立通用风、雨、雪、雾等模型，为机动模型、决策模型解算提供数据支持。

（3）军事环境模型。包括核生化环境模型和电磁环境模型，为决策解算提供数据支持。

（4）蓝方火力打击模型。为简化作战过程，将蓝方火力打击模型作为一个环境模型形式存在，数字化形式描述蓝方火力打击类型、蓝方火力打击持续时间、蓝方火力打击强度、关联的三维特效，为弹药的消耗与需求结算提供数据支持，为态势显示提供特效支持。

3.5　自动决策模型

对保障对象、保障系统、环境模型以有限状态机的形式进行装配，开发实体的行为决策模型，可视化显示和编辑行为决策过程。主要功能分为两部分：（1）描述分队层次的指挥控制行为；（2）与指挥控制行为所对应的平台战术动作。主要内容为：将分队的任务分解为驱动所属平台行动的简令，以及平台接受指令模拟行动效果。

决策模型采用可视化的管理；数据结构采用 XML 的数据保存方式；各模块采用灵活的编辑组合方式。决策模型是 Agent 实体的大脑，能够根据外部输入（包括指挥官的指令、地形环境、其他 Agent 的影响等输入），动态地改变 Agent 实体的个性权值，通过惩罚函数自动输出 Agent 实体的下一步动作。根据实体物理模型的具体需求，从有限状态机群里面选择需要的有限状态机，进行组合生成决策模型，决策模型以 DLL 文件的形式物理存储在文件目录中。

3.6　Agent 模型装配

结合多 Agent 相关理论对项目功能目标的分析，系统应采用混合型 Agent 结构，如图 4 所示。

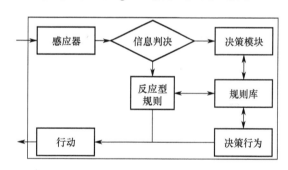

图 4　混合型 Agent 结构

首先由感知模块获得环境或其他的信息，然后通过信息判决模块决定是采用反应型还是慎思型模型进行处理。其中，反应型采用简单的行为规则映射，而慎思型则根据不同仿真模型的需要采用不同的智能算法（为了利于不同仿真模型的实现，并非所有的模型都采用比较复杂的结构模型）。规则库是存储包括反应型和慎思型模型的规则数据等信息，即两种体系结构的规则数据信息具有共同的数据存储方式。

个体 Agent 是可接收和发送消息、具有智能性、可执行某些行为的智能盒，可以感知外界环境变化，然后激发相应模块做出响应，具有响应外部环境的能力；同时也可做出符合要求的行动，体现 Agent 的智能性。

4 仿真驱动引擎

4.1 仿真引擎总体框架

仿真驱动总体框架如图 5 所示。

各个节点存在一个数据仓库，其中的数据可被各个节点应用快速调用，通过两种机制实现所有数据仓库数据的同步：一是各节点可通过 GBB 管理器来实现数据的创建和维护，二是通过 SNA 来实现将数据的变化分发到各节点，确保各节点数据的同步更新。通过这种机制实现所有 Agent 之间通过 GBB 进行交互，所有仿真节点中的每个分发数据都是唯一的，且 Agent 不用响应其他代理的任何动作。所以，不同 Agent 都是特定的应用，通过 GBB 的访问和更新来实现代理的功能，同时进行 Agent 的驱动和离线应用配置。

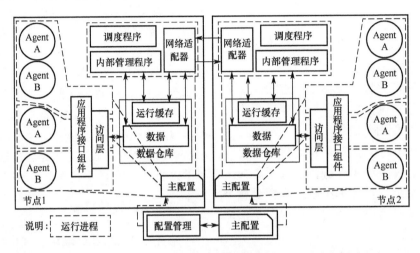

图 5　仿真驱动总体框架

4.2 仿真通信机制

仿真通信采用公共电子黑板（GBB）。GBB 是在所有仿真节点都开辟的一块公共共享内存，实现所有 Agent 在任何时刻对公共共享内存数据的访问，如图 6 所示。

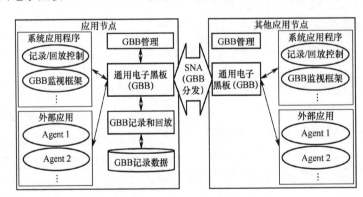

图 6　仿真通信机制

GBB 数据结构包括以下 4 种表：实体总表、实体表、实体参数表和消息表。实体总表记录和维护 GBB 中所有仿真实体的 ID、创建时间、实体类型；实体表记录各个实体的 ID、实体状态，与主实体表的关联及与相关实体参数表的关联；实体参数表用于描述 GBB 中各个实体的各个维度的参数，每个参数指定不同的数据，可以被不同实体类型使用，记录与实体表的关联、上次更新时间、所有参数；消息表是在 GBB 中每个消息表包含特定类型的消息、特定类型的数据结构，采用环形队列维护，当消息表塞满时通过删除旧消息来为新消息提供空间。

GBB 管理器：用于创建和管理 GBB，维护 GBB 的完整性和可用性。GBB 管理器控制 GBB 的更新周期，数据在每次更新周期末更新，所有 Agent 可读取新数据，旧数据将被重写。采用双缓存机制确保当其他代理没有在锁机制下更新数据时没有任何代理读取数据。

SNA：负责不同应用节点间 GBB 数据的同步，

确保不管 CPU 是否被占用，数据对所有 Agent 都是可用的。SNA 保证特定节点可向其他节点分发数据，为减少运算和网络资源消耗，SNA 可以配置成只分发特定表，不会分发给其他对此数据不感兴趣的节点。

GBB 查看器：提供文本形式查看 GBB 中的数据，用于应用的调试和验证。

GBB 记录和回放：在整个仿真过程中记录 GBB 所有表的变化并存储到磁盘中，同时确保可进行 GBB 所有数据的回放。

4.3 仿真推进

在搭建起仿真驱动总体框架、确定合适的仿真通信机制后，尚需利用计算机兵力生成（CGF）用于保障对象与保障系统模型的实体生成，支持生成平台实体、聚合实体、实体挂载指定的模型，支持实体属性数据的修改。采用传统二维 GIS 地图、可移植高层图形工具箱 OSGEarth 进行二、三维态势生成与显示。通过外部时钟硬件，在 Windows 操作系统与局域网环境下结合 GBB 的 SNA 通信机制，确定仿真时统，采用时间步长推进机制来进行仿真推进。

5 仿真结果评估

系统以评估标准和评估模型的动态配置为目的设计平台，能够对评估指标进行设计，构建并优化评估指标体系，采用多种评估模型，对不同方案进行评估。通过管理功能，查看指标体系、评估模型、评估结果的详细信息。其重要价值在于能够形成可操作性与针对性的优化建议，为决策者提供参考，帮助优化与改进作战方案。其评估指标体系如图 7 所示。

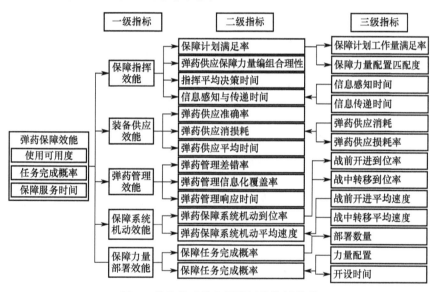

图 7　弹药战时综合保障评估指标体系

评估指标体系设计包含以下功能：评估指标体系图形化设计与操作，评估指标体系的分组管理功能，专家赋权法、AHP 分析法、熵权法、变异系数法、环比系数法、主成分分析法等权重计算方法，对评估指标进行赋权，配置指标的数据来源，指标节点的规范化处理，评估指标体系设计结果的导入导出等。

评估算法种类较多，均可以对某种特定条件下的指标进行可靠、有效的评估，但每种算法都有其适用条件。目前还没有一种通用的算法对所有环境和条件下的指标进行评估。特别是对某些指标具有特殊要求时，现有的评估算法可能无法满足评估要求，需要自定义评估算法。

由于作战情况的复杂性和作战任务要求的多重性，需要用多个具有重要属性的指标来进行评估。评估系统可按照一定的原则对评估指标进行设计，并按照某种方式（如文档、图形等）对设计结果进行导入和导出。

同时在仿真运行过程数据实时记录的基础上，建立数据挖掘模型探索系统实现数据的图形化浏览、数据 ETL、数据挖掘基本算法（包括分类与回归、时序模式、聚类模式、关联分析等算法）、图形化配置数据挖掘模板流程、数据挖掘模板的迭代优化，并定制专业的数学模型库和三维空间分析工具丰富数据挖掘算法库，通过数据挖掘得到的知识来重建和优化评估模型，建立弹药战时综合保障评估模型体系。

6　结束语

利用仿真技术对作战及保障开展研究与评估，是模拟复杂战场条件下开展作战和保障行动的重要途径，可对各类行动和保障方案进行决策与评估，得到了广泛的重视。本文从弹药战时综合保障的角度，采用 Multi-Agent 仿真技术，给出了开展弹药战时保障仿真系统的总体思路与构建方法，尚需对其中的许多细节开展深入研究，构建实用性的仿真与评估系统，从而为弹药战时保障方案的分析、优化与评估提供支持，为综合保障能力的提高奠定基础。

参 考 文 献

[1] 陈辉强，聂成龙，魏鑫，等. 基于作战单元的装备综合保障仿真评估研究[J]. 系统仿真学报，2010，22 （11）：2604-2607.

[2] 李广超，夏良华，谭志刚，等. 弹药保障系统运行分析与优化[J]. 四川兵工学报，2009.（8）：104-106.

[3] 樊胜利，柏彦奇，李文山.面向人不在环的智能化弹药保障决策过程研究现状[J]. 装备指挥技术学院学报，2011，22（1）：42-45.

[4] 王伟. 装备保障系统效能综合评估方法研究[M]. 国防科学技术大学硕士学位论文，2009.

[5] 覃威宁，郑天舒，沈旭昆，等.基于 Multi-Agent 的实体建模与时间同步方法研究[J]. 系统仿真学报，2014，26（9）：1933-1938.

基于运输工具的弹药集装优化模型研究

张会旭，高飞，张俊坤

（陆军军械技术研究所，河北石家庄 050000）

摘　要：为满足现代战争对弹药保障的需求，提高弹药运输效率，实现高效快速的弹药运输分发，通过对弹药运输工具的简单分析，立足运输工具集装箱装弹药和托盘集装化弹药，建立了Ⅰ型、Ⅱ型运输工具集装弹药优化模型，为解决弹药集装优化问题提供了可行的理论基础与技术指导。

关键词：弹药保障；集装；运输工具；优化

0　引言

弹药集装化是弹药保障快速化的关键，是我军现阶段提高弹药保障效能的必由之路，也是提升我军新质作战能力的有效途径[1]。我军弹药集装研究主要基于集装器具（以托盘、集装袋、托架、集装箱等为主）建立优化模型，计算与运输工具的匹配度进而完成弹药成套化装载方案。为提高弹药运输效率，实现快速高效的弹药运输分发，对基于运输工具的弹药集装优化方法进行深入研究是十分必要的。

1　运输工具集装优化指标分析

1.1　弹药运输工具简介

弹药运输工具是弹药供应保障过程中以及人们日常生活保障过程中熟悉的工具，本文仅针对目前弹药保障过程中常用的运输工具进行简要介绍。弹药运输的模式包括公路运输、铁路运输、航空运输、水路运输和海路运输。针对不同的运输模式选择不同的运输工具。目前，弹药集装供应保障主要的运输工具包括：

公路运输：CA1091 卡车、EQ140 卡车、CQ30290卡车、托架卡车。

铁路运输：敞车 C60、平车 N60、棚车 P60。

航空运输：运 7 飞机。

水路运输：阿城货船。

海路运输：73 舰。

公路运输是我军弹药实施调运与供应的主要方式之一，其机动灵活，受外界道路、环境、时间等因素影响较小，既可独立实施点对点运输，也可以作为其他运输方式条件下的补充与连接，本文中建立的优化模型选用的运输工具均默认是封闭式公路运输车货舱[2]。

1.2　运输工具集装的主要方式

运输工具集装弹药形式包括：箱装弹药、托盘集装化弹药、集装袋集装化弹药、集装箱集装化弹药、托架集装化弹药以上中的一种或多种。如果运输工具集装集装箱集装化弹药或托架集装化弹药，可依据尺寸进行直观分析，无须建模，集装袋集装化弹药在实际应用中较少，故运输工具集装的主要方式选择箱装弹药和托盘集装化弹药。

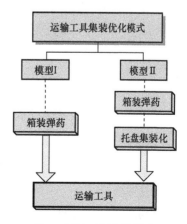

图 1　运输工具集装模式

1.3 运输工具集装优化指标

根据运输工具货舱的构造和集装特点以及运输过程中的安全性和运输的目标效益优化性,,按其集装要求集装完成后,评价其优化程度主要依靠的参数是体积利用率 α、面积利用率 β 和重量利用率 γ[5] (具体参数的定义参照后面的模型):

$$\alpha = \frac{N_x(l \cdot l_x + w \cdot w_x) \cdot N_y(l \cdot l_y + w \cdot w_y) \cdot N_z h}{LWH}$$

$$\beta = \frac{N_x(l \cdot l_x + w \cdot w_x) \cdot N_y(l \cdot l_y + w \cdot w_y)}{LW}$$

$$\gamma = \frac{N_x N_y N_z g}{G}$$

根据实际集装过程中固定的方便性要求和资源利用率的实践分析,运输工具集装优化指标采用顺序:重量利用率 γ >体积利用率 α >面积利用率 β。实际集装过程中,利用率不可能达到理想的 100%,一般达到 80% 以上就很理想了。因此,运输工具集装优化指标定为

体积利用率 α >80%;
重量利用率 γ >80%;
面积利用率 β >80%。

2 运输工具集装优化模型设计

为了不失一般性,本文我们所建立模型中空间坐标系中原点皆位于运输工具的 LBB(Left-Bottom-Back)点,集装工具的长方向沿 x 轴,宽方向沿 y 轴,高方向沿 z 轴,如图 2 所示[6]。

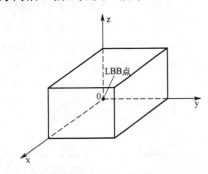

图 2 坐标系示意图

2.1 运输工具集装定量箱装弹药模型(模型Ⅰ)

2.1.1 集装基本要求

(1)集装弹药形式:箱装弹药。

(2)所有弹药箱体不能倒置、侧放或立放,方向只考虑横装(按"长"的方向)和纵装(按"宽"的方向);弹药箱的规定面必须朝上。

(3)从下至上按层进行集装,每层弹药的集装形式相同。

(4)集装过程中要考虑左右的平衡性,以免出现"超偏"现象,影响运输过程中安全性。

2.1.2 模型的建立

该模型的优化目标是以单个运输工具所装弹药箱体的剩余体积最小。

(1)符号及变量说明。

c:待集装的弹药箱体体积。

g:待集装的弹药的重量。

G:运输工具的限重。

L, W:运输工具的长、宽。

H:运输工具的限高。

l_x, l_y, w_x, w_y:0-1 变量,用来描述弹药箱在运输工具上的空间方向,如:若 $l_x = 1$,则表明弹药箱的长边同运输工具的 x 轴平行,否则 $l_x = 0$。

N_x, N_y, N_z:沿 x, y, z 方向放置的弹药箱个数。

ΔG:承载裕量系数(即允许超出运输工具限重的比例)。

(2)模型的建立。

$$\text{Min} \quad (L \times W \times H - N_x \times N_y \times N_z \times c)$$

$$N_x \leqslant \frac{L}{l * l_x + w * w_x} \qquad (1)$$

$$N_y \leqslant \frac{W}{l * l_y + w * w_y} \qquad (2)$$

$$N_z \leqslant \frac{H}{h} \qquad (3)$$

$$N_x, N_y, N_z \in z^+ \qquad (4)$$

$$l_x + l_y = 1 \qquad (5)$$

$$w_x + w_y = 1 \qquad (6)$$

$$l_x = w_y \qquad (7)$$

$$l_x, l_y, w_x, w_y \in \{0,1\} \qquad (8)$$

$$N_x N_y N_z g \leqslant G(1 + \Delta G) \qquad (9)$$

约束条件式(1)~式(4)保证了集装的弹药箱在空间上不会超过约束长度的限制;约束条件式(5)~式(8)是保证弹药箱的集装方式只能是横装和纵装两种;约束条件式(9)是用来保证已经装入的弹药箱的总重量不会超过运输工具的最大限重。

2.2 运输工具集装定量托盘集装化弹药模型(模型Ⅱ)

2.2.1 集装基本要求

(1)集装弹药形式:托盘集装化弹药。

（2）根据弹药装载的要求，托盘集装化弹药的集装方向只考虑横装、纵装、横装混装；各种形式弹药的规定面必须朝上。

（3）集装过程中要考虑左右的平衡性，以免出现"超偏"现象，影响运输过程中安全性。

2.2.2 模型的建立

该模型优化目标：运输工具的平均体积利用率、平均重量利用率、平均面积利用率尽可能高。

（1）符号及变量说明。

l_i, w_i, h_i, g_i：托盘集装化弹药的长、宽、高、重量，$i = 1, 2, \cdots, n$；

L_j, W_j, H_j：运输工具的长、宽、限高，$j = 1, 2, \cdots, m$；

x_i, y_i, z_i：已集装弹药的参考点（LBB 点）坐标；

$l_{xi}, l_{yi}, w_{xi}, w_{yi}$：0-1 变量，用来描述托盘集装化弹药的空间方向，如若 $l_{xi} = 1$，则表明托盘集装化弹药的 i 的长边同 x 轴平行（即横向摆放），否则 $l_{xi} = 0$（即纵向摆放）。显然有 $l_{xi} + l_{yi} = 1$，$w_{xi} + w_{yi} = 1$，$l_{yi} = w_{xi}$，$l_{xi} = w_{yi}$；

N：托盘集装化弹药总层数。

Rl_{xi}：从 1 到 $(N-1)$ 每层横向摆放行数。

Cl_{xi}：从 1 到 $(N-1)$ 每层横向摆放列数。

Rl_{yi}：从 1 到 $(N-1)$ 每层纵向摆放行数。

Cl_{yi}：从 1 到 $(N-1)$ 每层纵向摆放列数。

M：最后一层的摆放数量。

G：运输工具的限重。

（2）模型的建立。

$$\max \frac{l_i \times w_i \times h_i [(N-1) \times (Rl_{xi} \times Cl_{xi} + Rl_{yi} \times Cl_{yi}) + M]}{L_j \times W_j \times H_j}$$

$$g_i \times [(N-1) \times (Rl_{xi} \times Cl_{xi} + Rl_{yi} \times Cl_{yi}) + M] \leqslant G \quad (10)$$

$$Cl_{yi} \times l_i + Cl_{xi} \times w_i \leqslant L_i \quad (11)$$

$$Rl_{yi} \times l_i + Rl_{xi} \times w_i \leqslant W_i \quad (12)$$

$$N \times h_i \leqslant H_i \quad (13)$$

约束式（10）为运输工具的载重约束；约束式（11）为运输工具的长度约束；约束式（12）为运输工具的宽度约束；约束式（13）为运输工具的高度

约束。

2.3 模型的求解

弹药集装问题实际上是带有特殊约束条件的装箱问题，属于 NP-hard 问题[3]。在一个合理的时间内很难确定最优解，并且求解时具有相当的时间和空间复杂性。解决此类问题目前主要有 3 种方法：（1）利用数学模型的规划算法；（2）图论算法；（3）启发式算法；（4）智能化算法（包括模拟退火算法（SA）、遗传算法（GA）和禁忌搜索算法（TS）等）[4]。

模型Ⅰ属于混合整数规划（MIP）问题，对于小规模实例可直接运用 Lingo 等数学软件进行求解[5]。模型Ⅱ采用启发式算法，模拟人工集装的实际操作过程，利用"层"的概念，其基本思路是按阶段填充，在深度方向按层布局，尽量使某一层的外表面平整，采用自下而上完成弹药的集装，弹药的布局顺序按优先级确定。

3 结论

本文建立了Ⅰ型、Ⅱ型运输工具集装弹药优化模型，其中Ⅰ类模型用于解决箱装弹药的装载问题，算法简单，求解快，特别适用于一些不能与其他弹药混装的特殊种类的箱装弹药（如火箭弹、信号弹等）；Ⅱ型模型用于解决托盘集装化弹药的装载问题，运输工具平均空间体积利用率、平均重量利用率较Ⅰ型高。

参 考 文 献

[1] 祁立雷，高敏. 通用弹药保障概论[M]. 国防工业出版社，2010.

[2] 姚恺，吴雪艳，傅孝忠. 弹药公路运输超限可行性理论研究[J]. 物流工程与管理，2009，31（181）：14-16.

[3] 刘振华，刘小平，申晓辰. 论集装单元化包装的作用与对策 [J]. 包装工程，2014，（6）：131-134.

[4] 唐慧丰，于洪敏，陈致明. 遗传模拟退火算法在弹药装载中的应用研究[J]. 计算机应用与软件，2006，23（1）：54-55.

[5] 唐慧丰. 装备保障弹药装载方案优化研究[D]. 军械工程学院，2005.

陆军合成部队弹药保障特点及对策研究

牛俊东

（陆军装甲兵学院蚌埠校区，安徽蚌埠 233050）

摘　要：针对我军新组建的陆军合成部队，讨论了其弹药保障的特点和发展趋势，提出了加强陆军合成部队弹药保障能力的对策建议，为提升陆军合成部队弹药保障能力提供参考借鉴。

关键词：陆军；合成部队；弹药保障；特点

0　引言

陆军合成部队弹药保障能力强弱，在很大程度上决定了陆军合成部队战场态势甚至战争胜负。因此，有针对性、前瞻性地研究陆军合成部队弹药保障的特点、发展趋势和对策等问题，对于有效提高陆军合成部队弹药保障能力，有着重要而深远的现实意义。

1　陆军合成部队弹药保障的特点

1.1　保障种类增多，信息化弹药比重更加庞大

陆军合成部队弹药的结构相应发生了重大改变。（1）弹药的种类增多，构成更加复杂。随着新型弹药不断配备部队，原有的弹药品种仍然保留使用，陆军合成部队弹药结构更加复杂，不但有装甲车辆弹药还有陆军合成部队装备弹药，这样给陆军合成部队弹药的筹措、储存、管理和供应带来了更大的难度和更高的要求。（2）信息化弹药比重更大，弹药保障重点将发生相应的变化。一方面，具有制导、末敏、增程、弹道修正等高技术的信息化弹药得到了快速发展，其品种、数量以及性能指标有了大幅提高。另一方面，由于陆军合成部队作战，时空广阔、精确化程度高，信息化弹药的使用比例将不断增大。

1.2　保障数量增多，补给性任务更加繁重

作战，随着各种武器装备发射速度的加快，单位时间内的弹药保障任务剧增。另外，由于战场情况的瞬息万变，交战双方都力求充分发挥信息技术优势，在最短的时间内，以最小的代价，速战速决，达成既定目的。因此弹药需求具有较大的突然性，弹药保障的时间大大缩短，短时间内就会消耗大量的弹药，弹药补给的任务十分繁重。

1.3　保障难度增大，保障专业性更加强烈

陆军合成部队弹药保障需求复杂多变，弹药保障的专业性要求明显增加。因此，既需要一支专业的弹药保障队伍，又要有一支专业的弹药保障专家队伍进行保障。弹药保障队伍既要具有实际操作能力，又要具有战场的战术指挥能力；既能熟悉弹药保障的组织程序、各种装卸工具的操作，又能判别敌我态势，确定行动路线，组织警戒和自卫。弹药保障专家队伍是弹药技术保障的专业队伍。由于信息化弹药结构复杂，对弹药筹措、储备、补充的技术要求十分严格。对信息化、智能化精确制导弹药的保障已不能只是简单地请领、储备与补充行动，而是包括弹药技术检测在内的一系列综合性保障行动。弹药保障专家队伍的作用将更加明显。

2　陆军合成部队弹药保障发展趋势

2.1　由"被动计划保障"向"主动按需保障"转变

传统的弹药保障方式主要是根据对作战需求的预测，作战前储备大量资源，并制定详细的保障计划；作战中根据事先计划，实施以"被动计划保障"

为主的保障方式。"被动计划保障"方式存在着重复采购、库存积压、前送盲目、保障低效、保障环节过多、保障行动滞后等缺陷，致使保障系统始终处于被动地等待陆军合成部队申请的状态，作用得不到充分发挥。"被动计划保障"不仅不能满足陆军合成部队作战的需要，反而会加剧上述弊端。"主动按需保障"是指在事先制定弹药保障计划的基础上，更加强调根据陆军合成部队作战部队弹药保障的实时需求，实施主动按需保障，使每一保障对象能够按照"发送需要—分析决策—实时补给"的流程得到所需弹药保障。因此，陆军合成部队弹药保障必须实现由"被动计划保障"向"主动按需保障"转变。

2.2 由"分层逐级保障"向"超越直达保障"转变

传统弹药保障通常分为战略、战役、战术 3 个层次。以后方基地为依托，以弹药库为枢纽，以弹药储备所为支撑，实施"分层逐级保障"模式，采取"层层申请、逐级补给"的保障方式。然而，作战的战略、战役、战术界限趋于模糊，传统的"分层逐级保障"方式将难以适应新的陆军合成部队作战要求，客观上需要打破层次，向"超越直达保障"转变。这一保障方式具有诸多优势：一是减少环节。战略、战役保障系统直接保障到战术层级甚至前沿阵地，将有效提高陆军合成部队弹药保障效率，二是精确集约。可确保在网络化的保障系统中，集全部力量直接聚焦于一个保障点，使之得到较为充分的保障。

2.3 由"静态定点保障"向"动态机动保障"转变

传统弹药保障，为了克服空间距离障碍，传统保障方式除强调建立充分的库存储备以外，还强调以各保障梯次上的固定保障基地为依托，不远离基地的层层前伸力量来实施保障。陆军合成部队作战不仅难以事先预设战场、预测战役规模，而且战中保障物资数量的确定、保障地点的选择、运输工具和路线的安排等，也都没有比较稳定的依托。因此，必须改变传统的"静态定点保障"方式，向"动态机动保障"方式转变，以增强保障的灵活性与应变性，消除保障战之间的时空矛盾。

2.4 由"平面单一保障"向"立体多维保障"转变

传统弹药保障，陆军部队弹药保障主要是依托

基地，实行以陆地为主、以平面为主、以线式为主的划区、定点和逐级保障的"平面单一保障"方式。而在陆军合成部队作战中，"平面单一保障"方式将难以适应，由于战时投入力量多，人流和物流非常集中，在道路少、运输距离远而又要广泛实施机动保障的情况下，要把所拥有的潜在物资力量在广阔的空间和较短的时间内转化为战斗力极为困难。因此，由"平面单一保障"向"立体多维保障"转变，将是陆军合成部队弹药保障方式变革的必然选择。只有实施"立体多维保障"，才能最大限度地发挥陆、海、空各种运输力量的长处和高效益。

3 提高陆军合成部队弹药保障能力的对策建议

3.1 通过利用现代包装技术，实现弹药保障包装集装化

我军陆军合成部队现有弹药多数以包装箱为单体包装，虽然利于弹药的长期储存，但装卸运输效率受到影响。而弹药包装集装化具有保护质量、利于仓库储存、便于运输、方便部队使用等优点。弹药包装集装化后，弹药保障可按"基地化储存、集装化运输、信息化管理和野战化保障"的供应原则，实现弹药的伴随保障和直达保障。首先，根据携运行标准，对弹药仓库储存的弹药进行"托盘化整合"，对各种弹药合理组配，形成基本的保障单元，再逐步实现储、运、装、卸的集装化。

3.2 通过利用现代信息技术，实现弹药保障全程可视化

注重陆军合成部队弹药保障完全可以借鉴现代物流产业飞速发展的经验，运用现代物流信息技术，如条形码技术、射频技术、地理信息系统、北斗定位系统、NFC 技术等，对弹药包装、存储及运输过程进行信息技术改造。将"在处理弹药可视化系统"、"在储存弹药可视化系统"和"在运输弹药可视化系统"等互联互通，将生产、储存、运输各个阶段有机结合起来，依托一体化指挥平台，实现信息的快速传递和物流自动化。

3.3 通过利用现代监视技术，实现弹药保障运输可控化

陆军合成部队应运用现代监视技术，构建"弹药运输跟踪系统"，实现弹药保障的运输可控化。一

是充分利用"北斗"等定位系统，及时、准确地掌握弹药运输工具的位置、状态、运行方向、战场态势及作战部队的位置信息；二是通过制作陆军合成部队作战区域的电子地图、搜集地域路况信息，开发出基于弹药运输的分析软件，再结合运筹学方法建立我军弹药运输的车辆路线模型、最短路径模型、分配集合模型和设施调配定位模型，做到准确定位、路线最短、用时最少、精确保障和节约资源。

3.4　通过利用现代智能技术，实现弹药保障存储智能化

陆军合成部队应运用现代智能技术，开发出一系列的智能机械，通过中央计算机进行控制，对弹药的库存信息、搬运转移、调拨运输活动进行参与和管理。首先，运用现代物流中的条形码技术、射频技术、IC 卡技术、光电存储技术、卫星识别技术对存储弹药的集装箱、弹药箱、堆垛、库房、移动存储平台等进行信息化改造。然后通过使用数据采集器和其他数据采集途径采集电子标签上的数据，根据温度、湿度、弹药批次、基数、堆垛类别、存储方式和业务流程单据，创建弹药存储数据库，嵌入弹药保障运行系统，从而方便地进行数据的输入、输出和查询等。最后，通过智能机器对弹药进行搬运、转移、调拨和运输处理。

3.5　通过利用现代装载技术，实现弹药保障装卸机械化

陆军合成部队作战，弹药消耗量激增，弹药保障速度加快，对弹药快速收发，特别是在野战条件下装卸搬运要求更高。随着野战装载设备的诞生，有效地解决了野战条件下陆军合成部队弹药快速装卸搬运作业的需求。以越野叉车为例，它是机械化装卸、堆垛和短距离运输的高效设备，并可进入船舱、车厢和集装箱内进行托盘货物的装卸、搬运作业，是托盘运输、集装箱运输必不可少的设备。越野叉车不仅能对不同尺寸和重量的集装箱、托盘、桶装物资和散装物资进行装卸和短途搬运、码垛作业，甚至还可用作短途牵引车。现代装载技术的迅猛发展，为实现陆军合成部队快速弹药保障奠定了基础。

参 考 文 献

[1] 穆希辉. 对加强通用弹药保障的认识与思考[J]. 装备, 2015(5): 42-44.

[2] 纪功. 信息化条件下部队弹药保障问题研究[J]. 通用装备保障, 2015 (10): 6-7.

[3] 陈万玉. 信息化条件下炮兵弹药保障应注重"三新"[J]. 沈阳炮兵学院学报, 2015 (4): 51-52.

信息化战争弹药保障方式和手段探讨

徐春和，刘大可，帅　元

（陆军装甲兵学院蚌埠校区，安徽蚌埠 233050）

摘　要：弹药保障是形成战斗力的基本要素，它不仅影响着战斗进程，在一定程度上还决定着战争的胜负。从信息化战争的特点看，也越来越凸显出弹药保障的重要作用和地位。本文从理论上探讨了信息化战争弹药保障方式和手段，并分析了我军弹药保障存在的现实问题，提出了相应的对策。

关键词：信息化战争；弹药保障；方式和手段

0　引言

信息化战争使弹药保障的难度越来越大。弹药的高额消耗使弹药保障的负担日益加重，同时，随着越来越多的信息化弹药投入使用，弹药技术保障的难度也在不断加大。加强弹药保障理论研究和实践创新，对于提高新时期我军装备保障能力，具有重要的现实意义。

1　弹药保障的基本概念和分类

弹药保障方式是指能够代表一个时代特征的弹药保障的根本方法和形式，而弹药保障手段的发展水平则反映了弹药保障能力的高低，一定的弹药保障方式是由一定的弹药保障对象、弹药保障内容、弹药保障手段、弹药保障环境、弹药保障时空等因素综合决定的，是弹药保障体制和弹药保障能力相统一的产物。

1.1　基本概念

弹药保障方式，是指组织实施弹药保障所采取的方法和形式，是完成弹药保障任务的重要手段。通常根据作战样式、作战编成、战场情况、保障编制和装备水平、保障要求等确定。采用适当的弹药保障方式，对提高弹药保障效率和保障质量有重要作用。

弹药保障手段，是指为完成弹药保障任务而使用的各种保障装备、设施设备、技术途径等的统称。

从保障任务看，包括供应保障手段和技术保障手段。

从实现的保障功能看，包括包装手段、装卸手段、运输手段、保障指挥手段、维护保养手段、检查测试手段、安全防护手段等。

从使用的场合看，包括仓库条件下保障手段和野战机动保障手段。

从发展过程看，包括传统保障手段和信息化保障手段。

1.2　弹药保障方式分类

弹药保障方式可以从不同的角度，不同层次进行分类。归纳起来有以下几种：

（1）按保障关系可划分为建制保障和划区保障。

（2）按保障环节可划分为逐级保障和越级保障。

（3）按保障的组织结构可划分为合成保障和联合保障。

（4）按保障空间分布可划分为陆地、空中、海上、水下、航天等保障或几种方式结合的立体保障。

（5）按具体的组织实施方法分为定点保障、机动保障、伴随保障、跟进保障、交替保障、接力保障、辐射保障、向心保障等。

（6）按保障力量的来源分为地方支援、社会化保障、后方保障、利用战缴、就地取给等。

在弹药保障实践中，既可运用一种保障方式，也可综合运用多种保障方式。

2　信息化战争弹药保障方式

信息化战争这种新的战争形态，使军队的武器装备、作战方式等发生了深刻的变化，弹药保障能力也获得了极大的改进和提高。与此同时，弹药保障的外部环境、弹药保障内容、手段以及保障时空等方面也发生了深刻的变化，引发了弹药保障方式的革命性变革。

2.1　信息化战争的弹药保障主要方式

弹药保障方式从来就是一个充满变化的领域。信息化战争中，弹药保障对象的多元化，保障内容的多样化，保障环境的复杂化，保障手段的信息化、智能化，使传统的层层请领、逐级前送、多环节中转的弹药保障方式面临更为严峻的挑战。

2.1.1　配送式保障

弹药保障因军队和作战而诞生和存在。于是"从属性"和"被动性"似乎成为弹药保障的"本质属性"。但随着科技的发展和军事变革的兴起，主动、精确地实施弹药保障，成为军队战斗力的重要增长点，配送式保障则是这一主动、精确思想的典型代表。配送式保障，是指利用信息技术，在战前和作战过程中，精确预测作战部队的弹药需求，精确"可视"全部保障资源，灵活调遣保障资源，采取多种手段直达作战部队，主动地在需要的时间和地点为作战部队配送适量的弹药。

2.1.2　分离式保障

战场上，距离是弹药保障的最大障碍。很多看似效率不高的保障方式，都是为克服距离障碍而采取的。传统的弹药保障方式，除强调建立充分的物资储备外，还强调以各保障梯次上的后方基地为依托，依托基地又不远离基地的层层前伸力量，实施弹药保障，很大程度上就是为了克服弹药保障的空间距离障碍。随着武器的打击效能成数量级提高，部队的作战能力也大幅度增强，小型化、多能化的战术部队的作战行动往往能达成战役性目的，战场主动权主要依靠不断机动来达成。弹药保障和作战之间的"时间差""空间差""信息差"严重地制约了作战指导，如果还是靠前配置大规模的弹药保障力量，实施粘贴式保障，其结果只能是想"靠"难"稳"，欲"粘"'而不"贴"。于是，分离式弹药保障就在这一背景下产生了。

2.1.3　直达式保障

信息化战争中，既有常规作战手段的突然袭击，又有以信息化作战手段为基础的精确战、网络战和机动战，从而打破了以往战争形态在时空上形成的稳定态势，使得战场情况瞬息万变，传统的逐级接力的弹药保障方式将难以适应变化了的作战要求，直达保障成为大势所趋。

2.2　信息化战争弹药保障方式的发展趋势

信息化战争对弹药保障需求有了诸多的变化，进而引发了弹药保障方式的大变革，为弹药保障提供了新的发展方向。

2.2.1　智能化的弹药保障

信息化战场上，各种高新技术武器的隐形性能、远程攻击能力、命中精度和毁伤威力都发生了质的飞跃。同时，各种武器系统信息化程度的不断提高，集各种信息系统于一体的信息网络的不断扩展与完善，使信息对战斗力的倍增作用不断增强。通过仿真决策、实时控制等手段，人和武器日益紧密地联成一体，形成了高效率的整体作战系统，智能化的弹药保障已经成为一体化作战系统的一个不可或缺的组成部分。信息化战争智能化的弹药保障将是由一体化、智能化的弹药保障信息网络、知识化的弹药保障人才和信息化的弹药保障装备共同构成的。

2.2.2　实时性的弹药保障

信息的开放性和实时性使达成战争突然性的可能性下降，但同时也使掌握信息优势的一方达成战役、战术突然性的可能性不断增加。更为重要的是，战争一旦开始，将是全天候、高强度地连续作战，战争节奏明显加快，进程十分短促。这样速决化的战争，留给弹药保障准备和实施的时间越来越短，甚至可以说弹药保障临战准备和战中准备的时间将趋于零。信息化战争的高强度、快节奏，必然需要与之相匹配的实时性弹药保障。

2.2.3　多维性的弹药保障

随着科学技术和武器装备的发展，作战空间呈现出日益拓展的趋势。在这种情况下，任何一个单一军种都不具备在所有空间打击敌人的手段和能力，无法单独实施战役级作战。它要求在作战行动的每个阶段充分发挥空中、地面、海上、高层空间和信息空间作战力量各自具有的优长和能力，从不同层次、方向、领域震撼、打乱和击败对手。传统的单一陆地平面弹药保障，显然难以适应这种战争的需要。信息化战争决定了在一切可能占领的空间、在各个作战阶段以及所有参战的作战力量需要得到立体的多维性弹药保障。

2.2.4 多元化的弹药保障

信息化战争的基础是各种高新技术的武器装备、弹药，以及集成众多武器系统的信息网络等。信息化战争，信息化弹药消耗数量的增加，弹药价格的昂贵，必然会造成弹药保障价值总量的增大，使得弹药高消耗的特征显得十分突出。针对信息化战争的高投入、高消耗，一些军事评论家说，信息化战争不仅是打一场军事仗、政治仗，更是打一场经济仗。这种打"经济仗"的战争，单靠军事力量是难以保障的，还要靠国家经济力的直接动员。"吃金子"的信息化战争，显然比以往任何时候更需要充分的多元性弹药保障。

3 信息化战争弹药的保障手段

3.1 弹药保障手段和保障方式之间的关系

弹药保障手段与弹药保障方式之间是一种相辅相成，相互依存又相互促进的关系。

3.1.1 弹药保障方式的实现依赖于保障手段的支撑

若要实施实时精确的配送式弹药保障，就离不开以信息技术为核心的高技术保障手段。实施精确实时的配送式弹药保障，关键是建立全军一体化的、相对独立的弹药信息系统。因为没有一个全面覆盖弹药保障系统的信息系统，也就不可能有紧密衔接的弹药保障系统，也就不可能实施配送式弹药保障。

3.1.2 弹药保障方式的变革可以带动并促进弹药保障手段的发展

如果说实时精确的配送式保障是依靠信息系统和高机动性保障手段来实现的话，那么，立体化的直达式保障就是由保障方式带动保障手段发展的典型实例。

3.2 弹药保障手段的发展趋势

科技是第一生产力。延伸到弹药保障领域，同样是第一保障力。以信息技术为核心的高技术群的广泛运用，给弹药保障手段的发展带来了巨大的推动力，无论是物力、人力，还是这两者的相互结合，都发生着前所未有的深刻变化，使弹药保障能力不断地提高。

3.2.1 保障装备信息化

高新技术给军队建设提供了大量的新材料、新能源和新工艺，使国防工业生产能力不断提高。伴随着武器装备的快速发展，保障装备、设施也日益高技术化。如新型运输工具、重装备空投系统和全自动仓储系统等，已进入弹药保障领域。保障装备的高技术含量不断增大，其战术技术指标有了综合性增强。

（1）在机动性能方面，现代保障装备通过实现集装箱化或车载化，大大提高了机动能力。特别是交通工具，无论是陆地的、空中的，还是海上的，都具有了快速度、远距离、大负荷能力。

（2）在智能程度方面，现代保障装备广泛吸收应用了微电子技术和人工智能技术，自动识别、自动检测的能力大大提高。

（3）在通用性方面，新研制的保障装备都采用模块化、单元化技术，即将功能、工艺上互相联系的独立模块组成一个整体，形成各种独立保障单元。它可视部队规模的大小、性质的不同进行组合。即使一些传统的保障装备，经过技术改造，在单元组合、多用途性能、防护生存能力等方面都有较大的提高。

3.2.2 保障人员知识化

弹药保障人员是弹药保障力量中最活跃、最富有生命力和创造力的因素。高技术带动了文化教育的普及，使全民的文化程度有了较大的提高。一方面，当需要征调地方人员时，不难吸收到大批的专家、教授、工程师等高级专业技术人才。另一方面，在现役人员中，文化素质也上了一个层次。当前，我军中弹药保障专业分工也越来越细，弹药保障人员有了深厚的文化和专业基础，从而有利于吸收和掌握不断涌现出来的高、精、尖的新知识，以知识为基础就有可能提高智能水平。高技术带动了弹药保障人员的知识化，进而转化为具有较高智能的弹药保障人力，这必然会使弹药保障力量产生质的变化。随着人的知识化程度不断提高，充分利用人的智能劳动的保障手段也将日益发展。

3.2.3 保障系统网络化

信息技术带动社会进入了信息时代，国民经济中的物资流通、交通调度、人事管理等资源分配已进入了自动化管理阶段。这既为弹药保障充分利用社会资源创造了条件，又十分有力地带动了弹药保障信息系统的建设，使物力和人力的结合出现了新的形态。

4　我军弹药保障存在的现实问题及对策

4.1　我军的弹药保障面临的挑战

与美军弹药保障手段相比，现实中我军的弹药保障手段存在不配套、不系统、不完善、保障效率低等问题，难以适应信息化战争保障需求。

（1）弹药大都采用"个体化"包装，不利于机械化作业和集装化运输，严重制约了保障效率；

（2）后方仓库装卸搬运设备落后，数量不足，更新不够及时，尤其是一些超长超重的新型弹药，更是缺乏专用装卸机具，难以形成快速保障能力；

（3）野战装卸搬运机械配备较少，已经配备的也还存在不全套、不完善等问题，致使多数部队装卸搬运不得不采用手搬肩扛的原始作业方式；

（4）对于价值高，数量少的高新技术弹药，缺乏必要的具有战时防护功能的专用供应保障输送设备；

（5）弹药保障信息资源优化配置不科学，开发利用水平较低。

除了效率低下，机动性差之外，弹药保障生存能力也面临严峻挑战。因为信息化条件下作战，是非线式作战，敌我作战部队必然交织在一起，互相包围，互相分割，敌中有我，我中有敌。

4.2　我军弹药保障发展的对策

由以上分析可以看出，尽快改善我军弹药保障手段建设的被动局面，已是当务之急。

4.2.1　尽快更新仓库作业机械设备

弹药仓库在信息化作战中将承担重要的供应保障任务，提高仓库的作业效率十分关键。应当根据各仓库保障任务需求，系统配置装卸搬运机械设备，提高作业效率。同步研究超长、超重新型弹药的保障设备，配发至后方仓库和部队。

4.2.2　改进现行弹药包装形式

在目前还不能从根本上彻底改变"个体化"弹药包装形式的情况下，可以考虑选择"单元集装化"包装的路子。通过采用"单元捆扎"的方式方法，对我军现行的个体化弹药包装进行"二次包装"改造，形成小吨位托盘集装，以最大限度地适应快速装卸搬运作业的需要。

4.2.3　配备野战保障装备

按照系统配套原则，为各类、各级作战部队有重点地配发适应作战复杂场所环境的野战弹药装卸搬运设备，如野战装卸平台、全地形装卸叉车、有动力拆码垛机、岸滩装卸设备、与主战装备相适应的野战弹药输送车等野战保障装备，提高部队自我保障和伴随保障能力。

4.2.4　加快保障信息工程建设，实现弹药的精确化保障

根据信息化战争弹药保障需求，尽快研制开发弹药保障指挥信息化系统，实现分发、识别、监控等弹药保障全程可视化。同时注重战区信息资源优化配置和开发利用，充分发挥战区信息资源潜能。

4.2.5　以信息化战争所要求的快速精确保障为目标，研究多样化弹药供应保障手段

开展能充分体现快速保障需求的航空运输保障手段和技术的研究，解决弹药航空运输的条件、方法和技术储备；研究价值高、数量少的弹药野战防护输送车辆或方舱，提高野战条件下部队弹药的供应保障能力。

参 考 文 献

[1] 孟涛, 赵风坤.渡海登岛作战摩步旅弹药保障对策[J], 装备学术研究, 2002（1）增刊: 59.

[2] 郭云祥, 杨锐, 贺国前. 渡海登陆作战集团军弹药保障研究[J], 装备学术研究, 2002（1）增刊: 26-28.

[3] 张福泰, 何晓峰, 张炜. 提高装甲团战时弹药保障效益的主要措施[J], 装甲兵, 2009（3）: 40.

[4] 孙宝来. 陆军战术兵团信息火力主战弹药保障对策研究[J], 陆军学术, 2009（6）: 56-57.

两栖装甲合成营登陆战斗弹药保障浅析

刘学银，刘大可

（陆军装甲兵学院蚌埠校区，安徽蚌埠 233050）

摘　要：本文分析了第一梯队两栖装甲合成营登陆战斗弹药保障的特点和面临的困难，探讨了其弹药保障力量的编组和部署，研究了弹药保障行动的具体方法。

关键词：两栖装甲合成营；登陆战斗；弹药保障

0　引言

渡海登岛作战，两栖装甲合成营将在两栖合成旅的编成内，担负夺占登陆场的险重任务，登陆与抗登陆，突击与反突击，战斗将异常激烈，弹药消耗量巨大，加上沿海和岛上气候潮湿，弹药在装卸载、航渡泛水时易受海水侵蚀，保障任务将异常繁重艰巨。另外，跨海前送，行动暴露，保障线长，隐蔽性差，易遭敌空中、海上火力打击，更增加了弹药保障的难度。能否搞好弹药保障将关系到突击部队能否登得上、破得开、站得稳，关系到战斗的成败。因此，第一梯队两栖装甲合成营要善于抓住重点和关键环节，巧妙运用多种保障手段和方式方法，确保弹药保障准确、及时、可靠。

1　两栖装甲合成营登陆战斗弹药保障特点

1.1　登陆战斗弹药保障特点

1.1.1　消耗数量大

渡海登岛作战，敌军凭借海洋天然屏障，依托既设的坚固防御阵地，据险固守，我一线登岛部队敌前登陆，背水攻坚，不便于隐蔽，滩头阵地争夺激烈，有限的弹药携带量与消耗量大的矛盾十分突出。与一般进攻战斗相比，由于敌军据有坚固的防御工事、隐蔽的目标，战斗激烈程度空前，因而与之相适应的弹药消耗也将有明显增

大。未来的登陆战斗，为保障登陆部队一举突破，除进行较长时间的火力准备和支援外，登陆后还要攻坚，弹药消耗会超过其他类型的进攻战斗，保障任务十分繁重。

1.1.2　需求不平衡

登陆战斗是诸军兵种联合战斗，就两栖合成旅的合成营来说，光建制内的耗弹装备就有坦克、步战车、迫榴炮、反坦克武器、轻武器等，弹种多，类型杂，既要歼灭有生力量，也要消灭装甲目标，还要摧毁坚固工事，这就使得弹药需求打破了原有的保障比率，一些具有摧毁性打击能力的反坦克武器弹、压制武器弹的需求将成倍增加，相比之下，轻武器弹、高射武器弹尤其是轻武器弹需求相对减少，弹种需求不平衡。

1.1.3　保障环节多

渡海作战，弹药供应需要陆上运输、码头装载、海上航渡或空运、码头、滩岸抢卸、岛上前送补给等多种环节，组织指挥复杂，弹药供应困难很多。登陆作战弹药输送易受水文、气候等自然因素的影响，弹药海上运输工具既有制式的登陆舰艇又有民用船只。且运行弹药的船（艇）抵滩登岛时，难以有足够的码头保障使用，卸载时又易受敌人威胁，弹药损失量大。

1.1.4　保障难度大

渡海登岛作战，围绕如何"过得去、登得上、站得稳"的问题，必将采取一切可能运用的各种作战手段。多种作战手段的运用，战场情况复杂多变，使弹药保障更加复杂，供应补给十分困难。登岛作

战将是立体战、一体战，一个突出特点就是"快"。战场将随着各种飞机、舰艇、导弹、火炮、电子对抗等技术兵器的大量投入，装备数量规模空前，情况瞬息万变，敌我双方兵力、兵器比变化大，弹药需求具有较大的突然性。因而，弹药保障必须跳出既定保障预案的固定模式，根据战斗变化更多地组织随机保障。

1.2　两栖装甲合成营登陆战斗弹药保障面临的主要困难

1.2.1　依托后方支援前送困难

第一梯队两栖装甲合成营担负抢滩登陆任务，背水攻坚，任务艰巨，战场环境恶劣，台岛守敌在西海岸的主要防御地段设置了水中、水际、滩头、陆地前沿 4 道障碍物，并且十分重视障碍物设置与火力配系相结合。为保证我第一梯队一举登陆成功，必须以强大的火力压制、摧毁、杀伤等手段，集中精兵利器，"撕口破壳"，开辟通路，尔后向纵深发展。因此，战斗中弹药消耗也将大大超过以往一般样式的攻坚战斗。而战场地理环境使弹药后方支援前送有许多不利因素，特别是两岸夹一海的自然条件，割断了前方与后方、作战与保障之间的纽带。海上风急浪高，加之战争的透明度大，使后方前送弹药的损失急剧增大，从而使后方前送十分困难。

1.2.2　弹药保障链路易受威胁

渡海登陆作战所需要的弹药，一般要经过汽车、舰船、飞机的运输模式，除部队携行外，大量的弹药要利用运输船进行海上运送和登岛上岸后由汽车等运输工具前送。由于弹药需要量大，使得运输舰船数量、种类多，队形庞大，又因海上可作防护的自然遮蔽物少，大量的舰船等将暴露于海域滩头，易被敌侦察发现，易遭敌来自海上、空中、水上和陆上各种火力的袭击，保障供应系统自身防卫有限，防敌高能激波武器引爆的能力弱，其生存受到严重威胁。

1.2.3　弹药保障的随机性增大

登陆作战突出的特点是"快"。随着各种高新武器的大量投入，装备品种数量规模空前，情况瞬息万变，敌我双方兵力、兵器对抗激烈，受敌突袭、空袭的突然性大，弹药需求具有较大的随机性。部队突击上陆后，由于受敌火力打击和受地形的限制，难以建立安全可靠的弹药库，弹药前送受限制，运输安全系数小，供应比较困难，难以及时保障作战部队的需要。

1.2.4　弹药保障指挥协同复杂

渡海登陆作战投入的装备品种数量规模空前，战场情况瞬息万变，弹药需求在数量品种上具有较大的随机性，由于受作战环境和地形的影响，信息反馈困难，部队需求不易掌握，加之保障对象多元，既要保障所属部队，又要保障加强的各兵种部（分）队，保障队伍庞大，人员编组多，指挥协调难度大。

2　两栖装甲合成营登陆战斗弹药保障的基本要求

2.1　数量充足

由于登陆战斗弹药消耗巨大，因此保证数量充足的弹药是两栖装甲合成营取得战斗胜利的关键。这种数量充足包括以下两点含义：一是要满足渡海登岛作战不同阶段对弹药的需求；二是要保证渡海登岛作战对不同弹药的需求。这就要求我们在制订弹药保障计划时，要有科学的决策，合理确定弹药的储备种类和储备数量。既要充分满足部队作战的需要，又要避免人力、物力的无谓浪费。

2.2　保障及时

两栖装甲合成营通常担负第一梯队主攻，遂行激烈的攻坚战，对弹药保障不仅要求数量充足，而且要保证供应及时。其中包括弹药的筹集快、装载快、运输快、转移快、发放快。这就要求建立高效的保障机构、科学的保障计划、充足的保障力量、便捷的弹药包装。只有这样才能及时地将弹药保障到位，满足合成营战斗节奏快、消耗数量大、消耗品种多的弹药需求实际。

2.3　安全可靠

随着高新技术不断应用于现代战争，登岛作战的战场将不仅仅局限在岛上，可能扩大到海上以及大陆沿海或纵深地区。渡海作战后方补给线长、暴露，易遭敌火力袭击，战争更体现出空地一体，前后方一体的特点，必将使战场弹药损失率大大提高。两栖装甲合成营及其上级弹药保障力量在集结地域的装载、航渡、滩头卸载保障等各个时节，都将是敌各种兵器重点打击的目标之一，弹药补给运输线的安全性十分脆弱，弹药准备和隐蔽供应十分困难，警戒防卫问题十分突出，必须加强防护，确保供应链路的安全。

3 两栖装甲合成营登陆战斗弹药保障的方法

3.1 弹药保障力量编组与部署

3.1.1 弹药保障力量编组

渡海登岛作战第一梯队两栖装甲合成营弹药保障力量要完成近××吨的弹药保障任务，需弹药勤务保障人员××人，各型船只××艘。弹药保障力量按50%、35%、15%分别编入第一梯队两栖装甲合成营装备前进保障队、装备基本保障队、装备机动保障队。

3.1.2 弹药保障力量部署

弹药保障力量自身防卫能力有限，其配置和部署必须要与越海攻坚的战斗部署相适应，与统分结合的装备保障体制及战场环境条件相适应，因此应紧靠部队部署。通常装备前进保障队的弹药保障队随两栖装甲合成营第一梯队连之后，与第一梯队连统一编组，实施装载、航渡；装备基本、机动保障队弹药保障队与第二梯队连统一编组，并紧随其后航渡。登陆初期，装备前进保障队的弹药保障队上陆后按方向部署。主、次要方向装备前进保障队弹药保障分别在第一梯队连主、次登陆方向卸载上陆，配置在第一梯队连主、次方向，连弹药保障力量之后适当地域，在装备保障前进指挥组的统一指挥下，分别保障各登陆方向部队作战；装备基本保障队弹药保障队在第二梯队主要登陆方向卸载上陆，视情超越主要登陆方向装备前进保障队弹药保障队，在纵深地域展开配置。装备机动保障队弹药保障队在主要登陆方向卸载上陆，配置在第一梯队两栖装甲合成营装备保障指挥所附近，主要对担负机动作战任务部队实施保障，随时执行应急弹药保障任务。

3.2 弹药保障方式选择

3.2.1 超常加大，提高弹药应急保障能力

登陆进攻战斗是由诸兵种合成作战，所配备的装备杂、弹药品种多、现代化程度高，弹药保障供应难以适应快速作战部队的需要。为此，要积极主动准确无误保障部队作战需要，必须从实际情况出发并加大携行标准量，提高弹药保障应急能力。（1）根据作战任务不同预计弹药消耗所需带的需求量。要按战斗规模，持续时间的长短，消耗规律等因素，向上级申请相应的超常携带量。（2）根据战中补给的难易程度，制定出不同方向部（分）队的携行量。对便于补给的部（分）队可稍大于或等于标准携行量，对补给困难的部（分）队可适当增加携行量，对很难补给的部队就要超常加大携行量。三是相互调剂。在后方补给跟不上时，部（分）队之间可视弹药情况相互调剂。这样时间短，速度快，手续简。因此，超常加大不但能弥补运力跟不上的矛盾，同时可以解决好后方补给困难的矛盾，有利提高作战部队战时弹药保障应急能力。

3.2.2 逐级加强，提高弹药快速保障能力

现代条件的战争战中弹药保障具有数量大、品种多、时间短等特点。为保持不间断的保障供应，对战中弹药供应做到：（1）要根据不同方向部（分）队肩负任务的不同，制定营、连相应的携行量，可将旅运行弹药逐级下配，统一计划，保障到位，满足各部（分）队的需要，达到高效、快速的目的。（2）根据装备性能的产同，制定轻装多带、重装超携、逐级加大，保证急需，重点突出的方式，由上而下逐级加大，改变原有的携运行标准。（3）根据各部（分）队的携运行能力，在不影响部队行动的前提下，最大限度地超出携行量的标准外的携运行能力，能多带不少带，能调剂不后补。逐级加大营、连自携能力；将旅运行量全部或部分下发给有携行能力的部（分）队，减少战中的补给次数。

3.2.3 独立保障，提高弹药机动保障能力

两栖装甲合成营遂行登陆战斗任务，突击速度快，任务区域明确，具有作战难度大、弹药消耗量大、战场变化莫测、兵力兵器分散、保障流动范围广、保障品种杂等特点，弹药保障应有重点储备并掌握战中的变化和作战的进程，修订补给的方式，有效增强弹药保障能力。

3.3 弹药保障行动方法

3.3.1 定点跃进保障

第一梯队两栖装甲合成营弹药保障力量上陆后，应在一线连之后利于隐蔽，便于展开的地形设立定点保障机构，实施定点保障，为适应"走打一体"的作战特点，弹药保障力量必须适时跃进，超越前进弹药保障队靠前展开，实施定点保障，采取分发式与前送式相结合的方法，对部队急需弹药，以前送为主，越级直达保障，做到动中有静，静中有动，动静互补，灵活应变，形成静态保障一片，动态保障一线，瞬时保障一点的弹药保障格局，对部队实施持续、稳定的保障。

3.3.2 划片区域保障

第一梯队两栖装甲合成营突击上陆后，一般夺

占敌一线营纵深 1～2km 的防御阵地，以旅第二梯队合成营为主的后续部队将紧随第一梯队上陆向纵深进攻，巩固扩大登陆场。此时，敌将实施逆袭，通常以阻止尖端、封锁底部，猛击冀侧的战法，封锁和孤立登陆部队与后续部队的联系，切断我保障线，企图夺回丢失的滩头阵地，阻止我进一步巩固和扩大登陆场。这一阶段战斗展开激烈，部队建制可能会被打乱，甚至指挥中断。弹药保障要打破常规保障体系，变逐级保障为划片区域保障，积极进行就近保障，部队之间调余补缺，提高保障效率。

3.3.3　伴随跟进保障

第一梯队两栖装甲合成营在突击上陆和建立扩大登陆场阶段，各分（群）队从立足点不断向外扩张，由点扩展成面；同时，交替精锐突击力量向敌纵深迅猛攻击，向前推进。根据作战需要，前进保障队和基本保障队的弹药保障队均应派出适量的精干保障组，在部队之后以车代库形成部署，随队跟进，实施伴随跟进保障，随耗随补，快速补给，提高保障时效，为部队迅速巩固扩大登陆场提供及时有力的保障。伴随跟进保障力量要精，针对性要强，机动性要好，且应具有一定的自我防护能力。

加强军民融合弹药供应保障

李超群，刘　佳，刘国民

（66294 部队，北京 100042）

摘　要：在市场经济日趋成熟的今天，我军弹药供应保障能力建设出现了一些新动向，市场经济的发展对我军弹药储备布局、装运力量、公路运力等方面产生了重大的影响。我军应紧紧抓住市场改革和军队改革这一双重机遇，充分发挥"市场"和"战场"的导向作用，加强军民融合建设，建立完善的一体化弹药供应保障体系，最终实现"市场"和"战场"的"双赢"，以进一步加强我军弹药供应保障能力建设。

关键词：军民融合；弹药；供应保障

0　引言

在未来信息化局部战争中，弹药保障的作用日益突显。以 2003 年的伊拉克战争为例，美军作为一支信息化军队，进行联合作战打击地面防御之敌，日消耗弹药就达到了13000t。当前，我军正处于机械化尚未完成、信息化初步展开阶段，弹药供应保障手段还比较落后，弹药供应保障力量相对薄弱，弹药供需矛盾十分突出。在当前整军备战的严峻形势下，如何为提升我军作战保障能力提供有力支撑，是亟待解决的紧迫难题。

未来信息化战争的主要作战样式是一体化联合作战，一体化联合作战是系统与系统、体系与体系之间的对抗，其最主要的特征是作战力量一体化、作战行动一体化和综合保障一体化[1]。在一体化联合作战的大背景下，一体化供应保障应是我军弹药供应保障发展的必由之路。习主席指出：要把军民融合发展上升为国家战略，开创强军新局面，加快形成全要素、多领域、高效益的军民融合深度发展格局。我军弹药供应保障工作应以此为指导，以适应未来战争突发性强、对抗激烈、弹药消耗量大的新形势新任务。

1　我军弹药供应保障现状

1.1　供应流程

我军弹药供应保障分为战略、战区、部队 3 个

层次，各层次均有相应的供应保障实体。在战略层次，主要包括弹药生产厂和总部下属的后方基地弹药仓库；在战区层次，为战区下属保障部的弹药仓库；在部队层次，平时包括师（旅）装备部弹药仓库和团装备处弹药仓库。战时师（旅）、团弹药仓库负责在作战地区开设野战弹药库，在营后方地域、担负主要作战任务分队后方地域、主要进攻（防御）方向开设分队弹药补给所。弹药的供应基本按照 3 个层次的顺序，依靠各保障实体，从弹药生产厂最终到达部队或作战前沿。弹药供应保障流程如图 1 所示。

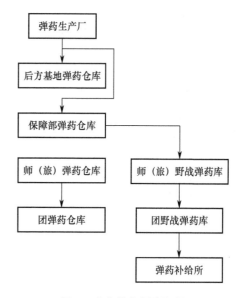

图 1　弹药供应保障流程

1.2　保障力量

其他国家军队，特别是美军，为了满足其脱离本土保障体系、全球快速部署的要求，各类型、各级别部（分）队都配属有专门的弹药保障分队。由于军事战略、战术战法、体制编制等的差异，我军没有编配专门的弹药保障分队，弹药供应保障力量主要由部队各级弹药仓库和后勤运输力量组成。

在战区保障部弹药仓库，由仓库保管队、搬运队配备吊车、叉车等专业装运机械进行弹药的装卸搬运作业，分部汽车营能够进行弹药的公路运输；在师（旅）、团弹药仓库，平战时主要依靠作战连队兵员进行弹药的装运作业。随着部队弹药集合包装进程的逐步发展，不少部队弹药仓库都配备了装运机械，对集合包装弹药进行装运作业，极大提高了作业效率。师（旅）汽车营、团汽车连负责弹药的发放、领取运输，战时，师（旅）、团后勤还可得到上级的运力支援。

2　制约弹药供应保障军民融合发展的因素

当前，我军弹药供应保障工作应牢牢抓住国家市场经济蓬勃发展的大好契机，用创新的思维和手段，努力加强我军弹药供应保障能力建设。

2.1　弹药储备布局

我军现役的联勤分部弹药仓库大多是在 20 世纪六七十年代建立，为了防止当时苏军"外科手术式核打击"，仓库实行"山、散、洞"配置。经过近半个世纪的逐步完善，仓库的安全防护水平不断提高，为各类弹药提供了一个良好的储存环境。但同时由于弹药仓库地处山区，弹药的接收、发送一般依靠铁路专线，对公路运输手段利用不多，造成了交通运输，特别是公路运输不够发达。且仓库建立时间早，在几十年的使用过程中，潜在敌对国家可以利用多种侦察手段对其进行精确定位。在战时，敌军必定对战区我军弹药仓库进行优先打击，只需摧毁仓库铁路、公路运输线，就可以打断我军弹药供应补给链，从根本上达到遏制我军战斗力生成的目的。

市场经济的客观规律导致了"洼地效应"的产生，即在市场经济条件下，人力流、资金流、信息流都会向经济发达、交通便利、环境友好的地区汇聚，并在这些地区形成"资源洼地"，吸引更多的资源向这里汇集。在进行弹药储备布局时，应符合"洼地效应"规律，将弹药仓库设置在区位优势明显、交通便利、运力资源丰富的交通枢纽城市附近。在战时，即使一、两条交通线被打断，但四通八达的公路、铁路交通网络也能够保证弹药供应保障的持续性。以原北京军区某弹药仓库为例，主要负责对山西、河北驻军提供弹药保障。仓库地处山区，交通不便，只有一条铁路和 315 省道可以进行交通运输，战时很容易因交通运输线被毁而造成"断供"。大同市、太原市和石家庄市与娘子关镇分别距离 240、110、60 余公里，从战略布局角度来讲，上述地区能够发挥同等重要作用。但与娘子关镇不同的是，大同、太原、石家庄三市或是蕴藏丰富的自然资源，或是华北地区经济中心、交通枢纽，属于市场经济中的"资源洼地"。在经济利益的推动下，经过多年改革开放的发展建设，三市大力加强交通基础设施建设，建成了四通八达的交通网络，多条铁路、国道、高速公路穿城而过。如在战时将战区弹药仓库改设在以上三个城市，不仅能够达到"辐射华北大部、保障北京战区"的目的，而且增强了弹药供应补给链的抗毁性和弹药供应保障的持续性，从根本上加强了我军弹药供应保障能力。

2.2　弹药装运力量

我军平时主要依靠人力进行弹药的装卸搬运，大部分弹药仓库虽然都配备有装运机械，但由于平时部队训练用弹消耗量少，且弹药包装以单箱散装为主，机械化设备不能够发挥应有的作用。例如，现役野战叉车起重能力可达 1t 或 3t，但在实际作业中，叉车每次只能搬运 4~5 箱散装弹药，约 0.2~0.3t，叉车起重能力不能充分利用。

弹药的集合包装是我军未来弹药包装发展的必然趋势，在未来可能发生的战争活动中，巨大的弹药消耗量要求弹药包装必须施行集合化，否则将严重影响到作战行动的顺利实施，这就对部队机械化装运能力提出了新的要求。根据美军的保障实践，要保障一个作战营的弹药供应至少需要一台 6000lb（2.724t）全地形叉车进行弹药装运作业。依据我军体制编制，一个团弹药仓库即需要数台叉车，考虑到平时保养和使用的实际情况，编制应有叉车数是不现实的。但在战时，特别是平转战和战争初期，依靠作战分队人员和薄弱的机械化装运能力进行弹药装运作业将无法满足作战需求。

托盘化、集装箱化包装在地方物流活动中已被广泛采用，集合包装提高了货物的装运效率，为企业带来了良好的经济效益。为适应集合包装货物的装运作业，许多地方企业都配备有各种类型的叉车、吊车等装运机械，这是一支潜在的战时装运力量。在平时，部队应该详细掌握驻地和可能作战地区地方企业的装运机械配备情况。在战争状态下，依据掌握情况，征用机械状况良好的装运机械，并根据机械的适用范围，将它们配备于各级野战弹药仓库，充实部队的弹药装运力量。

人力装运手段是机械装运手段的必要补充，但在战时依靠作战分队人员进行弹药的人力装运势必影响到部队的作战能力，因此必须依靠当地政府组织支前力量协助部队工作。西北、西南是我军的重点作战方向，但该地区自然环境恶劣、本地居民稀少，组织民工搬运队有一定困难。西部大开发的深入进行为西部广大地区带来了丰富的人力资源，据统计，截至 2013 年，西藏自治区有外来务工人员 24.5 万余人，在战时，部队可以对其进行征召和雇佣，组成弹药装运队伍。同时，志愿者队伍也是一支潜在的支前力量。在汶川抗震救灾行动中，截至 2008 年 5 月底，有大约 20 万志愿者奔赴灾区帮助开展包括物资装运在内的各项救灾活动。在战时，志愿者同样能够在战区后方担当诸如弹药装运等非作战军事任务。

2.3 弹药公路运力

在抗美援朝战争中，由于敌机疯狂封锁破坏，我军汽车部队车辆损失严重，使公路运输受到了严重影响。特别是战争初期的 1951 年，参战之初志愿军共有汽车 2800 余台，其中能够出勤执行运输任务的仅有 1600 台，到 1951 年 6 月底先后补充汽车 2977 台，但截至 1951 年底车辆损失数即达到 3350 台，占任务车辆总数的 73%，占三年战争损失总数的 84.6%[2]。在未来我军进行的信息化条件下局部战争中，面对强敌的陆空火力优势，我军弹药运输车辆必定损失严重。同时由于现代军队重火力装备的增多，弹药基数标准和弹药携运量大大提高，一个陆军师的弹药运行量就达上千吨，部队后勤运力只能通过多次往返运输才能完成弹药运行量的运输，这必然会影响部队的快速反应能力。

随着市场经济的发展，我国机动车数量逐年攀升。据统计，截至 2014 年年底，我国机动车保有量达 2.64 亿辆，其中汽车 1.54 亿量，35 个城市拥有超百万辆机动车，在一些西部城市，也蕴藏着丰富的运力资源辆。例如山西省截至 2014 年底货车保有量已达 5.5 万辆。庞大的地方车辆数量，为我军施行军民一体化公路运输奠定了基础。当前，各级后勤运

输部门都根据本部队和地方实际制定了民用车辆战时动员征集方案，特别是一些沿海地区的作战部队以实际作战需求为背景，充分利用辖区地处沿海、经济发达这一优势，动员征集大量地方运输车，进行"军民一体化"运输演习，取得了良好的效果。各级装备部门应与后勤运输部门和地方交通管理部门加强联系交流，将地方符合弹药运输条件的车辆独立登记，战时征集组成专门的弹药运输车队，用于部队平转战时弹药运行量和战时弹药补充运输。

3 实现弹药供应保障军民融合发展的基础

3.1 制定和完善相关法规、制度

市场经济条件下的各项社会经济活动是以法律为基础的，新体制、新机制的运行更离不开法律、制度的保证。在实践完善弹药供应保障军民融合发展的过程中，应通过立法，规范工作程序，明确权利义务，确保工作落实。在目前我国已有的《中华人民共和国国防法》、《国防交通工作条例》、《民兵工作条例》、《民用运力国防动员条例》等国防法规的基础上，尽快制定与弹药供应保障军民融合发展相关的行政法规和行政规章，使战时仓储设施、装运力量、运输车辆的动员征集能够有法可依。

3.2 加强对地方保障力量的情况掌握

弹药供应保障军民融合发展中的地方保障力量主要包括运输车辆、装运机械和装运人员。装备部门应该加强与后勤运输部门、地方交管部门、交通战备办公室、省军区、军分区、武装部等单位的联系合作，深入企业调查研究，详细掌握地方保障力量的数量、所属单位等状态信息，并依据这些信息做出弹药供应保障军民融合发展预案。应该引起注意的是，市场经济条件下，人员、设备流动性大，因此要缩短调查周期，以保证保障预案的有效性。

3.3 形成"双赢"的一体化保障局面

"战场"谋求的是最大军事效益，"市场"以获得最大经济效益为根本目的，只有使"两场"实现"双赢"，才能够促进弹药供应保障军民融合发展的顺利开展。建立预备役投送力量，充分发挥国家交通运输行业优势，依托交通运输行业主管部门和大中型企业，在充分加强现有预备役汽车营的基础上，组建若干个航空、水路预备役运输旅（团）和预备

役铁路运输保障团，使其成为交通运输生产的生力军、应急投送的突击队、军队战略投送力量的后备骨干。装卸转运应依托地方车站、港口、机场等重要交通枢纽，逐步建立军民融合、覆盖全国、辐射境外的应急投送综合保障基地，承担保障部队兵力投送、应急物资衔接转运和支援地方应急救援等任务，为提高我军战略投送能力打造支援平台。通过上述措施，不仅能够提高部队保障能力，而且有益于地方经济利益的实现，更主要的是密切了部队与地方保障力量的联系，增强了军地资源共享，实现了军队和地方的"双赢"。

自我军建军八十多年来，地方支前力量就一直是我军弹药供应保障队伍的重要组成部分，正如毛泽东同志在《论持久战》一文中所指出：战争的伟力之最深厚的根源存在于民众之中。在市场经济条件下，对地方保障力量的动员征集呈现出许多新的特点和规律，我军必须深刻洞悉和准确把握市场经济的客观规律，利用"市场"服务"战场"，充分发挥军民融合优势，走一条"质量效能"型的装备保障新路，以加强我军弹药供应保障能力建设，为未来我军打赢信息化条件下局部战争奠定坚实的基础。

参 考 文 献

[1] 海军. 建立军民一体化物流体系的思考[J]. 综合运输，2007（5）：9-11.

[2] 《抗美援朝战争后勤经验总结》编辑委员会. 抗美援朝战争后勤经验总结[M]. 北京：金盾出版社，1987.

[3] 王宗喜，徐东. 军事物流学[M]. 北京：清华大学出版社，2007.

[4] 张鸿彦. 浅谈现代战争对交通专业保障队伍的要求[J]. 国防，2005（4）：57.

[5] 祁立雷，王治霜，于雪峰. 军械仓库弹药物流特点分析及对策研究[J]. 物流工程与管理，2012（11）：221.

[6] 戴祥军，罗峰，张志会，等. 信息化作战环境下弹药保障需求分析[J]. 物流工程与管理，2010（11）：197.

便携式底火旋卸机设计研究

刘　佳，王宗辉，赵　洋，宋冬冬

（66294部队，北京100042）

摘　要：本文针对弹药检测机构无便携式底火自动旋卸机具的现状，设计了能够对多种型号底火进行自动旋卸的专用机具，该机具采用气动式动力源，能够满足底火样品选取时安全高效的需求。

关键词：底火旋卸机；便携；气动式；弹药选样

0　引言

底火是将外界激发能转换为火焰能量，引燃发射装药的弹药元件。底火位于药筒底部中心，分为旋入式和压入式，一般中大口径炮弹采用旋入式底火，本文只研究旋入式底火拆卸。底火在长期储存过程中，由于受环境影响，质量产生变化，可靠性降低，严重者，甚至将引发弹药不发火、迟发火等事故，危及人员和武器装备安全。适时对底火发火可靠性进行检测很有必要，底火检测试验由战区陆军弹药技术保障机构完成。试验前需对底火样品进行选样，根据选样计划分别抽取不同库存弹药，将底火从药筒上分解后作为待试样品，运回后在试验室进行试验。

药筒与底火结合处涂有虫胶漆，结合力较大，长期储存后的底火旋卸较困难。目前，底火旋卸通常采用固定式旋卸机和简易旋卸工具两种方法完成，其中，固定式旋卸机通常配备于弹药销毁机构，体积重量都较大，机动性较差，不适用于底火巡回选样作业。简易旋卸工具作为底火选样的主要工具，其自动化程度低，工作效率低下，人员劳动强度较大，不能满足大批量底火选样要求。因此，研制便携式底火自动旋卸设备具有十分重要的意义。

1　现有底火旋卸机及旋卸工具使用现状分析

现有底火旋卸工具分为工作台和底火扳手。工作台用来夹持和固定药筒，底火扳手用来旋卸底火。

工作台由木质台面和夹具组成，夹具采用丝杆带动弧形夹持块移动的方式实现夹紧。底火扳手由本体、夹持块、卡头、加力杆组成。工作时先将药筒抬起至工作台上，旋转手轮将药筒夹紧，滑动夹持块将药筒底缘夹紧，将卡头对准底火上相应孔位，转动加力杆将底火旋下。

现有底火旋卸工具在使用中存在以下不足：一是工作效率低下。特别是固定药筒和固定旋卸工具环节；二是极大消耗人力。拆卸底火全程由人力完成，劳动强度大；三是底火旋卸困难。由于底火在药筒中旋紧力较大，仅靠人工旋卸十分困难；四是安全系数低。由于是近距离操作，人员安全面临很大威胁。

2　便携式底火旋卸机实现的主要功能

为了改善现有旋卸机具的不足，便携式旋卸机主要采用电气驱动，主要完成自动对准，自动旋卸。更换不同口径的弹种采用手动一次调整即可。不需要每一发弹都进行对准。由于底火和药筒结合部一般涂有大量的虫胶漆，所以开始旋卸时需要一个较大的力矩。采用气动方式，优点在于能满足瞬间产生大力矩的要求、同时满足防电的相关安全要求。底部安装了可变向的小轮满足可移动、方便运输的要求。

3　便携底火旋卸机基本情况

3.1　实现原理

由于发射药极易燃烧，危险性较大，基于安全考虑，便携式底火旋卸机采用气动方式产生动力实现药筒夹紧和底火旋卸。相较于采用电机驱动的方式，其优点是转速低，转速可调，扭矩大。转速低可保证操作安全，转速可调有利于提高工作效率，扭矩大可满足底火旋卸所需的较大扭矩，适应不同药筒底火。系统原理如图 1 所示。

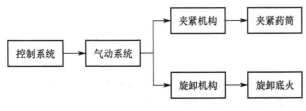

图 1　系统原理图

3.2　机械结构

整机主要分三部分结构，即基座（机架）、夹紧机构和旋卸机构。当前，底火旋卸作业需要先将药筒夹紧固定在工作台上，再将底火分解工具夹持固定在药筒上完成旋卸。其中，固定药筒时需要一人托住药筒一人旋转夹紧手轮，单人难以完成。本机采用夹紧机构和旋卸机构一体化设计，二者内外配置，整体安装于基座左侧，完成夹紧动作即同时完成药筒与工作台的固定和旋卸机构与药筒的固定。基座右端设有托座，用于放置药筒。旋卸装置下方设有底火收集器，用于集中收集卸下的底火。整机效果图如图 2 所示。

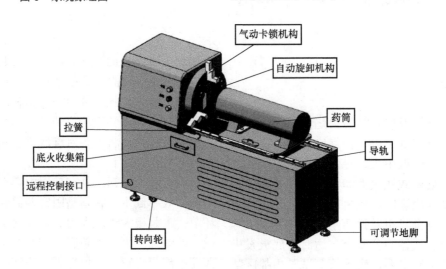

图 2　整机效果图

作业时，采用先放置、后夹紧的方式，先将药筒放置于托座上，向左移动药筒于适当位置，按下夹紧按钮控制气动夹紧装置将药筒底缘部分夹紧，而后按下旋卸按钮控制气动旋卸装置将底火卸下，底火自然落入收集器中，最后松开药筒，换下一发药筒。这样既可以节省人力，提高旋卸底火效率，又符合安全要求。

3.2.1　基座的机械结构

根据便携性要求，在满足功能的前提下，基座的长宽高要尽量小，通过模拟底火分解作业时对不同口径和长度药筒进行搬起、放置等动作。为适应不同长度药筒，基座右端装有滑轨和可移动平台，根据不同长度药筒，平台可沿滑轨滑动。平台上装有左右两个弧形支撑座，可与药筒圆柱面紧密贴合。支撑座采用可拆卸式安装，针对各种不同口径药筒，配有相应尺寸支撑座，作业时提前更换，如图 3 所示。为充分利用空间，基座下方空间用于存放气泵及传动装置。同时，基座采用薄板框架结

构，以减小整机质量。为满足平时移动和用时固定的要求，底部采用万向脚轮配以可调支脚结构，如图 2 所示。

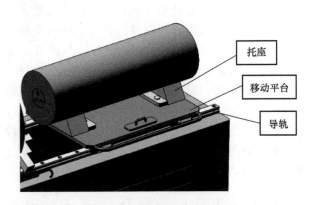

图 3　托座部分效果图

3.2.2　夹紧的机械结构

夹紧机构采用气动三爪卡盘，其优点一是定心较准确，可保证夹紧后端药筒圆柱面与基座上支撑块仍有效贴合，保证旋卸时药筒受力结构良好，

固定稳定；二是夹紧力较大，夹持效果良好，可防止旋卸时药筒打滑、旋转，保证旋卸作业安全进行。

3.2.3 旋卸机械机构

旋卸机构由气泵驱动气动马达转动，气动马达输出轴经减速器与丝杆传动轴连接，驱动丝杆转动，带动丝杆右端的底火分解扳头旋转，将底火旋出药筒，如图 4 所示。

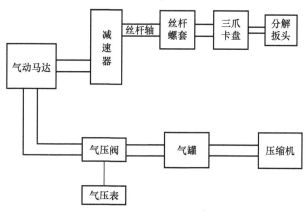

图 4 旋卸机构原理图

由于丝杆套与机架固定且螺距与底火相同，因此丝杆转动同时与底火同步向右移动，保证底火与分解扳头紧密结合。底火分解扳头内置有压簧，保证其在旋转到压头与底火拆卸孔对正时自动压入底火拆卸孔，完成"对刀"，提高工作效率，如图 5 所示。底火分解扳头通过机械式三爪卡盘夹持固定，方便更换。

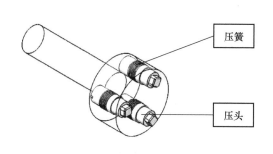

图 5 底火分解扳头示意图

3.3 控制部分结构

控制系统由夹紧部分和旋卸部分组成。旋卸控制通过开关按钮向控制器发送相应指令，控制器输出控制信号通过继电器控制气压阀开关，经 D/A 转换通过控制电流信号大小控制气压阀开度，通过控制电流信号大小控制气泵输出压力，进而控制气动马达的开关、转速和扭矩，完成药筒夹紧和底火旋卸的精确控制。由于丝杆边旋转边向右移动，为增加系统安全系数，防止底火旋出后丝杆继续向右移动与丝杆螺套螺纹滑脱，系统采用闭环控制，在底火分解卡头左端装有压力传感器。当底火旋卸完毕后，压力传感器检测到压力突降，发出信号经 A/D 转换至控制器，控制马达停机。

夹紧控制正向通道与旋卸控制相同，为使药筒夹紧后夹紧力不再增大，确保安全，在该气路上装有气体压力传感器，构成闭环控制回路。当药筒夹紧后，气体压力传感器压力值急剧升高，发出信号经 A/D 转换至控制器，控制马达停机。控制部分原理如图 6 所示。

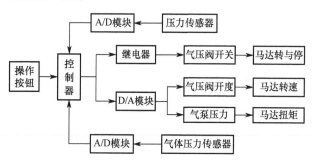

图 6 控制部分原理图

为增加底火旋卸作业安全性，控制方式增加远程控制功能，保证需要时可远程操作完成底火旋卸，最大程度保证人员作业安全。

4 结论

（1）便携式底火旋卸机采用钢架结构方式，同时底部安装了可移动和转向的小轮，总体质量大大减少，灵活性大大提高。

（2）气动方式旋卸，自动化程度高，每种口径的弹药只需调整一次，便可实现自动对准，大大提高了工作效率。同时大大降低了人力资源。便携式底火旋卸机，从上弹到操作，只需 2 人便可以完成。

（3）满足野外作业的需要。便携式底火旋卸机质量较轻，灵活性好，满足基本环境需求，便可展开工作。

（4）安全性高。目前，除上弹和旋卸完成后需要人员搬动外，整个分解过程都是自动化，并且可以实现远程操作。

美军装备物流及对我军弹药供应的启示

王立彪，任　煜

（31660 部队保障部，宁夏中宁 755100）

摘　要：概述了装备物流在现代战争中的地位和作用，介绍了美军主要物流理论及其装备物流实践，探讨了我军弹药供应保障中存在的问题，提出了一些建议。

关键词：美军；装备物流；弹药供应

0　引言

所谓装备物流是指为了满足部队装备需要所进行的一系列物流活动，包括运输、存储、包装、流通、配送等过程。装备物流是现代战争的重要物质条件，是组织指挥战役不可忽视的重要依据。装备物流能力对战役目标、范围、规模的确定，对战役的发起时间、作战手段的选择及可能持续时间等，都具有直接的制约作用。在现代体系化作战中，高技术应用越广泛，对武器装备和弹药的依赖性就越强，装备物流对战争的制约作用也将比以往更加凸显。

1　美军主要物流理论

1.1　指挥物流理论

指挥物流理论主要内容为：作战指挥员必须树立指挥物流观，在战争指导和谋划中充分考虑物流要素；必须从物流的角度看待战略和战术；作战与物流日益融合并一体化发展。此外，美军还认为：物流与战略、战术活动具有平等地位；物流推动军事战略；物流原则适用于基本作战原则，并能补充作战原则。可以看出，美军是从作战指挥的角度来认识物流重要性的，并将其升格为"一个主要的作战系统"，鲜明地体现了高技术条件下作战与物流关系已经从相互依存发展到了相互融合的新阶段，体现了作战就是物流，物流也就是作战的一体化思想。

1.2　模块化保障结构理论

模块化保障结构理论的主要内容包括：在平时，以模块化方式组建和训练物流分队（如运输连、维修连、补给连等）及指挥机构（如军、师物流保障部等）；在战时，根据被保障部队的编成和任务，按照"积木组装"的原则，灵活编组所需的物流保障机构，迅速增强物流保障力量。

模块化保障结构理论的突出特点是具有高度的运用灵活性。一方面，编制数量灵活，作战部队所属的物流分队可以根据需要灵活地增减类型和数量；另一方面，隶属关系灵活，模块化的物流分队，可以根据需要灵活地"拆卸"与重新"组装"，而不必考虑其原来的隶属关系。该理论反映了装备物流保障结构与编制体制之间的内在联系，说明快速编组是现代战争获取所需要装备物流保障力量的有效途径。海湾战争中，美军利用本土和驻欧洲的保障力量，按照"积木组装"的方式，迅速组建了 3 个军的物流指挥机构和物流分队，取得了令人满意的保障效果。

2　美军装备物流实践

2.1　建立了现代化的装备物流信息网络

经过几十年的发展，美军已建立起以计算机和卫星为基础的装备物流信息网络。其物流信息技术应用广泛，信息来源渠道多，传递速度快，指挥控制能力强。美军实行的是装备物流与后勤物流相融合的军事物流体制，其装备信息融合在由美国防部后勤局直接管理的后勤信息网中，该网可以提供美军现行 14 个后勤信息系统的在线查询服务，内容涉及装备定位及供应商数据，国防部及各军、兵种采办和在运装备物资状况等方面，是美军全资产可视化系统的重要组成部分。

为了便于保障人员更好地实施装备物资保障，美军将各种网络加以整合，建立了跨越不同职能部门的综合网络，在全球任何地方、任何环境中都能使用同一网络，查看相同景象。这样在战争中各级装备保障部门便能随时了解作战进程及战斗部队情况，提前预测物资保障需求并知道从何处调集所需保障力量，以达到作战指挥员要求，在需要的时间和地点准确提供所需物资。

2.2 信息技术为主导，物资分发可视化

美军要求运用一切现有的或新开发的并将很快投入使用的计算机系统，为装备保障人员提供可行的数据。目前，其主要依托全球运输网络、装备信息处理系统、全国库存控制站信息系统为决策者制定和调整装备物流活动计划提供数据。

在海湾战争期间。美军许多集装箱运到战场后，堆放在公共场所，不开箱人们根本无法弄清他们所需的东西装在哪个箱子里。为此，战后美军开始着手研究新的装备物流管理办法，称为"全资产可见性"计划，以提高供应链的透明度。在伊拉克战争中，美军自始至终以信息技术为主导，结合先进的物流技术，克服了物资分发供应瓶颈，实现了全程可视化。如在集装箱上标记一种射频标签，当集装箱运出、运入物资基地或通过交通枢纽站时，射频查询器对射频标签进行自动判读，其信息通过卫星或地面线路传输给指挥中心。这样，无论物资运到哪里，通过对射频标签的识别，就可以动态地调控，从而达到资产动态条件下的可视化。

2.3 充分利用民间物流资源

美国的《商船法》规定，新船建造必须适用于国防和军事用途，对纳入"战略海运计划"的商船进行适时跟踪，以便随时征用。对私人购买的飞机，都要进行动力统计，注册登记，战时稍加改装即可征用。在伊拉克战争中，美军征用、租用了大量的船舶、飞机、汽车为部队运送物资。据专家估计，几百家公司派遣大约 20000 名承包商参加了对伊战争，美军大约每十个人当中就有一名民间工作人员。美国著名军事物流专家指出"私有化军事公司如此规模的部署是 1991 年海湾战争时的 10 倍。如果没有那些人在场，军队将不能发挥作用。只要有美军部署的地方，一定少不了承包商的帮忙"。

3 我军弹药供应保障中存在的问题

3.1 基础设施建设不配套，发展不协调

弹药供应保障的顺利进行，需要公路、铁路、航空、各级仓库等基础设施来协助完成。这些基础设施必须形成一个统一的网络，才能顺畅高效地进行物流供应。基础设施发展得不协调，很容易导致顾此失彼，突出某些设施而相对削弱了其他设施，在这种情况下，只能临时地完成物流某些环节，而其他环节却不能有效地完成，最终只会阻碍良好设施下的供应保障环节。假如我们只顾大力建设弹药仓库，而没有相应的发展交通运输等配套设施，即使开始时军事仓储既齐全又安全，但由于忽视交通原因而产生的"瓶颈"效应，会对弹药"流入""流出"的需要反映过慢，甚至根本没法反映，受到掣肘。我军弹药供应保障基础设施建设不配套，发展不协调，必将影响我军弹药供应现代化的整体进程。

3.2 装备物流管理信息系统不够健全

信息贯穿整个物流的始终。信息经过收集、传递后成为决策的依据，对整个物流活动起指挥、协调、支持的作用。但是，我军目前对弹药供应信息管理的操作还不能够系统地完成，表现在：基层不注重信息的采集与利用；军队内部单一职能的信息不能与其他职能的信息共享；各战区之间物流信息的传递速度慢、效率不高，甚至相互之间不能传递；部队的信息不能及时向上汇报等。这种状况将导致弹药物资不容易在战区间相互交流，将进一步影响各级之间的供应联系。物流各环节不能顺畅流通，不仅延迟完成任务的时间，还会反过来影响物流信息的实时更新，总部也就不能利用其对战区的物流活动进行指挥和协调，战区也不能通过统一的管理信息系统及时、有效地接受总部指示、联系其他战区物流活动和决策供应保障，这将在很大程度上给弹药供应的下一步决策带来负面效应。无论平时还是战时，大量物流信息都要求大、小系统健全均衡发展。缺少一个全军范围内的弹药供应保障管理信息系统，我们将无法有效地利用信息来进行辅助决策。

3.3 专业人力资源匮乏

人力是促进发展的主导因素，我军物流不能快速地系统发展，很大程度上是由于缺乏专业人才。据统计，在我国高等院校中开设物流专业和课程的不到 20 所，约占全部高校数量的 1%；硕士、博士

生层次教育刚刚开始。部队内物流的教育以及弹药供应保障专业培训相对缺乏，能够切实为整个弹药供应保障提供行之有效方案的中高级专业人才少之又少，专业人才需求缺口大。这种情况势必严重影响弹药供应保障的现代化发展。

4 推进我军弹药供应建设的几点启示

4.1 立足战争需求，加强供应保障基础设施配套建设

对于弹药供应保障而言，基础设施是其得以顺畅发展的根本保障。近期几场高技术战争告诉我们，功能强大的装备物流网点是现代体系作战的物资保障支撑点，而由此构成的完善的装备物流网则是完成军事物资保障，尤其是弹药供应保障任务的基础。因此，加大物流基础设施建设、强化装备物流网点，逐步完善装备物流网，是适应我国地域辽阔，边境、海岸线漫长，平、战时物资保障任务重的必然要求。应立足现代战争的需要，根据作战预案，结合民用物流网点的建设情况，合理调整现有装备物流网点的建设布局。撤销、合并位置不好、作用不大的后方弹药仓库，在关键位置新建、扩建现代化弹药供应保障中心，使物流网点的数量、规模、布局更加趋于合理。同时，还应充分考虑到我军物流的系统性薄弱，做到系统地建设系统的基础设施来支持系统的物流发展。铁路、公路、航空、水运等交通基础建设发展的同时，要与仓库等物流其他环节的基础设施建设相协调。对每一步建设做好规划，有先有后，做到每个时期有发展的着重点，但又不盲目地只建其一，顾此失彼，通过合理建设，发展四通八达的弹药供应保障网络。

在加强基础设施建设的同时，还要注重发展配套的军事物流装备。（1）要开展集装化研究，重点研究高技术条件下局部战争对现代弹药供应的要求，配备适合保障特点的集装物资装卸机械、运输车辆，研制配套标准，尽快建立起装备物资集装运输体系，提高装卸速度和运输能力。（2）针对后方弹药仓库条件各异的特点，研究论证适应现有库房条件的仓库急需装备。（3）加强装备使用维修管理，充分发挥物流装备效能。（4）积极稳妥地推动储运自动化建设。

4.2 重视软件研发，建立以现代网络技术为依托的弹药供应保障管理信息系统

为了能快速、高效、系统地发展装备物流，我军必须重视信息化环境下的软件研发力度，尽快形成统一的管理信息系统，实现数据共享与快速查询，这将有助于总部、战区对物流活动信息的全程"可视化"跟踪与监控，有利于物流信息的实时浏览、查询、下载和上传，减少物流流通各环节之间的时间迟滞，同时，还应考虑利用卫星定位导航系统（北斗）和地理信息系统（GIS）对弹药供应保障活动实施动态监控，进一步提高整个物流系统的效能。总之，我们应该加大软件研发力度，综合利用现代信息技术、计算机和网络技术、可视化和定位技术，实现弹药供应保障资源、保障需求和保障过程的全维信息"可视化"和信息的"无缝隙"连接，为各级弹药保障部门提供适时、准确的信息，对弹药供应保障活动实施有效的决策与控制。

在此需要注意的是，对于弹药供应来说，保密是一项严肃的政治性工作，在发展网络系统的同时必须采取相应的网络安全措施，防止失、泄密的发生。

4.3 从战略高度出发，加强物流人才队伍建设

人才是装备物流理论实践的主体，是重要的决定性因素。发展装备物流，推进弹药供应保障现代化必须坚持以人为本的发展思路，实现装备物流人才的现代化、知识化，是物流信息技术不断发展的要求。

当前，我军装备物流发展所面临的一个重要问题就是缺少专业人才，只有解决了人才问题，才能快速高效地实现弹药供应保障系统的发展，因此，要从战略高度来审视物流人才的培养。现代高技术战争要求我们的高层军事物流人才是复合型人才，即：既要懂军事，又要懂后勤；既要懂军事物流，又要懂信息技术；既要懂操作，还要会管理；既要有良好的知识结构，还要有精湛的技能和出色的谋略。为此，应在院校、科研机构开设物流专业，培养具有现代信息流、物流和指挥管理知识的复合型物流人才，尤其是硕士生、博士生等中高级物流人才；建立总部、战区和基层库所三级人才训练体制，增加临时或长期物流专业培训机构，给物流人员开设更多的弹药供应保障专业培训课程。同时，也可考虑利用地方院校的物流资源为部队培训物流人才以及提供相关技术服务，还可以吸收地方上已经培养出来的专业物流人才，号召这些人才为部队弹药供应保障服务。

参 考 文 献

[1] 杨学强，等.美军主要军事物流理论综述[J].物流科技，2004（1）.

[2] 耿青霞，王铁宁.我军装备物流系统性初步研究[J].物流科技，2004（4）.

[3] 刘伟光.从伊来克战争分析我军物流建设与改革[J].物流科技，2004（4）.

[4] 郑金忠，张传峰，张辉.现代战争中美军物流实践与启示[J].物流科技，2004（8）.

[5] 王丰，姜大立，彭亮.军事物流学[M].北京：中国物资出版社，2003.

[6] 王宗喜.军事物流概论[M].北京：海潮出版社，1994.

军民一体式陆军新型弹药导弹保障

沈斯波，姚凯缔，丛　彬，刘东岩

（中国人民解放军 63981 部队，湖北武汉　430311）

摘　要： 本文分析了陆军新型弹药导弹发展的新形势和凸显的新问题，提出了立足于军民一体化模式，对弹药导弹进行全系统、全寿命的保障，以降低弹药导弹保障的费效比，加快新型弹药导弹保障力量的形成。

关键词： 新型弹药；合同商；保障；全寿命

0　引言

随着我军弹药导弹信息化程度不断提高，对智能弹药等新型弹药的"修理检测能力、质量监控能力和安全防护能力"要求越来越高，陆军弹药导弹技术保障机构作用越发凸显，同时弹药导弹技术保障力量与保障需求的矛盾也越发突出。

1　陆军弹药导弹保障亟待解决的问题分析

1.1　人才队伍不够合理

陆军弹药导弹保障人才队伍的知识结构不够合理，特别是高新技术导弹装备的知识不足，对新装备、新技术的掌握和应用能力不强，与日益发展的弹药导弹保障需求存在相当的差距；其次技术力量缺失严重，编制员额和人员编配不能满足工作量需求，前几次的调整精简，始终依据传统弹药导弹保障方式来确定技术保障机构设置，没有将新技术发展带来的保障新要求考虑到机构调整中。再次，基层部队的弹药导弹专业技术人员，不但技术水平相对薄弱，而且人员编配数量少，而且风险大却发展空间小，易造成人员流失，使得弹药导弹专业队伍的整体素质难以稳步提高。

1.2　保障体系不够完善

现行弹药导弹管理理论和模式、试验技术和试验方法多是基于传统弹药检测技术而制定，已不能很好地适应新装备保障需求，目前弹药导弹的质量监控手段已落后于导弹等新型弹药的技术发展。当前陆军导弹、地爆器材、防化危险品及陆军航空兵弹药尚未形成质量监控能力。为准确掌握陆军弹药导弹储存质量状态，亟须针对不同类型弹药导弹，分层次、分阶段，逐步建立全陆军质量监控体系。其次陆军野战弹药导弹储存供应保障体系尚不健全，现有保障设备在类别和功能等方面难以满足野外条件下弹药储存、供应、投送、防护、管理等各环节的全方位保障需求。

1.3　技术手段相对滞后

由于陆军弹药导弹品种多，各类弹药导弹的结构、原理、材料各不相同，尤其随着陆军导弹装备的大量列装，检测涉及的专业内容和检测参量日渐复杂，弹药导弹质量检测项目始终落后于装备的发展，检测设备和工具大多功能单一，缺乏能真实模拟、仿真实际情况的综合性检测仪器，尤其针对造价昂贵的导弹装备等，检测精度高的无损检测设备少之又少。

1.4　新装备资料不够明晰

随着知识产权保护意识的提高和商业竞争的日趋激烈，弹药导弹生产厂家将装备的技术资料作为商业机密严加保护，很多导弹产品的相关技术资料没有随装备提供给部队，有的只是一些简单地使用维护说明。导致部队在对弹药导弹的检测和质量监控方面无从下手，遇到问题或出现意外，使用人员和技术保障人员很难从说明书上获得解决问题的有效帮助。

2 弹药导弹保障力量建设的几点设想

2.1 弹药导弹的全系统、全寿命保障

所谓全寿命保障是指向军队出售某种特定产品的企业将负责保障产品从开始生产到最终回收的全部过程，并对该项目进行全程跟踪。全寿命保障首先体现在导弹弹药的设计上。一是通过合理的设计，为检测维修提供充足的操作接口和操作空间，通过合理布置维修窗口及通道，提供充分的维修和检测点。二是从弹药导弹的研发就开始进行测试性分析、验证和设计开发，使对导弹弹药的检测实时准确、简单易行、安全可靠。

全系统的弹药导弹装备发展思路包括：（1）保障人才和导弹装备同步发展，目前在装备列装过程中，接装培训重点培训的内容主要有装备的操作使用及简易的维护保养等内容，但是对装备的维修保障培训相对较为滞后，这导致在装备列装以后的很长一段时间，技术保障力量处于真空期，虽然装备的保质期可以确保装备的性能，但对部队保障力量的形成过程来讲，起步就较为迟缓，尤其新型的导弹装备等，保障人员技能的形成，需要一定的周期，因此，保障人才和装备列装同步发展很有必要。（2）保障设备和导弹装备同步发展，随着导弹装备的信息化程度提高，新型导弹弹药对保障装备的依赖逐步提高，这就要求在研发新型导弹装备的同时，同步研发配套保障装备，以确保列装和保障的无缝对接。

2.2 建设弹药导弹信息系统，形成检测信息数据库

目前，由于保密等原因，我军弹药导弹的数据不清晰，弹药导弹的整体质量情况，缺乏总体的统计记录。通过加强信息系统建设，可以通过数据的采集、整合、分析，总体评价弹药导弹质量状况和发现可能存在的不足及隐患，确保弹药导弹保障的决策和保障实施人员能够得到精确可靠的信息。也能为战时导弹弹药的调用和投送提供信息支持。

2.3 加强军民一体化保障在弹药导弹保障方面的应用

采用合同商保障的方式，对技术密集型信息化导弹弹药的保障具有事半功倍的效果。目前，高技术导弹装备的保障力量建设周期很长，且费效比相对较高。目前，在补给和维修等重大保障领域，合同商保障已经初具规模，并展现了极大的优势，在弹药导弹保障领域，合同商保障也是一个十分经济的模式。首先，如基于弹药导弹研发单位开展保障，在技术力量和技术积累方面，没有太大的阻力和瓶颈，尤其能有效克服知识产权保护对技术密集型导弹装备和精确制导弹药等装备保障的制约，有效提高保障能力的形成效率。其次，合同商保障也是装备全寿命保障的必由之法。弹药导弹由于其独特的特性，其一旦履行使命，寿命也即终止，不会出现由于训练等造成的损伤，其保障主要为性能检测和质量监控。尤其是由合同商来对技术密集的导弹及精确制导弹药等进行保障，能有效发挥合同商的技术优势，全面压缩保障能力建设时间，提高效率。

2.4 建立弹药导弹检测标准，加强对弹药导弹保障的管理

针对传统弹药的检测，目前检测的系统性、规范性和标准化程度比较高，形成健全的质量监控体系。但是针对不断涌现的新型弹药，需组织开展新型弹药检测标准研究，不断完善和丰富检测的质量监管体系，确保新型弹药检验的规范化。（1）通过对质量监控信息的收集和分析，以及弹药导弹试验及遂行任务情况的跟踪调查，不断探索新型弹药的质量变化规律，确定新型弹药的关键技术参数，力争做到全面有效反应弹药导弹的质量状况。（2）加强质量检测管理规程的制定，能够对弹药导弹质量管理过程进行有效监控，尤其是对合同商保障，军方要设立专门的机构，对弹药导弹保障的过程进行全面的信息记录和管理。

3 结束语

伴随着弹药导弹的更新换代和保障任务的不断拓展，陆军弹药导弹保障逐步由传统弹药向新型弹药导弹转型，新型弹药保障也逐步由单一勤务管理向质量监控、检测修理、综合防护等深度发展。随着弹药导弹结构功能不断的复杂，保障的内容日益繁杂，保障难度日益加大，保障的形式也需要进行不断的改进和变化，以适应新型弹药导弹发展的趋势，信息化保障和基于合同商的全寿命保障，是十分有效的发展方向。

数据仓库在弹药调拨中的应用研究

李 江[1]，盛会平[2]，戴祥军[1]，李文生[1]

（1. 陆军工程大学石家庄校区弹药工程系，河北石家庄 050003；2. 91640 部队，广东湛江 524064）

摘　要：弹药调拨是弹药保障的重要环节和基础性工作，主要满足平时战备训练消耗，战时供应补给，任务复杂，工作量大。应用数据仓库技术，可以充分利用弹药调拨业务数据，提炼其中蕴含的信息，分析弹药调拨中的规律，为弹药调拨供应提供有效的信息支撑和辅助决策。

关键词：弹药调拨；数据仓库

0　引言

随着信息技术的发展和军队信息化建设的持续推进，陆军弹药业务信息系统得到了快速应用和广泛普及。应用于弹药调拨、实力统计、质量管理、销毁管理等领域的业务信息系统在弹药业务管理中发挥了重要作用，提供了有效的信息管理手段。在这些业务系统中，积累了大量业务数据，这些数据中蕴含着弹药业务管理方面的一些特征和规律。这类业务管理系统主要是实现数据的录入、修改、统计、查询等功能，其后台数据库管理系统主要完成事务处理，没有数据分析、数据组织方面的功能，在分析决策方面功能较弱。

数据仓库技术出现于 20 世纪 90 年代初期，是智能决策支持系统发展的产物。数据仓库技术包括数据仓库、联机分析技术和数据挖掘等方面，将分析型处理及其数据与操作型处理及其数据相分离，提供一种用于分析的结构化数据环境。经过近 30 年的发展，数据仓库技术逐步成熟，各大数据库厂商均推出了配套的数据仓库解决方案。

本文以弹药调拨业务数据为应用背景，采用数据仓库技术，充分利用海量的弹药调拨业务数据，提炼其中有用的信息，挖掘业务数据中蕴含的规则，为弹药业务管理部门提供有效的信息支撑和辅助决策。

1　弹药调拨数据仓库设计

1.1　总体设计

弹药调拨业务信息系统为调拨业务提供了快捷的信息查询和业务办理功能，但是一些决策性的问题，如如何科学进行储备布局的调整、准确测算各类弹药的消耗情况、灵活分析弹药调拨的时间费用关系、辅助拟制弹药供应保障计划等方面，显得有些力不从心。

构建弹药调拨数据仓库，是在弹药调拨业务数据的基础上，面向不同的分析主题，对数据进行重新组织，迁移至分析服务器，构建面向决策分析的数据仓库。从多方面进行深入的分析，挖掘出有价值的规则和经验，发现弹药调拨数据中潜藏的规律，为弹药供应保障提供辅助决策信息。

弹药的消耗具有一定的规律性，平时主要用于训练、执勤等行动，战时消耗量大，消耗强度高。弹药调拨供应既要保障弹药供应的连续性和及时性，也要科学合理地规划储备布局、规模和结构，可靠有效地保障一定时间内的弹药需求，缩短补给距离，节省补给时间和费用。

弹药调拨数据仓库的构建要着眼于管理人员关注的决策分析要点，从调拨业务数据中寻求数据支持，发现其中有价值的规则。弹药储备布局分布是实施弹药保障的基础性工作，掌握现有各单位的弹药情况，从弹药需求和供应保障效率、成本角度，确定各类弹药的最佳库存，尤其是保障单位的库存是数据仓库分析要点之一。统计掌握各单位的消耗、库存情况，科学预测弹药需求，拟制弹药保障计划，需要弹药调拨数据仓库提供有力的数据支撑。通过分析弹药调拨数据，了解弹药调拨发生的时间特性、弹种特性，综合历史调拨情况，为下一步的弹药调拨供应提供辅助决策。

1.2 数据建模

弹药调拨数据仓库模型采用星型模型，设计了多个事实表和多个维度表。在弹药调拨业务中，主要关注的对象是储备分布情况、各单位的弹药消耗情况、需求情况、调拨供应情况等。通过对弹药调拨的发生时间、地点、种类和数量进行分析，可以得到很多重要的信息。根据弹药调拨系统所涉及的工作和决策分析的需求，设计的事实表分别是弹药储备分布事实表、弹药消耗情况事实表、弹药调拨情况事实表。每个事实表根据分析主题创建，通过维度表可以进行求和、平均值、百分比等统计分析。

维度表包含度量值，通过设置级别管理度量值。系统设计的维度表主要包括单位维度、时间维度、弹药维度、消耗类别维度、调拨目的维度等。单位维度，反映调拨的主体，可以分析各单位的调拨统计数据，也可以通过单位层级汇总分析，全面掌握各大单位的弹药需求情况和调拨供应情况。时间维度，用于按照时间分析统计调拨情况，把握调拨时间分布和密集度，为今后的调拨管理提供有益的参考。弹药维度的设计能够提供弹药管理单位关心的弹种分布、余缺情况、弹种消耗等情况，通过弹药大中小类的统计分析，能够清楚地掌握弹药的储备结构，对调拨供应提供重要数据参考。调拨目的维度让管理人员掌握弹药的消耗、补充、储备等情况。

下面以弹药调拨情况事实表为列，说明其数据模型，其星型模型如图1所示。

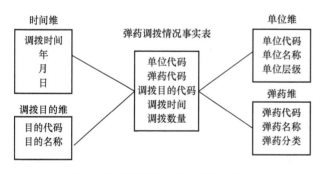

图1 弹药调拨情况事实表星型模型

通过弹药维和时间维的统计分析和数据挖掘，可以查看各类弹药在时间上的调拨分布和密集度，反映出各类弹药消耗、补充等变动频繁程度；更进一步，可以展开单位维、调拨目的维，了解各单位的具体情况，统计各单位的弹药变动频度、原因等，将数据反映与业务工作相结合，深入分析未来一段时间弹药消耗规律、储备调整方案、供应保障方法等。

2 数据分析

Microsoft公司在其数据库产品SQL Server中提供了Analysis Services（分析服务器），是数据仓库的较好解决方案，用于创建和维护多维数据结构，并提供用户接口用于数据分析和展示。通过建立Analysis Services项目，定义数据源和数据源视图，标识事实表和维度表，建立维度层次结构和度量值，生成多维数据集。

设置了多维数据集的存储方式和部署选项之后，就可以通过Analysis Services进行数据浏览和分析，可以进行旋转、切片、切块、钻取等操作，对数据进行多角度、多层次的查询统计分析。如将弹药维放在纵向，调拨目的放在横向，通过下钻查看各类弹药的调拨目的，也可以在维度中选时间点或段进行切片或块，了解某段时间内的调拨情况。下面介绍弹药调拨数据仓库的具体应用。

（1）储备分布分析：通过弹药储备分布事实表和单位维度、弹药维度相结合，可以进行多层次组合或交叉分析，统计各类弹药的储备分布，或者各单位弹药品种储备情况，既可以了解具体仓库、部队的情况，也可以掌握陆军的弹药储备分布情况。

（2）储备结构分析：通过弹药维度的层次结构，可以归纳统计各类别弹药的储存结构，分析新旧弹药的储存比例、普通弹与特种弹的储存比例、不同质量等级弹药的存储比例等。

（3）消耗情况分析：建立调拨数据多维数据集，能够分析各单位的弹药消耗情况、补充情况，统计各类弹药的消耗量、测算需求量，为弹药订购、补充提供有力的数据支撑。

调拨频度分析：分析各单位的调拨频度、调拨发生的时间段等，按照不同的时间维度和条件进行同期对比分析，通过柱状图、条形图等展示，了解各单位的调拨规律，为今后科学规划、高效保障提供参考。

3 结束语

着眼于充分利用弹药调拨工作中积累的大量数据，挖掘其中蕴涵的宝贵信息，本文尝试用数据仓库技术分析海量的弹药调拨业务数据，研究了弹药调拨数据仓库构建的整个过程，包括总体设计、数据建模、数据分析等，为弹药调拨供应工作提供辅助决策支持。

参 考 文 献

[1] 祁立雷，等. 通用弹药保障概论[M]. 北京：国防工业出版社，2010.

[2] 宣兆龙，蔡军峰，吴雪艳，等. 弹药储供保障训练组织实施[M]. 北京：海潮出版社，2014.

[3] 李於洪，等. 数据仓库与数据挖掘导论[M]. 北京：经济科学出版社，2012.

[4] 张聪，钱松荣. 基于数据仓库的企业智能决策研究[J]. 微型电脑应用，2017，33（5）：45-48.

[5] 张锐. 基于 Hive 数据仓库的物流大数据平台的研究与设计[J]. 电子设计工程，2017，25（9）：31-35.

[6] 李玉泉，武彤. 基于数据仓库的科学仪器设备数据分析系统[J]. 微型机与应用，2017，36（1）：89-92.

[7] 张端鸿，刘波，卞月妍. 院校数据仓库架构与建设的过程研究[J]. 高校教育管理，2017，11（2）：26-33.

[8] 沈雯洁. 车载信息服务业数据仓库系统的设计与实现[D]. 上海交通大学，2015.

对弹药保障优化的几点思考

黄荣凯，刘　强

（装甲兵学院，安徽蚌埠 233050）

摘　要：随着新军事变革的发展为了实现弹药保障从"粗略概算"到"精确化保障"模式的转变，要求弹药的储存、装卸、运输、分发等环节必须实现信息互通、资源共享、运行通畅。

关键词：弹药保障；保障系统；弹药保障优化

0　引言

在伊拉克战争中，美军综合运用现代民用物流技术、条码技术、电子识别技术、集装技术等，对作战行动中所需的弹药实现了精确保障，保证了作战行动的顺利进行，结合我军信息化建设，综合运用现代民用物流等技术研究弹药保障系统的运行与优化，对有效提高我军的弹药保障能力具有十分重要的意义。

1　弹药保障系统运行流程分析

通过对目前部队弹药保障运行流程进行分析，可以发现其中一些环节的不足之处：部队需求信息不及时。由于信息传递的不通畅、延时等问题，不能及时将部队的需求信息传递给保障指挥机关和仓库；申请批复周期过长，工作效率不高；调拨过程中由于对仓库储存信息了解不够，造成运输成本偏高，运输效率低；包装"通用化、系列化、标准化"程度较低，包装箱尺寸不统一，集装程度较低。如某加榴炮弹就有4种包装尺寸，某枪弹单箱装弹数量有5种。其中，装弹数量为1500发的包装规格就有3种；弹药保障方式不灵活，机动性不强，不能做到适时、适地、适量的精确化保障；在我军现已建立的信息化管理系统中，操作人员认知能力不够，不能利用现有网络有效地对信息进行处理，导致建立了信息化管理系统，却不会用、不愿用、用不好的问题。

2　弹药保障系统运行优化构想

2.1　弹药包装阶段优化

在弹药包装阶段，可以运用信息识别技术、集装箱技术对弹药的包装进行优化，为实现"在处理弹药可视化"做准备。

（1）运用信息识别技术对弹药包装进行优化。运用现代物流管理中的条形码（bar code）技术、射频技术、IC 卡技术、光电存储卡技术、卫星识别技术，对弹药的各个包装箱进行信息识别处理，创建弹药包装信息数据库，开发自动编码设备和软件，同时配以射频卡、自动识别扫描仪等识别仪器，对弹药包装数据进行采集。在弹药包装过程中，通过读写器将信息读取或写入到电子标签中，在包装箱上印制电子标签或通过自动贴标签机自动贴标电子标签，并根据弹药的有关信息创建弹药管理数据库，便于使用带有 RFID 阅读器的手持式数据采集器或使用卫星、远程雷达设备采集标签上的数据，为后期弹药存储可视化管理、弹药运输可视化管理等打下基础。

（2）运用民用集装化的思想对弹药包装进行优化。弹药包装集装化具有保护质量、利于仓库储存、便于运输、方便部队使用等优点。为有效利用集装工具的容积，降低弹药物流成本，需要将弹药箱外包装尺寸标准化、规范化、通用化。以部队训练和作战对弹药保障的需求为牵引，采用托盘集装、集装袋集装、集装箱集装和托架集装等系列化集装手段。按"基数化储存、集装化运输、信息化管理和野战化保障"的供应原则，可实现弹药的伴随保障和直达保障，特别是消耗量大、保障点集中的弹药，可以将集装化弹药直接输送到预定地点，成为战场流动的弹药仓库，以提高部队机动的灵活性。我国有便利的集装箱港口，弹药保障实现集装化发展潜力非常大。

（3）运用"托盘化整合"的思想对弹药包装进行优化。我军现有弹药多数以包装箱为单体包装，虽然利于弹药的长期储存，但装卸运输效率受到影响。为此，首先应对战术部队仓库储存的弹药进行包装优化，根据作战部队的携运行标准，对各种弹药合理组配，形成基本的保障单元，再逐步实现储运装卸的集装化；其次，将弹药的托盘化、集装化装运需求前伸至弹药及其包装的设计、生产环节，研制出既便于整装整卸，又便于化整为零的包装和装载方式，从源头上解决弹药配送保障的效率问题。

2.2 存储阶段优化

在弹药存储阶段，可以运用移动存储平台、信息识别技术、智能机械、GPS 定位技术实现"在储弹药可视化管理"。

（1）积极发展移动存储平台对弹药存储进行优化。开发一些移动的弹药存储平台，集存储、运输、保障于一体，既可以在平时作为移动的弹药存储仓库，又可以在战时作为弹药保障过程中的运输工具。弹药从工厂装载到移动弹药存储平台后直接进入存储阶段，并可随时保障部队所需，缩减了从工厂到仓库、从仓库到运输车辆的装卸环节和装卸时间；可以改进保障分队的结构模式和训练模式；有利于构建机动保障中心，缩小单元存储规模，提高存储单元的生存性和机动性、便于进行信息化管理。

（2）运用信息识别技术对弹药存储进行信息化改进。运用现代物流中的条形码技术。RFID 技术、IC 卡技术、光电存储卡技术、卫星识别技术对存储弹药的集装箱、弹药箱、堆垛、库房、移动存储平台进行信息识别处理后，通过使用带有 RFID 阅读器的手持式数据采集器和其他数据采集途径采集电子标签上的数据，根据温度、湿度、弹药批次、基数、堆垛类别、存储方式和业务流程单据，创建弹药存储数据库，嵌入弹药保障运行系统，从而方便地进行数据的输入和输出、弹药信息的查询等。

（3）运用智能技术对弹药存储仓库进行管理。美军的"M1 坦克"器材备件仓库运用智能机械对器材的库存信息、搬运调拨进行管理，节省了大量的人力和物力，减少了很多人为差错，整个大型仓库只有几个人管理。这一先进的仓库管理模式值得借鉴，我军也可以开发出一系列的智能机械，通过中央计算机进行控制，对弹药的库存信息、搬运转移、调拨运输活动进行参与和管理。我国民用汽车制造业中也已应用智能机械对流水线上部件进行加工和管理，说明这一技术有应用于弹药管理的潜力。

（4）运用全球定位系统对弹药存储进行优化。在弹药存储阶段，将阅读器放置在移动的弹药存储平台、仓库库房或弹药集装箱，信号发射机嵌入到操作环境的地表下面。对信号发射机存储的位置识别信息，阅读器一般通过无线或者有线的方式连接到主信息管理系统，将从电子标签上读取的信息传送到主信息管理系统进行相应的处理。利用 GPS 技术可以准确查询弹药仓库所在位置和需求弹药的信息，从而实现信息共享和互通。

（5）运用地理信息系统（GIS）对弹药存储进行优化。在弹药存储中运用 GIS 能够帮助我军将仓库管理数据库中数据的空间模式、空间关系等以图形的形式直观地表现出来，可进行空间可视化分析，实现数据可视化、地理分析与主要保障方向的有机集成，从而实现弹药保障决策多维化的需求。

2.3 运输阶段优化

在弹药运输阶段，构建"弹药运输跟踪系统"，实现"在运弹药可视化管理"；通过革新弹药补给装备和装卸搬运手段，组建模块化保障分队，改进训练方法，从而提高弹药的机动保障能力。

（1）依托民间商业物流公司，实现部分弹药保障运行社会化。积极动员民间物流公司参与军队弹药保障，对物流公司从业人员进行必要的弹药安全知识教育培训，使其掌握基本的安全知识和搬运、堆码弹药规则、方法、手段。这样既可以节省人力、物力、财力，又可以充分利用民用先进技术和资源，有利于战备转换，完善军民一体化的国防战略，达到弹药保障运行快速、精确、高效的目的。

（2）组建模块式弹药保障分队，从人力结构上优化弹药运输过程。美军的模块式弹药保障分队是一种灵活而具有弹性的战区弹药配送力量，可根据任务需要灵活编组，独立部署，既可以保障一个旅，也可以派出保障整个战区。根据模块式概念，只将完成任务所需数额的保障人员和装备部署出去，往往只需一个或几个装卸排就能完成任务。尤其是进入 21 世纪以来，美军弹药保障分队的规模逐渐缩小，变得更灵活，更容易快速展开和部署。

我军组建模块式弹药保障分队的构想：组建集

弹药管理、装卸、运输于一体的弹药保障分队，弹药保障分队隶属于弹药仓库，分队平时接受专业化保障训练；弹药保障分队以连为单位，下辖3个排，具有各式和匹配的重型战术卡车、半挂拖车等运输工具，构成完整的弹药配送作业链。具有全天候全过程配送能力，尤其是具有自装卸功能的平板卡车和拖车，可以随时随地收集和运输托盘、平板货架和集装箱，机动能力大大提高。

（3）实行铁路军列运力信息军地共享化。在部队进行弹药收发作业时能实时掌握军列运力以及车型、车厢的基本情况，以便对收发物资进行统一协调部署，合理装载，加快收发作业速度，提高作业效率，赢得战场时间。

（4）在运输过程中运用 GPS 和 GIS 对行进中的弹药运输车进行调度优化。通过 GPS 定位可以准确及时地掌握弹药运输车的位置，并了解所运弹药的有关信息，构建"弹药运输跟踪系统"，实现"在运弹药可视化管理"。这样就可以根据作战部队需求对弹药进行定位、监控、通信、调度和管理，从而提高运输的安全性、可靠性和弹药保障的准确性。通过制作战区域的电子地图、搜集作战地域路况信息，开发出基于弹药运输的 GIS 分析软件，再结合运筹学方法就可以做出我军弹药运输的车辆路线模型、最短路径模型、分配集合模型和设施调配定位模型，做到准确定位、路线最短、用时最少、精确保障和节约资源。

现代战争是集陆、海、空、天、信息、认知为一体的六维作战空间，随着以信息化为核心的新军事变革的进一步深入，弹药保障系统也在不断发展。针对未来高技术战争弹药保障系统的需求，我军应该以全程可视化为目标，发挥信息资源潜能，优化弹药保障系统的运行，构建前、后方信息互联和补给直通的信息化保障网络，从而为部队提供适时、适地、适量的精确保障。

参 考 文 献

[1] 路军，马振书，罗磊，等. 美陆军弹药保障力量研究[J]. 物流科技，2009（4）.

[2] 张增民，王永昌. 通用弹药储运管理[M]. 北京：国防工业出版社，2007.

数字化部队高原寒区作战弹药精确化保障研究

王亚战[1]，孟庆良[2]，刘学银[2]

（1. 装甲兵学院，安徽蚌埠 233050；2. 装甲兵学院，安徽蚌埠 233050）

摘　要：未来信息化战争，适时、适地、适量的弹药保障已成为陆军转型后保障理论研究的重点。针对数字化部队高原寒区作战，研究了高原寒区自然地理环境以及相应条件下的弹药保障模式的系列问题，分析了作战特点及其对弹药保障的影响，探讨了该种环境下作战弹药保障应该遵循的原则，提出了有效进行高原寒区作战弹药精确化保障的弹药仓储结构、弹药保障流向、弹药保障规模、弹药保障方式以及弹药防卫手段等方法，从而为弹药精确化保障理论指导部队弹药保障实践提供借鉴。

关键词：数字化部队；高原寒区作战；弹药；精确化保障

0　引言

在以信息主导、体系支撑、精兵作战、联合制胜为主要特征的信息化战争中，火力主战、精确打击的地位作用愈加凸显，使得弹药消耗特别是高新技术弹药消耗明显增加，弹药保障内容增多、保障结构更新、保障任务量剧增、保障强度加大等特点，也对战时的弹药供应保障提出了更高要求[1]。能否以适时、适地、适量的效果实施弹药保障任务，直接决定了部队的最终成败。而数字化部队作为陆军转型中的新型作战部队，面对高原寒区的环境特点，传统的弹药保障模式已难以跟上未来战场作战节奏。需要进一步探索数字化部队高原寒区作战弹药精确化保障研究，从而为未来高原寒区边境作战弹药保障提供理论依据。

1　数字化部队高原寒区作战弹药保障特点及影响

受高原寒区自然条件影响以及信息化武器装备大量投入使用，对未来信息化战争的作战样式、作战手段、作战空间和作战进程带来了新的挑战，特别是对于未来战争的高节奏、高消耗的状态，也给数字化部队的弹药保障带来了新的情况和新的特点。

1.1　作战行动突然，弹药保障任务更加繁重

高原高寒地区边境武装冲突爆发突然，部队受领任务紧急，临战准备时间短，强度大，战斗投入迅速；在这样的背景下进行大量的弹药保障工作，一般很难做出更具针对性、更有合理性的弹药保障准备；另外，敌方可能经过长期的工事构筑和指挥系统升级，凭借空中、地面的局部信火突击的优势，以及高精度、远距离、毁伤大的武器装备大量投入使用，企图对我方的防御体系造成一定的摧毁。在这种情况下，我方要在短时间内实施不间断的弹药保障任务将更加艰巨和繁重。

1.2　道路状况复杂，弹药保障运输难度更大

高原寒区山高坡陡、环境恶劣、战场偏远，对弹药的运输保障影响很大。同时由于机场、铁路缺少，可供选择的运输方式主要依靠公路，这种运输方式对弹药的运输规模和时限带有一定挑战性，加之道路路况较差，坡度较大、曲半径小，要想在短时间内集中运输数字化部队需要加大储备的弹药补给量比较困难；另外，受高原自然环境影响，道路多为无植被覆盖的山路，隐蔽伪装困难，不仅运输的弹药会成为敌重点打击的主要对象，而且毁伤道路也往往会成为敌重点破坏的主要任务，无形中也增大了弹药运输保障难度。

1.3　攻防转换频繁，弹药保障准备预计不精准

高原寒区受地形限制，作战方向往往被割裂成多个，战场主要是沿通道向纵深展开。通道作战敌我双方接触激烈，"夺道""控道""用道"交织频繁，攻

防转换迅速，弹药消耗较快，需要补充较多，致使弹药消耗的精确预计难以满足实际保障的需求[3]。加之高原寒区地幅宽广、边境狭长、作战对象情况多样，对弹药的保障准备影响较大。另外，由于作战对象不确定，作战对手的武器装备数质量情况不熟悉，也很难精确地预计出部队遂行边境作战任务时的弹药运行量，导致作战的需要有可能得不到及时、可靠的保障[2]。

1.4 战场立体透明，弹药保障防卫难度更大

未来信息化战争，战场高度透明，敌我双方都以破坏对方后装保障系统为目的，通过毁灭性的打击，来削弱对方的保障力和战斗力。因此，未来战场的弹药保障受敌威胁空前增大，加之高原寒区边境作战，战场空间多维，敌方有可能通过地面和空中突击，特别是运用高技术武器装备实施远距离袭击等方式，对我方保障力量的补给线路和配置地域实施重点打击，使得弹药保障将面临敌方兵力和火力的双重威胁。同时，受自然环境和战场环境的影响，弹药保障力量有可能点多面广，无形中又加重了战时弹药保障力量的防卫难度。

2 数字化部队高原寒区作战弹药精确化保障基本原则

数字化部队能够达成战场信息的最快获取、信息资源实时共享、人和武器的最佳结合、指挥员对部署作战行动的有效指挥[4]，但是在遂行高原寒区边境反击作战任务时，弹药保障要想实现实时、适量、适地的效果，应该把握和坚持以下几个原则：

2.1 科学预测，加大预储

要通过模拟作战和仿真实验，根据不同战争规模、目的、样式、要求，以及武器装备的战技性能，计算和预测出未来作战规模与弹药的可能消耗量；要根据部队所担负作战任务对弹药的需求，以及自然环境对弹药补给的影响，适当加大主要作战地域的弹药储备量，并且储备布局应以建成的道路为骨干，依托边防单位构建纵深梯次、点线结合的网状储备结构，避免大量集中部署造成前后距离远、保障不及时、可靠性差等问题；要实时掌握各种主战装备弹药消耗信息，从而主动、实时地为部队提供弹药供应，确保主战装备作战效能充分发挥。

2.2 统筹兼顾，扭住关键

高原寒区作战，随着战争态势的发展和变化，作战对象有可能由一个发展为多个。在进行弹药保障时，数字化部队不仅要利用先进的信息监视装备实时掌握战场的变化，还要根据战场态势信息，统筹安排好弹药保障力量运用的主次关系、强弱关系，进而对已担负和可能担负任务的作战力量实施弹药保障。同时，要在认真分析、周密计划、整体保障的基础上，有针对性地对作战强度大、作战任务重、持续时间长、作战对象强的作战力量实施超常保障和重点保障，确保主要作战方向、关键作战时节能够得到及时、可靠的弹药保障。

2.3 分区定点，加强伴随

未来高原寒区信息化作战，敌我双方沿通道作战的可能性很大，各方向信息化作战装备弹药保障独立性要求高。因此，要根据战场态势和弹药保障任务区分，将整个作战地域相应地划分为不同的弹药保障区域，并在各自区域开设野战弹药库和机动弹药库，负责区域内作战力量的弹药保障支援；同时要坚持自我保障，科学、合理、周密地配置弹药保障力量和分配弹药保障运输车辆、设施设备；另外要在战前做好弹药保障力量、弹药运输车辆、设施设备及其他相关资源的请求支援和配属等工作，尽最大可能实现战时自我保障。

2.4 防打结合，积极防卫

未来信息化战争，由于远距离打击能力的提高，侦察技术手段、器材性能的改进和完善，高性能杀伤武器、精确制导导弹和炮弹以及智能化弹药的大量使用，使野战弹药库的生存环境和空间变得异常复杂恶劣。因此，要将保障力量的防卫纳入整个作战体系之中，依靠整体防卫提高保障力量及保障行动的安全；要运用各种侦察手段严密监视敌方动态，合理利用地形地貌疏散配置野战弹药库，采取隐真示假，构筑工事、释放烟幕、电磁干扰装置和 GPS 干扰装置等手段加强防卫，进一步达到保护自身保全的目的。

3 数字化部队高原寒区作战弹药精确化保障的主要做法

数字化部队采用灵活的弹药保障方法是高原寒区作战的必需，除了要继承传统的弹药保障做法外，还要结合部队装备特点和高原寒区条件，进一步优化弹药储备结构，筹划保障力量，力求实现"适时、适量、适地、快速、高效"的保障目标。

3.1　优化网络仓储结构，主动加强弹药保障

运用系统运筹学相关理论和优化算法选择最佳的仓库数目和仓库地址，依据作战需要和地形特点，建立临时的存储仓库；在战场信息网络的基础上建立战场后勤弹药保障平台，把保障的对象以及各个野战弹药库设置成网络的各个终端，利用信息技术把各个节点连接起来[5]；要构建数字化部队各种作战力量在战斗持续阶段的弹药消耗模型，并在战时实时搜集和了解当前战场的弹药储备和消耗情况，实时掌控各野战弹药库剩余弹药种类、数量等，以及弹药运输装备的战技术性能、位置等情况。依据战场反馈回来的信息，结合弹药消耗标准的补充时机，微调已经模块化编组的保障力量，通过路径优化模型选择的路线，对需要弹药补充的作战力量适时地进行主动保障。

3.2　构建可视监控系统，实时掌控弹药流向

美军在伊拉克战争中，依托其全资产可视系统，实现了弹药储存、周转和运输的全程可视化，向各级指挥员、弹药管理部门及相关用户提供包括弹药所在位置、数量、类别、状况、特点等相关信息，全程、实时地跟踪弹药流，并指挥和控制其接收、分发和调换，使弹药的供应和管理具有较高的透明度，大大提高了保障的准确性、可控性[6]。因此，数字化部队应利用信息技术，提高弹药的管理水平。可在每个运输装备上安装监控和信息传输系统，并与后方指挥所保持联通，时时掌握弹药在保障过程中的位置和状态，准确把握弹药的流向和途中遇到的各种情况，并依据从战场反馈回来的战场信息，及时预测可能遭遇的突发情况，适时做出调整部署，并发出指令，实现对弹药保障的可视化掌控。

3.3　调整弹药保障规模，提高独立保障能力

美军"斯特赖克"旅战斗队的战斗人员与保障人员数量比例关系为 3:7，从人员编配比例可以看出，美军战时的独立保障能力具有明显的优势。而我军数字化部队当前的保障力量约占总体力量的20%，弹药保障力量规模小，人员编配不足，战保比例不协调，远不能满足弹药精确化保障要求。因此，应着眼未来数字化部队体制调整发展趋势和弹药精确化保障需要，调整充实弹药保障力量体系，使其在数量规模上有所突破，在保障力量内部组织结构和保障功能要素上更加完善；平时组织弹药保障训练，在力量编成上要符合未来弹药精确化保障需要，

充分发挥一体化保障、建制指挥、资源共享、高效灵活的作用，确保数字化部队能够满足高原寒区独立作战、独立保障的要求。

3.4　运用多种保障手段，加强弹药安全防护

只有加强弹药自身的防护，提高弹药保障信息和弹药保障行动的安全，做好战时弹药保障防卫，才能达到弹药保障的目标。因此，在弹药补给阶段，要利用无人机对运输线路进行巡逻和空中目标识别，要以无线电通信作为运输车队的主要通信方式，并依靠建制内的消极和积极防卫措施进行控制自卫；对于弹药保障信息的防卫，要采取特定的措施实施电子反对抗，尽全力防止敌人对通信网络和电子计算机网络的破坏，充分保证弹药保障中的信息安全；对于战时弹药保障安全防卫，要充分利用和改善数字化部队现有软硬件条件，强化"藏、骗、打"的能力；在条件允许、有力保障原则下，尽量疏散弹药保障配置，在防卫力量薄弱或防卫条件不允许时，应尽量使保障单元靠近作战单元。

4　结束语

加强数字化部队高原寒区作战弹药精确化保障理论研究，对于未来高原寒区作战具有一定的指导作用。在分析数字化部队高原寒区作战弹药保障特点的基础上，对弹药保障可能造成的影响进行了阐述，提出了弹药精确化保障需要遵循的基本原则，通过对国内外弹药可视化管理、保障力量编设、保障体系结构等现状的分析，提出了有效进行高原寒区作战弹药精确化保障的几种主要方法，从而为未来信息化战争数字化部队遂行高原寒区作战任务提供弹药精确化保障理论依据。

参 考 文 献

[1] 艾云平，刘琼，张瑜. 信息化条件下弹药精确化保障问题及对策研究[J]. 仓储管理与技术，2013（2）：10-11.

[2] 栾其杰. 高原高寒边境地区装备保障问题探析[J]. 陆军军官学院学报，2016（1）：112-113.

[3] 刘中华. 装甲机械化部队高寒山地通道作战后装保障刍议[J]. 装甲兵学术，2015（6）：66.

[4] 李晓光，王雪平.数字化机步师（旅）作战运用原则研究[J]. 装甲兵学术，2015（1）：9-10.

[5] 刘洪坤；赵建江；朱皖松.基于系统动力学的弹药保障优化分析[J]. 火力与指挥控制，2015（1）：163-166.

[6] 沈寿林. 美军弹药保障研究[M]. 北京：军事科学出版社，2010.

军械物资可视性探析

魏晗，张欣，丁满意

（中国人民解放军63981部队，湖北武汉430311）

摘　要：面对军械仓库数以万计的存储物资及其物资堆放情况，三维可视化仓库管理系统可以形象、直观地观察、了解物资存放情况，可以进行虚拟仓库的管理与作业，为实现仓库设施、设备和物资存储的可视化管理提供了有效的解决手段。

关键词：三维可视化仓库；管理系统关键技术；物资数据库

0　引言

随着科学技术的发展、管理理念的更新，以计算机网络为核心的信息技术、通信技术、虚拟仿真技术、物联网技术在部队后勤管理行业得到了广泛的应用，军械仓库管理面临新的机遇和挑战。适应未来多样化军事行动的需要，加强军械仓库的控制和管理，积极应用高新技术对仓库系统进行可视化建设改造，是提高仓库管理效能，实现保障有力总要求和打得赢根本目标的关键。

军械仓库库区库房众多，存储的物资品种繁杂，仓库根据存放物资的种类和数量，对库房设施、存储和收发设备提出不同的需求，各个库房的设施、设备和物资存储情况，没有较直观的三维图形作为辅助查询工具，上级领导对信息的掌握很不方便。通过采用三维可视化仓库管理系统可建立直观的、三维可视的仓库物资空间信息、物资属性信息及库房作业的全程监控，可以作为合理配置和使用库房资源，了解库存物资情况的手段。

1　三维可视化仓库管理系统的可视性体现在以下三个方面

1.1　库存物资的可视化

对仓库库区、库房设备、设施和物资库存总量、分布情况，实现精确、可视化的库存管理、库存周转控制、各仓库之间的调拨及库内移位等。系统按照库区的规划生成虚拟库区场景、库房及存放物资模型；依据物资的码盘堆垛规则、出入库规则、机械作业规则等数学模型和数据库中物资的相关信息，动态模拟作业过程。利用虚拟三维可视技术，使得工作人员不用到现场，即可"观察"到库区和库房内物资堆码的状况，了解仓库的库存率、基础设施和作业能力等情况。

1.2　库房环境的可视化

库房环境的可视化，就是对库房内部和外部进行监视和控制，为物资器材创造一个安全、适宜的储存环境。军械物资对储存条件有一定要求，只有在适宜的环境下，物资本身的理化性质才不会发生变化。另外，防火灾、防盗窃也是库房安全管理的重要内容。库房环境的可视化主要包括安全监控、火情报警和温湿度测控等。安全监控是通过现场数字监视、设定防范区域、硬盘实时录像手段，对重要目标、重点部位进行全天候、全时段、全方位的电视监控和网络监控；火情报警的前端设备为烟感和温差两种感应探头，发生火情时出现烟雾或温度急剧变化，触发系统发生警报信号，同时显示具体位置、火灾类型.提示可以采取的灭火方法；实时采集库房内的温湿度数据，当超出设定的温湿度值后，自动启动抽风除湿及空调设备等。

1.3　保障过程的可视化

数字化战场上可以利用的信息十分丰富，通过有效的手段收集、科学的方法处理、先进的技术利用，是获得制信息权的关键。保障过程的可视化有三个重要环节：数据采集，信息处理，快速发放。数据采集是通过指挥自动化系统这个平台，收集物资器材的补给和损耗情况、战役后方储备物资器材情况等；信息处理是对收集到的数据进行分析，经过人工干预，过滤冗余和差错；快速发放是物资器材发放过程中，详细记录装箱器材的品种、数量、定位、装配等，接收者对补给物资器材一目了然，提高保障的时效。

2　三维可视化仓库管理系统关键技术

由于库房内物资器材品种多，数量庞大，业务管理也各不相同，仓库要想实现精准可视化，必须要建立底层数据库、模型库和规则策略库。

2.1　物资信息数据库

利用关系型数据库建立库存物资的信息数据库，存放物资的信息，包括物资代码、名称、数量、价格、存放时间、存放位置等信息。数据库中数据记录与物资的三维实体模型相对应且动态关联，以便实现双向管理，为建立虚拟仓库及实时显示奠定基础。

2.2　仓库设施、设备和物资三维模型

建立三维模型是虚拟可视的基础，模型建立的优劣直接关系到系统的使用效果。在虚拟场景建模中不仅要注意物体的表面造型和生产逼真的大面积地形、地貌等地理环境，同时还要提高虚拟场景模型运行的实时性。

可以选用具有强大建模功能的 Multigen Creator、3DMAX 等工具，针对所选仓库，通过采集的信息，对相关的设施、设备和库存物资进行建模。根据库房的类型、建筑设施尺寸等数据，建立整个库区地形和库房、设施三维实体模型。同时建立收发设备、存货设备、物资的三维实体模型，包括外形、尺寸、重量、材质等。生成适当的数据结构、类型存储图形信息，以备程序调用。

2.3　规则策略库

仓库物资的存放、出入库作业和管理需要按照一定的要求进行，如物资码垛方式可以有：平面堆码排放式、货架式、集装箱式等。同一批物资按不同的规则放置将会产生不同的结果，因此规则策略是仓库作业与管理优化的基础。规则策略中制定货位规划规则（上架策略、码盘策略等）、作业配置规则、拣选规则、补货规则、盘点规则等。当作业指令到达仓库后，系统根据预先制定的策略，自动编制执行方案，在满足各类收发货规则（如先进先出、后进先出、按批次发货等）的基础上，给出仓库作业优化程序；如果不满足实际需求，可人为制定、调整作业过程的程序。为减少管理人员工作量，解决作业瓶颈，优化库存摆放布局，提高库房的利用率提供决策依据。

2.4　物资数据库、规则策略库与三维模型库之间的关联

利用三维可视化技术，按照物资数据库中物资信息，可以实时显示仓库中基础设施三维场景以及库中物资存放情况，同时，通过规则策略库中数学模型分析计算，科学、合理地进行物资的堆码、摆放。通过选择数据库某条物资记录，可以快速定位到虚拟场景中记录该物资所在的位置（如在哪个仓库、哪个货位），对该物资所在位置进行三维显示。反之也可在虚拟场景中选择某个设备和物资查询相关的详细记录。

建立物资数据库与三维模型库之间的动态数据交换，达到双向管理目的。管理员实施系统操作后，系统实时动态地在物资数据库和仓库虚拟可视模块间进行检测，进行对应处理，如删除数据库中某个物资记录，对应虚拟可视场景中该物资记录的三维模型将被删除。反之，在虚拟可视场景中删除某项三维实体，数据库相应的记录也被删除。数据库中物资调整货位，对应该物资的三维实体模型也在相应的库房和货位之间做出相应的调整。库房中物资码放数量、位置和数据库中该物资记录动态关联，依据建立的规则策略库，码放虚拟场景中物资，优化计算出物资的码盘、码垛方案，使其在最小空间内利用率最高，为仓库管理人员对物资进行科学合理的堆存提供辅助参考。面对军械仓库数以万计的存储物资及其物资堆放情况，三维可视化仓库管理系统可以形象、直观地观察、了解物资存放情况，可以进行虚拟仓库的管理与作业，为实现仓库设施、设备和物资存储的可视化管理提供了有效的解决手段。

参 考 文 献

[1] 总装备部通用装备保障部.火药试验[M]. 北京：国防工业出版社，2000.

[2] 总装备部通用装备保障部.弹药检测总论[M]. 北京：国防工业出版社，2000.

[3] 李东阳等.弹药储存可靠性分析设计与试验评估[M]. 北京：国防工业出版社，2013.

外骨骼控制策略研究综述

陈建华 [1,2]，穆希辉 [1]，杜峰坡 [1]

（1. 陆军军械技术研究所，河北石家庄 050000；2. 陆军工程大学石家庄校区，河北石家庄 050000）

摘　要：下肢外骨骼穿戴于人体外侧，是一个人机耦合的智能化机器人系统。本文针对目前国内外对控制策略归纳和综述存在不清楚等问题，基于等级的控制分类方法，将外骨骼控制按照等级差别，分为任务规划层、高层和低层等 3 种，厘清了分类依据的思路，归纳出高层控制包含的各种不同控制方式。从适用助力控制和康复辅助两个角度出发，对这些控制方式的原理、控制率和控制效果进行了分析、讨论和研究。

关键词：下肢外骨骼；等级；控制策略；综述

0　引言

外骨骼机器人是一种可由人穿戴并控制、人机耦合的智能化机器系统，其部件和关节与人体相应部位对应，套装在人体外部，能够感知穿戴者的运动意图，伴随人体运动[1]。近年来对外骨骼机器人的研究，引起了国内外许多科研人员的注意，开发出多款外骨骼系统，并应用到单兵军事作战[2]和民用医疗辅助[3]等领域。

Heedon Lee 等人依据外骨骼感知方式将控制策略分为基于 CHRI（测量人体意识信号）的控制和基于 pHRI（测量运动物理信号）的控制。Weiguang Huo[4]等人也按照测量信号方式的不同，将控制分类划分为 3 种基于不同测量方式：即基于测量人体、测量外骨骼和测量人机交互。这两种方式将控制放在感知系统之后进行考虑或者将控制作为单独的考虑对象，容易造成整体控制思路混乱。

进一步地，笔者查阅文献发现，目前外骨骼分类方式过于繁多，容易造成混淆。比如，平时常提到的力控制、模糊控制、PID 控制，虽然都是指控制，但将不同层面的控制类别进行一同总结和综述，明显不合理。

张佳帆[5]等人将美国著名智能控制理论家 G. Saridis 对于智能控制系统分类的思想运用到了外骨骼控制系统上，将智能控制分为 3 个主要层次：组织层、协调层和执行层。与之类似的，Anam, Khairul[6]总结 4 种外骨骼控制分类时，指出其中之一的分类方法为基于等级，它将控制分为任务规划层、高层和低层，但是他只是将力控制作为高层控制方式，高层的概念和分类也未建立。本文将引用 Anam, Khairul 提出的基于等级控制的概念，在此基础上，通过查阅国内外文献，对现有的外骨骼高层控制策略进行认真梳理和系统综述，以便更好了解外骨骼控制本质。

1　外骨骼控制技术难点

相比以往的机器人系统，外骨骼机器人将人纳入到控制闭环内，这样就大大增加了控制系统的复杂性和难度。为达到安全、实用、稳定的要求，外骨骼控制需满足以下基本条件：

（1）拟人控制：人腿是通过人脑控制肌肉进行运动的，而机械腿穿戴在人体外侧，所以外骨骼控制器需控制机械腿仿照人腿运行状态。

（2）柔顺控制：人腿肌肉软硬程度可变，以适应不同路况不同运动，如奔跑与行走，上楼与下楼等。为了增加人体穿戴舒适性，减少外骨骼振动冲击带给人的不适，人和机械两个独立的子系统需要相互匹配，如图 1 所示。即人神经系统通过调节人的动态特性来适应外骨骼，同时外骨骼自适应跟随人体运动，人体和外骨骼不产生干扰，从而保证整个人机系统的动态性能[5]，需要满足下式：

$$Z_e(jw) - Z_h(jw) << \varepsilon \qquad (1)$$

式中，$Z_e(jw)$ 代表外骨骼阻抗；$Z_h(jw)$ 代表人体的阻抗。

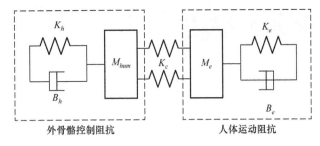

图 1　人机耦合系统

（3）平衡控制：外骨骼不应该给人体造成负担，所以外骨骼需能自我保持平衡。并且，用于医疗康复时，还得帮助失去平衡能力的病人保持平衡稳定。

2　基于等级控制的含义与意义

基于等级控制是从实用角度出发，按照外骨骼系统不同层次（即包括任务规划层、控制高层、控制低层 3 种）对外骨骼控制进行分类和归纳，这样的控制分类思路清晰，意义明确，在实际控制系统设计时，也有利于下一步的优化和改进，其分类如图 2 所示。

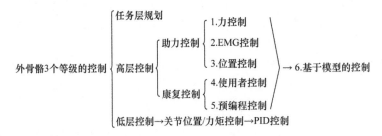

图 2　基于等级的控制分类

任务规划层实现任务总体规划和分配，决定人机各自任务。高层控制按照任务层分配的控制目标，提取人体运动意图信号，按照一定的控制思想，决定实施给低层控制的助力策略。低层控制指控制驱动器实现预期位置或者位置等[6]。高层控制不同外骨骼控制相互区别最本质的地方。特点按照外骨骼用途，高层控制分为两类：一是助力控制，用于放大人体能力；二是康复控制，用于助老助残行走。下文将高层控制包含的几种控制模型进行一一分析。

3　外骨骼高层控制策略分类

3.1　力控制

力控制的具体流程是，采集反映外骨骼与其周围环境（包括人）之间的力信息，通过一定的策略（控制率），使控制力保持或达到一定的水平，如图 3 所示。整个人机外骨骼系统的动力学模型为：

$$M(\theta_e)\ddot{\theta}_e + C(\theta_e,\dot{\theta}_e)\dot{\theta}_e + F\dot{\theta}_e + G(\theta_e) = T_a + T_{hm} \quad (2)$$

式中，$M(\theta_e)$ 为惯性矩阵；$C(\theta_e,\dot{\theta}_e)$ 为 Coriolis 项；F 为摩擦系数；$G(\theta_e)$ 为重立项；T_a 为外骨骼控制器生成的主动力矩；T_{hm} 为人机交互作用在关节处的力矩。

按照控制器生成 T_a 控制率的不同，力控制可以分为：①直接力控制，直接测量和控制外力；②灵敏度放大控制（如 BLEEX、NAEIES）；③阻抗控制；④地面反作用力控制。

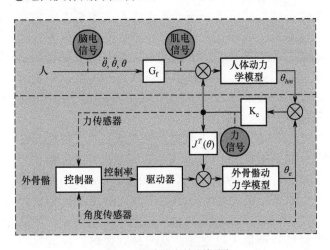

图 3　外骨骼力控制框图

3.1.1　直接力控制

直接力控制是指外骨骼控制器检测人机交互力，并依据该力生成驱动器主动力矩，增加外骨骼承载能力，使人受到的力成比例减少，并维持在较小的水平。其力控制器的控制率为

$$T_a = ZK_c(\theta_h - \theta_e) - K_D\dot{\theta}_e \quad （3）$$

式中，K_D 为正定矩阵；表示阻尼系数矩阵；$-K_D\dot{\theta}_e$ 为关节提供一个额外的阻尼力矩来改善系统的动态响应过程；Z 为直接力控制比例增益。

3.1.2 灵敏度放大控制（SAC 控制）

美国伯克利大学 H. Kazerooni 等[7]首先在 BLEEX 应用了灵敏度放大控制方法。在具体实施中，如图 4 所示，将外骨骼旋转角度与人施加的广义力之比定义为灵敏度系数 $S=v/f$。当外骨骼不作用，单纯靠人力驱动时，外骨骼的灵敏度系数用 S_{hum} 表示。

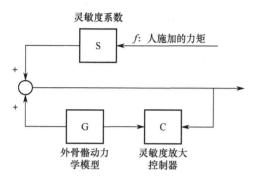

图 4 灵敏度放大控制

当采用灵敏度放大控制时，设置控制率为

$$T_a = (1-\alpha^{-1})G^{-1} \qquad (4)$$

式中，α 为大于 1 的灵敏度放大系数；$G^{-1} = [\hat{M}(\theta)\ddot{\theta}_e + \hat{C}(\theta,\dot{\theta})\dot{\theta}_e]$；$\hat{M}$、$\hat{C}$ 为外骨骼惯性矩阵和 Coriolis 项的估计值。

通过推导可得出，灵敏度放大控制下的灵敏度变化值为

$$S_{new} = \frac{v}{f} = \frac{S_{hum}}{1-GC} = \alpha S_{hum} \qquad (5)$$

由结果可知，将外骨骼灵敏度放大到原来的 α 倍左右，数倍增强了人的能力。

3.2 阻抗控制

阻抗控制最先用于康复外骨骼机器人控制策略上。具体方式为：预先设定正常步态轨迹，在操作过程中，如果偏离预定轨道（距离或角度），就会受到成比例的反抗作用，矫正患者动作到正确的步态习惯中来。

如果将阻抗控制用于助力外骨骼上，由于该类外骨骼采用人主机从的控制策略，所以其正常步态轨迹不是通过预设生成，而是通过实时采集信号在线生成的。由图 3 所示，人机交互力为

$$f = K_c(\theta_h - \theta_e) \qquad (6)$$

所以，生成参考轨迹可以用下式评估：

$$\hat{\theta}_h = \frac{f}{\hat{K}_c} + \theta_e \qquad (7)$$

为了平滑地改变阻抗特性，Eunyoung Baek 等人[8]提出了一种混合助力控制器，根据不同的步态和相

位，可以连续改变控制系统的 5 个增益系数。

3.3 地面反作用力控制（GRF）

该控制实质上是一种依赖于与环境交互的控制策略[9]，反映的也是人体直接的运动意图。人的行走步态大体分为支撑相和摆动相，双足足底力将会周期性变化，如图 5 所示，具有鲜明的特性，只要精确测量各点受力就能准确判别人体所处的步态，是一种原理简单、可操作性强的控制方法，往往配合其他控制方式效果较好。

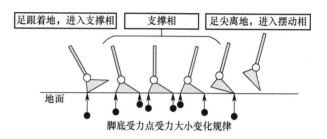

图 5 GRF 控制

3.4 EMG 控制

运动时，人体皮肤表面会产生微弱的生物电信号，是人体肌肉运动意图的直接表现，超前于肢体反应，所以用于外骨骼控制时，具有预测功能，如图 6 所示。

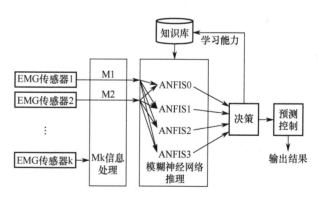

图 6 EMG 模糊控制

EMG 控制特点是：

（1）同一肌肉群需要布置多个数量的传感器，利用信号融合算法对各路不同的输入提取有用、明确的信号，然后通过模糊神经网络推理处理该类非线性映射。

（2）EMG 具有预测能力，可通过庞大的知识数据库对决策水平进行学习，提高预测能力。

总体来说，EMG 控制是一种精准、响应迅速的方法。

日本 HAL 外骨骼最早应用 EMG 控制方法。Reza

Sharif Muhammad Taslim 等人[10]提取股外侧肌的 EMG
信号，通过模糊控制算法识别了站-坐运动互换。

3.5　位置控制

位置控制常见方式为主从控制。Low K H 等人[13]
设计的可穿戴式下肢外骨骼（LEE），将轻的内部外骨
骼与人体紧密绑缚，通过检测其相对位置，控制外部
助力外骨骼跟随内部外骨骼运动，如图 7 所示。

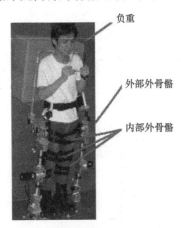

图 7　主从控制

3.6　使用者控制

使用者控制是指病人能够通过自身的控制指导
外骨骼运行，如弯曲手指。具有明显的弊端，就是
控制手无法处理其他事务，另一方面是缺乏有效的
反馈，如果增添虚拟现实技术，从成本上看也不太
现实。

3.7　预编程控制

预编程是预先在控制器中输入参考模型，使外
骨骼减少在线建模的麻烦。主要有预先定义步态轨
迹控制和基于步态习惯的预定义行为控制两种。

3.8　预先定义步态轨迹控制

对于截瘫患者或者严重行走障碍使用的康复外
骨骼，预先定义步态轨迹使用最广泛。具体方式为：
通过健康人测试或者临床测试，生成理想的步态轨
迹，然后在外骨骼上进行重现。使用者只要按下"开
始""结束"按钮就好了。预定义步态轨迹主要给部
分或者完全失去行走能力设计的，助力外骨骼几乎
没有用到这种方法。

Hugo A. Quintero 等人[5]介绍了一种新的预定义
步态转换方法，该方法不需要操作者手动按键，而
是可以自动判别上身重心位置变化来切换坐、站和
走 3 种姿态，如图 8 所示。

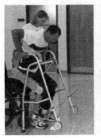

图 8　患者自动控制

3.9　基于步态习惯的预定义行为

Sasak 等人[14]设计的 Soft Exosuit，如图 9 所示。
骨骼服采用该方法。与预定义步态轨迹方法不同的
是，该方法不是连续跟踪预先记录的关节轨迹，而
只是将每个关节的步态习惯进行预先定义，使得外
骨骼只是与期望的步态事件同步，增加了人腿的自
由性。

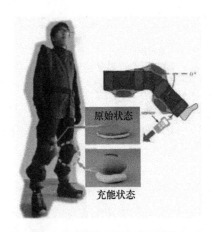

原始状态

充能状态

图 9　骨骼服气动驱动两种状态

3.10　基于模型的控制

基于模型是指期望的机器人动作都是以计算人
机模型为基础，通常考虑模型的重力补偿、零力矩
点控制（ZMP）、平衡支撑点（Cop）准则，与其他
控制方式混合使用。康复外骨骼和助力外骨骼都十
分常用。基于模型的控制有基于状态机控制、ZMP
控制和 Cop 控制。

Masatoshi Kimura 等人[15]构建可穿戴辅助病人
外骨骼（TTI-Exo），放置倾角传感器，基于多级支
持向量机（MCSVM）的运动意图识别，实现不同运
动相转换，如图 10 所示。

Letian 等人[16, 17]设计的 MINDWALKER 外骨骼
步态分为 9 步，9 步相互转换控制分为：触发控制（红
色）和自动控制（绿色）。触发指令包括遥控和 CoM
位置两类触发方式。①遥控触发：包括使用者按下
按钮"开始，停滞，步行，坐下，站立"执行任务。

②CoM 位置触发：通过身体仰合或左右摆动的方法来改变人机系统的 CoM 位置。一旦 CoM 落在了指定区域，就触发相应指令，如图 11 所示。

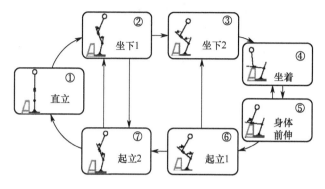

图 10　各个状态及相转换

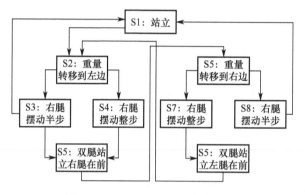

图 11　MINDWALKER 9 相转换图

Kazuo Kiguchi 等人[18]开发的动力助力外骨骼运用了阻抗控制，同时结合 ZMP 控制避免跌倒。

4　总结

外骨骼属于新兴研究领域，目前关于外骨骼的综述仍存在不够深入和综合等问题。本文针对目前外骨骼的控制技术，查阅了国内外相关文献，丰富了基于等级的控制分类方法，从适用助力控制和康复辅助两方面角度出发，对这些控制方式的原理、控制率和控制效果进行了分析、讨论和研究。

参 考 文 献

[1] Lee H，Kim W，Han J，et al. The Technical Trend of the Exoskeleton Robot System for Human Power Assistance[J]. International Journal of Precision Engineering and Manufacturing，2012，13（8）：1491-1497.

[2] Schiffman J M，Gregorczyk K N，Bensel C K，et al. The effects of a lower body exoskeleton load carriage assistive device on limits of stability and postural sway[J]. Ergonomics，2008，51（10）：1515-1529.

[3] Aach M，Cruciger O，Sczesny-Kaiser M，et al. Voluntary driven exoskeleton as a new tool for rehabilitation in chronic spinal cord injury：a pilot study[J]. The Spine Journal，2014，14（12）：2847-2853.

[4] Huo W，Mohammed S，Moreno J C，et al. Lower Limb Wearable Robots for Assistance and Rehabilitation：A State of the Art[J]. IEEE SYSTEMS JOURNAL，2014：1-14.

[5] 张佳帆，陈鹰，杨灿军. 柔性外骨骼人机智能系统[M]. 北京：科学出版社，2011.

[6] Anam K，Al-Jumaily A A. Active Exoskeleton Control Systems：State of the Art[J]. Procedia Engineering，2012，41：988-994.

[7] Zoss A B，Kazerooni H，Chu A. Biomechanical design of the Berkeley lower extremity exoskeleton（BLEEX）[J]. Ieee-Asme Transactions on Mechatronics，2006，11（2）：128-138.

[8] Baek E，Song S，Oh S，et al. A Generalized Control Framework of Assistive Controllers for Lower Limb Exoskeletons：2014 IEEE International Conference on Robotics & Automation（ICRA），Hong Kong，China，2014[C]. the IEEE Computer Society.

[9] Cha D，Oh S，Kim K I，et al. Implementation of precedence walking assistance mechanism in exoskeleton with only vertical ground reaction forces[J]. Electronics Letters，2014，50（3）：1-2.

[10] Sharif Muhammad Taslim R，Norhafizan A，Imtiaz Ahmed C，et al. A Fuzzy Controller for Lower Limb Exoskeletons during Sit-to-Stand and Stand-to-Sit Movement Using Wearable Sensors[J]. Sensors（14248220），2014，14（3）：4342-4363.

[11] Low K H，Liu X，Yu H. Development of NTU Wearable Exoskeleton System for Assistive Technologies[M]//Proceedings of the IEEE International Conference on Mechatronics & Automation. Niagara Falls，Canada：2005.

[12] Sasak D，Noritsugu T，Takaiwa M. Development of Pneumatic Lower Limb Power Assist Wear driven with Wearable Air Supply System：2013 IEEE/RSJ International Conference on Intelligent Robots and Systems（IROS），Tokyo，Japan，2013[C]. IEEE/RSJ，November 3-7.

[13] Kimura M，Pham H，Kawanishi M，et al. EMG-Force-Sensorless Power Assist System Control based on Multi-Class Support Vector Machine：2014 11th IEEE International Conference on Control & Automation（ICCA），Taichung，Taiwan，2014[C]. the IEEE Computer Society，June 18-20.

[14] Wang S，Wang L，Meijneke C，et al. Design and Control of the MINDWALKER Exoskeleton[J]. IEEE Transactions On Neural Systems And Rehabilitation Engineering，2015，23（2）：277-286.

[15] Wang L，Wang S，Asseldonk E H F V，et al. Actively Controlled Lateral Gait Assistance in a Lower Limb Exoskeleton：2013 IEEE/RSJ International Conference on Intelligent Robots and Systems（IROS），Tokyo，Japan，2013[C]. the IEEE Computer Society，November 3-7.

[16] Kiguchi K，Yokomine Y. Walking Assist for a Stroke Survivor with a Power-Assist Exoskeleton：2014 IEEE International Conference on Systems，Man，and Cybernetics，San Diego，USA，2014[C]. the IEEE Computer Society，October 5-8.

弹药仓库多功能拖车结构强度分析

杜峰坡，姜志保，赵子涵，陈建华，牛正一

（陆军军械技术研究所，河北石家庄 050000）

摘　要：对一种弹药仓库多功能拖车结构进行了设计，该拖车满足弹药仓库轮式装卸设备库区转场运输作业和上下运输汽车作业需求，兼顾移动式装卸平台功能。并基于 UG 仿真软件对拖车主要结构件强度进行了有限元分析。

关键词：弹药仓库；拖车；结构强度

0　引言

弹药仓库多功能拖车是一种可由现役运输汽车牵引，用于弹药仓库叉车转场运输的车辆，该拖车也可作为跳板满足弹药仓库叉车上下运输汽车的作业需求。为了确保拖车结构的可靠性及系统的安全性，必须对其结构进行强度分析和校核计算，同时也为进一步完善和优化结构设计奠定基础[1,2]。因此，拖车车架的结构强度特性分析具有举足轻重的作用。

1　结构设计

弹药仓库多功能拖车主要由车架、悬架系统、机械升降后支腿、前支腿、后跳板、前跳板、手扳葫芦、牵引转向系统、车桥轮胎系统、制动系统等组成，其主要结构如图1所示。该车为双轴四轮拖车，在拖车后端布置后跳板，作为被拖运车进出拖车的坡道；在拖车前端布置前跳板，作为拖车进入运输车的坡道。拖车的中部为车架，车架采用平板结构，通过设计车架，控制尺寸，使其成为被拖运车运输时的放置平台；前桥为牵引转向桥，布置转盘；后桥为升降支撑桥，用于车架的纵向倾斜和运输下的支撑；车架两端布置支腿，保证装卸的稳定性。

2　结构分析

弹药仓库多功能拖车主要采用升降悬架系统和前后跳板设计，满足被拖运车驶入时对于接近角和

离去角的要求，实现对被拖运车的装卸、运输和转运。机械升降后支腿为升降悬架升降的动力机构，在悬架折叠时提供支撑力，在车架升起时提供提升力[3]。前后跳板均可折叠，满足使用的前提下，解决了运输时整车的高度问题。手扳葫芦用来控制前后跳板的起升，有效地控制了起升速度，并减小了工人的劳动强度。采用牵引杆连接牵引车，用转盘实现转向功能。根据分析可知，弹药仓库多功能拖车承载结构主要是车架、悬架和前后跳板。

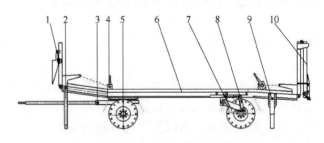

图 1　弹药仓库多功能拖车结构示意图

1—前跳板；2—前支腿；3—牵引转向系统；4—手扳葫芦；
5—车桥轮胎系统；6—车架；7—制动系统；8—升降悬架系统；
9—可升降后支腿；10—后跳板。

3　车架强度计算

3.1　工况分析

弹药仓库叉车在登车过程中，当其位于车底板中间且车底板没有升起，仍由支腿提供支撑力时，对车底板的强度要求最高。叉车满载时总车重为8t，平均每个轮受载为 2t，因此每个轮对底板的压力为20000N。

3.2 仿真及结果分析

对车底板进行有限元仿真[4]，支腿端只保存其绕轴转动的自由度，前桥支撑处保存其绕轴转动和沿地面移动的自由度。在其底板中心两侧分别施加20000N垂直底板的压力。

通过进行有限元分析，底板的应力分布如图 2 所示。最大应力为 86.42MPa，在底板中心附近的主梁上。最小应力为 4.553×10^{-3}MPa，出现在底板靠近前跳板处。底板最大位移为 7.205mm，发生在底板中间，如图 3 所示，最大的应力远小于 235MPa，最大位移很小，符合底板工作要求。

图 2　底板应力图

图 3　底板位移图

4　后悬架强度计算

4.1　辅助悬架受制动力时强度分析

4.1.1　工况分析

假设前后轴轴荷平均分配[5-6]，后桥对车的支撑力 F_N，即

$$F_N = \frac{1}{4}(m_t + m_p)g = \frac{1}{4}(5650 + 4000) \times 10 = 24125\text{N}$$

式中，m_t 为拖车总重量，$m_t = 4000\text{kg}$；m_p 为弹药运输车满载时总重量，$m_p = 5650\text{kg}$。

制动时，制动力的最大值 F_B 为

$$F_B = F_N\varphi = 24125 \times 0.8 = 19300\text{N}$$

式中，φ 为柏油路面最大的附着系数，$\varphi = 0.8$。

根据力矩平衡，制动力矩与螺栓的产生的力矩平衡

$$\begin{cases} F_B r = (F_1 + F_2)\dfrac{l}{2} \\ F_1 = F_2 \end{cases}$$

得 $F_1 = F_2 = \dfrac{F_B r}{l} = \dfrac{19300 \times 505}{193} = 50500\text{N}$

式中，F_1 为前螺栓孔受力；F_2 为后螺栓孔受力；r 为制动半径，$r = 505\text{mm}$；l 为前后螺栓孔的距离，$l = 193\text{mm}$。

施加约束与载荷。轴套为固定约束。上轴孔施加26856.92N压力，底面施加24125N的支撑力，前后轴孔分别施加50500N，受力方向如图4所示。

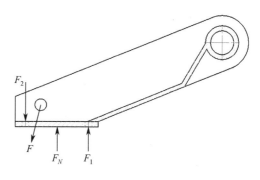

图 4　后悬架辅助悬架制动时受力图

4.1.2　仿真及结果分析

通过进行有限元分析，后悬架辅助悬架的应力分布如图 5 所示。最大应力为 151.4MPa，前螺栓孔处。最小应力为 7.587×10^{-6}MPa，在轴上。辅助悬架的位移如图 6 所示，最大位移为 2.148mm，，发生在连接板边缘处。分析可知，最大应力远远小于屈服力 235MPa，最大位移很小，符合辅助悬架的工作要求。

图 5　辅助悬架制动时应力图

图 6　辅助悬架制动时位移图

4.2　辅助悬架受侧向力时强度分析

4.2.1　工况分析

转弯时，最大的侧向力与地面的附着力相等为19300N，上轴孔施加 26856.92N 压力，底面施加24125N 的支撑力，前后轴孔上分别施加 19300N。

4.2.2　仿真及结果分析

通过进行有限元分析，后悬架辅助悬架的应力分布如图 7 所示。最大应力为 137.9MPa，轴与肋板连接的根处。最小应力为 3.523×10⁻⁴MPa，在轴上。辅助悬架的位移如图 8 所示，最大位移为 3.717mm，发生在肋板边缘处。分析可知，最大应力远远小于屈服力 235MPa，最大位移很小，符合辅助悬架的工作要求。

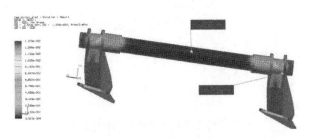

图 7　辅助悬架转弯时应力图

图 8　辅助悬架转弯时位移图

5　前后跳板强度计算

5.1　后跳板一强度计算

后跳板由后跳板一和后跳板二两部分组成，如图 9 所示。当弹药运输车满载登车时[7]，每个车轮施加 20000N 的力在跳板上。

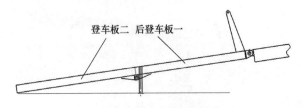

图 9　后跳板示意图

通过进行有限元分析，后跳板一的应力分布如

图 10。最大应力为 78.78MPa，位于跳板中心无挡板一侧。最小应力为 0.0542MPa，在支腿底部。后跳板一的位移如图 11，最大位移为 1.348mm，位于跳板中心无挡板一侧。分析可知，最大应力远远小于屈服力 235MPa，最大位移很小，符合跳板的工作要求。

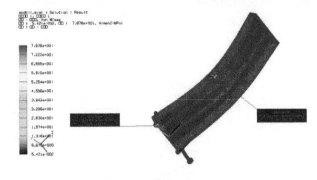

图 10　后跳板一应力图

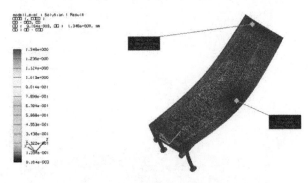

图 11　后跳板一位移图

5.2　后跳板二强度分析

车满载行驶到后跳板上时，当车轮位于跳板中心时，跳板的压力最大。在板中心施加 20000N 垂直板的压力。

通过进行有限元分析，后跳板二的应力分布如图 12 所示。最大应力为 86.97MPa，位于跳板中心无挡板一侧。最小应力为 0.2826MPa，挡板和底板中间位置。后跳板二的位移如图 13 所示，最大位移为1.544mm，位于跳板中心无挡板一侧。分析可知，最大应力远远小于屈服力 235MPa，最大位移很小，符合跳板的工作要求。

图 12　后跳板二应力图

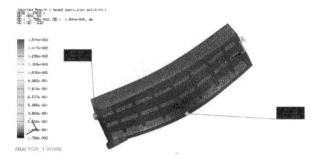

图 13　后跳板二位移图

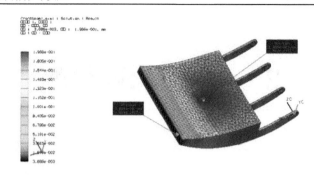

图 15　前跳板二位移图

5.3　前跳板强度

弹药仓库叉车满载行驶到后跳板上时，当车轮位于跳板中心时，跳板的压力最大，此时每个跳板上承载20000N的力。

通过进行有限元分析，前跳板的应力分布如图14所示。最大应力为42.25MPa，位于前跳板连接臂和侧板连接处。在最大位移附近肋板的应力约为34.66 MPa，最小应力为0.1972MPa，在连接臂的销孔处。前跳板的位移如图15所示，最大位移为0.196mm，位于跳板的中心。分析可知，最大应力远远小于屈服力235MPa，最大位移很小，符合跳板的工作要求。

6　总结

本文研发设计的弹药仓库多功能拖车能够使弹药仓库叉车顺利上下车，完成其转场运输。也可作为跳板满足叉车上下运输汽车的要求。通过对该拖车主要承载结构进行强度计算仿真，分析结果可知该拖车主要承载结构符合要求，能够很好地完成拖车各项作业功能。此外，本文运用有限元软件对拖车结构进行仿真分析，既节省了设计周期与成本，也为下一步拖车结构优化分析提供了依据。

参 考 文 献

[1] 基于 ANSYS Workbench CNG 捆绑式长管拖车有限元分析[J]. 低温与特气，2016，34（1）：50-54.

[2] 孙立君，谭继锦，蒋成武. 基于有限元法的平板拖车轻量化研究[J]. 专用汽车，2010，（3）：37-39.

[3] 王晓利，李传博. 无动力平板拖车的建模与刚强度分析[J]. 专用汽车，2009，（10）：47-49.

[4] 吴小峰，张岩，李戈操等. 基于有限元法的平板拖车刚强度及模态分析[J]. 叉车技术，20014，（1）：47-49.

[5] 戴声良，杨丽群. 天线平台专用拖车的有限元建模与分析[J]. 专用汽车，2007，（1）：34-36.

[6] 李勤. 某半挂拖车在运输状态下的力学分析[J]. 电子机械工程，1995，（15）：21-25.

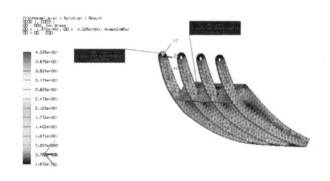

图 14　前跳板二应力图

4.3　勤务环境监测、防护理论与技术

液体防弹材料力学性能的研究

刘传值，汪俊晨，张景淞，杨宇川，赵海涛

（沈阳理工大学材料科学与工程学院，辽宁沈阳　110159）

摘　要：通过不同配比的剪切液（STF）与 Kevlar 织物进行复合，利用 SEM、XRD 主要对其进行形貌和结构分析，并测试其拉伸强度。结果表明：SiO_2 为非晶态物质。STF-Kevlar 复合材料中有大量 SiO_2 在纤维表面附着，纤维束之间连接紧密，面密度随固含量的增加而增大。拉伸测试表明，在拉伸位移在 0～2mm 的范围内时，形变为弹性形变，曲线近似的为一条倾斜的直线，拉力不断增加。当形变量在 2～3mm 范围内时，拉力达到最大为 1467.44N，此时出现了第一次拉力骤降，此后拉力不断下降，必伴随着拉力骤降，当形变量增加直至拉断。

关键词：SiO_2；STF；Kevlar 织物；拉伸强度

0　引言

随着科技的迅猛发展，物质财产的丰富也增加了公共安全问题的加重，目前各国都增大了公共安全领域的投入，尤其是对警用防护装备的重视，而在这一领域内最为重视的就是防弹衣。与传统防弹衣相比，现如今的防弹衣虽具有优良的防弹性能，但它的重量大，厚度高，便携性极差。而设计出一款重量轻，易穿着，但同时防弹性能优良的防弹衣成为该领域内的重要课题之一[1-5]。

目前应用最广泛的软质防弹材料是 Kevlar 织物，其性能优越，如高强度、高弹性模量、韧性好、质量轻和抗冲击性能好，所以常作为防弹材料[6,7]。为了增加防弹衣的柔软性和服用性能，研究学者提出将剪切增稠液体（Shear Thickening Fluid，STF）运用于以往防弹复合材料[8-10]。STF 流体具有剪切增稠的现象，同时又兼顾流动性和柔韧性，在受到瞬时剪切力时会呈现坚固性。因此，在一定程度上，使防弹衣具有了舒适性和防弹特性的两种优点[11]。王志刚[12]等研究 SiO_2 纳米粒子/Kevlar 织物复合

材料的防刺性能；伍秋美[13]等对 SiO_2 分散体系流变学及其在防护材料方面应用进行了研究：Kevlar 织物浸在 STF 中，然后 STF-Kevlar 材料层叠，进行防弹性能测试；蒋玲玲[14]等在研究 STF 在防刺材料中的应用中发现：采用机械搅拌法制备的 STF 有效地增强了芳纶织物的防刺性能以及在面密度相同时，顶破强力也提高了；美国的 Wambuap[15]等将 STF 浸渍在 Kevlar 织物当中，用实验证实了 STF 确实可以提高防弹衣的强度，与此同时，也可以减轻质量，进一步推动了轻化防弹衣的革命。

本文选用聚乙二醇（PEG）作为分散介质，纳米级二氧化硅（SiO_2）作为分散相粒子，采用湿态 STF 复合工艺，并通过织物浸渍前后的形貌观察、重量及拉伸性能测试，分析 STF 对织物力学性能的影响。

1　实验材料与方法

1.1　STF-kevlar 的制备

称取聚乙二醇放置于 500ml 烧杯中，在 25℃

环境下用超声搅拌制得 SiO_2 固含量分别为 30%、35%、40% 的剪切增稠液，待 SiO_2 全部溶解，将烧杯放置在烘箱中烘干除去气泡，持续 24h，制备 STF。然后将芳纶纤维用剪刀裁剪成实验所需规格，并与 Kevlar 织物充分浸泡烘干后制得 STF-Kevlar 织物。

1.2 试样的表征

物相分析用 PW-3040 型衍射仪（荷兰 PANALYTICAL B.V 公司），范围（2θ）10°～70°。用 S-3400N 型扫描电镜观察样品的形貌。采用 INSTRON 3367 电子万能材料测试仪测试材料的力学性能。

2 结果与分析

2.1 XRD 和 SEM 分析

如图 1 为粒径为 SiO_2 颗粒的 XRD 图谱。由 XRD 图谱可见，2θ 在 25° 出现衍射峰，该峰呈现弥散状，为非晶衍射峰。因而，SiO_2 是由非晶态物质构成。

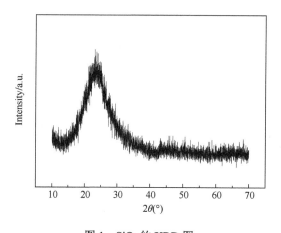

图 1 SiO_2 的 XRD 图

图 2 为 SiO_2 扫描电镜照片。从图中可以看出，SiO_2 粒子的粒径绝大部分是为 30nm，颗粒成较为规则的球形，SiO_2 颗粒成有团聚现象。纳米级的 SiO_2 粉末由于颗粒粒径小，比表面能大而很容易团聚，因此在后续处理过程中，使其在 PEG 中进行超声分散，以便有效地使团聚的颗粒分散。图 3 为经过剪切增稠液浸渍过后的 STF-Kevlar 复合材料扫描电镜照片。由图可见，二氧化硅颗粒附着在纤维表面，附着较为良好，二氧化硅颗粒较分散，部分区域有少许团聚现象。颗粒之间缝隙很小，细小的粉末呈球状。为了让剪切增稠液体更充分地浸渍芳

纶纤维，试验过程应当充分搅拌和干燥解决易团聚的问题。

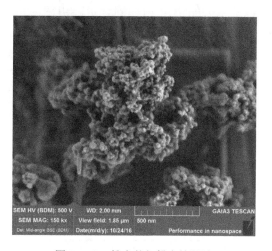

图 2 SiO_2 粉末的扫描电镜照片

图 3 STF-Kevlar 复合材料扫描电镜照片

2.2 面密度分析

本实验采用 YP1201N 型电子天平，在常温下对单层 STF-Kevlar 复合材料进行复合前后的称重测试，测试的结果取平均值，试样的规格为 10cm×10cm，分为 A、B、C 每组试样的个数为 5 个，其中 STF 是由 SiO_2 和 PEG-200 制备，其中 SiO_2 固含量分别为 A30%、B35%、C40%。称重结果如下表 1。

由表 1 数据可以看出，随着固含量的增加，质量也随之增重。将表中数据的平均增厚加以直线拟合，得出拟合直线方程 $Y=0.07398x-1.20683$，相关系数为 0.78337。从图 4 中可以看到，STF-Kevlar 纤维复合材料的增重（weight increments）与 SiO_2 的固含量（Solid content）的相关系数达到了 0.78337，可以认为，STF-Kevlar 纤维复合材料的增重与 SiO_2 的固含量确实存在线性关系。随着 SiO_2 固含量的增加，STF-Kevlar 纤维复合材料的增重越大，这是因为 STF 体系中越来越多的 SiO_2 渗透在

纱线中，从而改变了材料的重量。

面密度即单位面积的质量，可以用来表征单位体积的 Kevlar 织物内的固含量。由图 1 可知，随着固含量的增加，面密度也随之增加，从面密度变化的得出，固含量超过 35%后质量变化明显，

从 35%到 40%的面密度变化量是从 30%到 35%的 4 倍，即超过一定百分含量时面密度增加并不成线性关系，说明在超过一定百分比时 STF-Kevlar 织物的质量会显著增加，这不利于其防弹衣的轻薄和舒适的特性。

表 1 STF-kevlar 纤维重量

	侵泡前/g	侵泡后/g	增重/g	平均增重（前）/g	平均增重（后）/g	平均增重/g	面密度/（g/cm²）
A 30%	1.952	3.059	1.107	2.0748	3.1618	1.087	0.01087
	2.066	3.003	0.937				
	2.133	3.159	1.026				
	2.035	3.183	1.148				
	2.188	3.405	1.217				
	2.058	3.154	1.096				
	2.096	3.173	1.077				
B 35%	2.407	3.845	1.438	2.1094	3.343	1.2336	0.012223
	2.012	3.378	1.366				
	1.974	3.165	1.191				
	2.26	5.335	3.075				
C 40%	1.908	3.373	1.465	2.1882	4.015	1.8268	0.018268
	2.552	4.507	1.955				
	2.117	3.432	1.315				
	2.104	3.433	1.324				

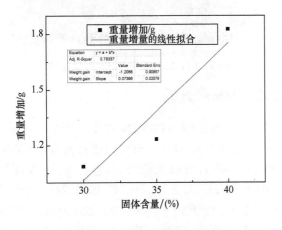 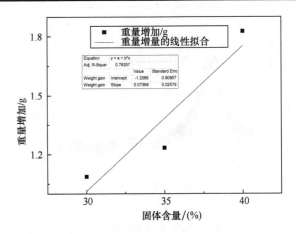

图 4　STF-kevlar 纤维增重与 SiO₂ 含量的关系曲线

2.3　STF-Kevlar 纤维拉伸强度分析

Kevlar 纤维布和 STF-Kevlar 柔性复合材料在拉伸断裂前发生了一定的形变，但并没有屈服点，而其在拉伸断裂时所发生的形变主要是纤维的弹性形变。主要是因为纱线在被拉伸时纱线中的纤维发生了断裂和相互滑移，而纱线中的纤维由内层到外层的伸长变形依次减小，即内层的纤维比外层的纤维先断裂。随着 SiO₂ 的固含量的增加，提高了织物层间黏结度，进而改变了芳纶纤维的

脆性，使得在超过最大拉力时的形变量显著减少，在 40%的固含量时曲线呈一个尖锐的峰。同时载荷在一定范围内不断增加，脆化的纤维开始大面积的断裂，最终导致 STF-Kevlar 柔性复合材料完全断裂。

3　结论

（1）STF 处理后的 Kevlar 织物表面附着着一层 STF，表面不再平滑光亮，变得粗糙，并且纤

维束之间紧密结合在一起，同时局部出现了附着不均匀的情况。

（2）STF-Kevlar 柔性复合材料的重量测试表明，随着 SiO_2 的含量增加，STF-Kevlar 织物的重量也随之增加，可以认为 STF-Kevlar 纤维复合材料的增重与 SiO_2 的固含量确实存在线性关系。面密度显示，单位面积内的 Kevlar 织物的固含量随着 SiO_2 的百分比含量增加而增加，但固含量超过 35%时 STF-Kevlar 织物的质量会显著增加，不利于轻便舒适的设计要求。

（3）STF-Kevlar 柔性复合材料的拉伸测试表明，STF-Kevlar 织物的拉伸强度随着 SiO_2 的固含量增加而增加，最大拉力所对应的形变量相同，但最终完全断裂时的形变量不同。

参 考 文 献

[1] 汤胜博，孙建科，常鹏北，等. 纳米材料在防弹衣上的应用[J]. 材料开发与应用，2009，24（2）：60-61.

[2] Jong Lyoul Park，Byung Il Yoon，Jong Gyu Paik，et al.Ballistic performance of p-aramid fabrics impregnated with shear thickening fluid: Part I-of laminating sequence[J]. Textile Research Journal，2012，82（6）：527-541.

[3] 吴磊，沈谈笑，徐建军，等. 超声法制备剪切增稠液及其稳态流变行为的研究[J]. 合成纤维工业，2016，39（3）：16-19.

[4] 吕胜涛，李彦，蒋飞，等.STF 技术在软质防弹衣上的应用与展望[J]. 警察技术，2014（1）：54-56.

[5] 郑景新，陈芳，钟婷婷，等. 二氧化硅粒子在剪切增稠液体中的研究和应用进展[J]. 有机硅氟资讯，2009（9）：132-136.

[6] Wambuap，Vangrimde B，Lomovs et al.The response of nature fiber composites toballistic impact by fragment simulating projectiles[J]. Composite Structures，2007，77（2）：232-240.

[7] 黄新乐，林富生，孟光. 三维纺织复合材料力学性能研究进展[J]. 武汉科技学院报，2005，18（4）：11-15.

[8] 钟发春，杨秀兰，郝晓飞，等.STF 增强芳纶防护材料的制备及性能[C]. 全国危险物质与安全应急技术研讨会论文集，2011：1037-1042.

[9] 于国军，郭裴，葛晶，等. 高纯球形硅微粉及气相白炭黑含量对剪切增稠液流变性能的影响[J]. 机械工程材料，2016，40（11）：3-5.

[10] 蒋玲玲，钱坤，俞科静，等. 剪切增稠液体在防刺中的应用研究[J]. 化工新型材料，2011，39（6）：121-124.

[11] 徐素鹏，郑伟，张玉芳. 剪切增稠液体增强织物防刺性能的机理研究[J]. 天津工业大学学报，2012，31（3）：15-19.

[12] 王志刚，周兰英，朱杰. SiO_2 纳米粒子/Kevlar 复合材料的防刺性能研究[J]. 产业用纺织品，2008，26（10）：15-21.

[13] 伍秋美. SiO_2 分散体系流变学研究及其在防护材料方面的应用[D]. 长沙：中南大学粉末冶金研究院硕士论文，2007：61-70.

[14] 蒋玲玲，钱坤，俞科静，等. 剪切增稠液体在防刺中的应用研究[J]. 化工新型材料，2011，39（6）：121-124.

[15] Wambuap，Vangrimde B，Lomovs et al.The response of nature fiber composites toballistic impact by fragment simulating projectiles[J]. Composite Structures，2007，77（2）：232-240.

野战弹药爆炸毁伤元及毁伤理论综合分析

吕晓明[1]，李良春[1]，朱福林[2]，张会锁[2]

（1. 陆军军械技术研究所 通用弹药导弹保障技术重点实验室，河北石家庄　050003；
2. 中北大学机电学院，山西太原　030000）

摘　要：针对野战环境下弹药安全威胁大与可靠防护难问题，本文从理论上系统分析了与野战弹药安全防护相关的毁伤元以及弹药爆炸的条件和判据。研究了自然破片生成机理和侵彻机理，分析了影响破片侵彻能力的重要参数；阐述了冲击波产生及传播过程、传播方式及与爆炸冲击波超压相关的理论等，并对近地爆炸相关经验公式进行了分析；分析了聚能杆式射流对土壤的开孔过程，并且对连续射流侵彻土壤模型进行了推导和分析。最后，研究分析了炸药的起爆和感度，总结了爆炸冲击波、破片和射流对弹药起爆的判据和评价方法，为下一步的数值仿真分析奠定了毁伤理论基础和殉爆判据。

关键词：野战弹药；破片；冲击波；杆式射流；毁伤理论

0　引言

弹药通常是指金属或非金属壳体内装有火药、炸药或其他装填物，能对目标起毁伤作用或完成其他任务的军械物品[1]。作为一种重要的战略资源，弹药的安全对于完成作战任务乃至国防安全都有着非常重要的意义。野战环境下，弹药一般是以堆垛的形式暴露在阵地。如果不采取任何的防护措施，作战时产生的爆炸冲击波、破片和射流都可能引起弹药堆垛的爆炸，不仅会造成弹药的损失，更可能因为爆炸导致己方人员伤亡、战斗力丧失等非常严重的后果。

为此，本文针对破片、冲击波、射流 3 种毁伤元的形成机理及毁伤理论进行系统分析，为野战弹药威胁分析及防护能力建设提供理论基础。

1　破片毁伤机理及侵彻毁伤理论

破片是爆轰产物之一，作为主要的杀伤手段，本质上是金属外壳在爆轰产物驱动下快速膨胀变形，在弹壳的最薄弱处首先出现裂纹，并继续扩展，最终形成破片，破片初始速度通常为 600～1200m/s[2]。

1.1　破片形成机理及重要参数

通常对一般形状的弹丸来说，弹体圆柱部的破片最早形成，多为长条形，大小均一，速度也比较大，沿弹轴法向飞散。而在弹头部和弹尾部破片的大小、形状、速度都不均一。以某型爆榴弹为例，该弹弹丸近似于长圆筒型，理论分析将其抽象为直圆筒型结构。静压破坏理论假定弹性材料的容器内部为静加载，应力分析时假定材料为弹性变形，基于上述假设，壳体材料受力符合平面应力假设，受力示意图如下图 1 所示，σ_r、σ_θ、σ_z 分别表示在柱坐标下 3 个坐标轴方向的应力。

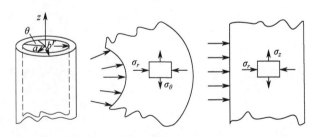

图 1　弹丸壳体应力分量图

从图 1 中可以看出单元应力 σ_z 方向上无分量，可以使用弹性力学中平面应力应变规律求解单元的受力情况。由于弹丸是柱状的，可以使用平面极坐标系解决圆环或圆桶受均布压力的理论来求解，包含平衡微分方程、几何方程、物理方程、相容方程等基本方程。

破片的重要特征参数包括：

1）破片数和破片质量分布

弹丸壳体产生自然破片与很多因素有关，如壳体材料、装药类型、弹丸结构等，而壳体的材料属性影响着破片的形状、速度和爆炸后的位置分布。由于影响因素太多，目前破片数量多采用半经验公式来计算或试验获得。

计算破片数量的经验公式较多，各有优缺点，其中一个与静爆自然破片产生相吻合的经验公式为 Mott 公式。由于有效自然破片数可以从试验中得到，因此根据 Mott 公式可以得到破片的平均质量，其中 Mott 公式为

$$N = \frac{m_k}{2\mu} \tag{1}$$

式中，m_k 为壳体质量（kg）；2μ 为破片平均质量；N 为破片总数。

再根据破片数随质量分布规律的半经验公式求得自然破片数与质量的数据图，其中破片数随质量分布规律的半经验公式为

$$\begin{cases} N(q_i) = N \exp\left[-(q_i/\mu)\right]^{0.5} \\ N(q_1 - q_2) = N\left(e^{-(q_1/\mu)^{0.5}} - e^{-(q_2/\mu)^{0.5}}\right) \end{cases} \tag{2}$$

式中，$N(q_i)$ 为质量大于 q_i 的破片总数；$N(q_1 - q_2)$ 为质量在 q_1 和 q_2 间的破片总数。

2）破片初速

对于自然破片的初速可用格尼（Gurney）公式进行估算，有

$$v_0 = \sqrt{2E}\sqrt{\frac{m_y/m_k}{1 + 0.5\left(m_y/m_k\right)}} \tag{3}$$

式中，m_y 为装药质量（kg），$\sqrt{2E}$ 为格尼常数（m/s），本文研究的 TNT 爆炸参数如表 1 所列，根据试验要求，本文选择的 TNT 装药密度是 1.63。

表 1　TNT 的爆炸格尼常数

炸药种类	D_c	ρ	$\sqrt{2E}$
TNT	6640	1.59	2316
	6900	1.63	2370

上述 Gurney 速度公式只是针对圆柱形装药的理想状态进行计算的，没有考虑发光发热等能量损失和外壳形状的影响，用于具体型号的杀爆弹弹丸

需要予以修正才能使用。

3）破片静态飞散角

破片飞散是弹丸爆炸后产生的一个重要现象，是确定破片毁伤效应的重要参数之一。若在装药的各个点上同时起爆，形成的破片都是沿其初始位置的法线方向抛撒出去，但事实上很难做到各个点同时起爆，一般都是中心点或者面起爆，而且相对于理想情况而言，弹丸在壳体破裂之前要发生膨胀变形，所以在抛射出去时会发生偏离，偏离原来的法线方向。本文采用的是静态爆炸条件下的破片飞散形式。圆柱形弹丸的飞散方式如图 2 所示。

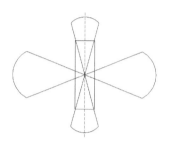

图 2　圆柱形弹丸破片飞散形式

静态爆炸破片空间分布可以通过球形靶静态爆炸毁伤试验来获得数据，飞散角是根据试验测得的速度大小和方向反过来推算的。也可以由经验公式求得圆柱部破片飞散角，具体公式为

$$\delta = \arcsin\left(\frac{V_0}{2D}\cos\varphi_2\right) \tag{4}$$

式中，δ 为计算微元的飞散方向与该处壳体法线的夹角；V_0 为破片初速（m/s）；D 为炸药爆速（m/s）；φ_2 为起爆点与壳体某点的连线与壳体之间的夹角，即爆轰波阵面上该点的法线与纵轴的夹角。

1.2　破片侵彻相关理论

破片对目标靶板的侵彻主要分为两种情况，即垂直侵彻和斜侵彻，一般侵彻过程如图 3 所示。

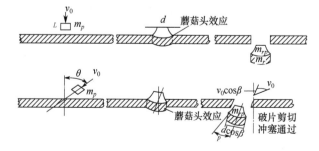

图 3　破片对靶板的两种侵彻情况

通过理论分析及假设条件，下面根据动量和能量守恒原理，可以推导出破片穿透目标靶板后

的速度。

能量守恒方程：

$$E = E_1 + E_c \tag{5}$$

$$E_1 = \frac{1}{2}(m_p + m_f)v_1^2, \quad E_c = E_s \tag{6}$$

式中，m_p 为破片的质量，m_f 为破片侵彻目标过程形成冲塞块的质量；v_0 为破片初度；v_1 为破片与形成的冲塞块的共同速度；E 为破片的初始动能；E_1 为破片和形成的冲塞块的剩余动能；E_c 为破片穿透目标的靶板的穿透能；E_s 为破片剪切靶板时塞块的变形能。

2 爆炸载荷效应形成机理及毁伤理论

弹丸在空中爆炸时，炸药（TNT）在极端的时间内（≤1μs）转变为高温和高压（10GPa）的气体产物，由于空气的初始压强很低（0.1MPa），爆炸产生的气体在空气中传播时会形成一个强断面，也就是冲击波波阵面，强断面处的空气继续向前传播就形成了冲击波。

2.1 冲击波形成机理及重要参数

由于几何膨胀，冲击波在空气中衰减得很快。在无外界能量继续补充的情况下，随着传播距离的增加，冲击波压力将逐渐降低，同时持续时间增加[5]。不同时刻空气冲击波的衰减如图 4 所示。

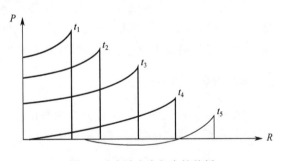

图 4 冲击波在空气中的传播

冲击波脱离 TNT 后在空气中传播时，波前超压 p_f 以超声速传播，也就是正压；冲击波尾部以压力 p_0 相对应的声速传播，正压区不断增加，在传播过程中正压值和速度是不断减小的。如图 2.5 所示。由图 2.5 可以看出，在 t_0 之前，周围环境压力为初始压力 p_0，在 t_0 时，冲击波压力峰值突然升到峰值压力 p_f，然后经历时间 τ 后，冲击波压力低于初始压力，然后又慢慢的增加到初始压力 p_0。其中

$p_f - p_0$ 为冲击波超压峰值；τ 为正压作用时间。

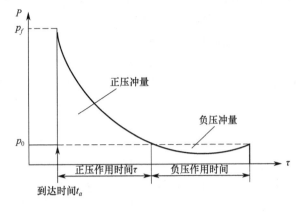

图 5 冲击波压力示意图

为准确地描述爆炸冲击波在近地空气中的传播及爆炸荷载作用，常用的描述空气冲击波的参数有：冲击波的峰值超压、正压作用时间、比冲量等。

1）冲击波超压经验公式

冲击波超压的大小是直接衡量爆炸对目标破坏作用大小的参数，目前常用的冲击波超压经验公式包括 Hengrych 经验公式、李冀琪经验公式和国防工程设计规范等。根据爆炸作用原理可知，当爆炸冲击波传播距离远大于装药尺寸时，可按照球形装药来计算[6]。

（1）Hengrych 公式（对于刚性地面，计算时取 2 倍 TNT 当量代入）为

当 $0.05 \leqslant \bar{R} \leqslant 0.37$：

$$\Delta P_\mathrm{m} = \frac{1.4072}{\bar{R}} + \frac{0.554}{\bar{R}^2} - \frac{0.0357}{\bar{R}^3} + \frac{0.000625}{\bar{R}^4} \tag{7}$$

当 $0.3 \leqslant \bar{R} \leqslant 1$：

$$\Delta P_\mathrm{m} = \frac{0.6194}{\bar{R}} - \frac{0.033}{\bar{R}^2} - \frac{0.213}{\bar{R}^3} \tag{8}$$

当 $1 \leqslant \bar{R} \leqslant 10$：

$$\Delta P_\mathrm{m} = \frac{0.066}{\bar{R}} + \frac{0.405}{\bar{R}^2} + \frac{0.329}{\bar{R}^3} \tag{9}$$

式中，ΔP_m 的单位为 MPa；$\bar{R}$ 为比例距离，按下式计算：

$$\bar{R} = \frac{R}{\sqrt[3]{W}} \tag{10}$$

式中，R 是爆心至所计算点的距离，单位为 m；W 是炸药的 TNT 当量，单位为 kg。

（2）李冀琪经验公式。

能较好地符合我国炸药不同比例距离的冲击波超压情况，公式如下，单位（m/kg³，MPa）：

当 $0.05 \leqslant \bar{R} \leqslant 0.5$

$$\Delta P_{\mathrm{m}} = [\frac{20.06}{\overline{R}} + \frac{1.94}{\overline{R}^2} - \frac{0.04}{\overline{R}^3}] \times 9.8 \times 10^{-2} \quad (11)$$

当 $0.5 \leqslant \overline{R} \leqslant 70.9$

$$\Delta P_{\mathrm{m}} = [\frac{0.67}{\overline{R}} + \frac{3.01}{\overline{R}^2} + \frac{4.31}{\overline{R}^3}] \times 9.8 \times 10^{-2} \quad (12)$$

（3）我国国防工程设计规范（草案）中规定的空中爆炸冲击波在刚性地面反射后爆炸冲击波超压公式为

$$\Delta P_{\mathrm{m}} = \frac{0.106}{\overline{R}} + \frac{0.43}{\overline{R}^2} + \frac{1.4}{\overline{R}^3} \quad (13)$$

式中，$1.0 \leqslant \overline{R} \leqslant 39.67$。

2）正压作用时间

冲击波正压作用时间也是衡量对目标破坏程度的重要参数之一。其主要取决于炸药爆炸的能量 E_0、空气的压力 P_0、初始密度 ρ_0 以及爆炸冲击波的传播距离 R。

当爆炸冲击波遇到刚性面时，T_+ 的计算公式为

$$\frac{T_+}{\sqrt[3]{W}} = 1.52 \times 10^{-3} \sqrt{\overline{R}} \quad (14)$$

3）比冲量

超压-时间关系曲线所包围的面积称为冲击波的比冲量 i_+，Hengrych.J 根据球形 TNT 装药爆炸的试验研究工作求得比冲量的计算公式如式（15）、式（16），式中，i_+ 的单位为 Pa·s，W 的单位为 kg。

Hengrych.J 根据球形 TNT 装药爆炸的试验研究得到比冲量的计算公式为

当 $0.4 \leqslant \overline{R} \leqslant 0.75$：

$$\frac{i_+}{\sqrt[3]{W}} = 6630 - \frac{11150}{\overline{R}} + \frac{6290}{\overline{R}^2} - \frac{1004}{\overline{R}^3} \quad (15)$$

当 $0.75 \leqslant \overline{R} \leqslant 10$：

$$\frac{i_+}{\sqrt[3]{W}} = -322 + \frac{2110}{\overline{R}} + \frac{2160}{\overline{R}^2} - \frac{801}{\overline{R}^3} \quad (16)$$

2.2 冲击波的反射、绕流和透射

爆炸产生的空气冲击波在传播过程中遇到刚性地面或防爆墙将会发生反射、绕流和透射 3 种现象。其中，冲击波反射分为正反射、斜反射和马赫反射。正反射就是入射波垂直作用于刚性面或者防爆墙后，产生与入射传播方向相反的反射现象称为正反射；斜反射就是入射波与刚性地面或防爆墙的表面成一定角度进行传播的现象，而斜反射又包括规则斜反射和马赫反射两种类型。冲击波在与防爆墙相遇后，除部分冲击波发生反射外，还有一部分绕过防爆墙形成绕流和透射。

1）正反射

当冲击波波振面垂直于刚性表面反射时，入射角等于 0°，称为正反射。工程实践中，常假设冲击波在无限大刚性墙上正反射，从而可以得到冲击波载荷的上限值。如图 6 所示，冲击波以 D_1 的速度垂直于刚性地面入射，冲击波未干扰区域的初始压强为 P_0，入射波的压强为 P_1。当冲击波与刚性地面作用之后，反射冲击波以 D_2 的速度离开刚性地面，此时，反射冲击波的压强为 P_2，则 $\Delta P_1 = P_1 - P_0$，其中，ΔP_1 为入射冲击波超压，ΔP_2 为反射冲击波超压。

图 6 冲击波的入反射

对于理想气体的冲击波来说，反射冲击波的超压为

$$\Delta P_2 = 2\Delta P_1 + \frac{6\Delta P_1^2}{\Delta P_1 + 7\Delta P_{01}} \quad (17)$$

由此可知，对强冲击波，反射超压的上限为 $\Delta P_2 = 8\Delta P_1$；而对于弱冲击波，$P_1 - P_0 << P_0$，

$\Delta P_2 / \Delta P_1 \approx 2$。

所以，冲击波在经过刚性地面的正反射之后，反射波的超压值大小一般是 2～8 倍的入射波超压值。但是，随着冲击波强度的提高，因空气发生电离、分解，空气系数不再是常数，反射压力与入射压力的比率的真正上限是未知的。有人预测反射压力可能会是入射压力的 14 倍，甚至高达 20 倍。

2）规则斜反射

当冲击波入射角以 0°～45°作用于刚性地面时，入射角和反射角的关系符合 Snell 光学定律，称为规则斜反射，如图 7 所示。区域①为初始空气区域，②为入射波作用区域，③为反射波作用区域，φ_1 为入射角，φ_2 为反射角。

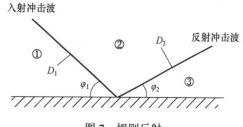

图 7 规则反射

冲击波的斜反射现象比较复杂，通过实验获取的数据比较准确。一般情况下，入射角和反射角并不相等，但是在规则斜反射的情况下，反射超压表示为

$$\Delta P_2 = (1-\cos\phi_1)\Delta P_1 + \frac{6\Delta P_1^2}{\Delta P_1 + 7P_0}\cos^2\phi_1 \quad (18)$$

3）马赫反射

当冲击波的入射角为 45°～90°时，由于反射波赶上了入射波，形成了第三个波，该波被称为马赫波，三个波的交点 O 称为三重点，同时在三重点处还有一条滑移线。而将这种斜反射称为马赫反射。马赫反射如图 8 所示。从图中可以看出，入射波是直线，但反射波却是一条曲线，并且形成一条垂直于反射面的马赫杆，并在继续前进的过程中逐渐变长。

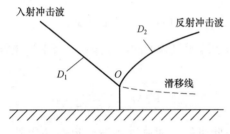

图 8　冲击波的马赫反射

4）绕流作用

实际情况下，冲击波在传播的时候遇到的障碍物是有边界的，并不是无限尺寸。在这种情况下，冲击波不仅会发生反射，还有一部分冲击波绕过障碍物进行传播。我们称之为绕流作用或者环流作用。

图 9（a）中所示，冲击波在有尺寸障碍物条件下进行传播，冲击波首先在障碍物前表面上发生反射，进而导致反射超压变大，而障碍物上表面的冲击波并未受到阻挡，所以超压值并没有发生改变，继而导致了超压差值的产生。障碍物前表面的高压空气向边缘区域的低压区域流动的同时，高压区域内的空气慢慢地得到稀释，将这种状态的波称作稀疏波，如图 9（b）所示。

5）透射波

当冲击波遇到防护墙等障碍物时，除有部分冲击波发生反射和绕射外，还有一部分冲击波透射进防爆墙形成透射波，透射波将在防爆墙内继续沿入射角方向成一定角度传播，如图 10 所示。透射波能量的大小及衰减的快慢与冲击波的入射角和防护墙介质有关。

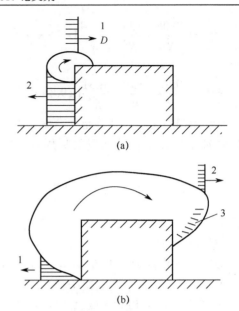

图 9　冲击波的绕流

（a）冲击波在障碍物下传播；（b）冲击波绕射稀疏波。

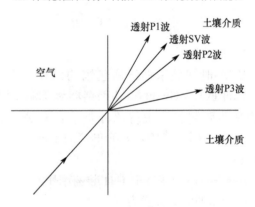

图 10　界面上入射波、透射波示意图

3　杆式射流侵彻毁伤机理分析

3.1　杆式射流对土壤的侵彻过程分析

聚能杆式射流对土壤的侵彻开孔是一个非常复杂的过程，既不同于刚性射流对靶板的侵彻，也不同于高速金属射流对靶板的冲击作用，其作用过程大致可分为 3 个阶段[8]。

1）冲击开坑阶段

这是侵彻的开始阶段，从聚能杆式射流头部撞击静止的靶板开始，到建立起稳定的高温、高压、高应变率"三高区"为止，即从侵彻开始至土壤靶板剪切带开始形成。聚能杆式射流与土壤碰撞时，由于碰撞速度超过了土壤的声速，自碰撞点开始向土壤中传入冲击波，在土壤表面将产生反射波和拉伸波。该阶段持续的时间非常短暂，土壤靶板受侵彻影响不大。

2）稳定侵彻阶段

杆式射流在冲击开坑阶段完成之后，便进入稳定侵彻阶段。在侵彻过程中，碰撞点的压力远大于土壤的压缩屈服强度，形成粉裂区，侵彻界面向前运动的速度称为侵彻速度。射流能量一部分消耗在对土壤靶板的侵彻深度上，另一部分则用来扩大孔径。头部堆积射流排开粉碎区的土壤渣体，后续射流跟上继续侵彻土壤。直到碰撞点的压力降到某一临界值时，稳定侵彻阶段结束。该阶段所持续的时间主要取决于射流的速度、长度及射流与土壤材料特性（如密度、强度、可压缩性等）。在侵彻过程中，土壤在高温射流侵彻作用下，其本身发生脱水，从而导致收缩，同时，由于土壤介质的各向不均匀性，其中的粗大颗粒随温度的升高而膨胀，两者变形不协调使土壤产生破坏。

3）侵彻终止阶段

此阶段情况比较复杂，首先，射流速度已经相当低，土壤的强度作用愈来愈明显。其次，由于射流速度较低，并受到土壤材料阻力变化的影响，其侵彻和扩孔能力迅速下降。由于后续射流不能推开前面的射流残渣，使其堆积在孔底，因此后续射流不能与靶板直接作用，影响了射流侵彻，最终导致侵彻终止。侵彻终止时，由于惯性的影响，孔底将产生膨胀。此时，尾随冲击波传入靶板中的膨胀波将在孔底表面产生拉伸应力。由于土壤材料的可压缩性能较好，在前期的压缩力和后期拉伸应力的双重作用下产生带裂纹的锅底状孔底。

3.2 连续射流侵彻土壤介质的模型分析

在射流侵彻土壤的过程中，土壤的可压缩性在某种程度下是不可以忽略的。因此，有必要考虑射流侵彻一个可压缩靶板的稳态情况[9]。

在分析过程中先将射流和土壤都看作是一个多孔材料，为了对侵彻过程进行分析，在侵彻区建立一个坐标系，如果在靶板上建立坐标系，此时杆式射流以速度 V_j 侵彻土壤，侵彻速度为 U，如图 11（a）所示，此时在土壤中会产生一个相对稳定的冲击波。如果选取坐标系原点为驻点（中心线上射流和土壤相碰撞点），射流速度为 $V_j - U$，土壤运动速度为侵彻速度 U，如图 11（b）所示。令 W 表示射流相对于驻点的速度。土壤的边界条件为

$$W_{0t} = U ； P_{0t} = R_t ； E_{0t} = 0 \qquad (20)$$

射流的边界条件为

$$W_{0j} = V_j - U ； P_{0j} = Y_j ； E_{0j} = 0 \qquad (21)$$

其中，R_t 和 Y_j 分别为土壤靶板和聚能杆式射流的强度。

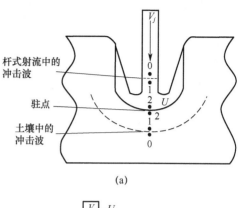

(a)

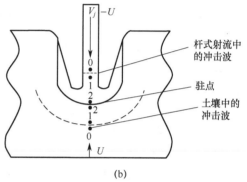

(b)

图 11　动、静坐标系中关系图

（a）静坐标系中运动关系；（b）动坐标系中运动关系。

4　弹药的爆炸条件和判据分析

弹药在常态下是处于相对稳定状态的，弹药的爆炸主要是弹药内的填装药受到一定外界作用，使其失去稳定继而发生爆炸。在研究过程中，弹药的爆炸通常可以视作带壳炸药的爆炸，弹药是否发生爆炸不仅仅取决于各种起爆能的大小，也取决于弹药对各种起爆能感度的高低。弹药的感度主要取决于其内部所装填炸药的爆炸特性。

4.1 炸药的起爆和感度

炸药在外界作用下发生爆轰的难易程度称为炸药的感度（或称敏感度）。炸药越敏感，越容易起爆。所以在研究弹药爆炸问题上，应先对弹药装药的感度有充分的了解。通常把能使炸药装药发生爆轰反应的最小能量称为临界能量。不同种类的炸药，需要不同的临界起爆能量。因此，炸药的感度在一定条件下可以用临界起爆能量的大小来表示[3]。

但是，即使处在给定状态下的同一种炸药，起爆所需的能量大小也不是一个严格固定的量。它可能随着加载方式的不同而不同。例如静压作用条件下需要很大的能量才能使炸药爆炸。而突然的冲击压力下只需要较小的能量，炸药起爆在迅速加热时所消耗的能量比缓慢加热时要小[6]。

野战环境下，弹药堆垛的木质弹药箱主要存放 TNT 块和榴弹，而榴弹弹丸装药种类主要有 TNT、黑梯混合炸药（TNT40/RDX60）、钝化黑铝等炸药，但目前大、中口径榴弹装药以黑梯混合炸药（TNT40/RDX60）和 TNT 居多，并且就本文考虑的起爆感度而言，黑梯混合炸药（B 炸药）可作为弹药堆垛中弹丸的装药。

4.2　引起弹药爆炸的各种因素分析及判据

野战环境下，弹药爆炸产生的爆炸产物主要有爆炸冲击波、射流、高速破片三种因素。这三种因素均可在一定的范围内作用于弹药，引起弹药殉爆，而由主发药爆炸产生的这些因素又是相互联系，相互制约的。为了简化分析问题，本文假定三者是相互独立作用的，本文分别从爆炸冲击波、射流、高速破片 3 种方式来分析在便携式防爆墙防护下爆炸对墙后弹药堆垛的影响。

1）爆炸冲击波起爆

炸药起爆的本质是冲击波不均匀地加热炸药，导致热点的产生，从而使得炸药发生分解并起爆。一般情况下，当冲击波作用于炸药时，将热能瞬时输入炸药[14]。

炸药的起爆判据为：

$$p^2\tau = 常数 \tag{22}$$

其中，p 为冲击波压力，τ 为冲击波传播的时间。

表 2 中列出了几种常用非均质炸药冲击起爆的临界起爆参数[10]，作为参考和比较，表中还列出了临界起爆压力 p 这一判据的实验值。

表 2　部分非均质炸药冲击起爆的临界阈值

炸药名称	$\rho_0/(\text{g/cm}^3)$	p/Pa	$p^2\tau/Pa^2 \cdot s$
TNT	1.65	1.04E+10	1.00E+13
RDX	1.45	8.2E+08	1.00E+12
TNT40/RDX60	1.713	5.63E+09	2.00E+12

2）高速破片撞击作用下炸药起爆

估算破片的作用时广泛应用判据进行估算。正是基于这种概念，当满足 $K > K_{kp}$ 时就能对目标造成杀伤，其中 $K = f(m, v, \cdots)$ 是与破片相关的某个

或多个物理量的组合，K_{kp} 是目标的经验值。K 值的表述量一般有破片动能 E_0、比动能 $e = E_0/S$ 和比冲量 $i = I_0/S$ 3 种。自然破片形状的不规则性和在飞行过程中的旋转导致其与目标撞击时的面积是个变量，故选用比动能 $e = E_0/S$ 作为破片撞击带壳装药的判据更为合适。

在建立模型之前，首先做出以下 2 点假设：（1）破片以速度 v_0 冲击带壳炸药时，假设此时的主要刺激为冲击波作用，而忽略机械刺激和装药破碎等细节；（2）将破片对带壳炸药的冲击作用看成是一维的理想化模型，模型如图 12 所示。

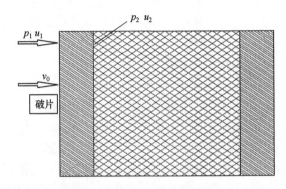

图 12　一维破片冲击装药模型

当破片以速度 v_0 撞击壳体表面时，在壳体中形成一维初始冲击波压力 p_1 和质点速度 μ_1，具体计算公式如下：

$$\begin{cases} p_1 = \rho_{01}(a_1 + b_1\mu_1)\mu_1 \\ p_1 = \rho_{00}[a_0 + b_0(v_0 - \mu_1)](v_0 - \mu_1) \end{cases} \tag{23}$$

式中，ρ_{00} 和 ρ_{01} 是破片和壳体的密度；a_0、b_0 和 a_1、b_1 分别是破片和壳体的 Hugoniot 参数。

冲击波在壳体中的衰减规律[3]为

$$p_1' = p_1 e^{-\alpha\chi} \tag{24}$$

式中，p_1' 是壳体与炸药接触面的压力；α 为壳体中的衰减因子；χ 为壳体厚度。

冲击波到达壳体和炸药的临界面的压强为 p_1 和速度为 μ_2 由下式求得

$$\begin{cases} p_2 = \rho_{02}(a_2 + b_2\mu_2)\mu_2 \\ p_2 = \rho_{01}[a_1 + b_1(2\mu_1' - \mu_2)](2\mu_1' - \mu_2) \end{cases} \tag{25}$$

式中，ρ_{02} 是炸药的密度；a_2、b_2 是炸药的 Hugoniot 参数。

根据 Walker 和 Wasley 提出的一维短脉冲冲击起爆能量判据理论，可得到破片冲击起爆带壳的临界能量判据表达式：

$$E_{cr} = p_e u_e \tau \tag{26}$$

式中，p_e 和 u_e 分别等于上面的 p_2 和 u_2。

由于临界能量的单位也为 J/m^2，将临界能量判据作为比动能判据。在破片侵彻壳体且未作用于炸药之前，破片具有一定的比动能 E_0/S，在与炸药接触之后以冲击波的形式作用在炸药内部，从而使之达到临界起爆能量，继而引发爆轰。由此便可建立比动能 E_0/S 与临界起爆能量 E_{cr} 之间的对应关系：由比动能得到破片初速 v_0，得到入射到炸药内部的能量 E_x，最后将其与临界起爆能量 E_{cr} 比较，部分炸药临界起爆能量见表 2。

3）聚能射流作用下炸药起爆

对于射流冲击起爆带壳装药，其根本还是对壳内的炸药进行引爆。通常，在破片或聚能射流冲击条件下，加载区域很小，根据 Held 研究，当其长径比大于 1/5 时可以忽略压力脉冲宽度 τ 的影响。破片或聚能射流的速度影响了炸药所受到的压力的大小，由于不需要考虑压力脉宽的影响，因此，压力的大小表征了用于引爆炸药能量的大小，速度越高越容易引爆炸药。Held[7]通过大量的聚能射流冲击起爆开放炸药实验，提出了 Held 起爆准则，并在其后对该准则进行了改进，同时结合该准则对多种炸药起爆阈值进行了总结（见表 3），准则形式如下：

$$K = \text{const} = v_h^2 d_h \qquad (27)$$

式中，v_h 为聚能射流头部速度；d_h 为聚能射流头部直径；cons 为常数。

当侵彻体的横截面非圆形时，式（27）变为

$$K = \text{const} = v_h^2 \sqrt{A} \qquad (28)$$

式中，A 为对应侵彻体的面积。

该判据虽然简单，但在工程实践中应用非常广泛。试验证明，在各种加载条件，如钢射弹、铜射流或满足 $t > 0.2d$ 的破片下，该判据适合于大多数高能炸药。

表 3　部分炸药起爆阈值/（$10^4\ m^3/s^2$）

炸药	PBX9404	PETN（1.7）	TNT40/RDX60	TNT（压装）
临界起爆阈值	0.4	1.3	1.6	2.5

其中，射流速度 v_h 决定了入射的冲击力，速度越高，冲击时所产生的压力越大。但是上述为射流对裸装药的起爆判据，而实际情况中装药都是带壳的，所以当射流引爆带有壳体的炸药时，held 判据中的射流速度和直径应该为射流穿透壳体后侵彻被发炸药的速度和直径。

5　结束语

本文理论上分析了与野战弹药安全防护相关的毁伤元以及弹药爆炸的条件和判据。首先，研究了自然破片生成机理和侵彻机理，分析了影响破片侵彻能力的重要参数；其次，阐述了冲击波产生及传播过程、传播方式及与爆炸冲击波超压相关的理论等，并对近地爆炸相关经验公式进行了分析；再次，分析了聚能杆式射流对土壤的开孔过程，并且对连续射流侵彻土壤模型进行了推导和分析；最后，研究分析了炸药的起爆和感度，总结了爆炸冲击波、破片和射流对弹药起爆的判据和评价方法。为下一步的数值仿真分析奠定了毁伤理论基础和殉爆判据。

参 考 文 献

[1] 王志军，尹建平. 弹药学[M]. 北京：北京理工大学出版社，2005.

[2] 华恭，欧林尔. 弹丸作用和设计理论[M]. 北京：国防工业出版社，1975：156-164.

[3] 智小琦. 弹箭炸药装药技术[M]. 北京：兵器工业出版社，2012：33-37.

[4] COOK M D，Haskins P J，James H R. Projectile impact initiation of explosive charges[C] //9th Symposium（International）on Detonation，Portland，OR. 1989：1441.

[5] 李秀地，孙建虎，王起帆，等. 高等防护工程[M]. 北京：国防工业出版社，2016.

[6] 张国伟，韩勇，苟瑞军，等. 爆炸作用原理[M]. 北京：国防工业出版社，2007.

[7] Held M. Shaped charge optimization against ERA target[J]. Propellants，Explosive，Pyrotechnics，2005，30（3）：216-223.

[8] 赵书超. 土壤介质大装药随进研究及实践[D]. 中北大学硕士学位论文. 2013.

[9] 李如江. 多孔药型罩聚能射流机理及应用研究[D]. 中国科学技术大学，2008.

[10] 张先锋. 聚能侵彻体对带壳装药引爆研究[D]. 南京理工大学，2005.

石墨多孔水泥基体材料物理及力学性能影响因素研究

齐雯涵

（沈阳理工大学材料与科学学院，辽宁沈阳 110159）

摘 要：制备了石墨多孔水泥基体吸波材料，并对石墨多孔水泥基体吸波材料的干密度、抗压强度及孔隙率进行测试，研究了水灰比、吸波剂、发泡剂及稳泡剂对多孔水泥基体材料物理及力学性能的影响。研究结果表明，水灰比的增加降低石墨多孔水泥基体吸波材料的干密度和抗压强度，增加其孔隙率。发泡剂的掺加会增加石墨多孔水泥基材料的孔隙率，但发泡剂双氧水参量不超过 7%时，对其抗压强度有一定改善作用。随着石墨与铁氧体的掺量的增加，泡沫水泥基吸波材料的干密度是先减小后增加，抗压强度是先呈现缓慢的下降趋势，随后快速增加，孔隙率是呈现先降低再增加又降低的趋势。

关键词：石墨多孔水泥基体；干密度；抗压强度；孔隙率

0 引言

泡沫混凝土属于一种轻质多孔材料[1]，近年来，对于多孔材料在吸波性能方面的研究越来越多，多孔吸波材料主要为封闭微孔材料[2-3]，它对电磁波的吸收主要是其多孔结构对电磁波发生反射、散射和干涉引起电磁波衰减所致[4-6]。在泡沫混凝土中添加吸波剂，再加上其多孔结构，可以使泡沫混凝土同时具有保温与吸波功能，实现建筑材料的多功能一体化。

现代信息技术的基础是现代电子技术，在信息系统中大量地应用电子系统和电力设备，它们的正常运转是信息系统正常运行的前提，然而这些电子系统和电力设备对电磁极为敏感。因而应用电磁脉冲对其进行攻击使其被干扰，破坏甚至烧毁已经成为可能。在现代战争中，防护工程的电磁屏蔽性能的好坏直接关系到电子设备及战争指挥能否正常运行，防护工程因而显得尤其重要。研制电磁吸波混凝土材料，为工程的电磁防护与隐身等提供一种基本的建设材料，对于提高防护工程的生存能力，保证防护工程在保存军队的军事实力和国家的战争潜力的地位和作用无疑具有重要的意义。

本研究制备了石墨多孔水泥基体吸波材料，并对石墨多孔水泥基体吸波材料的干密度、抗压强度及孔隙率进行测试，研究了水灰比、吸波剂、发泡剂及稳泡剂对多孔水泥基体材料物理及力学性能的影响。

2 原材料及试验方法

2.1 原材料

本试验中采用的水泥标号为 P.O 42.5，沈阳冀东水泥厂生产，其化学成分见表 1，技术指标见表 2。粉煤灰等级为 II 级，沈阳沈海粉煤灰综合利用有限公司生产，其化学成分见表 3。发泡剂为沈阳市新化试剂厂生产的双氧水溶液（浓度 30%，分析纯）。使用的磁性铁氧体主要是由铁粉、氧化铁以及四氧化三铁组成；石墨为国药集团化学试剂有限公司生产的化学纯石墨粉。稳泡剂为沈阳新化试剂厂生产的分析纯无水硫酸钠，相对分子质量为 142.04，含量≥99.0%。

表 1 水泥化学成分/%

SiO_2	Al_2O_3	Fe_2O_3	CaO	MgO	SO_3	烧失量
21.26	4.50	2.80	63.66	1.66	2.58	2.66

表 2 水泥技术指标

标号	细度	安定性	凝结时间		抗压强度 /MPa		抗折强度 /MPa	
			初凝	终凝	3d	28d	3d	28d
P.O 42.5	3.0	合格	45min	8h57min	27.8	52.5	3.5	8.5

表 3 粉煤灰化学成分/%

SiO_2	Al_2O_3	CaO	MgO	Fe_2O_3	K_2O	Na_2O	SO_3
59.95	26.78	4.35	2.30	1.53	1.25	2.75	1.46

2.2 试验方法

制备尺寸 100mm×100mm×100mm 立方体泡沫混凝土试件，并进行干密度测试，干密度测试按照《泡沫混凝土标准》JG/T 266—2011。在测试完试样干密度后直接测试指定龄期的试样的抗压强度，依据《泡沫混凝土标准》JG/T 266—2011。

石墨发泡水泥基复合材料的密度测试，按照以下步骤进行：将试件破碎、磨细、秤取一部分的质量 m_1 备用；将蒸馏水注入李氏瓶中，使液面处于 0～1 之间，读出液面的初始体积 V_1（以弯液面下部切线读数为准）；将磨细的物料装入李氏瓶中，直至液面上升接近 20ml 的刻度为止；排除瓶中气泡，称出剩余物料后的质量 m_2，在静置 30min，读出此时李氏瓶的第二次体积读数 V_2。石墨发泡水泥基复合材料的密度 ρ 由式（1）计算。

$$\rho = \frac{m_2 - m_1}{V_2 - V_1} \qquad (1)$$

将已测得的干密度 ρ_0 及密度 ρ 数据代入式（2）中，计算出材料的孔隙率 P_0（精确至 0.01%）：

$$P_0 = \frac{\rho - \rho_0}{\rho} \qquad (2)$$

2.3 配合比设计

影响石墨多孔水泥基体材料强度的因素很多，从内因来说主要有水泥强度、水灰比和骨料质量，从外因来说，则主要有施工条件、养护温度、湿度、龄期、试验条件和外加剂等。而影响石墨多孔水泥基体材料的主要因素为水灰比、石墨掺量、双氧水掺量以及 Na_2SO_4 掺量，因此，根据前期基础实验，试验中分别选择四种掺量作为研究各因素的水平，见表4。

表4 石墨多孔水泥基体材料配合比设计

因素 水平	A 水灰比	B 石墨掺量/%	C H_2O_2 掺量/%	D Na_2SO_4 掺量/%
1	0.60	5	5	4.5
2	0.64	10	6	5.0
3	0.68	15	7	5.5
4	0.72	20	8	6.0

3 结果与分析

3.1 干密度

从图1（a）看出，随着水灰比的增加，干密度呈现出先降低后增加的趋势，当水灰比为 0.68 时，干密度达到最小值 598kg/m³。当水灰比在 0.60～0.68 之间增加时，水灰比越大其密度越小，主要是由于其他参数一定时，水泥颗粒的分散及水化所需用水量基本一定，水胶比的增大一方面可以降低浆体的稠度，降低发泡所需要克服的功，一部分水用于和水泥水化，而大部分会蒸发，留下空隙，所以干密度较小。此外，当水灰比较低时，水泥浆体的流动性较低，水泥水化的需水量不足，会吸收泡沫中的水分，使得泡沫破裂，引起封闭气泡数量减少和混凝土均匀性下降，水泥水化产物的结构更加致密，因此干密度也就越大。由图1（b）可分析出，在水灰比确定为 0.68 时，石墨多孔水泥基体的干密度随着石墨掺量的增加而增加。石墨质软，其胶结能力较差，为了达到一定的流动性，需要大幅度增加混凝土拌合物的用水量。而本试验中掺加石墨的质量是按照其与水泥与粉煤灰的质量和的比例添加，水泥与粉煤灰的质量是固定的。因此，在水灰比一定的情况下，随着石墨掺量的增加，成型时所用的原材料的总质量也增加，成型时填充到模具中的原材料也随着石墨的增加而增加，因此，石墨多孔水泥基体的干密度也就增加。

当石墨掺量为 5% 时，其干密度的数值最小为 581kg/m³。双氧水掺量从 5.0% 增加到 6.0% 时，干密度缓慢增加，增长幅度仅为 0.23%，几乎没有变化，说明双氧水掺量为 5% 和 6% 均可。当双氧水掺量在 6.0%～7.0% 之间时，干密度急剧升高，增长幅度为 13.9%。当双氧水材料为 7% 时，其干密度达到最大值 715.75kg/m³。当双氧水掺量增加到 8% 时，其干密度又急剧降低。这是因为当双氧水掺量较低时，发泡倍数较低，泡沫混凝土膨胀小，成型相同体积需要的材料更多，干密度较大。而当双氧水掺量较高时，成型过程中混凝土膨胀较大，绝干密度小、质轻，但是状态不易保持，泡沫最终沉降、破裂。发泡剂加入量越大，产生的泡沫量越大，混凝土的气孔率相应地增大，干密度会降低。试验结果见图1（c）所示。其掺量与发泡剂掺量呈正比关系，即发泡剂掺量越大所需要的稳泡剂也越多，制得成品的容重越低。在同一发泡剂掺量下，随着稳泡剂掺量的增加，成品容重略有降低。

图1（d）结果显示，随着硫酸钠掺量的增加，干密度先增加后降低，但是增加的趋势不是特明显，总体还是显示出降低的趋势。当硫酸钠掺量从 4.5% 增加到 5.0% 时，干密度的增加幅度为 6.7%。但当硫酸钠掺量从 5.0% 增加到 6.0% 时，干密度的

下降幅度达到了 32.5%。硫酸钠作为稳泡剂，在体系中起到稳定泡沫的作用。当稳泡剂掺量较低时，不足以维持发泡过程中产生的大量气孔，从而导致泡沫的破裂，未破裂的气孔存在较少，干密度较大。因此，硫酸钠作为稳泡剂，直接决定发泡过程中泡沫的稳定性，保证泡沫混凝土的制备成功。

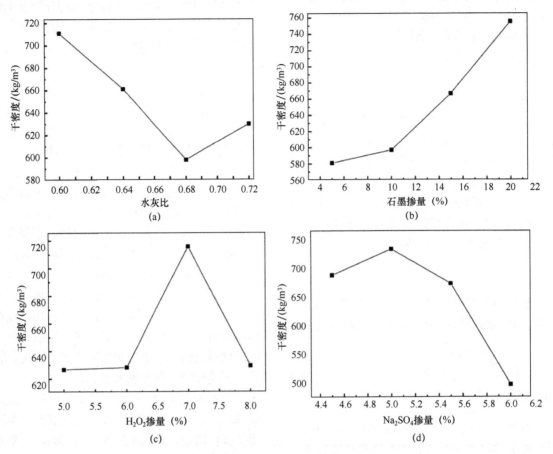

图 1　石墨多孔水泥基材料干密度影响因素

（a）水灰比；（b）石墨；（c）H_2O_2；（d）Na_2SO_4

3.2　抗压强度

从图 2（a）中可以看出，随着水灰比从 0.60 增加到 0.68，石墨多孔水泥基体的抗压强度一直降低；从 0.68 增加到 0.72，抗压强度反而有所升高。究其原因，当水灰比较大时，混凝土虽然流动性大，但是容易离析和泌水，和易性不好，严重影响混凝土强度。水灰比太小，混凝土流动性差，显得干涩影响泵送，对施工不利，但是对混凝土的强度有所提高。当水灰比为 0.68 时，抗压强度的最小值为 1.6MPa，此时其相应的干密度为 598kg/m^3，达到干密度等级 A06、强度为 1.0～1.5MPa，符合《泡沫混凝土》标准 JG/T 266—2011 中关于泡沫混凝土干密度与强度的大致关系。

图 2（b）可知，随着石墨材料的增加，石墨多孔水泥基体的抗压强度先出现一个很小的下降趋势，随后快速增加。在石墨掺量达到 10% 的时候，其抗压强度出现一个最小值，但与其之前的 5% 相比，降低的幅度并不是很大，几乎可以看成随着石墨掺量的增加，其抗压强度也一直增加。在组分、配比和制备工艺相同的前提下，泡沫混凝土的抗压强度与干密度基本是一一对应，如 3.1 节中所述，在水灰比一定的情况下，随着石墨掺量的增加，石墨多孔水泥基体的干密度增加，其抗压强度也就增加。在石墨掺量为 10% 时，其抗压强度达到最小值 1.8MPa。此时其干密度为 597kg/m^3，达到干密度等级 A06、强度为 1.0～1.5MPa，符合《泡沫混凝土》标准 JG/T 266-2011 中关于泡沫混凝土干密度与强度的大致关系。由图 2（c）可知，当双氧水掺量在 5.0%～8.0% 之间时，石墨多孔水泥基体的抗压强度在 1.8～2.7MPa 范围内变化，且呈现出较大的波动。这主要是因为双氧水作为发泡剂，当其掺量较低时，发泡倍数较低，泡沫混凝土膨胀小，成型相同体积需要的材料更多，干密度较大，而抗压强度也

较大，孔隙率也就较低。双氧水掺量较高时，成型过程中混凝土膨胀较大，其干密度小，质轻，但是状态不易保持，泡沫最终沉降、破裂。当双氧水掺量为7.0%时，其抗压强度达到最大值2.7MPa。此时其干密度为716kg/m³，达到干密度等级 A08、强度为1.8～3.0MPa，符合《泡沫混凝土》标准 JG/T 266-2011 中关于泡沫混凝土干密度与强度的大致关系。

从图2（d）可以看出，随着硫酸钠掺量的增加，石墨多孔水泥基体的抗压强度呈现出与其干密度相同的变化趋势，也就是先增加后降低，但是增加的趋势不是特明显，总体还是显示出降低的趋势。当硫酸钠掺量从4.5%增加到5.0%时，抗压强度的增加量为6.3%；当硫酸钠掺量从5.0%变化到6.0%时，其抗压强度的下降幅度达到了56.2%，下降比较明显。在硫酸钠掺量为5.0%时，其抗压强度达到最大值2.6MPa。此时其干密度为737kg/m³，达到干密度等级 A07、强度为1.2～2.0MPa，符合《泡沫混凝土》标准 JG/T 266-2011 中关于泡沫混凝土干密度与强度的大致关系。

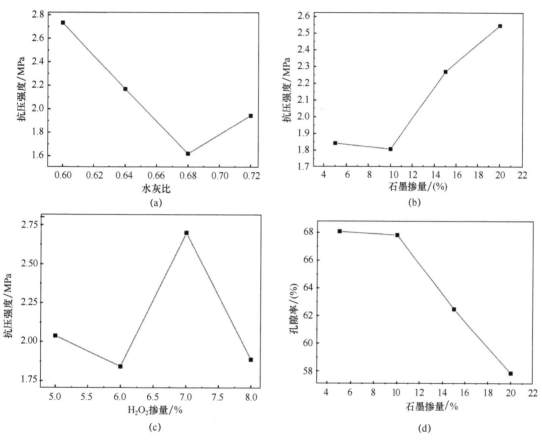

图2　石墨多孔水泥基体材料抗压强度影响因素

（a）水灰比；（b）石墨；（c）H2O2；（d）Na2SO4

3.3　孔隙率

图3（a）表明，当水灰比在0.60～0.68范围内时，石墨多孔水泥基体的孔隙率随着水灰比的增加而增加；水灰比在0.68～0.72范围内时，其孔隙率有所降低，但降低的幅度不是很大，仅为0.3%，几乎可以忽略不计。泡沫混凝土制品的容重与孔隙率是紧密相关的。一般情况下，密度等级为 05 的泡沫混凝土，其孔隙率范围为80%～90%；密度等级为 06 的泡沫混凝土，其孔隙率范围为72%～85%；

密度等级为 07 的泡沫混凝土，孔隙率只有65%～72%。由3.2节所述，当水灰比为0.68时，石墨多孔水泥基体的干密度达到A06等级，此时其孔隙率达到66.3%。水灰比对石墨多孔水泥基体的干密度、抗压强度和孔隙率的影响曲线之间存在这一定的关系。干密度和抗压强度的变化趋势几乎相同，而其与孔隙率的变化趋势则相反，由此可见，石墨多孔水泥基体的干密度、抗压强度与孔隙率之间存在着一定的关系。石墨掺量在 5%～20%范围内变化时，石墨多孔水泥基体的孔隙率随着石墨掺量的增加而降低，孔隙率从 68.08%降低到 57.85%。本试验中石墨的添加比例均是其质量与水泥和粉煤灰质量和的比值，而水泥和粉煤灰的质量在试验过程中一直是固定的，结合石墨掺量对干密度和抗压强度的影响，随着石墨掺量的增加，石墨多孔水泥基体的干密度也增加。干密度较大说明其密实度较高，也就是材料内部存在的气孔较少，因而孔隙率也就较低。由 3.1 节所述，当石墨掺量为 10%时，石墨多孔水泥基体的干密度达到 A06 等级，此时其孔隙率达到 67.8%。由图 3（c）可以看出，随着双氧水掺量的改变，试样的孔隙率在 64.58%～65.23%之间变化，其变动幅度很小，说明双氧水掺量的变

化对孔隙率的影响不是很明显。随着双氧水掺量的增加，孔隙率也在增加。增大双氧水掺量，孔隙率上升的幅度逐渐减小。由 3.1 节所述，当双氧水掺量为 7%时，石墨多孔水泥基体的干密度达到 A08 等级，此时其孔隙率达到 61.7%。

从图 3（d）看出，在硫酸钠从 4.5%变化到 5.0%时，其孔隙率稍有下降，随后随硫酸钠掺量的增加，孔隙率也增加。硫酸钠掺量与孔隙率的关系曲线呈现出与硫酸钠与干密度和抗压强度完全相反的趋势。由 3.3 节所述，当硫酸钠掺量为 5%时，石墨多孔水泥基体的干密度达到 A08 等级，此时其孔隙率达到 59.0%。

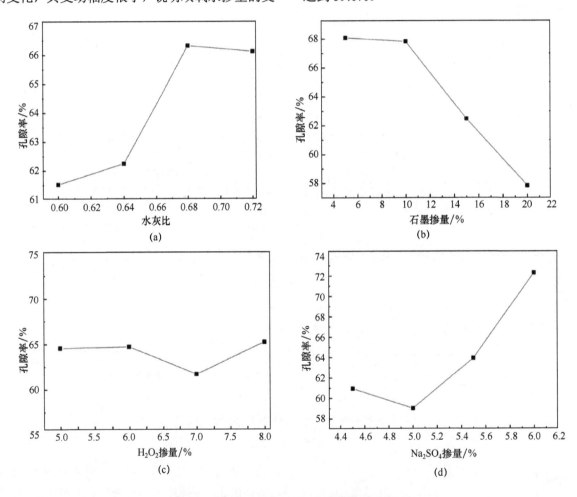

图 3 石墨多孔水泥基体材料孔隙率影响因素

（a）水灰比；（b）石墨；（c）H₂O₂；（d）Na₂SO₄

结合图 1、图 2 和图 3，可以看出水灰比对石墨多孔水泥基体的干密度、抗压强度和孔隙率的影响曲线之间存在这一定的关系。石墨掺量对水泥基多孔材料的干密度、抗压强度和孔隙率的关系曲线之间也存在着一定的关系。双氧水掺量对石墨多孔水泥基体的干密度、抗压强度和孔隙率的影响曲线

之间同样存在一定的关系。相同地，硫酸钠掺量对石墨多孔水泥基体的干密度、抗压强度和孔隙率之间也有一定的关系。干密度和抗压强度的变化趋势几乎相同，而其与孔隙率的变化趋势则相反，由此可见，石墨多孔水泥基体的干密度、抗压强度与孔隙率之间存在着一定的关系。

3.4 干密度、抗压强度与孔隙率相互关系

图 4（a）所示为抗压强度与干密度的拟合结果。对抗压强度与干密度做出散点图后，发现这些点大部分也都分布在一条直线上或直线的两侧，对其散点图进行拟合后，可以得出，抗压强度与干密度之间确实存在一定的线性关系，并且这条直线可以用式（1）表示为

$$y_{cs}=0.006x_d-2.010 \qquad (1)$$

式中，y_{cs} 为抗压强度的理论值，单位为 MPa；x_d 为干密度的理论值，单位为 kg/m³。

将根据式（1）预测出的干密度理论值代入式（1）中，可以计算出抗压强度的理论值。

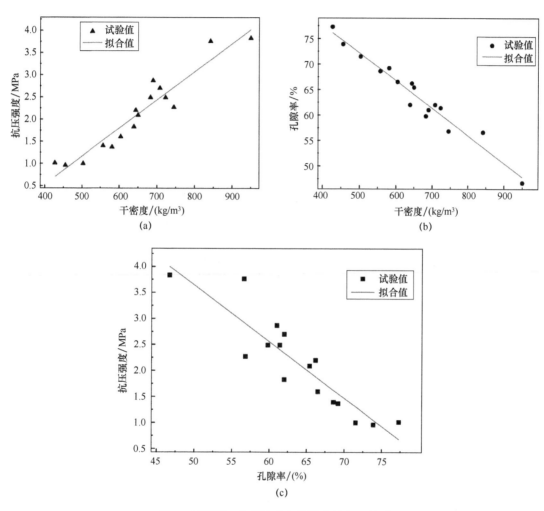

图 4　干密度、抗压强度与孔隙率的相互关系

（a）抗压强度与干密度的拟合；（b）孔隙率与干密度的拟合；（c）抗压强度与孔隙率的拟合结果

图 4（b）所示为孔隙率与干密度的拟合结果。从图中可以看出，对孔隙率与干密度做出散点图后，发现这些点大部分同样也分布在一条直线上或在直线的两侧，对其散点图进行拟合后，可以得出，孔隙率与干密度之间确实存在一定的线性关系，并且这条直线可以用式（4）表示为

$$y_p = -0.0542x_d+99.269 \qquad (4)$$

式中，y_p 为孔隙率的理论值，单位为%；x_d 为干密度的理论值，单位为 kg/m³。

将根据式（1）预测出的干密度理论值代入式（2）中，可以计算出孔隙率的理论值。

图 4（c）所示为抗压强度与孔隙率之间的拟合结果。由图可知，对孔隙率与抗压强度做出散点图后，发现这些点大部分都分布在一条直线上或直线的两侧，对其散点图进行拟合后，可以得出，抗压强度与孔隙率之间确实存在一定的线性关系，并且这条直线可以用式（5）表示为

$$y_{cs} = -0.109x_p+9.072 \qquad (5)$$

式中，y_{cs} 为抗压强度的理论值，单位为 MPa；x_p 为孔隙率的理论值，单位为%。

4 结论

本研究主要研究水灰比、双氧水掺量和石墨铁氧体复合掺量 3 个因素对泡沫水泥基吸波材料的干密度、抗压强度和孔隙率的影响规律，经过试验数据分析得出以下结论：

（1）随着水灰比的增加，泡沫水泥基吸波材料的干密度和抗压强度呈现一直降低的趋势；孔隙率则一直呈现增加的趋势，而且增加幅度很大。当水灰比为 0.70 时，抗压强度的最小值为 1.74MPa；当水灰比为 0.60 时，抗压强度的最大值为 2.98MPa。

（2）随着发泡剂掺量增加时，泡沫水泥基吸波材料的干密度一直呈现下降的趋势，抗压强度呈现出先降低再增加又降低的趋势，孔隙率一直呈现增加的趋势。在双氧水掺量为 7.0% 时达到一个极值，抗压强度达到最大值 2.91MPa，其干密度为 706kg/m³，孔隙率为 63.16%，达到干密度等级 A08、强度为 1.8～3.0MPa，符合《泡沫混凝土》标准 JG/T 266-2011 中关于泡沫混凝土干密度与强度的大致关系。

（3）随着石墨与铁氧体的掺量的增加，泡沫水泥基吸波材料的干密度是先减小后增加，抗压强度是先呈现缓慢的下降趋势，随后快速增加，孔隙率是呈现先降低再增加又降低的趋势。当掺量为 6.0% 时，其抗压强度的最小值为 1.82MPa，干密度的最小值为 589kg/m³，达到干密度等级 A06、强度为 1.0～1.5MPa，符合《泡沫混凝土》标准 JG/T 266-2011 中关于泡沫混凝土干密度与强度的大致关系。

参 考 文 献

[1] 贾若祥. "十一五" 我国节能降耗的重点和对策[J]. 中国能源，2008，30（2）：13-16.

[2] 陈兵，刘睫. 纤维增强泡沫混凝土性能试验研究[J]. 建筑材料学报，2010，13（3）：286-290.

[3] 方永浩，王锐，庞二波，等. 水泥-粉煤灰泡沫混凝土抗压强度与气孔结构的关系[J]. 硅酸盐学报，2010，38（4）：621-626.

[4] 王锰刚，谢国治，陈文俊，等. S 波段高损耗吸波材料的制备与研究[J]. 热加工工艺，2017（16）：87-90.

[5] 高翔，宿静，刘宏伟，等. 新型吸波材料设计与电磁性能研究[J]. 电源技术，2016，40（7）：1467-1468.

[6] 沈杨，裴志斌，屈绍波，等. 加载高介电薄层的宽带频率选择表面吸波材料设计与制备研究[J]. 功能材料，2015，46（19）：19075-19079.

复合隔热涂料的传热机理与隔热性能研究

魏 莉，耿献飞，陈 铎，杜 爽，韩金辰

（沈阳理工大学材料科学与工程学院，辽宁沈阳 110159）

摘 要：以耐高温胶黏剂复配物为基料，以陶瓷纤维为增强材料，制备用于弹药柱包覆剂的耐烧蚀隔热涂料。对涂层的导热系数和热导率进行了理论计算，对影响涂料隔热性能的主要因素进行了研究。结果表明，该涂料是一种性能优良的防护涂料，具有良好的隔热性能和耐烧蚀性能，可用于火箭、导弹等飞行器的表面以及各种设备的防热保护。

关键词：隔热涂料；涂层结构；传热机理；隔热性能

0 引言

隔热涂料是一种新型的功能性涂料，它能够有效地阻止热传导，降低表面涂层和内部环境的温度，从而达到改善工作环境，降低能耗的目的，在军工生产中，可用于飞行器的弹头、弹体外表面防热保护，发动机燃烧室衬里的防热保护，以及地面设施的防热保护。在民用上，适用于弯头、阀门、旋转体、球体等异型件的保温，具有施工方便、一次成型无缝隙的特点。高效、隔热外护一体化的保温涂料是未来的发展趋势[1-3]。近年来国内进行了大量的研究，从最初的硅酸盐类隔热涂料，发展到反射型涂料，再到目前利用气凝胶制备的新型纳米超级隔热涂料等[4-6]。这些涂料期望用于弹体的外表面防护、石油化工行业的储罐、油罐、管道、海洋钻井平台等；在汽车行业用于汽车车身、内部部件、排气管、发动机部件等。在化纤及冶金行业用于加热炉、蒸汽管道、锅炉、热交换器、烟囱烟道等[7-9]。隔热涂料由于具有广阔的应用空间而引起人们的研究兴趣，也研制出了一些产品应用于工业领域中。然而目前市场上出现的低端隔热保温涂料，普遍存在结构疏松、强度低，不防水、保温效果不理想的问题。而高端的涂料国内并没有得到广泛的应用。美国、加拿大等国家一些纳米隔热涂料价格非常高，但仍然无法解决防水、强度低的问题[10]。为使隔热涂料获得更为优异的隔热性能，需要对材料的结构与性能进行研究，对隔热涂料的传热特性进行分析。

复合隔热涂料是以纤维作为增加材料，以空心球型微粒作为隔热功能材料，使隔热涂层具有复杂的多孔空间网络骨架结构，因此它的传热过程变得相当复杂。其隔热性能与涂层的微观结构、原料本身的隔热性能密切相关[11]。因此，研究涂层的微观结构、涂料组成与隔热性能的关系，以及涂层的传热机理非常必要。

本文通过实验测定不同组成的涂料的导热系数和传热性能，并对比不同空心球型微粒的级配、固相掺杂物及纤维加入量对涂层性能的影响，研究涂料的组成对隔热性能的影响，可为隔热性能的预测和优化设计提供依据，使得该涂料用于弹药柱的包覆剂外层的隔热防护，还可用于火箭、导弹等飞行器的表面以及各种设备的防热保护。

1 实验

1.1 复合隔热涂料的制备

以改性丙烯酸树脂与耐高温胶黏剂复配制成黏结剂，将陶瓷纤维加入到丙烯酸树脂中，高速分散，使纤维完全均匀地分散于树脂中，制成胶纤混合物。将球形空心颗粒粉体和具有隔热功能的粉体混合物加入到胶纤混合物中，缓慢搅拌，制备膏状的涂料。

1.2 涂料微观结构分析与导热系数测试

1.2.1 涂层微观结构分析

将不同配比、不同颗粒级配的涂料均匀涂抹在一个 20mm×20mm×10mm 的试样上，保持表面平整，待涂料干燥后，采用 DYCX-40 金相显微镜（上海点应光学仪器有限公司）观察涂层表面的结构。

1.2.2 导热系数测试

采用 IMDRG01 耐高温材料导热系数测定仪（天津英贝尔科技发展有限公司生产）测定涂层的导热系数。将涂料均匀涂抹于标准试样板上，保持表面平整，内部无孔隙。常温固化，制成长（200mm）、宽（200mm）、（厚 20mm）的隔热涂层试样块。将导热系数仪设定到所需温度，进行测试。

1.2.3 隔热性能测试

通过自制的涂层隔热测试装置测定涂层的隔热性能（见图 1）。将涂料涂抹在直径为 200mm 的加热管表面，控制涂层厚度分别为 20mm、40mm、60mm。将两个热电偶一端放在涂层的内外表面，另一端连接到温度控制仪上。设定温度 100～350℃，每隔 10℃调整一次，待温度稳定后再升温度到下一个温度。记录仪可以实时显示每一个设定温度下涂层内外表面的温度，用仪器自带的软件转换成 Excel 表。

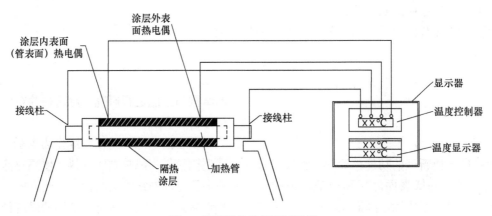

图 1　涂层隔热性能测试装置

2 涂层的导热系数与热导率理论计算

2.1 涂层导热系数理论计算

所制备的隔热涂料，由纤维、固体颗粒、球型空心颗粒和其他物质组成的多相复合结构。其微观呈多孔结构和纤维骨架结构的混合结构。因此复合隔热涂料可以视为一种网络结构的轻质固态材料。热量在涂层的传递方式遵循对流、导热和辐射 3 种基本原理。对流是涂层内部气体的宏观运动，由于涂层内部空隙的存在，导致冷热气体在涂层内部流动而相互掺混所产生的热传递方式。导热是由于涂料中的纤维、颗粒和其他物质（如胶黏剂）之间接触产生的热传导。辐射热透过固相物质传递，同时也可以由固相物质吸收后再辐射出去。

根据导热基本定律（傅里叶定律）[12]，

$$Q = -\lambda A \frac{\partial t}{\partial x} \qquad (1)$$

即单位时间内通过给定截面的热量，正比于垂直于该截面方向上的温度变化率和截面面积，而热量的传递方向则与温度升高的方向相反。

式中，λ 为导热系数，W/（m·K）；A 为单位截面积；$\frac{\partial t}{\partial x}$ 为物体温度沿变化率，K/m。

涂层传递的总的热量为

$$Q = Q_s + Q_g + Q_{s-g} + Q_f \qquad (2)$$

$$\lambda = \lambda_s + \lambda_g + \lambda_{s-g} + \lambda_f \qquad (3)$$

式中，Q 为沿 x 方向传送的热量；Q_s 为固相有效传递的热量；Q_g 为气相有效传递的热量；Q_{s-g} 为气固相间有效传递的热量；Q_f 为辐射传递的热量；λ 为有效传热导热系数；λ_s 为固相传热导热系数；λ_g 为气相传热的导热系数；λ_{s-g} 为气固相传热的导热系数；λ_f 为辐射传热的导热系数。

对于对流传热，由于隔热涂层中球型空心颗粒的粒径通过优化后，使得空余的空间已经很小，具有隔热功能的固体颗粒的加入，填充了剩余的空间。再加上黏结剂和纤维的作用，使得涂层可以看作是由无数空心微球和粉体组成的连续相，因此可以认为整个涂层是一个致密的结构，在涂层内部宏观结构上没有产生气体对流的条件。而对于封闭的空心球形颗粒，当直径小于 4mm 的泡孔内的气体不会发生自然对流[13]。涂料中选用的空心球形颗粒的直径都是在微米级的，故可以不考虑空气的对流。因此整个涂层中的对流传热可以忽略不计。由于涂层中存在着众多足够小的微孔或球形颗粒，使材料内部有非常多的反射界面，从而使辐射热传导趋近于零。因此，涂层中热量的传递主要由导热决定的，导热系数可以简化为

$$\lambda = \lambda_s + \lambda_{s-g} \tag{4}$$

导热是由涂料中的纤维、颗粒和其他物质（黏结剂）之间的接触产生的热传导。其中包括成膜基料的导热和填料的导热。由于涂料中大量的球形颗粒的壁很薄，且粒径也较小，则由于球形颗粒中气体和薄壁贡献的热传导也很小。另外，由于热流沿壁传递绕过的路径变长，这样势必增加了热阻抗，从而降低了传热效率。因此，导热系数可以进一步地简化为

$$\lambda = \lambda_s \tag{5}$$

λ_s 应为成膜基料的导热系数和填料的导热系数之和。各种物质的导热系数可由导热系数仪测出。填料的导热系数越低，所用的成膜基料越少，涂层的导热系数越低，隔热性能越好。

2.2 涂层在圆管基体表面的传热系数计算

本文研究的隔热涂料主要用于工业高耗能领域的高温管道上，因此在进行传热分析计算时，以通过圆筒壁的导热为主要研究对象。由于圆管内外表面积是不同的，所以对内外侧而言，其传热系数在数值上是不同的。如图 2 所示[12]，设管长为 l，管的内外半径分别为 r_i、r_o，管内径和外径分别为 d_i 和 d_o，管壁的导热系数为 $\lambda_管$，管子内外侧的复合表面传热系数分别为 h_i 和 h_o。内外壁温度分别为 t_{wi} 和 t_{wo}，管子内外流体的温度分别为 t_{fi} 和 t_{fo}。传热过程包括管内流体到管内侧壁面、管内侧壁面到外侧壁面（即涂层内表面）、管外侧壁面到涂层外表面三个环节。当传热达到稳态时，通过各环节的热流量 Q 是不变的。各环节的温度差可表示如下：

$$t_{fi} - t_{wi} = \frac{\Phi}{h_i \pi d_i l} \tag{6}$$

$$t_{wi} - t_{wo} = \frac{\Phi}{2\pi\lambda l} \ln \frac{d_o}{d_i} \tag{7}$$

$$t_{wo} - t_{fo} = \frac{\Phi}{h_o \pi d_o l} \tag{8}$$

将式（6）、式（7）和式（8）相加得

$$\Phi = \frac{\pi(t_{fi} - t_{fo})}{\frac{1}{h_i d_i} + \frac{1}{2\lambda} \ln \frac{d_o}{d_i} + \frac{1}{h_o d_o}} \tag{9}$$

对外侧面积而言得传热系数 k 由下式表示为

$$\Phi = kA_o(t_{fi} - t_{fo}) = k\pi d_o l(t_{fi} - t_{fo}) \tag{10}$$

从以上两式对比中可得到以管外侧面积为基准的传热系数：

$$k = \frac{1}{\frac{l d_o}{h_i d_i} + \frac{d_o}{2\lambda} \ln \frac{d_o}{d_i} + \frac{1}{h_o}} \tag{11}$$

隔热涂层有气固两相组成，气体被封闭在固体基质的网状微孔结构中，由式（5）可知，涂层的导热系数为成膜基料的导热系数和填料的导热系数之和。当固相得导热远高于气相时，涂层总的传热系数为

$$k = k_s(1 - V_g) \tag{12}$$

式中，K_s、V_g 分别为固相和气相传热系数和体积分数。从式（12）可知，涂层的传热率与固相的传热系数成正比，与涂层中气体的体积分数成反比。即涂层中气体的体积分数越大，固相的导热系数越小，涂层的隔热性能越好。

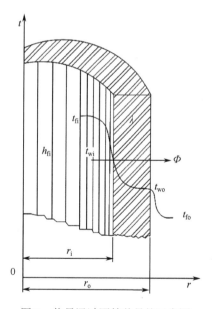

图 2　热量通过圆管传导的示意图

3　结果与讨论

3.1　影响涂料隔热性能的主要因素分析

涂层的微观结构直接影响涂层的隔热性能。涂料由空心球颗粒、填料、纤维以及胶黏剂组成，每一种物料起着不同的作用。控制不同物料在涂层中

存在的形态与含量，对提高涂层的隔热性能具有重要的意义。

3.1.1 空心球颗粒粒级配比对涂层性能的影响

由式（12）可知，具有良好封闭微孔结构的隔热涂层，涂层中气体含量越高，涂层的隔热能力越强。空心球颗粒中或者是空气，或者是真空，导热系数最低。涂层中全部的空间只有被空心球体填满，如同形成了由无数个真空球体组成的"真空墙"，才能最大限度地降低传热能力。因此，涂层空心球颗粒的级配直接影响到涂料成膜后的微观结构。如图 3 所示，选择不同粒径的空心球颗粒，以一定比例进行搭配。可以看到，大粒径的空心球比例小但占有的空间较大，小粒径的颗粒用来填充剩余空间。随着小粒径颗粒点有的体积分数比例的增加，涂层的空间逐渐被填满。从图 2 可以看到，当体积分数比例为 15 目：20 目：24 目=1：2：8时，涂层的空间基本被填满。更细小的空间则可以用具有隔热功能的小于 300 目粉体进行填充。这样，涂层的全部空间都被填充，使得涂层具有良好的隔热功能。从式 12 的理论分析也可以得知，涂层的空间被空心球颗粒填充的越多，说明涂层中气体的体积分数越大，则隔热效果越好。

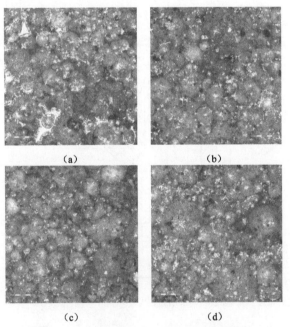

图 3　空心球形颗粒不同级配的显微镜照片
（a）15 目：20 目：24 目=1：2：5；（b）15 目：20 目：24 目=1：2：6；
（c）15 目：20 目：24 目=1：2：7；（d）15 目：20 目：24 目=1：2：8

将以上不同颗粒级配的物料制成涂料，采用图 1 的装置测试涂料表面的温度。结果如表 1 所列。管内设定温度为 200℃时，级配为 15 目：20 目：24 目=1：2：8时，涂层表面的温度最低，为 68℃。

这是由于一方面球形颗粒的合理级配，使得涂层的空间被填满而具有完美的结构；另一方面，骨料中大粒径颗粒含量越多，则涂料的容重越小。而干燥条件下涂料的导热系数与容重的关系式满足下式[14]：

$$\lambda = (0.039 + 0.00011\gamma) \pm 0.01 \qquad (13)$$

式中，λ 为导热系数，kcal/（m.h.℃）；1kcal/(m.h.℃)=1.16W/(m.k)；γ 为容重；

式 13 表明，干燥条件下，骨料的导热系数与其容重成正比。随着粒径的增加，体系的容重减小，则导热系数也随之减小，隔热效果增强。但是，当骨料中粒径大占大多数时，涂层过于疏松，内部出现相互连通的孔，如图 2（a）和图 2（b）所示。流动空气的热对流作用明显，导热系数升高，最终导致体系的隔热性能变差。

表 1　不同颗粒级配的涂料表面温度测试结果

颗粒级配	管内设定温度/℃	涂层表面温度/℃
15 目：20 目：24 目=1：2：5	200	85
15 目：20 目：24 目=1：2：6	200	74
15 目：20 目：24 目=1：2：7	200	70
15 目：20 目：24 目=1：2：8	200	68

3.1.2 纤维加入量对涂层性能的影响

纤维可加强各物料之间的连接，利用其在涂层中乱向分布，构成立体网络结构，一方面增加涂层的抗拉强度与柔韧抗裂性，另一方面在隔热过程中，可以使热流无序流动，延长热量传递的路径，提高涂层的隔热性能。应选择具有导热系数小、强度高、耐酸碱特性的纤维，本文选择硅酸铝短切纤维。纤维长度为 0.15～2.5μm，纤维直径 2～4μm，导热系数为 0.036～0.060W/（m.K）。

纤维的加入量对涂层的性能影响很大。一方面希望纤维的加入起到增加强度的作用，另一方面，一定黏结剂条件下，过量的纤维不能够得到良好的分散。纤维的聚焦相当于形成一个"热桥"，不利于隔热。在黏结剂用量不变的条件下，纤维含量分别为 2%，5%、8%，10%，12%、15%。当纤维时在 2%～12%时，都能够得到很好的分散。纤维量越少，分散的越好。但纤维量低，涂层的抗裂强度降低。当纤维量为 15%时，纤维得不到完全的分散，可见到结团现象。从图 4 的涂层扫描电镜分析中可以看到，纤维量为 12%时，可见到独立的分散良好的纤维。而纤维量为 15%时，可见到纤维束存在。因此纤维的最大加入量为 12%。

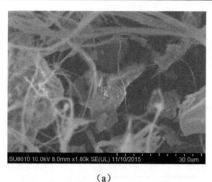

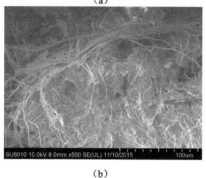

图 4　不同纤维含量的涂层 SEM 照片

（a）纤维含量 12%；（b）纤维含量 15%。

图 5 为不同涂层厚度且管内设定温度为 200℃时，不同纤维含量的涂料，干燥后外表面温度测试结果。可以看出，随着涂料中纤维含量的增加，涂层外表面的温度降低。当纤维含量为 12% 时，涂层表面温度最低。说明纤维的加入提高了涂层的隔热性能。但纤维含量继续增加，涂层的表面温度变化不明显。说明纤维用量增加到一定程度，纤维的隔热作用达到了极限，若要继续提高涂层的隔热性能，应通过改变其他条件来实现。综合经济成本，以及纤维在涂料中的分散性能和隔热能力考虑，确定纤维含量为 12% 最为适宜。

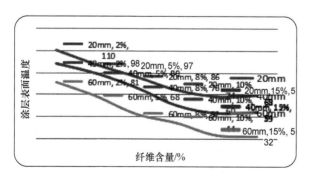

图 5　不同纤维含量的涂层表面温度比较

3.1.3　黏结剂的复配对涂层性能的影响

隔热涂层的耐高温性能，一方面取决于隔热填料，另一方面也取决于黏结剂的性能。通常无机类的黏结剂可耐较高的温度，但这类黏结剂干燥时收缩率大，涂层易开裂。而常用的丙烯酸类的乳液，

成膜性能好，但耐温性能差。将二者有效地结合，既可发挥无机黏结剂的耐高温性能，又利用了丙烯酸乳液的好的成膜性能，使涂层获得优异的性能。表 2 是丙烯酸乳液与耐高温黏结剂不同配比时，涂料的涂抹性能及涂层干燥后的特性比较。可以看到，只有耐高温黏结剂时，涂层开裂。加入了丙烯酸乳液后，涂层均没有开裂的现象出现。说明丙烯酸的加入改善了涂层的开裂问题。但丙烯酸乳液的加入量大时（丙烯酸乳液：耐高温黏结剂=1∶1～1∶5），涂层在高温时（350℃）会有强烈的味道，且加热 5 小时后涂层变黄甚至变焦。随着丙烯酸乳液量的减少（丙烯酸乳液：耐高温黏结剂=1∶6～1∶10），涂层在高温时（350℃）气味减轻，变黄现象减弱。当丙烯酸乳液：耐高温黏结剂=1∶10 时，涂层没有变黄现象，高温时也没有气味。因此，采用丙烯酸乳液的少量加入（丙烯酸乳液：耐高温黏结剂=1∶10）既可解决涂层的开裂问题，也可保持涂层不变黄且高温时无强烈气味。分析原因可知：耐高温的黏结剂，干燥后涂膜较硬，柔韧度不够，收缩较大，使得涂膜易龟裂。以丙烯酸乳液以及硅酸铝纤维作为辅助成膜物质。在成膜过程中，高温黏结剂和丙烯酸酯分子链以及硅酸铝纤维形成一种近似的高分子互穿网络结构，这种网状结构能够减少单一成膜收缩和温差引起的胀缩变化，从而使涂料既具有无机涂料的优良的耐候性，又具备有机涂料优良的装饰性、稳定性和施工性。

表 2　黏结剂复配比例对涂层性能的影响

丙烯酸与耐高温黏结剂的比例	0∶1	1∶1	1∶2	1∶5	1∶8	1∶10
涂层成膜性能	开裂	无裂	无裂	无裂	无裂	无裂
涂层耐温性能（350℃）	有强烈的气味，涂层变焦或变黄				气味少 涂层略黄	无味 涂层无变化

3.1.4　涂料液固比对涂覆性能的影响

为了兼顾涂料的隔热性、附着力等因素，涂料液固比显得非常重要。在黏结剂用量一定的条件下，隔热填料的用量决定了涂料的隔热性能和物理性能。因此必有一个最佳的液固比，即隔热涂料干物质中隔热填料与黏结剂的质量比。

液固比对涂料物理性能的影响一方面表现在施工时的涂抹性能上。分别对液固比为 3∶6、4∶6、5∶5、6∶4 几种不同配比进行比较得知，当液固比为 5∶5、6∶4 时，即黏结剂用量较大，涂料会变得稀薄，涂抹时易挂流，涂层不均匀。而当液固比

为 3∶6 时，由于黏结剂用量较少，不能把粉料完全包裹，出现掉粉现象。只有液固比为 4∶6 时，涂抹性能较好，亦无掉粉现象。因此，液固比为 4∶6 时，涂料具有较好的物理性能。

液固比对涂料的隔热性能影响另一方面表现在其隔热温度上。表 3 是涂层厚度为 20mm 时，不同液固比下涂膜的隔热性能比较。温度测试采用的是图 1 中自制的涂层隔热测试装置。设定管内温度为 200℃，测试了不同液固比的涂层外表面的温度值。从表 3 中可以看到，涂料的隔热效果随着骨料用量的增加有明显的提高。液固比为 3∶6 时，涂层外表面温度为 72℃，而液固比为 4∶6 时，涂层外表面温度为 68℃。一方面，选用的隔热骨料本身具有隔热空气层，导热系数低；另一方面，涂料在固化成膜过程中，层状隔热骨料进行多级组合排列，形成一层热缓冲层，阻隔了热量的传递。因此随着骨料量的增加，隔热性能会得到提高。涂料中黏结剂占的比例大，则形成涂膜时，黏结剂占有的空间就大，空心球颗粒占有的空间相对较少。由于黏结剂的导热系数较大，因此导致涂层外表面温度较高。液固比为 5∶5、

6∶4 时的涂层外表面温度高于液固比为 3∶6、4∶6 时温度。由 2.1 节中式 5 的分析也证实了，填料的导热系数越低，所用的成膜基料越少，涂层的导热系数越低，隔热性能越好。因此，确定液固比 4∶6 为最佳配比。

表 3　不同液固比下涂层的隔热温度比较

液固比	管内设定温度/℃	涂层外表面温度/℃
3∶6	200	72
4∶6	200	68
5∶5	200	83
6∶4	200	99

3.2　涂料隔热性能测试结果

图 6 为空心球颗粒的体积分数比例为 15 目∶20 目∶24 目=1∶2∶8、纤维的加入量为 12%、颜基比为 4∶6 时，不同厚度的涂层外表面温度测试结果。实验结果表明，涂层厚度为 40mm，管内温度为 350℃时，涂层的外表面温度可降低至 43℃。说明涂料具有良好的隔热性能。

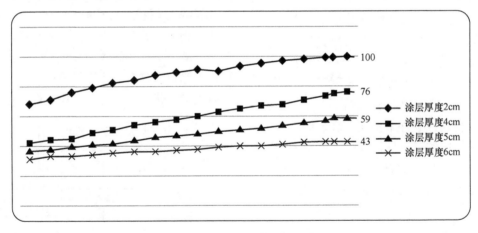

图 6　涂层隔热性能测试结果

3.3　涂层传热机理分析

本文所制备的隔热涂料，是由多孔性的或空心球形的颗粒骨料为基料，辅以其他添加物的复合绝热材料，涂料为半固体浆稠状体系，涂布于基材表面干燥成型后，形成由气固两相组成的封闭微孔纤维网状复合结构，固体基质联结成为连续相，封闭微孔分散于其中成为分散相。涂层的传热过程与绝热性能取决于原料的组成和涂层结构。

3.3.1　涂层微观结构对导热性能的影响

空心球颗粒的级配直接影响到涂层成膜后的

微观结构。图 7 是涂层结构示意图，如图所示，涂层是由不同粒径颗粒的空心球体形成的紧密的填充结构，这样可形成如同无数个真空腔结成的"真空墙"，这样的结构，能够有效地阻止热传导。由于无穷多的真空腔的存在，热流在固体中的传递只能沿孔壁传递，构成了近于"无穷长路径"的效应，使固体热传导能力下降到最低极限。

涂层更细小的空间则由微米级的具有隔热性能的粉体进行填充。当热量从外界传入涂层中时，既会遇到固体颗粒又会遇会纤维。由于选择的固体填料粒径为纳米级的，且具有非常低的热导率，能

够通过热量的颗粒的断面积和接触面积非常小，因此固体的导热能力非常低。具有隔热性能的纤维均匀地分散在涂层中，起到"骨架"的作用，不仅增加隔热性能，而且增加涂层的强度、防止涂层开裂。

上述结构决定了当热量遇到固体颗粒或纤维时，只有小部分热量通过颗粒进行传导，大部分热量则绕过空心球形颗粒外壁的固体颗粒表面进行传导。正是由于空心球形颗粒和固体颗粒的低热导率和良好的热阻性能，使得涂层中传热路径变长并复杂化，从而提高了涂层的隔热性能。

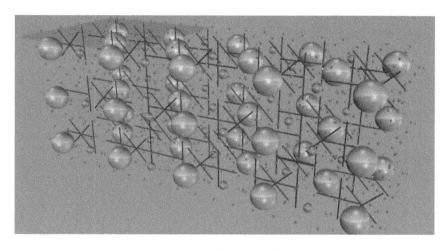

图7　涂层结构示意图

4　结论

以改性丙烯酸树脂和耐高温胶黏剂复配物为基料，以陶瓷纤维为增强材料，加入空心球形颗粒作为隔热骨料，制备隔热涂料。对涂层的导热系数和热导率计算可知，涂层的导热系数为成膜基料与填料导热系数的总和。涂层的传热率与涂料中固相的传热系数成正比。涂层的微观结构决定了涂层的隔热性能。涂层是由不同粒径颗粒的空心球体形成的紧密的填充结构，形成如同无数个真空腔结成的"真空墙"，能够有效地阻止热传导。而纤维的存在，使涂层形成立体网络结构。当空心球颗粒的体积分数比例为15目：20目：24目=1：2：8、纤维的加入量为12%、颜基比为4：6时，涂层厚度为40mm，管内温度为350℃时，涂层的外表面温度可降低至43℃。

参 考 文 献

[1] 张瑞珠，郑伟，何方，等．纳米隔热涂料的研究进展[J]．涂料工业，2014，44（1）：75-79.

[2] 杨震，卿宇．隔热功能填料的研究进展[J]．材料研究与应用，2010，4（4）：705-710.

[3] 王慧利，邓建国，舒远杰．多孔隔热材料的研究现状与进展[J]．化工新型材料，2011，39（12）：18-21.

[4] 陈中华，张贵军，姜疆，等．水性纳米复合隔热涂料的研制[J]．电镀与涂饰，2009，29（9）：49-53.

[5] 刘成楼，郑德莲，刘昊天．纳米耐高温绝热涂料的研制[J]．上海涂料，2015，53（1）：10-13.

[6] Yuan Qingli，Yong Kang，Hong Meixiao，Shi Gangmei，Guang Leizhang，Shao Yunfu. Preparation And Characterization Of Transparent Al Doped ZnO/epoxy Comeposite As Thermal-insulating Coating[J]. Composites：Part B，2011，42.

[7] 陈忠明．高温热力管道保温节能改造效果评价[J]．齐鲁石油化工，2013，41（3）：200-204.

[8] Su Gaohui，Yang Zichun，Sun Fengrui. Theoretical Study Of The Opacifier's Influence On The Thermal Radiation Characteristics Of Silica Aearogel[J]. Journal Of Harbin Enginerring University，2014，35（5）：642-648.

[9] 苏高辉，杨自春，孙丰瑞．遮光剂对SiO₂气凝胶热辐射特性影响的理论研究[J]．哈尔滨工程大学学报，2014，35（5）：642-648.

[10] 李建涛，韩冰正．硅气凝胶/空心玻璃微珠保温涂料的研制[J]．涂料工业，2013，43（7）：24-28.

[11] Hegeveld D W，Mathison M M，Braun J E，et al. Review Of Modern Spacecraft Thermal Control Technologies. Hvac&R Res，2010，16：189-220.

[12] 何雅玲，谢涛．气凝胶纳米多孔材料传热计算模型研究进展[J]．科学通报，2015，60（2）：137-163.

[13] 杨世铭，陶文铨．传热学[M]．北京：高等教育出版社，2006.

[14] 刘育松．纳米孔绝热材料的传热机理及热设计[M]．北京：北京科技大学，2007.

[15] 杜红波，张琳萍，毛志平，等．新型环保隔热涂料的研究[J]．涂料工业，2010，40（3）：53-60.

野战弹药仓库综合防护效能量化分析

满海涛，李永刚

（72373 部队，河南偃师 471900）

摘　要： 采用综合防护思想，构建出野战弹药仓库综合防护体系指标模型，运用集对分析与对策论相结合的方法依据多指标综合分析，进行了野战弹药仓库综合防护效能的实例计算，为指挥员战时开设野战弹药仓库提供数理依据。

关键词： 野战弹药仓库；综合防护；效能

0　引言

随着信息技术在军事领域内日渐广泛的应用，外军"发现-定位-跟踪-瞄准-打击-评估"的打击链模式已经日趋完善，使用精确打击武器、新型毁伤机理武器对弹药仓库的威胁与日俱增，因此探索野战弹药仓库综合防护性能的量化方法，能够有效保存实力、预留反制力量，在一定程度上决定着战争的进程与结局。探索实战条件下弹药仓库开设的新模式，是用实际行动落实习主席强军目标的实际举措，也是提高部队战场生存能力的现实需要。

对策理论主要解决的是在敌行动不确定情况下作战决策的方法，多用于敌我双方的对抗性量化。对策论以假设或称预测为出发点，对双方可能采取的各种行动及其可能性作全面的分析和估计，是关于相互影响的各种决策的研究。它分析的是无法完全预测其决策结果的理性决策者个体之间的相互作用。

集对分析法（Set Pair Analysis，SPA）是一种新的不确定性理论，基本概念是集对及其联系度。通常研究两个或多个集合对中共有属性的相同、相异和相反的程度，实质是一种新的不确定性理论，其核心思想是把被研究的客观事物之间的确定性联系和不确定性联系作为一个确定不确定系统予以辩证地分析和数学处理，并将不确定性和确定性作为一个系统进行综合的分析，体现出系统、辩证与数学的三大特点，在这个确定不确定系统中，确定性和不确定性相互联系、相互影响、相互制约，并在一定条件下相互转化。其关系可通过联系度公式 $\mu(w)=A+Bi+Cj$ 来统一地描述各种不确定性，从而把对不确定性系统的辩证认识转化为具体的数学工具。该方法注重从事物的正反两方面考虑问题，将数学思想与辨证的观点有机地进行了融合，充分刻划出其他方法中宜被忽略的不确定性，构建的模型更接近于所研究的对象。

本文针对野战弹药仓库综合防护效能量化分析问题，将对策论与集对分析法相结合，参考对策论关于敌我双方打击与伪装对抗的客观性，构建出集对分析中解决问题所需的集对，解决了集对构建的科学性，同时也将辩证的思想融入对策论的计算，使得计算结果更加客观、精准。

1　体系结构

野战弹药仓库综合防护效能是指，实战环境下弹药仓库采取多种手段开设所涉及的防护、伪装、转移、通联等保持持续战斗力所采取的防护措施及相应活动的统称。针对敌火力打击与信息攻击这两种作战手段，防护可分为实体防护与信息防护两个方面。实体防护是指通过工程作业等一系列战术动作，提高弹药仓库抗敌火力打击对实体毁伤的能力。它是弹药仓库在遭敌火力命中后提高防护能力的主要措施，是提高自身生存能力的重要方面。信息防护是指为了降低敌方信息打击而采取的防护行动。依据信息战的定义对信息攻击的防护可以理解为，为避免或减少敌方信息攻击对已方的损害而采取的各种措施。

面对敌多样化的打击手段，弹药仓库需针对信息攻击与火力打击等不同的毁伤机理采取相对应的综合防护，使敌打击对我弹药仓库的毁伤降到最低，有效保持战斗力，因此构建了野战弹药仓库综合防护效能体系结构，如图1所示。

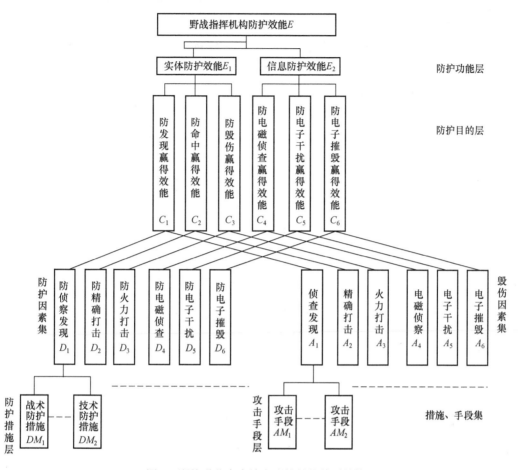

图1 野战弹药仓库综合防护效能体系结构

整个综合防护体系分为4层：第1层是防护功能层，对应火力打击与信息攻击两种打击方式将野战弹药仓库的防护分为实体防护与信息防护两种不同功能的防护；第2层是防护目的层，主要为防护中所采取的各项战、技术措施对防护因素的赢得效能；第3层是防护过程因素集，从对策论和集对分析的角度，将防护因素集与毁伤因素集建立一一对应的二人对策；第4层是措施（手段）集，未列出具体的措施（手段），主要是考虑到措施（手段）的复杂性和多样性，但是这样做并不会影响下面的研究，并且在对特定的对策集进行研究时可以加入具体的措施（手段）。

2　模型分析

野战弹药仓库的防护综合效能 E 为

$$E = 1 - \prod_{i=1}^{6}(1 - C_i)^{\alpha_i} \qquad (1)$$

式中，α_i 为 C_i $(i = 1, 2, \cdots, 6)$ 的权重值；C_i 为防护实施中各类防护措施影响因素的赢得效能值，其求解过程：

（1）建立矩阵对策模型。

$$G = \{S_{DM}, S_{AM}, A\} \qquad (2)$$

式中，D_i、A_i 为局中人，分别表示第 i 个防护方和第 i 个毁伤方；S_{DM}、S_{AM} 为策略集，分别表示第 i 个防护方的防护措施集和第 i 个毁伤方的毁伤手段集；A 为 D_i 的赢得矩阵，对任一个局势（DM_i, AM_j），都存在一个赢得值 a_{ij}，A 可以表示为 $(a_{ij})_{m \times n}$。

（2）确定一个局势的赢得值 a_{ij}。

应用专家评价和联系度相结合的方法确定局势（DM_i, AM_j）的赢得值 a_{ij}。分别统计 N 名专家中将该局势评为"好""较好""一般""较差"和"差"的专家数，假设为 g 名、q_1 名、q_2 名、q_3 名和 d 名，可得赢得值 a_{ij}：

$$a_{ij} = \frac{g}{N} + \frac{q_1}{N}i_1 + \frac{q_2}{N}i_2 + \frac{q_3}{N}i_3 - \frac{d}{N} \quad (3)$$

式中，$i_k(k=1,2,3)$ 根据防护目标的重要程度不同可以在 $[-1,1]$ 范围内取值，目标的重要程度越高 i_3 越接近 -1，目标的重要程度越低 i_1 越接近 1。

在对策论中，A 为赢得矩阵，要求 $a_{ij} \in [0,1]$，并且 a_{ij} 的取值要符合零和原则，即 D_i 的赢得和失去之和为 1。这就需要对式（4）的计算进行区分。

以对重要目标防护为例，假设 $1/2 > i_1 > 0$ 且 $-1 < i_2 < i_1 < 0$，则 a_{ij} 的取值为

$$a_{ij} = \frac{\frac{g}{N} + \frac{q_1}{N}i_1}{\left(\frac{g}{N} + \frac{q_1}{N}i_1\right) + \left|\frac{q_2}{N}i_2 + \frac{q_3}{N}i_3 - \frac{d}{N}\right|} \quad (4)$$

式中，$| \ |$ 为取绝对值。

同理，可以得到求取赢得矩阵的赢得值 a_{ij} 的普遍性公式。当 $i_k(k=1,2,3)$ 确定后，式（4）化简为

$$a_{ij} = l + b_1 + b_2 + b_3 - f \quad (5)$$

式中，$b_s = \frac{q_s}{N}i_s (s=1,2,3)$；$l = g/N$；$f = q/N$。

$$a_{ij} = \frac{l + \sum b_t}{(l + \sum b_t) + \left|\sum b_r - f\right|} \quad (6)$$

式中，$b_t \geqslant 0$；$b_r \leqslant 0$。

（3）求得防护措施各影响因素的赢得效能 C_i。

在确定了赢得矩阵 A 后，运用前面对策论求策略解的方法求赢得效能 $C_i = V$。

通过判断公式 $\max_i \min_j a_{ij} = \min_j \max_i a_{ij} = a_{i^*j^*}$ 是否成立，如果成立，最优策略解为 (DM_{i^*}, AM_{j^*})，DM_{i^*} 为防护方 D_i 的最优防护措施，AM_{j^*} 为毁伤方 A_i 的最优毁伤手段，D_i 的得益为 $V = a_{i^*j^*}$；如果 $\max_i \min_j a_{ij} = \min_j \max_i a_{ij} = a_{i^*j^*}$ 不成立，构建 D_i、A_i 的混合策略集 S_{DM}^*、S_{Am}^*，经计算，可以得混合策略 X^*、Y^* 为 D_i、A_i 方的最优混合策略，D_i 方的得益为 $V = E(X^*, Y^*) = X^* A(Y^*)^{\mathrm{T}}$。

3 实例计算

假设野战弹药仓库为应对敌综合火力打击，为保持有生力量采取了一系列综合防护手段用以提升综合防护能力，综合防护体系结构如图 1 所示，计算在信息对抗条件下该野战弹药仓库的综合防护效能。

3.1 计算各防护措施的影响因素的赢得效能值

计算各防护措施的影响因素的赢得效能值 $C_i(i=1,2,\cdots,6)$，以实体防护措施为例，求野战弹药仓库应对敌火力毁伤摧毁的赢得效能值，如图 2 所示。

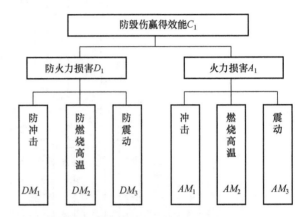

图 2　防火力毁伤赢得效能层次结构图

抽组部队指挥员、各业务部门的参谋与防护领域专家对此策略集中的每个局势进行评价，评语分别是"好""较好""一般""较差"和"差"。统计评价情况，如表 1 所列。

表 1　野战弹药仓库防实体损害赢得效能
局势集的评价表

评价情况	各评语的专家数				
局势	"好"	"较好"	"一般"	"较差"	"差"
(DM_1, AM_1)	5	2	1	1	1
(DM_1, AM_2)	2	3	2	1	2
(DM_1, AM_3)	2	1	2	2	3
(DM_2, AM_1)	1	1	3	4	1
(DM_2, AM_2)	3	2	2	2	1
(DM_2, AM_3)	0	1	2	2	5
(DM_3, AM_1)	1	1	3	4	1
(DM_3, AM_2)	1	1	4	3	1
(DM_3, AM_3)	6	2	1	1	0

根据式（5）可得赢得矩阵，即

$$A = \begin{bmatrix} a_{11} & a_{12} & a_{13} \\ a_{21} & a_{22} & a_{23} \\ a_{31} & a_{32} & a_{33} \end{bmatrix} = \begin{bmatrix} 0.78 & 0.5 & 0.35 \\ 0.29 & 0.63 & 0.03 \\ 0.29 & 0.32 & 0.93 \end{bmatrix}$$

由于，$\max_i \min_j a_{ij} = 0.35 \neq \min_j \max_i a_{ij} = 0.63$，则赢得效能 C_1 为混合策略的解，计算结果如表 2 所列。

表 2   计算示例的混合策略的解

我方 D_1 的最优混合策略	DM_1	DM_2	DM_3
	0.37	0.27	0.36
敌方 A_1 的最优混合策略	AM_1	AM_2	AM_3
	0.03	0.72	0.25
我方 D_1 的得益	0.47		

在假设条件下的防实体损害赢得效能 C_1 为 0.47。同理，在给出特定策略集的条件下可以求出其他的赢得效能 C_i（$i=2$，3，…，6）。

3.2   计算综合防护效能

在求得各防护措施影响因素赢得效能 C_i($i=1,2,\cdots,6$)后，需要确定图 1 中第一层和第二层指标的权重值。权重值可以用层次分析法和专家打分方法求得，也可以用专家评价和联系度综合得出。本研究仅为描述计算过程，直接给出赢得效能 C_i($i=1,2,\cdots,6$)、各级指标的权重值及除主动防护外各信息防护过程的效能值。

结合前面的计算，假设以下计算条件：

（1）赢得效能：$C_1=0.47$，$C_2=0.45$，$C_3=0.65$，$C_4=0.35$，$C_5=0.45$，$C_6=0.75$。

（2）指标权重：$w_1=0.1$，$w_2=0.2$，$w_3=0.25$，$w_4=0.15$，$w_5=0.15$，$w_6=0.15$。

$\alpha_1=0.2$，$\alpha_2=0.2$，$\alpha_3=0.15$，$\alpha_4=0.15$，$\alpha_5=0.15$，$\alpha_6=0.15$。

由式（1）可以求得，主动防护过程中各措施效用为

$$E = 1 - \prod_{i=1}^{6}(1-C_i)^{\alpha_i}$$
$$= 1 - (1-0.47)^{0.2} \cdot (1-0.45)^{0.2} \cdot (1-0.65)^{0.15} \cdot$$
$$(1-0.35)^{0.15} \cdot (1-0.45)^{0.15} \cdot (1-0.75)^{0.15} \approx 0.54$$

即野战弹药仓库采取多种综合防护措施在对抗敌打击时，综合防护效能可以达到 0.54，从对策论的角度看，这时野战弹药仓库的采取的综合防护手段所达到的能力略强与对手采取多种样式综合打击的能力。

4   结束语

野战弹药仓库的功能发挥属于强对抗性领域，精确打击与综合防护的矛盾发展迅速，在所有的作战样式中也日渐普遍。随着电磁领域打击手段的提高，且伴随信息广泛地渗透入各个空间、角落，防护方仅依靠传统的物理防护已经无法满足防护的需要，因此要避免和减轻被敌方袭击所造成的损坏，保持持续战斗力，就要在坚固的物理防护措施上加强对信息防护的研究才能适应未来的信息战争。

参 考 文 献

[1] 杨满喜等. 体系作战能力评估[M]. 国防大学出版社，2016.

[2] 李策著等. 军事运筹基本方法[M]. 北京：解放军出版社，2004.

[3] 马亚龙等. 评估理论和方法极其军事应用[M]. 北京：国防工业出版社，2013.

[4] 李红星. 集团军防空兵抗击能力论证[D]. 防空兵指挥学院，2005.

[5] 陈小青等. 集对分析方法在综合防护研究中的应用[J]. 军事运筹与系统工程，2004（4）：7-12.

[6] 赵克勤. 集对分析及其初步应用[M]. 杭州：浙江科学技术出版社，2000.

合成旅战时弹药保障防护问题研究

闫　浩，刘学银

（陆军装甲兵学院蚌埠校区，安徽蚌埠 233050）

摘　要：本文分析了合成旅战时弹药保障安全防护的重要性，界定了弹药保障行动中伪装防护、疏散防护和迷惑防护的概念，提出了这三种防护方式的具体方法。

关键词：合成旅；弹药保障；防护

0　引言

弹药保障能力是部队战斗力的基本要素，不仅影响作战进程，也在一定程度上决定着作战的胜负。在以信息主导、体系支撑、精兵作战、联合制胜为主要特征的信息化战争中，火力主战、精确打击的地位作用愈加凸显，使得弹药消耗特别是高新技术弹药消耗明显增加，弹药保障的任务更重，技术要求更高。弹药保障链路已深度融入并深刻影响作战体系。由于链路本身的复杂性和脆弱性，使得弹药保障受制因素更多，安全防卫问题更为突出，成为作战体系中的薄弱环节，组织实施难度越来越大。

重型和中型合成旅建制内既有坦克装甲车辆等直瞄武器，也有压制武器、防空武器、反坦克武器和轻武器，攻防作战节奏快，耗弹装备种类多，弹药消耗量大，对弹药保障链路的依赖性更强，弹药保障的安全防卫问题更加突出。弹药保障的安全防卫包括被动的防护和主动的战斗防卫，本文研究防护问题。合成旅作战弹药保障的防护重点是做好弹药储备和弹药运输时的防护，主要可采取伪装防护、疏散防护、迷惑防护等方法。

1　伪装防护

1.1　基本概念

伪装是最好的防护手段之一。严密巧妙地伪装防护可使目标与周围背景融为一体，降低敌侦察效果。伪装防护的方法主要有利用地形伪装、利用植被伪装、采用迷彩伪装、利用遮障伪装、利用烟幕伪装、利用电子伪装、设置假目标伪装、利用灯火音响伪装等。目前，合成旅广泛使用的伪装防护器材有反激光反红外反雷达伪装防护网、伪装涂料、吸波材料、发烟器材、模拟器材和反雷达角反射器等，大部分的装甲车辆自身还装备有热烟幕和烟幕弹。

1.2　战术级野战弹药仓库的伪装防护

1.2.1　野战弹药仓库伪装防护的重点部位

野战弹药仓库在选址时，一般均选择伪装防护条件较好的地点，如自然山洞、树林、防空洞、废弃建筑等场所。这些场所本身处于与周围景物和建筑和谐的自然状态之中，一般不需另外进行很大的伪装，其重点的伪装部位是对装卸场地和附近的道路进行伪装，使敌难以发现是野战弹药储备的场所和弹药的保障行动。

1.2.2　野战弹药仓库的伪装防护方法

野战弹药仓库可采取变形伪装、植被伪装、示假伪装、误导伪装、利用地形地貌伪装等多种方法进行伪装。对合成旅的战术野战弹药仓库，因受战场环境和时间限制，不可能预先选择或者不一定有良好伪装防护的场所。应该因地制宜地利用自然条件和地形地貌进行变形、造型等方法进行伪装。变形伪装和造型伪装，就是要采用各种方法把弹药堆垛、装卸场地和附近的道路改变或造成与周围的山坡、草地、沟坎、土丘、房屋、建筑物等地形地貌相似的形状和景物，与当时当地的自然环境融合起来，使敌人难以发现目标。变形伪装和造型伪装的关键是要把所变的"形"和造的"型"必须与周围的自然环境和谐，不能让人感到奇怪和突然。

1.3 运输车辆的伪装防护

运输是弹药保障的动脉，是实施弹药保障活动的主要行动。因此，对弹药运输车辆要认真进行伪装防护。弹药运输车辆的伪装防护方法比较简单，主要有：

（1）汽车运输时可加盖盖布和伪装网，或者在车体上插些树枝的办法进行伪装。

（2）火车运输时，如果用棚车运输，在运力允许的条件下，可与其他明显的民用物资（如木材、煤炭、棉布等）混编列车；如果用敞车运输，可在最上面装上一层民用物资；如果是弹药专列，也均可按上面的方法伪装。

（3）汽车车队应有武装人员押运，组织好相应的防护火力。

2 疏散防护

2.1 基本概念

疏散（亦称分散）防护，是指对弹药配置、运输时采取多点多路、多时段分散行动，以分散敌人的火力，减少弹药损失的一种防护方法。在弹药保障过程中，疏散防护要做好以下两项工作：一是要做好储备弹药布局的"二次分散"；二是做好弹药品种和堆垛的分散储存。

2.2 储备弹药布局的"二次分散"

2.2.1 机动分散

机动分散，就是将弹药装在机动运输工具上分散到隐蔽的地方待命。机动分散适用于机动运输工具较充分的情况下采用，将弹药仓库的部分弹药在受到袭击前，分散成若干个"装在轮子上的活动仓库"，进行分散隐蔽，随时可实施机动转移和对作战部队实施机动支援保障。

2.2.2 野战定点分散

野战定点分散，就是预先选定若干隐蔽的便于储存和运输的"点"，在储备仓库可能受到袭击前，将库存弹药分散到预选的各储存点上。这些点可以是民用仓库、人防工事、民防设施，也可以是野外合适地方、自然山洞等。这些点的选择应靠近部队和重点目标，以便警卫和保障。

2.3 弹药品种的分散储存和分散堆垛与停放

2.3.1 弹药品种的分散储存

所谓弹药分散储存是指同一种弹药要分散到若干个仓库储存。特别是平时储量较少，但战时又能发挥重要作用的弹药。例如各兵种的精确制导弹药、特殊用途弹药等，平时储量较少，但又能发挥重要作用，基本上都相对集中储存，这样可以便于管理。但是面对强敌的精确打击，我们不得不考虑，如果对上面所述的弹药过度集中储存，一旦遭袭击受损后，便有可能造成整个方向上某种弹药断供的危险。为此，对此类弹药的储存不能只考虑平时管理的方便，而要从战时可能和实际出发，对其进行适度分散储备。某种弹药数量的多少，只影响保障程度，而品种的缺少却影响某个方面的作战能力。因此，对于储备数量少，而又对作战的某个方面起重要作用的弹药必须分散到至少三个以上仓库储备。这样做的好处是：一是即使一个仓库被毁，最多也只能损失 1/3，不至于发生遭袭击被"一窝端"后全部断供的可能发生。二是可以形成多个储备仓库均有整体的综合保障能力，便于实施综合保障和就近保障。

2.3.2 分散堆垛与停放

对于"二次分散"出去的弹药和部队在战场环境下储备的弹药，在配置地域和分散地域内的弹药堆垛和车辆停放也要分散，条件允许时，每堆（车）的距离不小于 30～50m，使一发普通炮弹不能同时毁掉两堆（车）弹药。

3 迷惑防护

3.1 基本概念

迷惑是指采取各种假象迷茫敌人，使敌造成错觉，从而达到隐蔽自己的真实意图和行动的一种防护方法。具体的迷惑方法可采取目标迷惑、行动迷惑、信息迷惑等方法。目标迷惑主要是指对相对固定的弹药目标采取的保护措施。目标迷惑主要可采取主动迷惑和被动迷惑两种情况，目标迷惑主要可采取设置假目标的方法迷惑敌人，引敌上当。行动迷惑是指采取不符合一般规律的、敌人意想不到的、变化莫测的行为和动作迷惑敌人的一种方法。信息迷惑是指故意使用真真假假、虚虚实实的信息，让敌人真假难分、虚实难辨，造成其错觉混乱和错误判断的一种防护措施。

3.2　目标迷惑

3.2.1　主动迷惑

主动迷惑是指在弹药配置和弹药保障活动开始前，我预先设置假目标的行动。主动设置假目标不一定太暴露、太明显，可采取半隐半露的假目标，对敌人可能更具有诱惑力。主动设置假目标的地点要合适，要在敌人可能判断适合我组织弹药储备和保障行动的地域设置假目标，才更易使敌人上当。在自然防护条件好和敌人意想不到的地点，只要我弹药目标和保障行动未被敌人发现，则不需采用"此地无银三百两"的方法主动设置假目标。

3.2.2　被动迷惑

被动迷惑是指我弹药目标和保障行动已被敌人发现而被动采取的迷惑行动。如果我弹药目标或行动被敌人发现或怀疑而遭轰炸且一时无法转移时，可临时利用空弹药箱在合适的地点（至少距真目标 60m 以上）设置半隐半露的假目标引敌轰炸，或在敌轰炸时点燃预先准备好的可燃物，误导敌轰炸目标和精确导弹的炸点等真真假假、虚虚实实的目标和行动迷惑敌人，保护自己。

3.3　行动迷惑

行动迷惑的核心是"奇"。如在苏联卫国战争的一次战斗开始时，苏军突然打开全部探照灯照向敌方，刺激敌人睁不开眼睛，最多也只看到一片强光而看不到目标，只有被动挨打。在我军长征和抗美援朝的作战中，也有许多打破夜间行军的常规，在完全暴露的白天去掉伪装，大摇大摆行军，使敌人误认为是自己人的案例。这些迷惑行动都收到了迷惑敌人、保护自己的奇效。在弹药保障中，也可以采取一些行动迷惑敌人，保护自己。具体来讲：

在敌人对我野战弹药仓库轰炸后，可采取一些行动故意夸大敌人轰炸的效果，并暂时停止我弹药保障活动，给敌人造成我目标已经完全被毁或消失的假象。

在我运输弹药的车队被敌人发现遭袭击时，我车队除应采取拉大距离、寻找隐蔽位置隐蔽外，还可采取突然加速又突然停车的方法躲过敌人袭击，夜间也可以采取开灯行驶又突然闭灯继续行驶或停驶的办法，使敌人搞不清目标的真实位置。

行驶在路上的弹药运输车辆，在得到防空警报后，如果时间允许，路面较宽时，也可迅速让车队调头或改变方向，让敌人误认为是返回车辆或误判方向。

在弹药储备和装载地域，可以设置一些假行动和假目标（如停放一些废旧车辆制造成坏车收集点的假象），降低目标的重要性，隐蔽真实目标的真实性质。

在弹药储备和装载地域周围，制造一些车辆或其他方面的奇怪行动，让敌人摸不清我真实的企图等。

3.4　信息迷惑

3.4.1　保护我方真实信息

保护我方真实信息的方法主要有四种：一是在各种信息传递时，应坚持使用密码、暗语、暗号、代号，不准使用明语；二是在计算机系统上设置防火墙，安装杀毒软件和干扰器，防止敌人进行病毒攻击和破坏、盗取计算机内的内容；三是不断改变通信频道和频率，不让敌人掌握规律；四是关键时实施无线电和有线电静默，让敌人得不到任何信息。

3.4.2　保证信息装备和传递的安全

保证信息装备安全的主要方法是无规律地不断改变信息装备的位置，使敌人的卫星定位系统不能准确地确定我通信装备的位置，也就无法对我实施精确定点打击。在短距离的安全范围内，可采取人员传递信息的方法进行信息传递。例如，在弹药配置地域内，可将信息收发装备设置在距指挥所几十米远的地方，将收发的信息用人员在收发装备和指挥所之间传递。

3.4.3　故意发布假信息

为了迷惑敌人，我们可以故意而又不引起敌人怀疑地发布一些假信息，诱使敌人上当或做出错误的判断，打乱敌人的作战计划，暴露敌人的作战企图，消耗敌人的作战能力和物资。

以上各种防护方法有些是互相交叉而不能严格区分的，在运用时大多是同时采取两种以上的方法综合应用，在具体运用时，既要根据当时的具体条件和环境，又要制造条件，积极主动地进行弹药保障防护。

五、弹药导弹质量监控体系构建

陆军导弹质量监控信息管理平台研究

宋祥君，李万领，陈　鹏，黄文斌

（陆军军械技术研究所，河北石家庄 050000）

摘　要：本文根据陆军导弹战术技术特点，结合装备保障体制机制，研究了基于 SOA 架构的质量监控信息集成开发方案，探讨了基于 WCF 的标准程序模块设计方法，构建了包括生产制造、部队监测、专项监测、延寿整修和陆军综合等 5 部分组成的导弹全寿命分布式质量监控信息管理平台，制定了业务流程，为陆军导弹质量监控信息化采集、传递和管理提供了技术途径。

关键词：SOA 架构；导弹；质量监控；信息管理

0　引言

陆军导弹武器系统是陆军装备的重要组成部分，编配的范围越来越广、数量越来越大，已成为陆军部队的主要作战装备。导弹属于高技术精确制导弹药，集光、机、电、化工等技术于一体，其质量监控的技术更复杂、难度更大、信息管理要求更高，导弹质量监控信息的采集、传递与管理等，面临着多源信息集成运用、异构数据规范共享传输、质量信息深度挖掘、层级管理规范运行等建设难题。立足于单枚导弹全寿命电子履历信息管理的核心思想，着眼陆军弹药导弹精确化保障、信息化管理的发展需要，研究了基于 SOA 系统架构的导弹质量监控信息管理平台设计方案。

1　技术路线

1.1　设计原则

1）架构合理

拥有完全自主知识产权，系统实行模块化结构、软件接口开放，能够随时根据用户的实际需求进行功能拓展或量身定制，能够将各种功能模块灵活搭配和挂接。

2）模块化设计

实现导弹质量监控全过程管理的相关功能设置，系统功能要覆盖各个业务阶段的实际业务过程，实现数据的流入和流出，充分体现了系统高度集成化的特点。同时，提供各种报表的自动生成。管理业务过程较多，过程复杂。系统设计和开发时，对整个过程业务进行梳理，形成模块化管理，实现系统功能的模块化组合设计。

3）操作简单

系统注重人性化设计，具有操作方便快捷、界面友好的特点。与一般数据库软件相比，数据库的管理更加方便，可在多个数据库间灵活地切换和操作；针对不同使用者的偏好，尽量满足个性化需求；面对非专业使用者，提供全面的使用帮助和操作向导。同时，系统提供了操作说明书浏览功能。由于该系统使用范围很广，使用用户类型广泛，用户的操作使用水平各异，因此设计时界面要友好，操作方便灵活、简单，通过简单浏览使用说明即可马上利用该平台开展工作。

4）稳定可靠

系统经过设计、测试、试用，不断改进，具有良好的可靠性和稳定性，支持各种主流操作系统和硬件环境，既能保证事务处理的一致性，又能保证管理的效率。

5）技术先进

该管理平台是一个全过程的管理，在各个环节的数据获取渠道很多。原有各个环节有很多的数据获取途径，如 WORD、EXCEL 等数据导入导出等。这些现有的系统架构各异，属于典型的异构环境，因此在系统设计和开发时，必须充分考虑异构数据环境的复杂性，采用先进的系统集成技术，既要保证整体的集成效果又要保证系统的易用性和可靠性。

6）可扩展性

随着管理业务的发展以及其他性能要求的提高，平台还可能和其他更多的系统或应用结合，所以要求系统有灵活性和扩展性。

1.2　技术途径

陆军导弹质量监控信息管理平台采用 C/S 结构，平台采用"SQLite+SQL SERVER"数据库作为基础的数据管理平台，系统开发语言采用 C#开发，数据接口采用基于 WCF 技术开发。

1.3　基于 SOA 的系统框架

SOA 作为一个组件模型，将应用程序中的不同功能单元（称为服务）通过对这些服务之间定义良好的接口和契约联系起来。接口采用中立的方式进行定义，独立于实现服务的硬件平台、操作系统和编程语言，使得构建在各种系统中的服务可以以一种统一和通用的方式进行交互。同时，SOA 提供了标准化的架构和信息资源整合的技术途径，在现有系统不做修改的前提下，将各个子系统的通用数据功能及业务功能转换或封装为服务，这些服务彼此相对独立并且可以进行组合，从而能有效地实现数据资源的整合系统架构。基于 SOA 架构的系统开发和集成框架如图 1 所示。

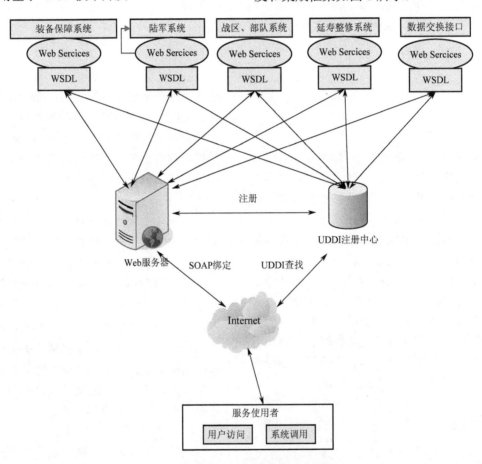

图 1　基于 SOA 架构的系统开发和集成框架

从图 1 可以看出，不论原有系统的平台、技术、数据结构的异构性多大，只要在对外接口上都用统一的对象模型 Web Services 进行封装或转换，通过工具或手动定义各自资源系统的 Web Services 接口描述 WSDL 文档，并把 WSDL 文档描述的内容映射到 UDDI 数据库中去进行分类管理，即在 UDDI 注册中心对各类 Web Services 进行注册。当别的子系统需要对这些数据进行访问时，甚至不需要进行

现有系统改造，通过对相关接口服务进行调用即可构建新的应用系统。

1.4　基于 WCF 的标准程序模块研制

WCF 是一种新的 Web 应用程序分支，是自包含、自描述、模块化的应用，可以执行从简单的请求到复杂业务处理的任何功能，一旦部署以后，其他应用程序可以发现并调用它部署的服务。图 2 展示了传统网络模式运行（蓝色虚线路线图）和基于 WCF 开发的模式运行（红色实线路线图）的对比示意图。可以看出，传统网络模式运行必须依赖标准系统（固化系统），而且数据的交换必须经过所有地域的系统；基于 WCF 开发的模式运行时可以不需要经过标准系统。本系统开发了基于 WCF 的标准功能程序模块，这些模块是基本业务标准化功能拆分的基本部分，能永久满足管理的基本信息要素，因此这些模块的开发奠定了二次开发和深层次开发的基础，能够很灵活地获得数据，同时可在不影响现有系统运行的基础上快速构建满足新的需求的管理系统或直接获取所需的远程数据，具有如下显著特点：

1）应用程序集成

由于管理系统开发涉及许多硬件和软件集成，这些软硬件都是典型的异构环境，通过 WCF 应用程序可以用标准的方法把功能和数据"暴露"出来，供其他应用程序使用。

2）软件和数据重用

软件重用是一个很大的主题，重用的形式很多，重用程度有大有小，最基本形式是源代码模块重用。WCF 在允许重用代码的同时，可以重用代码背后的数据。使用 WCF 时，就直接从远程调用了

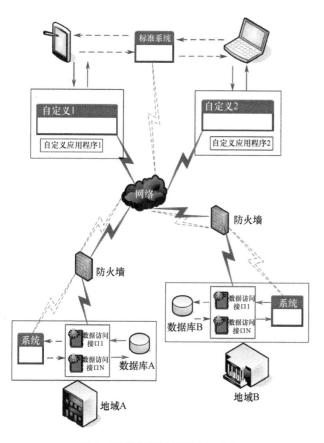

图 2　两种程序运行模式示意图

这些组件，同时这些组件自动从发布单位获取数据，从而实现了远程调用组件和数据的目的。

3）基于 XML 的消息处理

WCF 追求的是数据与系统互操作的可行方案，而不是代码移植的普通能力。WCF 使用基于 XML 消息作为数据通信的基本方法，它能桥接不同组件模块的系统、操作系统和编程语言之间的差异。开发者能够通过把来自不同资源的 WCF 编织在一起建立一个应用。

1.5　基于 XML 的数据交换协议研究

该系统包含多个子系统，而且各个子系统又相互联系，因此，系统之间或模块之间需要进行大量的数据通信和交换时，显得尤为复杂。由于 XML 是一种开放式的标准数据交换优秀的方式，因此系统在数据交换和通信时广泛采用 XML。它不但能在异构系统之间使用，而且能集数据和数据描述（结构）于一身，从而方便理解和加密传输。

在本系统中，广泛应用 XML 进行系统自定义设置，如数据更新、数据包制作、数据上报和分发等。XML 在系统中被广泛采用，使得系统的数据交换非常方便和灵活，为系统的稳定运行、系统的灵活性奠定了很好的基础。

1.6　用数据工厂模式进行多数据库系统数据访问开发

数据工厂主要是通过把数据库的连接做成一个抽象的工厂，如命名 DALFactory，程序中所有的数据库连接都通过这个工厂类来产生，用来负责根据配置文件，动态创建系统所需的数据访问逻辑对象。用户就不需要知道后台使用的到底是哪一种数据库，它只要调用接口就行了，在接口中定义了要使用的方法，当调用接口时会根据具体的情况再去调用底层数据访问操作。而现在这个 DALFactory 就是关键，当业务逻辑层要操作数据库时，DALFactory 会根据具体情况再去使用生成的程序集 SQLServerDAL 或者 AccessDAL 中的一个，这样做的好处是对于业务逻辑层程序不会因为底层数据访问的程序变动而受到影响，因为只需要在业务逻辑层中调用接口就行了。

由于该管理系统分为多个子系统，系统存放数据和需要访问数据都在异构环境，本系统数据库主要应用了 ACCESS、SQLite、SQL SERVER 等，而数据存储还使用了 XML、MICROSOFT EXCEL 和 TXT 格式，对异构数据的访问是系统必须面对的现

实,因此选择采用数据工厂模式对数据访问模块进行设计和开发,不仅极大地减少了开发工作量,也为将来的系统数据库升级提供了潜在的高效性和快捷。

2 体系结构

2.1 C/S 体系结构

陆军导弹质量监控信息管理平台主要使用对象主要包括部队管理人员、延寿整修各工序人员,这些人员相对固定,因此系统采用 C/S 结构。部队管理系统采用单机版,延寿整修系统采用网络系统,其结构示意图如图 3 所示。

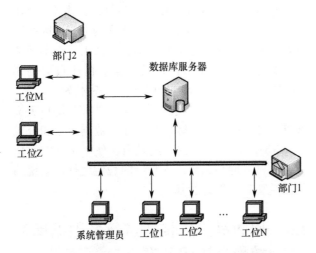

图 3 陆军导弹质量监控信息管理平台 C/S 结构示意图

2.2 软件组成图

陆军导弹质量监控平台包括生产制造信息管理系统、部队质量监测信息管理系统、专项质量监测试验信息管理系统、修理厂延寿整修信息管理系统和陆军级质量监控综合管理系统等 5 部分,其组成如图 4 所示。

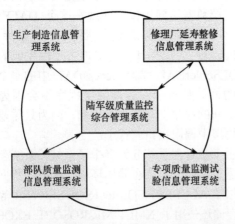

图 4 陆军导弹质量监控信息管理平台软件组成示意图

2.3 业务流程

主要区分导弹调拨业务流程、履历数据业务流程和延寿整修过程业务流程。

1）导弹调拨业务流程图

包括订货、交付验收、携装部队调拨、后方仓库调拨、导弹调修、修竣验收、部队打靶消耗和退役报废等业务环节,明确业务流程和制约机制,构建多环节并行工作的业务流程体系。

2）履历数据业务流程图

包括生产交验数据、库存技术维护数据、调拨数据、携行部队技术维护数据、使用数据、调拨数据、打靶数据、延寿整修各工位检测试验数据、修竣导弹验收数据以及专项试验数据等,明确相关机构的职能范畴和数据流转程序,形成导弹全寿命履历数据采集、传递和信息管理的基本模式。

3）延寿整修维修过程流程图

按照导弹延寿技术管理需求,以导弹延寿工艺流程为依据,从制定延寿计划开始,包括接收、组批、全弹检测、分解检查、部件检测试验、换件修理、原位修理、部件装配、部件测试、整弹装配、厂检、军检、交付验收例行试验、交付验收性能试验、交付打靶试验以及返回部队等环节,明确了导弹延寿各技术环节的工作内容,制定各工位质量数据采集的要求。

3 系统环境

3.1 系统硬件及操作系统配置

为保证系统运行时可以做到安全、流畅、稳定地运行各项服务,提出如下推荐配置:

项目	推荐配置				
	生制造系统	部队质量监测系统	专项质量监测系统	修理厂延寿整修系统	陆军级质量监控系统
CPU	1.6GHz 以上			2.4GHz 双核以上	
内存	1GB 或更高			2GB 或更高	
硬盘可用空间	5GB 或更高		2GB 或更高	10 GB 或更高	
操作系统	Windows XP 以上			Windows 2003 Server	Windows XP 以上

系统软件环境

项目	推荐配置				
	生产制造系统	部队质量监测系统	专项质量监测系统	修理厂延寿整修系统	陆军级质量监控系统
数据库系统	SQLite			SQL SERVER 2005 以上	
EXCEL	EXCEL 2000 以上				
WORD	WORD 2000 以上				

4 系统安全性设计

该平台部分系统架构复杂，系统功能多，而且使用用户广泛，因此如何设计系统的安全性是整个系统设计的一个重要环节。本系统采用了多重方式对安全性进行设计。

该平台部分系统可能有多个用户使用同一个系统，为此系统设计中，每个子系统采用了功能菜单权限，可以为每个不同的用户设置菜单操作权限，因此整个系统的用户角色权限控制是系统设计的一个重点和难点。这种设计保证了各个用户的相互独立性，同时解决了角色较多而带来管理不方便的难题。

参 考 文 献

[1] 邓大权, 宋祥君, 等, 通用导弹质量监控体系论证及信息管理平台研发技术报告[J]. 成果鉴定材料, 2014.

[2] 黄世海. 部队装备管理概论[M]. 北京：军事科学出版社，2011.

[3] 王雷, 降华. 基于 Flash 平台开发网络教学系统的研究[J]. 电脑开发与应用, 2015, 28（3）：20-22.

弹药质量监控体系架构研究

柳维旗[1]，苏振中[2]

（1. 陆军军械技术研究所，河北石家庄 050000；2. 沈阳理工大学装备技术研究所，辽宁沈阳 110159）

摘　要：针对弹药质量监控体系构成问题，本文提出了总体思路和由组织体系、技术体系、标准体系、法规体系及资源体系 5 部分组成的体系框架，并对构成体系的各个组成部分进行了阐述分析，提出了法规体系为统领、组织体系为保证、技术体系为手段、标准体系为遵循和资源体系为保障的弹药质量监控体系构成。

关键词：弹药；质量监控；体系

0　引言

为了保证国家安全，适应现代战争的突发性和弹药的高额消耗特征，和平时期必须储存相当数量的弹药。弹药在长期的储存过程中，由于受各种储存环境应力的影响，其储存安全性和使用可靠性都将不同程度下降，弹药总体质量状况会变差，甚至出现燃爆等重大危险。为了确保弹药的储存安全、可靠，系统研究弹药质量监控技术和管理方法，提高弹药储存质量水平是全军装备建设工作的一项重要内容。

弹药通常指含有金属或非金属壳体，装有发射装药、爆炸装药或其他装填物，能对目标起毁伤作用或完成其他作战任务（如电子对抗、信息采集、心理战、照明等）的军械物品[1]。弹药的燃爆特性决定了弹药质量监控是弹药管理工作的中心任务[2]。从建国以后几次局部战争来看，弹药储存质量是决定战争胜负的关键因素之一。为了全面加强弹药质量监控工作，提高弹药质量管理水平，系统地研究弹药质量管理理论、技术和方法，建立科学系统的弹药质量综合评定方法，系统解决弹药储存安全性和作用可靠性难题，具有十分重要的意义。

1　总体思路

弹药质量监控体系研究按照"理论研究先行，标准制度支撑，管理与应用并重"的研究思路进行，如图 1 所示。即在理论和体系研究的基础上，利用研究成果，构建弹药质量监控的标准体系，并以标准为依据，开展实际应用和管理研究，指导弹药质量监控工作的展开。

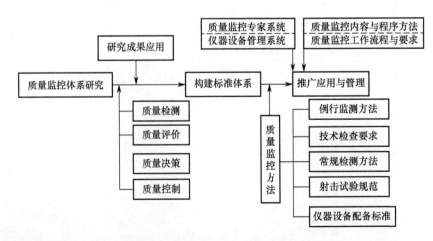

图 1　弹药质量监控体系研究构成图

2 弹药质量监控体系框架

弹药质量监控体系主要由组织体系、技术体系、标准体系、法规体系及资源体系 5 部分组成，如图 2 所示。

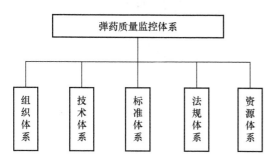

图 2 弹药质量监控体系构成

组织体系由弹药质量监控工作所涉及的所有职能机构及所属人员组成，是监控工作的实施主体。

技术体系和标准体系是弹药质量监控的技术依据，其中技术体系是指弹药质量监控的各工作环节中所应用的各种技术方法，在对这些技术方法进行规范后即成为相关的技术标准，因此标准体系又成为技术体系的载体，两者的关系十分密切。

法规体系中包括用于弹药质量监控的各类行政命令、法规和文件，其作用是规定弹药质量监控的任务和目标，下达监控机构和人员编制，确定任务分工，明确监控工作机制。

资源体系则是弹药质量监控工作的基础手段，包括开展弹药质量监控所需的各种设施、设备、器材、计算机软件、经费以及科研、训练等。

综上所述，弹药质量监控的实质是，从事弹药质量监控的机构、人员，在相关基础理论指导下，按照规定的职责和分工，依据相关技术标准和方法，应用各种技术手段，对弹药开展质量检测、质量评价和质量决策的一系列活动。弹药质量监控体系则是用于完成这一管理活动的软硬件基础。

3 弹药质量监控体系分析

3.1 弹药质量监控的组织体系

弹药质量监控组织体系在空间层次上分为 3 级，基地级侧重评价和决策功能、基层次侧重检测和控制功能，中继级则介于基地级和基层级之间；在功能上分为检测机构、评价机构、决策机构和控制机构 4 类。在 4 类机构中，决策与管理机构处于整个体系的领导地位，除承担分工的弹药质量监控

决策任务外，还负责对整个弹药质量监控工作的计划、组织以及对同级其他机构工作的领导或指导；其他机构则在同级决策管理机构的领导和组织下，完成各自承担的质量检测、评价或控制任务。

3.2 弹药质量监控的技术体系

弹药质量监控的技术体系由检测技术、评价技术、决策技术和控制技术组成，如图 3 所示。

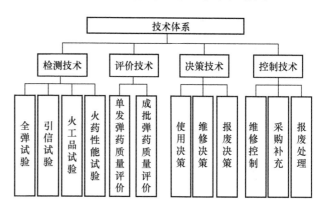

图 3 弹药质量监控技术体系

3.3 弹药质量监控的标准体系

与技术体系相对应，构建的弹药质量监控标准体系由决策标准、评价方法标准、检测方法标准和控制方法标准四类组成，空间上分为层次、类别和对象三维，如图 4 所示。

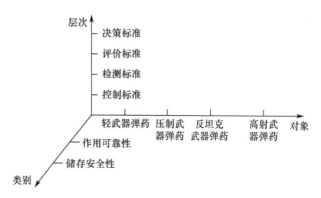

图 4 弹药质量监控标准体系

3.4 弹药质量监控的法规体系

由于弹药质量监控工作涉及检测、评价、决策和控制等多个层面，因而弹药质量监控法规体系中的顶层法规，主要规定弹药质量管理与监控的对象、内容、任务、指导思想，任务分工以及对质量检测、质量评价、质量决策与控制、质量问题处理等工作的总体要求。其他下层规定则专门就质量监控的各项工作提出具体实施要求。

3.5　弹药质量监控的资源体系

弹药质量监控的资源体系是该项工作的基础手段和必备条件，包括开展弹药质量监控所需的各种设施、设备、器材、计算机软件、经费以及科研、训练等软硬件资源条件。

4　结论

综上，以法规体系为统领、组织体系为保证、技术体系为手段、标准体系为遵循和资源体系为保障所构成的弹药质量监控体系，运行高效，作用显著。

（1）以技术标准的形式规范各单位及时开展弹药质量检测，准确掌握储存弹药的质量状况，合理制定弹药使用计划，确保供应部队的弹药质量可靠，为部队各项作战和训练任务的完成提供有力保证。

（2）根据质量检测结果，做到准确评定弹药质量等级，对质量明显下降，战术技术性能不能满足使用要求的弹药，提出修理和报废计划，并实施相应的技术处理；对不能保证储存和使用安全的弹药，及时进行销毁处理。

（3）开展新型弹药储存可靠性研究，掌握各类弹药的储存特性和质量变化趋势，为切实落实"用旧存新、用零存整"的弹药使用原则提供可操作的依据。

参 考 文 献

[1] 王儒策，赵国志，杨绍卿. 弹药工程[M]. 北京：北京理工大学出版社，2002.

[2] 李明伦，李东阳，郑波. 弹药储存可靠性[M]. 北京：国防工业出版社，1997.

防化弹药类危险品质量监控方案探讨

张兴高，安文书，郝雪颖

（防化研究院功能材料研究所，北京 102205）

摘　要： 由于防化弹药的特殊性，其质量监控工作原未纳入通用弹药质量监控体系。随着改革进程推进，各兵种弹药统一管理是一大趋势，为此，本文讨论了防化弹药类危险品质量监控时机、方案等，概述了工作流程和内容，为今后工作开展提供参考。

关键词： 弹药；危险品；质量监控

1　研究目标和必要性

防化弹药类危险品主要包括手榴弹、火箭弹、发烟罐等装备，结构、使用方式与通用弹药类似；但由于装药特殊，结构相对复杂，影响质量的关键因素与通用弹药不完全相同，有必要详细研究其质量监控建设方案，确保装备可靠储存，安全使用。

防化弹药类危险品质量监控应以生产过程质量合格为前提，以储存过程质量合格为重点、以使用过程质量合格为目标，覆盖弹药生产、储存、使用全过程。

对防化弹药类危险品生产过程进行质量监控，确保生产过程受控、产品保持定型的技术状态、质量管理体系运行有效；对储存过程进行质量监控，确保储存过程受控、装备保持交付的技术状态，确保装备可靠储存。对使用过程进行质量监控，预判质量状态、确保使用安全。

2　质量监控的时机

按照功能对防化弹药类危险品进行分类，主要有发烟弹、燃烧弹、防暴弹、发烟罐等，由于其设计结构不同，对储存安全性要求不同，导致质量监控时机不同，区分生产、储存、使用等过程后的监控时机如表 1 所列。前期研究过程中发现，防化弹药约在储存期 2/3 时内含药剂性能易发生改变，故以储存年限的 2/3 为界，区别对待。

表 1　质量监控时机

种类	储存年限	监控时机（前 2/3）	监控时机（后 1/3）
发烟弹	10 年	1 次/5 年	1 次/2 年
	15 年	1 次/5 年	1 次/2 年
燃烧弹	10 年	1 次/5 年	1 次/2 年
防暴弹	5 年	1 次/3 年	1 次/1 年
	10 年	1 次/5 年	1 次/2 年
发烟罐	10 年	1 次/5 年	1 次/2 年

3　监控规范、标准体系建设

3.1　生产过程的质量监控

3.1.1　生产单位监督

确认生产单位是否保持资质及质量控制能力，可通过军代表系统进行核实与监督。

3.1.2　生产过程质量监控

对列入当年采购计划的防化弹药生产过程进行质量监控，主要内容包括：

（1）产品设计定型文件齐全性，工艺文件、生产和检验作业文件齐全性，是否合理可行、内容翔实、工作内容细化、满足指导生产的需求。

（2）生产单位主管人员应了解产品特性，检验人员应具有相应资质，生产人员经过岗前培训，关键、特殊过程定人、定岗。

（3）生产环境满足产品特性需求。

（4）生产、检测设备和设施齐全完好，加工设备、系统运行正常，能满足批量生产的数量及质量要求。

（5）产品原材料采购是否在"合格供方名录"内，且采购过程受控，对外包重要件、关键件的生产实施了监控。

（6）原材料、外购器材入厂是否实施了检验验收，并按规定条件存放。

（7）生产计划中是否包含对完整过程质量控制的策划。

（8）工序过程控制手段是否齐全，关键、重要的控制是否在监控下，特殊过程是否经过确认，控制方法是否有效。

（9）成品检验验收是否在军代表监督之下，验收记录是否完整。

（10）产品包装与防护是否符合设计要求，临时储存库房的条件是否达标。

3.2　储存过程的质量监控

3.2.1　一般性质量监控

对储存于标准库房的防化弹药储存质量进行监控，主要内容包括：

（1）库房温湿度是否符合标准条件，其中防暴弹药库房温度不大于 30℃、相对湿度不大于 70%。

（2）库房温湿度监控情况，调控措施是否得当。

（3）库房储存容量和最大设计容量的符合性。

（4）防化弹药储存期间有无异常情况，如高温、漏雨、渗水、生物活动等。

（5）防化弹药定期检查情况记录，所检查弹药的批次、外包装、内包装情况，弹药外观状况。

（6）库存弹药登统计，调库、检测抽样、翻堆倒垛记录。

3.2.2　质量检查

（1）对照"制造与验收规范"检查弹药储存的堆垛形状和堆码高度；

（2）对储存防暴弹的库房，未通风情况下进入库房，感觉是否有特殊气味，逐批次抽样，对样品内、外包装进行检查，并再次抽样启封检测弹体，对样品内外包装进行检查，检查人员应佩戴口罩、手套，在隔离状态下开封检测，对手榴弹检测过程需握紧握片，对其他弹药应确保击发机构保险帽处于勤务状态位置；

（3）对储存刺激类防暴弹药的库房，未通风情况下进入库房，判断视觉、嗅觉是否有刺激感，逐批次抽样，并再次抽样启封检测弹体，检查人员应佩戴口罩、手套，在隔离状态下开封检测；

（4）对发烟罐应主要对外包装、表面锈蚀情况进行目视检查，检查遥控器通信状况、电池电量等，测试点火电路通断情况；

（5）对磷基燃烧弹应集中隔离存放，待销毁处理；

（6）对三乙基铝燃烧弹，开封后检查弹体密封情况，壳体表面状况，发动机点火具导线和发射后筒导线柱、导电片状况；

（7）对发烟弹，检查包装箱、包装发射筒完整情况，抽样开封检查弹体，对弹头、弹底、尾翼、发动机点火具导线、发射后筒导线柱和导电片状况等连接处重点检查，对弹体表面状况目视检查，用 40mA 以下电流检查通路电阻，通电时间小于 10s；

（8）检查过程中，严禁将弹药立放或倒放。

3.2.3　性能检测

根据年度任务安排和库房实际条件，确定是否对抽检样品进行试验验证，对不同种类、不同批次产品应分别开展试验，并记录主要试验情况。

（1）防暴弹药检测后样品应在开阔地区、上风处投掷或枪抛处理。

（2）燃烧弹、发烟弹落弹区、发烟罐布设区应无浓密、干燥植被及易燃品。

（3）记录各产品试验情况，主要为终点效应、试验燃烧火种范围、烟幕遮蔽范围、防暴剂浓度等指标。

3.3　使用过程的质量监控

主要针对部队存放的防化弹药类危险品定期进行质量监控，重点解决使用中存在的问题，记录存放、演习中出现的异常状况。

3.3.1　使用过程质量数据收集

（1）收集记录现有弹药数质量状况。

（2）收集记录训练演习时出现的故障弹药处理情况、弹药批次、存放、携运行情况等。

（3）收集记录批次弹药参加训练、演习时的携运行情况、存放条件等使用数据，做好登记统计。

（4）收集记录队属库房弹药存放条件，设施是否完备等。

3.3.2　使用过程质量检查

受部队职责、现场检查设备等多方面影响，使用过程的检查以目视检查、便携式工具检查为主，不进行大规模现场检测，检查过程短平快，不应影响部队训练。主要包括外观检查、锈蚀情况检查、点火通路检测等。

3.4 质量数据汇总

质量数据汇总分析工作在机关的技术支持单位进行，汇总分析，找出关键影响因素，批次弹药可能存在的缺陷，给出储存、使用建议，为分级管理使用提供支撑。

（1）对检查记录进行分类汇总和分析，对关联性数据进行归纳，对检测、试验数据进行处理与分析；

（2）对根据数据处理情况，依据相关规定判定防化弹药类危险品库存质量状况，在可能的情况下，判断其趋向，确认影响因素及其影响程度；

（3）保存检查的原始记录，确保记录清晰、易于识别和检索。

4 总结

本轮改革前，各兵种都有各自的弹药管理部门，军改过程中，作为武器应用终端的弹药，消除兵种壁垒，统一管理质量监控工作是一大趋势。特别是十九大后，国防和军队建设站在新的历史起点上，质量监控工作也应坚持战斗力标准，深度融合，担当起党和人民赋予的新时代使命任务。

受学识限制，本文仅粗浅讨论了防化弹药类危险品质量监控建设方案，不足之处请批评指正。

参 考 文 献

[1] 总装备部通用装备保障部.弹药检测总论[M]. 北京：国防工业出版社，2000.

[2] 李明伦，李东阳，郑波.弹药储存可靠性[M]. 北京：国防工业出版社，1997.

陆军导弹储存可靠度下限研究确定的基本方略

刘彦宏

（陆军军械技术研究所，河北石家庄 050000）

摘　要：本文从陆军导弹质量评定的角度，研究分析陆军导弹质量管理工作现状，研究分析陆军导弹储存可靠度下限的本质内涵及作用，研究型号陆军导弹储存可靠度下限的制约因素，以及型号陆军导弹储存可靠度下限研究确定的基本原则、基本方法，为型号陆军导弹储存可靠度下限提供技术依据。

关键词：陆军导弹；储存；可靠性

0　引言

陆军导弹具有长期储存，一次性使用的属性，由于陆军导弹自身组成、构造复杂，储存和工作使用环境多样，不仅储存后的陆军导弹，在储存环境应力作用下，弹上部组件的性能会发生蜕变，陆军导弹会发生储存失效，其储存可靠度肯定达不到百分之百，而且受原材料、设计技术、生产制造技术等多方面的影响，未经储存新研制生产出来的陆军导弹，其作用可靠度也不可能达到百分之百，总会存在一定程度的功能失效。

陆军导弹的储存可靠度不可能达到百分之百，世界上任何型号陆军导弹的储存可靠度不可能是 1.0，那么陆军导弹的储存可靠度到底应该达到、能够达到什么样的程度呢？作为型号陆军导弹研制设计、定型鉴定、生产交付验收、储存使用管理等的核心关键依据和标准，研究确定型号陆军导弹储存可靠度下限有重大作用意义，本文主要从陆军导弹质量监控的角度，着眼现状，解决急需，提出陆军导弹储存可靠度下限研究确定的基本方略。

1　基本现状

陆军导弹质量监控工作的本质内涵是通过质量监测获取质量信息，依据获取质量信息评估得出实际储存可靠度，依据实际储存可靠度和规定的储存可靠度比较，判定得出质量合格与否的结论，实际储存可靠度不低于规定储存可靠度时，质量合格，实际储存可靠度低于规定的储存可靠度时，质量不合格。规定的储存可靠度是陆军导弹质量合格与不合格的界限及判定尺度，规定储存可靠度的本质内涵是陆军导弹满足储存使用要求所允许的最低可靠度，陆军导弹的储存可靠度不能低于规定的储存可靠度，低于规定的储存可靠度，陆军导弹的各项战技性能就不满足储存使用要求，陆军导弹的质量就不合格，陆军导弹就不能继续储存使用，需要延寿整修、退役报废等。规定的储存可靠度通常称为储存可靠度下限，用 RL 来表示。RL 是陆军导弹质量合格与否判定的基本依据，为保证陆军导弹的储存安全和使用可靠，陆军导弹的自身属性和技术特点决定了必须适时进行质量监测和质量评定，而质量评定的基本依据是 RL，评定陆军导弹的质量，必须有明确具体的 RL，每一种型号的陆军导弹均应明确地规定相应 RL。由于各方面的原因，目前所有在役型号陆军导弹均没有明确规定的RL，基本上是在设计定型技术文件中，作为型号导弹的主要战技指标，笼统地给出储存可靠度值和储存寿命，给出的储存可靠度指标的含义不清楚，到底是型号导弹设计制造能够达到的储存可靠度 R，或是型号导弹满足储存使用要求所允许的最低储存可靠度 RL，或是型号导弹的固有储存可靠度 R0 等，其含混不清。同时给出的储存可靠度指标，普遍存在研究论证和试验验证不充分的问题，给出储存可靠度的依据不充分，型号导弹储存可靠度指标的含义与用途是什么不清楚，为什么是这个值，不是那个值不清楚，设计制造的型号导弹实际上能不能达到给定的值也不清楚，目前在役型号陆军导弹的储存可靠度指标基本上是一笔糊涂账，说不清，道不明，储存可靠度指标怎么用都行，怎么用也都不行，为规范开展陆军导弹质量监测工作，需研究确定型号导弹的 RL。

2　基本原则

陆军导弹自身属性和技术特点决定了陆军导弹储存可靠度是衡量陆军导弹是否满足储存使用要求、质量是否合格的重要依据，从满足储存使用的角度，陆军导弹的储存可靠度越高越好，由于受到研制设计技术水平、原材料自身水平、研制生产成本等多方面的限制，陆军导弹的储存可靠度又很难达到很高的水平，只能按照是否必须达到、是否能够到达、是否值得达到的基本原则，综合权衡各项制约因素人为决策给出型号陆军导弹可靠度应达到的水平，即型号陆军导弹满足储存使用要求的储存可靠度下限值 RL。RL 值到底为多少是满足储存使用要求，是 0.95、0.90，还是 0.85、0.8、0.7 等，这里就存在一个度的把握问题，如何把握这个度，给出科学合理的 RL 值，需要系统深入研究。

陆军导弹满足储存使用要求，首要的是保证陆军导弹储存、使用要安全，最大限度杜绝和避免因弹上部组件失效，致使陆军导弹的可靠度降低，从而造成危及人员生命和财产的安全事故，即满足储存使用要求的首要条件是导弹储存使用中导弹的失效不能造成致命危害，导弹致命缺陷不允许发生。在保证陆军导弹储存使用安全的前提下，满足储存使用要求的条件就是在给定的作战时机内，能够有效毁伤目标，由于陆军的作用可靠性不可能达到百分之百，有效毁伤目标这里又存在一个度的问题，是要求 95%、90%，还是 80%、75%，对此并没有一个统一的规定和一个严格要求，但为了陆军导弹的质量评定，需要人为决策做出一个规定。如何人为决策规定呢？在此不妨沿用中华民族的传统思维模式，凡事不能十全十美，但起码要到达八九不离十，可以将 80% 作为是否有效毁伤目标的基本判定标准，即单套陆军导弹武器系统在规定的作战时机内，其毁伤目标的概率达 80% 以上时，视为满足储存使用要求，能够有效毁伤目标，即单套陆军导弹武器系统作用可靠度不低于 0.8 为满足使用

要求，考虑到地面装备的可靠度，导弹的可靠度可以依 0.85 为最低要求。对于不能齐射的陆军导弹武器系统，其型号导弹的 RL 应低于 0.85，能够双发齐射型号导弹的 RL 应不低于 0.63。上述给定的 0.85、0.63 的 RL 值是从满足作战使用，有效毁伤目标的角度所要求的最低储存可靠度，至于型号导弹 RL 值的最终确定，除有效毁伤目标所必须达到的 RL 外，还必须考虑到型号导弹自身组成、技术特点，以及失效模式、失效的机理，陆军导弹满足储存使用要求的允许失效是不能产生致命危害的致命失效，即最低可靠度应是能够确保储存使用安全，不发生致命失效时的可靠度下限。同时，型号导弹 RL 还应考虑研制设计技术水平，原材料整体水平、研制生产制造成本，以及型号换代周期等要素，型号导弹的储存可靠度一定是能够达到，值得达到。

总之，型号陆军导弹的 RL 应充分研究论证、试验验证和综合权衡确定，首先型号导弹的 RL 必须满足有效毁伤目标、储存使用安全的要求，其次型号导弹 RL 必须能够达到、值得达到，必须合理、可行。

3　基本方法

型号陆军导弹的 RL 是陆军导弹质量评定的基本依据，研究确定型号导弹的 RL 是陆军导弹质量监控的基础性工作，预想科学规范地开展陆军导弹质量监控工作，首要工作之一是研究确定型号陆军导弹的 RL。根据目前陆军导弹质量管理工作现状，研究确定型号陆军导弹 RL 的基本方法：

（1）研究论证和试验验证型号的导弹的固有可靠度 R0。主要是参照型号导弹设计定型技术文件给定的可靠性指标，利用历年生产交验数据、部队训练使用数据，以及必要的规定到期导弹实弹飞行试验验证，研究获取型号导弹设计制造达到的真实可靠度水平。

（2）研究分析和试验验证型号导弹致命缺陷发生的时机，确定保证储存使用安全时的 RL。主要是充分利用生产制造、交付验收、部队训练使用的数据，研究分析型号致命缺陷的时机、模式和机理，充分理清型号导弹延寿整修数据，以及必要的寿命试验数据，研究分析储存致命失效的时机、机理和模式，依此来研究分析和获取因储存因素造成致命失效的时机，以研究确定的时机，试验验证此时的实际储存可靠度，并依此获取型号陆军导弹保证储

存使用安全要求的 RL。

（3）研究分析型号导弹单套武器系统满足储存使用要求的 RL。主要对型号陆军导弹单套武器系统作战使用要求进行研究分析，充分利用部队历年来训练使用数据，统计分析单套武器地面装备的工作使用可靠度，按照八九不离十的基本原则，结合型号陆军导弹自身技术特点，研究确定满足有效毁伤目标要求的型号导弹 RL。

（4）由陆军装备部机关组织，型号导弹的论证、研制设计、部队等单位共同研究分析，依据上述研究论证和试验验证获取的型号导弹 RL，综合权衡分析给出型号陆军导弹 RL 值，并报陆军装备部机关审批。审批通过后，作为型号陆军导弹质量判定标准。

陆军库存地雷爆破器材质量分级方法

王桂贞，张开忠，丁湛，陈建宏

（陆军工程兵装备论证试验研究所）

摘　要：本文着眼提高陆军库存地雷爆破器材的质量管理水平，提出了基于质量分级的库存地雷爆破器材分类、质量分级规则，明确了通过试验数据分析、类比分析和应用数据分析进行库存地雷爆破器材可靠储存寿命预测的基本方法，为陆军地雷爆破器材质量分级定级提供了科学依据。

关键词：库存地雷爆破器材；质量分级；方法

0　引言

地雷爆破器材（以下简称地爆器材）是陆军武器装备的重要组成部分，经过长期订购储备，目前全军库存地爆器材有4类、80余型号，品种杂、型号多。目前，我军尚未建立库存地爆器材质量监控体系，质量检测、质量分级缺乏完善的管理机制，质量检测与评价、质量分级与转级工作还未正式开展，给库存地爆器材的分发、配发、训练保障、报废决策等带来很多问题。在陆军地爆器材储存过程中，地爆器材超期储存、质量分级不清的现象较为普遍。为加强地爆器材质量管理工作，保证陆军部队作战、训练等使用的地爆器材安全可靠，建立以质量检测和性能评价为核心的库存地爆器材质量等级转换机制已刻不容缓。

1　库存地爆器材质量分级意义

库存地爆器材质量分级，具有重大现实意义。（1）保证库存地爆器材满足作战训练使用要求的需要。通过质量分级，明确库存地爆器材的质量等级和质量状态，按照新、堪、待、废4个等级实行科学的分类管理，为优化地爆器材储备规模、储备布局以及调配供应保障提供依据，确保地爆器材满足作战、训练使用要求。（2）加强库存地爆器材安全管理的需要。通过采取质量定级转级、维修处理、报废销毁等技术措施进行处置，避免发生安全事故，提高库存地爆器材安全管理水平。（3）摸清地爆器材质量变化规律、为设计和改进提供技术支撑的需要。结合地爆器材的质量和安全性变化规律进行分析，确定影响库存地爆器材质量变化的关键部（构）件，为开展相关产品的改进、研制、试验、延寿、定寿提供可靠数据支撑。

2　基于质量分级的库存地爆器材分类

2.1　基本思路

为便于地爆器材仓库及时进行质量分级，满足供应保障需要，理论上应通过结构、原理、组分分析，并结合以往检测、试验和使用数据，分别确定库存地爆器材各型号的新、堪、待、废期限。但是，在质量管理工作中，存在以下两方面问题：一是标准制定难度大。地爆器材库存型号较多，相关数据有限，需要做大量的补充检测与试验，时间与经费难以支撑；二是标准可扩展性差。存在新型号地爆器材入役，因未能及时列入质量分级标准，仓库将无法按标准进行质量分级。

鉴于多种不同型号地爆器材具有相同或相似的结构特点、作用原理、材料组分和质量变化规律，如防坦克地雷、掩体爆破器、爆破穿孔器、爆破炸坑器等，其战斗部、引信结构类型和材料相似，目前已积累的试验结果表明，在储存环境相同的条件下，质量变化几近相同。为便于开展研究，将具有相似结构、相同组分、相近质量变化规律的地爆器材进行归类，并分类开展质量分级研究，在质量分级研究工作完成后，再按"布雷设障器材"、"扫雷破障器材"、"野战爆破器材"、"起爆器材"等类别进行分类，以符合地爆器材仓库的使用习惯。

2.2 基于质量分级研究的库存地爆器材分类

通过对库存 80 余型号地爆器材进行分析，为方便质量分级研究，将地爆器材分为静爆类器材、发射类器材、炸药、起爆器材四类，见表 1 基于质量分级研究的地爆器材分类。

表 1 基于质量分级研究的地爆器材分类

类别		品种
静爆类器材	机械引信	防步兵地雷、防坦克地雷、爆破筒、掩体爆破器、爆破穿孔器、爆破炸坑器、爆破破碎弹
	机电引信	防步兵地雷、防坦克地雷、水雷、便携式破障器、阻绝墙爆破器
	人工操控	定向雷
发射类器材	火箭发射	火箭布雷弹、火箭爆破器、组合式火箭爆破器、火箭破障弹、火箭扫雷弹、反坦克侧甲雷
	药筒抛撒	阻绝墙破障弹、抛撒布雷弹、破障弹、通路标示弹
炸药	制式炸药	裸装制式药块/药柱、带壳制式药块、爆破装药
	散装炸药	散装梯恩梯药粉、药片
起爆器材	雷管	火雷管、电雷管、延期雷管
	拉火管	军用拉火管
	导火索	军用导火索
	导爆索	军用导爆索

① 静爆类器材。该类地爆器材在预设位置，通过触发、非触发或人工操控等方式起爆，破坏敌工事、装备、障碍物或其他军事目标，或为己方构筑防护工事。

② 发射类器材。通过发射药或推进剂作用将战斗部发射到预定位置实施扫雷破障、布雷设障等任务，按发射方式分火箭发射和药筒抛撒 2 类。

③ 炸药。该类地爆器材一般用于工程爆破或军事破坏作业的主装药，主要分为裸装炸药和带有薄壳的专用炸药等。

④ 起爆器材。该类地爆器材根据功能要求相互组合，构成起爆装置，通过人工机械发火或电点火的方式，起爆炸药或其他爆炸性器材，实施工程爆破或其他破坏作业。

3 库存地爆器材质量分级规则

库存地爆器材质量等级分为新品、堪用品、待修品和废品。其中：

（1）新品是指出厂时检验合格、未经部队携运行、未经修理、未超过设计储存年限的，质量完好、配套齐全，能用于作战、训练的地爆器材。

（2）堪用品分为一类堪用品、二类堪用品两类。一类堪用品是指经部队携运行且未超过设计储存年限的，或超过设计储存年限且未超过可靠储存寿命的，质量完好、配套齐全、能用于作战训练的地爆器材；二类堪用品是指经修理的，或超过可靠储存寿命的，质量鉴定合格、配套齐全、能用于作战训练的地爆器材。

（3）待修品分为一类待修品、二类待修品两类。一类待修品是指经质量鉴定不合格的，或者缺件待配的，具有修理价值且能修复的地爆器材；二类待修品是指停用的，或者质量不明待鉴定的地爆器材。

（4）废品是指无修理价值的，或者影响储存安全的地爆器材。

4 库存地爆器材质量分级方法

4.1 质量分级需要确定的主要参数

从规则可以看出，库存地爆器材质量分级主要需要确定设计储存寿命和可靠储存寿命，设计储存寿命依据产品设计使用说明分析确定，可靠储存寿命需要采用数据处理、模型测算研究确定。

4.2 地爆器材可靠储存寿命确定

地爆器材可靠储存寿命的确定主要有试验数据分析预测、类比分析预测、应用数据分析预测 3 种方法。试验数据分析预测是指对超储存期库存地爆器材进行抽样质量检测试验，并根据试验数据分析预测地爆器材可靠储存寿命的方法。类比分析预测是指将结构原理、装药成分类似地爆器材与已确定可靠储存寿命的地爆器材或通用弹药进行类比，确定其可靠储存寿命的方法。应用数据分析预测是将队属仓库、检测销毁站使用超储存期库存地爆器材的数据进行分析从而预测地爆器材可靠储存寿命的方法。下面以 72 式防坦克地雷为例，简述试验数据分析预测确定其可靠储存寿命过程。

通过对库存 22～32 年、8 个年度、7 个工厂生产的 23 个批次，共计 3200 枚 72 式（铁壳）防坦克地雷进行抽样，并进行了外观检查、引信的发火试验、击针簧扭力测定、销子剪切试验、动作可靠性试验、保险夹抗力测定、雷体的行程抗力测定、引信室深度测量、密封性试验、爆轰完全性试验。

试验结果表明 72 式引信是影响 72 式（铁壳）防坦克地雷可靠储存寿命的关键部件。根据试验数据分析，72 式引信在储存中可靠性的变化规律符合威布尔分布。

（1）威布尔分布函数线性化：采用分布拟合法，通过变量置换将多个非线性分布函数线性化。

$$F(t) = 1 - e^{-\left(\frac{t}{\eta}\right)^m}, \quad R(t) = e^{-\left(\frac{t}{\eta}\right)^m}$$

$$\ln \frac{1}{R(t)} = \left(\frac{t}{\eta}\right)^m, \quad \ln \ln \frac{1}{R(t)} = m \ln t - m \ln \eta$$

令：$Y = \ln \ln \frac{1}{R(t)}$，$X = \ln t$，$B = m$，$A = -m \ln \eta$

则：

$$Y = A + BX$$

（2）根据试验数据，计算 A、B 值。

$$B = \frac{\sum\limits_{i=1}^{n} x_i y_i - n \bar{x} \bar{y}}{\sum\limits_{i=1}^{n} x_i^2 - n \bar{x}^2}$$

$$A = Y - BX$$

求得 $A = -47.9616$　　$B = 14.2101$

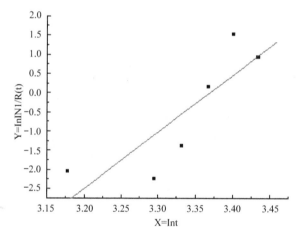

图 1　72 式引信可靠性回归分析图

（3）计算 m、η 值。

$$m = B = 14.21, \quad \eta = e^{\frac{-A}{B}} = 29.23$$

（4）确定 72 式引信击发失效分布函数为

$$F(t) = 1 - e^{-\left(\frac{t}{29.23}\right)^{14.21}}$$

（5）计算 72 式引信可靠储存寿命 t_R 为

$$t_R = 29.23 \times \left(\ln \frac{1}{0.95}\right)^{\frac{1}{14.21}} = 23.72$$

5　质量分级方法的运用

以 72 式（铁壳）防坦克地雷为例，72 式（铁壳）防坦克地雷设计储存寿命 10 年，可靠储存寿命通过试验数据分析预测为 23 年，根据库存地爆器材质量分级规则，可以确定储存时间与库存地爆器材质量等级对应关系表（见表 1）。即储存时间未超过 10 年的为新品，在 11～23 年之间的为一类堪用品，储存时间超过 24 年且经鉴定合格的转为二类堪用品，储存时间超过 24 年且经鉴定不合格的转为一类待修品，质量不明待鉴定的转为二类待修品。一类、二类待修品经检测（维修后）合格的可以再转为二类堪用品。

表 2　储存时间与库存地爆器材质量等级对应关系表

地爆器材及部件类别	储存地域	质量等级与储存时间/年				可靠寿命/年
		新品	一类堪用品	二类堪用品	待修品	
72 式防步兵地雷	北方、南方、热沿	≤10	11～23	≥24	≥24	23

6　结束语

开展陆军库存地雷爆破器材质量分级，不仅是提高库存地爆器材整体质量水平，有效保障部队作战、训练的需要，也是适时调整储存种类、型号和规模，优化地爆器材储备布局的需要。同时也是消除安全隐患，确保地爆器材储存和使用安全的需要。本文提出了基于质量分级的库存地雷爆破器材分类，给出了质量分级规则，确定了库存地雷爆破器材质量可靠储存寿命确定方案，为陆军地雷爆破器材质量分级定级提供了科学依据。

参　考　文　献

[1] 何国伟，戴慈庄. 可靠性试验技术[M]. 北京：国防工业出版社，1995.
[2] 傅家柱，滕贵令，曹凤文. 引信[M]. 北京：国防工业出版社，1984.
[3] 刘世杰. 火工品[M]. 北京：国防工业出版社，1984.

陆军导弹质量监控体系研究

陈　鹏，宋祥君，李万领，黄文斌

（陆军军械技术研究所，河北石家庄 050000）

摘　要：本文针对目前陆军导弹监控体系不完整，质量监测不规范，运行机制不顺畅等问题，研究论证陆军导弹质量监控的总体技术方案，质量监测、质量评估方式方法，质量监测技术手段，编制了管理法规和相应技术标准，研发了导弹飞行性能监测设备，开发了质量监控信息管理系统，开展了相应的试验验证，最后形成了陆军导弹质量监控体系建设方案。

关键词：陆军导弹；质量监控；性能监测

0 引言

导弹是陆军先进武器的典型代表，不仅技术密集、性能先进、价格昂贵，而且还具有"长期储存、一次使用"的属性。陆军导弹在储存过程中，由于储存环境应力作用，导弹部组件一直在发生物理、化学变化，经长期储存积累，这种变化直接影响导弹的储存安全性和使用可靠性，甚至酿成自燃、自爆等安全事故[1]。国内外多年装备保障实践表明，对于含有火炸药、长期储存、一次使用、构造复杂、性能先进的高价值导弹，保证其储存安全和使用可靠的唯一有效技术手段是质量监控，质量监控对导弹的安全储存、可靠使用起着不可或缺的重要作用[2]。

目前陆军导弹质量监控还处于低层次，监控体系不完整，质量监测不规范，运行机制不顺畅，这不仅与陆军导弹自身发展要求不相适应，而且与国内外通用弹药导弹质量监控工作相比有很大差距[3]。随着陆军导弹的快速发展，陆军导弹储存数量逐渐增多和储存时间的不断增长，质量监控工作需求越来越迫切，亟需对其改进完善和提高。

1 陆军导弹质量评估方法

陆军导弹质量评估的核心和关键是评估结果的可信度，而可信度与统计分析样本量的大小、评估依据的信息有效性直接相关。由于陆军导弹组成构造技术复杂，实弹飞行工作环境严酷，代表导弹实际质量的最有效信息是实弹飞行的动态性能信息，但是导弹造价高，装备数量少，不允许为评估导弹可靠储存寿命而大量消耗实弹。如何在保证评估结果可信度水平的前提下，最大限度地减少实弹飞行的消耗量，直接关系到陆军导弹质量监控工作能否有效开展。因此，小样本和高可信度，是陆军导弹质量监控工作面临的首要技术难题，也是本课题首先要解决的技术难题。

目前国内外关于弹药导弹可靠储存寿命统计分析和评估理论与方法多种多样，主要代表是大子样评估和小子样评估。大子样评估理论和方法十分成熟，应用最为普遍，但对于陆军导弹，只能采取小子样评估的方式进行。目前，国内外关于小子样评估的理论和方法十分繁多，差异也较大。在针对陆军导弹组成、构造、储存、使用、修理等技术特点和质量监控要求全面研究分析的基础上，应对目前国内外小子样统计分析与评估理论方法的本质内涵、技术特点、适用对象等进行系统研究论证，以合理性、成熟性、适用性、可行性、高效性为准则综合权衡。技术的关键在于以小子样评估理论方法为核心，以 Bayes 估计、倒金字塔系统综合、多源数据融合等技术方法为支撑，充分运用生产制造、部队技术勤务、部队飞行训练、导弹延寿整修等信息，以及少量（小子样）试验样品弹的全弹静态性能检测、全部分解的部组件性能检测、全弹实弹飞行试验等信息，综合统计分析和评估陆军导弹可靠储存寿命，从而保证以最小的实弹消耗，得出最真实的评估结果。

2 陆军导弹质量监测方法

陆军导弹质量监测的方法与陆军导弹质量监控的人力物力投入直接相关，直接决定陆军导弹质量监控工作能否有效开展。本课题分类型、按型号，从满足适时获取导弹储存质量变化信息，及时准确评估可靠储存寿命的目的出发，系统研究各型导弹的组成、构造和理论上的储存失效模式、失效机理，系统研究论证各型导弹质量监测的内容、项目、深度和具体检测方式、方法、技术手段，最终形成完整的各型号导弹质量检测的具体技术方案，并研究编制了各型导弹质量监测技术规范，用于指导和规范各型导弹质量检测工作。

目前我军装备的陆军导弹从测试性方面划分，基本上分为可检测和免检测两类。可检测类导弹留有性能测试接口，可以对其技术性能进行检测而获取信息；免检测型导弹没有性能测试接口，无法对全弹技术性能进行检测。陆军导弹一般具有良好的可拆性，全弹可以拆卸成各种部组件，可对各个部组件性能进行测试，利用倒金字塔数据综合的方法，由部组件的质量信息综合成全弹的质量信息。因此，对于免检测型陆军导弹主要采取部组件平行储存、全弹分解测试和全弹飞行试验相结合的方式方法；对于可检测型导弹，虽然可以直接检测获取导弹上部分技术性能信息，但获取的技术性能信息主要是静态性能信息，并不能完全反映导弹的实际飞行动态性能信息，因此，除静态检测外，必要时还必须进行动态性能检测，包括全弹分解的部组件动态性能检测和全弹飞行动态性能检测。

各型导弹因组成构造和技术性能的不同，需要不同的质量监测方式与方法，经过系统研究论证，陆军导弹总体上应采用全弹自然储存、部组件平行储存、全弹与部组件加速寿命试验相结合，全弹静态性能检测、全弹分解的部组件静态与动态检测、全弹飞行试验相结合的方式方法进行，不同导弹应选用不同的组合方式与方法。

3 陆军导弹质量监控信息集成应用

陆军导弹自身技术特点和质量检测要求决定了其质量评估只能采取小子样和多元数据融合的方式进行，只能在消耗少量实弹的前提下，充分运用全寿命过程中的各项质量信息，主要包括生产制造、储存管理、训练使用、延寿整修信息等来综合统计分析、评估导弹质量。陆军导弹全寿命质量信息种类繁多，涉及装备生产厂、部队、后方仓库、大修厂、承担储存寿命试验的多个单位，如何有效采集、管理和集成应用这些信息，这对质量监控工作的有效开展具有不可或缺的作用，陆军导弹全寿命质量信息的管理与集成应用是本课题必须研究的关键技术问题。

此部分内容主要包括陆军导弹标识采集及登记统计规范手册开发，条形码管理和编码规范研究、全寿命履历质量监控信息集成应用系统和延寿整修部组件质量检测数据自动化采集系统开发四部分内容。

3.1 陆军导弹标识采集及登记统计规范

标识信息是导弹身份信息，类似"居民身份证"，由于生产制造时陆军导弹的标识没有统一规范和要求，生产厂家按照各自的要求来标识导弹的信息，不同生产厂家生产的不同型号导弹，其身份标识不一致，各有各的规则和要求，陆军导弹的标识复杂、差异性很大，导弹标识的正确识别和信息采集需要很强的技术要求。为此，课题组研究编写了陆军导弹标识采集及登记规范，以图例、批注、表格等多种方式，对现役多种型号导弹的标识采集要求、采集部位、标识含义、登记内容与格式进行统一规范，从而保证信息源头采集的可靠性、准确性。陆军导弹标识采集及登记规范手册如图1所示。

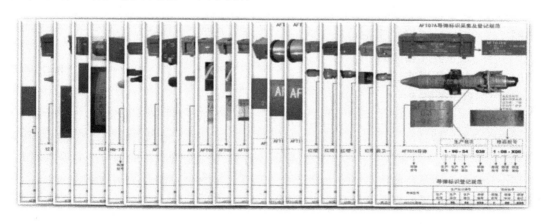

图1 陆军导弹标识采集及登记规范手册

3.2 导弹条形码编码规范

为便于实现陆军导弹全寿命电子履历信息的自动合成，统一规范全寿命电子履历信息管理与交互处理的"共同语言"，本课题在研究编制陆军导弹标识信息采集与统计规范的基础上，研究论证并确定了导弹标识信息条形码编码规范，统一采用一维条形码 CODE 128 码制对每枚导弹的身份进行标识，在导弹原标识信息保持不变的前提下，为每枚导弹建立唯一标识条形码。

3.3 质量检测数据自动化采集

基于陆军导弹全弹和部组件性能检测基本实现了计算机自动化检测，为便于导弹性能检测参数的自动采集和处理，课题组采用基于面向服务架构（SOA）和 WCF 技术，开发了导弹性能检测数据自动化采集模块，通过基于 WCF 技术开发的数据采集模块参数配置，适应不同型号导弹、不同种类部组件性能检测数据的自动化分布式采集、处理、传输，整个系统效率高、架构灵活、可扩展性强。整个采集系统架构如下所示：

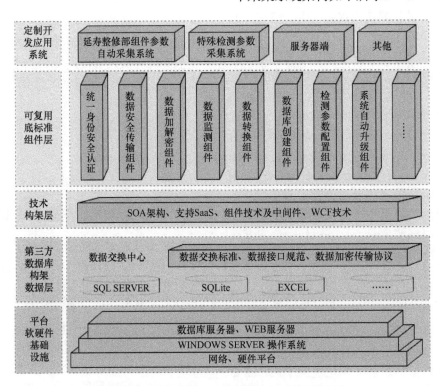

图 2　陆军导弹质量检测数据自动化采集系统架构

3.4 全寿命履历质量监控信息集成应用系统

陆军导弹信息管理采用全寿命电子履历管理，实现对导弹从服役到退役报废期间的储存保管、定期性能检测、修理、地域变更、质量转级、质量监测试验等一系列与质量变化相关的信息，以全寿命电子履历的方式进行全程跟踪管理，并以"导弹标识+监控活动时间戳"的技术方法实现履历信息的自动集成，为导弹质量的综合统计分析、评估提供系统完整全面的信息支持。

质量监控信息集成应用系统包括生产制造信息系统、部队（仓库）质量监测信息系统、专项质量监测信息系统、修理厂延寿整修信息系统和总部质量监控综合信息系统等五部分，这五个系统既相互独立又相互联系。前 4 个系统主要用来质量监控信息的分布采集和集成管理，总部系统主要用来质量监控信息的集成应用，利用集成信息，按照固定的数学模型和统计规则，自动统计和评估导弹的储存可靠度、可靠储存寿命。

4 导弹飞行动态性能监测

导弹质量评估必须依托导弹实际飞行质量信息，而导弹飞行时必须依靠地面装备发射和制导，导弹飞行能否成功除与导弹自身质量相关外，还与导弹地面控制设备和操作手有关，导弹实弹飞行时出现异常，必须区分是导弹自身质量问题，还是地面控制设备、操作手操作的问题，为此必须有相应的技术手段。目前陆军导弹现有的各种检测设备主要用于导弹、地面装备的静态性能测试，导弹实弹飞行的动态性能监测设备基本是空白，必须研制。

导弹动态飞行性能监测设备研制主要技术难点：第一是抗干扰问题，导弹武器系统设计时没有专门的飞行性能检测要求，在原来的武器系统上要加一个飞行性能检测设备，首先必须解决设备与原武器系统的兼容，保证检测设备的工作不对原武器系统产生任何影响，不干扰、不影响原武器的任何正常工作。第二是检测信号的优化设计问题，原武器系统通常只设有有限的性能检测接口，如何利用原有的检测接口获取有用的飞行性能信息，这需要系统研究论证、综合权衡，既要获取地面装备的信息，也要获取导弹工作性能信息和操作手的操作控制信息，以充分达到依据监测信息，能够区分和鉴别异常飞行导弹问题环节的目的；第三是飞行性能信息的自动采集和实时储存处理的问题，陆军导弹实弹飞行的各种信息种类繁多，需要检测设备能够及时采集和储存处理大量的数据信息，对数据采集的频率和数据存储容量有很高要求，必须研究解决。课题组综合运用光电隔离、计算机自动采集、外弹道拟合等技术，在不改变原武器系统接口的前提下，成功研制了适用于陆军便携式反坦克导弹的2种动态性能监测设备，满足了2种试点型号导弹质量检测的急需。

5　陆军导弹质量监控体系

研究确定陆军导弹质量监控体系建设方案是本课题研究的出发点和落脚点，着眼形成基于全寿命周期的质量监控长效机制，整体提升陆军导弹质量监控能力，建立健全顺畅高效的组织管理体系、分工明确的保障力量体系、科学规范的技术方法体系、配套齐全的监控手段体系、系统配套的法规标准体系，通过系统论证和综合权衡，研究确定了陆军导弹质量监控体系建设方案。

5.1　组织管理与技术机构体系

依托现有维修保障体制，构建"功能完备、配套适用、区域定点、统分结合"的质量监控"三级管理体制"（陆军、战区、部队与仓库）和"四类监控机构"（大修厂、院校研究所，战区所属弹药导弹保障机构，生产工厂和军代表室，后方仓库和

部队共四类监控机构），形成完善的组织管理体系、技术机构体系，保证质量监控工作的组织管理与技术实施。

5.2　技术方法体系

陆军导弹质量监控技术方法体系包括可靠性变化规律研究、质量监测和质量控制等3类方法。质量监控技术方法体系如图3所示：

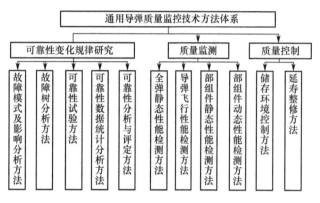

图3　质量监控技术方法体系

5.3　设施设备体系

设施体系由例行监测、特殊监测和专项试验设施构成。例行监测设施主要是建在部队、后方仓库等质量监测场点的导弹检测间；特殊监测和专项试验设施主要建在陆军导弹质量监测试验中心和部分军区级导弹质量监测中心，包括导弹及部组件分解检测、寿命试验、理化分析以及安全防爆等设施。设施设备体系如图4所示。

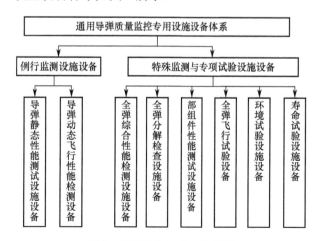

图4　质量监控技术方法体系

5.4　法规标准体系

陆军导弹质量监控法规标准体系，包括法规文件和相关技术标准，体系如下所示：

图 5　法规文件和相关技术标准

6　结论

　　本文分析了陆军导弹质量监控体系，对陆军导弹质量监控的总体技术方案进行了论证分析，讨论了质量监测、质量评估方式方法，质量监测技术手段，管理法规和相应技术标准，形成了陆军导弹质量监控体系建设方案。陆军导弹质量监控工作还要随着需求的变化、技术的发展、体制的革新不断地进行完善。继承成果，动态更新，形成一个不断进化的优良的长效机制。

参 考 文 献

[1] 王江元，王应建，王再文，等. 导弹武器系统可靠性评估与鉴定技术应用研究[J]. 战术导弹技术，2003，(6)：21-32.

[2] 刘春和，陆祖建. 武器装备可靠性评定方法[M]. 北京：中国宇航出版社. 2009：139-186.

[3] 赵文霞. 装备寿命的联合预测模型及应用[J]. 保定学院学报，2007，20（2）：23-25.

区块链技术在弹药全寿命管理中的应用

刘耀周[1]，耿乃国[2]，高宏伟[1]，李　永[1]，苏振中[1]

（1．沈阳理工大学装备技术研究所，辽宁沈阳 110159；2．沈阳理工大学人事处，辽宁沈阳 110159）

摘　要：对区块链技术进行了介绍，给出了区块链结构，阐述了其优缺点。分析了弹药全寿命管理现状及存在的问题，提出了将区块链技术应用于弹药全寿命过程中信息管理的解决思路，对其优势进行了剖析，并给出了基于区块链技术的弹药全寿命管理系统架构设计方案，最后对区块链技术在弹药保障领域的应用前景进行了展望。

关键词：区块链；弹药保障；全寿命管理；信息管理

0　引言

传统的采用网络中心化机构的交易方式在安全机制保证方面面临信任、证据和数字唯一性的挑战，导致成本和时间开销非常高昂。区块链是以比特币为代表的数字加密货币体系的核心支撑技术，其核心优势是去中心化，能够通过运用数据加密、时间戳、分布式共识和经济激励等手段，在节点无须互相信任的分布式系统中实现基于去中心化信用的点对点交易、协调与协作，从而为解决中心化机构普遍存在的高成本、低效率和数据存储不安全等问题提供了解决方案。区块链技术是下一代云计算的雏形，有望像互联网一样彻底重塑人类社会活动形态，并实现从目前的信息互联网向价值互联网的转变。

弹药全寿命周期内涉及的单位较多，储存使用及报废过程中产生的数据量很大，因此利用区块链技术有效采集、存储与更新这些信息，对于准确开展各类弹药保障活动具有重要意义，前景十分广阔。

1　区块链技术

区块链原本是比特币等加密货币存储数据的一种独特方式，是一种自引用的数据结构，用来存储大量交易信息，每条记录从后向前有序链接起来，具备公开透明、无法篡改、方便追溯的特点。区块链技术是基于一系列已被验证的、成熟的计算机技术实现的分布式信息系统的基础架构，借助于这种基础架构实现的信息系统，具有全系统对等的分散化部署特点，任何节点的损失都不会影响系统的运行。同时还具备非常高的系统安全性，在全系统的计算能力具有一定规模的情况下，任何黑客都无法篡改系统的数据，所有的数据都可以被追踪。

1.1　简介

区块链由一串使用密码算法产生的数据块构成（涉及的密码算法主要是数字签名和哈希函数，基本不涉及加密算法），提供了去中心化的信用建立模式。其中的每一个数据块包含了过去一段时间内部分或所有网络数据交换的信息，既用于验证其信息的有效性，也用于生成下一个区块。区块链本质上是去中心化、分布式结构的数据存储、传输和证明，用数据区块取代了目前互联网对中心服务器的依赖，使得所有数据变更或者交换都记录在网络中，达到在数据传输中对数据的自我证明的目的，降低了信用体系建立的成本。

1.2　区块链结构

在区块链结构中，一段时间内的信息（包括数据或代码等）被打包成一个区块，添加时间戳标记后与上一个区块衔接在一起，从而形成新的区块，首尾相连最终形成了区块链。每个区块的块头（Block Header）包含前一个区块的哈希值（Previous Block Hash），该值是对前区块的块头进行哈希函数计算（Hash Function）而得到。区块之间都会由这样的哈希值与先前的区块环环相扣形成一个链条，如图 1 所示。

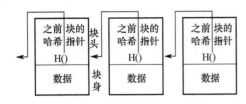

图 1　区块链示意图

区块链是所有节点共享的交易数据库，要改变一个已经在区块链中存在一段时间的区块，从计算上来说是不可行的，这是因为如果它被改变，之后的每个区块必须随之改变。然而，区块链有可能产生暂时分叉，理论上，网络会在一段较短时间内消除这些分叉，使得该链仅有一个分支存活。

1.3　区块链技术的优缺点

1.3.1　优点

（1）安全性。区块链技术的安全性主要体现在信息交互能够有效避免人工干预，去中心化特性及信息交互时严格遵守指定的数学规则，可以有效保障信息交互防篡改；参与区块链交互者在安全保存私钥的前提下，信息交互的安全能够得到有效保障。

（2）便捷性。区块链技术对信用问题的解决相对完善，在信息交互中不需要复杂的中心权威机构进行身份验证，信息交互更为便捷。同时由于无须构建专用存储环境、信用体系，在构建应用环境、建设相关应用时更为简单。

（3）透明性。区块链的交互信息由于具备分布式记账、全副本、可追溯等特点，对于任何信息交互均可以追踪和查询，提升信息交互的透明度。

1.3.2　缺点

（1）安全性问题。区块链应用中的账户即为用户的公钥，进行信息交互的手段则是私钥，一旦私钥丢失，用户原有参与信息交互的权利随即丢失，没有中心机构可以实现信息重置。

（2）延时问题。由于 P2P 网络的天然缺陷，必然造成时间的同步问题，所以高度的实时同步很难做到。

（3）资源浪费问题。区块链技术需要在 P2P 网络参与客户端中存储整个信息交互账簿，对数据存储具有较高的要求；区块链在信息交互中进行数据加密、哈希运算、形成新区块时需要大量的算力，相对中心结构的应用具有明显的额外算力需求。

虽然区块链技术具有一定的缺点，但其拥有的巨大技术优势使其具有高度应用价值，而且其应用处于初始阶段，各种新技术的出现将会在一定程度上解决这些问题。

2　弹药全寿命管理问题与解决方案

陆军弹药、导弹具有型号多、数量大、安全性要求高等特点，其全寿命周期涵盖立项论证、研制生产、交付储存、使用消耗、退役报废等多个阶段，每个阶段都会产生大量的数据，如设计方案、试验结果、战技状态、数质量状况、地域分布、消耗信息、技术状态变更等。利用这些数据，可以对弹药、导弹的通用质量特性、战技指标、布局分布等进行综合分析与考核，以供陆军机关进行决策、生产厂家进行技术改进、部队完善储存与使用方法之用，各类信息非常宝贵，具有很高的应用价值。而且，部分类型数据会随时间持续产生，如质量监控信息、消耗信息等，数据量会越来越大，对信息的管理难度也越来越大，而区块链的巨大技术优势，对于有效解决这些问题具有显著效果。

2.1　弹药全寿命周期信息管理存在的主要问题

（1）环节多、信息同步更新难。在弹药、导弹的全寿命周期中，信息管理涉及的单位多、环节多、时间长，这些信息分布在陆军机关、生产厂家、弹药仓库、部队、技术保障机构等单位，由于没有建立统一的分布式网络，一个单位的信息增加或变更很难及时同步到其他有同样信息需求的单位。例如，生产厂家在对弹药进行升级改进导致其技术状态变更时，往往没有及时将这些信息同步到装备保障部门、部队和弹药仓库，导致在这些弹药在存储、使用过程中产生较多问题，甚至是重大安全隐患。

（2）数据不准确、可信度不高。在历年的弹药数质量信息普查中，往往能发现较多数据错误，甚至部分单位出于种种原因考虑，人为对数据进行了修改，但由于缺乏有效的信息监管体系，以及采用传统中心式架构建立监管机构成本高昂，导致这些数据的可信度存在问题，为决策带来偏差。

（3）存储不可靠。弹药信息的储存通常采用纸质或电子媒介作为介质，这种传统方式存在安全难以保障、转移交接困难等缺陷，尤其在当前部队编制体制调整、单位隶属关系与驻地剧烈变化的情况下，部分信息可能会丢失，而这些信息往往又只存储于某一家单位，没有备份无法恢复，造成严重的损失。

2.2 区块链技术解决方案

采用区块链技术，从弹药、导弹立项研制到使用或报废，建立包含全寿命周期内的所有参与单位的私有区块链，每个单位都是这个链上的节点，不存在某一主导地位的中心节点，每个节点都公平的参与各种信息的记录与保存。在这个系统中，各个单位、各个环节产生的数据都以电子记录的形式被永久储存下来，存放这些电子记录的文件就形成了区块。区块是按时间顺序一个一个先后生成的，每一个区块记录下它在被创建期间发生的所有价值交换活动，所有区块汇总起来形成一个记录合集。每一个区块产生时，都向全网进行广播，其他所有节点都能够同步保存并记录这些信息。所有的区块在被盖上时间戳后，将通过区块结构将其链接在一起，就形成了"区块+链"的形态，为我们提供了一个数据产生的完整历史。从第一个区块开始，到最新产生的区块为止，区块链上存储了系统全部的历史数据，提供了每一笔数据的查找功能。且通过时间戳的形式，形成了一个不可篡改、不可伪造的数据库。区块链上的每一条数据，都可以通过"区块链"的结构追本溯源，一笔一笔进行验证。

在弹药、导弹区块链系统中，上级主管部门、装备管理部门和装备使用方，甚至装备生产厂家都参与到装备战技状态的更新与维护环节中，形成一个分布的、受监督的档案登记网络，各方均保存一个完整的档案副本，可实现任何节点、任何环节的数据变动都能同步到其他节点，避免了传统条件下部分数据变动不能及时被其他单位获取的问题。且区块链技术中数据的不可篡改性，保证了原始数据的纯净、可靠，且无需投入巨大的人力物力对这些信息进行甄别认证，大幅度降低了成本。同时，区块链技术分布式存储、分布式传播、分布式记账的特点，使得区块链在运转的过程中具有非常强大的容错性，即使数据库中的一个或几个节点出错，也不会影响整个数据库的数据运转，更不会影响现有数据的存储与更新，保证了在某一节点数据丢失的情况下，全网数据仍能保持可靠完整，不会出现集中模式下的服务器崩溃风险问题。

3 系统架构设计

一般说来，区块链系统由数据层、网络层、共识层、激励层、合约层和应用层组成，其基础架构模型如图2所示。

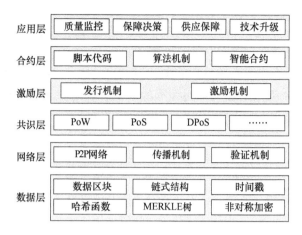

图 2 弹药区块链系统架构

（1）数据层。封装了底层数据区块以及相关的加密数据和时间戳等，主要实现两个功能，一个是相关数据的存储，另一个是账户和数据交换的实现与安全。数据存储主要基于 Merkle 树，通过区块的方式和链式结构实现，以 KV 数据库的方式实现持久化。账号和数据交换的实现基于数字签名、哈希函数和非对称加密技术等多种密码学算法和技术，保证了数据交换/同步在去中心化的情况下能够安全地进行。

（2）网络层。包括分布式组网机制、数据传播机制和数据验证机制等，主要实现网络节点的连接和通信，是没有中心服务器、依靠用户群交换信息的互联网体系。与有中心服务器的中央网络系统不同，对等网络的每个用户端既是一个节点，也有服务器的功能，具有去中心化与健壮性等特点。

（3）共识层。主要封装网络节点的各类共识算法，实现全网所有节点对交易和数据达成一致，防范拜占庭攻击、女巫攻击、51%攻击等共识攻击，其算法称为共识机制，在弹药区块链中可采用多种富有特色的共识机制。

（4）激励层。借鉴比特币的激励机制，将其引入到弹药全寿命信息管理区块链系统中来，包括信用激励的发行机制和分配机制等，主要实现区块链奖励的发行和分配。在本系统中，设计了信用奖励，每个节点每次有效的数据采集与记账都会得到相应的信用值，这些信用将来可对其参与弹药的研制生产与保障工作产生影响。

（5）合约层。主要封装各类脚本、算法和智能合约，是区块链可编程特性的基础，通过在智能合约上添加能够与用户交互的前台界面，形成去中心化的应用（DAPP）。在整个弹药全寿命期间的所有数据的产生与交换都自动按照此合约来执行，无须人为干预。

（6）应用层。封装了区块链的各种应用场景和案例。该系统中，综合集成了基于时间戳的链式区块结构、分布式节点的共识机制、基于共识算力的经济激励和灵活可编程的智能合约等最具代表性的区块链技术，保证了系统的先进性。

在确定了以上架构后，尚需解决具体的区块链应用开发方面的诸多技术问题，如区块链链路结构设计、流程设计、链上代码设计等，应充分考虑到弹药、导弹信息管理的安全性、可靠性、完整性及数据量等要求合理设计，采用先进技术，实现系统的高速、安全、稳定运行。

4　结束语

作为互联网技术的重大变革，区块链技术带来了巨大的行业科技创新，已逐渐成为学术界和产业界的热点研究课题。区块链技术的去中心化信用、不可篡改和可编程等特点，使其在数字加密货币、金融和社会系统中有着广泛的应用前景，甚至被称为互联网问世之后最重要的发明。在军事数据安全、武器装备全寿命管理、军事物流等领域其技术优势十分明显。本文从弹药、导弹全寿命管理的角度，提出了应用区块链技术进行数据管理的思路，并给出了系统架构设计方案，为将这一先进理念与技术引入弹药管理给出了方向。区块链技术并不成熟，世界各国也都在竞相研究，但其突破性的创新却是公认的，因此我们应关注技术发展趋势，在弹药、导弹保障领域深入开展区块链技术及其应用研究，在世界新军事变革大潮中占领先机。

参 考 文 献

[1] 孙岩，雷震，崔培枝，等. 区块链技术及其在军事领域的应用[J]. 信息与电脑，2019，19：136-138.

[2] 中本聪. 比特币白皮书：一种点对点的电子现金系统. http://www.8btc.com/wiki/bitcoin-a-peer-to-peer-electronic-cash-system.

[3] 袁勇，王飞跃. 区块链技术发展现状与展望[J]. 自动化学报，2016，42（4）：481-494.

[4] 林小驰，胡叶倩雯. 关于区块链技术的研究综述[J]. 金融市场研究，VOL.45，2016.02：97-109.

[5] 蔡维德，郁莲，王荣，等. 基于区块链的应用系统开发方法研究[J]. 软件学报，2017，28（6）：1474-1487.

[6] 黄征，李祥学，来学嘉，等. 区块链技术及其应用[J]. 信息安全研究，2017，3（3）：237-245.

通用导弹储存质量评定方法研究

李万领，宋祥君，陈　鹏，黄文斌

（陆军军械技术研究所，河北石家庄 050000）

摘　要：为了制定通用导弹储存质量评定要求或质量评定标准，掌握导弹的储存质量状态，及预测导弹可靠储存寿命，本文系统分析了用导弹储存质量评定的要求，明确了通用导弹质量评定的任务、方法、程序与要求，为通用导弹的使用、管理、维修保障等提供决策依据，为通用导弹的修理、延寿、技术更新等提供技术支撑，为新型号导弹的研制提供参考。

关键词：延寿；质量评定

0　引言

由于导弹属于"长期储存、一次使用"的典型战斗装备，保证导弹的质量完好，确保导弹的完好性，不仅是保障效益的体现，更是影响作战效果的重要因素。因此，诸如弹药、导弹这些最终体现武器装备战斗效能的装备，开展其质量监控工作，是其维修保障的核心内容。

导弹的质量监控一般包括质量检测、质量评价、质量决策控制等环节。质量检测是手段，任务是采集导弹在服役期间的质量信息；质量评价是关键，任务是依据质量信息评定导弹的质量状况；质量决策控制是目的，任务是依据质量评定结论合理安排导弹的调拨使用、环境控制、延寿整修和报废处理等。由此看出，质量评定是导弹质量监控的关键环节，是承接质量检测与质量决策控制的链条，是制定质量检测方案与质量控制措施的直接依据。

1　质量评定的一般程序

通用导弹质量的评定，一般由后方弹药仓库、军区业务主管部门、承担特殊检测任务的单位和总部业务主管部门，依据通用导弹质量检测的有关标准和规定进行。通用导弹质量评定的一般程序是：对需要质量检测的通用导弹，进行抽样，并对样品进行检测，获得的检测结果与对应的质量等级评定标准，进行对比、判断，最后确定质量等级。通用导弹质量评定的一般程序如图1所示。

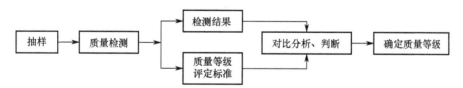

图1　通用导弹质量评定的一般程序

2　质量的等级划分及级值

通用导弹质量等级分为新品、堪用品、待修品和废品四等，为满足质量监控、维修和供应保障的需要，堪用品和待修品再分别细分二级，共分四等六级。

通用导弹质量等级的级值如表1所列。

表1　通用导弹质量等级级值

质量等级	新品	堪用品		待修品		废品
质量级别	新品	一级	二级	一级	二级	废品
级值	1	2	3	4	5	6

3 质量评定的内容

3.1 质量评定标准

各型号导弹的质量评定标准可参照表 2 制定。

表 2 ×××评定标准表

序号	检查项目	内容与指标	级值
1	×××	×××	×××
2	×××	×××	×××
...	...	...	...

其中：表头的标准包括日常技术检查、静态技术检测、飞行试验打靶、储存年限、服役经历、修理次数等项；检查项目为各项的具体检查/检测项目。如日常技术检查的外观、配套性等；内容与指标为具体检查/检测项目的指标及其描述，有一至多项，视具体项目而定；级值按项目的内容与指标，结合通用导弹质量等级的级值表确定。

3.2 储存可靠性评定

导弹的储存可靠性评定，是根据导弹的可靠性结构、寿命模型及试验信息，利用概率统计法，给出导弹可靠性特征量的区间估计，导弹的可靠性评定结果，可用于导弹质量等级的确定。

可靠性评估根据方法运用的场合可分别使用可靠性预计法、可靠性分析法、现场数据收集法、可靠性试验法、可靠性综合法等。可靠性评估的基本工作程序如图 2 所示。

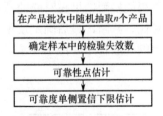

图 2 可靠性估计基本程序

3.3 储存寿命预测

导弹储存寿命是指在保证导弹战术、技术性能情况下能储存的最长时间。预测是利用过去和现在的质量信息，推断未来的质量状态。导弹可靠寿命预测的首要前提是对导弹质量变化规律的掌握。

导弹寿命预测基本方法一般有基于时间序列的预测方法和可靠性统计分析法，基于时间序列预测方法的精度比较低，一般使用可靠性统计分析法。常用的统计模型有极小值模型、Weibull 模型、正态分布模型、对数正态分布模型、指数模型等，一般选取一种或几种可能的统计模型进行分布拟合及参数估计，并对拟合的模型进行拟合优度检验，取拟合最优的模型计算给定可靠度的导弹可靠储存寿命。

4 质量评定

4.1 评定时机

通用导弹质量等级评定与导弹收发、定期、视情技术检测同步进行，与导弹大修和修后验收同步进行。

4.2 单项评定

4.2.1 评定项目

单项评定的项目包括：

（1）日常技术检查结果评定；

（2）静态技术检测结果评定；

（3）飞行试验打靶结果评定；

（4）储存年限结果评定；

（5）服役经历结果评定；

（6）修理次数结果评定。

4.2.2 评定方法

单项检测结果评定，分别按各型导弹质量等级评定标准执行，对照质量等级评定表，级值取大确定检测结果的质量级值。

4.3 单枚评定

在各单项质量结果评定的基础上，评定单枚导弹质量结果。单枚导弹质量等级级值按照级值取大的方法确定，公式如下：

$$V = MAX(V_A, V_B, V_C, V_D, V_E)$$

式中，V 为单枚导弹质量等级的级值；V_A 为日常技术检查的最大级值；V_B 为静态技术检测的最大级值；V_C 为储存年限的最大级值；V_D 为服役经历的最大级值；V_E 为等级修理次数检查的最大级值；V_F 为服役经历的最大级值。

4.4 批次综合评定

4.4.1 样本总体的条件

同一生产批次、具备相同的储存条件和服役经历的批次导弹为一个样本总体。

4.4.2 批次综合评定的程序

通用导弹批次质量等级评定流程如图 3 所示。

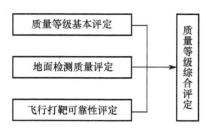

图3　通用导弹批次质量等级评定流程图

4.4.3　质量等级基本评定

基本评定的内容根据储存情况、服役年限、履历、修理等条件制定，且导弹地面检测结果均为质量完好、配套齐全。通用导弹质量等级基本评定标准如表3所列。

表3　通用导弹质量等级基本评定标准

质量等级		储存年限	携行情况	修理情况
分类	级别			
新品		<T_L	—	—
堪用品	一级	<T_L	携行的或携行后上交的	—
		<T_R		$H_R=1$
堪用品	二级	<T_R		$H_R \geqslant 2$
待修品	一级	≥T_L		
		≥T_R		
待修品	二级	质量不明待鉴定的		
废品		无修理价值，或影响储存安全的		
说明：T_L：通用导弹可靠储存寿命；T_R：通用导弹修后质保期；H_R：修理次数。				

4.4.4　地面检测质量评定

地面检测质量评定的内容主要根据单枚导弹的日常技术检查和静态技术检测的结果判断。由于通用导弹地面检测为全数检验，批次导弹地面检测质量评定应在单枚导弹质量结果评定的基础上，按照比例分布的标准进行评定。具体方法如表4所列。

表4　批次导弹地面检测质量等级评定

批次质量等级		样品质量等级分布
分类	级别	
新品		级值为1的样品数量不小于样品总数的90%
堪用品	一级	级值为1、2的样品数量之和不小于样品总数的90%，且级值为2的样品数不小于样品总数80%
	二级	级值为1、2、3的样品数量之和不小于样品总数的90%，且级值为3的样品数不小于样品总数的80%
待修品	一级	级值为1、2、3、4的样品数量之和小于样品总数的90%，且级值为4的样品数不小于样品总数的35%
	二级	级值为1、2、3、4、5的样品数量之和小于样品总数的90%，且级值为5的样品数不小于样品总数的35%
废品		级值为6的样品数量不小于样品总数的70%

4.4.5　工作可靠性评定

通用导弹工作可靠性主要包括导弹发射、飞行与弹目交汇等全弹工作状态下的可靠性。工作可靠性评定是导弹储存质量评定的主要因素之一，反映了导弹储存一段时期后仍能完成规定功能的能力。批次导弹工作可靠性评定采用抽样飞行试验。抽样方案按照各型号导弹的飞行试验方案进行。

通用导弹工作可靠性评定结果对应的质量等级为试验通过则保留原质量等级、试验失败转入待修品二级。

4.4.6　质量等级综合评定

综合通用导弹质量等级基本评定、地面检测质量评定与工作可靠性评定结果，以低级别质量等级作为批次导弹最终的质量等级。

参 考 文 献

[1] 海军导弹装备质量监控要求-舰舰导弹，GJBz 20291.2-95.

[2] 海军导弹装备质量监控要求-通用要求，GJBz 20291.1-95.

[3] 军事后勤装备使用技术文件编写导则-质量分级与报废条件，GJB 1624.8-93.

防化弹药类危险品质量监控方法研究

安文书，赵　新，程万影，郝雪颖

（防化研究院功能材料研究所，北京 102205）

摘　要：由于防化弹药的特殊性，其质量监控工作原未纳入通用弹药质量监控体系。随着改革进程推进，各兵种弹药统一管理是一大趋势。为此，本文讨论了防化弹药类危险品质量监控时机、方案等，论述了对发烟弹、燃烧弹等进行质量检测的主要工作流程和内容，为相关工作的开展提供参考。

关键词：危险品；质量；监控方法

1　质量监控现状

防化弹药类危险品主要包括手榴弹、火箭弹、发烟罐等装备，其结构、使用方式与通用弹药类似，但其质量监控工作相对落后于通用弹药，体现在以单一型号装备测试设备和药剂检测方法居多，通用化、系统化程度低，缺少为保证弹药质量实施的测试方法。

根据防化弹药储存的现行体制研究质量监控方法，按照合理、可行、可监控的原则，开展抽检方案、检测方法研究。

2　质量监控概述

根据防化弹药类危险品的特点，其质量监控的内容应突出防化弹药战斗部装药特点，对于引信、发射药等部件的质量监控方法依照通用弹药执行。

首先，依据弹药功能将防化弹药类危险品划分为发烟弹、燃烧弹、防暴弹、发烟罐等 4 类。由于其设计结构不同，对储存安全性要求不同，导致质量监控时机不同，根据前期研究过程中发现，防化弹药约在储存期 2/3 时内含药剂性能易发生改变，故以储存年限的 2/3 为界，区别对待。区分储存、使用过程后的监控时机如表 1 所列。

表 1　质量监控时机

种类	储存年限	监控时机（前 2/3）	监控时机（后 1/3）	使用监控
发烟弹	10 年	1 次/5 年	1 次/2 年	1 次/1 年
	15 年	1 次/5 年	1 次/2 年	1 次/1 年
燃烧弹	10 年	1 次/5 年	1 次/2 年	1 次/1 年
防暴弹	5 年	1 次/3 年	1 次/1 年	1 次/1 年
	10 年	1 次/5 年	1 次/2 年	1 次/1 年
发烟罐	10 年	1 次/5 年	1 次/2 年	1 次/1 年

之后，对我国、我军现行有效的相关管理规定和标准进行搜集，确定防化弹药质量监控要求。依据《计数抽样检查程序及表》、《通用弹药技术检查规范》等对不同批次装备进行抽样检查，确定样本量。《弹药储存质量监控方法》、《化学防暴弹药包装、装卸、储存、运输技术要求》、《防化危险品退役报废条件》等确定检查内容。

3　质量监控方法

与火炸药相比，防化弹药类危险品的装填物多为复合化学制剂，并有固态、液态两种状态或固液混合，对环境条件变化更为敏感；与通用弹药相比，控暴弹药的弹体组件大多采用非金属材料制造，应力释放过程与通用弹药不完全相同；装填物内相容性及与弹体材料的外相容性受时间影响更大。

实施质量监控的具体方法通常针对弹丸相对不稳定的火工品，通用弹药主要选定引信、发射药为重点部件，而在一定条件下，由药剂的特殊性决定，防化弹药的战斗部（功能单元）的稳定性为监控重点。其检查流程见图 1。根据各弹种特点编制检测项目表，如表 2 所列。

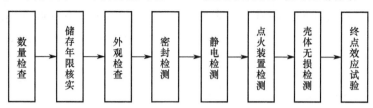

图 1　质量检测流程

表 2　检测项目表

弹种	数量检查	储存年限核实	外观检查	密封检测	弹体静电检测	点火装置检测	壳体无损检测	终点效应试验
发烟弹	√	√	√	—	√	√	√	√
燃烧弹	√	√	√	√	√	√	√	√
防暴弹	√	√	√	√	—	—	√	√
发烟罐	√	√	√	—	√	√		√

3.1　常规项目检查

常规项目检查注意包括数量检查、储存年限检查、外观检查等项目，查找问题。外观检验需对弹药储存中的外包装变化情况，外观变化，锈蚀情况，等分类做好记录。对结果进行分析，利用 GJB179A 抽检方法，确定后续检测项目抽检数量。

3.2　密封检测

只针对有密封要求的控暴弹、燃烧弹进行该项检验，采用密封检验仪检验外包装是否密封可靠。燃烧弹如果严重泄漏，表面会渗出霜样物质。控暴弹如有泄漏会有刺激气味散出，但这不是充分条件，由于加工后表面残留刺激剂也会使空气中有刺激气味，所以必须采用密封检测仪判定控暴弹是否有泄漏。

3.3　静电检测

静电聚集是引起弹药事故的一个重要原因，也是潜在的隐患因素，尤其是含有点火工品的装备，其壳体电位甚至影响射手安全。静电检测主要测量防静电地面对地等效电阻，测量时人员按要求更换防静电工服、鞋袜等，消除静电后进行操作。测量完毕后采用静电释放器对壳体放电以达到消除静电的目的。

3.4　点火装置检测

点火装置检测主要针对发烟弹、燃烧弹和发烟罐进行。发烟弹、燃烧弹主要检测导电环是否导通

良好，接地电阻是否短路，火工品与导电环连接是否可靠。发烟罐主要检测点火电路导通是否良好，遥控器通信是否正常。检测装置在火工品测试系统基础上进行改进，加装防护措施，设计夹具卡具适应防化弹药检测。

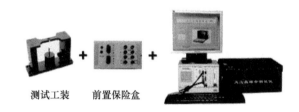

测试工装　　前置保险盒

设备外观

软件界面

图 2　检测装置

3.5　壳体无损检验

壳体无损检验主要目的是发现壳体内部薄弱点，消除隐患。金属壳体的弹药类危险品利用 X 光探伤仪对弹体及内部装药进行无损检测，检查弹壁

内部有无锈蚀或损伤，块状药剂是否有碎裂。非金属壳体的弹药类危险品利用超声波探伤仪进行检测，判别弹内装药量经过长期储存后能否满足要求。

3.6　终点效应试验

对于大口径发烟弹、燃烧弹等，结合部队训练，检验正常作用率、射程、威力等基本指标，以样本判定所在批次弹药质量情况。对于发烟手榴弹、防暴弹等，将弹体的部分置于小型爆炸罐进行试验，判定质量状况。在条件允许的情况下，选择小批量试验弹进行终点效应试验，主要检验遮蔽时间、火种范围、干扰浓度等终点效应指标。

4　小结

本文论述了防化弹药类危险品质量监控方法，可以应用于防化弹药检销站等试验保障机构，对储存、使用过程进行质量监控，发现质量缺陷，消除安全隐患。

参 考 文 献

[1] 总装备部通用装备保障部. 弹药检测总论[M]. 北京：国防工业出版社, 2000.

[2] TBB3-2001，电火工品试验防静电射频安全规程[S].

[3] TBB9-2001，火箭弹电点火系统无损检测试验方法[S].

塑料壳体弹药失效分析及特殊监控方法研究

郝雪颖，马士洲，安文书，张　武，程万影

（防化研究院功能材料研究所，北京 102205）

摘　要： 本文针对某型塑料壳体手榴弹在储存过程中失效的事故，从弹药结构、受力状态变化、塑料件强度等方面分析故障原因，建立手榴弹翻板击发机构受力状态简化模型，探讨避免塑料件内应力形成与造成严重影响等对产品设计和制造的借鉴，及非金属材料制品在长期储存过程的特殊监控需求，提出部分非金属材料制品长期储存过程的质量监控检测方法。

关键词： 塑料壳体弹药；储存失效；质量监控

0　引言

随着弹药用途的多样化发展，以金属材料为主要原料的弹体也增加了形状、材质各异的多种非金属零部件，如尼龙弹带、玻璃钢弹托、塑料隔板等，充分利用了非金属材料密度小、比动能小、适于复杂成型工艺等特点，而一些具有特殊用途的弹药，如防暴弹药、灭火弹药等非杀伤性弹药甚至采用非金属材料为主体结构。性能各异的多种非金属材料提高了弹药设计和使用的灵活性，但材料自身力学和化学性能差异及其对环境、时间因素的响应也为弹药长期储存带来了新的问题，促使主要以金属材料和火炸药为研究对象的弹药质量监控关注非金属材料领域。

1　某型手榴弹失效事故分析

2014 年，某型在存塑料壳体防暴手榴弹在部队枪抛训练中发生早炸事故，经查，该批弹药出厂检验合格，已在标准库房储存 5 年，储存过程未发生异常情况。在对库存同批产品的检查中发现，部分手榴弹发生击发机构握片钩挂轴断裂或有裂纹的现象，如图 1 所示，其外观质量已出现缺陷，对缺陷弹药解脱拉环保险后，枪挂抛射器不能控制握片反向翻转，握持保险机构失效，造成手榴弹装入抛射器后早炸。

为预防事故的再次发生，并判定该型弹药各批

次储存质量状态和发展趋势，针对不同批次库存弹药的技术状态展开排查，按年度统计统计缺陷发生概率，抽查结果如表 1 所列。

图 1　握片挂轴断裂缺陷弹药

表 1　库存产品外观检查情况统计表

储存时间	生产厂家	抽样数量/枚	挂轴断裂	壳体裂纹	缺陷概率
9 年	A 方	40	0	0	0
8 年	A 方	40	0	0	0
6 年	A 方	40×3 批	7	0	5.8%
	B 方	40	0	0	0
5 年	A 方	40	5	0	12.5%
	B 方	40	0	0	0
3 年	A 方	40	1	0	2.5%
	B 方	40×2 批	0	0	0
2 年	A 方	40×3 批	6	0	5%
	B 方	40×2 批	0	0	0
1 年	A 方	40	1	0	2.5%
	B 方	40	0	0	0

对表 1 分析可见，从某个批次之后续产品出现了此类缺陷，而之前批次以及同型号其他厂家的各

批产品均未发生类似故障，挂轴断裂缺陷概率呈离散性，未呈现随储存时间延长而增长的趋势。因此，该故障发生原因不能归于产品设计和材料老化问题，亦不能简单归于制造工艺或单一批次生产质量。通过故障模式分析，初步确定存在某种原因造成部分弹药挂轴受力达到临界不稳定状态，但外观质量表象正常，从而掩盖了潜在强度问题，随着储存时间的推移内应力逐渐释放，最终造成断裂。

根据技术图纸，基于 solidworks 制作该型号的三维装配图，如图 2 所示。通过分析该型弹药翻版击发机构的结构，为便于计算和分析，将系统装配中形成的内应力分离为外力，采用静力偶系将击发机构空间分布的各力作用线简化为等效平面力系，以握片为受力对象反向分析挂轴所受力矩。简化条件包括（1）击发机构内各金属件视为刚体；（2）受力物体面投影为线段；（3）忽略各接触物体间的摩擦力。

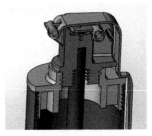

图 2　弹药结构三维视图

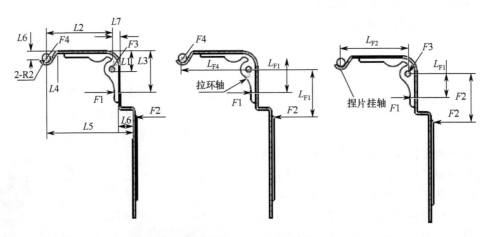

图 3　握片受力状态简化图

图中，$F1$ 为击针扭簧推力；$F2$ 为真空密封对握片所施压力；$F3$ 为拉环轴压力，取压力方向 45°；$F4$ 为握片挂轴压力，取压力方向 45°。由此，分别建立以拉环轴和挂轴为支点握片等效空间力系平衡方程。

$$M_O = \sum_{i=1}^{n}(F_i \times \sin\theta \times L_i + F_i \times \cos\theta \times L_i) \quad (1)$$

经测试，扭簧扭矩范围 9～10kgf·cm，包装真空度 0.02Mpa，根据取下的拉环轴弯曲变形角度及其材料抗弯曲强度 155MPa 推算其所受压力约为 487N。并测量两个不同单位所生产握片的配合尺寸，取平均值为力臂长度。在测量中发现，两种产品的尺寸存在误差，出现挂轴断裂的批次尺寸 L1 为 9.5mm，L2 为 27.8mm，L6 为 2.1mm，而另一批次相应尺寸分别为 7.7mm、29mm、3.6mm。

将扭矩、真空度等换算为压力单位后，将数值带入式（1），计算塑料挂轴在两种不同力矩下所承受剪切力，最大值为 75N，挂轴单位面积压强小于材料抗弯强度 25N/mm²。

根据计算结果，缺陷批产品的挂轴所承受剪切力大于正常批，但小于挂轴材料抗弯强度，剪切力方向为从左下端向上方。塑料材质的挂轴装配后即为承力状态，所受力小于其弯曲强度，不足以在装配过程中折断挂轴，但对挂轴施加了较大力矩。因此，造成该型产品分批次失效的主要原因是改变握片结构尺寸所造成的力矩变化。除此之外，造成挂轴在储存过程中断裂的原因还有其自身内因，即在注塑过程中所形成的内应力。

2　塑料制品内应力的形成及危害

塑料制品内应力是在原料熔融过程中由大分子链的取向和冷却收缩等因素而产生的一种内在应力，在冷却固化时不能立即恢复到与环境条件相适应的平衡，这种不平衡构象的实质为一种可逆的高弹形变，而冻结的高弹形变平时以位能形式储存在塑料制品中，在适宜的条件下，如外力、温度变化等，这种被迫的不稳定的构象将向自由的稳定的构象转化，位能转变为动能而释放。当大分子链间的作用力和相互缠结力承受不住这种动能时，分子间的平衡即遭到破坏，塑料制品产生应力开裂及翘曲变形等现象。内应力普遍存在于各类物体，但金属件原子连接紧密、金属键引力相对较大，且刨、热轧等加工方式会消除一部分内应力，而塑料制品通常采用大分子链原料，其热熔、冷却固化、脱模等工艺造成的分子间引力不平衡更为突出，尤其对几何形状或厚度过分不规则的热固、热塑制品，更容易发生内应力集中。大量实验研究表明，热残余应力对注射成型制品的收缩翘曲的影响远大于流动残余应力，尤其在角落处由于转角区域热量散失较难，从而产生热应力而导致变形，即由残余热应力导致角落效应。本文所讨论手榴弹挂轴的开裂方向正是在挂轴与连接部的内侧，即转角处。

塑料制品的内应力开裂、脆化为内部缺陷，通常表现为脱模开裂和应用开裂两种状态，其中，应用开裂更难以预测、更为危险，影响制品的力学、物理性能，本文所讨论的手榴弹塑料挂轴断裂即符合外力作用下内应力释放造成开裂的特征。因此，在产品设计和储存质量监控中都需关注塑料件内应力问题，结构设计尽可能保持连续，对塑料件尽量采用均匀壁厚、圆角过渡，避免锐角、直角、缺口及突然扩大或缩小，以免造成形成内应力集中；在制件注塑中严格控制工艺条件并根据塑料材质采用回火等方式消除部分内应力；在弹药储存过程常规技术检查中设置塑料件内应力检测项目，及早发现塑料件失效趋势。

3 弹体塑料零部件检测方法探讨

根据研究，对塑料零部件的检测可采用外观检查及破坏性检测两种方式。

（1）外观检查：表层内应力集中的塑料制件呈现局部发白及银丝，发白是由于塑料件折光指数降低、该区域聚合物密度和折光指数较低造成的，原因是零件受外力时，在局部受力部位产生了裂纹体。银丝则是热塑过程中分子链流动受阻所产生的裂纹。

（2）内应力检测：目前对常见民用塑料制品采用的检测方法包括溶剂法、仪器法、盲孔法和温度骤变法，适于弹药塑料件常规技术检测的为溶剂法，主要包括采用醋酸、丙酮沉浸检测制件表面应力和内应力，其原理为溶剂分子渗透到树脂大分子之间后，降低了分子之间的彼此作用力，分子间内应力大的作用力在浸入后进一步减弱，而引起开裂，内应力小的则不会立刻开裂。因此，可以从开裂的时间和程度来断定镀件内应力的大小及其部位。并据此估算塑料零部件可靠储存寿命。

4 小结

本文通过对某型弹药塑料零部件失效的故障分析，讨论了对含塑料件弹药需增加的检测项目，并参考民用塑料制件的常规检测方法讨论内应力检测手段。

参 考 文 献

[1] 董少峰. 弹药可靠性技术基础[M]. 北京：兵器工业出版社. 1991.

[2] 吴利英. 影响塑料模压制件内应力的因素分析[J]. 兵工学报. 2007. 7.

[3] 夏建盟, 等. 基于盲孔法的 ABS 热焊板件残余应力测量[J]. 工程塑料应用. 2016.03.

面向云服务的综合信息接入平台研究

苏振中[1]，高宏伟[1]，耿乃国[2]，刘耀周[1]，王　彬[3]，袁　帅[3]

（1．沈阳理工大学装备技术研究所，辽宁沈阳 110159；2．沈阳理工大学人事处，辽宁沈阳 110159；
3．陆军军械技术研究所，河北石家庄 050000）

摘　要：针对目前在我军信息化领域，各个专业、各层次的业务信息和管理信息，不能进行互联、互通、互操作，不能实现资源共享与软件复用的现象。通过融合结合物联网与云计算等技术，最大限度集成在役软件系统及数据资源，将软件、硬件、人力资源、信息技术进行最佳配置和优化，实现资源共享、管理规范，推动装备保障向数字化、实时化、网络化、精确化方向转变。

关键词：信息化；保障；接入平台

0　引言

进入信息时代后，战争形态由机械化战争逐步演变为信息化战争，更加强调系统与系统、体系与体系之间的对抗。作为云服务的基础和关键环节，首先要实现数据信息的云化管理，通过设计信息接入平台，将多要素、多平台、多体制的保障信息系统整合优化、有机融合。这是提高保障、管理水平的"加速器"，将最大限度地发挥保障管理信息化的整体效能，提高保障综合保障效益。

我军现使用的保障信息系统由于规划与设计等原因导致了大量应用系统难以实现资源共享与软件复用，这种现状不能适应我军综合化、一体化后的发展要求。主要表现：（1）信息资源及系统的规划性不强。系统间缺乏总体规划，对保障信息资源的顶层设计、综合利用和开发挖掘不到位。（2）信息资源数据的共享性差。数据库系统结构、标准不一致，数据转换复杂，难以共享。（3）软件复用困难。各系统往往以紧密耦合的方式组合模块化的业务逻辑，导致系统重复设计和资源浪费。（4）采用异构平台环境。现保障信息系统有的采用 Windows 操作系统，有的采用 Unix 或 Linux 操作系统；系统架构和开发平台有的是基于 Delphi、VB 等开发的 C/S（客户机/服务器）结构，有的是基于 .NET，JAVA 开发的 B/S（浏览器/服务器）结构。

考虑采用新的软件框架和技术方法有效地开发、整合和集成保障信息系统，将各部门开发的不同平台、不同数据库支持的异构数据库装备保障信息系统集成到新的平台，实现资源共享，实现保障信息高效流转与综合利用；并且对于已经建成的诸多信息系统，做到既能使其继续发挥作用，又能实现互联互通，对信息资源实现深度开发利用。为此，设计"基于云平台的保障信息综合接入平台"对提升我军保障保障能力有着极其重要的意义。

1　面向云计算的信息接入平台的军事需求

1.1　"综合信息接入平台"是联合作战保障的需要

保障是决定战争胜负的关键因素，保障专业化程度越来越高，物资保障品种和数量越来越庞大，保障"迷雾"效应越发突出。利用网络化、集成化的信息接入平台系统，将分散的保障资源情况按照一定的信息流程统一综合，把复杂多元的信息资源整合成为紧密联合的统一整体，形成一体化的保障体系，为高度合成的作战力量提供及时、够用的保障，实现保障需求与保障资源高效的紧密衔接。

1.2　综合接入、系统集成是实现保障手段信息化的需要

从信息化建设的角度看，发展网络化、集成化、智能化的保障信息系统平台，是构建信息网络云服务体系的核心，也是建立完备保障装备体系与高效保障实施体系的基础，"保障手段向信息化迈进"重点是构建"复合发展的保障装备体系、综合集成

的信息网络体系、功能完备的保障实施体系"。通过信息系统集成，形成系统与系统、部门与部门之间"无缝隙"连接，克服保障的时间差、空间差，提高一体化保障的保障能力，实现保障手段向信息化迈进。

1.3 业务综合接入平台是保障信息化发展的需要

通过业务综合接入平台实现系统集成，是我军保障信息化建设的必由之路。保障信息系统间"纵向连接多、横向互通少"、"静态信息多、动态数据少"、"单机应用多、网络应用少"、"专用系统多、通用平台少"、"固定设施多、机动装备少"等矛盾和问题普遍存在。各个分系统技术体制不统一、接口不规范、系统平台和功能不统一、中间环节多、信息传递慢等问题已经到了必须解决的时候。

1.4 保障业务变革需要随需而变的软件体系结构

传统的保障软件是一个一个应用组成的，每个应用围绕一个业务目标或业务中的某个环节，并致力于模仿当时的业务流程。随着人们对保障信息化理解的深入，保障信息化建设已经在向信息资源深化利用、信息融合共享阶段深入发展，固化的软件应用难以适应不断变化的业务需求，需要经常对现役系统进行升级改造。依靠紧密耦合的套装软件搭建部门级的应用，流程互通、信息共享难度大，系统重用性低，升级改造困难。面向云服务架构的出现使上述问题迎刃而解，当用户需求变化、业务流程变革时，软件也不再是基于"代码"的更改，而是将由业务流程驱动、向外提供统一接口服务的服务在可视化"服务组装图"中进行调整，满足特定业务需求，真正做到信息系统"随需应变"。

1.5 保障环境多变性和复杂性需要支持低耦合的集成建设模式

业务信息综合接入平台的最终目标是将已有和将要建设的若干分系统，通过系统硬件、功能、数据、管理集成，形成一个统一的系统整体，以满足用户需求。在面向云服务的软件体系结构中，"服务"成为软件开发、复用和集成的基本单元，过去软件开发中积累的知识和经验就可以得到有效保护和充分利用，与信息系统集成可以形成良性互动、双向进化的生态环境。

2 面向云服务的信息接入平台的基本要求

2.1 统一公用平台

按照集优公用构件、建设共性平台的思路，在基层单位节点建设基于云服务的业务综合接入平台，按照平战一体、集约保障的思路，采用"共性平台+专用构件"的模式，系统梳理各专业信息系统与平台集成的关系，实现在役信息系统的融合集成，实现一个平台处理多种业务，多种业务接入一个系统，有效解决现役系统过多过杂的问题，为科学管理、高效协同提供基础。

2.2 统管重点项目

以管人和管物作为实现信息化数据统管的核心，统一标准、规范组织应用，结合原有业务系统升级改造，规范专业信息系统建设。

2.3 统合业务数据

厘清通用数据、基础数据、业务数据和战时保障数据和应用管理之间的关系，形成支撑各类信息系统运行的公共基础。优化技术架构，实现数据集中管理。明确数据源头，形成保障信息资源规划，明确数据源头，形成保障信息资源目录和共享交换体系。依据数据中心归集信息标准、供应标准、物资编目和保障模型等基准数据，构建基础数据资源，做到"一数一源"、数据共享。

3 基于云计算平台的保障信息系统总体架构设计

依托云网络服务实现业务管理标准化、规范化、一体化，并向外提供统一的接口，实现平台的维护简单，高通用性和可配置，打造功能独立、低耦合、架构合理的平台，实现现有业务系统，感知控制设备的综合集成和接入，主要内容包括：

3.1 信息系统集成设计

集成各专业信息管理系统，在下层各种系统与上级数据中心之间提供一个新的分层，用于提取信息系统中标准化、通用化部分，将面向具体业务部分剥离出去，从而使得系统具有良好的重用性和扩展性，能够满足全业务处理、包容多技术体制的技术要求。系统集成模型一般有两种方法：一种是基于顶层设计的统一架构方法，即成立统一保障装备信息共享中心，建立遵循统一的标准、统一的网络和统一的技术体制的保障子系统，但这一方法不符合我军发展现状。另一种是基于中间件的信息集成方法，即通过在现有各保障信息系统之间建立"连接"，集成各环节的信息流，实现信息共享。从信息技术方面看，XML 不但能够提取结构化数据，也能够从半结构化和非结构化数据中提取所需信息。根据现有保障信息系统现状、发展趋势和所述中间件的信息集成方法，采用基于 UML 方法的构造装备保障信息系统集成模型，并采用 XML 技术实现信息系统之间的数据共享，通过中间文件格式实现和其他信息系统的数据交换，电子标签信息由信息交换系统写入或读取。

采用研制基于 XML 中间格式的信息交换系统来屏蔽系统间总体模型差异。但由于目前装备保障信息系统平台功能各异，数据库设计也没有统一的标准，因此把信息转换系统作为装备保障信息系统的一个嵌入模块，信息交换系统通过中间文件格式和装备保障信息系统交换数据，如图 1 所示。

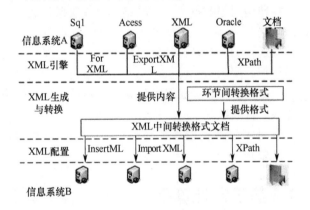

图 1　信息系统集成总体模型

各个信息系统采用统一的公共字典和模型来建立基于 XML 的中间文件格式实现信息互通，异构数据集成中间件屏蔽了数据源的分布性和异构性，中间件主要实现了对数据层异构数据源的统一查询访问，并为上层业务提供所需的基础数据服务接口，实现系统进行集成整合和一体联动。

3.2　信息转换模型设计

通过物联感知设备综合接入，制定物资标签、物联设备、物联网格等接入标准和应用规范，通过各个装备保障信息系统之间信息的转换，实现保障信息系统内部的信息转换，还能够实现信息系统与其他军事信息系统之间的信息转换。

装备保障信息系统之间进行数据转换时，通过 XML 格式的转换文件进行。由信息系统 A 向信息系统 B 转换数据时，通过转换程序，将数据转换成指定的文件格式，先将导出数据转换成指定的文件格式，然后由信息系统 B 的文件读取模块读取。由于装备保障信息系统软件各不相同，因此在实施时，需要针对不同的保障信息系统编写不同的转换程序（见图 2），以实现对各类物资识读、终端作业、自动化控制、智能感知等设备的集成接入和运维管理功能。

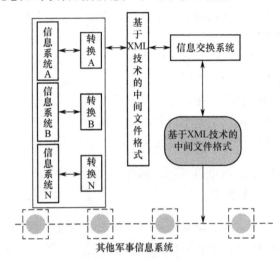

图 2　基于 XML 的信息转换模型

3.3　接入平台架构设计

用各专业物资管理业务数据集成平台，制定数据共享交换技术规范，能够对各业务系统数据抽取、清洗、整理，研制业务系统间与控制系统间的相关接口和服务，实现管理信息的集成整合和一体联动，满足军事保障领域内复杂、异构、多变的应用需求，为信息系统集成建设提供了可行的解决方案。

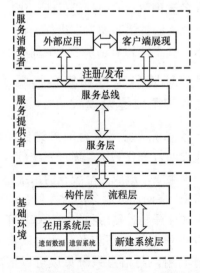

图 3　面向服务的保障信息系统集成架构模型

3.3.1 在用系统层

现实情况决定了面向服务的保障软件集成架构必须考虑整合遗留保障软件问题。在用系统资源主要包括遗留数据和遗留系统两种类型：

（1）对于遗留数据，架构通过 SOA 中的 SDO 标准封装成数据实体；

（2）对于遗留系统，目前主流的系统集成方法是将在用系统构件化，通过功能逻辑分析，提取出可以自我存在的业务流程逻辑，使其外在表现为若干相对粗粒度的构件，这些构件对外由服务总线调用，也为保障服务抽取进行准备。

3.3.2 新建系统层

保障信息系统集成，在基础环境层除了对在用系统进行 SOA 改造，以使在用系统得到最大限度地重用，还有一方面就是补齐综合功能为主的系统，通过技术手段使在用系统与新建系统在高层连通。对新建系统，在分析业务流程与业务规则的基础上，对业务流程中的"业务功能点"在统一的技术规范下被封装为小粒度保障服务，使用统一方法访问各类数据。

3.3.3 业务构件层

保障构件层主要为在用系统设计，是在用系统的一个准备层。构件层通过相关技术将在用系统分析、打包，进行构件化改造，实现在用系统的构件化，使在用系统对外表现为数个构件，为保障服务提取打下基础。

3.3.4 业务流程层

在面向服务的保障软件系统集成架构中，保障业务部门通过业务流程的梳理，使业务流程能够映射到信息流程，进而由信息流程调用服务。每一个业务流程可能在一个或多个应用系统间完成，需要根据各业务系统功能分布情况，统一建立完整的面向服务和应用接口的业务流程场景模型（业务流程模型），确立系统间互联互通接口设计需求。

4 基于云计算平台的保障信息集成平台技术路线

"业务信息综合接入平台"为各级各类用户提供个性化的按需信息服务，平台以业务系统的对接整合和数据的交换共享为基础，通过对数据的深度挖掘，将许多不直接相关的数据关联起来，为部队进行有效精确的保障提供数据支持。平台集成原来业务系统的各项功能，各业务工作通过平台来完成系统集成、信息集聚、数据共享和数据挖掘。

4.1 面向服务架构（Service-Oriented-Architecture，SOA）的体系技术

SOA 是基于服务的体系架构，具有粗粒度、松耦合等特点，能有效避免现有信息化建设投资的浪费，最大程度地保留用户原有的操作习惯。基于 SOA 体系架构不仅可以用在新建系统的开发之中，也可以用于对已经建成的系统的改造，选择 SOA 体系架构，是解决现有保障管理系统存在问题和实现保障管理共享信息平台的最好手段。

4.2 基于 Java EE 的框架技术

Java EE 是由 J2EE 发展而来，它是我们现今开发基于 Web 应用系统最常用和最流行的框架之一。Java EE 既是一种面向对象的框架，也是一种支持分层开发的框架，多层次应用系统在开发中存在问题，以及在部署和管理上出现的问题都可以用它来解决。应用系统间的相互依赖关系可以通过基于 Java EE 框架的分层设计来减少，这样就可以较好地降低系统耦合度，简化系统的开发、运维，有利于军队信息化应用在框架体系上的业务、技术和服务 3 个方面的扩展延伸。

4.3 采用 Enterprise Service Bus（ESB）总线技术

ESB 是 SOA 的基础设施，是一种可以提供可靠的消息技术的新方法，是一种结合了传统中间件技术、XML 和 Web 服务等技术所形成的产物。ESB 提供了网络中最基本的连接中枢，在服务请求路由到正确的服务提供者；在服务提供者与服务请求者之间进行消息格式的转换；在服务提供者与服务请求者之间进行协议转换；为服务提供者注册，对服务使用者进行寻址管理，支持服务管理。

5 结束语

以构建基于物联网技术和云计算平台技术的"基于云服务的业务综合接入平台"为切入点，将各部门开发的不同平台、不同数据库支持的异构数据库装备保障信息系统进行集成并进行统一管理，实现资源共享，通过各类传感器和感知通信手段，

实现保障装备保障过程的实时感知和保障资源的全程可控可视，提升信息化建设水平，能从根本上提高平战时保障装备保障效能，更好地满足作战需要，从而推动装备保障实现精确化、智能化、信息化等。

参 考 文 献

[1] 张志顺，大联勤体制下后勤信息系统建设思考与探索[J]，空军军事学术，2006，3.

[2] 廖建军，等. 基于 SOA 实现企业应用集成[J]. 微机发展，2005，15（9）：114-119.

六、弹药导弹通用质量特性

提高陆军导弹装备保障性设计水平的措施与办法

周明进

（陆军军械器材供应站）

摘　要：本文系统研究了装备保障性的基本概念和本质内涵，分析了陆军导弹装备保障性设计现状及主要问题，提出了改进陆军导弹装备保障性设计水平的对策与建议，以期推动陆军导弹装备保障性设计水平的提高。

1　装备保障性的本质与内涵

保障性是装备的重要质量特性，保障性是指装备的设计特性和计划的保障资源能够满足平时战备和战时使用要求的能力。保障性是装备设计赋予装备的固有属性，是装备自身的保障性设计特性及其保障资源组合在一起的系统特性。装备保障性主要反映装备自身保障性设计特性与所需保障资源及其保障系统的协调性和匹配性，反映装备所需保障资源及保障系统的有效性和合理性。

（1）装备保障性与装备的可靠性、维修性、测试性、安全性、环境适应性一样，是由装备设计所赋予和决定的，是装备的固有属性，装备设计一旦完成，装备的保障性就已确定。保证装备的保障性，必须进行装备保障性设计。

（2）装备保障性是装备保障性设计特性与所需保障资源及其保障系统组合在一起的系统特性，装备自身不仅具有能够保障、可以保障的设计特性，而且还应当由匹配的保障资源及其保障系统为其提供有效的及时保障。保证装备的保障性，装备自身设计必须与对应的保障资源及其保障系统同步进行设计。

（3）装备保障性反映的是装备自身保障性设计特性与所需保障资源及其保障系统的协调匹配性，装备的每项保障需求及要求，必须对应相应的装备保障性设计特性要求，装备的每项保障性设计特性要求，必须对应相应的保障资源及其保障系统要求，三者之间必须相互匹配协调。保证装备保障性，

必须以装备系统战备完好性要求为约束，必须进行系统研究论证，往复分析比较，不断综合权衡，充分保证保障性设计特性和保障资源及保障系统间相互匹配，相互协调。

（4）装备保障性反映的是装备保障所需保障资源及其保障系统的有效性和合理性，装备保障需要保障资源及其保障系统，装备保障所需的保障资源及其保障系统必须有效、合理。保证装备保障性，必须以装备系统战备完好性和寿命周期费用为约束，对保障资源和保障系统进行系统论证、全面分析、充分设计，保证保障资源及其保障系统有效、合理。

总之，装备保障性的核心与关键是装备的保障性分析和保障性设计，保证装备的保障性，必须依据装备的平时战备和战时使用要求，研究论证并明确装备保障需求及要求，依据研究确定的保障需求及要求，依次研究论证装备保障性设计特性要求、保障资源及其保障系统要求，经系统、综合权衡，最终确定装备保障性设计特性要求、保障资源及其保障系统要求。装备系统战备完好性要求、保障性设计特性要求、保障系统及其资源要求应当协调匹配。

2　陆军导弹装备保障性设计的现状及存在的主要问题

装备保障性是 20 世纪八九十年代，继可靠性、维修性之后，从美军引入的又一个装备设计特性概念，保障性与可靠性、维修性一样，均是装备的设

计特性，如果说可靠性主要解决装备服役过程中可靠使用问题，装备服役中不发生故障、少发生故障；装备维修性解决的是装备维修问题，装备服役过程中发生故障，故障能否便于排除；那么装备的保障性主要解决装备使用与维修保障的问题，无论装备设计的可靠性、维修性水平多高，装备服役过程中一定会出现各种各样的故障，装备故障的排除一定需要人、物、信息等保障资源，没有保障资源支撑，装备的故障不会排除，装备也就无法发挥应有的效能。当然，装备不仅仅需要维修保障，装备的使用、储存、装卸、运输、管理等均需要人、物、信息等资源的保障，离开相应的保障，肯定对装备的使用、储存、装卸、运输、管理等造成影响，以至于装备无法使用，无法储存、装卸、运输、管理等。装备保障性除与装备自身设计特性有关外，还与装备保障资源及其保障系统有关，装备保障性是装备保障性设计特性与所需保障资源及其保障系统组合在一起的系统特性。装备需要保障，装备自身就必须设计成能够保障、可以保障，同时与装备自身保障特性设计同步设计相匹配、相协调的保障资源及其保障系统，装备保障性设计特性与保障资源及其保障系统必须匹配、协调。装备保障性不仅是装备设计效能有效充分发挥、战斗力形成的关键影响因素，同时也是装备研制周期、研制费用、全寿命周期费用的关键制约因素，装备保障性是现代装备设计时必须强调和特别关注的装备基本性能，装备保障性与装备的战术技术性能、可靠性、维修性等具有同等重要的地位。装备保障性需要有明确具体的设计要求，需要充分论证、设计和试验验证。

20 世纪八九十年代，从美军引进装备保障性概念后，国内相关单位为推广装备的保障性设计做了大量工作，先后编制并颁布了《装备综合保障通用要求》《装备保障性分析》《装备保障性分析记录》《故障模式、影响及危害性分析指南》《装备以可靠性为中心的维修分析》《修理级别分析》《装备初始训练与训练保障要求》《备件供应规划要求》《保障设备规划与研制要求》《装备保障方案和保障计划编制指南》《装备综合保障计划编制要求》等十多项国家军用标准，比较系统全面地规范了武器装备保障性设计的要求、程序、方式和方法，为武器装备的保障性设计提供了有力技术支撑。然而，从概念的引入到系列国家军用标准的颁布，时间已过去了 20 余年，据目前了解掌握的情况，我军武器装备的保障性设计工作成效不明显，成果不理想，工作开展不深入、不系统，武器装备的保障性设计还

只是停留在口头上、文字上，没有真正落实到行动上。具体表现在以下几个方面：

（1）型号装备研制总要求中没有装备保障性设计的具体、明确要求；

（2）型号装备研制的周期、进度、费用等未考虑装备保障性设计的因素；

（3）型号装备的研制单位也未对装备的保障需求及要求进行系统研究论证，未对装备保障性进行充分设计；

（4）型号装备的定型试验大纲没有装备保障性试验项目及要求，设计定型试验也不对装备的保障性进行试验验证；

（5）设计定型列装部队的新装备普遍存在不便保障、难以保障、无法保障，装备无法形成战斗力的问题。

存在上述问题，有诸多方面的原因。一是对装备保障性的本质内涵和作用意义认识上不到位，还没有真正解决装备保障性是什么、为什么、怎么办的问题，装备保障性只是落实在文字上、口头上，还没有真正落实到行动上。二是重装备战术性能，先解决有无，多、快好、省发展装备的指导思想和传统观念没有转变，一味追求装备战术技术性能的先进性，将有限的装备发展经费，主要用在解决装备战术技术性能领先和创新上，无暇顾及装备的保障性，乃至装备的可靠性、维修性等通用质量特性上，装备战技性能很先进，但可靠性、维修性、保障性等水平很低。三是装备研制订购与装备保障分管的体制也不利于装备保障性设计工作的开展，装备研制订购部门管"生孩子"，装备保障部门管"养孩子"，装备研制订购部门管理使用装备研制订购费，其工作业绩考核的主要标准是研制、订购先进战技性能装备的数量，至于研制订购装备的保障建设由装备保障部门负责，铁路警察，各管一段，种了别人的地，势必荒了自己的田，这从客观上会造成装备研制订购时重战技性能、轻保障性设计的现象。四是装备保障性设计的技术标准和规范不接地气，操作性差，严重影响装备保障性设计工作的深入开展，不仅装备保障性的基本概念比较笼统和模糊，难于理解，而且装备保障性的具体要求也比较原则，不便执行，装备保障性的具体参数指标有哪些，每个具体参数指标的具体含义、研究论证确定标准，以及保障性的总体评价标准和方法，等等，均没有严格的界定，实际工作中难以执行。

上述原因，造成了我国装备保障性设计水平比较低，尽管研制和新列装的多数装备，其战技性能

已达到或接近世界领先水平，但绝大多数新型装备的保障性比较差，新型装备无法保障、难于保障，装备列装后迟迟形不成战斗力的现象普遍存在，国家花费巨大人力、物力、财力研制的众多性能先进武器装备的效能大打折扣，其应有的军事经济效益得不到充分发挥，这一问题已严重制约我国由军事大国向军事强国的转变，从根本上影响我军能打仗、打胜仗目标的实现，对此已引起武器装备决策管理部门的高度重视，2015、2016 年军委装备发展部、原总装备部联合国家国防科技工业局、五大兵工集团等单位，先后下发《关于全面实施装备质量综合提升工程的决定》、《装备质量综合提升工程总体实施计划》、《陆军装备精品工程活动实施意见》等文件，针对我军装备建设发展中存在的问题，全面开展以提高武器装备可靠性、保障性为重点的装备质量综合提升、精品工程活动，更新观念、优化机制、完善制度、强化管理，瞄准短板、综合施策、迭代推进、持续深化，全面提升武器装备研制生产的质量，打造"好用、管用、耐用、实用"的精品武器装备，加快实现武器装备"从有到优"的发展目标。

3　提高陆军导弹装备保障性设计水平的主要对策

针对目前我军武器装备保障性设计工作的现状，瞄准短板、综合施策，当前和今后一定时期内提高我军武器装备保障性设计水平，可采取以下对策：

（1）组织开展装备保障性专题学术研究活动，对装备保障性的本质内涵、作用意义，以及装备保障性分析、保障性设计、保障性评估、保障性试验鉴定等技术进行专题学术研究，以提高认识、更新观念，营造注重保障性设计，广泛开展保障性设计，极大提高保障性设计水平的良好氛围。

（2）研究创建联合论证机制，切实把好型号装备总体研究论证关，型号装备总体研究论证单位与相关装备保障单位成立联合项目组，型号装备总体研究论证单位负责战术技术指标研究论证，相关保障单位负责保障性要求研究论证，在型号装备研制总要求中提出系统全面、协调匹配的保障性设计要求。

（3）研究创建设计师队伍保障性设计培训和调研机制，切实把好型号装备保障性设计关，依据型号装备研制总要求，开展型号装备设计师队伍的专项技术培训和专项调研，确保型号装备设计师队伍弄清弄透装备保障性各项设计要求的具体含义和作用，以便设计师能够积极主动和精准进行保障性设计。

（4）优化完善型号装备设计方案的评审机制，由切实熟悉装备使用、维修、储存、运输、装卸、教学、管理等方面要求的一线专家，组成专门评审组，对装备的保障性设计方案进行专门评审，以保证保障性设计方案的最优。

（5）研究创建型号装备保障性设计的试验验证和评定机制，主要是对型号装备的工程样机和鉴定样机进行系统充分的保障性试验验证和准确权威的评定，发现问题，及时改进完善。

装备的保障性不是虚无缥缈、可有可无的装备性能，而是现代武器装备必须具备的基本性能，装备的保障性直接影响和制约装备应有战技性能的充分有效发挥、装备战斗力的形成，以及装备研制的周期、研制费用和装备服役寿命周期费用。提高现代武器装备的保障性水平，切实做好现代武器装备的保障性设计工作，是我军当前和今后一定时期内装备研制生产的必由之路。提高装备的保障性水平，核心和关键是做好装备的保障性设计，从我军武器装备可靠性、维修性、环境适应性、装备软件可靠性等设计的发展历程，做好装备保障性设计的根本保证是装备科研订购领帅机关的决心和意志，只要领帅机关认识到位、观念转换到位、关注程度到位，措施办法就会到位，装备保障性设计水平也很快会到位。只要领导和机关重视，有明确具体的保障性设计要求，由切实可行的措施和办法支撑，由合理研制经费、研制周期的支持，装备保障性设计的难题能解决、好解决。

基于多信号流图的舰炮制导炮弹测试性建模

严 平，陈 锋，孙世岩

（海军工程大学兵器工程系，湖北武汉 430033）

摘 要：测试性工作是制导炮弹可靠性、维修保障之间的重要纽带。本文介绍了多信号流图建模方法，并以某舰炮制导炮弹为例，分析控制系统的结构特点，建立控制系统多信号流图模型，得到测试-故障相关矩阵，对该控制系统的测试性进行评价。结果表明，多信号流图测试性建模方法在舰炮制导炮弹的测试性设计应用中可行、有效，可提高产品的固有测试性。

关键词：舰炮制导弹药；测试性；多信号流图

0 引言

舰炮制导炮弹是指以舰炮为发射平台，在常规弹药的基础上增加制导功能，实现精确打击的低成本弹药[1]。与常规弹药相比，制导炮弹具有以下特点：①由于需要打击点目标，对单发制导炮弹的任务可靠度要求更高；②由于控制部件的引入，弹药的复杂程度增大、零部件增多，其固有可靠度难以超越常规弹药；③增加了控制器、执行机构、传感器、导引头、通信接口等功能部件，工作时有明确的电特性参数指标，具备可测试条件；④含有大量的电子器件，失效模式从以金属部件和火工部件失效为主，扩展到控制部件。

舰炮制导炮弹的使用特点决定了其综合保障工作需要以测试性为"抓手"，通过测试掌握弹药的全寿命质量，以保证弹药的任务可靠度满足要求。其次，测试性工作是制导炮弹可靠性、维修保障之间的重要纽带，是确保战备完好性、任务成功性和安全性要求得到满足的重要中间环节[2]。系统存有的任何不能被检测出的故障状态将直接影响系统的任务可靠性，通过采用具有良好可测试性的系统可以减少未被检测出故障的发生，进而提高任务成功性和安全性。

测试性建模是测试性设计的基础，好的模型应能够最大限度地集成测试性相关的信息。相关性模型是由系统结构抽象出来的一种模型，它将故障与测试或测试与测试之间的因果关系以有向图的形

式表示，其中多信号流图模型是最受关注的测试性模型[3]。多信号流图模型不直接描述故障与测试的关联关系，而是将功能信号纳入模型之中，以功能信号为纽带，故障与测试的关系一目了然，所建立的模型结构同系统的功能框图类似，便于测试性知识的表达，模型的检验、核查也比较容易。本文介绍多信号流图构建方法，通过功能组成分析，得到舰炮制导炮弹控制系统的多信号流图，建立舰炮制导弹药控制系统的故障-测试相关性矩阵，并对相关性矩阵进行测试性能分析。

1 多信号流图构建方法

1.1 模型元素

（1）故障单元。被测对象的组成部件，不论其大小和复杂程度，只要是故障隔离的对象，修复时需要更换的，就称为故障单元。实际上，故障诊断中真正关心的是组成单元发生的故障，所以组成单元可以用所有故障来代表，他们具有相同或相近的表现特征，在故障单元这一元素中不进行区分。

（2）多信号模型中的信号。表征系统或其组成单元特性的特征、状态、属性及参量，既可为定量的参数值，又可以为定性的特征描述，并能够区分为正常和异常两种状态，相应测试结果为通过或不通过。

（3）测试项。为确定被测对象状态并隔离故障所进行的测量与观测的过程，将常用的测试手段都

视为测试项，在本文中将所有的观察、检测、检查、征兆均认为是一种测试项，测试过程中可能需要有激励和控制，观测其响应，如果其响应是所期望的，则认为正常，否则认为故障。

（4）测试点。进行测试时，获得所需状态信息的任何物理位置，包括信号测量、输入测试和控制信号的各种连接点。一个测试可存在于不同的测试点，一个测试点也可以安排一个或多个测试。

（5）相关性。指故障单元和测试点之间、两个故障单元之间以及两个测试之间存在的因果逻辑关系。如果故障 F_i 发生则测试结果 T_j 是不正常的，反过来，若 T_j 的结果通过了则 F_i 是正常的，即测试 T_j 依赖于故障单元 F_i，说明 T_j 和 F_i 就是相关的。仅仅表明一个测试项与其输入组成单元以及直接输入该组成单元的任意测试点的逻辑关系，称为一阶相关性，各个测试项和各个组成单元之间的逻辑关系成为高阶相关性，高阶相关性可由一阶相关性推理得到。系统单元之间的连接表示单元之间的因果依赖关系，如果某组成单元出现故障，那么它会影响从该单元开始沿箭头方向经过的所有单元。

（6）故障或失效。设备在工作过程中，因某种原因"丧失规定功能"的现象。多信号模型中将故障区分为两类：功能故障（Functional Failures）和全局故障（General Failures）。功能故障是指引起了功能偏差，影响系统执行效果的故障。全局故障是指使得信息流的流通受阻，导致系统功能丧失的灾难性故障。以一个滤波器为例，"超出容限"这一故障模式引起的是功能故障，而短路引起的则是全局故障。

1.2　建模步骤

多信号流图是在分析系统结构和功能的基础上，以有向图的形式表示信号流向和各组成单元及故障模式之间的构成及相互连接关系，并通过定义信号以及故障模式、测试与信号之间的相关性来表征系统组成、功能、故障及测试之间相关性。

从形式上讲，一个多信号流图由以下元素组成：

（1）故障单元有限集 $C = \{c_1, c_2, \cdots, c_L\}$ 以及一个与系统关联的独立信号有限集 $S = \{s_1, s_2, \cdots, s_K\}$。

（2）包括了 n 个可用测试的有限集 $T = \{t_1, t_2, \cdots, t_n\}$。

（3）包括了 p 个可用测试点的有限集 $TP = \{TP_1, TP_2, \cdots, TP_p\}$。

（4）每个测试点 TP_p 进行的测试集用有限集 $SP(TP_p)$ 表示。

（5）每个故障单元 c_i 影响的信号集为 $SC(c_i)$。

（6）每个测试 t_j 检测的信号集为 $ST(t_j)$。

（7）有向图 $DG = \{C, TP, E\}$，其中，E 是表示系统结构联结的有向边集合，其元素为某个组件指向另一个组件的有向线段，代表着模块功能上的依赖关系。

多信号流图建模主要有以下 4 个步骤：

（1）进行需建模系统的结构和功能分析，根据功能的不同完成系统结构的划分，得到系统的组成模块及其功能信号，确定能够添加测试的测试点位置、能够采用的测试及其测试信号等信息。

（2）根据需建模系统的结构和功能划分，绘制系统的结构框图。

（3）按照分析获得的模块、测试的特性，进行相关信号的设置。

（4）对所建模型进行适当的微调、校正，并进行有效性验证。

2　测试性建模分析

2.1　控制系统组成及功能分析

本文以采用卫星定位装置+磁组合姿态测量装置组合导航的某舰炮制导炮弹为例，建立其控制系统的多信号流图模型。该制导炮弹控制系统由卫星定位装置、磁组合姿态测量装置、舵机系统、弹载计算机和弹载电源构成，其控制回路框图如图 1 所示。

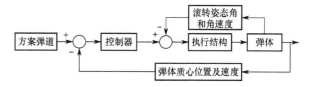

图 1　采用卫星/地磁组合装置的控制回路框图

该控制系统的各个模块的功能包括：

（1）卫星定位装置。装置实时测量炮弹飞行过程的空间位置与速度参数，为控制系统提供炮弹空间位置、速度等信息[4]。

（2）磁组合姿态测量装置。磁组合姿态测量装置实时测量炮弹飞行过程的滚转角和角速度参数，为控制系统提供炮弹舵控姿态角信息[5]。

（3）舵机。舵机作为控制机构，按预定时间张开舵翼，根据控制指令控制舵面偏转实现炮弹的增程与精度控制[6]。

（4）弹载计算机。弹载计算机为制导炮弹建立控制系统的时钟基准、根据装定参数计算滑翔制导控制的方案弹道、控制张开舵翼、实时接收卫星定位装置的测量数据、根据控制系统方案实时解算出控制指令、输出指令控制舵机实现滑翔、组合制导控制[7]。

（5）弹载电源。弹载电源为卫星定位装置、磁组合姿态测量装置、舵机控制器、弹载计算机提供直流电源 V_1，为舵机电动机提供直流电源 V_2。

2.2 控制系统多信号流图模型

由舰炮制导炮弹功能模块的划分，及每个模块的结构组成，可得到其控制系统的结构框图，如图 2 所示。

经分析，对应图 2 所示的控制系统各功能模块中，可能存在 13 个主要的故障源，存在 22 个能够被检测的特征信号，可以选择 14 个测试点，完成 22 个测试项目，各故障源及其对应特征信号，测试项以及测试点的对照关系如表 1 所列。

基于以上分析建立的某舰炮制导炮弹控制系统多信号流图模型如图 3 所示。

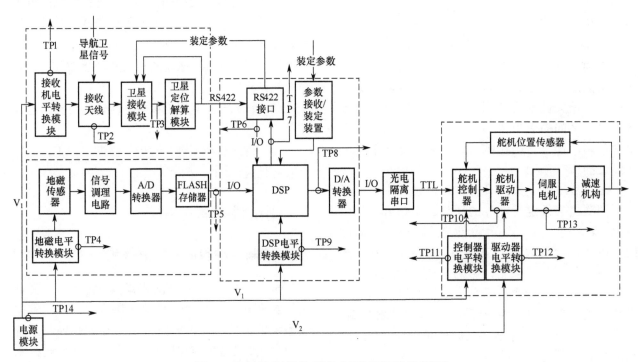

图 2　某舰炮制导炮弹控制系统的结构框图

表 1　控制系统多信号流图模型组成单元对照表

编号	故障源	信号编号	特征信号	测试项	测试点
r_1	接收机电平转换模块	s_1	卫星电源阻抗	t_1	TP_1
r_2	接收天线	s_2	接收天线阻抗	t_2	TP_2
r_3	卫星接收模块	s_3	卫星装定信号	t_3	TP_3
r_4	卫星定位解算模块	s_4	卫星定位位置信号	t_7	TP_6
		s_5	计算机与卫星通信信号	t_8	
r_5	DSP	s_6	装定参数	t_9	TP_7
		s_7	舵机控制器应答反馈信号	t_{10}	TP_8
		s_8	舵控信号	t_{11}	
r_6	地磁电平转换模块	s_9	地磁电源阻抗	t_4	TP_4
		s_{10}	地磁输出电流	t_5	
r_7	地磁传感器	s_{11}	地磁输出 TTL 电平	t_6	TP_5

（续）

编号	故障源	信号编号	特征信号	测试项	测试点
r_8	DSP 电平 转换模块	s_{12}	DSP 电源阻抗	t_{12}	TP_9
		s_{13}	DSP 通路电流	t_{13}	
		s_{14}	DSP 输出电压	t_{14}	
r_9	控制器电平 转换模块	s_{15}	舵机控制器电流	t_{16}	TP_{11}
		s_{16}	舵机控制器电压	t_{17}	
r_{10}	舵机驱动器	s_{17}	舵机电位器对地电阻	t_{15}	TP_{10}
r_{11}	驱动器电平 转换模块	s_{18}	舵机电机电池电压	t_{18}	TP_{12}
		s_{19}	舵机零位电压	t_{19}	
r_{12}	伺服电机	s_{20}	张舵电阻	t_{20}	TP_{13}
r_{13}	电源模块	s_{21}	控制电路电流	t_{21}	TP_{14}
		s_{22}	控制电路阻抗	t_{22}	

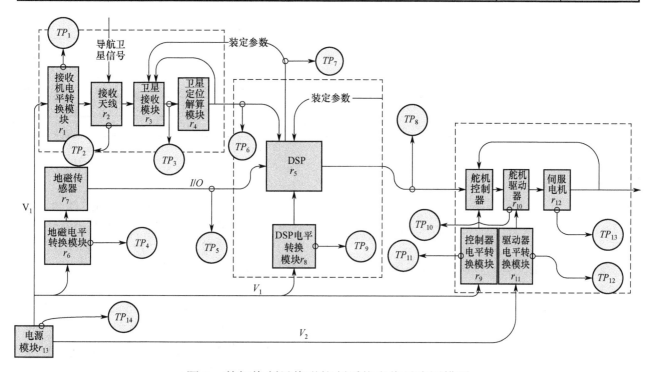

图 3 某舰炮制导炮弹控制系统多信号流图模型

2.3 故障-测试相关矩阵

经分析，某舰炮制导炮弹控制系统仅可能发生全局故障（G）的故障源是：r_2（卫星天线）、r_7（地磁传感器）、r_{10}（舵机驱动器）；只会发生功能故障（F）的故障源是：r_3（卫星接收模块）、r_4（卫星定位解算模块）、r_{12}（伺服电机）；既可能发生全局故障，又可能发生功能故障的故障源是：r_1（接收机电平转换模块）、r_5（DSP）、r_6（地磁电平转换模块）、r_8（DSP 电平转换模块）、r_9（控制器电平转换模块）、r_{11}（舵机驱动器电源）、r_{13}（电源模块）。根据多信号流图中各个故障源信号流向及功能分析，某舰炮制导炮弹控制系统故障-测试相关矩阵如表 2 所列。

表 2 控制系统故障-测试相关矩阵

故障项	测试项																					
	t_1	t_2	t_3	t_4	t_5	t_6	t_7	t_8	t_9	t_{10}	t_{11}	t_{12}	t_{13}	t_{14}	t_{15}	t_{16}	t_{17}	t_{18}	t_{19}	t_{20}	t_{21}	t_{22}
r_1(G)	1	1	1	0	0	0	1	1	1	1	1	0	0	0	1	0	0	0	0	1	0	0
r_1(F)	1	0	0	0	0	0	0	0	0	0	0	0	0	0	0	0	0	0	0	0	0	0
r_2(G)	0	1	1	0	0	0	1	1	1	1	1	0	0	0	1	0	0	0	0	1	0	0

（续）

故障项	测试项																					
	t_1	t_2	t_3	t_4	t_5	t_6	t_7	t_8	t_9	t_{10}	t_{11}	t_{12}	t_{13}	t_{14}	t_{15}	t_{16}	t_{17}	t_{18}	t_{19}	t_{20}	t_{21}	t_{22}
$r_3(F)$	0	0	1	0	0	0	0	0	0	0	0	0	0	0	0	0	0	0	0	0	0	0
$r_4(F)$	0	0	0	0	0	0	1	1	0	0	0	0	0	0	0	0	0	0	0	0	0	0
$r_5(G)$	0	0	1	0	0	0	0	1	1	1	1	0	0	0	1	0	0	0	0	1	0	0
$r_5(F)$	0	0	0	0	0	0	0	0	1	1	1	0	0	0	0	0	0	0	0	0	0	0
$r_6(G)$	0	0	1	1	1	1	1	1	1	1	1	1	0	0	1	0	0	0	0	0	1	0
$r_6(F)$	0	0	0	1	1	0	0	0	0	0	0	0	0	0	0	0	0	0	0	0	0	0
$r_7(G)$	0	0	1	0	0	1	1	1	1	1	0	0	0	0	1	0	0	0	0	1	0	0
$r_8(G)$	0	0	1	0	0	0	1	1	1	1	1	1	1	1	1	0	0	0	0	1	0	0
$r_8(F)$	0	0	0	0	0	0	0	0	0	1	1	1	0	0	0	0	0	0	0	0	0	0
$r_9(G)$	0	0	0	0	0	0	0	0	0	0	0	0	0	1	1	1	0	0	0	1	0	0
$r_9(F)$	0	0	0	0	0	0	0	0	0	0	0	0	0	0	1	1	0	0	0	0	0	0
$r_{10}(G)$	0	0	0	0	0	0	0	0	0	0	0	0	0	0	1	0	0	0	0	1	0	0
$r_{11}(G)$	0	0	0	0	0	0	0	0	0	0	0	0	0	1	0	0	1	1	1	0	0	0
$r_{11}(F)$	0	0	0	0	0	0	0	0	0	0	0	0	0	0	0	0	1	1	0	0	0	0
$r_{12}(F)$	0	0	0	0	0	0	0	0	0	0	0	0	0	0	0	0	0	0	0	1	0	0
$r_{13}(G)$	1	1	1	1	1	1	1	1	1	1	1	1	1	1	1	1	1	1	1	1	1	1
$r_{13}(F)$	0	0	0	0	1	0	0	0	0	0	0	0	1	0	0	1	0	0	0	0	1	1

以 DSP 功能模块为例，既可能发生全局故障，又可能发生功能故障，该故障源 r_5 的全局故障项可被测试项 t_3、t_7、t_8、t_9、t_{10}、t_{11}、t_{15}、t_{20} 检测隔离，其局部故障项可被 t_9、t_{10}、t_{11} 检测隔离。采用如图 4 所示的系统测试性分析流程[8]，

对系统不可测故障、模糊组、不可隔离故障、冗余测试、隐含故障和伪故障等进行分析，得出结论如下：

（1）无不可测故障。

（2）无模糊故障组，故障可以完全隔离。

（3）冗余测试项有 5 组，分别是故障（7，8）、（9，10，11）、（12，14）、（19，18）和（21，22）。

（4）隐含故障和伪故障如表 3 所示。

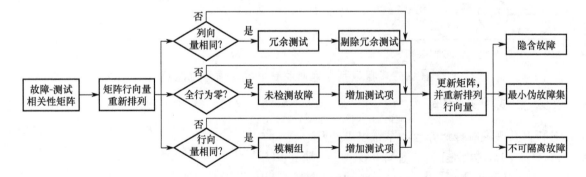

图 4　系统测试性分析流程

表 3　隐含故障和伪故障统计

故障项	隐含故障	伪故障
$r_1(G)$	2、3、4、5、6、7、15、18	（2，3）
$r_1(F)$	无	无
$r_2(G)$	4、5、6、7、15、18	无
$r_3(F)$	无	无
$r_4(F)$	无	无
$r_5(G)$	4、5、7、15、18	（4，5，7，15）

（续）

故障项	隐含故障	伪故障
r_5(F)	无	无
r_6(G)	4、5、6、7、9、10、15、18	（9，10）
r_6(F)	无	无
r_7(G)	4、5、6、7、15、18	无
r_8(G)	4、5、6、7、12、18	（6，12）
r_8(F)	无	无
r_9(G)	14、15	（14，15）
r_9(F)	无	无
r_{10}(G)	18	无
r_{11}(G)	15、17、18	（15，17）
r_{11}(F)	无	无
r_{12}(F)	无	无
r_{13}(G)	1、2、3、4、5、6、7、8、9、10、11、12、13、14、15、16、17、18、20	（1，8，11，13，16，20）
r_{13}(F)	无	无

3 结论

本文介绍了基于多信号流图的测试性建模方法，并针对某舰炮制导炮弹控制系统开展了测试性建模与分析。实例表明，多信号流图建模方法在对舰炮制导炮弹可测试性设计的建模分析和评估中是可行、有效的，能够检测出系统的不可测故障、模糊组、不可隔离故障、冗余测试、隐含故障和伪故障等，可提高产品的固有测试性，适用于舰炮制导炮弹控制系统测试性等相关领域中，在此基础上可以进一步为开展测试选择和测试序列研究，以及舰炮制导炮弹通用测试平台的研制。

参 考 文 献

[1] 严平，孙世岩，李小元. 舰炮信息化弹药技术[M]. 北京：国防工业出版社，2015.

[2] 肖林，张可佳. 舰炮制导弹药保障性及其参数分析[J]. 四川兵工学报，2013，34（1）：76-79.

[3] 张勇，邱静，刘冠军. 测试性模型对比与展望[J]. 测试技术学报，2011，25（6）：504-514.

[4] 吴盘龙，杜国平，薄煜明.卫星制导弹药综合检测系统的设计与实现[J]. 计算机工程与设计，2008，29（15）：3898-3900.

[5] 刘晓娜. 地磁传感器及其在姿态角测试中的应用研究[D]. 太原：中北大学，2008.

[6] 曾凡菊. 弹道修正弹电动舵机控制系统的设计[D]. 沈阳：沈阳理工大学，2010.

[7] 曹阳. 基于 ARM+FPGA 的滑翔增程弹弹载计算机设计与实现[D]. 南京：南京理工大学，2015.

[8] 马瑞萍，董海迪，马长李. 基于故障-测试相关性矩阵的测试性分析[J].中国测试技术，2016，35（5）：5-7.

弹药包装系统振动特性研究

於崇铭[1]，任凤云[1]，朱仲波[2]，张百成[3]

（1. 空军勤务学院航空弹药系，江苏徐州 221000；2. 94995 部队，江苏南通 226400；

3. 空军驻 624 厂军代室，黑龙江哈尔滨 150000）

摘　要： 简单地把弹药和包装箱看作一个单自由度系统，对其施加白噪声分析，得到的结果太过简单，不够精确。本文将其作为一个二自由度系统，在动力学参数已知的情况下，通过施加高斯白噪声激励，分析弹药振动特性，研究质量对弹药振动响应的影响；通过双因素方差分析方法，改变高斯白噪声的功率和包装箱质量，得到包装箱质量的改变对弹药振动响应的影响程度，结果表明，外包装箱质量的变化对弹药振动响应的影响显著。

关键词： 弹药；白噪声；包装箱；质量；方差分析

0　引言

弹药在铁路运输过程中，受到长时间的振动激励，可能会对弹药造成不同程度的损伤[1]。为了防止共振，在对弹药外包装箱进行设计的过程中，如何确定准确的质量，使其振动响应达到最小，保证运输过程中的安全，一直以来备受关注。

1　单自由度系统白噪声激励下的响应计算

如果把弹药和包装作为一个整体系统，则系统振动的微分方程为

$$mZ'' + C_z Z' + K_z Z = f(t) \tag{1}$$

将上式两边同时除以 m，得

$$Z'' + 2\zeta_z \omega_z Z' + \omega_z^2 Z = f(t)/m \tag{2}$$

式中，固有频率 $\omega_z = \sqrt{k_z/m}$，阻尼比 $\zeta_z = C_z / (2\sqrt{K_z/m})$。

$f(t)$ 为高斯白噪声激励时，方程的响应，$f(t)$ 的功率谱密度恒定，即

$$S(\omega) = S_0 (-\infty < \omega < \infty) \tag{3}$$

则有

$$S_z = |H(\omega)|^2 S_0 \tag{4}$$

式中，$H(\omega)$ 为系统的传递函数或称频率响应函数，由式（4）得

$$H(\omega) = \frac{1}{K_z[1 + 2\xi_z(\omega/\omega_z) - (\omega/\omega_z)^2]} \tag{5}$$

基础的响应的均方值为

$$E[Z^2(t)] = \int_{-\infty}^{\infty} |H(\omega)|^2 S_0 \mathrm{d}\omega \tag{6}$$

因为铁路运输属于随机振动，故这里设系统输入的均值为 0[2]，均方根值等于方差，即 $\sigma_z = \sqrt{E[x^2(t)]}$，由于 $K_z = m\omega_z^2$，对上式进行积分，得

$$E[Z^2(t)] = \frac{\pi \omega_z S_0}{2K_z^2 \zeta_z} \tag{7}$$

所以，最终弹药在白噪声激励下的振动响应为[3]

$$\sigma_z = \sqrt{E[Z^2(t)]} = \sqrt{\frac{\pi \omega_z S_0}{2K_z^2 \zeta_z}} = \sqrt{\frac{\pi S_0}{2m^2 \xi_z \omega_z}} \tag{8}$$

由式（8），为了减小弹药的振动响应，可以增加总质量。但在弹药已经定型的前提下，只有一味增加外包装箱的质量。此分析忽略了弹药和包装箱之间的作用，结果不够精确。

2　二自由度振动模型分析

2.1　二自由度模型的建立

为了更加准确地进行分析，综合考虑弹药和

包装箱之间的连接，现建立弹药包装二自由度系统（见图1）。为了更加直观地分析运输振动过程中的振动传递过程，假设各部位为线性连接，包装箱为线弹性[4]。

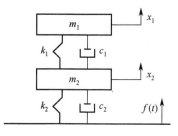

图1　弹药包装系统二自由度模型

其中，m_1、m_2为弹药和包装箱的等效质量；k_1、c_1为弹药和包装箱之间的等效刚度和阻尼；k_2、c_2为外包装箱和车厢底板之间的等效刚度和阻尼；$f(t)$为车厢底板激励。由于火车振动属于各态历经的平稳随机振动，在此可用高斯白噪声激励信号作为输入[5]。根据达朗贝尔原理和结构动力学[6]，可列出下述方程组。

$$\begin{cases} m_1 x_1'' + k_1(x_1 - x_2) + c_1(x_1' - x_2') = 0 \\ m_2 x_2'' - k_1(x_1 - x_2) + k_2(x_2 - f(t)) \\ -c_1(x_1' - x_2') + c_2(x_2' - f(t)') = 0 \end{cases} \quad (9)$$

2.2 欧拉法计算振动响应

微分方程的本质特性是方程中含有导数项，微分方程数值解法的第一步就是消除导数项，这就是离散化过程，而实现离散化的基本途径是用向前差商来近似代替导数，这就是欧拉法实现的依据[7]。

所选动力学参数仅供参考。

表1　振动模型动力学参数表

计算参数/kg	数值大小	计算参数/(N·s/m)	数值大小	计算参数/(kN/m)	数值大小
m_1	40	c_1	36	k_1	21
m_2	14	C_2	3	k_2	6

对于不同高斯白噪声激励下的响应，计算弹药振动x_1''，即加速度的均值。下面进行编程计算：

```
%m2 变动，其他不变，计算振动
clear all
clc
%%
m2s=2.^[-3:7]*14; %不同的 m2 的值
history=[];%用于记录 ddx1 的均值
for m2=m2s
m1=40;
```

```
k1=21;
k2=6;
c1=36;
c2=3;%参数设置
M=diag([m1,m2]);
C=[c1, -c1;-c1, c1+c2];
K=[k1,-k1; -k1,k1+k2]; %矩阵
N=10000;%仿真步数
dt=0.01;%时间步长
tspan=[1:N]'*dt;%时间序列
rng('default')%设置随机种子
z = wgn(N,1,0); %z 的序列，根据需要生成
不同功率的高斯白噪声，即位移
dz=[0; diff(z)/dt];%z 的导数，即速度
f=c2*dz+k2*z;%计算外力
Mat=[zeros(2), eye(2); -M\K, -M\C];
U=zeros(4,N);
for j=1:N-1
    u=U(:,j);
    ff=[0;0;M\[0;f(j)]];
    du=Mat*u+ff;%计算导数
    U(:,j+1)=u+du*dt;    %欧拉法计算
end
ddx1=[0 diff(U(3,:))/dt];
history=[history mean(ddx1)];
end
% U 的第一行是 x1
%    第二行是 x2
%    第三行是 dx1
%    第四行是 dx2
plot(m1./m2s,history,'o-')
xlabel('m1/m2')
ylabel('mean of ddx1')
title('x1 的加速度随不同 m1/m2 比值的变
化图')
```

计算结果如图2所示。

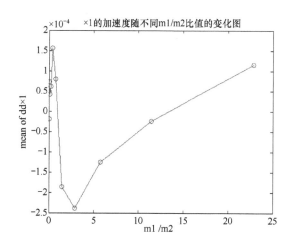

图2　欧拉法计算弹药振动响应随质量比变化图

从图 2 可以看出，随着质量比 m_1/m_2 增大，弹药振动响应呈现先减小后增大的趋势。为了减缓弹药在火车运输过程中的振动，包装箱 m_2 的值必须控制在某个值附近，否则，振动响应将比较明显。

3　双因素法方差分析

从上述分析可以看出，包装箱质量的变化对弹药振动的影响是存在的。现通过改变振动激励，即白噪声的功率和包装箱 m_2 的质量，研究质量的变化对弹药振动影响是否显著[8]。

表 2　不同 m_2 质量和白噪声激励下的响应结果

白噪声功率 ＼ 包装箱质量	8	14	20	40
0	0.000149	0.0002393	0.0002381	0.0001309
5	0.000265	0.0004234	0.0004234	0.0002328
10	0.0004713	0.0007529	0.0007529	0.0004139
15	0.0008381	0.001339	0.001339	0.0007361

将数据导入 MATLAB 进行双因素方差分析，结果如图 3 所示。

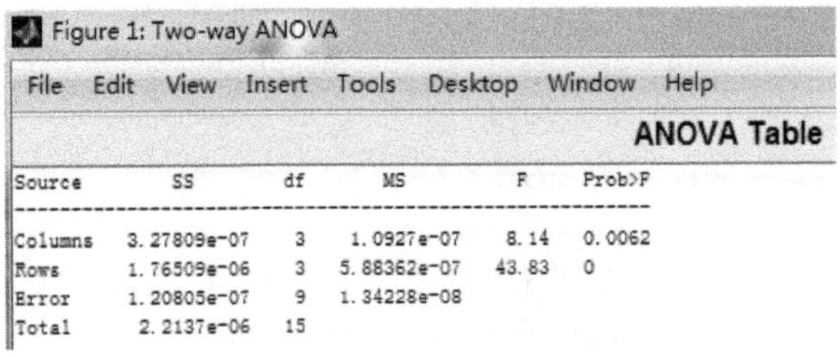

图 3　双因素方差分析结果图

做出假设 H_1：不同外包装质量对弹药振动响应影响无差异。

由于 $F_b=43.83$，在显著性检测水平 $\alpha=0.05$ 的条件下，$F_{0.05}(3,9)=3.86$，所以拒绝接受原假设，认为质量的变化对弹药振动的影响显著。

4　结论

本文首先将弹药包装系统作为一个整体，以单自由度计算白噪声激励下的弹药振动响应，结果单一，不够准确；继而建立弹药二自由度耦合模型，利用欧拉法进行编程计算，得到弹药振动响应情况随包装箱质量变化的曲线；最后通过方差分析，确定了弹药外包装箱质量的变化对弹药振动响应特性有较为显著的影响。

参 考 文 献

[1] 罗芝华，刘涛，陈文芳，等. 铁道车辆工程[M]. 中南大学出版社，2014.9：438-439.

[2] 刘佳丽. 铁路运输货物包装件冲击振动分析[J]. 兰州交通大学学报，2009，5.

[3] 汤伯森. 包装动力学[M]. 北京：化学工业出版社，2011.

[4] 王济，胡晓. MATLAB 在振动信号处理中的应用[M]. 北京：中国水利水电出版社，2006：69-70.

[5] 李柏年，吴礼斌. MATLAB 数据分析方法[M]. 北京：机械工业出版社，2012：3-7.

[6] 段虎明，石峰等. 路面不平度研究综述[J]振动与冲击 28，9：95-97.

[7] 周劲松. 铁道车辆振动与控制[M]，北京：中国铁道出版社，2012：21.

[8] 施雨. 应用数理统计[M]，西安：西安交通大学出版社，2005.9：145-150.

[9] 刘传聚. 隔振系统设计中振动传递率计算及隔振器设计[J]暖通空调，2016，46（1）：21-23.

[10]叶建华，李传日. 多点随机振动试验控制技术[J]系统工程与电子技术，2008，30（1）：124-126.

七、国外弹药导弹保障现状与发展趋势

美军弹药运输保障手段及启示

王晓明，祝玉林，王　君，刘　洋

（中国人民解放军 63981 部队，湖北武汉　430311）

摘　要：信息化条件下，弹药保障是作战保障领域的重要活动。弹药运输是弹药保障体系建设中的关键环节，本文对美军弹药运输保障手段及特点进行研究，阐述了弹药运输保障的发展趋势，及对我军弹药运输保障建设的几点启示。

关键词：弹药保障；运输配送；启示

0　引言

现代信息化条件下作战，弹药保障作为作战保障领域的重要活动，是作战行动得以实施的基本前提和基础。弹药运输作为弹药保障的关键环节，在现代战争中显示出越来越重要的作用，能否将弹药及时准确地送达作战部队手中，在一定程度上决定着战争的胜负。了解美军弹药保障的运输配送手段对于对我军弹药保障体系建设具有重要意义。

1　美军弹药运输保障手段[1-3]

1.1　弹药运输保障手段

1）水路运输

水路运输是弹药运输配送的主要手段之一，其优点是运输量大，航程远，运费低。水路运输可分为远洋运输、沿海运输和内河运输，其中远洋运输又称战略海运，是美军在海外作战中持续运输保障的主要手段。美军认为，在未来战争中，90%以上的弹药依靠海运完成。战略海运由运输司令部负责，其基本样式有 3 种：一是中转式，即运输舰船从美本土港口装载弹药物资后，运到作战地区附近的中转港口卸载，尔后再由海军舰船或其他船只将其转运到作战地区。二是直达式，即运输舰船从本土港口装载后，直接运到海外的作战地区港口卸载。三是登陆式，即由运输舰船运送弹药抵达作战地区后由登陆部队携行实施强行抢滩登陆。此外沿海运输和内河运输也是弹药实施水运的重要手段，一般适用于机动范围小的散装弹药运输。

2）航空运输

美军将弹药的航空运输分为战略空运和战术空运两种手段。战略空运即战区之间的空运，从美本土或远离战区的海外驻地将弹药物资空运至海外战区，是美军在作战初期支援海外作战的主要运输配送手段。美空军的战略空运主要由空中机动司令部所属的空运部队、空军后备队所属的空运部队和民航后备队等单位负责。另外战术空运是弹药供应在战区内或战场上的主要保障手段，其具体方式有机降和空投两种。机降可减少物资的丢失和损坏，简化繁重的搬运程序，空投可减少飞机遭敌袭击的机会，不需要前方着陆场。

3）陆上运输

美军弹药供应的陆上运输主要包括铁路运输和公路运输两种手段。前者是战略运输的主要手段，由美陆军军事地面部署与配送司令部会同美国铁路协会的军事运输处具体组织实施。后者是战区内弹药运输的主要手段。它是接收部队、机场港口补给机构，以及铁路和内陆水陆终端之间的联系环节。

4）集装箱运输

集装箱运输弹药具有装卸转运快、节省人力、节约运费、保护物资，便于陆海空联运和作战时活动仓库使用等优点。集装箱运输对美军从大后方直接向部队供应弹药物资发挥了重要作用。目前，美军绝大部分弹药采用集装箱运输方式。一般分为两种：一种是装在铁路平板车、汽车拖车、集装箱船

上载运；另一种是集装箱拖车，既可在公路上拖运，也可拖到铁路平板车或船只上载运，不需要专门装卸设备。

1.2　弹药运输配送的特点[4,5]

美军弹药运输配送，以作战部队的终端需求为出发点，在对其准确预测的基础上，通过不断修正配送计划，及时调整运输资源，在合适的时间和地点，主动将弹药直接送达一线部队。这种新型的保障方式，具有目标明确、配送主动、实时高效、充满活力等特点。

1）目标明确

在美军弹药运输配送保障系统中，引入了许多现代民用公司普遍采用的价值链思想，它强调在整个商业进程中始终聚焦于客户，要求价值链当中的所有个体，都要确保客户拥有最大的满意度和投资回报。

2）配送主动

美军弹药运输配送保障强调主动补给，而不是被动地储存。依靠先进的诊断和预测系统，主动查明部队需求，利用信息技术和信息装备，查明可供保障的资源所在，借助于发达的运输配送网络，将所需弹药和服务直接送达需求单位。以物流的速度取代库存数量，以配送的"面"和"网"取代孤立的"点"，大大提高了保障能力。

3）高效实时

美军弹药运输配送保障系统借助于全资产可视系统，利用自动识别技术、自动跟踪技术等，实现了供应链的全程可视，以实时的动态数据反馈取代烦琐的手工查询，使弹药管理人员能够快速准确地获取信息。

4）反应迅速

美军弹药运输配送保障系统还是一种反应敏捷、充满活力的弹性系统。运输配送管理人员在对作战需求做出预期判断的基础上，可以随时对空运中的弹药进行分配或改变其流向，从而增强了指挥人员对战场上各种不可预料情况的应变反应能力。

2　弹药运输保障的发展趋势

1）国家交通建设网络体制化

美国不仅战时非常重视运输线的畅通无阻，平时也十分强调在国家物流基础设施建设和运载工具研制中贯彻国防要求。而今，美国一张近 10 万公里的"战略铁路走廊网络"正在不断修建完善中[4,5]。通过这个网络，可以把美国疆域上的任何地

方连为一体，重要的国防设施、军火生产基地都在这一网络覆盖范围之内，依托这一网络，美军的弹药可以在极短的时间里被送到整个国家的任何一个机场、港口、基地，以保障战时的弹药需求。

2）保障理念精确化

实现弹药运输的精确化，是美军后勤发展的一个趋势，也是其高度关注的重要问题，该理念现已纳入条令条例之中。近年来，美军在推行军事后勤革命时，提出了"聚焦后勤"、"精确保障"等新的保障理论。强调在正确的时间和正确的地点为作战部队提供正确的补给品，即"适时、适地、适量"实施保障的新理念。伊拉克战争中，美军按照"精确运输保障"的先进理念[6]，充分利用以信息技术为核心的现代高新技术，精细而准确地筹划和运用运输力量在准确的时间、地点为作战提供准确数量、质量的弹药运输保障。这一理念将成为美军未来弹药保障的基础。

3）运输系统集成化

美军运输信息化建设，主要是建立和完善了五大系统：完整的可视化交通系统、独立的交通运输信息决策支持系统、灵活的联合保障系统、先进的物资配送系统、快速的民用运力征用系统[7]。五大系统的集成构成了美军强大的运输系统，为弹药的供应提供了信息化的系统保障。

4）动员保障社会化

利用民间运力保障军事运输需求是美军的一贯做法。伊拉克战争中，美军之所以能够在短时期内完成弹药、兵力的投送任务，除了自身拥有强大的战略投送能力之外，大量动员和征用民间运力也是其成功的一个主要原因。

3　美军弹药运输保障对我军的启示

美军弹药运输配送模式虽然是为适应其海外作战特点而建立和发展起来的，但其运输配送的理念手段，对我军仍具有现实的参考价值。

1）发展高机动性的弹药运输配送手段

美军的弹药运输配送保障作业链，具有全天候、全地形、全过程的高机动保障能力[8]。我军应改进现有的弹药运输配送和保障手段，适应现代战争部队行动的高速机动要求，加快研发适用于未来作战各种地理环境特点的野战装卸平台、全地形叉车、野战运输车等弹药保障装备，提高弹药的机动保障能力。

2）建立信息化的弹药运输配送网络

发达的运输配送网络是美军弹药运输配送保

障的基础，既包括物理网络，又包括信息网络[9]。针对未来高技术战争弹药运输配送保障需求，我军应大力发展信息化保障手段，构建前、后方信息互联和补给直通的信息化保障网络，从而为部队提供实时精确的弹药运输配送保障。

3）确定符合我军实际的运输配送指导方针

我军弹药运输配送建设必须以军委新时期军事战略方针为指导，以信息化战争为牵引，遵循统一领导、统筹规划、军民兼容、平战结合的原则，以网络系统为基础，指挥自动化为核心，构建网电一体、功能完备、反应灵敏、安全可靠的信息化保障体系，实现交通运输资源数字化、管控可视化、决策智能化、投送精确化、保障一体化。

4 结束语

未来战争中弹药运输保障对信息技术的依赖性越来越明显，信息化战争条件下的弹药运输配送保障，已呈现出精确化、智能化、系统化、一体化的发展趋势。打赢高技术条件下的战争对弹药运输保障提出更高的要求，我军必须大力发展信息化保障手段，以全程可视化为目标，提高信息的收集、传输和处理能力，发挥信息资源潜能，建立灵活高效的弹药运输保障体系，为打赢高技术条件下的战争提供有力保障。

参 考 文 献

[1] 沈寿林，等. 美军弹药保障研究[M]. 北京：军事科学出版社，2010. 109-112.

[2] 周璞芬，王通信. 美国军事后勤革命[M]. 北京：解放军出版社，2003. 79-84.

[3] 吴金良，蒋国富. 美军弹药保障手段对我军的启示[J]. 仓储管理与技术，2014（1）：61.

[4] 王继东. 透过伊拉克战争看美军装备保障变革[J]. 装备，2003（7）.

[5] 王玮. 伊拉克战争对战区弹药保障工作的启示[J]. 西北装备，2003（5）.

[6] 田晓杰. 美军精确化弹药保障模式研究[J]. 石家庄机械化步兵学院学报，2016（3）：92.

[7] 祁立雷，高敏. 美军战区弹药配送及启示[J]. 物流技术，2006（7）：18-21.

[8] 齐艳平，葛强. 美军弹药保障及其发展研究[J]. 北京：总装军械技术研究所，2007（5）.

[9] 于天明. 美军交通运输信息化建设历程及启示[J]. 海军学术研究. 2005（6）.

美军弹药保障的特点及发展趋势

祝玉林，王晓明，雷金红，王　君

（中国人民解放军 63981 部队，湖北武汉 430311）

摘　要：研究信息化战争中美军弹药保障的特点及发展趋势，对于加快和完善我军弹药保障体系建设具有重要的现实意义。本文主要对美军弹药保障工作的发展近况及特点进行了归纳总结，并对其未来发展趋势进行了分析预测。

关键词：信息化战争；弹药保障；特点；发展趋势

0　引言

在现代战争中，能否将弹药及时准确地送达作战部队，在一定程度上决定着战斗、战役甚至战争的胜负。换句话说，弹药保障是作战行动得以实施的基本前提和基础，直接影响战争进程，事关战局成败。美军认为，弹药就像血液是人体最需要最可靠的支撑一样，是士兵的生命最需要最可靠的支撑[1]。事实上，在美军主导的近几次战争中，正是依靠其成熟完善的弹药保障系统，以及正确的弹药保障总体原则和弹药部队具体保障原则，能够顺利、高效地完成弹药由本土到战区、再由战区到部队的物流过程，实现了战略、战役和战术弹药保障的无缝衔接[2]。

与美军相比，目前我军弹药保障力量建设还存在战时弹药保障网络建设尚不完善、弹药保障部队不够专业、运力不足、先进机械化装备缺乏、弹药包装不合理等问题[3]。因此，加强对美军弹药保障工作的研究，借鉴其先进经验和做法，合理编配弹药保障力量，探索适合我军情况的保障模式，已显得十分迫切。本文主要分析了美军弹药保障工作的现状、特点及未来发展趋势。

1　美军弹药保障的特点分析

1.1　美军弹药保障的总体原则[1]

1）目标明确

美军弹药保障系统"始终着眼于终端用户的高效配送管理"，从弹药的生产、管理者到直接保障的技术人员，把服务于作战部队这一终端用户需求的思想贯穿于整个配送进程中。

2）主动配送

美军弹药保障强调主动补给，以物流的速度取代库存数量，极大提高了保障能力。依靠先进的诊断和预测系统，主动查明部队需求；利用信息技术和信息装备，查明可供保障的资源所在；借助于发达的配送网络，将所需弹药和服务直接送达需求单位。

3）实时高效

美军弹药保障系统利用自动识别技术、自动跟踪技术等，实现供应链的完全可视，以实时的动态数据反馈取代繁琐的手工查询，使弹药管理人员能够快速准确地获取信息。

4）反应敏捷、充满活力

保障管理人员基于对作战需求的预期判断，可随时对运输中的弹药进行分配或改变其流向，从而提高指挥人员的战场应变能力。

5）适时、适地、适量

充分运用可视的弹药供应管理系统和其他以信息技术为核心的高技术手段，详细而准确地筹划、建设和运用弹药保障力量，在准确的时间和地点为作战部队提供数量准确的弹药保障，最大限度地节约保障资源。

1.2　美军弹药保障的力量编成

美军的弹药保障属于后勤保障，其后勤保障系统有总部级、中间级、支援级。总部级一般是在美国的本土或各个基地,中间级是战区至军一级的层面,而支援级是师以下的机构。弹药的保障主要是由战区司令部进行负责,军一级设有支援司令部,负责对全军进行保障,其编制体制并不固定,通常由弹药大队保障实施。而对于师一级而言,同样成立支援司令部,对弹药保障的工作统一进行管理,其补给与运输营负责对弹药进行补给,而营级单位通常有支援排来负责弹药的保障工作[3,4]。可见美军的弹药保障体制是比较灵活的,在平时弹药保障是混编入所有的后勤保障中的,在战时则可以组成支援分队。

在装备方面,美军的弹药保障装备主要包括集装箱装卸车、吊车、全地形变臂叉车等多种适宜野外作业的专用机械,用于转运机构内部操作的开展,配备的整装整卸弹药运输车用于执行集装弹药的交付前送。同时,各级后勤部队配备有运输直升机和数量众多、性能优越的运输车辆,在战区形成了以弹药转运机构为节点、运输力量为联结的弹药保障网络体系[2,3,5]。

1.3 美军弹药保障的几种模式

1)自由保障模式

自由保障模式是指弹药保障无论在什么情况下,都能够不受任何限制地围绕统一的战略目标保障部队作战并取得胜利[1]。这种“自由”主要体现在 5 个方面:(1)保障距离不受限制。即随着信息化弹药的出现和远距离投送能力的提高,弹药保障不仅可以在近距离,而且可以在远距离、超远距离进行;(2)保障空间不受限制。弹药保障可在地(海)面、水下、空中乃至太空立体展开,空中加油和空中机动保障已经成为弹药保障的主要方式;(3)保障部队机动的方式不受限制。弹药保障不仅能利用高效快速的机动装备保障部队实施战术、战役机动,而且能保障部队实施快速的战略机动;(4)保障不受天候、天时限制。保障部队能做到不分昼夜、阴晴雨雪,在整个作战空间高效运转;(5)军兵种保障界限模糊。随着远程精确制导武器和 C^4I 系统的普及,诸军兵种合成保障模式将逐步取代传统的陆、海、空作战各自弹药保障。

2)网络保障模式

网络保障模式是指美军在国家信息网络和自动化指挥与管理网络的支撑下,扁平化网状保障逐渐取代传统垂直层次保障,实现了一体化和区域化的弹药保障,具有布局开放、要素抽组、多向运行、

集约建设的特点。美军的网络化弹药保障系统主要由弹药供应运输信息网、仓储弹药信息网、弹药供应指挥控制中心组成,在全方位网络节点弹药补给、网络节点衔接运输、实行网络节点动态指挥等方面已有具体应用。

3)精确化保障模式

“精确化保障”概念源于美军“聚集保障”或“定向弹药供应”的作战思想,是指充分运用可视化弹药供应管理系统等高技术手段,在准确的时间和地点为作战部队提供数量准确的弹药保障。精确化保障是新型的弹药保障模式,涉及保障建设、保障管理、保障组织指挥、保障防卫等所有领域的变革,具有筹划严密、力量精干、手段精良、保障精确、耗费节省等特点,一般适用于战役、战术层次的非对称战场态势[2]。

4)虚拟保障模式

虚拟保障利用基于虚拟现实技术的分布式交互模拟系统,使分散的作战单位和保障单位能够同时在一个“综合模拟环境”中进行模拟活动。它是以互联网络为基础,把分散在不同地点的软、硬件设备及有关人员联系起来,在人工合成的“电子环境”中,形成一个在时间和空间上互相耦合的、同时共享一个综合虚拟作战和保障环境的、可进行体系对抗的模拟系统,具有可控性、高效性、经济性、可反复对部队进行训练的模拟特性[1]。这种虚拟现实技术使军队后勤建设的方法发生了革命性的变化,即由总结过去弹药保障实践经验的“经验归纳法”转变到预先设置的虚拟环境中去实践的“虚拟保障法”。

5)立体保障模式

立体保障是水平保障与垂直保障的有机结合,即充分利用水、陆、空三栖运输力量实施全方位、不间断供应的弹药支援保障[4]。立体保障是对传统保障方式的重大发展和飞跃,使弹药保障模式由“水平”向“立体”拓展,构建了全方位的立体保障空间,因此在未来战争弹药保障中具有重要意义。

1.4 美军弹药保障的技术手段

美军对弹药保障手段的发展完善十分重视,不断运用最先进的军事技术推进其建设,并将其应用在弹药包装、装卸搬运、运输配送等各个保障环节中,以实现整个保障体系的完善。20 世纪 60 年代末至 80 年代,美军致力于弹药保障手段的机械化

建设，实现了弹药保障的集装箱包装和运输。从 20
世纪 80 年代末至 90 年代中期，美军积极采用整装
自卸技术，开始大力发展以托架集装为主体的托盘
装载系统，使其成功迈入弹药保障手段机械化建设
的另一阶段。20 世纪 90 年代初，海湾战争的爆发
使美军开始意识到弹药保障手段信息化的重要性。
为满足军事战略从应付全球战争转变为应付较大
规模地区性冲突和地区性战争的作战需要，美军于
1995 年 8 月成立了联合全资产可视性办公室并随后
正式实施了国家级弹药可视性倡议，开始全面推进
弹药保障手段的信息化建设。

美军弹药保障手段的信息化建设，围绕着弹药
保障"可视性"这个中心，以"信息系统"为基础，
以条码、射频卡、光储卡、卫星跟踪系统等"自动
识别技术及装备"为载体，以弹药保障的总资产"可
视"和保障过程的"可控"为核心，创建了机动定
位分配系统与整装自卸技术、全球定位技术和自动
识别技术相结合的精确化保障新模式，使弹药保障
由补给分发系统向需求分发系统转变，进一步减少
了弹药转运站和弹药补给所的弹药储存量，最大限
度地满足了实时、实地、适量的弹药供应精确保障
要求，实现了精确管理、透明控制、态势感知，为
美军弹药供应整体保障能力的提高打下了基础[3]。
在经历了由机械化向信息化的发展后，当前美军的
弹药保障手段已基本实现了实时化、精确化、网络
化、智能化。

2　美军弹药保障的发展趋势

2.1　构建"模块化"的弹药保障勤务部（分）队

"模块化"部队是美陆军未来部队建设的发展
方向，美军的弹药保障勤务部（分）队将从常规的
全般保障和直接保障连向模块化弹药连转变[6]。按
照"21 世纪弹药系统"的构想，每个弹药连的组成
都将取决于任务、敌情、地形、部队和时间，负责
搬运散装的和集装箱装运的弹药，当不隶属于弹药
排时，可直接接受军保障营或军保障大队的指挥。
中型弹药排可编配 48 名士兵，6 台可伸缩的 6000
磅（约 2721kg）起伏地叉车，2 台 1 万磅（约 4535kg）
起伏地叉车和 3 辆带拖车的货盘装载系统卡车。每
个中型排负责在弹药补给所、军储存地域和战区储
存地域执行任务外，还可开设弹药转运站。

2.2　构建具备快速应急反应能力的弹药保障机构

如何在远离本土、没有预设战区的战场，给一
支从美国本土基地开赴到陌生地区的应急部队提
供初始补给和支持性补给，是美军需要考虑的一个
全新课题。美军认为，现行弹药保障模式层次繁多，
机构臃肿，不适应快速反应作战的要求。信息化战
争中，多等级的"战区弹药存储区—军弹药存储区—
弹药补给所—弹药转运站"保障结构必将被梯次配
置的弹药补给所代替，因为弹药补给所将不会受严
格的等级保障结构约束，规模和任务将会随着战区
的发展自主调整与变化[7]。

2.3　构建自动化的弹药补给分配系统

为构建自动化的弹药补给分配系统，美军计划
在以下 3 方面进行变革：一是弹药补给由"战斗配
套货件"改装为"战略配套货件"，以便将"战略
配套货件"由本土仓库直接运往武器系统，或在到
达战区后，根据具体情况或保障任务的特定需求，
将其重新拼装为"任务配套货件"；二是依托弹药
管理信息系统，搭建一个由战斗用户、弹药补给系
统、仓库、国家物资控制站、生产厂家和运输系统
组成的自动化后勤保障系统。三是构建弹药配送部
（分）队，配发新型的弹药运输增补器材，实现弹
药保障由"被动补给型"向"主动配送型"的转变。

3　结束语

信息技术、计算机技术、人工智能技术等高新
技术的飞速发展及其在军事领域内的广泛应用，迫
使弹药保障面临时间紧、任务重和时空精度要求高
等诸多问题。经过多年的战争实践，美军在弹药保
障体制、保障模式、保障机制上长期保持世界领先
水平。本文主要对美军弹药保障工作的发展近况及
特点进行了归纳总结，并对其未来发展趋势进行了
分析预测，为加快和完善我军未来弹药保障体系建
设提供了借鉴和参考。

参 考 文 献

[1]　沈寿林. 美军弹药保障研究[M]. 北京：军事科学出版社，2010.

[2]　樊胜利，刘铁林，朱启凯. 美军弹药保障模式发展现状及对我军未
　　来影响分析[J]. 装备学院学报，2014（3）：46-49.

[3] 柴嘉奇, 诸德放, 孙鹏飞. 浅谈美军弹药保障研究[J]. 福建质量管理, 2015（10）: 217.

[4] 路军, 马振书, 罗磊, 等. 美陆军弹药保障力量研究[J]. 物流科技, 2009（4）: 81-84.

[5] 范志锋, 许良. 信息化弹药的发展及其特点与保障对策[J]. 国防技术基础, 2010（9）: 31-34.

[6] 岳松堂, 华菊仙, 张更宇. 美国未来陆军[M]. 北京: 解放军出版社, 2006: 35-70.

[7] 王勇. 美国军力最新评估[M]. 北京: 国防大学出版社, 2007: 69-98.

从美军基于 PBL 的弹药的全寿命周期管理看我军弹药技术保障军民融合决策

牛加新，张余清

（中国人民解放军 72465 部队，山东济南 250022）

摘　要： 本文介绍了美军基于 PBL 的弹药全寿命周期管理模式，对美军弹药全寿命周期管理中的弹药质量管理工作采取合同商保障情况进行了分析，提出了根据我军实际弹药质量检测工作由部队弹药质量监测机构负责实施，而对于质量监测后续维修和报废弹药销毁环节，可以借鉴美军基于 PBL 的弹药全寿命周期管理模式，采取军民融合的方式进行技术保障。

关键词： 美军；全寿命周期；弹药技术保障；军民融合

0　引言

基于性能的保障（Performance BasedLogistics，PBL）是美军在全寿命周期管理理论的基础上，基于实践发展而来的一种武器系统保障策略。20 世纪 90 年代，为适应新军事变革，美军积极推进 PBL 策略，目的是适应新的作战环境和作战样式对装备保障的要求，缩减后勤规模，降低使用和保障费用，提高经济可承受性以及装备的战备完好性，实现美军装备保障的转型。本文在总结美军近年来基于 PBL 的弹药全寿命周期管理的基础上，综合我军弹药技术保障实际，提出了我军弹药技术保障军民融合建设发展的意见和建议。

1　基于 PBL 的美军弹药全寿命周期管理模式

美国国防部、陆军、海军、空军以及企业界都对 PBL 进行了定义，各个定义既有相同之处，也有所不同。笔者综合这些定义后认为：PBL 是一种武器系统的保障策略，它为使系统完好性达到最佳、保障满足系统性能目标而设计了一种综合的、经济上可承受的性能包，通过对权利和责任都有明确规定的性能协议，把保障作为性能包而予以购买。

简言之，PBL 的本质是购买性能，而不是传统的购买产品、零部件或修理活动。即，PBL 把国防

部保障策略从传统的基于购买特定的零备件、修理、工具和数据转变到购买性能上，包括武器系统使用的可用度、可靠度、维修度、后勤保障规模、后勤反应时间、单位使用费用等。实施 PBL 策略时，项目管理人员将告诉保障提供者需要什么，而不是告诉保障提供者如何去做。

1.1　美军弹药全寿命周期管理模式

美军是以资金管理、数量管理、质量管理、库存管理等工作为核心，构建出弹药全寿命周期管理模式。首先以国家战略、敌情威胁、作战兵力结构、平时训练演习所需数量以及维修所需零部件数量等为基础，进行弹药需求预测，确定国防弹药库存量，在库存期间，除数量管理外，通过质量管理即监督（监测）/检查等手段，判断库存弹药是否符合需求或超期，以决定是否淘汰或销毁，然后根据国防弹药库存量进行弹药采购程序，在库存维修与使用（包含销毁与淘汰费用等）后，再进入需求预测阶段，如此循环往复，构成完整的弹药全寿命周期管理，如图 1 所示。

1.2　美军基于 PBL 的弹药质量管理体系

综观美军整个弹药全寿命周期管理过程，弹药质量管理工作是相当重要的环节，质量管理包括的

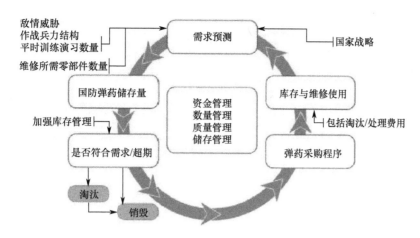

图 1 美军弹药全寿命周期管理

库存弹药监督、检查以及检测等工作，可以判定哪些弹药仍具有原有性能可以继续使用；哪些弹药的部分功能需要通过维修来恢复其堪用性能；哪些弹药已经失去原有性能且无法修理，必须淘汰处理；或者，判定哪些弹药是影响安全的危险弹药，必须报废处理等。一旦经弹药质量管理程序判定某些型号弹药应淘汰或报废处理时，即表示必须再经弹药采购程序补足该型号弹药淘汰或报废所带来的数量短缺。美军认为在弹药全寿命周期管理中，资金管理、数量管理、库存管理属于核心职能与核心能力，必须由军方自己承担，弹药质量管理工作虽然在弹药全寿命周期管理过程中具有关键的地位，但并非属于核心职能与核心能力。依据美军《弹药储存可靠度方案》，弹药质量管理中的目视检查、仪器检查、实验室检测以及性能测试等任务关键能力，并没有具备稀有、不可取代的唯一性，符合采用军民融合合同商保障的原则。

弹药质量监测在寿命周期管理中居于重要地位，同时还涉及其后的弹药修理与报废处理，鉴于

弹药质量监测、弹药修理以及报废处理等工作，均是在弹药全寿命周期管理的架构下，始终围绕着弹药可靠度指标，当通过弹药质量监测手段检查出弹药可靠度受到环境、储存时间等因素，已无法达到其原始设计指标时，需要通过修理手段回复其原有的性能，而当其不能修复或已无修复价值时，则必须列为报废处理。因此，美军在弹药质量监测工作中采取合同商保障时必须考虑以下 2 项指标：一是合同承包商是否具有足够的质量监测能力；二是即使承包商具备质量监测能力，但是否具有进行后续弹药修理与报废处理的能力。

根据美军最新的研究文件显示（Martin G.A.2013），美陆军装备司令部为符合《2020 联合作战发展》的目标，并配合 2005 年基地重整与关闭委员会的决议，已重新确定所属各弹药设施及工厂的功能，关闭了德州等 4 座弹药工厂，并将此 4 座弹药工厂原有功能移转至其他地区的弹药设施及工厂，并在 2012 年重新界定了美军各弹药设施与弹药工厂的属性与职责，如表 1 所列。

表 1 美军各弹药设施和弹药工厂的属性与职责

弹药设施及生产工厂	位置	形态	能力
Blue Grass Army Depot（BGAD）	Richmond，Kentucky	GOCO	对美国东南部区域实施集中化的弹药管理措施
Hawthorne Army Depot（HWAD）	Hawthorne，Nevada	GOCO	执行西部地区的弹药修复与弹药销毁工作
Tooele Army Depot（TEAD）	Tooele，Utah	GOCO	弹药特殊设备的产业与技术卓越中心（CITE），并负责弹药装运、接收、储存、修理、销毁与测试等任务
Holston Army Ammunition Plant（HSAAP）	Kingsport，Tennessee	GOCO	发展全方位的火炸药制作与研发能力
Iowa Army AmmunitionPlant（IAAAP）	Middletown，Iowa	GOCO	生产中、大口径弹药、坦克弹药、炮兵弹药、地雷以及迫击炮弹药等
Anniston Munitions Center（ANMC）	Anniston，Alabama	GOCO	炮兵弹药与轻武器弹药的检修，传统弹药的储存、接收、发出、质量检测、维修、零部件更换、销毁等任务

（续）

弹药设施及生产工厂	位置	形态	能力
Crane Army AmmunitionActivity（CAAA）	Crane, Indiana	GOCO	作为弹药的产业与技术卓越中心，负责传统弹药的接收、发出、储存，迫击炮弹、炮弹弹体的制造，以及维修、零部件更换、销毁等任务
Lake City Army Ammunition Plant（LCAAP）	Independence, Missouri	GOCO	生产轻武器弹药以及中口径与小口径弹药的弹链，并作为北约（NATO）的测试中心
Letterkenny MunitionsCenter（LEMC）	Chambersburg, Pennsylv ania	GOCO	弹药储存、装运、质量检测、维修、销毁以及回收
McAlester Army Ammunition Plant（MCAAP）	McAlester, Oklahoma	GOGO	作为群聚技术中心，具备炸弹、火箭弹生产制造能力与修复弹丸、迫击炮弹、轻武器弹药的能力
Milan Army AmmunitionPlant（MLAAP）	Milan, Tennessee	GOCO	生产制造手榴弹、炮兵弹药与迫击炮弹，并负弹药装载、组合与包装任务
Radford Army Ammunition Plant（RFAAP）	Radford, Virginia	GOCO	生产制造双基发射药、火药粒、中口径弹药
Scranton Army Ammunition Plant（SCAAP）	Scranton, Pennsylvania	GOCO	生产制造弹体（弹头）与迫击炮弹
Pine Bluff Arsenal（PBA）	Pine Bluff, Arkansas	GOGO	作为烟幕弹、照明弹以及非致命性弹药的产业与技术卓越中心
Rock Island Arsenal（RIA）Joint Manufacturing and TechnologyCenter	Rock Island, Illinois	GOCO	联合弹药司令部的所在地，本身具有制作弹药药筒的生产设施，也是联合生产制造与技术中心的所在地，但没有生产弹药
注：GOCO-军队所有、军队管理 GOGO-军队所有、承包商管理			

由表 1 可看出，具备弹药质量监控能力的 Anniston Munitions Center（ANMC）与 Letterkenny Munitions Center（LEMC），均具备弹药修理与报废弹药销毁能力。由美陆军装备司令部编印数据显示，LEMC 弹药中心具有可执行非破坏性测试（Non-Destructive Testing）作业的弹药质量监测能力，而 ANMC 弹药中心具备的弹药质量监测能力，则可全面执行美军规程《储存与补给作业》（AR 740-1，Storage and SupplyActivity Operations）中所规定的质量管理（Quality Assurance）工作，另外，表 1 中，除了 McAlester ArmyAmmunition Plant（MCAAP）与 Pine Bluff Arsenal（PBA）属于军方全权管理之外，其余皆为国有民营（GOCO）形态。显而易见，美军在弹药质量监测、弹药修理与废弹处理等工作中，由军民融合的合同商保障已成为常态。

2 对我军弹药技术保障体系的启示

高价值弹药维修保障能力建设是弹药保障体系建设的重点，这也是以战斗力为标准、以效益为中心的目标所决定。通过对美军弹药全寿命周期管理研究，结合我军实际，笔者认为对于我军弹药质量监测环节，由于涉及军方弹药库存及数质量信息，秘级程度较高，直接影响到军队作战布局，建议还是按照以往体制由部队弹药质量监测机构负责实施，而对于质量监测后续维修和报废弹药销毁环节，笔者认为可以借鉴美军基于 PBL 的弹药全寿命周期系统管理模式，采取军民融合的方式提高保障效率。

2.1 建立弹药全寿命周期技术保障体系

要从实现和保持装备的整体作战效能出发，把与装备保障有关的全部内在因素作为一个整体来考虑，应用系统工程方法进行技术保障。一是在弹药的研制阶段将可靠性、维修性、保障性纳入其中，进行系统性设计，提高战斗力和保障力，减少人力和资源消耗。二是充分调动军队和地方技术保障资源的潜力，发挥军民一体化保障合力，建立"从摇篮到坟墓"的全寿命周期管理体制。对于技术复杂、保障设施要求高、数量少的弹药，可完全交由生产厂提供全寿命保障，以提高综合保障效益。

2.2 建立军民一体化的弹药检测维修保障机制

新的保障机制中，履行检测维修保障职能仍以军队自身力量为主，合同商的作用主要是参与保障能力的建设。具体来说有以下 3 个方面：（1）利用弹药研制单位科研优势提高检测维修装备技术水平。如果单凭军方科研力量研制高技术弹药的检测维修装备，需要耗费大量的人力、物力，不仅浪费资源，效果不理想，且随着弹药技术日趋复杂而日益困难。研制单位对特定弹种的结构、性能等非常熟悉，有充足的人才和技术资源。因此，可与弹药研制单位签订检修装备研制合同，使弹药与检修装备同时定型采购，此外研制单位还应参与新型弹药修理设施的建设。（2）利用合同商力量帮检帮修。高技术弹药大修对检测装备及人员素质的要求很高，在没有生产厂参与的情况下，实行起来比较困难，所以要求生产厂家组织技术力量全程跟踪指导检测修理作业。另外，某些弹药若列装数量少，军方不必专门建设检测修理条件，由合同商帮助军方或独立承担对弹药的质量监测，确定质量等级，并对待修弹药实施返厂修理。（3）利用合同商力量培养检测维修保障人才。研制单位拥有人才、科技优势和成套生产设备、弹药实物等大量现成可利用资源，便于开展实践教学活动，培养急需的新型弹药教学、检测和维修骨干人才。因此，应建立军队院校、训练机构、基层部队和地方军工企业相结合的专业人才联合培养、联合训练的体系和机制，建设一支知识门类、综合素质优良的维修专业队伍。

3　结束语

通过对美军基于 PBL 的弹药全寿命周期管理现状分析，结合我军弹药技术保障现状，笔者认为我军弹药技术保障中的维修与销毁工作应向军民一体化方向发展，并实施全寿命保障，减少保障资源，降低使用和保障费用，提高检测维修保障能力。

国内外废旧弹药处理技术进展

徐其鹏[1,2]，罗志龙[1]，陈　松[1]，苏健军[1]，黄风雷[2]，刘　彦[2]

（1. 西安近代化学研究所，陕西西安　710065；
2. 北京理工大学爆炸科学与技术国家重点实验室，北京　100081）

摘　要：对国内外废旧弹药处理的技术现状就行了调研，含能化回收将是废旧弹药处理技术的主要发展趋势。分别从弹药拆分、装药掏空、高价值组分回收及低价值组分清洁销毁四个方面对国外技术进行了阐述。针对我国在这方面存在的不足，介绍了国内在废旧弹药回收利用技术的研究现状，为相关研究人员提供参考。

关键词：废旧弹药处理；含能化回收利用；拆分；掏空；清洁销毁

0　引言

废旧弹药处理概念的形成是在第二次世界大战，各国开始有大量的废旧弹药产生之后，基于安全环保与军事战略发展的考虑，各国都将废旧弹药处理作为一项重要的课题进行研究[1, 2]。废旧弹药的处理大致经历 3 个阶段的发展：第 1 阶段是传统方法的露天焚烧、填埋、深海倾倒，其特点是简单方便，但带来巨大隐患（见图1）；第 2 阶段是绿色销毁处理方法，常见的焚烧炉烧毁、熔融盐破坏、生物降解、化学降解[3]、超临界水氧化[4]、微波等离子破坏等，其特点是初步解决了环境污染问题，但不能创造产品价值或产品附加值低；随着产品的更新换代及对安全环保、投资效益比需求的增加，废旧弹药回收处理技术的研究主要围绕安全、环保与经济 3 个原则展开，逐步形成了完整的废旧弹药处理技术体系，包括自动化弹药拆解技术、安全高效倒空技术、含能材料回收及高价值组分利用技术、可控焚烧和污染控制与处理技术等。借此，发展了第 3 阶段的含能化回收利用，它不仅能消除废旧弹药给人类和环境带来的潜在危害，减缓军队库存和防务压力，并且回收得到的资源可以重复利用，带来巨大经济效益。笔者在阐述废旧弹药处理发展趋势的基础上，重点介绍了国内外在废旧弹药回收利用技术方面的发展现状，为相关研究人员提供参考。

图 1　不当处理带来环境污染

1　国外废旧弹药处理技术

欧美等西方发达国家大力发展废旧弹药的回收、循环、再利用的 3R 技术，建成了多个工程化规模的废旧弹药处理中心，诸如英国三军弹药回收站、北约和俄罗斯的加里宁格勒弹药处理中心、美国废旧弹药处理中心等，这些大型多功能的废旧弹药回收利用机构，具备拆解、掏药、含能化回收、清洁焚烧等全链条的弹药处理技术，具备针对多种型号弹药的工业化处理能力，解决了欧美等国废旧弹药难以利用的问题。

1.1　弹药拆分技术

弹药拆解是废旧弹药处理的基础和前提，是将弹药的引信系统、战斗部、推进系统等进行有效隔离。国外先进的废旧弹药拆解技术在保证安全可靠的前提下，将机器视觉、机器人等高新技术应用其中，向远程控制、机械操作、人机隔离和批量化处理的方向发展，更加注重操作的智能化、柔性化与自动化（见图 2）。

美国麦卡来斯特弹药厂和圣地亚实验室联合，在计算机的控制下能拆解口径为 20～120mm 的地雷、水雷、定装弹药等弹药。该工作台智能化水平高，通过控制软件，可以使机器人具有"感官"功能，当弹药出现裂痕或损坏时，触动装置可以分辨摩擦度的大小，选择合适的分离方式与力度。采用"柔性工作平台"后，人工劳作仅为手工操作的 1/5，大大提高了生产效率，降低了成本投入。

图 2　自动化弹药拆分设备

1.2　废旧弹药掏空技术

弹药掏空技术是将装药中的壳体与火炸药进行分离，是实现废旧弹药装药回收利用的基础保障。目前，国际上，掏空技术发展的主要有高温熔融技术、水射流技术、高压液氨射流技术及水力空化技术等[5,6]。鉴于操作过程的安全性、连续性和通用性，国外逐渐弃用升温熔融技术，继续优化水射流技术，并将研究重点转向高压氨射流技术和水力空化技术等新型弹药掏空技术。

（1）水射流技术。该工艺技术的原理是采用高压水和磨蚀材料产生的巨大冲击力将弹体和装药切断，以实现掏药的目的。俄罗斯 Foldyna 应用 235MPa 左右的射流高压将推进剂从 SS-23 导弹中掏出，并旋转射流，将废药碎块粉碎到毫米尺寸，该技术已经规模化应用并且具有较高的自动化水平。美国 Nammo 研发的水射流装置，具有系统化的高压水泵结构、过滤结构、固定结构、废水循环结构、上料结构和控制结构等，具有较高的自动化功能。

（2）水力空化技术。该工艺技术的原理是采用高压水迅速降压形成大量的微气泡，微气泡湮灭的过程中产生大量的微射流，依靠微射流的剥蚀效应将装药击碎倒出。该技术为俄罗斯首先发明，相对

于欧美国家的高压水射流技术，大大提高了掏药过程的安全性、适用性，并且简化了整个系统的工艺流程，对包括熔铸型梯恩梯炸药装药、浇注型固体火箭发动机装药、浇注型 PBX 炸药装药等装填一、二、三代火炸药的各型敏感弹药装药都能安全环保处理。目前俄罗斯已研制了多种型号的水力空化掏空装置，实现了装药的连续掏空，药水分离，并在此基础上实现了废旧弹药的综合处理能力。

（3）高压氨射流掏空技术。该技术的原理是利用 RDX、高氯酸铵、HMX 在液氨中具有不同的溶解性，利用高压氨射流的冲击能量，连续冲击弹药，使其粉碎、脱离、溶解。美国 Fossey 公司采用添加金属磨料的高压氨射流技术进行废旧弹药分离作业，半分钟内能将 M-55 火箭弹的引信和传爆管切除掉。结果表明该技术能高效、安全、可靠地对有毒试剂、推进剂或高能炸药的废旧弹药进行掏空，与水射流技术相比，其效率更高、速度更快。

1.3　回收利用技术

回收利用技术是废旧弹药处理全流程体系的核心之一，主要是针对掏药工序后的废旧火炸药颗粒块而应用的。对使用价值和生产成本较高的火炸药组分，回收其中的关键成分（例如高价值的 CL-20、RDX、HMX 等），以实现关键材料的循环再利用。该技术的实现能大大提高废旧火炸药的综合利用率，国外近年来一直较为重视。目前的废旧弹药回收利用技术主要包括（1）以某些高价值组分为目标的回收技术；（2）以产品功能和性能转化为目的的再利用技术，如通过化学反应转变为其他化工中间体的技术，添加一定试剂加工转化为民用炸药的技术，火药转为炸药的技术等。

美国在废旧弹药回收再利用方面投入巨大关注，开发合作了多个项目，投入了大批资金。20 世纪 90 年代，美国针对大口径固体火箭发动机装药开发出回收工艺，将回收的高价值重新应用在军品原料中；2002 年，美国海军水上武器研发中心与 TPL 合作，将大粒径废旧发射药应用在民用矿山爆破药的制备技术上；2003 年，美国国防部组织 LANL、NSWC、TPL、MILLER 和 ATK 等国内大型军需供应公司，建成了年处理量达几十吨的奥克托今基弹药回收处理线；美国陆军于 2011 年又投资将近 3 亿美元在 Tooele 陆军军械库建成酸溶解生产线，处理对象涉及多种型号的武器弹药和组件等。

俄罗斯采用湿法粉碎技术将水力空化处理后得到的大块废旧弹药装药粉碎，得到尺寸为 50～250mm 的颗粒物，然后利用适当的溶剂处理该含有多种组分的颗粒物，使其中的各关键组分分离，再通过进一步的重结晶处理，回收得到价值较高的含能组分，重新使用在军品或民品爆炸器材上。这种技术依托于较成熟的化学工艺，易于工业化规模生产，已为少数弹药工厂采用。欧洲最大的弹药生产商法国火炸药公司，目前已在昂克莱姆建立了一套弹药回收利用生产线，据称，该厂可使高价值的含能组分回收率达 85%以上。

乌克兰发动机和战斗部装药制备民用炸药技术可将 AP、HMX 回收过程及清洁焚烧过程产生的各类残渣应用至民用炸药制备中，该技术也可以直接利用倒空粉碎后的装药制备民用炸药。其具有固定卷制技术和移动车载配技术，可实现加料自动定量及配方配比精准控制，并对全工艺实时监控和记录，安全可靠。数据显示，工业炸药配方添加 20%的废药，能量提高了 3 倍。

目前西方发达国家高度重视废旧弹药的回收再利用工作，提出了回收、循环和再利用的"3R"理念，据 2007 年国际弹药去军事化会议显示，欧美等国开展了大量该方面的工作，其中以FOSTER-MILLER 公司为例，建成了大型全自动的回收设备，回收技术已实现了大规模的工业化应用，并且通过调整工艺参数及溶剂的种类，实现多种产品的连续回收。

1.4 绿色焚烧和炸毁技术

欧美国家针对高价值组分回收后的难以安全处理的剩余残渣大多采用绿色化、自动化的焚烧或炸毁方法进行处理，已形成多款系列化的处理设备。例如德国研发的 SDC400、SDC800、SDC1200和 SDC2000 型烧毁装置，最大可清洁处理 40kg 装药的废旧弹药，该系列的清洁焚烧装置带有多级除尘、尾气净化系统，氮氧化物、二噁英等处理能力可达到 99.99%，完全实现了清洁燃烧处理。

美国研发的 T-10、T-25、T-30/60 系列废旧弹药炸毁装置，可分别处理直径为 105mm、127mm 和155mm 及以下的废旧弹药，回收后的弹药壳体经适当处理可重复使用，爆炸产生的尾体经多级过滤除尘，也实现了清洁排放。

可控的绿色焚烧或炸毁能使火炸药的内部能量安全、有序地释放出来，是处理废旧弹药掏空后剩余的低价值、无回用价值产品的主要方式。美国

EL Dorado Engineering 公司设计了一款废旧弹药闪烧炉处理系统，可以随时应急，就地销毁，焚烧后产生的气体、粉尘、废渣经该款系统多级处理后达到欧洲排放标准。该系统主要由牵引车、闪烧炉、清洗装置、气体检测装置等组成。

2 国内废旧弹药回收技术现状

我国国防相关科研院所人员在废旧弹药处理技术上开展了大量基础研究，形成了以露天烧爆、机械拆分、射流切割、高温水煮（见图 3）等方法为主的销毁技术。由于我国废旧弹药处理的理念以销毁为主，含能化回收利用的能力相对薄弱。国内仅个别科研机构在掏药及回收利用技术上进行了典型炸药的模拟验证实验，距工程化回收利用差距较大。

图 3 高温水煮现场

2.1 掏药技术

我国针对一代或一代半炸药装药主要采用升温融化法，通过蒸汽或高温水熔药、水煮等工艺，实现了 TNT 炸药、梯蜡炸药的药壳分离，形成了一定规模。射流切割法是针对二代炸药发展的，能将装药从推进剂壳体中粉碎掏出，并回收得到壳体，该方法射流的高压达 50MPa，极易导致安全事故，我国已发生多起该类爆炸事故。传统的掏药技术由于环境恶劣，无法满足社会对安全性的要求，在此基础上，又发展了磨料切割技术、冷冻处理法、聚能切割技术以及高压液氮低温切割等，实现了壳体与弹药的准确分离。

2.2 爆炸合成金刚石

碳具有无定形碳、石墨、金刚石等几种形态，在温度 1800～2300℃，压力 $2×10^5～3×10^5$Pa 的高温高压下碳经过晶相转变可以生成金刚石。将废旧炸药放在爆炸窑里引爆，驱使碳源转变成纳米金刚

石是我国废旧炸药炸毁和清洁焚烧的又一发展方向。北京理工大学黄风雷课题组[7-9]从 20 世纪 90 年代即开始了爆炸合成金刚石方面的研究，从装药方案与配比、注装压装等不同装药形式、装药形状、马赫效应促进、不同保护介质、提纯处理等各个方面对回收率的影响进行了系统论证，在此基础上建成了工业化生产装置。其他单位如中国科学院力学研究所、中国工程物理研究院、国防科技大学等也进行过爆炸合成金刚石相关理论的研究，但都不太系统，也未形成产业化规模。

2.3 回收利用技术

我国废旧弹药高价值组分回收技术基本处于实验研究阶段，工程化处理能力不足，制约着我国废旧弹药的发展。中国工程物理研究院研究了以 HMX 为基高聚物黏结炸药的回收方法，以粒度在 1mm 左右造型粉做实验，用溶剂二甲基亚砜提取 HMX，二甲基亚砜用量是剩余固体物质质量的 2.5～4 倍，提取时间 20min，浸取温度 40～70℃，重结晶回收得到 80%～90% 的 HMX，纯度达到 98% 以上；中北大学研究了成分为 NG 、RDX、聚氨酯、NC 和 Al 粉的双基推进剂回收方法，分别用乙醚、苯胺、二氯甲烷、乙腈对溶质萃取，NG、NC 和 RDX 回收率达 90% 以上[10]；军械工程学院研究了梯黑铝炸药的回收方法[11]，选择甲苯溶解 TNT、丙酮溶解 RDX，实验室规模下，RDX 回收率达到 90%，理化性能达到 GJB296A-95 要求，但上述方法所采用二甲基亚砜、二氯甲烷等溶剂具有难以回收的特点，工艺废水排放污染问题还没有根本解决。王作鹏[12]等研究了一种操作方法简单的乳化炸药回收技术，将废旧乳化炸药作为原材料直接加入到水相液中乳化分散，再加入油相液，搅拌混合均匀，再经一系列后处理，可以制得满足 GB18095-2000 要求的产品，回收率达 50% 以上水平，便于工业化生产。中国兵器第 204 所针对我国废旧弹药的发展趋势，依据自身在行业的引领地位，勇于创新，富于担当，立足于基础研究和工程化应用，开展了多种废旧火炸药装药的连续破碎、分离、回收、三废处理等的基础工艺技术研究，从原理和基础应用上打通了各关键环节的流程。

3 结论

废旧弹药处理是各国都在面临的现实状况，而采取先进的技术手段对废旧弹药进行含能化回收利用无疑是最好的处理手段。目前，各武器发达国家在废旧弹药回收利用上积累了大量经验并应用于各国废旧武器弹药的回收。我国在这方面发展较慢，借鉴和吸收发达国家成熟的回收处理技术，尽快建立健全我国废旧弹药回收利用技术体系，发展具有我国特色的废旧弹药回收利用技术，对解决我国低成本、绿色、高效、安全回收处理废旧弹药具有重要意义。

参 考 文 献

[1] 李金明，雷斌，丁玉奎. 通用弹药销毁处理技术[M]. 北京：国防工业出版社，2012：89-120.

[2] 徐其鹏，陈松，罗志龙，等. 国外废旧弹药回收全流程技术进展[J]. 飞航导弹，2016（1）：67-73.

[3] Liu Y, Wang L, Tuo X, et al. Study on Microstructure of NEPE Propellants Using Difference of Solubility[J]. CHINESE JOURNAL OF EXPLOSIVES AND PROPELLANTS, 2007, 30 (5): 53.

[4] Ibeanusi V, Jeilani Y, Houston S, et al. Sequential anaerobic–aerobic degradation of munitions waste[J]. Biotechnology letters, 2009, 31 (1): 65-69.

[5] 伍凌川，雷林，张博，等. 废旧弹箭高压水射流处理技术国外应用现状[J]. 兵工自动化，2016，35（10）：77-79.

[6] 满海涛，罗兴柏，丁玉奎，等. 喷嘴入口压力对水力空化倒药效率的影响研究[J]. 计算机仿真，2016，33（3）：13-1.

[7] 陈鹏万，黄风雷，恽寿榕. 炸药爆轰合成超微金刚石的数值模拟[J]. 北京理工大学学报，2003，23（1）：7-12.

[8] 仝毅，黄风雷. 爆炸法超细金刚石的制备和应用进展[J]. 工业金刚石，2010（1）：20-25.

[9] 黄风雷，仝毅，恽寿榕. 爆轰法纳米金刚石的制备与应用[C]//中国纳微粉体制备与技术应用研讨会. 2003.

[10] 于潜. 废弃固体推进剂主要组分的分离及回收研究[D]. 太原：中北大学，2010.

[11] 吴翼，丁玉奎，刘国庆，等. 用溶剂萃取法分离废旧梯黑铝炸药 TNT 组分研究[J]. 兵工学报，2015（1）：35-39.

[12] 王作鹏，于魏清，章晋英，等. 一种乳化炸药废药回收利用技术[J]. 火工品，2013（5）：43-45.

信息化弹药现状概述

赵晓东，袁祥波，张洋洋，袁帅

（陆军军械技术研究所，河北石家庄 050000）

摘　要：随着科学技术的飞速发展，信息化战争已经成为现代战争的主要方式，信息化弹药作为信息化战争的重要组成部分，必将成为未来弹药的主要发展趋势。本文首先阐述了信息化弹药的概念；然后对信息化弹药进行分类，并详细介绍了多种信息化弹药；最后对信息化弹药的特点进行了总结。

关键词：弹药；信息化；末制导

1　信息化弹药的概念

信息化弹药（Information Ammunition）是将军事信息技术与传统弹药直接结合，采用精确制导系统，以弹体作为运载平台，利用信息从复杂背景中探测、识别、跟踪目标，并导引、控制弹丸飞行、命中及毁伤目标，通过高新技术的应用能够实现态势感知、电子对抗、战场侦察、精确打击、高效毁伤和毁伤评估等功能的灵巧化、制导化、智能化、微型化、多能化弹药[1]。

2　信息化弹药的分类

根据信息化弹药与信息的关系，可以将信息化弹药分为 3 类[2]：（1）信息获取型弹药：是指利用弹丸作为载体将各种信息装置投放或经过目标区域，进行目标侦察、获取战场信息。（2）信息利用型弹药：是指利用目标特征信息、弹道信息，综合采取传感器、微电子、激光探测、红外与毫米波以及计算机处理等技术，能够实现获取和融合信息，并具备信息处理能力，最终达到"精确命中，命中即毁"目的的弹药。（3）信息干扰型弹药：是指利用弹药爆炸的作用效果，限制和干扰敌方信息获取、传输和利用的弹药。基于此，信息化弹药应包括弹道修正弹药，制导弹药、末敏弹药、巡飞弹药、干扰弹和特种功能弹等。

2.1　弹道修正弹药[3]

作为精度与成本折中的产物，弹道修正弹是利用弹道修正系统对飞行弹道进行简易控制的炮弹、火箭弹。弹道修正弹系统一般由弹体、战斗部、弹道偏差探测装置或 GPS 接收机、弹道修正指令处理器及简易控制执行机构等组成，采用弹道探测、弹丸姿态测量和弹道修正控制等关键技术对飞行中的弹丸实时测量弹道诸元以获得弹道偏差信息，进行弹道解算、逻辑推断，并实时地发出修正指令，矢量发动机或可变翼片（舵片）依指令采用一维、二维或多维修正飞行弹道，进而大大提高弹丸的命中精度。依照其修正方式，可分为被动式、半主动式、主动式 3 种。

弹道修正弹中的代表性产品包括：法国的"斯帕西多"（SPACIDO）一维修正弹，其测量装置为地面多普勒雷达，修正装置为阻力片。以色列 AMA 公司的 160mm 阿库火箭弹，采用 GPS 弹道修正装置；还有俄罗斯的 9M55Φ 式 300mm 火箭弹，由"旋风"远程多管火箭炮发射，采用简易控制技术进行距离和方向修正，大大提高了该弹的地面打击密集度，其最大射程为 70km。它的战斗部为末敏战斗部，内装 5 枚末敏子弹，子弹利用双色红外敏感器搜索目标，子弹直径为 185mm，采用自锻弹丸战斗部，能够高速飞向目标，在 100m 距离上可击穿优良的均质装甲板。

2.2　末制导及制导弹药[4]

末制导及制导弹药是指在常规发射平台不变的情况下，采用光电技术、设备抗高过载和小型化技术以及空间定向等高新技术在已有常规弹药之外增加的可制导弹药。其制导装置主要有雷达制导、激光制导、红外成像制导、毫米波制导、多模复合制导和GPS/INS组合导航等精确制导等。末制导弹药一般由弹体、导引头（寻的器）、自动驾驶仪、战斗部、稳定器、助推发动机和发射药组成。通常认为末制导弹药包括地面炮发射的末制导炮弹、迫击炮发射的末制导迫弹、飞机投放的末制导航弹、火炮或迫击炮发射的末修弹及末修迫弹等。

末制导及制导弹药中的代表性产品包括：美国的卫星制导炸弹"杰达姆"（Joint Direct Attack Munition，JDAM），采用GPS/INS组合制导作为全程制导，其设计命中精度（CEP）为13m；美国的155mm激光半主动末制导炮弹"铜斑蛇"（Copperhead），其采用了半捷联式导引头、正常式舵和无发动机的方案，弹的质量为62kg，射程为16km，CEP约为1m；美国的APKWS II制导火箭，其采用分布式孔径半主动激光导引头系统（DASALS），APKWS II的作战距离约1～7km，圆概率误差小于2m；美国的XM982"神剑"155mm远程制导炮弹，该弹利用惯性导航与全球定位系统组合技术，采用鸭式气动布局结构，利用滑翔、火箭增程和组合制导与飞行控制技术，实现弹药的低成本化、超远程飞行和精确打击。"神剑"弹长1m，质量48kg，射程约40km，CEP可达10m，具有"发射后不管"的性能。"神剑"采用感应装定器进行系统装定，可提供触发、近炸和延时起爆3种起爆模式，可承受15500g的发射过载和50000g的侵彻过载，是目前世界上首款使用GPS/INS的制导炮弹；俄罗斯的"威胁"系列制导火箭，该弹是在俄罗斯S系列航空火箭弹的基础上，通过加装激光半主动末制导系统、可分离的前部舱段、可张开的用于飞行稳定的尾翼以及脉冲火箭发动机实现的。"威胁"系列制导火箭对2.5～8km的目标的命中概率相当高，其CEP为0.8～1.8m；俄罗斯研制的152mm激光半主动末制导炮弹"红土地"，其采用了全稳式导引头、鸭式舵和有助推发动机的方案，弹的质量为50kg，射程为20km。性能略高于"铜斑蛇"；英国的莫林（Merlin）81mm毫米波末制导反坦克迫弹，该弹采用了3mm波段的毫米波探测器，能对付运动和静止的装甲目标进行鸭式控制，且地面有效搜索范围对动目标为300m×300m、对静止目标为100m×100m。瑞典的Strix 120mm红外末制导反坦克迫弹，该弹采用被动红外制导，扫描范围为150m×130m，末端修正采用12个侧向助推器；德国的PZH2000制导炮弹，该弹采用GPS/INS制

导模式，其射程为50～100km，CEP为10～30m。

2.3 末敏弹[5]

末端敏感弹药即"末敏弹"，又称"敏感器引爆弹药"，是一种应用了现代火炮发射、爆炸成形弹丸战斗部、红外和毫米波探测、信号微处理以及其他领域内高新技术，能够在炮弹的飞行弹道末段探测出目标的存在、并驱动战斗部朝着目标方向爆炸的信息化弹药。是既适用于间瞄射击、又能对远距离装甲目标实施攻击的武器系统。具有结构简单、方便使用、效费比较高等优点。末敏弹为"发射后不用管"弹药，具有搜索、探测、识别和攻击目标的能力，是真正意义上的信息化弹药。

末敏弹多为子母式结构，即一枚母弹内装有多枚末敏子弹。母弹包括弹体、时间引信、抛射结构，其核心任务是把末敏子弹运送到敌方上空后，逐个抛出去。末敏子弹由减速减旋与稳态扫描系统、敏感器系统、弹上计算机、爆炸成形弹丸（Explosively Formed Projectile，EFP）战斗部、电源和子弹体等组成，由它完成对敌方的致命一击。

目前末敏弹的探测体制主要包括红外体制和红外与毫米波复合体制，其中复合体制的探测性能、抗干扰和去伪能力更强，基本具备了全天候作战的能力。

末敏弹中的典型产品包括：美国的"萨达姆"（"装甲敏感与毁伤技术弹药"的缩写——SADARM）末敏弹，其子弹采用复合敏感器，由多元线阵红外敏感器、主动波雷达、被动毫米波辐射计、磁力计等组成。该款末敏弹的子弹长204mm，直径147mm，重11.6kg，射程23km，在100m高空爆炸时能穿透135mm的装甲。德国的斯马特（SMART）末敏弹类似美制"萨达姆"，是一种性能优异的末敏弹，敏感子弹采用复合敏感器，由单元红外敏感器、3mm的毫米波雷达/毫米波辐射计和磁强计等组成，它的射程达28km，而且在定位精度和穿透威力上都略胜过"萨达姆"，可以在恶劣气候条件下和在有各种干扰的战场环境下使用。瑞典和法国联手研发的"伯纳斯"（BONUS）末敏弹，其子弹采用单一红外敏感器，长度仅82mm，直径138mm，重6.5kg，威力则更胜"萨达姆"一筹。它的射程更高达35km。俄罗斯在这一方面比较落后，俄制SPBE-D末敏弹，其子弹采用单一红外敏感器，直径达255mm，重达14.5kg。由于体积庞大，因此在发射的火炮和投掷效率上也颇受限制。

2.4　巡飞弹药[6]

作为弹药技术与无人机交叉产生的高技术产物，巡飞弹（Loitering Munition，LM）是利用多种武器平台投放，在目标区上方巡弋飞行，用来实现侦察与毁伤评估、精确打击、通信、中继、目标指示、空中警戒等多种类型的作战任务，是信息化弹药发展的高级阶段。巡飞弹主要由有效载荷、制导装置、动力推进装置、控制装置（含弹翼）、稳定装置（含尾翼或降落伞）等部分组成，其采用的主要关键技术包括小型低推力长航时动力技术、远距离抗干扰双路通信链路技术、气动一体化总体设计技术以及多模式战斗部技术等。

巡飞弹根据其功能可分侦察型、攻击型和电子战型多种，侦察型巡飞弹携带昼/夜光电传感器、CCD 摄像机等侦察、通信器材，在目标上方执行搜索、侦察、监视、指示等任务；攻击型巡飞弹兼有侦察型巡飞弹功能，在战场自主搜索、跟踪目标，在弹目交会的最佳时机以弹载毁伤元对目标实施攻击；电子战型巡飞弹执行通信中继或电子干扰等任务。根据投放方式可分为管式发射和子弹药形式投放。管式发射型巡飞弹用现役火炮、火箭发射架或储运发一体的发射装置发射，经一段弹道飞行，在预定弹道点实现"弹机"转换，启动飞行动力系统，以类无人机形态飞行，执行预定作战任务；子弹药投放型巡飞弹在飞行初期由母弹携带，到达预定开舱点被母弹抛出，"弹机"转换完成后，子弹药型巡飞弹以自身携带动力和预定航迹飞行，完成指定任务。

侦察型巡飞弹药中的典型产品包括美国陆军"快看"巡飞弹，该弹弹长 990mm，弹重 36～41kg，可由 155mm 火炮发射，通常在距离目标区 50km 的地方巡飞，利用其传感器扫描 39km² 的区域，持续巡飞 30min；美国陆军武器发展与研究中心跟踪研制的炮射广域侦察弹（WASP）是由 M483A 式 155mm 炮弹携带和投放的一次性巡飞弹，弹长约 0.50m，弹重 3.9kg，续航时间为 15min，包括 10min 的驱动飞行和 5min 的滑行；俄罗斯 R-90 巡飞子弹药，该弹一种 300mm 巡飞弹，目前该项研制配用于"龙卷风"多管火箭武器系统平台。该巡飞弹重 800kg，能够在目标区上空 200～600m 的高度，按照弹载导航系统的指令独立巡飞 30min；以色列"陨石"系列巡飞弹，该弹是由单兵便携、管式发射、电力驱动的侦察型巡飞弹。弹重 6kg，弹长 110cm，直径 120mm，翼展 1.5m，发射筒重 12kg，作战半径 10km，巡飞高度 100～300m，巡飞速度 22～35m/s，巡飞时间在 1h 以上。攻击型巡飞弹药中的典型产品包括有美国的"拉姆"（LAM），LAM 长约 1570mm，直径约 180mm，重量约 54kg，主要用于打击地面目标，兼具搜索、监视、毁伤效果评估、空中无线中继等功能，可在距发射点 70km 远处巡航约 30min，能够搜索 80km² 内的目标；英国的"火影"（Fireshadow），该弹长约 3.66m，重量低于 200kg，战斗部当量约 22.7kg。"火影"射程超过 150km，可在 3000m 高空盘旋长达 10h，围绕目标伺机打击，或在地面部队上空随时听从命令，提供保护。电子战型巡飞弹中的典型产品包括：美国的（LEWK），LEWK 弹体长约 3m，直径约 0.3m，质量低于 1000lbs，飞行速度为 185～277.8km/h，LEWK 最大巡航时间为 8h，飞行高度在 30～4572m 之间。它携带电子干扰装置、诱饵和一枚依靠重力投放的致命载荷，可以由陆、海、空等武器发射平台发射。LEWK 可以覆盖 1000mile 的战场纵深，能携带 200lbs 的有效载荷，可提供低成本的电子干扰以压制敌防空系统，并为其他电子战装备提供支援。

2.5　干扰弹[7]

干扰弹是一种应用光电对抗技术和弹药技术来干扰敌方通信联络和信息传递的弹种。目前，世界上的干扰弹主要有通信干扰弹、箔条干扰弹和声音干扰弹 3 种。

通信干扰弹是一种通过释放电磁信号，破坏或切断敌方无线电通信联络，使其通信网络产生混乱的信息化炮弹，在不良气候和昏暗条件下特别适用。美军 XM867 式 155mm 通信干扰弹内装有 5 个电子干扰器，当炮弹被发射至预定区域时，时间引信发挥作用，抛出 5 个干扰器，干扰器上的减旋翼片在离心力的作用下展开，同时还展开一根 0.914m 的定向飘带，使干扰器减速定向着落。落地后，埋入地下 25～27mm 深，之后，天线竖起，展开地面辐射座，发射机开关打开，释放干扰信号。俄罗斯研制的 3HC30 式 152mm 高频、甚高频通信干扰弹，重 43.56kg，射程达 22km。弹丸内装有 1 个 8.2kg 重的电子干扰装置，发射频率范围为 1.5～120MHz，可在 700m 的有效作用半径内工作 1h。箔条干扰弹是一种在弹膛内装有大量箔条块，主要用于干扰雷达回波信号的信息化炮弹。南非阿姆斯科公司研制的 155mm 远程全膛弹底排气雷达回波箔条干扰弹为典型代表，该弹膛内装有 13 个总重达 3.5kg 的箔条块。声音干扰弹是专门用以干扰敌方指挥信息接收的弹种，由信息传感器、文字编排和声音模拟系统组成。该弹发射后，能接收到敌方人员发出的各种指挥口令，并可通过转换模仿敌方声音再发射出去，从而指挥调动敌军，使之真假难辨。

2.6　特种功能弹[8]

除以上各种信息化弹药外，现在各发达国家都在研发适应信息化战争需求的特种功能弹。其中比较突出的包括温压弹、纤维弹、高能微波弹以及评估弹等。

温压弹是含有温压战斗部的弹药，通常可做成温压炸弹、温压单兵火箭弹、温压火箭弹、温压导弹或温压炮弹。温压战斗部采用先进而精密的燃料空气炸药技术，燃烧后温度可达到3000℃，能将空气中的所有氧气燃烧掉，造成爆点区暂时缺氧。在有限的空间里，温压弹可瞬间产生高温、高压和气流冲击波，既能大面积杀伤有生力量，又能摧毁无防护或只有软防护的武器和电子设备。据悉，目前美国、俄罗斯、英国等国家正在研制这种弹药。

纤维弹是一种以纤维为装药的特种弹药，根据装药的不同，它又分为碳纤维弹和金属纤维弹2种。碳纤维弹也叫石墨炸弹软炸弹，是在炮弹或导弹的战斗部内填满大量的碳纤维。这种碳纤维材料具有记忆功能，以丝状成型又相互缠绕成团，压缩在弹体内。弹药爆炸后，能迅速恢复原有的形状。战时，将碳纤维弹发射到敌方发电厂、配电站等供电设施的上空爆炸，大量的碳纤维丝团就会飘落到电厂或电站的输电线上，造成供电受阻，破坏电厂的正常送电，因此碳纤维弹也叫断电炸弹。金属纤维弹的原理正好与碳纤维弹相反，它使用的装料是一种良性导体金属材料，金属纤维弹爆炸后，在起爆药的作用下，金属装料会变成很短的纤维或金属粉末。它们悬浮在空气中形成粉末烟云气溶胶，侵入坦克或其他车辆内部，导致车辆元器件损坏。

高能微波弹是一种利用高能微波波束干扰或摧毁敌人 C⁴ISR 系统、战术无线网络、数据和通信链路的信息化弹药。目前世界发达国家，如美国、俄罗斯、英国、法国等都很重视发展微波弹技术。

评估弹是一种专门用于评估目标毁伤情况的信息化弹药。这种弹药内部装有微型电视摄像机，当它被发射至目标区域上空时，可将目标被毁情况制成图表，通过电视播送交流系统传送给指挥所，指挥员在电视屏幕上可将目标被毁情况尽收眼底，从而使对目标盲射变为可视目标打击。美军研制的

XM185 式系统评估弹，该弹可用 155mm 榴弹炮发射，在炮兵实施集群射击或密集射击时，可对目标被毁情况及时做出准确判定。

3　信息化弹药的特点

信息化弹药与通用弹药相比，更加适应现代的信息化战争，主要具有以下特点：

3.1　高新技术含量高，结构更加复杂

不同于传统的弹药，信息化弹药是基于新的原理，采用新的技术，运用新的材料，经过新的工艺得到的集光、机、电、化为一体的高新技术弹药，不言而喻弹药结构更加复杂。

3.2　装备数量少而单发价值高

考虑到局部战争的规模有限性和信息化弹药自身的高效性，信息化弹药的储存数量不可能也不必要很大。然而由于信息化弹药本身就集合了多种高技术、结构相比于传统弹药十分复杂，从而导致单发价值很高。

3.3　储存寿命相对较短

由于技术含量较低，传统弹药其内部构造相对简单，一般储存寿命可达到 25~30 年（储存寿命要求为 15~20 年），然而信息化弹药是集各种高新技术于一体的产物，其内部含有大量的电子、光学器件，构造复杂，致使储存寿命有所减少，一般在 10 年左右。

3.4　与武器系统的联系更加紧密

对于传统弹药，武器系统通常只具有将弹药按照预定地射向、射角发射的功能，这些对于信息化弹药而言远远不够，由于信息化弹药功能的需要，武器系统往往还需要实现发射制导信号、远距离接收并处理信号、遥控、遥感装定等功能。这就要求武器系统的其他子系统要与信息化弹药加强之间的相互联系。

3.5　弹药技术保障要求高

由于信息化弹药具有作用威力大、技术高新、结构复杂、储存量少、单发价值高、储存年限相对较短、与武器系统关系紧密等特点，对其的技术保障要求必然比传统弹药要高得多，尤其是当信息化弹药陆续达到给定储存年限，若能通过对信息化弹

药进行准确的寿命评估和科学的技术延寿等技术保障，将会产生巨大的军事和经济效益。

　　总之，作为信息化战争的重要组成部分的信息化弹药，与传统弹药相比，具有很多不可比拟的优势，同时也有很多理论和技术难题尚未解决，需要继续深入研究。

参 考 文 献

[1] 王冬梅，代文让，张永涛. 信息化弹药的研究现状及发展趋势[J]. 兵工学报，2010, 31（2）：144-148.

[2] 彭小明，杨与友. 信息化弹药现状与发展[J]. 四川兵工学报，2008, 29（5）：79-83.

[3] 张民权，刘东方，王冬梅，等. 弹道修正弹发展综述[J]. 兵工学报，2010, 31（2）：127-130.

[4] 孙建军，李鹏，林奎，等. 制导弹药的发展历史、研究现状及发展趋势[J]. 科技信息，2010：624-626.

[5] 秘文亮，许路铁，任新智，末敏弹[J]. 四川兵工学报，2008, 29（4）：79-81.

[6] 李大光. 信息化新弹药—巡飞弹[J]. 国防技术基础，2009（10）：36-39.

[7] 孙传杰，钱立新，胡艳辉，等. 灵巧弹药发展概述[J]. Chinese Journal of Energetic Materials，2012, 20（6）：661-668.

[8] 赵玉清，牛小敏，王小波，等. 智能子弹药发展现状与趋势[J]. 制导与引信，2012, 33（4）：13-20.

八、其他

金刚石线锯切割碳纤维复合材料实验研究

张辽远，尚明伟，赵　炎，姜大林，马康乐

（沈阳理工大学机械工程学院，辽宁沈阳　110159）

摘　要： 在总结国内外大量文献资料的基础上，利用自行研制的金刚石线锯切割加工机床对金刚石线锯切割碳纤维材料进行了实验研究。结果表明：适当降低线锯进给速度和提高线锯线速度时碳纤维复合材料的切缝轨迹更加理想；金刚石线锯在线速度较低和线锯张紧力较高条件下的稳定性较好；切向锯切力随线锯线速度的增加而减小，更有利于保证工件切割质量；法向锯切力随线锯进给速度的增加而增大；线锯上金刚石颗粒分布不均、工件厚度和位置及线锯运动方向的改变，使得碳纤维材料线缝轨迹不是理想的直线。

关键词： 电镀金刚石线锯；碳纤维复合材料；加工轨迹

0 引言

复合材料是由基体材料（聚合物材料、金属、陶瓷）和增强体（纤维、晶须、颗粒）复合而成的具有优异综合性能的新型材料，是 20 世纪中发展最迅速的新材料之一[1]，在复合材料大家族中，纤维增强材料一直是人们关注的焦点。碳纤维的显著优点是质量轻、纤度好和抗拉强度高。由于碳纤维这些优异的综合性能，使其与树脂、金属、陶瓷等基体复合后形成的碳纤维复合材料，也具有高的比强度、比模量、耐疲劳、导热、导电等一系列优良性质。工业上对碳纤维复合材料切片加工通常采用往复式游离磨料线锯切片技术。但是这种技术存在明显的不足：走丝速度低、线锯使用寿命短、回收成本较高、磨浆处理较难，与此同时，锯切较大尺寸的坯料时磨料很难进入又长又深的切缝。需要被切割的复合材料直径尺寸日益增大，磨浆污染等问题也亟待解决，于是提出使用固结磨料的金刚石线锯[2-4]。固结磨料线锯是指通过某种工艺方法或特定手段将具有高硬度、高耐磨性的金刚石颗粒固结在母线基体表面上的一种切割工具。复合电镀作为一种制备具有良好耐磨性、耐腐蚀性和润滑性的金属基复合材料的新技术，操作简单、易于控制、生产成本低和原材料利用率高等优点[5]。树脂结合剂金刚石线的耐磨性和耐热性不如电镀金刚石线好。金刚石线是将高硬度、高耐磨性的金刚石颗粒通过电镀的方式牢固地把持在钢丝基体上而制成的一种切割工具。此外，电镀金刚石线具有切割效率高、锯切力小、锯缝整齐、切面光整、出材率高、噪声低，对环境污染小等优点[6]。

1 实验条件

实验所设计的金刚石线锯线切割加工机床工作台最大行程为 350×300mm，最大切割厚度400mm，最大切割效率 180mm²/min。本实验所用工件为 T800 碳纤维/环氧复合材料，其性能参数如表 1 所列。

表 1　碳纤维复合材料性能

拉伸强度 /MPa	拉伸模量 /GPa	密度 /（g/cm³）	比模量 /×10⁹cm	比强度 /×10⁷cm
5490	294	1.80	1.62	3.03

将工件固定在 YDC-III89 三向压电车削测力仪的刀头上以采集锯切力，经 YE5850 电荷放大器放大后，由数据采集卡采集数据最后显示在电脑显示屏上，实验装置示意图如图 1 所示，其实验条件如表 2 所列。

金刚石线锯切割工件示意图如图 2 和图 3 所示，切割工件时，金刚石线锯的预紧力、在 X、Y、Z 方向的 F_x、F_y、F_z 切削力使金刚石线产生挠曲。

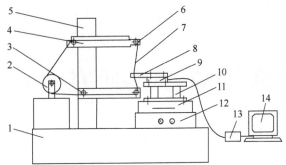

1—床身；2—储丝筒；3—导丝轮；4—导丝轮；5—立柱；6—导丝轮；
7—金刚石线锯；8—工件；9—测力仪；10—夹具支架；11—X 轴工作台；
12—Y 轴工作台；13—电荷放大器；14—数据采集系统

图 1　实验装置示意图

表 2　实验条件

名称	参数
锯丝线速度 V/（m/s）	9～24
进给速度 V_f/（mm/min）	3～18
锯丝直径（d/mm）	0.40±0.01
金刚石线总长度 L/m	50
静平衡力 F/N	24.6～40.2
工件厚度 H/mm	3.4-13.6

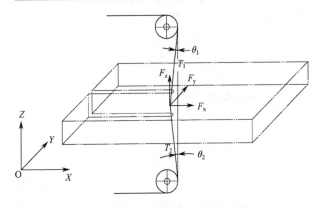

图 2　金刚石线锯切割工件示意图

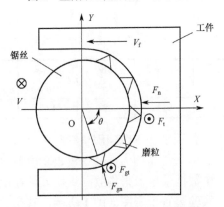

图 3　线锯锯切工件 OXY 平面示意图

锯丝的受力分析如图 3 所示，该图画出了 θ 处单颗金刚石的受力情况。图中圆为锯丝的横截面，F_{gn} 是金刚石单颗磨粒所受的法向锯切力，力的作用方向

与锯丝表面垂直；F_{gt} 是金刚石单颗磨粒所受的切向锯切力；V 是锯丝的走丝速度；V_f 是工件的进给速度。

$$\begin{cases} \mathrm{d}F_n = \mathrm{d}F_{n1} + \mathrm{d}F_{n2} \\ \mathrm{d}F_z = \mathrm{d}F_{z1} + \mathrm{d}F_{z2} \end{cases} \quad (1)$$

式中

$\mathrm{d}F_n$：微面积内沿工件进给方向的法向锯切力，N；

$\mathrm{d}F_z$：微面积内沿锯丝运动方向的切向锯切力，N；

$\mathrm{d}F_{n1}$：微面积内切屑变形引起的法向锯切力，N；
$\mathrm{d}F_{n2}$：微面积内摩擦产生的法向锯切力，N；
$\mathrm{d}F_{z1}$：微面积内切屑变形引起的切向锯切力，N；
$\mathrm{d}F_{z2}$：微面积内摩擦产生的切向锯切力，N。

由文献[4]可知，式（1）中电镀金刚石线锯单颗金刚石磨粒的法向和切向锯切力可分别表示为

$$F_{gn} = F_{gnc} + F_{gns}$$

$$= \left(2K\tan\beta + \frac{\pi\sigma_{sy}\tan^2\beta}{2}\right)\left(\frac{V_f\cos\theta}{cV_s\tan\beta}\right) \quad (2)$$

$$= A\left(\frac{V_f\cos\theta}{V_s}\right)$$

$$F_{gt} = F_{gtc} + F_{gts}$$

$$= \left(\frac{1}{2}K\pi + \frac{\pi\sigma_{sy}\tan^2\beta}{2}\right)\left(\frac{V_f\cos\theta}{cV_s\tan\beta}\right) \quad (3)$$

$$= B\left(\frac{V_f\cos\theta}{V_s}\right)$$

式中，A、B 与材料、冷却液、锯丝等有关，与金刚石在基体上的位置无关，即 θ 角无关；K 是法向锯切力的比切屑变形力；σ_{sy} 是金刚石磨粒作用再工件上的平均接触压力；c 是锯丝表面单位面积上的磨粒数；u 是金刚石磨粒与工件之间的摩擦系数。

由式（2）、式（3）得 θ 角处微面积内金刚石产生的沿 X 向的法向力 $\mathrm{d}F_n$ 和切向力 $\mathrm{d}F_t$，$\theta \in (-\pi/2, \pi/, 2)$，可表示为

$$\begin{cases} \mathrm{d}F_n = A\left(\frac{V_w\cos^2\theta}{V_s}\right)clr\mathrm{d}\theta \\ \\ \mathrm{d}F_t = \left(\frac{BV_w\cos\theta}{V_s} + F_{gtu}\right)clr\mathrm{d}\theta \end{cases} \quad (4)$$

锯丝的法向锯切力 F_n 和切向锯切力 F_t 分别为

$$\begin{cases} F_n = A\dfrac{\pi clr\lambda}{2}\dfrac{V_w}{V_s} \\ \\ F_t = 2Bclr\lambda\dfrac{V_w}{V_s} + F_{tu} \end{cases} \quad (5)$$

根据式（4）F_n 在 X 轴方向的分力为

$$F_{nx} = \int_{-\frac{\pi}{2}}^{\frac{\pi}{2}} A\left(\frac{V_w\cos^2\theta}{V_s}\right)\lambda clr\cos\theta\mathrm{d}\theta \quad (6)$$

$$= -\frac{2}{3}\frac{V_w}{V_s}A\lambda clr$$

根据式（4）F_n 在 Y 轴方向的分力为

$$F_{ny} = \int_{-\frac{\pi}{2}}^{\frac{\pi}{2}} A\left(\frac{V_w\cos^2\theta}{V_s}\right)\lambda clr\sin\theta\mathrm{d}\theta = 0 \quad (7)$$

式中，l：工件厚度；r：金刚石线锯的半径；

λ：有效切割的磨粒百分比。

其中，F_n 为在 OXY 平面内线锯上对应 θ 角上的锯切力，该力的大小满足 Hertz 的接触弹性分析，即球面接触侵入物体时，中心压力最大，而边缘较小，主要作用在 X 轴方向，由于金刚石颗粒随机电镀在钢丝线镀镍层内，单个金刚石颗粒度及在镀镍层中的分布是不均匀的，而且每个金刚石颗粒压入镀镍层的深度也深浅不一，导致法向锯切力 F_n 在 Y 轴的分力无法完全抵消，即 $F_{ny}\neq0$，所以线锯会向 Y 轴一侧产生偏移，该偏移量与工件的厚度、工件的位置、线锯的速度大小与方向有关，所以线锯锯切出来的工件轨迹是一条不规则的直线。

2　实验结果与讨论

2.1　工艺参数对锯切力的影响

金刚石线锯锯切力的大小直接影响到工件表面质量的好坏，线锯线速度与线锯进给速度是影响锯切力的关键因素，根据前期文献的结果[4-6]，主要研究这两个因素对锯切力的影响情况，参数选择如表 3 所列。

表 3　试验参数及取值情况

参数	数值					
进给速度 V_f/（mm/min）	3	6	9	12	15	18
线速度 V/（m/s）	9	12	15	18	21	24

注：工件厚度为 3.4mm

线锯线速度对锯切力的影响如图 4 所示，线锯进给速度对锯切力影响如图 5 所示。

由图 4 可知：在保持线锯进给速度不变的条件下，线锯线速度由 9m/s 增大到 24m/s 的过程中，法向锯切力与切向锯切力都随之减小。主要原因是随着线速度的增大，单位时间内参与切割的金刚石颗粒数增多，单颗金刚石颗粒切入工件的深度变小，从而导致切向锯切力和法向锯切力减小。

由图 5 可知：保持线速度不变的条件下，线锯进给速度从 3mm/min 增大到 18mm/min 的过程中，法向锯切力与切向锯切力都出现不同程度的增大。主要原因是随着线锯进给速度的增大，金刚石颗粒的压入深度增加，金刚石颗粒切削面积增大，法向锯切力和切向锯切力都会随之增大。

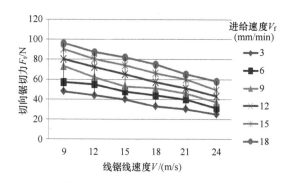

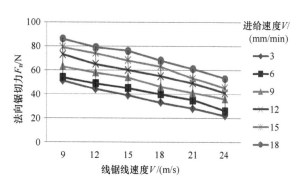

图 4　线锯线速度对锯切力的影响

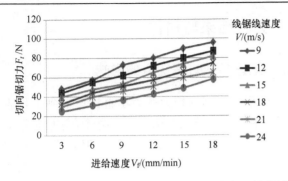
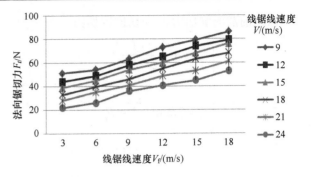

图 5　线锯进给速度对锯切力的影响

2.2　工艺参数对切缝轨迹的影响

不同工艺参数对切缝轨迹影响情况不同，影响工件切缝轨迹的因素很多，在此着重研究在不同线锯进给速度与线锯线速度条件下工件切缝轨迹的情况。表 4 为不同序号参数选定值，图 6 为 3 组实验分别对应的切缝轨迹图。

表 4　不同序号参数表

序号	进给速度 $V_f/$（mm/min）	线速度 $V/$（m/s）
1	3	15
2	3	18
3	15	18
注：工件厚度为 3.4mm		

在第一组实验对应的切割轨迹图中，显微镜读数为 1.537mm，由此知切割轨迹在 Y 方向上最大偏移量 L_1=0.48mm、L_2=0.14mm、L_3=0.27mm。之所以会出现偏移，是由于金刚石颗粒分布不均，每个颗粒随机地分布在镀层内，导致切割时在 Y 轴方向的锯切力 $F_{ny}\neq0$，使得切割轨迹不是理想的直线。当线锯进给速度不变，增大线锯线速度时，单位时间内参与切割的金刚石颗粒增多，每个磨粒的高度差影响减小，其对应的锯切力变小，F_{ny} 较小，使切割轨迹偏移量较小，即切割轨迹直线度更好；当线锯线速度不变而增大线锯进给速度时，金刚石颗粒压入碳纤维材料深度增加，锯切力随之增大，F_{ny} 较大，其切割轨迹的偏移量较大，即切割轨迹直线度较差。

图 6　3 组实验分别对应的切割轨迹图（放大倍数为 1.5）

2.3　线锯预紧力及线速度对切割缝宽的影响

在金刚石线锯切割过程中线锯的扰动是不可避免的，其扰动幅度主要与线锯张力的大小、切割轮跨距、工件厚度、线锯线速度等有关。线锯扰动分为 X 方向和 Y 方向，其中 Y 方向的扰动会影响切缝宽度。X 方向的扰动与进给方向一致，不会影响切割缝宽，线锯扰动大小可用切割缝宽来衡量。金刚石线径均值为 0.40mm，切割缝宽是在特定工艺参数加工过程中，通过控制程序将加工过程暂停，用测量精度为 0.01mm 的塞尺在位测量切缝宽度，测量三次取平均值而得出缝宽。表 5 为不同参数下的切缝宽度。

现将其切割后工件用 Matlab 图像处理，以表 5 中第一组实验为例，先采用灰度处理函数将切割轨迹图灰度化，处理后图像如图 7 所示，然后进行中值滤波高斯滤波等方法去除椒盐等噪声，再用 Canny 算子进行边界提取得到边界图像如图 8 所示。按实验顺序其最高点距最低点值分别为 0.15mm、0.17mm、0.18mm、0.2mm、0.11mm，可知其锯切扰动大小与缝宽成正比，保持预紧力恒定增大线线速度时，线锯扰动越来越剧烈，对应缝宽越大；保持线锯线速度恒定，增加预紧力时，线锯扰动减弱，曲线扰动量小，切缝缝宽变小。

表 5　不同参数下对应的切割缝宽

序号	预紧力 F/N	线速度 $V/$（m/s）	切缝宽度 $S/$mm
1	33.8	9	0.46
2	33.8	18	0.44
3	33.8	24	0.43
4	24.6	18	0.48
5	40.2	18	0.42
注：工件厚度为 3.4mm			

图 7　灰度处理后轨迹图

图 8　用 canny 函数提取边界后轨迹图

线锯的扰动与锯切力和缝宽的对应关系如表 6 所列，其中线锯预紧力 33.8N、线锯进给速度 9mm/min 保持固定不变。

表 6　线锯扰动与锯切力和切缝缝宽的对应关系

线锯线速度 $V/$（m/s）	切向锯切力 F_t/N	法向锯切力 F_n/N	切缝宽度 S/mm
9	73	63	0.46
18	51	46	0.44
24	37	36	0.43

注：工件厚度为 3.4mm

由表中数据得知，随着线锯线速度的增加，线锯的扰动越来越剧烈，其中 Y 方向的扰动使复合材料切缝宽度变大，但切向锯切力与法向锯切力都出现不同程度的减小，原因是虽然线锯扰动十分剧烈，可由于线锯线速度的增大使单颗金刚石颗粒压入复合材料工件的深度减小，这决定了对应的切向锯切力与法向锯切力都会随之减小。

2.4　工件厚度对线缝轨迹的影响

受线锯的扰动、金刚石颗粒分布不均的影响，切割后工件的线缝轨迹不会是一条规则直线。现取线锯进给速度 V_f=9mm/min，线锯线速度 V=18m/s，观察工件厚度分别为 3.4mm、6.8mm、13.6mm 时各自的线缝轨迹情况。由实验观察知其切割轨迹是一条不规则的直线，其线缝轨迹可用偏移理论直线的偏移量来衡量，偏移量越小表示线缝轨迹越好。将切割后的工件置于数码显微镜下分别测量其偏移量值为 0.5298mm、0.2700mm、0.1995mm，即随着工件厚度的增加，偏移量变小，线缝轨迹直线度更好。出现这种情况的主要原因是随着工件厚度的增大，线锯上的金刚石颗粒与碳纤维材料充分接触，线锯的扰动更小，切割比较均匀；而且工件厚度的增大使线锯的偏角减小，更有利于线锯切割。图 9 为工件厚度分别为 3.4mm、6.8mm、13.6mm 时的切割线缝轨迹图。

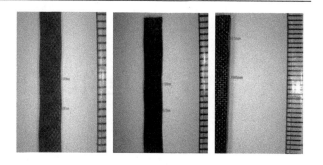

图 9　工件厚度分别为 3.4mm、6.8mm、13.6mm 的加工表面的线缝轨迹图

3　结论

（1）线锯进给速度与线锯线速度对锯切力影响很大，表现为法向锯切力和切向锯切力都随线锯线速度增大而减小；都随线锯进给速度的增大而增大。

（2）不同的工艺参数对应不同的切割轨迹，要得到更为理想的切割轨迹需要采用较大的线锯线速度与较小的线锯进给速度。

（3）在本实验条件下，影响切割缝宽的主要因素是线锯预紧力与线锯线速度，保持其他参数不变，当线锯预紧力为 40.2N、线锯线速度为 18m/s 时切缝缝宽最小。

（4）在保持其他条件不变的情况下，工件厚度越大，线缝切割轨迹的偏移量越小，越趋近于理想直线。

参 考 文 献

[1] 黄再满，曹淑凤.复合材料在高速轨道交通领域的应用[J].机车电传动，2003 （增刊）：46-48.

[2] 高伟. 环形电镀金刚石线锯的制造及其切割技术与机理的研究 [D]. 济南： 山东大学，2002.

[3] Buljan S T,Andrews RM. Brazed supera brasive wire saw and method therefore: US Patent,6102024 ［P］. 2000 -08-15.

[4] 孟剑峰. 环形电镀金刚石线锯加工技术及加工质量研究 [D]. 济南：山东大学，2006.

[5] 张辽远，吕忠秀等. 金刚石线锯切割多晶硅表面形貌特征分析[J]. 金刚石与磨料磨具工程.2014，34（2）：57-61.

[6] 高伟，窦百香，等. 电镀金刚石线锯的制造工艺研究[J].工具技术.2009，43（7）：56-59.

基于压电换能器的超声波清洗机设计

鲁　军，郭子扬

（沈阳理工大学自动化与电气工程学院，辽宁沈阳　110159）

摘　要：超声波清洗是利用能量在液体中传播会产生"空化效应"，即冲击波产生数千个大气压力的原理，来破坏不溶性污物并使之分散在清洗液中，利用该原理可设计超声波清洗机。基于理论分析，用有限元分析软件 ANSYS 对超声波清洗机的换能器进行了有限元仿真，本文设计出用于清洗坦克等武器的炮管及润滑设备的超声波清洗机。其操作简单，清洁度高。通过实验研究，验证了设计的合理性，为超声波清洗设备的设计提供了技术基础。

关键词：超声波清洗；空化效应；超声波电源；换能器

0　引言

随着超声技术的不断发展，超声波在纺织、航空、清洗、焊接、医疗等领域得到广泛应用。

目前，超声波的主要应用是功率超声波和超声波的检测，而超声波清洗是功率超声波的最广泛的应用之一[1-3]。超声波清洗机通过超声波电源将市电转换成可与超声波换能器相匹配的高频交流信号，然后通过换能器将高频交流电信号转换为机械振动，利用超声波在液体中传播会产生"空化效应"，即在空化气泡突然关闭时，冲击波能产生数千个大气压力，对污物的表面反复直接冲击，使污物表面，内腔，细孔处的颗粒附着物，油脂，水垢的物理形态和化学性质等产生一系列变化而分散，脱落[4-6]。

同时超声波清洗不会对工件造成损害。与其他清洗相比，超声波清洗具有高效，环保，清洁度高的特点。

本文通过研究超声波"空化效应"，在理论分析的基础上，设计了超声波清洗机的结构，计算了换能器的尺寸参数，并进行仿真实验。该清洗机将应用于坦克及其他武器的炮管和润滑设备的清洗，将在军工领域发挥越来越重要的作用。

1　超声波清洗机清洗原理及换能器设计

超声波清洗机主要由超声波电源、换能器、清洗槽及电控装置等组成。

1.1　超声波清洗机清洗原理

超声波清洗机在清洗时，通过清洗液、污垢和清洗物 3 部分之间互相作用，并且经过物理、化学的一系列复杂过程而完成。

超声波清洗机通过超声波发生器产生超高频电信号，然后将电信号转换成超声波振动信号，振动信号再通过清洗槽被发送到清洗液，超声波将在清洗中向各个方向传播，而波形则是疏密相间传递的，由于波形波动导致清洗液的流动产生数以万计的微小气泡（被称为空化核），微泡在声波作用下振动，当其中的冲击强度增加到一定程度时，清洗液就会产生超声空化[7-10]。超声空化发出的巨大能量能破坏不溶于液体的污垢，使溶液中的污垢分散；如果污物颗粒和油脂附着在待清洗物体的表面，则油脂将被乳化，固体颗粒会在液体中飞散，从而达到清洗物体的目的。超声波清洗示意图如图 1 所示。

1.2　超声波换能器设计

夹心式压电换能器由前后盖板、陶瓷片、预应力螺栓和金属电极片等组成。其设计模型如图 2 所示。

图中 l_2、l_4 和 l_1+l_3 分别表示前盖板、后盖板和陶瓷片的厚度。

按照实际的要求，振子前后盖板选铝制材料，陶瓷片材料选 PZT-5。每个振子由 4 片陶瓷片组成，压电陶瓷片的直径为 50mm 厚度为 4mm。陶瓷片的弹性柔顺常数 $s_{33}^E = 18 \times 10^{-12} \text{m}^2 / \text{N}$，密度 $\rho = 7.5 \times 10^3 \text{kg} / \text{m}^3$。铝密度为 $\rho = 2.79 \times 10^3 \text{kg} / \text{m}^3$，杨氏模量 $E = 7.15 \times 10^{10} \text{N} / \text{m}^2$。

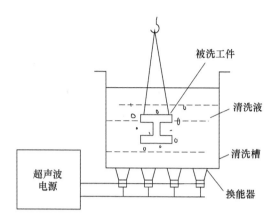

图 1　超声清洗示意图

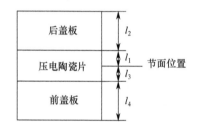

图 2　夹心式压电换能器剖面图

为了简化问题，选换能器的节点位置位于陶瓷片的中间位置，根据换能器理论：

$$k_1 l_1 = k_3 l_3 \tag{1}$$

由于 $l_1 = l_3$，所以陶瓷片中波数：

$$k_1 = k_3 = \frac{2\pi f}{c} \tag{2}$$

式中，f 为换能器工作频率；c 为陶瓷片中声速；s_{33}^E 为弹性柔顺常数；ρ 为陶瓷片密度。

$$c = \sqrt{1 / s_{33}^E \rho} \tag{3}$$

由弹性柔顺常数 s_{33}^E，陶瓷片密度 ρ 及频率方程得

$$\tan(k_1 l_1)\tan(k_2 l_2) = \frac{Z_1}{Z_2} \tag{4}$$

$$\tan(k_3 l_3)\tan(k_4 l_4) = \frac{Z_3}{Z_4} \tag{5}$$

式中，k_1、k_2、k_3、k_4 及 Z_1、Z_2、Z_3、Z_4 分别为换能器各部分的波数和机械阻抗。

$$k_2 = \frac{2\pi f}{c_2} \tag{6}$$

$$k_4 = \frac{2\pi f}{c_4} \tag{7}$$

选择各部分截面积相同，则有

$$Z_1 = Z_3 = \rho c s \tag{8}$$

$$Z_2 = \rho_2 c_2 s \tag{9}$$

$$Z_4 = \rho_4 c_4 s \tag{10}$$

式中，c_2 为后盖板中声速；E_2 为后盖板材料的杨氏模量；ρ_2 为后盖板密度。

$$c_2 = \sqrt{E_2 / \rho_2} \tag{11}$$

$$c_4 = \sqrt{E_4 / \rho_4} \tag{12}$$

式中，E_4 为前盖板材料的杨氏模量；ρ 为前盖板密度。由上述公式可得到换能器频率与其几何尺寸的关系。

由式（1）～式（12）及各个材料参数可得到：$l_2 = l_4 = 45\text{mm}$，即前后盖板的长度为 45mm。

根据计算的参数，设计了一个频率为 28kHz、功率为 3 kW、长 106mm，直径 50mm 的圆柱形超声波换能器。

2　超声波电源的设计

2.1　工作原理

超声波功率电源又称为超声波电源，它能产生高频电信号，这个信号可以是电压，也可以是电流等高频信号。

超声波电源包括信号源的产生，信号功率的放大和频率跟踪。

在实际设计中，由于振动系统温度的波动和负载的变化，系统换能器的谐振频率会发生变化，导致电声转换效率降低甚至没有超声波输出。

因此，超声波电源设有自动跟踪频率系统来检测和反馈超声波系统的谐振频率，即超声波功率电源具备频率自动跟踪能力。超声波电源总体框架如图 3 所示。

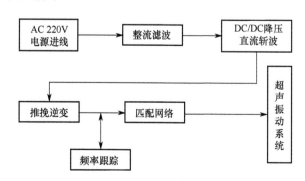

图 3　超声功率电源总体框架图

根据系统总体框架，确定硬件系统设计包括功率输出主电路设计、驱动电路设计、检测和控制电路设计和频率跟踪电路设计。

首先，将市电转换成功率和频率可调的超声波频段交流电流输出到匹配网络，激励换能系统获得满足不同需求的超声波。设计用于产生 20～200kHz 的超声波频率范围。

2.2 功率输出主电路

电源输出主电路包括整流滤波电路，降压直流斩波电路，推挽逆变电路。

整流滤波电路的设计是为了获得高质量的直流电。整流电路分为半波整流电路，全波整流电路和桥式整流电路。

桥式整流电路是一种全波整流电路的改进，用得最多，它有全波整流电路优点，并避免了其缺点。桥式整流电路如图 4 所示。

降压直流斩波电路相当于是功率主电路中调节电源输出功率的执行机构；逆变电路是超声波电源电路的主要部分，高频交流电的产生和频率调节都是通过这部分来完成的。

驱动电路是超声波电源为了驱动主功率开关器件在要求的状态下工作的电路部分。其主要要求包括：

（1）输出的驱动信号需要有较大的电流使开关器件工作。

（2）输出的驱动信号需要有足够高的电压。

（3）输出的驱动信号需要有较大的电流使开关器件工作。

（4）输出的驱动信号需要有足够高的电压。

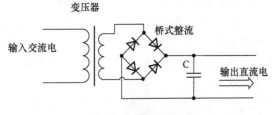

图 4 桥式整流电路

2.3 匹配网络

超声波清洗机中换能器是核心器件，它是将超声波电信号转换为超声波振荡的设备。换能器阻抗匹配电路如图 5 所示。其中 R_0 为输入阻抗。

换能器的匹配在超声波清洗系统中具有不可或缺的作用。对于换能器的匹配，需要匹配清洗机中的可变电阻，而且还要匹配谐振问题。

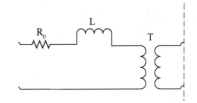

图 5 阻抗匹配电路

2.4 频率跟踪

当超声波振动系统的负载发生变化或超声波电源的工作频率因温度和设备老化而波动时，为了使超声波电源工作在稳定的频率，需要额外的频率追踪模块，以确保输出超声波频率稳定。

常用的方法有：

（1）电流方法：采取换能器的电流信号，当电流信号最大时，换能器正好工作在谐振频率点。

（2）相位方法：采样换能器端的工作电压和电流，比较工作电压与工作电流之间的相位差，用相位差信号来控制实现频率自动跟踪功能。频率跟踪电路如图 6 所示。v_0、v_1、v_2 为电压，R_1、R_2、R_3 为电阻，I_0 为电流。

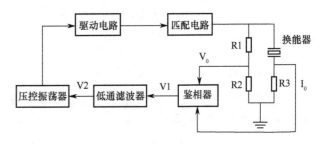

图 6 频率跟踪电路

3 超声波换能器的有限元分析

3.1 模型建立

ANSYS 建立换能器的 3D 模型[11-14]，手动网格划分，得到有限元模型如图 7 所示。

图 7 超声清洗器换能器有限元模型

3.2 模态分析

模态提取方法采用 Block Lanczos 法，根据实际超声波清洗金属管频率为 28kHz 左右，取 8 阶模态分析。

经过 Ansys 有限元分析，超声清洗换能器工作频率范围如图 8 所示。

```
*****  INDEX OF DATA SETS ON RESULTS FILE  *****

SET   TIME/FREQ    LOAD STEP    SUBSTEP    CUMULATIVE
  1  0.90443E-03        1           1            1
  2  7078.5             1           2            2
  3  18212.             1           3            3
  4  22173.             1           4            4
  5  25980.             1           5            5
  6  30611.             1           6            6
  7  32747.             1           7            7
  8  33591.             1           8            8
```

图 8 超声波清洗机换能器固有频率

超声波换能器在 28kHz 频率附近的固有频率值如表 1 所列。

表 1 换能器在 28KHz 频率附近的固有频率

阶次	固有频率值/Hz
5	25980
6	30611
7	32747

超声波换能器在 28Hz 频率附近的固有频率下振型如图 9（a）、（b）所列。

根据模态分析结果可知所设计的超声波换能器基本符合要求，频率的误差是由于计算的误差产生的。

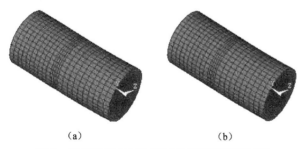

（a）　　　　　　　　　（b）

图 9 换能器在 28kHz 附近的固有频率下振型

（a）25.98kHz 时的振型；（b）30.61kHz 时的振型。

图 9（a）为 5 阶纵振时的频率，图 9（b）为 6 阶纵振时的频率。

超声清洗器换能器要求工作频率为 28kHz，通过 ANSYS 有限元分析，6 阶纵振时的频率更接近要求，得出换能器实际工作频率为 30.61kHz，故换能器驱动电源的频率应设计为 30.61kHz。

4 结论

基于超声波换能器理论和超声波电源的基本知识，本文对超声波清洗机中换能器的前后盖板、压电陶瓷片和超声波电源电路进行了设计，并对超声波换能器进行了有限元仿真，确定了换能器的基本结构参数，为超声波换能器的设计提供了设计依据。对于超声波换能器进行仿真实验，得到换能器工作的实际谐振频率。从而验证了所设计超声波换能器的结构的合理性。仿真实验结果表明，所设计的换能器参数达到了设计要求。

参 考 文 献

[1] 闫广钱. 超声波清洗技术及应用[J]. 现代物理知识，2004，4：23-25.

[2] 郑仁杰，葛林男，卫东等.超声清洗技术的应用和发展[J]. 清洗世界.2011，27（5）：29-32，46.

[3] Niemczewski B. Observations of water cavitation intensity under practical ultrasonic cleaning conditions[J]. Ultrasonics sonochemistry, 2007, 14（1）：13-18.

[4] 蒋锟林. 压电换能器匹配电路的设计[J]. 电声技术，2012，36（9）：26-29.

[5] 张云电. 夹心式压电换能器及其应用[M]. 北京：科学出版社，2006：71-79.

[6] 林书玉. 功率超声技术的研究现状及其最新进展[J]. 陕西师范大学学报（自然科学版），2001，29（1）：101-106.

[7] 姜新生. 整流滤波电路在供热系统中的广泛应用与实践[J]. 科技视界，2013（21）：158-158.

[8] 陈思忠.超声波清洗技术与进展[J]. 洗净技术，2004，02：7-12.

[9] 陈勇，凌琰.工业清洗行业发展机遇及企业发展.[J].清洗世界，2014，09：1-8.

[10] 林书玉. 超声技术的基石——超声换能器的原理及设计[J]. 物理，2009，38（03）.

[11] 嘉木工作室，ANSYS 有限元实例分析教程[M]. 北京：机械工业出版社，2002.

[12] Frohly J, Labouret S, Bruneel C, et al.Ultrasonic cavitationmonitoring by acoustic noise power measurement [J]. J.Acoust, 2000, 108（5）：2012-2020.

[13] 王国强，实用工程数值模拟技术及其在 ANSYS 上的实践，西安：西北工业大学出版社，2001.1.

[14] 谭建国. 使用 ANSYS6.0 进行有限元分析，北京：北京大学出版社，2002.

超声辅助铣削碳纤维复合材料的工艺研究

张辽远，刘小栋，苏君金，雷凯涛，赵书剑，关惠予

（沈阳理工大学机械工程学院，辽宁沈阳　110159）

摘　要：使用自行研制的超声振动发生系统，对碳纤维复合材料进行了铣削加工实验研究，通过建立瞬时铣削模型，目的为分析超声辅助铣削与传统铣削下纤维束的断裂机理，在不同加工参数下对切削力、工件表面粗糙度的影响。得出实验结果表明：随着主轴转速的升高，铣削力和工件表面粗糙度减小；随着进给速度的增加，铣削力和工件表面粗糙度增加；随着切深增加，铣削力和工件表面粗糙度增加。与传统铣削相比，在相同的加工参数下，超声辅助铣削加工铣削力和工件表面粗糙度较小。

关键词：超声辅助铣削；传统铣削；碳纤维复合材料；瞬时铣削模型；表面粗糙度；铣削力

0　引言

碳纤维复合材料（CFRP）是由碳元素组成，以树脂为基体的一种特种纤维为增强复合材料，具有质量轻、比强度高、比模量高等诸多优点[1]。因此，该材料广泛应用于航空、航天、汽车制造等领域[2]。但由于 CFRP 材料本身具有高硬度、各向异性、散热性差等特点，使其在传统加工过程中会出现毛刺、撕裂、分层等缺陷，且在加工过程中刀具磨损发热严重，加工后工件表面质量差[3,4]。Koplev 等人研究刀具切削方向与 CFRP 纤维方向之间的夹角，实验表明：当夹角为 90°时，刀具向前移动时对复合材料施加压力而引起复合材料断裂而破碎，同时试件中由于切削力的作用而产生一个微小的裂纹。当夹角为 0°时，刀具施加在工件上的力引起复合材料的断裂[5]；Bhatnagar 等人对 C/C 复合材料进行铣削试验加工，采用四点剪切试验测量加工中的剪切强度，在 0°～180°的范围内建立切削力模型[6]；集美大学董志强等人通过扭转共振旋转超声加工系统铣削加工复合材料，通过建立刀具与工件之间简单的几何模型，推导刀具前后刀面的动压方程，分析动压油膜对刀具及工件加工表面的影响。采用超声端铣和普通端铣对比加工效率和刀具磨损情况，并分析原因[7]。本文使用超声辅助系统对碳纤维复合材料进行铣削加工试验，分析超声辅助铣削和传统铣削在不同参数下对铣削力和工件表面粗糙度影响。

1　实验条件和瞬时铣削力模型建立

1.1　实验条件

实验所用三英数控雕铣机，将试件固定在 YDX-III9702 型三向测力仪上，用于采集铣削力，经由 YE5850 电荷放大器放大信号后，由数据采集卡采集数据，最后由电脑显示结果。实验装置结构示意图如图 1 所示。

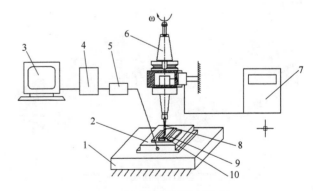

图 1　超声铣削系统示意图

1—工作台；2—测力仪；3—电脑；4—数据采集卡；5—电荷放大器；6—超声变幅刀柄；7—超声电源；8—铣刀；9—夹具；10—碳纤维试件。

本实验设计的超声电源功率最大值为 250W，频率为 20kHZ。实验刀具选择 $\Phi4$ 三刃硬质合金圆柱铣刀，参数如表 1 所列。

表1　刀具参数

材料	直径 /mm	齿数/个	前角 /X°	后角 /X°	螺旋角/X°
硬质合金	4	3	10	5	30

本实验所用试件材料为碳纤维复合材料，性能参数如表2所列。

表2　碳纤维复合材料性能参数

拉伸强度 /MPa	拉伸模量 /GPa	比模量 / (×10⁹cm)	比强度 / (×10⁷cm)	密度 / (g/cm³)
5490	294	1.62	3.03	1.80

1.2　瞬时铣削力模型

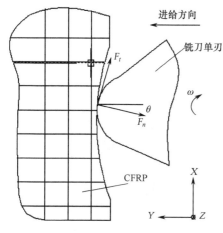

图2　瞬时铣削力模型简图

由于铣刀刀刃的各瞬间铣削力坐标系都不同，将各瞬间铣削力投影到测力仪坐标系中，由图2所示，可得

$$F_X = \sum_{i=1}^{n} (F_t \cos\theta - F_n \sin\theta)$$

（1）

$$F_y = \sum_{i=1}^{n} (F_t \sin\theta + F_n \cos\theta)$$

式（1）中 F_x、F_y 为测力仪坐标系中 X、Y 受力方向，F_t 为刀具切向力，F_n 为刀具法向力，θ 为法向力与 Y 轴的夹角。

铣刀单刃运动方程为

$$X = R\cos(\omega t)$$

$$Y = R\sin(\omega t) + V_t$$

（2）

$$Z = A\sin(2\pi f t)$$

式（2）中，V_t 为进给速度；ω 为角速度 R 为刀具半径；t 为时间；A 为比例系数。

2　实验结果与分析

实验采用单变量因数机制，通过给定不同的加工参数确定各加工参数对铣削力以及试件底面粗糙度的影响。

2.1　进给速度对铣削力影响

取主轴转速为 1000r/min，切深为 0.3mm，进给速度分别为40mm/min、80mm/min、120mm/min、160mm/min。由实验得到的不同进给速度对 X、Y、Z 方向铣削力的影响情况如图3所示：

2.2　切削深度对铣削力影响

取主轴转速为 1000r/min，进给速度为120mm/min，切深分别为：0.2mm、0.3mm、0.4mm、0.5mm。由实验得到不同切深对铣削力的影响情况如图4所示。

2.3　主轴转速对铣削力影响

取切深0.3mm，进给速度为120mm/min，主轴转速分别为 1000r/min、1500r/min、2000r/min、2500r/min。由实验得到不同转速对铣削力的影响情况如图5所示。

2.4　不同切削参数对试件底面粗糙度的影响

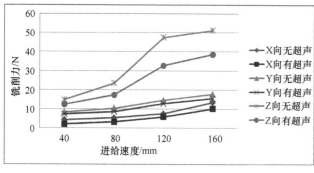

图3　各方向铣削力随进给速度变化情况

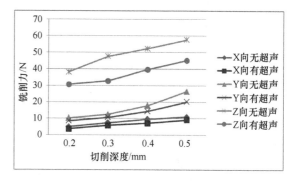

图4　各方向铣削力随切削深度变化情况

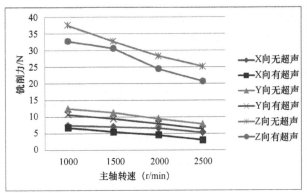

图 5　各方向铣削力随进给速度变化情况

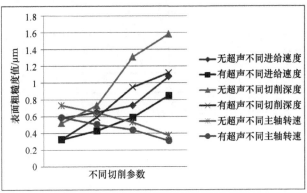

图 6　底面粗糙度随不同切削参数的影响

2.5　实验结果分析

由陈燕、胡安懂等人的研究得[8]，在加工过程中刀具法向力 F_n 的表达式为

在有超声作用时：

$$F_{n1} = K_e V_w \alpha_e \qquad (3)$$

在无超声作用时：

$$F_{n2} = K_c V_w \alpha_e \qquad (4)$$

式（3）、（4）中 V_w 为进给速度，α_e 为径向切深；k_e、k_c 为常数，材料、加工方式等有关，$k_e < k_c$，由此可知：

$$\frac{F_{n1}}{F_{n2}} = \frac{K_e}{K_c} = M < 1$$

$$\qquad (5)$$

$$\frac{F_{t1}}{F_{t2}} = M < 1$$

由式（1）、式（2）、式（3）、式（4）、式（5）得，在有超声作用下 X、Y 方向受力 F_{x1}、F_{y1} 和在无超声作用下 X、Y 方向受力 F_{x2}、F_{y2} 比较得：

$$F_{x1} < F_{x2}, \ F_{y1} < F_{y2}$$

由此可看出：有超声辅助和无超声两种加工方式下，由于超声振动的影响，超声辅助对工件的铣削力小于无超声作用对工件的铣削力。

超声辅助铣削与传统铣削相比，X、Y、Z 方向受力减小明显。无论是超声辅助铣削还是传统铣削，随着进给速度的增加以及切深地增加，X、Y、Z 方向受力以及工件表面粗糙度呈现增大的趋势；而随着主轴转速的增加，X、Y、Z 方向受力以及工件表面粗糙度呈现减小的趋势。这是由于在超声辅助加工过程中，刀具与工件之间时切时分，在与传统铣削相同的铣削力作用下，超声辅助加工将铣削力以脉冲的形式释放，故平均铣削力比传统加工明显减小。但随着进给速度及切深地增加，由于刀具不能及时地切削而形成挤压，无论超声辅助加工还是传统加工切削力及表面粗糙度都会增加，而随着

主轴转速增加，刀具挤压工件的现象明显缓解，而使铣削力和工件表面粗糙度减小。

3　超声辅助铣削机理分析

碳纤维复合材料由于其各向分布的不均匀性，而表现较明显的各向异性，且在加工之前都要经过反复碾压成层状结构，其切削加工机理与金属的切削加工机理大不相同[9]。对于金属材料切削研究，往往涉及材料的剪切破坏和塑性变形，复合材料是由两种及两种以上不同的材料组成，要考虑纤维的耕犁、切断及破碎等方面[10]，且基体和纤维束的抗拉、抗压等性能相差较大，在铣削过程中会出现纤维层分层、纤维束被拔出、纤维束由于排布不均匀导致在纤维束排布较稀疏的地方，在加工过程中基体与纤维束结合失效而发生脱落。

文中所用的碳纤维复合材料纤维以很细的纤维束的形式存在，排布为 0°、90°（与刀具进给方向夹角）交替排布如图 2 所示，当纤维方向角 0° 时，由于层间结合强度较低，在铣削过程中，刀具不断将切削层与基体挤压分离，纤维方向产生剥层破坏。由于基体的抗拉强度远小于纤维束的抗拉强度，随着刀具的进给，当挤压达到基体极限时，纤维层被掀起，纤维层产生一个类似于悬臂梁的结构，掀起的刀具进一步进给，纤维束产生弯曲应力，当达到弯曲应力极限时，纤维束断裂。这种情况下，纤维束易被撕裂而产生毛边，切削表面存在过切的现象，但加工表面粗糙度较小。

当纤维方向角 90° 时，由于刀具刀尖角 r 远大于纤维束线径 R，在传统加工中，纤维束由于受到垂直于轴向的力而使靠近刀侧的纤维束压缩，远离刀侧的纤维束拉伸，当剪力达到纤维束受力极限时，纤维束被拉断，由于碳纤维的各向异性，以及在制造过程中纤维束排布不均匀，加工后可能会出

现由于纤维束与基体结合不紧密而被拉出，或者由于纤维自身回复，而在拉断后试件表面出现毛刺。特别是刀刃钝化后，纤维束被拉出或被拉断更明显，影响表面质量[11,12]，被拉出或拉断的纤维束通常较长，形成切屑堵塞刀具排屑槽而使刀具切削困难，进一步影响加工表面质量。

在超声辅助铣削中，相当于在传统铣削的基础上加入一个激振力，使韧性材料脆性化。由于超声的作用，使刀具与工件在切削工作中时切时分，而形成脉冲波形的切削力。超声振动铣削与传统的铣削不同之处在于将有限的铣削力被集中后以脉冲的形式断续放出，单个切削长度被均匀地分割为小微段，逐段地进行瞬时高速切削，而改变传统切削"挤压、滑移、剥离"的过程[12]，刀具不断地对纤维束进行锤击作用，使纤维束变成很小的碎屑，而超声振动避免微小碎屑堵塞排屑槽，使碎屑更快地由刀具旋转运动带走，而超声振动有效地降低刀刃磨损，进一步避免由于刀刃钝化不能及时地将纤维束切断而拉出、拉断或者挤压而形成毛刺的情况，有效地提高了工件表面质量，切削效率和加工精度[13]。

选择一组实验参数，对有超声和无超声加工后对工件表面形貌观察和使用显微镜进行微观观察。加工参数如表 3 所列。加工后工件表面形貌如图 7 所示，有超声作用的微观工件表面形貌如图 8 所示，无超声作用下的微观工件表面形貌如图 9 所示。

表 3　所选加工参数

主轴转速/(mm/min)	切削深度/mm	进给速度/(r/min)
2000	0.5	120

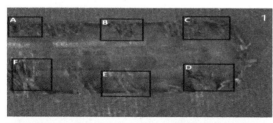

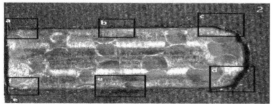

图 7　加工后工件表面形貌（1 为无超声作用后工件表面形貌，2 为有超声作用工件表面形貌）

试件采用顺铣的方式，由 A 切入 F 切出，比较图 7 同一位置可知，在无超声作用下，切入工件位置 A，切出工件位置 F 时，工件边界纤维束被挤压抬起、拔出的痕迹明显，切出位置 F 纤维束较长且集中，切入位置 A 纤维束较短且分散，产生毛刺严重，在 B、E 位置时，纤维束也有如此特性。在 C、D 位置，由于机床的插补，致使纤维束整体的受力发生变化，圆弧部分产生横向纤维束被挤压而抬起，纵向纤维表现不明显。整体而言，A、B、C 侧纤维束较短且分散，D、E、F 侧纤维束较长且集中，整体残留的纤维束成对称，这就验证了前文对铣削机理的分析。有超声作用下工件位置 a、b 侧以及位置 e、f 侧边界较无超声辅助有了很大的改善，但 c-d 的圆弧位置仍然有横向纤维束被挤压抬起的痕迹。

图 8　无超声作用的微观工件表面形貌

图 9　有超声作用的微观工件表面形貌

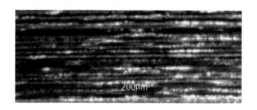

图 10　无超声作用的微观工件侧面形貌

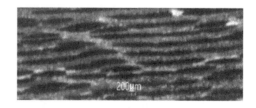

图 11　有超声作用的微观工件侧面形貌

由图 8 和图 9 微观底面形貌可以看出，无超声作用时工件表面粗糙，存在由于排屑不畅而导致挤压留下的痕迹，而有超声作用下工件表面质量较好。由图 10 和图 11 微观工件侧面形貌可以看出，无超声作用的纤维束杂乱，存在大面积撕裂以及挤压的痕迹，有超声作用下的纤维束较整齐，表面较好。

4　总结

本文通过不同加工参数下，对超声铣削和传统铣削方式进行对比，分析不同加工参数对铣削力和试件表面形貌的影响，并对超声辅助铣削机理进行研究讨论，得到如下结论：

（1）无论是超声辅助铣削还是传统铣削，随着进给速度的增加以及切深的增加，X、Y、Z 方向受力以及工件表面粗糙度呈现增大的趋势。

（2）随着主轴转速的增加，X、Y、Z 方向受力以及工件表面粗糙度呈现减小的趋势。

（3）超声辅助铣削与传统铣削相比，X、Y、Z 方向受力以及工件表面粗糙度减小明显。

（4）超声辅助铣削与传统铣削下纤维束的断裂机理不同，传统铣削将纤维束拉断或者拉出而毛刺较多，表面形貌不完整；超声辅助铣削使纤维束韧性材料脆性化，将纤维束剪断而毛刺较少，表面形貌较完整。

参 考 文 献

[1] 陈烈民.航天器结构与机构[M]. 北京：中国科学技术出版社，2005.

[2] 张育铭. 碳纤维增强铝基复合材料制备及性能研究[D]. 兰州理工大学，2016.

[3] 侯岩. 旋转超声振动磨削工具系统的研制[D]. 哈尔滨工业大学，2014.

[4] Koplev A Lystrupa Vom The cutting process chops and cutting forces in machining CFRP [J]. Composites, 1983，14（4）.

[5] Bhatnagar N，amakrishnan N，aik N K et a1. On the machining of fiber reinforced plastic （FRP）composite laminates. International Journal of Machine Tools and Manufacture. 1995. 35（5）：701–716.

[6] 童志强. 纵扭共振旋转超声加工碳纤维复合材料的研究[D]. 集美大学.2014.

[7] 胡安东. 超声振动辅助铣磨 CFRP 试验研究[D]. 南京航空航天大学，2016.

[8] 蔡晓江. 基于复合材料各向异性的切削力热变化规律和表面质量评价试验研究[D]. 上海交通大学，2014.

[9] 周鹏. 碳纤维复合材料工件切削表面粗糙度测量与评定方法研究[D]. 大连理工大学，2011.

[10] 缪利梅. 碳纤维丝束短切断裂过程分析及其应用[D]. 华南理工大学，2015.

[11] 李志凯. 碳纤维增强复合材料切削实验与仿真研究[D]. 南昌航空大学，2014.

[12] 马星辉. 碳纤维复合材料超声振动铣削的技术基础研究[D]. 河南理工大学，2009.

[13] 王晓博. 碳纤维复合材料超声高速铣削技术研究[D]. 河北科技大学，2012.

基于 Triz 理论的火箭弹尾翼钻孔装置改进

郭刚虎[1]，闫文慧[2]，程茜茜[1]，霍文娟[2]

（1. 陆军北京军事代表局驻七四三厂军代室，山西太原 030000；

2. 晋西工业集团防务装备研究院，山西太原 030027）

摘　要：运用 Triz 理论，结合工作实际，确定了尾翼钻孔装置的功能组件，建立了关系矩阵、建立了功能问题模型，通过定义系统中技术矛盾分析，提炼了其中的技术冲突，得出了导致尾翼孔偏心的主要因素，并运用 Triz 技术冲突中的解决原理，对原有的尾翼钻孔装置进行改进，得到了很好的效果。

0　引言

火箭弹作为一种飞行武器，其尾翼的作用在于火箭弹飞行过程中提供升力，保证火箭弹的纵向飞行稳定性。尾翼设计涉及气动、结构和强度等多个学科专业，必须同时满足气动、强度、刚度和轻量化等要求，是典型的多学科设计问题。为了缩小火箭弹横向的尺寸，提高武器系统的载弹量，满足武器系统通用性的要求，许多火箭弹采用折叠尾翼的形式，便于储装、运输和发射。

1　问题描述

一般情况尾翼形状如图 1 所示，由板材通过铣削加工而成，边缘有不同角度的斜面倒角，上面还有 2～3 个支耳，支耳中间钻孔用于穿上翼轴来实现尾翼的展开和折叠。

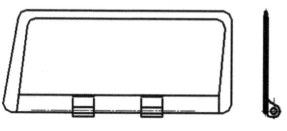

图 1　尾翼示意图

尾翼钻孔装置如图 2 所示，该结构由底板、钻模体、压板、调整杆、手柄、螺钉等组成。

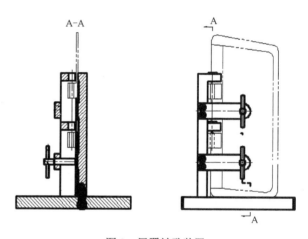

图 2　尾翼钻孔装置

尾翼钻孔装置结构如表 1 所列。

表 1　尾翼钻孔装置结构

序号	名称	材料	热处理
1	底板	45 钢	
2	钻模体	T8A	56～60 HRC
3	压板	45 钢	
4	手柄	45 钢	
5	调整杆	45 钢	32～36 HRC
6	M12 螺钉	标准	
7	M8 螺钉	标准	
8	尾翼	2A12	Rm≥450MPa

组装时，用 M12 的螺钉将钻模体与底板相连接，再用 M8 的螺钉将压板与钻模体固定。调整杆插入压板中间的孔，再将手柄穿过调整杆的孔中。

尾翼钻孔时，将尾翼紧靠钻模体的平面部位，尾翼上的支耳中心与钻模体上的支耳中心的位置相对应。用手柄旋转使调整杆顶紧尾翼。将整个钻孔装置放在摇臂钻钻头的下方。调整位置将钻头中心与钻孔装置中钻模体上孔的中心相对应。调整好后将钻孔装置安装在钻床的底座上，然后进行钻孔。

钻孔时经常出现钻模体上的孔越来越大，以至于使翼片上孔的位置偏心，上下孔的大小不一致等现象。

2　系统功能分析

在功能分析中，主要是确定系统的功能组件，建立关系矩阵和功能模型。

2.1　确定功能组件

功能组件包括系统作用对象，技术系统组件、子系统组件，以及和系统组件发生相互作用的超系统组件如表 2 所列。

表 2　功能组件

超系统组件	系统组件	子系统组件
摇臂 钻人	底板	
	钻模体	
	压板	
	调整杆	
	手柄	
	螺钉	
	尾翼	
	切削液	

2.2　建立关系矩阵

为更清晰地表达各个组件之间的关系，建立组件的关系矩阵，关系矩阵中用小圆圈将每对相互作用的组件标记出来。尾翼孔偏心问题的关系矩阵如图 3 所示。

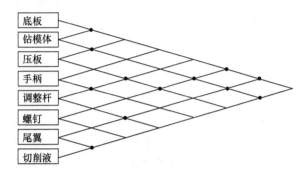

图 3　尾翼孔偏心问题的关系矩阵

2.3　建立功能问题模型

功能模型（基于机构模型）采用规范化的功能描述方式清晰地表述组件对之间的相互作用关系，揭示系统功能的实现原理。在功能模型图中，用不同线型的箭头表示各功能的类型：直线表示充分的功能；虚线表示不足的功能；波浪线表示有害的功能。见图 4 所示。

通过系统功能问题模型图的分析，描述了系统中的组件都有哪些，以及它们之间的相互关系，并得出导致钻模体磨损的功能因素：（1）钻模体本身硬度不高，需要增强；（2）尾翼在钻孔过程中钻头产生的剪切力是钻模体产生磨损的主要原因。

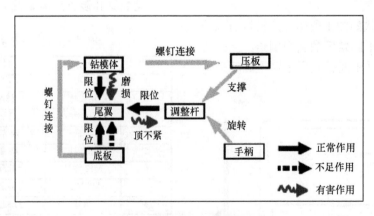

图 4　系统功能问题模型图

3　技术矛盾分析

从以上分析中提炼了三对技术冲突：

（1）钻模体本身的材料既要硬又要软，钻模体材料硬才能耐磨损，但材料硬给加工带来很大困难。

（2）调整杆既要顶紧尾翼又不要顶紧尾翼，调整杆要顶紧尾翼才能使尾翼固定牢固，但尾翼表面有不同角度的倒角，又不宜顶紧。

（3）摇臂钻主轴转数既要快又要慢，摇臂钻主轴转数快易切削，但会加速钻模体的磨损。

4 技术方案

（1）利用 TRIZ 原理 1（分割）和原理 7（嵌套），将钻模体孔的位置分成两部分，钻模体上的孔加工的较大点，然后再加工一个小的带孔的钻套，套在钻模体的大孔中，这样既可以解决钻模体的孔耐磨损的问题，又可以解决因为材料太硬而难于加工的问题。

（2）利用 TRIZ 原理 15（动态化），将原来单纯利用调整杆顶紧翼片的结构，改为增加压环、调整圈和钢球的装置，可以实现动态地调节与翼片顶紧的面，可以适应翼片不同角度的倒角。

（3）利用 TRIZ 原理 7（嵌套），将原来的底板加工凹槽，将翼片和钻模体深入其中，并将凹槽的边缘贴合钻模体的边缘，可以更好地将翼片固定。

（4）利用 TRIZ 原理 1（分割）和 10（预操作），将钻模体上的支耳位置线切割成局部 0.5mm 宽的缝隙，可以增加钻孔时支耳部位的回弹性，又可以使钻模体耐磨损。

（5）利用 TRIZ 原理 14（曲面化），将钻模体与翼片接触的平面在避开支耳的位置加工成几个分割的凹面，既可以减轻钻模体的重量，又可以利于钻模体加工时的平面度要求，使翼片更好地贴合钻模体。

5 实施方案

综合利用 TRIZ 的以上原理，将尾翼钻孔装置进行改进如图 5，可解决翼片上孔的位置偏心，上下孔的大小不一致等问题。

6 实施效果评价

通过对 Triz 创新理论的研究学习，开拓了思路，可以多角度、多学科地思考问题，使解决问题更加清晰。利用 Triz 创新方法对尾翼钻孔装置进行改进，解决了翼片上孔的位置偏心，上下孔的大小不一致等问题。操作简单，具有很高的实用价值。

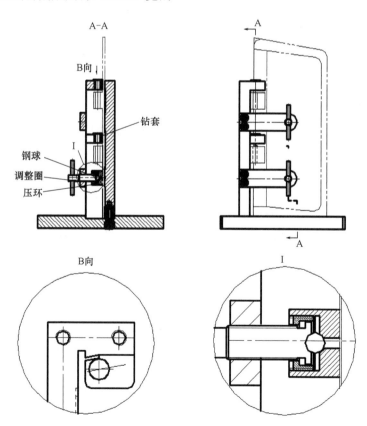

图 5 改进后的尾翼钻孔装置

冲击波殉爆的模型研究

杨春涛，张　东

（陆军沈阳军事代表局驻葫芦岛地区军事代表室，辽宁兴城 125125）

摘　要：从弹药爆炸后产生冲击波对目标的作用出发，在确立起爆判据的基础上，建立了冲击波殉爆模型，给出了判定弹药殉爆的计算方法，可以指导弹药勤务处理过程中殉爆距离的安全距离计算和防范。

关键词：弹药；殉爆；冲击波强度；冲击波超压峰值

0　引言

弹药是一种在一定的能量刺激下发生燃烧或爆炸作用的军事装备。弹药爆炸以后所产生的热量、破片、爆轰产物和冲击波必将对周围介质产生加热和冲击作用。弹药殉爆能力的测定对弹药的生产、存储及使用安全具有重要的意义。

通常认为引起弹药殉爆的原因有 3 个方面：第一是主发装药爆轰产物直接冲击被发装药的，第二是主发装药爆轰时抛射出的物体对被发装药的冲击。第三是主发装药爆轰时，在惰性介质中形成的冲击波对被发装药的作用。因此有必要对冲击波引起弹药殉爆进行专向研究。

1　起爆判据[1]

主发弹药爆炸后的冲击波和破片撞击到被发弹药的壳体上以后，先在壳体上产生透射击波，而后冲击波又进入被发弹药的装药。为使冲击波的参数便于定量，通常用高速飞片的碰撞来产生冲击波。依据 F.E.Walker 临界起爆能量（50% 起爆的能量）的表示方法：

$$E = Kp^2\tau \qquad (1)$$

式中，K 为和炸药有关的常数；p 为波压；τ 为波的持续时间。

通过计算可得出进入炸药中的冲击波的压力和作用时间，进而可以算出起爆乘积（$p^2\tau$），当 $p^2\tau$ 大于被发弹药中炸药的冲起爆临界乘积时，则被发弹药被起爆。但被发弹药要被可靠地起爆，入射冲

击波的强度也必须达到一定的值。因此，$p^2\tau$ 起爆判据为

$$\begin{cases} p^2\tau \geqslant C \\ p > p_c \quad p_c \text{为临界压力} \end{cases} \qquad (2)$$

2　冲击波殉爆[2,3]

主发弹药与被发弹药紧密接触时被发弹药的殉爆主要靠主发弹药的透射冲击波的殉爆。此时关键是要确定压力 P 随时间的衰减规律，即 $p(t)$ 关系。为了解决这一问题，可以建立主发装药—介质—被发装药这一爆轰模型。模型如图 1 所示。

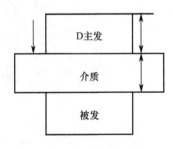

图 1　爆轰传递示意图

模型假设条件：

（1）介质的冲击阻抗大于主发装药和被发装药的冲击阻抗。

（2）整个过程是一维的，平面爆轰波向介质进行正面冲击。

（3）取主发装药的爆轰产物的多方指数为 3。

（4）在爆轰作用下，介质可近似地视为流体。

在 $t = r/D$ 时，爆轰波开始与介质作用，产物的

质点速度立即由 U_H 变为分界面的初始速度 U_{bx}，产物的音速立即由 C_H 变为分界面处的音速 C_{bx}，且有 $U_H + C_H = U_{bx} + C_{bx} = 0$。

因分界面两侧有压力和速度的连续性条件，则对于爆轰波到达界面后任意时刻 t 时有：

$$\frac{\mathrm{d}x}{\mathrm{d}t} = U_b(t) = U_{bm}(t) P_b(t) = P_{bm}(t) \quad (3)$$

式中，$U_{bm}(t)$ 为 t 时刻介质表面的质点速度；$P_{bm}(t)$ 为 t 时刻冲击波压力。

由爆轰产物等熵方程为

$$P = A\rho^3 = \frac{16\rho_0}{27D} C^3 \quad (4)$$

可得

$$C_b = \left(\frac{27D}{16\rho_0}\right)^{\frac{1}{3}} P_0^{\frac{1}{3}} \quad (5)$$

由介质的冲击压缩方程及冲击波的动量守恒关系，得到在 t 时刻介质界面处的压力为

$$P_b(t) = P_{mb}(t) = P_{m0}(a + bU_b)U_b \quad (6)$$

求解式（6）并两边对 t 求导整理后得

$$\frac{\mathrm{d}U_b}{\mathrm{d}t} = \frac{1}{\sqrt{a^2\rho_{m0}^2 + 4B\rho_{m0}P_b}} \frac{\mathrm{d}P_b}{\mathrm{d}t} \quad (7)$$

在介质界面处，爆轰产物运动速度 U_b 的变化规律为

$$x = (U + C)t = (U_b + C_b)t$$

将上式两边对 t 求导，并设 $\mathrm{d}x/\mathrm{d}t = U_b$ 可得

$$\frac{\mathrm{d}U_b}{\mathrm{d}t} = -\frac{\mathrm{d}C_b}{\mathrm{d}t} - \frac{C_b}{t} \quad (8)$$

将式（5）和式（7）代入式（8）整理后求积分可得

$$-3\ln\left(\frac{Dt}{r} + 1\right) = \ln\frac{P}{2P_{bx}} + \left(\frac{16\rho_0}{D}\right)^{\frac{1}{3}} \quad (9)$$

$$\int_{P_{bx}}^{P} \frac{\mathrm{d}P_b}{P_b^{\frac{1}{3}} \sqrt{\rho_{m0}^2 a^2 + 4b\rho_{m0}P_b}}$$

式中，P_{bx} 为分界面处的峰值压力；P 为到达界面后 t 时刻的压力。

P_{bx} 可由下面两个方程求解得出：

$$U_{bx} = \frac{D}{4}\left[1 - \frac{(P_{bx}/P_H - 1)\sqrt{6}}{\sqrt{4P_{bx}/P_H + 2}}\right]$$

$$P_{bx} = \rho_{m0}(a + bU_{bx})U_{bx}$$

式（9）只能采用数值计算的方法进行求解。具体方法是给出 P 为某一小于 P_{bx} 的确定值，用

Romberg 求积分法计算 $\int_{P_{bx}}^{P} \frac{\mathrm{d}P_b}{P_{m0}^{\frac{1}{3}} \sqrt{\rho_{m0}^2 a^2 + 4b\rho_{m0}P_b}}$，然后用对分法求解方程，得到该给定压力下的 Dt/r 值。因 D、r 均为已知。因此，很容易转化成为 $P-t$ 关系。

在实用中，主发装药—介质间爆轰传递存在着侧向飞散，不是模型中的一维过程，而属于三维过程。因此，引入有效装药半径 r_{eff} 概念。参考有关文献，采用下式来计算有效装药半径。

当 $r \geqslant \frac{9}{2}L$ 时，$r_{eff} = \frac{2}{3}L$；

当 $r < \frac{9}{2}L$ 时，$r_{eff} = \frac{4}{9}r - \frac{8r}{81L} + \frac{16r^3}{2187L^2}$。

当应力波透过介质到达与炸药相接触的界面时，将向炸药内产生透射波，所以下一步就是计算介质—被发装药中冲击波的传播参数。由于上面已经计算了介质中的冲击波压力，令其为 P_T，质点运动的速度为 u_T，根据入射波波阵面上的动量守恒有

$$P_T = \rho_b(a_b + b_b u_T)u_T \quad (10)$$

$$u_T = \left[-\rho_b b_b + (\rho_{b^2} a_{b^2} + 4\rho_b b_b P_T)^{\frac{1}{2}}\right]/2\rho_b b_b \quad (11)$$

又根据炸药与弹壳体界面上介质连续条件及动量守恒条件，则有

$$\rho_e(a_e + b_e u_e)u_e$$
$$\quad (12)$$
$$= \rho_b[a_b + b_b(\alpha u_T - u_e)](\alpha u_T - u_e)$$

解得 $u_e = \left[-B_1 + \sqrt{B_1^2 + 4A_1 C_1}\right]/2A_1 \quad (13)$

式中，$A_1 = \rho_e b_e - \rho_b b_b$；$B_1 = \rho_e a_e + \rho_b b_b + 4\rho_b b_b u_T$；$C_1 = 2\rho_b a_b u_T + 4\rho_b b_b u_T^2$。

炸药所承的冲击波压力 p_e 表示为

$$P_e = \rho_e v_e u_e = \rho_e(a_e + b_e u_e)u_e \quad (14)$$

得出 P_e 和作用时间 t 以后，可由 $p^2\tau$ 判据来判断被发弹药能否被主发弹药殉爆。

3 结论

该弹药冲击波殉爆模型的建立，从理论上对弹药殉爆进行一般的分析计算，得出的结论确能与实验结果相符合。此外，该模型也可应用在弹药殉爆安全距离的研究上，在理论上对弹药勤务处理、运输和储存中涉及到安全技术具有一定的理论指导作用。必须指出在实际应用时，由于还要考虑很多其他因素，仍需要进行进一步的理论研究。

参 考 文 献

[1] 袁凤英；刘瑛；胡双启. 非均质炸药冲击起爆临界判据中起爆参数的研究.中国安全科学学报. 1999，3.（7）.

[2] 章冠人；陈大年. 凝聚炸药起爆动力学[M]. 北京：国防工业出版社. 1991.

[3] 倪欧琪. 工业炸药殉爆距离测试方法的探讨. 中国民爆器材学会第三次年会暨学术交流会.1988.

[4] 《火工品原理与设计》[M]. 北京：兵器工业出版社. 1990.

新型弹药相关概念释义浅析

宋桂飞[1]，訾志君[2]，李良春[1]，姜志保[1]，吕晓明[1]

（1. 陆军军械技术研究所，河北石家庄 050000　2. 陆军装备部，北京 100000）

摘　要：分析了新型弹药相关概念的科学内涵和判定依据，结合弹药业务实践和技术保障活动，提出了新型弹药相关概念的运用建议。

关键词：新型弹药；概念；释义

0　引言

随着新军事变革的不断推进，我军现代化建设和军事斗争准备进入新的发展阶段，弹药装备体系结构和技术水平发生了重大变化，有关弹药的新概念层出不穷，国内弹药领域对弹药新概念的界定、理解、认识等不尽相同。本文将新型弹药、高新技术弹药、信息化弹药、制导弹药、灵巧弹药、智能弹药等新名词，统称为新型弹药相关概念，并综合公开报道的弹药新概念，结合弹药业务工作和技术保障活动，着重对新型弹药相关概念的科学内涵、判定依据进行了分析，提出了其在弹药业务实践和技术保障活动中的运用建议，供弹药业务机关和技术保障人员参考。

1　新型弹药相关概念

1.1　新型弹药

在弹药业务管理与技术保障中，如何界定新型弹药是各级弹药业务部门和人员不得不面临的新问题。所谓"新型弹药"，是与老式传统弹药比较而言，简单的方法是以时间为界定依据，在时间维度上，按照时序判定新旧如否。然而，由于弹药装备发展迅速，且某类新弹药生产研发具有一定周期。因此，单纯以时间界定新型弹药，不能从弹药本质特征上描述新型弹药的内涵。

比较新型弹药与老式传统弹药的技术特征，可以将"新型弹药"的内涵归纳如下：新型弹药是指采用新原理、新结构、新技术、新材料和新工艺，使战术技术性能（射程、威力、精度）或功能显著提高，大大提高整体作战或使用效能的弹药。

根据新型弹药的特征表述，新型弹药判定依据主要应当把握如下两个原则：

（1）是否显著提高弹药的三大战术技术性能指标

精度、射程、威力是弹药的三大战术技术性能指标，当前，新型弹药着重在精确打击、复合增程和高效毁伤及其综合作战功能方面提升指标要求，任何一种弹药只要其战术技术指标显著提高，则应界定为新型弹药。

（2）是否显著增强或拓展弹药的功能用途

着眼现代战争作战新需求以及新作战样式、打击方式的变化，弹药装备毁伤效应和作战功能的开发也随之应运而生。传统的伪装、纵火、宣传、照明等软杀伤弹药焕发新生，云爆、子母、末敏、攻坚、末制导、多用途、电磁干扰、电子侦察等新战斗部弹药异军突起，以及未来用于瘫痪电力、破坏动力、削减战斗力的新概念弹药呼之欲出。这些能够显著增强或拓展弹药功能的弹药理所当然界定为新型弹药。

1.2　高新技术弹药[1]

高新技术弹药是指采用了某些新技术或综合集成了多种技术，使弹药的战术技术性能（射程、威力、精度）或功能有了本质飞跃的新型弹药。所谓"高新技术"是与传统的、现有的、正在广泛应用的技术相比较而言，具有国别特征、时代特征和行业特征。

（1）国别特征。不同国家对于高新技术的内涵也不尽相同。例如，美国，8mm 波技术已经成熟，3mm 的也早已掌握，而我国还在开展 8mm 波技术的研究，3mm 波元器件国内尚未过关。因此，就毫米波技术而言，美国和我国对高新技术的内涵认识是不同的。

（2）时代特征。高新技术这一概念首先具有时代特征，随着时间的推移，高新技术的内涵也在发生变化。例如，当导弹尚未问世时，制导兵器的出现就是当时的高新技术。

（3）行业特征。不同行业、不同专业对于高新技术的理解和需求不同，应用掌握的进度和程度不同，然而随着技术融合，在某些行业、专业看似成熟的独立技术，在弹药专业上得到综合应用后，反而产生新的作战效果。例如，串联战斗部就其技术实质来讲，只是两个破甲战斗部的串联。其中的串联技术、隔爆技术、延时技术谈不上什么高新技术，然而这些技术集成组合，使得破甲弹获得新生。串联战斗部在反坦克破甲弹的发展史上起到一个划时代的作用，解除了破甲弹被淘汰的危险，当今新一代破甲弹几乎全都采用串联战斗部。所以，带有串联战斗部的破甲弹应该划分为高新技术弹药。

1.3　信息化弹药[2, 3]

信息化弹药是在传统弹药的基础上，增加了新的技术特点，使其具有一种完全区别于传统弹药功能的新弹种，能够实现精确打击、侦察、电子对抗、高效毁伤和毁伤效果评估等功能，通常泛指采用精确制导系统，以弹体作为运载平台，通过高新技术的应用能够实现态势感知、电子对抗、战场侦察、精确打击、高效毁伤和毁伤评估等功能的灵巧化、制导化、智能化、微型化、多能化弹药，具有模块结构、远程作战、智能控制、精确打击等突出特点。

信息化弹药通常分为两类：

一是利用弹丸作为载体，将各种信息装置投放或经过目标区域，进行目标侦察、干扰和毁伤评估，获取战场信息，如战场传感器侦察弹、电视成像或视频成像侦察弹、战场毁伤评估弹、各种干扰弹等；

二是利用弹道信息、目标特征信息，综合采取传感技术、微电子技术、激光探测技术、红外与毫米波技术以及计算机处理技术等设计出来的信息化弹药，这类弹药能够获取和融合信息，并具备信息处理能力，最终达到"精确命中、命中即毁"的目的，如末制导炮弹、弹道修正弹等。

1.4　灵巧弹药[4, 5]

灵巧弹药（Smart Munition）是介于无控弹药（普通弹药）和精确制导弹药之间的弹药，是与 Dumb Munition 相比较而言的，字面上可理解为"聪明灵巧的弹药"。《大英百科全书》定义 Smart Munition 为"具有导航系统的、可控制飞行轨迹至目标的弹药"。美国国防部则提高了 Smart Munition 的定义标准，认为 Smart Munition 应具有搜索、探测、识别和攻击目标的功能。1996 年，我国兵工学会弹药分会专门召开了一次"灵巧弹药研讨会"，会议定义 Smart Munition 为"在外弹道某段上能自身搜索、识别目标，或者自身搜索、识别目标后，还能跟踪目标，直至命中和毁伤目标的弹药"，该定义与美国国防部的定义基本一致，也与《弹药系统术语》（GJB102A-98）的定义一致。近年来，随着弹药技术的快速发展，国内对 Smart Munition 的定义有所拓展，即 Smart Munition 为"在适宜阶段上具有修正或控制其位置或姿态能力，或者对目标具有搜索、探测、识别、定向或定位能力的弹药"，该定义延伸了 Smart Munition 的内涵，基本上涵盖了国外对 Smart Munition 的两个定义。灵巧弹药不同于普通弹药，普通弹药在外弹道没有修正或控制的功能；又不同于导弹类精确制导弹药，后者在整个外弹道基本处于控制状态。灵巧弹药通常采用载体携带再抛撒的方法，因而能够以多个子弹攻击多个目标，在选定目标以后，弹药或是导向目标，或是对准目标起爆。所谓"灵巧"，核心是命中精度问题。按照该定义，弹道修正弹、末制导弹药、末敏弹、简易制导火箭弹、广域值守弹药和巡飞弹等均归类于灵巧弹药范畴。

1.5　智能弹药[4]

Intelligent Munition 的提法与 Smart Munition 相伴而生，国内通常将 Intelligent Munition 译作智能弹药，刻意与灵巧弹药区分，过去两者的概念一直没有理清，为此曾进行了多次学术探讨。目前，国外大多数文献多以 Smart Munition 作为主流提法，而 Intelligent Munition 提法较少。2010 年，国内弹药界召开小型研讨会对 Intelligent Munition 有了较统一的认识，并对 Intelligent Munition 作了基本定义：具有自主判断、识别、搜索和探测目标的能力的弹药。《弹药系统术语》（GJB102A-98）对 Intelligent Munition 的定义：能够完全自主地搜索、探测、识别、跟踪，并能适时命中和毁伤目标的弹药。依据此定义，智能弹药当归类于灵巧弹药，是灵巧弹药的一个子集。

2 新型弹药相关概念关系

根据上述对新型弹药相关概念的描述，可以用图1表示各概念之间的逻辑关系和层次大小。从图1中可以看出，新型弹药的外延最大，涵盖高新技术弹药、信息化弹药、智能弹药和灵巧弹药；高新技术弹药是以信息化弹药、灵巧弹药为主体的弹药集合；而智能弹药则是灵巧弹药与信息化弹药的交集。

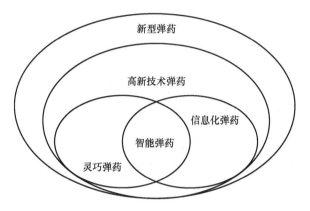

图1　新型弹药相关概念关系图

3 运用建议

为凝聚新型弹药相关概念在弹药业务实践和技术保障活动中的应用共识，根据上述关于新型弹药相关概念的描述和逻辑关系阐述，提出如下建议。

3.1 突出重点，慎重选择运用弹药新概念

随着弹药技术发展，新型弹药相关概念越来越多，其内涵也随之变化拓展。弹药业务实践和技术保障活动，直接影响部队作战训练，在新型弹药相关概念未达成广泛共识，不具备深厚认知基础情况下，切忌追求概念新奇，产生学术同质化效应，而应按照工作特点规律和重点，在普及学习、凝聚共识的基础上，慎重选择运用弹药新概念，提高新型弹药相关概念的应用科学性。

3.2 结合实践，明确新型弹药范围和分类

弹药业务实践和技术保障活动内容丰富，形式多样，关注点各不相同，基于新概念的弹药分类方式应运而生，这些弹药新概念及分类方式对于传播弹药新知识、丰富弹药理论具有重要意义，但在某些业务实践中，则容易造成新旧概念混淆、理解不一，不利于业务传承和工作对接，因此，应结合实践，尊重惯例，合理明确新型弹药范围和分类，提高新型弹药相关概念的应用实效性。

参 考 文 献

[1] 王颂康. 高新技术弹药剖析与展望[J], 轻兵器, 2001, 1: 1-4.

[2] 王冬梅，代文让，张永涛. 信息化弹药的研究现状及发展趋势[J], 兵工学报，2010, 31（2）: 144-145.

[3] 彭小明，杨与友. 信息化弹药现状及发展[J], 四川兵工学报, 2008, 29（5）: 79.

[4] 杨绍卿. 论武器装备的新领域—灵巧弹药[J], 中国工程科学, 2009, 11（10）: 4-5.

[5] 孙传杰，钱立新，胡艳辉，等. 灵巧弹药发展概述[J], 含能材料, 2012, 20（6）: 661-664.

地空导弹装备备件需求预测及管理对策浅析

汪文峰，张　琳，张　搏，麻晓伟，肖　军

（空军工程大学防空反导学院，陕西西安，710051）

摘　要：针对地导装备备件需求及管理方面问题，首先，从管理机构、使用差异、管理手段、数据差异、管理制度及标准管理等方面分析地导装备备件管理方面存在的主要问题；其次，从使用历史数据与装备可靠性的综合的角度，制定地导装备备件需求预测路线，以装备旅为基数，构建基于历史数据与装备 MTBF 的装备备件需求预测模型；最后，从数据、管理、手段及标准等方面给出了地导装备备件管理的具体建议，对于其他类型装备保障具有一定借鉴意义。

关键词：地空导弹；需求预测；管理

0　引言

科学准确的需求预测是做好备件保障工作的重要技术基础。备件是装备保障的重要物质基础，做好备件保障工作不仅是提高装备完好率，保证"打得赢"的重要前提，而且也是实现精确化保障、减少浪费的现实要求，具有重要的军事和经济意义。科学准确的需求预测是解决"供"与"需"矛盾的有效手段。需求信息的可获得性、一致性、稳定性、透明性、及时性，直接影响需求预测、决策的质量和水平。目前由于信息的不一致，不透明，造成"供需"矛盾主要的原因，科学准确的需求预测，从而制定合理的保障计划，并运用信息技术，在供需双方间构建一个畅通的信息链路，实现需求数据在备件供应链中实时、准确地快速传递、共享，充分挖掘保障过程中的各种数据，分析其原因，改进计划，从而为备件需求决策提供高效、精确、及时的服务，降低需求变异放大的影响，提高需求信息的准确性。

目前，我军地空导弹兵部队装备多种型号的地空导弹装备，武器装备日趋数字化、信息化、智能化和集成化。为实现强军目标，搞好我军地空导弹装备全面保障，探讨地空导弹装备备件管理新途径就显得至关重要。

1　地导装备备件需求与管理存在的主要问题

1.1　供需矛盾突出，管理机关与使用者部队之间的使用标准不一致

我军传统的地空导弹装备备件采取三级存储方式，每级都设有自己的库存，每级都有自己的库存控制目标和相应的库存控制策略，但是由于逐级申请，层次多，周期长，需求信息在逐级传递中被扭曲，不可避免地造成从下级到上级的需求变异效应的增大。加上基层级不计成本的过度维护，使得基层上报需求量巨大；但从空军管理部门的角度，为充分高效地利用经费，使得基层与管理者之间的差距较大，且缺乏必要的手段和证据，双方供需矛盾比较突出，在出厂时需充分论证备件储存及管理标准。

1.2　目前没有区分单位的任务强度、地区差异以及装备使用年限的问题

由于受各地区的防空态势和任务不同，不同的单位存在装备工作强度的不同，也存在由于地区差异，环境的差异，从而影响装备的作战使用，如东南沿海某旅与西北某应急作战旅，从任务强度上来说，东南沿海某旅装备开机时间几乎是内地的两倍，而且东南沿海的炎热、潮湿、盐雾重等气候的影响，部署在东南沿海的装备故障率几乎比内地装备故障率增加 50% 以上，然后加上装备使用年限问题，装备初期、中期以及装备大修之后的故障率、可靠性等性能明显不同，这些也缺乏统一的标准制度，在备件配发上不可能完全一致，因此，也急需这些问题的研究和处理。

1.3　装备备件管理信息系统不统一，各自开发，数据维护难度大，第一手数据难获取

近几年，各个单位在信息化的浪潮下，各自开发不少备件管理信息系统，但也仅限单位使用，数据维护和提取的难度较大，又由于功能需求和目的不

同，造成这些软件很难融合，加上目前新研制的装备需要在装备设计、研制阶段就要考虑保障性、维修性等参数，很难收集到这些历史数据作分析参考。

1.4 备件使用管理制度不完善，沟通渠道不通畅

使用阶段使用人员和基层质控人员对质量信息究竟包括哪些内容不清楚，对所收集到的各类信息通过什么渠道反馈给谁也不清楚；设计、制造部门没有一个完整的信息分类、收集、传递、整理、分析所能依据的标准，信息收集工作凌乱，与部队和上级机关的信息渠道不畅，通常都是各自为政，收集、处理到什么程度算什么程度，加上备件管理仅满足可用，在人才培养上几乎没有考虑，谁都可以来"干"几天，导致人员不固定，重视程度明显不足，从而形成基层管理人员不知道自己的上级是谁，不知道向谁汇报，不知道收集哪些问题。

1.5 备件的分类标准不统一，数据难以统一

目前我国地空导弹型号众多，进口装备与国产装备之间、国产新型装备与老装备之间不同程度地存在技术与工艺的差异性，由这种差异性而导致的地空导弹的备件难以统一分类，地空导弹装备战储物资种类繁多，不同类别组成结构、功能特点、理化属性和失效机理不尽相同。因此，为精确对其需求与消耗的管理需合理的分类，制定根据物资质量变化规律和特点，采用不同的方法，分类测算物资的储存期限和轮换期限，有利于备件储存管理，提高备件的管理效率。

2 地空导弹装备旅备件需求预测模型

2.1 备件需求预测的总体思路

备件需求预测思路（见图 1）主要综合考虑装备使用年限、环境和训练任务强度三个因素，从两条线来综合分析：一是从管理机构出发，根据历史数据，平滑所得的备件需求预测值 X_i；另外从装备自身的 MTBF 入手，构建基于装备备件 MTBF 的需求预测模型，形成备件需求预测理论值 G_{Li}，从机理上为备件需求作以参考，并结合军改后旅为主要建制单位，以旅为基数来进行备件需求预测，其依据有：一是一个旅地空导弹装备使用年限基本一致；二是一个旅装备基本部署在同一地区，气候条件、训练强度基本一致，对装备的影响和使用强度一致；三是相对于旅（团）级来说，一般每年在外执行演习、打靶、轮战等任务强度相对稳定；其具体操作流程如图 2 所示。

2.2 基于历史数据的地导旅装备备件需求预测模型

（1）基本假设。

某旅共 i 套地空导弹装备，已使用 n 年，这 n 年需要备件数量为 $X=(x_1,x_2,\cdots,x_n)$。其中，x_i 表示为第 i 年备件需求量。

（2）旅级备件需求预测模型。

根据装备备件使用规律，随着装备服役年限增加，其备件需求越来越大。因此，本预测模型综合考虑该地区的装备近 3 年的备件需求增长速度，建立备件需求模型。

每年备件增加量 Δ_i，表示第 i 年备件需求增加量。

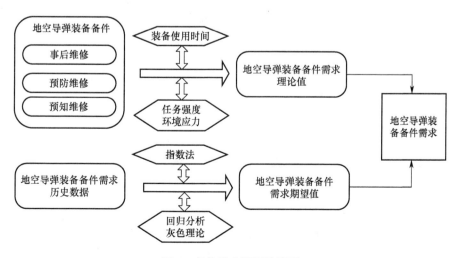

图 1　备件需求预测路线图

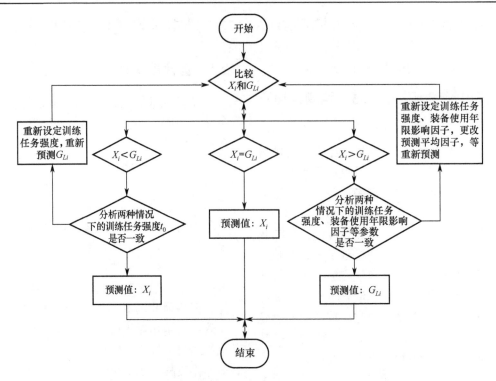

图 2　备件需求测算操作流程

$$\Delta_i = x_i - x_{i-1}, i = 2,3,\cdots n \qquad (1)$$

备件需求预测模型：

$$X_{i+1} = x_i + \frac{\Delta_i + \Delta_{i-1} + \Delta_{i-2}}{Y_n} \qquad (2)$$

其中 Y_n 为年度平均因子，以表示重点考虑平均近几年的增长平均值，一般为 3 年，不妨以某旅某型装备为例，假设使用了 6 年，每年装备备件需求量（以旅级为基数）为 X={1000,1043,1106,1175,1197,1203}，，则该地区第 7 年装备备件需求量为

$$\Delta_6 = 1203 - 1197 = 6,$$

$$\Delta_5 = 1197 - 1175 = 22, \qquad (3)$$

$$\Delta_5 = 1175 - 1106 = 69$$

$$X_7 = x_6 + \frac{\Delta_6 + \Delta_5 + \Delta_4}{3} \qquad (4)$$

$$= 1203 + \frac{6 + 22 + 69}{3} \approx 1236$$

该地区第 7 年装备备件需求 1236 件。

2.3　基于 MTBF 的地导装备旅（团）级装备需求预测模型

地空导弹装备备件故障密度函数为 $f(t)$；

假设某型地空导弹装备平均每天维护操作时间约为 t_0 小时，单个备件平均每天故障率约为

$$P(t = t_0) = \int_0^{t_0} f(t)\mathrm{d}t \qquad (5)$$

某型装备有故障概率在某区间的备件数量 N_i，平均每天更换 i 个备件的概率为

$$P_i(i) C_{N_i}^i P_i(t = t_0) i (1 - P_i(t = t_0)) N_i^{-i} \qquad (6)$$

某型装备的符合故障概率在某区间的备件的平均每天更换次数期望值为

$$E_i(t) = \sum_{i=0}^{N_i} i P_i(i) \qquad (7)$$

一个更换周期内该分布备件的故障数的预测模型为

$$G_i = N_z * E_i(t) \qquad (8)$$

式中，G_i 为一个更换周期内维修该类备件数预测值；N_z 为一个更换周期的天数；$E_i(t)$ 为××装备系统某 MTBF 等级的每天平均故障次数。

分别计算服从各类分布的备件维修任务量，从而可得每个更换周期内备件维修机构对于该装备的备件的维修任务预测模型为

$$`G_J = N_s * (G_e + G_n + G_w + G_o) \qquad (9)$$

式中，G_J 为一套地空导弹装备一个周期内备件需求数量；N_s 为装备数量；$G_e(G_n,G_w,G_o)$ 为分别为一个更换周期内各平均无故障时间指标等级的备件维修预测值综合年限影响因子 α，某地导旅级备件需求基数预测模型：

$$G_{Li} = n * G_J * (1 + \alpha)^{i-1} \qquad (10)$$

式中，n 为一个旅的地导装备数量；i 为装备使

用年限；年限影响因子 α 可根据历史数据回归分析得出，也可由专家集体商议给出。

3 做好地导装备备件需求预测与管理的几点建议

3.1 形成以旅为基数的预测模型，操作可行性更强，更结合实际

以装备自身可靠性指标 MTBF 为基础的预测理论值为标准，结合考虑装备地区差异造成的环境影响因素、使用年限和各部队的实际训练、防空任务等装备使用训练强度因素，以该地区装备备件历史数据回归为指导，修正形成装备备件的需求，较好地结合部队的实际任务和使用，考虑了部分差异，希望能使管理机关和部队使用者双方相对满意，说服力强。

3.2 对历史数据要求高，需构建标准统一的备件管理信息化系统

目前，一是由于各自开发信息管理系统，标准不统一，数据难以融合，导致数据常"打架"，难有说服力；二是目前的备件信息管理系统对数据采集、分析模块不重视，缺乏相关概念，缺乏后续处理，造成数据收集困难；三是使用时填写不及时，后续补填数据"失真"现象严重；四是备件使用标准不明确，部队为了追求装备的最佳性能，在使用备件时追求最佳指标，存在过度使用等现象。在备件使用时，通过标准统一的管理信息化系统，在进出等数据相对准确，收集使用历史数据相对较易；

也可通过软件的制度规定，减少因"晚"填、"漏"填等造成的数据缺失。

3.3 分析构建备件分类及使用标准，形成备件管理机制

地空导弹装备有其自身的特殊性，备件涉及机械备件、电子印刷版式的电子插件、整套仪器和设备备件、橡胶产品备件、易损件等各种各样的备件，首先在备件分类及使用标准上，进行详细的分类，有利于对数据进行深层次分析，更有利于备件预测；其次需建立备件使用标准，如：备件分级标准、平战时的使用标准、性能指标标准等，明确使用时机和指标；第三要形成备件使用数据标准，让备件管理使用者明确收集备件使用的相关数据；第四要形成备件管理机制，形成良好的上传下达的沟通渠道，做到早发现早改正，早收集早使用；最后要重视备件管理人才的培养使用。

参 考 文 献

[1] 甘茂治，康建设，高崎. 军用装备维修工程学[M]. 北京：国防工业出版社，2005.

[2] 汪文峰，宋黎. 武器装备备件维修任务预测[J]. 装备环境工程，2009，6（5）：42-44.

[3] 秦英孝. 可靠性维修性保障性概论[M]. 北京：国防工业出版社，2002.

[4] 黄建新，杨建军，张志峰. 现役地空导弹武器装备的修理级别分析模[J]. 战术导弹技术，2005，（6）：31-34.

陆军防空导弹武器系统脉冲压缩技术浅析

高进军，刘俊成，王　寓

（31635 部队）

摘　要： 从脉冲压缩的定义及特点、基本原理及应用和影响选择脉冲压缩系统的因素 3 个方面阐述了脉冲压缩技术在陆军防空导弹武器系统中的应用，为基层部队技术人员学习和了解脉冲压缩技术提供参考。

关键词： 防空导弹；脉冲压缩

0　引言

脉冲压缩技术已广泛应用于陆军防空部队各型导弹武器系统中。但是，基层部队各种技术资料对脉冲压缩技术的解释和说明往往都过于简单，例如《某型目标指示雷达系统技术勤务手册》中指出，数字脉压插件的作用是解决在发射机低峰值功率情况下，探测距离与目标距离分辨力之间的矛盾；又如《某防空导弹武器系统搜索雷达》培训教材中指出，采用脉冲压缩技术以增加雷达作用距离并提高距离分辨率和测距精度。如此之类简单的描述，会导致基层技术人员一知半解甚至产生错误认识，不能正确理解脉冲压缩技术的功能和特点，对熟悉武器系统战术性能和技术水平造成一定的困难。笔者根据多年的学习体会和实践经验，对当前应用于陆军防空部队主战导弹系统中的脉冲压缩技术做个简要解析。

1　脉冲压缩的定义及特点

众所周知，窄脉冲具有宽频谱带宽。如果对宽脉冲进行频率或相位调制，那么它就可以具有和窄脉冲相同的带宽。假设调制后的脉冲带宽增加了 B，由接收机的匹配滤波器压缩后，带宽将等于 $1/B$，这个过程叫脉冲压缩。

脉冲压缩比定义为脉冲宽度 T 与压缩后脉冲宽度 τ 之比，即 T/τ。带宽 B 与压缩后的脉冲宽度 τ 的关系为 $B \approx 1/\tau$。这使得脉冲压缩比近似为 BT，即压缩比等于信号的时宽–带宽积。在许多应用场合，脉冲压缩系统常用其时宽–带宽积表征。

脉冲压缩雷达不需要高能量窄脉冲所需要的高峰值功率，就可同时实现宽脉冲的能量和窄脉冲的分辨力。这种雷达最显著的特点是：

（1）发射信号采用按一定规律变化的宽脉冲进行调制，使其脉冲宽度 τ 与有效频谱宽度 B 的乘积大于 1。由于这两个参数相互独立，因而可以分别考虑来满足设计要求。在发射机峰值功率一定的条件下，使用宽脉冲来提高发射机的平均功率 P_{av}，以便获得较大的能量，因此扩大了探测距离。

（2）接收机中采用与发射信号频谱相匹配的压缩网络，将发射出去的宽脉冲压缩成窄脉冲进行信号处理，因此提高了距离分辨力。

（3）有利于提高系统的抗干扰能力。对有源噪声干扰来说，由于信号带宽很大，迫使干扰机提高发射噪声的带宽，从而降低了其功率谱密度。

当然，采用大时宽带宽信号也存在以下固有缺陷：

（1）雷达最小作用距离受脉冲宽度 τ 的限制；

（2）雷达收发系统会比较复杂，在信号产生和处理过程中的任何失真，都将增大旁瓣高度；

（3）存在一定的距离和速度测定模糊。

尽管如此，脉冲压缩体制的优越性超过了它的缺点，已成为近代防空导弹武器系统广泛应用的一种体制。

2 脉冲压缩的原理及应用

2.1 脉冲压缩的基本原理

根据上面讨论，可以归纳出实现脉冲压缩的条件如下：

（1）发射脉冲必须具有非线性的相位谱，或者说，必须使其脉冲宽度 τ 与有效频谱宽度 B 的乘积远大于1。

（2）接收机中必须具有一个压缩网络，其相频特性应与发射信号实现相位共轭匹配，即相位色散绝对值相同而符号相反，以消除输入回波信号的相位色散。

第一个条件说明发射信号具有非线性的相位谱，提供了能被压缩的可能性，它是实现压缩的前提；第二个条件说明压缩网络与发射信号实现相位共轭匹配是实现压缩的必要条件。只有两者结合起来，才能构成实现脉冲压缩的充要条件。

因此，一个理想的脉冲压缩系统，应该是一个匹配滤波系统，如图1所示。它要求发射信号具有非线性的相位谱，并使其包络接近矩形；要求压缩网络的频率特性包括幅频特性和相频特性与发射脉冲信号频谱包括幅度谱与相位谱实现完全的匹配。该匹配滤波系统应用较多的主要是声表面波SAW器件。

图1 理想脉冲压缩系统

图2所示为一个基本脉冲压缩雷达的方框图。基本原理是：波形产生器产生低功率的编码脉冲信号，经过发射机放大至所需的峰值功率。天线接收的回波信号，混频后经过 IF 放大器放大，然后使用一个脉冲压缩滤波器对信号进行处理。滤波器由一个匹配滤波器组成，达到最大信噪比 SNR。如果需要，则匹配滤波器后面接一个加权滤波器以降低时间副瓣。脉冲压缩滤波器的输出送至包络检波器，经视频放大器送至显示器，显示给操作者。

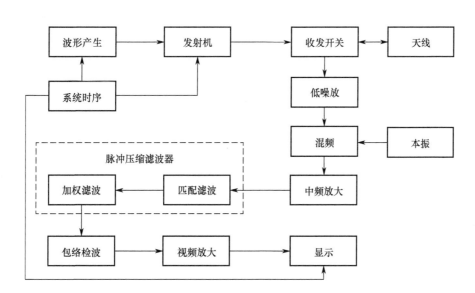

图2 基本脉冲压缩雷达原理框图

匹配滤波器输出端的压缩脉冲的主瓣有时间副瓣，该副瓣在时间间隔 T 里出现在压缩脉冲的最大峰值前后。时间副瓣会隐藏目标，而如果使用一个未编码的窄脉冲，则可以分辨出来。在某些情况下，诸如相位编码波形或非线性调频波形，仅使用匹配滤波处理就能得到可接受的时间副瓣电平。然而，对于线性调频波的情况，匹配滤波器后通常跟随一个加权滤波器以降低时间副瓣电平。在这种情况下，加权滤波器与只使用匹配滤波处理相比会有信噪比的损失。

2.2 脉冲压缩技术在陆军防空导弹武器系统中的应用

（1）某型防空导弹武器系统跟踪制导雷达，脉冲压缩的主要原理是发射一个经过特定调制的宽脉冲信号如线性调频信号LFM，在接收时利用匹配滤波技术得到一个压缩后的窄脉冲。$S_o(n)=\text{FFT}^{-1}\{\text{FFT}[s_i(n)]\cdot\text{FFT}[h(n)]\}$ 是用 FFT 法实现数字脉冲压缩的一般公式。其中 $h(n)=u^*(N\text{-}1\text{-}n)$ 是发射信号序列的镜像复共轭，其中 $u(n)$ 为发射信号序列。为抑制脉压的距离副瓣，引入加权函数对匹配滤波器的频域响应进行修正，如图 3 所示。

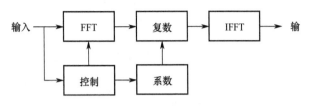

图 3　脉冲压缩原理

（2）某型中低空目标指示雷达接收系统，数字脉压（P.C）插件的作用是将接收系统送来的宽度分别为 τ_1、τ_2、τ_3 的 I、Q 回波信号压缩到 τ，以解决在发射机低峰值功率情况下，探测距离与目标距离分辨力之间的矛盾。

（3）某型防空导弹武器系统搜索雷达，根据雷达方程，雷达平均功率为 P_{av}，发射机的占空比为 D，为保证雷达工作在低重复频率状态，距离无模糊，雷达的重复周期为 T，脉冲宽度为 τ，而距离分辨率要求为 L 即 τ_1。脉冲压缩电路的核心是声表面波 SAW 色散延迟线，在中频 IF 接收通道 1、2、3 中，3 个 n μs 脉冲压缩电路所用的色散延迟线是一样的，中频接收通道 3 中另外还有一个 m μs 脉冲压缩电路。

3　影响选择脉冲压缩系统的因素

影响选择脉冲压缩系统的因素主要是波形类型及其产生和处理的方法。脉冲压缩波形类型主要有线性和非线性调频波形（LFM 和 NLFM）、相位编码波形及时间-频率编码波形。表 1 中归纳了几种类型的影响因素。系统性能比较的前提是假设目标信息是通过处理单个波形来提取的，这与多脉冲处理不同。

表 1　LFM、NLFM 和相位编码的性能特性比较

因素	LFM	NLFM	二相编码	多相编码
多普勒容忍度	忍受多普勒频移范围达 $\pm B/10$。由距离-多普勒耦合引入了 fdT/Bd 的时间移动。多普勒频移大时，时间副瓣性能保持优秀	对多普勒不敏感，允许目标速度达 1 马赫，常用于 ATC 雷达，对高速目标需要多个调谐的 PC，但其计算量通常不可实现	对多普勒频移高度敏感。高多普勒频移时主瓣响应减小，时间副瓣增加，多用于低速目标和 BT 小的情况	对多普勒频移最敏感。高多普勒频移时主瓣响应减小，时间副瓣增加，多用于低速目标和 BT 小的情况
时间副瓣电平	为获得好的时间副瓣，需要适当加权、高 BT、小幅相误差	对非对称 NLFM，如果对 NLFM 相位有适当编码，高 BT，足够小幅相误差，那么可得到优越的时间副瓣	由编码决定的良好的时间副瓣	比二相编码波形的时间副瓣好
总体性能	经常用于高速目标（$\gg$1 马赫）。可获得特别宽的带宽	应用限于主目标径向速度小于 1 马赫的情况	一般见于低多普勒频移的应用	一般见于低多普勒频移的应用